中国社会科学院创新工程学术出版资助项目

当代中国水利史

（1949-2011）

王瑞芳◎著

中国社会科学出版社

图书在版编目 (CIP) 数据

当代中国水利史：1949—2011/王瑞芳著 . —北京：中国社会科学出版社，
2014. 6

ISBN 978 - 7 - 5161 - 3960 - 8

Ⅰ. ①当…　Ⅱ. ①王…　Ⅲ. ①水利史—中国—1949—2011　Ⅳ. ①TV - 092

中国版本图书馆 CIP 数据核字 (2014) 第 035288 号

出 版 人	赵剑英
选题策划	郭沂纹
责任编辑	易小放
责任校对	徐幼玲　王春霞
责任印制	王　超

出　　版	中国社会科学出版社
社　　址	北京鼓楼西大街甲 158 号 (邮编 100720)
网　　址	http://www.csspw.cn
	中文域名:中国社科网　　010 - 64070619
发 行 部	010 - 84083685
门 市 部	010 - 84029450
经　　销	新华书店及其他书店

印　　刷	北京市大兴区新魏印刷厂
装　　订	廊坊市广阳区广增装订厂
版　　次	2014 年 6 月第 1 版
印　　次	2014 年 6 月第 1 次印刷

开　　本	710 × 1000　1/16
印　　张	43
字　　数	725 千字
定　　价	118. 00 元

目　　录

导　　论

　　水是生命之源，一切生命活动都离不开水。水利事业的基本功能是除害兴利。除害，就是消除水害，对大江大河进行有效治理，做到大水发生时确保防洪安全，大旱发生时确保供水安全；兴利，就是兴修水利，重视农田水利建设，保障和扩大农田灌溉，以增加农业生产。新中国成立以来，国家先后投入上万亿元资金用于水利建设，水利工程规模和数量跃居世界前列，水利工程体系初步形成，江河治理成效卓著。这些水利工程设施在抗御水旱灾害、保障工农业生产和人民生命财产安全、保障经济社会可持续发展、改善生态与环境等方面发挥了重要作用。

　　农业是国民经济的基础，水利则是农业的命脉。农田水利是为农业生产服务的水利事业，基本任务是通过各项工程技术措施改造对农业生产不利的自然条件，合理利用水力资源，以调节农田土壤水分状况和地区水情，防止旱、涝、碱等自然灾害，为保证农业高产稳产创造有利条件。其主要内容包括灌溉、除涝排水、水土保持、盐碱地改良等。农田水利关系亿万农民生产生活，关系国家粮食安全，是农村建设的重要基础设施。新中国成立后，中国共产党和人民政府非常重视农田水利基本建设，领导广大农民在全国范围内进行了大规模的农田水利建设，取得了举世瞩目的辉煌成绩，促进了农业生产的发展。

　　尽管新中国的江河治理和农田水利建设取得了空前成就，但国内外学术界对该问题的研究则刚刚起步，有影响的研究成果不多。20 世纪 80 年代初，在全国各地编纂新方志热潮中，水利部门着手收集、整理水利资料，编纂各地水利志。这些水利志多属于资料汇编性质的编纂成果，还不是严格意义上的学术研究著作。随后，水利部和黄河水利委员会、长江水利委员会等部委又结合新中国成立纪念日，陆续出版了一些相关书籍，如 1984 年水电部编著的《中国水利建设 35 年》，1985 年水电部治淮委员会编印的《治淮回忆录》，1989 年水利部编著的《造福人民的事业——中国水利建设 40 年》，1999 年水利部农村水利司编著的《新中国农田水利史略》、《水利辉煌 50 年》编纂委员会编著的《水利辉煌 50 年》，以及水利部编著的《全国水利建设基本情况》，2006 年水利部黄河水利委员会编著的《人民治理黄河六十年》，2010 年陈小江主编的《水利辉煌 60 年》、水利部淮河水利委员会编辑的《治淮 60 年纪念文集》，等等，这些著作大部分是各省市的水利部门或者是长期从事水利工作的专家结合自身的工作实践撰写的水利史书，仍然属于介绍性质或回忆性质的资料集，还谈不上严格意义上的学术研究著作。

与此同时，长期从事水利工作的专家和部分学者陆续撰写出版了有关当代水利史方面的书籍，其中比较重要的有：雷锡禄编著的《我国的水利建设》（农业出版社 1984 年版），李锐的《论三峡工程》（湖南科学技术出版社 1985 年版），牛立峰等主编的《人民胜利渠引黄灌溉 30 年》（水利电力出版社 1987 年版），王化云的《我的治河实践》（河南科学技术出版社 1989 年版），骆承政等主编的《中国大洪水——灾害性洪水述要》（中国书店 1989 年版），孟昭华等著的《中国灾荒史（1949—1989）》（水利电力出版社 1989 年版），水利部淮河水利委员会《淮河水利简史》编写组编著的《淮河水利简史》（水利电力出版社 1990 年版），汪家伦、张芳编著的《中国农田水利史》（农业出版社 1990 年版），曹应旺的《周恩来与治水》（中央文献出版社 1991 年版），张含英的《治河论丛续编》（水利电力出版社 1992 年版），袁隆的《治水四十年》（河南科学技术出版社 1992 年版），林一山等的《功盖大禹》（中共中央党校出版社 1993 年版），陆孝平等的《建国 40 年水利建设经济效益》（河海大学出版社 1993 年版），林一山主编的《高峡出平湖：长江三峡工程》（中国青年出版社 1995 版），孟庆枚主编的《黄河水利科学技术丛书·黄土高原水土保持》（黄河水利出版社 1996 年版），林文勋等的《市场经济下的中国乡镇水利》（云南大学出版社 1996 年版），钱正英主编出版的《中国水利》（中国水利水电出版社 1999 年版），彦昌远主编的《水惠京华——北京水利 50 年》（中国水利水电出版社 1999 年版），钱钢等主编的《二十世纪中国重灾百录》（上海人民出版社 1999 年版），李健生主编的《中国江河防洪丛书·总论卷》（中国水利水电出版社 1999 年版），潘家铮的《千秋功罪话水坝》（清华大学出版社、暨南大学出版社 2000 年版），张宗祜的《九曲黄河万里沙：黄河与黄土高原》（暨南大学出版社、清华大学出版社 2000 年版），鲁枢元等主编的《黄河史》（河南人民出版社 2001 年版），周魁一的《中国科学技术史·水利卷》（科学出版社 2002 年版），雷亨顺主编的《中国三峡移民》（重庆大学出版社 2002 年版），高峻的《新中国治水事业的起步（1949 年—1957 年）》（福建人民出版社 2003 年版），赵诚的《长河孤旅——黄万里九十年人生沧桑》（长江文艺出版社 2004 年版），郑杭生主编的《中国水问题》（中国人民大学出版社 2005 年版），中国水利水电科学研究院水利史研究室编的《历史的探索与研究——水利史研究文集》（黄河水利出版社 2006 年版），罗兴佐的《治水：国家介入与农民合作》（湖北长江出版集团、湖北人民出版社 2006 年版），张岳、任光照、谢新民编著的《水利与国民经济发展》（中国水利水电出版社 2006 年版），徐海亮的《从黄河到珠江——水利与环境的历史回顾文选》（中国水利水电出版社 2007 年版），王浩、秦大庸、汪党献等的《水利与国民经济协调发展研究》（中国水利水电出版社 2008 年版），张世法等编著的《中国历史干旱 1949—2000》（河海大学出版社 2008 年版），陈惺的《治水无止境》（中国水利水电出版社 2009 年版）等。

　　这些著作中，或是长期从事水利工作的专家结合自身工作实践撰写的回忆性的著作，或是中国水利通史的著作，或是回忆性质的资料汇编集，或是专题性较强的水利研究著作。其中，1999 年钱正英主编的《中国水利》和 2003 年高峻的专著《新中国治水事业的起步（1949 年—1957 年）》两书，对新中国成立后水利建设问题研究的学术价值较高。前者由从事水利建设的专家所写，重点是水利专题史的论述，相对忽视了新中国成立以来水利建设历史的发展脉络；后者对新中国成立初期水利建设中的"除害"方面作了比较系统的研究，但对水利建设中"兴利"方面的研究涉及不多。而由当代中国研究所牵头组织编纂出版的 150 卷《当代中国》丛书，唯独缺少《当代中国的水利事业》，这表明对新中国水利建设问题还缺乏必要的研究基础，更彰显出对当代水利建设史研究的紧迫性和重要性，同时也决定了这项研究的难度。

　　正是由于新中国水利建设问题的研究基础较为薄弱，从而导致人们对当代中国水利建设问题认识上的模糊。海内外学术界在如何看待新中国水利建设的利弊得失问题上，有着较大的分歧，存在着激烈的争论，这种争议一直延续到现在。因此，有必要对新中国成立以来水利建设的利弊得失进行实证性研究,以澄清历史的迷雾。同时,中国共产党在领导全国人民进行大规模水利建设过程中,创造了许多行之有效的宝贵经验,值得重视并加以总结。目前,全国农田水利投入严重不足,工程老化失修,运行维护困难,效益下降,总体呈现下滑趋势。在新一轮水利建设高潮到来之际,深入研究新中国成立以来水利建设的利弊得失,探讨其成功的经验,客观评估其建设模式,总结其中的失误及教训,对新一轮水利建设高潮无疑具有重要的借鉴意义。

正是抱着这样的初衷,本书力图在掌握确凿的第一手档案资料及丰富的报刊文献资料基础上,对新中国成立以来水利建设进行全面的实证性分析,再现中国共产党领导全国人民进行大规模水利建设的历史图景。因为水利事业涉及的领域较广,故本书将研究重点集中于江河治理、农田水利建设等方面。除了"导论"和"结语"部分外,本书分10章展开阐述。

第一章"新中国大规模治水事业的起步",重点讨论了新中国成立初期的治水方针及江河治理情况。新中国成立后,面对严重的水旱灾害,中央政府确定了"防止水患,兴修水利"的治水方针,致力于水旱灾害的救治和水利设施建设。新中国大规模的治水事业是从根治淮河起步的,治理淮河工程是新中国第一个全流域、多目标的大型水利工程;荆江分洪工程是新中国成立后兴建的第二个大型水利工程;官厅水库是新中国成立后修建的第一座大型水库;浑河大伙房水库工程是新中国第一个五年计划水利建设的重点项目,是根治辽河水害和开发浑河水利的重要工程。这些大中型水利工程的兴建,对减少水患,改善民生,促进国民经济的恢复和发展起了重要作用。

第二章"新中国成立初期的农田水利建设",重点考察了新中国成立初期的农田水利建设情况。如果说除害主要是指防洪除涝的话,那么,兴利就是要搞农田水利建设,保障和扩大农田灌溉,以增加农业生产。新中国成立后,党和政府在优先治理江河水灾的同时,也加大了对农田水利建设的投入,不仅修复了河北省金门渠、蓟运河的扬水灌溉工程、山东省绣惠渠、四川省都江堰、陕西省洛惠渠等,而且新建了辽宁省盘山、东辽河,河北省石津渠,河南省引黄灌溉济卫工程与绥远省黄杨闸工程等。随着"一五"计划的实施,农田水利建设的重点由整修恢复原有灌溉、排水工程为主转为有计划、有步骤地兴修新的水利工程设施。农田水利灌溉设施的大规模兴建,促进了农田水利事业的迅速恢复和发展,扩大了农田水利灌溉面积，提高了抗御水旱灾害的能力。同时，水利灌溉管理制度的民主改革提高了水利工程设施的效益，水土保持工作随之起步并取得了一定成效。

第三章"'大跃进'时期的水利建设高潮"，重点考察了"大跃进"时期水利建设高潮的兴起、发展情况，深入分析了"大跃进"时期水利建设的利弊得失。党和政府在"大跃进"时期确立了以蓄为主、小型为主、社办为主的"三主"治水方针。在"三主"方针指导下，全国各地普遍掀起了大办水利的热潮。党的农村社会动员机制，是不断掀起农田水利建设高潮的有效机制，而人民公社体制为大办农田水利提供了制度上的保障，是此后农田水利建设的长效体制。大办水利促进了"大跃进"高潮，"大跃进"狂潮又反过来推进了新一轮水利建设高潮。从总体上看，"大跃进"时期的水利建设取得了空前成就，为农业生产的发展创造了有利条件，也出现了一些失误，留下了宝贵的经验教训。在利弊得失的估计上，应该说是得大于失，成绩是主要的，失误是次要的；七分成绩，三分失误；成绩巨大，教训深刻。

第四章"三门峡水库的上马与改建"，重点考察了"大跃进"时期最具代表性的治水工程——三门峡水库兴建与改建的情况。新中国成立后，党和政府开始着手研究治理黄河问题，不仅对黄河流域进行了大规模勘测，而且开始编制黄河综合规划，提出了根治黄河水害和开发黄河水利的计划。苏联专家帮助制定的《黄河综合利用规划技术经济报告》对兴建三门峡水利枢纽工程进行了全面论证，全国人大一届二次会议通过的《关于根治黄河水害和开发黄河水利的综合规划的决议》正式决定修建三门峡水库。围绕着三门峡水库修建问题，产生了重大分歧，争论始终不断。三门峡水库虽然在"大跃进"时期人们的争论中开工并建成，但由于规划设计不当，三门峡大坝建成不久就因泥沙淤积而不能发挥原来设想的效益，被迫进行大规模改建。这在新中国水利建设史上留下了极为深刻的教训。重大工程项目上马前，务必进行充分的论证和广泛的讨论；工程项目上马建设过程中，要及时发现问题，并采取有效的补救措施；工程项目一旦出现决策失误，就要敢于承担责任并吸取其中的教训，这是三门峡水库建设留给后人的宝贵经验。

第五章"国民经济调整时期的水利建设"，重点考察国民经济调整时期的水利建设情况。"大跃进"高潮过后，全国水利建设的重点逐渐转移到水利配套工程建设及发挥水利工程效益上来。党和政府在进行大量调查研究的基础上，对"三主"治水方针进行了部分调整，果断地将"以蓄为主"改为"配套为主"，形成了新的"三主"方针，即小型为主、配套为主、社办为主。在此方针指导下，全国各地不仅进行了大中型水库配套工程的续建工作，而且着力发挥水利工程的效益，下大力气消除"大跃进"时期水利建设的遗留问题，在控制华北地区次生盐碱化、治理松辽平原的洪涝灾害、发展江南机电排灌事业、对黄河中游地区进行大规模的水土保持工作等方面，均取得了突出成效。

第六章"农业学大寨时期的水利建设高潮"，重点考察农业学大寨时期全国范围内的水利建设高潮问题。在20世纪70年代初开始的农业学大寨运动中，全国农村广大干部群众以大寨为榜样，掀起了农田水利基本建设高潮。兴修水库、治河修渠、坡地改梯田、治理盐碱地、打井抗旱、兴建水电站，取得了一系列令人瞩目的成就。迄今遍布全国的大中小水库，除了建于"大跃进"时期之外，多数是在农业学大寨高潮中修建的。这些农田水利设施有效地增加了农田灌溉面积，增强了防涝抗旱能力，对农业生产的发展提供了可靠的物质保障。红旗渠全线竣工和丹江口水利枢纽初期工程的建成，成为该时期最令人瞩目的建设成就。作为学大寨运动重要组成部分的农田水利建设高潮，由于受"左"的思潮干扰，加上当时科研、设计单位被撤销，工程技术人员下放农村劳动，致使许多工程前期工作不足，施工质量缺乏保证，因而出现了许多问题，留下了不少深刻的教训。

第七章"兴修水库与海河水系的初步治理"，重点考察了农业学大寨运动前后海河治理情况。在进行大规模的农田水利建设的同时，党和政府并未放松对大江大河的治理，海河治理就是其中的典型。继"大跃进"高潮中在海河上游相继修建十三陵水库、怀柔水库、密云水库之后，又着力修建了海河建闸工程、天津市污水系统改建工程，改变了海河历年来咸淡不分、清浊混流的面貌，使其进入"咸淡分家、清浊分流"的新时期。毛泽东发出"一定要根治海河"号召后，河北省掀起了根治海河的群众性水利建设运动，相继兴修了黑龙港排涝工程、子牙新河工程、治理大清河中下游工程及"北四河"工程。这些水利工程的完成，使海河中下游初步形成了河渠纵横、排灌结合的水利系统，海河的排洪入海能力得到大幅度提高，海河水患得到有效遏制。

第八章"改革开放初期的水利建设",重点考察改革开放初期水利建设情况。1979年初,中共中央制定了"调整、改革、整顿、提高"的八字方针,全国各地水利部门经过对农业学大寨时期水利建设的深刻反思,开始转变水利建设方针,逐渐将水利工作的着重点从抓建设新工程转移到抓管理、注重发挥已有水利工程的效益上来。在国家大幅度压缩基本建设投资的情况下,全国各地积极改革水利投入方式,实行分级负担,依靠社会力量多层次、多渠道集资办水利的办法,开展水利综合经营,在重点水土流失区开展以小流域为单元的综合治理,出现了以户承包治理小流域的新形式,开展了大规模的植树造林、兴修水平梯田等水土保持工作,取得了一定成效。

第九章"新时期的江河综合治理与南水北调",重点考察改革开放以后(尤其是20世纪90年代以后)党和政府组织兴建的江河治理及南水北调工程建设情况。1991年,淮河大水向人们敲响了警钟;1998年,长江大水再次唤起了人们的水利意识。国家尽管相对减少了对农田水利基础设施的投资额度,但对大江大河的治理力度却逐渐加强。治理淮河重点工程的全面实施,黄河小浪底水利工程的修筑,举世瞩目的长江三峡工程的上马,南水北调工程从构想到付诸实施,都表明新时期国家对江河治理的高度重视。这些重大工程的建成,从整体上提高了防御特大洪水的能力,最大限度地减轻了水旱灾害给中国经济社会以及生态环境造成的损失,基本保障了国民经济和社会持续稳定发展。

第十章"市场经济条件下的水利事业",重点考察20世纪90年代以后市场经济条件下水利事业发展情况。在市场经济条件下,中国水利事业出现了一些新情况、新问题,面临着一些新挑战。国家在注重水利建设自身发展的同时,更加重视水利和经济社会发展的紧密联系;在注重水资源开发利用的同时,更加重视水资源的节约和保护。随着水利部门对水利问题认识的深化,中国水利开始从以"治水"为主的传统水利向"管水"为主的现代水利转变,由传统的"以需定供"转为现代的"以供定需",并注重水资源利用与经济社会协调发展,确立了建设节水防污型社会的新目标。

本书力图在以下四个方面有所突破和创新:

第一,新中国成立以后水利建设的基本发展历程怎样,水利建设方针与水利建设高潮之间存在着怎样的关联,这是学术界认识比较模糊的问题。本书在掌握第一手资料的基础上，重点对新中国成立以来水利建设发展历程作了系统梳理，从江河治理和农田水利建设两个基本维度，揭示了新中国治水方针的转变及由此带来的水利建设重心的转移，清晰地勾画出当代中国水利建设发展的历史轨迹。

第二，新中国水利建设究竟取得了哪些重要成就，为什么会取得这样巨大的成绩，水利建设中出现了哪些偏向，留下了哪些值得汲取的经验教训，这是学术界长期争论不休的重大问题，也是到目前为止最缺乏实证性研究的领域。本书用大量可靠的档案资料和相关统计数据，对新中国成立以后水利建设取得的空前成就作了全面阐述和充分肯定。同时，对新中国成立以来水利建设的利弊得失作了客观评判，在充分肯定水利建设空前成绩的基础上，正视水利建设中的某些失误和缺点，深刻总结水利建设中的经验教训。尤其是对"大跃进"时期和农业学大寨时期掀起的两次水利建设高潮中存在的偏向作了系统分析，对三门峡水库建设的教训作了深刻总结。

第三，本书通过分析文献资料，提出了一些过去学术界没有提出的新观点。如"大跃进"运动与兴修水利是互相促进又互相制约的互动关系；全民办水利是中国共产党领导全国人民进行水利建设的伟大创举；农村社会动员机制是不断掀起水利建设高潮的有效机制；国家介入与农民合作是促进中国农田水利建设的有效途径；从治水到管水是中国水利事业从传统水利向现代水利转变的重要标志等，均具有一定的原创性。

第四，本书坚持以唯物史观为学术研究的指导方针，坚持"论从史出"和"史论结合"的原则，重视到全国各地档案馆查阅相关水利建设档案，大量搜集、整理和运用档案、调查报告等第一手资料，配以当时的报刊文献资料来进行实证性研究，避免了学术研究中的空洞化、概念化、模式化倾向，具有浓重的实证性研究色彩。

本书在撰写过程中参阅了大量文献档案资料，对新中国成立以来水利建设的历程作了比较系统的考察，但因水利建设涉及的领域较广，难以逐一详述，故将研究重点集中于江河治理、农田水利建设和水土保持方面，而对水利管理、水利经营及水电事业的情况阐述较少。同时，本书在研究过程中参考了全国各地编撰的《水利志》及相关研究成果，这些成果多数列入书后的"参考文献"中，此处特表致谢。

第一章　新中国大规模治水事业的起步

新中国成立后，面对严重的水旱灾害，中央人民政府确定了"防止水患，兴修水利"的治水方针，致力于水旱灾害的救治和水利设施的建设。新中国大规模的治水事业，是从根治淮河起步的。治理淮河工程是新中国第一个全流域、多目标的大型水利工程；荆江分洪工程是新中国成立后兴建的第二个大型水利工程；官厅水库是新中国成立后修建的第一座大型水库，为治理海河奠定了坚实基础；浑河大伙房水库工程是新中国第一个五年计划水利建设的重点项目，是根治辽河水害和开发浑河水利的重要工程。这些大中型水利工程对减少水患、改善民生、促进国民经济的恢复和发展起了重要作用。

一　"防止水患,兴修水利"方针

中国是水旱灾害严重的国度。据历史记载，从公元前206年到1936年的2142年间，共发生较大水灾1031次，旱灾1060次，几乎每年平均就发生一次水灾或旱灾。由于森林遭受破坏，水利失修和战争的影响，水旱灾害愈到后来发生得愈频繁，范围愈扩大，程度也愈严重。据不完全统计，1928年华北、西北、西南13个省普遍干旱，受灾县份达535县（约占全国县份的四分之一），灾民达12000万人，农产品收获量平均不足二成，很多地方竟至颗粒未收，其中以华北区最为严重。1931年全国大水，仅在长江、淮河流域被淹农田就达12000万亩，水稻损失占常年总产量的38%，棉花损失占常年总产量的24%。[1]

---

①　参见须恺《中国的灌溉事业》，载中国社会科学院、中央档案馆编《1953—1957中华人民共和国经济资料选编·农业卷》，中国物价出版社1998年版，第643页。

在传统中国社会，治水是立国之本。早在春秋时代，管子提出"善为国者，必先除水旱之害"，将水旱灾害与国家兴衰相联系。秦、汉、隋、唐、明、清等朝代均将兴修水利作为安邦定国的重要措施加以实施，不仅创造了繁荣兴盛的经济，而且使关中地区、黄河中下游、淮河流域、长江流域、海河流域、沿海地区和西北边疆地区的水土资源先后得到开发，形成中国的重要农业区。国家统一与治水形成了密切的互动关系：统一治水的要求促成了国家统一；而统一国家的形成又促进了统一治水。[①]

中国是一个农业大国，农业的发展取决于水利建设的好坏，兴修水利成为农业发展的要务，中国历朝历代都十分重视兴修水利，故中国是世界上最早兴修水利的国家之一。早在传说中的大禹时代，就有"尽力乎沟洫"、"陂障九泽、丰殖九薮"等对农田水利的认识。夏商时期，有在井田中布置沟渠进行灌溉排水的设施。到西周时期，在关中地区已有较多的小型灌溉工程，如《诗经·小雅·白华》记载："滮池北流，浸彼稻田。"春秋战国时期，大量土地得到开垦，灌溉排水设施相应得到较快发展。其中比较著名的水利工程有：魏国西门豹在邺郡（今河北省临漳）修建的引漳十二渠，灌溉农田和改良盐碱地；楚国在今安徽寿县兴建的蓄水灌溉工程芍陂（今安丰塘）；秦国蜀地郡守李冰主持修建都江堰，使成都平原成为"沃野千里，水旱从人"的"天府之国"。

古代中国经历了三次统一与和平时期，带来了三次水利的大发展和人口的大增长。（1）秦汉时期是全国统一、国力强盛时期，也是灌溉排水工程大发展时期，决通川防，夷去险阻，黄河流域得到开发，全国人口从2000万左右增至5000多万。[②] 建于公元前246年的郑国渠（今泾惠渠的前身）是秦始皇统一六国前兴建的大型灌溉工程，当时号称灌田4万顷，使关中地区成为中国最早的基本农业经济区。汉武帝时，引渭水开凿了漕运和灌溉两用的漕渠，后又修建了引北洛河的龙首渠，引泾水的白渠及引渭灌溉的成国渠。为了巩固边防、屯兵垦殖，汉代在河西走廊和黄河河套地区修建了一些大型渠道引水工程。（2）隋唐北宋时期，长江流域和东南沿海得到大规模开发，并修通了联系南北的大运河。江浙一带农田水利工

---

① 参见钱正英《中国水利的决策问题》，载《钱正英水利文选》，中国水利水电出版社2000年版，第43页。

② 参见钱正英《从中国水利看共产党的正确领导》，载《钱正英水利文选》，中国水利水电出版社2000年版，第85页。

程迅速发展，农田灌溉面积急剧扩大，使太湖地区的赋税收入超过黄河流域，成为新的农业基本经济区。宋神宗时王安石颁布的《农田利害条约》（又称《农田水利约束》），是第一个由中央政府正式颁布的农田水利法令，促进了农田水利建设的发展。（3）元明清时期，随着人口的快速增长，迫切要求扩大耕地面积、兴修水利，以提高单位产量。长江中下游的水利建设发展迅猛，仅洞庭湖区的筑堤围垦，明代就有 200 处，清代达 400 多处，两湖地区成为全国重要的农业基本经济区。南方的珠江流域，北方的京津地区，西北和西南边疆地区灌溉事业也得到很大发展；东北的松辽平原在清中叶开禁移民以后，灌溉排水工程也有所发展。

到 20 世纪初，中国水利事业开始从传统向近代转变。大批留学生归国开办水利学校，培养近代水利人才，传播西方先进的水利科技。1914 年，中国第一所水利专科学校——河海工科专门学校在南京成立。此后，长江、黄河等流域相继设立水利机构，进行流域内水利发展的规划和工程设计。其中最著名的是 20 世纪 30 年代由水利专家李仪祉主持修建的陕西省泾惠渠，以及后来兴修的渭惠渠、洛惠渠等灌区。

由此可见，中国是世界上水利事业最发达的国家之一。北起北京、南至杭州的大运河，北起吴淞口、南至钱塘江的海塘工程，四川省的都江堰，甘肃省的秦渠、汉渠、唐徕渠等，以及遍布南方水稻地区的数百万口塘堰，华北各省的水井、水车，西北地区的坎儿井等，都是中国历史上伟大的水利建设成就。①

尽管中国是世界上水利事业最发达的国家之一，但由于人口的剧增，水土资源的开发形成了巨大压力。许多地方过度垦殖，毁林开荒，围湖造田，加重了水土流失和水害灾害。近代以来，外侮日深，内乱不已，国力衰退，水利失修，水害灾害与社会动乱形成恶性循环。到 1949 年新中国成立之时，全国仅有 4.2 万公里的江河堤防，防洪能力很低。全国灌溉面积仅 2.4 亿亩，约占当时耕地面积的 16.3%，人均占有灌溉面积 0.44 亩。从各地的情况来看，有效灌溉面积基本只占耕地面积的一半以下，农业大省河南仅占 5.87%，浙江占耕地面积的 49.95%，吉林占 1.94%，北京占 2.63%，山东占 2.83%。薄弱的农田水利设施、低下的防洪能力，在自然

---

① 参见须恺《中国的灌溉事业》，载中国社会科学院、中央档案馆编《1953—1957 中华人民共和国经济资料选编·农业卷》，中国物价出版社 1998 年版，第 644 页。

灾害面前不堪一击,水旱灾害严重地威胁着国计民生。据不完全统计,1949年,全国被淹耕地达1.2156亿亩,减产粮食220亿斤,灾民4000万人,重灾区灾民达1000万人。华东地区被淹耕地5000余万亩,占全部耕地的五分之一,减产粮食70余万斤,灾民1600万人。① 此外,房屋、牲畜、农具等直接间接损失无法估计。按区域论,以皖北、苏北、鲁南、冀东等地受灾最重,而辽西②、湖北、湖南、皖南、苏南次之。按流域论,以淮河流域、潮白河流域及长江中下游地区受灾最重,而辽河流域、珠江流域次之。③

新中国成立前夕,美国国务院在发表题为《中美关系》白皮书的同时,公布了《艾奇逊致杜鲁门信》。信中指出:"中国的人口在十八、十九世纪中增加了一倍,因此对于中国成为一种不堪重负的压力。每一个中国政府必须面临的第一个问题,是解决人民的吃饭问题。到现在为止,没有一个政府成功。国民党曾企图用制定许多土地改革法令的方式解决这个问题,这些法律中有的失败了,另外的则遭忽视。国民政府今日所面临之难境,大部分正是因为它不能以充分的粮食供给中国。"④ 在美国政府看来,国民党失败的原因是中国的土地根本无法供应众多人口所需要的粮食,而这也是近代以来历届中国政府都无法解决的难题。对此,即将成立的新中国能否解决这一难题?这不仅是美国提出的挑战,也是新中国能否渡过难关的大事。

"国以民为本,民以食为天"。新中国成立初期严峻的水利形势和吃饭问题,客观上要求刚成立的中央人民政府把恢复和发展农业生产力提到非常重要的地位。而发展农业生产力的重要措施,就是兴修水利。新中国建立伊始,中央人民政府便强调恢复工作有两个重点,"一个重点是在交通,尤其是铁道,另一个重点在水利和农业"⑤,"农业方面,要水利与农业生产并重,水利要配合农业"⑥。1949年9月29日,中国人民政治协商会议第一届会议通过了《中国人民政治协商会议共同纲领》,其中第34条明确

---

① 参见《周恩来传》(下),中央文献出版社1998年版,第972页。

② 辽西省,旧省名。1954年撤销,所辖地区分别划归辽宁、吉林两省。

③ 参见孙晓村《为彻底克服水患而奋斗》,《人民日报》1950年8月25日。

④ 迪安·艾奇逊:《艾奇逊致杜鲁门信全文》,《人民日报》1949年8月28日。

⑤ 中国社会科学院、中央档案馆编:《1949—1952中华人民共和国经济档案资料选编·基本建设投资和建筑业卷》,中国城市经济社会出版社1989年版,第242页。

⑥ 《周恩来选集》下卷,人民出版社1984年版,第7页。

规定："应注意兴修水利，防洪防旱"；第 36 条还规定："疏浚河流，推广水运。"① 这表明新政府非常重视水利建设。10 月 19 日，中央人民政府水利部成立，负责统管全国水利资源的开发、管理和防洪除涝工作，傅作义任水利部部长，李葆华、张含英任副部长。

由于长期战乱对水利事业的严重破坏，全国各地水旱灾害频繁，新成立的人民政府必须首先解决水害问题，将防止水患、兴修水利作为最紧迫的任务。因此，新中国成立初期的水利建设规划还带有局部性和临时性，来不及对全流域长远的问题作全面的查勘研究，还没有能力对江河流域进行长远的规划和根本治理。因此，新中国成立初期的水利建设带有很大的应急性和被动性。

面对水旱灾害给民众造成的深重苦难，作为中央人民政府政务院②总理的周恩来忧心如焚。他认为，如果如此严重的水旱灾害得不到有效治理，其他问题就无从谈起。故他重视新中国的水利建设事业，指示刚刚成立的水利部尽快制定切合中国国情的治水方针并兴办水利事业。为此，1949 年 11 月 8—18 日，水利部在北京召开全国各解放区水利联席会议，将水利作为安邦兴国的一项重大工作专门研究部署，这实际上是第一次全国水利会议。会议正式确定了新中国水利建设初期的基本方针："防止水患，兴修水利，以达到大量发展生产之目的。"③ 并要求："各项水利事业必须统筹规划，相互配合，统一领导，统一水政，在一个水系上，上下游，本支流，尤应统筹兼顾，照顾全局。"④ "对于各河流的治本工作，首先是研究各重要水系原有的治本计划，以此为基础制订新的计划。"⑤

周恩来接见与会代表时，用"大禹治水，三过其门而不入"的故事勉励代表们要下决心为人民"除害造福"。他说："中国人民长期以来受尽了水旱灾害的折磨。水利工作做的是开路的工作，'种树'的工作。水利工

①　《中国人民政治协商会议共同纲领》，《人民日报》1949 年 9 月 30 日。

②　1949 年 10 成立，1954 年 9 月，根据第一届全国人民代表大会第一次会议通过的《中华人民共和国宪法》，改设中华人民共和国国务院。

③　李葆华：《当前水利建设的方针和任务》，载中国社会科学院、中央档案馆编《1949—1952 中华人民共和国经济档案资料选编·农业卷》，社会科学文献出版社 1991 年版，第 443 页。

④　同上书，第 444 页。

⑤　同上。

作本身就是为人民服务。假如中国的全部水都能利用,那将是一件多么伟大的事业呀!"①

"防止水患,兴修水利",是新中国成立后较长时期水利建设的主要任务,也是新中国治水的基本方针。在新中国成立初期水利建设的具体实施过程中,中央人民政府水利部在该方针指导下有重点地安排水利工作,每年都有侧重点和具体的规划。面对新中国成立初期严重的水旱灾害,全国各解放区水利联席会议确定1950年水利工作的重点是:"在受洪水威胁地区,着重于防洪排水,在干旱地区着重于开渠灌溉,同时并加强水利事业的调查研究工作,以准备今后长期水利建设的资料,其他水力工程、航道整理、运河开凿等,则视人力物力技术等具体条件择要举办或准备举办。"② 很显然,其目的是为了在防御水灾的同时保障与发展农业生产。

在"防止水患,兴修水利"方针指导下,1950年全国各行政区水利工作的具体布置,根据各地不同的情况逐渐展开。有的以防洪为主,有的以灌溉为主,有的则是防洪与灌溉占同等地位。从水利事业费的分配比例上,大致可以看出全国各地区的这些特点(详见表1-1)。

表1-1　　　　　　　1950年各区水利事业费分配表　　　　单位:%

地区	防洪	灌溉	其余
华东区	94.6	1.3	4.1
中南区	90.2	4.3	5.5
东北区	31.8	37	31.2
西北区	6.1	79.4	14.5
华北区	61.7	28.2	10.1

资料来源:笔者根据《水利部工作报告(1950年)》整理而成。参见中国社会科学院、中央档案馆编《1949—1952中华人民共和国经济档案资料选编·农业卷》,社会科学文献出版社1991年版,第447页。

从表1-1可以清楚地看出,1950年各地区的水利工程重点是:华东、

---

① 《周恩来年谱(1949—1976)》上卷,中央文献出版社1997年版,第13页。
② 《水利部工作报告》(1950年),载中国社会科学院、中央档案馆编《1949—1952中华人民共和国经济档案资料选编·农业卷》,社会科学文献出版社1991年版,第447页。

中南、华北三区以防洪为主，灌溉为次，而西北则以灌溉为主防洪为次，东北则是防洪与灌溉比重基本相等。但1950年水利事业费的分配，"就全国范围来说，防洪排水约占全部事业费的73%，开渠灌溉约占19%，勘测研究约占4.7%，其余约占3.3%，又表现了本年全国水利工程以防洪为重点"①。

在全国范围内，防洪、灌溉、排水、航道整理等水利工程，计划土方数量约3.6亿立方米，石方数量约115万立方米。尽管当时百废待举、国家财政困难，但中央政府仍然保持着对水利建设较高比例的投入。新中国成立初的3年共投入农林水利建设资金10.3亿元，占3年整个基本建设投资78.4亿元的13.14%，并且是逐年增加。其中1950年为1.3亿元，1951年为2.6亿元，1952年为6.4亿元。② 1950年全国用于水利事业方面的经费，相当于国民党统治时期水利经费最多一年的18倍，1951年相当于42倍，1952年相当于52倍。③ 可见，中国共产党和人民政府的确将根治水害、开发水利列为一项重要的建设任务。正如时人所言，中央人民政府刚成立，"在肃清残敌、保证数百万军政人员的供给，调运粮食救灾备荒，有重点的恢复经济三大主要财政任务之下，拿出这么多钱来兴修水利，可以看出人民政府对消除水患的决心"④。

1950年全部水利工作中，最担心的有四个重要区域：一是河北的永定河，二是淮河区域，三是湖北的汉水，四是苏北的沂沭河。但这几个区域的水灾问题难以在短期内从根本上解决，故遇到过大的雨量或洪水，难免会发生危险。其中，淮河流域在1950年夏发生了非常严重的水灾。这样，新中国大规模的治水事业，就从根治淮河起步了。

二 治淮新方针及治淮工程的启动

淮河，历史上曾独流入海，故称"四渎"⑤之一。它发源于河南省境

① 《水利部工作报告》（1950年），载中国社会科学院、中央档案馆编《1949—1952中华人民共和国经济档案资料选编·农业卷》，社会科学文献出版社1991年版，第447—448页。

② 参见中国社会科学院、中央档案馆编《1949—1952中华人民共和国经济档案资料选编·基本建设投资和建筑业卷》，中国城市经济社会出版社1989年版，第254页。

③ 参见傅作义《三年来我国水利建设的伟大成就》，《人民日报》1952年9月26日。

④ 孙晓村：《为彻底克服水患而奋斗》，《人民日报》1950年8月25日。

⑤ 古时，淮河与黄河、长江、济水齐名，并称"四渎"。

内的桐柏山，经豫东、皖北、苏北合运河流入长江，全长1158公里。两岸的支流，有洪、史、颍、淝、涡、浍、沱、濉、芡、澥、池等河。淮河流域的湖泊很多，有洪泽湖、高邮湖、宝应湖、城东湖、城西湖、唐垛湖、戴家湖、孟家湖、焦岗湖、姜家湖等。全域面积覆盖山东、河南两省的南部，江苏、安徽两省的北部，约有28万平方公里，有5800万人口、1.8亿亩耕地。淮河流域受黄河泛滥的侵占，水系时遭淤废紊乱，成为历史上的严重灾区。淮河流域的水灾，是一个历史性的灾害。据不完全的记载，从公元前246年到1948年，发生较大水灾979次；从1855年到1948年，发生较大水灾14次，其中1921年淹地1900万亩，1931年淹地7700万亩。①

　　淮河流域灾害的频繁，主要是它的水系被泥沙淤塞而造成的。远自南宋及明朝黄河夺淮开始，淮河即因泥沙淤塞而被削弱了排泄和灌溉的能力，皖北民谣中所说的"十有九荒"就是由于这种原因造成的。黄河数度决口，南侵入淮，淮河水系便被黄水的泥沙淤塞，入海的道路不通，入江的水道不畅。在此种情况下，淮河水系积水难泄，灾害与日俱增，形成了"大雨大灾，小雨小灾，无雨旱灾"的痼疾。到1855年（清朝咸丰五年），黄河在铜瓦厢②决口迁徙，才掉头北去，到山东省利津县入海，淮河才摆脱了黄河的侵扰。但黄河的大量泥沙使淮河河道淤高，入海口堵死，淮河出路即完全借运河入长江，到抗日战争前又由所辟入海水道直接经阜宁东北的套子口入海了。

　　淮河的支流比中国其他河流数目多，而且分布得非常密集。在河南、皖北两省区，直接入淮的较大支流就有29条，较小的支流在180条以上。所以，只要河南、皖北同时发生暴雨，多数支流必将同时涨水，汇流成异常巨大的洪水，致使淮河干流不能容泄。由于淮河下游坡度平缓，洪水下泄的时间因而延长，不但增加了各条支流洪水相遇的机会，容易造成较大的洪水峰，同时因为淮河干流长期保持较高的水位，反过来又影响支流及内地雨水的宣泄。

　　为了避免淮水泛滥，清末便开始进行导淮工作，修筑了一些防洪工

---

　　①　参见中央水利部治淮通讯组《把淮河千年的水患变成永远的水利》，《人民日报》1951年9月22日。

　　②　旧集市名，在今河南省兰考县西北黄河东岸。现已坍入河中。

程，但效果甚微。1929 年，南京国民政府设立导淮委员会，在淮河中下游做了一些修补工程，但由于政府贪污腐化，致使导淮愈导愈坏。1938 年 6 月，河南郑州花园口人为决堤，[①] 滚滚黄水由贾鲁河、颍河直冲入淮，不仅使豫、皖等省 66 县数百万人流离失所，洪水泛滥延续 9 年之久，形成了所谓"黄泛区"，[②] 而且使淮河堤防涵闸工程全遭破坏。到新中国成立时，淮河堤身"百孔千疮，亟需修补"，抗洪能力降到低点。

1949 年 4 月，皖北人民行政公署[③]在合肥成立后，立即领导阜阳、颍上、涡阳、蒙城、凤台、怀远、宿县、灵璧、泗县、五河等十余县民众治理淮河支流。经过两个多月努力，十余县中有 529 万亩地变为良田。6 月 15 日，南京人民政府水利委员会特派淮河工程勘察队沿淮各段勘察，发现有 400 万方土急需抢修。为此，皖北人民行政公署一面紧急指示沿淮各县对这些险工紧急抢修，一面在蚌埠成立淮河防汛委员会，统一领导淮河防汛工作。8 月 13 日，淮河防汛委员会召开首次会议，明确提出了"全面防汛，重点抢修"方针，并对各级防汛组织的建立、工程计划、经费负担作了规定。随后，淮河沿岸人民在党和政府领导下，对淮河堤防工程进行了冬修和春修。

1950 年 6 月初，由华东军政委员会水利部和皖北行署召集的淮河水利会议在蚌埠举行。时任华东军政委员会水利部副部长的刘宠光在会上总结了淮河冬修和春修的情况，并对治淮工作上"重复堤、轻疏浚"的错误，作了严肃检讨。他说：去冬今春的治淮工作，曾提出"复堤和疏浚并重"的方针，但实际的工程计划却是复堤土方数字占全部工程计划的三分之二，而疏浚仅占三分之一，以致冬修和春修虽有成绩，却未收到预期的效果。这主要是因为事前对淮河情况了解不足，未能进行慎重研究，作出完善的计划。会议根据刘宠光的检讨，确定了今后治淮的总方针是"疏浚排水，结合防洪灌溉"。会议据此制定了 1951 年的治淮初

---

① 1947 年，国民党政府为战争的需要，在没有做好准备的情况下强制堵口，又给黄河下游河道造成严重危害。

② 参见江苏省水利厅《江苏省水利建设情况介绍》，江苏省档案馆藏 3224—长期—219 卷。

③ 皖北人民行政公署，是中国 1949—1952 年存在的一个省级行政区，1949 年 4 月在合肥设立，辖安徽省长江以北地区。5 月，设立皖南人民行政公署，驻芜湖市，辖安徽省长江以南地区。1951 年 12 月，皖南人民行政公署驻地从芜湖迁往合肥市，与皖北行署合署办公。1950 年 2 月属华东军政委员会。1952 年 8 月 25 日，成立安徽省人民政府，同时撤销原皖北人民行政公署与皖南人民行政公署，省会仍驻合肥。

步计划。计划的主要内容包括大力疏浚濉河、浍河、涡河、北淝河、西淝河等淮河支流，兴建涵闸，举办沟洫示范工程等。总计约需做土方4800余万立方米，工程预算约需稻米2.6亿斤。该计划完成后，将使皖北660余万亩农田免除水患。①

1950年6月26日至7月19日，淮河流域阴雨连绵达20多天，连降三场暴雨，上中游干支流水位迅速上涨，超过了1921年和1931年的洪水水位。淮河堤防因标准过低而相继漫溢崩溃，造成非常严重的洪灾。据统计，淮河流域受灾面积达4687万亩，灾民约1300多万人，死亡人口489人，倒塌房屋89万余间。②尤其是皖北在连续七天大雨之后，淮河干流决口泛滥，灾情更加严重。时任政务委员的曾山在视察淮河时看到："津浦铁路两旁一片汪洋，一眼几十里都是如此，沿路数百里的河堤全部失去作用，村庄被淹没崩塌，怀远县县城的城墙也看不到了，许多灾民挤在一块块高地上求生，干部情绪低落。"③虽经豫皖两省人民政府和水利部门全力抢救，减小了部分灾害，但全流域灾情仍然十分严重。这一紧急状况立即引起中共中央和中央人民政府的高度重视。

7月18日，华东防汛总指挥部给中共中央防汛总指挥部的电报说：淮河中游水势仍在猛涨，估计可能超过1931年最高洪水水位。7月20日，毛泽东看了这封电报后，立即将电报批给政务院总理周恩来："除目前防救外，须考虑根治办法，现在开始准备，秋起即组织大规模导淮工程，期以一年完成导淮，免去明年水患。请邀集有关人员讨论（一）目前防救，（二）根本导淮两问题。"④8月1日，中共皖北区党委书记曾希圣致电华东局、华东军政委员会并转中共中央，报告皖北灾情及救生工作意见。电报说，今年水势之大，受灾之惨，不仅重于去年，且为百年来所未有。淮北20个县、淮南沿岸7个县均受淹，被淹田亩总计3100余万亩，占皖北全区二分之一强。房屋被冲倒或淹塌已报告者80余万间，其中不少是全村沉没。耕牛、农具损失极重（群众口粮也被淹没）。由于水势凶猛，群

---

① 参见《淮河水利会议闭幕，订定明年治淮初步计划，准备普查河堤预防夏汛》，《人民日报》1950年6月24日。
② 参见淮河水利委员会编《中国江河防洪丛书·淮河卷》，中国水利水电出版社1996年版，第46页。
③ 转引自《周恩来传》（下），中央文献出版社1998年版，第972—973页。
④ 《建国以来毛泽东文稿》第1册，中央文献出版社1987年版，第440页。

众来不及逃走，或攀登树上、失足坠水（有在树上被毒蛇咬死者），或船小浪大、翻船而死者，统计489人。受灾人口共990余万，约占皖北人口之半。洪水东流下游，灾情尚在扩大，且秋汛期尚长，今后水灾威胁仍极严重。由于这些原因，干群均极悲观，灾民遇着干部多抱头大哭，干部亦垂头流泪。① 8月5日，毛泽东看到这封电报后，再次批示周恩来："请令水利部限日作出导淮计划，送我一阅。此计划八月份务须作好，由政务院通过，秋收即开始动工。"②

8月31日，毛泽东在华东军政委员会向周恩来转报中共苏北区委对治淮意见的电报上写道："导淮必苏、皖、豫三省同时动手，三省党委的工作计划，均须以此为中心，并早日告诉他们。"这个批语是针对华东军政委员会8月28的电报，该电报转报了苏北区委对治淮的意见。其中第三项是："如今年即行导淮，则势必要动员苏北党政军民全部力量，苏北今年整个工作方针要重新考虑，既定的土改、复员等工作部署必须改变，这在我们今年工作上转弯是有困难的；且治淮技术上、人力组织上、思想动员上及河床搬家，及其他物资条件准备等等，均感仓促，对下年农业生产及治沂均受很大影响。如果中央为挽救皖北水灾，要苏北改变整个工作方针，服从整个导淮计划，我们亦当竭力克服困难，完成治淮大计。"③ 从上述三个批语中，可以看出毛泽东关怀灾民的迫切心情和治理淮河的决心。为了抢救淮河水灾，中央人民政府先后拨出食粮1亿余斤，盐1000万斤，煤52万吨，籽种贷款350亿元，进行紧急赈救。④

根据毛泽东根治淮河的指示精神，党和政府开始启动淮河根本治理工作。8月25日至9月12日，在周恩来的直接领导下，水利部在北京召开治淮会议，具体落实毛泽东关于治理淮河的批示。参加会议的有华东水利部、中南水利部、皖北行署、苏北行署及河南省政府、淮河水利工程总局及河南黄泛区复兴局等部门的负责人及专家40余人。由于治理淮河关系到上中游不同地区的切身利益，河南、安徽、江苏三省在治淮办法上存在着意见分歧。为此，与会代表就治淮方针问题发生了"蓄泄之争"。周恩

---

① 参见曹应旺《周恩来与治水》，中央文献出版社1991年版，第14页。
② 《建国以来毛泽东文稿》第1册，中央文献出版社1987年版，第456页。
③ 同上书，第491页。
④ 参见《为根治淮河而斗争》，《人民日报》1950年10月15日。

来参加了会议并多次听取汇报，在综合各方面意见的基础上，他兼顾上中下游的利益，就治淮工作的方针问题提出了指导性意见。他认为，单纯地"蓄"或单纯地"排"，均不能达到除害兴利的目的，故建议将"蓄泄兼筹，以达根治之目的"作为治淮的根本方针。

治淮会议分析研究了淮河的最大流量[①]和淮河各段的危险水位，决定以周恩来提出的"蓄泄兼筹"作为治淮的根本方针，确定淮河上游以拦蓄洪水发展水利为长远目标，中游蓄泄并重，下游则开辟入海水道，以利宣泄。会议还制定了治淮工程的具体实施步骤，决定1950年12月以前以勘测工作为重心，上游和下游以查勘蓄洪工程和入海水道为重点，同时进行放宽堤距、疏浚、涵闸等勘测工作；中游地区在整个计划内，选择对上、下游关系较小的部分工程，结合以工代赈，于10月下旬先行开工。为了保证治淮工作的顺利进行，会议建议由华东、中南各有关地区组成治淮委员会，统一领导治淮工作，并成立淮河上、中、下游三个工程局，以便统筹兼顾。[②] 这次会议，不仅改变了灾区人民垂头丧气、悲观失望的状态，而且拉开了新中国成立后大规模治理淮河的序幕。

在治淮会议召开的同时，周恩来于9月2日召集董必武、薄一波、傅作义等人开会研究治淮计划。会议决定：（1）治淮必须江苏、安徽、河南三省同时动手，做到专家、群众和政府三者结合，新式专家和土专家相结合。（2）到9月定出动员和勘探的具体计划，10月动工，以3年为期，根除淮河水患。[③] 9月16日，时任安徽省委书记的曾希圣向华东局和中央电告皖北地区灾民积极拥护治淮决定的情况，并提出调配粮食的建议。9月21日晚，毛泽东将这份电报再次批给周恩来："现已9月底，治淮开工期不宜久延，请督促早日勘测，早日做好计划，早日开工。"[④] 次日，周恩来致信毛泽东、刘少奇、朱德、陈云等人，说明关于治淮的两份文件已送华东、中南军政委员会审议，等饶漱石、邓子恢10月初来京时再作最后决定；至于治淮工程计划，则已由水利部及各地开

---

① 河道的"流量"，是指在河道某一个横断面，每秒钟内有多少立方米的水流过去，这个体积的水，便叫作"流量"。

② 参见《水利部召开治淮会议，决定今冬以勘测为重心明春全部动工》，《人民日报》1950年10月16日。

③ 参见《周恩来年谱（1949—1976）》上卷，中央文献出版社1997年版，第74—75页。

④ 《建国以来毛泽东文稿》第1册，中央文献出版社1987年版，第530页。

始付诸实施，因时机不容再误。同时，周恩来致信陈云、薄一波、李富春并转傅作义、李葆华、张含英等人：为了保证治淮工程计划的顺利实施，"凡紧急工程依照计划需提前拨款者，亦望水利部呈报中财委核支，凡需经政务院令各部门各地方调拨人员物资者，望水利部迅即代理文电交院核发"①。

为此，傅作义领导的水利部立即召集华东区与中南区水利部、淮河水利工程总局及河南、皖北、苏北等省区负责干部，分析水情，反复研讨，拟定治理淮河方针及 1951 年应办的工程，再次强调以"蓄泄兼筹"为治理淮河的指导方针并力争尽快加以落实。

1950 年 10 月 14 日，政务院发布由周恩来主持制定的《政务院关于治理淮河的决定》，阐明了治淮的方针、步骤、机构以及豫皖苏三省的配合、工程经费、以工代赈等重大问题，确定兴建淮北大堤、运河堤防、三河活动坝和入海水道等大型骨干工程。该《决定》正式将"蓄泄兼筹"作为治理淮河的指导方针。为了实现这一治淮方针，《决定》还确定了两项重要原则："一方面尽量利用山谷及洼地拦蓄洪水，一方面在照顾中下游的原则下，进行适当的防洪与疏浚。"②

政务院提出治淮"蓄泄兼筹"的方针，是中国治水思想的重大革命，符合淮河流域的实际情况，使根治淮河工作有了可靠的政策保证。

所谓"蓄泄兼筹"，就是在排水泄水的同时，适当注意蓄水。它包含着蓄水方法和泄水方法配合运用，旨在扩大治水兴利的道路，使水利事业做到多目标互相结合，达到有利于农业生产的目的。要"蓄泄兼筹"，就是要求上中游能够蓄水的地方，尽量举办蓄水工程，削减下泄洪水量，使中下游河道尾闾工程有可能举办，这样才能使防洪与防旱相结合；要确保豫皖苏三省的安全，就是要求防止只顾局部不顾全局，消除以邻为壑的矛盾；要互相配合，互相照顾，就是要求在统筹规划之下，上中下游的工程实施程序，必须按照水量的变化，决定施工的先后，避免地区间的矛盾。这样的矛盾，只有在中国共产党领导下的人民政府统一领导和组织协调下才能真正化解。"蓄泄兼筹"的治淮方针，

---

① 《周恩来年谱（1949—1976）》上卷，中央文献出版社 1997 年版，第 81 页。
② 《政务院关于治理淮河的决定》，载中国社会科学院、中央档案馆《1949—1952 中华人民共和国经济档案资料选编·农业卷》，社会科学文献出版社 1991 年版，第 452 页。

准确地表达了治水的自然辩证法,结束了长期以来关于治水方针问题上的争论。

1950年10月15日,《人民日报》就治理淮河发表了题为《为根治淮河而斗争》的社论,指出:"根据毛主席的指示,从现在起,即开始进行淮河的根本治理。这个巨大的工程,已由中央水利部召开会议,研究制订了方针和计划,并已由政务院做出决定,要蓄泄兼筹,根本消除淮河的水患。"社论还强调,这个工程是十分复杂而艰巨的工程,必须充分估计各种困难条件,大力进行组织与准备工作,以创造条件,克服困难,必须切实注意掌握三个关键性问题:一是必须加强组织领导与准备工作;二是上、中、下游工程要互相照顾,互相配合,由治淮委员会统一掌握;三是工程与救灾相结合问题。

为了加强治淮工程的统一领导和贯彻治淮方针,政务院组成了治淮委员会。1950年10月27日,周恩来主持政务院第56次政务会议,任命曾山为治淮委员会主任,曾希圣、吴芝圃、刘宠光、惠浴宇为副主任。实际工作由中共皖北区党委书记曾希圣主持。11月3日,周恩来主持政务院第57次政务会议,并在讨论傅作义作的《关于治理淮河问题的报告》时发言:尽管长江、淮河、黄河、汉水都有水灾,但是淮灾最急,是非治不可的。因此,国家在抗美援朝军费开支骤增、财政经济困难的情况下,中财委仍然拨款大力支持治淮。根据国家财力、物力等实际情况,治理淮河的原则是:(1)统筹兼顾,标本兼施;(2)有福同享,有难同当;(3)分期完成,加紧进行;(4)集中领导,分工合作;(5)以工代赈,重点治淮。治淮总的方向是:"上游蓄水,中游蓄泄并重,下游以泄水为主。从水量的处理来说,主要还是泄水,以泄洪入海为主,泄不出的才蓄起来。"周恩来强调:"这次治水计划,上下游的利益都要照顾到,并且还应有利于灌溉农田,上游蓄水注意配合发电,下游注意配合航运。"①

1950年11月6日,治淮委员会正式成立,分设河南、皖北、苏北三省区治淮指挥部,负责规划和领导淮河流域的水利工作。同时,负责治理淮河的指挥机构也从江苏南京迁到安徽蚌埠。治淮委员会根据中央政府确定的治淮方针,对淮河上、中、下游进行了全面的勘测,分析研究已有的基本资料,广泛地征集淮河流域群众的意见,草拟了全面的治理

---

① 《周恩来年谱(1949—1976)》上卷,中央文献出版社1997年版,第90—91页。

规划。11 月 7—12 日，治淮委员会在蚌埠召开第一次全体委员会议，会议讨论如何贯彻《政务院关于治理淮河的决定》，认为应首先进行治淮工程的流域性规划。听取了河南、皖北、苏北各有关部门关于淮河上、中、下游工程的初步计划，听取了关于淮河水文、入海水道及淮河干支流与蓄洪区域的勘测报告，之后，根据政务院的治淮决定，经过反复商讨，统一拟定了第一年根治淮河的工程计划及财务计划，具体规划了淮河上中游蓄洪、复堤、疏浚、沟洫及涵闸等工程的规模、步骤，并提供了关于入海水道的初步意见，统一了河南、皖北、苏北三省区的土方单价和财务概算。此外，为加强治淮工作的统一领导，会议并确定了各级治淮组织机构的编制和职责。①

治淮规划工作于 1951 年初在原淮河水利工程总局规划的基础上展开，至 4 月底完成了《关于治淮方略的初步报告》。该报告分 11 个部分，主要内容包括：洪水流量的分配及控制；确定在淮河、洪河、颍河及南岸各支流山谷共修建大坡岭、南湾、薄山等 16 座水库；润河集蓄洪工程；中游河道整理；洪泽湖蓄洪工程；入江水道，等等。② 其中润河集蓄洪工程、洪泽湖蓄洪工程及中游河道整理部分，主要在苏联水利专家布可夫顾问指导下进行。③

4 月 26 日，治淮委员会召开第二次全体委员会议，时任水利部部长的傅作义、副部长李葆华出席并听取了工程部《关于治淮方略的初步报告》。会议指出："依据 1931 年及 1950 年水文计算并参照 1921 年下游洪水估算和上游蓄洪能力"，下游以"洪水总来量 800 亿立方米计算，洪泽湖水位为 14 米，中渡流量为 8000 立方米/秒"；"为使淮河畅泻入江，水流有一定的河槽，便利航运，并使洪泽湖成为有控制的水库，增加蓄洪效能，兼备苏北农田灌溉之用"，"必须采取洪泽湖与淮河分开的办法。同时在三河以下至运河线，须以人工为辅助力量，逐渐造成固定的排洪孔道，使高宝、邵伯湖得以涸出大部分土地从事农垦"④。

----

① 参见《治淮河巨大工程开始，豫皖苏三省部分地区已先后动工，治淮委员会确定第一年工程计划和财务计划》，《人民日报》1950 年 12 月 11 日。

② 参见《关于治淮方略的初步报告》，治淮委员会编印《治淮汇刊》第 1 辑，1951 年 4 月 28 日。

③ 参见王祖烈编著《淮河流域治理综述》，水利电力部治淮委员会淮河志编纂办公室 1987 年编印，第 136 页。

④ 《江苏水利大事记（1949—1985）》，江苏省水利史志编纂办公室 1988 年编印，第 20 页。

7月10日,为了进一步完善《关于治淮方略的初步报告》,治淮委员会召开了河南、皖北、苏北三省区负责人联席会议(后更名为第三次全体委员会议)。12日,曾山、曾希圣、吴芝圃、惠浴宇等7人联名向毛泽东、周恩来、华东局、中南局和水利部呈送了《关于治淮方案的补充报告》,认为第二次淮委会议所拟治淮方略,有工程过大之感,为此联席会议再次研究了中游工程和入海水道是否开辟与润河集蓄水位等问题。[①] 这次会议认为,淮河中游工程艰巨,工程量太大,建议采取洪泽湖河湖分开、五河内外水分流、适当提高五河水位的方案。这份补充报告得到中共中央和水利部的同意,《关于治淮方略的初步报告》规划中的其他部分则基本按照原定规划逐步实施。

在治淮规划工作进行中,政务院决定全国水利工作以根治淮河为重点,在上游进行重点蓄洪工程及疏浚复堤等工程。在抗美援朝战争紧张进行、国家财政十分紧张的情况下,国家仍在1950年11月拨出治淮工程款原粮4.5亿斤、小麦2000万斤,保证治淮工程按时开工。这样,在治淮委员会的具体领导下,开始了新中国第一个大型水利建设工程——淮河治理工程。

1950年11月,第一期治淮工程正式开始。因救灾任务紧急,一期工程着重于恢复堤防,举办蓄洪,以减轻中下游汛期洪水威胁,保障上中游平原地区的麦收,并争取时间进行全流域的查勘规划。[②] 第一期治淮工程的基本任务有三项:(1) 在淮河上游河南境内修建山谷水库和洼地蓄洪工程;以洪河、汝河、颍河等河为重点,将淮河上游20余条干支河加以疏浚和整理;同时,在伊阳、泌阳等地建造谷坊,以保持水土。(2) 在淮河中游皖北境内,主要是在润河集建造一座控制淮河干流洪水的大分水闸,培修淮河干河和重要支河的堤防,疏浚濉河和西淝河等重要支河。(3) 在淮河下游苏北境内,主要是培修运河堤防。

根治淮河第一年度有两大特点:一是从控制淮河上源的洪水入手,真正做到从根本治理,这和过去国民党政府单纯从下游给洪水找出路的

① 参见《江苏水利大事记(1949—1985)》,江苏省水利史志编纂办公室1988年编印,第22页。

② 参见张祚荫《1951—1958年治淮工作的回忆》,载中共安徽省委党史研究室、中共河南省委党史研究室、中共江苏省委党史研究室等编《治理淮河》,安徽人民出版社1997年版,第366页。

消极治淮是根本不同的；二是上、中、下游的工程真正做到统筹兼顾，互相照顾，互相配合，全面考虑各方面的利益。根治淮河第一年度的最大收获是：由于各主要支流进行了初步疏浚，便于雨水排泄，小雨小灾的危险已经消除，确保了当年淮河两岸的麦收。由于在淮河上游控制了大量的洪水，减轻了洪水对干支流的威胁，今后大雨大灾的灾害程度亦能减轻。①

　　1951 年 1 月 12 日，周恩来主持政务院第 67 次政务会议，在讨论傅作义作的《1950 年水利工作总结和 1951 年的方针与任务的报告》时指出，水可用以灌溉、航行，还可用以发电。在中国历史上并非没有治水理论，只是那些理论对于今天的情况来说，是远远不够的，因此要把治水理论提高一步，即"从现在的蓄泄并重，提高到以蓄为主；从现在的防洪防汛，减少灾害，提高到保持水土，发展水利，达到用水之目的"②。他再次重申治淮的根本方针是："上游以蓄为主，下游以泄为主，中游蓄泄并重。当前工作要与总方针配合，治本要与治标结合……以治标辅助治本。"③

　　1951 年 3 月 17 日至 5 月 4 日，水利部部长傅作义视察了淮河上、中、下游的水库、洼地蓄洪工程、堤防及入江水道，并与水利部顾问苏联专家布可夫、治淮委员会工程部部长汪胡桢等举行了座谈会，参加了治淮委员会第二次委员会议。4 月 7 日，治淮委员会副主任曾希圣、工程部部长汪胡桢、苏联水利专家布可夫等人，从蚌埠经临淮关、浮山、盱眙、蒋坝等地实地查勘研究淮河中下段情况。4 月 19 日，傅作义偕布可夫等人查勘了入江水道进口处、三河闸及高良涧闸闸址、洪泽湖大堤，然后至江苏淮安查勘灌溉总渠经过淮安的路线和运东闸闸址。随后，他们再往高宝湖、邵伯湖等地，查看了马棚湾、清水潭、御码头的决口处和归海坝，以及归江河道上的万福桥、二道桥、头道桥、江家桥，并了解归江河道汇流入三江营的情况。

　　1951 年 5 月 2 日，邵力子率领的中央治淮视察团前往治淮工地检查工作。中央视察团带有毛泽东颁发给治淮委员会以及河南、皖北、苏北三个

---

　　①　参见维进《根治淮河第一年工程接近结束，控制洪水减轻大雨大灾的威胁，疏浚支流免除小雨小灾的患害》，《人民日报》1951 年 6 月 19 日。

　　②　《周恩来年谱（1949—1976）》上卷，中央文献出版社 1997 年版，第 116 页。

　　③　同上。

省区治淮指挥机关的四面锦旗,上有毛泽东亲笔为治淮委员会的题字:"一定要把淮河修好"。题字精印了15万份,由中央视察团分赠给治淮干部和民工中的劳动模范。中央治淮视察团在50天里先后到了皖北、河南、苏北三个省区的治淮工地。由于治淮视察团的到来,各个省区的治淮民工、干部和工程人员的工作热情愈益提高。他们一致表示:今后将加倍努力,来争取提前完成毛主席所给予的"一定要把淮河修好"的光荣任务。中央视察团完成治淮工地的视察慰问以后,到上海慰问了积极支援治淮工程而努力赶制治淮器材的110家公私营工厂的全体职工,并与治淮委员会曾山主任交换了有关治淮的情况和意见。[①]

同年5月,傅作义视察淮河工地。他从伏牛山上颍河与洪河的源头,走到三江营淮河入江的尾闾,并到上海慰问为润河集分水闸制造材料机件的五金工人。他描述看到的治淮工程情况:"我看见几十万农民集中在一起工作,秩序井然,有条不紊;我看见几万张锨,几百架碡,在一个号令下,一齐操作;我看见几十万农民分组开会,过着集体的民主的生活,并且已经学会熟练地驾驶推土机、平土机、挖泥机等机械化的工具;我看见许多民工,赤手空拳从家里来到工地,到工程完成以后,剩余了食粮,学习了文化,满载着愉快的心情,散工回家;我看见上海123家工厂,1.2万职工,为制造闸门,制造油压力机,四十几天日日夜夜的劳动,制造了过去所绝对不能制造的产品;我看见凭劳动人民的双手,平地修起蜿蜒的千百公里长堤和巨大雄伟的建筑,在对着淮河的水流,傲然欢笑;我看见几十万地方干部,依照毛主席的心,到处做着团结、鼓舞、领导群众的工作;在极为偏僻的农村里,我看见没有一个闲人,没有一个懒人,到处洋溢着增产的热潮,到处活跃着抗美援朝的运动,治淮民工和在家群众都组织了生产互助。"[②]

拦蓄洪水的工程是整个治淮工作中关键性的巨大工程。第一期治淮拦蓄洪水工程,主要是兴修三座山地水库工程,即洪河上游的石漫滩水库、汝河上游的板桥水库和颍河上游的白沙水库。其中石漫滩水库当年全部兴建完成。

---

① 有关该团的活动,详见《人民日报》1951年5月15日第1版;6月1日第2版;6月25日第2版。

② 傅作义:《毛主席的领导决定了治淮工程的胜利》,《人民日报》1951年11月13日。

石漫滩水库的作用在拦蓄淮河支流洪河上游的洪水，使自高山流下的湍急的山洪，经过石漫滩峡口时，紧紧地被拦蓄在群山环立的深谷中。这样，一方面可以减少洪河中下游和淮河干流的洪水流量；另一方面在洪河枯水时期，还可将水库的水放出来灌溉农田。这个水库共可拦蓄洪水4700万立方米，可灌溉农田9万亩。水库工程包括三个主要部分：（1）拦河修筑一条连接两边山头，长450米，高22米的土坝；（2）在坝的右端山头开凿一条长85米的输水洞，洞口装置一座控制水流的闸门；（3）在坝的左端山头开挖一条40米宽的溢洪道，如水库内水位接近坝顶时，部分洪水可由溢洪道泄出，以保护坝身的安全。

石漫滩水库自1951年4月初全面开始修建，经过1.8万名民工、工程人员、技术工人的努力，至7月初完工，蓄水量4700万立方米。这是淮河流域在新中国成立后建成的第一个水库，也是中国水利建设史上一个重要成就。石漫滩水库容量并不太大，但它是新中国成立后依靠自己的力量修建的第一个水库，而且是修筑土坝来拦蓄水流的水库，除去防洪的效益以外，还有9万亩农田的灌溉利益。时人评价说："这一个水库能够顺利完成，以后就可有更多的更大的水库陆续完成，所以这个水库的本身对治淮的作用虽然不是很大，但却是我国水利事业从除害到兴利，从单纯的防洪，向兼顾防洪、灌溉、航运、发电的多目标工程发展的一个转折点。它的影响之大远过于它的实际的效益。"①

为了灵活操纵水流的蓄泄，充分发挥蓄洪工程的效能，治淮委员会成立了润河集闸坝工程指挥部，决定在润河集淮河干流上修筑一个巨大的控制工程。该控制工程包括三个部分：固定河槽、拦河闸和进湖闸。普通水流可从固定河槽流到下游，作为常年畅通的河道；遇见较大的洪水，则可以酌量上、下游的情况，利用拦河闸和进湖闸的启闭，或者把水放到下游，或者把水蓄入湖内，作为洪泽湖以上淮河干流关键性的操纵机构。也就是说，在淮河涨水的时候，可以利用这两个闸的启闭，把淮河的水流调节到一定的流量。

润河集分水闸是控制整个淮河干流洪水和霍邱城西湖的关键，也是第

---

① 曾希圣：《一九五一年治淮工程的成就及主要经验》，载中国社会科学院、中央档案馆编《1949—1952中华人民共和国经济档案资料选编·农业卷》，社会科学文献出版社1991年版，第461页。

一期治淮工程的重点。该工程包括 2.4 万立方米的钢筋混凝土工程，7.3 万立方米的砌石工程，479 米的闸门装置工程，以及 200 万立方米的土工。修建润河集分水闸是一个技术很繁复的工程，全闸宽 1300 米，长 200 米，总面积 26 万平方米。闸基、闸身需用混凝土 2 万立方米以上，全部工程共需用黄砂、石子、钢筋等各种器材物资达 20 多万吨。经过 4 万余人 5 个月的日夜奋斗，终于在汛期之前的 1951 年 7 月 20 日如期完成可控制淮河干流 72 亿多立方米洪水的润河集蓄洪分水闸。①

治淮工程是一个极其艰巨的工程，尤其是在缺乏经验，缺乏技术干部，缺乏地形、水文等资料，工程大，时间短等种种困难的情形下，能按期胜利地完成任务，这真是创造了人类的奇迹。一位有经验的老工程师评价说："像润河集这样的工程，在以往反动政府时期，即使规定要三年完成，我决不敢担任，但在今天，我可保证三个月完成。"② 又如润河集分水闸所需要的重 1400 吨宽 500 米的钢铁闸门及机件，由上海 140 余家工厂自己制造，并在很短的一个半月内赶制完成，这也是奇迹。正如时任中共皖北区党委书记的曾希圣所说：像润河集分水闸这样巨大的工程，"我们完全依靠国内生产的材料机械和自己的工程人员，连同物料运输，在一百天左右的时间内完成了它。和过去反动统治时代所做的杨庄活动坝或泾渭渠渠首工程相比，它们的规模远比不上润河集分水闸规模的巨大，却都用了两年以上的时间，这个对比可以明显看出我们的工程组织能力的优越性，大大提高我们全体工作人员和全国人民对于自己的建设事业的坚强的信心"③。

遗憾的是，由于闸下消能工程的设计错误，致使润河集进湖闸在 1954 年 7 月淮河大水中，放水不到一天，即发生静水池塌陷，并危及闸基，不得不关闸扒堤分洪，使城西湖失掉了对洪水的有效控制，给淮河中游防汛造成很大困难和被动。④ 润河集分水闸工程以未能起到设计之初的作用而

---

① 参见新华社《润河集分水闸工程胜利完工，根治淮河的第一期工程宣告全部完成》，《人民日报》1951 年 7 月 29 日。

② 汪世铭：《治淮工程表现了劳动人民的伟大力量》，《人民日报》1951 年 9 月 17 日。

③ 曾希圣：《一九五一年治淮工程的成就及主要经验》，载中国社会科学院、中央档案馆编《1949—1952 中华人民共和国经济档案资料选编·农业卷》，社会科学文献出版社 1991 年版，第461 页。

④ 参见傅作义《1954 年的水利工作总结和 1955 年的工作任务》，载《当代中国的水利事业》编辑部编印《历次全国水利会议报告文件（1949—1957）》（内部发行），1987 年，第 201 页。

告终。

1950 年 11 月至 1951 年 7 月，治淮第一期工程完成。人民政府用于治淮的经费约 10 亿斤粮食，超过了国民党政府导淮 20 多年所用经费。[1] 这期工程遍及河南、皖北、苏北省区中的 13 个专区、2 个市和 48 个县，先后共动员民工达 300 万人，来自全国各地参加工作的工程技术人员在 1 万人以上。这样大规模的治淮工程，能在短短的 8 个月内完成，是中国水利建设史上空前辉煌的成就。[2] 第一期工程除了完成润河集蓄洪分水闸和石漫滩山谷水库外，还完成了复堤、疏浚、沟洫等土方工程 1.95 亿立方米。

1951 年 9 月 24 日，时任安徽省委书记的曾希圣对治淮第一期工程完成情况作了全面总结。他指出：1951 年的治淮工程在今年洪水到来以前全部完成了。工程的总量包括修筑堤防 2191 公里，疏浚河道 861 公里，水库 3 处已经动工，其中一处已经完成，湖泊洼地蓄洪工程 12 处，大、小闸坝涵洞 92 座都按期完成。这些工程在本年的抗洪排水中发挥了一定作用。如河南的工程主要是集中治理洪河、汝河、颍河几个水灾最重的河流，所以，尽管洪、汝两河的洪水很大，但两河流域的受灾面积大为缩小；皖北区治淮工程是把蓄水工程、堤防工程、疏浚和沟洫工程互相配合起来，使皖北本年做到了“小雨免灾，大雨减灾”[3]。

10 月 28 日，时任水利部部长的傅作义在中国人民政治协商会议第一届全国委员会第三次会议上作专题报告，高度评价了第一期治淮工程的成就和经验。他指出，治淮工程是新中国举办的第一个多目标的流域开发的工程，它给我国水利事业的发展指出一些新的方向：一是通盘规划的方向，二是蓄水的方向，三是水土保持工作。他重点对治水理念从泄水排水转向蓄水的情况作了阐述：“过去治水的方法，不外是防水、分水、泄水，总之是把水当做有害的东西，赶快送到海里，等农田灌溉或航道交通用水的时候，却又无水可用，治淮工程是采取了以蓄水为主的方针，要把今年

---

[1]　参见龚意农《治淮初期的淮委机构与财务概况》，载中共安徽省委党史研究室、中共河南省委党史研究室、中共江苏省委党史研究室等编《治理淮河》，安徽人民出版社 1997 年版，第 354 页。

[2]　参见新华社《中国水利建设史上空前辉煌的成就，根治淮河第一期工程胜利完成》，《人民日报》1951 年 8 月 9 日。

[3]　参见曾希圣《一九五一年治淮工程的成就及主要经验》，载中国社会科学院、中央档案馆编《1949—1952 中华人民共和国经济档案资料选编·农业卷》，社会科学文献出版社 1991 年版，第 457—460 页。

七八九月的洪水储蓄起来，供给明年四五六月使用。所以对水就可调剂盈虚，汛期洪水既不为害，干旱季节也有水可用。在淮河上所用的蓄水的方法，一种是湖泊洼地蓄洪工程，就是把沿河的湖泊洼地，做上控制或半控制工程，只等较大洪水才放水入湖，因为湖内常空，蓄洪的容量可以大大提高；另一面，湖里的田地，原来十年九淹，现在也可保证一季麦收。另一种是在山地修筑水库，就是在河流的上中游，选择肚子大出口小的山谷，修筑拦河坝，把河水整个拦蓄起来，等下游用水的时候，再有计划地把水放了下来。"① 这是具有普遍意义的治水思路转变，对后来形成"以蓄为主"的治水方针产生了重大影响。

1951 年 7 月底，随着第一期治淮工程的结束，水利部召开了第二次治淮会议。会议肯定了上、中游以蓄水为主，淮河与洪泽湖分开、入江等治淮原则，并对 1952 年治淮工程作了明确规定："除大力进行群众性的水土保持和沟洫工程外，上游主要工程仍着重于蓄水，兼及河道整理工程；中游着重蓄水和内水排除工程；下游进行灌溉渠的修筑和防洪工程。"② 各项工程"连同测勘、水文、防汛和购备施工机械等费共需粮食 15 亿斤"③。这次会议后，治淮工作开始进入更大规模的治理年度。

三　治淮工程从点线治理扩展到面的治理

从 1951 年 11 月起，治淮第二期工程开始启动。第二年度治淮工程的主要内容是：河南要在汛期前完成白沙、板桥两个水库，开始兴修薄山、南湾两个水库，并进行洪河、汝河、颍河和黄泛区各河的疏浚建闸工程；皖北要在中游修建霍山县境淠河上游的巨型佛子岭水库，兴建瓦埠湖、寿西湖蓄洪工程，并举办洪河下游的分洪工程，正阳关至五河、五河至洪泽湖的规模巨大的支流疏浚和内水排除工程，其中包括浮山五河段内外水分流的工程和开挖古河的工程；在下游，除去防洪工程以外，开始兴修苏北大灌溉渠工程。此外，还要在淮河上游、中游发动农民普遍修建谷坊、挖

---

① 《人民政协全国委员会第三次会议二十八日会上的专题报告和发言》，《人民日报》1951年 10 月 30 日。
② 《中财委关于第二次治淮会议的报告》，载中国社会科学院、中央档案馆编《1949—1952中华人民共和国经济档案资料选编·农业卷》，社会科学文献出版社 1991 年版，第 456 页。
③ 同上。

塘、筑堰、打坝和开挖沟洫，修建 20 多处较大的涵闸。

这期工程有三个突出特点：（1）规模巨大，工程的总量约为第一期工程的 160%，个别地区的任务，比第一期工程要大一倍；（2）淮河流域 1950 年没有进行土地改革的地区，本年都要进行土地改革，群众在土地改革中获得土地之后，对兴修水利的要求会更加迫切，但是，两个巨大的任务同时进行，在干部和群众力量的配备上，会感到一定程度的困难；（3）在工程内容上，疏浚挖河的工程比第一期为多，兴建水库等技术性较高的工程，在全部工程中所占的比例，也比第一期为大。①

1952 年春治淮工程全面开工后，200 多万名民工投入到淮河上、中、下游各处工地。随着治淮工程的顺利进展，参加治淮工程的民工和工人积极性空前提高，普遍投入到劳动竞赛运动中去。他们在劳动竞赛中注意了劳动组合的改进和工作方法的改良，提高了劳动效率。如河南省板桥水库和白沙水库的土工效率，平均比 1951 年冬提高了一倍。皖北澥河、潼河疏浚工程中，怀远县治淮模范青年团员祝怀顺民工小队，先后遇到了七次雨雪，又战胜了黄土、流沙等难工，并超额完成土方 300 立方米的任务。施工中，他们还创造出一套先进的土工工作方法。皖北各工地推广祝怀顺工作法后，工作效率大为提高。灵璧县 3 万治淮民工学习了这个先进方法后，共节省 48 万个工作日。

经过三省人民的辛勤努力，第二年度的主要工程圆满完成，取得了丰硕成果：（1）在蓄洪工程方面，上游河南境内修成了白沙水库和板桥水库；淮河干流上游的南湾水库和汝河上游的薄山水库完成了勘察、设计、钻探等工作。皖北修筑了大别山区淠河上游的佛子岭水库，对第一年完成的老王坡、吴宋湖、蛟停湖、潼湖四处湖泊蓄洪工程，本年度又加工整理，改善了进出口设备，疏浚了引洪道，加固了村庄围堤，整理了蓄洪区内部排水系统。（2）中游修成了濛河、瓦埠湖和花园湖三处湖泊洼地蓄洪工程。（3）在河道疏浚和整理方面：上游河南境内整理了洪河、汝河等淮河支流的河道；中游疏浚了淮河 29 条支流，并在蚌埠以东五河县境内举办了工程浩大的、使澥河等支流直接流入洪泽湖与淮河干流分流的工程。（4）在淮河下游，修筑了西起洪泽湖东岸高良涧，东到海滨的苏北灌溉总渠。此外，淮河上、中、下游共建造了 20 多座涵闸。其中苏北灌溉总渠

---

① 参见《为完成第二期治淮工程而奋斗》，《人民日报》1951 年 11 月 13 日。

上的高良涧进水闸,是一个很大的水闸。①

第二年治淮工程中,最著名的有两项:一是淮河中游佛子岭水库,二是苏北灌溉总渠。治淮既要除害又要兴利,修水库就是既除害又兴利的重要办法。1952年1月,淠河上游佛子岭水库工程开工,这是淮河中游、淠河上游的一个巨型山谷水库。淠河发源在皖西霍山,流过六安县到正阳关汇入淮河,是淮河的一条重要支流。佛子岭水库的主要工程,是一条连接两山的长达530米、高70米的钢筋混凝土空心拦河坝。修成后可蓄洪4.7亿立方米,比石漫滩水库大9倍,不但能够解除淠河中、下游的水灾,减少淮河干流的洪水流量,还可灌溉50万亩农田;淠河中、下游从横排头到迎河集90公里长的航路可通行载重50吨的木船。②

在物资贫乏、资金短缺和技术落后的情况下,佛子岭水库的建设者发出了"与连拱坝共存亡"的铿锵誓言。在一无资料、二无经验的情况下,工地掀起了学技术、学文化热潮,工人们边学习、边设计、边施工,创造了"分区平行流水作业法"等技术革新400多项。1954年10月,佛子岭水库大坝竣工,耗用钢材8010吨,水泥6.3万吨,完成土方99万立方米,石方82万立方米,混凝土23.9万立方米。水库建成后,可拦蓄洪水5.8亿立方米,使70万亩田地获得灌溉,并可发电9500千瓦。这成为淮河流域第一个水力发电站。③

佛子岭水库是新中国成立后治理淮河水患的第一座大型水利枢纽工程。水库建成当年,就首次拦蓄特大洪水,将洪峰6350立方米每秒削减为600立方米每秒,消除了淮河下游的水灾。

洪泽湖是淮河下游最大的湖泊,经过整理成为一大水库后,可以充分利用它的水量来为农业灌溉服务。苏北大灌溉区的规划,就是根据这个理想制定的。1951年11月2日,苏北灌溉总渠工程正式开工。它既可以引洪泽湖的水来灌溉,并可排除淮河700立方米每秒的洪水入海。总渠西起洪泽湖东岸高良涧,向东经过淮阴、淮安、阜宁、滨海四个县境,最后到黄海,全长170公里,宽140米,并在两岸筑堤。

在治淮委员会的动员组织下,苏北(主要是江苏盐城、南通、扬州等

---

① 参见新华社《治淮第二年度工程施工结束》,《人民日报》1952年8月7日。
② 参见《治淮大工程之一——佛子岭水库动工》,《人民日报》1952年2月12日。
③ 参见《佛子岭水库工程全部完工》,《人民日报》1954年11月9日。

地）130 余万民众参加了这条灌溉总渠的修筑。1952 年 5 月 10 日，苏北灌溉总渠正式竣工，共完成土方 7300 余万立方米，跨总渠修建了高良涧进水闸、运东分水闸、六垛挡潮闸等 3 座大型水闸、3 座船闸，两岸修建涵洞 12 座，有效地控制了洪水，便利了航运，并扩大了农田灌溉。另外在总渠以北又开挖了一条长 130 公里的排水渠，使灌溉总渠以北、废黄河以南地区的积水直接排泄入海。① 从此，在中原和苏北大地上横行肆虐了 700 余年的淮河洪水有了自己的入海通道。苏北灌溉总渠是新中国成立后以人工开挖的一条最大的灌溉工程，可以灌溉苏北的 2500 万亩农田，使苏北区变成无涝无旱的农业丰产区。②

　　新华社记者冒荪君在《治淮两年的伟大成就》的报道中，对 1950—1951 年两年间治淮工程取得的巨大成就作了较全面的总结。他指出，两年来治淮成就主要表现在三个方面：（1）在控制洪水方面：淮河上游河南省已修建好石漫滩、板桥、白沙三座山谷水库，淮河中游皖北已开始修建佛子岭山谷水库，河南和皖北已经修好 15 处湖泊洼地蓄洪工程，这些已修好的水库和湖泊洼地蓄洪工程共可拦蓄洪水约 100 亿立方米。（2）在整理河道方面：过去破坏残缺的干流和支流的堤防已进行了全面的加高培厚，有的放宽了堤距，共计完成修复堤防工程 2193 公里。淮河干流和许多重要的支流，有的进行了彻底的疏浚整理，有的进行了初步的疏浚整理，共计完成疏浚工程 2880 公里。在苏北又开辟了长达 170 公里的灌溉总渠。配合蓄洪、复堤、疏浚等工程，两年来，淮河上、中、下游共修建了 138 座涵闸。以上控制洪水、整理河道、开辟河道、修建涵闸各项工程两年来共完成土方约 2.87 亿立方米。（3）在群众性农田水利方面：河南、皖北两省区沿淮地区两年来均有计划地大规模地开挖沟洫、挑塘、筑埝、打井，河南泌阳、伊阳等地并建造了水土保持的谷坊。各项群众性农田水利工程，总计两年完成土方约 2 亿立方米。如果我们把修复的堤防和疏浚的河道拉成一条直线，其长度已远远超过了纵贯河北、山东、江苏、浙江四省的大运河。如果我们把已做的 4.87 亿立方米土方（包括农田水利工程）筑成一道高宽各 1 米的长堤，其长度超过了地球与月球的平均距离。另外，两年来，治淮工程的规模是非常庞大的，施工区分布在河南、皖

---

① 参见 江苏省水利厅《江苏省水利建设情况介绍》，江苏省档案馆藏 3224—长期—219 卷。
② 参见《经济简讯》，《人民日报》1952 年 7 月 5 日。

北、苏北三个省区,长达 1000 多公里。直接参加治淮工程的民工两年来合计约 460 万人(不包括间接参加运输和开挖沟洫塘坝的民工),专职干部达 4 万多人,工程技术人员约 1.6 万人。这样大的规模在中国水利史上是史无前例的。全流域的通盘规划,要求彻底开发一条河流,在中国水利建设史上也是第一次。

冒莆君接着对治淮工程的效益作了初步分析。他指出,治淮工程使淮河流域的面貌发生了根本变化,其效益主要表现在四个方面:(1) 基本上免除了"小雨小灾",减轻了"大雨大灾",使淮河流域连续两年获得了丰收。第一期工程完成后(1951 年),仅受灾最重的皖北的宿县、阜阳、苏北的淮阴等三个专区就比 1950 年多收粮食 33 亿斤。农民感激地说:"不是毛主席领导治淮河,麦子早又淹光了。"(2) 拦蓄的洪水可以灌溉大量的农田,保证了进一步的增产。如河南石漫滩、板桥、白沙三座水库可灌溉农田约 70 万亩,苏北灌溉总渠完成后可灌溉苏北农田 2580 万亩,预计增产粮食约 18 亿斤以上。(3) 有重点、大规模兴建的各种群众性农田水利工程,不仅对防洪灌溉起了重大作用,而且为将来淮河流域彻底消灭旱灾奠定了基础。(4) 对淮河干支流的整理,大大发展了淮河上的航运事业,加强了物资交流。①

1952 年 9 月,鉴于淮河流域内涝成灾、中游灾情严重,治淮委员会第四次全体委员会议着重研究了淮河流域的除涝问题。11 月 23 日,治淮委员会在安徽蚌埠召开淮河全流域性的治淮除涝会议,河南、安徽、江苏三省水利工程干部与农民代表 300 多人参加。这次会议全面研究了淮河流域内涝情况,认为淮河流域整年雨量仍不够农田需要,平原地区在汛前常常缺水。因此,会议提出了"以蓄为主,以排为辅"的除涝方针。故在防洪的同时开始重视涝灾的治理。② 会议将不同地区提出的治理方法归纳为:(1) 在各河上游山地和地势较高地区,采取造林、栽草、造谷坊、梯田、修堰坝、修水库,以及全面进行深耕、挖沟和推行畦田耕作法等办法,使降下的雨水全部或大部为地面吸收,以减少地面径流,减少中、下游的水

---

① 参见冒莆君《治淮两年的伟大成就》,载中国社会科学院、中央档案馆编《1949—1952 中华人民共和国经济档案资料选编·农业卷》,社会科学文献出版社 1991 年版,第 462—468 页。

② 参见《江苏省七年来治淮工作初步总结及今后治理意见》,江苏省档案馆藏 3224—永久—52 卷。

量；（2）在一般地区，蓄水和排水并重，高处以蓄为主，低处建立排水系统，控制排水沟口，使能排能蓄，便于抗旱；（3）低洼地区可挖沟抬田，建立沟洫圩田制度，利用沟洫洼地蓄水，或改旱田为水田。这次会议标志着治淮工作将由点与线的治理扩展到面的治理，即由重干流、轻支流，重防洪、轻除涝走向了防洪除涝并重，开始了新中国成立初期治淮工作的新阶段。

1953 年 5 月，为进一步指导淮河中游的除涝问题，治淮委员会召开第五次全体委员会议，会后由主任谭震林，副主任曾希圣、吴芝圃、管文蔚等联名向中共中央呈送《关于淮河水利问题的报告》，提出了治涝的方针、方法和步骤："在消除内涝问题上，仍然是以蓄为主，以排为辅，采取尽量蓄、适当排、排中带蓄（在河沟上建控制涵闸，以蓄水抗旱）、因地制宜、稳步前进的方法。"① 这样，治淮委员会在总结前两个年度治淮工程经验基础上，对第三年度治淮工程作了全面部署，规划了第三年度治淮工程的目标和任务。

首先，在蓄水控制工程方面：（1）继续修建 6 座大型的山谷水库，即河南省确山县的薄山水库（淮河上游支流溱头河上）、信阳县的南湾水库（淮河支流浉河上）、光山县的龙山水库（淮河支流潢河上）、信阳县的大坡岭水库（淮河干流上）和安徽省霍山县的佛子岭水库（淮河支流淠河上）、金寨县的梅山水库（淮河支流史河上）。这 6 座水库可拦蓄 36 亿立方米的洪水，灌溉 220 万亩农田。其中薄山水库、南湾水库将在 1953 年内基本完成，佛子岭水库、大坡岭水库、龙山水库、梅山水库 1954 年完成。（2）继续完成淮河中游安徽省境内的湖泊蓄洪工程。治淮第一年度和第二年度工程，已先后建造了润河集分水闸和东淝河控制闸，第三年度工程将在霍邱县城东湖的泥泊渡口建造一座 5 孔 40 米长的控制闸，将城东湖的水控制起来。在阜南县蒙河洼地进水口的王家坝建造一座 13 孔 116 米的大控制闸，使蒙河洼地在非常洪水年份能拦蓄 7.5 亿立方米的洪水，而在一般洪水年份不需蓄水的时候可保障蓄洪区内 28 万亩庄稼的收成。为了使蓄洪区群众在蓄水期免受不必要的损失，城西湖、城东湖、瓦埠

---

① 《关于淮河水利问题的报告》，载治淮委员会编印《治淮汇刊》第 3 辑，1953 年 5 月 25 日。

湖、蒙河洼地等蓄洪区内的村庄台子，都将普遍进行庄台加高工程。（3）建造洪泽湖蓄洪控制工程。洪泽湖蓄洪工程是治淮工程中最大的湖泊蓄洪工程，这个工程的主要部分是在洪泽湖东岸高良涧以南蒋坝附近的三河口上建造一座三河控制闸，不仅减轻洪水对运河堤的威胁，还可使拦蓄起来的洪水通过已经修成的高良涧进水闸流入苏北灌溉总渠。三河闸工程计划在1953年夏汛以前完成。（4）河南省治淮第一年度中修建的吴宋湖、蛟停湖、老王坡、潼湖等四处洼地蓄洪工程，进出水口已建有7座水闸，第三年度决定再添建3座水闸，并疏浚引河，以便加强对洪水的控制，发挥更大的蓄洪效能。

其次，在河道整理工程方面，第三年度决定继续有重点、有步骤地整理淮河干流及许多支流：（1）淮河干流的整理有两处主要工程：一是继续完成五河县以东淮河干流和支流分流工程中的峰山切岭工程；二是在泊岗以西新开挖一条7.5公里长、底宽530米的泊岗引河，另外建筑窑河、泊岗、下草湾等拦河土坝，将浍河、沱河、唐河、漴河、潼河等淮河支流与淮河干流分开，直接流入洪泽湖，基本上解除安徽宿县长期未获解决的内涝灾害。（2）淮河支流的疏浚整理工程，计划在上游、中游、下游疏浚整理30多条河道，在苏北主要是沿灌溉总渠以北开挖一道排水渠直通黄海，以解决灌溉总渠以北1400平方公里地区的雨水宣泄问题。

再次，在发展水利工程方面，第三年度将主要着眼于扩大已有的灌溉工程，并开始举办一部分航运工程，计划将在淮安以南建造一座节制闸，在苏北灌溉总渠入海口的六垛建造一座挡潮闸，防止海水倒灌。为统一领导农民开挖沟洫、建筑塘坝等群众性农田水利工程，治淮委员会设立了农田水利处，决定第三年度内先选择滩河上、中游230平方公里的地区和北淝河下游作为重点，举办农田水利示范工程，以便取得经验。[①]

由于1952年冬季寒流来得特别早，雨雪多且任务紧，因而治淮工程施工异常困难。但广大民工以忘我的劳动热情，克服了各种困难。为了争取南湾水库第一期河槽清基工程在春汛前完成，工人、民工奋不顾身地在雪里雨里继续做工。1000多位青年民工报名参加突击队，在雪夜里继续开

---

① 参见冒蒪君等《治淮工程向着更大的胜利前进——第三年度治淮工程介绍》，《人民日报》1952年11月20日。

挖河槽，提前 5 天完成任务。广大民工展开增产节约运动，出现了许多新
的工作法。南湾水库技术干部制造的"电流串联爆破箱"，使开凿水库输
水洞的爆破效率提高了 90% 以上；民工杨振喜分队在潆河和潼河疏浚工程
中创造了"斜角挖稀淤法"，克服了在 3 米深的稀淤泥中取土的困难；佛
子岭水库技工顾永林、史桂发等创造的"钢料热处理指示器"对提高工效
起了很大作用。到 1953 年 3 月底，第三年度治淮工程冬季施工结束，共
完成土方工程 3700 多万立方米，混凝土工程 17 万立方米，石方工程 35 万
立方米。淮河上游的陈族湾分洪工程和下游的苏北灌溉总渠以北的排水渠
等工程，都按预定计划先后完工。①

　　第三年度治淮工程的施工，是为了进一步控制洪水，多目标地开发淮
河水利。因此，治淮委员会决定要修建洪泽湖的控制工程。要做好洪泽湖
的控制工程，首先就得在洪泽湖入江水道三河口上建造一座控制闸。

　　三河闸是控制淮河下游排洪灌溉的总机关，是治淮工程中修建的最大
水闸。修建三河闸，为的是要控制洪泽湖，使洪泽湖在洪水期间能帮助淮
河拦蓄洪水，平时又可灌溉四周农田和发展航运。三河闸工程分四部分：
一是控制洪泽湖水位和三河流量的三河控制闸；二是在洪泽湖口筑一道
3.5 公里长的草坝，首先隔断洪泽湖和三河旧道的水流，用以抬高洪泽湖
水位，维持洪泽湖内的水运交通，并便利在草坝下游堵筑拦河坝；三是拦
河坝堵塞三河旧道，使洪泽湖水经过三河闸再流入长江，以达到有效地控
制洪泽湖水量；四是在水闸上下游新开一条引河。②

　　三河闸在苏北淮阴县境洪泽湖的东南岸，闸身长 697.75 米，高 9.5
米，共 63 孔，全部用钢筋混凝土筑成。全部工程量包括 750 万土方的新
河道开挖和旧河道堵闭工程，5.5 万立方米的混凝土浇筑工程，4.7 万石
方的凿砌工程。三河闸工程采用了苏联先进的建闸不打基桩的施工方法，
不仅工程费用节省了 12%，而且施工时间也大为缩短。参加修建三河闸的
工人有 15 万人，大部分参加过荆江分洪工程和润河集分水闸工程，有着
比较熟练的技术和高涨的劳动热情。工人们学习苏联"冬季作业法"，使
浇筑混凝土工程照常进行。在立模板、扎钢筋和浇混凝土工程中，青年技

---

① 参见《第三年度治淮工程冬季施工胜利结束》，《人民日报》1953 年 3 月 23 日。

② 参见朱敏信等《淮河下游排洪、灌溉、航运的枢纽——三河闸工程介绍》，《人民日报》
1952 年 12 月 8 日。

术人员和工人紧密结合，普遍推行"流水作业法"，使工作效率提高了 1 倍到 4 倍。①

三河闸的设计，是按照苏联的经验——无桩基础的设计进行的。它不但节约了大批工程经费，而且大大地缩短了施工时间，从设计到施工完毕只用了 14 个月。1953 年 7 月 25 日，淮河工程中的最大水闸——三河闸完工。三河闸工程的竣工，不但结束了淮河下游历史性的洪水灾害，并且对于灌溉、航运都开始发挥巨大作用。三河闸工程配合苏北灌溉总渠上的高良涧进水闸，在非常洪水时排除洪水，削减淮河干流的洪水峰，保证苏北里下河的安全；在常年时期可保持洪泽湖水位在 12.5 米以上，使大量的湖水从高良涧进水闸流入苏北灌溉总渠，灌溉苏北地区的 2580 万亩农田。②

据《人民日报》1953 年 9 月 23 日报道：治淮第三年度的工程，主要包括修建薄山、南湾、佛子岭三个山谷水库；洪河、颍河、惠济河、黑河、包河、泉河、港河等河道整理工程；濛河洼地蓄洪工程；五河县以下干支流分流工程；建造城东湖进水闸、王家坝进水闸和润河集船闸；苏北灌溉总渠排水渠尾工、南干渠邵伯、仙女庙段渠首工程以及洪泽湖下游三河闸控制工程。现在，除水库工程仍在按预定计划继续修筑外，其余工程都已先后完工。③

1953 年 9 月，水利部党组在向中共中央报送的《全国水利工作的概况》中，对三年来治淮工程情况作了分析。报告指出：淮河流域三年来工程的基本内容是从防止淮河干流及主要支流的洪水泛滥与改善内涝两方面着手，减轻了水灾的威胁。

（1）在防止干流及主要支流的洪水泛滥方面：上游——减轻了洪汝河水系的洪水威胁，在淮河本源与颍河水系做的工程很少，改善很少；中游——淮河及颍、涡河地方可争取在 1950 年情况下不溃决；下游——运河堤防可争取在 1921 年情况下不溃决。为此修筑了水库三座，控制水闸及涵洞等建筑物 107 处，修复和加培堤防共 8500 万方土。

---

① 参见《淮河最大水闸三河闸工程介绍》，《人民日报》1953 年 8 月 12 日。
② 参见朱敏信等《淮河下游排洪、灌溉、航运的枢纽——三河闸工程介绍》，《人民日报》1952 年 12 月 8 日。
③ 参见《今年水利工程基本完工》，《人民日报》1953 年 9 月 23 日。

（2）在改善内涝方面：上游——由于主要力量放在修筑水库、洼地蓄洪等控制与防范洪水的工程，河道疏浚及沟洫工程做得很少，起的作用不大；中游——1952 年汛期以前，疏浚过濉河、西淝河、沱河及内外分流等工程，并用贷款及救济粮较普遍地做了沟洫工程。除内外分流属于根治性质外，其余河道疏浚标准均太低，并且未能与沟洫统筹计划，因此在已进行工程地区只能解决麦收与雨量较少年份的秋收，连续降雨 200 公厘①仍有普遍内涝。1952 年起进一步整治北淝河及濉河流域；下游——只进行了局部的排水工程。为此共整治大小河道 77 条，共 3 亿 2 千万土方。

（3）在防旱抗旱方面：群众性的蓄水工作仍限于一般号召，未真正展开。已修水库均尚未做灌溉系工程。只是在下游结合排洪需要修筑灌溉总渠，为将来大规模发展灌溉提供了条件，由于各干支流尚未修建，对目前灌溉只稍有改善。②

报告对这些工程的效果作了分析："对苏北解决了运堤决口问题，这是解除了里下河区人民历史上的最大恐惧；但对防卤、排水、灌溉、航运等要求还远未满足。对安徽虽然初步控制了淮河洪水，并改善了内涝情况，但对淮北平原历史上河沟淤塞中雨中灾的严重情况尚未基本转变，淮南淮北的抗旱能力增加更少。对河南，防治山洪、内涝、干旱等工程更为艰巨，三年来虽有局部改善，并为今后根治打下基础，但当前问题解决得还很不够。"③

总之，经过连续 3 年的治淮工程，"淮河的洪水已得到初步控制，减轻了干支堤的决口危险，并基本上解除了苏北里下河区的泛滥灾害"。淮河流域的"内涝也有若干改善"④。据水利部不完全统计，到 1953 年 10 月，连同群众自办的工程，治淮工程共完成土工 26.8 亿立方米，石工 1700 余万立方米，混凝土工 63 万立方米；总计完成水库 3 处，正在修筑水库 3 处，完成湖泊洼地蓄洪工程 16 处，控制性水闸及涵洞 104 处，修复

---

① 公厘，旧时长度计量单位，即法定计量单位中的毫米，1 毫米 = 1 公厘 = 0.001 米。
② 《全国水利工作的概况》，安徽档案馆藏 55—2—2 卷。
③ 同上。
④ 《中央水利部党组关于过去工作的检查及今后工作意见的报告》，安徽档案馆藏 55—2—2 卷。

与加培堤防1562公里，疏浚和新开河道77条，总长2969公里，共完成土方工程达4亿余立方米。①

时任水利部部长的傅作义对前3个年度的淮河治理情况进行总结时，高度肯定了治淮工作取得的成绩。他指出，通过这些工程，淮河的洪水得到初步控制，"下游江苏地区，在三河闸与苏北灌溉总渠完成以后，在1921年洪水（有水文记录以来历时最长、总量最大的洪水）情况下已可基本消除淮河洪水的威胁，并为苏北广大地区灌溉、航运事业的发展建立了基础。配合灌溉和航运的一部分水闸和船闸工程亦已修建完成。中游安徽地区，在润河集分水闸及其相关的湖泊洼地蓄洪工程的调节控制下，在1950年洪水（有水文记录以来蚌埠以上水位最高的洪水）情况下淮河干堤也可不致溃决。上游河南地区，洪、汝河有石漫滩、板桥水库及洼地蓄洪工程的调节，配合局部河道整理，防洪情况已有改善。颍河上游在修筑白沙水库后，洪水威胁亦有所减轻"②。

治淮工程在1954年洪水中经受了考验，发挥了重大作用。淮河流域自1954年6月下旬起连续发生4次巨大洪峰，新中国成立后修筑的防洪蓄水工程均已发挥作用，并超额地担负了防御洪水的任务。如上游石漫滩、板桥、薄山、白沙等水库及老王坡等洼地蓄洪工程，都已拦洪或蓄洪，溢洪道开始溢洪，对削减洪河、汝河及颍河的洪水起了重要作用。

对此，傅作义于1954年9月在第一届全国人民代表大会第一次会议上发言指出：在同异常洪水斗争中，淮河流域已完成的工程也都发挥了应有的效益。上游的四个水库，上面都曾发生二三千秒方的洪水，经水库拦蓄，或完全不放，或仅放出几十秒方，各洼地蓄洪工程也都满蓄洪水。所以，上游1954年洪水虽比1950年为大，而灾害较1950年则减轻很多。同时，上游拦蓄一部分洪水，对减低中、下游的洪水负担，也起了相当的作用。③ 他还指出："在今年特大洪水情况下，下游地区因为修了三河闸和灌溉总渠，加上上、中游对于洪水的控制，基本上避免了淮河洪水的灾害，

---

① 参见傅作义《关于四年来水利工作总结与今后的工作任务》，《人民日报》1954年5月26日。

② 傅作义：《关于四年来水利工作总结与今后的工作任务》，《人民日报》1954年5月26日。

③ 参见《在第一届全国人民代表大会第一次会议上代表们关于政府工作报告的发言》，《人民日报》1954年9月25日。

完全保障了苏北里下河区的农业生产。中游基本上保证了涡河以东淮北平原的安全，津浦路交通畅通，蚌埠、淮南等工业城市都得到了保障。上游在各水库和湖泊洼地蓄洪工程控制下，灾害也有所减轻。"①

1953 年 12 月，全国水利会议提出了治理江河的五项具体要求，其中一项就是"根治淮河"。具体方案是："自 1953 年起分两个步骤，达到根治淮河的目的。第一个步骤，消除普通暴雨情况下的洪水与内涝灾害，并争取干支堤在遇 1921 年同样的洪水时不致决口泛滥。第二个步骤，消灭非常洪水并统筹开展水利。沂、沭、汶、泗应列入治淮的范围内，其治理步骤可参照治淮步骤研究决定。"② 为此，中央人民政府决定在以往治淮成就的基础上，从 1954 年开始进行第二次治淮工程流域性规划，1956 年 5 月完成《淮河流域规划报告（初稿）》。

"一五"时期，淮河上游继续完成此前开工的白沙水库（1951 年 4 月开工，1953 年 6 月建成）、薄山水库（1952 年 10 月动工，1954 年 5 月建成）、南湾水库（1952 年 12 月动工，1955 年 11 月建成）工程；中游建成了大型山谷水库——佛子岭水库（1952 年 1 月开工，1954 年 10 月建成）、梅山水库（1954 年 3 月开工，1956 年 4 月建成）等，并于 1956 年 4 月开始兴建中国自行设计和施工的第一座等半径同圆心混凝土重力拱坝的响洪甸水库（1958 年 7 月建成）。1956 年 9 月，动工兴建了以防洪为主，结合灌溉、发电的综合利用水利工程——磨子潭水库（1958 年 6 月建成）。此外，还兴修了湖泊洼地蓄洪工程，并进行了大规模的堤防修复工程。淮河下游继续开挖苏北灌溉总渠。同时加强了淮河干流的堤防，对支流洪河、汝河、濉河等进行了整理，修筑了苏北灌溉总渠和三河闸、高良涧闸、润河集闸、射阳港闸等重要工程。③ 淮河上中游大型水库建设工程详见表 1 - 2、表 1 - 3。

---

① 傅作义：《治水五年》，《人民日报》1954 年 10 月 8 日。

② 李葆华：《四年水利工作总结与今后方针任务》，载中国社会科学院、中央档案馆编《1953—1957 中华人民共和国经济档案资料选编·农业卷》，中国物价出版社 1998 年版，第 568 页。

③ 参见周骏鸣《在全国农业、水利先进生产者代表会议上的报告》（1956 年 6 月 17 日），载中国社会科学院、中央档案馆编《1953—1957 中华人民共和国经济档案资料选编·农业卷》，中国物价出版社 1998 年版，第 672 页。

表 1 - 2　　　　1950—1957 年淮河上游（河南省境内）控制性水库工程统计表

水库	河流	坝型	坝高（米）	库容（亿立方米）	建设时间	主体工程工期（月）	主要工程量（万立方米）	最高施工劳动力数（万人）	扩建时间（年）	总投资（万元）	灌溉农田（万亩）
石漫滩	洪河	均质土坝	25.00	0.47	1951.4—1951.7	4	土方 120	4.0	1956,1959	初建 327	9.0
板桥	汝河	黏土心墙坝	24.50	4.92	1951.4—1952.6	14	土方 254	8.5	1956	2376	36.0
白沙	颍河	均质土坝	47.88	2.95	1951.4—1953.6	15	土方 591	10.0	1956	4294	23.0
南湾	溮河	黏土心墙坝	35.00	16.3	1952.12—1955.11	19	土方 476	8.3	1975	4695	98.4
薄山	汝河	黏土心墙坝	48.40	6.2	1952.10—1954.5	18	土方 354	4.5	1956,1975	5136	21.6

资料来源：据水利电力部基本建设司编印《当代中国基本建设》（1986 年 6 月）第 39 页，中国社会科学院、中央档案馆编《1949—1952 中华人民共和国经济档案资料选编》（社会科学文献出版社 1991 年版）第 461 页资料综合整理。参见高峻《新中国治水事业的起步（1949—1957）》，福建教育出版社 2003 年版，第 126 页。

表1-3　1950—1957年淮河中游（安徽省境内）控制性水库工程统计表

水库	河流	库容（亿立方米）	坝型	坝高（米）	主要工程混凝土量（万立方米）	建设时间	投资（万元）	效益
佛子岭	淠河东源	4.83	连拱坝	74.40	23.0	1952.1—1954.11	7755	可消减100年一遇洪峰；与响、磨共用灌溉500万亩；发电装机3.1万千瓦。
梅山	史河	22.75	连拱坝	88.24	35.2	1954.3—1956.4	9268	可消减1000年一遇洪峰，灌溉371万亩；发电装机4.0万千瓦。
响洪甸	淠河西源	26.31	砼重力拱坝	87.50	30.0	1956.4—1958.7	6163	可消减1000年一遇洪峰；发电装机4.0万千瓦。
磨子潭	淠河东源	3.37	双支墩大头坝	82.00	33.0	1956.9—1958.6	4396	可消减100年一遇洪峰；与佛、响共用可灌溉500万亩；发电装机1.6万千瓦。

资料来源：据水利电力部基本建设司编印《当代中国水利基本建设》（1986年6月）第41—42页，淮河水利委员会编《中国江河防洪丛书·淮河卷》（中国水利水电出版社1996年版）第206—209页资料综合整理。参见高峻《新中国治水事业的起步（1949—1957）》，福建教育出版社2003年版，第135页。

　　治理淮河工程，是新中国成立后第一个全流域、多目标的水利工程。到 1957 年冬，中共中央和人民政府领导人民经过 8 个年头的不懈治理，治理淮河工程初见成效。淮河流域共完成土方 15 亿立方米，其中上游河南省 2.3 亿立方米，中游安徽省 5 亿立方米，下游江苏省 6.2 亿立方米（包括沂沭泗地区），山东省沂沭泗地区 1.6 亿立方米；共做石方 678 万立方米，混凝土 174 万立方米。国家共投入资金 13.3 亿元，① 其中河南省 3.1 亿元，安徽省 5.2 亿元，江苏省 4 亿元，山东省 1 亿元。② 总之，在淮河中下游共治理大小河道 175 条，修建堤防 46000 余公里，极大地提高了防洪泄洪能力。③

　　由于国家投资力度加大，此时治淮工程效益比较明显。在山区修建水库 9 座，总库容 86 亿立方米，兴利库容 24 亿立方米，为水库下游的防洪、排涝、灌溉起了很好的作用，也为水库发展水电、水产、航运、供水等提供了条件。在平原地区修建了 13 处湖泊洼地蓄洪工程，总库容 272 亿立方米，其中洪泽湖、骆马湖、南四湖成了蓄洪水水库，兴利库容 42.6 亿立方米。经过治理淮河中、下游河道，使淮河干流中游的泄洪能力从不到 6000 立方米每秒，增加到正阳关以下 10000 立方米每秒、涡河口以下 13000 立方米每秒，达到 40—50 年一遇的防洪标准，可以防御 1954 年洪水。使洪泽湖以下原有泄洪能力不到 8000 立方米每秒，增加到可以控制泄洪 9000 立方米每秒，使下游防洪标准达到 40—50 年一遇，保证 1954 年洪水防洪安全。沂沭泗下游地区的泄洪能力从不到 1000 立方米每秒，提高到 7000 立方米每秒。④ 这就极大地提高了防洪泄洪能力，初步改变了过去"大雨大灾，小雨小灾，无雨旱灾"的状况。此外，通过除涝工程，平原地区大部分支流得到初步低标准的治理，局部地区进行了大中小沟配套工程，涝灾有所减轻。同期增加灌溉面积 1500 万亩，达到 3252 万亩，其中

---

　　① 到 1957 年冬，对于国家投资治淮总额有两种说法：一是 13.3 亿元，见王祖烈编著《淮河流域治理综述》，水利电力部治淮委员会淮河志编纂办公室 1987 年编印，第 199 页。二是 12.4 亿元，见《毛泽东传（1949—1976）》，中央文献出版社 2003 年版，第 95 页；曹应旺《周恩来与治水》，中央文献出版社 1991 年版，第 24 页。本书从第一种说法。
　　② 参见王祖烈编著《淮河流域治理综述》，水利电力部治淮委员会淮河志编纂办公室 1987 年编印，第 199 页。
　　③ 参见《毛泽东传（1949—1976）》（上），中央文献出版社 2003 年版，第 95 页。
　　④ 参见王祖烈编著《淮河流域治理综述》，水利电力部治淮委员会淮河志编纂办公室 1987 年编印，第 200 页。

河南、江苏两省增加较多。[①]

当然，由于缺乏经验、工程规模过大、干部数量过少等原因，新中国成立初期治淮工作中有许多值得汲取的经验教训。

（1）水文账偏小，防洪标准偏低，工程留有余地不够。由于缺乏历史水文资料，治淮工作从水文测站的布设、流域地形的测量到规划方案的探讨均为白手起家，致使治淮工程水文账偏小，防洪标准偏低。1954 年夏，淮河流域连降 5 次暴雨，各支流洪水相继汇集到干流，发生了大于 1931 年全流域的特大洪水。尽管已建的板桥、石漫滩、薄山、南湾、白沙、佛子岭等水库发挥了拦洪作用，有效地降低了干流洪水位，但洪水还是冲毁了润河集蓄洪工程，淮北大堤在凤台县禹山坝漫、在五河县毛滩决口，造成 6123 万亩农田受灾，死亡人数安徽省 1098 人，江苏省 832 人。[②] 这次洪水暴露了治淮初期拟定的《关于治淮方略的初步报告》之不足，《报告》中对干流规划是以 1931 年和 1950 年洪水为标准的，相当 40 年及 10 年一遇。当遭遇 1954 年淮河特大洪水时，致使多处工程失事。正是由于规划思想的局限性，在工程部署上取消了入海水道，而代之以仅通 800 立方米每秒的苏北灌溉总渠，致使 1975 年 8 月石漫滩、板桥水库溃坝。[③]

（2）在工程规划方面，有些地区未能确切掌握重点，有步骤地进行。如 1950 年由于工程过多，致使淮河部分涵闸工程未能如期完成。当淮河洪水到达时，某些水文站尚未布设，部分堤防因未达标准而溃决。[④]

（3）在工程实施方面，许多地区由于计划粗率，测勘不实，施工前准备不足，施工中组织管理工作不细致，以致工程遭受损失。如 1950 年苏北新沂河工程小潮河堵口，由于对潮水特性估计不足，计划不周，5 个月时间堵口失败 3 次，浪费很大。又如皖北泗洪、无为县住房、食粮、工具、物资等准备不充分，民工上堤施工后，吃饭、房子有困难，粮食浪费达 100 万斤。又如 1950 年河南颍河工程，在底线没有定出之前，民工已

①　参见王祖烈编著《淮河流域治理综述》，水利电力部治淮委员会淮河志编纂办公室编印，第 200 页。

②　参见骆承政等主编《中国大洪水——灾害性洪水述要》，中国书店 1996 年版，第 208—210 页。

③　参见高峻《新中国治水事业的起步（1949—1957）》，福建教育出版社 2003 年版，第 149 页。

④　参见张含英《1950 年水利工作初步总结》，载《当代中国的水利事业》编辑部编印《历次全国水利会议报告文件（1949—1957）》（内部发行），1987 年，第 56 页。

到工地,出现一面测量一面施工的现象,致使有些河段的高程定高了,完工以后必须重新加工。①

作为治淮的直接领导部门,治淮委员会没有回避治淮中的缺点与错误。1953年5月,时任治淮委员会主任的谭震林,副主任曾希圣、吴芝圃、管文蔚等联名向中共中央呈送《关于淮河水利问题的报告》,深刻分析了在具体执行治淮方针过程中存在的缺点。报告检讨说:"对除涝保收未能达到应有的要求。因为破坏不堪的排水系统,没有进行必要的治理;其已做的河道疏浚整理工程,则因标准太低(排除麦作水),不能解决普通洪水的问题,不仅洼地积水无法排出,即一般较洼的平原,亦有因干水高于支水,支水高于平地,内外水顶托而积涝成灾,若遇非常洪水,则内涝更为严重,这是个严重的缺点。"② 报告分析产生这个缺点的原因说:"主要原因是由于对内涝的全面性、严重性、频繁性、复杂性及除涝的重要性和艰苦性认识不足,亦即由于中国传统的重视防洪保堤,忽视除涝保收的片面思想没有受到批判和纠正,以致放松了治涝问题的研究,所以未能与改善当前农业生产的要求密切结合,其结果亦就不可能培植与提高群众抗灾治水的力量。"③

1953年9月9日,水利部党组在向中共中央报送的《关于过去工作的检查及今后工作意见的报告》中指出:"在治淮工程中,我们未能深入一步,具体分析,找出各个不同地区不同的关键问题。在1952年内涝发生前,我们偏重于解决干流及主要支流非常洪水的泛滥问题,但对于普通洪水情况下,淮北平原的内涝灾害认识不足,未能将内涝问题作为治淮的重点进行研究,过去虽然做了些工作,但标准过低,而且缺乏各个支流的流域性规划,因而在改善内涝问题上未能起应有效益。"④

1955年初,傅作义在全国水利会议上对上年水利工作总结时,也正视治淮过程中存在的缺点和错误。他指出,在1954年洪水的实际考验下,暴露出治淮工作中和工程上的许多缺点和错误,"这些缺点和错误有的直

---

① 参见张含英《1950年水利工作初步总结》,载《当代中国的水利事业》编辑部编印《历次全国水利会议报告文件(1949—1957)》(内部发行),1987年,第57—58页。

② 水利部党组:《关于淮河水利问题的报告》,治淮委员会编印《治淮汇刊》第3辑,1953年5月25日。

③ 同上。

④ 《中央水利部党组关于过去工作的检查及今后工作意见的报告》,安徽档案馆藏55—2—2卷。

接酿成了某些灾害，有的则造成我们防汛工作中的被动和困难"。如在防洪规划和设计的标准一般偏低，并有个别建筑物修得不够安全。"我们以前治淮的防洪标准是采用最近几十年间实有水文记录中的最大流量，如1921、1931、1950等年型的洪水，作为防洪标准。对整个流域洪水的处理是以这几年的洪水为依据，对建筑物的设计也是以这几年的洪水为依据。至于这几年的洪水相当于什么样的频率，如果发生超过这几年的洪水时应当怎样处理，则没有很好的研究。所以，1954年发生的洪水超过了1931和1950年，不但在整个防御措施上非常被动，而且有许多重要的永久性建筑物，如淮河王家坝闸及润河集分水闸等都几乎被洪水淹没。佛子岭水库设计最大进洪量为2330秒立方公尺，而1954年最大进洪量则达6350秒立方公尺。石漫滩、板桥、薄山等水库实际最大进洪量，也超过了原设计的标准一至三倍。"①

针对治淮工作中存在的不足，周恩来在1964年6月10日接见以何继晋为首的越南水利考察团时也指出："治淮工作中犯了地方主义、分散主义的错误，治水要从上游到下游照顾全局，要有共产主义风格，有时要牺牲自己救别人。要让干部和农民都有所认识。"② 由此可见，中国共产党和人民政府正视治淮过程中出现的缺点错误，敢于承认并勇于承担错误，并在发现错误之后立即加以纠正。这种实事求是的工作作风是值得继承发扬的。

四　荆江分洪工程的兴建

长江是中国第一大河流，全长6300余公里，流域面积193.9万平方公里，干流主源为金沙江，在四川境内先后会集岷江、沱江、嘉陵江、乌江等经三峡至宜昌进入平原，而后承纳湖南的湘、资、沅、澧四水（洞庭湖水系），至汉口纳汉江，至九江纳赣江（鄱阳湖水系），经江苏承泄淮河及太湖各水而入海。千百年来，浩瀚长江在孕育中华文明的同时，也给两岸人民带来深重的水患。据历史记载，从汉代开始到清末，即从公元前185

---

① 傅作义：《1954年的水利工作总结和1955年的工作任务》，载《当代中国的水利事业》编辑部编印《历次全国水利会议报告文件（1949—1957）》（内部发行），1987年，第200—201页。

② 《周恩来年谱（1949—1976）》中卷，中央文献出版社1997年版，第647页。

年到 1911 年的 2096 年间，长江发生过大小水灾 214 次，平均不到 10 年发生一次。相比而言，旱灾几率较小。据湖南省统计，从公元 626 年到 1951 年间，平均每 17 年发生旱灾一次；据安徽省统计，从公元 1643 年到 1804 年间，平均每 16 年发生旱灾一次；据淮河流域统计，自 14 世纪以后，每百年中水灾遭遇有 70 次，旱灾 50 次；华北平原在明清两代 542 年间发生大小水灾 361 次，旱灾 377 次。① 这些历史记载说明，长江流域水灾重于旱灾。

长江上游（四川宜宾以上金沙江部分）的河槽坡降很大，一般水势很急。但它自三峡奔腾而出，到湖北宜昌以下豁然开阔，地势平缓，在长江中游（四川宜宾到湖北宜昌）地区形成辽阔的水网地带，滋润着湘鄂两省广袤肥沃的土地。但一到夏日，暴雨连绵，江河横溢，又严重威胁着人民的生命财产。其中，荆江（长江中游从湖北省枝江到湖南省洞庭湖口的城陵矶这一段的通称）更是首当其冲。正如唐朝诗人李白在《渡荆门送别》中描述的那样："渡远荆门外，来从楚国游。山随平野尽，江入大荒流。"当地流传这样的民谣："荆江不怕起干戈，只怕荆堤一梦终。"故自古便有"万里长江，险在荆江"之说。

荆江北岸从江陵县枣林岗到监利县城南止，有一条长达 182 公里的大堤，称为荆江大堤，是长江堤防最为险要的堤段。在这里，江身弯狭，急流汹涌。保护北岸的荆江大堤平均 12 米高，内外堤脚相差七八米，洪水猛涨时极为危险。如一旦溃决，湖北省江陵、监利、沔阳等十多县 300 万人民、800 万亩农田都有被淹的危险。因此，湖北沿江民众称荆江大堤为"命堤"。从长江上游带来的泥沙在这里淤积起来，造成许多沙洲和无数江底浅滩。被阻塞的江水常常泛滥，给两岸的人民带来无穷无尽的灾难。据历史记载，荆江地区是长江流域洪水最频繁、灾害极为严重的区域。仅 1912—1949 年的 38 年间，荆江就有 20 年发生溃口，给沿江人民带来深重的灾难。② 其中 1931 年长江全流域洪灾，荆江北岸被淹良田就达 500 多万亩，灾民达 300 万人，故有"沙湖沔阳洲，十年九不收"的民谣流传。③ 近代荆江最大的一次水灾发生在 1935 年 7 月。据当时出版的《荆沙水灾

---

① 参见须恺《中国的灌溉事业》，载中国社会科学院、中央档案馆编《1953—1957 中华人民共和国经济档案资料选编·农业卷》，中国物价出版社 1998 年版，第 655 页。

② 参见《最新最美的图画——荆江两岸巡礼》，《人民日报》1972 年 5 月 20 日。

③ 参见海波《荆江分洪工程介绍》，《人民日报》1952 年 4 月 5 日。

写真》记载：荆州城外"登时淹毙者几达三分之二。其幸免者或攀树巅、或骑屋顶、或站高阜，均鹄立水中延颈待食，不死于水者，将悉死于饥，竟见有剖人而食者"①。荆江南岸的洞庭湖区 90% 的堤垸被冲垮，湖南 15 个县被淹没，受灾农田达 300 余万亩，损失稻谷 26 亿多斤，受灾人口 300 余万，淹死 3 万余人。② 清人张圣裁诗云："江陵自昔称泽国，全仗长堤卫江北，咫尺若少不坚牢，千里汪洋只顷刻。"这充分反映了荆江两岸民众的深重灾难。

据相关专家推算，像 1931 年那样的洪水，大约每 15 年有发生一次的可能；像 1949 年沙市附近出现 44 米、49 米的洪水频率，则每隔 6 年有发生一次的可能。③ 1949 年夏，长江发生严重洪灾，致使中下游地区受灾农田达 2721 万亩，受灾人口 810 万，淹死 5699 人。④ 这就是长江水患给即将执政的中国共产党人上的第一课。这种随时可能发生灾害的威胁，不仅严重影响农业生产和人民生活，而且使国家工业化受到阻碍。如何解决长江中游的水灾，是新中国成立后经济建设中紧要的任务。

综合治理长江以造福人民，是中华民族的千年梦想。新中国成立后，中国共产党和人民政府一直把长江防洪问题放在重要地位来抓。1950 年 2 月，中央人民政府为了解除长江流域人民遭受水灾的痛苦，在扬子江水利委员会的基础上成立了长江水利委员会（简称长委），林一山任主任，总部设在湖北省武汉市，专门负责治理长江的任务，并首先着重长江中游的治理。人民政府积极发动沿江广大人民连年培修荆江大堤，一面修堤，一面派出了大批水利工程专家和技术人员勘察荆江，寻求解除荆江水患威胁的方案。1950 年 8 月，长江水利委员会经过查勘和研究，提出了《荆江分洪初步意见》，建议修建荆江分洪工程。这项意见得到中共中央和中央政府的高度重视。同年 10 月，毛泽东、刘少奇、周恩来听取了时任中南局代理书记邓子恢的汇报，认真研究了荆江分洪工程方案。不久，荆江分洪工程获得批准。11 月，长江水利委员会派出水利专家和技术人员进行勘

---

① 参见长江流域规划办公室《长江水利史略》编写组编《长江水利史略》，水利电力出版社 1979 年版，第 189 页。

② 同上书，第 188 页。

③ 参见刘斐《荆江分洪工程的伟大胜利》，载中国社会科学院、中央档案馆编《1949—1952 中华人民共和国经济档案资料选编·农业卷》，社会科学文献出版社 1991 年版，第 479 页。

④ 参见长江水利委员会洪庆余主编《中国江河防洪丛书·长江卷》，中国水利水电出版社 1998 年版，第 85 页。

察、钻探和测量等工作。

1951 年 1 月 12 日，在政务院第 67 次政务会议上，水利部部长傅作义作了《中央人民政府水利部关于水利工作 1950 年的总结和 1951 年的方针和任务》的报告，在谈到长江治理时指出：“长江最近几年的治理，侧重于整理并操纵沿江湖泊，以控制江水水位及流量，荆江的防洪工事尤应作为重点。”① 周恩来在会上强调：“长江的荆江分洪工程，在必要时要用大力修治。否则，一旦决口，就会成为第二个淮河。”② 随后，长江水利委员会一面对虎渡河东堤和安乡河北堤有计划地做了培修，一面展开对荆江分洪工程的规划工作。1952 年初，长江水利委员会在完成各座闸基钻探和分洪区勘察后，拟定了荆江分洪工程计划。

荆江分洪工程计划，是在荆江南岸太平口虎渡河以东、荆江南堤以西、藕池口安乡河西北，开辟一个大量分洪的地区，以便在荆江水位过高时分蓄洪水，降低荆江水位，减缓水势流速，以减轻荆江大堤的负担。设计中的分洪区，面积为 921.34 平方公里，可蓄洪水 55 亿立方米以上。

荆江分洪工程主要包括：（1）荆江大堤加固工程，这是第一期工程的重点。（2）修建南岸分洪区围堤，围堤由太平口附近开始，沿长江南岸到藕池口，折向西南到虎渡河，又沿虎渡河到太平口，成一袋形，堤工共计 1200 万土方。（3）修建分洪区的进洪闸、节制闸、泄洪闸等。进洪闸将建在太平口附近，节制闸在虎渡河上黄山头附近，泄洪闸在藕池口北，分洪区蓄洪到一定水位时，分泄部分水量归入荆江下游。（4）开挖和疏通分洪区内的沟渠和修建其他涵闸等工程多处。这些工程可加速涸出分洪区土地，以便播种冬季作物。（5）造保护堤岸的防浪林。（6）分洪区内的移民一部分移入安全区，一部分移到其他地区，全部工程除泄洪闸外均在当年汛前完成。③

修建荆江分洪工程，从长远说对湖南和湖北两省均有好处，但由于历史上形成的“舍南救北”的矛盾，故湖北省方面态度积极，而湖南省方面则有顾虑。为了使荆江分洪工程顺利实施，必须处理好湖南和湖北两省的利害关系。1952 年 2 月 17 日，中南区和湖南、湖北两省有关负责人召开

---

① 《当代中国的水利事业》编辑部编印：《历次全国水利会议报告文件（1949—1957）》（内部发行），1987 年，第 97 页。

② 《周恩来年谱（1949—1976）》上卷，中央文献出版社 1997 年版，第 116 页。

③ 参见海波《荆江分洪工程介绍》，《人民日报》1952 年 4 月 5 日。

荆江分洪工程会议，以调解两湖纠纷。与会者一致赞成荆江分洪工程尽快上马，但对于一旦发生长江特大洪水时湖南是否分洪，以及分洪后湖南能否免除洪水威胁的问题，与会者看法难以统一。2 月 20 日，周恩来召集傅作义、李葆华、张含英等人和湖南、湖北两省有关人员开会，研究讨论荆江分洪工程的实施问题，批评中南局对于分洪工程这样的大事在中央决定后仍未引起应有注意的消极态度，并提出与会人员就《政务院关于荆江分洪工程的决定（草案）》征求意见。① 23 日，周恩来向毛泽东和中共中央作了书面报告，并送上他主持起草的《决定（草案）》，请毛泽东审阅。2 月 25 日，毛泽东作了重要批示："（一）同意你的意见及政务院决定；（二）请将你这封信抄寄邓子恢同志。"②

1952 年 2 月底，为了进一步消除湖南的顾虑，时任水利部副部长的李葆华陪同苏联水利专家布可夫前往荆江分洪地区考察。他们考察后认为分洪工程对湖南没有危险，且可减少水害。随后，经过多方商议，中共中央对《决定（草案）》作了多次修改，形成了一个更充分地考虑到湖南、湖北两省各自利益的方案。3 月 29 日，周恩来致信毛泽东并刘少奇、朱德、陈云："送上一九五二年水利工作决定及荆江分洪工程的规定两个文件，请审阅批准，以便公布。关于荆江分洪工程，经李葆华与顾问布可夫去武汉开会后，又亲往沙市分洪地区视察，他们均认为分洪工程如成，对湖南滨湖地区毫无危险，且可减少水害。工程本身关键在两个闸（节制闸与进洪闸）。据布可夫设计，六月中可以完成。中南决定努力保证完成。我经过与李葆华电话商酌，并转商得邓子恢同志同意，同时又与傅作义面商，决定分洪工程规定修改如现稿。这样可以完全解除湖南方面的顾虑，因工程不完成决不分洪，完成后是否分洪还要看洪水情况，并须得政务院批准。"③

1952 年 3 月 31 日，政务院发布的《关于荆江分洪工程的规定》指出：为保障两湖千百万人民生命财产的安全起见，在长江治本工程未完成以前，加固荆江大堤并在南岸开辟分洪区乃是当前急迫需要的措施。政务院特作六项规定：（1）1952 年仍以巩固荆江大堤为重点，必须大力加强，

① 该草案后改为《政务院关于荆江分洪工程的规定》，参见《周恩来年谱（1949—1976）》中卷，中央文献出版社 1997 年版，第 217 页。
② 《毛泽东传（1949—1976）》（上），中央文献出版社 2003 年版，第 96 页。
③ 同上书，第 96—97 页。

保证不致溃决,其所需经费可酌予增加。具体施工计划及预算由长江水利委员会会同湖北省人民政府拟订,限期完成。(2)1952年汛前应保证完成南岸分洪区围堤及节制闸、进洪闸等工程,并切实加强工程质量。其所需人力,应由湖北、湖南和部队分别负担。(3)1952年不拟分洪。如万一长江发生异常洪水,威胁荆江大堤的最后安全,在荆江分洪工程业已完成的条件下,可以考虑分洪,但必须由中南军政委员会报请政务院批准。(4)湖北省分洪区移民工作应于汛前完成。(5)关于长江北岸的蓄洪问题,应即组织勘察测量工作,并与其他治本计划加以比较研究后再行确定。(6)为胜利完成1952年荆江分洪各主要工程,应由中南军政委员会负责组成一强有力的荆江分洪委员会和分洪工程指挥机构,由长江水利委员会,湖南、湖北两省人民政府及参加工程的部队派人参加,并由中南军政委员会指派得力干部任正副主任。工程指挥机构的行政与技术人员由各有关单位调配。①

随后,荆江分洪工程委员会和荆江分洪工程总指挥部成立。荆江分洪工程委员会以李先念为主任委员,唐天际、刘斐为副主任委员,郑绍文为秘书长,黄克诚、程潜、赵毅敏、赵尔陆、潘正道、齐仲桓、张广才、李毅之、林一山、许子威、王树声、袁振、徐觉非、郑绍文、刘惠农、田维扬、李一清、刘子厚、张执一、任士舜等为委员。荆江分洪工程总指挥部以唐天际为总指挥,王树声、林一山、许子威为副总指挥,李先念为总政委,袁振为副总政委。3月下旬,由于大批工人、民工到达工地,各部迅速抽调大批干部,组成了各级指挥机关,对广大工人、民工进行了初步的政治动员,对家庭生产作了适当安排,并调运了大批工棚、器材与工具,星夜突击抢修工程,建立了许多住房、仓库、供应站、贸易公司、救护站、广播台、俱乐部等,以争取迅速开工。

在长江流域治本工程大规模兴建之前,必须首先"设法分洪旁泄,以减轻荆江大堤所受洪水的威胁,并减少四口入湖的水量,延长洞庭湖的寿命,实为目前'湘鄂并重,江湖两利'的妥善办法。荆江分洪工程,就是在这个目标之下,为争取根本治理长江的时间而举办的。所谓分洪,就是有计划的作一个人工湖泊,在必要的时机,用来蓄纳洪水,降低洪峰,调

---

① 参见中国社会科学院、中央档案馆编《1949—1952中华人民共和国经济档案资料选编·农业卷》,社会科学文献出版社1991年版,第479—480页。

剂长江流量，以免漫无限制的溃堤成灾"①。

经过充分的准备，1952 年 4 月 5 日，在中共中央、政务院、中南军政委员会、荆江分洪委员会的领导下，长江中游的荆江大堤加固荆江分洪工程全面开工。30 万劳动大军奋战在 133 公里的荆江大堤和数百公里的分洪区工地上。荆江分洪工程的范围是：在荆江以南，安乡河之北，虎渡河以东，共 920 多平方公里的地区，修筑一座巨大的蓄水库（分洪区）。在水库北端太平口地带，建筑一座长 1054 米的进洪闸，在水库南端黄山头地带，建筑一座长 336 米的节制闸，在水库四周筑成一道高大的围堤。在建筑这些分洪工程的同时，在荆江北岸对原荆江大堤培修加固，从万城起到麻布拐止，总长为 114 公里。筑成后的水库可纳蓄洪水 60 亿立方米。

4 月上旬，荆江加固工程完成了沙市以下郝穴沿江一带的抛石护岸等工程。荆江分洪总指挥唐天际、中国人民志愿军归国代表董玉才、朝鲜人民访华代表朴英镐等曾赴工地视察，受到鼓励的军工、民工，展开了爱国主义的劳动竞赛，大大地推动了整个工程的迅速进展。很多施工单位采取了培养典型以带动全面的有效做法，出现了松滋县的郝秀荣小组、辛志英小组，石首县的李海棠小组等先进典型。在竞赛开展起来之后，许多单位及时进行了评功表扬模范、开展合理化建议运动，科学地组织劳动力，并利用板报、捷报、黑板报、广播台等，进行热烈的现场鼓动，普遍提高了劳动工效。如"混凝土工程在数量上创造了每日浇灌 5800 方的全国最高纪录。混凝土平均工效由开始时每人每天 0.23 方提高到每人每天 0.394 方；土方工效在 80 公尺到 120 公尺的平均运距以内由每人每天 0.6 公方，提高到了每人每天平均 2.02 公方……码头的起卸率由开始的每日两三千吨提高到每日万吨，最高纪录达到每日两万吨。闸工方面，铆钉安装纪录由每日 300 个提高到每日 834 个，与工程开始时铸造涡轮及闸门横梁眼比较，工效提高了 8 倍，弯钢筋的平均工效由 20 人一公吨提高到平均 8 人一公吨"②。同时，民工们创造了泄网方法，解决了搬抛大块蛮石的困难。他们在打硪中自动提出"层土层硪"，使堤身修得又坚又牢。这样，截至

---

① 刘斐：《荆江分洪工程的伟大胜利》，载中国社会科学院、中央档案馆编《1949—1952 中华人民共和国经济档案资料选编·农业卷》，社会科学文献出版社 1991 年版，第 484 页。

② 荆江分洪总指挥部：《荆江分洪工程提前竣工基本经验总结报告》，载中国社会科学院、中央档案馆编《1949—1952 中华人民共和国经济档案资料选编·农业卷》，社会科学文献出版社 1991 年版，第 482—483 页。

1952年5月11日，荆江大堤加固工程的护堤脚抛石工作全部完成，完成土方25万多立方米，完成了加固工程的74%以上。分洪工程的太平口进洪闸和黄山头节制闸两闸底板的扎钢筋以及浇灌混凝土工作全部完成后，分洪工程完成了44%以上。

　　1952年5月19日，水利部部长傅作义偕同苏联水利专家布可夫赶到荆江分洪工程工地，视察荆堤加固和荆江分洪工程的兴修情形，慰问广大军工、民工和全体员工，并颁发毛泽东主席奖给的四面锦旗。锦旗上有毛泽东为荆江分洪工程的题词："为广大人民的利益，争取荆江分洪工程的胜利！"毛泽东的题词还精印了1.4万份，奖给工程建设中的模范人物。5月24日，授旗慰问大会在湖北沙市隆重举行。傅作义代表毛泽东授旗，荆江分洪总指挥唐天际代表30万军工、民工接旗。傅作义发表讲话说："一个半月来，已完成了整个分洪工程任务的60%。这一巨大工程能在短期内获得这样大的成绩，是由于毛主席和中央人民政府的英明领导，同时也证明了新民主主义的伟大优越性。"① 傅作义对工程中涌现出的英雄模范人物致以亲切的慰问，并号召再接再厉，把工程做得更好。

　　5月28日，荆江分洪前线中共党委召开紧急会议。会议发布决定，号召采取一切办法，争取6月20日前完成全部工程，并坚决要求"只准做好，不准做坏，只准成功，不准失败"② 。这个决定由各工地、各单位的共产党员、青年团员、干部、劳动模范和广大群众讨论后，得到了全体员工的一致拥护。每个单位到每个人都根据各自的具体情况，采取"包干"办法，定出了具体计划，保证提前完成自己所担负的任务，将爱国主义劳动竞赛更推进了一步。荆江分洪水闸分太平口进洪闸与黄山头节制闸两大部分，闸门（包括附件）共重1700多吨。这两部分闸门分别由武汉市江汉船舶机械公司、江岸桥梁厂和衡阳铁路局工务处承制。为了在6月底长江夏汛到来以前全部安装完毕，各厂职工展开竞赛，发挥高度的积极性和创造性，于5月底分批运到工地安装。至6月7日，荆江大堤加固工程接近完成，荆江分洪工程已完成了83%以上。③

---

① 《水利部部长傅作义视察荆江分洪工程，代表毛主席授旗慰问广大员工》，《人民日报》1952年5月29日。

② 《荆江分洪工程完成百分之七十二》，《人民日报》1952年6月3日。

③ 参见《荆江分洪工程完成百分之八十三以上，全部工程将在六月二十日完工》，《人民日报》1952年6月11日。

在荆江大堤加固和第一期荆江分洪工程即将完工之际，为保证工程质量合乎标准，荆江分洪总指挥部和所属各工程领导机关组织力量，对已完成的各项工程和正做的工程进行普遍检查，并对已发现的个别不合标准的工程迅速设法进行了补救。荆堤加固和荆江分洪工程施工中，广大员工认识到工程质量的好坏是决定工程成功与失败的关键，施工中采用了一面施工、一面检查的方法，及时纠正了某些建筑工程不合标准的现象。各个工程领导机关根据这次普遍检查，对工程中的缺陷迅速设法进行补救。荆江大堤加固工程原计划做 34 万多方土，检查后将沙市一段坏堤上的房屋全部拆除进行了彻底补修，增加土方 4 万多立方米。沿江农民对发现的獾穴、蚁洞也在作有效堵塞，荆江大堤沙市段改变了过去"豆腐渣"堤的坏称号，变为新土堤。黄天湖新堤增加了排渗层后半月来有的已渐干固。①

6 月 14 日，从湖北省江陵县枣林岗到监利县麻布拐的 133 公里长的荆江大堤加固工程，宣布胜利完工；18 日，太平口进洪闸工程竣工；20 日，黄山头节制闸和分洪区围堤同时竣工。至此，荆江分洪工程全部竣工。

荆江分洪一期工程从 1952 年 4 月 5 日破土动工，到 6 月 20 日完成，共用了 75 天，比原计划提前了 15 天。"整个工程共完成了土、石、沙、混凝土近 1000 万方，其中包括完成土方 828 万方，混凝土 117000 方。开采石料 253400 多方，抛砌块石 161000 多方，钢筋 3480 多吨，并运输器材、工具、粮秣共 1 亿余吨公里。尚有其他许多附属工程，如修筑 145 公里的轻便铁道，及 122 公里的公路等"②。时任荆江分洪工程委员会副主任委员的刘斐自豪地说："其规模之大和技术性之高，与突击施工的神速，不仅是打破了中国历史上的纪录，就是世界工程史上也是空前没有的。"③

不仅如此，荆江分洪工程在施工中超额完成了工程定量，其中混凝土工程比原订计划超过 6%，土方比原计划超过了 3.6%。加固后的荆江大堤即使再遇到 1949 年那样的洪水，堤顶还高出水面 1 米。进洪闸、节制闸和围堤构成的分洪区，虽然当年不拟分洪，但如遇荆江洪水过大、荆堤

①　参见《荆江分洪工程进行普遍检查》，《人民日报》1952 年 6 月 13 日。

②　荆江分洪总指挥部：《荆江分洪工程提前竣工基本经验总结报告》，载中国社会科学院、中央档案馆编《1949—1952 中华人民共和国经济档案资料选编·农业卷》，社会科学文献出版社 1991 年版，第 482 页。

③　刘斐：《荆江分洪工程的伟大胜利》，载中国社会科学院、中央档案馆编《1949—1952 中华人民共和国经济档案资料选编·农业卷》，社会科学文献出版社 1991 年版，第 489—490 页。

危险，即可能分洪以减轻荆堤的负担。中共中央中南局、中南军政委员会、中南军区，湖北、湖南两省党、政、军领导机关，以及湖北省各人民团体，为荆江分洪工程胜利竣工，分别致电荆江分洪工程总指挥部暨全体工作人员，表示祝贺。中共中央中南局、中南军政委员会和中南军区的贺电指出：荆江分洪工程提前竣工，"是中国历史上工程记录的奇迹。它充分说明了在毛泽东时代我们祖国人民勇敢勤劳的优秀品质，标志了新民主主义社会制度的优越性"。贺电着重指出：这一工程的竣工将有效地消除荆江的水患，保证两湖广大人民生命财产的安全，巩固长江航运的畅通，更为今后全国巨大规模的水利建设工程创造了丰富的经验。[1]

6月21日，《长江日报》以《庆贺荆江分洪伟大工程胜利完工》为题发表社论，向所有参加荆江分洪工程的工作人员和所有在工程中受到表扬和奖励的英雄、模范表示敬意；并号召他们在祖国今后的建设事业中，继续发挥爱国主义劳动热情和带头作用、骨干作用、桥梁作用，团结广大人民，为建设和保卫伟大祖国的幸福生活而奋斗。

6月28日，水利部派出以副部长张含英为首的验收工作人员和中南军政委员会水利部部长刘斐为首的验收团，开始进行工程验收。验收团认为：各项工程都合乎标准，准予验收。验收团还认为：在这样短时间完成这样巨大的工程，实在是空前的成就。张含英在讲话中说："短短两个多月的时间修建好这样大的一个工程，这在中国水利建设史上是一个空前的成就。它的胜利给我们今后从事大规模的水利建设以极大的信心。我们有充分把握在今后建设中使水完全听我们的指挥，要它灌溉农田，要它便于航运，要它供电照耀城市和农村。"[2]

荆江分洪工程仅仅用了两个多月就全部竣工，除了党和政府的支持、组织，广大水利科技人员的精心设计及广大民工的忘我劳动以及苏联专家的帮助外，与人民解放军的支持密不可分。有10万部队官兵参加了荆江分洪工程，在工程建设中起到了骨干作用。他们担负了整个工程中最艰巨、最困难的任务，如黄天湖的排淤、黄山头的堵坝工程，都是以部队为主来完成的。他们在整个工程中完成的任务最大、工效最高，占全部30

---

① 参见《荆江分洪工程全部完工，全体员工向毛主席报捷》，《人民日报》1952年6月23日。

② 《荆江分洪工程验收完毕各项工程合乎标准》，《人民日报》1952年7月13日。

万施工人数的三分之一的军工完成了全部工程中土方的 49%，混凝土的 73%；超额完成土方 40%，并使混凝土在一天内能完成 5800 立方米，码头起卸一天能完成 2 万吨。在工效方面，如挖北闸闸基，当民工平均土方工效为 0.52 立方米时，部队即达 1.25 立方米。这种模范行动和骨干作用，引起了工农弟兄的极大尊敬与钦佩，他们说："哪里有军队，哪里就能胜利。"①

荆江分洪工程第一期工程完成了荆江大堤加固工程、太平口进洪闸、黄山头节制闸和拦河坝以及分洪区的南线围堤等工程后，党和政府为了根治荆江，接着部署进行第二期工程。第二期工程主要包括：（1）在分洪区内就原有水系整理长达 100 多公里的排水干渠（包括一座新式排水闸），使分洪区内的积水都能经过此渠排入虎渡河，保护分洪区内农作物不再受淹涝的威胁；（2）培修分洪区围堤，包括荆江右堤太平口到藕池口段的加培，虎渡河东堤、西堤的培修，黄天湖新堤的护坡，安乡河北堤、虎渡河东堤抛石护脚等工程，以保证分洪区平时不致遭受荆江、虎渡河、安乡河等溃堤的威胁，分洪时又能安全蓄洪；（3）在分洪区内培修 20 个安全区的围堤（垸子），并修筑 7 个安全台（高地），以保障分洪期间分洪区内 18 万人民生命财产的安全；（4）在虎渡河西（分洪区外）挖一条排水渠，以便利虎渡河西农田积水的排泄；（5）刨毁分洪区内废堤高地和进洪闸、节制闸的上游和下游的滩地，以免分洪时影响进洪量。据初步计划：整个第二期工程共需做土方、石方 1500 多万立方米，动员 17 万民工参加。为了贯彻"施工、生产两不误"的方针，施工时间计划为两个多月，整个工程计划在 1953 年春耕前完成。②

1952 年 11 月 14 日，长江中游荆江分洪工程的第二期工程正式开工。中南军政委员会调整了荆江分洪工程总指挥部，任命长江水利委员会副主任任士舜为总指挥，湖北省宜昌专署副专员李涵若为副总指挥，荆州专署专员阎钧为政治委员，具体领导第二期工程施工。

荆江分洪工程第二期工程中，工程指挥机关关心民工生活，及时供应民工生活资料、劳动工具，并重视卫生工作。民工的劳动热情始终饱满，

---

① 唐天际：《站在经济建设的前线——庆祝人民解放军建军二十五周年》，《人民日报》1952 年 8 月 1 日。

② 参见《荆江分洪工程第二期工程开工》，《人民日报》1952 年 12 月 2 日。

并在春节前后展开了热火朝天的劳动竞赛。湖北省宜都县民工王有泰在土方工程上创造了"深挖陡劈"法，将每人每天的工作效率由平均1.68立方米提高到7.6立方米。湖北省江陵、松滋、监利等县民工在水深泥厚、天寒冰冻的渠道工程上，创造了"深沟放淤"、"篾箕系草"等先进工作法，使每人每天工作效率最高提高到9.7立方米。①

荆江分洪二期工程于1952年11月14日正式开工，1953年4月25日结束。在5个多月的时间里，完成的工程为：荆江右堤的加培，虎渡河东堤、西堤的培修，分洪区内13个安全区围堤的加培，又新建了7个安全区、8个安全台，整理了分洪区渠道，刨毁了进洪闸和节制闸上、下游的滩地，完成了虎渡河东堤抛石护岸等工程，共做土方、石方1100多万立方米。施工计划外，还完成了13座安全区涵管工程，在分洪区围堤上植树39.7万多株，并在分洪区和安全区内开挖和修筑了中心排水沟57条，生产大道87条，中小桥梁195座。至此，长江中游的荆江分洪工程全部胜利告成。②

荆江分洪工程是新中国成立以后在长江上修建的第一个大型水利工程，是根治长江的开端，也是新中国成立以来紧接治淮工程所兴建的第二个巨大水利工程。荆江分洪工程第二期工程的完成，进一步巩固了荆江分洪工程的成果。它不仅解除了荆江段的严重水灾，保障了荆江两岸人民生命财产安全，而且促进了农业生产的发展，保障了荆江两岸粮食丰收。时任荆江分洪工程委员会副主任委员的刘斐对该工程给予高度评价。他说：荆江分洪工程是以防洪为目的，解除长江中游水患的第一步计划。以此为基础，"将进一步办理荆江裁弯取直工程，及整理洞庭湖洪道，使湘资沅澧四水各有泄水的洪道和蓄洪垦殖的区域。同时有计划地在荆江北岸分洪放淤，以加高江汉平原的陆地高度，并控制中下游湖泊，实行蓄洪垦殖，这样，即使遇到比1931年更大的洪水年，我们也能够有计划地蓄洪吞吐，不致发生灾害。因此，我们就有条件争取更多的时间，来完成根治长江的治本工程了。所以荆江分洪工程，不仅是技术性很高，而且是具有伟大的政治意义和历史意义的"③。

---

① 参见新华社《荆江分洪工程第二期工程胜利完工》，《人民日报》1953年5月7日。

② 同上。

③ 刘斐：《荆江分洪工程的伟大胜利》，载中国社会科学院、中央档案馆编《1949—1952中华人民共和国经济档案资料选编·农业卷》，社会科学文献出版社1991年版，第485页。

1953 年 10 月 3 日新华社报道：新修的荆江分洪工程和加固的荆江大堤，保卫着荆江沿岸农民的安全和生产。两年来，荆江两岸大部地区连续获得两个丰收。一向被称为"沔阳沙湖洲，十年九不收"的沔阳、洪湖两县，该年水稻平均比上年增产三成以上。荆江两岸的丰收带来了集镇的繁荣景象："在通往每个集镇的道路上，来往的手推车、驴子、担子增多了，河道内的小木船也增多了。农民们纷纷到集镇去把新收的粮食、棉花卖给国家，换回耕牛、犁耙、水车、锄头、轧花机、肥料和油盐、布匹、百货等。为农民修配和制造轧花机的沙市利民机器厂，秋收以来日夜开工，仍供不应求。"①

荆江分洪工程竣工后，很快就经受了 1954 年长江特大洪水的考验，发挥了应有的作用。1954 年夏，长江流域连降暴雨，荆江沿线洪水水位打破了百年来最高纪录，发生了百年不遇的特大洪水。7 月上旬，荆江水位超过了警戒水位，到 8 月底，共出现 6 次大洪峰。在洪峰到来之际，经中央批准，先后 3 次启动荆江分洪工程。荆江分洪防汛指挥部为确保荆江大堤和长江两岸人民的安全，当沙市水位涨到 44.39 米时，荆江分洪区北端太平口进洪闸第一次开启闸门，分泄了大量洪水，减轻了洪水对大堤的威胁。正当这次洪峰逐渐退落时，长江上游连续下来 3 个险恶洪峰，情况非常紧急。党和人民政府为了确保荆江大堤，一面继续开启进洪闸分洪，一面在枝江县上百里洲和监利县上车湾等地主动分洪，使沙市最高水位仅达44.67 米，减轻了荆江大堤的负担。②

荆江分洪工程在抗洪救灾中发挥了显著作用，不仅使江汉平原和洞庭湖区直接受益，而且对 9 省通衢的武汉三镇和沿江城乡 7500 万人民的生命财产安全都起到重要的作用。没有这些工程，要战胜百年不遇的特大洪水是不可想象的。毛泽东得知这一喜讯，再次挥笔题词："庆祝武汉人民战胜了一九五四年的洪水，还要准备战胜今后可能发生的同样严重的洪水。"③ 当然，荆江分洪工程当时只能算一项应急的过渡性治标工程，还不

---

① 新华社：《秋季市场的繁荣景象》，《人民日报》1953 年 10 月 3 日。
② 参见新华社《荆江两岸人民保住荆江大堤，战胜百年以来空前未有的洪水》，《人民日报》1954 年 9 月 15 日。
③ 《毛泽东传（1949—1976）》上，中央文献出版社 2003 年版，第 97 页。

能从根本上解决长江洪水的威胁。后来世界瞩目的长江三峡①水利枢纽工程的兴建,从根本上解决了长江洪水的威胁。不过,荆江分洪工程仍然是长江中下游平原地区的重要水利枢纽,是保护荆江大堤防洪工程系统的重要组成部分。因此,它不仅是荆江地区的核心防洪工程,而且在上游三峡水库和山谷水库建成后,仍然配合组成长江防洪系统,解决长江较大和稀遇洪水的危害。因此,荆江分洪工程是治标与治本相结合的大型水利枢纽,是平原水利综合利用的典范工程。2006 年 5 月 25 日,荆江分洪闸被国务院批准列入第六批全国重点文物保护单位名单。

五　修建全国第一座大型水库

治理海河工程,是与治理淮河工程几乎同时开始的。海河并不长,却汇合北运河、永定河、大清河、子牙河、南运河以及大大小小的众多支流,构成华北平原的一条重要水系。当时海河流域雨量集中,地势平缓,特别在夏季一遇暴雨便泛滥成灾,直接威胁着华北平原主要产粮区和北京、天津两大城市的安全。

永定河是华北平原上海河水系五大河中最长的河流。上游有桑乾河、洋河、妫水河等支流,流域面积约 4.51 万平方公里,其中约 70% 是黄土高原和丘陵地带。这三条支流汇合于怀来县官厅村流入官厅山峡,到宛平县的三家店出峡流入河北大平原,经固安县的梁各庄入新泛区,再经北运河、海河流入渤海。因三家店以上坡度陡,水流急,河流常夹带大量泥沙而下,入平原后水流渐缓,大量泥沙沿途沉淀,河床越淤越高;又因每年雨量大部集中在七八两月,所以,每到雨季山洪暴发,洪水就到处泛滥,造成巨大灾害。

永定河本来叫“无定河”,清朝政府由于对泛滥的洪水无能为力,曾把它改名为“永定河”。可是河流还是这样的不安定,每到汛期,洪水夹带大量泥沙汹涌而下,两岸人民只好忍痛丢掉田里的庄稼,日夜在风雨里守堤护防;而当水猛时,一切就都被卷去了。据历史记载:自 1912 年到

---

① 长江三峡是长江上游末端瞿塘峡、巫峡和西陵峡三段峡谷的总称。它西起四川奉节的白帝城,东到湖北宜昌的南津关,长 204 公里。这里两岸高峰夹峙,江面狭窄曲折,江中滩礁棋布,水流汹涌湍急。

1949 年新中国成立时的 30 多年中，卢沟桥以下的堤防，大的决口泛滥有 7 次，受灾面积由 300 多平方公里到 2000 多平方公里不等。洪水曾有 2 次侵入了天津市区，灾民在两边是高楼的大街上划船逃难。1917 年，永定河的洪水淹没了天津英、日租界，泥沙淤塞了海河，北洋政府在西方列强督促下成立"顺直水利委员会"，开始筹划治理永定河，但并未付诸实施。此后，国民党政府、日本殖民政府都曾计划在永定河上游修建官厅水库，但最后都没有结果。①

1949 年华北解放后，人民政府就计划根治永定河。同年 11 月，华北人民政府水利委员会提出了根治永定河的初步计划。中央人民政府成立后，立即根据人力、物力及已有资料，对永定河中、下游进行了一系列治理工程：加强和巩固了卢沟桥以下至梁各庄两岸的堤防；挑挖了新泛区下游的引河，使原有的被淹面积不再扩大，并尽量使它缩小，力求使灾害减轻；培修了护路堤，保护京津铁路线的安全；同时，制定出根治永定河全流域的计划。根治永定河工程，主要有三项：一是在上游推行水土保持；二是在中游利用山峡建筑水库；三是在下游整理疏浚河道。其中最主要的工程就是在中游建筑水库。根治永定河计划中的水库以官厅水库为最大，它对永定河全流域的控制意义最大，拦蓄洪水也最多。②

修建官厅水库，是治理海河的一项关键工程。清朝末年就有人提出这样的建议，但由于兵荒马乱、政府腐败，半个多世纪过去了，始终没有实现。在 1949 年 11 月水利部召开的各解放区水利联席会议上，决定要在永定河上游和中游修建石匣里、官厅、马各庄三个水库，并决定首先修筑官厅水库。年底，华北人民政府水利委员会成立官厅水库工程处，着手进行包括设计、钻探坝址地质、备料以及修建工地桥梁、厂房、仓库、办公房屋等建库的各项准备工作。1951 年 10 月，在毛泽东和中共中央的关怀下，经政务院批准，官厅水库工程正式开工。

按照工程设计，官厅水库利用官厅山峡以上的开阔地带蓄水，在峡口筑坝。计划中的土坝约 50 米高，水库面积 220 平方公里，可蓄水 22 亿立方米，是中国修建的第一个大水库。这个水库修成后，不但可以基本解除

---

①　参见孙世恺《改变了永定河的性格》，《人民日报》1953 年 7 月 2 日。
②　参见《根治永定河的一个伟大工程——官厅水库工程介绍》，《人民日报》1952 年 2 月 15 日。

永定河下游地区的水患,而且还可利用所蓄的水来供给都市用水、工业用水、发电、灌溉农田和调剂永定河下游流量,便利航运。修建工程中,在修筑土坝以前,首先,要在河的右岸开凿一条泄水隧洞(隧洞直径8米,洞身全长523米,最大泄水量为700立方米每秒),以便在全部施工期间作为导水之用;当水库完成后,即可用于输送库内存水到下游,供应各种需要。在隧洞上口将修建一个进水塔,并安装活动闸门,作为控制泄水量的机关。其次,要在左岸劈山开挖一条溢洪道,如遇洪水太大,超过水库的计划蓄水位时,就可由溢洪道分泄一部分,以保证坝身的安全。[①]

工程首先修筑泄水隧洞,1000多名石工和2000多名民工投入工地。由于计划不周,备料和施工同时进行,再加上任务繁重,天寒日短,开工后曾有一个短期的混乱,使人力物力遭到一些浪费。某些领导干部不善于运用群众路线的工作方法,部分工程师有浓厚的单纯技术观点,忽略了对民工的教育和对民工生活的妥善安排,因此,不少民工来到工地做工时不安心,使工程受到影响。12月,时任水利部部长的傅作义、副部长李葆华和华北水利工程总局局长成润到工地检查,指出并批评了这些缺点,全局工程人员明确认识了加强计划性、组织性和依靠广大职工群众的必要性。各施工单位建立了政治工作组,一方面解决民工中的实际问题,一方面在民工中大力进行爱国主义和集体主义教育。到1952年3月10日,输水道工程已完成29.1%,交通线工程包括公路和土砂石便线完成27%;为了供应工地器材和沟通永定河东西两岸的交通运输,还完成了7座小桥和一座永定河大桥;山沟排水工程完成18%;溢洪道工程按计划要在1952年汛期施工,为给一部分剩余劳动力找活做,1951年11月就抽出12900多个工日进行挖凿,已完成2.4%,还需凿石7.972立方米才能在汛期以前把输水道和各项准备工程按期完工。[②]为此,官厅水库工程局从怀来等五县动员民工3300多人,开展大规模的春季工程建设。

到1952年6月10日,泄水隧洞终于凿通。11月20日,泄水隧洞的衬砌工程完工,共开石方10.26万立方米,挖土方2.459万立方米,浇灌混凝土1.32万立方米。为了保证工程质量,工人和工程技术人员发挥高

---

① 参见《根治永定河的一个伟大工程——官厅水库工程介绍》,《人民日报》1952年2月15日。

② 参见《三千多员工日日夜夜辛勤劳动,官厅水库工程已完成一部分》,《人民日报》1952年3月27日。

度的劳动热情，创造了不少新的工作方法，使每立方米混凝土所需水泥节省 15 公斤，共节省水泥 1000 多吨，同时使每平方公分面积的抗应压力从 186 公斤增加到 200 公斤以上，提高了工程质量。11 月 24 日，1.2 万工人在隧洞的衬砌工程完成后紧张地开挖坝基、赶筑大坝，争取在 1953 年伏汛前使水库可以拦蓄洪水。[①]

由于官厅水库工程局机构重叠，加上存在着盲目施工、民工的组织和劳力使用不合理等现象，从而导致了工程延期、工伤事故不断等比较严重的情况发生。三大主要工程之一的输水隧洞，完工日期较原计划拖后三个月，直接影响了拦河坝基础的开挖。对这种现象，参加施工的工人、民工和技术干部多次提出意见。1953 年 2 月 5 日，《人民日报》公开发表刘焕文撰写的《永定河官厅水库工程进展缓慢浪费很大》的文章，对工程进展缓慢、浪费很大的状况提出了严厉批评。

刘焕文在对官厅水库兴建情况进行初步调查的基础上，明确指出："永定河官厅水库工程进展极为缓慢，浪费很大，民工伤亡事故严重。按照目前的工程进度，这个工程将不能按原计划在 6 月底伏汛前发挥拦洪作用。"为什么会出现这种严重情况呢？他深入分析了其中存在的三个原因：一是官厅水库工程局机构重叠，指挥不灵，各级领导干部在房子里忙于制图表、作统计，不能深入下层。二是官厅水库工程局领导干部存在严重的保守思想，没有很好地采用苏联的先进经验，同时存在盲目施工的现象。三是民工的组织和劳力使用不合理，思想教育工作差，民工工作效率低。民工出勤率低，有时竟下降到 60%，最低的甚至降低到 18%。开挖大坝时劳动力没有组织好，人群拥挤在一起，运转不灵，挖土的人和工具又少，出土的速度常供不上运土的速度，因此出现了严重的窝工现象。

《人民日报》的署名批评文章发表后，水利部立即派人前往调查和协助解决工程建设中出现的问题，中共官厅水库委员会随即展开了民主检查运动。检查中，各施工单位的工人、民工和技术干部普遍揭露了官厅水库工程局领导干部的官僚主义作风。根据检查出的严重问题，工程局代理局长王森特号召全体员工深入展开反官僚主义运动，纠正错误，以保证按期完成政务院所指示的工程进度，在 1953 年伏汛前起到拦洪作用。3 月中

---

① 参见《永定河官厅水库泄水隧洞，衬砌工程完工开始合龙导水》，《人民日报》1952 年 12 月 13 日。

旬，水利部对官厅水库工程局领导干部进行调整，调派时任水利部办公厅副主任的郝执斋担任官厅水库工程局局长，中共河北省委派省委委员李子光协助中共官厅水库党委会工作。时任水利部副部长的李葆华亲自到官厅水库工地深入检查。官厅水库工程局依据李葆华的指示和广大员工的意见，首先在领导干部中作了明确分工，分别深入领导工务、政治、民工、运输器材等部门，遇到工程领导当中的关键性问题，及时集中力量加以解决。如在拦河坝工程坝基开挖后出现地下渗水过多的困难后，工程局副局长袁子钧和办公室主任陈赓仪深入现场，坚持29天，终于克服困难，完成了8.5米高的混凝土隔水墙的浇灌工程。①

官厅水库工程领导机构进行调整的同时，河北省通县、保定两专区加派2万多名民工陆续到达工地，加快施工。为了保证在汛期拦阻洪水，工人们采用"人停工不停"的办法，日夜三班轮换赶修拦河坝。在"红五月竞赛"运动中，工程技术人员树立依靠工人群众的思想，启发广大职工的劳动热情和创造性。1953年5月24日，拦河坝东边的溢洪道工程及西边墙浇筑混凝土工程提前7天胜利完成。有关输水道进水塔浇筑塔墩后部框架部分的混凝土工程，已照原计划提前6天完工。6月29日，拦河坝已修筑到35米高，胜利完成伏汛前拦洪工程计划。至此，新中国容积最大的水库——永定河官厅水库伏汛前工程全部如期完成，可确保拦阻洪水，使永定河两岸的人民从此减免洪水灾害。

官厅水库从1951年10月开工到1953年6月完工的1年零8个月里，经过4万多职工和农民的奋战，加上苏联专家的积极帮助，拦河坝筑高到35米，输水道和溢洪道各完成了一部分，伏汛期间继续施工，全部建设工程1954年春天即可完成。②除了拦河坝修筑工程外，水库建设者还修筑了输水道和溢洪道等主要工程，开挖土方和石方共48万多立方米，浇筑混凝土3.2万多立方米，钻孔共深4000多米，并灌浆770多孔。③

官厅水库可以蓄水22.7亿立方米，比淮河流域佛子岭水库的蓄水量大3倍，比石漫滩水库的蓄水量大44倍，永定河官厅以上的洪水得到初步控制。官厅水库拦河坝修好后，马上就经受了1953年第一次洪水的考

---

① 参见《永定河官厅水库广大员工积极迎接施工》，《人民日报》1953年4月8日。

② 参见《官厅水库巨大的建设工程》，《人民日报》1953年8月30日。

③ 参见《官厅水库伏汛前工程如期完成，永定河两岸人民从此可以减免洪水灾害》，《人民日报》1953年7月2日。

验，高大坚固的拦河坝有效地挡住了永定河有水文记载以来的第二次大洪水。

1953 年 8 月 26 日，由于桑乾河流域暴雨，永定河上游区域河水猛涨，流入官厅水库的洪水最高流量达 3700 立方米每秒，洪水总量约 4.5 亿立方米，水库内的最高水位达到 463.76 米（大沽海平面基点），形成了面积达 40 平方公里的人造湖泊。官厅水库在这次洪水考验中充分发挥了拦洪的效用，使汹涌澎湃的洪水驯服地从输水隧洞里流了出去。因此，永定河下游两岸人民洪水灾害大大减轻，京津铁路交通也畅通无阻。①

1953 年国庆前夕，永定河官厅水库的拦河坝和溢洪道两项主要工程按照设计标准完工。1954 年 5 月上旬，永定河官厅水库完成了 44 米高的巨型进水塔工程后，全部工程宣告最后完工。1954 年 5 月 13 日下午，官厅水库的建设者举行了隆重的工程竣工庆祝大会。时任水利部部长的傅作义、华北行政委员会委员何基沣、中共河北省委书记林铁以及天津市、张家口专区、保定专区、通县专区永定河上下游等地中共党委和人民政府的代表，水库附近的怀来、延庆两县党政领导干部和代表都参加了大会。傅作义在讲话中充分肯定了这项水利工程的巨大成就，他说："官厅水库的落成，在全国水利建设中是一个重大的胜利，是一个变水害为水利的重要工程，是一个改变自然面貌的不朽的事业。它将永远为全国人民所记忆、所感激。"② 他在讲话后将毛泽东亲笔题写的 "庆祝官厅水库工程胜利完成" 的金色刺绣锦旗授予水库的建设者们。接着，林铁在祝贺时说："今后如何更好地保护这座巨大的水库，是一项艰巨的任务。我们要加强水土保持工作，特别着重山区和丘陵地带的水土保持，减少泥沙淤积；并要继续修建淤灌工程，整理河道和堤防，以保卫水库这一伟大的社会主义建设的成果。"③

在建设完工的官厅水库工地上，一座 45 米高、290 米长的拦河坝巍然屹立在官厅山峡进口，切断了永定河洪水的去路。大坝的西侧，耸立起一座 44 米高的巨型进水塔，它和一条直径 8 米、长 0.5 公里的输水隧道相接，成为控制水库有计划蓄水和输水的总枢纽；大坝东边躺着一条长 431

---

① 参见新华社《官厅水库拦河坝挡住了第一次洪水》，《人民日报》1953 年 9 月 6 日。
② 《官厅水库竣工庆祝大会隆重举行》，《人民日报》1954 年 5 月 15 日。
③ 同上。

米、宽 20 米的溢洪道，当洪水危及大坝或因进水塔闸门发生故障时，洪水就可从这里排出。整个水库可以控制永定河千年一遇的洪水，永定河上游 8600 立方米每秒的最高洪水峰，到这里将被治服。[①]

在官厅水库竣工前的 1954 年 4 月 12 日，毛泽东视察了工地。水库建成后，他又亲笔题词："庆祝官厅水库工程胜利完成。"官厅水库的修建，是继治淮工程和荆江分洪工程之后，新中国兴建的又一个大型水利工程。自此，永定河 4.7 万平方公里的流域范围受到水库的控制，免除了永定河洪水对首都和天津一带的威胁，减免了下游千百万人民的灾害。据初步估计，只因拦住洪水而免除土地淹没、增加农产和减少下游河堤的岁修开支，每年至少可为国家增加 1 亿斤小米的收入。[②]

六　浑河大伙房水库工程建设

浑河是辽河 50 多条支流中较大的支流，发源于辽宁省新宾县海拔 750 米的滚马岭，到海城县的三岔口和太子河汇流入辽河，全长达 364 公里。浑河上游有占整个流域面积 75% 的山地，树木稀少，河床狭而陡。每逢雨季，河水暴涨，不仅严重地威胁着沈阳、抚顺等工业城市和浑河两岸人民生命财产的安全，而且加重了辽河下游的水灾。1937 年，浑河发生重大洪灾，洪水淹没了 3000 多万亩田地，30 多万人受灾。[③]

新中国成立后，东北人民政府决定首先着手修建大伙房水库，作为根治浑河的第一步。大伙房水库位于抚顺市郊大伙房村，这是浑河中游右岸一个紧靠着沈（阳）吉（林）铁路的村庄。村前两山隔河对峙，中间是一个 1000 多米宽的山峡，山峡上面有一个群山环抱着的宽阔山谷，大伙房水库工程一是要在这里修建一座 41 米高、1367 米长的拦河大土坝，把大伙房村前的山峡封闭起来；二是在土坝左端的山根开凿直径 6.5 米、长达 556 米的输水隧洞，以终年供应工业、灌溉、发电、航运所需的用水；三是在土坝右端的山上修建 850 米长、100 米宽的溢洪道。这些工程规模很大，单是拦河大土坝就要用土 778 万立方米。为了节省人力、争取战胜洪

---

① 参见《官厅水库工程全部胜利竣工，从此减免永定河洪水对下游人民的灾害》，《人民日报》1954 年 5 月 14 日。

② 同上。

③ 参见赵春烈《大伙房水库介绍》，《人民日报》1956 年 10 月 29 日。

水的时间，大伙房水库工程根据苏联水库专家沙巴耶夫的建议，分两期施工。第一期蓄水防洪兼顾灌溉，包括修建输水隧洞、拦河大土坝和溢洪道等三大工程，预计在 1956 年汛期前竣工；第二期建设水力发电站和举办灌溉、航运等事业。①

早在 1952 年，东北人民政府就开始进行辽河大伙房水库工程的技术设计与施工准备工作，并周密地编制了施工组织设计。兴修大伙房水库工程的主要目的是解除浑河泛滥和减轻辽河下游水患，使农业生产不再受洪水的危害，还要利用水库的水流灌溉下游 90 多万亩田地，供应沈阳、抚顺工业用水。

1953 年 11 月 1 日，浑河大伙房水库工程正式开工。大伙房水库的修建得到全国各地人力、物力的支援，数以千百计的行政干部、工程师和技术员、各种技术工人和民工以及大批建筑器材，从四面八方汇集到工地。来自官厅水库的机械开石工程队和佛子岭水库的钻探队，担负大伙房水库隧洞的开凿工程和拦河大土坝基地的钻探、灌浆工作；来自抚顺、沈阳、锦州、安东及其他城市的土木建筑、电气、机械工人和小火车、自卸汽车、拖拉机、挖土机司机等 1000 多人，在水库工地把桥梁、公路、轻便铁轨、电气设备和厂房等基本修筑好；此外，中央人民政府水利部工程总局和东北行政委员会水利局派来的干部，以及一批新从成都、重庆、武汉、天津等地的大学和专科学校毕业的学生，也都参加了水库建设中的工程设计、技术指导和行政管理等项工作。各地的机械制造业和林业工人也为修建大伙房水库生产和供应了大量的机械和用材，从 1952 年到 1953 年 11 月中旬，运到工地的各种器材已有 440 多车皮，重达 1.35 多万吨。其中，鞍山钢铁公司供应的轻便铁轨已铺到各施工地点，总长达 1.14 万米。此外，工地上还有苏联的挖土机、捷克斯洛伐克的自卸汽车和中国国内各地工厂制造的几十种建筑机器。②

这座大型山谷水库的输水隧洞最先开工。然而，水库大坝施工刚刚两个月就出现了问题：用来砌防水心墙的黏土，含水量太高，碾压了 60 多遍也压不结实，黏土像橡皮一样，这边压那边鼓起来；堆砌坝身用的砂

---

① 参见张龙题《浑河大伙房水库工程介绍》，《人民日报》1953 年 11 月 18 日。
② 参见新华社《我国水利建设中的第二个巨型水库，浑河大伙房水库工程正式开工》，《人民日报》1953 年 11 月 18 日。

子，细的怎么压也达不到设计上规定的标准，粗的不用压就和设计规定的标准一样，用这样的砂子修筑大坝，大坝可能发生严重的干裂和沉陷。对此，辽宁省委工业书记喻屏当即建议，组成辽宁省委、抚顺市委和中央水利部联合检查组，对这个问题进行检查。

1954年初，水利部和苏联专家追查原因后发现，这项工程最初在勘测、土料试验上做得非常粗糙，既不完整，又不准确，设计的错误也很多。这主要是检查督促做得不够，特别是技术领导薄弱，"如在勘测设计工作中，主观主义、脱离实际的工作作风仍未彻底改正，在大伙房水库工程进行设计时，设计人员不深入现场，对于做土坝用的砂子、土料的数量和性质都没有调查研究清楚。在土坝设计中，黏土的含水量规定得过高，而当地土料的自然含水量又高于设计含水量，碾压结果连原设计要求的标准也达不到，严重影响工程质量"①，造成极为被动的局面。这样，花费很多人力修建了好几个月的工程被迫于1954年7月停工，重新再投入更多的技术力量，花费更大的时间进行勘测，试验黏土、砂子的性能，重新进行设计。检查组对有关部门在施工管理上的官僚主义造成的损失给予严肃处分，改组了大伙房水库工程局领导班子。

1955年9月1日，浑河大伙房水库工程全面复工，数万劳动大军夜以继日地劈山筑坝。到11月中旬，完成了56万土石方工程，横跨浑河1367米的拦河大坝已经初具规模。北段坝基黏土心墙已经回填完毕，宽大的坝身露出地面8米。10月中旬还穿行在坝址中段的浑河水流已被推移到一条狭长的引河里。到10月底，穿越大坝南端山底500多米的输水隧洞衬砌完成，在北端山腰间长达600多米的溢洪道工程紧接着破土动工。②

1956年10月17日，输水道道口数十吨重的铁闸门安装完毕。拦河大坝已经筑到近20米高，浑河的水被压缩在20米宽的合龙口流入下游。输水道工程完成后，主要的力量都投入大坝合龙工程。10月27日下午，抚顺大伙房水库开始合龙。新华社这样描述当时的情景："聚集在山上、山下、合龙口两旁，和水上站桥上的人群紧张地注视着合龙口的急流。当合龙指挥部总指挥发出合龙命令后，机车驾驶员陈显开动机车，在人们的欢

① 水利部：《1954年的水利工作总结和1955年的工作任务》，载《当代中国的水利事业》编辑部编印《历次全国水利会议报告文件（1949—1957）》，1987年版，第250—251页。
② 参见《浑河大伙房水库工程复工》，《人民日报》1955年11月14日。

呼声中，迅速地驶到了合龙桥上，一车接着一车地把大石块翻投入合龙口的急流中，40个车皮组成的第一列车石头抛下去，石头就露出了水面。10分钟后，龙口内外水位就相差1米多，被阻挡住去路的浑河流水，在龙口汹涌起来，像是要越过石堆似的发出响声。这时，挑石子的数十名突击队员在龙口两岸，同时也把成筐的石头拼命地投入龙口。到龙口临时工作的人员，也纷纷跳到桥底下和工人一道，往凶恶的急流中抛扔石头。下午5时，合龙用的第一次材料——2880立方石头全部抛完，大坝上游水位升起了将近1米，河水向着四面溢去，流向输水道。合龙是建设水库的关键性工程，大伙房水库合龙后，千年来不断泛滥成灾的浑河河流，就被人们移到受人控制的输水道中流过。使原来凶恶的河水成为人民灌溉田园、发电和作工业用水。"①

　　大伙房水库工地与淮河、官厅水库、薄山水库、南湾水库等水利建设工地的不同之处在于：这里工地上的机械化施工程度较高，到处都是机器，这些机器日夜不停地运转着。长长行列的小火车从采砂船、挖土机装满了砂子、黏土奔驰到大坝下，皮带运输机顺着倾斜的坝坡，又把这些砂子、黏土送到大坝上，接着，推土机把砂和土散开，拖拉机、扬角碾来回压碾着。在这里，已经开始了中国在水利建设工程上采用机械化联合作业。10月27日，大伙房水库工程局局长说："现在在这个大工地上工作的只有4万多人，假如没有机器至少得10万人。如果没有这些机器，大坝就不能这么快在今天合龙。"②

　　大伙房水库拦河大坝合龙以后，水库已经初步形成。1957年汛期前，必须把拦河大坝修到一定的高度才能拦住洪水。为了更早地拦住洪水，水库建设者投入了更加紧张的劳动。在气温低到零下10多度的日子里，他们为了尽快填筑10万立方米的河沙，在河谷里建造了一座水利工程中史无前例的"造山车间"。这是一个由锅炉输送暖气，7层楼高、60多米宽、300多米长的大暖棚。河沙、黏土通过这里，源源不断地供应了填筑土坝的需要。③

　　为了增产节约，国家把大伙房水库的投资由8100万元削减到5700万

　　① 《一条经常泛滥成灾的浑河河流将要为广大人民造福，大伙房水库合龙工程全部完成》，《人民日报》1956年10月29日。

　　② 赵春烈：《大伙房水库介绍》，《人民日报》1956年10月29日。

　　③ 参见文中《征服浑河》，《人民日报》1957年8月31日。

元，而仍要求在汛期前把水库工程做到能拦蓄 200 年一遇的洪水。为此，水库工程局重新审查和修改施工设计，使投资集中地用在主体工程拦河大坝上。输水道进口和出口的两个闸门启闭塔原定 1957 年全部修好，现在改为先修进口部分，也可以达到控制水量的目的。溢洪道原定在 1957 年凿好，并且用钢筋水泥衬砌。但是，这个工程是在山间岩层上开凿的，暂时不衬砌也可以用来排泄洪水。这样，就决定年内只做完开凿工程和一小部分必须的衬砌工程。①

大伙房水库的拦河坝升高到 127 米高程以后，人们征服浑河的愿望基本上实现了。1954 年夏，100 多米浑河洪峰曾经淹没紧靠河岸的许多村庄，漫过了章党村大桥，断绝了沈吉铁路。1957 年 8 月 1 日，这座升高起来的、巍然屹立在浑河上的拦河坝，成功地拦住了水位高达 107.5 米的凶险洪峰，1.2 亿立方米的洪水被驯服地拦蓄到大伙房水库里。尽管水面比河床高出 5 丈多，而水库的输水道却以 282 立方米每秒的流量正常地向下流泄。②

1958 年 5 月 31 日，经过数万建设者 4 年半的辛勤劳动，东北地区第一座巨型水库——大伙房水库基本建成。水库建设者们在刚完工的拦河大坝脚下，举行了盛大的庆祝大会。辽宁省和抚顺市的领导机关以及其他水利建设单位和当地农民，都派代表祝贺。全部工程只剩下拦河大坝的部分护坡、溢洪道的部分混凝土以及坝面马路、装饰工程等收尾工程。水库容水量为 20 亿立方米，在中国当时建成的大型水库中，蓄水量仅次于官厅、梅山两座水库。③

1958 年 9 月 5 日，大伙房水库全部竣工，并举行了盛大的竣工典礼。时任辽宁省副省长、国家验收委员会主任委员的仇友文宣布："经过检查鉴定，大伙房水库工程规格、质量完全达到了设计标准，并当即移交管理部门使用。"④

浑河大伙房水库工程是中国第一个五年计划水利建设的重点项目之一，是根治辽河水害和开发浑河水利的重要工程。大伙房水库是中国自行

---

① 参见《大伙房水库今年投资削减三分之一仍能拦洪蓄水》，《人民日报》1957 年 3 月 16 日。

② 参见文中《征服浑河》，《人民日报》1957 年 8 月 31 日。

③ 参见《不准浑河再造反，大伙房水库完工》，《人民日报》1958 年 6 月 3 日。

④ 《东北第一座巨型水利枢纽，大伙房水库开闸放水》，《人民日报》1958 年 9 月 9 日。

设计的巨型水库,坝身长达 1370 米,可以蓄积 20 亿立方米的水量。它从 1956 年成功拦洪以后,就开始发挥治理水害的巨大威力。沈阳附近的浑河灌溉区因大伙房水库的建成而逐步扩大,沈阳、抚顺两座城市的工业用水由此得到更充分的供应。①

---

① 参见《不准浑河再造反,大伙房水库完工》,《人民日报》1958 年 6 月 3 日。

第二章　新中国成立初期的农田水利建设

　　水利不但是农业的命脉，而且关系着国家的繁荣与发展，关系着人民的安危与福祉。如果说除害主要是指通过江河治理以防洪除涝的话，那么，兴利就是要搞农田水利建设，保障和扩大农田灌溉，以增加农业生产。新中国成立后，中国共产党和中央政府在优先治理江河水灾的同时，也加大了对农田水利建设的投入，不仅修复了河北省的金门渠、蓟运河的扬水灌溉工程，修复了山东省的绣惠渠、四川省的都江堰、陕西省的洛惠渠等工程，而且新建了盘山、东辽河、河北石津渠、河南省引黄灌溉济卫工程与绥远省①黄杨闸工程等。随着"一五"计划的实施及全国大规模经济建设的开展，农田水利建设的重点由整修恢复原有灌溉、排水工程为主转为按国民经济发展的要求，有计划、有步骤地兴修新的水利工程设施，逐步提高和扩大抗御水旱灾害的能力，更有效地发挥水资源的使用效益，扩大农田水利灌溉面积。农田水利灌溉管理制度的民主改革，提高了水利工程设施的效益，促进了水土保持工作的起步并取得了一定成效。

一　农田水利建设的起步

　　早在新中国成立前，中国共产党就重视水利建设并在根据地进行了实践。中国共产党第三次代表大会决议案提出了"改良水利，改良种籽地质"的要求。1925 年 11 月，《中国共产党告农民书》提出："中央及地方政府均须设立治河局，政府预算均须指定治河专款，不得移作别用。"根据中共中央精神，各地农民代表大会作了具体规定。如 1926 年 10 月《中

---

　　① 绥远，旧省名。1914 年设绥远特别区，1928 年改设省，辖今内蒙古自治区乌兰察布盟、伊克昭盟、巴彦淖尔盟及呼和浩特市、包头市等地。1954 年撤销，并入内蒙古自治区。

共湖南区第六次代表大会对于目前最低限度要求之主张》提出："清丈湖田，以其收入修堤、疏河、浚湖。"1927 年 3 月，江西省农民代表大会通过《整顿水利草案》。1930 年 2 月，闽西第二次特委扩大会议详细讨论了水利问题并作了具体规定，但因战争影响未能贯彻执行。① 1931 年 11 月，中华苏维埃临时中央政府颁布的《中华苏维埃共和国土地法》规定，一切水利、江河、湖泊归苏维埃管理，以便利于贫下中农公共使用。1932 年 3 月，福建省工农代表大会讨论了兴修水利问题，并作出《决议》强调："我们一定要把冲破了的陂圳很好的恢复起来，把老的陂圳要好好的修理起来。在封建社会里，经常因风水的关系阻碍许多很方便的水利，所以我们要便利于灌溉起见，必须从最方便的地方去开辟新陂圳，以利灌溉，要和以风水来阻碍者作无情的斗争。"② 同年 7 月，为发动群众进行水利建设，闽北分区工农民主政府颁布了《改良水利宣传大纲》，向群众宣传改良水利的意义并作出具体决定。1933 年 2 月，福建省各县区土地部长联席会议就水利建设问题再次作出决议，明确规定："水利陂圳之修理整顿，由各区乡政府详细调查，组织陂圳修理委员会，选举人员负责计划进行"；"栽种树木以蓄养水源，特别是河堤两岸要多栽树木，原有树木禁止砍伐，以巩固堤岸"；"池塘挖深，多养鱼，以增加副产出息"。③

　　1933 年 5 月，临时中央政府土地部要求各区乡政府组织"水利委员会"，加强对水利建设的领导，在专门下发的《夏耕运动大纲》中，把兴修水利列为夏耕中心工作之一，并对此进行了具体指导和布置。1934 年 1 月，毛泽东在瑞金召开的第二次全国工农兵代表大会上提出，"在目前的条件之下，农业生产是我们经济建设工作的第一位"，而"水利是农业的命脉，我们也应予以极大的注意"④。临时中央政府所在地瑞金的水利工作较为突出。据统计，苏维埃中央政府在 1933 年领导瑞金群众兴修陂圳 1054 条，山塘 115 座，水塘 85 口，架设筒车 63 部。在 1934 年春耕运动中，又组织群众修复陂圳 1404 处，水塘 3379 口，筒车 83 部，水车 1009

---

　　① 参见 许毅主编《中央革命根据地财政经济史长编》（上），人民出版社 1982 年版，第 470 页。

　　② 《福建省工农代表大会土地问题草案》（1932 年 3 月 17 日），载许毅主编《中央革命根据地财政经济史长编》（上），人民出版社 1982 年版，第 470 页。

　　③ 《福建省各县区土地部长联席会议决议案》（1933 年 2 月 28 日），载许毅主编《中央革命根据地财政经济史长编》（上），人民出版社 1982 年版，第 471 页。

　　④ 《毛泽东选集》第 1 卷，人民出版社 1991 年版，第 132 页。

乘，使瑞金县占土地总数的94%，即已有319938担田（田地总数为341745担）得到灌溉。[①]

由于苏维埃政府的高度重视，广大军民的积极参与和辛勤劳动，中央苏区的水利建设取得了显著成绩。当然，鉴于当时苏区经济极其困难的情况，主要是修复原有的工程，兴建的较少。到1934年9月，据江西、福建、粤赣[②]三省的不完全统计，完成的水利工程达1万多座（详见表2-1）。

表2-1　　　　1934年江西、福建、粤赣三省兴修水利工程统计表　　　单位：座

项目 地区	修复水利工程	新建水利工程
江西省	3677	122
福建省	2366	
粤赣省	4105	20
合计	10148	142

说明：（1）江西省只是兴国、瑞金县的统计数字；福建省只是长汀、宁化、汀东三县的统计数字。

（2）水利工程包括水陂、水圳、池塘三项。其他的水利设施，如筒车、水车等，则未计算在内。

资料来源　定一：《两个政权、两个收成》，《斗争》第72期，1934年9月23日。

中央苏区水利设施的恢复和建设，为苏区农业的增产起了重要作用。据统计，1933年中央苏区的农业收成，"在赣南闽西区域，比较一九三二年增加了百分之十五（一成半），而在闽浙赣边区则增加了百分之二十"[③]，有力地支援了红色政权。

抗日战争时期，中国共产党在陕甘宁边区和华北各解放区注重兴修水利对农业增产的作用，领导人民群众克服了种种困难，在敌人不断破坏和

---

① 参见定一《春耕运动在瑞金》，《斗争》第54期，1934年4月7日。

② 中华苏维埃共和国于1933年8月设立，省府在江西会昌县文武坝镇文武坝村。所辖会昌、西江、筠岭、于都、安远、信康（1934年3月改称登贤）、寻乌、蕉平寻等县。1934年10月中央红军长征后，自行撤销。

③ 《毛泽东选集》第1卷，人民出版社1991年版，第131页。

扰乱，边区人力物力财力极为困难的条件下，把战斗与生产相结合，进行了防洪、排水、挖井、开渠和防旱、度荒等艰苦工作，创造了解放区水利建设上光辉的成绩，战胜了几次严重的水旱灾害。

1938 年 1 月，陕甘宁边区建设厅发布的第一号《训令》指出，在组织领导春耕运动中，"对于能引水灌溉的川地应领导群众合力修渠，发展水利"，认为这是"增加粮食产量最切要的办法"①。随后又多次颁布各种具体指示和训令，强调兴修水利对粮食增产的作用。1939 年 4 月 4 日，在边区政府公布的《陕甘宁边区抗战时期施政纲领》中，第 19 条就规定了"开垦荒地，兴修水利，改良耕种，增加农业生产"②。毛泽东于 1942 年 12 月在陕甘宁边区高级干部会议上作《经济问题与财政问题》报告时，把"兴修有效的水利"列为提高农业技术的第一位。这些指示和报告促进了陕甘宁边区水利建设的发展。

与陕甘宁边区重视水利建设一样，华北各地边区政府也重视水利建设，制定农田水利建设条例和暂行办法，调动广大农民积极投身农田水利工程建设、管理和使用，取得了较大成就，促进了边区农业发展和粮食增产，积累了农田水利建设的经验。1938 年 1 月，在晋察冀边区政府成立的军政民代表大会上，提出了"用集体方法切实办理水利、灌溉事业"的主张。随后，晋察冀边区委员会于 2 月 21 日颁布了《晋察冀边区奖励兴办农田水利暂行办法》，明确规定："边区内旧有水利事业，无论公营私营，须由负责机关积极整理，以增进其灌溉量，但其组织不健全者，当地政府得督促改组之，其组织解体者，得由当地政府派人管理。""本边区内旧有私营地方水利事业，其独占性较大者，本会得派员监督其营业，以免发生流弊。""如有河渠可资利用，人民愿意集体开凿者，得呈报当地政府转呈本会核准开凿之。"③ 随后，北岳区、冀中区形成了兴办水利、治理水害的热潮。1943 年 2 月 12 日，晋察冀边区政府颁布了《晋察冀边区兴修农田水利条例》，对兴修水利原则、土地占用、费用负担、水量分配和渠道管

---

① 陕甘宁边区财政经济史编写组：《抗日战争时期陕甘宁边区财政经济史料摘编·第二编 农业》，陕西人民出版社 1981 年版，第 189 页。

② 陕西省档案馆、陕西省社会科学院编：《陕甘宁边区政府文件选编》第 1 辑，档案出版社 1986 年版，第 210 页。

③ 《晋察冀边区奖励兴办农田水利暂行办法》，载魏宏运主编《抗日战争时期晋察冀边区财政经济史资料摘编·第二编 农业》，南开大学出版社 1984 年版，第 247 页。

理等问题作了明确规定。①

晋绥边区第二游击区行署于 1940 年 10 月颁布的《第二游击区行署兴办水利暂行条例》和晋绥边区于 1942 年颁布的《晋绥边区兴办水利条例》②及晋冀鲁豫边区于 1943 年 1 月颁布的《太行区兴办水利暂行办法》③等，都对兴办水利的原则、奖励办法、纠纷解决、投资和贷款还款、水利工程的所有权和使用权、水利工程管理等作了明确规定。

各边区政府在颁布兴办水利办法或条例的同时，还成立了专门的水利管理机构，领导边区民众进行水利建设。晋冀鲁豫边区各分区成立水利局负责农田水利建设；晋察冀边区成立实业处负责农田水利建设；冀中公署组织冀中河务局统一负责治理各河，并在危害最严重的河段分设子牙河办事处和第十一专署河务委员会。1939 年冀中大水灾后，冀中行署成立河务委员会负责水利建设；1945 年，冀中行署工务局成立，专门负责本区范围内的水利、交通建设；1946 年 3 月，冀南解放区成立卫运河、滏阳河河务局，主要是整修堤防，防汛排水；1946 年秋，渤海行署成立运河河务局，下设德县、吴桥、东光、南皮四个管理段；1948 年，华北人民政府成立卫运河管理委员会，负责协调卫运河防汛和航运事务。④

各根据地对兴修水利的重视，调动了广大群众兴修农田水利建设的积极性，使各边区的水利建设取得了较大成绩。尤其是边区军民兴修了不少水利灌溉工程。如陕甘宁边区在大生产运动中，提出了"自己动手，兴修水利"的口号，积极发展小型水利事业。1938 年，甘泉县抗日民主政府率先组织群众兴修水利，两年内发展水地 488.3 亩。1939 年，由陕甘宁边区政府建设厅工程科长丁仲文勘测设计、刘秉义负责施工兴建的延安西川裴庄渠，长 6 公里，灌地 1400 亩，为边区第一大渠（1952 年改名枣园渠，后改为幸福渠）。1942—1943 年，子长县先后建成子长渠和杨家园子渠，分别灌地 800 亩和 300 亩。1942 年，靖边县水利建设局发动群众兴水治

---

① 参见《晋察冀边区兴修农田水利条例》，载魏宏运主编《抗日战争时期晋察冀边区财政经济史资料摘编·第二编　农业》，南开大学出版社 1984 年版，第 313—315 页。

② 载晋绥边区财政经济史编写组等编《晋绥边区财政经济史资料选编·农业编》，山西人民出版社 1986 年版。

③ 载晋冀鲁豫边区财政经济史编辑组等编《抗日战争时期晋冀鲁豫边区财政经济史资料选编》第 2 辑，中国财政经济出版社 1990 年版。

④ 参见河北省地方志编纂委员会编《河北省志》第 20 卷《水利志》，河北人民出版社 1995 年版，第 365 页。

沙，农民张仲成创造了"水力拉沙"办法，使杨桥畔水地面积由土地革命前的200多亩发展到2500多亩，荣获"水利英雄"称号。1943年，富县在葫芦河川道发展水地1097亩。八路军359旅在南泥湾开荒种地，发展水田数千亩，南泥湾成为"陕北的好江南"。据统计，延属分区（当时的延安地区）1943年修成小型水地1738亩，可增产粮食1275.5石，全边区共有水地2969.5亩，一年可增收细粮2119.35石。1948年，绥德、米脂解放，边区政府成立了绥榆水利工程处，着手恢复织女渠和定惠渠工程。至1949年10月，陕北解放区共有水地面积1.2万亩。[①]

又如晋察冀边区的农田水利建设，在抗战中也取得了较大成绩。据不完全统计，晋察冀边区整理旧渠2798道，灌溉土地304146亩，开新渠3961道，灌溉土地7270607亩。共凿井22425眼，灌溉土地1251904亩。修堤44道又246里，保护了13个县的安全，护田290433亩。修滩共增加良田3524464亩。挖泄水沟27道又71里，建成良田及浇地217703亩。开河22道，受益田地132280亩，外浇苇地32000亩。[②] 仅冀中区从1938年到1942年春，就动员民工和群众达100万人以上，整修险段271处，堵决口309处，筑堤630里，疏浚河道173里。[③] 还有在太行区，边区政府结合救灾实行"以工代赈"，领导军民在1942—1944年间，在敌后的多次围攻的险恶环境中，修建了涉县漳南大渠和黎城漳北大渠，[④] 成为太行山水利史上空前未有的大工程。难怪涉县民众称赞说："八路军政府，是神仙，干什干成什，说水来水就来。"[⑤]

解放战争时期，在民主政府的积极领导下，各解放区群众的生产情绪高涨。1948年7月，冀晋区总结了水利建设的情况，指出1948年上半年水利建设成绩超过以往任何一年。具体表现在：（1）几年来兴工建设而未

---

① 参见陕西省地方志编纂委员会编《陕西省志》第13卷《水利志》，陕西人民出版社1999年版，第278页。

② 参见晋察冀边区救济分会编《晋察冀边区的水利建设》，载华北解放区财政经济史资料选编编辑组等编《华北解放区财政经济史资料选编》第1辑，中国财政经济出版社1996年版，第776页。

③ 参见魏宏运主编《晋察冀抗日根据地财政经济史稿》，档案出版社1990年版，第126页。

④ 涉县漳南大渠，北起温村，南到茨村岗上，全长26余里，共用工115005个，灌溉面积3320亩。黎城漳北大渠，起自大寺至靳曲止，全长20余里，共用石工5万多，土工27000多，灌溉面积3463余亩，至少增加产量三分之一。

⑤ 《太行区1942、1943两年的救灾总结》，载晋冀鲁豫边区财政经济史编辑组等编《抗日战争时期晋冀鲁豫边区财政经济史资料选编》第2辑，中国财政经济出版社1990年版，第392页。

完成的几个大型水利工程，均在 1948 年上半年按计划、有步骤地完成了和继续完成着。如曲阳荣臻渠灌溉工程于 1940 年施工兴修，但不久遭敌寇袭击破坏而告停止。1945 年春再重修，工作效率低微。1948 年秋大力整顿，加强组织领导，详细计划，确定工作步骤，以积极的突击做工方式进行分段分件施工，兴建了整个干渠上的设施（山洞、土洞、大渡槽桥、闸等）及三道反渠的土石方，使 3300 顷旱田得到灌溉。（2）在开渠、凿井方面，灵寿、正定、获鹿、浑源等 24 个县开大小渠 275 道，增加恢复水田 707802.76 亩。灵正渠（灵寿—正定）大部完成，1948 年秋可放水，能浇地 1100 顷。据行唐、井陉、唐县三县统计，共造井 233 眼。井陉 11眼系供人民吃水，行唐 40 眼浇地 362.5 亩，唐县 182 眼浇地 4362 亩。（3）在修滩方面，仅平山、灵寿、行唐、正定、建屏等 7 个县就修滩 30处，扩大耕地面积 26302.5 亩。（4）有重点地进行防洪治河工程。如改修加大浑源县城关防洪堤坝工程。在行署直接帮助领导下，将其 800 丈防洪堤坝工程加宽加高，再另筑护堤石霸，用石料 1230 方，灰 200 万斤，沙1500 方，用工 14600 个，工程于 1948 年上半年全部完成。这是浑源县史无前例的由政府帮助而建筑的大工程。又如治理定北县唐河工程，1948 年上半年，由县直接领导帮助，确定治河计划，有重点地进行建设，庄头至小两丈修筑了长 3.5 公里的大沙草堤埝，打了 40 多处的木桩水草坝，开挖了 5 公里长、8 丈宽的改变大溜的新河槽，共用工 5 万个，木桩 8000 余根，柴草 14 万斤，插柳桩枝 10 万株，于 6 月 5 日前完成。①

到 1948 年底，华北解放区②水地共有 1552.6 万亩，占耕地面积（15690 万亩）的 10% 弱。在 1939—1948 年 10 年间，华北解放区水地发展很快，仅北岳、冀中两区即发展水浇地 376.5 万亩，占战前水地的58.8%。③ 各地农民鉴于历年来旱灾水患所造成的灾荒，迫切要求抗旱防水，修建水利，各解放区兴修水利的运动普遍开展。据 1949 年 8 月太行

---

① 参见《冀晋区 1948 年上半年水利建设总结》，载华北解放区财政经济史资料选编编辑组等编《华北解放区财政经济史资料选编》第 1 辑，中国财政经济出版社 1996 年版，第 968—970页。

② 华北解放区是解放战争时期中国共产党领导的一个较大的战略区。在解放战争初期，它分为晋察冀边区和晋冀鲁豫边区。1948 年 5 月两区合并，9 月华北人民政府成立，华北解放区正式统一。

③ 参见《张副部长在华北农林会议上的报告》，载华北解放区财政经济史资料选编编辑组等编《华北解放区财政经济史资料选编》第 1 辑，中国财政经济出版社 1996 年版，第 1016 页。

区党委办公室的不完全统计，该区半年来开渠409道，超过原计划（89道）320道，修旧渠1896道；打新井16069眼，原计划1806眼，超过14263眼。此外，还修旧井3575眼，买新水车1853架，修坏水车4372架，制辘轳、倒罐、水龙、杆等6138个，共增水田529417亩。①

总之，在抗日战争和解放战争时期，各根据地军民在中国共产党的领导下，积极开展农田水利建设和治河运动，最大限度地发挥抗旱防涝作用，促进了根据地农业的发展，为抗日战争的最后胜利及解放战争的胜利奠定了必要的物质基础，也为新中国成立后进行大规模水利建设提供了宝贵经验。

新中国成立后，为了恢复国民经济及大规模经济建设的开展，中国共产党和中央政府重视水利对农业的发展，坚持不懈地领导全国人民大兴水利，贯彻"防止水患，兴修水利"方针，布置和指导全国各地农田水利建设。

1950年3月17日，政务院召开第24次政务会议，听取了时任水利部副部长的李葆华关于水利春修工作的报告，讨论和通过了关于1950年水利春修工程的指示。3月20日，周恩来和时任水利部部长的傅作义共同签发了《中央人民政府政务院关于1950年水利春修工程的指示》，指出，"今年水利建设的方针，仍以防洪、排水和灌溉为首要的任务"，将农田灌溉列为与防洪同等重要的任务，并对各级人民政府、各级水利机关及其他有关机关提出了具体要求：（1）加强组织领导与准备工作。有关地区的行政领导机关，必须把水利建设视为中心工作之一。除各级水利机关加强领导外，还必须建立强有力的联合领导机关，如春工委员会、春工指挥部等，以便统一动员组织群众。必须加强与工程有关的各方面事务的组织性与计划性。（2）提高工程质量，保证经济效益。（3）在灾区的工程上，要结合救灾，切实做到以工代赈。（4）为保证完成任务，水利部要抓紧春修工程的全面领导，并以黄河、长江、淮河等主要河流为工作的重点。②

各级政府部门通力协作，使群众的力量得到了充分发挥。广大群众积极响应党的号召，投入到农田水利建设中去。由于新中国成立初期大部地

---

① 参见《太行区半年来水利情况》，载华北解放区财政经济史资料选编编辑组等编《华北解放区财政经济史资料选编》第1辑，中国财政经济出版社1996年版，第1097页。

② 参见中国社会科学院、中央档案馆编《1949—1952中华人民共和国经济档案资料选编·农业卷》，社会科学文献出版社1991年版，第445—447页。

区兴建大型农田水利工程的条件尚不成熟，因而以兴修中小型水利工程收效最大，尤其是小型水利工程，花钱少，受益快，得利大，群众自己也能举办，最受群众欢迎。

1950年春，老区、新区或灾区都普遍展开了修渠、打井、增修水车、筑堤筑圩、开塘打坝等农田水利工作。据不完全统计，山西省完成汾河、文山谷河、潇河、滹沱河的干墝与湿墝的合口工程，到1月底，全省冬浇地75万亩，达到浇地计划的75%。黎城等7县72个村新建大小渠50条，超过原计划38条。山东省各地普遍展开群众性的兴修水利工程，并试办绣惠渠与黑龙潭灌溉工程，前者引绣江河水灌溉，可灌田3.7万亩，后者能蓄水37万立方米，灌田3000亩。浙江省水利局兴办大型农田水利，使4万亩良田免受水灾。湖南省洞庭湖的滨湖溃堤及湖北江汉堤的修整均已完工。①

中南区各地农民入春后，纷纷挖河、开渠、修塘、筑坝，兴修小型农田水利。江西省政府贷放大米492万斤，兴修各县小型农田水利工程2460座，包括新建或修筑旧有之水库、塘坝、坡堰、沟渠等。该省吉安专区各县的春修水利工程，共兴修水库、坡、坝、塘及圩堤113座，受益田21.24万亩。2月上旬，江西省水利局兴修的安福渠滚水坝完成，总灌溉面积3.9万亩，每年增产稻谷至少3.9万担。河南省许昌专区业已完成土地改革的宝丰、鲁山等7个县，入春后已修挖河渠88条，救出被淹田10.2万亩；陈留专区完成92里长的河流疏浚工程，救出土地17万亩；商丘专区动员民工23万余人治河，在3月底以前即疏通河流38条，可使49万余亩土地免除水灾，可增产粮食3000万斤。②

1950年5月18日，中央人民政府农业部发布《夏季浇水期间加强农田水利工作》的指示，要求各地加强农田灌溉的管理工作，做到经济合理地使用水量，以保证完成当年的粮棉增产任务。指示首先批评了各地过去对已有各水利灌溉系统的管理工作不够重视，以及当年的农田水利工作计划中所存在的某些单纯工程观点和忽视建立灌溉制度及管理工作的偏向。为此，该指示要求各级政府立即加强灌溉管理工作，研究并逐渐建立适合当地需要的科

---

①　参见《中央人民政府农业部报导，准备春耕已有成绩，全国各地，尤其是老区正积极积肥送粪、修整水利农具、增殖牲畜》，《人民日报》1950年3月6日。

②　参见《保证完成农业增产计划，中南兴修农田水利，受益田地不下四五百万亩》，《人民日报》1950年5月19日。

学管理机构和制度，无论在工程已完成或未完成的灌溉区，应立即着手建立用水管理机构与管理制度。在公营灌溉事业中，应配备专责干部，并吸收当地政府干部和在群众中有威望的人士参加管理机构；另用选举的方法和适当的待遇，吸收各地方人士充实各区、村的灌溉管理组织。该指示要求各地在当年初步制定用水办法和管理制度，各级政府农业水利部门应增添水利管理干部，加强对私营及群众合作经营的灌溉事业的组织领导。

《夏季浇水期间加强农田水利工作》的指示接着指出：目前全国灌溉面积约 4 亿亩，只占全国耕地总面积的 27%，但其农作物的产量则约占全国总产量的二分之一。对于这种大量出产粮棉及特种作物的水利灌溉事业，各级农业部门应予以重视，加强具体领导。如进行对灌溉地区的各种详细的调查统计工作；组织农业技术人员到灌溉地区研究和指导群众进行科学的灌溉方法和栽培方法；有步骤地在灌溉区实行作物循环种植（轮栽），扩大灌溉面积，改进土壤质量，以达农产丰收的目的。指示最后指出：1950 年全国的农田水利计划，要求恢复与扩大灌溉面积 850 万亩，这是 1950 年农业建设中的一项艰巨的任务。各级政府必须加强督促检查，健全报告制度，认真掌握工程进度，争取按时完成，以期在汛期前大部新修工程能够上水浇地。此外，各地打井与推广水车的计划亦应加强检查，防止自流，使能对当年的粮棉增产发挥其作用。①

截至 1950 年 9 月，由于各地重视农田水利建设工作，群众在各级领导下积极努力，1950 年的农田水利工作以兴修中小型水利工程收效最大。如华东及中南各区，修建塘坝涵闸进行排水灌溉的小型工程有 25 万余处，增产粮食约 14 亿斤。华北各省及山东在修整中小型渠道和推广水车、水井，变旱地为水田上，共使农田受益面积达 440 余万亩，相当于大型渠道受益面积的 6 倍。②

1950 年的农田水利建设虽然取得了相当成绩，但在灌溉管理方面仍存在着若干严重的缺点，除了陕西省及华北区部分渠道之外，灌溉事业机构普遍存在着不重视管理工作的偏向，缺乏健全的管理机构和制度，各种封建性的不合理的管理制度仍被保存着。最普遍的缺点是在各地的农田水利

---

① 参见《农业部指示各地加强农田灌溉管理工作，建立科学的机构和制度，作到合理用水，要求恢复与扩大灌溉面积八百余万亩》，《人民日报》1950 年 5 月 27 日。

② 参见张子林《怎样把农田水利工作做得更好些?》，《人民日报》1951 年 4 月 2 日。

工作计划中，只有工程计划，没有用水的计划，也不能和种植联系起来；只有渠道建筑物的设计，而重要的用水设施及灌溉方法则普遍缺乏计划；各级领导思想上多认为只要完成了工程计划就算完成了农田水利的任务，这是农田水利工作中的极大缺陷。[①]

农田水利工程的目的在于提高农作物收获量，因此，必须善于组织群众，合理及时地适量灌溉，结合农业技术，提高土壤的肥沃程度，以求产量不断增加，才能真正达到农田水利工作的目的。为了扭转农田水利灌溉管理中的偏向，1950 年 10 月 8—16 日，农业部在北京召开全国农田水利工作会议，出席者有各大行政区、华北五省两市及农业部有关直属单位代表 52 人。会议指出：由于 1950 年各级农田水利业务主管部门大多建立不久，机构尚不健全，故工作中还存在着计划草率、忽视灌溉管理及在领导工作中偏重布置号召、缺乏组织领导检查等缺点，必须在今后的工作中大力纠正。会议认为：1951 年度农田水利的建设方针是：（1）广泛发动群众性的小型农田水利工程；（2）继续有重点地兴建渠道，发展水车、水井及抽水机灌溉排水工程；（3）鼓励私人投资农田水利建设；（4）加强灌溉管理，改善管理机构，合理用水。

会议着重讨论了农田水利灌溉的管理问题，明确规定，灌溉工作的管理方向，应该是民主的、集中的、科学的管理方向，并确定在国营灌溉事业中，应先着手健全受益户小组及村水利委员会的基层管理组织，确立灌溉管理的规章，结合农业技术，以求达到合理用水、改良土壤及提高农产量的目的。同时选择重点进行试验，作为国营及群众合营灌溉事业的示范。对民办的灌溉事业，应先健全其管理组织，逐步实现统一的管理，并注意积累资金，以改善工程设备。[②]

时任农田水利局局长的张子林在总结 1950 年农田水利建设工作时，充分肯定了农田水利灌溉做出了的许多成绩。他特别阐述了灌溉管理方面出现的新变化："全国各地已初步改造了过去的封建管理组织，打破了历史上区与区、县与县、专区与专区、省与省的本位界限，组织了以渠为单位的统一管理机构，并建立了许多科学制度，减少了历史上解决不了的许

---

①　参见徐达《今年的农田水利工作》，《人民日报》1950 年 8 月 25 日。

②　参见《今年农田水利建设对农产丰收起了巨大作用，农业部农田水利工作会议闭幕》，《人民日报》1950 年 10 月 23 日。

多水利纠纷，扩大了灌溉面积。如山西统一管理汾河渠后，即扩大灌溉面积 20 万亩。宁夏统一管理了 11 县地区的渠道，取消了水利警察管理制度，建立了人民管理制度，并建立了从干渠到毛渠的层层负责制，消除了历年来因闹水利纠纷而浪费水量的现象。"①

国家对水利的重视和投入以及广大人民群众的积极参与，促进了农田水利事业的迅速发展。据初步统计，1950 年度，党和政府在保证数百万人员的供给与调剂粮食救灾备荒、有重点地恢复经济等重大任务之外，还拨发水利建设事业费 10 余亿斤小米，其中 19% 为开渠灌溉费，这在中国历史上是空前的。这对国民经济的恢复与农业增产起了显著的作用，农田水利工程获得相当的成就。河北省的金门渠、蓟运河的扬水灌溉工程、山东的绣惠渠、四川的都江堰、西北的洛惠渠以及东北的许多大型电力灌溉工程，都是经人民政府重新修建起来。在修复这些渠道中，完成土方达 3.6 亿立方米。据不完全统计，在修复过程中，参加修建的民工有 460 余万人，参加助修的人民解放军指战员在数十万以上。在西北修洛惠渠时，沿渠数十万人民热烈支持，仅半年时间就全部修复。修复广济渠时，沿渠 20 万农民从始至终积极挖掘土方，使得广济渠工程按计划完成。为了早日完成土方，许多农民发挥了创造精神。如东北辽西省的修堤模范邹云，研究出挑土新法，由每日挑土 8 立方米增至 23 立方米，创造了挑土的最高纪录。这种办法推广开来，使全体民工由每日每人平均挑土 3 立方米增至 4.5 立方米，辽河水利工程得以提早完成。

1950 年水利工程的顺利进行，除了中央与各地政府积极领导群众认真贯彻计划外，各地人民解放军积极参加水利建设，发挥了极大作用。据报道，驻新疆的人民解放军某部在 1950 年麦收前即完成了巴提洪海水库、和平渠、新盛渠等多处工程，可浇旱地 120 万亩。察哈尔省②的三大国营水利工程中的 480 多万立方米的土方工程，完全由驻察省的人民解放军负责完成。驻苏北地区的解放军某部参加了长达 200 公里的新沂河修建工程。③

---

① 转引自鲁生《揭开新中国农田水利建设的第一页——记一九五〇年农田水利建设》，《人民日报》1950 年 10 月 23 日。

② 察哈尔，旧省名。1914 年设察哈尔特别区，1928 年改设省，辖今河北省西北部及内蒙古自治区锡林郭勒盟，1949 年改辖今河北省西北部及山西省北部。1952 年被撤销，分别并入河北、山西两省。

③ 参见鲁生《揭开新中国农田水利建设的第一页——记一九五〇年农田水利建设》，《人民日报》1950 年 10 月 23 日。

在中央及地方政府的组织领导、各地水利干部努力、广大农民的热烈支持和人民解放军的大力助修下，新中国第一年的农田水利建设取得了巨大成绩，成为新中国成立后第一个秋收获得丰收的重要原因。据1950年9月《人民日报》报道："全国各地早秋收成一般都在八成或八成以上，比去年增产一成到三成，河南省早秋作物则增产三成，东北全区估计有八成半年景，超过一般的丰收年成，比去年要增产两成多。湖南水稻全省平均可收九成。湖南省滨湖地区、湖北江汉地区、江西鄱阳湖地区和苏南、苏北部分地区稻产极好，最高每亩收700斤。"据农业部估计，全国可产棉1500万担左右。①

1950年12月，农业部农田水利局在农田水利工作会议的总结报告中，对新中国成立一年来的农田水利工作进行了总结。报告指出："由于各地重视农田水利建设工作及群众在各级领导下积极努力，一年来已获得相当成就。在工程方面：总计恢复和兴修大型渠道70余处，小型渠道塘坝156780处，打井80263眼，完成水车制造10万辆，贷出73230辆，增加及修复龙骨水车、风车、筒车等提水工具6.9万架，凿自流井186眼，添置及改装抽水机2000余部，总计恢复和扩大灌溉面积686万亩，群众性的及贷款整修的水利工程共改善受益面积2900万亩。在灌溉管理方面：也有了初步的改进，有些地区改变了封建的管理系统，有的打破了过去县、区为界限的管理系统，成为以渠道或河系范围的统一管理。同时因各地注意和加强了管理，解决很多水利纠纷，扩大了受益面积。如山西省汾河扩大灌溉面积10余万亩，河北省邯郸专区因为实行民主管理，灌溉面积由30万亩扩大到57万亩。"②

据农业部统计，1950年群众组织起来兴修的中小水利工程占全国兴修水利总面积的四分之三以上。江西省原计划修塘3460座，由于依靠农民群众，发挥了广大农民的生产积极性，竟然在短期内完成了10295座，大大超过了原定计划。③

1950年11月23日至12月7日，水利部在北京召开全国水利会议，

① 参见《人民政府领导农民战胜灾患改进技术，全国大部地区早秋丰收》，《人民日报》1950年9月13日。

② 农业部农田水利局：《农田水利工作会议总结报告》，载中国社会科学院、中央档案馆编《1949—1952中华人民共和国经济档案资料选编·农业卷》，社会科学文献出版社1991年版，第548页。

③ 参见李书城《一九五〇年农业生产中的一些体验》，《人民日报》1951年1月18日。

出席会议的有全国各大行政区以及各省、市和各河流域机关的水利专家 210 余人。会议由时任水利部部长的傅作义致开幕词,副部长李葆华作总结。会议认为,1950 年全国的水利工作获得了很大成绩。1950 年全国共完成土方达 4 亿 1900 余万立方米,超过原计划几近 1 倍。其中防洪排水工程占全部工程的 96%,培修了全国大小河流 4.2 万公里的大部堤防,加强了重要险工,基本上消除了多数河道堤防年久失修、残破不堪的状态。少数历年遭受洪水的地区,如苏北沂河和沭河流域、河北省潮白河流域,已开始根治工程。在灌溉工程方面,1950 年全国共恢复和增加水田 300 余万亩,超过了原定计划。这就保证了本年多数河流胜利完成防汛任务,减轻了水灾的危害,保证了全国粮食丰收。①

1950 年 12 月,为了更好地指导各地农田水利的发展,中央人民政府发布了《兴办农田水利事业暂行规则草案》,草案指出,制定本规则是为了促进农田水利事业的普遍发展,提高农业生产,为谋农田水利事业的发展,除由国家投资或贷款兴办外,并奖励群众合作及私人或团体投资兴办。它明确规定:"凡经核准之私人或其他组织拟办之农田水利事业,而财力不能胜任者,得向领导机关请求投资或贷款办理之。"② 这个草案对各地群众自办水利起到了一定的推动作用。

1951 年 2 月 14 日,农业部在北京召开全国农业工作会议,中心议题是总结交流 1950 年的工作经验,着重研究恢复发展农业生产的各项措施,具体布置 1951 年全国农业生产计划。时任农业部部长的李书城指出:为了完成今年农业增产重大任务,这次会议必须明确 1951 年工作的做法,研究和解决如下两个问题:一是如何发动广大农民,开展大规模的生产运动,如何贯彻生产政策,组织起来,开展群众性的提高技术运动,以及推动劳动模范进行评比竞赛等。二是讨论发展农业生产的各项措施,如农田水利,防治病虫害,畜牧兽医,普及良种和农具推广等。最后是研究解决农业生产中的组织和领导问题,包括领导思想、组织机构和领导关系等。③

---

① 参见《减轻水灾危害保证全国丰收,今年水利工程完成土方四亿公方,全国水利会议确定明年治水方针任务》,《人民日报》1950 年 12 月 11 日。

② 《兴办农田水利事业暂行规则草案》,载中国社会科学院、中央档案馆编《1949—1952 中华人民共和国经济档案资料选编·农业卷》,社会科学文献出版社 1991 年版,第 494—495 页。

③ 参见《全国农业工作会议在京开幕》,《人民日报》1951 年 2 月 17 日。

　　随着全国农业工作会议对 1951 年全国农业生产计划的具体布置,大规模的水利春修工程在全国展开。1951 年 3 月 16 日,《人民日报》发表题为《认真作好今年水利春修工程》的社论,强调 1951 年大规模的水利春修工程对农业生产和沿河人民安全的重大意义,号召各地党政领导机关给予高度重视,拿出足够的力量支持这项工作,有些地区在一定时期内需要把水利工程看做是中心工作。社论对兴修水利中几个关键性问题作了具体说明。

　　(1)春修与春耕如何适当结合问题。根据 1951 年春修工程的规模,全国动员民工的总额,至少应在 500 万人以上。为了保障春修,一是要配合工程计划进行宣传解释,说明春修与春耕在生产上利益的一致性,不修好水利工程,农业生产便缺乏保障,以克服干部和群众在思想上"难于兼顾"的障碍。二是要慎重决定需要动员民工的数量,各地区必须根据工程需要、干部情况、工地广狭、工具准备、动员范围大小和距离远近等条件,慎重考虑动员民工的数量,以达到春修春耕两不耽误的目的。[①]

　　(2)工资问题。参加水利工作的民工仍带有半义务劳动的性质,但工资的标准,仍然可以保证够吃和补偿民工衣服和工具的消耗,并且只要工作效率能够达到一般水平,还可有少量的剩余。要坚持执行按方给资的工资制度,这正是解决工资问题的重要关键。领导水利工程人员不能把工资问题和收方、发粮看做是单纯的事务工作,而要把它看做是领导民工的重要工作,是激励民工劳动热情,提高民工劳动效率的具有关键性的工作。必须对此加以重视,再配合政治宣传鼓动工作,才能把民工领导好。[②]

　　(3)做好准备工作。1950 年春修所发生的错误浪费,由于准备工作不细密、不确实、不周到者,占很大部分。1951 年要切实注意计划性,以避免重复过去的错误。尤其要抓紧两个方面:一方面是前面所说的动员组织工作,应从群众动员起,便打下良好的基础。另一方面是技术与事务的准备工作,如粮食料物的运备、工程的测量定线、工段划分、工地布置和

---

① 参见《认真作好今年水利春修工程》,《人民日报》1951 年 3 月 16 日。
② 同上。

民工食宿的安排，以保证能够按时开工。①

1951 年的农田水利建设，是以修建小型农田水利工程为主，老解放区和解放较晚的地区因情况不同又有所侧重；相同的是老区和新区在土地改革以后，农民生产积极性空前高涨，相继掀起了兴修农田水利的热潮。

（1）华北老解放区主要是发动农民组织起来合伙打井，推广水车和修建小型渠道。如河北省 1951 年春打好砖井和土井 1.7 万多眼，贷出水车近 3 万辆，对抗旱植棉工作帮助极大。较大型的工程，如察哈尔省的三大国营淤灌渠工程，除桑乾河淤灌渠外，浑河及御河淤灌渠工程均已全部完工；山西省的汾河、滹沱河及联合、益民等渠，平原省②的广利渠，以及河北省的晋藁渠等均已修竣，共可浇地 60 多万亩。东北区主要是在辽西省的东辽河、盘山，吉林省的前郭旗及黑龙江省的查哈阳四区由国家投资修建近代化的灌溉工程。1951 年完成的部分工程可使四个灌区增加 30 万亩水田。

（2）华东、中南、西南等解放较晚地区的农民，经过减租、反恶霸和土地改革运动，政治觉悟提高了，生产的劲头很大，因此修建小型农田水利的情绪很高，成绩也很大。许多农民不仅出力修筑塘坝，而且还将自己在土地改革或减租运动中所得的胜利果实自动拿出来修水利。结果，许多地区远远超过了原订的修建塘坝计划。如皖南地区 1951 年春修建的 3.6 万多处塘坝中，农民自动出钱兴修的就有 3.5 万处，占全部工程的 90% 以上，超过原计划 7 倍多。浙江省农民 1951 年春共修好河渠、堰、塘、涵闸等大小工程 6.7 万多处，其中农民自己动手兴修的就有 4 万多处。到 1951 年 4 月底止，湖南农民已共修好塘 46.2 万口，坝 5.5 万座，水车 3600 多架。③ 到 1952 年冬，湖南全省农民又开展了冬修水利工作，山区新建了塘坝 2 万多处，整修塘坝 40 多万处，并重点兴建了水井、水库，扩大灌溉面积达 380 万亩。④ 这些现象是土改运动以前所从来没有过的。

（3）西北区地势高，雨水少，农民需水最急，因此，对兴修农田水利工程最感迫切，土地改革后，西北区农民也掀起了兴修水利的热潮。宁夏

---

① 参见《认真作好今年水利春修工程》，《人民日报》1951 年 3 月 16 日。

② 平原省，旧省名。1949 年建省，1952 年底撤销，辖区分别划归山东、河南两省。

③ 参见新华社《全国今年修建的农田水利工程，共可增加灌田面积五百多万亩》，《人民日报》1951 年 7 月 27 日。

④ 参见中共湖南省委农村工作部《湖南省的农村土地改革运动》，湖南省档案馆藏 146—1—524 卷。

组织 3 万多民工将全省重要渠道普遍加修。甘肃河西地带通过并渠、并坝、开发水渠，扩大了灌溉面积 60 万亩。陕西省泾惠、渭惠等八大新渠道，1951 年春全部修竣。洛惠渠续修工程完成后，1951 年可增加灌溉面积 14 万亩。新疆南部由人民解放军战士协助修建的库尔勒县的十八团渠，在 5 月已放水，可灌田 5 万亩。此外，新疆麦盖提县的五零建设渠和迪化市的红雁池水库第一期永久性工程，在人民解放军的努力修筑下完工。①据对陕西、甘肃、青海 3 省 49 个县的不完全统计，土地改革运动后，农民共兴修水渠 1083 条，可浇地 74855 亩。关中地区许多县打井都超过计划，其中仅长安县就打井 14000 多眼。②

据农田水利局统计，1951 年全国共计兴修了大型渠道 90 余处，小型渠道塘坝 139.4966 万处，出贷铁制水车 95209 辆，新打和修复水井 15 万眼，机械灌溉和排水的动力增加到 8000 马力，其他提水工具增加到 67591 架，新建和修复工程共计扩大耕地受益面积 902 万亩，整修工程保障和改善耕地受益面积 7150 多万亩，做出了比 1950 年更大的成绩（1950 年扩大灌溉面积 776 万亩，保障和改善受益面积 2970 余万亩），增加粮食产量估计最少有 50 亿斤。此外，1951 年还有重点地兴修了大型农田水利灌溉工程。陕西省的洛惠渠注意了挖斗渠工作，在两个月的时间内完成了 450 公里的渠道，600 多座大小建筑物，因此，灌田面积从 1950 年的 5 万亩增加到 1951 年 24 万亩。皖南行政区 1951 年兴办的易太圩机械排水工程（公私合资经营的），在 7 月间严重内涝的情况下，保证 3 万多亩稻田的常年产量。川西著名的都江堰岁修工程，1951 年挖河土方 120 多万立方米，等于 10 年来挖河土方的总数；另外增填土方 53 万立方米，装竹笼 20 多万条，动员人工将近 37 万。这样大规模的整修之后，保障了 300 万亩农田的丰收。③

1952 年 2 月 8 日，政务院第 123 次政务会议通过了《中央人民政府政务院关于大力开展群众性的防旱、抗旱运动的决定》。《决定》指出："旱

---

① 参见新华社《全国今年修建的农田水利工程，共可增加灌田面积五百多万亩》，《人民日报》1951 年 7 月 27 日。

② 参见中共中央西北局《关于春耕工作给中央的综合报告》，载中国社会科学院、中央档案馆编《1949—1952 中华人民共和国经济档案资料选编·农村经济体制卷》，社会科学文献出版社 1992 年版，第 416 页。

③ 参见张子林《发展农田水利是农业增产的重要措施》，载中国社会科学院、中央档案馆编《1949—1952 中华人民共和国经济档案资料选编·农业卷》，社会科学文献出版社 1991 年版，第 549、512 页。

灾对我国农业生产的危害是具有历史性的。在国民党反动统治时期，水利失修，山林破坏，灾害更加频仍。解放后，全国人民在各级政府领导下，向各种自然灾害的斗争虽取得了很大的成就，但对防旱、抗旱则因事先重视不足，旱灾依然严重地威胁着农业生产。"为此，各地要重视防旱、抗旱工作，必须采取三项措施：

（1）充分利用一切水源，开展群众性的兴修农田水利运动。各地区应根据不同的自然条件和群众习惯，组织一切人力、物力和财力，号召因地制宜地大力恢复、兴建各种水利工程。能引用河水溪水的可开渠、垒堰、修滩，能蓄积地面水的可挖塘、筑坝或兴建小型水库，能利用地下水的可凿井浚泉。并应大量增添修整各种水车、筒车、抽水机及其他汲水工具，以增加灌溉面积，扩大原有塘坝蓄水量，更大地发挥抗旱效能。大力发展水井，组织农民合伙打井；对旧有水井灌溉应加强领导，组织互助，合伙使用，扩大浇地范围，水量不足的应组织锥井以增大出水量。各地区应大量生产水车并及时出贷。

（2）充分做到经济用水，珍惜水量，发挥水的最大灌溉效能。对一切渠道坝堰，应加强灌溉管理，根据作物需要，将灌水量减到最低限度，并组织群众日夜轮浇，以扩大灌溉面积。

（3）总结和推广群众在耕作技术方面的防旱抗旱经验，普遍进行"天下农民是一家"的教育，克服干部与群众中的保守、本位思想，做到互助互让，提倡上游照顾下游，老灌区照顾新灌区。①

为了珍惜水量，经济用水，政务院要求各地必须迅速改革旧的水利管理机构，建立民主的水利管理机构，废除旧的不合理的用水规章，建立新的合理的用水规章，并对各项水利设施加以有效的控制，以达到节约用水，充分发挥其潜在效能的目的。②

全国各地群众性的防旱抗旱运动开展以后，大部分地区兴修农田水利有了显著成绩，灌溉面积和保墒面积大大增加。但在各地对农田水利春修

---

① 参见《中央人民政府政务院关于大力开展群众性的防旱、抗旱运动的决定》，《人民日报》1952 年 2 月 13 日。

② 参见《全国各地要紧急预防旱灾的袭击》，《人民日报》1952 年 2 月 13 日。

工程的检查中，发现有些渠道不能上水；有些水井打在不需要打井的地方；有些水井打得不能用；有些水塘塘堤不牢或塘底漏水，一般蓄水量不大。1952年5月7日，中央生产防旱办公室专门发出《关于更深入地开展防旱抗旱运动，保证农业丰收的通知》。《通知》指出：各地必须防止因春季多雨而滋长松懈情绪，应尽量利用春播顺利、人力不太忙迫的条件，进一步深入地开展防旱抗旱运动，抓紧时间，提早完成兴修农田水利计划，以期有把握地战胜可能发生的夏旱，保障农产丰收。为此，中央生产防旱办公室要求各地迅即研究执行下列几项办法：（1）各地应即普遍深入地检查防旱工作。（2）目前农田大量用水的季节即到，各地必须加强灌溉管理工作，组织农民合理用水，扩大浇地面积，保证各种作物得到及时灌溉。（3）个别干旱地区要迅速动员农民担水下种，浇水保苗。雨水过多地区要及时领导农民排除积水，赶种庄稼。[①]

1952年4月2日，政务院发布《政务院关于一九五二年水利工作的决定》，国家对全国水利建设方向作了适当调整，从1952年起，水利建设在总的方向上是：由局部的转向流域的规划，由临时性的转向永久性的工程，由消极的除害转向积极的兴利。依照这个方向，1952年总的要求是：（1）继续加强防洪排水，减免水灾，以保证农业生产；（2）大力扩展灌溉面积，加强管理，改善用水，以防止旱灾并增加单位面积产量；（3）重点疏浚内河，整理水道，以发展航运，便利城乡物资交流；（4）进一步加强流域性、长期性计划的准备工作，特别注意根治水害与灌溉、发电、航运的密切配合，以适应人民经济发展的需要；（5）切实注意组织工作，健全领导，培养干部，以保证任务的胜利完成。[②]

该《决定》对1952年的农田灌溉任务作了明确规定：（1）灌溉工程本年应保证完成新建、恢复和扩展灌溉面积3000万亩（其中大型灌溉约占700万亩，小型渠道、塘坝和水车、水井等约占2300万亩），并尽量提前开挖支、斗、农渠，使之及早发挥效益。为了积极地防止旱灾，灌溉工程的新建部分，除完成计划任务外，对于条件具备、技术性不太高而又为

---

　　① 参见新华社《中央生产防旱办公室通知各地深入检查防旱工作》，《人民日报》1952年5月12日。

　　② 参见《政务院关于一九五二年水利工作的决定》，载中国社会科学院、中央档案馆编《1949—1952中华人民共和国经济档案资料选编·农业卷》，社会科学文献出版社1991年版，第449页。

群众所迫切要求者应予增办。其恢复部分，除完成计划任务外，对于年久失修或已经荒废的旧有渠道，如水源可靠，也应大力修复。根据最近各地的实际经验，通过民主管理及经济用水，一般可增加灌溉面积20%。因此，灌溉管理机构已经建立的地区应予加强，尚未建立的地区应即迅速建立，并研究浅浇，以达到扩展灌溉面积的要求。（2）引黄灌溉济卫工程，本年应争取春季提前灌溉20万亩，年内达到40万亩。洛惠渠工程应保证灌田40万亩。后套黄杨闸闸工完成后，其灌溉面积应由110万亩逐渐扩展到280万亩。苏北灌溉总干渠土方工程及高良涧运东两闸应保证本年基本上完成，为解决苏北2580万亩的灌溉问题打下基础。东北四大灌渠本年应就1951年的基础，继续努力恢复和扩充。塘、堰、沟洫、小型渠道、井、泉和水土保持等比较简单而有效的水利工程，都应根据当地情况，广为宣传介绍，并发动与组织群众力量，大量举办，一方面在技术上予以协助，一方面交流农民的成功经验，使形成普遍的群众性的运动。水源比较缺乏的地区，尤应试办小型水库，取得经验，逐步推广。[①]

随着国民经济的恢复，党和政府更加认识到农业基础地位的重要性，更加重视农田水利的兴修。1952年全国各地农田水利建设的成效较往年显著，群众性的农田水利建设有了突出进展。1952年12月19日，水利部在《1952年防旱抗旱运动中的农田水利工作的报告》中对当年的农田水利建设作了总结。该报告指出：截至12月为止，全国共兴修、整修渠道18.7万道，塘、坝、涵、闸等工程208万处，新打的砖、石、土井75.3万眼，贷出水车16.7万辆，添置抽水机3500多马力，共可扩大灌溉面积3240余万亩，超过1950、1951两年增加灌溉面积的总和1000余万亩。其中1952年实际受益面积约计8000余万亩，水田面积3.7亿余亩，两项总计45000余万亩，约占全国总耕地面积的30%。在旧有水地中的10600万亩，也因修整了灌溉设备，进行了改善工程或加强了管理，用水情况大有改进，从而保证了1952年的农业丰产。[②]

---

① 参见《政务院关于一九五二年水利工作的决定》，载中国社会科学院、中央档案馆编《1949—1952中华人民共和国经济档案资料选编·农业卷》，社会科学文献出版社1991年版，第450页。

② 参见水利部《1952年防旱抗旱运动中的农田水利工作的报告》，载中国社会科学院、中央档案馆编《1949—1952中华人民共和国经济档案资料选编·农业卷》，社会科学文献出版社1991年版，第507页。

在大型农田水利灌溉工程方面，1952年新建工程88处，续办1951年未完工程16处，共计104处（其中灌溉工程88处，排水工程16处），全部计划受益面积6817532亩。共计完成灌溉工程67处，排水工程9处，当年实际受益面积为263.4万亩。共计做了土方2714万立方米，石方约11万立方米，大小建筑物1249座。同时，随着防旱运动的开展，不少地区的灌溉管理工作也较往年有所提高，并增加了灌溉面积。在渠道方面，据不完全统计，华北区由于初步改进管理，扩大灌溉面积1669195亩，西北区扩大了191401亩，西南区扩大了611978亩。在1952年的管理工作中，凡是实行了民主管理的灌区，群众情绪高涨，用水技术得到提高，灌溉面积扩大。如河北省房涞涿渠灌区，由于1951年进行了改革，虽然1952年春季的水量不及往年同期的一半，却能扩大春冬灌溉面积8万亩。①

1952年的农田水利建设是在全国范围内群众性的防旱抗旱运动中展开的，这就使农田水利工作完全建立在广泛的群众基础之上，这是当年农田水利建设的特点之一，因而所获得的成就也是比较大的。据统计，1952年全国灌溉面积"总计在全国共扩大灌溉面积2400余万亩，超过1950、1951两年扩大的总和。其中由于发展水车水井共扩大581万亩，由于兴修与整修渠堰塘坝共恢复与扩大1560万亩，添置抽水机及其他提水工具扩大24万亩，加强灌溉管理共扩大247万亩"②。

从总体上看，全国扩大灌溉面积呈现出明显上升的趋势：1950年为1204万亩，1951年扩大2796万亩，1952年扩大4017万亩，灌溉面积的增长幅度，基本上与国家和群众的投入呈正比。③

正因农田水利建设取得了显著成就，灌溉面积不断增长，全国农田的受灾面积也相应大为减少。据统计，1949年全国水灾面积在1亿亩以上，1950年为6000万亩左右，1951年为2100万亩左右，1952年截至9月21日，仅为1600余万亩。④受灾面积的减少和灌溉面积的增加，无疑为农业生产的发展创造了良好条件。

---

　　① 参见水利部《1952年全国农田水利工作总结和1953年工作要点》，载中国社会科学院、中央档案馆《1949—1952中华人民共和国经济档案资料选编·农业卷》，社会科学文献出版社1991年版，第513、544—545页。

　　② 同上书，第546—547页。

　　③ 参见中国社会科学院、中央档案馆编《1949—1952中华人民共和国经济档案资料选编·基本建设投资和建筑业卷》，中国城市经济社会出版社1989年版，第942页。

　　④ 参见傅作义《三年来我国水利建设的伟大成就》，《人民日报》1952年9月26日。

1952 年 9 月 26 日，时任水利部部长的傅作义在《人民日报》发表题为《三年来我国水利建设的伟大成就》一文，对新中国成立最初 3 年的水利建设成就给予了全面详细的总结。傅作义对 3 年来的农田灌溉事业取得的成就也给予了高度的评价，他说：在这 3 年中，国家投资兴建的大中型灌溉工程 358 处，这些工程对于防止旱灾有较大的保证。其中较大的有黄河的引黄灌溉济卫工程，东北的东辽河、盘山、查哈阳、郭前旗四大灌溉工程，绥远的黄杨闸工程，察哈尔的桑乾河、浑河、御河等淤灌工程，山西新建的滹沱河、潇河及泽垣渠等灌溉工程，陕西省整理扩充泾、渭、洛、汉、褒、滑等渠工程，以及淮河上的苏北灌溉总渠工程等。在国家投资兴建大中型农田水利工程的同时，各地政府大力推进了群众性灌溉事业的发展，取得了显著成绩。根据不完全统计，全国新建和整修的小型渠道和蓄水塘堰共 336 万余处，这些工程有的是扩大了灌溉面积，有的是增加了蓄水容量，使原来灌溉的田亩在较长的时间内都可得到适量的灌溉用水，因而减免了旱灾。全国新凿和修复水井共 66.8 万眼，贷放水车 29.3 万辆，使各地对于地下水的利用得到普遍的发展。此外，还恢复和增加了机械灌溉排水工具 11.75 万马力，对于增加灌溉和排除内涝渍水也有很大的帮助。[①] 3 年来的具体水利建设成就，详见表 2-2。

表 2-2　　　　　　　　　1950—1952 年全国水利建设成就

	1950 年	1951 年	1952 年
基本建设投资款（万元）	9206	19508	32799
建成大型水闸（座）			3
扩大灌溉面积（万亩）	1204	2706	4017
拥有万亩以上灌渠（处）	1254	1279	1346

资料来源　中国社会科学院、中央档案馆编：《1949—1952 中华人民共和国经济档案资料选编·农业卷》，社会科学文献出版社 1991 年版，第 555 页。

1953 年 9 月，水利部发布《中央人民政府水利部关于农田水利工作的报告》，对新中国成立后 3 年间的农田水利建设情况作了全面总结。据水利部报告，3 年来，共兴修小型塘坝涵闸等工程 310 多万处，凿井 73 万

---

① 参见傅作义《三年来我国水利建设的伟大成就》，《人民日报》1952 年 9 月 26 日。

眼，恢复及新建大型灌溉工程 214 处，排水工程 30 余处，添置抽水机 2.3 万马力，对于各个渠道的灌溉管理，普遍进行了民主改革，共计扩大灌溉面积约 4600 多万亩，并在原有 2.1 亿亩的农田上，改善了灌溉排水设施，对农业生产的恢复和发展，起了显著的作用。

该报告对群众性的小型水利建设取得的突出成绩作了充分肯定。湖南省由于 3 年来大力进行了塘坝的恢复工作，并推行了"一把锄头"的专人负责用水管理制度，做到能及时蓄水，节约用水，节省了看水人工；湖北省 1952 年冬 1953 年春以工代赈兴办了 6 万多处蓄水工程，使 280 万亩水稻摆脱了干旱威胁；在华东各省兴修塘坝、涵闸、圩堤及疏浚河道等工程近 5 亿土方，减轻了旱涝灾害；在北方地区，水车增加 130% 以上，水井也有大量增加，不但在原来的水井灌溉地区如河北、山东、河南等省灌溉面积显著扩大，并逐渐发展到山西、绥远、热河①、辽西等地区。同时，由于提倡并领导群众互助合伙浇地，提高了每眼水井的灌溉能力，在河南省清丰县、山西省忻县、河北省蠡县等不少村庄已达到全村平均每眼水车井浇地 40 多亩，灌溉效率比新中国成立前提高了一倍。最多的一眼水车井能浇到 80 多亩。在河北中部及河南北部地区，由于利用地下水灌溉，很多村庄已全部变为水地，有的县份 90% 的耕地成为水地。西北各省大部分地区的党委、政府对发展水利极为重视，截至 1952 年止，共增加了 860 万亩水地，约占原有水地的 34%。②

在农田水利灌溉管理方面，由于进行了管理上的民主改革，并组织起来互助浇地，灌溉效率已见提高。一般都能达到省工、省水及提高灌溉区单位面积产量的目的。改进灌溉技术问题，已引起部分灌区的重视，有不少地区的群众，在珍惜水量的号召下，改变了不合理的用水习惯，创造并推行了沟灌、小畦灌溉等进步的灌水方法。四川省朱李火埝原来用不合理的续灌办法灌田，实行了轮灌方法后，扩大了灌溉面积 1.8 万亩。河北省房涞涿渠，1952 年春旱，引水量不及往年一半，由于注意管理工作，保证了原有 8 万亩耕地的灌溉用水，并扩大了 3 万亩灌溉面积。

尽管 3 年来的农田水利建设取得了巨大成绩，但同样存在着一些缺点

---

① 热河省，旧省名。1955 年撤销，所辖地区分别划归河北省、辽宁省和内蒙古自治区。

② 以上引文均见《中央人民政府水利部关于农田水利工作的报告》，载中国社会科学院、中央档案馆编《1953—1957 中华人民共和国经济档案资料选编·农业卷》，中国物价出版社 1998 年版，第 616—622 页。

和不足。水利部的报告对此作了比较深刻的检讨，承认在水利建设领导工作中"存在着严重的脱离实际、脱离群众的主观主义、官僚主义，造成了工作中许多缺点与错误"。这些缺点和错误主要表现在三个方面：

（1）各级农业水利机关在布置工作时脱离群众需要，不顾条件，盲目定计划，盲目往下分配数字，盲目追求数量，缺乏具体领导和技术指导，而又没有交代清楚政策和工作做法，还要限期完成任务，以致在不少地区发生了严重的强迫命令、形式主义的作风。华北地区的打井工作、江南地区的塘坝兴修整修工作，多有不从实际出发，贪多冒进，脱离群众需要与可能的条件，不照顾群众实际困难，严重脱离群众的官僚主义及强迫命令作风，把好事办成坏事，给群众带来很大的损失，并在群众中造成了不良影响。

（2）在大型灌溉工程上，主要偏向是好大贪多，不注意工程效益，更不注意用水管理，工程与增产目的脱节。同时，只图兴办工程，不考虑客观条件和主观力量，在兴办前也不注意收集研究基本资料，设计工作粗枝大叶，对国家建设事业缺乏严肃负责的态度，不少省区为了争取工程计划的批准，又不惜夸大工程效益，而水利部则是盲目地批准工程计划；在工程兴办以后不是认真负责地办一处就办好一处，贯彻始终，浇好地，增了产，有重点地创造典型，吸收经验，加以推广，而是一处未完，又办一处，"到处摆摊子，到处是包袱"，贸然开工，造成很多错误，浪费很大，灌溉效益不高。

（3）由于农业水利领导机关对已成的及旧有的灌溉渠多数不加具体领导，灌溉管理机构不健全，致使许多灌区的灌水浇地问题处于无人负责的状态。目前全国多数较大灌区，一直承袭着过去旧的用水方法，渠系紊乱，管理不严，大水漫灌，浪费水量。在华北、西北诸省中的一些灌区，由于地下水位不断上升，土壤恶化，土地泛碱，耕地面积逐渐缩小，作物产量不能提高，或有下降趋势。陕西泾惠灌区，由于耕种方法的错误及用水不当，近年来逐年减产，1952年不足当地旱田收成。江南地区灌溉用水的浪费和不讲求灌溉方法的现象也是普遍的。对于灌溉方法及土壤改良等工作，也没有注意在灌区有重点地建立灌溉试验站，进行地下水观察、作物需水量试验以及其他一些基本资料的调查分析试验等工作，以逐渐改变旧式的灌溉方法。①

　　通过3年的农田水利建设，水利部逐步确定了兴办群众性小型农田水利为重点的思路，指出："根据目前农村分散的小农经济特点，及目前国家财力和工业化的程度，以开展群众性的小型水利最为有效，应当作为水利部门工作中重点任务之一。小型水利工程，技术性不高，易为群众所掌握，可就地取材，就地出工，费用不多，且能很快见到效果，在防旱防涝工作中能够解决很大问题。"② 这种思路，逐渐成为以后农田水利建设的基本方向。

　　水利部对农田水利灌溉管理上出现的问题，也提出了整治和改正办法，明确提出：对于灌溉管理方面，必须认真改善已有灌溉渠系的领导，特别要克服不深入群众，不深入研究，不进行具体指导的官僚主义的领导与无人负责的现象。灌区内的灌水浇地问题，一定要专人分段负责、具体指导，总结群众的灌溉经验，进行灌溉试验，并逐步实行与作物和土壤需要相适应的配水计划，努力做到合理用水和防止土壤碱化，以打下科学用水的基础。灌区群众所交的水费，只能用于本灌区的岁修养护及管理人员的开支，故须根据当地群众的经济力量，按最低比例征收。关于水井、水车、塘坝及群众自己兴修的小渠道的灌溉问题，应提倡组织起来，帮助群众成立管理用水的组织，以期合理用水，发挥潜在能力，但必须根据自愿互利原则，不得强迫。对于国营渠道，为了消除"供给制思想"，并推动工作继续向前发展，在不增加原来群众水费负担的条件下，原则上应逐步实行企业化经营。但考虑到目前灌溉管理机构不健全，用人多、开支大、浪费多是一般现象，广泛推行企业化，势必增加农民水费的开支，因此，目前只能从原有收水费习惯，农民亦认为所收水费不高的国营灌溉事业中，由省水利机关选择一两处，重点试行企业化的经营办法，取得经验，然后再由中央水利部总结经验，制定办法，加以推广。③

---

　　① 参见《中央人民政府水利部关于农田水利工作的报告》，载中国社会科学院、中央档案馆编《1953—1957 中华人民共和国经济档案资料选编·农业卷》，中国物价出版社 1998 年版，第616—619 页。

　　② 同上书，第620—621 页。

　　③ 参见《中央人民政府水利部关于农田水利工作的报告》，载中国社会科学院、中央档案馆编《1953—1957 中华人民共和国经济档案资料选编·农业卷》，中国物价出版社 1998 年版，第621—622 页。

1953 年 9 月 9 日，水利部党组向中共中央报送的《关于过去工作的检查及今后工作意见的报告》中，深刻检讨了新中国成立 4 年来农田水利工作中存在的问题："在领导群众性的农田水利工作上，也同样有主观主义的毛病。对农田水利的群众性与地方性认识不足，不深入研究具体情况，自上而下地布置任务，盲目地批准计划，偏重于一般号召，缺乏具体指导，也没有交代清政策界限与工作作法，致使农村中在打井、贷款问题上产生强迫命令现象。"同时指出："政策观念不强，存在着严重的脱离群众的现象。"具体而言就是："四年来，对水利工作与群众关系方面的一系列政策问题我们未能认真研究，在处理农民长远利益与目前利益的矛盾及整体利益与局部利益的矛盾时，往往过分强调了目前利益服从长远利益，局部利益服从整体利益的一面，却忽视了妥善照顾目前利益与局部利益的另一面。因此曾经造成部分地区农民对党与政府不满甚至骚动，招致严重的政治损失。"[①]

12 月 2 日，中共中央批转了该报告，并在批语中指出："农田水利工作必须与改造小农经济这个总任务联系起来，通过小型水利来促进农业生产的互助合作，是完全有条件可以办到的。经验也证明，有不少农业生产合作社和互助组由于打了井，开了渠，置了水车，增产了生产，也增加了收入，而更加巩固起来了。另一方面也有少数互助合作组织，由于不顾条件盲目地打井开渠，而造成困难，影响了组织的巩固。今后各地应该去掉盲目性，去掉主观主义和命令主义，依据需要和可能的条件，积极地推进农田水利工作，并且有意识地用农田水利工作来促进互助合作。"[②]

1953 年 10 月 13 日，中共中央农村工作部对国民经济恢复时期的农田水利情况和存在的问题作了更为详细而具体的总结。报告肯定了 3 年来农田水利灌溉事业的成就。据水利部截至 1952 年底的统计，全国共有水田、水浇地约 4.5 亿余万亩（内水田 3.7 亿亩，水浇地约 8000 万亩），占全国耕地的 29%。3 年来，全国共举办现代化的灌溉工程 214 处，灌溉面积 455 万亩。东北的东辽河、盘山、查哈阳、郭前旗四大灌区，1952 年灌溉

---

① 《中央水利部党组关于过去工作的检查及今后工作意见的报告》，安徽档案馆藏55—2—2卷。
② 《中央批发水利部党组关于过去工作的检查及今后工作意见的报告》，安徽档案馆藏55—2—2卷。

面积为 60 余万亩，将来可扩展至 400 余万亩；陕西已整理扩充旧有渠道，增灌 51 万亩；苏北灌溉总渠已开挖完成，将来完成整个渠系工程，结合洪泽湖蓄水，可能扩展灌溉面积 2500 万亩。各地群众性的灌溉事业亦有相当发展。据不完全统计，新修和整修的蓄水塘堰、小型水库、小型渠道等共 314 万余处；新凿和恢复水井 731809 眼，贷放水车 29 万余辆，并增加和恢复机械灌溉排水工具 125060 万匹马力。3 年来，按照大型工程由国家投资或贷款举办、群众性工程民办公助的原则，共使用投资 7800 余亿元，贷款 21000 余亿元。由于大量兴修水利，3 年来共扩大灌溉面积 4660 万亩，占全国总灌溉面积的十分之一，其中，华北 1900 余万亩，西北 700 余万亩，西南、中南均 600 余万亩，华东近 500 万亩，东北 133 万亩，内蒙古 12 万亩。报告最后强调：今后农田水利工作，除比较大型的灌溉工程应由国家办理外，应根据广大群众"需要、可能、自愿"的条件，大力开展兴修群众性小型水利，必须因地制宜，计划的制定与施工都依靠群众，充分利用群众的经验，防旱抗旱与防洪防淤相结合，并注意解决占地赔偿、出工负担、灌溉管理等具体问题。①

　　新中国成立后 3 年间农田水利工程的修复，加上土地投资的增加、农业劳动力的增多、耕种面积的扩大和耕作方式的某些改变，都直接促进了农业生产的恢复和发展。1952 年 7 月，时任政务院财政经济委员会秘书长的薛暮桥在分析中国农业生产迅速恢复的原因时指出：大规模的水利建设，尤其是 1950 年开始的淮河水利工程和 1952 年的荆江分洪工程，"按其规模和完成的速度来讲，不但在中国历史上是空前的，即在世界上亦是少见的。这些水利工程使几千万农民免除了水灾的威胁，并保证了广大地区农产的丰收"②。1953 年 2 月，据国家农业部统计，1949 年全国粮食总产量仅及抗日战争前的 74.6%，而在完成土地改革后的 1952 年，粮食产量显著提高："三年来，粮食的供应，不仅做到了自给，而且还有部分输出，一反近数十年来粮食进口的颓势。1952 年全国的总产量已较 1949 年大为增加，并且超过了战前最高年产量 16.9%；在质的方面也有不少的提

---

① 参见中共中央农村工作部三处《农田水利情况和存在的问题》，载中国社会科学院、中央档案馆编《1953—1957 中华人民共和国经济档案资料选编·农业卷》，中国物价出版社 1998 年版，第 622—625 页。

② 薛暮桥：《三年来中国经济战线上的伟大胜利》，载《薛暮桥选集》，山西经济出版社 1985 年版，第 4 页。

高，1949 年水稻与小麦的产量，占粮食总产量 49.67%，至 1952 年已增加为 53%。"① 全国粮食总产量逐年增加的情况为：1950 年比 1949 年增加 17.3%，1951 年比 1950 年增加 10.2%，1952 年则较 1951 年增加 21.2%，平均每年增加率为 15%。从每年的增加比例看，以 1950 年与 1952 年两年增产较多。水稻的总产量在 1949 年仅为抗日战争前的 75.5%，但 1952 年已超过 1949 年的 77.8%，相当于抗日战争前的 134.2%，其恢复发展之速，在各种主要粮食作物中居第一位。全国大部分地区的水稻单位面积产量，已超过了抗日战争前的水平。②

表 2 - 3　　　　1949—1952 年粮食、棉花、油料的播种面积和产量情况

品种	年份	播种面积（万亩）	亩产（公斤）	总产量（万吨）	比上年增减		
					播种面积（万亩）	总产量	
						万吨	%
粮食	1949	164938	69	11320			
	1950	171609	77	13215	6671	1895	16.7
	1951	176653	82	14370	5044	1155	8.7
	1952	185968	88	16390	9315	2020	14.1
棉花	1949	4155	11	44.4			
	1950	5678.9	12	69.2	1523.9	24.8	55.8
	1951	8226.9	13	103.1	2543	33.8	48.8
	1952	8363.6	16	130.4	136.7	27.3	26.5
油料	1949	6341.8	41	256.4			
	1950	6265	48	297.2	- 86.8	40.9	15.9
	1951	7718	47	362	1453	64.8	21.8
	1952	8570.9	49	419.3	852.9	57.3	15.8

资料来源：笔者根据农业部计划司编《中国农村经济统计大全（1949—1986）》（农业出版社 1989 年版）第 146、189、191 页整理而成。

① 农业部农业计划司计划科：《三年来粮食生产恢复与发展情况的分析》，载中国社会科学院、中央档案馆编《1949—1952 中华人民共和国经济档案资料选编·农业卷》，社会科学文献出版社 1991 年版，第 565 页。
② 同上书，第 565—566 页。

二　引黄灌溉济卫工程的修建

新中国成立后，中国共产党和人民政府立即恢复、修建了许多敌伪破坏及未完成的水利工程，并新建了盘山、东辽河、河北石津渠、平原广利渠、陕西洛惠渠等一些大型灌溉工程。鉴于当时大规模治理黄河的条件还不成熟，故为了给大规模地利用黄河水灌溉农田创造经验，中央人民政府在 1949 年 11 月中旬各解放区水利联席会议上决定修建河南省境的引黄灌溉济卫工程（后改为人民胜利渠）与绥远省境的黄杨闸工程。

随后，黄河水利委员会①于 11 月 29 日在开封召开所属干部大会，传达水利联席会议的决议。时任黄河水利委员会副主任的赵明甫说：中央人民政府已批准 1950 年治黄预算并决定举办引黄济卫工程（即在黄河铁桥附近设闸，引黄河水至新乡城东入卫河，约可灌溉 20 万亩，并有利卫河航运），故 1950 年任务十分艰巨。他勉励全体干部，坚决完成 1950 年的治黄任务。随后，黄河水利委员会组织引黄测量大队，至黄河北岸工地开始测量工作。该队共分地形（三个组）、水准（两个组）、导线等组，其测量范围是由郑州铁桥北岸上口至新乡分渠首，沉沙池及东西干区各灌田渠。地形测量计 1272 平方公里。在测区内河流每公里测量一次断面，每 10 公里测量一次流量等，并在渠首元村镇、新乡县、获嘉县、汲县设永久测站。

1950 年 1 月 22—30 日，黄河水利委员会在开封召开治黄工作会议。这是新中国成立后第一次全河工作会议。到会的有沿河主要治黄负责干部、黄河水利委员会委员、水利专家等共 50 余人。时任水利部副部长的张含英参加了会议。会议根据水利联席会议精神，结合黄河的具体情况，经过反复讨论确定了 1950 年治黄工作的方针与任务，1950 年工作计划和预算草案，黄河水利委员会组织编制草案和工作制度等。会议讨论了治理

---

① 1949 年 6 月 16 日，华北、中原、华东三个解放区在济南成立的治河联合组织，简称"黄委会"，驻开封市。推选王化云为主任，江衍坤、赵明甫为副主任。1950 年 1 月 25 日，水利部转发了政务院水字 1 号令，正式明确了黄河水利委员会的机构性质和管理范围是：为统筹规划全河水利事业，决定将黄河水利委员会由治河联合组织改为流域性机构，所有山东、平原、河南三省的黄河河务机构，应即归为黄河水利委员会直接领导，并仍受各省人民政府的领导。随后，经政务院批准，水利部任命王化云为主任，江衍坤、赵明甫为副主任。

黄河的最终目的，正式提出了"变害河为利河"的指导思想。但会上对于是否举办引黄灌溉济卫工程有不同意见，引起了一场争论。

早在 1949 年 11 月召开的各解放区水利联席会议，就把引黄灌溉济卫工程作为"有极大收益的重要工程"之一予以支持。1950 年是新中国财政很困难的一年，但中央批准给黄河的工程费仍占全国水利建设费用的四分之一（折合 8500 万公斤小米）。有人认为这笔钱来之不易，应首先集中用于下游修防，多做防洪工程，保证黄河不决口，就是对两岸人民最大的兴利，现在应该是"雪中送炭"，而不是"锦上添花"。有人对在黄河大堤上开口子建涵闸能否保证大堤安全表示怀疑，不敢贸然表示同意。有人担心黄河水引不出来，因为黄河游荡得很厉害，即使水能引出来，因为泥沙多，恐怕用不了几天，渠道也淤平了……总之，反对和怀疑的意见不少。[1] 支持兴建者认为，让黄河兴利是建设新中国的需要，引黄灌溉济卫工程具有较好的前期工作基础，应加快兴建。持稳健态度的支持者认为，在黄河治本问题未解决前，全面兴利是不可能实现的，但利用可能的条件试办中型和小型灌溉工程，帮沿河群众发展生产，还是必要的。[2]

会议经过认真讨论，最后统一了认识，决定修建引黄灌溉济卫工程，并要求对干流进行查勘工作，为制定统一治理黄河的规划作准备。会议确定 1950 年治黄工作的方针与任务是：以防比 1949 年更大的洪水为目标，加强堤坝工程，大力组织防汛，确保大堤，不准溃决；同时观测工作、水土保持工作及灌溉工程也应认真地、迅速地进行，搜集基本资料，加以分析研究，为根本治理黄河创造条件。关于修黄方面，应立即开始运石、集料、植柳工作，准备复堤整险。治本研究工作方面，必须首先搜集研究基本资料，同时建立与巩固水利建设，进行观测勘察。黄河上中游的水土保持工作，应结合人民利益，发动人民试验进行。兴修水利工作，应争取局部试办中小型灌溉与放淤工程，帮助沿河人民发展生产。会议决定，平原省进行引黄济卫，山东省试办放淤，宁（夏）绥（远）勘测旱沪渠等项工程。为了保证完成 1950 年的治黄任务，会议决定统一治黄机构，加强领导。黄河水利委员会下设山东、平原、河南等三个黄河河务局，上游在西

---

[1]　参见王化云《我的治河实践》，河南科学技术出版社 1989 年版，第 137—138 页。
[2]　参见水利部黄河水利委员会编《人民治理黄河六十年》，黄河水利出版社 2006 年版，第 117 页。

安设西北工程处。① 这次会议，是黄河由分区治理走上统一治理的开端，为新中国治黄工作打下了思想上、组织上、工作上统一的基础。②

在"变害河为利河"的思想指导下，黄河下游历史上第一次利用黄河水造福人民的引黄济卫工程加快了测量规划工作，迅速开展了灌区社会经济调查、科学试验、规划设计、编制施工计划等项技术工作。引黄灌溉济卫工程，系由黄河北岸铁桥以西引水，沿京汉路东侧总干渠流入新乡市卫河。引黄济卫工程有两个目标：一是为了灌溉，计划浇灌平原省汲县、新乡、获嘉及延津4县农田约40万亩；二是为了济卫，增加卫河水源，以增进新乡至天津间的航运。该工程引水地点在京汉路黄河铁桥以西北岸，筑闸引水。总干渠自进水闸至新乡卫河边止长50余公里，渠水量为40立方米每秒，以20立方米每秒灌溉新乡专区的棉田36万亩；以20立方米每秒济卫，增加卫河水量，以利于平原省会新乡直达天津的航运。待整理河道后，以便航行200吨汽船和帆船。③

经过1950年的筹备，1951年3月，引黄灌溉济卫工程正式开工，修筑总干渠、西干渠、东一干渠以及水闸、桥梁等主要工程。为了确保工程顺利完成，黄河水利委员会成立了引黄工程指挥部，下设5个施工所、3个转运站、2个土木工程指挥部。6月27日至7月14日，时任水利部部长的傅作义同副部长张含英、苏联顾问布可夫、黄河水利委员会副主任赵明甫、清华大学教授张光斗等人对黄河进行了查勘，视察了黄河堤防，勘定了"引黄灌溉济卫工程"渠首的位置，查勘比较了潼关至孟津蓄水库的库址坝址，以准备黄河治本工作。1952年4月，经过500余名干部、1万多名工人的辛勤劳动，第一期工程基本完成。4月10日，在渠首举行了放水典礼，许多群众赶来参观。当他们看到黄河水从闸门中涌出时，高兴地说："我们再不受旱症了，永不怕棉花开花不结桃、谷子出穗不结粒了！"④受典礼现场人民群众热烈情绪的感染，时任平原省人民政府副主席的罗玉川提议将这项工程改名为"人民胜利渠"，得到大家的赞同。同年10月，

---

① 参见《黄河水利委员会在开封召开治黄会议，决定加强堤坝工程大力防汛，兴修水利帮助沿河发展生产》，《人民日报》1950年2月5日。
② 参见王化云《我的治河实践》，河南科学技术出版社1989年版，第86页。
③ 参见王化云《二年来人民治黄的伟大成就》，载中国社会科学院、中央档案馆编《1949—1952中华人民共和国经济档案资料选编·农业卷》，社会科学文献出版社1991年版，第473页。
④ 定曼：《引黄灌溉区中的一个农村——王官营》，《人民日报》1952年4月17日。

毛泽东视察黄河时听了汇报后也盛赞"人民胜利渠"这个名字起得好。[①]

1952年7月，引黄济卫第二阶段正式开工，修筑东二、东三、新磁、小冀四个灌区工程及沉水池扩建工程，到12月第二期完成。1953年2月，第三阶段工程开工，主要修筑部分工程的加固和整修及沉淀区的建筑物工程，到同年8月竣工。

引黄灌溉济卫工程，是新中国农田灌溉史上值得大书特书的事情。在工程设计中，工程设计者"打破了过去一般工程设计上只重视干支渠的错误传统，敢作出斗毛渠的具体设计，使挖渠工作全面展开，因之完工之后即能放水浇地，当年即浇到28万亩"[②]。

在"变害河为利河"治黄思想的指引下，新中国成立后不久结束了"黄河百害，唯富一套"的历史。引黄灌溉济卫工程到1953年8月全部修建完成，共建成渠首闸、总干渠、西灌区、东一灌区、东二灌区、东三灌区、小冀灌区、新磁灌区和沉沙池等大小建筑物1999座。修筑斗渠以上渠道长达4945公里。灌溉渠可引入巨大流量的黄河水，灌溉黄河北岸新乡、获嘉、汲县、延津等县72万亩农田。8月中旬，黄河水利委员会撤销了引黄灌溉济卫工程处，将引黄灌溉济卫工程全部移交河南省人民政府管理领导。

引黄灌溉济卫工程全部完成后，不仅保证了京汉铁路两侧新乡、获嘉等6县70余万亩缺水农田获得及时灌溉，而且保证了船只在卫河枯水期仍能航行无阻，使新乡到天津900多公里的卫河航运得以畅通。"自引黄以来，就保证了卫河航运的畅通，100吨的木船可满载。1952年完成卫河货物航运吨公里数约为1951年的162%，增加运费收入200亿元。1953年计划货运吨公里数较1952年扩大了20%，单是第一季度已完成全年计划的35.9%"[③]。

1956年6月，为了充分发掘灌溉的潜力，黄河水利委员会决定续修引黄济卫扩建工程。工程内容包括：加固渠首和总干渠，把引水量由当时的50立方米每秒增加到70立方米每秒；进行渠系改善和灌区扩展，把灌溉面积由72万亩扩大到160万亩；在总干渠上一号和三号跌水举办两处水

① 参见水利部黄河水利委员会编《人民治理黄河六十年》，黄河水利出版社2006年版，第118—119页。

② 水利部：《1952年全国农田水利工作总结和1953年工作要点》，载中国社会科学院、中央档案馆《1949—1952中华人民共和国经济档案资料选编·农业卷》，社会科学文献出版社1991年版，第513—514页。

③ 范鹏：《引黄灌溉济卫工程效益显著，河南省治淮后数千万亩秋田获丰收》，《人民日报》1953年10月14日。

力发电站，发电 900 千瓦到 1200 千瓦，除扬水灌溉 12 万多亩农田外，还要供给农产品加工和农村照明用电。①

1958 年 5 月 1 日，引黄灌溉济卫扩建工程举行放水典礼。工程的总干渠和干渠上共完成闸门、桥梁、涵洞、跌水等建筑物 50 座。这项工程引水，可灌溉天津和沧县一带 900 多万亩土地，其中有 600 多万亩水稻；灌溉山东省德州、武城一带 150 万亩土地；灌溉河南省近 500 万亩土地。②

时任黄河水利委员会主任的王化云高度评价说，引黄灌溉济卫扩建工程"是历史上的创举，并为黄河下游开辟了利用黄水兴修水利的道路。这不但有很大的经济价值，而且有重大的政治意义"。直到 1988 年，王化云仍称赞说："实践证明，30 多年前的决策是正确的。据统计，这个灌区从 1952 年开灌以来，仅粮棉增产总值就达 4.4 亿元，为灌区总投资的 18 倍，如今人民胜利渠已成为'渠道纵横地成方，粮棉增产稻花香'的全国先进灌区。"③

三　农田水利建设的普遍开展

1952 年 12 月，政务院 163 次政务会议通过了《中央人民政府政务院关于发动群众继续开展防旱、抗旱运动并大力推行水土保持工作的指示》，对 1952 年冬及 1953 年春的农田水利工作进行了部署。《指示》明确指出：必须广泛地开展蓄水运动，尽量积蓄雨水和地面上的水流，以增加农田灌溉的面积。南方的塘堰工程几年来虽有改进，但仍须继续大力修整，加强管理养护工作，提高抗旱能力；此外，还应推广小型蓄水库工程，以增加蓄水的容量。在北方干旱地区，除应进一步组织起来发展水车、水井并提高其灌溉效能外，应积极利用一切水源，发动群众修造小型水库和发展池塘；并广泛进行养冰蓄冰，以增加水源，供给灌溉使用。平原低洼地区，注意推广沟洫畦田，以做到防旱、防涝相结合。对于每一河流的治理，都要考虑到大量蓄水，以解决灌溉的需要。④

---

① 参见牛立峰《引黄灌溉区的今天和明天》，《人民日报》1956 年 6 月 5 日。

② 参见《引黄济卫扩建工程放水，可灌溉三个省的一千五百万亩农田》，《人民日报》1958 年 5 月 4 日。

③ 王化云：《我的治河实践》，河南科学技术出版社 1989 年版，第 138 页。

④ 参见《中央人民政府政务院关于发动群众继续开展防旱、抗旱运动并大力推行水土保持工作的指示》，《人民日报》1952 年 12 月 27 日。

　　1953 年 3 月 6—17 日，水利部召开了主要大区和省水利局局长及几个较大灌溉渠负责人参加的农田水利工作会议。在总结前 3 年农田水利建设成绩与经验教训的基础上，水利部提出了 1953 年及今后农田水利工作的基本思路："应着重开展群众性的各种小型水利，整顿现有水利设施，加强灌溉管理，发掘潜在力量，以扩大灌溉与排涝面积，增加粮食生产。至于新办的较大的水利灌溉工程，则应采取慎重态度，充分准备、稳步前进、择要举办的方针。"为了防止强迫命令，今后兴办任何一个工程，都须群众自愿，并应按照四个原则进行：适合当地实际需要；为人民与政府财力所许可；受益大，花钱少；技术上有成功把握。对于由群众出钱出工自办的工程，必须贯彻"受益田亩多的多负担，受益田亩少的少负担，不受益的不负担"的原则。兴修水利占用群众的土地，一定要给予调剂或赔偿。在动员群众兴修水利时，一定要抓住农闲季节，结合农业生产，适当调剂劳动力，尽可能地做到不违农时。①

　　5 月 6 日，水利部党组就此次会议向中共中央报送了《关于农田水利工作会议的综合报告》。6 月 5 日，中共中央将该报告批转给各中央局、分局，各省市委及水利部党组。中共中央批示指出："三月间召开的农田水利工作会议，对三年来的工作方针和工作方法中所存在的一些缺点与错误进行了比较认真的检查，明确了今后的工作方针与具体做法，这对于今后农田水利工作的推进会很有帮助。"批示还指出："中央同意这次农田水利会议所提出的各项改进工作意见，并应按照以下原则进行：（一）适合当地实际需要；（二）为人民与政府财力所许可；（三）受益大，花钱少；（四）技术上有成功把握。能如此去做，便能取得群众热烈赞助，将事情办好，取得更大效果。"②

　　根据中共中央的指示以及 3 年的治水实践和农田水利建设，水利部在国家财力有限的情况下，逐步确定了兴办群众性小型农田水利为重点的思路，指出："根据目前农村分散的小农经济特点，及目前国家财力和工业化的程度，以开展群众性的小型水利最为有效，应当作为水利部门工作的重点任务之一。小型水利工程，技术性不高，易为群众所掌握，可就地取

---

① 参见《中央人民政府水利部关于农田水利工作的报告》，《人民日报》1953 年 9 月 11 日。

② 《中共中央批准中共水利部党组关于农田水利问题的报告及对此问题的指示》，载中国社会科学院、中央档案馆编《1953—1957 中华人民共和国经济档案资料选编·农业卷》，中国物价出版社 1998 年版，第 549 页。

材，就地出工，费用不多，且能很快见到效果，在防旱防涝工作中能够解决很大问题。"① 这种思路，逐渐成为以后农田水利建设的基本方向。水利部明确规定："今年以及今后数年内，各省水利部门在农田水利工作上，无例外的均应以发展群众性水利以加强灌溉管理作为领导重点。"②

水利部作出的总结，一方面表明政府对前一个时期水利供给方式的肯定，认为采取广泛依靠群众的供给方式有利于中国农田水利事业的发展；另一方面也确定了未来一个时期农田水利设施供给方式的方针，预示着农田水利建设将要沿着依靠群众的道路进行。

随着"一五"计划的实施，全国大规模经济建设的开展，农田水利建设的重点由整修恢复原有灌溉、排水工程为主转为按国民经济发展的要求，有计划、有步骤地兴修新的水利工程设施，逐步提高和扩大抗御水旱灾害的能力，更有效地发挥水资源的使用效益，扩大农田水利灌溉面积。为此，水利部于 1953 年 12 月召开全国水利会议，时任水利部副部长的李葆华在会议总结报告中提出："今后水利建设，应根据国家在过渡时期的总路线，在各级党政统一领导下，按照各地具体情况定出具体的要求和可行的步骤，使水利建设为国家工业化与农业的社会主义改造服务，并逐步地战胜水旱灾害，为农业增产特别是粮食和棉花的增产服务，求得每年灾害有所减轻。"③ 并要求"在开展群众性的水利工程时，必须因地制宜，根据群众需要与可能，并贯彻群众自愿的原则，同时切实整顿现有水利设施，发展其应有效益"④。根据上述方针，"一五"计划时期水利建设有五项主要任务：一是使黄河、长江不发生严重的决口或改道，以防打乱整个国家的建设部署。二是继续大力治淮，以减轻这条多灾河流的危害。三是对于一般河流，要求在目前保证水位下不溃堤。四是开展各种各样的小型农田水利，培养人民的抗灾能力，为农业增产服务。五是解决已完工程的遗留问题。⑤ 他特别重视第四项任务，强调："由于国家财力有限，水利工程很大部分要靠群众力量解决。小型水利虽然规模小，但是数量很大，几

---

① 《中央人民政府水利部关于农田水利工作的报告》，《人民日报》1953 年 9 月 11 日。

② 水利部：《一九五二年全国农田水利总结和一九五三年工作要点》，《人民水利》1953 年第 2 期。

③ 李葆华：《四年水利工作总结与今后方针任务》，载《当代中国的水利事业》编辑部编印《历次全国水利会议报告文件（1949—1957）》，1987 年，第 137 页。

④ 同上书，第 138 页。

⑤ 同上书，第 139 页。

年来农业的增产，除了由于减轻了大灾以外，主要还是靠广泛兴修了农田水利，故一般地区应以开展群众性小型水利为重点。"① 会议对群众自办工程的出工负担问题，提出了应贯彻"受益多的多负担，受益少的少负担，不受益的不负担"的原则。② 这项原则后来演变成"谁受益，谁负担"原则，成为开展农田水利建设的基本原则。

在农业合作化运动中，全国各地为增加农业丰产，大力开展农田水利建设。在这种情况下，1955 年 1 月，水利部在北京召开全国水利会议。会议认为，今后必须积极从流域规划入手，采取治标治本结合、防洪排涝并重的方针，继续治理为害严重的河流；同时积极兴办农田水利，以逐渐减免各种水旱灾害，保证农业生产的增长。根据这一基本精神，会议决定了1955 年治河防洪方面的主要工作，确定了 1955 年发展农田水利的任务。为满足农业增产特别是粮食、棉花增产的需要，1955 年计划扩大灌溉面积1400 万亩。会议特别要求各地重视水土保持工作。其中以黄河上、中游和永定河上游水土流失③严重地区为全国重点举办水土保持的地区，每县要求完成 40 平方公里到 60 平方公里。④

1955 年 1 月 23 日，《人民日报》就此次会议发表了题为《抓紧冬春季节开展农田水利工作》的社论，要求凡是没有拟定和布置 1955 年农田水利计划的地区，都应当根据可能的条件，尽快地订出计划，布置任务。各级党政领导机关在安排农村工作时，应当适当地统一安排农田水利工作，把农田水利工作列入自己的工作日程。社论强调指出："1955 年是我国第一个五年计划建设中具有决定意义的一年。1955 年增产粮食、棉花、油料的任务能否完成，1955 年的农业生产合作社办得好坏，对于第一个五年计划中的农业生产计划和合作化计划的实现都是有重大关系的。发展农田水

---

① 李葆华：《水利会议总结报告》，载中国社会科学院、中央档案馆编《1953—1957 中华人民共和国经济档案资料选编·农业卷》，中国物价出版社 1998 年版，第 557 页。

② 参见李葆华《四年水利工作总结与今后方针任务》，载《当代中国的水利事业》编辑部编印《历次全国水利会议报告文件（1949—1957）》，1987 年版，第 141 页。

③ 水土流失，是指在水力、风力、重力、冻融等外力和不合理人为活动作用下，水土资源和土地生产能力的破坏和损失，包括土地表层侵蚀和水的损失。水土流失具有很强的隐蔽性，大多情况下表现为对地表的蚕食，是个渐变的过程，后果严重：导致土地退化，毁坏耕地；导致江河湖库淤积，加重洪涝灾害；恶化生存环境，加剧贫困；削弱生态系统调节功能，加重干旱风沙和面源污染。

④ 参见《水利部召开今年全国水利会议》，《人民日报》1955 年 1 月 19 日。

利是保证农业增产和促进互助合作的重要条件之一；因此，1955年对于农田水利工作也是具有决定意义的一年。"

为及早做好防旱抗旱准备工作，1955年5月14日，农业部和水利部联合发出《关于大力开展农田水利进一步加强防旱抗旱工作的指示》，要求各地必须大力开展农田水利，对未完成工程应抓紧时间及早完成。[①]

1955年8月22—27日，华北五省区农田水利工作会议在北京召开。会议着重研究了1956年、1957年增加灌溉任务和保证完成任务的各项措施。经过讨论，一致认为应紧密地结合互助合作的发展，贯彻1955年全国水利会议所规定的大力发动与依靠群众自办，国家给予技术和经济上的扶助，大量兴办小型农田水利和挖掘已有灌溉设施的潜在力量，有条件的地区，亦可择要兴办较大型的灌溉工程的方针。在华北各省区兴修农田水利中应结合防洪排涝，内蒙古自治区应有计划地解决牧业用水。

10月16日，中共中央同意水利部党组《关于华北五省区农田水利工作会议纪要的报告》，并转发各地参考。批语指出：（1）第一个五年计划全国农田水利任务由7200万亩增加到1亿亩，这是保证完成国家农业增产计划的重要措施。各地党委应重视这一工作，特别是地委、县委应把领导农田水利作为一项重大工作来做。（2）今后两年的任务是繁重的，但完成这个任务是可能的。（3）为了适应这一任务，要求各地党委：迅速加强各县水利机构；各专县都作出农田水利的轮廓规划和今后两年的具体计划；农业合作社要把兴修水利作为保证增产的一项重要的基本建设，因此，社内应有专人负责管理水利工作，并应定出必要章程；水车水井入社应根据互利原则处理，不要使原主吃亏；凡因农田水利工程所占土地，应该免征农业税；农田水利贷款延长归还年限和降低利息问题，按银行的新规定办理。[②]

从1955年10月后，在全国农业合作化运动的高潮下，出现了增加农业生产和兴修农田水利的高潮。1955年底，毛泽东在《中国农村的社会主义高潮》按语中明确指出："兴修水利是保证农业增产的大事，小型水利是各县各区各乡和各个合作社都可以办的，十分需要定出一个在若干年

---

① 参见《农业部水利部指示各地加强防旱抗旱工作》，《人民日报》1955年5月18日。

② 参见《中共中央同意水利部党组〈关于华北五省区农田水利工作会议纪要的报告〉》，载中国社会科学院、中央档案馆编《1953—1957中华人民共和国经济档案资料选编·农业卷》，中国物价出版社1998年版，第556—557页。

内，分期实行，除了遇到不可抵抗的特大的水旱灾荒以外，保证遇旱有水，遇涝排水的规划。这是完全可以做得到的。"① 这个指示，肯定了群众自办为主、小型为主的农田水利建设思路。他随后进一步指出，农田水利建设要把大型水利工程和小型水利工程结合起来，把国家兴办和农业生产合作社兴办结合起来。1956 年 1 月，毛泽东在《对〈一九五六年到一九六七年全国农业发展纲要（草案）〉稿的修改和给周恩来的信》中，对上述思想进行了系统阐述。他指出："一切大型水利工程，由国家负责兴修，治理为害严重的河流。一切小型水利工程，例如打井、开渠、挖塘、筑坝和各种水土保持工作，均由农业生产合作社有计划地大量地负责兴修，必要的时候由国家予以协助。通过上述这些工作，要求在七年内（从一九五六年开始）基本上消灭普通的水灾和旱灾，在十二年内基本上消灭特别大的水灾和旱灾。"② 这是毛泽东关于农田水利"两条腿走路"思想的最早体现，对随后的全国农田水利建设起了巨大的推动作用。

由于党和各级政府的高度重视，1955 年在兴修小型农田水利工程中，各地农业生产合作社起了带头和推动作用，各地大力兴修小型农田水利工程。如安徽省在 1955 年的春修中新建和整修塘坝、沟渠、圩堤、涵闸、水井等工程 25689 处，完成土石方 67302733 立方米，超过春修计划任务的 43.5%。这些工程的兴建，扩大了灌溉面积 662865 亩，改建灌溉面积 11887984 亩，共有 12570894 亩农田提高了抗旱、防洪、除涝的效能，增加了产量，因而进一步提高了群众兴修水利的积极性。定远县窑旺农业社 1955 年春兴修了 5 口塘（包括新建的一口），受益田平均每亩增产粮食 120 斤，共增产 9600 多斤。宿县老鳖窝洼地做了沟洫和圈围的工程后，改种水稻 620 亩，早稻 133 亩，1955 年的产量最高的每亩达 800 斤，一般的每亩收 400 斤。当地农民反映说："往年的荒草地，今年（指 1955 年——著者）的粮食囤，这是从古未有的事。"宿县、阜阳两专区打砖井 297 眼（其中竹井 43 眼），可使 1 万多亩田达到不雨保收；结合抗旱打的土井 17 万眼，解决了约 30 万亩午季作物的灌溉问题。广大农民看到了打井的好处，积极要求打井。农民阎昌华说："打井真正好，浇水多又透，可惜井太少。"全省农业基本合作化以后，农民更加迫切地要求兴修水利。至 12

---

① 《建国以来毛泽东文稿》第 5 册，中央文献出版社 1991 年版，第 498—499 页。

② 《建国以来毛泽东文稿》第 6 册，中央文献出版社 1992 年版，第 4 页。

月底，全省参加兴修水利的民工最高额达293万人，开工塘坝、沟渠、水井等工程22万余处，完成土石方6419万多立方米。仅据芜湖、六安、滁县、徽州等4个专区初步统计，受益农田达2056445亩。①

到1955年，全国共扩大灌溉面积1580多万亩，超过原计划12.9%。以每亩耕地经灌溉后平均增产50斤粮食计算，可为国家增产粮食7.9亿斤。国家为了帮助农民兴修水利，除发放大批贷款外，还新建了许多抽水机站和排水站。据不完全统计，1955年全国增加了1200多台抽水机，共有27000多马力，受益面积达90多万亩。②

对于1955年农田水利取得较大成就的原因，邓子恢于1955年8月24日在写给周恩来的工作简报中作了分析，他认为：1955年各地为保证棉粮增产，首先抓水利，各级党政加强了对这一工作的领导，配备了一定的干部力量，在工程进行中又注意培养农民技术员，因而顺利完成了任务。但仍有部分地区存在着重大轻小和偏重单位工程的情绪，使群众性的水利陷于自流，也还有些省因堵口复堤任务大，开工晚，致完成任务差。水利工作中的主要经验是：

（1）正确贯彻中央农田水利方针政策，因地制宜地普遍开展民办公助的群众性农田水利，达到省工、省钱、质量好、收效快。例如，云南省玉溪县团结河工程是临河开渠、沿渠修塘，在不灌溉时期以渠引水灌塘，到灌溉时开塘补渠水之不足，因之将原灌溉1万亩的水源，扩大到4.7万多亩。四川抓住该省60%以上为丘陵地区的特点，发动群众兴修了1.7万余处山湾塘，均可当年受益；加上其他工程的完成，共扩大灌溉面积290余万亩。

（2）在党政统一领导下统一安排，使1955年的农田水利兴修工作和中心工作紧密结合。不少地区在统购统销、建社等工作中结合兴修水利。例如，湖南有的地区提出："坚决修好塘和坝，迎接农业合作化。"安徽滁县官山乡白天修塘，晚上建社，处理建社问题，做到建社修塘两不误。还由于农业生产合作社的带动，广大群众积极地参加了兴修水利运动，湖南临湘县九区的农业生产合作社在兴修水利时，吸收互助组和个体农民4400人参加，很快完成100多处工程。四川发动农业生产合作社积极兴修水

---

① 参见安徽省水利厅《安徽省1955年水利工作总结》，安徽省档案馆藏55—1—235卷。
② 参见《全国今年扩大灌溉面积一千五百多万亩》，《人民日报》1955年11月20日。

利，要求把社建立在高产稳收的基础上，因而带动了互助组和个体农民积极兴修水利，使全省水利工作有了新的发展。

（3）贯彻了"多受益多负担，少受益少负担，不受益不负担"的合理负担政策。1955 年，有些地区采用按受益田亩摊工摊方、评工记分、工完清账、以工换工、以方给资等办法，提高了群众兴修水利的积极性。①

为了适应工农业发展的迫切要求和农业合作化迅速发展的需要，在第一个五年计划内，全国计划扩大灌溉面积 1 亿亩，每年增产粮食 60 亿斤至 100 亿斤。为了完成国家的计划，水利部先后在北京、长沙、成都、沈阳、兰州召开各省区会议，拟订了 1956 年扩大灌溉面积 3000 多万亩的计划，进一步推动了全国农田水利建设的全面开展。

四　农田水利建设初见成效

1956 年，在农业合作化高潮中各地展开的大规模的兴修水利运动，使中国的农田水利建设工作得到了空前迅速的发展。全年兴修农田水利工程的灌溉面积达到 1.5 亿多亩（当年受益达 1 亿亩），等于新中国成立前中国历史上有水利设施的灌溉面积的一半，等于新中国成立后 7 年来发展的灌溉面积的一倍，也超过第一个五年计划任务指标的近一半。1956 年完成的水土保持的控制面积达 6.6 万平方公里，等于新中国工程里后 6 年来完成的控制面积的总和。新开垦荒地 3000 多万亩，等于第一个五年计划任务指标的 80%。全国因改建、扩建和整修旧有灌溉工程而改善的灌溉面积和防涝排水（包括沟洫畦田）面积，分别达到 7500 万亩和 8700 多万亩，都分别超额完成了年度计划任务。② 各地水利建设工作的开展和在农田水利工作上取得的巨大成就，对各地在 1956 年战胜严重的洪、涝、旱灾害并保证农业增产，都起到了很大作用。

1957 年 1 月 18 日，时任国务院副总理的邓子恢在水利部召开的全国水利会议上，对 1956 年度水利工作的成就给予高度评价。他指出："首先应该肯定 1956 年我们水利建设的成绩是伟大的，而且是空前的。……据

---

① 参见邓子恢《农田水利建设中的经验和问题》，载《邓子恢文集》，人民出版社 1996 年版，第 432—434 页。

② 参见《1956 年水利建设成就空前巨大，对战胜洪涝旱灾、保证农业增产起了很大作用》，《人民日报》1957 年 1 月 11 日。

统计,我国过去几千年来所做的水利灌溉工程只能灌溉农田 4 亿亩左右,而去年一年就扩大了灌溉面积 1 亿 5 千多万亩,其中除去 5% 不能用,3 千多万亩工程还需要改善以外,余下的一亿一千多万亩灌溉工程已对农业增产发挥了实际效益。这个数字相当于全国原有总灌溉面积的四分之一,比解放后六年来全国扩大灌溉面积的总数还要多得多。"① 他强调:在兴修农田水利的工作中,"必须因地制宜、因时制宜、因社制宜"②,必须贯彻执行"从群众中来,到群众中去"的群众路线,多和群众商量、多听取群众的意见是极为重要的,但是过去有些地方在进行这一工作时没有充分发挥群众的智慧和力量,并且有脱离实际的偏向。今后必须切实改变那些"从上面来,往下边派,强迫命令"以及"事前不与下面干部和群众商量,事后又不准下面修改,硬要下面'贯彻'"的错误做法。③

同年 9 月 24 日,时任国务院副总理的陈云在中共八届三中全会上发言,对 1956 年度的水利运动的成绩和不足作了总结。他说:"一九五五年冬到一九五六年春的兴修水利的运动,扩大了一亿亩水地,是很有成绩的。但也有缺点,主要发生在打井地区。有哪些缺点呢?第一,没有很好地注意因地制宜,不该打井的地方也打了井。不需要打井的地区,没有水源的地区,以及涝洼地区,都提倡打井,是不对的。第二,走群众路线不够,有些地方干部有强迫命令的现象。第三,有些地区任务定的过大,开始时提出全国扩大水地一亿七千万亩,指标太高了。第四,提水、修理渠道、平整土地等技术方面的具体指导不够。第五,兴修水利挤掉了副业生产,以致使农民没有买油盐的钱。这些缺点,都需要加以纠正。"④

在第一个五年计划期间,国家投资修建和扩建的灌溉工程增加了灌溉面积 4100 多万亩;加上农民群众自己投资兴修的数以千万计的塘坝井渠和小型水库所增加的灌溉面积,到 1957 年 7 月,全国总灌溉面积已由新中国成立前的 2.3 亿亩和 1952 年的 3.1 亿亩,发展到 5.2 亿亩,相当于世界各国灌溉面积总和的 30%。在灌溉面积的总量和增长速度方面,中国已占世界第一位。全国约 17 亿亩的耕地中,有 30.5% 是水田和水浇地;全

---

① 《邓子恢副总理在一九五七年全国水利会议上的讲话》,载《当代中国的水利事业》编辑部编印《历次全国水利会议报告文件(1949—1957)》,1987 年,第 335 页。

② 同上书,第 336 页。

③ 同上书,第 337—338 页。

④ 《陈云文选》第 3 卷,人民出版社 1995 年版,第 84 页。

国每个农业人口平均占有的水田和水浇地，也由新中国成立前的半亩增加到一亩左右。[①]

大力发展农田水利不仅仅是为了防灾保产，更主要的是为了农业增产。据许多典型调查，农田得到灌溉以后，结合其他农业措施，一般增产50%到1倍，有些地区增产两三倍。地处北疆的黑龙江省，在"一五"期间建设了5000余处大小型各种灌溉工程，灌溉面积达到32万公顷，5年内新增灌溉面积24000公顷。其发展速度，远超过历史上的任何时期。[②]到1957年，由于农田水利的发展"使这个原来稻田很少的省份，县县出现了稻田，而且稻田一直发展到北纬50度的孙吴县。全省稻田从1953年的12万公顷发展到25万公顷，增加水田的数字相当于过去40年发展水田的总和，为国家增产了大量的粮食"[③]。

辽宁省"一五"时期兴修农田水利后，使205万多亩"靠天田"变成了良田，283万多亩单季稻变成双季稻，2000万亩田提高了抗旱能力，848万多亩积涝田改变，1000多万亩地得到保产。由于兴修农田灌溉工程，辽宁省水稻面积1956年比1949年增加3倍，产量增加了6倍。[④]

"一五"时期，由于认真贯彻执行中共中央提出的"依靠群众，民办公助，因地制宜地大力举办群众性的小型农田水利工程，有重点有计划的举办大中型工程"的水利建设方针，特别是随着农业合作化高潮的发展掀起了兴修水利的高潮，吉林省水利建设工作取得了较大成绩。国家投资达4722.86万元，防洪防涝预计完成投资2559万元，土方2920立方米，石方33万立方米，混凝土21954立方米。松花江、伊通河、嫩江、拉林河等主要河流的堤防都提高了防洪能力，对减轻洪水灾害起了很大作用，重点举办的大岭、二道河子的治涝工程所取得的一些经验更有助于以后大力开展防涝排水工作。在农田灌溉方面取得的成绩更为突出，水田灌溉面积由1952年的115223公顷增加到1957年的286602公顷，旱田水浇面积由1952年的146公顷增加到80000公顷。5年内增加水田171379公顷，旱田水浇增加79854公顷。[⑤]全

---

① 参见《第一个五年计划期间水利建设的成绩巨大，工程总量可筑"长城"四十多座，灌溉面积增长速度占世界首位》，《人民日报》1957年10月4日。

② 参见黑龙江省水利厅《第二个五年计划建议数字》，黑龙江档案馆藏171—1—123卷。

③ 《与河争地，向水索粮，发动群众，大兴水利》，《人民日报》1957年11月19日。

④ 参见《水利是农业的命脉》，《人民日报》1957年12月22日。

⑤ 参见吉林省水利局《1957年全省水利会议总结》，吉林省档案馆藏52—9—3卷。

省灌溉面积占耕地面积比重逐年上升,到 1957 年 9 月,灌溉面积(包括旱浇 80000 公顷)占全省耕地面积比重由 1952 年的 2.47% 上升到的 7.35%,促进了粮食和大豆的增产。可以说,这对保证农业增产稳收和改变自然面貌起到了很大作用(参见表 2-4、表 2-5)。

表 2-4　　　　　1949—1957 **年吉林省粮食及大豆总产量情况**　　　　单位:亿斤

指标	1949—1957 年		1949—1952 年(国民经济恢复期)		1953—1957 年(第一个五年计划时期)		第一个五年计划时期为国民经济恢复期的%
	9 年合计	年平均	4 年合计	年平均	5 年合计	年平均	
粮食总产量	970.4	107.8	418.9	104.7	551.5	110.3	105
粮食	787.4	87.5	343.0	85.7	444.4	88.9	104
大豆	183.0	20.3	75.9	19.0	107.1	21.4	113

资料来源:《1949—1957 年吉林省粮食及大豆总产量》,吉林省档案馆藏 52—11—8 卷。

表 2-5　　　　1949—1957 **年吉林省灌溉面积占耕地面积比重情况**　　单位:公顷

指标	国民经济恢复时期				第一个五年计划时期				
	1949	1950	1951	1952	1953	1954	1955	1956	1957
耕地面积总计	4468136	4622552	4592572	4662000	4583634	4627097	4636408	4809929	4711618
灌溉面积	86911	98082	99819	115369	109290	124902	139938	328690	345405
水田	86855	98022	99755	115223	108964	123681	138537	267269	279535
水浇地	56	60	64	146	326	1221	1365	61421	65870
灌溉面积占耕地面积%	1.94	2.12	2.16	2.47	2.38	2.69	3.02	6.83	7.35

资料来源:吉林省档案馆藏 52—11—8 卷。

浙江省在基本完成水利工程恢复工作的基础上,从 1953 年开始提出了"防涝防旱并重,山区平原兼顾"的治水方针,由被动地防洪转入主动地蓄水,在山区半山区逐步地大量兴修山塘、水库等小型蓄水引水工程;

同时在平原地区兴建防洪排涝工程，培修圩堤，修建涵闸，疏浚河道，发展机械排灌，从而进一步增强了农田的抗灾能力，收到显著效益。如诸暨白塔湖，过去连年遭受涝灾，被当地民众称为"一夜穷"，被国民党政府视为不治之湖。但经过1955年度的排涝工程后，"一夜穷"变成了丰产田，当年37000亩田增产稻谷1260万斤。①

鉴于新中国成立初期水旱灾害频仍的现状，安徽省在第一个五年计划开始时就确定了明确的治水方针：灌溉与防洪相结合，排涝与灌溉相结合，广泛发动群众，因地制宜大力开展群众性的农田水利工程。全省在"一五"时期普遍开展了农田水利建设，掀起了以灌溉治涝并重的兴修水利高潮。到1957年春修结束为止，全省塘坝已由93.5万处增加到112.68万处，并兴建了441座小水库，淮北平原地区打井123万眼，围圩502处，挖沟2.4万条；山区兴建谷坊12266座，共做土石方9.81亿立方米，共完成国家和省投资14351.1万元。据1957年统计，全省5年来共完成土方12亿立方米，浇筑混凝土47400立方米，抽水机发展到1204台（29654匹马力）。通过修筑这些农田水利工程，全省灌溉面积由2428万亩增加到3425万亩，占全省耕地面积的40.5%；新增加灌溉面积997万亩，超过原计划指标574万亩的73%。全省5年间虽然遭遇了严重的自然灾害（1953年先旱后涝，同年皖河、杭埠河山洪爆发；1954年长江、淮河发生特大洪水，淮河为50年一遇洪水；1956年淮北又遇历年最严重的内涝灾害，受水灾共10901.7万亩，成灾8957.9万亩；受旱灾10036.7万亩，成灾3735.2万亩），但由于兴修了大量水利工程，使受灾程度大大减轻，1957年粮食总产量达到240亿斤，超过1952年总产量的36.4%。②

江苏省在"一五"期间大力兴修各种水利工程，并因地制宜地兴修了许多农田水利工程。截至1957年8月，全省共完成土方16.6亿立方米，石方205万立方米，混凝土31万立方米，新建大中型涵闸、桥梁1190余座，新建大型塘坝26000余处，并举办地方国营抽水机51处，发展民办抽水机40000余马力。全省共增加灌溉面积596万亩，改善灌溉面积738万亩，改善排水面积1879万亩。这些水利工程不仅减轻了洪水威胁，缩

---

① 参见浙江省水利厅《浙江省10年水利建设成就》，浙江省档案馆藏J121—2—149卷。

② 参见《安徽省水利建设第一个五年计划总结与第二个五年计划安排》，安徽省档案馆藏55—1—520卷。

小了内涝灾害，而且为农田灌溉和排水创造了条件，因而带来了农业丰收。丰收后的农民唱道："治水丰收喜洋洋，治水好处说不光，丰收不忘共产党，日子过得甜又香。"①

鉴于湖北省连年水旱灾害的现实，湖北省委在"一五"计划期间对农田水利高度重视，不断增加水利投资。据1957年统计，"湖北省用于水利建设的投资占农业部门投资总额的73%以上，促使全省有效灌溉面积大量增加，其占全部耕地面积的比重，由1952年的20.7%增加到1957年的33.7%。5年间，除1954年因遭特大水灾农业减产外，其余各个年度都是丰收年"②。

广西来宾县是著名的苦旱地区，水利基础极差，旱地辽阔，加上境内山光岭秃，林木稀少，雨水不调，历史上每到秋冬缺水季节，全县1524个村庄中就有一半左右连人畜饮水都不够，往往一水三用：先洗脸，再洗衣，再喂牲畜。全县77万亩稻田中，抗旱50天以上的保水田只有5万多亩，"望天田"占64万亩，经常因为干旱减产。1955年冬，全县保水田不过9万亩左右。此后两年间，全县水利建设获得了巨大的发展，兴修的水利扩大灌溉面积40多万亩，其中抗旱50天以上的达21万亩，使全县保水田从过去的5万亩增至30万亩。兴修农田水利，使全县在1956年虽然遭到空前大旱，但粮食产量却比1955年增产20%以上。③

从1953年开始，广东全省掀起了群众性的兴修农田水利运动。全省"一五"期间计划增加农田水利灌溉与排水面积共610万亩，到1955年底已完成288.5万亩，为五年计划的47.3%，其中增加灌溉面积229.9万亩，排水面积58.5万亩。④ 到"一五"计划结束时，全省完成了排灌面积2090万亩，培修堤防6000万土石方，使全省70%的农田有了排灌设备，1552万亩耕地消灭了旱灾。据统计，广东省有17个县、3个市基本消灭旱灾，21个县、4个市初步消灭旱灾，对农作物的增产起着关键性的作用。⑤

---

① 江苏省水利厅：《江苏省水利建设情况介绍》，江苏省档案馆藏3224—长期—219卷。

② 湖北省地方志编纂委员会编：《湖北省志·经济综合管理》，湖北人民出版社2002年，第73页。

③ 参见《来宾全县大兴水利，千年苦旱将被征服》，《人民日报》1957年12月11日。

④ 广东省水利厅：《关于广东省水利事业第一、二个五年计划的材料》，广东省档案馆藏266—1—39卷。

⑤ 参见《水利是农业的命脉》，《人民日报》1957年12月22日。

　　云南省河流纵贯全境，有着优越的水利条件，但1949年时全省仅有443万亩水田。新中国成立后，党和政府重视农田水利建设。到1957年底，全省修筑了万亩以上的水利工程50多个，大小工程总计20多万个，扩大灌溉面积623万亩。在兴修增灌的同时，还改善灌溉面积800多万亩，防洪排涝保收面积500多万亩，水土保持1100多平方公里，全省已有保水田1200多万亩。① 云南的独龙人、苦聪人聚居地区由于兴修了农田水利，第一次出现了水田，当地民众第一次尝到大米饭的香味。②

　　甘肃全省有半数以上的县（50多个县）长年受不同程度的干旱威胁，其中29个县属于"十年九旱"的重旱区。1954年，省委提出"兴修水利，保持水土，改变甘肃干旱面貌"的号召，掀起了群众性的兴修水利、保持水土的热潮，创造了许多惊人的事迹。如武山县柏家山的群众在高山大岭中，劈山填沟，修筑了30公里长的东梁渠，把河水引上海拔1912米的高山。全省灌溉面积由1952年的689万亩，扩大到1957年的1500多万亩，超过了历史上兴修水利面积的总和，农业人口人均有1亩水地和水浇地。③

　　贵州兴修小型农田水利后，对于保证农业增产起到了重要作用。如贵州高寒山区大定县新场乡1955年实现高级合作化以后，就提出了"滴水归田、凑少成多"的口号，积极兴修小型农田水利。经过1955年和1956年两个冬季，该乡没有要国家投资一分钱，已经新修、补修了数千处小型水利工程，使占全乡80%以上的旱田变成饱水田，全乡平均每亩粮食产量从1955年的500斤上升到1957年的730斤。④

　　1957年8月16—29日召开的全国农田水利会议，总结了第一个五年计划期间农田水利工作的成就和经验，确定了今后水利建设的基本方针。会议指出：截至1957年7月底统计，全国灌溉面积已由1952年的3.1亿亩发展到5.2亿亩。5年间共增加灌溉面积2.1亿亩，相当于"一五"计划0.72亿亩灌溉面积的2.9倍。同时，初步控制14万平方公里的水土流

　　① 参见《云南粮食产量超过五年计划指标，发展水利增施肥料起了很大作用》，《人民日报》1957年12月12日。

　　② 参见《水利是农业的命脉》，《人民日报》1957年12月22日。

　　③ 参见《兴修水利，保持水土，战胜干旱，甘肃由缺粮省变成余粮省》，《人民日报》1957年12月17日。

　　④ 参见《人民代表雄心勃勃，建设高潮滚滚向前，全国人民代表大会第五次会议开始大会发言》，《人民日报》1958年2月5日。

失面积（其中黄河 6.9 万平方公里），建成农村水电站 300 余站，计 1 万多千瓦。

会议对 5 年来农田水利工作的经验作了总结，明确指出：依靠群众，因地制宜，大量兴办各种各样小型农田水利，有重点地举办大型工程的农田水利建设方针，是完全正确的，是几年来农田水利工作取得成就的重要原因之一。凡是认真地、正确地贯彻这一方针的地区，农田水利工作就得到了突飞猛进的发展，贯彻不好的地区，工作就产生了偏差。密切依靠党政领导，认真贯彻群众路线的工作方法，是开展农田水利工作的重要保证。不依靠党政领导，脱离群众，工作就不能得到开展。加强技术指导是保证工程质量和安全、发挥工程效益的根本措施。目前在技术指导方面还存在一些缺点和问题，必须切实加以改进。会议认为，农田水利工作还要全面规划，统筹安排。过去因对此注意不够，一度产生忽视防治内涝和灌溉管理等偏向，造成一些损失的教训必须汲取。

在水利建设方针上，水利部在新中国成立初期提出过大中小并重、蓄泄兼筹等方针，没有强调以蓄为主、小型为主的方针。在不少水利干部中存在着重大型轻小型的思想。在发展灌溉与水土保持问题上、依靠群众与小型为主问题上意见基本一致，但对于兴建大量的小型水利工程对消除洪水能起多大作用，有各种不同的看法。此次会议明确确定了以蓄为主、小型为主的方针。会议指出："今后一定时期内农田水利工作的具体方针是，积极稳步，大量兴修，小型为主，辅以中型，必要的可能的兴建大型工程。兴修和管养并重，巩固和发展并重，数量和质量并重，继续贯彻依靠群众、社办公助、全面规划、因地制宜、多种多样、投资少、收效快的原则。对已有水利设施，积极整修和扩建，加强管理，挖掘潜力，充分发挥效益。在内涝灾害或水土流失严重的地区，应分别把排水除涝、水土保持工作放在首要地位。"[1]

"一五"时期农田水利工作的巨大发展，对提高中国农业生产和改变农村经济面貌起到了显著的作用。许多典型调查表明，农田得到灌溉以后，结合农业措施，一般增产 50% 到 1 倍，有些地区增产 2—3 倍。到 1957 年 7 月为止，全国灌溉面积占耕地面积的比例，由 1949 年的 16.3% 上升到 30.5%。若以全国 5 亿农业人口平均计算，每人可有水田、水浇地

---

[1] 何基沣：《1957 年全国农田水利会议总结》，安徽省档案馆藏 55—1—404 卷。

1 亩左右，比新中国成立前平均占有面积增加近 1 倍。此外，在干旱地区兴修了水利和开展了水土保持工作，农业生产面貌发生了根本变化。如中国历史上的干旱地区甘肃，在 1929 年以前的 285 年中，发生旱灾 139 次，新中国成立后兴修了水利工程，基本战胜了旱灾，到 1957 年，全省已有水浇地 1500 多万亩，平均每人已有 1 亩水地，由缺粮省份变为自给自足省份。① 5 年间全国耕地面积中水田面积和水浇地面积的增长情况，详见表 2 - 6。

表 2 - 6　　　1953—1957 年全国耕地面积、水田面积、水浇地面积变化情况

年份 项目	1952	1953	1954	1955	1956	1957
耕地面积（万亩）	161878	162793	164032	165235	167737	167745
水田面积（万亩）	38780	38932	39402	39811	41109	41299
增长（%）	—	0.39	1.6	2.66	6.0	6.49
水浇地（万亩）	7334	7529	7985	8275	15312	16027
增长（%）	—	2.66	8.88	12.83	108.78	118.53
水田占（%）	24	23.9	24	24.1	24.5	24.6
水浇地占（%）	4.5	4.6	4.9	5.0	9.1	9.6

　　资料来源　国家统计局编：《建国三十年全国农业统计资料（1949—1979）》，中国统计出版社 1980 年版，第 10 页。

　　"一五"计划时期，中央政府对农林水仍然保持着高比例的投入，实际完成投资为 41.9 亿元，占 5 年内经济建设支出的 7.6%。② 如以 1952 年农林水利投资为 100，1957 年就达到了 197，可以说翻了一番。③ 其中最突出的是水利建设，5 年间水利投资达到 25.51 亿元，平均每年 5 亿以上。国家农林水利事业投资的增长速度不断加快，使得农田水利建设普遍开展，极大地改善了农业基础设施，有效增加了农田灌溉面积，促进了粮食

---

　　① 参见《遍修水利，多辟肥源，五年来农田灌溉面积增加两亿亩，多修中小型水利是今后主要工作》，《人民日报》1957 年 8 月 30 日。
　　② 参见《陈云文选》第 2 卷，人民出版社 1995 年版，第 368 页。
　　③ 参见《十年来我国基本建设的扩大》，载中国社会科学院、中央档案馆编《1958—1965 中华人民共和国经济档案资料选编·固定资产投资与建筑业卷》，中国财政经济出版社 2011 年版，第 819 页。

增产。据调查统计,"一五"时期的 5 年内,全国共完成土石方 17.8 亿立方米,增加有效农田灌溉面积 738 万公顷。1957 年底,全国灌溉面积达到 2733.9 万公顷,比 1952 年底的 1995.9 万公顷增长了 37%。1957 年,全国用于排灌的动力设备增加到 4.1 亿瓦特,比 1952 年的 0.9 亿瓦特增长了 3.6 倍。全国机电灌溉面积从 1952 年的 31.7 万公顷,上升到 1957 年的 120.2 万公顷,增长 2.8 倍。[①] "一五"时期全国粮食总产量逐年增加,1957 年总产量达到 3900.7 亿斤,比 1952 年的 3278.3 亿斤,增长了 19%。[②] 五年间全国农田灌溉面积增长情况,如表 2-7 所示。

表 2-7　　　　1952—1957 年全国农田水利灌溉面积增长情况　　　　单位:万市亩

	1952 年	第一个五年计划期间						1957 年为 1952 年的%
		合计	1953 年	1954 年	1955 年	1956 年	1957 年	
实有灌溉面积	31737	—	33376	34834	36941	48358	51541	162.4
新增灌溉面积	4018	21808	1802	1602	2226	11870	4309	107.3

资料来源　中华人民共和国农业部计划局:《第一个五年计划期间农业统计资料汇编》(内部资料,1959 年),第 141 页。

总之,新中国成立初期,中国共产党和各级人民政府非常重视水利建设,在优先治理江河水灾的同时,逐渐加大了农田水利建设的投入,不仅修复了遭受战争破坏的原有水利灌溉设施,而且新建了一些农田水利工程。随着"一五"计划的实施及大规模经济建设的开展,水利建设的重点逐渐转向有计划、有步骤地兴修新的农田水利工程,逐步提高抗御水旱灾害的能力,不断扩大农田水利灌溉面积,取得了初步成效。经过多年的治水实践,党和政府在"一五"时期逐渐形成了以群众运动方式兴办小型水利的基本思路,确立了以兴修小型水利工程为主的农田水利建设的方向。以群众性小型水利为主的兴修农田水利的方针,显然是符合当时中国国情

---

① 参见董志凯、武力主编《中华人民共和国经济史(1953—1957)》(下),社会科学文献出版社 2011 年版,第 559 页。

② 参见中国社会科学院、中央档案馆编《1953—1957 中华人民共和国经济档案资料选编·农业卷》,中国物价出版社 1998 年版,第 774 页。

的正确方向。

1980年9月，时任水利部长的钱正英在《全国水利厅（局）会议总结讲话》中对三年国民经济恢复时期和第一个五年计划期间的水利建设评价说："这一时期，比较大的工程有淮河治理，长江的荆江分洪，海河的官厅水库等。随着农村合作化事业的发展，各地修了许多中小型水利工程。由于大家注意抓勘测、规划、设计等基本工作，重视调查研究，按照客观规律办事，虽然在组织施工上，承袭战争年代动员和组织民工的办法，但工程质量和标准普遍比较好，加之在工程选择上多是搞花钱少效益大的工程，所以效益也比较显著，修一处，成一处。"① 20世纪90年代，钱正英再次对新中国成立初期的水利建设给予高度评价。她指出："到1956年底，超额完成了第一个五年计划的水利基本建设和灌区发展，对农业和国民经济起了良好作用。在此期间，全面开展了江河流域规划，各省、市、自治区还进行了大量的中小河流的规划，这些都为以后的发展打下基础。"② 这样的评价，是符合历史事实的。

五　水土保持工作的起步

水土流失给世界经济发展和人类的生产生活带来极大危害，特别是农田侵蚀，使大量肥沃土壤流入大海，土地日趋贫瘠，产量逐渐下降。在中国，水土流失面积达总面积的六分之一左右，使人多地少的矛盾更加突出，对国民经济发展影响极大。水土保持是针对水土流失提出的防治措施，既是开发山区，治穷致富的关键，也是整治江河，防治灾害的重要内容。搞好水土保持工作，不仅能显著改善高原和丘陵地带的生态环境和生产条件，对减轻江河湖库的淤积，维持各类水利工程的功能也有直接影响。水土保持措施繁多，无论是林草生物措施，还是田间工程或沟谷拦泥措施，都对流域水文特性有不同程度的影响。广大国土上的水土资源利用，防洪、灌溉、发电、航运、供水、水产及沟渠闸坝建设，都和流域的水土流失与水土保持程度息息相关。因此，水土保持是农田水利建设不可

① 钱正英：《全国水利厅（局）会议总结讲话》，载《当代中国的水利事业》编辑部编印《历次全国水利会议报告文件（1979—1987）》（内部发行），1987年，第94页。
② 钱正英：《中国水利的决策问题》，载《钱正英水利文选》，中国水利水电出版社2000年版，第45页。

缺少的内容。

　　"水土保持"一词始见于 1934 年。当时,水利专家李仪祉、张含英主持的黄河水利委员会将针对水土流失的治理措施定名为"水土保持",并在政府文件与技术文献上采用。水土保持比国外通用的土壤侵蚀与保持增加了一个"水"字,突出了水土关系,重点放在水力侵蚀方面,对于风力侵蚀、冻融侵蚀的问题另有专业讨论,更加确切地反映了中国的客观情况,也适合于中国的用语习惯。[①]

　　水土保持工作的范围很广,根据 1952 年 12 月政务院发布的《中央人民政府政务院关于发动群众继续开展防旱、抗旱运动并大力推行水土保持工作的指示》,它应包括:"在山区丘陵和高原地带有计划地封山、造林、种草和禁开陡坡,以涵蓄水流和巩固表土,同时应推行先进的耕作方法,如修梯田、挑旱渠、等高种植和牧草轮作等办法,期使降落的雨水尽量就地渗入,缓和下流,不致形成冲刷的流势和流量。对于已经冲刷的山溪沟壑,即应先支沟,后干沟,自上而下,由小而大地修筑拦沙坝和缓流坝,以改变沟壑纵向的坡度,延缓洪水下泄的速度,截留其挟带下泄的泥沙,淤出的土地并可增加生产。"[②]

　　因此,水土保持工作既是一种长期的改造自然的工作,也是群众性、长期性和综合性的工作,必须结合农业生产的实际需要,发动广大群众组织起来长期进行,才能收到预期的功效。水土保持是改变山区、丘陵区的自然和经济面貌,建立良好生态环境,发展农业生产的一项根本性措施。水土流失是贫穷落后、生产力低下的根源;贫穷落后、生产力低下又反过来加重了水土流失。水土流失严重的地区,大部分是少数民族地区或者是老革命根据地,一般位于内陆高寒地带,地势高、气候差、交通闭塞、粮少柴缺、水源不丰、土壤贫瘠,经济发展缓慢。广大群众的物质生活与精神生活和平原及沿海相比,存在着很大差距。[③]

　　水土保持是治理江河、保持水利设施有效利用的关键所在。水土流

　　① 参见刘善建《中国的水土保持》,载钱正英主编《中国水利》,水利电力出版社 1991 年版,第 381 页。

　　② 《中央人民政府政务院关于发动群众继续开展防旱、抗旱运动并大力推行水土保持工作的指示》,《人民日报》1952 年 12 月 27 日。

　　③ 参见刘善建《中国的水土保持》,载钱正英主编《中国水利》,水利电力出版社 1991 年版,第 381 页。

失导致黄河下游严重淤积，防洪一直处于被动状态，洪灾威胁着黄淮海平原亿万群众的生产生活。水土流失加剧了长江上游洪旱灾害的频次，淤积了中下游的江湖河库。水土流失对各类水利设施也产生不利影响，不少干支流水库遭受淤积，影响正常运用。不少灌排渠系淤积严重，每年耗费大量人力财力进行清淤。泥沙还加速了水电站的淤积和水轮机的磨损，并严重影响内河航运。因此，搞好水土保持是关系国计民生的一个重要问题，不仅是造福子孙万代的根本大计，也是国民经济建设的当务之急。[①]

水土保持是农业生产的一项基本建设，它是根治河流水害、开发河流水利的根本措施，也是合理利用水土资源，建立良好生态环境，发展农业生产的一项根本措施。由于中国森林覆盖率[②]低下，以及长期战争的破坏，新中国成立初期全国水土流失面积约 150 万平方公里，占国土面积的15.6%（即相当于国土面积的六分之一），黄河流经的黄土高原地区水土流失严重，面积达 58 万平方公里，[③] 这严重危害农业生产的发展。早在 20世纪 30—40 年代，著名水利专家李仪祉、张含英先后率领科技人员对黄河上中游的水土流失和水土保持进行调查研究，并明确提出把水土保持纳入治黄方略的意见；1943 年 4 月，国民政府美籍顾问罗德民博士率领中外专家赴黄土高原考察，也提出了开展水土保持科学试验和示范推广等意见。但因战事连绵、政局动荡，很难有计划地开展黄河流域的水土保持工作。加上战争和陡坡开荒等原因，森林、草原遭到严重破坏，水土流失日益加剧，黄河下游河道淤积严重。

新中国成立后，中国共产党和人民政府重视水土保持工作。1952 年，毛泽东视察黄河时看到黄河多泥沙，开始了解黄土高原水土保持的情况。同年 12 月，政务院发出《中央人民政府政务院关于发动群众继续开展防旱、抗旱运动并大力推行水土保持工作的指示》，对全国各地（特别是黄河流域）的水土保持工作作出了全面部署。《指示》指出了水土保持的重要性和区域重点，指出："水土保持工作是一种长期的改造自然的工作。

---

① 参见刘善建《中国的水土保持》，载钱正英主编《中国水利》，水利电力出版社 1991年版，第 382 页。

② 森林覆盖率指全国森林面积与土地面积的百分比。

③ 参见中国社会科学院、中央档案馆编《1953—1957 中华人民共和国经济档案资料选编·农业卷》，中国物价出版社 1998 年版，第 679 页。

由于各河治本和山区生产的需要，水土保持工作，目前已属刻不容缓。"
"应以黄河的支流，无定河、延水、及泾、渭、洛诸河流域为全国的重
点。"《指示》推广了山东的经验，并强调水土保持"必须与农林、水利
和畜牧各项开发计划密切配合，才能巩固和扩大工作的成绩"①。这个《指
示》成为新中国成立后开展水土保持工作的基础。

由于各地认真贯彻执行《中央人民政府政务院关于发动群众继续开
展防旱、抗旱运动并大力推行水土保持工作的指示》，结合农业合作化
运动开展了广泛的群众性的水土保持工作，使全国水土保持工作取得了
一定成绩。据不完全统计，到1955年10月，全国完成各种谷坊180万
余座，大小型留淤土坝2230座（仅黄河中游1955年上半年完成数字），
田间工程961万余亩，封山育林7318万亩，造林1357万余亩，以上措
施共控制水土流失面积71800多平方公里。1951—1954年，黄河水利委
员会等有关部门曾组织了3次大规模的全面查勘，基本上完成了黄河中
游水土流失地区37万平方公里的查勘规划任务，并且在海河水系，淮
河、长江等河流上游积极进行包括水土保持工作在内的全面查勘规划工
作。黄河中游的陕西、甘肃、山西三省，已分别制定了15年水土保持远
景计划，山西省完成了33个县内111个乡239个村的山区生产规划。有
些场站通过建立基点和试验研究，已初步取得了沟壑治理、坡地利用、
塬面控制的有效办法和各项基本资料以及结合农业生产大规模推广的
经验。②

1955年10月10日，为了总结新中国成立以来的水土保持工作，农
业部、林业部、水利部和中国科学院在北京联合召开全国第一次水土保
持工作会议，参加会议的有来自各地农、林、水利和科学研究部门代表
共180人。时任国务院副总理的邓子恢、水利部部长傅作义、林业部部
长梁希、中国科学院副院长竺可桢和黄河水利委员会主任王化云在会上
作了报告。10月19日，邓子恢在讲话中深刻阐述了大规模进行水土保
持工作的重大意义：（1）水土保持工作是治理黄河的最根本措施。如三

---

① 《中央人民政府政务院关于发动群众继续开展防旱、抗旱运动并大力推行水土保持工作的
指示》，《人民日报》1952年12月27日。

② 参见傅作义《密切结合农业合作化运动，积极开展山区生产，大力推行水土保持工
作》，载《当代中国的水利事业》编辑部编印《1958—1978历次全国水利会议报告文件》（内
部发行），1987年，第739页。

门峡水库修好了，如果不做好水土保持，每年河道就要流下 138000 万吨泥沙，水库寿命就不能持久，也不能彻底解决下游的水患灾害，水力发电、灌溉、航运等设施也就难以做好，那么，根治黄河水害，开发黄河水利就成为空话。当然，水土保持工作不仅对黄河重要，就是对淮河、长江、汉水、湘江、赣江、珠江等河流也是很重要的。（2）水土保持工作是提高山区人民生产生活水平的最有效措施。山区面积所占的比重很大，提高山区生产主要靠水土保持，在山区发展农、林、牧业生产都与水土保持工作有密切联系。水土保持工作就是山区社会主义建设的基本环节。（3）水土保持工作是山区农业合作化的主要内容。在合作化的同时，必须大力开展水土保持工作，一方面替剩余劳动力找出路，大大推进合作社的发展与巩固，另一方面又保持了水土，发展了山区生产，增殖了国家与人民的财富。（4）搞好水土保持工作也是为大规模的机械做准备。他反复强调，水土保持工作是要把水蓄起来，把土留下来，保证山区肥沃土地不流失，水流能灌溉，能大量增产，保证下游能消除水灾，并充分利用水力来进行灌溉和发电。因此，水土保持工作不仅对山区有利，对平原也有利，对全国人民都有利；不仅对农业有利，而且对工业和交通运输业也有利；不仅关系到黄河的治理，而且同样关系到其他河流的治理。①

　　会议总结了新中国成立以后的水土保持工作，提出此后的工作方针是：“在统一规划综合开发的原则下，紧密结合农业合作化运动，充分发动群众，加强科学研究和技术指导，并且因地制宜，大力蓄水保土，努力增产粮食，全面地发展农林牧业生产，最大限度地合理利用水土资源，以实现建设山区提高人民生活根治河流水害开发河流水利的社会主义建设的目的。”② 为此，会议要求农、林、牧、水利各部门应紧密配合，进行综合治理。会议强调，根据各地水土流失情况和黄河治理规划的要求，“目前

---

　　① 参见《国务院副总理邓子恢在全国水土保持工作会议上的讲话》，载《当代中国的水利事业》编辑部编印《1958—1978 历次全国水利会议报告文件》（内部发行），1987 年，第763—766 页。

　　② 傅作义：《密切结合农业合作化运动，积极开展山区生产，大力推行水土保持工作》，载《当代中国的水利事业》编辑部编印《1958—1978 历次全国水利会议报告文件》（内部发行），1987 年，第 742 页。

全国水土保持工作以黄河中游、永定河上游为实施重点"①。这次会议是在一届人大二次会议通过《关于根治黄河水害和开发黄河水利的综合规划的决议》后召开的，又适逢农业合作化高潮，故对全国水土保持工作有极大的推动作用。随后，全国各地在农业合作化运动的高潮中，掀起了以植树造林和蓄水保土为主要内容的热潮，使全国的水土保持工作由重点试办转向全面开展，并很快取得了巨大成绩。

1957年5月，国务院决定设立全国水土保持委员会，负责领导全国水土保持工作。7月，国务院颁布了《中华人民共和国水土保持暂行纲要》，对水土保持机构的设置、主要措施和奖惩政策等，都作了明确的规定。《纲要》的颁布推动了全国水土保持工作的开展。

1957年12月4—21日，国务院水土保持委员会在北京召开了第二次全国水土保持会议。会议的主要任务是：总结交流几年来水土保持工作的经验；根据全国农业发展纲要的要求及三中全会关于发展农业的指示和山区生产会议的精神，规定今后的方针任务政策；制定10年的水土保持规划和1958年计划，并研究保证实现规划的具体措施。时任国务院水土保持委员会主任的陈正人在会上作了题为《大规模地开展水土保持运动，为发展山区生产建设而奋斗》的报告。报告总结了几年来水土保持工作的成绩和各地丰富的典型经验，提出了今后的方针和完成任务的措施。时任水利部副部长的何基沣作了题为《水土保持是水利建设的治本工作》的报告，再次强调了"水土保持是根治河流水患的一个极重要的治本工作，光重视平原水利不行，山区的水利、水土保持一定要搞得好才行"。水土流失往往给下游人民带来很大的灾难，正如群众流传说："山上开荒，山下遭殃，开荒到顶，人穷绝种。"所谓"治水必先治山"，就是要搞好上游的水土保持。

何基沣的报告详细分析了水土流失对于水利建设的破坏作用：（1）水土流失对正在建设和已竣工的水利枢纽工程都会带来不可估量的损失。如已建成的官厅水库库容22.7亿立方米，1953年建成后至1956年已淤积泥沙1.75亿立方米。佛子岭水库库容4.74亿立方米，1954—1955年就淤积

---

　　① 傅作义：《密切结合农业合作化运动，积极开展山区生产，大力推行水土保持工作》，载《当代中国的水利事业》编辑部编印《1958—1978历次全国水利会议报告文件》（内部发行），1987年，第743页。

泥沙 920 万立方米。梅山水库库容 10.08 亿立方米，1954—1955 年就淤积泥沙 880 万立方米。这样淤积的结果，水库几十年即失去效益，当时已建成和正在修筑的 18 座大型水库都有这个问题。（2）水土流失常使灌溉渠道淤积，每年需投入大量劳动力进行清淤。如四川都江堰渠系每年淤积的泥沙达 98.7 万立方米，最高达到 263 万立方米，每年要投入 50—80 万民工进行清淤。在山西、陕西、甘肃、河南、河北等省，由于黄河、永定河水系含沙量过大，灌渠引水有时停止，从而使得正常的灌溉制度难以实施。（3）水土流失使下游河床逐渐淤高，影响航运，冲毁耕地，使国家增加防洪负担和疏浚河道的经费开支。国家为了保护堤防安全，每年要投入大量经费进行岁修养护，仅 1955 年，国家在主要江河修筑堤防的土方就达 6262 万立方米，石方 95.9 万立方米，混凝土 1413 万立方米，投入经费达 100853616 元。[①] 因此，水土保持工作在国民经济发展中占有极其重要的位置，它不仅是提高山区生产的关键措施，也是根治河流水害、开发河流水利、减少平原水旱灾害的基本方法。

朱德出席会议并在讲话中强调了水土保持的重要性："水土保持工作虽然获得了不少成绩，但是，已经能够控制水土流失的地区，还是只占全国水土流失总面积的很小一部分。其他广大地区，特别是北方黄土高原地区，如甘肃、青海、陕西、内蒙古、山西等地，水土流失现象仍然十分严重，因此水土保持工作必须大大加强。水土保持工作的重点应该是黄河流域的黄土高原地区。""水土保持是一个全国性的巨大工作，必须依靠广大人民群众，大家都动手才能做好。还必须全面规划，加强领导。"[②] 会议最后确定了两个方针：第一，全国水土保持工作的方针是："预防与治理兼顾；治理与养护并重"。第二，针对水土流失地区的方针是："在依靠群众发展生产的基础上，实行全面规划、因地制宜、集中治理、连续治理、综合治理、坡沟兼治、治坡为主的方针。"[③] 随后，全国各地水土保持工作执行这项方针，主要是修建水土保持工程和植树造林，进行重点治理，取得了很好的成效。

---

　　① 参见何基沣《水土保持是水利建设的治本工作》，载《当代中国的水利事业》编辑部编印《1958—1978 历次全国水利会议报告文件》（内部发行），1987 年，第 794—796 页。
　　② 《朱德年谱（1886—1976）》（下），中央文献出版社 2006 年版，第 1644 页。
　　③ 陈正人：《全国第二次水土保持会议总结》，载《当代中国的水利事业》编辑部编印《1958—1978 历次全国水利会议报告文件》（内部发行），1987 年，第 845 页。

新中国成立初期，以毛泽东、周恩来为代表的党和国家领导人对植树造林、绿化荒山及防止水土流失的重要性的认识日益深化，故对水土保持工作给予支持。1955年9月，毛泽东在给《中国农村的社会主义高潮》一书所写的第80篇按语中说："这是短距离的开荒，有条件的地方都可以这样做。但是必须注意水土保持工作，决不可以因为开荒造成下游地区的水灾。"① 12月21日，毛泽东在《征询对农业十七条意见》中第九条写道："十二年内，基本上消灭荒地荒山，在一切宅旁、村旁、路旁、水旁，以及荒地上荒山上，即在一切可能的地方，均要按规格种起树来，实行绿化。"② 1956年1月，毛泽东在《对〈1956年到1967年全国农业发展纲要（草案）〉稿的修改和给周恩来的信》中强调："在垦荒的时候，必须同保持水土的规划相结合，避免水土流失的危险。"③ 1954年9月23日，周恩来在第一届全国人民代表大会第一次会议上所作《政府工作报告》中指出："林业对供应建设事业所需木材和防止水旱风沙灾害都有重大的意义。我国的森林资源是不足的，除了必须加强国家的造林事业和森林工业、有计划有节制地采伐木材和使用木材以外，还必须在全国有效地开展广泛的群众性的护林造林运动。"④ 1956年8月14日，周恩来在接见印度政府计划考察团代表时说："在水利工作方面，除一般性水利工程外，还需要注意到植树造林，我们的祖先没有注意，把许多山上的树木砍伐过多，以致形成严重的水土流失，因此现在要注意植树造林，以做好水土保持工作。"⑤ 1957年11月4日，周恩来在接见埃及文化代表团时谈到前人不知道保护森林，使后代子孙深受其害的深刻教训时说："古老文化还损伤了大自然，中国有林的山只有百分之十，好多都是荒山，古代人只知建设不知保护森林，后代子孙深受其害。"⑥

毛泽东、周恩来等人的论述，对新中国成立初期治理水土流失工作起了积极的促进作用，使植树造林、绿化荒山在"一五"时期取得了较大的

---

① 《建国以来毛泽东文稿》第5册，中央文献出版社1991年版，第535页。
② 同上书，第480页。
③ 《建国以来毛泽东文稿》第6册，中央文献出版社1992年版，第4页。
④ 《周恩来选集》下卷，人民出版社1984年版，第138页。
⑤ 周恩来：《除一般性水利工程外，还要注意植树造林》，载《周恩来论林业》，中央文献出版社1999年版，第64页。
⑥ 周恩来：《古代人不知道保护森林，后代子孙深受其害》，载《周恩来论林业》，中央文献出版社1999年版，第69页。

成绩。到 1957 年底，"全国共造林 1032 公顷，完成原计划的 171.7%。造林面积等于国民党统治期间全部造林面积的 33 倍。超过英国、比利时、荷兰、希腊、意大利五个国家现有森林面积的总和"①。其中营造防护林2643946 公顷，为原计划的 169.2%，对防风固沙、保障农田丰收和减少自然灾害等起到了显著作用。已经营造起来的 46000 公顷的河南东部防护林，保护了 17 万公顷农田，另有 4 万多公顷沙荒已经开始利用。往日荒凉的黄河故道建起了 5 个国营农场和一个园艺场，1956 年播种面积 8000公顷，收获小麦 623 万斤，棉花 21 万多斤，花生 400 万斤，苹果、葡萄29 万多斤。②"一五"计划时期全国造林面积详见表 2 – 8。

表 2 – 8　　　第一个五年计划时期（1953—1957 年）全国造林面积　　　单位：万亩

年　份		1952	1953	1954	1955	1956	1957
造林面积总计		1628.0	1669.4	1749.3	2565.8	8584.9	6532.6
造林面积中	用材林	750.5	670.6	953.9	1420.9	3681.2	2602.4
	经济林		19.8	51.6	431.4	2142.4	2025.0
	防护林	814.7	625.2	508.0	589.8	2027.3	1491.5

资料来源：《我国第一个五年计划的林业建设》，载中国社会科学院、中央档案馆编《1953—1957 中华人民共和国经济资料选编·农业卷》，中国物价出版社 1998 年版，第 924 页。

截至 1957 年底，全国各地先后建立水土保持科学试验站 15 个，工作推广站 132 个。水利部黄河水利委员会建立了水土保持研究室，③ 加强了水土保持工作的领导。全国完成初步控制面积 195280 平方公里（29400 万亩），约占全国水土流失面积 150 万平方公里（225000 万亩）的 13.0%（其中黄河流域 78800 平方公里）。所完成的各项工程计：田间工程 6480万亩，种草 824 万亩，改良耕作技术 1186 万亩，造林 5654 万亩，封山育林 9641 万亩，修谷坊 4108990 座，大小型土坝 1316000 座，拦泥水库

---

① 《我国第一个五年计划的林业建设》，载中国社会科学院、中央档案馆编《1953—1957 中华人民共和国经济资料选编·农业卷》，中国物价出版社 1998 年版，第 917 页。

② 同上书，第 921 页。

③ 参见陈正人《大规模地开展水土保持运动，为发展山区生产建设而奋斗》，载《当代中国的水利事业》编辑部编印《1958—1978 历次全国水利会议报告文件》（内部发行），1987 年，第775 页。

9752 座，沟头防护 346845 个，旱井 557800 个，池塘 1956000 座，其他水利工程措施 799550 座。不少地区经过综合治理以后，扩大了耕地，改良了土壤，促进了农业生产的恢复与发展。如甘肃省到 1957 年底已初步控制面积 34000 平方公里（5100 万亩），进行水土保持以后，结合灌溉、增施肥料、改进农业技术等措施，增产效果非常显著。1949 年全省粮食产量仅为 46 亿斤，至 1956 年，全省粮食产量已达到了 109 亿斤，创造了历史上的最高纪录。山西省仅 1956 年就完成初步控制面积 11400 平方公里（1710 万亩），根据综合治理的 67 个农业社统计，增产粮食达 2705700 余斤。陕西省初步控制水土流失面积 19510 平方公里（2920.5 万亩），除增加农业产量外，估计还可减少黄河泥沙量的 10%，年平均拦蓄泥沙 5000 余万吨。为此，山区群众说："山区面貌要改变，做好水土保持是关键。"①

河南省济源县漭河、甘肃省武山县邓家堡、山西省阳高县大泉山、山东省莒南县历寨乡、四川省遂宁县西宁乡、江西省兴国县荷岭乡、辽宁省复县得利寺合作社等，是当时全国水土流失治理成绩比较突出的地区。

以河南济源县为例。济源县地处王屋山区，由于漭河上游的林木草坡遭到了破坏，水土大量流失，下游河床被淤浅，山洪骤至，宣泄不畅，洪灾不断。据史料记载，仅 1915 年、1919 年、1924 年、1939 年等几次较大洪水就冲毁良田万余亩，房屋千万间。漭河流域流传着这样的歌谣："漭河水，长又长，弯弯曲曲不像样；天旱你往地下钻，天涝冲地又冲房；旱不收，涝减产，年年跟你受凄惶。"② 广大群众对保土蓄水、治水排水的要求非常迫切。为此，济源县委从根本上考虑了全面治理旱涝灾害的问题，领导农民进行了治理漭河等水利工程，开展了以水土保持为重点的农业基本建设。其主要措施有四项：一是坡地梯田化，二是荒山绿化，三是沟地川台化，四是大量修建小水库。几年间共修建了 100 座小型水库，能蓄水 1000 多万立方米，控制了 57.63 万亩的流域面积，保护了南姚等 20 多个村庄，灌溉了 8 万多亩高地。1956 年，该县用水库的蓄水浇地 2.4 万亩，每亩增产 50 斤。在漭河上游形成了"水库群"，控制了漭河汛期三分之一的流量，减少了下游涝灾。同时，在平原地区主要着力于开渠打井，充分

---

① 陈正人：《大规模地开展水土保持运动，为发展山区生产建设而奋斗》，载《当代中国的水利事业》编辑部编印《1958—1978 历次全国水利会议报告文件》（内部发行），1987 年，第 774—775 页。

② 商恺：《驯服漭河》，《人民日报》1957 年 12 月 18 日。

利用河水及地下水源，扩大灌溉面积。经过 4 年的努力，到 1957 年 8 月，全县共开渠道 914 条，打机井 15 眼、砖井 1671 眼、土井 2880 眼，建立了一处能浇地 5000 多亩的机器灌溉站。① 在 1226 平方公里的水土流失范围内已能控制 75% 的面积；灌溉面积由新中国成立前的 6 万亩增加到 1957 年的 16 万亩。②

大规模的农田水利建设和水土保持工作，使济源县的农业生产发生了巨大变化。1956 年，全县耕地面积由 1949 年的 706336 万亩扩大到 1956 年的 802402 万亩（除去水库和其他水利工程的占地面积，实有耕地 797788 亩），其中水浇地及水田面积由 1949 年的 6.9 万亩增加到 1956 年的 33 万亩（这是设计面积，实际受益面积是 26 万亩）。农田水利建设加上各项农业技术措施，使全县获得连续 4 年的丰收，特别是 1956 年获得了空前的大丰收。粮食单位面积产量（按播种面积计算，下同）由 1949 年的 94 斤增加到 168.4 斤，增长了 79%；总产量由 6638 万斤增长到 1.9778 亿斤，增长了 198%，每人的社会平均占有粮由 227.4 斤增加到 698 斤。③

---

① 参见中共济源县委会《让山和水为人民造福——济源县怎样取得了农田水利建设的胜利》，《人民日报》1957 年 11 月 10 日。

② 参见陈正人《大规模地开展水土保持运动，为发展山区生产建设而奋斗》，载《当代中国的水利事业》编辑部编印《1958—1978 历次全国水利会议报告文件》（内部发行），1987 年，第 778—779 页。

③ 参见中共济源县委会《让山和水为人民造福——济源县怎样取得了农田水利建设的胜利》，《人民日报》1957 年 11 月 10 日。

第三章 "大跃进"时期的水利建设高潮

目前学术界基本上将"大跃进"运动界定在 1958—1960 年，称为"三年大跃进时期"。但因农田水利建设多是安排在冬、春农闲季节集中进行的，故水利建设年度多跨越"今冬明春"。依据此特点并根据当时中共中央、国务院于 1957 年 9 月 24 日发布的《关于今冬明春大规模的开展兴修农田水利和积肥运动的决定》的时间界定，"大跃进"时期的农田水利高潮，实际上是从 1957 年冬开始到 1960 年春结束。故"大跃进"时期水利建设包括 1957 年秋冬至 1958 年春，1958 年秋冬至 1959 年春，1959 年秋冬至 1960 年春三个水利年度。在"大跃进"时期，中国共产党和人民政府确立了以蓄为主、小型为主、社办为主的"三主"治水方针。在"三主"方针指导下，全国各地普遍掀起了大办水利的热潮。中国共产党的农村社会动员机制是不断掀起农田水利建设高潮的有效机制，而人民公社体制为大办农田水利提供了制度上的保障，是此后农田水利建设的长效体制。大办水利促进了"大跃进"高潮，"大跃进"狂潮又反过来推进了新一轮水利建设高潮。"大跃进"时期的水利建设取得了空前成就，为农业生产的发展创造了有利条件，同时也留下了宝贵的经验教训。

一 "三主"治水方针的确立

新中国成立后，党和政府非常重视水利建设，并确立了"防止水患，兴修水利"的治水基本方针。经过 3 年治水实践，黄河、长江和淮河等流域大规模洪水得到有效控制，很多地区基本改变了消除水害的被动形势。党和政府开始制定全国各大河流的治理计划，确定新的水利工作方针，有意识地改变被动治水的局面。1952 年 3 月，政务院通过的《中央人民政府政务院关于一九五二年水利工作的决定》指出："从 1951 年起，水利建设在总的方向上是：由局部的转向流域的规划，由临时性的转向永久性的工程，由消极的除害转向积极的兴利。"① 这就是说，国家治水重点开始从消极的除害转向积极的兴利，着手根治水害。正是根据这个文件精神，水利部制定了相应的水利建设规划。

依靠国家还是依靠群众进行农田水利建设，这是全国各地在实施水利建设时面临的重大方针问题。有人提出："要大兴水利，非政府大量投资不可。"党的过渡时期总路线提出并开始实施"一五"计划之后，国家有限的资金将主要投资到工业部门，难以拿出太多的资金大规模搞水利建设。故单纯依靠国家投资大兴水利是不现实的，国家的拨款只能作为补助。农田水利建设所需资金的主要部分，必须依靠群众自己筹集。同时，以小型工程为主的农田水利建设，本身就是一种群众性的建设事业，必须依靠群众自己的力量来办。为此，水利部将水利建设的重点放在为国家的工业化与农业的社会主义改造服务上来，明确提出："开展各种各样的群众性的中、小型农田水利，培养人民的抗灾能力，为农业增产服务。"②

1955 年底，毛泽东在《中国农村的社会主义高潮》的一则按语中明确指出："兴修水利是保证农业增产的大事，小型水利是各县各区各乡和各个合作社都可以办的，十分需要定出一个在若干年内，分期实行，除了遇到不可抵抗的特大的水旱灾荒以外，保证遇旱有水，遇涝排水的规划。这是完全可以做得到的。"③ 实际上已经形成了群众自办为主、小型为主的水利建设思路。

经过新中国成立初期的治水实践，党和政府开始形成了以群众运动方式兴修小型水利的基本思路。时任国务院副总理的邓子恢在 1957 年初召开的全国水利会议上发表讲话，强调要依靠群众办水利："农田水利是群众性的工作，必须依靠群众，依靠地方党的领导，而不要把希望单纯寄托在国家帮助上面。"④ 他分析说：水利对农业增产有重大的作用，所以，国家对水利建设是重视的，国家对农田水利要给予支援。但决不能有单纯依赖国家的思

---

① 《中央人民政府政务院关于一九五二年水利工作的决定》，《人民日报》1952 年 4 月 3 日。

② 《全国水利会议确定今后水利工作方针，逐步战胜水旱灾害促进农业增产》，《人民日报》1954 年 1 月 30 日。

③ 毛泽东：《〈应当使每人有一亩水地〉一文按语》，载《毛泽东文集》第 6 卷，人民出版社 1999 年版，第 451 页。

④ 《邓子恢副总理在一九五七年全国水利会议上的讲话》，载《当代中国的水利事业》编辑部编印《历次全国水利会议报告文件（1949—1957）》（内部发行），1987 年，第 340 页。

想,不可过多地依靠中央调拨,要依靠群众办水利。他明确指出:"我们要争取多做一些民办公助的工程。依靠合作社的力量,并由国家给予技术上和投资贷款上的帮助,这是今后农田水利发展的方向。不要因为国家投资少而丧失信心,只要真正依靠群众,适应群众的需要,群众是会起来办的。"①

时任水利部副部长的李葆华在这次会议的总结报告中,对邓子恢的观点予以积极回应。他在谈到新中国水利建设的方针任务时说:水利建设的总目标是大力兴修水利,加强防洪排涝措施,开展水土保持工作,努力减轻巨大的水旱灾害和逐步消除一般的水旱灾害。但要达到这个目的,必须走群众路线,依靠群众办水利。他说:"群众路线是我们党在一切工作中的路线,在水利工作上也不是例外,农田水利带有很大的群众性,这一点尤其重要。我们必须依靠党的领导,依靠群众充分发挥群众的积极性。""今后在农田水利工作中,除了国家投资兴办的较大工程外,主要的仍应贯彻'民办公助'的原则,具体一点说,就是依靠合作社的力量兴办水利,国家给以必要的经济上的和技术上的帮助。"②

1957 年 8 月 16—29 日,水利部召开的全国农田水利工作会议提出,今后农田水利工作的具体方针是:积极稳步,大量兴修,小型为主,辅以中型,必要的可能的兴建大型工程。8 月 28 日,邓子恢在会议上作报告时说,"在即将到来的第二个五年计划时期,发展我国农业生产的主要措施也仍然是提高单位面积产量,而提高单位面积产量,第一就要依靠水利"③,并再次强调:"今后发展农田水利的方针路线是依靠群众,依靠合作社,走群众路线;依靠党委重视以取得各方面的配合;在技术上的因地制宜;加上国家有计划的支援。"④ 他还强调:"在工作部署上,应该抓住重点兼顾一般,同时还要统筹计划全面安排,即防洪排涝、灌溉、水土保持等相结合,不能孤立进行。发展中小型水利是第二个五年计划时期工作的主要方向。"⑤ 这样,依靠群众、依靠合作社、小型为主的水利建设方

① 《邓子恢副总理在一九五七年全国水利会议上的讲话》,载《当代中国的水利事业》编辑部编印《历次全国水利会议报告文件(1949—1957)》(内部发行),1987 年,第 341 页。

② 李葆华:《一九五七年全国水利会议的总结》,载《当代中国的水利事业》编辑部编印《历次全国水利会议报告文件(1949—1957)》(内部发行),1987 年,第 347、350—351 页。

③ 《提高单位面积产量的首要依靠,发展中小型水利,邓子恢在全国农田水利工作会议上作报告》,《人民日报》1957 年 8 月 29 日。

④ 同上。

⑤ 同上。

针，逐渐明晰起来。

全国农田水利工作会议后，中共中央、国务院发布了《中共中央国务院关于今冬明春大规模地开展兴修农田水利和积肥运动的决定》，《决定》指出："根据我国农田水利条件的有利特点，必须切实贯彻执行小型为主，中型为辅，必要和可能的条件下兴修大型工程的水利建设方针。在工程的兴建上，还必须注意掌握巩固与发展并重，兴建与管理并重，数量与质量并重，依靠群众，因地制宜，研究历史，多种多样，投资少，收效快等等原则。对已有的水利设施，应该积极整修和扩建，加强管理，挖掘潜力，充分发挥效益。在内涝灾害或者水土流失严重的地区，应该把排水除涝或者水土保持工作，放在首要地位。农村水电工作应结合水利建设，重点试办，在有条件的地区应该积极发展，做到逐步满足必要的机械灌溉的需要。在牧区应该注意逐步解决人、畜饮水问题。"① 《决定》还指出，在水利经费上贯彻勤俭办水利的精神，少花钱，多办事，"群众性的农田水利，主要是依靠合作社的人力、物力、财力，并且鼓励社员积极投资，国家只能作必要的补助"②。这样，党和政府明确提出了小型为主、社办为主的农田水利建设方针。

小型为主、社办为主进行农田水利建设之路能否走得通？河南省济源县治理溏河流域的初步成功及随后产生的治理淮河支流沙、颍河流域的规划，为这条治水方针的可行性提供了实践依据。

新中国成立以后，河南省配合党和政府开展了大规模的治淮工程。随后，全省各地也纷纷掀起以小型工程为主的群众性治水运动，其中最著名的有济源县的溏河小流域治理和禹县鸠山的水土保持工程。1957年10月21—27日，河南省水利工作会议根据中共八届三中全会精神，总结了河南农田水利建设的成功经验。其中最重要的经验之一，就是在治水方针上坚持依靠群众，以小型为主，中型为辅，大中小工程相结合。会议指出："在治水上，必须是依靠群众，以小型为主，中型为辅，大中小工程相结合。以小型为主，才能成为群众性的水利建设运动。形成群众性的治水运动，才能根除水旱灾害。以小型为主，才能够依靠群众。"这显然对中央

---

① 《中共中央国务院关于今冬明春大规模地开展兴修农田水利和积肥运动的决定》，《人民日报》1957年9月25日。

② 同上。

初步形成的小型为主、社办为主的水利建设方针更加细化，阐述得更加清晰。通过肯定成绩，总结经验，这次会议更加明确了"依靠群众兴修以小型为主"的农田水利工作方针，并批评了单纯依靠国家搞大型工程的思想。

这次会议总结的另一条治水经验，是明确提出了"以蓄为主、以排为辅、蓄泄兼施"的治水方针。会议分析说："根据自然情况，在治水上必须坚持以蓄为主、以排为辅、蓄泄兼施的方针。河南省的自然情况是：汛期雨量集中，夏秋多涝、冬春多旱，且又处五大水系的上游。这一自然情况，决定了在解决水旱灾害问题上不能只靠排水或蓄水一个办法解决，更不能采取以排水为主的方法。因此，在一个流域面积内，不论是上游、中游、下游都应采取以蓄为主、以排为辅的方法。要把拦蓄洪水和河道整理结合起来，把防旱和防涝结合起来，否则就不能解决水旱灾害。"①

实际上，在泄水还是蓄水问题上，长期以来存在着不同的意见。由于历史上水害频仍，人们对水存有恐惧心理，治水向来以疏导为主。每到雨季，平原地区和低洼地区的沿河农民常常提心吊胆地去排水，唯恐水留在自己的地区酿成灾害，毁坏农田和家园。中国自大禹凿龙门、疏九河的神话开始，疏导、排水的方法便占优势。明朝水利专家潘季驯和清朝河道总督靳辅治淮，用的也是这个方法。把洪水送走，成为中国历代治水的惯用做法。

在治理淮河过程中，政务院明确规定治淮的基本方针是蓄泄兼筹、三省共保、除害与兴利结合。党和政府的治水思想开始发生了重大变化，即对蓄水的看法有了根本变化。中央人民政府成立的时候，就提出了变水害为水利的方针，但是由于在这个方面缺乏系统的知识和经验，怎样实现这个方针，却没有明确的认识。特别是在1949年全国性的严重水灾和1950年淮河水灾以后，人们总是对水存着畏惧心理，仍然因袭了旧的治水传统，认为送走洪水，堤防不破，就完成了治淮任务。② 这时，帮助中国治淮的苏联专家反复地解释："水是人民的财富，要全面地根本地治水，必须把水拦蓄控制起来，听人的支配。因为在夏秋多雨的时候，虽然感觉水多，可是春季干旱的时候，也许感觉缺水；下游经常发生水灾，而上游时

① 《水利建设要有愚公移山的毅力》，《人民日报》1957年10月31日。
② 参见于明《千里淮北撒河网》，《人民日报》1959年10月19日。

常干旱。今年虽然水大,普通年份水量也许不够。所以要治理每一条河流,必须首先就全流域多少年的情况算一算总账,才能决定水的处理。在处理当中,又必须结合防洪、灌溉、航运、发电等多方面的需要,才能做到最经济的处理。"[1]

为了具体地说明这个问题,苏联专家系统地介绍了斯大林改造自然的计划,单是水利方面,他们就要建造大量的蓄水库、蓄水池,不但要发展大规模的灌溉系统,同时还要增加空气中的湿度,以改变农业气候。苏联水利专家布可夫提出了具体建议:"在上游修建大量的山谷水库,在中游更好地利用湖泊洼地蓄水,并采取其他措施,要求在淮河流域的广大土地上,将大自然所给的水全盘控制利用。不但消除水灾,并且大规模地发展灌溉事业,改进航运,建设水电站。只有当水做完它所有的工作后,才将它送到海里。"[2]

布可夫的意见引起了中国水利专家及决策者的思想震动,逐渐改变了以往的治水思路。在实地查勘研究的过程中,布可夫帮助解决了如下问题:(1)淮河虽然源流分散,但可以而且必须建筑山谷水库,否则上游洪水问题无法解决;(2)即使在苏北这样雨水丰富的地区,为了保证农业增产,灌溉仍是必须的,布置工程时应当将除害兴利同时解决,而不应把这两个问题割裂处理;(3)在中国现有条件下,大规模闸坝工程是可能建筑而且可能在短期间完成的。[3]在苏联专家的帮助下,广大技术人员努力研究如何在治淮规划中贯彻水利建设方向,拟订出了气魄宏大的治淮计划草案。正如时任水利部副部长的张含英指出的那样:苏联专家所强调的这一思想,对我们全部水利的计划,已经起了极大的影响。由于苏联专家的技术协助,使我们有力地实现了毛主席的号召,不但要使淮河流域22万平方公里的土地永绝水患,同时还要发展5000万亩的农田灌溉,改善2000公里的航道系统,并建造若干水力发电工程。治淮工程实践的成效,使中国水利建设从1951年起,从怕水变成爱水;从被动地防御洪水,变成主

---

① 转引自张含英《斯大林派来的人怎样在中国的河流上工作着》,《人民日报》1952年11月25日。

② 转引自钱正英《先进的引导——治淮工程中学习苏联先进经验的体会》,《人民日报》1952年11月21日。

③ 参见钱正英《先进的引导——治淮工程中学习苏联先进经验的体会》,《人民日报》1952年11月21日。

动地控制和利用洪水；从局部的治理，变为流域的规划。向大自然夺取一切可以利用的水源，以为人民服务，是我们当前的口号。① 党和政府在治理淮河时提出并实施"蓄泄兼顾"方针，平原、洼地的治水工作收到了很大成效。

时任水利部部长的傅作义在1952年全国水利会议上提出："在治水当中，必须切实注意蓄水的必要，使防洪防旱结合起来。关于水是宝贵的资源，我们应当设法控制水流、蓄积水流、利用水流，而不应当单纯地考虑泄水，我们在1950年水利会议时已经提出过这一个意见。1951年并且做了很多蓄水的工程，已经有一部分发挥效益。可是根据我们考查了解，还有一些地区对于这个方向认识不足，有的并且把已成的蓄水工程闲置起来不去进一步研究利用。因此这次会议还有再加提倡的必要。"② 从这个阐述中可知，水利部此时逐渐形成了以"蓄水为主"的治水思路。傅作义再次强调："我们治水的方向，就必须从全流域着眼，从长期的多方面的利益着眼，要求根治水患，并且对水的利用和工程经济做慎重的考虑。"③ 这一方针明显是受苏联专家影响提出的，也是对此前治水经验的总结。

1952年12月19日，政务院163次政务会议通过的《中央人民政府政务院关于发动群众继续开展防旱、抗旱运动并大力推行水土保持工作的指示》明确指出："必须广泛地开展蓄水运动，尽量积蓄雨水和地面上的水流，以增加农田灌溉的面积。南方的塘堰工程几年来虽有改进，但仍须继续大力修整，加强管理养护工作，提高抗旱能力；此外还应推广小型蓄水库工程，以增加蓄水的容量。在北方干旱地区，除应进一步组织起来发展水车、水井并提高其灌溉效能外，应积极利用一切水源，发动群众修造小型水库和发展池塘；并广泛进行养冰蓄冰，以增加水源，供给灌溉使用。平原低洼地区，注意推广沟洫畦田，以做到防旱、防涝相结合。对于每一河流的治理，都要考虑到大量蓄水，以解决灌溉的需要。"④ 从尽量排水泄水到尽量蓄水用水，是新中国治水方针的重大转变。

---

① 参见张含英《斯大林派来的人怎样在中国的河流上工作着》，《人民日报》1952年11月25日。

② 傅作义：《1952年全国水利会议开幕词》，载《当代中国的水利事业》编辑部编印《历次全国水利会议报告文件（1949—1957）》（内部发行），1987年，第110页。

③ 同上书，第109页。

④ 《中央人民政府政务院关于发动群众继续开展防旱、抗旱运动并大力推行水土保持工作的指示》，《人民日报》1952年12月27日。

从 1953 年起，安徽省委便提出了"防洪保堤"、"治涝保收"和"改种避灾"的积极治淮办法。这就是：采取以除涝保收为重点，结合防洪保堤的治淮方针。"除涝工程以蓄水为主，在广大平原上进行蓄水，既除涝又防旱，还能减轻洪水对淮堤的威胁"①。这样，以蓄水为主，与群众性的社办为主、小型为主一起，构成了中国水利建设的指导方针。在 1957 年召开的河南省水利工作会议上正式提出"以蓄水为主"，并将它与"小型为主、社办为主"并列，初步形成了水利建设的"三主"方针。

河南省水利工作会议提出"三主"方针后，引起了中共中央的高度重视。1957 年 12 月 10 日，以河南省委名义在郑州召开了沙颍河治理工作座谈会。时任中共中央书记处书记的谭震林到会参加。会议总结了沙颍河流域全面治理的典型经验，并吸取全面治理潴河的经验，决定以蓄水为主、以小型为主、以社办为主的"三主"方针来治理沙颍河。沙颍河上游山区和丘陵区许多先进的治理典型证明：只要充分发挥群众的力量，广泛搞各种小型工程，完全能够做到一次降雨 200 毫米的情况下，水不下山，泥不出沟。会议还认为，在下游平原和低洼易涝地区，贯彻以蓄水为主、小型为主、社办为主的方针，利用挖坑塘、壕沟、筑畦田、围田等方法，分割雨水，节节拦蓄，既能避免雨水集中，也能蓄水灌溉，或将旱田改种水稻、改种耐涝作物。沙颍河流域在这方面也创造了很好的范例。②

谭震林听取汇报后，充分肯定了"以蓄为主，以小型为主，以社办为主"的治理沙颍河方针，并在讲话中指出，对群众性治水不能求全责备，而应热情支持。有人不赞成把山区蓄水的办法推行到平原上，指出："以蓄为主是根据山区经验总结出来的，不宜在平原推行。根据黄、淮、海平原易涝、易渍、易碱的特点，农田必须立足于排，否则会对水土环境造成破坏——地表积水过多会造成涝灾，地下积水过多会造成渍灾，地下水位被人为地维持过高则利于盐分向表土聚集形成碱灾，涝、渍、碱灾并生，后果不堪设想。"③ 谭震林对这种不同意见采取了谨慎态度，指示说："山区的问题解决了，平原的问题还有待调查研究。"④ 尽管存在少数人的不同意见，但会议最后还是形成了以蓄为主、以小型为主、以社队自办为主的

---

① 于明：《千里淮北撒河网》，《人民日报》1959 年 10 月 19 日。
② 参见君谦《找到了治理沙颍河的钥匙》，《人民日报》1958 年 3 月 21 日。
③ 转引自陈惺《"大跃进"时期河南的水利建设追忆》，《中共党史资料》2008 年第 4 期。
④ 同上。

"三主"治水方针。

尽管人们对"以蓄为主"有不同的意见,但一致赞成"小型为主、社办为主"的方针。1957年12月15日,《人民日报》发表了题为《大兴水利必须依靠群众》的社论,公开倡导依靠群众大兴水利,强调了"小型为主、社办为主",而没有特别强调"蓄水为主"。社论批评了单纯依靠国家兴办大中型水利的观点,鼓励大搞群众性的小型工程。社论指出:"小型水利工程的特点是花钱少、收效快,每乡、每社都可以兴修。五亿农民同时动手兴修小型水利,其效果当然比集中兴修的少数大型水利工程快得多,大得多。"社论列举了大量的事实,论证了"小型为主、中型为辅"的方针是正确的。

河南省济源县和孟县在农业合作化以后打破县界,成功地共同治理了漭河;河南省委采取同样做法治理淮河支流中含沙量最大的沙颍河,也取得了成效。山东省昌潍地委制定出治理潍河、胶莱河、白浪河、洱河、淄河、潮河6个水系的规划,决定"三年基本改变面貌,5年治好全区河流"。山西省晋南地委召开了闻喜县等7县县委书记会议,决定3年内基本上把涑河治好;山西省雁北地区成立了由地委书记直接领导的治理浑河委员会,决定流经浑源县、应县的浑河主流和8个大峪的全部治理工程要"二年完成,三年扫尾"。这样大规模的几个地区联合进行的群众性治水运动,"标志着中国水利建设事业的新发展,标志着遍布祖国各地无数条小河流的新的生命史的开始"①。

在河南省明确提出并实施"三主"方针的同时,河北省委在行唐召开沙河治理会议,讨论如何根据"以小型为基础,以中型为骨干"的方针综合治理沙河流域。河北省委总结并推广了行唐治理沙河的经验,逐渐形成了与河南省委相似的"三主"方针,明确提出治理方针是:"依靠群众,从生产出发,以小型为基础,以中型为骨干,辅之必要的少数大型工程。"并且提出了"把水蓄在山上"的口号。会议认为:修建水库不只是为了拦洪,更重要的是为了把水蓄起来,为群众的生产、生活服务。因此,只要条件允许,就尽量多蓄水,用以发展灌溉和发电。从我们全省的总水量来看,不是多了,而是太少。我们必须千方百计把水蓄住,才能大规模地发展灌溉,实现全省水利化。会议强调:要尽可能把山区的水蓄在山区,使

---

① 《蓄水为主、小型为主、社办为主》,《人民日报》1958年3月21日。

建库与建设山区、改变平原相结合。把水大量蓄在山区，一方面可以发展山区生产，另一方面可以免除平原的水患和大规模地开展平原灌溉。同时，由于山区水库是三山环抱，占地少，蓄水多，所以是最经济的。中型水库的库容，应该根据可能，尽量多蓄水。不仅山区以修建水库的方式蓄水，而且平原也要积极蓄水，建立灌溉系统。会议要求："纯平原的县要大力推广景县的经验，利用一切坑塘、洼淀和平原水库把境内的水全部蓄起来，并尽可能的引蓄河水发展灌溉。"① 这次会议，实际上将以蓄水为主、小型为主、社办为主的"三主"方针更加具体化。

1958年3月21日，《人民日报》发表题为《蓄水为主、小型为主、社办为主》的社论，肯定了河南省治理洺河的经验，对水利建设为什么要以蓄水为主、小型为主、社办为主进行了详细的阐述。社论充分肯定并介绍了河南省确定的治理沙颍河的三条方针：（1）以蓄水为主，在满足全流域对于水的需要之后，作适当的排泄。（2）以小型工程为主，辅之以必要的中型工程。（3）小型工程全部由农业合作社自办，在特别困难的地区，国家给予必要的支持；中型工程以社办为主，国家给予必要的补助。

社论指出，以蓄水为主，是群众性治水事业的一个重大转变，反映了劳动人民控制水的能力在迅速发展和提高。那么，应该用什么方法来蓄水呢？主要依靠大型工程，还是中型或小型工程呢？社论的结论是："应当以小型工程为主。"把小型工程用于一般农田水利，会得到很大效益，这已经没有人怀疑了。但把小型工程用来治理河流，还有人怀疑它的效果。河南省大规模综合治理洺河、治理沙颍河流域的经验证明，多种多样的小型工程（小水库、谷坊、鱼鳞坑、截水沟、水平沟、地埂等等）的治水效果是明显的，基本上达到了水土不下山的要求。这说明，只要整个沙颍河流域都因地制宜地修上各种小型工程，就可以基本上消除洪、涝、旱灾。因此，社论强调："无数的事实已经证明小型工程虽然规模小，但是到处可以大量修建，因此它们控制的面很广大；而少数的大型工程所能控制的流域面积却是有限的。只有把少数大型工程和大量的小型工程配合起来，它们才会相得益彰，收效更大。同时还要看到，依靠成千上万的小型工程

① 《依靠群众，小型为基础，中型为骨干，根治河北各河流，改变河山面貌》，《人民日报》1958年4月26日。

治理好了小河流，根除大河流的水患也就容易了。"①

　　小河流的治理既然以小型工程为主，那么，治理工程就必须主要依靠农业合作社来办。因为小型水利工程每个县都要做几千几万个，必须发动农民群众有人出人，有钱出钱，有料出料，有计献计。各地的经验证明：依靠群众兴办水利工程，还可以节约经费，避免浪费。因此，社论号召各地坚决走群众路线，鼓励千百万农民投入群众性水利建设中，"要综合利用各种水利工程，全面发展生产，把水土保持、防洪、排涝、发展灌溉结合起来，把农、林、牧、副业全面发展起来"②。《人民日报》在发表上述社论的同日，还以《"三主"方针深入人心，治理沙颖河工程突飞猛进》为题，对河南治理沙颖河流域的经验进行了专题报道。

　　1958年8月29日，中共中央政治局扩大会议通过了《中共中央关于水利工作的指示》，再次强调水利建设的"三主"方针，并且向各地提出要求："在贯彻执行'小型为主，以蓄为主，社办为主'的三主方针时，应该注意到在以小型工程为基础的前提下，适当地发展中型工程和必要的可能的某些大型工程，并使大、中、小工程相互结合，有计划地逐渐形成为比较完整的水利工程系统。"③《指示》指出，小型工程是培养水源和保护大、中工程的基础，也只有通过小型工程才能在农田灌溉上发挥大、中型工程的作用。只有以小型为基础，大、中、小工程互相结合的地上水地下水互相为用的完整的水利工程系统，才能最有效地和最大限度地发挥水利工程的效益，也才有可能抵抗较大的旱涝灾害，达到农业生产稳定丰收。在兴修水利工程时，不论是小型工程、中型工程或一般的大型工程，必须是依靠群众力量为主，国家援助为辅，并且应当实行以蓄为主，达到充分地综合利用水利资源的目的。力求农田灌溉、水力发电、船运尽可能互相结合，对于农村小型水力发电，应有计划地发展。④从此，"三主"方针被推行到全国各地，成为"大跃进"时期水利建设的基本方针。

　　在"三主"治水方针指导下，从1957年秋到1960年春的三个水利年度，全国各地掀起了群众性的大修农田水利建设的高潮，各地兴修了大量中小型水利设施，取得了显著成绩。

①　《蓄水为主、小型为主、社办为主》，《人民日报》1958年3月21日。
②　同上。
③　《中共中央关于水利工作的指示》，《人民日报》1958年9月11日。
④　同上。

二 大规模农田水利建设高潮的兴起

1957年9月24日，中共中央、国务院发布《关于今冬明春大规模地开展兴修农田水利和积肥运动的决定》，指出积极广泛地兴修农田水利是扩大农业生产，提高单位面积产量，防止旱涝灾害最有效的一项根本措施；同时指出，多积肥多施肥是保证增产的可靠办法。为此，水利部从各司、局及所属北京勘测设计院、水利科学研究院抽出120多名工程师和技术员，分别到河北、山东、山西等省，帮助群众开展以兴修中、小型为主的农田水利工作。①

1957年9月20日至10月9日，中共八届三中全会在北京召开。会议通过的《一九五六年到一九六七年全国农业发展纲要（修正草案）》第五条明确规定："兴修水利，发展灌溉，防治水旱灾害。"具体规划是：从1956年起的12年内，全国水利事业的发展应当以修建中小型水利工程为主，同时修建必要的可能的大型水利工程。小型水利工程（打井、挖塘、筑堤、打旱井、开渠、筑圩、修水库、兴修蓄水排水的沟洫畦田台田系统等），小河的治理，由地方和农业合作社负责，有计划地尽可能大量地进行。通过这些工作，结合国家大中型水利工程的建设和大中河流的治理，要求在12年内基本上消灭普通的水灾和旱灾。并且凡是能够发电的水利建设，应当尽可能同时进行中小型的水电建设，结合国家大中型的电力工程建设，逐步增加农村用电。② 这可以说是对全国农田水利工作的部署。10月27日，《人民日报》发表了题为《建设社会主义农村的伟大纲领》的社论，进一步强调了农业在12年内要实现一个巨大的跃进。《关于今冬明春大规模地开展兴修农田水利和积肥运动的决定》和《一九五六年到一九六七年全国农业发展纲要（修正草案）》发布后，全国各地积极响应党和政府的号召，相继召开水利会议，掀起了"大跃进"时期农田水利建设的高潮。

1957年10月21—27日，河南省召开了水利工作会议，各专区专员、

---

① 参见《水利部派技术人员下乡》，《人民日报》1957年10月4日。

② 参见《一九五六年到一九六七年全国农业发展纲要（修正草案）》，《人民日报》1957年10月26日。

重点县县长和水利局局长参加会议。时任中共中央书记处书记的谭震林参加了会议，并作了重要指示，他号召全体同志和群众要有愚公移山那样一股劲，掀起大规模的以兴修小型农田水利为主的生产建设运动，争取1958年小麦大丰收；并明确了水利建设的基本方针：依靠群众为主、国家辅助，小型为主、中型为辅，必要和可能时兴修大型。①

会议决定，河南要在1958年开展一个发展农业生产的大规模的农田水利建设运动，要求在全省原有水浇地4300多万亩的基础上，再扩大灌溉面积2000万亩；在一次降雨150毫米的情况下减除涝灾1000万亩；增加水土保持面积6800平方公里。同时要求农田水利建设与农业生产紧密结合，做好冬浇春浇工作。会议根据这些经验和河南省雨量集中、旱涝不均的自然特点，确定今后农田水利建设的方针是全面规划，综合治理。通过肯定成绩，总结经验，明确了依靠群众兴修以小型为主的农田水利工作方针。会议认为，只要依靠群众，有股劲坚持不懈，今冬明春的大规模兴修农田水利运动必将在抗旱种麦期间已经形成的水利建设运动的基础上掀起新的高潮。②

随后，河南迅速兴起了以兴修水利和积肥为中心的生产建设高潮。全省参加的劳动力由最初的500多万人发展到1500多万人。河南省人大代表赵文甫形容道："漫山遍野，人山人海，'白天一片人，夜间遍地灯'。"受浮夸风影响，全省各地水利建设的原定各项计划突破再突破，修改又修改。原计划1958年度扩大灌溉面积700万亩，仅仅一个多月的抗旱种麦运动就扩大了灌溉面积610万亩，几乎完成了一年计划。于是，把计划修改为1000万亩，随即发觉这个指标仍然保守，再修改为2000万亩。到1958年2月已完成了2300多万亩，不能不把计划再提高到4000万亩（1958年麦收以前完成）。这个惊人的数字，相当于新中国成立前数千年河南发展灌溉面积720万亩的5倍半。③

在此期间，中共河南省委于1957年11月初召开了豫北13个县座谈

①　参见《大规模地兴修小型农田水利，在河南省水利会议上，谭震林同志作了重要指示》，《人民日报》1957年10月31日。

②　参见《水利建设要有愚公移山的毅力，河南批判伸手要钱和单纯依靠搞大型工程的思想，强调必须坚持依靠群众兴修小型水利为主的方针》，《人民日报》1957年10月31日。

③　参见赵文甫《要在1959年基本实现水利化，争取1962年超额完成"四、五、八"》，《人民日报》1958年2月5日。

会，总结和推广新乡专区治理浠河的经验，研究治理卫河的规划，中共林县、安阳、新乡、济源等县县委书记和县水利局局长，中共新乡、安阳地委和专署的负责人、水利局局长及省直属机关有关部门负责人共 40 多人参加会议。时任中共中央书记处书记的谭震林参加座谈会听取汇报，并作了重要指示。时任省委书记处书记的吴芝圃也作了总结发言。谭震林听取了浠河流域治理经验和中共新乡、安阳两地委以及豫北各县的详细汇报。他在会上首先就如何运用治理浠河的经验来做好卫河治理规划问题作了重要指示。他说，浠河治理经验，不在于具体的工程和技术，而在于全面规划、综合治理和集中治理；在于全面发展，综合利用，密切结合当前生产，把长远利益和当前利益结合起来；在于依靠群众性的、多样性的小型工程为主，辅之以必要的中型工程；在于认真总结经验，虚心学习各地经验，及时推广经验；在于党委负责，书记动手，全党动员，坚持贯彻。卫河治理应该吸收这方面的经验，应该是将深山、浅山、丘陵、平原、洼地、碱地、沙地全面地规划在治理范围内；应该是将封山育林、造林、植林，整修梯田、挖水窖、旱井、修水库、谷坊，挖沟洫，修台田，种水稻等方面进行综合性的治理；在规划排水工程时，就应当想到用水的问题，即如何把卫河流域全面水利资源用于灌溉这个地区的土地。最后，谭震林作了 5 点指示，即：全面规划，综合治理，集中治理；全面发展，综合利用；依靠群众，小型为主；认真总结本地经验，虚心学习外地经验；党委负责，书记动手，全党动员，坚持贯彻。[①] 会议进一步激发了河南全省兴修水利的热潮。

截至 1958 年 2 月初，河南全省已完成的水利工程情况是：发展灌溉面积 2341 万亩，为原计划的 117.05%；除涝面积 1468 万亩，为原计划的 146.8%；初步控制水土流失面积 8834 平方公里，为原计划的 129%。在水利建设高潮中，伏牛山区禹县人民提出了战斗口号："山硬硬不过决心，山高高不过脚心。"地处豫东平原的淮阳县组织了 27 万劳动大军，创造了许多挖塘不下水的先进经验。荥阳县王沟农业社提出："男女老少齐出征，为完成 27 万土方干的凶，青年劲头赛赵云，壮年力气赛武松，少年儿童像罗成，老人干活似黄忠，干部策划胜诸葛，妇女赛过穆桂英。"密县河

---

① 参见《豫北十三县举行水利座谈会，总结和推广治理浠河经验》，《人民日报》1957 年 11 月 15 日。

西乡提出:"秃岭大又大,暴水似恶霸,大家齐动手,消灭水恶霸,要在60天,坡田水利化,实现四、五、八。"①

河南的水利建设事业虽然取得了很大成绩,但还没有实现水利化,水旱灾害仍然威胁着农业增产。因此,河南省计划在1959年把各种灌溉面积发展到1.1亿亩左右,占全省总耕地1.36亿亩的80%左右,基本上实现水利化。全省确定的水利建设方针是:在全面规划、综合治理的原则下,以兴修小型工程为主,中型工程为辅,在必要和可能的条件下,兴修大型工程;依靠群众,以农业社兴办为主,以国家兴办为辅;以蓄为主,以排为辅,上下游兼顾,各地区密切结合;防旱与除涝并重,数量与质量并重,建设与使用并重;兴利与除害相结合,水利建设与当年增产相结合,当前利益与长远利益相结合。同时,根据不同地区采取不同措施:在山区和丘陵区,贯彻执行全面规划,综合开发,沟坡兼治,集中治理的方针,采取以蓄为主,农、林、牧、水利密切结合,一山一坡一沟集中治理和全面利用的办法,做到坡地梯田化,梯田水利化。要求一次降雨200毫米以内时,做到不产生径流,土不下山,水不出川;在特大暴雨的情况下,减轻洪水灾害。同时,要利用各种水源,修建各种工程,发展灌溉。要求1959年度灌溉面积发展到1500万亩,保种保苗面积发展到1000万亩,使山区和丘陵区基本上实现水利化。在平原地区,按水平线修成沟洫网,按等高线修成土埂。在一次降雨150毫米时做到就地吸收处理;在一次降雨200毫米时做到分割处理;在一次降雨200毫米以上时在大范围内做到分配处理。在1958年、1959年内打新井50万眼,加上已有的130万眼,达到180万眼,充分利用地下水,发展灌溉。在利用地上水方面,除了发动群众大量开挖修建小型渠道、塘、作物小水库、拦河闸坝、沟洫网以外,还有国家补助兴办大、中型水利工程,使平原地区的井灌、渠灌面积达到9000万亩,实现水利化。在低洼易涝盐碱地区,全面采取改变地形、改种作物和改善耕作制度的"三改"措施,把除涝和兴利结合起来,因地制宜大量种植水稻、高粱、药玉米等耐水作物,利用高粱、药玉米耐水性强的特点,修建季节性的水库,既可蓄水灌溉,又能发展生产,做到一次降雨200毫米时水不外流,一次降雨200毫米以上时能够分配处理,

---

① 赵文甫:《要在1959年基本实现水利化,争取1962年超额完成"四、五、八"》,《人民日报》1958年2月5日。

不发生径流。①

河南省原来制定的 1958 年扩大水浇地的指标一再被突破。不到 3 个月，全省已扩大灌溉面积 2341 万亩。这个数字比 1949 年前几千年来开辟的水地面积还多 2 倍。河南省委分析了水利"大跃进"的新形势，认为河南 1959 年在 1 亿多亩的耕地上实现水利化是完全有条件的。据 1958 年 2 月 15 日《人民日报》报道：河南全省每天投入运动的劳动力达 1500 万人。在太行山、伏牛山和桐柏山区，数以百万计的农民冒着严寒，在山顶上、沟壑中，日日夜夜地劈山、锉石，修筑谷坊、水塘、小水库、鱼鳞坑和梯田，节节拦水，做到土不下山，水不出川。河南贯彻执行了以蓄为主、以小型为主、以社办为主的水利建设方针。许昌、开封、商丘、南阳等平原地区和低洼易涝地带，过去兴修水利方针不够明确，偏重于地下提水和排水，结果有些地方年年办水利，年年遭灾，越排水灾越严重。1958年，这些地区经过大辩论，查算水账，人们认识到水蓄起来的好处，就决定把河道分割成小片，用挖沟、渠、河网等办法，引用河水灌溉，涝时排水；没有河道的地方，采取挖坑塘，塘内下泉，抬高路基，修围田、台田等措施，控制洪水径流，力争 1959 年春季提前实现水利化。②

1958 年 3 月 20 日，河南省人民委员会通报：全省有 54 个县（市）基本实现了水利化。这些县（市）占全省县（市）总数的近一半。它们已经可以把 70% 以上的耕地变成水田或水浇地，能够在百日无雨的情况下适时灌溉，保证丰收；同时，在一次降雨 200 毫米时，山区能够土不下山，水不出川，平原能够不产生径流，不发生水灾。通报指出，要彻底消灭水旱灾害，还要作更大的努力。因此，必须防止和克服骄傲自满情绪，要再接再厉，继续前进，在现有基础上，有计划地再建一些中型工程做骨干，把天上、地面上和地下的水完全控制起来，用于生产。同时，要充分发挥水利工程的效益，大力解决提水工具、平整土地等问题，保证适时灌溉，保证作物丰收。③

---

① 参见赵文甫《要在 1959 年基本实现水利化，争取 1962 年超额完成"四、五、八"》，《人民日报》1958 年 2 月 5 日。

② 参见《贯彻以蓄水、小型、社办为主的方针，河南省明年实现水利化》，《人民日报》1958 年 2 月 15 日。

③ 参见《河南五十四县基本水利化，省人委号召作更大努力彻底消灭水旱灾害》，《人民日报》1958 年 3 月 22 日。

湖北省在 1957 年 9 月初召开了全省水利会议，讨论、布置了 1957 年冬和 1958 年春的水利工作。此后，各专区、县以至乡、社，都以兴修农田水利为中心，进行了具体研究和安排。鄂北地区的光化、均县、枣阳等县，在此期间兴修的大小灌溉工程达 1 万多处，不仅解决了冬播灌溉用水，还能改旱地为水田 10 万亩左右。其中仅均县一地就改旱地为水田 2.4 万多亩，超过 1957 年冬季计划的 20%。盛产粮棉的鄂东地区，在兴修几个大型灌溉工程的同时大力整修加强旧有水利设施，合理调整灌溉系统。这样，一个规模比往年大得多的兴修农田水利的运动在湖北农村广泛展开。在富饶的长江两岸和丘陵高山地区，到处散布着修塘、开渠、挖沟、筑坝的人。[①]

截至 1958 年 4 月底，湖北全省完成各类水利工程 700235 处，其中灌溉工程 563223 处，排水工程 49902 处，围垦工程 96 处。全省 1958 年度兴修水利出勤率最多时达到 700 多万人，占全省总劳力的 50%，有些地方最多出勤率还占总劳力的 70%—80% 以上。全省已完成各项水利土方共 10.0161 亿立方米，相当于新中国成立后 8 年间完成土方数量总和的 2 倍；完成的石方 5958 万立方米，相当于新中国成立 8 年间完成石方的总和。从工程规模来看，全省原有万亩以上的水利工程 36 处，但 1958 年度完成的同类工程就有 322 处，相当于原有万亩以上工程的 9 倍，其中受益 10 万亩以上的大型水利工程就有 17 处。再从工程效益来看，上述已完工程共增加灌溉面积 1102 万亩，相当于全省原有灌溉面积总和的三分之一，其中已完成旱地改水田 540 万亩，原计划 10 年内完成旱地改水田 1000 万亩，现只一年就完成了一半，发展水浇地 339 万亩。另外，改善灌溉面积 1827 万亩，增加保收田面积 1581 万亩，加上原有保收田共可达 3100 万亩。其中水田保收面积 2500 万亩，占水田总面积 75%。增加排水除涝面积达 209 万亩，增加耕地 180 万亩，水土保持已初步控制面积 8149 平方公里。水电站正在施工和已经完工的 11 处，装机容量 1143 千瓦，其中完工了 4 处约 234 千瓦。全省灌溉面积达 4427 万亩，占总耕地面积 6450 万亩的 68.9%，其中自流灌溉面积达 2145 万亩，占灌溉总面积的 48%。全省有

---

① 参见《兴修水利，抗旱防涝，争取丰收，长江两岸丘陵高山到处是修塘开渠的人，湖北开展大规模修水利运动》，《人民日报》1957 年 11 月 5 日。

33 个县基本消灭了旱灾（80% 以上的水田抗旱能力提高到 60 天）。①

　　安徽省在 1957 年 10 月中旬召开全省水利会议，会议提出在 1957 年冬和 1958 年春掀起一个像合作化高潮那一年的兴修农田水利运动热潮，并制定了 1957 年冬和 1958 年春农田水利工程计划，共做土石方 43575 万立方米。安徽省水利厅厅长田世五作了会议总结。他指出：根据中央"小型为主，中型为辅，必要和可能的兴建大型工程"的方针，安徽省 1957 年冬和 1958 年春水利工作的中心任务是：除涝灌溉，结合改种，继续提高和巩固防洪能力，争取 1958 年农业大丰收。计划在 1958 年增加灌溉面积428 万亩，改善灌溉面积 893 万亩，减轻和免除涝灾 723 万亩，控制水土流失面积 1906 平方公里。会议对长江干堤和一般江堤也提出了具体要求。② 为了完成上述任务，各地领导机关计划大力发挥农业合作社的人力、物力和财力，并且坚决贯彻勤俭办水利的原则。

　　随后，声势浩大的兴修水利的高潮在安徽全省范围内形成。安徽兴修水利的特点是：动工早（较往年提早 20 天左右）、劲头大、人数多、进度快。农民兴修水利的积极性是空前未有的。如动工早、进度快的肥东县和阜南县，每个县参加兴修水利的都有 30 万人左右，占全县整半劳动力的70% 以上。1957 年 12 月，这两个县已提前完成了预计 1957 年冬要完成的水利任务，开始继续做原订 1958 年春天准备做的工程。萧县已提出争取在 1957 年冬完成 1957 年冬和 1958 年春整个的水利任务。到 12 月 6 日统计，全省参加兴修水利的农民已有 1000 万人，已完成土石方 2.6 亿立方米。③ 安徽省兴修的小型农田水利土石方工程主要由农业社自筹资金兴办，不要国家投资。全省农业社社员纷纷把农业社所能拿出的资金都用来兴修水利，仅肥东县一个县的农业社就自筹了 30 多万元。舒城县两塘乡 5 个农业社要修 12 座小型涵闸工程，需投资 3.5 万元，经过社员反复讨论，在公积金中拿出 2.3 万元，又由生产基金中抽出 1 万元照顾困难户（作为预支），自己解决了兴修水利的资金困难。寿县爱国社自筹了 5 万元资金

---

① 参见湖北省水利厅《1957 年冬至 1958 年春湖北省农田水利工作初步总结》，湖北省档案馆藏 SZ113—2—148 卷。

② 参见田世五《安徽省 1957 年冬季水利会议总结》，安徽省档案馆藏 55—1—404 卷。

③ 参见冒弗君《动工早，劲头足，声势大，进度快，安徽千多万人兴修水利》，《人民日报》1957 月 12 月 15 日。

兴修水利工程。安徽基本做到了小型工程不要国家投资,由自己筹资兴办。[1]

安徽省各级党委在兴修水利工程开始起就重视工程质量和效益问题,各级党委第一书记亲自抓水利,并抽调8.3万多干部深入到乡、工地去掌握这一工作。到1957年12月底,安徽省1000多万个农业社社员和干部经过两个月的艰辛劳动,超额完成了全省8亿土方兴修水利任务,并提出了新的奋斗目标——再接再厉再做8亿土方。已完成的8亿土方,包括各种水利工程73万多处。这些工程可以扩大灌溉面积554万多亩,改善灌溉面积618万多亩,减轻和免除涝灾面积887万多亩,初步控制水土流失面积160平方公里。[2]

据1958年1月25日《人民日报》报道,到1958年1月23日止,安徽省农民又提前超额完成了追加的8亿立方米的水利工程任务。第一次8亿立方米的任务在1957年12月下旬完成后,农民又以移山填海的气魄在近一个月内完成了追加的任务。水利建设运动开始后,全省总计已完成土石方16亿多立方米,完成的水利工程已达139万多处。这些工程的效益可以增加灌溉面积730多万亩,改善灌溉面积1130多万亩,除涝面积1150多万亩,控制水土流失面积970多平方公里。[3]

16亿土方完成后,为了完成未完的工程,加强部分工程质量不好的工程,安徽省委提出再增加8亿土方的号召。这样,前后总计是24亿土方。这个数字等于最初计划的6倍,为8年来工程总和的1.5倍,而一个冬天即完成近20亿方的工程,根本改变了过去兴修水利中前松后紧的状况。据时任安徽省委书记的曾希圣介绍:全部小型农田水利工程,除支付兴修工具和重要器材方面用了300万元外,其余土方都没有要国家投资。到1958年3月,24亿土方的计划超额完成。[4]

江苏省于1957年9月召开了全省农田水利会议后,以兴修小型农田水利工程为主的水利建设高潮迅速开展起来。农田水利工程动工不仅比往年

---

① 参见《安徽各地勤俭办水利,小型工程资金全部自筹》,《人民日报》1957年12月15日。
② 参见《完成八亿土方,再搞八亿土方!安徽兴修水利劲头大》,《人民日报》1957年12月29日。
③ 参见《依靠群众力量办大事,安徽修水利十六亿公方》,《人民日报》1958年1月25日。
④ 参见《多快好省完全可能,曾希圣同志谈安徽水利建设工作》,《人民日报》1958年3月24日。

提前了一个月,而且声势大,干劲足,速度快,质量好,花钱少,效益高。到 11 月 19 日止,全省有 40 多个县市的小型农田水利工程和 30 项以上大中型工程先后开工。成千上万的人陆续开往沿水前线,仅扬州、徐州两专区就有 70 余万民工投入运动。按照国家已批准的计划,江苏省 1957 年冬和 1958 年春将兴修大、中型工程 157 项,其中属于防洪的 34 项,排涝的 76 项,灌溉的 45 项,其他 2 项。全部工程包括涵闸 182 座、桥 157 座、抽水机站 70 个。其中有很多都是有关发展徐淮地区农业生产的关键性工程,这些工程完工后可以改善排水面积 1145 万亩,改善和扩大灌溉面积 295 万亩。①

规模宏大的兴修水利运动也在浙江省开展起来。据统计,到 1957 年 11 月底,全省已有 64 个县开工,每天出工 10 多万人,共开工各种农田水利工程 8657 处,已完成 54 处小型水库和 1755 处其他水利工程。全省有 77 个县建立了兴修水利指挥部,加强了对水利工作的领导。有 70 个县召开了水利代表会,就兴修水利和发展农业生产关系等问题展开了大放、大鸣、大辩论,提高了群众兴修水利的积极性。建德专区遂安、临安等 13 个县召开水利会议后,乡乡成立水利委员会,社社建立水利小组。浙江省在兴修水利中,一面通过组织参观、访问,教育农民兴修水利和增产粮食的意义,一面还训练了大批农民水利技术员。到 11 月底,全省有 50 多个县组织了 3000 多名干部、群众先后到诸暨同山乡、绍兴棠棣乡、温岭彭岭乡等地参观、访问,这些先进地区都是由于修好水利而获得了农业丰产。东阳、永嘉、海宁、德清等 23 个县举办了水利训练班,共训练出农民技术员 3200 名。②

经过 1958 年度水利建设的高潮,浙江全省共做了 6.27 亿土石方,新建各种水利工程 98 万多处,增加灌溉面积 400 余万亩。这个成绩与新中国成立后 8 年的总和比较,土石方超出 2.3 倍,增加灌溉面积超出 1.6 倍;与新中国成立前 10 年(1938—1947 年)的总和比较,工程处数超出 37.2 倍。这些水利工程减轻了旱涝灾害的威胁,有效地促进了农业生产的发展。如 1958 年夏秋,除温州专区以外,全省其他地方一般有八九十天没

---

① 参见《江苏省水利冬修运动广泛展开,动员人力多,工程进度快》,《人民日报》1957 年 11 月 26 日。

② 参见《浙江八千多处水利工程开工,今冬明春将增加灌溉面积百多万亩》,《人民日报》1957 年 11 月 26 日。

有下过透雨，但由于兴修了大量农田水利工程，农田抗灾能力大大提高，使得 1958 年的粮食产量获得了比 1957 年翻一番的惊人奇迹。广大农民从切身经历中深刻体会到兴修水利带来的好处，由衷地唱出了颂扬共产党领导兴修水利的歌声。莒溪群众编纂的一首民歌就是其中的代表："莒溪湾，莒溪长，十年九灾人民遭祸殃。日日想，夜夜盼，根治水害亩收千斤粮。莒溪湾，莒溪长，共产党领导办法想，发动群众兴水利，从此莒溪两岸好风光，田里秧苗嫩，地里豆儿黄。莒溪湾，莒溪长，两岸生产忙又忙，田里扬歌声，地里镰刀响，秋后收上千斤粮，人民生活喜洋洋。万岁！万岁！万万岁！感谢恩人共产党。"[①]

1957 年 10 月 28 日闭幕的山东农田水利会议，讨论了以兴修水利为中心的农业基本建设高潮问题，会议确定山东兴修水利的方针是发展灌溉与除涝、防洪并重，大力开展山区水土保持与洼地改造工作。1958 年兴修水利的任务是发展灌溉面积 500 万亩，改善 500 万亩；兴建除涝与洼地改造工程 300 万亩，改善 400 万亩；完成山区水土保持控制面积 6000 平方公里。这些任务要求在 1957 年冬和 1958 年春完成 80% 以上。

黑龙江省在超额完成第一个五年计划水利建设指标的基础上，1958 年度兴起了群众性的空前未有的发展水利事业的高潮。各地农业社纷纷提出"向水索取粮食"、"洼地变良田"口号。不论山区、平原，到处可以看见兴修水利的人群，参加兴修水利的劳动大军曾达 50 余万人，总工日约达 2 亿以上。据 1959 年初步统计：1958 年兴修的工程主要有：中小型水库 2.2 万座，打井 244 万眼，直流引水 4900 处，开渠 4500 余公里，机械抽水 231 处 1.53 万马力，修堤 1930 公里，建谷坊 15.6 万座、鱼鳞坑 329 个，新建小型水电站 70 处，发电量 1660 千瓦。共完成土方 4.8 亿立方米，所做工程蓄水能力可达 10 亿立方米，已完成的工程共扩大稻田 342 万亩，水浇地 1267.5 万亩。这些工程的完成，对减轻洪涝灾害起到了显著作用。如克山县西大沟，经初步治理就收到一次降雨量 90 毫米"水未出沟、土未离坡"的实效。[②]

吉林省农田水利会议研究了 1957 年冬和 1958 年春开展水利建设的具

①　浙江省水利厅：《浙江省 10 年水利建设成就》，浙江省档案馆藏 J121—2—149 卷。

②　参见黑龙江省水利厅《黑龙江省 1958 年水利建设初步总结与 1959 年水利工作意见（初稿）》，黑龙江省档案馆藏 171—1—128 卷。

体事项，提出了在"二五"计划期间全省扩大灌溉面积43万公顷的计划。1957年秋冬以后，吉林省水利建设运动的规模、速度取得了空前未有的发展。参加水利建设的劳力由1957年冬最多的300万人，增加到100多万人。据全省31个县市的统计，共完成土方4885万立方米，新建水库塘坝4614座，拦河坝2910处，机械抽水1260台2141马力，打井68551眼，其他小型工程13371处，扩大灌溉面积473725公顷，占原计划的173%，等于吉林省历史上已有灌溉面积（345405公顷）的137%。此外，全省还完成治涝376274公顷，扩大水土保持控制面积2434.2平方公里。[①] 正如时任农业部农田水利局局长屈健所说："吉林的高潮相当高，不到5个月的时间，已完成扩大灌溉面积47万垧，还完成一些治涝、水土保持、水电站等工程。与过去比较是空前的，5个月的时间干了几千年的事。与去年完成57000垧比较，相当于820%，高8倍多。"[②]

辽宁省农田水利会议决定，1958年要扩大农田灌溉面积10万公顷、排涝面积32万公顷、水土保持面积26万多公顷。会议要求做好迎接农田水利建设新高潮的宣传教育工作，编制好秋修冬修施工计划，积极做好秋修冬修工程的各项准备工作，尽量提早施工，力争秋冬完成1958年全年施工计划的60%以上。本年度农田水利共完成土石方47710万立方米，使用人工数量20025万个工日，农田灌溉有效面积达到974.9万亩，农村水电站有135处5396千瓦，分别比1957年增加42969万立方米、18296万个工日、309.9万亩、115处4740千瓦。[③]

陕西、青海两省也召开了专门会议，制定了1957年冬和1958年春的兴修水利计划。陕西省1957年秋冬和1958年春要完成扩灌任务250万亩，并且确定以兴修小型为主，必要时兴修一些较大的工程。在关中平川地区计划发动群众继续打井，掏籛半成井和推广水车；渭北高原区除继续兴修原来的各种小型水利工程外，计划引水到高原灌溉农田。陕北和陕南沿山地区计划发动群众修水库、水塘，打自流井和掏泉。青海高原各族农民将

---

① 参见吉林省水利局《鼓起革命干劲，力争三年实现水利化》，吉林省档案馆藏52—10—4卷。

② 《农业部农田水利局屈健局长在吉林省水利会议上的讲话》，吉林省档案馆藏52—10—4卷。

③ 参见辽宁省水利电力厅农田水利局《辽宁1949—1961年农田水利资料汇编》总第63册，1963年，第141、127、140页。

在 1958 年新修水田 32 万亩，1957 年冬和 1958 年春修 11 万多亩。①

广东省在 1957 年冬 1958 年春兴起了空前规模的水利运动高潮。全省水利民工人数最高时达到 800 多万人。这支以农民为主力，包括有解放军官兵、工人、机关干部、城镇居民和学生参加的劳动大军，满山遍野地散布在水利工地上，开展了史无前例的日夜攻打"水利关"的群众运动。"冬天变春天，雨天变晴天，黑夜变白天，老年变青年，苦战三个月，幸福千万年"是当时干部群众的行动口号。经过一个冬春的奋战，全省兴修水利工程 80 多万顷，平均每平方公里就有 4 项；完成土方 4 亿立方米，受益面积 2700 万亩；其中增加灌溉面积 824 万亩。②

为了指导以防治旱涝灾害和扩大农田灌溉面积为目的的群众性农田水利建设运动的健康发展，水利部于 1957 年 11 月 20 日晚召开了全国农田水利电话会议，时任水利部副部长的何基沣在会上对当时的运动作了总结，对此后的工作提出了意见。河北、河南、山东、吉林、甘肃、陕西、四川等 7 省的水利厅厅长（副厅长）在会上汇报了工作。

根据河北等省的汇报和水利部的分析，全国农田水利建设运动的发展是健康的顺利的，是继 1956 年水利建设高潮之后，水利工作上的又一次"大跃进"。河北、河南、山东、山西、陕西、甘肃、吉林等北方 7 个省，到 1957 年 11 月止，已经扩大了灌溉面积 1600 多万亩，占这 7 省 1958 年年度计划的 33%，而 1955 年和 1956 年同期只完成年度计划的 3%—4%。但是，水利部认为：当前运动的发展还存在不平衡的现象，有的地区动得还不够，劲头还不足。因此，在这次全国农田水利电话会议上，水利部要求各地对水利建设运动要加强具体指导，克服运动发展不平衡的现象，把 1957 年的农田水利建设运动更踏实更全面地开展起来。水利部要求各级领导机关全面深入地对水利工作进行检查，依靠群众指导这一运动健康地发展，在克服右倾保守思想的同时防止盲目乐观情绪产生。③

在电话会议上，何基沣首先总结了 1957 年兴修水利的特点：

---

① 参见《安徽陕西青海江苏及早动手，订出兴修水利计划》，《人民日报》1957 年 10 月 22 日。

② 参见广东省水利电力厅编《广东省十二年水利建设概况》（1961 年 5 月），广东省档案馆藏 266—1—82 卷。

③ 参见《水利部召开全国农田水利电话会议》，《人民日报》1957 年 11 月 23 日。

一是领导主动、劲头足、动手早、行动快，准备也比较充分。中央兴修水利的决定发布以后，各地相继召开了会议，发出了指示。不少地区立即成立了冬修春修的统一指挥机构，由党委第一书记亲自领导，真正做到了全党动员，全民办水利。据不完全统计，各省扩大灌溉面积计划目前已达9000万亩，比较9月全国农村工作会议所提控制指标，增加了50%左右。1957年冬修运动的开展，比往年一般提早了两三个月。仅据河北、河南、山东、山西、陕西、甘肃、吉林7个省11月初的不完全统计，已完成扩灌面积1600余万亩，占七省年度计划的33%。

二是各省都十分重视培养典型，注意推广先进经验。几年来，各个地区都培养了一些好典型，例如河北省天津专区的洼地改造，河南省新乡专区溙河的综合治理，浙江省金华专区的小型水库，湖南省醴陵县的合作用水，安徽省巢县的塘坝联合修管，山西省大泉山的水土保持，等等。1957年各地在开展工作中，都充分利用和推广了这些好的经验。山西省雁北专区经过一年多的努力，已经出现了207个"大泉山"，1958年春可达到500个"大泉山"。很多地区不但注意学习外地的经验，而且十分注意培养、发现本地区好的典型和经验。

三是各地接受1956年运动中的教训，注重工程质量和效益，有的省提出"库成渠通，井成地平"；有的省提出"切实做到修好一处，用好一处，管好一处"；有些省颁布了工程检查验收条例。不少地区抽调大批技术干部下乡，加强群众性水利工程的技术指导。从当前的情况看，大部分地区是有信心做到"又多、又快、又好、又省"的要求的。

四是水利工作密切结合了当前的政治运动。农村中两条路线的大辩论，成为推动水利运动的主要动力。很多地区结合当前工作和群众思想认识，提出辩论题目，组织群众讨论。这对于提高群众认识，克服困难，推动工作有很大作用。例如浙江省东阳县上湖乡通过边鸣放、边辩论、边行动的方式，解决了"兴修水利有没有好处？""依靠国家，还是依靠群众？"等问题，在各社辩论会结束的第二天，就有800多人出工，继续兴修今春没有完成的两座水库。

五是各方面的紧密配合和积极支援。从中央到地方不论工业部门、商业部门、运输部门、宣传部门、监察部门以至于部队、学校，都以巨大热情，给予大力支援。各地商业部门正在千方百计寻找货源，满足水利建设各项物资器材的需要。甘肃、江西等地驻军也都纷纷组织力量帮助农民修水利。①

尽管兴修农田水利高潮正在以排山倒海之势向前发展，但是在部分地区、部分工作中还存在着一些问题。如何进一步加强具体指导，是运动中的重要问题。何基沣在讲话中建议各级领导机关应对水利工作进行全面深入的检查，及时总结经验，发现问题，纠正缺点。对有些地区已经发现的问题，如有的认为国家对水利的投资和农业合作社的积累都有所增加，因而放松了对勤俭办水利方针的贯彻；个别地区发生了强迫命令、浪费劳动力、忽视工程质量和工地安全卫生等现象，都必须立即采取措施加以纠正。

根据全国各地水利建设的发展情况，何基沣提出几个具体问题供各地注意：一是切实保证质量，注意安全，使工程修好后，及时充分发挥效益。在冬修中，坚决贯彻"修、管、用"三位一体的精神，做到"库成渠通，井成地平"，修好一处，管好一处，用好一处。二是在兴修水利工程的同时，应当大力开展冬灌和蓄水保水工作。三是在开展水利工作中应当注意全面规划。四是在物资器材的供应方面，应当本着勤俭精神，尽可能依靠群众和地方力量就地取材，就地供应。五是东北和北方一些地区，再经过一段时间，就要进入冰冻时期，在那个时期中，一些可以施工的工程，如打井、蓄水养冰、打冰坝以及一些可以在工棚内进行的水工建筑物等，仍应继续兴建。不受风冻影响的全国大部省份，则应抓紧12月和次年1月时间，把水利运动推向新的高潮。②

1957年12月22日晚，时任中共中央农村工作部副部长、国务院第七办公室副主任的陈正人在中央人民广播电台对全国各地农村工作人员和农业社社员发表了广播谈话。他指出：一个规模壮阔、声势浩大的群众性的兴修水利运动已在全国大部地区展开。领导在水利运动方面的任务是：一方面，注意指导先进地区继续前进，争取超额完成任务；另一方面，积极

---

① 参见《更踏实更全面地开展水利建设！——水利部何基沣副部长在电话会议上的讲话摘要》，《人民日报》1957年11月23日。

② 同上。

帮助和督促行动迟缓的地区，迅速地赶上去。①

陈正人指出，从当前水利运动发展的情况看，其特点是规模大、劲头足、进度快。根据 20 个省区到 12 月 20 日的不完全统计，当前每天出工兴修水利的人数达到 6300 万人以上。例如安徽省每天平均出工人数达 1100余万人，占全省农业劳动力的 80% 左右。河南、山东、四川等省出工的劳动力也有七八百万人之多。许多开展较好的县、区、乡、社，投入兴修水利、积肥和其他农业基本建设的人数达到总劳动力的 80%—90% 以上，甚至连当地的城镇居民、学生、驻军、手工业者也都参加了轰轰烈烈的兴修水利运动。在这些地区，真是户户无闲人，人人搞生产；社员们提出"早出工、晚收工，月亮底下当英雄"。两个多月来，水利建设获得了空前成绩，不少县、社已经提前完成了原订的冬修任务，有的甚至已提前完成了1958 年的水利计划任务。截至 12 月 20 日，16 个省已经完成的各项工程设施的效益，就可以扩大灌溉面积 3390 万亩，占 1958 年度计划指标 9221万亩的 36% 以上。如河南省在最近 20 天中，就扩大了灌溉面积 154 万亩；甘肃省到 12 月上旬已经有 14 个县完成了 1958 年的原订计划；河北省保定专区到 11 月下旬，已扩大灌溉面积 132 万亩，占原订年度计划的 94%。然而，农田水利建设运动发展得很不平衡，黑龙江省仍然有 5 个县没有行动起来；浙江省到 11 月底还有 12 个县没有水利活动；内蒙古的呼伦贝尔盟和巴彦淖尔盟到 12 月上旬才开会布置水利任务；甘肃省虽然有 14 个县已超额完成了任务，但仍然有个别县份一亩水地也没有发展。② 陈正人指出，这些地方兴修水利迟缓的主要原因，是领导思想有毛病，对迟缓的地区要检查、帮助、督促、批评。当前解决这些问题的关键，在于领导亲自出马，到迟缓的地区，深入地具体地进行帮助，解决思想问题。同时，要解除部分地区单纯等待国家帮助而忽视发动和依靠群众的观点，坚持"依靠群众，大兴农田水利"的根本方针，广泛推广各种先进经验，采取组织参观，开座谈会，利用报纸、广播、编小册子等方式，及时传播先进经验，带动落后。③

陈正人指出，冬季是我国绝大部分地区兴修水利的大好季节，时机不

---

① 参见《先进的再前进！迟缓的赶上去》，《人民日报》1957 年 12 月 23 日。

② 同上。

③ 同上。

可失去。最近,湖南、山东、江苏等省领导部门召开了电话会议或广播大会,号召全省干部和农民群众,抓紧 12 月和 1、2 月的时间,再接再厉,把水利运动推向新的高潮,这种措施是完全正确和及时的。在全国不受冰冻严重影响的大部分地区,都应当这样做。我们建议:凡是气候条件允许的省、专、县和农业合作社都应当争取在春耕以前完成或基本完成 1958年全年水利兴修任务,这个要求若能实现,将为 1958 年农业生产的"大跃进",奠定坚实可靠的基础。①

1958 年 1 月 15 日,《人民日报》发表题为《先进的再前进,迟缓的赶上去,请看一看各地农田水利建设运动进展的情况》的文章,对全国各地农田水利建设的进展情况作了鸟瞰式的描述。文章报道说:从上年 10 月到本年 1 月上旬,100 天的时间内已经实现了 1958 年度农田水利计划数的将近五分之四。已经完成的各项工程,总共可以扩大灌溉面积 7358.9 万亩,改善灌溉面积 2522.8 万亩,治理洼地 3394.8 万亩,控制水土流失面积 22343 平方公里。就各个地区来看,天津郊区已经完成了原定全年计划的将近 3 倍,安徽、广西、陕西等省区已经完成了原定全年计划的一倍半以上,湖北、河北、甘肃等省也超过了原定的全年计划。已经完成的工程扩大灌溉面积绝对数字最大的是河北、河南两省,河北省已经增加灌溉面积 1700 多万亩,河南省已经增加灌溉面积 1500 多万亩,两省合计占全国增加灌溉面积总数的 44% 强。相形之下,新疆、云南、福建、贵州等省区进展迟缓,到 1 月上旬为止还没有实现全年扩大的灌溉面积计划数的五分之一。②

江苏省以兴修小型农田水利工程为主的水利建设运动继续开展。为了进一步促进小型水利工程的进度,更大规模地发动群众,江苏省委又按照本省不同地区的特点,在时任省委第一书记江渭清等人的主持下,在睢宁、常熟、南通、南京分四片召开了水利会议。各片会议都组织代表参观了先进县、先进乡或先进社的小型水利工程,总结了许多来自群众创造的治水经验,确定了各种不同地区不同的治水方针。如睢宁县炬星社按地方等高线分段排水,全面搞沟洫圩田的经验,是平原坡地防涝防旱的榜样。

_____

① 参见《先进的再前进!迟缓的赶上去》,《人民日报》1957 年 12 月 23 日。

② 参见《先进的再前进,迟缓的赶上去,请看一看各地农田水利建设运动进展的情况》,《人民日报》1958 年 1 月 15 日。

1957 年，该县很多地区连续下雨，雨量达 175 毫米仍未受涝。总结了睢宁县的经验，便确定了整个徐淮平原坡地"以蓄为主，排灌兼施"的治水方针。占全省耕地面积三分之一的平原坡地，如果全部推广睢宁县的治水经验，对改变徐淮地区农业生产面貌将起决定性的作用。到 1958 年 2 月 4 日止，全省平均每天参加小型水利工程的人数达 500 万人以上，完成的土方已超过 5 亿立方米。淮阴专区 12 个县市还开展了每个脱产干部挖"一百方土"的运动。淮阴地委和江都、泗阳、溧水等 22 个县市的党委书记都亲赴工地挖土运土。① 在全省范围内，形成了一个"大跃进"的新浪潮。

到 1958 年 9 月底，江苏全省共完成各种水利工程土石方 43 亿余立方米，其中大中型工程 233 项，土石方 2.2 亿余立方米（统计到 6 月底），农田水利土石方 41 亿余立方米，新建和整修水库、塘坝 16 万座，河道沟洫 68 万多条，新打和整修水井 6.2 万余眼，兴建大中型建筑物 36 座。关系到改变苏北地区洪涝威胁的分淮入沂工程已开工，其中关键性的二河闸工程已完成。解决沂沭洪水的骆马湖蓄水工程，除嶂山闸及嶂山切岭外也基本完成。全省发展机电灌排 72700 马力，并兴建水、风、潮力发电站 85处，发电量 692 千瓦，动力站 17871 处 56794 马力。这些水利工程的兴建，使江苏全省扩大灌溉面积 1145 万亩（其中旱改水 388 万亩），加上原有灌溉面积，已占到现有耕地的 50% 以上，改善灌溉面积 1400 万亩，改善低洼易涝面积 3000 多万亩，水土保持初步控制面积 2300 平方公里。②

河北省 1957 年入冬后掀起了规模空前的群众性的兴修水利和积肥运动。投入运动的人力，每天有 1200 万人之多。截至 1958 年 1 月下旬，在大约 3 个月的短暂时间里，全省扩大浇地面积 2542 万多亩，相当于合作化以前 6 年每年平均扩大浇地面积的 30 多倍。在山区水土保持工程方面，已经修成了小水库 1703 座，正在施工的还有 1985 座，共增加控制流域面积 5433 平方公里。运动一开始，河北就认真贯彻了全面规划、综合治理、集中治理、综合利用和以蓄为主、小型为主、社办为主的方针，明确贯彻了"以蓄为主，蓄而为用"的思想，在山区修水库、水窖，在平地利用坑塘洼地河道存蓄洪水，既解决了灌溉水源，也防止了洪涝灾害。据高树勋

---

① 参见《江苏两年内消灭旱涝灾害，广东农民正为消除干旱灾害作斗争》，《人民日报》1958 年 2 月 11 日。

② 参见江苏省水利厅《江苏省 1958 年水利工作报告和 1959 年工作安排》，江苏省档案馆藏3224—长期—547 卷。

介绍：运动深入到每一个角落和每一个人，真是"乡乡有任务，社社搞水利"，夜以继日，坚持不懈。常常几十里地，一片人海，白天红旗遍地，夜晚灯火通明。徐水县是河北兴修水利运动中最有计划、有系统的一个地区，徐水全县有89个山头，现已根治了27个，连山区带平原1958年计划修水库200多个，目前已完成了100余个。这些水库完成后，共蓄水1.3亿万立方米，消灭了境内的洪沥水灾害，实现了水利化。在渠灌地里又打了井，渠里有水用渠，渠里无水用井。现在全县已形成一个河河相通、渠渠相通、库库相通的水利体系。这样，他们的农业增产的速度就来了一个大飞跃，计划从1957年的亩产210斤达到1958年的500斤。全县做到"有钱出钱，有料出料，有技术出技术，有计献计"。另据沧县专区统计，群众投资就达到1500余万元，相当于国家在该区投资的3倍以上。①

上海市东郊区也在1957年冬季掀起了前所未有的群众性兴修水利的高潮。群众干劲十足，运动开始后，各乡、社指标直线上升，全区突破100万立方米，再破150万立方米，又破200万立方米，最大达到237万立方米的任务，等于新中国成立后历年疏浚的总和，超过1957年的10倍。1958年2月14日是全区出工最多的一天，有4万人左右。在这次水利运动中，全区出勤率达到90%左右，同时农民打破常规，在春节出动，往年习惯要过年初五才愿出工，而1958年的年初一就出工了。②

三   1958年水利建设的成绩与特点

据《人民日报》1958年2月23日报道：经过4个多月的苦战，全国超额79.6%完成了1957—1958年度兴修农田水利的计划。原计划要求增加灌溉面积9221万亩，但截至2月20日统计，全国实际完成的各项农田水利工程，总共可以增加灌溉面积1.65亿多亩。而新中国成立前几千年所发展的灌溉面积总数也不过2.4亿亩。③

据有关部门统计，截至1958年3月31日，全国已经完工的农田水利

---

① 参见高树勋《苦战三年，改变面貌，十年计划，五年完成》，《人民日报》1958年2月12日。

② 参见《东郊区兴修农田水利总结（草稿）》，上海市档案馆藏B45—2—148卷。

③ 参见《苦战四月全国水利计划超额完成，原计划增加灌溉面积九千多万亩现已增加到一亿六千多万亩》，《人民日报》1958年2月23日。

工程共可增加灌溉面积 2.726 万多亩，经过修订的 1958 年扩大农田灌溉面积计划已经提前半年超额完成。1958 年原订扩大农田灌溉面积 9221 万亩（从 1957 年 10 月起至 1958 年 9 月止），这个计划到 1 月末就已被突破。各省和自治区先后修订了计划，使全国 1958 年扩大农田灌溉面积的计划增加到 2.6 亿亩。从 1957 年 10 月起的 6 个月中，全国新修农田水利工程扩大的灌溉面积，等于新中国成立前几千年所发展的灌溉面积的 120%。超过第一个五年计划期间增加的灌溉面积的 30%，为 1955 年冬和 1956 年春那一次水利高潮完成实绩的两倍半。①

据《人民日报》1958 年 5 月 3 日报道：以水利为中心的农田基本建设高潮的规模，投入的人力、物力和财力，进度和成就都是史无前例的。据 1958 年 4 月中旬的不完全统计，全国农村兴修水利、水土保持和洼地治理三项完成的工程总量，共达土石方 250 多亿立方米，全国农民共做了 130 多亿个工日。以 1 亿劳动力计，每个劳动力就做了 130 多个工日。这事实上是 5 亿农民的总动员。半年来修成的农田水利工程、水土保持工程和洼地治理工程，成绩都是巨大的。在农田水利方面，截至 4 月底止，新增灌溉面积达 3.5334 亿亩，比新中国成立以来 8 年间新增的灌溉面积 2.7321 亿亩多 29.3%，比新中国成立以前原有的灌溉面积 2.3893 亿亩多 47.9%。这就使全国灌溉面积（包括水田和水浇地）从 1957 年 10 月前的 5 亿多亩一跃而达 8.6548 亿亩，达到耕地总面积的 50% 以上，超过了印度和美国；使 5 亿农民每人有 1.7 亩多可浇灌的耕地，比新中国成立前每人平均占有的可浇灌的耕地增加了 2 倍多。在水土保持方面，新增可控制的面积达 15.9 万平方公里，洼地治理达 2.0325 亿亩。全国灌溉工程设备有了很大的发展。1957 年底，全国共有渠道工程 176 万处，其中灌田万亩以上的有 1800 多处；各种塘坝（包括小水库）蓄水工程 831 万处，水井 774 万眼。② 可见，经过 1958 年半年的农田基本建设，全国平原和山区都发生了很多变化。最显著的是河南平原、安徽省淮北平原和华北平原、豫西部分山区和甘肃中部的山区。易旱易涝的河南和淮北平原，水田和灌溉面积发展最大，往年积水的涝区洼地 1958 年变成鱼米之乡。半年来的农

---

① 参见《全国灌溉面积扩大了多少？二亿七千万亩》，《人民日报》1958 年 4 月 2 日。

② 参见《灌溉面积已占总耕地一半多，每个农民平均占有可浇灌耕地比解放前增加两倍以上》，《人民日报》1958 年 5 月 3 日。

田水利建设大大提高了这些地区防止水旱灾害的能力，为农业增产提供了可靠保证。

1958 年 5 月下旬，国务院第七办公室发言人对全国农田水利建设工作给予充分肯定："这次水利建设高潮，是我国水利建设历史上的一次革命，是我国农民经过经济上政治上和思想上的社会主义大革命，经过社会生产力的大解放之后，把自己由受自然支配的奴隶变为支配自然的主人的一次革命。"① 对于取得的成绩，发言人指出：从 1957 年 10 月到 1958 年 4 月底的短短 200 天时间中，全国共扩大灌溉面积 3.5 亿亩，改善灌溉面积 1.4 亿亩，洼地治涝面积 2 亿多亩，水土保持初步控制面积达 16 万平方公里，完成土石方的总量达 250 亿立方米。在水利建设高潮中，许多地方农民提出了"苦干一冬、大战一春、实现水利化"，"向山要地，向水索粮"，"几年辛苦，万年幸福"等豪迈口号。他们变冬闲为冬忙，"思想不冻地不冻"，在零下 30 度的严寒中坚持施工。他们咬牙苦干，节衣缩食，挤出资金，大搞水利。他们克服了一切困难，冲破了一切清规戒律，从山区到丘陵到平原到洼地，创造了各种各样的系统的水利工程。他们在向大自然进军中不仅斗力，而且善于斗智。随着工程规模的扩大，劳动量的增加，创造了成千成万的提高工效的工具。特别可贵的是，他们在兴修水利中打破了几千年祖传的只顾本乡本土的狭隘观念，互相关心，互相支援。这些工程绝大部分修得很好，其中有 60% 以上已经发生了效益，还有 30% —40% 的工程不能立即发生效益。为了充分发挥已有工程的效益，根据各地已有的经验，主要应抓四项措施：（1）抓紧雨后蓄水、引水、保水工作，通过各种引水、蓄水工程，拦蓄径流，不让水跑掉；（2）大力挖掘自流泉，拦蓄旱河潜流，充分发挥地下水的潜力，并尽可能做到渠灌与井灌结合的双保险；（3）加强灌溉管理，节约用水；（4）结合春播夏种，或利用农业生产间歇时间，积极平整土地。此外，各地应当继续大力提倡和推广各种改良提水工具，奖励群众发明创造，同时充分挖掘已有抽水机械的潜力，应当抓紧总结经验，训练干部，传授技术，使灌溉技术的革新运动得以迅速开展。②

---

① 《发挥工程效益，今冬继续大干，国务院第七办公室发言人谈农田水利建设工作》，《人民日报》1958 年 5 月 24 日。

② 同上。

在 1958 年的水利建设高潮中，河南走在了全国的前列，取得了突出成绩。河南省按照"以蓄为主、小型为主、社办为主"的治水方针，取得了水利建设的空前成就。到 1958 年 5 月，全省 122 个县市已有 105 个县市基本实现了水利化。截至 1958 年 5 月 8 日统计，总计完成土石方 80.04415 亿立方米，已做水利工程的蓄水能力达到 254.6 亿立方米，扩大灌溉面积 7471 万亩，加上原有的 4300 万亩，全省水利建设灌溉能力共可达到 1.17 亿亩，占全省总耕地面积的 86.6%，其中自流灌溉面积达到 4675 万亩。①

1958 年 6 月 7 日，《人民日报》发表题为《河南人民做出了好榜样》的社论，对河南水利建设成就给予表扬，号召全国各地学习。社论说：1957 年冬季以前，河南省还只治理了一条涝河；现在，全省各地建设了大量的多种多样的水利工程，把全省除黄河以外的大大小小的河流都按照涝河的样子初步"管理"起来，使它们在一般情况下不容易泛滥成灾了。在黄河边上还兴建了规模巨大的引黄灌溉工程（其中有的工程是同河北、山东共同兴建的）。河南人民在水利建设中有许多宝贵的创造，例如可以大大加速打井进度的跃进锥，能够省水、省地、省工的地下灌溉渠道网等创造，都已闻名全国。至于其他水利施工工具和提水工具方面的创造，更是层出不穷。河南人民在水利建设中，不但善于创造，也善于学习。河南省各级领导机关，不但大力推广了省内的先进经验，而且虚心地学习兄弟省区的先进经验。社论指出，河南省苦战半年基本实现水利化的事实，更加增强了我们对于农业生产"大跃进"的胜利信心。"现在河南省首先实现了基本水利化，使大多数农田摆脱了普通水旱灾害的威胁，这就为实现农业生产大跃进创造了最有利的条件"。社论希望北方各省加倍努力，争取在一两年或两三年内使大部分农田变成水浇地和水田；希望南方各省也像河南省一样，在最短期间基本实现水利化，摆脱普通水旱灾害的威胁。社论强调说：河南省基本上实现了水利化，"是河南人民的伟大胜利，也给全国人民做出了好榜样"。

1958 年 5 月 21 日至 6 月 5 日，农业部在武汉召开南方地区农田水利工作会议，参加会议的有湖北、湖南、江西、广东、福建、江苏、安

---

① 参见《发挥群众威力征服大自然的范例，河南基本消除一般水旱灾害》，《人民日报》1958 年 6 月 7 日。

徽、浙江、四川、云南、贵州、广西、上海等 13 个省（自治区）市和陕西、河南两省的 3 个专区的代表，以及中央有关各部、委、室的代表共 180 多人。会议主要总结了 1957—1958 年水利年度南方各省水利建设高潮的经验。会议认为，南方各地和全国一样掀起了农田水利建设的高潮，取得了史无前例的巨大成绩。据参加会议的各省（自治区）、市的不完全统计，这期间共扩大灌溉面积 1.3 亿余亩，有些省（自治区）市的灌溉面积已达到现有耕地面积的 70%—80%，甚至 90% 以上。同时，还改善灌溉面积达 1.2 亿亩，防洪防涝面积 1 亿亩，水土保持初步控制面积 5.3 万平方公里。并且积极进行了中小河流的治理和农村水电站的兴建工作等。会议期间，各地代表参观了襄阳专区的水利建设，交流了各地大兴水利的重要经验。①

会议认为，南方各省兴修农田水利方面最主要的经验是：必须加强各级党委对水利工作的领导，在政治挂帅的前提下做到政治和技术结合，领导和群众结合，充分发挥群众的革命干劲和无穷的智慧；必须坚决贯彻"蓄水为主，小型为主，社办为主"的水利建设方针，在这个基础上结合必要的排水工程、大中型工程和由国家举办的工程；必须加强和扩大社与社之间、乡与乡之间、县与县之间、省与省之间的共产主义的协作；必须破除迷信，解放思想，大胆革新，大胆创造，不断地提高劳动效率和工程质量；此外，还必须加强对水利灌溉的管理，做到节约用水，合理用水，提高水的利用率。大家一致认为，襄阳专区在上述各方面都有较好的经验。这个专区采用"远处引水、近处灌田、盘山开渠、渠堰相连、闲时灌堰、忙时灌田"的办法建立西瓜秧式的自流灌溉网，是一项创造性的措施，为今后山区和丘陵区大搞水利建设找到了方向，建议各地大力推广。会议认为，福建省南平专区改进灌溉方法、改良烂泥田和改良冷水田的"三改"经验也很好，建议各地因地制宜地组织推广。②

1958 年 6 月 20 日，农业部召开的北方地区农田水利工作会议在河北省保定市开幕，经过 27 天的会议，7 月 16 日在河南省郑州市闭幕。参加这次现场观摩会议的有辽宁、吉林、黑龙江、内蒙古、河北、河南、山

---

① 参见《南方地区农田水利会议总结》，江苏省档案馆藏 3224—长期—361 卷。

② 参见《争取南方地区基本水利化，农田水利工作会议提出大干一冬春的宏伟任务》，《人民日报》1958 年 6 月 9 日。

东、山西、陕西、甘肃、青海、新疆、宁夏等省（自治区）和北京市的代表100多人。会议期间，时任中共中央政治局委员、中共中央书记处书记的谭震林到会作了重要指示。

会议采用开会、参观交错进行的形式，在河北、安徽、河南三省，参观了徐水、安国、宿县、濉溪、扶沟、鄢陵、郏县、禹县、长葛等9县的水利建设，交流了各省不同地区兴修农田水利、治水防洪、水土保持、改造洼涝的丰富经验，总结了过去一年北方地区水利建设的史无前例的巨大成绩。仅北方13个省（自治区）和北京市就扩大灌溉面积2.9亿亩，洼改治涝1.2亿亩，水土保持初步控制面积为16.8万平方公里，完成土石方360亿立方米以上。灌溉面积的比例已由1957年占耕地面积的19％跃升到49％，很多省、专、县的自然面貌和农业生产面貌发生了根本的变化。通过这次现场会议，实地参观，从山区到丘陵到平原到洼地都找到了治理的典范。徐水县地上水与地下水利用同时并举，两套灌溉设施做到双保险的经验；安国县"地平如镜面，垄沟直如线"灌溉耕作园田化的经验；宿县和濉溪县河网化的经验；扶沟用群众力量举办较大拦河闸的经验，以及长葛县井泉灌溉、工具改革、深翻土地的经验等，都是值得学习的榜样。[①]

会议指出，全国实现水利化的关键在于北方，北方的任务要比南方大得多，为此，北方各省（自治区）、市应掀起一个"学河南、赶河南的运动"，把水利建设推向更大的高潮。会议初步提出了北方各省区和市大干一年的各项具体指标。这些指标包括：增加灌溉面积，使北方地区在大干一年之后，基本上实现水利化；改洼治涝，使全部低洼易涝区得到初步治理；实现大面积土地上的河网化和灌溉园田化；使大部分水土流失区得到初步控制。此外，还要在兴修水利中发展农村水电和大量改良提水工具。会议经过研究，确认今后水利建设的方向：继续贯彻以小型为主、蓄水为主和群众自办为主的方针，以兴修小型水利工程为基础，中型为骨干，辅以必要的大型；大、中、小型相结合，由点到面，由分散到系统，由一乡一社到中小河流域的综合开发，结合中小河流域治理，大力发展农村水电、航运和水产事业；争取在一两年内基本消灭

---

① 参见何基沣《北方地区农田水利工作会议总结》，江苏省档案馆藏3324—长期—502卷。

水旱灾害，全面完成水利化。①

　　1958 年 6 月 23 日，李葆华在《人民日报》上发表《水利运动的新形势》一文，对 1957—1958 年度水利建设高潮进行总结。他指出："去年冬季以来，水利建设出现了新形势。这不仅表现在农田水利以史无前例的速度、规模和声势开展起来，成为农业大跃进中的前浪，而且表现在群众的力量和智慧打破了治水的陈规，为我国社会主义建设时期的水利工作确定了正确的路线，并将在几年之内基本上改变我国的自然面貌。"究竟打破了哪些陈规？首先，这次运动打破了只有国家花钱才能办事的思想。许多地方的例子说明：过去等国家投资，什么事也没办成，现在坚决依靠群众，就把千年留下的问题解决了。治淮 8 年，国家共投资 14.5 亿元，做了 16 亿多立方米的土石方，1958 年仅安徽一省，主要依靠群众力量就做了 50 多亿立方米的土石方。湖南省常宁县 8 年来只修了 60 座小型水库和 1 座中型水库，1958 年主要依靠群众自筹，却修建了 700 多座水库。其次，这一运动打破了技术的神秘观点，并大大推动了水利技术的发展。群众所创造的"长藤结瓜"、"白马分鬃"、"葡萄串"、"满天星"等多种多样的水利规划，大大地丰富了前人的经验。再次，这一运动打破了"谁受益，谁负担"的老观念，开始打破社、乡以至区、县的界限，成为全民性的建设运动。②

　　李葆华对 1958 年兴修的水利工程作了分析：在已完成的 4 亿亩灌溉面积的工程中，大约有 50%—60% 已经发挥了效益。有相当数量的蓄水工程在汛期蓄水后，就可以发挥作用。有一部分工程，由于水源不够或者提水工具没有解决，或者土地还没有平整，目前可以起部分灌溉或抗旱作用，需要继续开辟水源，解决提水工具、平整土地后才能完全发挥作用。有一部分灌区需要在收麦后才能平整土地，引水浇地。也有少数工程，在蓄水、引水的实际考验中，可能发现一些问题，需要经过整修才能使用。因此，今后水利建设除了还要大量发展小型水利工程以外，对已完成的小型工程，还有许多事情要做："已成的小型工程，需要继续整修、加固，提高标准。已经提高标准的工程，也要经常防护，每年维修，保证效益。鱼

---

① 参见《北方地区农田水利工作会议决定，大干一年提前实现水利化》，《人民日报》1958 年 8 月 1 日。

② 参见李葆华《水利运动的新形势》，《人民日报》1958 年 6 月 23 日。

鳞坑需要种上树,维护好,一直到山坡绿化为止。山区、丘陵区地边埂需要继续加工,一直到梯田化为止。水井水塘需要解决提水工具,每个灌溉工程都要做到引水浇地为止。"①

1958 年度全国群众性的水利建设高潮究竟取得了怎样的成绩?1958 年 10 月 14 日,农业部正式发布了 1958 年农田水利成就公报,水利建设的各种数据最为权威。公报指出:"一年期间,全国共扩大灌溉面积 4.8 亿亩,洼改治涝面积 2.1 亿亩,水土保持初步控制面积 30 万平方公里,新建农村水电站 10 万千瓦,水力站 18 万马力,完成土石方总量 580 亿公方。当前我国的灌溉面积已达 10 亿亩,占全国耕地总面积的比例,由 1957 年 9 月份的 31% 跃升到 59.5%,占世界灌溉总面积的三分之一以上。从发展速度、建设规模、完成数量上看,今年我国农田水利建设事业的发展,创造了世界水利史上的奇迹。"②

同日,《人民日报》发表了题为《掀起更大的农田水利高潮》的社论。社论指出:"这是我国勤劳勇敢的五亿农民在党的领导下,奋战一年所取得的辉煌战果。一年扩大灌溉面积四亿八千万亩,翻遍古今中外历史是找不到先例的。我们祖先经过几千年的漫长岁月和辛勤劳动,到解放前全国只有二亿三千万亩的灌溉面积;解放后八年,水利建设迅速发展,又扩大灌溉面积二亿九千万亩;而今年一年的成就,就超过解放前的几千年和解放后的前八年。近二十年间全世界扩大灌溉面积共四亿多亩,可是我们一年的水利建设成就就超过了它。这个亘古未有的奇迹,只有在中国共产党领导下的六亿人民才能创造。"社论指出:"我们的口号是:水利化寸土不让,抢时间分秒必争,高举总路线的红旗,在今冬明春的水利高潮中,来一个更大的跃进。"

1957—1958 年群众兴修农田水利运动,与 1956—1957 年的兴修水利高潮相比有四个明显特点:一是规模大,干劲足。全国每天出工人数,1957 年 10 月是 2000 多万人,11 月上升为 6000 多万人,12 月超过了 8000 万人,1958 年 1 月发展到 1 亿人左右。时任水利部部长的傅作义描述道:从深山到浅山,到丘陵,到平原,到洼地,到海边,从天山南北到珠江两

---

① 参见李葆华《水利运动的新形势》,《人民日报》1958 年 6 月 23 日。

② 《水利建设创世界奇迹,一年扩大灌溉面积四亿八千万亩,现有灌溉总面积占世界三分之一》,《人民日报》1958 年 10 月 14 日。

岸，到处红旗招展，与旱涝灾害进行着斗争。在最寒冷的黑龙江和内蒙古地区，群众仍冒着零下 30 度的严寒坚持施工。群众形容工地的景色是"白天一片红，晚上一片明"，一片红是红旗飘扬，一片明是万盏灯火。"山高高不过决心，天冷冻不了热心"，这就是群众的英雄气概和他们所提出的豪迈口号。①

二是速度快，质量好。1957 年 8 月，在全国农田水利会议上提出的 1958 年扩大灌溉面积的指标是 4408 万亩；10 月，中央农村工作部召开的第四次农村工作会议修改为 6184 万亩；12 月，国家经济委员会（简称国家经委）召开的国家计划会议又修改为 9221 万亩。可是据截至 1958 年 1 月 31 日的统计，全国实际完成的数字已经达到 1.1798 亿亩，用 120 天的时间超额完成了全年计划。其中河北省已完成 2542 万亩，河南省完成 2252 万亩，山东省完成 1333 万亩，安徽省已做了土石方 17.4 亿立方米。这就是说，全国平均每天可以增加灌溉面积约 100 万亩，以这种惊人的速度来看，全国扩灌面积还要大大地增加，各地原订的计划指标都在不断地进行调整。与此同时，各地对水土保持、洼地治理和改善现有灌溉面积也都做了巨大的工作。截至 1958 年 1 月 31 日，水土保持初步控制面积已完成 45269 平方公里，洼地治理面积已完成 7452 万亩，改善灌溉面积已完成 5278 万亩。1958 年修筑的大量的农田水利工程，在开始兴修时注意贯彻多、快、好、省的方针，重视工程质量。在施工过程中不断地组织检查评比，较大的工程完成后进行正式验收。故 1958 年各地所做的工程一般质量较好。②

三是政治加技术，干劲加钻劲，在水利运动中培养了大批又红又专的干部。各级党政领导深入工地，向工人学习，向农民学习，向技术人员学习，很多地委县委书记、专员、县长、乡社领导干部变外行为内行，成为水利工作的专家。他们掌握了水利技术以后，就能更好地结合群众的智慧，解决工作中的关键问题。他们既是政治领导者，又是生产技术员，也是直接劳动者。③

四是发挥了群众的积极性和创造性，创造了许多治水经验。甘肃武山

---

① 参见《四个月的成就等于四千年的一半，水利部部长傅作义畅谈农村中兴修水利的高潮》，《人民日报》1958 年 2 月 7 日。

② 同上。

③ 同上。

县、湖北襄阳专区、云南玉溪县、贵州修文县首先树立了引水上山长藤结瓜的旗帜。很多地区发展了它们的经验，盘山开渠，节节拦河，渠库相连，引蓄结合，形成山区完整的自流灌溉系统，解决了山区、丘陵区实现水利化的问题。河北天津专区的洼地改造等经验，为广大平原易涝地区和沿海低洼荒碱地区的根本治理指出了方向。在水土保持工作中，各地推广和发展了山西大泉山、甘肃邓家堡、河南禹县等地经验，采取挖鱼鳞坑、水平沟，修建谷坊、水库群，封山育林、植树种草、耕地梯田化等办法，工程措施与生物措施相结合，由点的治理发展到大面积治理，充分利用水土资源，根本改造山区面貌。河南潖河的经验，河南沙颍河、河北海河和广东兴宁县以宁江水为中心的治理，从上到下，全面控制，综合开发，确立了大、中、小型工程相结合的流域治理方向。在灌溉管理工作中，适应新的农业增产措施，河北安国县的灌溉耕作园田化和徐水县的渠灌井灌双保险，甘肃武山县的山地灌溉，河南偃师县的地下渠道，湖南衡阳专区的自流灌溉，新疆改造盐碱地，以及福建改串灌为轮灌和改造烂泥田、冷水田等经验，为灌溉事业的技术革新开辟了道路。[①] 吉林省在群众性的兴修水利运动中创造了改革工具运动等许多好经验，"仅磐石县群众革新工具就达 67 种，提高工率 1 至 3 倍，弥补了人畜力不足。群众性的工具改革运动，具有极其伟大的革命意义，它将引向农业技术的大革命，引向农村实现机械化和电气化"[②]。

　　1958 年 4 月，时任农业部农田水利局局长的屈健对全国正在开展的水利建设高潮情况作了概括。他指出："全国水利也是高潮，规模很大，发展很迅速，群众觉悟高，质量好，创造发明很多，这是水利建设大跃进的特点。"[③] 此后，农业部对 1958 年度兴修农田水利运动的特点作了高度概括："动手早，行动快；领导强，干劲足；规模大，持续久；创造多，质量好；大协作，效率高；投资少，收效宏。"[④]

　　① 参见《水利建设创世界奇迹，一年扩大灌溉面积四亿八千万亩，现有灌溉总面积占世界三分之一》，《人民日报》1958 年 10 月 14 日。

　　② 吉林省水利局：《鼓起革命干劲，力争三年实现水利化》，吉林省档案馆藏 52—10—4 卷。

　　③ 《农业部农田水利局屈健局长在吉林省水利会议上的讲话》，吉林省档案馆藏 52—10—4 卷。

　　④ 《水利建设创世界奇迹，一年扩大灌溉面积四亿八千万亩，现有灌溉总面积占世界三分之一》，《人民日报》1958 年 10 月 14 日。

四   群众性治水运动新高潮的掀起

1957—1958 年度全国农田水利建设取得了辉煌战果。1958 年 6 月 23 日,李葆华在《人民日报》上发表《水利运动的新形势》一文,对 1957—1958 年度水利建设高潮进行初步总结,同时明确提出了水利建设 "需要更大的跃进" 的口号。他指出,第二个五年计划中水利建设应当有一个更大的跃进,全国江河治理与开发、电力建设、灌溉等方面应当这样安排:对于松花江、辽河、海河、黄河、淮河、长江、珠江的治理与开发,采取干支流、上中下游、大中小型结合,点线面结合,防洪、发电、灌溉、航运综合开发的办法进行规划与治理,争取在第二个五年计划期间基本上消灭普通洪水的灾害,更多地发展灌溉与水电。在发展灌溉方面,主要依靠群众性水利运动,结合必要的大中型工程,扩大灌溉面积 7 亿亩,这样到 1962 年将有 12 亿亩的水田和水浇地,约占耕地面积的 70% 以上,基本实现水利化。[①]

1958 年 8 月 18 日,《人民日报》发表题为《大干一冬春,基本实现水利化》的社论,在总结 1957—1958 年农田水利建设成就的基础上,号召全国各地早做准备,在 1958—1959 水利年度掀起更大规模的建设高潮。社论指出,经过 1957 年及 1958 年春的苦战,水利建设已经取得了巨大成就,今后还应该干什么呢? 正确的回答是:"为了保证今后农业生产的更大跃进,应该继续大干下去。从第四季度起,再大干一冬一春,争取全国绝大多数地区基本实现水利化。这就是我们的任务。" 北方有一半以上的耕地还没有得到灌溉;四分之三水土流失严重的地区还没有得到治理;已修的工程标准一般偏低,遇到大的水旱灾害,还不完全保险。南方的水利条件虽好,但是除了少数几个省外,水利建设的成绩一般不如北方大。所以不能自满自足。社论鼓励各地 "乘胜前进,继续大干,首先初步实现水利化,进而彻底实现水利化"。社论指出,为了进一步发展水利建设,加快实现水利化,必须继续贯彻蓄水为主、小型为主、社办为主的 "三主"方针,以小型为基础,中型为骨干,辅以必要的大型工程,大中小互相结合,才能多快好省地进行水利建设,这是领导亿万人民进行水利建设的正

---

① 参见李葆华《水利运动的新形势》,《人民日报》1958 年 6 月 23 日。

确路线。

社论指出：今冬明春的水利建设规模将比去冬今春更大得多。据从1957年10月到1958年7月底的统计，全国共完成土石方560亿立方米。在下一个年度中，仅北方地区计划完成的土石方量就有860多亿立方米。南方地区也计划完成300亿立方米。为此，各省区对于今冬明春的水利建设要有比较充分的思想准备和工作准备。农业部分别召开的南方和北方农田水利工作现场会议，总结了水利建设的经验，并讨论和拟出了下一年度的任务，实际已经开始了新的水利年度的水利建设准备工作。社论号召：各个地区应当本着"今年抓明年、上季抓下季"的精神，抓紧制定规划、训练干部、筹措资金和建设物资，为今冬的水利建设做好一切准备。

1958年8月29日，中共中央政治局北戴河会议通过的《中共中央关于水利工作的指示》，对1958年的水利建设作了总结，提出了1958—1959年水利建设的目标，具体部署了水利建设工作。《指示》指出：去冬以来的农田水利建设，在1958年防汛抗旱斗争中，发挥了巨大作用，缩小了成灾面积，减轻了灾害程度，减少了粮食损失约300亿至400亿斤，开始创造了农业生产能够基本上避免一般水旱灾害的可能，使农业生产能够比较稳定地发展。这些事实充分证明：加强党的领导，坚持政治挂帅，统一规划，全面治理，贯彻"三主"方针，坚决依靠群众，是做好农田水利建设工作的基本关键。去冬以来已扩大灌溉面积4.5亿亩，加上原有灌溉面积共达9.7亿亩，占现有耕地的57%，占全世界现有灌溉面积的三分之一以上。只要再苦战两冬两春，全国现有耕地基本上完成水利化是完全可能的。《指示》指出：1959年农田水利建设的任务和具体规划，已由农业部在五、六月份分别召开的襄阳会议（南方12省区）和郑州会议（北方各省区）上作了部署，拟定1959年扩大灌溉面积4.9亿亩，治涝面积7281万亩，初步拟做土石方961亿立方米。这两个会议之后，各省、市、区都已开始行动，时间比1957年提早很多，各地所作出的规划一般都高于两个会议的规划，土石方工程已超过了1000亿立方米。可以预计，今冬明春的水利建设将远远超过去冬今春的成绩。①

为更好地完成兴修农田水利工程的规划，中共中央提出如下意见：

---

① 参见《中共中央关于水利工作的指示》，《人民日报》1958年9月11日。

（1）方针问题。在贯彻执行"小型为主，以蓄为主，社办为主"的"三主"方针时，应该注意在以小型工程为基础的前提下，适当地发展中型工程和必要的可能的某些大型工程，并使大、中、小工程相互结合，有计划地逐渐形成比较完整的水利工程系统。在兴修水利工程时，不论是小型工程、中型工程或一般的大型工程，必须是依靠群众力量为主，国家援助为辅，并且应当实行以蓄为主，达到充分地综合利用水利资源的目的。力求农田灌溉、水力发电、船运尽可能互相结合，对于农村小型水力发电，应有计划地发展。（2）规划问题。除了各地区进行的规划工作外，全国范围的较长远的水利规划，首先是以南水（主要是长江水系）北调为主要目的，即将江、淮、河、汉、海河各流域联系为统一的水利系统的规划，和将松、辽各流域联系为统一的水利系统的规划，应即刻加速制定。（3）解决不同地区水利问题的办法：平原和低洼易涝地区，应像安徽淮北地区那样实行河网化，或参考运用河北、天津那样洼地改造的经验；山区、半山区和丘陵高原地区，应像甘肃武山、湖北襄阳、河南漭河那样实行山上蓄水，水土保持，山区、平原、洼地全面治理，引水上山、上塬，开盘山渠道以至像引洮工程那样，开辟山上运河，解决山区水利；渗漏严重地区，如甘肃河西接近沙漠地区，主要是大量修筑水库，衬砌渠道，消除渗漏，并要充分拦蓄和利用雪水，保证灌溉；水土流失地区，必须实行工程措施和生物措施相结合的办法，积极推广山西大泉山、河南禹县的经验，挖鱼鳞坑、水平沟，修建谷坊、山塘、水库，以及种树种草，封山育林，耕地梯田化等，经过这些措施，达到蓄水保土；在兴修农田水利的同时，应积极进行平整土地，达到兴修与利用结合。（4）加强工具改革，要使所有的运输工具都装上滚珠轴承，这是克服劳力不足、提高工效、提前和超额完成任务的一个关键。在开挖土石方工程中，应注意提高操作技术，如松动爆破法、定向爆破法等。只要抓紧了工具改良和提高操作技术这两个关键，兴修水利工程的巨大任务，就有可能提前和超额完成。[①]

1958年9月13日，《人民日报》发表了题为《为明年农业更大的跃进而奋斗》的社论，号召各地坚决执行《中共中央关于水利工作的指示》，再次掀起农田水利建设的新高潮。社论指出：去冬以来的农田水利建设，

[①] 参见《中共中央关于水利工作的指示》，《人民日报》1958年9月11日。

已经在1958年发挥了巨大作用，一半以上的耕地已经能够基本上避免一般水旱灾害。中央指示要求再苦战两冬两春，实现全国水利化，这将使我国农业生产进入完全有保障有把握的新时代。这是我国人民过去几千年梦寐以求而不可得的。我们必须按照中央所指示的加强党的领导，坚持政治挂帅，统一规划，全面治理，贯彻"三主"方针，坚决依靠群众，以期胜利完成农田水利建设的任务。

《中共中央关于水利工作的指示》发布后，全国各地开始贯彻执行，大规模的农田水利兴修高潮的序幕逐渐拉开。广西、湖南、河北、贵州等省区开始了大修水利工程，河南、安徽、辽宁、山东、四川等省的部分工程也陆续动工。据1958年9月19日《人民日报》报道：广西在结束了春修水利运动后，立即着手进行一系列兴修准备工作。8月完成了勘测设计工作后，立即调动了大批劳力投入兴修水利工程，仅用10多天时间，计划开工的大、中型工程就全部开工了，形成了热火朝天的兴修水利运动。到9月中旬，广西有近300处大中型骨干水利工程开工，总受益面积1100多万亩，几乎占下一年度水利兴修计划的一半。湖南省已有2000多座水库开工，其中有100多座已经完工。贵州省抽出20%的劳力兴修水利，到目前已有159处骨干工程动工兴建。为在今冬明春彻底实现水利化的要求，许多地区提出了宏伟的水利计划。山东省委要求全省人民苦战一冬一春，完成200亿土石方的任务，其中仅省、专区、县、乡、社负责的6级河道工程，就将达到30万公里。全省计划训练200万名群众性的水利技术队伍，目前已有100多万名开始训练，所有大、中型工程的施工机构，已经建立起来，目前技术队伍大部分都到达了新工地。①

人民公社的建立，使这次水利兴修运动中的劳力大大加强了。广西玉林县灌溉2万多亩地的龙江水库工程，在山心人民公社成立后很快组织1000多名劳力动工兴建了。湖南省道县西湖、庙后两个农业社早就想开条大渠，但因人力、物力限制一直开不成，并社成立人民公社后，马上抽调劳力，两条渠道同时动工。江苏省淮阴县红旗人民公社建社前想修一条排水沟都很困难，成立公社后修订了计划，要开270多条水沟，同时还要修一条总干渠和三条分干渠。为了迅速、全面地开展兴修水利运动，许多省

---

① 参见《提早揭开冬修水利的序幕，让广大农田喝足水多产粮》，《人民日报》1958年9月19日。

份一面着手施工，还一面继续进行紧张的制定规划、培训技术力量等准备工作。特别是为了提高劳动效率，许多地区积极进行工具改革和推广先进的施工经验。据河南、山西、陕西、广西、贵州、云南、湖南等省区的不完全统计，已经制造各种改良的运土、挖土等施工工具1800多万件。山东、江苏、浙江、福建、江西、四川等省正在发动群众献计、献料、献劳力，同时还计划推广改良水利工具2100多万件，并争取工程一开工，就全部使用上改良工具。①

1958年10月14日，《人民日报》在发布1958年农田水利成就公报的同时，还配发了题为《掀起更大的农田水利高潮》的社论。社论指出，《中共中央关于水利工作的指示》对1958年的水利建设作了科学的分析和总结，并且提出了今后的方针和任务，号召全民再苦战两冬两春，使全国现有耕地基本上实现水利化，从而保证农业生产获得更大"跃进"。社论指出：过去几年来，农田水利建设的巨大发展，是在农业合作化的基础上进行的。现在情况又有了新的变化，全国农村基本上实现了人民公社化。农业合作化比起个体农业经济来已经优越得多了，而人民公社则比农业合作社更加优越。过去农业合作社能修几百亩、几千亩较小的水利工程，现在人民公社就能修几万亩、几十万亩较大的水利工程；过去农业合作社有力量抗御较小的水旱灾害，现在人民公社就有力量抗御更大的水旱灾害；过去农业合作社把水利建设的重点放在防旱治涝上，现在人民公社就有可能全面规划，进行灌溉、治涝、发电、航运、水产以及工业、畜牧、供水等建设，综合开发，充分利用水利资源。农业集体化的程度越高，规模越大，对农业基本建设的要求越迫切，范围越广，力量也越雄厚。今冬明春的农田水利建设高潮，将要在这个新的基础上开展起来。②

社论还指出：今冬明春农田水利土石方任务，将在1200亿立方米以上，比去冬今春所完成的580亿立方米超过一倍还多；同时，由于工农业的更大"跃进"，需要的劳力也比1957年多。在劳力更加紧张的情况下，能不能完成这样巨大的工程任务呢？社论的回答是肯定的。它指出："关键在于坚持政治挂帅，书记动手；同时要大闹技术革命，不断改善劳动组

---

① 参见《提早揭开冬修水利的序幕，让广大农田喝足水多产粮》，《人民日报》1958年9月19日。

② 参见《掀起更大的农田水利高潮》，《人民日报》1958年10月14日。

织。劳力紧张的情况，在我们看来是一件大好事，它一方面表明我们工农业生产的全面跃进，另一方面也逼得我们必须搞技术革命。因此，在今冬明春水利运动中，各地应在统一安排和调配劳力的原则下，抓紧工具改革和提高操作技术这两个关键，并适应新工具、新技术的变化，改善劳动组织，实行组织军事化、行动战斗化、生活集体化的大兵团作战方法，不断提高劳动生产率。这是唯一正确的办法。"[①] 社论提出了这样的口号："水利化寸土不让，抢时间分秒必争，高举总路线的红旗，在今冬明春的水利高潮中，来一个更大的跃进。"[②]

根据 1958 年 8 月 29 日发布的《中共中央关于水利工作的指示》，为了适应工农业生产更大的跃进，必须再苦战两冬两春，使全国现有耕地基本上完成水利化，保证农业生产稳定丰收。农业部在发布 1958 年农田水利成就公报时指出：在今冬明春的水利高潮当中，要在已经取得的巨大成就的基础上，适应人民公社化运动的发展，继续扩大灌溉面积，并根据不同地区的条件，提高各项水利设施的抗旱防涝标准。初步规划：1959 年扩大灌溉面积 5 亿亩，总灌溉面积达到 15 亿亩左右，占耕地面积的 89%；治涝面积 7281 万亩；增加水土保持初步控制面积 50 万至 70 万平方公里，使初步控制水土流失总面积达到 10 万至 120 万平方公里，占水土流失面积的 66%—80%。在已经初步水利化的地区则应继续提高、巩固，实现"十化"目标："坡地梯田化，平原河网化，沟壑川台水库化，河道阶梯化，工程系统化，耕地园田化，提水机械化，水力电气化，水产多样化，荒山荒坡四旁绿化。"为了完成农田水利建设的任务，必须认真领会和贯彻执行中共中央关于水利工作的指示。各级党政领导要把中央这一指示作为水利工作上的根本指导思想，正确贯彻"小型为主，以蓄为主，社办为主"的"三主"方针，在以小型工程为基础的前提下，必须适当地发展中型工程和必要的可能的某些大型工程，并使大、中、小工程相互结合，有计划地逐渐形成为比较完整的水利工程系统；加速进行水利建设的地区规划、流域规划和全国范围的较长远的水利规划；总结推广和继续发展各地的水利建设先进经验；加强水利建设中的技术改革，特别要抓紧工具改良和提高操作技术这

---

① 参见《掀起更大的农田水利高潮》，《人民日报》1958 年 10 月 14 日。
② 同上。

两个关键,以保证兴修水利巨大任务的提前和超额完成。①

　　1958 年冬更大规模的水利高潮的序幕取得辉煌成绩。据农业部 10 月底统计,在全国河网化、防洪治涝、水土保持等水利工地的近千万民工,完成了 1959 年农田水利年度(从 1958 年 10 月 1 日开始)水利工程土石方 11 亿多立方米。各省区水利工程开工之早、规模之大、进度之快都大大超过了往年。重点工程的开工时间一般都比 1957 年提前了一个月。江苏、陕西、江西等 7 个省大、中型工程已开工的就达 2000 多处。山东省有 22 个县市已经完成了机井化。湖南省开工的 1 万多座塘坝工程已完工六分之一,近 400 座较大水库将先后建成。河南省开工的河网化中型重点工程 40 处,目前已经完成了土石方一半以上。②

　　1958 年冬兴修水利有三个明显特点,一是在小型工程已经普及的地区,在贯彻小型为主的方针下大修中型工程,大搞河网化,以大、中型为骨干,建成灌溉系统;二是按照水利资源综合利用的规划,使灌溉、发电、航运、水产等紧密结合;三是各地不仅大量利用"天上水"、"地下水"、"外来水"(入境河流),而且特别注意开发地下自流水。③

　　1958 年 12 月 12 日,农业部召开电话会议,要求各地在兴修水利工作中大搞技术革新,开展高工效运动;同时,还要抓紧冬灌工作,特别是对麦田的冬灌,以便为来年大丰收打下基础。电话会议首先听取了山东、湖南、云南等省关于水利施工实行大爆破、改良施工工具、工地办工厂和冬灌等方面的经验介绍。接着,时任农业部副部长的何基沣发言说:当前水利兴修运动正在向高潮发展。12 月上旬,全国兴修水利的出工人数比 11 月底增加将近 1 倍。估计中、下旬参加施工的人数还会大量增加。但是要想完成 1959 年度的水利兴修任务,还必须坚持政治挂帅,合理安排劳力,特别是要把大闹技术革新、开展高工效运动,作为当前领导水利施工的一个重要环节。④ 何基沣指出:在水利兴修运动的前哨战中,有些地区由于大搞技术革新,施工工效已比去冬今春有了显著提高,但是由于不少地区

---

　　①　参见《水利建设创世界奇迹,一年扩大灌溉面积四亿八千万亩,现有灌溉总面积占世界三分之一》,《人民日报》1958 年 10 月 14 日。

　　②　参见《大修中型工程,综合利用水源,开发地下自流水,水利高潮前哨战旗开得胜》,《人民日报》1958 年 11 月 11 日。

　　③　同上。

　　④　参见《革新技术开展水利高工效运动,适时冬灌为明年丰收打下基础,农业部召开水利电话会议》,《人民日报》1958 年 12 月 15 日。

的工具改革工作还停留在创造研究和试点阶段，没有迅速地推广使用，因而从总的情况看，平均工效还不高，有些省区甚至还停留在去冬今春的水平。这种情况必须迅速改变。当前各地应当赶快掀起群众性的技术革新运动，这个中心环节抓好了，不仅工效能显著提高，劳力紧张的情况也能从根本上改变。有了先进工具，还必须有先进的操作技术和劳动组织相适应，这样，才能发挥更大的作用。因此，各地还应当组织各种专业队，分工分业，集中领导，进行协同作战。①

"水中倒土"筑坝法是苏联的施工经验，山西省沁县月岭山水库是中国第一个成功使用这种办法的水利工程。在水利电力部②的技术指导下，月岭山水库施工人员在实践过程中提高和丰富了这个经验。这种办法是在坝面上划成许多小地畦，先灌上一定深度的水，然后把黄土分层倒入水中，铺平。它是利用土壤浸水后发生下沉现象和浸水后稍加荷重即可压实的性质，在施工时利用上层填土的重量及运土工具、人踏等作用，使土的密实度达到设计要求。在1958年9月全国水利水电工程经验交流会议上交流了这个经验，水利电力部组织全国各省（区）水利水电部门参观、学习、推广月岭山水库"水中倒土"筑坝的经验。

自1958年11月中旬到12月中旬，已有辽宁、吉林、安徽、甘肃、江苏、广东、福建、四川、内蒙古等19个省（区）的参观团到山西现场参观。经过具体参观学习，他们总结出"水中倒土"筑坝法的五大优点：（1）目前各地兴建大、中型水利工程中，碾压机械、抽水机械供不应求，这种办法不需要碾压机械，有条件使水自流的坝址也不需要抽水机械，大大减少了施工机具不足的困难；（2）坝体可塑性较大，密度均匀，湿度较大，能适应地基或坝体的沉陷和变形，不至于发生裂缝现象；（3）土坝与黄土岸和基地容易紧密衔接，在施工灌水时，容易发现地基中的穴洞、坟墓等隐患，保证坝的安全；（4）这种施工方法受季节影响较小，下雨天能施工，全国很多地方可以全年应用；（5）工作面较大，不受施工条件限制，可以加速施工速度，能大量地节省资金和劳力，降低工程成本，操作

---

① 参见《革新技术开展水利高工效运动，适时冬灌为明年丰收打下基础，农业部召开水利电话会议》，《人民日报》1958年12月15日。

② 1958年2月11日，水利部和电力工业部合并组成水利电力部。1979年2月23日，分设水利部和电力工业部。1982年，水利部和电力工业部合并设水利电力部，1988年7月，水利部重新组建。

技术简单,容易为群众掌握。这种办法使用范围很广,如上坝、河堤、渠堤等方面都能应用,有一定水源的地方就能推广,因此,各省(区)参观团人员参观之后即制定具体的试验和推广计划。山西已有许多大中型水利工程推广了这一经验。[①]

在农田水利建设运动中,各地按照中央的指示,大搞技术革命、大搞工具改革,掀起高工效运动,以解决劳动力不足的问题。到1959年初,山西各地已经动工的大中型水利工程已有93项。这些工程除一些重点大工程由水利部门直接领导、国家投资、调动公社劳力施工外,绝大部分工程由公社或公社联合兴建。工程规模都很宏伟,一般的坝高25米、蓄水量1000万立方米以上,有的工程坝高60米,蓄水量多至数亿立方米。修建这些工程虽然农民渴望已久,但是过去分散、小型的农业社无论在劳力上、资金上和技术力量方面,都难以胜任。1958年9月,山西全省实现人民公社化,就为统一规划山河流域,进行集中、综合治理创造了优越条件。[②] 截至1959年1月11日,全国各省、市、区水利冬修工程已完成的土石方达50亿立方米。[③]

1958—1959年水利建设的特点是:"更有计划,更有步骤,强调工具改革,提高工效,准备工作也较充分。"各地根据上年度冬修水利的经验和1959年农业更"大跃进"的需要,早就提出了冬修的规划,并且作了必要的安排。由于人民公社的普遍建立,各地在进一步贯彻"以小型为主、以蓄为主、以社办为主"的方针时,适当地举办了少量较大的骨干工程,实行大、中、小工程相结合;在发展灌溉的同时,注意对水力、发电、航运、水产等方面的综合利用。江苏、河南、山东、河北和北京等省、市的易涝易旱平原地区,吸收安徽省上年度淮北治水先进经验,部分地开始了河网化工程。河南省在1958年10月动工的河网化工程就有48处。江苏省一些主要的干河如镇江到奔牛镇的大运河、太浦运河、东坝引水干渠,都已相继开工。安徽淮北地区1959年的一批河网化试点工程,

---

① 参见杨义《水利建设中又一新事,"水中倒土"筑坝法将在全国推广》,《人民日报》1958年12月18日。

② 参见《公社办水利,人多力量大,山西动手修建九十多处大中型水利》,《人民日报》1959年1月11日。

③ 参见《使用较少的劳力,利用较短的时间,把冬春水利工程完成得更好》,《人民日报》1959年1月15日。

如宿县紫芦湖、怀远烟袋湖、临泉单桥乡等地工程已先后完工。除了较大的河网化工程外，各地正在施工的大工程，还有甘肃的引洮工程、广西的龙江工程、河北的根治海河工程、山西的漳河工程、新疆改建旧灌区工程，等等。东北、山东、河北等地还充分利用地下水大打机井。南方丘陵地区更强调灌溉自流化，大搞塘坝水库群和引水渠道。[1]

1958 年冬的水利运动是在各地各项工作更 "大跃进" 的形势下展开的，各条战线都需要相当的人力，因此，投入水利冬修的劳动力比上年度减少。为此，各地开展了工具改革、施工方法改革的高工效运动。广东省有些地区抓住土方工程中工作量最大的挖、装、运、卸、压五个环节，对工具和操作方法进行了全面改革，工效比原来提高几倍甚至几十倍。开展技术革新较早的徐闻县，由于大规模改革了工具，1958 年 11 月底完成的土方工程比 1957 年同期增加了 11 倍多；而后的平均工效，又比开工初期提高了 10 多倍。到 1958 年底，全国水利冬修平均工效虽然比上年度冬春提高了 50% 左右，但是不同地区之间的工效，却还相差很大。为此，农业部在广东省湛江和湖南省长沙召开了南方 14 省、区水利施工现场观摩会议，要求各地推广先进经验，进一步开展高工效、保证质量和安全施工的运动，力争用较少劳力，在较短时间内把水利工程完成得更好。[2]

1959 年 1 月 2—13 日，农业部召开全国农业工作会议，参加会议的有全国各省、市、自治区的党或政府负责农业生产的领导干部。会议就中共八届六中全会提出的 1959 年的粮、棉生产指标和全国农业先进单位代表会议所提出的十大倡议，对 1959 年的农业生产作了全面讨论和初步的计划安排。时任中共中央书记处书记的谭震林在会议结束时指出：1958 年我们确立了水、肥、土、种、密、保、工、管这一整套增产经验（史称农业 "八字方针"），我们相信：只要认真全面地执行这八条增产措施，加上人民公社经营管理水平的提高，在 1959 年内取得比 1958 年更大的丰收，是完全可以预期的。[3] 他指出：必须继续宣传人定胜天的信念，继续兴修农田水利工程，但计划不要过大，以免影响质量和挤掉其他任务。无论施工

---

① 参见《使用较少的劳力，利用较短的时间，把冬春水利工程完成得更好》，《人民日报》1959 年 1 月 15 日。

② 同上。

③ 参见《干劲足信心高措施好，力争农业更大胜利》，《人民日报》1959 年 1 月 19 日。

和灌溉都需大力改善工具和操作方法，提高工效，节约劳力。[1]

1959 年，云南省委根据中央"以蓄为主、小型为主、社办为主"的水利建设方针，并根据几年来的治水经验，特别是 1958 年的水利建设经验，提出了云南高原地区治水六大结合的原则：全面规划、综合利用与逐步施工相结合；大、中、小型相结合，以中型为主；永久性、半永久性与临时性相结合，以永久性为主；自流灌溉与提水灌溉相结合，以自流灌溉为主；地上水与地下水相结合，以地上水为主；大春灌溉与小春灌溉相结合，以大春灌溉为主。为了完成任务，通过回忆对比，算细账，发动群众，普遍地掀起了一个群众性的比进度、比质量的高工效友谊竞赛运动。民工们歌唱道："喜鹊枝头叫喳喳，多挂水库不挂家，齐心合力加油干，戴上红花才回家。"到 1959 年 3 月初，全省完成大中型工程 28 件，小型工程 2 万件，土石方 2 亿多立方米，占全年土石方计划的五分之二。除少数常年施工的工程外，3 月底将能胜利地完成 1959 年的水利建设任务。[2]

江苏省各地在兴修水利运动中，根据"兴修与管理并重、发展与巩固并重"的方针，普遍加强了对已建和新建工程的管理，做到修好一处、管好一处、用好一处，使已有工程设施在春播和夏播作物中充分发挥效益。为使已建和新建各类工程在 1959 年进一步发挥对农业生产更大丰收的保障作用，江苏省对 1959 年工程灌溉管理工作提出了更大"跃进"的规划。要求进一步挖掘工程潜力，使新老机电灌区每马力灌排水稻面积达到 120 亩以上，自流水库灌区每个流量灌排水稻面积达到 1.2 万亩以上，塘坝水井灌区抗旱能力在原有基础上提高 50% 以上。在用水管理上，实施计划用水的面积要求达到 3100 万亩以上，灌溉耕作园田化面积达到 1500 万亩以上，同时改进灌溉技术，普遍推广浅水勤灌和沟灌畦灌的灌溉方法。江苏省各地对上述工程灌溉管理工作的各项任务指标，采取各种有效措施加以贯彻。在机电灌区普遍推行 1958 年行之有效的一机拖多泵、铁管改木管等办法，以进一步提高机械的提水能力。在渠道自流灌区，江苏省一方面充分运用大河、大湖拦蓄灌溉水源，另一方面大力进行渠道整修改建，逐步做到渠系工程化，减少输水损失，以充分发挥水的作用。[3]

---

① 参见《干劲足信心高措施好，力争农业更大胜利》，《人民日报》1959 年 1 月 19 日。

② 参见张冲《云南水利建设的新高潮》，《人民日报》1959 年 3 月 15 日。

③ 参见《合理灌溉，计划用水，增加水源，力争一个工程顶两个工程用，江苏安徽辽宁新疆等省区千方百计提高水的利用率》，《人民日报》1959 年 4 月 14 日。

到 1959 年底，江苏省灌溉面积达到 4392 万亩，其中水田 3108 万亩。已有工程设备计水库灌区 73 处，灌溉 1044 万亩；塘坝 553309 处，灌溉 395 万亩；自流渠道灌区 247 处，灌溉 641.1 万亩；抽水机 338926 马力（其中有 2.5 万马力因交货配套迟，未能及时投入生产），排灌面积 1980 万亩；水井 72809 眼，灌溉 61 万亩；旧式提水工具 897989 部（其中风车 133046 部），灌溉 1734.3 万亩。① 过去"风吹飞沙满天黄"的徐淮地区出现了百万亩的新稻区。赣榆县夹谷地区过去是"地不长粮树没皮，十家倒有九家饥，丢儿卖女去讨饭，手捧空瓢泪悲啼"的穷山窝，经过修水库、做梯田、开河道、筑水渠、植树造林、养殖鱼鸭等，已变成了"秃山变果园，沙地变良田，山凹变水库，水稻爬上山，山窝里还有个水电站"。群众自豪地说："庄稼是金水是银，夹谷山放了聚宝盆。"②

安徽省在继续贯彻"三主"方针和"以治水为纲"的思想指导下，1959 年的水利建设在 1958 年的基础上掀起了更大的高潮。在大炼钢铁劳力紧张的情况下，全省最高上工人数仍达 291 万人，占全省整半劳动力 1300 万人的 22.4%，高潮时间延续 5 个月之久，至 1959 年 4 月中旬一直保持在 200 万人以上，5 月上旬有 150 万人，至 5 月底有 70 万人。截至 6 月底做工 4.3 亿工日，完成土石方 14.6 亿立方米，共完成新建工程 11 万余处，开挖河道 530 条，修建沟渠 86527 条、塘坝 7283 处、小水库 480 座、水井 375 眼、下泉 3722 眼、涵闸 2929 座，修建桥梁 740 座、圈圩 114 处、农村水电站 59 处（2079 千瓦）、水力站 864 处（7725 千瓦），同时整修旧有工程 13 万余处，整修旧有梯田 184556 亩。③ 这些工程的完成，进一步改善了安徽省的水利面貌，比 1958 年多蓄水 52 亿方的水，扩大灌溉面积 598 亩，仅淮北就增加了稻改面积 102 万亩；山区初步控制水土流失面积 2513 平方公里；全省 8027 万亩耕地已有 6100 万亩有了灌溉设施。④

为了进行合理灌溉，更好地发挥增产效益，辽宁省各地在 1959 年的

---

① 参见《江苏省 1959 年灌溉管理工作总结》，江苏省档案馆藏 3224—长期—710 卷。

② 江苏省水利厅办公室：《江苏水利建设的伟大十年》，江苏省档案馆藏 3224—永久—77 卷。

③ 参见安徽省水利电力厅《安徽省 1959 年兴修水利初步总结和 1960 年初步打算》，安徽省档案馆藏 55—1—630 卷。

④ 参见安徽省水利电力厅《安徽省 1959 年水利建设情况和今后的任务》，安徽省档案馆藏 55—1—630 卷。

春灌中还创造了许多先进的灌溉经验。阜新县在春灌中比较普遍地推行了"六边作业法"和"三并重"的经验。六边是：边修工程、边修渠、边整地、边耙压、边作畦、边灌溉；三并重是：渠浇和井浇并重、土洋并重、数量质量并重。由于推行了科学的灌溉方法，全县已灌的 1.5 万多亩地绝大部分合乎质量要求。各县还开展了提水工具改革运动。康平、铁岭等县继黑山、彰武改制深井水车成功以后，还创造出一种用绳索牵引机带动水泵的土洋结合的抽水机。这种抽水机每小时可提水 30 吨，与 3—5 马力动力机的效能相等。到 1959 年 3 月中旬，全省冬春灌溉面积已达 180 多万亩。新疆各族人民为了确保 1959 年农牧业生产大丰收，掀起了以公社内部渠系改建为中心的春季水利运动。截至 1959 年 3 月下旬，新疆在冬春季共已完成了土石方工程 5832 万立方米，改建的旧灌区面积已达 598 万亩，扩大的灌溉面积已达 176 万亩。①

1958 年 11 月，湖南省委发出"移山千座，开河万里"、"兴水利、夺丰收、美化河山"的号召，全省 35 万干部、600 万劳动大军立即投入冬春水利建设运动。经过两个多月的奋战，全省建成大、中型水利工程 304 座，灌溉千亩以上、万亩以下的小型水利工程 5000 多座，初步控制水土流失面积 4000 多平方公里，开挖渠道 10 万公里，使 90% 以上的农田有了水利设施。许多公社和一部分县已经形成了库塘相接、沟渠相通、大中小型工程相结合的水利灌溉系统。② 到 1959 年水利年度结束时，全省农田水利共完成土石方 6.0617 亿立方米，用劳动工日 2.8186 亿个，在山丘区新建了大小工程 53322 处，其中水库工程 4057 座，坝高 25 米以上或蓄水 1000 万立方米以上的中型水库 40 座，整修各种水利工程 490853 处，增加蓄水量 21 亿余万立方米，安装抽水机 382 台 17859 马力，水土保持增加初步控制面积 6544 平方公里。在洞庭湖区，新围防洪大堤 273 公里，新开排渍渠道 5760 公里，新建涵闸及渠系建筑物 2410 座。这样，湖南省共有水库工程 18588 座，塘坝等其他工程 293 万多处，抽水机 5827 台 141603 马力，灌溉面积 4310 万亩（包括水浇地 270 万亩），约占全省山区耕地

---

① 参见《合理灌溉，计划用水，增加水源，力争一个工程顶两个工程用，江苏安徽辽宁新疆等省区千方百计提高水的利用率》，《人民日报》1959 年 4 月 14 日。

② 参见张宇晴《领导水利建设大跃进的体会》，《人民日报》1960 年 2 月 2 日。

5173 万亩的 83.3%，水田灌溉面积 4040 万亩。①

1959 年度湖北省的水利建设，是根据 1958 年 4 月全省水利会议所提出的由局部开发转向流域治理、由单一利用转向综合利用、由低保证率转向高保证率的方针进行的。汉江的丹江口水利枢纽，陆水的蒲圻、桂家畈枢纽，南河的胡家渡枢纽，沮漳河的观音寺、鸡公尖枢纽，富水的阳辛镇枢纽，浠水的白莲河枢纽，均是各河流域治本的第一期工程。府河治本的六大水库，除黑屋湾水库已经在 1958 年春完成之外，环潭、封江口、先觉庙、徐家河、宴店 5 个水库都已开工。其他较小河流，如滚河、雾渡河、涢水、倒水、举水、圻水等，都在流域规划中选择了一个治本工程开了工。这样的水库有 28 座，均为兼有防洪、灌溉、发电、航运、水产功能的综合工程。②

湖北 1959 年计划增加引蓄水量 120 亿立方米，增加灌溉面积 1000 万亩。已有的灌溉耕地有些正在进行渠系"五加"工作。所谓"五加"是渠道加长、加宽、加深、加固、加沿渠蓄水库和塘堰，目的在于增加引水和蓄水量，扩大灌溉面积，提高灌溉保证率。渠系增加蓄水库，并与原有塘堰联系起来，对扩大、提高效益作用非常显著。在湖北，长藤结瓜式渠系是由长渠首创的。1958 年，襄阳专区光化县赵岗乡用这种渠系解决了杜槽河 0.06 个流量灌溉 1 万多亩水田的问题。1959 年施工的漳河水库灌溉 400 万亩的大渠系就是按照这个形式设计的。这个新型渠系不仅尽量利用了灌区 4000 平方公里的径流，使 8 亿立方米有效水量的水库能够保证 400 万亩水田的充分用水外，还装发电机 12000 多千瓦，保证了 250 公里渠道长年通航，扩大了养鱼面积，渠系土石方工程还有大量节省。这是灌溉渠系设计技术上的一个重要成就。③

吉林省在 1958 年度水利建设成就的基础上，1959 年度的水利建设又取得较大成绩，特别是在 1959 年春防旱抗旱、春灌春播运动中成效非常显著。据吉林省统计局 1959 年 5 月 10 日统计：全省完成土石方 3700 多万立方米，增加灌溉工程面积 24.5 万公顷，其中水田 7.7 万公顷，旱田水浇 16.8 万公顷。治涝面积 4 万公顷，冬春灌溉面积 11 万公顷，控制水土

①　参见中共湖南省委农村工作部《湖南省农田水利基本情况及今冬明春工作安排初步意见的报告》，湖南省档案馆藏 146—1—486 卷。

②　参见《向高标准水利化前进，陈离代表的发言》，《人民日报》1959 年 5 月 8 日。

③　同上。

流失面积 720 平方公里，修建农村电力、动力站 59 处 1340 千瓦。全省已经完成的主要工程有：水井 3.7 万眼，机井 1200 眼，挖自流泉 10000 眼，截潜流 3250 处，新建与正修水库塘坝 900 多处，拦河坝 4700 多处。已有各种简易提水工具 4 万件，排灌机械下拨 10 万马力，其中已经配套的 4.45 万马力，原有 6 万马力排灌机械大部分安装完毕。据不完全统计，已制造打井工具 4450 套，培训打井技工 4700 人，灌水员 1455 人，司机手 4106 人。已有工程可控制水量 130 亿立方米，其中地下水 20 亿立方米。若将其利用起来，约可灌水田 30 万公顷，旱田水浇 50 万公顷。①

　　由于人民公社化的实现，广东省委指示：在进一步贯彻兴修水利的"三主"方针的基础上，总结推广惠阳沥林乡的治水经验，消灭旱涝咸灾，大搞水利系统化；以小型为主，大中小相结合，以蓄为主，蓄引相结合，并结合进行中、小河流的系统根治，从流域治理与开发着眼，做到水利资源的综合利用和充分利用。从 1958 年冬开始，全省的水利建设转入了新阶段。其特点是骨干工程多，工程规模大，并且大都是根据河流规划方案结合流域治理与开发的防洪、灌溉、发电、航运、水量、工业用水、都市供水的综合性工程。如开发海南岛的总库容 28.9 亿立方米、土坝高 76 米、灌溉 364 万亩、发电装机容量 31500 千瓦的松涛水库；减免东江下游洪患、总库容 135 亿立方米、最大混凝土坝高 105 米、装机容量 29 万千瓦的新丰江水电站；蓄水 10 亿立方米、装机 2.7 万千瓦供应石油工业用水及鉴江平原 110 万亩农田灌溉的高州水库；蓄水 10 亿立方米、治理与开发雷州半岛 250 万亩耕地的九洲江鹤地水库；蓄水 10 亿立方米、治理与开发南流江灌溉 210 万亩耕地的合浦水库；流溪河、宁江河、黄岗河、练江、黄江、九州江、鉴江、南渡江均得到了系统的整治和开发。②

　　在全国各地兴修水利建设高潮中，山东沂蒙山区治山治水经验得到了中共中央的肯定和推广，成为一个先进典型。自 1958 年春中共山东省委在沂蒙山区召开了山区建设会议后，各级党组织明确了中央和省委提出的在依靠群众的基础上，以小型为主、以蓄为主、社办为主的"三主"方针，并派人去河南学习治理洢河和禹县治山的经验，聘请了 32 名治山专

　　① 参见《1959 年全省水利会议报告》，吉林省档案馆藏 52—11—4 卷。

　　② 参见广东省水利电力厅编《广东省十二年水利建设概况》（1961 年 5 月），广东省档案馆藏 266—1—82 卷。

家到山东传授技术。业务部门也组织十多个工作组分赴各县，帮助制定从山头到山脚，先上游后下游，先治荒山秃岭后治平原涝洼，先治山坡后治山沟等全面系统的治山、治水规划。在整个治山进程中，还采取常年专业队与突击治理相结合和小忙大干、大忙小干等灵活的方法。各级党委在治山工作中，逐片、逐流域地成立了水土保持委员会或水利建设指挥部，不少党委书记亲临前线，和群众同吃同住同劳动，促进了工程的加速进行。

沂蒙山区人民在党和政府的领导下，经过一年苦战，治理了7000多个大小山头、362万多亩荒山丘陵，在220多万亩坚硬的山坡上开挖了鱼鳞坑，兴修起拦沙蓄水的谷坊30多万座，中小型水库、塘坝及蓄水池74000多座。此外，还修了大量的梯田、截水沟、消力池、拦水坝等，共完成15.8万立方米的土石方，相当于过去5年导沂整沭工程量的18倍。一年内造林100多万亩，零星植树1.1382亿株。过去穷山恶水的山区出现了一幅美丽图景："站在山上看，好像珍珠连成串；站在山下看，庄稼、树木绿连天；远看鱼鳞满山间，好似荷花开满山；双手改造大自然，穷山恶水永不还。"[1] 大小工程基本达到"泥沙不下坡，浑水不出沟"[2]。

新华社1959年4月13日报道：在1958—1959年水利冬修运动中，全国各地继续贯彻执行以蓄为主、以小型为主和社办为主的"三主"方针，但在小型工程已经普遍的地区，较大的骨干工程增加了。为了用较少的人力干更多的活计，各地普遍开展了高工效运动，推广了高工效施工经验。上一个冬季水利建设成绩突出的河南、山东、安徽、江苏、甘肃等地，在这个水利年度兴修了很多新的工程。其中，中型关键性的骨干工程较多。特别是平原地区，河网化工程有了发展。这些新修工程把一些分散的、孤立的小工程联系起来，建成了较完整的排灌系统，大大地发挥了水利工程的灌溉作用。如江苏省修的淮沭新河、通榆运河、通扬运河、太浦河、芜沪运河和大运河等六大重点工程就是这样。河南全省新完成了属于河网的各级河道1000公里以上，部分地区开始形成河连库、库连渠的长藤结瓜式的排灌系统，开封专区低洼易涝地区也基本实现河网化。安徽淮北河网

---

① 《治山治水精益求精，沂蒙山区水土保持向高标准迈进》，《人民日报》1959年4月20日。

② 同上。

化以及河北、山东平原的机井化都有进一步的发展。①

1959年7月20日到8月2日,农业部在山东烟台召开全国农田水利和水土保持会议,对1959年度的农田水利工作进行总结。会议由时任农业部副部长的何基沣主持,参加者有各省、市、自治区水利厅局长和业务干部及中央有关部门约270人。会议根据中共中央"今冬明春还要大搞水利"的指示精神,检查了1959年度水利工作,总结了群众运动经验。会议指出:1959年度的水利建设在1958年的基础上,在"三主"方针指导下得到迅猛发展。全国完成了113多亿立方米的土石方工作量,超过了除1958年以外的以往任何一年,1959年度全国新增灌溉面积7100多万亩,增加控制水土流失面积7万平方公里,除涝防渍的标准也有一定程度的提高,灌溉技术也有很大改进。同时,发展农村水电约3万千瓦,排灌机械180多万马力。这样,就使全国三分之二的耕地有了灌溉设施,二分之一的易涝地区和三分之一以上的水土流失地区得到初步治理。②

这次会议对1959年度的水利建设出现的问题也作了初步总结。会议指出:能够正常进行灌溉的面积还不到全国耕地面积的三分之一,相当一部分工程由于1958年对工程成套、及时发挥效益抓得不紧,高潮后期部分工程质量较差,以致没有及时发挥效益,或虽已进行灌溉,但抗旱能力偏低,特别是西北、东北等广大地区,还缺少灌溉设施。全国大面积的水土流失地区需要控制,特别是黄河中上游制止水土流失的任务更为迫切。易涝地区的洼改治涝工作也都要求我们迅速进行。这种情况表明,旱涝灾害仍然严重威胁着中国的农业生产,水利建设距离保证农业稳产的要求还很远,以及在统计数字上还有重复、虚夸。因此,任何自满情绪都是没有根据的。③ 会议最后强调:"我们工作中有成绩,也有缺点,但是成绩是主要的,缺点只不过是十个指头中的一个指头,主要是正确的对待缺点,认真而严肃的分析原因,提出改正办法,这样,过去的缺点就会成为今后成功的因素。……我们必须时刻注意不要伤害干部、群众的积极性,使他们

---

① 参见《我国灌溉面积不断扩大,冬修水利工效提高,大部工程已经蓄水》,《人民日报》1959年4月14日。
② 参见何基沣《农田水利工作当前情况和今后意见》,江苏省档案馆藏3224—长期—559卷。
③ 同上。

在已经取得成绩的基础上，继续鼓足干劲，奋勇前进。"①

五 新一轮群众性的水利建设高潮

1959—1960 年度的农田水利建设运动，是在中共八届八中全会召开后的反右倾、鼓干劲思想基础上开展起来的。故在该年度水利建设运动中，领导主动性强，群众干劲足，准备工作踏实。早在 1959 年 10 月上中旬，全国大部省区都已开过水利会议，确定了任务，安排了劳力，并进行勘测设计、培训干部等工作。

尽管 1958—1959 年度水利建设获得了空前成就，但由于中国幅员辽阔、自然情况复杂，每年仍然有几千万亩甚至几亿亩的土地遭受着程度不同的水旱灾害，影响着农业增产的稳定性，威胁着国民经济发展和人民生命财产安全。要保证农业生产和整个国民经济的继续跃进，就必须大兴水利，使农业生产迅速摆脱水旱灾害的威胁。1959 年 10 月 24 日，中共中央和国务院发出了《关于今冬明春继续开展大规模兴修水利和积肥运动的指示》，明确指出："在今后几个冬春，再搞几次水利建设高潮，力争在较短时间内实现水利化。这是全党全民建设社会主义的一项重大任务。"具体来说，就是号召各地各级党委和政府在 1959 年冬 1960 年春继续展开一个大规模的群众性的兴修水利运动，力求在全国范围内基本上控制一般地区的水旱灾害，提前实现农业发展纲要中对水利的要求，对新一轮水利建设工作进行具体部署。《指示》指出：

> 首先，人民公社是水利运动的新基础，给水利运动带来很多新的特点：它便于举办较大的骨干工程，使大中小型水利工程结合起来；它便于把过去分散的孤立的工程联结起来，形成一个比较完整的灌溉排水系统；它便于结合大江大河的治理，进行中小河流全流域的规划和综合开发；它便于在互助互利和等价交换的原则下，统一调配劳力，组织大协作和大兵团作战；它便于统一调配水源，推行计划用水，加强灌溉管理，实现园田化，等等。因此，必须充分利用和发挥人民公社的优越条件，开展今冬明春的水利运动，并且根据上述新的

① 《关于全国农田水利会议传达纲要》，上海市档案馆藏 A72—2—26 卷。

特点，规划和组织今后的水利建设，在已有基础上提高一步。

其次，群众性的兴修水利运动要继续贯彻执行以蓄水为主、社办为主、小型为主和大中小型工程相结合的方针，全面规划，综合利用。各地都应当有一个比较全面的水利规划，注意多蓄水、多引水，因地制宜地兴建多种多样的蓄水工程，提高抗旱防涝的能力。在小型工程遍地开花的基础上，积极兴修大、中型骨干工程。只有中小型水利工程，没有大型水利工程，仍然不能对付特大的洪水和旱灾。必须使大、中、小工程结合起来，逐步形成完整的水利系统，并且充分开发水利资源。今冬明春必须一面抓紧改善和提高已有的工程设施，并且整修好渠道，平整好土地，使已有的工程充分发挥效益；另一面抓紧修建一批新工程，力争扩大灌溉面积，而新修的工程也应该尽力做好相应的渠道和整地工作。有些地方灌溉面积占农田的比例较小，抗旱能力较低，更要抓紧今冬的时机，大力开展水利运动。

再次，要做好劳力安排。兴修水利季节性很强，全年80%的任务要集中在冬春完成，应该适当地安排较多的劳动力，投入水利建设，并且加强劳动组织，提高劳动效率。在调配和使用劳动力的时候，必须坚持按劳分配和等价交换的原则，不能无偿地大调工。在施工中要加强技术指导，重视工程质量，建立必要的工程检查验收制度。主要还是依靠群众力量，经费的主要来源是公社各级的公共积累，器材也主要采取就地取材和土洋并举的办法来解决。中、小型水利工程占用的土地，一般由县、社自行调剂解决。①

《指示》最后强调，开展群众水利运动的关键首先是认真贯彻党的八届八中全会决议，坚决反对右倾，鼓足干劲，坚持政治挂帅，坚持群众路线，同时认真地总结1958年"大跃进"以来水利建设方面的经验，把一切行之有效的成功经验认真地加以推广，并且在实践中加以发扬。②

这一指示下达以后，各地普遍修订了1959年冬和1960年春兴修水利的计划，成立了专门组织，由党委书记亲自挂帅，加强了对水利建设的领导。

---

① 参见《中共中央、国务院关于今冬明春继续开展大规模兴修农田水利和积肥运动的指示》，载中国社会科学院、中央档案馆《1958—1965中华人民共和国经济档案资料选编·农业卷》，中国财政经济出版社2011年版，第390—391页。

② 同上书，第391页。

成千上万的由各地人民公社社队自办的小水库、塘坝、机井和平整耕地等工程已经开工；一部分由许多县、许多人民公社协作兴办的大、中型骨干工程，包括大中型水库、河网化工程、大规模的引水工程也已经开工；一部分过去未完成的大工程，如河北省、北京市的密云水库等大水库工程，山东省的位山水利枢纽工程，江西省的赣抚平原灌溉工程等也相继复工。

《人民日报》1959年11月1日报道：据在1959年10月28日农业部召开的全国电话会议上27个省、市、自治区的汇报，全国上工人数已有2000万左右，加上冬灌和平整耕地的达3000多万人。同1958年冬修比较起来，开工较早，规模也大得多。预计到11月中旬各地三秋工作次第结束，冬修运动将出现一个比1958年气势更加磅礴的高潮。1959年各地冬修一般动手比往年为早，据农业部10月11日的统计，当时全国上工人数加上平整耕地和冬灌的人数约有2000万。《中共中央、国务院关于今冬明春继续开展大规模兴修农田水利和积肥运动的指示》发布后，不少地区立即开会，修订计划，并且对冬修作了进一步部署。各地上工人数都在猛烈增加，河北、河南上工人数都已达300万以上，山东、甘肃、湖北都已达100多万，广东已达80万。各地专县和许多人民公社都建立了冬修指挥部，以水土保持为重点的地区还成立了水土保持工作指挥部，由书记挂帅，领导兴修。群众干劲冲天，浙江浦江县一个公社2000人的水利大军，仅仅4天就完成一座蓄水70万立方米的水库。全国各地继续贯彻执行以蓄为主、社办为主、小型为主和大中小型工程相结合的方针。如贵州省已开工的1105处工程中，社队举办的小型工程为870处，大中型骨干工程为235处；安徽要修小型水库达10多万处；其他如吉林、辽宁、内蒙古、宁夏、陕西、四川、广东、广西、福建等省区1959年都在发动人民公社大修小型蓄水工程，过去小型工程较多的地区也在继续大修。1959年各地大中型骨干工程有了显著增加，这些大中型工程在解决投资、器材和技术方面多数强调了自力更生、自力解决为主，并且充分发扬了人民公社大协作的积极性。①

1959年11月1日，《人民日报》发表题为《擂起大兴水利的战鼓》的社论，号召各地响应中央号召，迅速掀起全国性的群众性的水利建设高潮。社论指出，水利建设要继续坚持以蓄水为主，以小型为主，以群众自

①　参见《成千上万水利工程纷纷开工》，《人民日报》1959年11月1日。

办为主的"三主"方针,但在有条件的地方可以搞大中型水利工程。社论指出,用以蓄水为主的精神来治水,不仅可以免除水旱灾害,而且可以综合开发和利用水利资源,变水害为水利,满足各个时期农作物对水的需要。同时还可以发展发电、航运和水产等事业。小型工程是花钱少、收效快的工程,是培养水源和保护大、中型工程的基础。但是,有了小型工程还必须要有必要的大、中型工程,才能控制大、中河流的洪水。大、中、小型相结合,才能构成地上水和地下水互相为用的完整的水利工程系统,才能最有效和最大限度地发挥水利工程的效益,也才有可能抵抗较大的旱涝灾害,保证农业生产稳定增产。兴修水利除了以小型为主、以蓄水为主以外,还必须以群众自办为主。因为水利建设的范围广、数量大,必须充分发动群众、依靠群众,才能解决人力、物力、经费、技术等问题。

社论指出,人民公社在水利建设中发挥了巨大的威力,它不但可以大量兴建小型工程,而且可以在群众自办为主、国家支援为辅的方针下兴办中型甚至大型工程。以中型工程来说,公社化以前的 9 年间,全国共修建了 717 座,蓄水 103 亿立方米;公社化后 1 年间,就修建了 1078 座,蓄水208 亿立方米,蓄水量为公社化前的两倍。以群众自办为主修建大型工程,过去简直不敢想象,但公社化后成为现实。山东临沂专区一年就修建了 6 个蓄水 2 亿立方米以上的大型水库,就是一个最突出的例子。临沂专区的许家崖、日照、唐村和会宝岭等 6 个大水库,是 1958 年秋天在突击秋收、秋种和大办钢铁的同时,开始动工修建的。经过不到一年的艰苦奋战,有5 处已经胜利竣工,另一处也即将完成。社论最后号召:让我们擂起大兴水利的战鼓,高举总路线、"大跃进"、人民公社的光荣旗帜,立即行动起来,投入水利建设的战斗中,掀起一个比 1958 年气势更磅礴,规模更大,组织更健全,质量更高的兴修水利高潮吧!

关于人民公社办水利的优势,时任水利电力部部长的傅作义作了解释:人民公社运动是我国水利水电建设迅速发展的力量源泉。水利和水电建设需要对水的蓄泄作统一安排,需要上下游、左右岸各个地区人民的充分协作,需要有少数服从多数、局部服从整体、暂时利益服从长远利益的共产主义精神,才能实现水利和水电建设的合理规划。人民公社的成立正是我国农民在经济建设上要求扩大协作范围的结果,在人民公社成立以后,又成为大规模进行建设的靠山。我国的人民公社运动,是在河南的信阳、新乡,河北的徐水等地首先发展起来的,而这些地区正是水利建设极为发展的地区。当地人民在兴办水利的高潮中，深深感到，规模比较狭小的合作社不能充分满足经济建设协作的要求；再加上整风"反右"以后，人民的共产主义觉悟提高，一大二公的人民公社就应运而生。比如要修一个水库，就必须淹没很多土地，水库区有很多人民必须迁移；要修一个渠道或一道堤防，也必须挖压很多农田，这在任何资本主义国家，都不是一个容易解决的问题，可是在我国实现合作化和人民公社化以后，彻底消灭了土地私有制度，这个困难的问题就变得轻而易举。水库区的人民不是像资本主义国家人民那样含着眼泪离开自己的土地，而是锣鼓喧天，欢迎欢送，一家迁安，万家幸福。水利建设是农业的基本建设，需要资金，需要劳力。在成立合作社和人民公社的条件下，劳动力统一安排，就可以富余出巨大的劳力以从事水利建设，土地统一安排，就可以根据宜农、宜林、宜牧的条件，在农业生产以外，治山治水，植树造林，增殖眼前的财富，累积长远的财富。①

甘肃在"三秋"结束的时候，迅速投入了1960年度兴修水利和水土保持工作。甘肃省水利和水土保持运动的特点是：指标先进，规模宏伟，领导有力，组织健全，准备充分，措施具体，群众的雄心壮志空前高涨。甘肃省委提出了1960年度全省水利建设全面的"跃进"计划：1959年全省增加灌溉面积350万亩，1960年增加实灌面积700万亩；1959年实际完成蓄水工程2亿多立方米，1960年新修和续修蓄水工程达到7亿多立方米；1959年完成土石方工程4.2亿立方米，1960年需要完成8.8亿多万立方米。许多指标和1959年度比较起来都是成倍翻番。

1959年9月底举行的甘肃省委第十一次全体会议向全省人民发出号召：在秋收基本结束后，立即展开一个大办水利运动，动员占全省农村劳动力30%—40%，即150万至200万个劳动力，突击完成1960年能够发挥效益的水利工程。接着，甘肃省政府召开全省水利和水土保持誓师动员大会，要求大战100天，完成1960年度水利任务的80%以上，为早日实现全省的库塘渠网化和水土保持高标准化而奋斗。在这之后，各专区、各县和各人民公社纷纷成立水利和水土保持运动指挥部，各级党委书记亲自挂帅，亲自上阵。在领导方法上，各级党委坚持大走群众路线和大搞群众运动。全省的水利工地展开了轰轰烈烈的超任务、超定额、超先进和比干劲、比措施、比进度、比实效的"三超四比"运动，竞赛热潮席卷各个角

---

① 参见傅作义《水利和电力建设的大跃进》，《人民日报》1959年10月11日。

落。在作战方法上，一开始就采取集中人力、组织大兵团、定期突击、大面积治理的作战方法。在按劳计酬、等价交换的条件下，组织专区与专区、县与县、公社与公社之间的大协作。1958 年由通渭、会宁、定西和静宁四个县大协作而获得水土保持高标准红旗的华家岭，1959 年冬和 1960 年春仍然由这几个县继续协作，继续提高标准和扩大战果。为了提高工效、加速工程进度和节省劳动力，各地都在大闹工具改革。各种半机械化和土机械化工具在各个水利工地上纷纷应运而生。①

到 10 月 15 日，甘肃省投入水利战线的劳动大军达 123 万。仅 10 月 16 日这一天，就迅速激增了 40 多万人。据《人民日报》报道："从溶冰化雪灌良田的河西走廊到水土流失重点区的董志塬，从中部干旱万阳沟壑区到水草丰美的甘南草原，已有蓄水一百万立方米以上的大中型水库六十多座、灌溉万亩以上的方型水渠六十多条和数以千万计的小型水利工程同时开展。真是花开遍地，万紫千红。"根据初步统计，全省半个月已经整修水地 64 万亩，新修水地 2.4 万亩，已控制水土流失面积 1700 多平方公里。②

宁夏 1959 年冬修水利建设开始以后，群众发明创造越来越多，劳动效率越来越高。许多单位的平均日工效都超过了 5 立方米。从 10 月 1 日到 12 月 1 日短短两个月的时间，已完成土石方 1650 万立方米，增加灌溉面积 14.5 万亩，控制水土流失面积 710 平方公里，新修和整修大小沟渠 25950 条。在开展以技术革新为中心的高工效运动中，各工地充分发挥了群众的创造性。南部山区水库主坝和渠道工地大量采用了架子车和手推车，西干渠工地已经有 50% 以上的民工实行了挑担，有些地区还推广了爆破松土和高线运输，提高了劳动效率。③

1959 年河南省边建设边利用的水利建设新高潮，已经创造出巨大的成就。在大忙的"三秋"里，始终保持着 300 多万人的水利建设大军。从 9 月 1 日到 10 月 11 日，他们完成大小渠道 60 多万条，打各种井 56 万多眼，共做土、石方 1.9698 亿立方米，为 9、10 两个月水利工程计划的 109%，

---

① 参见柳梆《甘肃大兴农田水利增产粮食，一百多万水利大军挥戈跃马，鸣炮开山，牵龙上岭》，《人民日报》1959 年 10 月 24 日。

② 同上。

③ 参见《规模大，效率高，劳力省，云南宁夏各族人民大力治水》，《人民日报》1959 年 12 月 13 日。

共扩大和改善灌溉面积 2100 多万亩。①

内蒙古自治区哲里木盟、乌兰察布盟、昭乌达盟和伊克昭盟分别由盟党委第一书记挂帅,成立水利运动指挥部,抽调 30%—45% 的劳动力加强水利战线,力争完成 1960 年全年水利建设任务的 70%—80%。奋战在水利战线上的 30 万大军,在内蒙古党委号召的鼓舞下,从改革工具、革新技术入手,大搞高工效运动,加快工程进度。凉城县各人民公社充分利用旧材料,并发动社员搜集零星材料,已使石门口水库工地实现了车子化,提高工效三倍。和林县石嘴子水库由 18 个民工集体创造的"一次揭冻皮、连环作业快速挖土"方法,挖土工效平均提高了 1.2 倍。全区许多旗县和公社,在集中力量修建大中型工程的同时,还发动更多的劳动力,突击兴建更多的小型工程,大抓 1960 年春受益的工程。莫力达瓦达斡尔族自治旗在山区以小型蓄水工程、掏泉除涝为主,在水源多的地区以引水自流灌溉为主,做到了因地制宜。从 1959 年 11 月 20 日开始,有 1500 余人投入兴修农田水利运动,已修成渠道 11 条、拦蓄工程 3 处,正在修的水库 2 座,已完成土石砂方 6 万多立方米。②

黑龙江省在 1958 年"大跃进"开始后兴建了许多水利工程,其中包括引用嫩江水灌溉的运河,蓄水量达 5 亿立方米以上的中型水库等中型骨干工程 70 多项,小型水库 6000 多个,渠道 1 万多条,以及许多机井、水土保持工程等,能灌溉水旱地 1500 多万亩。为了进一步发挥这些水利工程的灌溉潜力,1959 年冬季各地集中大批人马,在已经建立中型骨干工程的地区扩建渠系和平整土地,尽可能扩大灌溉面积。依安县出动 7000 民工在 5 个中型水库周围修建田间支渠和平整土地,5 天就扩大灌溉面积 15 万亩。五常县 1959 年改修老灌区渠道,增加了灌溉面积 4.5 万多亩。汤原县将香芝灌区的拦河坝提高 0.5 米,增加灌溉面积 2 万亩。1959 年冬新建的 70 多个中型骨干工程,都建在和小型工程脉搏相通的松花江的支流上,便于控制较大水旱灾害。对来年不能发挥全部效益的新建中型水利工程,各地采取了分段、分期成套施工的办法,使它们在 1960 年能灌溉一

---

① 参见《大战今冬明春,争取明年更大丰收,鲁豫皖湘苏桂水利战线一片活跃》,《人民日报》1959 年 10 月 28 日。

② 参见《广东内蒙古全面兴修水利工程,贯彻三主方针根除洪涝旱三害,小型为主,大中小结合》,《人民日报》1959 年 12 月 9 日。

部分农田和起防洪作用。①

1960年度，黑龙江省共动工修建大中型水库35座，小型水库259座，打机井500余眼，改造土井千余眼，新修与正修堤防1100公里，共完成土方量2.2亿立方米，使用劳力8200万个工日，增加排灌动力6万马力，相当于既有排灌动力的62%，全省灌溉工程面积达1500万亩。这些工程有效地抗击了洪涝灾害，在1960年这样严重自然灾害情况下基本保证了农业生产的丰收。如龙凤山水库在哈尔滨处在洪峰水位时期，拦蓄了牤牛河1200立方米每秒左右的洪峰流量，不仅保卫了拉林河沿岸村屯人民生命财产的安全与大面积农田免被淹没，而且减轻了对哈尔滨市的洪水威胁。②

从1957年秋冬到1960年春，吉林省农田水利建设也取得了较大发展。据统计，全省兴建了大量的农田水利工程，其中较大工程12项，包括海龙水库、石头口门水库、星星哨水库、二龙山水库、永舒榆灌区、左家水库、卡伦河水库、太平池水库等工程。其中南山水库、察尔森水库已下马，已完成太平池水库、卡伦河水库，其余7项有的已基本完工并部分受益，部分正在继续施工。同时，对主要河流包括洮儿河、挥发河、饮马河、东辽河、第二松花江丰满下游等完成了流域规划。据1961年统计，全省3年完成的基本建设投资总额8051万元，是1949—1957年9年完成投资总额的145.4%（9年完成投资5536万元），比"大跃进"前9年完成的基本建设投资多完成了2515万元，超过45.4%；3年共完成土石方量92105204立方米，比前9年完成土石方总量增加38.7倍；3年间新修和正修江河堤防3000多公里，十几条主要河流提高了抗御能力，全省已有57万公顷易涝耕地得到初步治理，提高了防洪标准，减少了涝灾面积。全省工程灌溉效益面积达98万多公顷（水田42万公顷），占全省耕地面积4809967公顷的20.4%。③

笔者根据当时的档案材料，对吉林省"大跃进"时期农田水利建设的具体情况作了简要总结（详见表3-1）：

　　① 参见《规模超过往年，人力增加三倍，完工两万多处，浙江高速度治山治水，黑龙江积极兴建新工程扩大旧渠系》，《人民日报》1959年12月12日。

　　② 参见《1960年水利工作总结和1961年水利建设任务的安排意见（草稿）》，黑龙江省档案馆藏171—1—151卷。

　　③ 参见《大跃进三年来财务总结和1961年财务工作任务》（1961年），吉林省档案馆藏52—13—13卷。

表 3 - 1

吉林省"大跃进"时期农田水利建设情况

项目			完成总量	第一个水利年度	第二个水利年度
防洪治涝	土石方量（立方米）		92105204	4885	3700
	江河堤防（公里）		3000 余		2100
	主要河流 水库（座）	大型	4	10023	1216 处，蓄洪区新增 900 座
		中型	27		
		小型	1589		
	小流域 塘坝（座）		5058	13310	4700
	打井（眼）		130000	549516	水井（眼） 37000
					机井（眼） 1200
农田灌溉	增加机械排灌（马力）		140000	68005	44500
	挖泉（处）				10000
	截潜流（处）		10000 余	2248	23250
水电机械化	农田水电站（处）		254		238
	装机容量（千瓦）		6062		5642
	水利动力站（处）		1304 处，12407 马力		694

资料来源：笔者根据吉林省水利局《1959 年全省水利会议报告》（吉林省档案馆藏 52—11—4 卷）、《鼓起革命干劲力争三年实现水利化》（吉林省档案馆藏 52—10—4 卷）、《吉林省 1958 年水利建设基本总结（初稿）》（吉林省档案馆藏 52—11—10 卷）、《全省水利会议文件：大跃进以来水利建设基本总结和 1961 年水利建设任务的安排意见》（吉林省档案馆藏 52—12—15 卷）、《大跃进三年来财务工作总结》（吉林省档案馆藏 52—13—13 卷）档案资料整理而成。

从表 3 - 1 可以看出，吉林省在第一个水利年度重视农田水利工程的农田灌溉工效，主要力量集中在修建水库和农田灌溉工程上，但没有注意到防洪治涝和实现发电；而在第二个水利年度期间，吉林省既注意到了防洪治涝（修建了江河堤坝 2100 公里，占完成总量的 70%，修建蓄洪区 1216 处，这与 1958 年夏季的洪涝灾害的发生有一定关系），也修建了占完成总量 90% 的水电站。"一五"期间，吉林省的农田灌溉面积仅为 366602 公顷，灌溉面积只占全省耕地面积的 7.6%[①]，经过"大跃进"时期的水利建设，到 1960 年，农田灌溉面积达 982459 公顷，占耕地面积的 21.3%；保证灌溉面积 480897 公顷，占耕地面积的 10.4%。[②]

《人民日报》1959 年 12 月 17 日报道：河北省 1959 年水利冬修工程规模巨大，唐河、滹沱河、漳河、滏阳河、滦河、永定河等河流上中游目前正在兴修大型水库。各地山区已经兴修了大量的水平沟和鱼鳞坑等水土保持工程，仅新修的梯田就有 200 多万亩。在施工中，各地党组织都深入发动群众，开展心红手巧、人人创造、百事革新的竞赛运动。王快水库的民工巧妙地运用卷扬机带土车，在大坝高 30 多米的情况下，达到每部卷扬机 1 分钟可运土 5 立方米。新乐县口头水库爆破能手张福，经过苦心钻研，创造成功了"五股钻心卧洞"爆破法，一次崩石头 1.03 万立方米。怀安县洋河大渠的民工，创造"连珠爆破冻土"法，一次崩冻土 1200 多立方米。许多水利工地实现了运土车子化、车子滚珠轴承化、道路轨道化、装卸土自动化，加快了施工进度。河北省 1959 年冬兴修的农田水利工程，主要是依靠人民公社自力更生兴办的，国家投资很少。许多人民公社在工地自办工厂，没有工具自己造，没有石灰自己烧，没有炸药自己做。[③]

1959 年，浙江省各地参加水利施工的劳力达到 1958 年同期的 4 倍，全省已经完工的各种水利工程有 24811 处。1959 年冬，浙江省水利建设的规模超过了以往任何一年，动工的时间也比往年提早一个多月。在冬修中，各地结合当地具体情况，贯彻了蓄泄兼顾、以蓄为主、治山治水相结

[①]　参见吉林省水利局《1957 年全省水利会议总结》，吉林省档案馆藏 52—9—3 卷。

[②]　参见吉林省水利局《为报送 1960 年农田灌溉面积情况的函》，吉林省档案馆藏 52—12—10 卷。

[③]　参见《河北广东安徽水利战线革新技术，心红手巧工效高》，《人民日报》1959 年 12 月 17 日。

合、以治山为主，大中小型结合、以小型为主，灌溉发电航运相结合、以灌溉为主，群众自办和国家必要的扶助相结合、以群众自办为主，新建与维修相结合、以新建为主等一系列两条腿走路的方针。在山区、半山区大搞蓄水引水工程，向逐步建成完整的灌溉网，实现灌溉自流化进军；在平原地区，大力开展打坝并圩，整理、开辟河网，降低地下水位，发展机械排灌，实现排灌机械化，并积极发展电力灌溉。位于杭嘉湖大平原的吴兴县抽调 8 万多人，经过 10 天的苦干巧干，完成了打坝并圩任务，开始进行渠道定线，测量放样；全长 4700 公里的干、支、毛三级渠道的开挖任务已经落实到生产小队，并已开挖渠道 110 公里。在滨海沿江的舟山、温州等地区，大修海塘和江堤，提高防台抗洪能力。瑞安县 3 万多民工，正在东海之滨修建一条长 60 公里、底宽 30 米的海堤。为了加快施工进度，各水利工地都发动群众大搞工具改革，开展高工效竞赛。据不完全统计，浙江全省已推广各种新式治水工具 28.2 万多件，使工效成倍提高。金华专区开展了工具改革运动后，有 220 处较大的水库工地实现了车子化。兰溪县推广各种新式工具 43 种共 7 万多件，有 33 处水利工地实现了运输车子化、夯土滚筒化、取土爆破化，大大加快了工程进度。义乌县岩口水库随着土坝越做越高，民工们创造了"神仙"滑轮、绳索绞盘、土卷扬机等上坝工具，工效迅速提高。[①] 到 1960 年 1 月底，浙江全省完成土石方63828 万立方米，占原定 5 亿土石方的 127.6%，相当于上年同期实绩的3.78 倍，金华、温州、嘉兴三个专区和 28 个县超额完成了省分配的 1960年土石方任务。[②]

在 1960 年度水利建设运动中，江苏省提出"苏北鼓劲赶江南，南疆更上一层楼"的口号，水利建设运动大体经历了全面上工、技术革新、配套评比验收三大高潮，最高上工人数达 416 万人。到 1960 年 5 月，累计完成土石方 10.04 亿立方米（加上田间工程，共完成 17.4 亿立方米），超额完成了全年计划任务。在大中型工程方面，全省疏浚和开挖了京杭大运河、通扬运河、镇武运河、淮沭新河等引水、排水干河等 61 条；兴建了万福闸、嶂山闸、任港闸等大中型涵闸 42 座，新建和续建蓄水 500 万立

---

① 参见《规模超过往年，人力增加三倍，完工两万多处，浙江高速度治山治水，黑龙江积极兴建新工程扩大旧渠系》，《人民日报》1959 年 12 月 12 日。

② 参见浙江省水利电力厅《浙江省水利大检查的总结报告》（1960 年 2 月 8 日），浙江省档案馆藏 J121—6—96 卷。

方米以上的大中型水库 56 座。在农田水利方面，发展机电灌排 18 万马力，建成河沟、渠道、水库、塘坝、涵闸、机井等 31 万多处。举办农村水、风、潮力发电站 75 处 8756 千瓦，动力站 242 处 1292 马力。据初步统计，已做工程可以扩大灌溉面积 568 万亩（其中旱改水 210 万亩），改善灌溉面积 2100 万亩，改善治涝面积 1570 万亩，水土保持初步控制面积 490 平方公里，并结合兴建水利灭螺 3900 万平方米。全省灌溉面积从 1959 年的 4300 多万亩增加到 4900 万亩，占总耕地的 63%。全省有 220 万亩农田基本上达到河网化的要求。有半数以上的耕地实现了灌排自流化、机电化，苏州、镇江地区和无锡市已基本实现了灌排机电化。①

在中共八届八中全会精神鼓舞下，安徽省委提出"消灭水利死角，加速实现河网化、水利化"的号召，要求全省各地大办水利。到 1960 年水利年度结束时，安徽省共做土石方 52 亿立方米，混凝土约 30 万立方米，增加蓄水能力 87 亿立方米，灌溉面积由 1959 年的 6100 万亩增加到 6505 万亩，其中可灌面积 4650 万亩，有保证的灌溉面积 3500 万亩。治涝面积 805 万亩，水土保持增加初步治理面积 3968 平方公里，加工提高面积 3224 平方公里，连同历年完成治理面积已达 16845 平方公里，占全省水土流失面积的 76%。此外，还建成农村水电站 80 处 1080 千瓦，水力站 3079 处 19241 马力。②

1959 年连续战胜夏旱和秋旱、取得粮食大丰收的湖南农民，开始了规模巨大的冬修农田水利运动。全省每天有 30 多万农民战斗在水利工地上，已有 3400 多处水利工程开工。从 9 月中旬水利工程开工短短一个多月，全省已有 134 座动手较早的小型水库竣工。许多工地提出响亮的战斗口号："保证如质如量地提前完成水利冬修任务，为明年农业生产更大跃进打响第一炮。"③ 到 1960 年春节前夕，湖南各地计划冬修的 86 万多处小型水利工程已经全部完工，其中新建的 3 万多座小型水库，已有 2.3 万多座修了渠道和溢洪道，达到了工程成套；各地兴建的大中型水利工程也有 50 多项基本完工，其中有 25 项做到了工程成套。全省兴修这些工程所做的

① 参见江苏省水利厅《江苏省冬春水利运动初步总结》，江苏省档案馆藏 3224—长期—716 卷。

② 参见《安徽省 1960 年水利工作总结（初稿）》，安徽省档案馆藏 55—1—660 卷。

③ 《大战今冬明春，争取明年更大丰收，鲁豫皖湘苏桂水利战线一片活跃》，《人民日报》1959 年 10 月 28 日。

土石方，比前一个冬春完成的土石方还多60%。全省新旧水利工程已有70%以上开始蓄水。在水利冬修运动开始的时候，省委就提出了早准备、早开工、早完工、早受益以及保质量、保节约、保安全等口号，各地在贯彻执行这个方针和要求中，采取了分段突击的办法。第一阶段在抓紧大中型工程的同时，集中主要力量，突击小型工程；第二阶段在抓紧小型工程扫尾、配套的同时，集中主要力量修建大中型工程。①

1959年冬和1960年春，湖南全省有600多万劳动大军、30多万干部走上水利工地，以"移山千座，开河万里"的英雄气概，开山劈岭，拦河筑坝，环山开渠，引水上山。一个冬春，新建水库3万多座，其中坝高15米以上的水库1000多座；共完成11亿土石方，相当于过去10年治水完成土石方总和的一半。常德县根治枉水，宁乡县综合治理沩水，衡阳县综合利用水源，涟源县全面治理涟水的干支流，这些工程都收到综合利用之效，是全面开发、综合治理的典型。②

到1959年底，云南省10多万处小型和500多处大中型骨干水利工程已全面开工，120多万民工紧张地修筑堤坝，开挖渠道。云南省总结了1958年的经验，除根据云南高原的具体情况，确定以中小型为主、永久性为主、自流灌溉为主等方针外，同时抓紧了当前受益的工程，采取边修边用的办法，使大部分工程来年都能蓄水、灌溉。玉溪县1959年将把分布在平坝四周山谷里的29个大中型水库和80多个坝塘联结起来，组成一个比较完整的自流灌溉网，可灌溉农田14万亩。晋宁县的大河水库已完成73%，蓄水200多万立方米。云南省在兴修水利中大搞群众运动，吸取1958年大搞工具改革保证高工效的经验，做到了省劳力、工效高。据红河哈尼族彝族自治州等8个专区（州）的统计，在上阵前就改良赶制出牛马车、手推车、飞兜、铁轨等各种水利施工工具16.8万多件和大量的爆破器材，一般筑坝工效都比1958年提高一倍以上。晋宁县大河干渠实现车子化、牛犁化、拉耙化以后，原订162天完工的计划提前98天完成。③

1959年10月，广西自治区有25万劳动大军奔赴水利工地。他们的口

---

① 参见《保证春耕用水，赶上春汛防洪，广东浙江安徽湖南等省冬春水利工程超额完成计划》，《人民日报》1960年2月3日。

② 参见胡继宗《治水治山治土　改造自然》，《人民日报》1960年5月3日。

③ 参见《规模大，效率高，劳力省，云南宁夏各族人民大力治水》，《人民日报》1959年12月13日。

号是："大搞水利一冬春，力争明年基本消灭旱灾。"广西1959年冬1960年春兴修水利的特点，是在过去大量兴修小型水利的基础上，再举办一批大中型的骨干工程。这批工程完工之后，就可与原有的20多万处小型水利联结起来，互相调剂，以大养小，形成一个长藤结瓜水利网。同时，大修农毛渠，整理排灌系统，建立大批抽水机站，以便充分发挥所有已建工程的效用。自治区初步规划，1959年冬1960年春的水利工程有900多项，灌溉面积974万亩，蓄水量等于历年兴修水利工程总量的一倍半。走在全区工程最前列的百色澄碧河水库3.7万人，临桂青狮潭水库1.6万人，来宾县2.5万人，开展了劳动竞赛运动，青狮潭水库在工地开展了打擂台比武运动，使工效显著提高。①

山东省是1960年度全国水利建设高潮的典型之一。各地在1959年秋种中大搞畦田化、园田化、渠道系统化之后，一个规模壮阔、声势浩大的水利建设运动的序幕正式拉开。从1959年10月开始，全省有900万人参加了水利建设运动。到1960年1月25日止，已经提前完成大中型工程44项，小型水库、塘坝、蓄水池数万处，引河、引泉8132处，打井11767眼（包括机井2329眼），改造良井2万多眼，新挖和整修各级灌溉渠道36.7594万条，长达22万多公里，修建各种建筑物2.0245万座，共计完成土石方工程30亿立方米，占全年任务的75%。这些工程可扩大灌溉面积1523万亩，改善灌溉面积951万亩，加上原有的灌溉面积，已达到8691万亩。全省5000万农业人口，平均每人已占有水浇地1.73亩。控制山区水土流失面积已达到3.6万多平方公里（新增5000多平方公里），占全省总水土流失面积的72%以上。治理和改善涝洼地已占全省涝洼面积的86%。在大办水利运动中，山东各人民公社都坚持了自力更生就地取材，土法上马土洋结合的原则，做到了多快好省。曹县各人民公社已经建成的356座大小建筑物和正在施工的14座水电站，所需物料全部是自己解决的。全省1959冬1960春开工的255项大中型工程，比过去10年完成的总和还多4.2倍，这样巨大的工程中，就有193项是以公社为主兴办的。②

在治山治水方面，山东全省各地都有很大的发展，特别是临沂地区，

---

① 参见《大战今冬明春，争取明年更大丰收，鲁豫皖湘苏桂水利战线一片活跃》，《人民日报》1959年10月28日。

② 参见《依靠公社强大威力，水利建设多快好省，山东千山万水面貌一新》，《人民日报》1960年2月16日。

在全区范围内掀起了规模巨大的、以灌溉兴利为目的、以千库万塘为中心的大中小相结合的水利建设新高潮，并结合灌溉渠系的修整，开展了耕地园田化运动，采取了一统（统一规划）四化（水利化、耕地园田化、大地园林化、道路规格化）八结合（蓄、灌、排、林、圈、池、场、路相结合）的高标准治理方法。1959 冬 1960 春完成了 726 万亩麦田和春田的园田化，使全区面貌发生了根本的变化。在进行大中型工程的同时，临沂地区以水为纲，大搞小型的千库万塘运动，并结合整修灌溉系统，突出抓好深翻整平土地，大搞耕地园田化和大地园林化。

对平原涝洼盐碱地的改造，山东省初步摸索到一些经验。渤海海滨的无棣县在大改盐碱地后，摘掉了苦海沿边碱场涝洼的低产帽子，提前 8 年实现了全国农业发展纲要规定的粮食指标，昔日盐碱地，今日米粮川。饱受风沙海浪荒碱之苦的日照县涛雒人民公社，结合封滩造林，对盐碱滩洼采取了筑坝建闸、挖方筑圩的办法，既防止了海浪的侵袭，保护了盐田、农田，又利用原来的碱荒不毛之地栽蒲种稻、搞海产养殖，使昔日的盐碱滩成为林带望不断、蒲汪片连片、水稻大丰收、渔盐齐发展的鱼米之乡。在滨湖涝洼地区，则有金乡县的蓄水与调水、河网与机械排灌相结合的河网化经验。在平原洼地，采取河网化的办法是治水的根本方向。曹县八化一体的河网工程是平原洼涝盐碱地区彻底解决旱、涝、盐碱三害的根本措施，是改变自然面貌最彻底最革命的方法。这一工程的基本特点是：全面规划、综合治理，除害兴利并举，农林牧副渔五业结合，大型工程与小型工程结合，出现了三水（渠、河、井）并用，三害（旱、涝、碱）并除，五业齐兴的崭新面貌。①

据新华社 1960 年 2 月 20 日报道：全国各地的水利大军，不畏风雪严寒，挖开硬土坚石，大干、苦干、巧干一冬天，修成了各种水库、塘坝、河渠、涵闸、机井等水利工程 310 多万处，预计可扩大和改善灌溉面积 2 亿亩左右。全国有河南、陕西、安徽、甘肃、湖南、江西、浙江、广东、青海等 9 省提前完成或超额完成了计划。全国完成的土石工程在 200 亿立方米以上。全国水土保持工程的计划大部分也已完成，进度比 1959 年同期快 1 倍。由于自然条件不同，南方各地的小型工程完工比北方为早。两

---

① 参见《英雄人民改造河山，李澄之代表谈山东水利建设成就》，《人民日报》1960 年 4 月 10 日。

广、湖南等省区 1959 年底已经修成了大量的小型工程。江淮流域的小型工程到春节前也大都完工。北方的小型工程春节前完成 80%，有些到春节后继续施工。当时全国水利工作大检查的材料证明，全国修成的工程 90% 以上合乎质量要求，需要修补的一般只占 4%—5%。各地在冬修中，对续修的和新修的工程，都注意了工程配套的问题。已完工的水库、坝塘等工程不少同时修好了渠道，平整了土地，做到了库成渠通，水到地平。不少蓄水工程已经蓄上了水，有的还开始浇灌春地。安徽省完成的各项新旧蓄水工程都开始蓄了水，到 1960 年 2 月 15 日蓄水量达 70 亿立方米，能够保证春耕作物用水和小麦春灌的需要。湖南省新建的 3 万多座小型水库，有 2 万多座修了渠道和溢洪道，达到工程成套，完工的 50 多项大中型工程也有一半做到了工程成套。①

六　全党大办水利的利弊得失

大办水利促进了"大跃进"运动的高潮，也成为农业"大跃进"运动的重要标志性成果。"大跃进"过程中农田水利建设取得了哪些成绩，这是当时及后来人们关注的问题。"大跃进"时期的水利建设取得了空前成就，是人们较为普遍的看法，也是可以通过大量统计数据加以说明的。

1959 年 4 月，时任水利电力部部长的傅作义指出：1958 年，全国共完成土石方 580 亿立方米，扩大灌溉面积 4.8 亿亩，初步治理洼涝面积 2.1 亿亩，初步控制水土流失面积 32 万平方公里，"我国水利建设事业这样的发展速度、建设规模，都创造了世界水利建设史上的奇迹"②。1960 年 4 月，傅作义对 1959 年农田水利建设成绩又作了总结：全国共建成蓄水 1 亿立方米以上的大型水库 31 座，共可蓄水 100 多亿立方米，建成中型水库 1000 多座，万亩以上的灌区 1200 多处，另外，还有大量的小型工程。共计完成土石方 130 亿立方米，扩大灌溉面积 7000 万亩，初步实施水土保持措施面积 8 万平方公里，初步治理洼涝面积 6300 万亩，发展机械排灌 140 万马力。在 1959 年冬至 1960 年春的水利运动中，全国水利工

---

① 参见《祖国大地遍布水库塘坝河渠涵闸机井的繁星，全国冬修水利工程三百万处》，《人民日报》1960 年 2 月 21 日。

② 傅作义：《印度扩张主义者在西藏叛乱中扮演了很不光彩的角色》，《人民日报》1959 年 4 月 24 日。

地上的工人数最多时曾经达到 7700 万人。全国扩大和改善的灌溉面积，已经超额完成了 2.6 亿亩的计划，完成治涝面积 4000 万亩，完成土石方 270 多亿立方米，超额完成了原定 250 亿立方米的计划任务。[①] 李葆华也指出："水利建设的成就和发展速度是我国历史上所从来不曾有过的。"10 年间共增加灌溉面积 7.6 亿亩，其中仅 1958 年就增加了 4.8 亿亩，为新中国成立前几千年所累积完成的灌溉面积的 2 倍。[②]

当时的档案材料也可以充分说明，"大跃进"时期水利建设取得了空前成就，为农业生产的发展创造了有利条件，也为此后的水利建设打下了一定基础。

1960 年 6 月，河南省将"大跃进"以来水利建设成绩与新中国成立后 8 年的成绩作了对比后指出："大跃进的 1958 年和继续跃进的 1959 年水利建设的成绩是惊人的，共计完成中小型水库 18000 多座，为解放后 8 年的 8 倍多；开挖渠道 104000 多条，为解放后 8 年的 110%；其中灌溉万亩以上的渠道 200 多条，塘堰坝 83 万多处，为解放后 8 年的 246%；打井 60 万眼，为解放后 8 年的 72%；添置水车 33 万部，为解放后 8 年的 79%；添置动力排灌机械 33 万多马力，为解放后 8 年的 7 倍多。特别是完成了 4 处大型引黄灌溉工程，开工了 3 座大型水库，修建了大量的水电站和水力站。两年内增加灌溉面积达 2784 万亩，为解放前原有灌溉面积的 446% 多，为国民经济恢复时期的 5 倍多，为第一个五年计划时期的 5 倍多，为第二个五年计划时期的近 1 倍。"[③]

时任广东省水利厅厅长的刘兆伦在 1961 年全省水利会议上的报告中指出：水利建设运动经历 3 年的"大跃进"和一年的巩固提高以后，已初步改变了广东省的自然面貌，初步形成了以大、中型为骨干的水利系统，为实现水利化奠下了稳固的基础。水利建设的伟大成就成为农业"大跃进"的主要标志。这些成绩主要体现在：（1）全省用了 12 亿多个劳动工日，共完成土方 11.2 亿立方米，石方 2656 万立方米，混凝土方 229 万立方米，等于新中国成立后 8 年完成土方总和的 3 倍多。兴建大型水库 25 宗，中型水库 172 宗，连"大跃进"前兴建的中型水库 18 宗，共有 215

---

① 参见傅作义《再进一步征服山河》，《人民日报》1960 年 4 月 10 日。

② 参见李葆华《高举红旗，大搞水利运动》，《人民日报》1959 年 9 月 28 日。

③ 《河南省解放以来水利建设的基本情况和今后意见》，河南省档案馆藏 J123—8—729 卷。

宗。其中已基本完成配套的 30 宗,库区已完灌区未完的 22 宗,灌区已完库区未完的 21 宗,库区灌区均未完成的 120 宗,下马 22 宗,小型水库则近千宗。这就大大改变了"大跃进"前存在的零散不系统、骨干少、标准低的缺点,改变了水利工程的分布状况,使许多水利很落后的地区改变了面貌,赶上了先进地区。(2) 在灌溉方面,现在全省共有可供灌溉的蓄水工程蓄水库容 133.3 亿立方米,引水工程引水流量约 1600 立方米每秒,蓄引水工程连同机械、电动排灌工程、井灌工程等,合计共有水量 230 亿立方米,比"大跃进"前的 130 亿立方米增加了 77%。(3) 在机电排灌方面,1958 年以来,全省排灌机械由 3.9 万匹马力增至 16.3 万匹马力,出现了"大办水利大增产,小办水利小增产"的局面。①

1961 年 1 月 9 日,国家统计局在给有关部门的报告中对近 3 年来的水利建设成绩给予了肯定。报告指出:1958—1960 年,我国共建成大型水库 99 座,为前 8 年(1949—1957 年)的 5 倍;建成中型水库 1100 多座,为前 8 年的 14 倍;建成小型水利工程 10.8 万多处,为前 8 年的 1.4 倍;3 年中共做土石方 1000 亿立方米,为前 8 年的 11 倍。1960 年,全国灌溉工程控制面积②已达 9.5 亿亩,占耕地面积的 59%,比 1957 年增加 4.3 亿亩;水土保持的初步控制面积已达 48.7 万平方公里,占水土流失总面积的 32%,这对战胜严重的水旱灾害、保证农业增产都起了重大作用。③

1961 年 11 月 25 日,中共水利电力部党组报送中共中央的《关于当前水利工作的报告》中,认为全党全民经过三年"大跃进"的奋斗,确实在水利方面取得了伟大成就。该报告列举了取得的成绩——全国灌溉面积:1949 年的可灌面积为 2.4 亿亩,1957 年为 4.5 亿亩,1960 年曾统计为 10 亿亩以上,经各省初步核实,有效灌溉面积为 6.7 亿亩。1957 年的保证灌溉面积为 3 亿亩,1960 年曾统计为 5 亿亩,经各省初步核实为 4.5 亿亩。机电排灌设备:1949 年拥有 9 万马力,1957 年有 56 万马力,1961 年有 600 万马力。其中电力排灌 1949 年基本没有,1957 年为 5 万千瓦,估计

---

① 参见《继续贯彻"八字"方针,积极办好水利建设——刘兆伦厅长在 1961 年全省水利会议上的报告》,广东省档案馆藏 266—1—82 卷。

② 灌溉工程控制面积是指水利工程在建成后(包括配套工程)设计规定能灌溉的面积。

③ 参见国家统计局《近三年来的水利建设情况与问题》,载中国社会科学院、中央档案馆编《1958—1965 中华人民共和国经济档案资料选编·农业卷》,中国财政经济出版社 2011 年版,第459 页。

到 1961 年底可达 100 万千瓦。大型水库（包括水电站及其他部门主办的）：1949 年 5 座，1957 年 21 座，1960 年动工兴建与续建的曾达 300 座。在这 300 座中，截至 1961 年已建成与基本建成的 87 座，已拦洪尚未建成的 84 座，共 171 座。连同 1960 年以前建成与基本建成的共计 139 座，已拦洪尚未建成的 87 座，两项合计 226 座。[①]

总之，在第二个五年计划时期，农、林、水利建设发展迅速，农业抗御自然灾害的能力有所加强。据统计，国家对农、林、水利、气象建设共完成投资 136 亿元，比第一个五年增长 2 倍多，占全国投资总额的 11.4%。在农、林、水利、气象建设投资中，水利投资 95 亿元，占 69.9%。通过水利建设，扩大了灌溉面积，整治了易涝洼地，加强了防洪能力。1958—1962 年，全国受灾的耕地面积累计达到 35.3 亿亩，依靠人民公社的集体力量和水利建设成就，减轻了灾害的程度，使成灾面积减为 13.6 亿亩，只占受灾面积的 38.5%，第一个五年曾占到 48.6%。[②]

在新中国成立 50 周年之际，水利部农村水利司编著的《新中国农田水利史略》对该时期水利建设的成绩给予了充分肯定。该书指出："大跃进"运动中的农田水利建设，在连续两年的冬修春修中，都是出动了上亿的劳动力，不论从开工处数之多和完成土石方数量之巨，都是空前未有的，全国很多大型水库和大型灌区都是在这一时期开工兴建的，至于中小型工程更是遍地开花，数不胜数。这些工程除其中一小部分由于质量太差或缺乏水源等原因被废弃外，大部分经过以后几年的整修加固、续建配套，还是可以陆续发挥作用的。像安徽的淠史杭、内蒙古的三盛公、北京的密云水库等大型枢纽工程都是这一时期建成的，为这些地区灌溉事业的发展提供了基本条件。据 1962 年经过核实后的数字，1962 年比 1957 年实际增加灌溉面积 5538 万亩。同时，经过这次全民性的水利运动，对进一步摸清水土资源，掌握治水规律和培养、锻炼水利队伍都起到很大作用。[③]《水利辉煌 50 年》一书也认为，此时期水利工作提出了以小型工程为主、

① 参见《中共中央批转水电部党组〈关于当前水利工作的报告〉》，载《建国以来重要文献选编》第 14 册，中央文献出版社 1997 年版，第 859 页。

② 参见国家统计局《第二个五年计划时期我国基本建设的主要情况》，载中国社会科学院、中央档案馆编《1958—1965 中华人民共和国经济档案资料选编·农业卷》，中国财政经济出版社 2011 年版，第 464 页。

③ 参见水利部农村水利司编著《新中国农田水利史略（1949—1998）》，中国水利水电出版社 1999 年版，第 13 页。

以蓄水为主、以社队自办为主的"三主方针"，兴起了大规模的兴修水利群众运动，在许多地方取得了相当成绩，建设了大量工程。按照 1961 年的统计，"大跃进"期间，修建了 900 多座大中型水库，主要集中在淮河、海河和辽河流域。灌溉面积从 4 亿亩增加到 5 亿亩，对当时的防洪、抗旱、排涝起到很大作用。①

此外，部分省份的水利官员及个人对各省区"大跃进"时期的水利给予了高度评价。1961 年 7 月 29 日，时任华北局计委副主任的郭春原在北戴河计划会议领导小组扩大会议上说："从华北来说，突出的成绩是：在农业方面，进行了大规模的水利建设。全区已建的大、中型水库 139 个，这些水库已在不同程度上发挥了防涝、抗旱的作用；灌溉面积也有很大增加，1957 年以前，保浇面积约 4800 万亩，到现在增加 1 倍左右；近 3 年来，华北连续遭受旱灾，由于这些水利建设，提高了抗旱能力，大大减少了受灾程度，这是应当肯定的。"② 20 世纪 90 年代，时任山东省水利厅厅长的王玉柱对山东省"大跃进"时期水利建设成绩也给予高度肯定："人们不会忘记那如火如荼的 50 年代，水利工程的建设者们在极其困难的条件下，所开创的治水奇迹：为沂沭河流域的洪水出路而开山劈岭；在百万余亩荒碱地上，建立起科学的引黄灌溉、排水系统；在全省各主要河道上，百余座大中型水库群，同时以惊人的速度拔地而起；多种多样的群众性小型工程，也如雨后春笋蓬蓬勃勃地建立起来。人们不会忘记，由干部、技术人员和千百万民工组成的治水大军，为这一伟大事业，夜以继日忘我劳动，常年战斗在工地上，以热血和汗水、青春甚至生命，在勾绘的这幅蓝图上，实现了他们人生的自我价值。这是艰苦的年代，是无私奉献的年代，也是为山东水利事业奠定基础的年代。"③

2006 年，山西水利发展研究中心的渠性英对山西省在"大跃进"中掀起的水利建设运动作了这样的阐述：高潮期间，水利工地上劳力多达 400 万人。平原、丘陵、高山上到处有开渠筑坝、挖泉打井、修水库、截

---

① 参见《水利辉煌 50 年》编纂委员会《水利辉煌 50 年》，中国水利水电出版社 1999 年版，第 7 页。

② 《华北局计委副主任郭春原同志 7 月 29 日在领导小组扩大会议上的发言要点》，载中国社会科学院、中央档案馆编《1958—1965 中华人民共和国经济档案资料选编·综合卷》，中国财政经济出版社 2011 年版，第 422—423 页。

③ 王玉柱：《壮丽的画卷——山东省水利建设五十年》，《山东水利》1999 年第 10 期。

潜流、排涝改碱、引水上山等多种多样的改造山河的战斗。汾河水库、漳泽水库、册田水库、关河水库、后湾水库以及夹马口、小樊等大型电灌站都是在这个时候动工兴建的。这 3 年全省建设了一大批水利骨干工程，为山西省以后的水利事业奠定了基础。①

"大跃进"时期的水利建设取得了空前的成就，这是应该给予充分肯定的。但是否也存在着一些失误和缺点？如何正确估计和看待这些失误和缺点？这个问题在"大跃进"时期便有较大争议，目前学术界对"大跃进"时期农田水利建设得失的认识分歧，也主要集中在这里。

关于"大跃进"时期兴修水利的得失问题，主要有两种观点：

第一种观点认为，水利化运动有得有失，得大于失，成绩是主要的，但也有不少失误和值得吸取的教训。这种观点是学术界的主流意见。水利部农村水利司编著的《新中国农田水利史略》指出：这次全国性规模空前的群众性治山治水运动，虽然取得了多方面的成果，但由于对社会主义建设经验不足，对经济发展规律和中国经济基本情况认识不足，在农田水利建设中提出了不少不切合实际，甚至违背科学常识的口号，如要求"在两三年内基本消灭普通水旱灾害"；在华北平原提出"一块地对一块天"，大搞平原蓄水工程；在群众性农田水利运动中，片面提倡"共产主义协作"、"大兵团作战"等口号，使得瞎指挥、浮夸风和一平二调的"共产风"在水利运动中愈演愈烈，严重地挫伤了群众兴修水利的积极性，造成了人力物力上的大量浪费，并给以后的水利工作遗留下很多难以解决的问题和大量的维修、配套、加固、保安工作量。由于不少工程不按基建程序办事，缺乏前期工作，仓促上马，违反自然规律和人力物力的可能条件，造成很大损失。例如在黄河下游修建花园口等大型拦河引黄枢纽，在缺乏排水设施的情况下发展引黄灌溉，大引大灌，引起了大面积的土地盐碱化，结果是"一年增产，二年平产，三年减产，四年绝产"，最后不得不毁闸平渠，被迫停灌，造成大面积的农业减产。② 又如甘肃省"引洮上山"的跨流域引水工程，计划将黄河支流洮河的水源引入陇中和陇东高原，发展灌溉1000 万亩。但是，当时的甘肃省领导不顾物力、财力和技术可能条件，在

---

① 参见渠性英《三晋水利建设"三步曲"——建国以来山西水利建设的实践与回顾》，《党史文汇》2006 年第 7 期。

② 参见水利部农村水利司编著《新中国农田水利史略（1949—1998）》，中国水利水电出版社 1999 年版，第 13 页。

缺乏认真调查研究、勘测设计和论证的情况下，于 1958 年盲目开工，搞"人海"战术，花了 1.5 亿元，① 到 1960 年无以为继，只得停工，没有生产任何效益，反而造成人力、物力的很大浪费，更加重了当地的贫困，严重挫伤了群众兴修水利发展生产的积极性。

《水利辉煌 50 年》一书也指出，此时期农田水利建设也存在着严重的片面性：片面强调小型工程、蓄水工程和群众自办的作用，忽视甚至否定小型与大型、蓄水与排水、群众自办与国家指导的辩证统一关系，在水利建设中规模过大，留下了许多半拉子工程，许多工程质量很差，留下许多后遗症。例如"大跃进"期间由于兴建水利工程而搬迁的大约 300 万移民，大多数没有得到很好的安置，遗留问题严重；再如，由于盲目地建设蓄水和灌溉工程，而忽视了排水工程，一度在黄淮海平原造成严重的涝碱灾害和排水纠纷等。②

王玉柱在阐述"大跃进"时期山东水利建设的不足时说："实践使人们认识到，50 年代建成的大批水库和引黄涵闸，虽然具备了灌溉增产，还需要大量的排灌渠系配套和完善管理。否则，只能大水漫灌。在易涝易碱的黄泛平原，大水漫灌不仅不能增产，还造成了大面积土地盐碱化并加重洪涝灾害。已经建成的大批水库，没有灌溉工程配套，同样不能增产。例如，东平湖水库曾经蓄水 20 余亿立方米，由于灌区没有开发，只得把水白白放掉，还因泥沙淤积减少数千立方米的库容。""50 年代'有了水就有粮'的愿望是积极的。但以愿望代替计划作为指导生产的依据，就必然出现偏差，造成人力、财力、物力的重大损失。"③

武力主编的《中华人民共和国经济史》在论述到"大跃进"在经济建设方面的成就时也指出："从 1958 年初开始，广大农村掀起了兴修水利的高潮。虽然由于不量力而行，半拉子工程很多，当时的经济效果很差，有的工程事前对水文地质勘测不够，草率上马，遗留问题很多，但这些工程的大部分经过修改续建，在后来也确实发挥了作用。特别是这几年对黄河

---

① 参见钱正英《中国水利的决策问题》，载《钱正英水利文选》，中国水利水电出版社 2000 年版，第 50 页。

② 参见《水利辉煌 50 年》编纂委员会《水利辉煌 50 年》，中国水利水电出版社 1999 年版，第 7 页。

③ 王玉柱：《壮丽的画卷——山东省水利建设五十年》，《山东水利》1999 年第 10 期。

的治理应该说是有成效的。"①

山西省水利厅的张荷对山西"大跃进"时期的水利建设成绩作了评述："从1958年起，4年内全省先后兴建水库1752座，设计总库容37亿 m^3。库容在100万 m^3 以上的190座水库，原设计灌溉面积为46万 hm^2，到1962年实际配套受益仅有13万 hm^2，只占设计面积的27%；因标准低、质量差而不能安全度汛的水库有121座，占到水库总数的60%；因规划设计不合理或根本没有设计而草率上马，以及不需建而建，应迟建而早建，需小建而建大了的就有51座，占到26%。但从另一方面客观地分析，3年'大跃进'中依靠人民群众建成的水利骨干工程却为山西水利奠定了基础。"②

第二种观点认为，"大跃进"时期的水利建设有得有失，失误太多，得不偿失。在肯定成绩的同时，强调水利建设运动中的重大失误和严重不足。薄一波在《若干重大决策与事件的回顾》中指出：发动"大跃进"，是党在50年代后期工作中的一个重大失误；连续3年的"大跃进"，使我国经济发展遭遇到严重的挫折，教训非常深刻。1957年9月，空前规模的农田水利建设运动的掀起，实际上吹起了农业"大跃进"的号角。③他在评价"大跃进"的得失时，首先肯定了水利建设所取得的成绩，但认为这些成绩的取得也付出了极大的代价，而且有些成绩实际上也没有完全拿到手，第一个回合④的"大跃进""是得不偿失的"。他说："由于盲目施工等原因，农田水利基本建设的后遗症也不小。时任华东局第一书记、曾经大力倡导农田水利建设搞群众运动的柯庆施，1962年6月2日在华东局扩大会议上，在谈到华东地区水利建设的教训时，也承认1958年以来，国家投资22.8亿元，修大型水库20多座，中型水库300多座，小型水库2000多座，占用耕地2600万亩，移民近2400万人，已迁237万人，但不少工程不配套，现在还不能发挥效益。有些工程打乱了原来的排水体系，加重了内涝和盐碱化。我们花的钱和器材不少，而事情却没有办好，有些

① 武力主编：《中华人民共和国经济史》上册，中国经济出版社1990年版，第457页。
② 张荷：《山西水利建设50年回眸》，《山西水利》1999年第5期。
③ 参见薄一波《若干重大决策与事件的回顾》下卷，中共中央党校出版社1993年版，第679—681页。
④ 薄一波认为，连续三年的"大跃进"大体可分为两个回合：1958年"大跃进"为第一个回合；1960年的继续"大跃进"为第二个回合。参见薄一波《若干重大决策与事件的回顾》下卷，中共中央党校出版社1993年版，第709页。

甚至办坏了，许多钱被浪费了。"①

　　时任电力工业部水电总局局长的李锐在其回忆录《大跃进亲历记》中，专门设"水利化运动及其灾难"一节，阐述"大跃进"时期水利建设的重大失误问题。他在该节题目中用"灾难"二字来概括"大跃进"时期的水利建设，可以看出他对当时水利化得失的明确态度。在该节中，他用了"'三主方针'淮河流域的危害"、"引黄灌溉的失败"、"半途而废的引洮工程"三个事件作标题分别加以论述，最后对"大跃进"时期水利化运动作了这样的评价：关于"大跃进"时期水利化运动中出现的问题，这里只谈了以上影响较大的三个事，其他种种就从略了。1960年结束"大跃进"30年之后，1991年淮河流域发生严重洪涝灾害。可是并非"百年一遇"的大洪水，而是10—20年一遇的洪水，各水文站水文却普遍高于1954年特大洪水。洪水虽被大堤锁住，但干流水位高居不下，向支流倒灌，于是形成空前"关门淹"，涝灾面积竟占整个受灾面积的80%，达五六千万亩。这就不免使人想起，这几十年水利工作尤其是治淮到底存在什么问题呢？他引用了前水利部部长钱正英在讨论治淮会议上说的话"回头看，对于怎样根治淮河，我们还没毕业"来表明自己对"大跃进"水利化运动的否定看法。他尖锐地指出："我要提的问题却是：既然近半个世纪的治淮主管人自称还没有毕业，那么，你所付出的学费究竟有多少呢？为什么不一一数来呢？"②吴其乐在考察了福建的"大跃进"后也认为："闽北的'大跃进'运动，应该说是有得有失，但是，失大大地超过得，最终是得不偿失。"③

　　笔者认为，"大跃进"时期的农田水利建设取得了空前成就，这是无法抹杀的历史事实；同时，由于水利化运动是在"大跃进"的特殊背景和政治环境中展开的，由于"左"倾思潮泛滥及水利建设上缺乏经验，此时期水利建设过程中难免出现一些失误，办了一些错事，犯了一些错误，这也是不能否认的。究竟"大跃进"时期水利建设上出现了哪些失误，这是需要认真总结的。实际上，当"大跃进"水利建设高潮过后，人们冷静下来时，已经认识到其中的失误和偏颇，从中央到地方都进行了认真的总结

---

　　①　薄一波：《若干重大决策与事件的回顾》下卷，中共中央党校出版社1993年版，第711—712页。

　　②　李锐：《大跃进亲历记》（下），南方出版社1999年版，第256页。

　　③　吴其乐：《闽北"大跃进"之反思》，《福建党史月刊》1998年第7期。

和深刻的反思。

1960 年 10 月 3 日，陈云致信毛泽东，汇报赴河北、山东两省考察农村的情况。他说："去年水利大军多了些，吃粮多了些，工程项目多了，这是今后应该注意的。但是，如无去年（包括大跃进以来）的大搞水库，今年鲁冀两省淹掉的土地不是现在的各一千多万亩，而必然是各三千多万亩。免灾所得的粮食比水利大军吃掉还多些。所以去年水利搞多了，应作为教训，但看来不宜深责。"① 陈云对"大跃进"时期兴修水利得失的看法，显然是客观公允的。

1961 年 11 月 25 日，中共水利电力部党组报送中共中央的《关于当前水利工作的报告》中，也检讨了 3 年"大跃进"水利建设的偏差和问题。该报告明确承认：水利的发展是不平衡的。有的地方，规划对头，工程做得很有成效，基本解决了水利问题。也有个别地方，规划不对头，工程全无成效，甚至破坏了原有的水利设施。总起来说，这两种情况都属少数。大多数的情况是，既取得了伟大成就，也发生了不少问题。问题主要是：尾工配套任务大；移民未安置好；冀鲁豫部分地区发生碱化和水利纠纷；老工程失修，破坏严重；管理工作跟不上。该报告还指出：在上述问题中，当前的中心问题是管理工作跟不上。在 3 年大发展中，很多地方集中力量搞新工程的建设，而忽视了管理工作，以致建设与管理严重脱节。不少地方，水利效益逐年降低，甚至工程遭到严重破坏。河南省白沙水库灌区是国家举办的大型工程，1955 年建成，1958 年扩建，由省设专管机构管理，灌溉效益逐年扩大，1959 年实灌面积达到 47 万亩。但是近两三年来，由于管理权限下放，一个统一的灌区变成由受益县、社分割管理，结果灌溉秩序紊乱，工程失修损坏，1960 年只灌了 8 万多亩，1961 年实灌只 4 万多亩。据估计，为修复被破坏的工程，需做土方 17 万多立方米。湖北省襄阳专区调查了 5 个县 11 个公社的 2254 处塘堰，失修损坏占51%，现有蓄水能力占原有蓄水能力的 46%，灌溉面积下降 35%。②

在中共中央及水利部等对"大跃进"水利建设高潮进行总结和反思的同时，地方各省也纷纷进行了总结和反思。

---

① 《陈云文集》第 3 卷，中央文献出版社 2005 年版，第 272 页。

② 参见《中共中央批转水电部党组〈关于当前水利工作的报告〉》，载《建国以来重要文献选编》第 14 册，中央文献出版社 1997 年版，第 859 页。

　　1960 年下半年和 1962 年 2 月, 吉林省在召开的两次全省水利工作会议上, 对"大跃进"时期的水利建设给予了总结, 在充分肯定"大跃进"以来水利建设取得成就的同时, 也指出存在的不足与教训。① 江苏省于 1961 年对"大跃进"3 年来水利工作的成就和效益以及存在的问题作了总结, 认为 3 年来全省水利建设取得了伟大成就, 同时, 也指出了存在的主要问题。② 到 1962 年 3 月, 江苏省水利厅再次对"大跃进"以来水利建设进行了总结, 这次总结与上次比较, 对缺点和错误的认识更为深刻。③ 1962 年 8 月, 湖南省水利工作会议在肯定"大跃进"水利建设成就的同时, 也指出了其中的主要经验教训。会议认为: 由于经验不足, 也走过一些弯路, 做过一些蠢事, 产生了一些缺点与错误。④

　　1961 年 9 月, 广东省水利厅召开全省水利会议, 对"大跃进"以来的成绩和经验教训进行全面总结, 人们对 4 年来水利建设取得的成就给予了充分肯定, 但也有人提出不同意见, 对成绩是不是主要的表示怀疑。时任省水利厅厅长的刘兆伦承认, 水利运动发展规律是不平衡的, 在伟大成绩中存在局部地区的失败, 办错了一些水利, 或者没有办什么水利, 这是不奇怪的, 不能因此而对整个成绩有怀疑。他认为, 在大办水利中确实存在着抓得不准, 抓得不狠, 大工程没办成, 小工程又没有办, "西瓜没有捡到, 芝麻又丢掉"的现象, 并承认这是"局部的失败"⑤。至于广东省在"大跃进"兴修水利高潮中出现了哪些失误, 刘兆伦认为, 成绩与缺点错误是九个指头与一个指头的问题。而这一个指头的错误, 主要体现在三方面: (1) 战线过长, 项目过多, 要求过急, 速度过快。他指出: "由于我们头脑过热, 缺乏实事求是的精神, 把消灭水旱灾害看得过于容易、过于简单, 没有认识到这是非常艰巨、复杂和长期的斗争。把国家可能投于水利建设的资金器材, 以及人民公社对水利建设的优越条件, 又作了过高的估计。因此犯下了战线过长, 项目过

---

　　① 详见《大跃进以来水利建设基本总结和 1961 年水利建设任务的安排意见》, 吉林省档案馆藏 52—12—15 卷;《全省水利工作会议的报告》, 吉林省档案馆藏 52—14—5 卷。

　　② 详见江苏省水利厅《关于水利工作方面的资料》, 江苏省档案馆藏 3224—长期—708 卷。

　　③ 详见江苏省水利厅《江苏省水利建设资料》, 江苏省档案馆藏 3224—永久—127 卷。

　　④ 详见《史杰副厅长在省水利工作会议上的报告(记录稿)》, 湖南省档案馆藏 207—1—745 卷。

　　⑤ 《继续贯彻"八字"方针, 积极办好水利建设——刘兆伦厅长在 1961 年全省水利会议上的总结报告》, 广东省档案馆藏 266—1—82 卷。

多，要求过急，速度过快的错误。由于要求太多、太急、太快，就带来了一系列的问题。"① （2）勘测不详，设计不周，准备不足，工期过短。边勘测、边设计、边施工的"三边"做法带来了不良后果：由于资料不足，勘测未周即草草设计，设计未完，图纸未备，未经准备，又即仓促施工，方案未经详细比较，计划一再变更，本工程所需工款器材和劳力多少，领导心中无数，工作难免陷于被动。（3）不讲政策，不务实际，强迫命令，刮"共产风"。片面强调共产主义风格，无偿的义务支援，违反了"等价交换、按劳分配"现阶段社会主义的根本政策和"多受益多负担，少受益少负担，不受益不负担"的合理负担政策，严重滋长着"左"的思想倾向，普遍刮了"共产风"②。

1962 年 8 月，河南省在总结 1958 年以来水利建设情况时，认为"大跃进"以来河南省水利建设成绩很大，但也存在着缺点错误，主要表现为：（1）在平原地区不正确地执行"以蓄为主"的方针，盲目发展引黄灌溉，打乱排水系统，以及由于其他各种原因，扩大了盐碱化面积。（2）在整个部署上，急于求成，贪多图快，特别是大中型工程摊子大，战线长，过多地占用劳力、物力、资金和工地，影响了农业生产。（3）不尊重自然规律，不尊重科学，不尊重历史传统习惯，不能因地制宜，搞了一些质量不好、标准不够甚至是错误的工程，浪费了不少劳力，也留下很大的处理任务。（4）形式主义，不讲究实际效果，很多有利的工程，不能一气呵成，见效很少；更突出的是偏重于兴建新的工程，而忽视了对原有工程的管理维修养护工作，水井、水库、渠道、塘堰以及河道堤防等，遭受严重破坏，全省灌溉能力和排水能力大为降低。（5）没有坚持执行谁受益谁负担、等价交换和多劳多得等社会主义原则，以及各项具体政策，所有权不固定，挫伤了群众修、管、用水利的积极性，甚至占用群众房屋土地却没有进行合理补偿，对水库淹没区群众没有全部妥善安置，造成这些地区群众生产生活上很大困难。③

上述材料充分说明，"大跃进"时期水利建设的确存在着一些失误和缺点，甚至是比较严重的错误。这是必须充分认识的。一味否定"大跃

---

① 《继续贯彻"八字"方针，积极办好水利建设——刘兆伦厅长在 1961 年全省水利会议上的总结报告》，广东省档案馆藏 266—1—82 卷。

② 同上。

③ 参见《河南省 1958 年以来基本情况资料（草稿）》，河南省档案馆藏 J123—8—108 卷。

进"时期水利建设的巨大成就而过分强调失误，是不符合历史事实的；而一味肯定"大跃进"时期水利建设的成就而不承认或否定出现过的错误，同样也不是实事求是的态度，也不符合历史事实。从总体上看，"大跃进"时期水利建设取得了空前成就，也出现了一些错误，有得有失；在利弊得失的估计上，应该说是得大于失，成绩是主要的，错误是次要的；七分成绩，三分错误；成绩巨大，教训深刻。

第四章　三门峡水库的上马与改建

　　新中国成立后，中国共产党和人民政府开始着手研究治理黄河问题，不仅对黄河流域进行了大规模勘测，而且开始编制黄河综合规划，提出了根治黄河水害和开发黄河水利的计划。在苏联专家的帮助下，《黄河综合利用规划技术经济报告》对兴建三门峡水利枢纽工程进行了全面论证。1955 年 7 月，全国人大一届二次会议通过了《关于根治黄河水害和开发黄河水利的综合规划的决议》，正式决定修建三门峡水库。围绕着三门峡水库修建问题，产生了重大分歧，争论不断。三门峡水库虽然在"大跃进"时期人们的争论中开工并建成，但由于规划设计不当，三门峡大坝建成不久就因泥沙淤积而不能发挥原来设想的效益，后来被迫进行大规模改建，在新中国水利建设史上留下了极为深刻的教训。

一　黄河流域的勘测与初步规划

　　黄河流域是中华民族的发祥地，是中华农耕文明的摇篮。黄河发源于青藏高原巴颜喀拉山北麓，因含沙量大，水色浊黄而得名。它是中国第二条大河，全长 5464 公里，由西向东流经青海、四川、甘肃、宁夏、内蒙古、陕西、山西、河南、山东 9 省（区），流域面积 79 万平方公里，在山东垦利县注入渤海。

　　黄河是一条桀骜不驯、举世闻名的多灾多难的河流，它的灾害主要是水灾。黄河流域雨量很少，平均全年只降雨 400 毫米，但是黄河流域每年降雨量的一半左右经常集中在夏季的 7 月、8 月，并且夏季的雨多是暴雨。这种夏季的集中的暴雨经常造成洪水暴涨，称为"伏汛"。黄河在陕西境内支流很多，如果夏季暴雨的面积较大，几个支流同时涨水，就会造成特大的洪水。黄河的水灾大部分是这种夏季暴雨造成的。此外，有时九十月间也可能有大雨造成洪水，称为"秋汛"。三四月间，冰雪融化也常引起洪水，称为"桃汛"。黄河在甘肃、内蒙古边境和山东境内是由南向北流的，在南部化冰的季节北部往往还在封冻，大量流冰在下游被阻，拥塞河道，也会造成河水暴涨，称为"凌汛"。

黄河的水灾之所以特别严重，不仅因为黄河流域的夏季暴雨，更重要的还是由于黄河下游的泥沙淤积。九曲黄河万里沙，黄河为害在泥沙。黄河的含沙量在世界各国的河流中占第一位，年平均输沙量约 16 亿吨，而黄河泥沙主要来源于黄河中游的黄土高原，约占全河来沙量的 80%。① 每立方米水的平均含沙量在埃及尼罗河是 1 公斤，苏联阿姆河是 4 公斤，美国科罗拉多河是 10 公斤，而黄河在河南陕县却达到 34 公斤。根据水文资料计算，黄河每年经过陕县带到下游和海口的泥沙平均达到 13.8 亿吨，体积约折合为 9.2 亿立方米。② 黄河泥沙到了下游后，因河道平缓，泥沙不能完全入海而大量沉积，河身就逐年淤浅，直至高出河堤两旁的地面，成为"地上河"。因此，水土流失，泥沙淤积，不仅使黄河上中游生态环境受到严重破坏，而且使下游河床越抬越高，遇到较大的洪水，河堤无法约束的时候，黄河下游就要发生泛滥、决口以致改道的严重灾害。

据历史统计，黄河在新中国成立前的 3000 多年中发生泛滥决口达 1500 多次，重要的改道 26 次，其中大的改道 9 次。③ 平均三年两决口，百年一改道。元代诗人萨都刺的《吴桥县古河塘》描述道："古来黄河身，而今作耕地。都邑变通津，沧海化为尘。"频繁的决口改道，给群众带来了深重灾难。洪水灾害北抵天津，南达江淮，波及冀、豫、鲁、苏、皖五省。改道最北的经海河出大沽口，最南的经淮河入长江。因此，黄河的灾害一直波及海河流域、淮河流域和长江下游。黄河的每次泛滥、决口和改道都造成人民生命财产的惨重损失，常常有整个村镇甚至整个城市人口被大部或全部淹没的惨事。七朝古都开封历史上曾 6 次被黄河水淹没。《清

---

① 参见何平等《让黄河为中华民族造福——江泽民总书记考察黄河纪行》，《人民日报》1999 年 6 月 25 日。

② 参见邓子恢《关于根治黄河水害和开发黄河水利的综合规划的报告》，《人民日报》1955 年 7 月 20 日。

③ 参见须恺《中国的灌溉事业》，载中国社会科学院、中央档案馆编《1953—1957 中华人民共和国经济资料选编·农业卷》，中国物价出版社 1998 年版，第 638 页。

明上河图》描绘的那个繁华的东京汴梁①，如今就湮埋在 9 米黄土之下。清人赵然的《河决叹》描述了黄河水害的悲惨情形："神河之水不可测，一夜无端高七尺。奔涛骇浪势若山，长堤顷刻纷纷决。堤里地形如釜底，一夜奔腾数百里。男呼女号声动天，霎时尽葬洪涛里。亦有攀援上高屋，屋圮依然饱鱼腹。亦有奔向堤上去，骨肉招寻不知处。苟延残喘不得死，四面茫茫皆是水。积尸如山顺流下，孰是爷娘孰妻子。仰天一恸气欲绝，伤心况复饥寒逼。兼旬望得赈饥船，堤上已成几堆骨。"② 1933 年的黄河洪水造成决口 50 余处，受灾面积 1.1 万余平方公里，受灾人口 364 万余人，死亡 1.8 万余人，损失财产以当时银洋计约合 2.3 亿元。1938 年，国民政府在河南郑州附近掘开黄河南岸花园口大堤，③ 造成黄河大改道，受灾面积 5.4 万平方公里，受灾人口 1250 万人，死亡 89 万人，造成了无人的黄泛区。④

黄河流域除严重的水灾以外，还有中游地区水土流失的严重危害和整个流域严重的旱灾。在甘肃东部、陕西和山西的大部以至河南西部，每年都有大量土壤遭受损失。在流失严重的地区，每平方公里每年约损失土壤 1 万吨，地面每年平均约降低 1 公分。在整个黄河中游地区，每年每平方公里土壤约被冲刷 3700 吨，比全世界每年每平方公里土壤被冲刷的平均数量 134 吨多 26 倍。据分析结果，这些被冲刷的土壤每吨含氮素 0.8—1.5 公斤，磷肥 1.5 公斤，钾肥 20 公斤。这就使这一地区的宜耕面积逐渐缩小，土壤肥力逐渐减少，农作物产量低下，广大农民的生活条件不容易有大的改善。黄河流域的旱灾也常常发生，据记载，在清朝的 268 年中，

---

① 汴梁，旧时对开封府的别称，今河南开封。战国时魏国建都于此，称为大梁，简称梁；唐代在此置汴州，简称汴，后世合称为汴梁。五代时后梁建都于此，改汴州为开封府。以后，后晋、后汉、后周及北宋均建都开封，号称东京，又称汴京。北宋画家张择端创作《清明上河图》，描绘北宋京城开封汴河两岸清明时节的景象，反映了当时的社会生活。

② 黄河水利委员会黄河志总编辑室编：《黄河志》第 11 卷《黄河人文志》，河南人民出版社 1994 年版，第 564 页。

③ 1938 年 5 月，日本侵略军攻占徐州，随即沿陇海路西进。6 月初，蒋介石下令炸开郑州以北花园口黄河大堤，以黄河之水阻止日军西犯，也给人民造成空前灾难。决口之后，黄水漫流，留下了一片连年灾荒的黄泛区。抗日战争胜利后，国民党政府为配合其发动全面内战的需要，决定堵死黄河花园口决口，使黄河东归故道，企图分割并淹没解放区。中国共产党为此与国民党政府进行多次谈判，争取时间组织解放区军民抢修黄河故道两岸的大堤和搬迁故道中的居民，最终于 1947 年 3 月堵口前完成了复堤和迁移工作。

④ 参见邓子恢《关于根治黄河水害和开发黄河水利的综合规划的报告》，《人民日报》1955 年 7 月 20 日。

黄河流域曾发生过旱灾 201 次。1876—1879 年（清光绪二年至五年），山
西、河北、山东、河南 4 省旱灾，死亡 1300 多万人。1920 年，上述 4 省
和陕西共有 317 县大旱，灾民 2000 万人，死亡 50 万人。1929 年，黄河流
域又有大旱，灾民达 3400 万人。[①] 因此，自古黄河就以"善淤、善决、善
徙"而著称于世，洪水泛滥，灾害频繁，被称为"中国之忧患"。

　　正因如此，治理黄河历来是治国兴邦的大事。"善治国者，必善治
水"。汉武帝曾征发数万人，亲自指挥堵塞黄河决口。清朝康熙皇帝把与
黄河有关的河务、漕运作为施政朝纲的头等大事，还钻研水利理论，并亲
赴黄河从事实地调查。1841 年，林则徐在虎门销烟后被流放伊犁。此时，
黄河在开封决口，道光帝命其"戴罪"帮助堵复。林则徐赶到开封，率众
修筑大堤，在柳园口合龙。20 世纪 20 年代，李仪祉等一批水利专家开始
用现代科学理论探索治黄之道。他们考察黄河、查勘可能坝址，提出各种
设想。但在兵燹不断、国力凋敝的旧中国，他们的努力仍然是徒劳的。[②]

　　让黄河为中华民族造福，是历代黄河两岸人民的美好愿望。新中国成
立后，古老的黄河迎来了治理开发的春天。党和政府认识到水利事业在
"安邦兴国"中的重大基础作用，对治理开发黄河始终极为重视，把它作
为国家的一件大事列入重要议事日程。一方面在下游开展大规模的修防工
作，确保防洪安全，另一方面又积极组织力量开展流域大查勘，着手研究
治理黄河问题。但鉴于当时党和政府将治水的重点集中于根治淮河，大规
模治理黄河的条件还不成熟，故确定以下游防洪为中心，同时准备治本的
治黄方针。1950—1951 年两年间，在中央政府的领导下，各地由分区治理
逐渐走上统一治理，并进行了巨大的黄河修防工程。以 1951 年政府对于
治理黄河的投资为例，仅工程费一项就达 5 亿斤小麦，比国民党统治时最
好的年份还超过 57 倍。[③] 1952 年，在黄河堤防工程方面，培修了 1300 余
公里的大堤，完成了土方工程 8200 余万立方米，下游数以万计的坝埽均

---

　　① 参见邓子恢《关于根治黄河水害和开发黄河水利的综合规划的报告》，《人民日报》1955
年 7 月 20 日。

　　② 参见潘家铮《千秋功罪话水坝》，清华大学出版社、暨南大学出版社 2000 年版，第 116—
117 页。

　　③ 参见王化云《二年来人民治黄的伟大成就》，载中国社会科学院、中央档案馆编《1949—
1952 中华人民共和国经济档案资料选编·农业卷》，社会科学文献出版社 1991 年版，第 471 页。

由秸埽改为石坝，完成了石方工程 170 余万立方米。[1] 到 1954 年，人民政府在下游培修了黄河 1800 公里，完成了土方 1.3 亿立方米；将原有保护堤坡的"坝埽"由秸料换成石料，共用了石料 230 万立方米；在大堤上用锥探的方法发现了 8 万个洞穴和裂缝，都已经加以填补，从根本上改变了原有河堤残破卑薄、百孔千疮的形象。[2]

"筑堤束水，以水攻沙"[3]，是中国历史上有名的治理黄河的理论。明清两代地方官府根据这个理论，在徐州以下遥堤中间筑缕堤，利用缕堤束窄河床，企图攻沙。黄河水利委员会在实践中逐渐认识到：在下游的下段（寿张至海口）把河缩窄，不利于排洪，还可能招致黄河决口；在上段（寿张至郑州铁桥）缩窄河床，不仅不利于排洪，而且丧失了宽河道临时蓄滞洪水的作用，这与黄河洪水洪峰高、时间短、总量小、泥沙多等特点是不相适应的。因此，黄河水利委员会领导沿黄民众逐步废除了堤内民埝（即小堤，它起着缩窄河槽的作用），开始改变传统的治黄方法。[4]

1951 年，鉴于黄河下游河道尚不能排泄超过寻常的洪水，同时在冬季时期，山东利津一带常因冰坝阻水而发生危险，中央人民政府分别在平原省长垣县的石头庄、山东省利津县的小街子两地修建溢洪堰与溢水堰工程，以蓄滞一部分洪水，保证黄河安全。此后，还在山东东平湖两侧建立了可以从黄河临时分出洪水约 3000 立方米每秒的滞洪区。

中央人民政府大力开展了黄河的治理工作，加固了沿岸的堤防，并在下游建造了石头庄、小街子、引黄济卫等滞洪、防凌分水和灌溉工程，减轻了黄河洪水为害的严重性，开辟了在下游利用黄河水利的道路。这些工程对于防治洪水为害虽然有很大的作用，但还不能从根本上解决黄河问题，洪水和干旱仍然威胁着黄河两岸的人民。根治黄河是一项复杂的工作，为了探索新的治河道路，为黄河治本作准备，首先必须彻底弄清黄河流域及其他有关情况，掌握精确可靠的资料。因此，勘测工作就被提到首要的地位上来。从 1950 年开始，黄河水利委员会与有关单位对黄河干支

---

[1]　参见王化云《人民的新黄河》，载中国社会科学院、中央档案馆编《1949—1952 中华人民共和国经济档案资料选编·农业卷》，社会科学文献出版社 1991 年版，第 475 页。

[2]　参见邓子恢《关于根治黄河水害和开发黄河水利的综合规划的报告》，《人民日报》1955 年 7 月 20 日。

[3]　由明朝治理黄河的水利专家潘季驯提出，这一理论是希望用水把泥沙输送到海里，以解决因河床升高而引起的泛滥灾害。

[4]　参见王化云《九年来治黄工作的成就》，《人民日报》1955 年 8 月 11 日。

流进行了多次大规模查勘。

早在黄河水利委员会刚刚成立之时，作为黄河水利委员会主任的王化云就开始考虑新中国成立后的黄河治理问题。1949 年 6 月济南会议前后，他在起草的《治理黄河初步意见》中提出，治河方针是防灾和兴利同时兼顾，应以整个流域为对象，上中下游统筹规划，统一治理；设想是在上中游干流筑坝建库拦蓄洪水并开展水土保持工作以减少泥沙淤积。[①]

1950 年 1 月的治黄工作会议，在决定兴建引黄灌溉济卫工程的同时，还要求对干流进行查勘工作，为制定统一治理黄河的规划作准备。1950 年 3 月 26 日至 6 月 30 日，黄河水利委员会组织河源查勘队，同时派出以吴以教任队长，仝允杲、郝步荣任副队长的查勘队，查勘了龙门至孟津的黄河干流段，特聘请冯景兰、曹世禄两位地质专家参加三门峡、八里胡同和小浪底三、王家滩等处坝址的考察。勘察队提交的《黄河龙门孟津段查勘报告》认为，过去中外专家对八里胡同坝址估计过高，其在地质方面不如三门峡坝址。三门峡在豫西峡谷的中间，是黄河最险峻的峡谷河道之一，两岸陡峭，相距仅 250 米。三门峡的岩石，主要是闪长斑岩，色铁青，质地坚硬。峡口河上有两座大石岛，北名神门岛，南名鬼门岛。两岛把河水分成三股，像三座大门，从北而南依次被称为人门、神门和鬼门，三门峡因此得名。三门峡建库方案初步确定蓄水位为 350 米高程，以防洪、发电结合灌溉为开发目的。

1950 年 6 月 27 日至 7 月 14 日，水利部组织了时任水利部部长傅作义率领的包括张含英、张光斗、冯景兰和苏联专家布可夫等人的考察团，一是解决黄河水利委员会和黄河防汛总指挥所提出的若干具体问题；二是勘定"引黄灌溉济卫工程"渠首位置；三是查勘比较潼关至孟津蓄水水库的库址坝址，以准备黄河治本工作。针对黄河干流修建防洪水库问题，考察团指出，潼孟干流段的防洪水库应该是整个黄河流域规划的一部分，黄河问题很复杂，应首先拟定开发整个流域的大轮廓，然后提前修建潼孟段水库，以解决下游防洪的迫切需要。水库宜分期修筑，坝址可从潼关、三门峡、王家滩三处比较选择。

1951 年 4 月，黄河水利委员会西北黄河工程局、陕西水利局、西北军

---

① 参见水利部黄河水利委员会编著《人民治理黄河六十年》，黄河水利出版社 2006 年版，第 73 页。

政委员会水利部、清华大学等单位联合查勘黄河中游泾河、渭河、北洛河、无定河、延河和清涧河流域。这是新中国成立后对黄河中游地区的第一次大规模查勘。1952 年 3 月，黄河水利委员会与陕西、山西两省对黄河干流托克托至龙门河段进行第二次查勘。随后，燃料工业部水电总局也对该河段进行了地质勘探。

1952 年 8 月，黄河水利委员会组织了由办公室主任项立志任队长的新中国第一支黄河河源查勘队。其主要任务有两项：一是查勘黄河源河势，确定有无拦河筑坝发电的适合地址；二是勘察黄河源与长江上游通天河的河势、水量、调水线等，以供南水北调规划所用。查勘队在 4 个多月时间里，行程 5000 多公里，实测地形面积 2625 平方公里、导线长度 763 公里、导线点 690 个，实测河道断面 8 个，取土石样品 33 袋。后经过几个月的整理，完成了《黄河河源查勘报告》和《黄河源区及通天河引水入黄查勘报告》等成果，为开发河源区和调长江水入黄河提供了宝贵资料。① 同年 9 月，黄河水利委员会又组织了海口查勘队，实地查勘了黄河入海情况。② 到 1952 年底，黄河流域的测量工作有了很大的成绩，已完成地形测量 2 万平方公里以上和精密水准测量 1800 多公里，已建立的水文、水位、雨量、气象、泥沙测验等测站 400 余处。③

1952 年 10 月 26—31 日，毛泽东利用休假时间，顺着山东、河南、平原三省黄河沿岸，专程考察黄河。这是新中国成立后毛泽东第一次出京视察。27 日，毛泽东视察了济南附近的黄河地段。毛泽东嘱咐陪同人员说：要把大堤、大坝修牢，千万不要出事。我深知黄河洪水为害，黄河侧渗也会给人民造成灾害。你们可以引黄河水淤地，改种水稻，疏通小清河排水，让群众吃大米，少吃地瓜。④ 28 日，毛泽东在徐州⑤登上云龙山顶，深有感触地说："过去黄河流经这里七百多年，泥沙淤积很多，夏秋季节常常决口，泛滥成灾，给群众生产、生活造成极大困难。乾隆皇帝四次到

---

① 参见水利部黄河水利委员会编著《人民治理黄河六十年》，黄河水利出版社 2006 年版，第 120—122 页。

② 参见季音《根治黄河的第一步——记黄河流域的勘测工作》，《人民日报》1953 年 9 月 1 日。

③ 参见《为制订根治黄河的方针和计划，黄河流域勘测工作正在积极进行》，《人民日报》1953 年 9 月 1 日。

④ 参见《毛泽东传（1949—1976）》，中央文献出版社 2003 年版，第 98 页。

⑤ 徐州，当时属山东省，今属江苏省。

这里视察,研究治理黄河的问题。但由于各种原因,他治不好黄河。现在解放了,人民当家做主,我们应当领导人民,把黄河故道治好,变害为利。山上山下、城市道路两旁,都要多栽树,防风固沙,改善人民生活环境,治理战争创伤,建设好我们的国家。"① 29 日,毛泽东乘专列来到河南省兰封县。②

10 月 30 日,毛泽东来到兰考段的黄河东坝头,在当年铜瓦厢黄河决口改道的大堤上向陪同的黄河水利委员会主任王化云了解当年黄河决口的情况,并询问了固堤防洪的一些措施。王化云向毛泽东汇报黄河水利委员会正在进行的修建邙山水库和三门峡水库的规划。毛泽东听了汇报后说:大水库修起来,解决黄河水患,还能灌溉、发电,是可以研究的。他还说:长远打算好。南方水多,北方水少,如有可能,借点水来也是可以的。③

10 月 31 日,毛泽东到平原省新乡视察引黄灌溉工程,临行前,嘱咐河南省委负责人说:"要把黄河的事情办好。"这句话后来广为流传,成为动员和激励人民治理黄河的响亮口号。在前往新乡途中,毛泽东来到黄河南岸的邙山,查看了邙山水库坝址和黄河形势。之后来到黄河北岸,考察了新建成的引黄灌溉济卫工程渠首闸,在这里,他向陪同的黄河水利委员会副主任赵明甫详细询问了工程建设情况和灌溉效果。当毛泽东听到该工程能引黄 40 个流量,灌溉 40 多万亩,发展可达 70 多万亩时,高兴地说:"是否下游各县都搞上一个闸。"④ 并亲自摇动起闭机摇把,看黄河水通过闸门流入干渠。毛泽东视察过引黄入卫新渠后感慨地说:"从黄河到卫河,这条人民开发的新渠,改变了黄河下游过去只决口遭灾、不受益的情况,起到了造福人民的作用。"⑤

毛泽东考察黄河⑥之后,党和政府加快了对黄河的治理,把治理黄河列入"一五"计划时期苏联援助的 156 项工程中。时任黄河水利委员会主任的王化云在对黄河进行实地勘察过程中,逐步形成了"除害兴利,蓄水

① 《毛泽东传(1949—1976)》,中央文献出版社 2003 年版,第 99 页。
② 兰封县,1954 年与考城合并,称兰考县。
③ 参见《黄河志》总编辑室《毛泽东主席与治理黄河》,《水利史志专刊》1992 年第 5 期。
④ 同上。
⑤ 《毛泽东传(1949—1976)》,中央文献出版社 2003 年版,第 100 页。
⑥ 在随后的 1953 年、1954 年、1955 年三年中,毛泽东外出途径郑州时,都听取了黄河水利委员会有关治黄工作的汇报。

拦沙"的治黄思想。① 1953 年初，王化云向水利部汇报了这个设想。时任水利部副部长的李葆华鉴于此事关系重大，特意安排他专门向时任中央农村工作部部长、政务院副总理的邓子恢作了汇报。邓子恢听后深表赞许，并将其归纳为"节节蓄水，分段拦沙"，要求王化云尽快写出专题上报。5 月 31 日，王化云向邓子恢呈报了《关于黄河基本情况与根治意见》和《关于黄河情况与目前防洪措施》。6 月 2 日，邓子恢将报告转呈毛泽东并写信说："我认为王化云同志对黄河基本情况的分析与黄河治本方针是正确的，符合实际的。中央如同意，可由水利部与黄河水利委员会作出大体计划，发晋、陕、宁、甘、豫五省研究。"②

根据"除害兴利，蓄水拦沙"的黄河治理设想，黄河水利委员会在开展地形测量、地质钻探、流域查勘、水土保持科学试验与推广的同时，还积极建立流域水文站网，加强水文测验，开展黄河泥沙研究。1953 年，为了彻底弄清黄河泥沙和洪水的主要来源，水利部与农业部、林业部、科学院以及山西、陕西两省的水利局，组织了 8 个查勘队，在水土流失比较严重的西北黄土高原区进行有关地理、地质、土壤、植物、农业、林业、牧业各方面的综合查勘。这一次查勘的工作规模、工作数量以及工作的深度都是空前的，参加工作的各方面专家、工程技术人员和行政干部共 430 余人，查勘面积达 19 万平方公里左右。时任黄河水利委员会主任的王化云对黄河查勘情况描述道："数以千计的工作人员和工人跋山涉水，冒着严寒盛暑，从河源到海口，从干流到支流，足迹几乎踏遍了整个黄河流域的原野。他们为了解黄河流域全面情况，作了宝贵的贡献。在这些基本工作中所搜集到的资料，都是确定治河方针，编定流域规划必不可少的依据。"③ 截至 1954 年，查勘的黄河流域面积达 42 万平方公里，查勘了 3000 多公里干流河道，发现优良坝址 106 处，广泛收集了地形、地质、水文、气象、土壤、植被、社会经济、水土流失等方面的资料，为编制黄河流域综合规划提供了可靠依据。④

当时有不少人认为，以当时国家的经济状况和技术条件，在黄河干流修

---

① 参见黄河水利委员会编《王化云治河文集》，黄河水利出版社 1997 年版，第 50 页。
② 水利部黄河水利委员会编：《人民治理黄河六十年》，黄河水利出版社 2006 年版，第 145 页。
③ 王化云：《九年来治黄工作的成就》，《人民日报》1955 年 8 月 11 日。
④ 参见水利部黄河水利委员会编《人民治理黄河六十年》，黄河水利出版社 2006 年版，第 141 页。

建大水库有较大困难,于是提出从支流解决问题,主张在支流上建土坝。黄河水利委员会随即对各大支流进行全面查勘,找到支流坝址数十处,但经计算发现:支流太多,拦洪机遇又不十分可靠,且花钱多,效益小,需时长,还有交通不便和施工困难等,因此,仍需从干流的潼孟河段下手。黄河水利委员会提出了"蓄水拦沙"的治黄方略,除开展大规模的水土保持工作外,关键是要修建一座大水库。同时,燃料工业部水力发电建设总局从开发黄河水力资源出发,也积极主张在干流上建大型水电站,于是,三门峡水利枢纽工程被再次提出。1952年5月,时任黄河水利委员会主任的王化云、水利水电建设总局副局长张铁铮和苏联专家格里柯洛维奇等查勘了三门峡坝址,专家认为,三门峡地质条件很好,能够建高坝。而在这时,黄河水利委员会主张把三门峡水库的蓄水位由1950年确定的350米高程提高到360米高程,拟用大水库的一部分库容拦沙,以解决水土保持不能迅速发挥减沙效益的矛盾,尽量延长水库寿命。为了解决水库寿命和淹没问题,当时有拦沙与冲沙之争论,前者主张提高三门峡枢纽的正常高水位,加大库容,枢纽实行分期修筑、分期抬高水位运用;后者则主张坝址下移到八里胡同建冲沙水库,利用该处的峡谷地形冲沙,这样可避免淹没关中平原。

根据详细的勘测和周密的研究,黄河干流阶梯开发第一期工程目标是修建三门峡(河南陕县以东)和刘家峡(甘肃兰州以西)两大水利枢纽。三门峡在陕县以东和著名的"中流砥柱"以西,河心有两座石岛把河道隔成被称为"人门"、"神门"、"鬼门"的"三门"。由于河道窄狭,河底都是坚固的岩石,便于修建大型的水坝。计划中的坝高90米左右,拦阻河水的水位可以高出海面350米。被拦阻的河水由陕县上溯到潼关以北临晋和朝邑的黄河两岸,潼关以西临潼以下的渭河两岸和大荔以下的北洛河两岸,形成巨大的水库。它的容积达到360亿立方米,仅次于世界最大的古比雪夫水电站的水库,等于中国已有的较大水库丰满水库(100亿立方米)的3.6倍,官厅水库(22.7亿立方米)的16倍。它的面积约为2350平方公里,比太湖(2200多平方公里)还大些。此外,在青海的龙羊峡、积石峡(黄南藏族自治州)和甘肃的刘家峡(永靖)、黑山峡(中卫)也将修建大型的综合性工程。其中刘家峡水库容积可达49亿立方米。①

---

① 参见邓子恢《关于根治黄河水害和开发黄河水利的综合规划的报告》,《人民日报》1955年7月20日。

　　三门峡水利枢纽是治理和开发黄河的关键，水库建成后，就可基本解决黄河严重的水灾威胁；河北、山东、河南三省广大农田将得到灌溉；利用水力发电，可使以上三省的工农业生产得到充分的电力供应；下游航运将得到发展。三门峡水利枢纽地质为坚硬的火成岩，是良好的高坝基础；地势优良，工程结构单纯，可在较短时期内建成。刘家峡水利枢纽，为黄河河口镇以上主要工程之一，这一水利枢纽完成后，不仅兰州一带工业将得到充分的电力供应，同时还可免除黄河洪水对兰州的威胁，使原宁夏和后套广大灌溉区得到发展，银川至清水河一段航运得到保证。《黄河综合利用规划技术经济报告》指出：黄河第一期灌溉工程完成后，全流域将有50%的水量用于灌溉，新的灌溉区将增加到现有灌溉面积的2倍。远景计划完成后，灌溉面积将增加到现有灌溉面积的8倍，实际上，黄河的现有水量将全部被利用。报告认为，在兴建第一期工程的同时，对水土保持工作也应积极进行。①

　　1955年2月，黄河流域规划委员会将《黄河综合利用规划技术经济报告》及苏联专家组对该报告的结论正式上报国务院。同年5月，中共中央政治局通过该报告。

　　7月5日，时任国务院副总理兼国家计划委员会主任的李富春在第一届全国人民代表大会第二次会议上作《关于发展国民经济的第一个五年计划的报告》，指出："五年内将开始进行黄河的根治和综合开发工作。黄河全长4800多公里，流经7省，流域面积745000平方公里，在我国历史上一直就是为害最严重的河道。根据黄河综合利用的规划方案，在黄河中下游及其主要支流将修建水坝几十座，在三门峡等五处将建设足以调节流量的巨大水库，并建设巨大的水力发电站。在第一个五年计划期间，黄河的根治和综合开发工作将完成流域规划，并开始建设三门峡的水利、水力枢纽工程。"②

　　7月中旬，时任副总理的邓子恢代表国务院在第一届全国人民代表大会第二次会议上作了《关于根治黄河水害和开发黄河水利的综合规划的报告》。7月30日，一届人大二次会议通过决议，批准国务院提出的关于根治黄河水害和开发黄河水利的综合规划的原则和基本内容，并要求国务院

---

①　参见《黄河流域的规划工作胜利完成》，《人民日报》1954年12月23日。
②　李富春：《关于发展国民经济的第一个五年计划的报告》，《人民日报》1955年7月8日。

迅速成立三门峡工程机构。至此，历经20年沧桑的三门峡工程终于定案。从此，黄河开始了全面治理，决定兴建规划中所选第一期工程——三门峡水利枢纽工程。国务院委托苏联电站部水电设计院列宁格勒分院进行三门峡工程的初步设计。1957年4月13日，三门峡水利枢纽工程隆重举行开工典礼，揭开了新中国根治黄河的新篇章。

二 根治黄河综合规划的制定

1953年2月，时任黄河水利委员会主任的王化云向毛泽东汇报了三门峡建库及整个黄河的治理方策，毛泽东听后很高兴，认为可以研究。2月15日，黄河水利委员会作出的《关于1953年治黄任务的决定》指出：继续加强下游修防工作。强化堤坝，组织防汛，肃清堤身隐患，绿化大堤，准确运用溢洪、溢水堰，保证在发生1933年同样洪水时不决口，不改道。为解除洪水、凌汛威胁，对已选定的三门峡、邙山两水库大力进行规划工作，提请中央抉择。治本准备是中心任务之一，要以更大力量、更大规模进行干支流查勘，按照蓄水拦沙的方略和工农业兼顾的方针提出全流域的规划。其后，水利部指示黄河水利委员会：一要迅速解决黄河防洪问题；二要根据国家经济状况，花钱不能超过5亿元，淹没不能超过5万人。黄河水利委员会在整编黄河流域基本资料的基础上提出了《黄河流域开发意见》。《意见》提出：宁夏黑山峡以上，以发电为主，结合灌溉、航运和畜牧；内蒙古清水河以上以灌溉为主，结合航运、发电；河南孟津以上以防洪、发电为重点，结合灌溉与航运；孟津以下，以灌溉为重点，结合航运和小型发电；各段都要结合工业用水。同时选择了龙羊峡、龙口、三门峡三大水利枢纽，以控制调节黄河各段干流水量。

1953年6月17日，根据周恩来总理的指示，国家计划委员会召集水利部、燃料工业部、地质部、农业部、林业部、铁道部和中国科学院等单位，具体商讨苏联专家来华帮助制定黄河规划前的各项准备工作。会议决定成立以水利部和燃料工业部为主的黄河研究组，国务院有关部委指定专人参加，在国家计划委员会的领导下，具体负责收集、调查、整理、分析黄河规划所需的各项资料。7月16日，黄河研究组正式成立，李葆华任组长，刘澜波、王新三、顾大川、王化云任副组长。① 苏联专家组来华前，黄河研究组初始集中技术干部 39 人，在有关部、院的协助下，已整理并翻译出黄河概况报告 16 篇，干支流查勘、各主要坝址地质调查、几个大水库的经济调查及水土保持调查等报告 30 余篇，各种统计图表 168 张，水文绪言资料 4 本，地质图 921 张。②

1954 年 1 月 2 日，中国政府聘请的由水工、水文、地质、施工、灌溉、航运等方面组成的来华帮助进行黄河流域综合规划工作的苏联专家组一行 7 人到达北京，组长为苏联电站部列宁格勒水电设计院副总工程师阿·阿·柯洛略夫。苏联专家综合组研究了上述各项基本资料后认为：现有资料基本上已具备编制《黄河综合利用规划技术经济报告》的条件。但为了深入解黄河实况，听取地方对治黄的意见和要求，国家计委决定组成黄河查勘团。黄河查勘团由中央有关部门负责人、9 位苏联专家和有关中国专家、工程技术人员等共 120 余人组成，由时任水利部副部长的李葆华和燃料工业部副部长刘澜波任正副团长。

1954 年 2 月至 6 月，黄河查勘团行程 1.2 万余公里，从兰州上游的刘家峡直到黄河海口进行了重点实地查勘。查勘团查勘了黄河干流坝址 21 处，支流坝址 8 处，灌溉区 8 处，水土保持区 4 处，水文站 7 处，下游堤防约 800 公里，并查勘了沿河河道及航运等情况。在考察期间，时任燃料工业部水电建设总局副局长的张铁铮、黄河水利委员会主任王化云、办公室主任袁隆、计划处副处长耿鸿枢等，陪同苏联专家乘船查勘了黄河干流潼关、三门峡、王家滩、八里胡同等坝址。在三门峡下船后，专家们仔细观察了两岸的形势和地质情况，认为该处建坝条件优越，应做比较详细的勘测工作，并为坝址指定了第一批地质钻探孔位。

3 月 27 日，查勘团在完成龙门到孟津一段的查勘任务后在西安召开技术座谈会。中国工程师及地质专家首先在会上发表意见，接着，每位苏联专家先后发言。水文专家巴赫卡洛夫详细地阐述了三门峡水库对解决黄河洪水、泥沙及调节流量的优越性。地质专家阿卡琳说："三门峡的地质条件是非常有利的，闪长斑岩的坚固性是无可怀疑的。"灌溉专家郭尔涅夫令人信服地提出了三门峡水库对下游灌溉的重要意义。航运专家卡麦列尔

①　参见《周恩来传》（下），中央文献出版社 1998 年版，第 1368 页。
②　参见王化云《我的治河实践》，河南科学技术出版社 1989 年版，第 153 页。

表示，三门峡水库不但给下游航运创造了有利条件，水库本身也将是很好的通航湖泊。水工专家谢里万诺夫说："在这样坚固岩石基础上修建堤坝，它的设计和施工，从技术上看是不会有什么困难的。"施工专家阿卡拉可夫说："只有三门峡才能有效地控制洪水和泥沙。三门峡的三个岩岛，给施工导流造成了自然的有利条件，建筑物的结构简单，混凝土数量小，都是施工的有利条件。"最后，苏联专家组组长柯洛略夫总结了各位专家的发言，郑重地提出："在黄河下游从龙门到邙山，在我们看过的全部坝址中，必须承认三门峡坝址是最好的一个。任何其他坝址不能代替三门峡，使下游获得那样大的效益；不能像三门峡那样能综合地解决防洪灌溉发电等各方面的问题。"① 柯洛略夫阐述了著名的"用淹没换取库容"的理由："为了解决防洪问题，想找一个既不迁移人口，而又能保证调节洪水的水库，这是不能实现的幻想、空想，没有必要去研究。"还说："任何一个坝址，无论是邙山，无论是三门峡或其它哪一个坝址，为调节洪水所必须的水库容积，都是用淹没换来的。"中共中央西北局认为，在移民问题上西北确有困难，但只要方案确定，愿在中共中央的领导下努力设法解决；但从延长三门峡水库寿命和便于移民工作等方面考虑，建议水土保持和支流拦泥库的修建能够同时进行。② 经过这次查勘后，专家们一致肯定了三门峡坝址是治理和开发黄河中最好而且应当首先建筑的枢纽工程。

在黄河查勘团进行黄河现场查勘的同时，为了加强对治理黄河的领导，1954年4月，时任政务院副总理的李富春主持召开会议，决定在黄河研究组的基础上，成立黄河流域规划委员会。除黄河研究组原有5位组长为委员外，为了加强计委对这一工作的领导，各有关部门密切协作，及时解决问题，又增加张含英、钱正英、宋应、竺可桢、柴树藩、赵明甫、李锐、张铁铮、刘均一、高原、赵克飞、王凤斋等12人为委员，以李葆华、刘澜波为正副主任委员。委员会设立办公室，以配合苏联专家综合组工作，下设11个专业组，主要由水利部和燃料工业部的技术干部组成，负责编制《黄河综合利用规划技术经济报告》。之后，黄河流域规划委员会积极进行关于黄河规划设计文件的编制工作，并在苏联专家组的全力指导帮助下，于1954年底正式提出《黄河综合利用规划技术经济报告》。《报

---

① 李鹗鼎：《黄河查勘散记》，《人民日报》1955年7月23日。
② 参见王化云《我的治河实践》，河南科学技术出版社1989年版，第155—156页。

告》分总述、灌溉、动能、水土保持、水工、航运、关于今后查勘设计科研方面的意见、结论等 8 卷，全文 20 万字，附图 112 幅。黄河流域规划委员会所提出的黄河综合利用规划，就是按照根治水害、开发水利的方针制定的。

黄河综合规划第一次提出了根治黄河水害和开发黄河水利的计划。规划的任务是要解决五个迫切的问题：第一，有效地解决黄河下游的防洪问题；第二，合理地解决流域内的土地灌溉问题；第三，解决流域内新建和拟建各工业基地的电力供应问题；第四，大力开展西北黄土区的水土保持工作，制止水土流失，进一步发展西北地区的农业生产；第五，发展黄河的航运问题。[1] 黄河综合利用规划，包括远景计划和第一期计划两部分。在第一期工程的开发项目中，重要的工程项目是三门峡和刘家峡水利枢纽。同年，苏联 156 项重点援建项目出台，黄河流域规划列入重点援建项目之中，这是唯一的水利工程项目。

1954 年 11 月 29 日，国家计委邀请国务院第七办公室、国家建设委员会、水利部、燃料工业部、地质部、农业部、铁道部、交通部等有关单位负责人及苏联专家，集中听取苏联专家组组长柯洛略夫关于《黄河综合利用规划技术经济报告基本情况》的报告。李葆华、刘澜波在讲话中都表示同意该报告，希望中共中央早日决定。

1955 年 2 月 15 日，黄河流域规划委员会正式将《黄河综合利用规划技术经济报告》和苏联专家组对该报告的结论等文件，上报国务院及国家计划委员会、国家建设委员会，提请审查。国家计委党组和国家建委党组审查《黄河综合利用规划技术经济报告》之后，于 4 月 5 日联名向中共中央和毛泽东、刘少奇、周恩来等 41 位中央领导人呈报了《关于黄河综合利用规划技术经济报告给中央的报告》。该报告认为：（1）规划报告中所提出的黄河综合利用远景和第一期工程都是经慎重研究和比较的，应当认为是今天可能提出的最好方案，建议予以批准；（2）三门峡水利枢纽，苏联已同意担负设计和供应设备，可于 1957 年开始施工；（3）黄河流域规划委员会为确保下游防洪安全和延长三门峡水库使用年限而提出的三门峡水库泄洪量标准是否定为 8000 立方米每秒，正常高水位是否定为 350 米，抑或定为 355 米、360 米等问题，建议由黄河流域规划委员会向苏联专家

---

[1]　参见《黄河流域的规划工作胜利完成》，《人民日报》1954 年 12 月 23 日。

组提出，在初步设计中研究确定。①

　　5 月 7 日，刘少奇在中南海西楼会议室主持召开中共中央政治局会议，主要讨论黄河规划问题。朱德、陈云、董必武、邓小平、彭真、杨尚昆、薄一波、谭震林等 46 人参加。政治局基本通过《黄河综合利用规划技术经济报告》，决定提交第一届全国人民代表大会第二次会议审议；责成中共水利部党组起草关于黄河综合利用规划的报告和决议草案，送中央审阅。7 月 18 日，周恩来主持国务院第 15 次全体会议，通过了《关于根治黄河水害和开发黄河水利的综合规划的报告》，决定由邓子恢副总理代表国务院在一届人大二次会议上报告，并请大会审查批准。当天，邓子恢代表国务院在全国人大二次会议上作了题为《关于根治黄河水害和开发黄河水利的综合规划的报告》。

　　该报告首先介绍了黄河的自然地理和资源概况，用大量的史实历数黄河之害，并对黄河水患的产生作了全面的分析，介绍了人民治黄以来取得的成绩；接着，提出了黄河治理开发的任务："我们的任务就是不但要从根本上治理黄河的水害，而且要同时制止黄河流域的水土流失和消除黄河流域的旱灾；不但要消除黄河的水旱灾害，尤其要充分利用黄河的水力资源来进行灌溉、发电和通航，来促进农业、工业和运输业的发展。总之，我们要彻底征服黄河，改造黄河流域的自然条件，以便从根本上改变黄河流域的经济面貌，满足现在的社会主义建设时代和将来的共产主义建设时代整个国民经济对于黄河资源的要求。"② 随后，该报告论述了实现治理开发任务应采取的方针和方法。报告指出，历代治河方略都是把水和泥沙送走。几千年来的实践证明，水和泥沙是送不完的，是不能根本解决黄河问题的。因此，"我们今天在黄河问题上必须求得彻底解决，通盘解决，不但要根除水害，而且要开发水利。从这个要求出发，我们对于黄河所应当采取的方针就不是把水和泥沙送走，而是要对水和泥沙加以控制，加以利用"③。这需要依靠两个方法：一是在黄河的干流和支流上修建一系列的拦河坝和水库，二是在黄河流域水土流失严重的地区（主要是甘肃、陕西、

---

　　① 参见中国社会科学院、中央档案馆编《1953—1957 中华人民共和国经济档案资料选编·农业卷》，中国物价出版社 1998 年版，第 575 页。
　　② 邓子恢：《关于根治黄河水害和开发黄河水利的综合规划的报告》，《人民日报》1955 年 7 月 20 日。
　　③ 同上。

山西三省）展开大规模的水土保持工作。

　　该报告在叙述了黄河规划设计文件的编制经过后，说明了黄河综合利用规划的远景计划和第一期计划。(1) 远景计划的主要内容是"黄河干流阶梯开发计划"，就是在黄河干流上修建一系列的拦河坝，把黄河改造成为"梯河"的计划。该计划拟定：从青海贵德上游龙羊峡到河南成皋桃花峪止，在黄河中游分 4 段修建拦河坝 44 座，黄河下游修建用于灌溉的拦河坝 2 座。(2) 第一期计划规定，在陕县下游的三门峡和兰州上游的刘家峡修建综合性工程。三门峡工程不仅对防止黄河下游洪水灾害有决定性作用，而且可以发电 100 万千瓦供给工业和农业生产需要。刘家峡水库不仅可以保证下游原宁夏、绥远省境灌溉和航运的需要，也可发电 100 万千瓦，满足甘肃一带新发展的工业区用电需要。三门峡水库和水电站拟于 1957 年开始施工，1961 年完成。第一期工程初步估算需投资 53.24 亿元。①

　　邓子恢的报告话音刚落，中南海怀仁堂顿时发出雷鸣般的掌声。1000 多位人民代表为黄河的美好远景而欢欣鼓舞，许多代表称该报告是"激动人心"的报告。著名水利专家张含英在会上说："我从初次到黄河上做调查研究工作，到现在整整 30 年了，我在黄河上走过不少地方，也写过不少关于黄河的文章，我梦寐以求的是根治黄河的开端，但是在黑暗的反动统治时代，这只是幻想。"他称赞《关于根治黄河水害和开发黄河水利的综合规划的报告》是"治理黄河历史上的一个新的里程碑"。他说："为了实现人民对黄河'利必尽兴、害必根除'的要求，为了开发黄河，以利国家、特别是内地的工业和农业的发展，几年来进行了规模巨大的调查、测量和研究工作，最后在苏联专家的帮助下编制了黄河综合利用规划，确定了治理黄河的最先进的策略，规划了无限美好的远景。"② 他解释道：根据这样研究所拟定的远景方案，结合当前的需要和可能，黄河综合利用规划进一步制定出黄河综合利用的第一期各项措施。第一期工程完成后，可以基本上解除黄河水灾的威胁，并为各项利用创造了有利的条件。

　　1955 年 7 月 20 日，《人民日报》发表题为《一个战胜自然的伟大计

---

　　①　参见邓子恢《关于根治黄河水害和开发黄河水利的综合规划的报告》，《人民日报》1955 年 7 月 20 日。
　　②　张含英：《治理黄河的新的里程碑》，《人民日报》1955 年 7 月 21 日。

划》的社论，对邓子恢的报告称赞说："这个报告在我国历史上第一次全面地提出了彻底消除黄河灾害，大规模地利用黄河发展灌溉、发电和航运事业的富国利民的伟大计划。这个计划集中地体现了千百年来我国人民的愿望，也给今天正为祖国社会主义建设事业而忘我劳动的全国人民带来了巨大的鼓舞。"社论提出："为了实现黄河规划的第一期计划，当前的首要任务，就是要积极完成三门峡和刘家峡水电站的设计和施工的准备，用准确、有效的工作，保证这些工程按时开工。"

1955 年 7 月 30 日，第一届全国人民代表大会第二次会议一致通过了《关于根治黄河水害和开发黄河水利的综合规划的决议》。该《决议》明确规定：（1）第一届全国人民代表大会第二次会议批准国务院所提出的关于根治黄河水害和开发黄河水利的综合规划的原则和基本内容。并同意国务院副总理邓子恢关于根治黄河水害和开发黄河水利的综合规划的报告。（2）国务院应采取措施迅速成立三门峡水库和水电站建筑工程机构；完成刘家峡水库和水电站的勘测设计工作，并保证这两个工程的及时施工。（3）为了有计划有系统地进行黄河中游地区的水土保持工作，陕西、山西、甘肃 3 省人民委员会应根据根治黄河水害和开发黄河水利的综合规划，在国务院各有关部门的指导下，分别制定本省的水土保持工作分期计划，并保证其按期执行。（4）国务院应责成有关部门、有关省份根据根治黄河水害和开发黄河水利的综合规划，对第一期灌溉工程进行勘测设计并保证及时施工。①《关于根治黄河水害和开发黄河水利的综合规划的决议》的通过实施，将新中国治黄工作推进到一个全面治理、综合开发的历史新阶段。

三　三门峡水库在争论中兴建

第一届全国人民代表大会第二次会议通过《关于根治黄河水害和开发黄河水利的综合规划的决议》之后，治理黄河工作进入了新的发展时期。三门峡枢纽是黄河综合规划的第一期重点工程。黄河上的第一座大坝选择建在三门峡，是因为三门峡具备当时建坝的多种有利条件：一是三门峡谷

---

①　参见《第一届全国人民代表大会第二次会议闭幕，一致通过五年计划、国家预决算、黄河规划和兵役法等重要议案》，《人民日报》1955 年 7 月 31 日。

是黄河中游河道最狭窄的河段，便于截流；二是黄河三门峡谷水流湍急，建坝后容易发电；三是三门峡谷属石质峡谷，地质条件优越；四是人门、鬼门、神门三岛属岩石岛结构，可作为坝基，有利于施工导流；五是三门峡位于黄河中游的下段，是黄河上的最后一道峡谷，拦洪效果最佳；六是控制流域面积大，能最大限度地减轻下游水害。

当时，三门峡水利枢纽的主体设计委托给了苏联专家。苏联专家的设想规划是对黄河泥沙采取拦蓄为主的方针，首先以三门峡巨大的库容拦蓄，同时大力开展水土保持，以此来减少泥沙来源，从而维护干支流水库的寿命。根据这个设想，三门峡水库的设计蓄水位是海拔 360 米，相应库容 647 亿立方米，水库回水末端到达西安附近，关中平原需要大量移民。对于苏联专家制定的这个设想规划，尤其是对三门峡水库的淤积问题，存在着严重分歧和一系列激烈争论。

1955 年 8 月，黄河流域规划委员会将制定的《三门峡水利枢纽工程设计任务书》和《初步设计编制工作分工》上报国家计委。三门峡大坝和水电站委托苏联电站部水电设计院列宁格勒设计分院设计，其余项目由国内承担。国家计委审查任务书时，提出 3 点意见：（1）考虑水库寿命可能延长的问题，要求提出正常高水位在 350 米以上的几个方案供国务院选择；（2）为保证下游防洪安全，在初步设计中应考虑将最大泄量由 8000 立方米每秒降至 6000 立方米每秒；（3）应考虑进一步扩大灌溉面积的可能性。1956 年上半年，列宁格勒设计分院提出了初步设计要点报告：推荐下轴线混凝土重力坝和坝内式厂房；正常高水位选择，从 345 米起，每隔 5 米做一方案，直到 370 米，初步设计要点报告推荐 360 米高程，设计最大泄量为 6000 立方米每秒。1956 年 7 月，国务院初步审查了这个设计要点，决定三门峡大坝和电站按正常高水位 360 米一次建成，1967 年正常高水位应维持在 350 米，要求第一台机组于 1961 年发电，1962 年全部建成。正是按照国务院的这个审查意见，列宁格勒设计分院于 1956 年底完成了初步设计。①

1956 年 7 月 10 日，时任黄河流域规划委员会副主任的李葆华、刘澜波致函苏联电站部水电设计院院长沃兹涅申斯基、列宁格勒设计分院院长

---

① 参见《黄河三门峡水利枢纽志》编纂委员会编《黄河三门峡水利枢纽志》，中国大百科全书出版社 1993 年版，第 290 页。

雅诺夫斯基，通报说：1956 年 7 月 4 日，国务院根据设计总工程师柯洛略夫的报告，审查了 4581 工程（即三门峡水利枢纽）初步设计要点，并作了以下决定：拦河坝和水电站应在一次修到正常高水位 360 米，在 1967 年以前水位保持在 350 米高程。采用重力坝，水电站形式希望采用坝内式，但在初步设计中应评价研究两个方案：坝内式厂房或坝后式厂房。采用下坝轴线，在初步设计中，应进一步校核坝轴线，以便尽可能增加水电站基础闪长珍岩的厚度。编制施工进度，从 1957 年 2 月开始。

　　1957 年 2 月 9 日，国家建设委员会在北京主持召开三门峡水利枢纽初步设计审查会。各有关部门、大学和科研单位的专家、教授及工程师共 140 多人参加。为进行答辩，苏联派全苏水电设计总院总工程师华西林哥和黄河三门峡水利枢纽设计总工程师柯洛略夫等专家来华参加审查会。在听取设计说明报告和专题报告后，中国专家分水利水能、水工、施工和机电四个组进行审查。全部审查工作于同年 2 月底结束并上报国务院审批。国务院在吸取专家意见的基础上，根据周恩来总理的指示提出：大坝按正常高水位 360 米设计，350 米是一个较长时期的运用水位；水电站厂房定为坝后式；在技术允许的条件下，应适当增加泄水量与排沙量，因此要求大坝泄水孔底槛高程尽量降低。

　　虽然在 1955 年第一届全国人民代表大会第二次会议上苏联专家提出的三门峡水利工程方案被全票通过，但同时却遭到了清华大学水利工程系黄万里教授和电力工业部水力发电总局青年技术员温善章[①]的反对。早在 1955 年周恩来主持召开的关于黄河规划的第一次讨论会上，许多专家对苏联专家揭出的规划交口称赞，只有黄万里反对，并当场指出："你们说'圣人出，黄河清'，我说黄河不能清，黄河清，不是功，而是罪。"[②] 1956 年 5 月，黄万里向黄河流域规划委员会提交了《对于黄河三门峡水库现行规划方法的意见》[③] 一文。该文全面否定苏联专家关于三门峡水库的

---

　　① 1956 年底和 1957 年 3 月，温善章先后两次向国务院和水电部呈送《对三门峡水电站的意见》，针对原方案中的"高坝（360 米）、大库（650 亿立方米库容）、蓄水、拦沙"的规划，提出了用低坝（335 米）、小库（90 亿立方米库容）、少淹没（由淹没 350 万亩降到 50 万亩以下，由需移民 350 万降到 15 万人以内）、滞洪排沙的思路进行设计。

　　② 转引自赵诚《长河孤旅——黄万里九十年人生沧桑》，长江文艺出版社 2004 版，第 86 页。

　　③ 该文后刊于《中国水利》1957 年第 8 期，并收入了 1958 年 4 月水利电力部编印的《三门峡水利枢纽讨论会资料汇编》。

规划，而不是只在个别问题上持不同意见。1957 年上半年，三门峡工程即将开工之时，黄万里在清华大学水文课堂上给学生们讲述了他对三门峡工程的看法：一是水库建成后很快将被泥沙淤积，结果是将下游可能的水灾移到上游，成为人为的必然的灾害。二是所谓"圣人出，黄河清"的说法毫无根据。因为黄河下游河床的造床质为沙土，即使从水库放出的是清水，也要将河床中的沙土挟裹而下。他对"圣人出，黄河清"的说法甚为不屑，认为这种说法实出于政治阿谀而缺乏起码的科学精神。即便是三门峡水库正式开工后，黄万里仍然坚持对三门峡水库建设的反对意见。

尽管存在着激烈的争论并且这种争论还在继续，但三门峡水库筹建步伐并未停止。全国人大一届二次会议后，周恩来具体负责三门峡工程机构的组建工作。成立三门峡工程局，首先遇到的是这个局究竟是姓"水"还是姓"电"，即由水利部领导还是由电力工业部领导的问题。因苏联未设水利部，故按苏联专家的意见，三门峡水电站应属电力工业部；而水利部则认为，新中国成立后的重大水利工程都是在水利部领导下进行的，虽说水电站最终是要用来发电的，但建造水电站首先要治水，三门峡水电站应该归水利部领导。

1955 年 11 月 2 日，周恩来主持国务院常务会议，专门研究了三门峡水电站防洪工程的领导等问题。12 月 1 日，周恩来致函毛泽东并中共中央：在三门峡工程的施工领导问题上，电力工业部和水利部都认为这项工程重大，必须由两部合作，但在谁负主要领导责任问题上都认为应以自己这个部领导为主。两部经过数度协商，意见仍未能统一。经国务院常务会议研究，认为：由于三门峡工程施工任务繁重，技术要求很高，但两部对于大型水电站的建设的经验都是不足的，因此，"由哪一个单独负责施工领导都是有困难的，必须集中两个部的技术力量和建设经验，共同负责，通力合作，各有关部门也必须大力支持"。周恩来认为，苏联不设水利部的体制不适宜中国，因为中国的河流很多，防洪、灌溉等水利工程的工作量极为繁重，而且考虑到电力工业的发展趋势，在第三个五年计划之后，水力发电比重将会超过火力发电，水电与火电的建设工作今后势必由两个部门分别管理；因此，水利部不仅现在有必要存在，将来除了农田水利外，作为水电工作的领导部门也是需要的。周恩来向中共中央建议："在黄河规划委员会的领导下，由两部共同负责，并吸收地方党委参加组成三门峡工程局，统一领导三门峡的设计施工工作。局长、副局长应该是专职干部，并且应该按照企业领导的原则建立首长负责制。为着加强政治领导，工程局还应受河南省委领导。"他还建议："三门峡工程局必须由得力的干部和熟悉业务的人员主持。"周恩来根据两部党组的干部配备方案，拟调湖北省省长刘子厚任局长，黄河水利委员会主任王化云、电力工业部水力发电建设总局副局长张铁铮、河南省委委员齐文川为副局长。①

1955 年 12 月 6 日，国务院常务会议根据全国人大一届二次会议《关于根治黄河水害和开发黄河水利的综合规划的决议》，确定兴建三门峡水利枢纽为根治和开发黄河的第一期重点工程，正式批准了黄河三门峡工程局领导成员名单。

1956 年 1 月初，黄河三门峡工程局在北京开始办公，并由水利部、燃料部分别提名汪胡桢、李鹗鼎为总工程师。7 月 5 日，中共中央通知中共国家计委、经委、水利部、电力工业部、铁道部、交通部、邮电部、卫生部、公安部、高等教育部等部（委）党组，中共河南、山东、湖北省委，上海市委，要求各有关部门和地区的党委（组）按照黄河流域规划委员会向中央的报告中所提出的给三门峡工程局调配干部的名额、条件和调集日期进行抽调，在抽调干部时应注意保证质量。

1956 年 7 月 27 日，黄河三门峡工程局机关从北京迁到三门峡工地办公。28 日，黄河三门峡工程局驻京办事处正式成立，其工作任务是：禀局之命，驻京办事；联系各部，招待来往；搞好团结，便利工作。8 月 15 日，中共河南省委作出《关于调整三门峡工地工作领导组织形式的决定》，指出：建立中共黄河三门峡工程局委员会。其任务为统一领导工地的各项工作，领导各工程建设单位党的组织。中共工程局党委受中共河南省委领导，以刘子厚为第一书记，张海峰为第二书记，王化云为第三书记。同时撤销黄河三门峡工地临时党委会。

1957 年 4 月 13 日，经过长期多方面的筹备，隆隆的开山炮声打破了三门峡谷的宁静，新中国在黄河上修建的第一座大型水库——三门峡水利枢纽开工典礼在坝址区鬼门岛上隆重举行。时任黄河流域规划委员会副主任、水利部部长的傅作义，国家计划委员会副主任柴树藩、电力工业部副部长王林、河南省省长吴芝圃、甘肃省省长邓宝珊、陕西省副省长谢怀德、黄河水利委员会副主任赵明甫、苏联专家组组长波赫等出席了开工典

---

① 参见《周恩来年谱（1949—1976）》上卷，中央文献出版社 1997 年版，第 513—514 页。

礼。中共山西省委、山西省人民委员会和山东省省长赵健民发来了贺电。傅作义在开工典礼上说："我们现在举办这样一个工程，把千百年来的水害变成水利，只有在中国共产党的领导下才能办到。"① 次日，《人民日报》就三门峡工程开工发表了题为《大家来支援三门峡啊!》的社论，号召全国人民关心支援三门峡工程建设。

三门峡大坝浇灌混凝土，是枢纽工程的第一个施工高峰。1958 年 3 月 17 日，三门峡水利枢纽拦河大坝工程开始浇灌混凝土，三门峡建设者在大坝左岸的基坑里举行了奠基典礼。时任水利电力部副部长的李葆华、张含英、钱正英和苏联专家茹可夫斯基等人也参加了典礼，向建设者祝贺。在全国"大跃进"形势下，三门峡建设者提出"苦战三年，提前一年拦洪，提前半年发电，提前一年在 1961 年底竣工"的口号。据统计，从 1957 年 4 月开工到 1958 年 6 月初，经过全体职工的日夜苦干，已经挖填土石方 382 万多立方米，② 把三门峡劈成两半，在神岛和张公岛抢筑起了一道 427 米长的防水线。③

截流工程是三门峡施工中的关键工作，不完成截流，拦河坝就永远完不成。但截流只能在冬季枯水时期进行，一年只有一段短暂的时间，机会一失，便须等到来年。中共三门峡工程局委员会在 1958 年 2 月就确定了以截流为当年的中心任务。6 月，决定成立截流准备工作小组，专门进行和检查有关截流的一切准备工作，并委托交通大学举行水工模型试验。④ 11 月，由工程局和三门峡市的党政领导同志组成了截流工程指挥部。各项工作作了预演，演习大块石如何吊装方便，演习抛投 15 吨重的混凝土块。11 月 17 日，进行了截流工程的演习。11 月 20 日，三门峡水利枢纽工程开始了神门河截流工程。经过 7 天又 21 小时 45 分钟的紧张战斗，三门峡截流工程在 25 日 6 时 45 分基本结束。神门河和神门岛中间的泄水道全部堵塞，鬼门河的闸门早已安装好，随时可以落闸截流。从此，流经这峡谷的滚滚黄河水，一改自古以来凶猛顽劣的性格，驯服地顺从人们的意志，从左岸溢流部分的 12 个梳齿孔和右岸的鬼门河向下奔泻。三门峡的建设

---

　　① 《征服黄河的开端，举国瞩目的三门峡水利枢纽工程正式开工》，《人民日报》1957 年 4 月 14 日。

　　② 参见《今日三门峡》，《人民日报》1958 年 6 月 7 日。

　　③ 参见张丽君《一切为了截流》，《人民日报》1958 年 11 月 22 日。

　　④ 参见汪胡桢《三门峡巨变》，《人民日报》1959 年 4 月 25 日。

者们将顺利地堆筑围堰、开挖右岸大坝基坑和浇筑拦河大坝。① 这样高的速度在世界水利工程中是少有的。

三门峡截流工程结束后,工程重点开始由左岸转到右岸大坝的水电站部分。水利电力部黄河三门峡总工程师汪胡桢对工程建设的情况描述道:"建设三门峡水利枢纽的人们正以昂扬的斗志掀起全面的生产高潮。一列列满载沙石与水泥的列车接连地通过陇海铁路到达工地。这些原料经过自动化的拌和楼加以搅拌,制成混凝土,由车水马龙那样的自卸汽车队把混凝土运往坝址,更由一群伸着长臂的起重机把混凝土吊到空中,倾泻到坝身的木模里。工人们分三班轮流工作,24 小时内分秒不停。坝址上布满一簇簇方盒形的混凝土高台,很像天安门前正在建筑的高楼大厦。在这些高台形的木模里,工人们忙着用振动器振捣还很潮湿的混凝土,驱逐出其中所含的空气泡,使它充分密实。目前,每月混凝土的浇筑量已从几万方发展到十万方以上,今后还有越增越多的趋势。每个月浇筑十万方的混凝上已经是我国目前相当高的施工速度了。"②

四　慎重对待兴建中的纷争

三门峡水库在人们的争论中开工建设。面对少数专家对三门峡水利枢纽工程提出的异议,毛泽东和中共中央密切关注并努力加以解决。1957 年2 月5 日,邓子恢向毛泽东及中共中央报告说:三门峡水库是黄河综合利用的水利枢纽,它的建成将从根本上解决上千年洪水灾害,保证黄河不改道,使冀、鲁、豫、苏、皖 5 省人民生命财产的安全得到保障。目前部分准备工作已经就绪,建议不要停止兴建,按原定计划在 1957 年 2 月动工,以争取在 1959 年汛期内部分蓄洪。次日,毛泽东向主持中央日常工作的邓小平作出批示:"此件请印发政治局、书记处各同志研究,请陈云同志的五人小组处理。"③

邓小平立即把毛泽东的批示转给陈云领导的中央经济工作五人小组④研究。1957 年 3 月 7 日,陈云为中央经济工作五人小组起草了给毛泽东并

①　参见《三门峡截流工程神速告成,战斗八天斩断黄河》,《人民日报》1958 年 11 月 27 日。

②　汪胡桢:《三门峡巨变》,《人民日报》1959 年 4 月 25 日。

③　《建国以来毛泽东文稿》第 6 册,中央文献出版社 1992 年版,第 300 页。

④　中央经济工作五人小组由陈云、李富春、薄一波、李先念、黄克诚组成,陈云任组长。

中共中央的信，提交了书面意见。五人小组认真研究了黄河三门峡水库建设问题，提出不能把眼光仅仅放在三门峡水库本身上，而要想得更广更深，主张统筹考虑全国的水利建设工程。他们指出："为了发展我国农业，必须有计划地治理我国为害最大的几条水系，这首先是黄河水系、淮河水系、海河水系，历史上这几条水系为害最大，而影响省区（苏、皖、鲁、豫、晋、陕等省）和人口亦最多，这是一方面。另一方面治理这些水系要花很多钱，要用很多材料，一个一个地单独批准开工，势必造成应该治与暂时不可能治和摊子已经摆开而财力物力继续不上去的矛盾。"由此，他们向中央建议：在尚未确定全国水利工程全盘规划和进度前，三门峡工程摊子不能铺得太大，五人小组同意国家经委和国家计委提出的 1957 年对三门峡水库工程暂时"勒马"的办法，先投资 5000 万元开工，摊子不要铺得太大。原定 1961 年竣工是不可能的，规模也可能要有些改变。①

陈云领导的五人小组提出的报告是比较慎重的。尽管他们在三门峡水库上马问题上持赞同态度，但还是尽量考虑到三门峡水库上马后可能会出现的各种问题。他们提出：请国务院有关部门研究三门峡水库及与其相关联的各项工程建设相互衔接的进度和投资、用材、用人的方案，研究第二个五年计划农林水投资中农业、农垦、水利、林业、气象等方面的分配比例，力求这种比例最有利于我国农业增产和木材增产。②五人小组提出的报告得到毛泽东及中共中央的批准。

1957 年 5 月 27 日，周恩来主持召开国务院第 49 次全体会议。时任农业部副部长的何基沣在就《中华人民共和国水土保持暂行纲要》作说明时谈到，黄河水利委员会在陕西绥德韭园沟所搞的拦沙水库，只 3 年已淤平（原计划 10 年淤平）。周恩来听后提醒与会者："根据韭园沟的经验，三门峡也不能避免淤塞了。尽管现已开工，我还是有些不安。三门峡工程如何搞，应该研究。提议利用科学规划委员会开会的时机，由水利部主持，邀请水利、水力发电、水土保持等几方面的专家，和苏联专家一起研究讨论，最后由水利部提出方案报国务院。"③ 6 月，针对三门峡工程设计水位和运用方式以及移民的有关争论，周恩来指示水利部邀请各方面专家召开

---

① 参见《陈云年谱》中卷，中央文献出版社 2000 年版，第 367 页。
② 参见《陈云传》下册，中央文献出版社 2005 年版，第 1098—1099 页。
③ 《周恩来年谱（1949—1976）》中卷，中央文献出版社 1997 年版，第 45 页。

讨论会，给苏联专家制定的方案提意见、谈看法。

遵照周恩来和国务院的指示，水利部于 1957 年 6 月 10—24 日在北京召开三门峡水利枢纽讨论会，对三门峡水库的任务、正常高水位、运用方式等问题进行讨论。参加讨论会的有水利部、电力部、清华大学、武汉水利学院、天津大学、三门峡工程局以及有关省的水利厅的专家、教授等。10—17 日是大会一般发言，18 日以后是专题讨论发言，主要讨论三门峡水库的正常高水位和运用方式。会议由时任水利部副部长的张含英主持，在苏联参加黄河三门峡工程设计的沈崇刚介绍了初设和实验情况。会上，温善章、叶永毅（黄河流域规划委员会工程师）等提出了建议方案，其主要论点是：第一，水库任务以防洪为主，照顾发电、灌溉和航运；第二，水库运用原则为拦洪排沙，不调节径流，汛期敞泄，汛后蓄水，供兴利用；第三，水库设计水位为 336—337 米，库容 110 亿至 120 亿立方米，可满足 20 年内防洪淤沙、1500 万至 2000 万亩灌溉、25 万至 30 万千瓦装机发电之用；第四，混凝土工程量 100 万至 120 万立方米，迁人 15 万以下，淹地 50 万亩以下，造价 4.5 亿元，此较 360 设计方案分别少 70 万人、250 万亩、12 亿元；第五，关中平原土地资源宝贵，将来可能比动力还缺乏；第六，拦河坝底孔高程 280 米，库水位 310 米时泄量 6000 立方米每秒，汛期中可有 88% 泥沙排出库外。陕西代表介绍了陕西耕地的 85% 是山地，平原只有 1000 多万亩。而水库淹没的多为平原高产区，其人口密度每平方公里 200 人（全省的人口密度平均每平方公里 82 人），故迁移不单是经济问题，而且是政治问题。拿迁移七八十万人口的代价换来一个寿命只有 50—70 年的泥沙库，群众很难通过。由于建议和原设计的蓄水拦沙原则截然相反，争论很激烈。[1]

在这次会议上，以黄万里为代表的"反上派"（反对上三门峡工程）与"主上派"展开了激烈辩论。"主上派"描绘的是建高坝、拦洪蓄沙，让清水出水库的美妙图景；而黄万里则认为不能在这个淤积段上建坝，否则黄河下游的水患将移至关中平原，建坝拦沙让黄河清是违反自然规律的，清水出库对下游的河床不利。[2]他发言说：三门峡以下河道大家都不同意淤积，为什么又同意淤在三门峡以上呢？我认为，水土保持即使完成

---

① 参见赵之蔺《三门峡工程决策的探索历程》，《黄河史志资料》1989 年第 4 期。
② 参见赵诚《长河孤旅——黄万里九十年人生沧桑》，长江文艺出版社 2004 版，第 91 页。

了100％，清水下来还是要带沙（当然沙会少一些）。河床是动的现象，三门峡坝把黄河分为两大段，当然，水土保持工作完成后泥沙会减少些，径流也可能小些，但总要带走泥沙，而淤积在上游，慢慢地造成上游地区闹水灾，等于说把现在的闹灾地位上移了几百公里，时间错后了一些，这种现象是不可避免的。所以，我认为最好还是把泥沙一直排下去，上游水灾问题也能解决，三门峡水库寿命也可以延长，下游河道的冲刷问题也可以少一些，除非真是没有办法才留在水库里面。坝下留底孔或采用其他的方法可以把沙排下去。黄万里断言，三门峡大坝修成后将淤没上游大片田地，造成严重的城市灾害。然而，由于出席会议的专家多数同意苏联专家的意见，黄万里虽经多次争辩仍然无效。故此，他退而建议："若一定要修此坝，则建议勿堵塞六个排水洞，以便将来可以设闸排沙。"[1] 他的这个意见获得与会者的赞同，写入当时的规划之中。但后来施工时，苏联专家坚持其原设计方案，把6个底孔都堵死了。[2] 黄万里关于三门峡水库建设的分析和预见不久就被验证了。三门峡水库1960年9月建成，从第二年起潼关以上黄河及渭河大淤成灾，两岸受灾农田80万亩，工业重镇西安受到水灾的严重威胁。

在这次会议上，除了黄万里从根本上否定苏联专家的规划及温善章提出改修低坝意见之外，经分组讨论后，与会者面对中苏专家已完成的厚达半米的设计书和相关资料，大多数意见是维持原设计方案，仅建议分期抬高水位以缓和移民和泥沙问题；否定了拦洪排沙方案，一致赞同三门峡水库上马，温善章、叶永毅的意见没有被采纳。

1957年7月24日，国务院常务会议讨论三门峡工程问题并形成两项决议：（1）由水利部提出具体方案，经中央原则确定一两个方案，交全国专家讨论后，再作最后决定；（2）批准苏联专家对三门峡工程的初步设计，技术设计暂缓进行。[3] 10月19日，周恩来主持国务院常务会议，审议关于三门峡水利枢纽问题的报告，并作出决定：三门峡水利枢纽势在必修，而且坝址要选在三门峡。由水利部根据这个精神，联系防洪、灌溉、发电、水土保持、水土浸润影响以及有关各省存在的其他顾虑，将修建这

---

① 转引自赵诚《长河孤旅——黄万里九十年人生沧桑》，长江文艺出版社2004版，第93页。

② 20世纪70年代，意识到要冲刷泥沙时，这些底孔又以每个1000万元的代价重新打开。

③ 参见《周恩来年谱（1949—1976）》中卷，中央文献出版社1997年版，第62页。

个水库的利弊作全面的分析比较，于 11 月 10 日前把这个报告改写好，报国务院批发有关各省征求意见。[①]

黄河的最大问题是泥沙多，每年从中上游的黄土高原要夹带 10 多亿吨的泥沙冲下来，这些泥沙部分被送入黄海，部分就在水势比较平缓的下游河床淤积下来，使黄河下游形成高出地面的悬河，主要靠两岸的大堤控制洪水。为了解决泥沙问题，三门峡工程的规划采取以拦蓄为主的方针，即首先以三门峡水库巨大的库容拦蓄，同时开展水土保持工作。根据这个思路，三门峡大坝设计蓄水位是海拔 360 米，相应库容 647 亿立方米，水库回水末端到达西安附近，关中平原需要大量移民。这个规划刚刚提出，就引起了激烈争论。有人认为这样做，整个水库会很快淤死；有人建议把大坝再提高一些；还有人提出把全部泥沙都放下去，不发电，不灌溉，就是将洪水拦一些，然后再放出去。这些争论一直到工程开工后还在继续，并且矛盾愈来愈尖锐。[②] 尤其是陕西方面通过多种渠道力陈这项工程对关中地区的影响，要求重新商议设计方案。陕西方面反对三门峡工程的理由是：沿黄流域水土保持好就能解决黄河水患问题，无须修建三门峡工程。

作为国务院主管财经工作的负责人，陈云对三门峡水库工程仓促上马是有怀疑的。他敏感地意识到，三门峡水库工程由于讨论不充分，对修筑大坝后导致的淹地、泥沙等问题考虑不周，将会产生不少严重问题，必须予以正视，并将其作为水利问题决策上的教训加以吸取。1957 年 9 月 11 日，他在全国第四次农村工作会议上的讲话中，认为三门峡工程搞得过快。他说："在动手之前要斟酌一下。我们许多问题来得快，淮河也快了，三门峡也快了。三门峡要搞，应该提出方案，在报上公布，全国讨论。现在，党内党外都有意见，对坝高坝低、淹地多了少了、搞不搞都有一些意见。治涝也应该提出方案，报上公布，全国讨论。棉花、化肥、化学纤维的问题，也要公开讨论。只有经过全民讨论，把好的意见吸收下来，才可以少犯一点错误。现在，我们有些问题决定得太快。"[③]

尽管人们对三门峡水库的上马有很大异议，但陈云认为，既然项目已经上马，就不要再追究责任，而应该总结经验教训，以利于今后的决策。

---

① 参见《周恩来年谱（1949—1976）》中卷，中央文献出版社 1997 年版，第 88 页。
② 参见《周恩来传》（下），中央文献出版社 1998 年版，第 1387—1388 页。
③ 《陈云文集》第 3 卷，中央文献出版社 2005 年版，第 216 页。

他分析道："建设三门峡水库，是全国人民代表大会通过的。像这样的问题，最好是人大通过议案以前，在报纸上公布，征求人民意见，大家讨论。现在社会上有议论，党内也有不同意见，说水库要淹那么多的地，水坝的泥沙淤积起来很快，20 年或者多少年以后就淤满了。有的人主张水坝搞高的，有的人主张搞低的；有的人说淤积不会发展，有的人说要发展，议论纷纷。现在要回过头来重新研究，说明当时不应急于定案。我认为农业上的大问题，许多工作上的大问题，可以在全国展开讨论，这样做只有好处，没有坏处。对中国农业如何发展，不仅共产党内有意见，社会上很多人也有意见。一切好的意见，我们都应该吸收过来。"①

既然中共中央和国务院已经作出了三门峡水库上马的决策，那么就要正视现实，采取补救措施解决工程建设中可能出现的问题。1957 年 10 月 31 日，中共中央政治局会议虽然通过了《黄河流域规划委员会关于三门峡技术设计问题的报告》，但对已经存在的三门峡工程建设中的问题力图加以纠正。1957 年 11 月，国务院审查批准了国家建设委员会《关于审查三门峡工程初步设计意见的报告》。该报告在吸收多方面专家意见的基础上，对三门峡水库工程技术设计的编制提出了三条意见：（1）大坝按正常高水位 360 米高程设计，350 米高程施工，350 米高程是一个较长期的运用水位；（2）水电站厂房定为坝后式；（3）在技术允许的条件下，应适当增加泄水量和排沙量，将泄水孔底槛高程尽量降低。②

三门峡水利枢纽工程出现的激烈争论，反映了修建三门峡水库过程中还存在着许多没有解决的问题。为了吸收各方面人士的意见，国务院决定在三门峡建设工地召开现场会。为便于对陕西做说服工作，周恩来特意邀请了对西北局有巨大影响的彭德怀、习仲勋参加会议。

1958 年 4 月 21 日，周恩来到三门峡工地上看望 1 万多名建设者，并于 4 月 21—25 日主持召开三门峡工程现场会议，再次讨论三门峡工程的建设问题。会上争论热烈、气氛活跃。时任国务院副总理的彭德怀、国务院秘书长习仲勋到会并讲话，陕西、河南、山西等省和水电部、黄河水利委员会、三门峡工程局的负责人及有关专家都在会上发了言。陕西省参加会

① 《陈云文选》第 3 卷，人民出版社 1995 年版，第 85 页。
② 参见《黄河三门峡水利枢纽志》编纂委员会编《黄河三门峡水利枢纽志》，中国大百科全书出版社 1993 年版，第 293 页。

议的代表慷慨激昂地提出，三门峡水位高了，西安地区的土地碱化就会加重，粮食作物将会大面积减产，要求正常水位不能超过 340 米。而水利电力部和三门峡工程局则认为：对于三门峡这样一处难得的优良坝址，建低坝既不能彻底解决黄河洪水问题，又不能获得最大的综合效益，与根治黄河水害、开发黄河水利的指导方针不符。何况施工已全面展开，此时再改变设计方案，实属不可行。因此，主张维持原设计 360 米水位不变。①

4 月 24 日，周恩来在综合各方面意见的基础上作了总结发言，系统阐述了上游和下游、一般洪水和特大洪水、防洪和兴利、战略和战术等辩证关系。他首先指出，召开会议的目的是为了听取大家的意见，特别是反面意见，树立对立面。"如果说这次是我们在水利问题上，拿三门峡水库作为一个中心问题，进行在社会主义建设中的百家争鸣的话，那么现在只是一个开始，还可以继续争鸣下去"②。对于三门峡水库工程的减沙效果，周恩来认为不能估计过高："我如果估计保守了，我甘做愉快的'右派'。"③他还说："我们把问题提出来，有些问题，我们能够解决的就解决，不能解决的后人会帮我们解决的，总是一代胜过一代，我们不可能为后代把事情都做完了，只要不给他们造成阻碍，有助于他们前进。"④这些意见既照顾到整体利益，也适当照顾了局部利益，解除了陕西一些干部的顾虑。对三门峡水库工程本身的问题，他明确指出，修建三门峡水库的目标是："要分别从主从、先后、缓急，目前以防洪为主，其他为辅，综合利用要量力而行，对防洪的限度，库容以不损害西安为前提。……不能孤立地修水库，要配合进行综合治理，即要同时加紧进行水土保持、整治河道和修建黄河干支流水库的规划，不能只顾一点，不及其余。"⑤

由于周恩来等人的努力，最后决定泄水孔底槛高程降至 300 米。周恩来表示自己的意见也不成熟，还可以再讨论："你们回去可以写信给我，或者写文章来争论，来讨论，在报纸上也可以。我们继续把这个问题弄清楚，这样才能使我们根治黄河的工作做得更好。"⑥ 这次现场会，在"上下

---

① 参见水利部黄河水利委员会编《人民治理黄河六十年》，黄河水利出版社 2006 年版，第 161 页。

② 《周恩来传》（下），中央文献出版社 1998 年版，第 1388 页。

③ 同上。

④ 同上书，第 1388—1389 页。

⑤ 《周恩来年谱（1949—1976）》中卷，中央文献出版社 1997 年版，第 140—141 页。

⑥ 《周恩来传》（下），中央文献出版社 1998 年版，第 1388—1389 页。

游兼顾，确保西安，确保下游"的思想指导下，突出了整体利益，适当照顾了局部利益，进一步明确了修建三门峡水库对治理黄河特别对下游五省防洪的重要作用，回答了陕西省关于三门峡水库有没有必要修建的疑问。同时，会议采纳了大坝泄水孔底槛高程降低 20 米的意见，对三门峡水库兴建和改建后长期减少库区淤积和淹没损失，起到了关键性的作用。

1958 年 6 月 29 日，水利电力部党组综合了三门峡问题研究的意见后向中共中央报送了《关于黄河规划和三门峡工程问题的报告》。8 月 17—30 日，中共中央政治局在北戴河举行扩大会议，讨论了水利电力部党组的这份报告。最后一致同意：三门峡拦河大坝按正常高水位 360 米设计，350 米施工，1967 年前最高运用水位不超过 340 米，死水位降至 325 米（原设计 335 米），泄水孔底槛高程降至 300 米（原设计 320 米），坝顶高程按 353 米修筑。在会议的最后一天即 30 日，周恩来亲自召集河南、河北、山东、山西、江苏、安徽、甘肃、陕西、青海、宁夏、内蒙古等省、自治区党委第一书记和国务院第七办公室、经委、铁道部、水利电力部负责人，听取并讨论黄河水利委员会主任王化云关于黄河干支流水库、水土保持、下游河道整治的三大规划的汇报。汇报中，内蒙古、山西提出应把红河、大黑河、深水河列入规划；宁夏提出将黑山峡、大柳树、沙坡头合并修建大柳树，青铜峡已开工，中央还需解决 5000 吨水泥；青海提出希望龙羊峡、拉西瓦于 1960 年开工等。在总结发言中，周恩来指出："大中型工程要推迟，以中小型土坝为主。黄河干流枢纽要先修岗李，后修桃花峪，洛口枢纽放在津浦铁路桥以下，龙羊峡以上继续查勘。关于水土保持方针，可提三年苦战，两年巩固、发展，五年基本控制。"①

但关于三门峡问题的争议并未完全消除。1959 年 8 月 17 日，国家经委召集各有关部门讨论 1960 年三门峡水库拦洪蓄水的标准问题，初步决定按 335 米高程拦洪，要求铁路、公路、邮电等改线工作和库区移民工作在汛前完成。周恩来在听取国家经委提交的报告后指示：为使三门峡工程 1960 年拦洪蓄水问题处理得更好，决定在三门峡工地再次召开现场会。

1959 年 10 月 13 日，周恩来第二次视察三门峡水利枢纽工程，并主持召开三门峡工程现场会议。参加会议的有时任中共河南省委第一书记、河南省省长的吴芝圃、中共陕西省委书记万仲如、山西省省长卫恒、湖北省

---

① 《周恩来年谱（1949—1976）》中卷，中央文献出版社 1997 年版，第 164 页。

省长张体学，水利电力部副部长李葆华、钱正英，黄河水利委员会主任王化云，长江流域规划办公室①主任林一山，农业部副部长何基沣，石油工业部副部长李人俊，中共三门峡市市委书记李浩，三门峡市市长刘莱，中共三门峡工程局委员会代书记齐文川，三门峡工程局代局长谢辉等。会议研究三门峡水利枢纽1960年拦洪发电后继续根治黄河的问题。周恩来指出："根治黄河必须在依靠群众发展生产的基础上，大面积地实施全面治理与修建干支流水库同时并举，保卫三门峡水库，发展山丘地区的农业生产。水土流失问题，必须做到三年三部、五年大部、八年完成黄河流域七省区的水土保持工程措施和其他措施，逐步控制水土流失。"② 最后，经中央批准，确定三门峡水库1960年汛前移民高程为335米，近期水库最高拦洪水位不超过333米。

争取三门峡大坝1960年汛期实现全部拦洪，必须使坝体全线升高到海拔340米高程，共需浇筑混凝土139万多立方米。为了抢在洪水前把大坝浇筑到海拔310米高程，工人们从3月起就突破了月浇筑混凝土10万立方米的指标，使大坝节节上升，在伏汛期间7次滞蓄了黄河的巨大洪峰。到1959年7月5日，拦洪大坝的部分主体工程已达到310米的高程，可以起到部分拦洪作用。在坝体逐渐升高、施工条件更加困难的情况下，混凝土浇筑量8月比7月增长了23.9%，9月比8月增长了45.5%，10月、11月继续增长。特别是11月20日到12月10日，平均日浇筑量都在5000立方米以上。③

经过全国广大人民3年的努力，到1960年6月，三门峡大坝筑至340米，开始拦洪。9月14日，三门峡水库工程正式竣工并开始蓄水。之后，于1960年11月至1961年6月，12个导流底孔全部用混凝土堵塞。1961年4月，三门峡大坝修建至第一期工程坝顶设计高程353米，枢纽主体工程基本竣工。1962年2月，第一台15万千瓦机组投入试运行，后因水库运用方式改变，将其拆除重新安装到丹江口水电站。王化云评价说："三门峡水利枢纽工程，是当时我国修建的规模最大、技术最复杂、机械化水平最高的水利

---

　　① 简称长办。1956年，以原来的长江水利委员会为基础，成立长江流域规划办公室，首任主任林一山。1988年，长江流域规划办公室改名为长江水利委员会，为水利部派出机构。

　　② 《周恩来年谱（1949—1976）》中卷，中央文献出版社1997年版，第261页。

　　③ 参见《争取在明年汛期发挥全部拦洪作用，三门峡大坝日日高升，提前完成百万方混凝土浇筑和设备安装》，《人民日报》1959年12月11日。

水电工程。……三门峡工程的施工，不仅速度快、质量好，更重要的是培养了大批建设人才，把我国水利水电建设事业提高到一个新水平。"①

五 三门峡水库改建工程

三门峡水利枢纽工程是新中国成立后在黄河上兴建的第一座大型水利枢纽工程，被誉为"万里黄河第一坝"。但由于原规划设计不当，对水库泥沙淤积问题估计不足，三门峡大坝建成不久，泥沙淤积严重，工程不能发挥原来设想的效益，造成了资财的巨大浪费。当时的设计者认为，水土保持能很快生效，进入三门峡的泥沙能很快减少，因此可用三门峡的高坝大库全部拦蓄泥沙，使三门峡下泄清水来刷深黄河下游的河床，从而把黄河一劳永逸地变成地下河。这样的思路使得三门峡工程自身没有设计泄流排沙的孔洞。正因在建造时没有考虑排沙问题，三门峡工程蓄水运行后，泥沙淤积的问题开始显现。据水电部的历史资料，1960 年工程蓄水，到1962 年 2 月，水库就淤积了 15 亿吨泥沙；到 1964 年 11 月，总计淤积了50 亿吨，淤积速度和部位都超出预计，黄河回水大有逼近西安之势。由于水库的先天设计缺陷，加之蓄水常年不按标准等利益驱动因素掺杂其中，致使渭河河床不断抬高，并在渭河口形成"拦门沙"，使渭河下游两岸农田受淹没和浸没，土地盐碱化面积增大，严重危害了农业生产。

当初黄万里等反对者所担心的库尾潼关泥沙淤积并导致西安水患等灾难出现了，严重威胁着关中平原和西安市的安全，引起了各方面的更大争议。鉴于这种情况，1962 年 3 月，国务院决定将三门峡水库原来的运用方式由"蓄水拦沙"改为"滞洪排沙"（即汛期闸门全开敞泄，只保留防御特大洪水）。但由于泄水孔位置较高，泥沙仍有 60% 淤积在库内，致使潼关河床高程并未降低。而下泄的泥沙由于水量少，淤积到下游河床，反而使下游河床进一步恶化。三门峡工程严重的泥沙问题引起各界的关注，议论颇多，首受其害的陕西省反应最为强烈。他们多次向党中央反映，甚至到毛泽东那里告"御状"。1962 年 4 月，陕西省代表在全国二届人大三次会议上提出第 148 号提案，提案请求国务院从速制定三门峡水库运用原则和管理方案，建议水库运用改以滞洪排沙为主，泄洪闸门全部开启，并研

① 王化云：《我的治河实践》，河南科学技术出版社 1989 年版，第 170—171 页。

究增建设施加大泄统排沙能力。请国务院组织工作团深入库区,调查存在问题,指示解决办法,以减少库区淤积,确保居民的生产、生活、生命安全。① 对此提案,全国人大决定由国务院交水电部会同有关部门和有关地区研究办理。

为进一步论证三门峡水库改建的可行性,水电部于1962年8月和1963年7月先后两次邀请国家计委、国家经委、黄河水利委员会,陕西、山西、河南、山东等省以及有关专家、教授和工程技术人员,在北京召开三门峡水利枢纽问题的技术讨论会。在会上,绝大多数人认为,三门峡水库运用方式由"蓄水拦沙"改为"滞洪排沙"是正确的,但对于是否要增建泄流排沙设施,以及增建的规模等问题则分歧较大。这可以说关系到根治黄河的方向,关系到中下游千百万人民切身利益。这期间,经过比较,黄河水利委员会还是推荐干流碛口拦泥水库方案,即在左岸增建两条泄流排沙隧洞,改建5—8号四条原发电引水钢管为泄流排沙管道,以加大泄流排沙能力,解决泥沙淤积的燃眉之急。但三门峡水库由"蓄水拦沙"改为"滞洪排沙"之后,仍未能制止淤积。到1964年11月,总计淤了50亿吨,渭河的淤积已影响距西安30多公里的耿镇附近。正因如此,周恩来曾在1962年5月11日的中共中央工作会议上坦白地说:"三门峡的水利枢纽工程到底利多大,害多大,利害相比究竟如何,现在还不能作结论。原来泥沙多有问题,现在水清了也有问题。水清了,冲刷下游河床,乱改道,堤防都巩固不住了。上游清水灌溉,盐碱就不能统统洗刷掉。洪水出乱子,清水也出乱子。这个事情,本来我们的老祖宗有一套经验,但是我们对祖宗的经验也不注意了。"②

1964年4月16日,时任代理总理职务的邓小平总书记(因周恩来出访非洲)和彭真巡视西北抵达西安,陕西省对三门峡的淤积问题意见很大,邓小平就此事与王化云谈话。王化云说:"要解决三门峡库区淤积,还得靠修拦泥水库,见效快,花钱也不多。在总结以往经验教训的基础上,我认为拦泥工程应首先选在晋、陕峡谷的干流河段和泾、洛、渭河上控制面积大,淹

① 参见水利部黄河水利委员会编《人民治理黄河六十年》,黄河水利出版社2006年版,第185页。
② 周恩来:《认清形势,掌握主动》,载《周恩来选集》下卷,人民出版社1984年版,第405—406页。

没小，距三门峡近的河段。"① 听完汇报后，邓小平赞同这个办法。邓小平回京后指示中央书记处找水电部定方案。当时，因周恩来正出访非洲，彭真开会过问了此事。会上，刘澜波和钱正英都不赞成修拦泥库的方案。周恩来出访归来，不顾旅途劳累，于 5 月 3 日深夜打电话把钱正英找去，详细询问三门峡淤积问题，嘱咐钱正英：下去调查研究，广泛听取各方意见，召开一次治黄讨论会。② 随后，水电部于 1964 年 6 月在三门峡现场又召开技术讨论会，对工程改建方案继续进行讨论。同年 8 月初，水电部党组召开扩大会议，讨论三门峡水利枢纽改建和治黄方向问题。

其间，毛泽东听到陕西省的反映，焦虑不安，又没见到解决的确定方案，便对周恩来说："三门峡要真不行就炸掉它！"③ 炸坝是否可行？不仅陕西省有意见，而且水电部和黄河水利委员会的意见也有分歧。面对这种复杂的局面，为统一认识，周恩来决定专门召开治黄会议，解决三门峡水库淤积问题。会议原定 1964 年 10 月召开，但因 10 月 15 日夜传来了赫鲁晓夫下台的消息，治黄会议被迫延期。11 月 14 日，周恩来从苏联访问回到北京。他本想在治黄会议前再次到三门峡水库视察，研究大坝的改建问题，但因要筹备召开第三届全国人民代表大会，所以未能成行。

1964 年 12 月 5—18 日，国务院在北京召开治理黄河会议，邀请持有各种意见的专家参加，着重讨论三门峡水库改建问题。周恩来虽然忙于筹备人大和政协会议，但仍然抽出时间参加会议。他最担心的问题是三门峡水库的泥沙淤积问题，因为三门峡工程修建 5 年以来，泥沙淤积问题一直没有得到解决，在这 5 年内，淤积泥沙达 50 亿吨。仅 1961 年和 1964 年两年就淤积了 30 多亿吨。三门峡水库如果不改建，再过 5 年，水库淤满后将对关中平原造成更大威胁。④ 会上对这个问题进行了热烈讨论，出现了四种有代表性的争论意见。

一是"现状派"，代表人物是时任北京水利水电学院院长的汪胡桢。他认为，"节节蓄水，分段拦泥"的办法是正确的，不同意改建三门峡枢纽。

---

①　王化云：《我的治河实践》，河南科学技术出版社 1989 年版，第 189—190 页。

②　参见《周恩来年谱（1949—1976）》中卷，中央文献出版社 1997 年版，第 640 页。

③　转引自钱正英《解放思想，实事求是，迎接 21 世纪对水利的挑战》，载《钱正英水利文选》，中国水利水电出版社 2000 年版，第 160 页。

④　参见周恩来《在治理黄河会议上的讲话》，载《周恩来选集》下卷，人民出版社 1984 年版，第 436 页。

二是"炸坝派"，代表人物是时任河南省科委副主任的杜省吾。他的观点核心是"黄河本无事，庸人自扰之"。他认为，黄土下泄乃黄河的必然趋势，绝非修建水土建筑物等人为力量所能改变，故力主炸坝。三是"拦泥派"，代表人物是时任黄河水利委员会主任的王化云。他主张在上游多修水库，以拦为主，辅之以排，实行"上拦下排"方针。四是"放淤派"，代表人物是时任长江流域规划办公室主任的林一山。他主张黄河干支流都应引洪放淤，灌溉农田，以积极态度吃掉黄河水和泥沙。会上的四派之争，实际上主要是"拦泥"与"放淤"之争。① 会上，可谓是百家争鸣，各抒己见。

12 月 17 日，周恩来召集时任水利电力部副部长的钱正英、国家计委副主任王光伟、林业部党组副书记惠中权以及林一山、王化云等人开会。他先让林、王把各自的观点复述一遍。王化云的"上拦下排"与林一山的"大放淤"两种观点大相径庭，相持不下。周恩来转而征求其他三位同志的意见。钱正英支持林一山，惠中权支持王化云，王光伟因对治黄业务的事情不清楚，投了"弃权票"。最后周恩来指示：你们可按各自的观点作出规划，明天再开会讨论。

12 月 18 日，周恩来在听取各种意见之后作了总结发言。他支持改建三门峡工程的设想，明确指出："对三门峡水利枢纽工程改建问题，要下决心，要开始动工，不然泥沙问题更不好解决。"② 他还强调："三门峡工程二洞四管的改建方案可以批准，时机不能再等，必须下决心。"③ 然后，他对争论不休的三门峡工程存在的问题阐述了三条意见：（1）治理黄河规划和三门峡枢纽工程，做得是全对还是全不对，是对的多还是对的少，这个问题有争论，还得经过一段时间的试验、观察才能看清楚，不宜过早下结论。只要有利于社会主义建设，能使黄河水土为民兴利除弊，各种不同的意见都是允许发表的。（2）治理黄河规划即使过去觉得很好，现在看到不够了，也要修改。他强调："象这些摸熟的东西还要不断地改，何况黄河自然情况这样复杂，哪能说治理黄河规划就那么好，三门峡水利枢纽工程一点问题都没有，这不可能！"④ （3）"当时决定三门峡工程就急了点。

---

① 参见王化云《我的治河实践》，河南科学技术出版社 1989 年版，第 206—211 页。
② 周恩来：《在治理黄河会议上的讲话》，载《周恩来选集》下卷，人民出版社 1984 年版，第 433 页。
③ 同上书，第 437 页。
④ 同上书，第 434—435 页。

头脑热的时候，总容易看到一面，忽略或不太重视另一面，不能辩证地看问题。原因就是认识不够。认识不够，自然就重视不够，放的位置不恰当，关系摆不好"。①

周恩来对围绕着三门峡水库争论的问题作了解答。他首先强调："不管持哪种意见的同志，都不要自满，要谦虚一些，多想想，多研究资料，多到现场去看看，不要急于下结论。"② 随后，他分析道："泥沙究竟是留在上中游，还是留在下游，或是上中下游都留些？全河究竟如何分担，如何部署？现在大家所说的大多是发挥自己所着重的部分，不能综合全局来看问题。任何经济建设总会有些未被认识的规律和未被认识的领域，这就是恩格斯说的，有很多未被认识的必然王国。"③ 他强调："观察问题总要和全局联系起来，要有全局观点。谦虚一些，谨慎一些，不要自己看到一点就要别人一定同意。个人的看法总有不完全的地方，别人就有理由也有必要批评补充。"④

周恩来尽管不赞成"炸坝派"的观点，但对有人提出炸坝这种大胆设想的精神仍予以鼓励，认为这样有利于发现和解决矛盾。他说："我曾经说过，可以设想万一没有办法，只好把三门峡大坝炸掉，因为水库淤满泥沙后遇上大水就要淹没关中平原，使工业区受到危害。我这样说，是为了让大家敢于大胆地设想，并不是主张炸坝。因为我不这样说，别人不敢大胆地想。花了这么多投资又要炸掉，这不是胡闹吗！我的意思是连炸坝都可以想一想。不过不要因为我说了，就不反对，就认为可以炸了。毫无此意。我也是冒叫一声，让人家想一想。如果想出理由来，驳倒它，就把它取消，不必顾虑。专门性的问题，就是要大家互相发现矛盾，解决矛盾，有的放矢，这样，才能找出规律，发现真理。"⑤ 周恩来也不赞成维持原状的"不动派"。他说："五年已淤成这个样子，如不改建，再过五年，水库淤满后遇上洪水，毫无问题对关中平原会有很大影响。"⑥ 他耐心地解释说："反对改建的同志为什么只看到下游河道发生冲刷的好现象，而不看

---

① 周恩来：《在治理黄河会议上的讲话》，载《周恩来选集》下卷，人民出版社1984年版，第438页。
② 同上书，第433—434页。
③ 同上书，第434页。
④ 同上书，第435页。
⑤ 同上。
⑥ 同上书，第436页。

中游发生了坏现象呢？如果影响西安工业基地，损失就绝不是几千万元的事。对西安和库区同志的担心又怎样回答呢？"①

对于以王化云为代表的"拦泥派"，周恩来指出："我看光靠上游建拦泥库来不及，而且拦泥库工程还要勘测试点，所以这个意见不能解决问题。"②他比较赞同林一山的意见，优先解决三门峡库区的淤积之急。林一山主张在黄河下游部分河段开展"放淤稻改"，即把黄河水引向农田，并在泥沙沉淀的基础上种植水稻。在三门峡水库的改建上，周恩来也采纳了林一山的建议，降低水库水位，恢复潼关河段天然特征，并按水库长期使用理论，打开底孔排沙，以实现库区泥沙进出平衡。尽管如此，他仍然谨慎地说："改建规模不要太大，因为现在还没有考虑成熟。总的战略是要把黄河治理好，把水土结合起来解决，使水土资源在黄河上中下游都发挥作用，让黄河成为一条有利于生产的河。"③

这次治黄会议批准三门峡工程"二洞四管"的改建方案，即在大坝左岸增建两条泄洪排沙隧洞，改建4根引水发电钢管，以此来加大泄流排沙能力。尽管会议通过了这种方案，周恩来仍然慎重地指示："如果发现问题，一定要提出来，随时给北京打电话，哪一点不行，赶快研究。不要因为中央决定了，国家计委批准了，就不管了。因为决定也常会出偏差，会有毛病，技术上发生问题的可能性更多。我再重复一句，决定二洞四管不是一件轻松的事，既然决定了，就要担负起责任。"④

这次治黄会议是中国治河史上一次重要的思想解放、百家争鸣的会议。周恩来的讲话对人们认识黄河的客观规律起到了促进作用。1965年1月，水利电力部党组向中共中央报送了《关于黄河治理和三门峡问题的报告》，对新中国成立以来治理黄河的经验教训，主要是围绕三门峡工程展开的治黄论战情况作了比较系统的总结。周恩来在批示中指出：这份报告"比较全面，并对过去治黄工作的利弊和各种不同意见做了分析。现印发给中央和有关部委、各省、市负责同志一阅。"⑤

---

① 周恩来：《在治理黄河会议上的讲话》，载《周恩来选集》下卷，人民出版社1984年版，第437页。
② 同上。
③ 同上书，第434页。
④ 同上书，第438页。
⑤ 转引自王化云《我的治河实践》，河南科学技术出版社1989年版，第213页。

随即，作为救急方案的三门峡水库改建工程于 1965 年 1 月开工，其间，建设者们努力排除"文化大革命"的各种干扰，专心致志地施工，使"二洞四管"改建任务于 1968 年 8 月全部完成。改建后的水库泄量增大一倍，库区淤积有所减缓，但潼关以上库区及渭河下游的淤积仍在继续，水库的排沙能力明显不够。1966 年，库内淤积泥沙已达 34 亿立方米，占库容的 44.4%，三门峡水库几成死库。1967 年，黄河倒灌，渭河口近 9 米长的河槽几乎被淤塞。1968 年，渭河在华县一带决口，造成大面积淹没，关中平原受到严重威胁。1969 年夏，因三门峡水库淤塞导致渭河水灾，西安再度告急。

为了进一步解决库区淤积，充分发挥枢纽综合效益，1969 年 2 月 17 日，水电部军事管制委员会下发了《转告国务院批准三门峡工程改建方案的意见》。6 月，受国务院委托，时任河南省"革委会"主任的刘建勋在三门峡主持召开晋、陕、豫、鲁四省及水电部参加的治理黄河会议，研究三门峡工程进一步改建和黄河近期治理问题。与会者认识到三门峡水库"两洞四管"改建方案难以根本解决淤积问题，"防止下游千年一遇的洪水"不再提起，变成了在"确保西安，确保下游"原则下进行三门峡水库第二期改建。最后，会议通过了《关于三门峡水利工程改建及黄河近期治理问题的报告》，并要求黄河三门峡工程局进一步制定改建方案。10 月，水电部"军管会"将由陕西、山西、河南、山东四省和一机部等单位审议通过的《关于黄河三门峡水库进一步改建的意见》呈报国务院，很快获得国务院的批准。

1969 年 12 月，三门峡水利枢纽工程第二次改建正式开工。在 1970—1972 年间，工程建设者相继打开溢流坝 1—8 号原施工导流底孔，改建电站坝体的 1—5 号机组进水口，将发电进水口高程由 300 米下降至 287 米，安装 5 台轴流转桨式水轮发电机组，总装机容量为 25 万千瓦。[1] 此外，在 1973 年 11 月又将水库运用方式由"蓄洪拦沙"改为"蓄清排浑"。到 1973 年，三门峡水库第二次改建工程完成。由于枢纽的调节水沙，避免了小水排大沙，提高了下游水流的输沙能力，加大了河道排沙入海的比例，自 1974 年起，黄河下游河道的泥沙淤积量较三门峡建库前有较大幅度的

---

[1] 参见水利部黄河水利委员会编《人民治理黄河六十年》，黄河水利出版社 2006 年版，第 229 页。

减少，据初步估算，每年可使下游河道少淤6000万吨左右①，基本上解决了三门峡库区泥沙淤积"翘尾巴"问题。三门峡水库库容变化情况，详见表4-1。

表4-1　　　　　　　　　三门峡水库库容变化表　　　　　　单位：亿立方米

库容量名称　　年份	建库前（1960年4月）	1964	1970	1973	1977	1980
总库容	55.49	21.43	28.28	32.57	30.30	31
滩库容	35.49	13.26	20.76	10.76	10.73	10.76
槽库容	20	8.17	17.52	21.81	19.54	20.37

　　资料来源　萧木华：《毛泽东与三峡论证》，载《毛泽东百周年纪念——全国毛泽东生平思想研讨会论文集》（下），中央文献出版社1994年版。

　　从表4-1可以看出，三门峡水库经过两期改建，不仅逐步恢复了库容，而且实现了常年泥沙进出基本平衡，使大部分有效库容得以长期使用。

　　经过两次改建后，枢纽的泄流排沙能力增大，潼关以下的库区已由淤积变为冲刷，潼关以上库区在部分时段内已开始有冲刷，1970—1973年，水库敞泄排沙，潼关以下冲刷出库的泥沙达3.95亿立方米。出库沙量占入库沙量的比值，从1966年的71.62%增大到1971年的117.19%、1972年的137.69%、1973年的102.66%。潼关站1000立方米每秒流量的水位在1969年10月24日为328.7米高程，至1973年11月9日已降为326.7米，下降了2米。330米高程以下的库容，1969年10月第一次改建工程全部投入运用后为26.9亿立方米，到1973年10月恢复到32.6亿立方米，增加库容5.7亿立方米，较1964年10月第一次改建之前的22.1亿立方米增加库容10.5亿立方米。第二次改建后，潼关以上库区淤积速度有所减缓，由1960—1967年间的年均淤积3亿吨降低到1968—1973年的年均淤积1.5亿吨，渭河下游的淤积也趋于缓和，土地盐碱化有所减轻。② 1973

---

　　①　参见杨庆安《治理黄河的一次重大实践》，《水利史志专刊》1989年第5期。
　　②　参见《黄河三门峡水利枢纽志》编纂委员会编《黄河三门峡水利枢纽志》，中国大百科全书出版社1993年版，第155页。

年 11 月开始采用"蓄清排浑"方式运用，即汛期泄流排沙，汛后蓄水，变水沙不平衡为水沙相适应，使库区泥沙冲淤基本平衡。一直到 1985 年，潼关高程相对平衡。

1990 年以后，三门峡水利枢纽又相继打开 9—12 号施工导流底孔；1994 年和 1997 年，又先后扩装两台 7.5 万千瓦机组，总装机容量增至 40 万千瓦。进入 21 世纪后，三门峡水利枢纽参与黄河干流的调水调沙、人工塑造异重流，配合下游小浪底水库、上游万家寨水库联合运用，在黄河治理开发与管理中发挥了不可替代的作用。①

三门峡水利枢纽改建成功投入运用后，除发挥出防洪、防凌、灌溉、发电等综合效益外，还通过三门峡水利枢纽工程的实践，加深了对黄河河情的认识，为多泥沙河流的治理，探索了宝贵的经验。②

恩格斯说："我们不要过分陶醉于我们对自然界的胜利。对于每一次这样的胜利，自然界都报复了我们。"③ 三门峡水利工程的兴建和改建，再次应验了这个哲理。实践证明，三门峡水库是中国"一五"期间引入的不成功的重点建设项目，在新中国水利建设史上留下了极为惨痛的教训。1971 年 5 月 23 日，时任水利电力部"革命委员会"主任的张文碧在水利电力经验交流会议上严厉批评说："1954 年的黄河规划，就是一个'大、洋、全'的典型。当时，请了一批苏联专家，由他们主持，搞了个'洋规划'。生搬硬套清水河流梯级开发的洋教条，在黄河这条多泥沙的河流上，规划了 46 个梯级水电站，在支流上规划了 14 个拦泥库。三门峡水库就是这个规划的关键工程。这个工程是远在列宁格勒设计的。为了兴建这个工程，国家投资 9 亿元，移民 30 万，淹地 100 万亩。虽然这个工程对防洪、防凌起了作用，但由于库区严重淤积，不能蓄水，设计的兴利效益大部没有实现，不得不把发电机拆走，工程一再改建，至今尚未结束。在三门峡下游，还搞大规模引黄灌溉，兴修 4 座枢纽，两岸修建许多引黄大闸。由于脱离实际，搞瞎指挥，盲目蛮干，只灌不排，加重了涝灾，造成了 1200

---

① 参见《万里黄河第一坝——记三门峡水利枢纽工程的建设》，人民网河南频道讯，2011 年 7 月 26 日。

② 参见杨庆安《三门峡工程的决策与经验教训》，载《黄河三门峡水利枢纽志》编纂委员会编《黄河三门峡水利枢纽志》，中国大百科全书出版社 1993 年版，第 456 页。

③ 恩格斯：《自然辩证法》，载《马克思恩格斯全集》第 20 卷，人民出版社 1971 年版，第 519 页。

多万亩耕地的盐碱化，挫伤了群众的积极性，严重影响了沿黄地区人民的生产和生活。结果，4座干流枢纽，被迫拔掉2座（位山、花园口），停建2座（洛口、王旺庄），1亿多人民币白白丢到黄河里。黄河规划中贪大求洋的教训，是20年来水利建设最沉痛的教训。"①

　　三门峡水库是在中共中央和国务院直接领导下，由周恩来总理亲自主持、邓子恢副总理具体负责的大型工程项目，周恩来、刘少奇、朱德、陈云、邓小平、董必武、彭德怀、陈毅、李先念等党和国家领导人先后视察工程建设，为三门峡工程建设付出了大量心血，对建设过程中出现的问题采取了正视态度，注意总结其中的经验教训。关于这一点，可以从主持三门峡水库工程的周恩来后来的多次讲话中，以及陈云的多次讲话中看出。

　　1964年6月10日，周恩来在接见越南水利考察团时坦然承认："三门峡工程上马是急了一些，对一些问题了解得不够，研究得不透，没有准备好，就发动进攻上马，革命精神有，但是科学态度不够严格，二者没有很好结合。我们历史上治黄是最重要的问题，还没有将历史经验加以科学总结。天下一切事物的发展总是吸取前人经验，后来者居上，这是一个教训。"② 1966年2月23日，他又坦然承认："工业犯了错误，一二年就能转过来，农、林、水犯了错误，多年也翻不过身来。治水治错了，树砍多了，下一代人也要说你。我这几年抓了一下水利，心里可是不安。现在证明，三门峡工程调查不够，经验不够，泥沙淤积比我们设想的多得多，背了个大包袱。"③ 甚至到晚年，他在接见外宾时还说："水利建设都应该综合规划、整体规划。但到现在为止，找不到一个像样的既有综合规划、又有整体规划的水利工程。综合规划，第一是防洪，第二是灌溉，第三是发电，第四是运输。四个方面都照顾到，就是一个好的综合规划。但我们的水库还没有一个是这样的综合性水库。"④ "治水要掌握水的规律，但到现在这个规律我们还掌握不好。"⑤

　　三门峡水库建设的决策失误，在陈云的心中留下了很深的伤痕。尽管

　　① 《以毛泽东思想为武器批判水利电力建设中的"大、洋、全"思想——张文碧同志五月二十三日在全国水利电力经验交流会议上的发言》，安徽省档案馆藏55—4—23卷。
　　② 《周恩来年谱（1949—1976）》中卷，中央文献出版社1997年版，第647页。
　　③ 《周恩来传》（下），中央文献出版社1998年版，第1813页。
　　④ 《周恩来年谱（1949—1976）》下卷，中央文献出版社1997年版，第241—242页。
　　⑤ 同上书，第397页。

当时他对三门峡上马"提出过怀疑"①，但在三门峡决定上马之后，他从不推诿自己在三门峡水库上马时的责任，号召全党共同吸取其中的惨痛教训。1979 年 3 月 21 日，他在中央政治局会议上谈及三门峡水库建设失败的教训时，坦诚地说："不要把我说得这么好，也有很多反面教训。一百五十六项中，三门峡工程是我经过手的，就不能说是成功的，是一次失败的教训。我要有自知之明。要我做工作，我只能做我认为最必要的工作，只能量力而行。"② 这种敢于承担责任和善于吸取教训的做法，既是陈云"公道"作风的集中反映，也是共产党人敢于承认和修正错误的坦荡心胸的体现。

陈云不仅主动承担自己在三门峡工程项目上马过程中的责任，而且反复强调在重大工程建设中要科学决策，提倡把种种不同意见收集起来，认真加以研究，以避免工程建设项目上的片面性。1978 年 9 月 16 日，当得知南水北调工程规划已经确定下来后，陈云立即致函时任水利电力部部长的钱正英："为了接受过去在三门峡工程中的教训，避免可能出现的弊病，我认为还应该专门召开几次有不同意见人的座谈会，让他们畅所欲言，充分发表意见。"还说："倾听一切对立面的意见，我认为这是全面看问题的主要方法。"③ 次年 6 月，当中共科协党组向中共中央报告有些科学家对南水北调工程规划提出不同意见后，陈云立即批示："我曾是热心于南水北调的，但必须按实际情况办事，因为这件事有关大局。我的意见由农委或水利部专门召集反对这一规划的科学家开几次会议。当然赞成原规划的同志也可参加几人，让反对的意见充分发表，并且结合他们所主张的意见（如地下水库等等）创造研究的条件。我们应该使南水北调这件事在进行之前，做到确有把握才好。"④ 可见，陈云非常重视从三门峡水库决策失误中吸取有益的经验教训，强调广泛讨论及科学决策。

作为当事人的钱正英后来对三门峡工程的教训也作了深刻反思。她说："三门峡出了问题，没有重视不同的意见也是一个重要因素。搞水利必须树立唯物主义态度，水利跟自然打交道，有问题是客观存在的，不要

---

① 钱正英：《解放思想，实事求是，迎接 21 世纪对水利的挑战》，载《钱正英水利文选》，中国水利水电出版社 2000 年版，第 159 页。

② 《陈云文选》第 3 卷，人民出版社 1995 年版，第 254—255 页。

③ 《陈云传》下册，中央文献出版社 2005 年版，第 1564 页。

④ 同上。

怕别人提出问题,就怕别人看到问题不提。当时没有提出问题,事后再提出,那改正也来不及了。如果有彻底的唯物主义态度,就不怕人家提问题,问题早提有好处,可以避免错误。"[1] 决策者不但要敢于坚持真理,而且要敢于改正错误。像三门峡这样一个影响巨大的工程,在发现错误后敢不敢公开承认,敢不敢彻底改正,这是对中国共产党和人民政府的严重考验。钱正英总结说:"水利决策涉及许多复杂因素,在判断中局部犯错误,甚至根本犯错误的情况,是经常可能发生的。在这种情况下,一定要从人民的利益为重,以一个革命者应有的勇气,及时承认错误,这是保证正确决策的至关重要的关键。"[2]

因此,重大水利工程项目上马前,务必进行充分的论证和广泛的讨论;工程项目上马建设过程中,要及时发现问题,并采取有效的补救措施;工程项目一旦出现决策失误,就要敢于承担责任,并吸取其中的教训——这是三门峡水库建设留给后人的宝贵经验。

---

① 钱正英:《解放思想,实事求是,迎接 21 世纪对水利的挑战》,载《钱正英水利文选》,中国水利水电出版社 2000 年版,第 165 页。

② 钱正英:《中国水利的决策问题》,载《钱正英水利文选》,中国水利水电出版社 2000 年版,第 69 页。

第五章　国民经济调整时期的水利建设

"大跃进"高潮过后，全国水利建设的重点逐渐转到水利配套工程建设及发挥水利工程效益上来。党和政府在进行大量调查研究的基础上，对"三主"治水方针进行了部分调整，果断地将"以蓄为主"改为"配套为主"，形成了新的"三主"方针，即小型为主、配套为主、社办为主。在此方针指导下，全国各地不仅进行了大中型水库配套工程的续建工作，而且着力发挥水利工程的效益，下大力气消除"大跃进"时期水利建设的遗留问题，在控制华北地区次生盐碱化、治理松辽平原洪涝灾害、发展江南机电排灌事业、对黄河中游地区进行大规模的水土保持工作等方面，均取得了突出成效。

一　水利建设方针的调整

"大跃进"时期确定的"三主"方针基本上是正确的，但各地在贯彻落实时出现了机械照搬的偏向。尤其是"蓄水为主"方针在山区是可行的，但将其机械地搬到平原地区后，带来了相当严重的危害。由于"左"倾思想干扰，"三主"方针被当作治水的唯一正确方针在全国推行，并在某些地区出现了"一块地对一块天"的极端做法。淮北平原和冀鲁豫平原片面强调蓄水灌溉，不注意排水，甚至层层堵水，造成了严重的涝碱灾害和地区间的水利纠纷。各地掀起了与水争地的高潮，圈占河滩围垦湖泊，省、地、县各级行政区划之间普遍设置阻水障碍，名曰"客水厅"、"洪水招待所"，使河道患上了严重的"肠梗阻"。①

北方平原地区由于灌溉和耕作措施不够合理，造成了地下水位不同程

① 陈惺：《"大跃进"时期河南的水利建设追忆》，《中共党史资料》2008年第4期。

度的上升，结果发生了部分土壤次生盐碱化的现象。有人对"蓄水为主"带来的盐碱化提出批评意见，认为"土壤盐碱化是兴修水利的结果"，是"水利变成了水害"，要求改变"蓄水为主"的方针。① 水电部注意到这种偏向，并力谋解决。1959 年 10 月，李葆华在全国水利会议上作了题为《反右倾、鼓干劲，掀起更大的水利高潮，为在较短时间内实现水利化而斗争》的报告，报告指出，在水利"大跃进"中曾发生过个别的错误，在易涝地区搞成河网化，出现了盐碱化。故他提出了"要大力开展群众性防碱抗碱斗争，以制止盐碱化的继续发展，改善土壤"②。这里已经包含着配套为主的思路，对以蓄为主带来的次盐碱问题开始注意。

但这次水利会议是在庐山会议后召开的，基调是反右倾、鼓干劲，掀起更大的水利高潮，故在对水利"大跃进"的基本经验进行总结时，将"以群众路线作为开展水利工作的根本思想，贯彻'三主'方针，大搞水利运动"作为首要的经验加以总结和推广，要求全国各地继续贯彻"三主"方针。不仅如此，李葆华从无产阶级与资产阶级两条路线斗争的"高度"来看待"三主"方针，将对其有异议者视为资产阶级路线。他指出：为了全面彻底地解决水旱灾害，综合开发水土资源，就必须发动亿万人民，在自己所在的土地上，广泛地治山治水，从山顶治到山脚，从河源治到河尾。在雨水降到地面后，就节节拦蓄，节节控制，节节利用，使水害变成水利。根据这样的要求，治水方针必须是以蓄水为主，以小型为主，以群众自办为主的"三主"方针。这是无产阶级的治水路线。相反，那种依靠少数人办极少数的大型工程、不能贯彻以蓄为主精神的做法，是资产阶级治水路线。③ 他强调："敢不敢依靠群众，同样也是水利工作中无产阶级和资产阶级思想的根本分界线。而'三主'方针正是党的群众路线在水利工作中的具体体现。"④ 这样，尽管"以蓄为主"在水利"大跃进"中出现了偏差，但仍然不敢对其进行纠正。

1959 年 10 月 24 日，中共中央和国务院发出的《关于今冬明春继续开

---

① 水利水电科学研究院灌溉研究所：《防止灌区土壤盐碱化》，《人民日报》1960 年 1 月 8 日。

② 李葆华：《反右倾、鼓干劲，掀起更大的水利高潮，为在较短时间内实现水利化而斗争》，载《当代中国的水利事业》编辑部编印《历次全国水利会议报告文件（1958—1978）》（内部发行），1987 年，第 72 页。

③ 同上书，第 64—65 页。

④ 同上书，第 65 页。

展大规模兴修水利和积肥运动的指示》重申，群众性的兴修水利运动要继续贯彻执行以蓄水为主、社办为主、小型为主和大中小型工程相结合的方针，全面规划，综合利用。各地都应当有一个比较全面的水利规划，注意多蓄水、多引水，因地制宜地兴建多种多样的蓄水工程，提高抗旱防涝的能力。面对北方平原地区出现的次生盐碱化，《指示》提出了要求："近一、二年来，北方有些灌区土壤盐碱化面积有所发展，应该高度予以重视，采取切实有效的措施，制止灌区盐碱化面积的继续扩大；已经盐碱化的要争取在二、三年内加以改造。"①

北方平原地区出现土壤次生盐碱化问题，显然是"以蓄为主"的做法造成的。1959 年 11 月召开的全国盐碱土防治会议提出了"以防为主，防治并重，以水为纲，综合治理"的方针，开始调整"三主"方针。水利部一些专家明确提出："防止土壤次生盐碱化，主要应当抓住灌溉、排水和耕作栽培等三个环节。具体说来，就是要做到工程系统化、灌水合理化、用水计划化、灌区园田化。"②

1961 年 6 月，刘建勋受命接替吴芝圃担任河南省委第一书记。他先到豫南的罗山、光山、固始、淮滨、新蔡、平舆、汝南 7 个县调查，白天看现状，晚上听汇报。之后到豫北进行调查，在南乐县他看到大片大片的盐碱地，慨叹地说："像这样搞下去，要把农民最基本的生产资料——土地都丢掉了，群众靠什么生活？"他了解到"以蓄为主"的治水方针导致黄淮平原盐碱化的严重后果。此时，黄淮海平原涝碱灾害严重，群众总结说："引黄灌溉一年增产，两年平产，三年减产，四年绝产。"他总结了平原地区的治水经验后指出："现在平原治水的问题那么普遍，那么严重，这不是具体工作问题，而是方针问题。"1961 年冬，河南省委经过反复研究后明确提出：平原地区要以除涝治碱为中心，实行"以排为主，排、灌、滞兼施"的方针。刘建勋强调："在中央对'以蓄为主'的提法未改变之前，以排为主只在省内讲，对外不提。"③ 河南最先开始改变"以蓄为主"的治水方针。

此时，国家计委也注意到了"以蓄为主"治水方针带来的碱化问题。

---

① 《大搞"水""肥"保证明年农业继续大跃进》，《人民日报》1959 年 10 月 25 日。

② 水利水电科学研究院灌溉研究所：《防止灌区土壤盐碱化》，《人民日报》1960 年 1 月 8 日。

③ 转引自陈惺《治水无止境》，中国水利水电出版社 2009 年版，第 37 页。

1961 年 10 月 23 日，国家计委在传达李富春关于提前于 11 月底编好七年规划的指示时指出："水利建设要总结经验，有些省土地碱化吃了亏。不能光蓄不排，要上下兼顾。以蓄为主的提法，在全国来说，不是因地制宜。现在又有人提出以提水为主，不要盲目推行，还要有经济核算，否则使国家增加负担。"①

1962 年 2 月 14 日，水利电力部在北京召开河北、山东、河南、安徽、江苏、北京 5 省 1 市平原水利会议。会上对平原地区执行"以蓄为主"方针带来的问题认识不一致，有人强调"以蓄为主"是正确的，问题是工程没有配套好，只要把工程配套好了，问题就解决了；有人强调首先要搞好排水；由于河南强调排，因此有人说河南吃了大黄，光想大排大泄。刘建勋亲自起草文件，向正在召开"七千人大会"的毛泽东报告，反映河南平原涝碱问题，立即引起中共中央的重视。周恩来随即召集冀、鲁、豫、皖、苏、京 5 省 1 市第一书记座谈会。周恩来指出：平原治水要因地制宜，该蓄的要蓄，该排的要排，不能只蓄不排。他形象地说："我问过医生，一个人几天不吃饭可以，但如果一天不排尿，就会中毒。土地也是这样，怎能只蓄不排呢！"② 在周恩来的主持下，经过大量的艰苦工作，平原地区机械地推行"以蓄为主"的错误偏向开始得到纠正。

为了总结黄河下游引黄灌溉出现的土地严重盐碱化状况，1962 年 3 月中旬，时任国务院副总理的谭震林、水利电力部副部长钱正英视察冀、鲁、豫 3 省接壤地区的大名、南乐、清丰、濮阳、范县等水利建设情况，在范县主持召开了有中南局和各省领导同志以及省、地、县水利领导同志参加的新中国治水史上著名的"范县会议"。谭震林在会上指出，"三年引黄造成了一灌、二堵、三淤、四涝、五盐碱化的结果"，"在冀、鲁、豫三省范围内，占地 1000 万亩，碱地 2000 万亩，造成严重灾害"。刘建勋在会上介绍了河南水利建设的情况，提出 3 条措施：一是拆除一切阻水工程，恢复水系的自然流势，使涝水可以下泄；③ 二是暂停引黄灌溉 3 至 5

　　① 《国家计委传达富春同志关于提前于十一月底编好七年规划的指示》，载中国社会科学院、中央档案馆编《1958—1965 中华人民共和国经济档案资料选编·综合卷》，中国财政经济出版社 2011 年版，第 465—466 页。

　　② 转引自《钱正英水利文选》，中国水利电力出版社 2000 年版，第 34 页。

　　③ 随后把花园口、位山等壅水拦河大坝拆除，又进行了第二次大修堤，这样使下游河道排洪排沙能力得到了恢复。

年；三是临时滞蓄，即在大雨时利用低洼地滞蓄洪水，牺牲小片，保存大片。① 这些意见得到了谭震林、钱正英的支持并在会后付诸实施。5 月，周恩来约请邓子恢、谭震林和有关人员研究农业、林业和水利等问题。周恩来要求在水利问题上必须做好防汛、治碱、水库检查和水土保持等方面工作。确定组成以陈正人为组长，钱正英、王光伟为副组长的治碱小组，抓全国 11 个专区的治碱工作。②

随即，除河南省的人民胜利渠、黑岗口，山东省的盖家沟、簸箕李等涵闸继续少量引黄外，其余各灌区均关闸停灌。从 1962 年起，河南省以"挖河排水，打井抗旱，植树造林，保持水土"的方法在平原地区下大力气排水治水。这样，"以蓄为主"带给平原盐碱化的恶果开始消除，河南的经济得到恢复和发展。到 1966 年，河南的有效灌溉面积由 1961 年的 1747.5 万亩恢复到 2620.5 万亩，旱涝保收田由 67.5 万亩发展到 1444.5 万亩，年粮食总产量由 684.5 万吨恢复增加到 1227.5 万吨。③

1962 年 11 月，农业部在北京召开了全国农业会议，对"大跃进"时期水利建设的"三主"方针作了相应调整，提出水利建设新的"三主"方针，即"小型为主，配套为主，群众为主"。会议认为，"'先配套，后新建'，主要是把现有的水利工程设施逐步配套，使之进一步发挥灌溉效益"④。12 月，水利电力部召开全国水利会议，对 1959—1962 年的水利工作进行基本总结，并提出此后的方针和任务。水利电力部在《水利工作的基本总结与今后的方针任务》的总结报告中，正式对"三主"方针进行了调整。

该报告在总结成绩之后，对"大跃进"过程中出现的偏向作了检讨。报告认为在治水方针方面的偏向是：以蓄为主、小型为主、群众自办为主的"三主"方针在不少地区起了积极的作用，但在某些地区起了不好的作用。在提倡"以蓄为主"的精神下，水利电力部没有区别山区与平原的不同特点，因而修建了一些不适应的平原水库。在执行"小型为主，群众自办为主"的同时，片面地提倡"少花钱，多办事"，不适当地提倡公社兴

① 参见《当代河南的水利事业》，当代中国出版社 1996 年版，第 140—141 页。

② 参见《周恩来年谱（1949—1976）》中卷，中央文献出版社 1997 年版，第 477—478 页。

③ 参见陈惺《治水无止境》，中国水利水电出版社 2009 年版，第 37—38 页。

④ 《中共中央、国务院批转农业部党组关于全国农业会议的总结》，载《建国以来重要文献选编》第 15 册，中央文献出版社 1997 年版，第 748 页。

办中型工程和大型工程，搞大协作，造成了水利建设中一平二调的"共产风"。特别是冀、鲁、豫平原地区的水利工作中，由于对该区旱、涝、碱的灾害规律缺乏全面认识，曾经盲目提倡以蓄为主和大量引黄灌溉，因而增加了当地的涝、碱灾害和水利纠纷，使当地人民的生产和生活遇到很大困难，以后又没有及时发现和坚决改正。[①]

该报告将"必须管好和用好水利工程，充分发挥工程效益"作为水利工作的主要经验提了出来。这是因为：水利设施是农业增产的工具。兴修工程，只是为战胜水旱灾害、保障农业生产创造了条件，而要达到这个目的，还必须管好和用好这些工程。经验证明，有不少工程，由于领导重视，群众关心，管理力量强，管理得很好，发挥了巨大效益。但是，也有相当多的水利工程，虽然修建得很好，但是没有管好和用好，结果大大降低了效益，有的竟连续发生事故。因此，在水利工作中必须确立"修管并重"的思想。在修建水利工程的同时，必须抓紧将管理工作跟上，做到边修建、边巩固、边收效。在力量不能兼顾时，应先管理、后建设，坚决防止只修不管和边建设边破坏的现象。[②]

在总结"大跃进"水利高潮经验教训的基础上，为了贯彻党的八届十中全会的决定和国民经济调整、巩固、充实、提高的方针，根据当时水利形势和发展要求，该报告提出了新的水利工作方针："巩固提高，加强管理，积极配套，重点兴建，并为进一步发展创造条件。"报告果断地决定，在坚持"小型为主、社办为主"的同时，放弃了"以蓄为主"，代之以"配套为主"，重视工程配套设施建设，对现有工程加强管理，并分别进行必要的续建、配套和调整，确保安全，充分发挥工程效益。报告强调："依靠社队力量，大力恢复、维修和发展小型农田水利。力争基本完成现有工程的配套，以尽快充分发挥效益。"[③] 此后，全国水利建设的方针开始转变，各地一手抓管理，一手抓配套。水利建设工作在积极加强灌溉管理的同时，切实做好水利工程和排灌机械的配套工作，借以充分发挥已有水利设施的作用。

"大跃进"高潮中修建的工程项目，有不少并没有充分发挥效益，原

---

① 参见《水利工作的基本总结与今后的方针任务》，载《当代中国的水利事业》编辑部编印《历次全国水利会议报告文件（1958—1978）》（内部发行），1987年，第170页。

② 同上书，第177—178页。

③ 同上书，第180—181页。

因在于这些水利工程还不配套。据国家统计局1963年4月对全国大中型水利灌区的配套和利用情况的统计，全国有设计灌溉面积在万亩以上的大中型水利灌区3989处，设计灌溉面积29141万亩，实际建成配套的灌溉能力为16581万亩，占56.9%。[①] 也就是说，还有约40%的工程因不配套，或因配套不全，或因土地不平整等原因，没有能够发挥应有的灌溉效益。因此，以"配套为主"代替"蓄水为主"方针，是有针对性的。

1963年11月30日，《人民日报》专门发表题为《积极做好今冬明春的水利建设工作》的社论，号召各地将水利建设的重点转向"配套为主"。社论明确指出："对现有水利工程进行整修和配套，比起新建水利工程，不但用工少和花钱少，而且收效大和收效快，为广大群众所欢迎。"社论号召各地要将水利建设的重点放在修好配套工程上，让主体工程更好地发挥作用。社论强调："我们的注意力应当主要放在发挥现有工程的效益上面。因为一个灌区，特别是一个较大灌区的兴修，从主体工程建成到各项工程配套齐全，而且把灌区内的土地都平整好，使之充分发挥效益，这需要相当的时间。主体工程修好了，而配套工程没有修好，土地没有平整好，整个灌区的修建工作就还没有完成。配套工作是水利建设工作的不可分割的重要部分。1958年以来，我们集中力量修建了一大批水利骨干工程，这以后当然应当集中力量修好配套工程，进行土地平整工作，建立和健全灌区的管理制度，等等。"

1964年1月11日至2月5日，水利电力部召开全国水利会议。会议在检查总结过去工作的基础上，对"大跃进"以来的水利方针作了深刻检讨。会议指出："1958年以来，在许多地方分散兵力，全面出击，摆了很多战场，完全拿下来的很少。……消耗了大量的人力、物力和财力，却不能起到预期的效果，反而背了很多包袱，使工作十分被动。"之所以犯这个错误，"首先是由于轻敌，把解决水利问题看得太简单了，对水旱灾害的全面规律认识不够，因此对敌人估计不透。其次，对每个工程也往往看得太简单了，一般是：重兴建，轻准备；重主体，轻配套；重数量，轻质量；重建设，轻管理。其结果是：不能全歼速决，尾巴拖得很长，有时进

----

① 参见 国家统计局《全国大中型水利灌区的配套和利用情况》，载中国社会科学院、中央档案馆编《1958—1965中华人民共和国经济档案资料选编·农业卷》，中国财政经济出版社2011年版，第462—463页。

退两难，陷于消耗战。"会议并对"依靠群众办水利的问题"进行了重点讨论，认为，"水利建设是农田基本建设的主要内容之一，是五亿农民的切身事业。国家对水利建设的投资，是对农民的支援。因此，依靠群众，自力更生，勤俭办水利，是水利工作的根本路线"。会议认为，"大跃进中，我们在依靠群众办水利的问题上，有丰富的经验，也有深刻的教训。主要教训是：没有把群众力量完全用在刀口上，工程上马过多，还修了一些不应该修的工程；使用群众力量过了头，急了一些，多了些，产生了一平二调的'共产风'，妨碍了当年农业生产，挫伤了群众的积极性。在最近两三年中，纠正上述错误以后，在一些地区又发生了单纯依赖国家，束手束脚，不敢放手发动群众的偏向"①。为此，水利电力部强调水利建设必须坚持新的"三主"治水方针，即"小型为主，配套为主，群众自办为主"。

为了贯彻新的"三主"方针，水利部决定，从1963冬季年起必须集中主要力量，结合农田规划，进行工程配套和土地平整工作；要对1963年洪水冲毁和淤积的工程，进行整修、清淤和加固等工作；在一些容易发生内涝和盐碱化严重的地区，要特别注意开挖排水沟，以防止内涝为害，逐步克服土壤盐渍化。②

这样，全国水利建设的方针，就从"大跃进"时期"以蓄为主、小型为主、社办为主"的"三主"方针，正式调整为"小型为主、配套为主、群众自办为主"的新"三主"方针。随着中国经济第三个五年计划的实施，到1965年8月，全国水利会议对"三五"期间的水利工作提出了一些纲领性的意见，着重讨论了当时水利工作的主要矛盾和"三五"期间的工作方针。经过反复讨论，会议确定了"三五"期间水利工作的方针是："大寨精神，小型为主，全面配套，狠抓管理，更好地为农业增产服务。"（简称"大、小、全、管、好"）新中国水利建设的方针再次调整，"三主"方针逐渐被吸纳到这条新的治水方针中。这一新的水利方针，"可以充分调动群众的积极性，充分利用国家的支援，充分发挥水利的效益"。但会议强调，"必须在水利部门的全体干部中，进一步树立依靠五亿农民

---

① 《水利电力部关于一九六四年全国水利会议对当前工作和今后任务的讨论》，载中国社会科学院、中央档案馆编《1958—1965中华人民共和国经济档案资料选编·农业卷》，中国财政经济出版社2011年版，第419—420页。

② 参见《积极做好今冬明春的水利建设工作》，《人民日报》1963年11月30日。

办水利、水利为农业增产服务的思想，进一步克服恩赐观点和重大轻小、重骨干轻配套、重修轻管、重工程轻实效的思想"①。笔者认为，"大跃进"运动前后治水方针的形成与调整，既体现了党和政府坚持贯彻群众路线的基本立场和工作方法，也体现了党和政府正视现实、勇于创新的进取精神。

二　大中型水库配套工程的续建

"大跃进"高潮过后，随着三年困难时期的到来，大批水利工程项目下马，全国水利建设的重点逐渐转到配套工程的建设上来。为什么要把水利建设的重点放在配套设施建设上？这是因为，一个水库，要有干渠、支渠、毛渠和经过平整的土地，才能实现灌溉。"大跃进"时期修建了许多水利工程，但配套设施往往未来得及修建，严重影响了水利工程的效用。为此，必须抓紧配套，开渠挖沟，平整土地；有些水利工程还要维修渠道、清淤、增加支渠、毛渠，保证水利工程发挥更大的灌溉效能。②

1960 年 6 月 12 日，中共中央发出的《中共中央关于水利建设问题的指示》明确指出："今冬明春的水利建设，只搞续建工程和配套工程，不搞新建工程，这个方针，对冀、鲁、豫、皖、苏、鄂六省说来，是完全切合实际的；对于还有较多的未完工程的其他省份，这个方针也是适用的。修水库是水利建设的主体工程，还必须整修渠道、平整土地，只有这些配套工程也跟上去，搞好了，才能真正发挥灌溉效益。今冬明春，应当集中力量，搞续建工程，搞配套工程，解决了这一批以后，再搞新建。从实际效果看，这才是真正的多快好省。不然，同时铺开很多摊子，而库成渠不通，渠通地不平，互不配套，不能真正发挥灌溉效益，就不是多快好省。"并强调："今后新建蓄水一亿方以上的大型工程，无论是列入中央项目的，还是作为地方项目的，一律要由省级党委逐项作出决定，报告中央批准。蓄水一亿方以下一千万方以上的中型工程，都由地委逐项讨论决定，报告省委审查批准。蓄水一千万方以下，一百万方以上的小型工程，必须由县

---

① 《水利电力部关于全国水利会议的报告》（1965 年 9 月 14 日），载中国社会科学院、中央档案馆编《1958—1965 中华人民共和国经济档案资料选编·农业卷》，中国财政经济出版社 2011 年版，第 422—423 页。

② 参见《"水到渠成"》，《人民日报》1961 年 2 月 4 日。

委逐项讨论决定，报地委审查批准。人民公社自己办的蓄水一百万方以下的小型水利工程，也必须由县委审查、批准，并且进行安排。所有涉及两省，或两省以上的水利工程，必须经过中央批准后，才能动工。"①

7月27日，中共中央将水利电力部党组《关于大型水库工程当前情况和防汛问题的报告》批转各地，希望各地党委根据报告中所提出的四个问题进行认真检查。这四个问题是：（1）水库防汛仍然是当前防汛工作中最突出的问题，如何保证已修的工程一个不垮，是一个十分艰巨的任务；（2）工程质量值得特别重视；（3）必须根据水库的具体情况，做好防汛措施；（4）对河道堤防应该提起注意。批示指出："全国已经进入汛期，我们仍然还有28项大型水利工程处在紧张的抢修中，这是值得吸取的经验教训。入汛以来，已有大型水库3座、中型水库9座、小型水库213座被洪水冲垮。这些工程被冲垮的原因，总括来说，主要是要求太急、太快、太多，因此自然会产生：或者勘探设计不完全，或者施工质量不好，或者施工未赶到拦洪高度，而汛期就到来了。大型工程如此，中、小型工程更是如此。"② 为了接受这个经验教训，必须把水利工程建设速度放慢一点。

中共中央有关水利建设的方针和政策发布之后，全国各地按照中共中央的要求逐渐放慢了水利工程的建设速度，陆续开展了水利配套工程的建设。

在总结1959年兴修水利和蓄水抗旱经验的基础上，河北省在1960年冬开展了整修渠道和平整土地工作，各地农村人民公社一面加紧兴修水利配套工程，一面积极开展春灌，抗御春旱。据1961年3月下旬统计，石家庄、保定、邯郸和张家口4个市就整修了各种渠道1万多条，其中有一部分渠道已经畅流。保定市房涞涿灌区各公社除了整修了200多条渠道外，还平整了25万多亩土地，做了一些田间工程。由于土地整得好，4天就浇地1200多亩。许多地区还加强了排灌机具的维修、配套等工作。石家庄、邯郸两个市新打成的800多眼机井，基本上做到了有井有机具，有

---

① 《中共中央关于水利建设问题的指示》，载中国社会科学院、中央档案馆编《1958—1965中华人民共和国经济档案资料选编·农业卷》，中国财政经济出版社2011年版，第394—395页。

② 《中共中央批转水利电力部党组关于大型水库工程当前情况和防汛问题的报告》，载中国社会科学院、中央档案馆编《1958—1965中华人民共和国经济档案资料选编·农业卷》，中国财政经济出版社2011年版，第400页。

机具有人。为了充分利用水源，扩大春灌面积，许多公社制定了合理用水、节约用水的措施。宁晋县东汪公社丘头生产队为了节约用水多浇地，发动群众总结了历年用水经验，决定把 4 条砦沟已蓄好的水划分为 19 段，每段由一个小队管理；在蓄水砦沟外边再加上土埝，防止跑水；用水时按土地墒情，适量地浇，尽量用机器、水车沤浇，防止垄沟大量渗水。采取这些措施后，提高了水的利用率。易县"五一"渠灌区各公社生产队一开始春灌，就建立了 7 天测一次土壤含水量、按墒情配水的制度，做到了用水适度，浇得快，浇得好。

河北省 1960 年入冬后降雪很少，土壤墒情普遍不足，加上冬灌农田不多，1961 年春抗旱播种任务很艰巨。为了使一些设施不全的水利工程充分发挥灌溉作用，各地党委及早组织干部、群众检查各个渠系、水库，开展了整修田间水利配套工程的活动。邢台县采取边修整、边蓄水、边灌溉的办法，入冬以后修好各种渠道 105 条、建筑物 300 座，还利用水库、坑塘、旱井等蓄水 900 多万立方米。衡水县戈村公社南赵常生产队已修好小型渠道 100 多条，对砖井、透河井进行了检修，并把水车、抽水机等提水工具运往田间，为春灌做好准备。[①] 据统计，到 1961 年 3 月中旬，河北全省已经浇地 180 多万亩。[②]

河北省宁晋县东汪公社利用冬闲有利时机，兴建田间水利工程。该公社共有土地 17.6 万多亩，经过几年的水利建设，灌溉面积已达到 14.2 万多亩。但是由于一些渠系不完整，土地没有平整好，故这些水利设施不能充分发挥效益。为了夺取 1961 年农业生产的好收成，这个公社在 1960 年"三秋"工作基本结束以后便进行水利配套工程的修建。各生产队本着劳逸结合的原则，组织了占劳力总数 4% 左右的劳力参加这一工作。在兴修中，凡涉及两个生产队以上共同受益的水利配套工程，均在公社的统一领导下联合修建，用工用料根据各队受益大小合理负担。田间工程，基本上是哪个生产队受益就由哪个队修建。需要队与队之间协作的工程，也认真地执行了等价互利的政策。丘头、东曹庄等三个生产队一部分土地靠近干渠，因为缺少支渠不能及时浇灌，三个队通过协商，合理负担工料，出动

---

① 参见《大抓田间水利工程的配套准备春灌，发动群众按渠系水库及早检查整修》，《人民日报》1961 年 2 月 9 日。

② 参见《河北青海等地发动群众大抓水利配套总结用水经验，充分发挥库渠塘堰春灌效能》，《人民日报》1961 年 3 月 25 日。

270 个劳力，20 天就完成了一条支渠。东汪公社两个月新建了支、斗、毛渠 630 多条，新建大小水渠闸门 79 个。同时，对全部排灌机器和 107 部应修整的水车进行了检修，基本上达到了渠系完整，水井、机具、机手配套，扩大保证灌溉面积 4.7 万多亩。①

山东省宁阳县堽城公社是 1960 年冬全国兴建水利配套工程的典型地区。该公社地处汶河南岸，"大跃进"高潮中先后兴修了 17 座中小水库、长达 100 多里的引汶干渠和 4500 多眼水井。但由于田间渠道工程没有全部配套成龙，这些水利工程还没有充分发挥作用。1960 年入冬以后，全社除加固加高部分水库堤坝外，抓紧冬闲时机整修田间渠道，新修了 132 道支渠毛渠，14 座桥梁和 78 个涵洞、闸门，不到一个月就扩大灌溉面积 1.5 万多亩，为 1961 年春灌创造了有利条件。②

1960 年冬，山西省各地陆续开展以水利工程配套、灌溉机具配套为中心的冬季水利建设工作，力争已有工程、设备充分发挥灌溉效益。山西省各地根据工程配套的要求，对当地的水利工程普遍进行了分类排队，根据不同情况提出了不同任务。晋东南专区采取缺啥补啥的办法，开展了配套工作。全省各级党委为了使水利工程、机具配套工作达到用工少、受益大的目的，1960 年都特别注意订好施工计划和节约农村劳动力，保证施工人员劳逸结合。③

人民公社化以后，北京郊区各公社兴修了许多水库、塘坝等工程，这些工程在抗旱中起了很大作用。1960 年入冬后，为了充分发挥这些工程的灌溉效益，把没有配套或配套不全的工程都配套成龙，全郊区计划修建小型的闸门、涵门等建筑物 1 万多座。同时，开挖大量的斗渠和毛渠，还要平整土地，以利引水到田。良乡公社组织 2000 多人一面修建，一面利用现有水源，把城关附近的河沟坑塘蓄满了水，准备抗旱。一些旧渠道的整修工程也在加紧进行。各地公社还着力开发地下水源。1960 年冬，北京郊区各公社共打机井 370 多眼，其中有 70 多眼安装好排灌机械，充分发挥

① 参见《兴修田间水利工程，东汪公社基本做到渠系完整机具配套》，《人民日报》1961 年 1 月 26 日。

② 参见《力争"水到渠成"适时春灌，淮阴赶修水利配套工程，堽城公社加修渠道涵闸扩大灌溉面积万多亩》，《人民日报》1961 年 2 月 4 日。

③ 参见《要闻快报》，《人民日报》1960 年 12 月 20 日。

了灌溉效益。①

据新华社报道：1960 年入冬以后，新疆各地以现有的水利工程配套整修为主，积极开展冬修水利活动。各地在施工中，特别注意针对生产需要、受益先后、工程难易、投资准备等情况，对各项工程作合理安排。喀什专区巴楚县将冬修水利工作划分两个阶段进行：封冻前以灌区内各级渠道的成龙配套和解决开荒用水为主，然后修建斗渠和农田渠；解冻后，开挖农田渠和毛渠，并以蓄水为主，修建水库。玛纳斯县包家店公社采取先修渠道，后修水库的步骤，冬修渠道，春修水库，先修上游渠道，后修下游渠道，保证了工程迅速进行。各地还抓紧了旧灌区的改建工作。昌吉回族自治州各公社，在 1960 年三秋工作基本结束后就将旧灌区改建任务层层落实到小队。各小队开展了高工效、高质量竞赛。到 12 月初，该州改建旧灌区和平整土地达 19 万多亩。②

1961 年 1 月，为了配合各地水利工程的配套工作，《中国农报》评论员发表《做好农田水利工程的配套工作》一文，号召水利工作"必须适应这个新形势的要求，巩固和提高现有工程的作用，以保证农业的稳定增产"。文章指出：从 1958 年"大跃进"以来，虽然我国的水利建设事业获得了高速度的发展，有力地抗御了几年来严重的水旱灾害，促进了农业生产的持续跃进，但几年来在高速度发展农田水利建设中，工程配套工作还没有来得及完全跟上去，有相当一部分灌区已经修好主体工程和主要渠道，但没有把整个渠系健全起来，所以还有很大的工程潜力没有充分发挥出来。因此，根据这种情况，当前农田水利工作的迫切任务，就是要把现有工程切实地巩固提高，充分发挥灌溉效益，突出抓好水利工程配套工作。文章发出号召："在当地党委的领导下，各级水利、农业部门都要深入基层，依靠群众，加强具体指导，把农田水利工程的配套工作顺利地开展起来。"③

利用冬春水利建设之际积极进行水利工程的配套工作，是扩大灌溉效

---

① 参见《北京赶修水利配套工程开发地下水源》，《人民日报》1961 年 3 月 5 日。

② 参见《配套成龙充分发挥灌溉效益，江西新疆整修水利工程，改革工具提高工效劳逸结合》，《人民日报》1961 年 1 月 10 日。

③ 《中国农报》评论员：《做好农田水利工程的配套工作》，载中国社会科学院、中央档案馆编《1958—1965 中华人民共和国经济档案资料选编·农业卷》，中国财政经济出版社 2011 年版，第 424—426 页。

益的有效措施,理应成为"大跃进"后水利建设的重点。1961 年 11 月 23日,《人民日报》发表题为《抓紧工程配套,扩大灌溉效益》的社论,提醒各地重视水利配套工程建设,制定实事求是的计划和措施,依靠人民群众的积极性和人民公社的组织力量,把已有水利工程的灌溉效益发挥出来。社论指出:几年来建设的水利工程发挥了巨大的效益,这是有目共睹的,是不是所有水利工程的潜力全部发挥出来了呢?还没有。因此,在今冬明春的水利建设中,凡是水利工程体系还不完整的地方,都应该大力解决配套问题,这是进一步发挥现有水利工程灌溉效益的中心环节。社论分析说:一宗水利工程,如同一部机器,有主件,有配件,还有零件。水库大坝是水利工程的骨干工程,有了骨干工程就有了兴水利除水害的基础。但如果仅有水库,没有渠道涵闸等一般工程,即使蓄了水也无法引用;有了干、支渠而没有斗、农、毛渠,或者虽有渠道而没有平整土地,即使引了水来也无法进行普遍的灌溉。土方工程做好了,而涵闸等建筑物不全,虽然可能灌溉,但因控制不灵,也不能收到适时适量、合理用水的效果。因此,兴修一宗水利工程,既要把蓄水、引水、提水等一系列水源工程修好,解决水的来源问题,也要把大小渠道开好,把土地平整好,解决水的输送和浇灌问题。只有实现库成渠通、水到地平的要求,才算建成一个完整的灌溉系统。既然水利建设的目的是消除水旱灾害对农业生产的威胁,那么,有了一套灌水系统就必须有一套排水系统。在完整的水利工程体系中,必须具备排水和灌溉两个方面的工程。因此,在兴修自流灌溉工程的时候,必须同时兴修排水工程。排灌分渠,才能做到旱涝保产保收。

如何进行水利工程的配套建设?社论对此作了一般性的原则规定。社论指出:为了先把最急迫、最能兴利除弊的工程做好,应该充分发动群众,找出工程配套中需要解决的主要问题,区别缓急,分批进行。配套工作一般应当以支渠以下的小型配套工程为重点,尽可能为今冬明春灌溉服务,争取当年当季受益。配套工作一般比较分散,在组织领导和施工方面,不宜过分集中。除较大工程外,一般支、斗渠及其桥梁涵闸工程,由公社根据谁受益谁负担的原则,组织力量进行配套。农、毛渠及其附属涵闸工程,可以由大队统一安排,以生产队为单位进行。社论最后指出:水利工程的配套是争取 1962 年丰收的一项重要的措施。有关部门要像兴建主体工程一样,加强领导,深入群众,在调查研究的基础上,细致安排,扎扎实实地作出实事求是的计划和措施,依靠人民群众的积极性和人民公社的组织力量，把现有水利工程的灌溉效益大大发挥出来。

《人民日报》社论发表后，全国各地相继开展了冬修水利活动，并将重点放在大量整修或兴建小型工程并对大中型重点工程进行续建和配套上。1961年入冬后，甘肃各地为了管好现有水利工程设施，充分发挥灌溉效益，水利部门的干部和公社社员们在戈壁地区的水库上衬砌了防止渗水的土坝，加固了高原地区水库的库床，并且检修了渠首工程和主要干渠的闸门、闸板。各地还采取管、用、护三结合的办法，加强水库的管理。到1962年春，甘肃省各大型、中型水库已经蓄水1亿多立方米。河北各地在1961年冬修水利活动中，以整修配套为主，共修建渠道、水井、涵闸等工程4000多项。石津渠灌区的束鹿、衡水、宁晋等8个县建立了18处装配式小型建筑物构件预制场所，使灌区水利工程配套所需的各种小型建筑物能迅速装配完成。浙江省山区和半山区共有12400多个中小型蓄水库，1961年冬动工兴修的2000多个中小型水库工程中，大部分是配套整修和扩建工程。各地水库工程经过配套和整修后，一般受益面积能扩大一倍左右。①

1958年水利"大跃进"后，长江流域各省兴建了大批水利工程，对抗御自然灾害起了一定的作用。但是，由于安排工程项目多了一些，资金、材料、劳力跟不上，各省都有部分大中型重点工程没有来得及配套。1961年冬到1962年春，长江流域的江苏、安徽、湖北、湖南、江西、四川6省，除了四川以蓄水保水为中心开展水利冬修活动外，其余各省都根据国民经济调整、巩固、充实、提高的精神，对未完工的大中型重点工程进行续建、配套，同时大量整修或兴建小型水利工程。6省参加兴修水利的民工有360多万人。各省施工的大中型水利工程大都在过去已建立了主体工程的基础上，只要对主体工程续建或者再建一些配套工程，就能在当年发挥效益。湖北施工的27宗续建、配套的大型工程，大多数大坝已建成，1961年冬春主要是开通渠道，增建渠系控制建筑物。安徽由国家投资的843宗工程，只要安装机械和开挖渠道当年就能发挥效益。因此，这些工程所需的人力、物力都比过去少，但灌溉效益却能成倍地增加。如横贯安徽全省的淠史杭大型灌溉工程，虽然灌溉面积已达160多万亩，但再修建一些

---

① 参见《四川甘肃为春插春播备水，河北以配套为主冬修水利，浙江山区兴修二千多个中小型水库工程》，《人民日报》1962年1月12日。

渠道和小型涵斗后可以使灌溉面积增加 100 多万亩。江苏各地已有可灌溉 2000 多万亩农田的机电排灌工程，也在调整、配套和补充机械设备。镇江专区 106 个机电抽水站通过调整设备、改善灌溉线路和改建站址，可以使灌溉面积由 26 万亩扩大到 52 万多亩。各省冬修的小型水利工程，规模很大，都是以社、队自办为主，以整修为主，同时还根据费工少、效益快的原则，兴建一批能够当年完工、当年受益的小型工程。安徽各地规划修建的 20 多万处小型水利工程大部分已经动工。湖北襄阳专区已动工的 1 万多处小型水利工程，到 1961 年 11 月底已有 3000 多处完工。各地人民公社一般都本着"自修、自建、自用"的原则兴修水利。① 四川省农村展开的以蓄水保水为中心的水利冬修活动，到 1961 年 12 月中旬，共有 2500 多万亩稻田蓄上了水，占 1961 年冬水田计划面积的 98.6%，比上年扩大 400 万亩。②

根据中共中央 1960 年 6 月 12 日发出的"今冬明春的水利建设，只搞续建工程和配套工程，不搞新建工程"的指示精神，江苏省委提出了"农田水利成龙配套"方针。8 月 25 日，江苏省水利厅根据省委的精神提出了《关于今冬明春水利规划的初步意见》，明确规定："我省今冬明春的治水的规划原则，应坚决以小型配套工程为主，辅以必要的续建工程。工程实施必须狠抓当前，做一块，巩固一块，做到当年工程，当年受益。"这显然是基于江苏省水利工程战线拉得过长、面铺得过广、大型工程做得多、小型农田水利工程未能跟上以及有些大型工程主体工程完成了而没有配套、还不能充分发挥预期的工程效益等情况作出的符合全省实际的水利规划。此时全省水利普遍存在的情况是：（1）在山丘区：库、渠、涵、站、平整土地不配套，部分水库库成无溢洪道，库成渠未成，渠通地不平。（2）在平原圩区：沟、渠、涵、闸不配套，灌排不分，内外水不分。（3）机电排灌：机、泵、管、带配套不全。 （4）全省尚有 37.5% 的耕地约 2900 万亩没有灌溉水源和固定灌溉设施，已有灌溉设施的灌区中有 520 万亩配套不全，还不能及时灌溉。③ 正是鉴于这种情况，江苏水利厅党组于

---

① 参见《争取在今年农业生产中充分发挥灌溉效益，长江流域六省冬修水利》，《人民日报》1962 年 1 月 5 日。

② 参见《四川甘肃为春插春播备水，河北以配套为主冬修水利，浙江山区兴修二千多个中小型水库工程》，《人民日报》1962 年 1 月 12 日。

③ 参见江苏省水利厅《关于今冬明春水利规划的初步意见》，江苏省档案馆藏 3224—长期—688 卷。

12 月向省委呈送了《关于今冬明春水利建设几个问题的请示报告》，在确定 1961 年度水利建设任务时明确规定："各级水利部门在当地党委的领导下，认真学习中央、省委有关指示，总结经验，接受教训，下定决心，把90% 以上的力量使用在农田水利配套方面。凡国家投资的基本建设工程，目前可以缓办的，一律缓办，可办可不办的，坚决不办，对今年的尾工，也应抓紧时间，力争早日完成。"①

随后，江苏全省开展了兴建水利配套工程。其中江苏省淮阴专区成为 1960 年冬全国兴建水利配套工程的典型地区。淮阴专区在兴修水利配套工程中，首先开挖小沟小渠，使原来未配套的排灌河流、渠道、水库四通八达，形成灌溉系统。盱眙县上年修好的桂五水库只能蓄水不能灌溉，1960年冬修筑引水渠道后可扩大灌溉面积 34600 亩，15600 亩旱地变成水浇地。宿迁县顺河灌区 20 万亩农田，加修小型引水渠道等工程后，可全部实现自流灌溉。该专区还尽可能地改善原有的水利工程，一面修理加固渠道、涵闸，一面补添设施。一般的斗渠、农渠都装上闸门，以便调节水量。到1961 年 1 月 6 日止，全专区的水利配套工程已完成了 730 万土方。全区各抽水机站也在调整配套。全区共有抽水机、电动机 4 万多马力，因为此前是临时设站，与动力部分、泵、管等不能有效配合使用，没有充分发挥排灌作用。经过 1960 年冬的配套建设，各地适当整顿集中机电排灌机械，同时大抓机械、泵、管、带、电等的配套，使机器设备与渠道系统条条成龙。这样，排灌效益就能提高 50% 以上。②

1960 年 10—12 月，湖北省委为了弄清"大跃进"后农田水利建设的现状、水库效益的发挥和工程配套等问题，先后派出 4 个工作组，分别调查了咸宁、应山、黄冈、黄梅、麻城、监利等 6 个县 10 个公社的 31 个生产队。这 31 个队，地形有半山区、丘陵区、平原湖区，水利建设基础有好的、有次的、有一般的，具有一定的代表性。1961 年 2 月 19 日，湖北省水利厅将在调查材料基础上整理出的《关于湖北省农田水利调查报告》上报湖北省委并水利电力部、农业部农田水利局。该报告的第四个问题专门就水库效益的发挥和工程配套问题作了阐述。该报告指出：湖北省两年来由于集中力量大

①　中共江苏省水利厅党组：《关于今冬明春水利建设几个问题的请示报告》，江苏省档案馆藏 3224—长期—688 卷。

②　参见《力争"水到渠成"适时春灌，淮阴赶修水利配套工程，堰城公社加修渠道涵闸扩大灌溉面积万多亩》，《人民日报》1961 年 2 月 4 日。

搞水库枢纽建设，配套工程来不及跟上去，大部分水库效益还未发挥出来（以麻城、黄冈、应山三个县水库效益发挥情况为例，见 5 - 1 表）。

表 5 - 1　　　　　　　麻城、黄冈、应山三县水库效益发挥情况

县别	水库处数	设计灌溉面积（万亩）	1960 年达到（万亩）	实际灌溉面积占设计灌溉面积的%
麻城	20	60	17	25.7
黄冈	20	38	15.4	39.5
应山	14	41.7	9.7	23.3

资料来源：《湖北省水利厅关于湖北省农田水利调查报告》（1961 年 2 月 19 日），湖北省档案馆藏 SZ113—2—189 卷。

该报告分析说：水库效益不能全部发挥的主要原因，是渠道不通。以麻城为例，20 处蓄水百万立方米以上水库干渠设计长度 489.9 公里，1960 年实际通水仅 138.6 公里，占设计长度的 28%。除了明山、大坳两个水库干渠基本开通之外，其他都未动或只结合抗旱挖了一小部分。水利工程配套任务到底有多大？根据麻城县的调查摸底，若将 20 处水库的干支渠全部开通、主要建筑物修好并完成大坝主体工程遗留尾工工程，合计尚需修筑土方 850.5 万立方米，石方 364 万立方米，折合标工 1264 万个。全县有整半劳力约 30 万个，若以 20% 的劳力（6 万人）一个冬春干 100 个工作日、每人每日完成一个标工计算，尚需两个冬春的时间才能全部完成。[①]

该报告在阐述湖北省水利建设的现状和群众迫切要求充分发挥已有工程的潜力之后，提出今后全省水利工作应当集中在四个方面：（1）我们一定要十分珍视最近一两年大修水利的一切成就，一定要巩固这个伟大胜利。站稳之后，再迈开下一步，也就是说，发展了一批之后，紧接着就要切实地巩固一批，提高一批；巩固了，提高了再发展。1963 年前除对个别大型工程的成龙配套工程（如丹江口渠道、沙市进水闸）进行必要的新建外，主要是工程的配套、续建、扩建、维修，特别是配套。（2）结合工程续建成龙配套大搞小型水利，小型水利不是新建而是修复加深巩固提高，增加小型水利的蓄水，提高抗旱能力。因地制宜地将小型系统化起来，主

---

① 　参见《湖北省水利厅关于湖北省农田水利调查报告》，湖北省档案馆藏 SZ113—2—189 卷。

要是与大水源连贯起来，实行大、中小相结合，形成一个地区的全部或局部的灌溉网。（3）抓小型水利应该每年采取大搞群众运动的办法进行短时间的突击，时间按农民习惯安排在元宵节前后较为适宜。（4）大小工程必须加强管理，要求生产队挑选些政治条件好、责任心强的队员来兼管，定职权，定责任，定报酬。①

随后，湖北省开展了大规模的水利工程配套建设。如湖北省襄阳专区各县根据每个水库已有的蓄水量，全面作出了渠系成龙、塘堰配套的规划。各地在施工中采取了边修补配套、边引水入塘的方法，使工程及时发挥效益。宜城县百里长渠灌区的官垱、璞河两个公社，运用上述办法使全灌区36个水库和2829口塘堰及时灌上了水，基本上满足了21万亩水稻插秧的用水。到1961年3月下旬，全区修好的渠道塘堰有54111处，30处大型水库配套成龙并开始放水灌水。为了加强各灌溉渠系配套工程和蓄水保水工作的领导，各人民公社、生产队还从上到下地建立了蓄水保水的领导机构，发动群众民主制定节约用水制度。小型堰塘、渠道都根据距离远近、管理难易，实行包干管理，把管理责任定到人。宜城县百里长渠灌区还采取分段包干，按干、支、斗、分渠道，实行四级管理责任制度。该灌区官垱公社的36个生产队，固定了455个灌溉员负责蓄水保水、查漏补漏、开关闸门、放水灌田等工作。②

湖北省1962水利年度的工作在上年配套工程的基础上，更加注意提高水利工程效益。湖北省1962年度结合几年来兴修的骨干工程多、尾工大、小型农田水利工程失修严重的具体情况，确定以工程脱险、成龙配套发挥效益和整修恢复小型农田水利工程为主，对堤防进行加固整险消灭隐患，以确保粮食收成和人民安全。据统计，全省共安排投资11479万元，完成土石方工作量近1.5亿立方米，标工1.4亿个，修复塘堰30万处左右，有效灌溉面积达到3005万亩，约占耕地面积的48%。这为湖北省农业的恢复和沿江人民生命财产的安全提供了重要保证。③

1962年度湖北省的冬修与往年有所不同，不再采取"动土一口塘"的

① 参见《湖北省水利厅关于湖北省农田水利调查报告》，湖北省档案馆藏SZ113—2—189卷。
② 参见《河北青海等地发动群众大抓水利配套总结用水经验，充分发挥库渠塘堰春灌效能》，《人民日报》1961年3月25日。
③ 参见湖北省水利厅《湖北省1962年农田水利年报》（1963年3月27日），湖北省档案馆藏SZ113—2—223卷。

做法，而是踏踏实实，修一处成一处。不仅整修恢复旧有小塘小堰，而且还因地制宜地兴修了一批小型骨干工程。据检查，从麻城、襄阳、宜昌6个公社完工的129处小型工程来看，其中就有蓄水几万立方米的小水库和大塘76处，群众称为"当家堰"，做到了"边修边蓄，当年受益"。各地在整修塘堰的同时，注意蓄水和管理工作。如襄阳县隆南公社江新生产大队，采取保水修塘、引水灌塘和定人管理等有效措施后，使已经完工的30处工程蓄水14.4万立方米，可供1200亩水田插秧用水。宜昌县土门公社，坚持边修边蓄，使全社蓄水达3201800立方米，按全社9559亩计算，每亩平均达330余立方米。①

《人民日报》1962年11月19日发表文章称：1962年入冬以后，有些工程得以重点续建，如蓄水量达4亿多立方米的徐家河水库将续建包括渡槽、涵洞、分水闸、节制闸、泄水闸和桥梁等渠道建筑物200多处。江汉平原地区的大型排灌工程的配套，以建筑排水闸和疏浚排水沟为主。四湖、汉北、汉南等受益数百万亩的大型排灌工程，则主要修建内湖节制闸、排水闸和疏浚沟渠。1962年11月以后，湖北省以粮、棉、油生产基地为重点的水利续建配套工程陆续动工，全省开始整修的大、中、小型水利工程达2000多处。②

1960年冬，江西省以续建配套为主的水利建设运动开始后，各地根据已有人力、物力对春耕前的水利建设进行了全面规划，在不影响农业生产的同时抽调部分劳动力进行水利配套工程，要求各项工程要分清主次，凡能够早发挥效益的尽先开工，尚不能收益的工程，暂缓开工。各地还根据节约人力、物力的原则，发动群众修改施工计划，在安排开挖渠道等田间工程时尽量做到渠道流向哪个小队就由哪个小队负责开挖，保证民工不出队、不出食堂，使全省大部分参加水利建设的民工不脱离本伙食单位，便于做到有劳有逸；对于参加协作的劳力，各地严格执行了"自愿两利，等价交换"的政策，小队与小队之间组织劳力协作，由受协作单位以工换工，或评工记分，按劳付酬。③ 以创造兴修水利先进工具闻名全国的江西丰城县，在1958年、1959年两个冬春的水利高潮中兴建了许多农田水利

①　参见《湖北省水利厅关于农田水利开展情况的报告》，湖北省档案馆藏SZ113—2—232卷。
②　参见《湖北湖南冬修水利工程开始施工》，《人民日报》1962年11月19日。
③　参见《配套成龙充分发挥灌溉效益，江西新疆整修水利工程，改革工具提高工效劳逸结合》，《人民日报》1961年1月10日。

设施，但其中一些工程未能配套或未全部完成配套任务，工程效益还没有得到充分发挥。因此，丰城县委决定 1960 年冬春水利建设以续建和配套为主，对中小型工程进行整修加固，少数水利死角地区适当修建少数小型水利。为了少用工、多收益并保证群众有劳有逸，丰城县委发动群众继续大力革新施工工具、施工技术，以全面提高工效。全县水利冬修工程工效比上年提高一倍以上。[①]

据统计，到 1961 年 3 月中旬，江西省完成中小型水利配套和整修工程4000 多座，大中型水利工程的续建配套工作大部分完工，沿江滨湖地区圩堤的培修加固工作完成 50% 以上。为了力争在汛前做好防汛准备，各地根据省委指示，对水利工程逐个进行了检查，分别主次和轻重缓急，作了妥善的安排。赣南地区决定对汛期前完不成的一部分工程，只组织一定的劳动力进行工程保护和防汛准备工作；汛前能完成的工程，则组织人力、物力突击抢修。瑞金县组织了 5000 多名劳力抢修 5 座当年可以全部或大部发挥灌溉效益的工程。余干县组织了 1.5 万多名劳动力突击培修圩堤，完成培修土方计划的 85%。[②]

1962 年 4 月 10 日，《人民日报》发表题为《提高水利效益的中心环节》的社论，进一步指出："管好用好现有水利工程和排灌设备，充分发挥水利设施的潜力，进一步提高水利工作的效益，在一个很长的期间，是农业增产的重要手段。"社论强调："兴建工程只打下了受益的基础，管理工程才是长期受益的保证。兴建和管理都很重要，缺一不可。……从某种意义上说，维修管理也就是兴建的继续，很好的管理不仅巩固了兴建的成果，并能弥补兴建中的缺陷，逐步提高工程质量，使工程条件好的更好，差的变好，扩大灌溉效益。"

随后，全国各地在进行水利工程的配套工作中，更加注意了提高水利工程效益。浙江省在 1962 年前的几年间兴建了大批水库，发展了电力排灌，杭嘉湖和温（州）瑞（安）平原等地区初步形成了电力排灌网，山区也修建了许多水库、水塘，大大减轻了农田的水旱灾害。但是从总体上看，还有一部分农田抗旱排涝能力不高，特别是有些地方防涝排涝设施不够，因此，1962 年冬春各地冬修水利，主要根据"旱涝兼治、蓄泄兼顾"

---

① 参见《发动群众总结经验不断革新技术，丰城县水利配套工程进度快，改革工具，用人少，工效高，保证群众有劳有逸》，《人民日报》1960 年 12 月 10 日。

② 参见《江西及早准备防汛》，《人民日报》1961 年 3 月 14 日。

的原则,重点解决粮、棉、麻主要产地的旱涝问题。杭嘉湖、宁绍平原等主要产粮区大力疏浚河港,培修堤圩,整修和扩建原有涵闸,同时重点兴建大中型排灌站。宁波、嘉兴、台州、金华等专区许多水利工程开始施工,其中规模较小的一部分工程在开工后不久就基本完工。[①]

广东省徐闻县是有名的水利先进县,"大跃进"运动以后兴修了许多中小型水库。到1962年11月,全县水利工程蓄水量达1.1亿多立方米,原计划可灌溉28万多亩。但全县水利工程实际能灌溉的耕地面积只有17万多亩,仅占原计划的61%。为什么会出现这样的情况呢?据徐闻县县委书记梁甫调查,已有水利工程未能充分发挥灌溉效益主要有三种情况:一是水库渠道没有挖通,水利工程未能发挥应有的作用。如下桥公社的合溪水库蓄水达413万立方米,本来可以灌溉1万多亩,但由于渠道长期没有挖好,只能灌溉2000多亩。二是有些水库的主渠修通了,但支渠、毛渠修得不好,浪费用水,影响了灌溉效益。如全县发挥效益较好的大水桥水库蓄水量达5100万立方米,原计划灌溉13.5万多亩,前几年集中力量挖通了主渠和大部分支渠,已灌溉11万多亩。但这个水库灌区的支渠、毛渠还修得不够好,浪费水的现象很严重,如海安分渠的渠道不合规格,漏洞多,放水4天,水还流不到田。三是前几年堤围、水库、渠道的岁修工作抓得不紧,有些地方已经出现了险段,妨碍了放水灌田。如前山公社的黄竹山塘原计划灌溉1100亩,因涵洞坏了没有修,已有两年没有蓄水。从徐闻县的情况来看,需要维修配套的水库、山塘、堤围,共有100多宗,共计有250多万立方米土石方的任务。但全县的人力财力难以同时完成,故县委决定首先维修有危险性的水利工程,其次是维修能够为冬种及春耕服务的水利工程,至于其他一时不能发挥效益的工程和新建工程则推迟修建。根据这个原则,徐闻县各公社都进行了水利工作的规划。据统计:全县秋前进行的维修配套工程共59宗,土石方57万立方米;1962年冬春进行的69宗,土石方103万立方米;还有90万立方米土石方的任务留待1963年春耕以后再进行。这样规划既可以迅速收到灌溉效益,又不至于影响当年的农业生产。[②]

1962年七八月份,河南省水利、电力、地质等部门抽出大批技术力量,配合专区和县的水利部门组成工作组,分别在平原、山区和丘陵地区

---

① 参见《提高抗旱排涝能力,创造明年增产条件,浙江贵州开始冬修水利工程》,《人民日报》1962年11月11日。

② 参见梁甫《维修配套是水利工作的当务之急》,《人民日报》1962年11月19日。

共选择 20 多个重点县，对地形、土质、水源、电源和已有水利工程等各方面的情况进行了调查研究，制定了全省 1962 年冬 1963 年春水利建设的规划，并根据规划对施工中需要的技术力量、施工器材和施工工具等都作了安排。各地水利建设的重点，主要集中于恢复和适当发展井、泉等小型水利工程，兴修除涝工程，并在山区、丘陵区重点恢复和发展梯田、塘、堰、坝等水土保持工程。由省水利部门重点掌握的鸭河口、白龟山、彰武、小南海、昭平台 5 座大型水库的续建工程，有 4 座已在 1962 年 10 月底或 11 月初先后开工。豫北、豫东部分地区的中小型工程也已开始施工。到 11 月底，施工进度较快的安阳县幸福干渠已完成任务一半以上。[①]

内蒙古自治区 1962 年冬各地农田水利冬修活动展开后，从西辽河两岸到黄河后套灌区的各个水利工地上，参加施工的数万名各族社员紧张地开渠打堰、培修堤防和开凿机井。各地在冬修水利中，首先集中力量整修配套工程，以便进一步发挥已有工程的灌溉效益和防洪能力。其次是大力兴修 1963 年即可发挥效益的中小型农田水利工程和中小型水利配套工程，并有计划地发展电力灌溉工程。黄河后套灌区除将大小渠道和涵闸全面进行岁修以外，还准备兴修三项重点工程，即改建黄河总干渠的解放闸，以便更加有效地节制黄济渠、杨家河和乌加河三大干渠的进水输水；开挖 28 公里长的包尔套勒盖干渠，保证这里新建的农场大面积农田得到灌溉；疏浚原来灌区的各大干渠的天然退水口——乌加河，使排水顺畅，并减轻灌区内部分旗、县的土壤盐碱化。对呼和浩特市郊区的大小黑河进行综合治理，修建分洪用洪、淤地和灌溉工程。[②]

据国家统计局 1963 年 4 月对全国大中型水利灌区的配套和利用情况的统计，全国已有设计灌溉面积在万亩以上的大中型水利灌区 3989 处，设计灌溉面积 29141 万亩，实际建成配套的灌溉能力为 16581 万亩，占 56.9%。另据其中 896 处灌区的统计，1962 年达到灌溉能力的为 3743 万亩，当年实际灌溉耕地 2791 万亩，仅及 74.6%，尚有 25.4% 的能力没有充分利用。[③]大中型水利灌区的具体情况，详见表 5－2、5－3、5－4、5－5、5－6。

---

① 参见《因地制宜整修配套扩大灌溉排涝效能，河南内蒙古水利冬修工程陆续开工》，《人民日报》1962 年 12 月 4 日。

② 同上。

③ 参见国家统计局《全国大中型水利灌区的配套和利用情况》，载中国社会科学院、中央档案馆编《1958—1965 中华人民共和国经济档案资料选编·农业卷》，中国财政经济出版社 2011 年版，第 462—463 页。

表5-2

1962年中国大中型水利灌区的基本情况

单位：万亩

按工程类别	大中型水利灌区合计				其中：待配套的灌区			
	处数	设计灌溉面积	有效灌溉面积	有效灌溉面积为设计灌溉面积的%	处数	设计灌溉面积	有效灌溉面积	有效灌溉面积为设计灌溉面积的%
全国总计	3989	29140.60	1658.00 (4222.92)	56.9	2680	22916.52	10495.77	45.8
蓄水工程	1685	9221.51	3889.86 (11183.68)	42.2	1287	7722.72	2571.87	33.3
引水工程	1548	13035.27	8639.96 (1174.40)	66.3	955	9931.62	5499.55	55.4
提水工程	494	1756.96	1133.14	64.5	261	1211.28	575.84	47.5

资料来源 中国社会科学院、中央档案馆编：《1958—1965 中华人民共和国经济档案资料选编·农业卷》，中国财政经济出版社 2011 年版，第 464 页。

注：浙江和新疆两省区缺报设计灌溉面积数字，这两省区的设计灌溉面积数字已由我们代为估计，包括在总计中。但各项工程的数字，为同设计灌溉面积相比，均不包括浙江和新疆两省区的有效灌溉面积。括弧内的有效灌溉面积，包括浙江和新疆两省区的资料。表中所有数字均为原档数字。

表5－3

1962年中国大中型水利灌区的基本情况

单位：万亩

按灌区规模	大中型水利灌区合计				其中：待配套的灌区			
	处数	设计灌溉面积	有效灌溉面积	有效灌溉面积为设计灌溉面积的%	处数	设计灌溉面积	有效灌溉面积	有效灌溉面积为设计灌溉面积的%
全国总计	3989	29140.60	16581.00（6655.02）	56.9	2680	22916.52	10495.77	45.8
1万—9.9万亩	3224	8859.77	5966.47（6328.51）	67.3	2100	6116.63	3139.86	51.3
10万—49.9万亩	446	8385.29	4702.02（1298.58）	56.1	352	6556.52	3089.32	47.1
50万—99.9万亩	38	2385.69	1053.58（2298.89）	44.2	35	2185.37	853.08	39.0
100万亩以上	19	4382.99	1940.89	44.2	16	4007.10	1565.00	39.0

资料来源　中国社会科学院、中央档案馆编：《1958—1965 中华人民共和国经济档案资料选编·农业卷》，中国财政经济出版社 2011 年版，第 464 页。

注：浙江和新疆两省区缺报设计灌溉面积数字，这两省区的设计灌溉面积数字已由我们代为估计，包括在总计中。但各项工程的数字，为同设计灌溉面积相比，均不包括浙江和新疆两省区的资料。括弧内的有效灌溉面积，包括浙江和新疆两省区的数字。表中所有有效数字均为原档数字。

表 5－4　　　　　　　　　　　　　　　　　　　　　　　　　　　　　　　　　　单位：万亩

1962 年中国大中型水利灌区的基本情况

按地区分列	大中型水利灌区合计				其中：待配套的灌区			
	处数	设计灌溉面积	有效灌溉面积	有效灌溉面积为设计灌溉面积的%	处数	设计灌溉面积	有效灌溉面积	有效灌溉面积为设计灌溉面积的%
全国总计	3989	29140.60	16581.00	56.9	2680	22916.52	10495.77	45.8
华北区	531	4682.08	3124.26	66.7	356	3798.62	2244.38	59.1
东北区	264	1350.83	812.24	60.1	198	1132.90	594.41	52.5
华东区	936	—	3694.50	—	—	—	—	—
中南区	1405	8069.56	3546.13	43.9	1046	6641.80	2288.15	34.5
西南区	325	1607.23	1241.40	77.2	168	1115.18	743.80	66.7
西北区	528	—	4162.47	—	—	—	—	—

资料来源 中国社会科学院、中央档案馆编：《1958—1965 中华人民共和国经济档案资料选编·农业卷》，中国财政经济出版社 2011 年版，第 465 页。

注：华东区的浙江省和西北区的新疆维吾尔自治区缺报设计灌溉面积，由我们代为估计加入全国总计中，故出现各区之和与全国总计不符的现象。

表5-5

1953—1962 年水利投资和新增固定资产的构成

（甲）绝对数

单位：百万元

项目	水利投资合计	其中				水利新增固定资产合计	其中			
		水库	防洪	排涝	灌溉		水库	防洪	排涝	灌溉
1953—1962 年总计	11734	5934	1085	830	2620	6820	2492	885	758	1769
"一五"时期合计	2289	632	582	457	536	1847	347	541	426	455
1953 年	326	78	150	48	21	248	47	114	32	37
1954 年	221	57	61	50	32	269	75	80	51	38
1955 年	343	98	122	68	42	278	68	88	69	38
1956 年	696	196	151	127	211	548	68	182	122	164
1957 年	703	203	98	164	230	504	89	77	152	178
"二五"时期合计	9445	5302	503	373	2084	4973	2145	344	332	1314
1958 年	1960	935	207	120	509	1378	594	153	109	434
1959 年	2436	1531	77	47	607	1025	471	39	39	336
1960 年	3199	1809	134	95	646	1554	624	105	102	336
1961 年	1023	617	44	67	192	491	256	22	54	90
1962 年	827	410	41	44	130	525	200	25	28	118

注："一五"时期，水库、防洪、排涝、灌溉的资料系根据水利电力部历史资料整理的，故只包括水利电力部系统的单位，与全国水利投资 25.51 亿元和新增固定资产 20.72 亿元不完全一致。

（乙）比重

单位：%

续表

	以水利投资为100				以水利新增固定资产为100			
	水库	防洪	排涝	灌溉	水库	防洪	排涝	灌溉
1953—1962年总计	50.6	9.2	7.1	22.3	36.5	13.0	11.1	25.9
"一五"时期合计	27.6	25.4	20.2	23.4	18.8	29.3	23.1	24.6
1953年	24.0	45.9	14.8	6.6	19.0	46.0	12.9	14.8
1954年	25.8	27.7	22.5	14.5	27.9	29.7	19.1	14.2
1955年	28.5	35.8	19.8	12.3	24.6	31.7	24.8	13.9
1956年	28.1	21.7	18.3	30.3	12.3	33.2	22.3	29.9
1957年	28.9	13.9	23.4	33.7	17.6	15.3	30.0	35.3
"二五"时期合计	56.1	5.3	3.9	22.1	43.1	6.9	6.7	26.4
1958年	47.7	10.6	6.1	26.0	43.1	11.1	7.9	31.5
1959年	62.8	3.2	1.9	24.9	46.0	3.8	3.8	32.8
1960年	56.5	4.2	3.0	20.2	40.2	6.7	6.6	21.6
1961年	60.4	4.4	6.6	18.7	52.1	4.5	11.0	18.3
1962年	49.6	5.0	5.3	15.7	38.1	4.8	5.3	22.5

资料来源 中国社会科学院、中央档案馆编：《1958—1965 中华人民共和国经济档案资料选编·固定资产投资与建筑业卷》，中国财政经济出版社 2011 年版，第 837—838 页。

表 5-6　　　　　　　　　　　　1953—1962 年大型和中小型的水利投资和新增固定资产

（甲）绝对数　　　单位：百万元

	水利投资			新增固定资产			新增固定资产占投资%		
	合计	大型水利工程	中小型水利工程	合计	大型水利工程	中小型水利工程	合计	大型水利工程	中小型水利工程
1953—1962 年总计	11734	6823	4911	6820	3521	3299	58.1	51.6	67.2
"一五" 时期合计	2289	1312	977	1847	1006	841	80.7	76.7	86.1
1953 年	326	203	123	248	187	61	76.0	91.9	49.9
1954 年	221	101	120	269	87	182	121.7	86.3	151.6
1955 年	343	252	91	278	232	46	81.0	92.1	50.6
1956 年	696	389	307	548	274	274	78.7	70.6	88.9
1957 年	703	367	336	504	226	278	71.8	61.4	83.1
"二五" 时期合计	9445	5511	3934	4973	2515	2458	52.7	45.6	62.5
1958 年	1960	986	974	1378	596	782	70.3	60.5	80.2
1959 年	2436	1493	943	1025	528	497	42.1	35.4	53.6
1960 年	3199	2083	1116	1554	957	597	48.6	45.9	53.5
1961 年	1023	546	477	491	205	286	48.0	37.5	60.0
1962 年	827	403	424	525	229	296	63.5	56.8	69.8

注："一五" 时期、大型和中小型水利投资和新增固定资产和新增固定资产系根据水利电力部历史资料整理的，故只包括水电部系统的单位，与全国水利投资和新增固定资产不完全一致。

单位：%

（乙）比重

	投资			新增固定资产		
	合计	大型水利工程	中小型水利工程	合计	大型水利工程	中小型水利工程
1953—1962年总计	100	58.1	41.9	100	51.6	48.4
"一五"时期合计	100	57.3	42.7	100	54.5	45.5
1953年	100	62.3	37.7	100	75.4	24.6
1954年	100	45.7	54.3	100	32.4	67.6
1955年	100	73.5	26.5	100	83.5	16.5
1956年	100	55.9	44.1	100	50.0	50.0
1957年	100	52.2	47.8	100	44.7	55.3
"二五"时期合计	100	58.3	41.7	100	50.6	49.4
1958年	100	50.3	49.7	100	43.3	56.7
1959年	100	61.3	38.7	100	51.5	48.5
1960年	100	65.1	34.9	100	61.6	38.4
1961年	100	53.4	46.6	100	41.8	58.2
1962年	100	48.7	51.3	100	43.6	56.4

资料来源　中国社会科学院、中央档案馆编：《1958—1965 中华人民共和国经济档案资料选编·固定资产投资与建筑业卷》，中国财政经济出版社 2011 年版，第 839—840 页。

1963 年农村"三秋"工作基本结束后，全国许多地方开始了一年一度的水利建设。从各地计划安排看，1963 年冬和 1964 年春农田水利建设的基本任务，是在积极加强灌溉管理的同时，切实做好水利工程和排灌机械的配套工作，充分发挥现有水利设施的作用，即"一手抓管理，一手抓配套"。1963 年 11 月 30 日，为了指导全国各地水利配套工程的顺利开展，《人民日报》发表题为《积极做好今冬明春的水利建设工作》的社论，对兴修水利工程配套设施的重要性作了解释，并重点说明了为什么要将水利建设的重点放在发挥现有工程效益上的原因。社论指出：1958 年以来大规模的水利建设虽然取得了伟大成就，但现有的水利工程中仍然有不少并没有充分发挥效益，其重要原因是这些水利工程还不配套。据有关部门统计，现有万亩以上的灌区已经发挥效益的面积只占设计面积的 60%，还有40%因工程不配套，或者配套不全，或者土地不平整等原因，没有能够发挥灌溉效益。因此，社论指出："今冬明春必须集中主要力量，结合农田规划，进行工程配套和土地平整工作；要对今年洪水冲毁和淤积的工程，进行整修、清淤和加固等工作；在一些容易发生内涝和盐碱化严重的地区，要特别注意开挖排水沟，以防止内涝为害，逐步克服土壤盐渍化。"

为什么反复强调要将水利建设的重点放在发挥现有工程的效益上？社论解释道：因为一个灌区从主体工程建成到各项工程配套齐全，而且把灌区内的土地都平整好，使之充分发挥效益，需要相当的时间。1958 年以来集中力量修建了一大批水利骨干工程之后，应当集中力量修好配套工程，进行土地平整工作，建立和健全灌区的管理制度。这样做将使现有水利设施充分发挥效益。在以工程配套为主的水利建设工作中需要办的事情很多，究竟应该首先办哪些事情？社论明确指出：要根据从当前出发兼顾长远的原则来安排工作，凡是对于实现明年农业增产有较大作用，而又花钱少和用工少的水利工程，要尽先进行整修和配套，并且保证如期完成。凡是被今年洪水冲毁而又需要修复的工程，或者原有工程没有达到防汛要求的，也要根据保证安全的原则尽先安排，争取在汛期到来以前完工。对于所有施工的工程，既要力争加快进度，更要注意保证质量，绝不应当因为是整修或配套，就对工程质量采取马虎态度。否则工程质量不好，将来再返工，不仅会造成人力物力的很大浪费，而且会影响工程使用，使生产遭受损失。社论号召各地党委和政府一定要把现有水利工程的整修和配套作为 1963 年冬和 1964 年春水利建设的中心任务来抓。同时，还要大力整顿和加强灌区的管理工作，建立和健全必不可少的制度，真正管好用好已有的水利设施，把整修、配套工作和管理工作衔接起来。

《人民日报》发表社论后，全国各地以工程配套为主的水利建设工作很快开展起来。早在 1963 年夏收期间，北京市委就组织领导干部及科学技术人员到一些大面积稳定增产的国营农场和人民公社进行调查。这些先进单位连年大幅度增产的一条重要经验，就是建设了比较完善的水利排灌工程，特别是有计划地平整土地，使水利工程、肥料和机械耕作能够比较充分地发挥增产作用。北京市专门组织水利、农业机械、城市规划等部门的干部系统地调查研究了郊区的水利资源和灌溉管理情况，对全郊区的水利建设作出全面规划。规划确定：地下水源比较丰富的房山、平谷等县，要有重点地集中使用资金，有计划地发展机井灌溉事业；水利工程已经初具规模的县和公社，一般不再新建水利工程，主要是集中力量平整土地，修建田间水利配套工程，进一步健全排灌体系，加强灌溉管理。集中力量平整土地，修建田间水利配套工程，是发挥现有水利设施效益、扩大灌溉面积、保证农业全面稳定增产的关键。1963 年初冬的北京市郊农村，每天有 20 多万社员早出晚归，参加以平整土地、修建田间水利配套工程为中心的冬修水利活动。有人描述京郊大地修建田间水利配套工程的盛况道："从燕山脚下到永定河畔，在郊区广阔的田野上，到处可以看到冬修水利的人群。社员们冒着初冬的寒风挥锹平地，修筑田间渠道。许多农田在拖拉机耕翻之后，紧跟着就打埂筑畦，挖渠道；大道上，运送砖石的马车往来不绝。在满畦翠绿的麦田和大面积秋白地上，整修一新的渠道纵横交错。很多以往起伏不平的旱地，现在已变成有畦有埂、畦平埂直的水浇地。一些较大的灌区，连日都在召开会议，研究加强灌溉管理的新措施。"[1] 到 1964 年 3 月底，北京市郊农村灌溉面积增加了 70 多万亩。[2]

1964 年 1 月，中共中央针对"以水利为中心的农业增产问题"在全国进行了调查。程子华在调查报告中列举了许多典型事例，说明各省建设的大批水利骨干工程经过几年的配套工作，已经开始发挥显著作用。湛江地区"大跃进"时期大搞水利，共建成 10 亿立方米容量的大水库 3 座，1 亿

---

① 于英士：《平整土地修建田间水利配套工程，京郊力争把水浇地扩大一倍》，《人民日报》1963 年 11 月 25 日。

② 参见《水利建设和稳产高产田》，《人民日报》1964 年 8 月 5 日。

到 10 亿立方米的大水库 6 座，水库建成后，继续进行了配套工作，挖了一条长 178 公里的青年运河总干渠，架了一座高三四十米、长 1200 米的大渡槽，槽内还能通行 40 吨的船只。这些水利主体工程及相应的配套工程发挥了巨大的作用，全区保灌面积达 760 万亩，占全部耕地的 60% 左右。因此，虽然湛江地区 1963 年遇到大旱（南邻越南和北郊广西 1963 年也遇到大旱），但由于湛江地区水利配套工程搞得好，粮食仍比 1962 年增产。广东澄迈县金江公社在 1958 年后建成 30 多处大小塘坝和水库，开挖了渠道，平整了土地，使公社 90% 以上的农田免除了旱涝灾害；1900 亩干播田改为插秧田，760 亩单造田改为双造田，1300 亩双造田改为三熟田，还有 500 多亩水浸低洼田改为插秧田，稻谷产量逐年增加，1963 年产量比 1962 年增加 26% 以上。①

广东湛江地区和澄迈县金江公社是"大跃进"高潮后兴建水利配套设施的先进典型，但仍有一些地方水利配套设施搞得不好，致使不少水利工程没有充分发挥效益。程子华在报告中分析说："一方面是这些水利工程不完全配套，如湖南省有 80% 的大水库不配套，60% 的中小水库不配套；另一方面是发挥效益的水利工程中，渠道、排灌站的建设还不够合理，管理还不够好，不少排灌站还亏本。这是在没有经验的情况下不可避免的。"② 因此，他向中共中央建议："目前的水利工作，重要的是在继续配套的同时，认真地总结经验，主要是把全民所有制和集体所有制划分清楚，建设上不合理的，要调整好，把管理上的一系列制度和办法规定下来。使受益灌溉面积做到合理用水，使配套工程做的多快好省。"③

1964 年 8 月 5 日，《人民日报》发表题为《水利建设和稳产高产田》的社论。社论对此前水利配套工程的建设情况进行了总结，号召各地继续抓好水利工程配套设施建设。社论指出：现在有一部分农田已经有了部分水利设施，但是还需要继续做好工程配套、土地平整，加强管理工作，才能充分发挥灌溉效益。这部分已经有了水利设施的农田，大多数具备了优先建成稳产高产农田的条件。社论明确指出："在今后一个时期内，水利

---

① 参见《程子华同志汇报"以水利为中心的农业增产问题"的调查报告》，载中国社会科学院、中央档案馆编《1958—1965 中华人民共和国经济档案资料选编·固定资产投资与建筑业卷》，中国财政经济出版社 2011 年版，第 899—900 页。

② 同上书，第 900 页。

③ 同上。

建设工作的重点，应当放在这部分农田上面，充分挖掘现有水利设施的潜力。挖掘潜力的办法，一是续建配套，二是加强管理。通过续建配套和加强管理，把现有水利设施的潜力充分发挥出来，这比起建设新的大型、中型水利工程，所花费的投资要少得多，而受益的时间却要快得多。"社论认为，本着水利建设这样的工作原则，不论是今后新建的水利工程，或者是过去兴建而尚未完成的水利工程，都应当根据当前的力量和实际的需要作出整体的规划。社论强调："工程的规模宁可小一些，但一定要力求每个工程都是成套的，齐全的。要做到修建一处工程，就配套一处工程。只有这样，才能较快地充分地发挥效益。在一定时期内，人力物力总是有限的，为了集中使用力量，先修好主体工程，是必要的；但是，在主体工程基本修好之后，紧接着就集中力量修好配套工程，同样是十分必要的。"

有了配套齐全的水利工程设施，还不等于完全解决了水的问题。事实证明，管好用好水利设施，是与修好水利设施同样重要的。中国有许多水利设施是办得很好的，例如新疆的玛纳斯河灌区、陕西的洛惠渠灌区和湖南的千金水库等；但也有许多灌区和排灌站办得不好，甚至办得很差。有些办得好的灌区，一个流量的水，一昼夜可以浇地 1000 多亩；而有些办得不好的灌区，同样流量的水仅浇地 300 多亩，相差很远。[①] 这种情况说明，水利管理工作的潜力是很大的，党和政府将水利建设的重点放在工程配套设施建设上是有针对性的。

三　华北地区次生盐碱化的控制

盐碱化的形成，主要取决于一个地区的气候、地形、土壤和水文地质等自然条件。在干旱和半干旱地区的平原、盆地和河谷地带，当排水条件不良、地下径流迟缓、地下水位高于一定限度时，由于地表强烈蒸发，地下水则携带盐分通过毛细管作用源源向上补给。水分蒸发后，盐分即逐渐积累于表层土壤，从而形成土壤盐碱化。此外，在干旱或半干旱的易于盐碱的耕地中，由于排水条件破坏、灌溉措施不当，或因内涝的加重，大量补给地下水，加之农业措施不当，导致地表覆盖破坏、土壤板结等原因，也会产生次生盐碱化的土壤。

---

① 参见《水利建设和稳产高产田》，《人民日报》1964 年 8 月 5 日。

华北平原是中国三大平原之一，自古以来就是中国的一个重要农业基地。按 1957 年统计，冀、鲁、豫 3 省及北京市的总耕地面积、粮食总播种面积、农业总人口都各约占全国的 24%，棉花的总播种面积则占到全国的 46% 左右，说明这里的农业生产在全国占有举足轻重的地位。[①] 中国北方 16 个省（区、市）分布着 3.6 亿亩盐碱地，其中约有 1 亿亩分布在耕地上。此外，还有不少易于盐碱的耕地，在发展灌溉后有次生盐碱化的威胁。[②]

土壤的盐分不是固定不变的。土壤盐分的消长和运动，主要借助于水的运动。如果地表水和地下水出流条件改善，地下水位降低而又具备灌溉或天然降雨淋洗条件时，土壤盐分就会随水向下运动而形成脱盐过程。因此，在农、林、水、牧综合措施中的水利措施，是防治土壤盐碱化的基础。根据"盐随水来，盐随水去"的规律，控制和调节土壤中水的运动，把地下水控制在临界水位以下，防止因土壤毛细管作用导致盐分向表层积聚，是防治土壤盐碱化的关键。根据不同的自然条件和土壤盐碱化不同的成因，对盐碱地的治理，大致可分为三种类型：

第一类是华北和东北平原的盐碱地。这类地区由于受季风影响，经常春旱秋涝。土壤盐分的聚集有着明显的季节性，很多是由于缺乏排水出路和不合理灌溉造成的。治理的措施是开辟排水出路做到排灌配套，井渠结合，合理控制浅层地下水。有条件的地方，还可利用河流泥沙，引洪漫地，以降低表层土壤的含盐量。曾任水利部北京勘测设计院院长的著名水利专家须恺把这一类归为泛滥平原盐渍区。他认为："这个地区的盐渍化一种是由于自然地形低平排水不畅，一种是由于灌溉的不合理和灌区没有建立排水系统所造成。"[③]

第二类是西部内陆的盐碱地。这类地区已开发的耕地多在河流出山口的冲积扇上，地势较高，地下水流通畅，地下水位较低。因此，在初期开发时，只修建了粗放的灌溉系统，而缺乏排水设施。使用一段时间后，由于渠道渗水和大水漫灌，地下水位逐渐升高，造成灌区下游的严重沼泽化和盐碱化，并不断向灌区内部发展。治理的措施，首先要加强渠道防渗，

① 参见栗宗嵩《为华北平原发展农业生产"除四害"》，《人民日报》1962 年 12 月 18 日。

② 参见张子林《水利化和农业生产》，《人民日报》1963 年 8 月 29 日。

③ 须恺：《中国的灌溉事业》，载中国社会科学院、中央档案馆编《1953—1957 中华人民共和国经济资料选编·农业卷》，中国物价出版社 1998 年版，第 661 页。

进行节水灌溉，减少地下水补给；同时，发展井灌，井渠结合，合理开发利用地下水，以控制地下水位；有的地方还要修建排水系统，解决排水出路。

第三类是滨海盐碱地。这类地区土壤含盐量大，加以潮水顶托，排水困难。治理措施，首先是筑圩建闸，防止潮水入侵，然后在内部修建灌排系统，引淡排咸，加速土壤脱盐过程。

在1958—1960年的三年水利"大跃进"高潮中，由于在平原地区推行"以蓄为主"的治水方针，县县乡乡拦蓄雨水，水不出县、水不出乡，盲目修建了河网化、开运河、修平原水库、引黄大水漫灌、河沟打坝建闸、节节拦蓄、大搞坑塘、抬高路基、修筑边界圩等工程，许多平原骨干排水河道作为输水渠道，引黄泥沙大量淤塞河沟，致使排水能力本来就低的河道进一步降低了排水能力。雨水、河水引得进，排不出，大量渗入地下，地下水位普遍升高，致使内涝灾害加剧，次生盐碱地迅速扩大。在这期间，全国增加次生盐碱地2720万亩（其中河北、山东、河南三省增加2100万亩），连原有盐碱地共10400万亩。[1] 仅河南省豫东地区的涝灾面积就由1955年的500余万亩发展到1960年的900多万亩；盐碱地由1958年的480万亩发展到1961年的1100万亩。商丘地区1961年、1962年的粮食总产量只有1950年的60%，1955年的44%。[2]

面对河南盐碱化严重的状况，1961年3月，河南省委指派时任省人委秘书长的魏维良、省农委张天一、省水利厅李培林等人，赴豫东考察引黄灌区产生的次生盐碱化问题。他们在考察报告中提出"要恢复自然流势，拆除阻水工程，打开排水出路，完善灌排配套、安排灌蓄相结合的原则，重新进行水利规划。当前要成立除涝治碱专门机构、治理危害严重的河流和安排打井灌溉以保证农业增产"[3] 的建议。6月，省人委豫北水利盐碱地改良工作组22人，在豫北平原进行调查研究，提出了豫北平原灾害情况及治理意见的调查报告，研讨了引黄是否停灌的问题。

---

① 参见国家计委农村水利局《1962年水利建设情况和1963年初步设想》，载中国社会科学院、中央档案馆编《1958—1965中华人民共和国经济档案资料选编·农业卷》，中国财政经济出版社2011年版，第460页。

② 参见李日旭主编《当代河南的水利事业（1949—1992年）》，当代中国出版社1996年版，第132页。

③ 同上书，第133页。

　　1961 年 10 月 28 日至 11 月 10 日，河南省召开了全省水利工作会议。出席会议的有各专区、市、县，各大型水库、灌溉管理局，黄河各修防段（处）、水利施工总队的代表共 527 人。会议提出当前水利建设的总方针是"旱涝兼治，兴利和除害并举"，在平原地区应以除涝治碱为中心，排、灌、滞兼施；在山区应继续贯彻以蓄为主的方针，切实处理好大、中、小型水库的遗留问题。据此精神，安排了河南省 1961 年冬和 1962 年春季水利建设计划，研讨了《河南省水利工作暂行条例（草稿）》，要求废除平原水库、拆除阻水工程、恢复自然流势、打开排水出路、扒除部分危险水库，从 1962 年起停止盐碱化发展，在 3—4 年内把涝灾、盐碱化缩小到 1957 年内的程度。这次会议，是河南省水利建设大转折的重要会议，从指导方针到措施安排都作了全面布置。1962—1965 年，河南省大批干部深入现场检查处理各项阻水工程，共拆除 4 万余处，基本上恢复了自然流势，对 39 万水库区移民的生产生活也作了初步安排。从 1964 年度起，冬春水利运动开始回升，全省上工劳力最多达 320 万人，完成土方 2.5 亿立方米。1965 年度冬春，全省上工劳力最多达 450 万人，完成土方 5 亿立方米，并集中力量治理惠济河、天然文岩渠、涡河、浍河等主要干道，同时进行了部分面上配套工程，修建台田条田 20 多万亩。除涝治碱工程共完成土方 5.5 亿立方米，占全省全部工程量的三分之二以上。[①] 1966 年以后，涝、碱灾害明显减轻，除涝效益显著。

　　中国在改良盐碱地和防止土壤次生盐碱化方面做了不少工作。在新疆和山东滨海地区开垦利用了 2000 多万亩盐碱地，取得了不少成功经验。华北平原地区在防止灌区次生盐碱化方面，1960 年以后也取得了有益的经验：明确了严格控制灌溉用水、统一治理内涝、大力进行排水、保持来去水量平衡是防止次生盐碱化的关键性措施。有些地区还分别采取了下列几种措施：（1）冲洗改良，在经过耕翻的白地上，用较大的灌水定额淋洗土壤，使土壤脱盐。（2）放淤改良，引用含泥量较高的水源进行淤灌，一方面淋洗土壤盐分，一方面于地表淤积一层含有丰富有机质的淤泥层，以改变土壤的理化性质。（3）种稻改良，通过种植水稻长期泡田的办法来经常淋洗土壤，使其逐步脱盐；同时，随着种稻年限的增长，变碱性土为非碱

---

　　①　参见李日旭主编《当代河南的水利事业（1949—1992 年）》，当代中国出版社 1996 年版，第 133 页。

性土。(4)压盐保苗,在春季返盐强烈季节,适当进行灌水,将根系活动层的盐分稀释和压至下层,以防止作物死苗。无论是改良盐碱地或是防止盐碱化,不管采用上述这种或那种技术措施,都需要以排水条件为基础。只有这样,才能保证水盐运动的正常循环。如果只灌不排,就必然形成压盐、返盐,再压盐、再返盐的恶性循环,或者是中间小片压盐周围大片返盐。[①]

山东省地处黄河下游,东临渤海、黄海,北部惠民地区是海水退后新形成的陆地,西北部的德州、聊城和西部的济宁、菏泽等地区为黄河泛滥冲积平原。这些地区的土壤和地下水本身含盐,气候干旱多风,水分蒸发量大,天然排水情况不良,历来就有大片盐碱地;有些水利工程因配套不全,或用水不当,造成地下水位升高,有些地方受到返盐威胁。从1957年起,山东省就设立了专门机构,领导预防和改良盐碱土的工作,并组织水利、农业、林业等有关方面的科学技术人员开展调查研究和试验工作。省水利科学研究所在滨海和内陆地区设立了5个试验站,先后进行了灌溉、排水、冲洗、种稻和洗盐等试验研究工作,观察分析不同时期土壤和地下水、水盐动态的变化情况。农业、林业等方面的科学技术人员,在农村进行调查研究和设点试验中,分别对盐碱地区农民的耕作制度、作物品种、植树造林等进行了综合性的调查和试验研究,总结了一些有价值的经验,对许多问题逐步有了明确的认识。如对于盐碱地的灌溉用水和耕作问题,农民中普遍有"盐从水来,盐随水去"、"修畦如修仓,跑水如跑粮,灌溉不整畦,费水费工又碱地"的说法;关于土壤返盐时间,有"春秋两层皮"、"七月八月地如筛,九月十月返上来"的农谚。这些经验丰富了科技人员改造盐碱地的知识。

1961年8月初,山东省水利厅、农业厅联合举行了防治盐碱土技术座谈会。会议对山东省部分地区盐碱化的发生原因、发展规律进行了讨论,并提出了因地制宜因时制宜改良和利用盐碱地的措施。会议认为,土壤盐碱化不是灌溉的必然结果,而是由于灌溉不当所造成的。在发展灌区之后,部分地区由于灌溉工程尚未配套,采取大水漫灌的方法大量补给地下水,同时由于排水工程不够健全,使地下水位急剧抬高,所以,有些土地就盐碱化了。如何防治盐碱化?会议认为,必须把水利、农业、林业等方

---

① 参见张子林《水利化和农业生产》,《人民日报》1963年8月29日。

面的措施紧密结合起来综合治理，而且必须以排碱为基础，建立和健全排水系统，控制地下水位的升高。如何处理好灌溉与防治盐碱化的关系？会议指出，灌溉是使土壤脱盐的条件，有灌有排，灌排配套，就能防治盐碱。但必须根据作物的需水需肥、土壤盐分运行和作物耐碱等情况确定灌水的次数和时间。在地下水水质好，可以用于灌溉的地区，应大力提倡井灌，以降低地下水位，控制盐分上升。在排水系统有重点、逐步建立的过程中，应特别重视灌溉管理工作，推行集中用水，实行轮灌，尽量缩短渠边输水时间，并在渠边上采取挂淤、夯实和黏土衬砌等防渗措施，减少地下水的来源。[1]

1961 年夏季和 1962 年 1 月，山东全省有关科学技术人员和高等学校教师两次举行预防和改良盐碱土的学术讨论会，提出了"山东省防碱改碱技术措施要点"，从逐步建立健全排水系统控制地下水位、因地制宜地做好灌溉渠系配套、合理灌溉、加强灌溉管理、合理运用平原水库、适时耕作晒堡养坷垃、因地种植保苗保收、增施有机肥料改善土壤结构、植树造林防风防盐、冲洗淤灌改盐肥田等 10 个方面提出了一套综合性的措施，由省农业和水利行政部门印发各地参考。[2]

华北平原日益严重的盐碱化问题，引起了中共中央和国务院的高度重视。1961 年 10 月和 1962 年 2 月，时任国家计委主任的李富春两次谈到盐碱化问题。他说："华北平原土地盐碱化严重，新盐碱化土地 3000 万亩，如不采取措施，将会继续盐碱化。"[3] 他建议："水利建设要总结经验，有些省土地碱化吃了亏。不能光蓄不排，要上下兼顾。"[4] 华北平原日益严重的盐碱化问题，严重影响了粮食产量，必须加大治理力度。

1962 年 2 月 20 日至 3 月 2 日，中国水利学会在山东济南召开了华北平原地区预防和改良盐碱地学术讨论会。讨论会由时任中国水利学会理事

---

① 参见《山东省水利厅、农业厅联合举行防治盐碱土技术座谈会》，《人民日报》1961 年 8 月 8 日。

② 参见《山东科学技术界研究防治盐碱地》，《人民日报》1962 年 3 月 25 日。

③ 李富春：《关于一九六二年计划调整问题》（1962 年 2 月 16 日），载中国社会科学院、中央档案馆编《1958—1965 中华人民共和国经济档案资料选编·综合卷》，中国财政经济出版社 2011 年版，第 459 页。

④《国家计委传达富春同志关于提前于十一月底编好七年规划的指示》，载中国社会科学院、中央档案馆编《1958—1965 中华人民共和国经济档案资料选编·综合卷》，中国财政经济出版社 2011 年版，第 465—466 页。

长的张含英主持。出席会议的有山西、河北、山东、河南、安徽、江苏、北京六省一市和中央各有关部门及各地有关高等院校的代表。山东省平原地区专区、县和省级有关部门、高等院校也派人列席了讨论会。华北各省一部分改造盐碱地的劳动模范也应邀参加了讨论会。会上共收到论文和调查报告26篇，其中在大会上作报告的有13篇。这些论文和报告，从水利、农业、农垦、土壤、水文地质、地理、林业等方面探讨了预防和改良盐碱地的各项措施。会议着重讨论了四个问题：华北平原土壤次生盐碱化的原因及其与灌溉的关系；预防和改良次生盐碱地的根本措施和当前措施；地下水临界深度的含义及确定方法，预防和改良盐碱地对排水的要求和标准；受盐碱化威胁的地区和已经盐碱化地区的灌溉问题。在讨论华北平原土壤次生盐碱化的原因及其与灌溉的关系时，与会者认为：华北平原土壤发生盐碱化的原因是多方面的。在黄泛平原和滨海地区，地势平缓，土壤含盐，地下水径流滞缓，水位较高，蒸发强烈，旱涝交替，河道淤浅等，这些都是容易发生盐碱化的自然因素，因而在历史上就有不少各种类型的盐碱地。同时，近年来，在大兴水利工程时，由于有些工程还来不及配套，因此也产生了一些次生盐碱地。关于灌溉是不是会引起土壤次生盐碱化的问题，与会者一致认为，只要有健全的灌排渠系，合理用水，结合正确的农业措施，不仅不会招致次生盐碱化，并且可以迅速有效地改良利用老盐碱地。

预防和改良次生盐碱地的根本措施和当前措施何在？会议认为，根本措施在于有灌有排，控制地下水位；同时，加强农业措施，减少地面蒸发。不同地区应当根据地形、土壤、水文地质等不同情况因地制宜地确定水利措施。总的来说，应该是灌排兼施，渠灌井灌结合，自流扬水并举，自排抽排并举，根据具体条件，因地制宜，不能偏废。关于当前措施，大家认为主要有四项：（1）积极进行灌区工程配套；（2）更好地发挥原有河沟的排水能力，改建不合理的工程设施；（3）加强灌溉管理，健全管理组织，建立必要的规章制度；（4）提高耕作技术，因地种植，平地筑埝，增施有机肥料，适时耕作，加强田间管理。

会议针对受盐碱化威胁和已经盐碱化的地区在一般排水不畅、工程配套不全的情况下是否要灌溉问题展开了讨论，形成了两种看法：一种意见认为，在目前灌区排水系统不完整的情况下，如果灌溉，只能大水漫灌，这样会抬高地下水位，加重和扩大盐碱化，因此应当停灌，就是发生大旱，灌不灌也要考虑。另一种意见认为，灌溉排水系统是要逐步完善的，不一定要等到工程完全配套以后才灌溉，如果发生旱情，也还需要灌溉，这样可以促进配套工程加快速度；如果停灌，不仅不能配套，相反会造成"破套"，渠道被平毁，建筑物被破坏，增加了工程配套的工作量。因此，应当边配套边灌溉。多数人认为，各灌区情况不同，一个灌区内情况也不一样，必须深入调查研究，根据具体情况，分别对待。关于如何灌溉的问题，大家认为，盐碱地灌溉的关键时期是播种前和春季土壤强烈返盐的季节，这时灌溉，能起到防旱压盐的作用。还有的人认为，灌前平整土地，灌后耕翻多锄，便能充分发挥保墒和防止表土返盐的作用。[①]

1962 年 4 月 6 日，《人民日报》发表题为《适时适量进行春灌》的社论，对盐碱化的原因作了分析，提倡合理的灌溉，反对只灌不排或大水漫灌的不良灌溉习惯。社论指出：近几年来，部分灌区土壤盐碱化有扩大的趋势，这是一个值得注意的问题。土壤发生盐碱化有许多原因：土壤母质的含盐量、地下水的深度和矿化程度，以及气候、地形地貌和耕作方法等，与盐碱化都有相当关系。灌溉措施不当也能引起盐碱化，主要是由于排灌系统不健全，只灌不排，或者大水漫灌，使地下水位提高。显然，这是灌溉方法不对头和灌溉设施不合理的问题，而不是灌溉本身的问题。盐碱化不是灌溉的必然结果，人们只要认真研究并掌握土地返盐规律，针对当地具体情况，采取相应措施，盐碱化是可以防止的。改进灌溉方法，改善灌溉设施，做好开沟排水工作，实行合理灌溉，这不仅不会引起盐碱化，对于含盐土壤还有压盐洗盐淡化地下水的作用。春天是土壤返盐较盛时期，实行适当灌溉，不仅可以防旱，还能压盐保苗。

合理的灌溉对农业增产有重大的作用，不合理的灌溉对农业生产会产生坏的影响。社论对不合理灌溉导致的土壤盐碱化的恶果给予重视。社论指出：水分过多或者过少，灌水过早或者过迟，都是不适当的。正确的做法是实事求是，总结当地的灌溉经验，同群众充分研究，当灌的就灌，不当灌的就不灌，灌多灌少也要恰如其分。要使灌区的各个部分都尽可能地得到适时适量的灌溉，就需要由用水单位讨论协商，根据作物种植情况、需水缓急先后和供水能力等，安排好灌水次序，合理分配水量，有条件的

---

① 参见《中国水利学会召开学术讨论会，探讨华北平原防治盐碱地问题》，《人民日报》1962 年 3 月 13 日。

灌区尽量实行计划用水。①

"大跃进"水利高潮中重蓄轻排以及因灌溉措施不当而产生的土壤次生盐碱化问题，在华北平原地区比较严重。在河南新乡专区、山东惠民专区的典型调查结果表明，因盐碱绝产的耕地占10%；拿苗五成左右、七至八成左右及八成以上的各占30%。耕地盐碱化，严重地威胁着当地的农业生产和人民生活。水利灌溉与土壤盐碱化的矛盾不解决，群众有顾虑，不敢灌溉农田，影响着水利设施的效益。

如何防治灌区土壤次生盐碱化？各方意见不尽相同。有的认为水利措施是根本措施，主张以水为主，采用深沟排水的方法，把地下水位降低到临界深度以下，杜绝盐分上升；对综合措施则要求不高。反对者认为，一次根治诚然好，但工作量大，非近期所能做到；同时，不问土壤特性和含盐情况等具体条件，一律采用深沟排水，也非良策。有的对综合措施要求较高，主张深浅排相结合，并采取相应的农业技术措施，促进土壤脱盐和防止返盐，以保证当前农业生产，并逐步提高防治标准。反对者认为，这样不能达到根治目的，土壤脱盐不能巩固，农业生产不易稳定。又有的侧重于从区域上来解决问题，有的则着重强调在田间多下功夫。这些不同的意见，既是治本与标本兼治之争，也是在综合措施中以什么为主之争；而在后一争论中，还包含着"以工程为主"与"以土壤改良为主"之争。②

究竟应该采取怎样的措施治理日益严重的盐碱化问题？1962年5月25日，《人民日报》发表了中国农业科学院农田灌溉研究所粟宗嵩撰写的《防治灌区土壤次生盐碱化要因地制宜》一文，对防治灌区土壤次生盐碱化给予技术指导。该文明确指出：

> 灌区土壤次生盐碱化，是由于没有采取相应措施而产生的，不是灌溉的必然结果。土壤含有盐碱，是土壤发生次生盐碱化的根源。使土壤脱盐，是防治土壤次生盐碱化的根本任务。控制土壤中盐分的运动，调节土壤中盐分的分布状况，以保证农作物正常生长，是防治的手段和目的。盐碱化是在多种因素综合作用之下发生的，不能把发生的责任全推给灌溉，也不能把防治的责任全部交给排水，必须采取综

合措施，并因地制宜地分别对待，根据生产水平，逐步提高。因此，在防治工作的部署中必须贯彻下列原则：

一是肯定改良与利用相结合的原则。华北内陆盐碱地土壤剖面盐分分布的特点是，盐分集中于表层，底土盐分不大。防治工作可以调节控制土壤盐分为中心，分几步走。首先，改变盐分上重下轻为上轻下重或上轻下也不太重的分布状况，以保种保苗，恢复农业生产。在此基础上，进一步促进底土的脱盐，减轻含盐量，为提高产量水平创造条件。然后，加深土层脱盐深度，以适应更高产量的要求。最后，淡化地下水，以巩固土壤脱盐效果，为保持土壤改良状况的良好和农业的高产稳收提供条件。

二是确定以改良土壤和提高土壤肥力为基础，因地制宜防治盐碱化的根本原则。以华北平原为例：自太行山麓到滨海地带，土壤有地带性分布的规律。自西而东：地形由陡而平，地下水位由深而浅，矿化度由淡而浓，土壤含盐量由低到高，盐碱化由无到有、由轻到重，改良防治也由易到难，防治措施应由以农业措施为主转到以水利措施为主，农作物则由旱作到水旱轮作到水作，等等。即使在同一地区内，由于地形和土壤等条件的复杂，又有局部参差变化，必须注意掌握这些特点，统一安排，分片治理，才能收到更好的效果。

三是在防治技术上是田间防治与区域防治相结合。田间防治以调节控制土壤水盐垂直运动及其平衡为依据，采取综合措施，促进土壤不断脱盐；然后，按照盐碱化的不同程度，分别采取灌溉耕种措施或灌溉耕种措施与浅密排相结合的方法，以控制土壤盐分，保产增产。区域防治以调节控制大面积内地下水、盐水平运动及其平衡为依据，在土壤改良区划的基础上，合理布置灌排骨干系统工程，以控制调节地面水量与地下水量，降低地下水位。骨干排沟需挖到临界深度以下；农毛排沟不强求挖到临界深度以下。排水是防治盐碱化的重要措施之一，但不能千篇一律地采用。在洼涝重盐碱地区，必须挖排水沟；但在盐碱较轻的地区（仅表层有盐而底土盐分轻），就不一定要挖排水沟，采取农业措施就可以了。

四是合理地组织灌、排、耕、种综合措施，充分发挥综合措施的集体作用。以"灌"洗盐压盐，以"排"排盐和控制地下水的过量蒸发，以"耕"抑制土壤表土盐分的回升，以及选种适宜作物等措施，达到保证农业生产收益，并兼收改良土壤效果的目的。在合理灌溉上，掌握因盐灌溉的原则。不宜于长流灌溉者，可以采取间歇灌溉，可以井灌者不用渠灌或少用渠灌。在灌水量和灌水方式上，返盐重的地区，防盐重于防旱，宜于深灌加浅灌，以深为主，以浅为辅，加大水量，减少次数，深浅相间。在开始返盐地区，防盐防旱并重，宜于浅灌加深灌，以浅为主，以深为辅，浅深相间；浅灌防旱，深灌压盐，浅灌可以减少对地下水的补给，同时可以给深灌后抬高的地下水位以回落的时间。根据各地土壤返盐规律和作物需水需肥耐盐规律，制定符合当地自然条件的防盐防旱的灌溉制度，并掌握最有利于在较长时期内调节控制土壤盐分的灌水时间，适时进行灌溉。

五是当前重点防止沿渠两侧和改良盐斑地。灌区次生盐碱化发生发展的规律是：沿渠道两侧首先发生涪碱，接着田间产生盐斑；前者由近及远，后者由小而大，程度均由轻而重，最后盐碱成片，形成盐荒。沿渠涪碱地带，要作为一个地带性土壤来处理。据粗略估计，石家庄石津灌区由于渠边侧渗而盐碱化的土地面积，占到几年来增加的盐碱地面积的21.8%。解决好这个问题，就可以恢复这一部分耕地的生产能力，并可初步制止灌区盐渍化的继续发展。盐斑地在次生盐碱化面积中也占主要地位，改良好这一部分土地，对恢复农业生产和防治盐碱化均有重大现实意义。解决了上述两项任务，就基本上解决了灌区土壤次生盐碱的问题。同时，着手区域性地下水盐平衡的准备工作，为长治久安之计。

1962年5月30日至6月6日，中国水利学会在新疆乌鲁木齐召开了西北地区（包括内蒙古）预防和改良盐碱地学术讨论会。在这次学术讨论会上，共收到上述地区水利、农业、土壤、农垦、林业、水文地质、地理等各组专业科学技术工作者和生产部门提交的论文和调查报告56篇。会议初步探明了西北地区盐碱地的特点和防治盐碱化的基本措施。会议认为，农业措施中的平整土地（包括筑畦、平沟）、加强耕作（灌后松土、耕翻晒垡、早春耙地、适时中耕等）以及轮作倒茬，对于减少地下水的补给、减少地面蒸发、增加土壤团粒结构、提高土壤肥力、减轻盐分对作物危害程度有着很好的效果。有些地区群众采取秋后灌水压碱、加强耙耱措施、防止蒸发和土壤返盐的办法，也可以保墒防盐，不再进行冬灌就可以保证来年春播。内蒙古河套灌区采用"轮歇"的办法,新疆有的地区采用"休闲"的办法恢复地力,在一定条件下也是可行的。[①]

中国农业科学院农田灌溉研究所粟宗嵩经过较长时期的调查研究,提出了华北平原治理盐碱地的对策。他指出:华北平原地区发展灌溉的最大障碍是地下水盐状况不稳定,土壤易于返盐。暂停引黄灌溉,先把海河水系的地上水和流域内地下水利用起来,发展灌溉,在平原洼涝地带大力除涝,在区内地下水盐取得初步控制之后,再行引黄,既有利于当前农业生产,也比较可靠。具体而言就是:在旱、涝、碱统一处理、分片防治的指导原则下,以海河水系每一支流流域为一独立单元,采取三水(雨水、地上水、地下水)并用、井渠并用、灌溉与除涝并举、自流灌溉与扬水灌溉并举一整套两条腿走路的方针;上蓄(上游蓄水)下排(下游除涝排水)中间灌(中游灌溉),渠灌由上(上部地区)而下(下部地区),先小后大(灌区、轮灌区由小到大发展),先近后远(自水源近处向远处发展,自干渠近边向外边发展),除涝排水由下(下游)而上(上游),先干(骨干排河)后支(支河支沟),先通(通畅)后深(拓宽浚深);二坡地在除涝的基础上灌溉,洼涝地在排水(除涝与必要的地下水排水)的基础上先扬水灌溉,后自流灌溉;适宜于井灌地区不用渠灌。[②]

粟宗嵩的文章以 1962 年河北省滹沱河为例作了分析:当时的情况是,京广路沿线两侧为粮棉高产区;石津渠灌区自束鹿、深县以东发生次生盐碱化,部分灌区停灌;东部衡水一带从来都是旱、涝、碱交相为害的低产区,渠灌地区因盐碱化有所加重而完全停灌,停灌地区次生盐碱化程度已有所减轻。从这里的地形、土壤、水文地质条件、气候及当时农业生产的基础等方面综合考虑,除四害的布局应是:水库近边发展一部分自流渠灌和扬水灌,自此向东,依次发展井灌、井渠交叉灌、自流渠灌,以巩固高产。再东停灌地带,应以农业措施为主,恢复次生盐碱化土地的生产,创造条件后逐步发展自流渠灌,以提高生产。东部洼、涝、碱低产地带则先除涝,在除涝基础上,枯水季节可引用部分库水,发展一部分扬水灌溉,稳定生产。在排地下水后,根据条件转向自流渠灌。井渠交叉灌区是地上

---

①　参见《中国水利学会在乌鲁木齐召开学术会,讨论西北地区盐碱地预防和改良措施》,《人民日报》1962 年 6 月 16 日。

②　参见粟宗嵩《为华北平原发展农业生产"除四害"》,《人民日报》1962 年 12 月 18 日。

水与地下水相互补充的水源调节地带，根据逐年水源动态，或渠主井辅，或井主渠辅，东部地区灌溉发展后水源不足，可以引黄补给。[①]

粟宗嵩将自己的观点概括为："总的部署是积极发展井灌，巩固提高渠灌，洼涝地带大力除涝，在除涝和合理灌溉的基础上，结合农业技术措施，防治盐碱。灌溉以各河地上水地下水为主，引黄水为辅。"他提出，为了防治自流渠灌区次生盐碱化，除掌握灌排工程的规格标准外，在灌溉上应着重抓好下列几个环节：一是加强渠系防渗。土渠渗漏量一般占到总引水量的20%—25%以上，采取工程衬砌、改善田间渠系、改善用水管理方法以及沿渠植树造林种牧草等措施，控制和减少渠系渗漏对地下水的补给，是防治沿渠次生盐碱化、节约水源、提高灌溉效益、降低工程成本、平衡水土资源的有效办法。二是平整土地，提高灌水技术。土地不平整，灌水技术不高，会增加田间渠系的设备投资。应普遍推广沟畦灌技术，逐年提高平整土地的标准，以达到省水、防盐的要求。三是加强灌溉用水管理。要逐步把灌溉用水管理建立在水文气象预报、墒情预测、土壤盐情预测、地下水盐动态预报、作物苗情预测等一整套预测预报工作的基础之上，提高计划用水的水平，严格掌握灌水时期和灌水量。四是水、肥、劳（劳动力）、保（植物保护）密切配合。在灌溉条件下，需肥多，浇水、平地、筑畦、打埂、勤耕作等需劳动力也多。灌溉不当会引起土壤次生盐碱化，给蝼蛄带来大量繁殖的条件。水、肥、劳、保关系如失调，耕作势必粗放，灌溉后地力消耗快，肥分流失多，土壤势必恶化。灌溉增产效果一消失，易碱地区就会加速加重次生盐碱化。[②]

在治理盐碱化中，华北各地涌现出很多先进地区和先进人物。全国农业劳动模范、山东省广饶县油郭公社社长、油郭大队党支部书记郭占一就是其中的一位典型。《人民日报》1963年4月25日曾发文报道：郭占一参加华东和省的农业先进集体代表会议时，听了很多单位克服重重困难取得农业丰收的事迹，回去以后，赶紧向全社干部传达。接着，支部委员会总结了几年来改造盐碱地的经验，决定1963年要下功夫改造盐碱地。"春分"过后，他带领公社社员挥锨铲土、改良盐碱地。他们把碱化严重的地铲掉一层碱土，然后扫净、搬走，盐碱轻的就进行翻晒。现在，不少耕地

---

①　参见粟宗嵩《为华北平原发展农业生产"除四害"》，《人民日报》1962年12月18日。

②　同上。

已从白色变成了褐黄色，治理土地盐碱化成效明显。①

华北平原地区地下水矿化度较高，干旱蒸发强烈，盐分积聚地表，危害作物生长，又形成了盐碱灾害。"涝碱相随"、"旱碱相伴"是该地区水盐运动的规律。1958年，河北平原地区掀起大搞平原蓄水的高潮，兴建平原水库，"长藤结瓜"、"葡萄串"蓄水，结果事与愿违，只灌不排，造成涝碱成灾。河北省黑龙港地区盐碱地，1958年为184.6万亩，到1962年上升到279.33万亩；运东的盐碱地，1958年为111.16万亩，至1962年增加到148.83万亩。②

1964年春，为迅速改变洼碱地区的低产面貌，河北沧州佟家花园大队率先在一块盐碱地上修筑了40亩台田，抗住了1964年的特大暴雨，小麦获得172公斤的好收成。次年春天，全村139亩盐碱地都修成了台田，成为全区的样板。沧州地区专署及时召开现场会，在全区推广。1964年冬至1965年春，该地区形成了群众性的大搞"台、排、改"高潮，投入劳力50多万人，一个冬春修成台田25.3万亩。为了把"台、排、改"运动不断引向深入，沧州地区建立了"一垦三改"（垦荒、改水、改土、改种）指挥部，并印发小册子，沟通信息，交流经验。针对有的台面太窄不宜机耕的问题，沧州地区提出台田建设需贯彻"以排为基础，排、台、改、灌、林综合治理"的方针，并根据不同地区提出了不同规格的要求。轻碱地面宽40—50米；重碱地沟要密一些，但不得小于25米。台田沟的深度，轻碱地1.2—1.5米，重碱地1.5—1.8米。1965年2月23—26日，李先念在时任河北省委书记处书记的阎达开和副省长杨一辰的陪同下视察了沧州市佟家花园、盐山县薛沃、东赵庄和沧县大孙庄的台田建设，并给予了充分肯定。中共河北省委在全省进行推广。从此，台条田建设在沧州特别是运东洼碱地区成了农田基本建设的重要内容，每年冬春农闲季节，群众即自觉进行维修和新建。到1977年统计，沧州地区已建成台条田200多万亩，运东地区占三分之二以上。③

华北平原很多地区，由于没有掌握引黄灌溉规律，在发展虹吸引黄灌溉时，只注意灌渠建设，忽视了排水工程，灌溉后的尾水没有出路。加上

---

① 参见《郭占一下功夫改造盐碱地》，《人民日报》1963年4月25日。

② 参见河北省地方志编纂委员会编《河北省志》第20卷《水利志》，河北人民出版社1995年版，第205页。

③ 同上书，第207页。

田间工程不配套,采取大水漫灌、灌渠大量蓄水等办法,结果地下水位抬高,引起土壤碱化变重。为了防止盐碱化扩展,很多地方停止使用虹吸。如何做到既使用虹吸工程而又不导致土壤碱化? 山东历城县创造了新的经验。山东省历城县 1958 年以前建成的一些虹吸引黄工程,除有几处短时间未利用外,几乎年年利用它放淤、浇地,取得了很好的效果。他们做到了灌溉与排水结合,田间工程配套,灌溉尾水有排水出路。在改种水稻以后,又在水、旱边缘搞了截碱沟(尽量利用天然河道),因此没有引起土壤碱化变重。历城县在虹吸放淤的洼地上种植小麦,单产成倍增长。特别是 1964 年学习了临沂地区洼地改种水稻的经验,他们利用虹吸引黄在洼地上种植水稻,结果在大涝之年,1.8 万亩水稻获得平均亩产 300 斤以上的好收成。历城县的经验引起了山东省的重视,并加以推广。1964 年秋后,黄河沿岸各县总结了过去虹吸引黄的经验教训,并且到历城参观学习,认识到:过去土壤碱化,不是虹吸本身引起的,而是由于经验不足。从 1965 年起,他们在发展虹吸引黄时,特别注意了排灌结合,平整地面,做到尾水有出路,灌溉用水均匀。发展稻田的地区,还注意成片种植,水田与旱田挖截碱沟隔开,防止涪碱涪水。1965 年,在水稻整地、育秧前,山东省人民委员会召开了沿黄河 3 个专区(市)和 17 个县的会议,专门研究了引黄种稻、彻底改造两岸低洼盐碱地的问题。会议期间,大家进一步参观了历城县的一些引黄种稻成功的先进单位,听取了他们的详细介绍。大家一致认为,历城县虹吸引黄种稻成功的经验,给全省沿黄各县树立了引黄改造碱洼地的样板。会后,黄河沿岸各县积极发展虹吸引黄灌溉工程,油漆虹吸管,整修排、灌渠道,修整稻田。到 1965 年 5 月,进度较快的历城、齐河等县基本完成了种稻的虹吸配套工程,很多社队开始放水。[①]

  山东省沿黄河各县根据当地黄河的特点修建虹吸管引水灌田的做法,既学会了从"害"中看到"利",又注意了从"利"中防止"害",得到了有关方面的重视和肯定。1965 年 5 月 23 日,《人民日报》在发表专文介绍历城经验的同时,还发表了题为《害中见利,利中防害》的社论,向全国推广历城经验。社论指出,有一个时期,因为有些虹吸引水工程不配套,有灌无排,地面不平,加之实行大水漫灌,曾经一度引起地下水位升

---

① 参见傅洪德《历城巧用黄河之利巧避黄水之害》,《人民日报》1965 年 5 月 23 日。

高，土壤盐碱化加重。在这种情况下，有的人没有对发生这些现象的原因进行具体分析，就对虹吸引水的作用发生了怀疑。在这些地方，虹吸引水工程曾经暂时停止利用。虹吸引黄究竟好不好？要回答这个问题，必须对事实认真地分析比较。比较分析后可以清楚地看到：一些地方土壤碱化加重，并不是由于虹吸引黄有什么不好，而是由于人们的思想上有片面性，没有正确地处理排与灌、渠道与田间工程、旱田与水田等各方面的关系。历城县做得好的地方，正是一些地区没有做或做得不够的地方。有了这样的比较和分析，这件事情的本质就清楚地显露出来了。社论还指出：只要善于掌握水、泥沙、土地、作物相互关系的规律，水害就能变成水利，黄河的泥沙也能肥田。那么，在经过比较和分析，懂得了虹吸引黄这件事情的本质和正确的办法以后，是不是就可以一下子把沿黄河的所有低洼易涝地都种上水稻呢？还是不能这样贸然从事。掌握了一般的、主要的规律，并不等于掌握了每个地方的、全部的规律。一部分领导干部掌握了虹吸引黄种稻的规律，并不等于直接从事生产劳动的广大群众掌握了这方面的规律。普遍改种，需要从思想上、物资上、技术上做充分的准备。还要估计到，普遍改种会引起劳力安排、水的管理、生活习惯等方面的新问题。如果考虑不周，处理不当，好事又会变成坏事。因此，山东沿黄河各县1965年除历城县以外，都是各改种一两万亩水稻，待取得较大面积的丰产经验后，再分期分批地改。这样做是既积极又可靠的。

1965年12月，农业部召开改造利用涝洼、盐碱、风沙地现场会议，参加这次会议的有河南、山东、河北、辽宁、江苏、安徽6省以及重点专区、县的干部和科学技术人员共130余人。会议交流了各地治理涝洼盐碱地和风沙灾害的成功经验，并举行座谈，研究了推广这些经验的措施。代表们一致认为，治理涝洼盐碱地和风沙灾害，既要有自力更生、艰苦奋斗的革命精神，又要有尊重客观规律的科学态度。会议很重视山东省阳谷县李堂公社鹅鸭坡大队的经验，认为鹅鸭坡大队的革命精神和一整套综合治理的方法都值得学习。山东省成武县苟村公社大修台田排涝治碱获得高产的经验，河南省虞城县利民公社蒋黄庄大队开沟种麦使麦苗躲过盐害、保苗、保收的巧种经验，以及河南省宁陵县柳河公社后赵大队植树造林变沙荒为良田的经验，也都受到各地代表的重视。

会议认为：同涝洼、盐碱和风沙灾害作斗争都需从根本上下功夫，从水、土两个方面进行基本建设，改造自然，改变生产条件，建设稳产高产农田。从当前情况和已有经验看,修建台田、条田是排涝治碱的有效措施,造林改土是治沙的有效措施。但是洼地也不仅是排水防涝的问题,还要防止干旱,发展灌溉,而且各地具体条件不同,涝碱程度不同,措施也不能千篇一律。因此,要根据排涝治碱和发展生产的需要,进行统一领导,全面规划,合理布局,综合治理,分期分批施工,加强技术指导,保证工程质量,做到搞一片,成一片,工程配套,当年受益。会议指出:治理涝洼、盐碱和风沙等灾害已经有了方向,有了办法,有了经验。不少县和社队治理后发生了显著的变化。大力推广这些经验,长期阻碍这些地区发展农业生产的涝洼、盐碱等问题就可逐步解决。这些地区的农业生产潜力很大,是大有可为的。①

群众性的改造涝洼盐碱地的工作在华北平原地区展开后,《人民日报》于1965年12月26日特地发表社论《大有潜力,大有可为——论我国北方平原地区改造涝洼盐碱地的斗争》,对北方平原地区防治盐碱地工作予以倡导。社论指出,北方平原地区,地处渤海、黄海沿岸,境内河道纵横,形成了大片涝洼盐碱地,历来是一个多灾低产的地区。面对这些不好的自然条件,是"苦熬",还是"苦干"?"苦熬",是一种消极等待的态度;"苦干",是一种坚强的革命精神,是促进事物转化的动力。涝洼盐碱地就是那么一些,改造一块,就少一块,只要坚持不懈地"苦干"下去,就可以积小胜为大胜,最后,涝洼盐碱地全为我用,我们真正成为大自然的主人。在困难面前,是"苦熬"下去,还是"苦干"下去呢?很多地区的事实证明:"苦熬"是越"熬"困难越多。只有"苦干",用百折不挠的革命精神,坚忍不拔的革命毅力,积极探索自然的规律,寻找改造和治理的办法,涝洼盐碱地终归是会被人们治理好的。因此,抛弃"苦熬"思想,发扬"苦干"精神,是涝洼盐碱地区迅速改变多灾低产面貌的一个根本问题。社论指出,改造涝洼盐碱地的任务是艰巨的,情况是复杂的,要统一领导,全面规划,合理布局,综合治理;要因地制宜,讲究实效。

在黄河下游的引黄灌溉实践中,水利部门认真总结了片面强调灌溉而忽视排水的经验教训,逐渐掌握了"盐随水来,盐随水去"规律。在建设排水系统的基础上,各地重新发展了引黄灌溉,并广泛推行渠井结合的灌

---

① 参见《从根本上下功夫,从水土两方面进行基本建设,涝洼盐碱风沙地区农业生产大有可为》,《人民日报》1965年12月26日。

溉方式，以渠灌补充地下水源，以井灌控制地下水位的升高，使平原地区的盐碱化得到了改善。

四 东北松辽平原的洪涝治理

内涝是东北三省农业生产的主要灾害之一。特别是盛产粮食、大豆的松辽平原①，地势低洼，地下水位较高，加上每年七八月间雨量集中，很多农田几乎连年受涝。"大跃进"高潮以后，东北各地逐步修建了一批治涝工程，着力对易涝农田进行整治。

吉林省档案馆保存的档案资料显示，吉林全省"大跃进"3 年修建的大中小型水库塘坝，使全省十几条主要河流提高了抗御能力，其中一些河流已经得到基本控制。第二松花江已能抵御百年一遇的洪水，饮马河、伊通河能抗御 50 年一遇的洪水，东辽河、洮儿河、拉林河能抵御 20 年一遇的洪水，图们江、鸭绿江、浑江的防洪能力也有显著的提高。② 全省共有低洼易涝耕地 1400 万亩，"大跃进"3 年来初步治理 800 万亩，初步见效 500 万亩，特别对部分重点治理的低洼涝区进行了连续治理，效果比较显著。③ 据怀德县大岭、梨树县二道河子、德惠县岔路口、长岭县望海等 7 个重点涝区调查，1956 年受涝面积共 12 万公顷，1960 年，这些地区汛期降雨量一般虽比 1956 年为大，但受涝面积仅为 4.5 万公顷，减少了 62%。治涝效果显著的大岭地区，1960 年汛期降雨量比 1956 年同期降雨 486 毫米多了 97 毫米，但大岭公社 1956 年成灾面积 12000 公顷，1960 年只涝了 260 公顷。④

1962 年 11 月 19 日，《人民日报》刊文报道：1962 年冬，吉林省各地

---

① 松辽平原是中国最大的平原，在中国东北部，包括辽宁、吉林、黑龙江三个省和内蒙古自治区的一部分。松辽平原由三部分组成：北部是松嫩平原，南部是辽河平原，东北部是三江平原。松辽平原有广义和狭义之分：广义的松辽平原是东北平原的别称；狭义的松辽平原指东北中部平原，即长春平原。本书指的是广义的松辽平原。

② 参见吉林省水利局《全省水利会议文件：大跃进以来水利建设基本总结和1961 年水利建设任务的安排意见》，吉林省档案馆藏 52—12—15 卷。

③ 参见《全省水利工作会议的报告——大跃进以来的水利建设成就和存在的问题》，吉林省档案馆藏 52—14—5 卷。

④ 参见吉林省水利局《全省水利会议文件：大跃进以来水利建设基本总结和1961 年水利建设任务的安排意见》，吉林省档案馆藏 52—12—15 卷。

抓紧封冻前的时机，加速整修农田治涝工程。进度较快的梨树、怀德、榆树、德惠等县完成冬季治涝工程计划的60%。各市县把人力和物资用于重点涝区和骨干工程。农安县冬修一开始，就把参加冬修的80%的劳动力集中在开安、鲍家两个大片涝区，续建配套工程，现在已提前完成冬季施工任务，1963年受益面积即可由原来的7万亩增加到18万亩。1962年冬修开始后，怀德、梨树、永吉等县参加治涝的民工不断增加，劳动热情很高。榆树县莲珠涝区的2000多民工开展比出勤、比工效、比质量、比安全的劳动竞赛，平均每人每天的挖方工效由2.5立方米提高到3立方米以上。①

位于松辽平原中部的吉林省四平专区，1958年起兴修了大量水库和塘坝，治理了270万亩易涝农田，占全区易涝面积的60%以上。但这些工程中还有60%没有达到十年一遇的抗洪标准，因田间工程没有配套，治涝设施不能充分发挥作用。鉴于这种情况，四平专区确定1961冬1962春以修建田间配套工程和小型治涝工程为主，同时，维修原有的扬水站、蓄洪区、水库和排水沟等治涝工程。四平专区抓紧冻前时机，开展了以治涝为中心的水利冬修活动。从1961年10月下旬开始，有些重点工程和中型治涝工程以及400多处小片治涝工程相继动工。这些治涝工程，多是公社各生产大队自办的小片治涝工程。对一个大队力所不及的工程，公社即根据自愿互利等价交换的原则，组织其他大队协作。至1961年11月，全区已有400多个大队与治涝工程多、人力少的大队签订了协作合同。② 到1964年，该区除了挖掘排水沟，让积水顺势自然流出农田外，还在一些无法自然排水的地方修建电力排涝站，治理洪涝灾害取得了一定成效。

辽河流域在辽宁省南北绵延1100余里，流经13个县、市，两岸耕地面积约占全省总耕地面积的40%以上，粮食产量约占全省粮食总产量的一半以上。辽河中下游是素称"九河下梢，十年九涝"的地区，治理洪涝灾害的任务非常严峻。1962年冬季水利建设开工之前，辽宁农村各县、社从1963年农业生产需要出发，因地制宜地确定了施工的重点。如辽河中下游的辽中、台安、新民、盘山等县，根据地势低洼、河流汇集的情况，以兴

---

① 参见《为防治内涝这一主要灾害创造更好条件，吉林抓紧整修农田治涝工程》，《人民日报》1962年11月19日。

② 参见《四平专区以治涝为主兴修水利》，《人民日报》1961年11月25日。

修防洪排涝工程为主，大力培修堤防、疏浚沟渠，并且在积水不泄的三角地带新建了二十几处电力排灌站；辽宁西部山区朝阳、建昌等县，水土流失严重，以修筑水土保持工程为主，着重整修梯田坝堰，加固护岸工程，植树造林；辽宁南部经济作物较多的营口、盖平等县和各大、中城市郊区，着重维修灌溉设备，完成工程配套，扩大水浇地面积；沈阳、抚顺附近的浑沙、沈抚等灌区，1962 年冬主要完成灌溉配套工程。在群众性的、小型工程动工的同时，全省由国家投资的 12 处大中型水库的续建、收尾和加固工程也陆续开工。①

《人民日报》1963 年 10 月 12 日发文报道：为了适应农业机械化发展的需要，辽河流域各公社互相配合，兴建了一系列防洪治涝工程。在绵亘千里的辽河河岸上，建起了 20 多座大、中型水库，全面整修了堤防，基本上控制了辽河的洪水。在下游右岸的台安、辽中、盘山、新民、黑山等县，1000 多万亩低洼易涝的农田也得到了不同程度的治理。人民公社成立以来，这里还建起了电力排灌站，修了许多排水渠道和沟洫工程。黑山县康屯公社有几个村子地势低洼，每年都遭水淹，群众叫它"穷八村"。几年来，公社经过全面规划和治理，兴修了排水渠道，并且采用了机械耕作。现在，"穷八村"变成了"富八村"，每年都卖给国家许多粮食。辽河下游左岸的辽阳、海城、营口、盖平等县，近几年建设了浑沙、沈抚、辽阳、浑南等六大灌区，变害水为利水，发展了水稻和蔬菜生产。辽河流域以机械化、电气化为中心的农田基本建设，今后将向更高的标准发展。1963 年正在收割大秋作物的中游各县，秋后准备扩大机翻地面积，进一步平整农田；下游易涝区还计划再建十几个新的电力排灌站，并对一部分灌溉渠道进行清淤疏通工作。辽阳、营口等县，还根据机耕地分布状况，计划建立新的居民点，翻修道路，扩大电力网，以利于更大规模地使用农业机械。②

安东县地处黄海之滨，广阔的沿海平原，背靠山区，地势低洼，易受洪涝灾害。全县 136 万亩耕地有半数以上是涝洼地和盐碱地。新中国成立后的最初几年，单纯注意疏河导洪；从农业合作化到 1960 年，又偏重于

---

① 参见《从明年农业生产需要出发，因地制宜确定施工重点，辽宁云南整修水利力求少投资多受益》，《人民日报》1962 年 12 月 5 日。

② 参见《为实行农业机械化创造条件，辽河流域进行大规模农田基本建设》，《人民日报》1963 年 10 月 12 日。

蓄水灌溉；1960 年冬季,才认识到本县治涝的重要性,提出了贮排兼施的方针。农业集体化后,安东县人民在全县范围内,初步建成了 8 个灌田万亩以上的灌区,全县水田面积已由新中国成立前的 9 万亩扩大到 40 万亩左右。1962 年冬,安东县总结经验,明确提出以治涝工程为主,同时积极进行灌溉工程的配套和维修加固。该县之所以确定以治涝为主,是因为内涝已成为农业生产的严重威胁。1962—1963 年,安东县的治涝工作以龙态河为重点,初步治理内涝 8 万亩,力争在日降雨量 150—200 毫米的情况下基本不成灾。除了准备组织群众疏通三条较大河流外,安东县还控制排水,同时结合灌溉工程配套,增加灌区排水渠、涵洞、闸门等排涝设施。许多大队和生产队,按照冬修规划,自动调配劳力,提前开工;一些生产队由于使用机械脱谷,节省下许多人力投入水利建设。全县最大灌区——铁甲灌区的干渠渠首枢纽工程工地,是由国家投资的改建工程,各个公社都按受益大小分担工作量,每天有几千名社员分工协作,有秩序地劳动着。[1] 到 1964 年 10 月,安东县共投工 2630 万个,终于建成一个比较完整的排灌体系,蓄水可灌溉 60 万亩农田。该县依靠集体力量,把大面积低洼易涝地和盐碱地改造成为出产优质大米的稻田。全县水稻面积由新中国成立前的 3 万亩增加到 45 万亩,成为辽宁省四大水稻产区之一。[2]

1963 年冬,辽宁省各地农村开展了以农田基本建设为中心的冬季生产活动。在辽河下游低洼易涝地区,成千上万的人在修水渠,疏通河道,兴建新的电力排灌站,工地上整天夯声不断。连续四年遭受水旱灾害的朝阳、凌源、建平等县,把兴修水土保持工程作为建设的重点;几年来治涝和改造涝洼地成绩显著的营口县,1963 年冬季继续修建河网配套工程,并新建和扩建电力排灌站 9 座,力争把 40 万亩盐碱地、涝洼地变成稳产稳收的耕地。[3]

营口县改造西部涝洼低产地区取得了非常突出的成绩。营口县西部地区在辽河最下游,包括水源、沟沿、石佛、高坎、旗口 5 个公社的全部和

---

①　参见陈泊微《认真总结经验教训,兴利除害通盘考虑,安东因地制宜整修水利》,《人民日报》1962 年 12 月 3 日。

②　参见《安东县连续十年改造涝洼盐碱地,扩大稻田四十多万亩》,《人民日报》1964 年 10 月 14 日。

③　参见《扎实开展以农田基本建设为中心的冬季生产,辽宁治水整地争取稳产稳收》,《人民日报》1963 年 11 月 30 日。

虎庄公社的西部，耕地面积44.5万亩，占全县总耕地面积的52%。这里西靠辽河、南临渤海，是洪、涝、碱、潮多种灾害经常侵袭的地方。1949年，全区水利工程极少，辽河沿岸没有成形的堤防，涝洼地里没有排涝沟渠，经常遭受洪涝灾害。大雨大灾，小雨小灾，无雨还受碱潮灾，当时可耕的20万亩土地平均亩产只有100多斤。1950年春季，营口县领导机关动员2万多人，在辽河左岸修成了长达130里的大堤，初步防住了外洪和海潮侵袭。到1954年春，沿辽河大堤修建了72座木闸门。

1955年，随着农业合作化的发展，营口西部地区掀起一个水利建设高潮，人们提出要彻底根治内涝和盐碱灾害，变害水为利水，发展水稻生产。1955年和1956年，全地区修建小型抽水站48座。在修建抽水站的同时，各社、队又先后挖了利民、劳动、黑鱼沟等8条总长140多里的骨干河渠，引水能力大大增强，使水田面积由5万亩发展到16.8万亩。

1958年营口西部地区人民公社化实现后，全地区掀起了更大规模的水利建设高潮。各乡、社出动1万多名社员，挖开了与辽河相接的最大的引水河——青天河，又挖了八里、跃进、党家等较大的引水河，把沟沿、石佛、高坎、旗口4个公社的排灌渠道结成网。1960年，该地遭受了百年未遇的特大洪水袭击，由于堤防和河网发挥了作用，使洪水顺着数以千计的大小排水沟渠迅速下泄，全区80%的耕地保住了收成。从此以后，该地着力修筑各种排水工程，涝洼低产局面得到根本改变。群众歌颂道："有了沟，有了岔（毛渠），瓢泼大雨也不怕；有了河，有了闸，大洼子长出了好庄稼。"据统计，1949—1964年间，营口县西部地区共出人工1740多万个，挖了3924万土方；先后新修和整修人工河22条，总长400多里；干渠1100条，总长1200里；支渠2800条，总长2200里。[①] 该地区涝洼地改造工程取得了显著成绩。

东北三省是中国高纬度稻作地带，水利资源丰富，适宜栽植水稻的地区很广。在沿海和内陆有着广大的低洼地和盐碱地，加以改造以后，种植水稻最为有利。甚至在中国最北部的北纬53度以北的漠河地区，试种水稻也获得成功。改涝洼地为水田，是东北三省建设稳产高产田的重要措施。据《人民日报》1965年5月24日报道，全区已经有700万亩低洼易

---

① 参见《一个稳产地区的形成——营口县改造西部涝洼低产地区的调查》，《人民日报》1964年3月13日。

涝的耕地被改造成为水田。这些水田栽种水稻，平均单位面积产量比当地其他粮食作物高一倍到两倍。到 1964 年，东北三省的水稻种植面积比上年增加 170 多万亩。[①] 这些新增水田，大部分是由原来的涝洼地改造而成的。

五　江南机电排灌的发展

发展农业的根本出路在于机械化，有计划地逐步地发展农田机电排灌站，是实现农业机械化、水利化的一个重要步骤。因此，发展农业机械排水灌溉事业，是中国南半部以水田为主的农业生产逐步走上机械化和大发展的重要环节，又是引导地方工业为农业服务从而推动工业发展的正确方向，对提高农业劳动生产率有着重要的意义。

1949 年，中国农村动力机械只有 9.7 万马力，经过几年的发展，到 1957 年达到 54 万马力。用机械灌溉排水受益的耕地，1956 年有 1700 万亩，1957 年达到 2000 万亩。但全国适于发展机械灌溉和排水的地区近 4 亿亩，除已经发展的 2000 万亩外，利用地上水灌溉或需排水的约 2 亿亩，靠地下水灌溉的约 1.6 亿亩。如按每马力平均负担 50 亩计算，约需动力机 700 多万马力。[②] 可见，农田水利机电排灌发展的空间很大。

中国的机电排灌事业基本上是随着新中国的诞生而兴起的。1957 年《全国农业发展纲要（修正草案）》发布以后，全国农村出现了一个群众性的生产高潮。许多地方要把旱地变水田，要把种一季改成种两季甚至种三季，加上精耕细作，农忙季节出现人力畜力不足的现象。因此，农业社普遍要求购买机械，特别是排涝和灌溉的机械。1957 年 12 月初，国家经委、水利部、农业部、第一机械工业部、全国供销合作总社联合召开了全国农田排灌机械及农业机械化会议，出席会议的约 500 多人，包括各省市工业、水利、农业、供销部门，以及有关企业的领导干部、工程技术人员和中央各有关部门的人员。会议决定 1958 年全国将供应 50 万马力的动力排灌机械，给农村排涝和灌溉，以提高单位面积产量。这个数字，几乎等

---

① 参见《推广大垄栽培新技术，改造大片低洼易涝地，东北三省力争今年水稻增产》，《人民日报》1965 年 5 月 24 日。

② 参见田林《为了实现"四、五、八"——记全国农田排灌机械农业机械化会议》，《人民日报》1957 年 12 月 19 日。

于当时全国排水灌溉动力机械的总和。这 50 万匹马力的排灌机械，每套都有动力机和同时使用的水泵或水车。最大的每套 120 马力，最小的每套三五马力，平均每套 10 马力左右。这些机械可以为约 2000 万亩左右的田地进行灌溉或排水，将极大提升农田机电排灌能力。①

1958 年水利"大跃进"以后，江苏、湖南、湖北、广东等省及上海郊区农业机械增加很多，农田机电排灌发展迅猛。其中江苏机电排灌发展速度最快，走在了全国的前列。

以苏南来说，可以说是全国肥沃而且风调雨顺的区域了，但是仍有很多田地"靠天吃饭"，需要利用各种方法引水灌田，来保证或增加每年的产量。机械灌溉在这里有一定的基础，因为在人力不能及或是人工比较贵的地区，人们就不能不借助机械，这样，机械灌溉就在苏南有了发展的基础。因此，早在 1908 年，江苏有些地方就开始使用抽水机灌溉农田。1934 年，国民政府建设委员会模范灌溉局创办了苏南的电力灌溉系统，当时有电力抽水站 92 处，分布在常州、无锡一带，约灌溉 5 万亩地，另有庞山试验场一处，用集中式电力灌溉，约有 1.4 万亩。但从总体上看，苏南机电灌溉发展还是比较缓慢的。从 1908 年到 1949 年的 41 年间，只在太湖地区常州、无锡等地发展了 6.04 马力的机电排灌设备，排灌耕地 227 万多亩，排灌面积仅占当时稻田总面积的 8%。②

新中国成立后，国家投资新建了一批示范性的机电排灌站。到 1950 年，苏南有 3000 余马力的电动抽水机设备，每年用电达 100 余万度，灌溉面积约 12 万亩，为国家增产稻谷约 600 余万斤。③ 在农业生产合作社时期，一部分规模较大比较富裕的合作社，在国家的帮助下建设了一批机电排灌站。到 1956 年底，江苏全省共有小抽水机 7000 台，125000 马力，控制着 580 万亩田的灌溉与排水。其中电动机 16000 马力，内燃机 109000 马力。国营的 18800 马力，合作社管理的 52500 马力，公私合营的 53700 马力。按使用性质分区灌排结合的约有 8 万马力（主要为流动抽水机船，约

---

① 参见《农业机械化会议传出振奋人心的好消息，明年将有五十万匹马力的排灌机械下乡》，《人民日报》1957 年 12 月 19 日

② 参见《1950 年华东中南区机械灌溉排水概况》，载中国社会科学院、中央档案馆编《1949—1952 中华人民共和国经济档案资料选编·农业卷》，社会科学文献出版社 1991 年版，第 519—520 页。

③ 同上书，第 520 页。

5400 余台，固定的近 50 台），单纯排涝的约 5000 马力，其余约 4 万马力为单纯灌溉的。这些机械灌溉排水的地区均能达到高产稳收。灌溉的农田由于能满足作物需水量，并节省大批劳动力去加强田间管理，一般能增加产量 50—100 斤；部分旱田改水稻，单季稻改双季稻，特别是排涝地区，不仅能使稻子稳收，还能增种一季麦子，效益更为显著，一般每亩可增产 200 斤以上。而且抽水成本（每亩 3—5 元）比起原来的牛车（每亩 5—8 元）、人力车（每亩 6—10 元）还可大大减少，因而广大农民都要求购办抽水机。1956 年，国家分配给江苏省投入生产的只有 317 台 7401 马力，而各地自行去上海等地购买和修配的旧机却有 1057 台 22299 马力。[1]

1949—1957 年，江苏全省机电排灌设备的动力比新中国成立前增加了一倍以上。人民公社化后，机电排灌站得到了迅速发展，同时国家又将部分国营抽水机，在所有制不变的原则下，下放给公社经营管理。这样，江苏全省形成了四种经营管理形式：即国有国营、国有社营、社有社营和队有队营。1958 年以后，江苏省的机电排灌事业有了新的发展。尤其是机电灌溉发展更快，1958 年共增加抽水机 73000 马力，超过了新中国成立前数十年发展数字之总和。[2] 到 1961 年底，江苏省的农田机电排灌设备已经发展到 55.5 万多马力，相当于新中国成立初期的 10 倍左右，比 1957 年前增加 2 倍多。农田机电排灌面积已占全省耕地面积的三分之一以上。机电排灌站发展较久的苏南平原圩区，基本上实现了农田排灌机电化；原来机电设备很少的徐淮地区，机电排灌站也于 20 世纪 60 年代初逐步兴建；过去完全依靠水库、塘坝灌溉，而水源困难，常年闹旱的丘陵山区，1960 年后的两年间开始试建引水上丘、多级提水的机电灌溉站，以补给水源，从根本上解决丘陵山区的灌溉问题。[3] 到 1962 年底，江苏已经拥有 75.6 万马力设备，排灌耕地 2341 万亩，占全省水稻面积的 70% 以上。[4]

农田机电排灌站的迅速发展，提高了抗灾能力，促进了农业生产，节省了大量的劳动力，同时也带来了大量的配套、巩固工作。江苏省不少地

---

[1] 参见江苏省水利厅《江苏省机械灌溉排水工作中的几点体会》，载中国社会科学院、中央档案馆编《1953—1957 中华人民共和国经济档案资料选编·农业卷》，中国物价出版社 1998 年版，第 664 页。

[2] 参见《江苏省机电灌排情况介绍》，江苏省档案馆藏 3224—长期—386 卷。

[3] 参见方文举《农田机电排灌工程的几个问题》，《人民日报》1962 年 1 月 6 日。

[4] 参见陆超祺《要自始至终考虑农村的特点》，《人民日报》1963 年 1 月 2 日。

方在发展机电排灌站的同时注意了配套、巩固工作，因而机械利用率较高。南通县元桥人民公社电力排灌站，自 1957 年建站后，紧紧抓住了工程配套工作，逐步建立了渠系，加强了经营管理工作。建站 4 年，这个电力排灌站由每匹马力平均灌溉 42 亩提高到 60 多亩，水稻亩产比 1957 年提高 12.3%，每亩田灌溉成本降低一半以上。可见，这个电力排灌站并没有增加新设备，而只是通过配套、巩固和加强经营管理工作，工程发挥的效益，就等于又新增加了 45% 的机电设备。但从江苏省机电排灌工程总体上看，应该全力进行配套、巩固、提高，使已有的工程充分发挥效益，对个别因旱涝严重而排灌工具特别缺乏的地方，也要因地制宜地有计划地适当发展，以逐步提高这些地区的抗灾能力，逐步提高排灌机械化的程度。①

　　镇江专区是江苏省机电排灌工作的先进典型。镇江专区背靠长江，面对太湖，水源十分充足。但辖境 11 个县几乎每县都有山，山区丘陵起伏，岸高水低，农民为了提水灌田颇伤脑筋。新中国成立之前，人力、畜力车水占 95%，内燃机戽水占 4%，电力占 1%。农业合作化初期，人力、畜力占 82%，内燃机占 13%，电力上升到 5%。到 1962 年秋，全区拉开了 1411 公里的高压低压输电线，设置了 1197 座电灌站，电力灌溉占 52%，内燃机占 43%，人力、畜力车水只占 5%。江南水稻一般要灌 14 次水，灌水耗用的劳力往往要占一季水稻需用劳力总数的三分之一，动力状况的变化表明，在水稻栽培的主要操作环节上已由现代化的机械代替了繁重的体力劳动。农民高兴地称赞说："电动机精明强干，说什么时候要水，只要一拉开关；煤气机哼哼哈哈尽偷懒，又重又笨不好搬。"②

　　到 1963 年春，江苏全省有机电排灌站 7300 多座，担负着 2400 多万亩耕地的灌溉排涝任务。机电排灌的发展，对保证江苏各地水稻、棉花增产的作用越来越大。但仍有许多机电排灌设备的使用率和排灌效益较低，水费成本偏高。这不仅影响生产队的收益，而且直接影响机电排灌事业本身的巩固和发展。为了进一步扩大排灌效益，降低水费成本，江苏各级机电排灌管理部门除了对排灌效益高、成本低的机电排灌站的经验进行了认真的总结和推广外，还对排灌效益低、成本高的一些机电排灌站的工作进行了调查，针对存在的问题，采取措施，改善这些排灌站的经营管理工作。

---

① 参见方文举《农田机电排灌工程的几个问题》，《人民日报》1962 年 1 月 6 日。
② 叶剑韵：《电力下乡以后》》，《人民日报》1962 年 10 月 20 日。

为了扩大排灌面积和改善灌溉条件，各地对渠道、田埂等进行了整修，对一部分机电排灌站进行调整配套工作。粮食高产的苏州专区，1962年冬以后，在67个易旱易涝的公社调整和充实了146个机电排灌站，新建了16个电力排灌站，这可使机电排灌面积增加48万亩，改善排灌条件78万亩，保证了这些社队抗御旱涝灾害和高产稳收的能力。各地机电排灌站还普遍加强了排灌机械的维护、保养工作，进一步挖掘设备潜力，提高设备使用率。[①]

江苏各地机电排灌站和灌区各人民公社的生产队，都把计划用水、节约用水作为降低水费的一项重要措施。全省计划用水推行最早、水费最低的丹阳县，根据"多用水多负担，少用水少负担"的合理负担政策和量水到渠、核算到生产队的经验，与生产队共同修订用水计划，实行计划供水。1963年，全县计划用水的面积由30多万亩扩大到50多万亩，每亩电灌或机灌的水费进一步降低。据有关部门计算，全省机电排灌受益面积将比上年扩大100多万亩，水费成本将比上年下降30%左右。[②]

据《人民日报》1963年10月10日报道，江苏省在本年新建和扩建了740多座机电排灌站，新架设600多公里农用高压输电线路。至此，从洪泽湖畔到黄海之滨，从太湖流域到淮河下游，从平原洼地到丘陵山区，机电排灌站星罗棋布，高压输电线路纵横交错，初步形成了机电排灌网。全省机电排灌设备的动力比1957年增加了5倍，70%以上稻田的排水、灌水，已能使用机电设备了。[③]

在农田机电排灌的经营管理方面，江苏省除了按水系、灌区或按行政区建立专业管理组织外，特别是在基层站内，由受益社队、机电站职工等代表组成灌溉管理委员会，在灌区里由配水员、引水员、放水员组成灌区用水管理"网"。这是做好机电排灌经营管理工作的重要措施之一。凡是灌区里灌溉管理上的一些重大问题，都要由灌溉管理委员会进行讨论和决定。事实证明，这样由群众自己当家做主，参加生产、管理生产和指挥生产，就能够充分调动群众的积极性。丹阳县运河电灌区自贯彻民主管理后，用水省一半，成本降低，产量提高。同时，在灌溉管理上，实行灌溉

---

① 参见《江苏机电排灌站挖掘设备潜力改进经营管理，扩大排灌效益，降低水费成本》，《人民日报》1963年4月4日。

② 同上。

③ 参见《机电排灌事业蓬勃发展》，《人民日报》1963年10月10日。

按次序，做到了适时适量地灌溉。建立必要的责任制度，明确职责，并逐步推行合同制，对推动经营管理工作起到了重大作用。同时，江苏省各地比较普遍地推行了"定机、定面积、定成本、定水量"和"包燃料消耗、包机具维修保养、包排灌面积"等责任制度，并对那些工作积极负责、超额完成生产指标、节约成本及维修费用的，实行奖励。

认真贯彻执行合理负担政策，是调动广大群众生产积极性，做好机电排灌经营管理工作的根本关键。江苏省主要有四种形式。一是实行按田亩平均负担。即以机电排灌站为单位，以机定站，按灌区包田，按受益田亩多少平均负担水费。这种办法，方法简单，容易计算，群众看得见，摸到底，因此，一般新建的机电灌区，在干部和群众缺乏管理经验的情况下，都采用这种办法。但是，它的缺点是负担不合理，不能调动社员的生产积极性。二是采取基本费和钟点费相结合的办法。这种办法，已初步承认了灌区内用水多少，打水时间长短的差别。三是按机定田，计时收费。即根据机器大小，确定灌溉面积，按田亩打水时间计算费用，多打多负担，少打少负担。四是以渠道划片，按水量计费的办法。即多灌水、多用电就多负担。这样基本克服了平均负担的现象，做到负担合理。但是，采用这种办法，需要具备一定的条件，如渠系和建筑物比较完整，管理上有一定的经验，需要细致的登记、计算工作等，要因地制宜有计划地逐步地实行。①

据江苏省 1962 年的调查资料显示：电灌的好处主要体现在三个方面：（1）抗灾能力强，能够稳定提高粮食产量。靖利县利珠大队 1954 年用人工灌溉，水稻亩产 415 斤；1960 年用机灌，亩产 430 斤；1961 年改为电灌，虽遇上特大旱年，但亩产高达 517 斤，比 1954 年多 102 斤，比 1960 年多 87 斤。（2）与机灌相比，可以降低生产成本。江苏平原地区电灌成本每亩约为 1 元 8 角至 2 元 4 角，而机灌成本约为每亩 5 元，电灌比机灌一般可降低成本一半。（3）与人畜力提水相比，可以节约大量劳动力，并减轻人的劳动强度。江都县计算，电力提水灌溉使用的劳动力比人力提水使用的劳力少 90%，由于部分采用了电灌，该县 1961 年节省了 300 多万劳动日的重体力劳动。当然，在农业用电的迅速发展中，由于经验不足，也存在不少问题，主要体现在：设备利用率

---

① 参见方文举《农田机电排灌工程的几个问题》，《人民日报》1962 年 1 月 6 日。

低，成本高，事故多。全国电力排灌设备平均利用率目前一年只有700小时左右，大体比1957年低1倍。全国40多万千瓦农业电站，能经常正常运行的只有40%左右。[1]

上海郊区农村河道密布，雨量充沛，向称"鱼米之乡"；但过去水系比较紊乱，加之有时雨量集中，有时久晴不雨，易涝易旱。从1949年到1957年的9年中，就有5年受到较重的旱涝危害。蔬菜区流传的民谣云："十只南瓜九只黄，十个菜农九个伤，若问菜农如何伤，日夜挑水浇地伤，旱的旱死荒的荒，这种日子真难当。"[2]新中国成立后，上海市大力发展了机电灌溉和改良提水工具，使郊区水利面貌起了显著变化。到1957年，机电排灌设备达到11896马力，其中电动机1685马力，内燃机10211马力。排灌面积为45.89万亩，其中电灌10.37万亩，机灌35.52万亩。[3]灌溉面积也随之逐渐扩大。1957年扩大灌溉面积18.5万亩，1958年每马力灌溉50亩，最高的每马力灌溉80—113亩，比1957年平均每马力灌溉32亩，增长了60.6%，最高的增长了2倍以上。如马陆电灌站，1958年灌溉了2万亩，战胜了旱灾威胁，水稻比非机灌区增产50斤，棉花增产70斤。灌区群众激动地说："过去十年九不收，吃与穿来天天忧，现在有了抽水机，能抗旱、能除涝，年年保证大丰收，吃与穿来勿用愁。"[4]

上海郊区农村公社化以后，国家大力帮助郊区农村建设机电排灌工程。尤其是在三年"大跃进"运动中，上海郊区各县的机电排灌事业有了很大发展。据统计，1960年底，郊区农村共增加了排灌机械2885台57316马力，其中电动机1484台30115马力，内燃机1401台27201马力，加上1958年前的排灌设备，达到3047台59846马力，其中电动机1539台31305马力，内燃机1508台28541马力。全年机电排灌面积已达到279万亩，其中水稻224万亩，占播种面积的70%；蔬菜16万亩，占播种面积

① 参见《水利电力部党组关于农村电灌问题的报告》，载中国社会科学院、中央档案馆编《1958—1965中华人民共和国经济档案资料选编·农业卷》，中国财政经济出版社2011年版，第429—430页。
② 上海市农业局水利处：《上海市1958年机电灌溉总结》，上海市档案馆藏B45—1—240卷。
③ 参见上海市农业局《上海市1963年—1967年农田水利工作的初步设想》，上海市档案馆藏B45—3—40—1卷。
④ 上海市农业局水利处：《上海市1958年机电灌溉总结》，上海市档案馆藏B45—1—240卷。

的 34%。排灌设备的增加，使上海郊区排灌机电化程度大幅提高，全市 65 个公社中有 60 个实现了排灌电气化。由于有了机电排灌以及其他的农业增产措施，1960 年水稻总产量比 1959 年增加了 41 万斤，社员收入增加了 72%。群众称赞道："公社化大变样，机电排灌力量强，低田能收高产量，幸福全靠共产党。"机电排灌不仅促使农业增产，而且还为节约农业劳动力起了一定的作用。据上海县马桥公社的调查，1960 年种植水稻 5.8 万余亩，如用牛灌，管理用水的劳力就要 2800 余人，而现在用了 960 马力的电动机，节约劳力 2531 人，平均每马力可节省 2.6 个劳动力。这些劳力节省下来后可以从事其他农事活动和多种经营，如崇明县港西公社在 1959 年实现机灌后，腾出劳力积肥 58 万担、养猪 373 头、鸡鸭 20838 只。①

　　到 1961 年底，上海市郊区共投资 1600 多万元，无利贷款 1300 多万元，先后组织了 200 多个工厂协作，为农村生产电动机、柴油机、变压器、水泵、仪表等设备，短时期内帮助郊区制造和架设了高压线路 2000 多公里、低压线路 570 多公里。上海市郊 10 个县拥有固定机电排灌站 1800 多座，流动机器 990 多台，机船 1000 多条，总马力达 6.65 万多匹。新增加的电力机械排灌设备的马力，比公社化前 9 年的总数还多 3.2 倍。全郊区 540 多万亩耕地中有 330 多万亩实现机电排灌，其中需水较多的蔬菜和水稻的机电排灌面积分别占到 72% 和 75%。② 到 1962 年，机电排灌又有了较快发展，机电排灌设备为 69652 马力，其中电动机 47611 马力，内燃机 22041 马力；排灌面积 354 万亩，其中电灌 259 万亩，机灌 95 万亩，占郊区耕地面积的 65.6%；水稻灌溉 256 万亩，占播种面积的 82.6%；蔬菜灌溉 36 万亩，占种植面积的 85.3%；其他作物灌溉 62 万亩，占种植面积的 30.5%。③ 上海市机电排灌 1962 年比 1957 年的增加情况，详见表 5 - 7。

---

　　① 参见上海市委农村工作部《1961 年机电排灌管理工作的意见（草稿）》，上海市档案馆藏 A72—2—886 卷。

　　② 参见《城市工业积极支援农业的结果，上海郊区过半农田用机电排灌》，《人民日报》1961 年 12 月 3 日。

　　③ 参见上海市农业局《上海市 1963 年—1967 年农田水利工作的初步设想》，上海市档案馆藏 B45—3—40—1 卷。

表 5 - 7　　　　　　　　　上海市 1957—1962 年机电排灌发展情况

	1957 年	1962 年	1962 年比 1957 年增长的倍数
机电排灌设备（马力）	11896	69652	4.86
其中：电动机	1685	47611	27.26
内燃机	10211	22041	1.16
排灌面积（万亩）	45.89	354	6.71
其中：电灌	10.37	259	23.98
机灌	35.52	95	1.67

资料来源：笔者根据《上海市 1963 年—1967 年农田水利工作的初步设想》（上海市档案馆藏 B45—3—40—1 卷）整理而成。

素有"鱼米之乡"之称的长江三角洲地区（包括江苏省南部、浙江省北部和上海市郊区，耕地面积约 4400 万亩），在第一个五年计划期间增加了成批的抽水机等机械排灌设备。在"大跃进"中，机械排灌得到了快速发展。从 1958 年起，国家每年在这个重点粮食产区投放了比过去更多的资金，调拨大批设备器材，建设和扩大电力排灌工程。到 1962 年秋，农村电网已基本上布及全地区。强大的电力通过电网源源输向农村；需要提水灌溉的农田，已有四分之三使用机械和电力灌溉，其中电力灌溉的面积占一半左右。整个地区的电灌面积，已相当于 1957 年的 10 倍多。[①]

长江三角洲广大地区机电排灌事业的发展，在灌溉、抗旱、排涝方面发挥了显著的作用。太湖东面淀山湖边的上海青浦县，因为地势低，过去经常受涝。1958 年后，这个县把低洼田周围的圩堤联结起来，筑高加厚，修筑了 30 多座水闸和 100 多座电力排灌站。这样，遇有暴雨就能迅速把低洼田里的积水排出去，天旱时又能把河水引来灌溉。1962 年 8 月初，这里受到台风、暴雨、潮汛的袭击，外河水位比低田高出 1 米以上，社员们一面关闭了通江水闸，抵挡潮汛，一面用机电排灌设备排除积水，迅速解除了涝灾的威胁。1962 年 7 月初，江苏无锡县骤降暴雨 200 多毫米，4 万多亩农田受淹，因有机电排灌设备的抢救，两天内就把积水全部排出。江苏武进县安家寨灌区原来只有一半土地能种水稻，使用电灌以后，这个地区 90% 以上都成了水稻田。机电灌溉发挥了抗旱排涝的显著作用，节省出

---

① 参见《江南鱼米乡布成机电排灌网》，《人民日报》1962 年 9 月 22 日。

大量人力畜力用于精耕细作和多种经营。

　　珠江三角洲电力排灌网，是由中国自行设计、装备和兴建的大型机电排灌工程。珠江三角洲和其邻近地区过去有760多万亩耕地经常受到内涝、咸潮和干旱的严重威胁。到1963年秋该区电力排灌网建成后，已有580多万亩可用电力排灌了。1963年上半年，这里遇到严重干旱，由于有了电力排灌站昼夜抽水灌溉，仍然保证了90%以上的稻田用水，使早稻获得增产。当时的南海县有50万亩稻田，已有45万亩使用电力排灌。电力排灌站抗御自然灾害具有如此巨大的威力，使广大农民赞叹不已，他们用"幸福站"、"丰收站"、"增产站"来称呼它。1963年9月底，珠江三角洲电力排灌网第四期工程基本建成，新建成的小型电力排灌站共1303个，装机总容量5.5万多千瓦，受益农田154万多亩。该期工程建成后，东起东江上游的河源县，西至西江中游的高要县，北达北江中游的清远县，南抵南海岸边，纵横200多公里的23个县（市）的辽阔的田野上空，高压输电线路交织成蜘蛛网一样；装机总容量达18万多千瓦的2562个电力排灌站，星罗棋布地点缀在田间，控制着586万多亩农田的排水和灌溉。①

　　湖北省是中国重要粮棉产区之一，省内河湖港星罗棋布。但新中国成立前，这里的农民没有一台机电排灌设备。1960年以后，湖北工业部门大力支援农村逐步建立起了农业机械修配网，培训了数以千计的机电排灌技术人员，大力发展机电排灌。1963年，湖北新建和续建的50多处电力排灌站，使11个县的约15万亩农田可以利用电力灌溉。据湖北省排灌管理部门提供的材料，到1963年秋，全省农村已有六分之一以上的水田使用机电排灌，平均每70亩水田已有1马力的机电排灌设备。新华社记者描述当时的情景道："无论在水网密布的江汉平原，还是在丘陵起伏的鄂东地区，人们都能听到抽水机的响声，看到从水泵口涌出的清泉。以武汉、大冶为中心的电网伸向辽阔的农村。"②

　　洞庭湖滨平原是湖南省最大的商品粮基地，又是棉花、麻、渔的主要产区。由于沿湖地区地势低洼，来水面积大，每逢雨季，长江及省内的湘、资、沅、澧等水的洪水入湖，外湖水位提高，内湖渍水排不出去，许多农田常遭渍水威胁。为了彻底改变洞庭湖区的面貌，确保700万亩肥沃

　　①　参见《机电排灌事业蓬勃发展》，《人民日报》1963年10月10日。
　　②　同上。

的农田不受旱涝威胁，中共湖南省委和省人民委员会决定建设洞庭湖滨的电力排灌网。在湖南省农田基本建设指挥部领导下，统一规划，分批分期施工。洞庭湖滨电力排灌网是中国南方水稻区建设的巨大机电排灌系统之一，范围不限于湖滨地区，还包括湘、资、沅、澧四江下游各县。

《人民日报》1965 年 2 月 25 日报道：整个工程分三期进行。1963 年冬，第一期排灌网工程开工兴建，到 1964 年春完成，装机容量为 3 万多千瓦。第一期所建的排灌站主要分布在洞庭湖南岸益阳、湘阴、长沙等县，受益面积为 60 多万亩。这些排灌站对这些县 1964 年的水稻生产起了显著的保证作用。1964 年冬，第二期工程开工，排灌站主要分布在沅江、常德、安乡、岳阳、南县等各地。从洞庭湖东部的岳阳县到西部的常德等县的建设工地上，5000 多名干部、近万名专业技术队伍和数万名民工冒着寒风加紧施工，保证了第二期工程于 1965 年春汛到来之前建成。第二期工程建成后，新增装机容量 7 万多千瓦，电力排灌面积将增加 300 万亩。1966 年春季完成第三期工程后，洞庭湖区将拥有装机容量为 12.5 万千瓦的大小 1000 多个电力排灌站，在日降雨 200 多毫米的情况下，两三天就能排干渍水。如遇天旱，又可抽水灌田。这样，不但使 700 万亩农田做到旱涝保收，而且由于从排渍抗旱方面节约出来的劳动力用于精耕细作，多积肥料，粮食产量预计将比现在增产一倍左右。①

新华社 1964 年 9 月报道：全国各地农村新建和续建了一批机电排灌站，共增加机电排灌设备 40 多万马力。目前全国农村使用机电灌溉的农田面积，比 1957 年增加了 5 倍。新建和扩建的机电排灌站多分布在主要粮棉产区。号称"天府之国"的四川省农村，1964 年上半年新增建了高压输电线路 420 多公里，同时在这条线路上安装了近 8000 千瓦电力提水设备。安徽省 1964 年由国家投资新建的电力排灌站有 90 多个，其中有一半以上分布在水稻集中产区的沿江圩区和淮南丘陵地区。江苏省在上年建成了江都水利枢纽工程第一抽水机站以后，于 1964 年 8 月下旬又建成了第二抽水机站。这两个抽水机站都是中国当前最大的抽水机站，每昼夜能排水 1000 万立方米，或者抽水灌溉稻田 126 万亩。纵横几百里，包括江苏省长江南北地区、浙江北部地区和上海郊区在内的长江三角洲，需要提水灌溉的农田，已有 80% 采用机电排灌，其中用电力灌溉的占一半以上。

---

① 参见《洞庭湖滨建设巨大电力排灌网》，《人民日报》1965 年 2 月 25 日。

河网交错的广东省商品粮重点产区珠江三角洲，采用机电排灌的农田已达500多万亩。机电排灌网初具规模的湖北江汉平原，用机械电力灌溉的农田面积也显著增加。①

随着农村人民公社集体经济的日益发展和巩固，全国已经建成的大量机电排灌工程中，除一些大、中型工程由国家投资兴建或由国家、公社合资兴建外，其余都是人民公社依靠自己的力量建设起来的。

1965年上半年，全国50多家动力机械厂为农村生产的农用排灌机械比1963年全年产量还多，比1964年同期增长25%左右。全国已经有了一批基本上能够适应不同地区地理条件的农田排灌机械；全国90%以上的县已有了机电排灌机械。1965年7月，中国农业机械学会在镇江召开了全国农田排灌机械学术讨论会。会议指出：农用排灌机械品种的发展，将进一步增强中国农业抵抗自然灾害的能力，促进粮食增产。中国幅员辽阔，各地地理条件很不相同，目前已有的农田排灌机械的品种和型号，还不能完全满足不同的要求。今后还要进一步提高排灌机械质量，大力增加品种规格，努力降低造价，开辟新的利用自然能源的途径，使我国农业生产需要的排灌机械，尽快形成一个完整的体系。②

六　黄河中上游地区的水土保持

水土保持是农业生产的一项基本建设，它是根治河流水害、开发河流水利的根本措施，也是合理利用水土资源，建立良好生态环境，发展农业生产的一项根本措施。黄河中游和永定河上中游分布着大面积的黄土，这个区域的特点是常年雨量少而集中，由于地表植被遭受破坏，水土流失严重，地面坡陡，沟壑纵横，丘陵起伏，造成了暴涨暴落，并使黄河、永定河成为世界上含泥量最大和最难处理的河流之一。该地区每年流失大量的肥沃土壤和水分，造成土地日趋贫瘠，一般年份亩产量仅几十斤，人民生活至为贫困。要提高农业生产，必须首先改善该地区的自然条件；要改善该地区的自然条件，必须在整个流域面积上实施农、林、牧、水利综合的

---

①　参见《依靠集体和国家力量迅速发展机电排灌事业，机电灌溉面积公社化以来增五倍》，《人民日报》1964年9月25日。

②　参见《我国不同地区都有了农田排灌机械》，《人民日报》1965年7月20日。

水土保持措施,按农区、林区和牧区各区的条件分别造林、种草、修梯田,建拦淤坝、谷坊、水池、水窖等。这样可以达到减少水土流失、提高农业生产的目的。[1]

黄河流域的水土流失区域大致可分为三种情况:一是严重流失区,包括黄土丘陵沟壑区与黄土高原沟壑区,面积约25万平方公里,每年输入黄河的泥沙约占黄河总输沙量的90%。二是局部流失区,包括林区、土石山区、高地草原区、干旱草原区和风沙区,面积约31.7万平方公里,每年输入黄河的泥沙约占黄河总输沙量的9%。三是轻微流失区,包括黄土阶地区与冲积平原区,面积7.3万平方公里,每年输入黄河的泥沙约占黄河总输沙量的1%。[2]严重的水土流失使大量泥沙通过千沟万壑源源不断地输入黄河,使下游河床淤积抬高形成"悬河",造成频繁的洪水灾害,使黄河成为世界上最难治理的河流。因此,治理黄土高原的水土流失成为治黄工作的重要组成部分,也是举世瞩目的改善生态环境的重要工程。

黄河流域的水土保持,在新中国成立前经历了两个发展时期:一是从西周到晚清,群众在生产中创造了坡地修梯田、沟壑筑坝淤地等水土保持措施,其目的是为了获得作物高产,一般由群众自发进行,历代统治者都未把它作为治黄的措施来推广,实施面积很小。二是在民国时期,在水利专家李仪祉、张含英等人的积极倡导下,把水土保持作为解决黄河泥沙问题和提高农业生产的主要措施,纳入治黄方略,设置水土保持机构,开展水土保持研究。

新中国成立后,中国共产党和人民政府十分重视黄土高原地区的水土保持工作,明确水土保持是根治黄河的基础,是发展当地农业生产的生命线。尤其是结合制定《关于根治黄河水害和开发黄河水利的综合规划的报告》和治理黄河工程,党和政府在黄土高原水土流失地区开始有组织有领导地大规模开展水土保持工作,由重点试办到全面发展,在实践中探索前进。中国政府把黄土高原的水土保持纳入国民经济计划,作为治黄事业的重要组成部分。

1950年1月的黄河水利委员会第一次委员会议,即把水土保持作为黄

---

① 参见须恺《中国的灌溉事业》,载中国社会科学院、中央档案馆编《1953—1957中华人民共和国经济资料选编·农业卷》,中国物价出版社1998年版,第660页。

② 参见黄河水利委员会、黄河中游治理局编《黄河志》第8卷《黄河水土保持志》,河南人民出版社1993年版,第3页。

河水利委员会的一项任务列入了日程，明确提出"水土保持是黄河流域的主要工作之一"。1952 年 12 月，政务院发出的《中央人民政府政务院关于发动群众继续开展防旱、抗旱运动并大力推行水土保持工作的指示》强调："水土保持工作是一种长期的改造自然的工作。由于各河治本和山区生产的需要，水土保持工作，目前已属刻不容缓。"① 1953 年的水土保持工作"应以黄河的支流，无定河、延水及泾、渭、洛诸河流域为全国的重点"②。据此指示精神，黄河水利委员会作出的《关于 1953 年治黄任务的决定》指出："黄河危害的根源，在于西北黄土高原的水土流失。因此，把黄河由害河变成利河的关键，在于水土保持任务能否完成。为了尽早实现黄河治理……我们必须遵照政务院的指示，大大地加强这一根本性的工作。"③ 此后，黄土高原人民在党和政府的领导下，在陕北、陇东、陇南等水土流失严重地区，开展了水土保持的重点试办工作。

为了加强水土保持科研工作，黄河水利委员会早在 1950 年就成立了黄河水利委员会西北黄河工程局，专门进行水土保持和西北地区的水利建设，接收了甘肃省天水水土保持试验站，又于 1953 年在陕西米脂站的基础上成立了绥德水土保持试验站，新建了甘肃西峰水土保持试验站，还设立了一些小型试验站和示范点，抽调大批干部、技术骨干到试验站工作。随着水土保持工作的开展，黄河中上游各省区陆续设立了水土保持科研机构，成立了试验站、研究所和示范站等。④ 1953 年 1 月，黄河水利委员会把原来分散在农、林、水、牧和铁道部的水土保持业务机构集中起来，成立了西北区水利委员会，其职责就是推动西北地区水土保持工作。

在加强领导水土保持工作的同时，1951—1954 年间，黄河水利委员会及相关单位组织了 3 次对西北高原大规模的全面性的查勘，基本上完成了黄河中游地区 37 万平方公里流域面积的全面查勘，了解了这些地区整个自然面貌和社会状况。1953 年 4 月至 7 月，时任水利部副部长的张含英率领的由水利部、农业部、林业部、中国科学院、黄河水利委员会、西北行政委员会等单位的专家 36 人组成的西北水土保持考察团，先后在水土流

① 《中央人民政府政务院关于发动群众继续开展防旱、抗旱运动并大力推行水土保持工作的指示》，《人民日报》1952 年 12 月 27 日。
② 同上。
③ 《黄河水利委员会关于一九五三年治黄任务的决定》，《新黄河》1953 年第 3 期。
④ 参见王化云《我的治河实践》，河南科学技术出版社 1989 年版，第 299—302 页。

失严重的陕西省北部和甘肃省东部、南部、兰州等地区黄河中游各主要支流泾河、渭水、洛水、无定河流域，考察了水土流失情况，搜集了土壤、气候、水文、地面被覆等有关资料，并了解了当地农民保持水土的经验。考察团并与各地领导机关召开座谈会，交换了有关水土保持工作的意见。考察团团长张含英在西安期间曾向西北区、陕西省和西安市的干部作了题为《西北水土保持工作及治黄问题》的报告。考察团形成了西北地区水土保持工作的基本意见：保原（水不下原），固沟（泥不出沟），护坡（土不下坡）和防沙（沙不南移）等。①

　　1953 年 5 月至 12 月底，由黄河水利委员会与农业部、林业部、中国科学院及西北行政委员会共同组成的西北水土保持查勘队，集中 500 多名科技人员，组成 9 个水土保持查勘队，对黄河上中游地区水土流失严重的 31 条支流进行了全面深入的调查研究，查勘面积达 21.3 万平方公里。这次查勘全面了解流域社会经济情况，认真总结当地群众的水土保持经验，研究提出了农、林、牧、水利等综合水土保持试验研究的项目和方法，建议选定一批试验区，开展测验研究工作。这次黄河中游水土保持大查勘，是有史以来对黄土高原地区水土流失情况进行的规模最大、内容最全面的查勘，为 1954 年编制《黄河综合利用规划技术经济报告》中的水土保持规划提供了主要依据。

　　黄河水利委员会为了给根治黄河做好准备，研究解决水土流失问题，从全面了解和重点试办入手，做了不少努力。在黄河上中游水土流失严重的地区，以陕西省绥德和甘肃省天水、庆阳等地为重点进行了水土保持的试验和推广工作。据不完全统计，1950 年到 1954 年 10 月，甘肃（原宁夏部分没统计在内）和陕西两省完成各种防止田间水土流失的工程的耕地面积共 1590182 亩，造林 3522550 亩，修谷坊 9002 道、大小型的留淤坝各 6 座、淤地坝 85 道，整修天然池和挖涝池 14 个；取得了保持黄土高原的塬面不被再冲刷的有效办法，并收集了进一步推行水土保持工作的各种基本资料。在试办和推广水土保持的地区，泥沙冲刷有所减轻，生产逐渐提高，人民生活开始改善，农民对水土保持的积极性随之高涨，为水土保持

---

① 参见《在祖国经济建设的战线上》，《人民日报》1953 年 7 月 21 日。

工作的进一步开展创造了有利条件。[①]

为了总结各地水土保持工作经验，进一步推动水土保持工作，1954 年 11 月 2—29 日，黄河水利委员会在河南郑州召开了陕西、甘肃、山西 3 省水土保持工作会议。参加会议的有 3 省 14 个专区的农业、林业、水利、畜牧各个部门的代表和农民代表，有中国科学院西北分院、黄河水利委员会西北黄河工程局和 7 个水土保持推广站的代表。水利部和河南省治淮指挥部也派代表出席了会议。这是黄河流域也是全国第一次规模较大的水土保持工作会议。会议总结了过去几年在黄河中游干、支流重点试办水土保持的成绩和经验，探讨了在黄土高原丘陵沟壑区、高原沟壑区、石山区、陕北长城内外的风沙区等不同地区的水土流失特征及治理的办法，提出了"要建立专业机构，加强党的领导，紧紧依靠互助合作，贯彻'因地制宜'的原则"。会议要求黄河中游高原地区领导农民进一步广泛推行水土保持工作，以发展高原地区的农、林、畜牧等经济。[②] 之后，陕西、甘肃、山西 3 省分别制定了 15 年水土保持远景计划。

1955 年 1 月，黄河水利委员会主任王化云总结代表们的意见，并结合自己多年来通过实地考察形成的看法，向水利部报送《关于进一步开展水土保持工作的总结报告》，提出了黄土高原水土流失的治理意见。报告认为：黄土高原水土保持工作应在"综合开发，大力开展，因地制宜，稳步前进"的方针指导下进行。具体方法是：要根据丘陵沟壑区、高原沟壑区、石山区、风沙区等不同的特点，采取不同的方法进行治理。水利部党组认为，该报告基本概括了当时黄土高原地区水土保持工作开展的实际情况，提出的问题也具有代表性和指导性，于是在 2 月 4 日将该报告转呈中央农村工作部并报中共中央。

3 月 15 日，中共中央向全国各中央局和省委批转了这个报告。中共中央在批示中指出："中央认为这个报告很好，所总结的各种经验都切合实际。这个报告说明陕、甘、晋三省几年来的水土保持工作已取得了显著成效。也说明，只要我们实事求是，因地制宜，依靠群众，因势利导，那么

---

① 参见《黄河水利委员会召开水土保持会议研究黄河流域推行水土保持的总规划》，《人民日报》1954 年 12 月 8 日。

② 参见《王化云关于进一步开展水土保持工作的总结报告》，载《建国以来重要文献选编》第 6 册，中央文献出版社 1993 年版，第 93—99 页；《黄河水利委员会召开水土保持会议研究黄河流域推行水土保持的总规划》，《人民日报》1954 年 12 月 8 日。

'大自然的破坏力是可以利用到另外一方面,即利用它来为人民造福'。这个真理必须为全党所重视。黄河流域水土保持工作是根治黄河最根本的办法,也是改造大自然的伟大计划。只要我们认真加以注意,依靠广大群众的力量,采取适当的方法,逐年加以实施,是能获得伟大的效果的。"① 批示要求:"各省委根据这个报告和以往经验,进一步研究如何开展全省水土保持工作的全面规划,并分别不同情况和不同地区,采取因地制宜的水土保持措施;研究当地群众需要与可能,提出适合当地农林水牧分别结合的办法,以便既有利于水土保持工作,亦有利于当地农民当前的生产生活,不要重复过去因水土保持而机械封山育林及盲目废田还林等偏差。各地可以结合互助合作运动的发展,定出逐步发展的计划,组织群众力量加以实施。"② 批示还指出:"中央认为召开这种水土保持工作会议,很有必要,责成中央水利部每年或每两年召开一次有华北、西北各地代表参加的这样的会议,总结水土保持工作经验,并拟定实施计划,报告中央批准施行。各有关的省、专区和县亦应酌量召开这样的会议,并将结果报告上级和中央。"③ 中共中央的批示,对此后全国水土保持工作起了巨大的推动作用。这个批示转发后,黄河流域以及全国各地水土保持机构相继成立,水土保持工作由过去一家一户分散地进行单项治理,发展为一村一组合作,一坡一沟成片治理,出现了一些集体治理的好典型。④

1955年10月,全国第一次水土保持工作会议根据各地水土流失情况和黄河治理规划的要求,认为:"目前全国水土保持工作以黄河中游、永定河上游为实施重点。"⑤ 会后,黄土高原的水土保持工作迅速开展起来。1956年3月1日,团中央、林业部、黄河水利委员会在延安召开了陕西、甘肃、山西、内蒙古、河南5省(区)青年造林大会。会议通过的《关于绿化黄土高原和全面开展水土保持工作的决议》指出:"大规模地植树造

---

① 《中共中央转发王化云〈关于进一步开展水土保持工作的总结报告〉》,载《建国以来重要文献选编》第6册,中央文献出版社1993年版,第91页。

② 同上书,第91—92页。

③ 同上书,第92页。

④ 参见黄河水利委员会、黄河中游治理局编《黄河志》第8卷《黄河水土保持志》,河南人民出版社1993年版,第86页。

⑤ 傅作义:《密切结合农业合作化运动,积极开展山区生产,大力推行水土保持工作》,载《当代中国的水利事业》编辑部编印《1958—1978历次全国水利会议报告文件》(内部发行),1987年,第742—743页。

林，绿化黄土高原，是保持水土的一个重要措施。"会议要求 5 省（区）青年在黄河中游地区，有计划地营造防护林、水源林、用材林和果木林，并号召 5 省（区）青年为绿化黄土高原开展造林活动作贡献。① 之后，陕西、甘肃、山西、内蒙古和河南 5 省（区）的青年，在黄河中游地区开展了大规模的绿化黄土高原和全面保持水土的运动。

在党和政府的不断努力下，黄河中游水土保持重点试办工作取得了显著成绩。山西省阳高县大泉山、陕西绥德韭园沟、甘肃省武山县邓家堡、晋西柳林县贾家塬坝埝沟就是其中的典型代表。毛泽东在《中国农村的社会主义高潮》一书中，赞扬了山西省阳高县大泉山和离山县的水土保持工作。笔者在此以大泉山为例略作阐述。

大泉山位于山西阳高县东南 25 里的西岭村，属于永定河上游的黄土丘陵沟壑区。大泉山包括大泉山、井沟梁、骆驼凹、孙家山等四个小山，面积约 500 亩。这些小山原来都是荒山，水土流失严重，仅大泉山一个小山包，就有大小沟壑 41 道。农民形容这座山是"沙石小山，不长山柴蒿草"；"破破烂烂，飞禽不落，走兽不存"；"山山和尚头，处处咧嘴沟，旱天渴死牛，雨天水土流，满野黄土坡，十年九不收"。粮食每亩每年最多不过 50 斤。新中国成立前，这里只有 36 户人家，生活苦不堪言。但当地农民经过多年的努力，逐渐摸索了一系列保持水土流失的方法，形成了"要想用水，先当治水；蓄水保土，就能抗旱"的治理方针。他们因地制宜地采取了挖鱼鳞坑、培埝、堵沟、开渠等田间工程，并且种植果树林木，进行了一些耕作技术的改良。到 1956 年初，群众在荒山上种植了38000 多棵各种树木，使大泉山 370 多亩地改变了模样，使荒山变成梯田，深沟变成果园，产量大大提高。如景沟梁的坡地，原来每亩只能产 300 斤山药蛋，经治理后每亩可产 2900 斤。群众形容治理后的大泉山说："树上收的是干鲜水果，地上收的是五谷杂粮，地下长的是山药萝，山里长的是桃、李、松、杨。"② 经过治理，大泉山的水土流失基本被制止。

1955 年 11 月，阳高县委书记王进以张凤林、高进才治理大泉山的事

---

① 参见《关于绿化黄土高原和全面开展水土保持工作的决议》，载中国社会科学院、中央档案馆编《1953—1957 中华人民共和国经济资料选编·农业卷》，中国物价出版社 1998 年版，第909—910 页。

② 《在中国人民政治协商会议第二届全国委员会第二次全体会议上的发言·张凤林的发言》，《人民日报》1956 年 2 月 11 日。

迹写成《大泉山怎样由荒凉的土山成为绿树成荫、花果满山》一文，收入《中国农村的社会主义高潮》一书时，毛泽东把题目改为《看，大泉山变了样子!》，并加写了按语："很高兴地看完了这一篇好文章。有了这样一个典型例子，整个华北、西北以及一切有水土流失问题的地方，都可以照样去解决自己的问题了。并且不要很多的时间，三年，五年，七年，或者更多一点时间，也就够了。问题是要全面规划，要加强领导。我们要求每个县委书记都学阳高县委书记那样，用心寻找当地群众中的先进经验，加以总结，使之推广。"①

随后，大泉山水土保持工作的成功经验传播到全国各地。到 1957 年底，大泉山接待了来自全国 17 个省的 34400 多位参观者，大泉山经验的创造者张凤林、高进才亲自介绍经验，带领大家上山参观，有时用实地表演和座谈解答疑难问题。参观人员了解到大泉山水土保持的基本经验，并把这些经验带到了北至黑龙江、南至云南、东至安徽、西到青海等广大地区。同时，大泉山农业社还应各地邀请派出 42 人次分别到河南、河北、内蒙古和山西的雁北、忻县等地区，具体传授技术经验，帮助当地进行水土保持工作。中国科学院、水利部和黄河水利委员会等单位也派人到大泉山参观，认真吸取经验，指导全国水土保持工作。许多推广较早的地区，在山区建设上获得显著成就，出现了一批新的"大泉山"。②

从 1956 年开始，随着农业合作化高潮的兴起和黄河综合规划的实施，黄土高原地区的水土保持工作由重点试办进入了全面发展的新阶段。

根据黄河综合利用规划的要求，为了更好地指导全面开展水土保持工作，中国科学院等有关单位 100 多人于 1955 年 5 月组成了黄河中游水土保持综合考察队③，对黄土高原地区的水土流失问题进行科学调查研究，以便为根治黄河水害和开发黄河水利，提高山区农业生产以及减轻三门峡水

---

① 《建国以来毛泽东文稿》第 5 册，中央文献出版社 1991 年版，第 500 页。
② 参见《大泉山好经验传播全国》，《人民日报》1957 年 12 月 21 日。
③ 考察队由中国科学院综合考察委员会直接组织，其任务是根治黄河水害和开发黄河水利，为提高山区农业生产并减轻三门峡水库的泥沙淤积，对于黄土高原地区的水土流失问题，进行科学调查研究工作。考察队由时任中国科学院土壤研究所所长的马溶之、植物研究所副所长林镕分别担任正、副队长，并由植物学、土壤学、地质学、地理学、农业、林业、水利工程、经济学等方面的科学工作者分别组成各专业组。参加工作队的除中国科学院各有关研究所外，还有林业科学研究所、华北农业科学研究所、黄河水利委员会、北京农业大学、北京大学、南京大学、西北大学、兰州大学等，全队总共 100 多人。

库的泥沙淤积服务。经过 3 年多的考察，到 1958 年结束调查时，该队在黄河中游黄土高原地区共 35 万平方公里的土地上进行了考察，制定了自然、农业、经济、水土保持土地合理利用等区划，提供了农林牧综合开发和水土保持措施合理配置的科学依据，同时编制了《黄河中游地区水土保持手册》（1959 年由科学出版社出版）。此外，还根据不同区域的水土流失类型，结合群众的生产需要，先后进行了 11 个小流域的重点深入调查研究，并分别制定了水土保持土地合理利用综合措施配置规划。① 此外，黄河水利委员会、西北黄河工程局等 7 个单位组织的 6 个查勘队，也于 1955 年在陕西省北部黄河支流沟壑地区进行了小型水库的库址勘查工作。② 这些考察，对黄河中上游水土保持工作的开展起了极大的促进作用。

　　1957 年 5 月，为了加强对水土保持工作从重点试验到全面开展的领导，国务院成立了全国水土保持委员会，负责领导全国水土保持工作。7 月，国务院颁布了《中华人民共和国水土保持暂行纲要》，对水土保持机构的设置、主要措施和奖惩政策等，都作了明确的规定，进一步推动了全国水土保持工作的开展。

　　为了根治各河流水害和综合开发利用，全国各地特别是水旱灾害严重的各河流中上游地区，开始营造水土保持林。据 1957 年统计，截至 1956 年底，全国营造的水土保持林占全国造林总面积的 14.9%。各河流中上游的山区还大力开展了封山育林工作，仅 1956 年封山育林即达 389 万公顷。③ 尤其是在黄河流域中上游的造林、育林，对防止水土流失、减免自然灾害起了巨大作用，到 1956 年底，配合农业、水利等措施，该地区已控制水土流失面积达 26000 余平方公里，特别是造林、育林较早的地区，效果更为显著。如甘肃省渭河上游武山县马河乡是一个水土流失严重的地方，自 1952 年起开展了封山育林工作，到 1956 年底，在全乡总土地面积 30% 的山地阴坡都长出了幼林和杂草。由于有效地涵养了水源，加上精耕细作，马河乡的粮食产量由新中国成立前的每亩 60 余斤提到 1956 年的 178 斤，基本上实现了无缺粮户。八林、乔家等 9 条干涸已久的山沟长年

---

　　① 参见竺可桢《综合考察是建设计划的计划》，《人民日报》1959 年 11 月 20 日。

　　② 参见《黄河等流域加紧开展水土保持工作》，《人民日报》1956 年 1 月 13 日。

　　③ 参见《我国第一个五年计划的林业建设》，载中国社会科学院、中央档案馆编《1953—1957 中华人民共和国经济资料选编·农业卷》，中国物价出版社 1998 年版，第 921 页。

流出清水，14条大沟中有9条不发生洪水。①

为了加强黄河中游水土保持工作，以增加这个地区农业生产，改善人民生活并确保和延长三门峡水库的设计寿命，根据国务院的指示，全国水土保持委员会于1957年8月3—13日召开了成立后的第一次会议——黄河中游水土保持座谈会。参加者有陕西、甘肃、山西、河南四省和黄河水利委员会的代表以及中央有关机关的代表共100多人。会议认为，经过几年的实践证明："全面规划、综合开发、坡沟兼治、集中治理"的水土保持工作方针是正确的。就是说要从农业、林业、牧业、水利各方面采取综合措施，并且密切配合，才能收到增产和拦泥的显著效果。而黄土地区坡面上的土壤侵蚀是水土流失的根源，所以，应该以治坡为主结合治沟，以小的集水面积为单位，从上至下、由小到大，成坡成沟地集中治理，结合群众当前的利益来进行。治理的方法应从生产出发，以农业为主，发展多种经济，进行综合治理。在坡面上进行耕作技术革新并配合田间工程，把水土尽量拦在农田里。当时四省已经控制了水土流失的面积为69840平方公里，会议肯定了过去黄土高原水土保持工作的成绩，根据会议的计算：第二个五年计划和第三个五年计划期间，四省黄土高原控制水土流失的结果，到1967年可增产原粮29.5多亿斤；减少黄河泥沙4.8多亿吨，占四省年总输沙量的41%，占陕州黄河输沙量的35.6%。对此，会议提出了具体进度和安排的建议。此外，会议还对建立各级水土保持工作机构、经费使用、制定黄河中游十年水土保持规划及农业社的水土保持规划、培养和配备水土保持工作干部、建立试点推动全面、有关水土保持工作的各项政策等也作了较详细的讨论，提出了建议。② 会后，黄河中游各省如陕西、甘肃、山西等相应成立了水土保持委员会，领导当地的水土保持工作。

为进一步总结交流全国水土保持工作的经验，1957年12月又召开了第二次全国水土保持工作会议，肯定了群众性水土保持工作所取得的效果，确定了水土保持工作的两条方针，一条是全国性的方针，即："预防与治理兼顾，治理与养护并重"；另一条方针主要是针对黄河上中游等水土流失严重地区的治理方针，即："在依靠群众发展农、林、牧、副业生

---

① 参见《我国第一个五年计划的林业建设》，载中国社会科学院、中央档案馆编《1953—1957中华人民共和国经济资料选编·农业卷》，中国物价出版社1998年版，第921—922页。

② 参见《西北人民将以愚公移山的精神保持水土，使穷山变富，让黄河变清，黄河中游水土保持座谈会讨论了具体办法》，《人民日报》1957年8月17日。

产的基础上，实行全面规划，因地制宜地集中治理，连续治理，综合治理，沟坡兼治，治坡为主。"①随后，在全国各地尤其是黄河上中游水土流失严重的陕西、山西、甘肃、宁夏等省区，认真贯彻执行了第二条方针，在黄土丘陵打坝护坡，在高原沟壑修建梯田，在平原地区平整地埂，在山区植树造林，进行重点治理，取得很好成效。这些措施不但对防止水土流失起了重要作用，而且促进了农业生产的恢复和发展。

截止到 1957 年底，黄河流域完成初步控制面积 78800 平方公里，其中甘肃省已初步控制面积 34000 平方公里（5100 万亩），进行水土保持以后，结合灌溉、增施肥料、改进农业技术等措施，增产效果非常显著。1949 年全省粮食产量仅为 46 亿斤，至 1956 年，全省粮食产量已达到 109 亿斤，创造了历史上的最高纪录。山西省仅 1956 年就完成初步控制面积 11400 平方公里（1710 万亩），根据对综合治理的 67 个农业社的了解，由于水土保持措施即增产粮食达 2705700 余斤。陕西省共初步控制面积水土流失面积 19510 平方公里（2920.5 亩），除增加农业产量外估计还可减少黄河泥沙量的 10%，年平均拦蓄泥沙 5000 余万吨。②

1958 年，随着"大跃进"运动的掀起，黄河流域水土保持工作的群众运动也进入高潮，由过去一村一组的小联合，发展到一乡一县或几个县的大联合，如甘肃省定西、通渭、会宁、静宁 4 县联合治理华家岭等。为推动水土保持群众运动，全国水土保持委员会于 1958 年 8 月召开了全国第三次水土保持会议。参加会议的 470 位代表来自 25 个省（自治区）市。各地代表作了典型介绍，充分交流了先进经验。时任全国水土保持委员会主任的陈正人作了总结报告，苏联专家扎斯拉夫斯基作了有关水土保持工作的报告。会议提出的水土保持方针是："在依靠群众，发展生产的基础上要做到治理与预防并重，治理与巩固要结合，数量与质量并重，达到全面彻底保持水土，保证农业稳定，保证高产。"③受"大跃进"高涨形势的影响，会议确定了 1959 年全国水土保持工作高速度发展的任务，同时提

---

①　陈正人：《全国第二次水土保持会议总结》，载《当代中国的水利事业》编辑部编印《1958—1978 历次全国水利会议报告文件》（内部发行），1987 年，第 845 页。

②　参见陈正人《大规模地开展水土保持运动，为发展山区生产建设而奋斗》，载《当代中国的水利事业》编辑部编印《1958—1978 历次全国水利会议报告文件》（内部发行），1987 年，第 739 页。

③　陈正人：《全国第三次水土保持会议总结》，载《当代中国的水利事业》编辑部编印《1958—1978 历次全国水利会议报告文件》（内部发行），1987 年，第 13 页。

出了水土流失治理"山区园林化,坡地梯田化,沟壑川台化,耕地水利化"的高标准。会议决定:1959 年全国水土保持工作仍应以黄河中上游的甘肃、内蒙古、山西、陕西、河南、宁夏、青海等地区为重点。为了配合三门峡水库的提前建成,彻底改变黄土高原丘陵地区的面貌,保证农业生产的高产稳收,要求这些地区的水土流失面积在 1959 年内基本上做到初步控制。①

代表们在一个多月的会议中重点参观了河南、陕西、甘肃等省水土保持的先进地区,并在甘肃的武山县、兰州市先后举行了现场会议。苏联水土保持专家扎斯拉夫斯基在参观了甘肃武山县邓家堡后说:"关于邓家堡的好名誉,我过去听了很多,但是,我们今天看到的,远远超过了听到的和想像到的。这是一个非常好的全面改造自然的典型。"② 广东一位代表参观了邓家堡水土保持之后,挥笔写下《西江月·参观邓家堡有感》加以称赞:"昨日山穷沟险,黄沙赤水横流,几多悲苦几多愁,残壁断墙多少?一战邓家堡上,劈山蓄水填沟,果香粮熟庆丰收,幅地球新绣。"③

这次会议之后,西起青海省东北部的农业区,东到太行山,南达秦岭和伏牛山区,北抵大青山,位于黄河中游地区的青海、甘肃、宁夏、内蒙古、陕西、山西、河南等 7 个省(区),掀起了水土保持工作的高潮。特别是因为三门峡水库即将建成,需要加速控制黄土高原的水土流失,减少黄河的泥沙进入水库,因而群众的干劲比往年更大,大流域综合治理的范围也更加广泛。

河南省各地许多人民公社在"三秋"生产刚结束,就立即投入水土保持和水利建设工作。洛阳专区从 1959 年 10 月初到 11 月 11 日,除了水利工程扩大灌溉面积 81 万多亩外,已经做成梯田、地埂、塘堰坝、谷坊、鱼鳞坑、植树造林、封山育林等水土保持工程,可控制水土流失面积 590 多平方公里。陕西省投入这一运动的有 155 万人,初步控制水土流失面积 240 多平方公里。甘肃省有 250 万人参加水土保持工作,初步控制水土流失面积 1.1 万多平方公里。山西省临县参加水土保持的 10 万名劳动力,修水平梯田近 15 万亩,平整土地 3618 亩,造林近 5000 亩,种草 4000 多

---

① 参见《第三次水土保持会议提出跃进方案,加快水土保持速度》,《人民日报》1958 年 9 月 20 日。

② 胡季委:《一个力争上游的先进县——武山》,《人民日报》1958 年 10 月 8 日。

③ 《参观邓家堡有感》,《人民日报》1958 年 9 月 20 日。

亩等。内蒙古自治区黄河流域的各盟、旗、县有 25 万多人在做植树造林等水土保持工作。宁夏回族自治区修灌渠、梯田和平整土地的规模也超过了往年。青海省东北部农业区有 30 万各族人民，在黄河及其支流湟水流域大兴水利和水土保持工程。①

但在"大跃进"期间，在急于求成的指导思想下，对黄土高原水土保持的长期性、艰巨性和复杂性认识不足，也出现了脱离客观实际、盲目追求高速度、指挥决策有很大的盲目性等问题。如 1958 年 8 月初，黄河水利委员会报送国务院水土保持委员会的《1958 年至 1962 年黄河中游水土保持规划（草案）》中提出："在 2 至 3 年内实现坡地梯田化，山地水利化，荒山荒坡绿化，沟地川台化，施工机械化，山区电气化。'二五'期间，两年突击，一年扫尾，3 至 5 年基本控制，提前实现农业纲要，彻底改变黄河面貌，全部完成余下水土流失面积 35.5 万平方公里的治理。治理标准是，在 24 小时内，内蒙古、陇中、青海、宁夏降雨 100 毫米，晋西、陕北、陇西、陇南降雨 150 毫米，河南降雨 200 毫米，达到土不出坡、水不出沟。"在此指导思想影响下，尤其是 1960 年三门峡水库蓄水后，在"保卫三门峡"（减沙）的情势下，提出"三年小部、五年大部、八年基本完成"黄土高原治理任务的要求，致使有些地方大兵团作战，搞"一平二调"。有些地方由于治理不与生产结合，只求进度，不讲质量，只治理不养护，表面轰轰烈烈，实际成效不大。尽管群众付出了艰辛劳动，却一无收获，严重挫伤了广大群众的积极性，影响了当地的农业生产。②随着三年经济困难时期的来临，黄河流域许多省区的水土保持机构被撤销，人员被下放，水土保持工作陷于停顿。部分地区出现了毁林、毁草、陡坡开荒和破坏梯田、地埂等现象，全国水土保持工作转入低潮。

面对中国森林植被破坏、生态环境日益恶化的严峻现实，周恩来在许多重要场合指出水土保持、植树造林对于生态环境的重要性。1958 年 4 月 2 日，他在接见罗马尼亚政府代表团时指出："我们的文化古老，但是树都

---

① 参见《控制水土流失促进生产发展保护三门峡水库，七省协作治理黄土高原，近千万人修灌渠，建水库，植树种草，平整土地》，《人民日报》1959 年 11 月 18 日。

② 参见水利部黄河水利委员会编《人民治理黄河六十年》，黄河水利出版社 2006 年版，第 191 页。

被砍掉了。北方最古老，树砍得也最多。"① 1961 年 4 月 14 日，周恩来陪同缅甸总理吴努参观考察云南省热带作物研究所时指出："我坐车从思茅到景洪的途中，见到毁林开荒很严重。世界上位于北回归线附近的许多地区，历史上原始森林都很茂密，由于乱砍滥伐，毁林开荒，导致水土流失而变成了沙漠。西双版纳位于北回归线附近，如不注意保护森林和水土保持，后果也会是很严重的，到那个时候，我们就会成为历史的罪人。"② 1962 年 6 月 23 日，周恩来在中共延边朝鲜族自治州州委常委会议上讲话说："军队修工事、修营房、修公路、开荒、打靶五件事，都要保护好森林，这是关系到后代的问题。西北有些地方现在变成了荒山，原来是各民族的摇篮。选工业基地没有水源，这是很大的困难。咱们都是读过书的，要讲保护森林，不能破坏森林。破坏了森林后代要骂我们的，那还搞什么社会主义。古代文化最发达的中亚细亚，树木都砍伐了；美国发展最晚，但森林保护得好。所以你们要注意这个问题，搞不好后代就要批评我们，希望你们带头。"③ 1964 年 6 月 21 日，周恩来接见英国前坎特伯雷教长约翰逊夫妇时指出，"中国最缺乏的资源是森林"，"我发现一个真理，文化越古的国家，越不知道保护森林，树木越少。我去过的地方，如从尼罗河经过中东、中亚细亚，到中国这一大片，都如此"④。同年 12 月，周恩来出席第三届全国人大第一次会议期间，看到有关江西兴国地区由于水土流失严重、河床逐年升高的提案后，对江西省委负责人说：解决兴国的淤沙，一要挖沙筑坝，二要从根本上解决问题，严禁滥砍滥伐上游的森林，大力植树造林，搞好水土保持，固住泥沙不下流。造林是百年大计，黄河流域可以造林固沙挡风，江西山区多，我们不能光采伐不造林育林，光吃祖宗饭，造子孙孽。⑤ 1966 年 2 月 23 日，周恩来在全国林业工作会议之前，曾对林业部负责人说："我当总理十六年了，有两件事交不了账，一

---

① 周恩来：《毛主席要我们大量种树》，载《周恩来论林业》，中央文献出版社 1999 年版，第 70 页。

② 周恩来：《在发展中要注意保护森林和水土保持》，载《周恩来论林业》，中央文献出版社 1999 年版，第 79 页。

③ 周恩来：《搞社会主义要保护森林》，载《周恩来论林业》，中央文献出版社 1999 年版，第 89 页。

④ 周恩来：《中国最缺乏的资源是森林》，载《周恩来论林业》，中央文献出版社 1999 年版，第 134 页。

⑤ 参见《周恩来年谱（1949—1976）》中卷，中央文献出版社 1997 年版，第 697 页。

是黄河,一是林业。看来,林业是抓晚了些。现在一年进口木材一百五十万立方米。在一定时间内,在这方面,是要有所改革的。"[1] 他强调:"黄土高原是我们祖宗的摇篮地,是民族文化的发源地,但是这个地方的森林被破坏了。"[2] 可见,周恩来在"大跃进"前后已经充分认识到水土保持对生态环境的重要性。

为了更好地总结"大跃进"的教训,党和政府要求各地、各部门进行实地调查研究。1961 年 10 月 25 日至 12 月 3 日,根据国务院水土保持委员会的指示,农业部、中国科学院、中共中央西北局农业办公室、黄河水利委员会等单位组成联合调查组,到甘肃省天水、庆阳,陕西省绥德、延安等地区进行水土保持工作调查。调查完成后撰写的《黄河流域天水、庆阳、绥德、延安地区水土保持工作考察报告》对"大跃进"时期水土保持工作的教训作了总结:(1)违背"以农业为基础"的方针,片面强调按流域、按山系、大面积、高标准治理,过多地占用农业劳力,影响了当年生产。(2)未贯彻社会主义"按劳分配"的原则,挫伤了群众的积极性。强迫命令打破社界、队界,无偿调用劳力搞大协作、大兵团作战。据天水地区统计,搞水土保持平调土地 9037 亩、树木 14.3 万多株、房屋 2936 间、工具用具 9.3 万余件、劳动工日 2554 万个,退赔用款 2219 万元。(3)有些地区治理措施未能因地制宜,以致劳民伤财,收效不大。如绥德县提出"山山戴绿帽"。群众说:"好看是好看,就是忘掉了吃饭"。又如延安地区打旱井 24.1 万眼,顶用的只有 3%—4%。(4)对水土保持的长期性、艰巨性认识不足,要求任务过急过大,搞强迫命令,助长了浮夸风、共产风。(5)水土保持经费使用存在不合理现象,用于非生产方面(建招待所、开支招待费等)所占比重大。绥德县 1961 年水土保持经费 27 万元,全部用于大型水利工程。[3] 通过实地调查,党和政府对黄土高原水土保持工作的艰巨性和复杂性有了新认识。

1961 年 12 月,国务院水土保持委员会召开黄河流域 7 省(区)水土

---

[1] 周恩来:《有两件事交不了账》,载《周恩来论林业》,中央文献出版社 1999 年版,第 141 页。

[2] 周恩来:《植树造林是百年大计》,载《周恩来选集》下卷,人民出版社 1984 年版,第 447 页。

[3] 参见黄河水利委员会、黄河中游治理局编《黄河志》第 8 卷《黄河水土保持志》,河南人民出版社 1993 年版,第 144—145 页。

保持工作会议,接受了"大跃进"运动中水土保持工作在一些地方搞形式主义、结合群众生产不够的教训,确定了水土保持工作的新方针是:"依靠群众,从当地群众的生产生活着手,与当地群众的生产相结合;以生产队为基础,以群众的集体力量为主,国家支援为辅;以治理坡耕地为主,坡耕地的治理和荒坡、风沙、沟壑治理相结合;荒坡、沟壑和风沙治理,应以造林种草和封山育林为主。"① 1962 年 4 月 13 日,国务院在批转国务院水土保持委员会《关于加强水土保持工作的报告》中也指出:"水土保持是一项长期的艰巨的任务,应根据自然条件和劳力情况,有计划有步骤地进行。"并规定:"水土保持必须结合农林牧生产,结合群众当前利益和生产的需要进行。"② 这样,水土保持工作逐渐走上了健康发展的道路。

　　经过黄河中游各省人民的努力,到 1961 年底,黄河中游的河南、山西、陕西、内蒙古、宁夏、甘肃、青海等 7 个省区共修建梯田 1700 多万亩,培地埂 4300 多万亩,修建谷坊、淤地坝 400 万座,发展坝地 50 多万亩,修建水库和沟壑土坝 2.7 万座,造林植树 6000 多万亩,种草 1100 多万亩。这样大量的水土治理工程,在黄河中上游地区起到了保持水土、提高土壤肥力和改善耕作条件的作用。据不完全统计,到 1961 年底,黄河中上游 7 省区经过初步治理的水土流失面积已经达到 14.3 万平方公里,相当于 1957 年 5.7 万平方公里的 2 倍多;其中"大跃进"以来的治理面积,比之前 8 年的治理面积还多 50%。开展水土保持工作,滞蓄了径流,拦截了泥沙,对于减轻黄河下游的泥沙淤积有显著作用。据初步统计,黄河中上游的水土保持措施,每年平均拦蓄泥沙达 1.7 亿吨,每年平均减少进入三门峡入库泥沙总量的 10% 左右。③

　　由于黄河中游水土流失面积广,水土保持工作的任务格外严峻。甘肃、陕西、山西、宁夏、青海、河南、内蒙古等省区大部分为坡地,一向是中国水土保持的重点地区。新中国成立前,由于水土流失严重,不仅危害农业生产,也给黄河带来了大量泥沙,威胁着下游人民的生命财产。新中国成立后,这些地区相继修起许多水土保持工程。1962 年冬,各省因地制宜地兴修了用工少、收效快的一些水土保持工程。晋西、陕北等地整修

---

　　① 黄河水利委员会、黄河中游治理局编:《黄河志》第 8 卷《黄河水土保持志》,河南人民出版社 1993 年版,第 99—100 页。

　　② 同上书,第 100 页。

　　③ 参见《黄河流域水土保持有成绩》,《人民日报》1962 年 1 月 3 日。

了部分小型淤地坝；甘肃和陕西等地整修了引洪漫地工程和一些水窖、水簸箕；有些地区还在沟、滩地上造林、种草。陕西省米脂县高庙山公社高西沟大队，由于连年坚持以兴修水平梯田为主的水土保持工程，加上农业技术的不断改进，在连遭大旱的情况下，粮食产量仍然逐年上升。山西省临县安业公社郭家墕大队由于年年坚持整修水土保持工程，已有60%的土地控制了水土流失，粮食产量迅速提高。①

做好水土保持工作，合理利用水源，是发展山区生产、增加农业产量的有效办法。只有在这些地区做好水土保持工作，才能有效地制止水土流失，减轻自然灾害，提高土壤肥力，改善耕作条件，促进山区生产迅速地发展。陕西米脂县高西沟生产大队，葭县谢家沟生产大队，山西河曲县曲峪生产大队、临县安业公社，内蒙古呼和浩特市东干丈生产大队等，是黄河中游水土保持工作做得好的社队。其中，陕西省米脂县高庙山人民公社高西沟生产大队的水土保持工作，是一个保持水土、发展山区生产的突出代表。

高西沟生产大队在无定河东岸金鸡河流域内的一条小沟里，全村约4平方公里，348人，耕地2012亩。该大队处在陕西黄土丘陵沟壑区，过去水土流失严重，土地贫瘠，产量很低，新中国成立前有一首民歌说的就是这里的情况："雨涝流泥浆，冲成万条沟，肥土顺水走，籽苗连根丢。"1958年以后，高西沟大队利用公社化的优越性，充分发挥集体的威力，努力做好水土保持工作，改变山区的落后面貌。掌握水土流失规律，改变山区自然面貌，是高西沟做好水土保持工作的重要经验之一。他们对当地丘陵沟壑区的水土流失情况作了调查研究，找到了一套切实可行的办法：修水平梯田、打坝淤地、坡沟兼治、治坡为主。这种办法在治理过的地方做到了水不下山，泥不出沟。到1961年底，高西沟先后修建了水平梯田260亩，坡式梯田610亩，小块水田17亩，打了淤地坝5座，埝窝81个，共淤地53亩。为了迅速控制水土流失，高西沟造林1050亩，种草286亩，治理面积2266亩，在40%以上的地区初步控制了严重的水土流失。

因为水土保持工作取得了显著的成绩，高西沟生产大队的粮食产量逐年提高。1949年粮食平均亩产仅40斤，1956年提高到60斤，1958年平均亩产提高到89斤，由缺粮队变为余粮队。1959年遭受严重旱灾，亩产

---

① 参见《黄河中游地区维修水土保持工程》，《人民日报》1963年2月9日。

仍达到 81 斤；1960 年又遇到 150 多天的大旱，仍较 1956 年提高了 34.4%；1961 年，这个生产大队的粮食生产获得空前丰收，总产量较 1960 年提高了 39.1%，交售公购粮也比上年提高了 48.5%。高西沟大队在粮食获得丰收的同时，畜牧业、林业也都有了很大的发展。与 1956 年比较，1961 年该生产队的大家畜已经增长 50%，羊子增长 135%，猪增长 763%。在 1000 多亩林地中，有杏、桃、苹果、枣子等经济林 402 亩。①

高西沟大队依靠群众自办水土保持的事实，是一个值得推广的范例。1962 年 1 月 18 日，《人民日报》第 5 版在发表介绍高西沟大队改变水土流失自然面貌的先进经验的文章的同时，还发表了题为《群众自办水土保持的范例》的社论，对高西沟的经验给予总结。社论将高西沟水土保持工作的经验归纳为三条：一是因地制宜、全面规划，根据不同的自然条件，采取实事求是的有效措施。社论指出，高西沟过去有过单纯治沟打坝而失败的教训，原因就是没有发动群众、依靠群众自办，因而也就无从掌握当地的自然规律。群众自办水土保持以后情况就不同了。他们认为，造成水土流失的主要原因来自坡面，因此采取了坡沟兼治、治坡为主的做法，收到了显著的效果。二是紧密地结合生产，特别是和当前生产密切结合在一起。水土保持的根本目的，是为了发展农业生产。水土保持不仅是一项农田水利的基本建设，更重要的是为当前农业增产提供了有利条件，这些工作完全可以把群众的长远利益和当前利益结合起来。三是小型为主，常年治理。社论指出：举办小型的水土保持工程，有着许多好处，最主要的就是投资少，费工少，速度快，质量高，收效显著，而且便于采取多种多样为群众欢迎的措施，进行常年不断的治理。高西沟的经验证明了这一点，其他许多地方的经验也证明了这一点。可见，小型工程不仅是适用于群众自办的一个形式，而且也是一种行之有效的做法。高西沟根据"农闲大修，农忙小修，大忙不修"的原则，不仅做到了农闲突击，而且做到了常年养护，这样就使得水土保持工作成为一项经常的群众性的工作。

1962 年 6 月 10 日，《人民日报》再次发表题为《一定要把水土保持工作做好》社论，称赞高西沟大队水土保持工作，并明确提出，开展水土保持工作，必须注意解决两个指导思想：一要有全局观点；二要有长远观

---

① 参见刘野《山区生产的生命线——米脂县高庙山公社高西沟生产大队水土保持工作调查》，《人民日报》1962 年 1 月 18 日。

点。社论指出，水土保持是担负着维护生产条件和创造新的生产条件双重任务的，是一种带有区域性和综合性的工作，同许多方面都有密切关联。要做好水土保持工作，不仅需要地区与地区之间（如这座山与那座山、河流上游与中游等）互相配合，也需要部门与部门之间（如农业、林业、水利、交通等部门）密切合作，才能收到成效。这就要求在规划和开展水土保持工作中，必须具有全局观点，不能各行其是。社论还强调：水土保持是一项改造自然的巨大工程，任务艰巨，需要经过长期的积极努力才能完成。因此，进行水土保持工作必须要有长远观点，既要高瞻远瞩，有长远打算，又要脚踏实地，从当前最容易见效的地方入手，把长远利益和眼前利益结合起来，才能取得较好的效果。各地有关水土保持的一切计划和技术措施，既要对当前生产有利，也要对今后生产有利。既要合理利用山区资源，发展当前生产，又要注意保护资源，防止水土流失，有利于今后发展生产。如果只顾眼前，不顾今后，在山区滥垦坡地、滥伐森林，虽然增加了当年生产，但是，其结果必然会因小失大，破坏自然资源，破坏水土保持，给今后生产带来严重危害。社论最后指出，几年来许多地区的经验证明：只要各级领导部门认真对待这个极其重要的工作，因地制宜地正确贯彻执行"全面规划、因地制宜、集中治理、连续治理、综合治理、坡沟兼治、治坡为主"以及"预防与治理兼顾，治理与养护并重"的方针，水土保持工作就能取得较好的成绩和效果。直到1966年3月10日，邓小平在听取西北局汇报水土流失治理情况时，还夸奖高西沟水土保持工作做得好。他说："我看过陕西米脂县高西沟治理水土流失的电影，就是筑坝田、梯田，那里搞得很好，真是水平梯田，有水平。搞水土保持，就是要一条沟、一条沟地治。高西沟很好，是艰苦奋斗，大寨精神。水土保持，主要就是走高西沟的道路。水土保持，黄土高原种树，要搞一百年才行。"[1]

随着国民经济情况的好转，中共中央继续采取措施，加强黄河中游的水土保持工作。1963年1月，国务院水土保持委员会在北京召开黄河中游水土流失重点区治理规划会议（即重点区第一次会议），部署河口镇到龙门区间水土流失严重的42个县着手编制水土保持规划。会议提出的水土保持方针是："水土保持必须与当地群众的生产和生活相结合，以治理坡耕地为主；坡耕地、荒坡、风沙、沟壑治理相结合，荒坡、沟壑、风沙的

---

[1] 《邓小平年谱（1904—1974）》（下），中央文献出版社2009年版，第1899页。

治理，以造林、种草和封山育林、育草为主。"①

1963 年春，黄河中游的陕西、山西、甘肃、内蒙古等省区，结合春耕准备工作开展了以治理坡耕地和恢复整修原有措施为主的水土保持工作，取得了很大成绩。陕西省 3 月下旬上工劳力最多时每天达到 47 万人，超过 1956—1959 年同期投入的劳力；到 5 月上旬止，陕西省完成水土保持初步治理面积为 958 平方公里，占全年计划任务的 95.8%；整修工程面积 988 平方公里，占全年计划任务的 98.8%。水土保持工作搞得好的延安专区，1963 年春初步治理面积超过原来年度计划的 40%，整修工程面积超过 36%。② 这里，笔者以陕北米脂县为例加以说明。米脂县 90% 以上的耕地分布在黄土山上，水土流失严重，粮食产量既低又不稳定，历史上就是多灾的缺粮区。为了改变这种面貌，米脂县制定出综合治理的规划和措施。在治理方针上，从当地坡耕地面积大、水土流失特别严重和群众迫切要求提高粮食产量的需要出发，以治理坡耕地为主，大力修梯田特别是水平梯田，力争当年增产。在这个基础上逐步治理沟壑，在光山秃岭上造林种草。在治理方法上，强调按照各地不同的自然条件，采取不同的治理措施，由小到大，由低级到高级，由单项工程到综合治理，治一山，成一山，用一山。为了不影响农业生产，各地普遍利用冬末春初农闲季节突击治理，常年只安排少数劳力维修养护。到 1963 年秋，全县经过治理的面积已达全县水土流失面积的 17%，同治理以前的 1950 年比较，泥沙流失量显著减少。各地在开展水土保持工作中修的水平梯田比未治理的坡地平均增产 40% 左右。治理水土流失面积的扩大，为林业、牧业的进一步发展创造了条件。1958—1963 年，全县林地增加了 6 万余亩，草坡增加了 3 万多亩。过去的光山秃岭，已经树木成林，绿草如茵。③

1963 年，山西省参加春修的劳力最多时也达 45 万余人。截至 4 月底，全省完成的初步治理面积占全年计划任务的 97%，整修工程面积完成全年计划任务的 66.2%。晋南、晋中地区，大抓整修梯田、加高培厚地埂、起

---

① 黄河水利委员会、黄河中游治理局编：《黄河志》第 8 卷《黄河水土保持志》，河南人民出版社 1993 年版，第 100 页。

② 参见《治理坡地，整修工程，植树造林，黄河中游各省区重视水土保持》，《人民日报》1963 年 6 月 5 日。

③ 参见《密切结合生产和自然条件坚持治山治水，临县米脂水土流失面积逐步缩小》，《人民日报》1963 年 11 月 14 日。

高垫低、修埂补堰、填穴补豁以及新修梯田、地埂等农田治理工程；晋北地区以抓淤滩漫地和闸沟淤地工程为主，积极扩大一部分保产田；晋西北沿黄河一带大量营造木本粮食树，仅保德县春季造林就达 5400 亩。① 以山西省临县的成绩较为突出。

临县位于吕梁山区的北部，全县 156 万多亩坡耕地，大部分在湫水河两岸的黄土丘陵上。由于土质疏松、坡度大，每年雨季都有大量泥沙被冲刷流入黄河。从 1955 年开始，临县人民开展大规模的治山治水工程。他们采取干部、老农、技术人员三结合的方法，组成小组，逐山、逐沟、逐块地进行调查，然后根据不同的地形、气候、土质、耕作习惯和水土流失的程度，划分不同的治理区域，分期分批治理。在工程安排、劳动组织和施工时间上，也努力做到既有利于水土保持，又适应当时生产的要求。因此，每年在春耕前、夏收、秋收后和冬季各个农闲季节，加紧修建各种保持水土的工程，做到生产建设两不误。经过多年治山治水，到 1963 年秋，临县的坡耕地上到处培起地埂，修起水窖、卧牛坑、水簸箕等小型拦洪蓄水工程，有 7 万亩坡地修成了水平梯田。在许多山沟里还筑起谷坊工程和淤地坝堰，肥沃的沟坝地达到了 1.05 万亩，比过去扩大了一倍多。另外，还在 15 万亩山坡地上种了树和草。经过一系列保持水土的工作，全县初步控制水土流失的面积，达到水土流失总面积的 30% 以上。"满山一片黄，下雨流泥汤，乱石干河滩，满目是凄凉"的旧面貌得到改观，逐渐变成"梯田环山绕，沟沟见堰坝，清水浇良田，山岗披绿装"的新山区了。②

西北黄土高原水土流失十分严重。水土流失不仅冲走了大量肥沃的表土，将黄土高原冲成千沟万壑，支离破碎，同时也是造成黄河淤积、洪水泛滥的一个根本原因。做好西北高原水土保持工作，不但是改变高原面貌、增加生产的重要措施，也是根治黄河水害的根本办法。1963 年 4 月 18 日，为了重点治理黄河中游水土流失问题，国务院作出《关于黄河中游地区水土保持工作的决定》（简称《决定》），对黄河中游地区水土保持工作进行了部署。

在黄河中游地区，由于各地自然条件和社会经济情况的差异，水土流

---

① 参见《治理坡地，整修工程，植树造林，黄河中游各省区重视水土保持》，《人民日报》1963 年 6 月 5 日。

② 参见《密切结合生产和自然条件坚持治山治水，临县米脂水土流失面积逐步缩小》，《人民日报》1963 年 11 月 14 日。

失的程度也有所不同。黄河中游流域土壤侵蚀地区可划分为 7 类：黄土丘陵沟壑区，黄土高原沟壑区，土石山区，黄土阶地区，风沙区，高地草原和干旱草原区，冲积平原和林区。其中，从内蒙古河口镇到山西龙门这一段，流域面积有 42 个县（旗），约 11 万平方公里，水土流失最为严重，三门峡入库泥沙的 60% 来自这个地区。《决定》将黄河中游这 11 万平方公里，包括陕西、山西和内蒙古三省（区）的 42 个县（旗）列为黄河中游水土保持工作的重点。集中力量把这个地区治理好，能够在很大程度上减轻泥沙对三门峡水库的威胁，而且能够在很大程度上发展农、林、牧业生产，改善人民生活，根本改变这块地区的贫瘠落后面貌。

如何对黄河中游这些地区进行水土保持工作？《决定》在强调治理的措施必须因地制宜、多种多样的同时，明确规定了四条基本治理原则：（1）保持水土不单纯是点和线上的工作，而主要是面上的工作。点和线的治理，在沟口和支流上修筑河库，拦蓄泥沙，只能对泥沙流入干河起一定的控制作用，并没有解决山头山坡广大面上的水土流失，并不能做到土不下山。点线的治理和面的治理必须同时并举，配合进行，并且应该更加强调面的治理的重要作用，治山、治坡，根本控制和防止水土冲刷，保持广大面积的荒山、荒坡和坡耕地上的水土不流失，真正做到土不下山。（2）治理水土流失，必须依靠群众，依靠生产队，以群众集体的力量为主，国家支援为辅。为此，就必须与当地群众的生产、生活相结合，从当地群众的生产、生活着手，调动广大群众的积极性来开展水土保持工作。只有这样，才能多快好省地兴办起保持水土的工程设施。（3）治理水土流失，要以坡耕地为主，把坡耕地的治理提高到水土保持工作的首要地位。逐步改坡耕地为坡式梯田和水平梯田，采取等高种植等耕作措施，保持水土。为了增产粮食，群众也迫切要求治理坡耕地。治理坡耕地，同群众当前的生产、生活是密切结合的，更有利于广泛地调动群众开展水土保持工作的积极性。（4）荒坡、沟壑和风沙的治理，应该以造林种草和封山育林育草为主。[①]

《决定》指出：现有的各项水土保持工程和设施应该贯彻"谁治理、谁受益、谁养护"的原则，认真地管理养护起来；陡坡开荒，毁林开荒，破坏水土极为严重的，必须坚决制止。为了搞好黄河中游水土保持工作，

---

① 参见《建国以来重要文献选编》第 16 册，中央文献出版社 1997 年版，第 285—286 页。

必须加强水土保持工作的领导。在水土流失严重的地区，各级党政领导，都应该把水土保持工作列入议事日程，放在重要地位，并且要有一位主要干部具体负责水土保持工作。要总结以往的经验，抓住那些保持水土成效显著的典型，加以推广，依靠重点，推动全面工作的开展。要广泛宣传水土流失的严重危害，宣传保持水土的重要作用和经济效益，做到家喻户晓，使广大群众和干部自觉地积极参加水土保持工作。省、专、县水土保持委员会和它的办事机构，以及水土保持试验站，都要充实和加强，没有建立和没有恢复的要迅速建立和恢复起来。各地的林业工作指导站、农业技术推广站和科学研究机构，应该协同水土保持试验站，加强水土保持的试验研究工作，为发展山区生产和保持水土的措施提供科学依据和技术指导。[①]

《决定》明确指出：黄河中游重点治理地区的 42 个县（旗），都要制定自己的水土保持规划。根据本县（旗）的人口、劳力、水土流失的面积和程度，以及治理的难易等情况，制定长期的（比如 20 年的）、近期的（比如 5 年的、10 年的）和 1963、1964 两年的治理规划。长期的规划可以是纲要式的，近期的规划要详细些，1963、1964 两年的规划更要详细些。这个地区的人民公社、生产大队和生产队也要制定自己的水土保持规划。制定规划的时候，首先要安排好现有的水土保持工程设施的加工配套和维修养护工作，使之发挥效益；而后再根据可能的条件，安排新的工程设施的兴修。制定规划的时候，要从下而上，从上而下，上下结合。县（旗）、社、队制定规划的时候，还要照顾到本县（旗）、社、队境内的中小河流的上下游关系。涉及几个生产队的，由大队负责主持平衡；涉及几个大队的，由公社负责主持平衡；涉及几个公社的，由县负责主持平衡；涉及几个县的，由专、省水土保持委员会负责主持平衡。要求各县（旗）在 1963 年 6 月底以前，至迟在第三季度以内，把规划做好，同时报送专、省和国务院水土保持委员会。[②]

从内蒙古河口镇到山西龙门一段黄河两岸约 11 万平方公里的地区，包括陕西、山西和内蒙古三省（区）的 42 个县（旗）被国务院确定为黄河中游水土保持的重点治理县份后，一面按照国务院的要求认真研究制定

---

① 参见《建国以来重要文献选编》第 16 册，中央文献出版社 1997 年版，第 287—289 页。
② 同上书，第 289—290 页。

水土保持的长远规划和实现规划的措施，一面选择一些社队进行水土保持试点工作，取得了许多成绩。据陕西有关部门调查，陕北各地多年来所修的水土保持工程和培育的树草，有一些已经发挥了作用，还有一些加以维修养护也将逐步发挥作用。许多生产队把流失水土的坡地修成梯田，增产显著，打坝封沟所淤成的坝地产量更高。不少水土保持试点社、队和水土保持试验站的经验证明：兴修各种有效的水土保持工程，加强农田基本建设，改粗放耕作为精耕细作，再加上农林结合，种草植树，一个地方经过七八年的持续努力，就可初步改变面貌。据国务院农林办公室统计：42 个重点县（旗）1963 年所修的水土保持工程很多，新治理面积达 800 公里，整修的面积达 1000 多平方公里，工程量是近几年中最大的一年。其中以山西沿河各县成绩较显著，有些工程当年就收到增产效益。通过对一些试点生产队的水土治理，使广大社员看到了山区生产发展的远景，增强了他们对治山治水的信心。在这个基础上，各县（旗）又编制了切合当地实际的长期治理规划，开始了一点一滴的踏踏实实的治理工作。①

1963 年 10 月，国务院农林办公室在北京召开黄河中游水土流失重点地区第二次水土保持工作会议，参加会议的除了国务院确定的黄河中游水土治理的 42 个重点县（旗）的代表外，还有甘肃、北京、湖南和江西的代表。会议在总结水土保持工作经验的基础上，着重讨论了 42 个重点县（旗）今后一个较长时期的水土保持工作措施和规划，安排了 1963 年冬和 1964 年春的水土保持工作。来自山西、陕西、内蒙古的 42 个重点县（旗）的代表一致表示，要继续依靠当地群众，依靠公社、生产队的集体力量，做好治山治水工作，力争早日改变这个地区的低产贫困面貌。时任国务院水土保持委员会主任的廖鲁言和水利电力部黄河水利委员会副主任赵明甫、林业部副部长荀昌五等人在会上作了报告。廖鲁言在总结发言时要求把黄河中游水土流失严重的山区建设成为多种经营、综合发展的社会主义新山区。

这次会议认真研究了 42 个县（旗）的规划和实现规划的措施，初步提出了一个黄河中游水土流失重点地区 1964—1980 年的水土保持规划草案。规划的主要内容是：通过水土保持工作，逐步建立起旱涝保收的、产

---

① 参见《把水土流失严重的山区建成多种经营综合发展的新山区，黄土高原重点治理即将开始》，《人民日报》1963 年 11 月 21 日。

量较高的基本农田，实行精耕细作，改变广种薄收的旧习惯，合理利用土地发展农业生产，并开展林、牧、副业多种经营。这个草案在发动上述各县（旗）的社、队认真讨论修改后，分别纳入有关县（旗）、专区（盟）、省（自治区）和全国的农业生产规划中。会议还安排了1963年冬和1964年春的水土保持工作，要求各地在巩固原有工程的基础上，续修一批农田基本建设工程，造林种草和建立苗圃，并训练人员，为以后的治理工作打下基础。会议还要求各地学习山西省行之有效的以一个先进队带两个队的"一带二"的办法，把水土保持的工作经验逐步向面上推广。[①]

时任黄河水利委员会副主任的赵明甫在会上作了题为《做好黄河中游的水土保持工作》的报告，明确规定了1963年冬和1964年春需要做好的几项工作：

（1）及早动手，做好准备工作。各地秋收工作即将结束，开展冬季水土保持工作的季节就要到来。各地要及早动手，切实做好思想、组织、工具及训练农民技术员等准备工作，发动和组织群众利用秋收后到封冻前的农事空隙，开展水土保持工作。

（2）认真贯彻水土保持"与当地群众的生产、生活相结合，从当地群众的生产、生活入手"的原则，为1964年农业丰收创造物质基础。根据以往的经验，要注意以下五点：一是新修的水平梯田，要切实注意保留表土，并采取加速土壤熟化的措施，如深翻、增施有机肥料等；二是打淤地坝，要做好防洪保收设施，并注意提高坝地的利用率；三是在梯田、坝地上种植作物，应注意采用沟垄耕作等水土保持耕作法；四是造林、种草，要从帮助群众克服当前的燃料、肥料、饲料的困难出发，群众喜爱的柠条和苜蓿等，应大力推广；五是水土保持工作所需的劳动力，要与冬季生产统一安排。

（3）认真贯彻政策，调动群众积极性。1963年大部分地区的水土保持工作都是以生产队为单位进行的。这样做的好处是便于结合生产，统一安排劳力，合理处理社员出工报酬，提高劳动效率和保证水土保持工作的质量，同时也便于修、管、用相互结合。少数地区也有

---

① 参见《把水土流失严重的山区建成多种经营综合发展的新山区，黄土高原重点治理即将开始》，《人民日报》1963年11月21日。

以生产大队为单位进行的。这样做的好处是容易做到全面规划、集中治理，能够兴办生产队力所不及的工程，适应水土保持发展的需要。

（4）从实际出发，因地制宜。哪些措施可行，哪些措施不可行，什么措施适应什么条件，怎么做才能够增产，在广大干部和群众中已经有了不少经验，只要认真加以总结，就能够做到因地制宜。由于各地自然条件不同，土壤侵蚀情况也有很大差异，根据不同特点，因害设防是一条很好的经验。①

赵明甫还强调，在水土保持工作中要加强领导，加强管理养护工作，坚决制止盲目开荒破坏水土保持的现象，建立检查验收制度，提高工作质量。在国务院农林办公室召开的治理规划会议的推动下，各地必须进一步加强领导，把水土保持当作农业增产的措施，由领导亲自安排部署，督促检查，推动冬季水土保持工作扎扎实实地开展起来。②

在治理黄河中游水土流失措施上，存在着以工程措施为主和以生物措施为主的争论。所谓生物措施，主要是营造各种水土保持林、广种牧草和封山封沟育林育草，增加地面被覆，防止土壤冲刷，发展林牧业生产；所谓工程措施，主要是通过修梯田、地埂、淤地坝和引洪漫地等工程，建设基本农田，改变地形，保持水土，增加生产，并逐步地改变广种薄收的旧习惯，实行精耕细作，做到旱涝保收，稳定高产。主张以生物措施为主的人认为，缺乏植物被覆是水土流失的主要原因，造林种草、增加地面被覆，是治本的办法。主张以工程措施为主的人认为，暴雨、地形是水土流失的主要原因，采取修梯田、培地埂、打坝淤地等工程来改变地形，是治本的办法。"大跃进"以来治理水土流失的经验证明，如果仅仅依靠生物措施，坡耕地的水土流失就得不到控制；同时，没有蓄水工程的配合，生物的生长发育也受到影响，采取了工程措施，就可以蓄水保土，增产粮食，为发展林、牧创造条件。反之，如果仅仅依靠工程措施，不同时采取生物措施，宜于造林种草的土地就得不到充分利用，山区多种经济的发展就会受到影响。因此，两者必须结合，不可偏废。

在黄河中游地区水土保持工作中，还有治坡和治沟的争论。一种意见

---

① 参见赵明甫《做好黄河中游的水土保持工作》，《人民日报》1963 年 11 月 14 日。
② 同上。

认为，面蚀是水土流失的根源，应先治坡，后治沟。另一种意见认为，沟蚀严重，不治沟，即使坡面治理了也不稳定，同时来自沟壑的大量泥沙没有沟壑工程便无法控制。科学试验成果证明，坡面和沟壑都有其造成水土流失的因素，不能把水土流失的根源简单地归因于坡面的侵蚀或沟壑的侵蚀。应该肯定，由于坡面产生的径流流入沟壑，促进了沟蚀的发展。但是，沟壑的发展也影响着坡面的稳定。从治理上来看，坡面的治理为沟壑的治理提供条件，同样，沟壑的治理对坡面的稳定也有一定的作用。从生产上来说，在坡耕地上修梯田、培地埂，可以保持水土，增加生产；在沟内打坝淤地，不仅对控制泥沙迅速有效，而且也是增产粮食的大计。因此，坡沟兼治，治坡、治沟、治沙相结合，才是适应水土流失规律的做法。

由此可见，从实际出发，因地制宜是做好黄河中游地区水土保持工作的根本条件。水土保持必须因地、因时、因队制宜，按照具体时间、地点、条件办事。例如，水平梯田在人多的丘陵区是一项很好的措施，但是高原沟壑区，由于塬地平坦广阔，群众就不欢迎这项措施。打坝淤地也要看沟壑地形条件办事。各种水土保持耕作法，如遇春旱，翻土筑垄，就会加大土壤的蒸发，影响作物的出苗和生长。造林种草要从当地群众的需要出发，适地适树，否则就不易收到成效。由于各地自然和社会经济条件不同，水土流失的特点也就不同。有些地区坡耕地流失严重，就应该以治理坡耕地为主，修梯田，培地埂。有些地区沟蚀严重，就应该积极地打坝淤地，不宜于打坝淤地的就应该采取生物措施。有引洪漫地条件的地区，就应积极地发展引洪漫地和小片水地。风沙区风蚀严重，沙压良田，就应该营造防风护田林，防风固沙，保护农田。[①]

黄河中游水土流失重点地区水土保持工作会议结束后，陕西、山西、内蒙古等省区利用冬季水利建设的有利时机，因地制宜地修建水土保持工程和各种水利工程。据新华社报道：1963 年 11 月下旬统计，陕西全省开工的水利工程已达 2490 多处。尽管天气日趋寒冷，各地社员们出工仍然非常踊跃，纷纷表示一定赶在大冻之前，完成和超额完成今冬农田基本建设计划。水土流失比较严重的陕北、陕南山区和渭北高原地区，都把修好水土保持工程作为重点。这个地区近年来修建水土保持工程，已使 2.8 万

---

① 参见贾振岚《黄河流域水土流失及其防治措施研究》，《人民日报》1963 年 12 月 5 日。

多平方公里的水土流失面积被控制，对农业增产起了很大的作用。1963 年秋天，这些地区进一步制定了治理规划。入冬以后，各公社立即开始修梯田，打坝淤地，修地埂，垒石坎，并且大量植树种草，千方百计控制水土流失。水土流失严重的榆林和延安两个专区，已修好梯田 5.25 万亩，新修和补修地埂 30.8 万多亩，淤地坝 8400 多道。①

　　位于黄河中游的陕北 17 个水土保持重点县，包括榆林专区的 11 个县和延安专区的 6 个县。这些县与山西、内蒙古的 25 个县（旗）一起，被国务院列为黄河中游水土保持重点县。从 1955—1962 年，这 17 个县共治理水土流失面积 6200 多平方公里。1963 年冬，陕北 17 个水土保持重点县继续把修好水土保持工程当作冬季生产的主要内容。广大社员抓紧冬闲时机，积极整修梯田，修淤地坝，修地埂，造林种草。在开展这一工作中，各级领导干部深入基层蹲点，总结和推广先进经验。因此，各地整修的水土保持工程不仅进度快，质量也较好。延川县贾家坪公社原计划打 5 座淤地坝，到 11 月上旬就修好了 9 座。绥德县许多生产队建立了农田基本建设专业队，加紧整修重点水土保持工程。不少地方还派出领导干部和技术人员，到工地进行检查和验收。据 1963 年底统计，各地修建的各种水土保持工程，可以控制 160 多平方公里水土流失面积，比上年同期的治理面积增加很多。②

　　山西省西南部黄河沿岸的石楼、永和、蒲县、隰县、大宁、乡宁、吉县等 7 县，山川起伏，沟壑纵横，是黄河中游水土流失比较严重的地区。7 个县平均每人 6 亩半耕地，平均每个劳力负担耕地 17 亩。由于地广人稀，劳力畜力较少，耕作历来粗放，粮食产量低。集体化以后，经过不断修建水土保持工程，农田的粮食产量有所提高。但同其他地区比较，仍是低产区。这个地区被国务院列为黄河中游水土保持重点地区后，为了逐步改变当地广种薄收耕作粗放的低产面貌，这 7 个县有计划地在沟坝地、淤滩地、梯田、水地等好耕地上，筑埂修堰，打旱井，并进行土地平整和深耕。在 1963 年冬水土保持工作中，这 7 个县把 1.5 万多亩缓坡地整修成水平梯田。③

---

　　① 参见《因地制宜加强农田基本建设》，《人民日报》1963 年 12 月 6 日。

　　② 参见《陕北十七个县冬修水土保持工程，河西走廊赶修田间渠道抓紧冬灌》，《人民日报》1963 年 12 月 10 日。

　　③ 参见《因地制宜加强农田基本建设》，《人民日报》1963 年 12 月 6 日。

据新华社报道，黄土高原水土保持工作取得了新成就。1963 年冬，陕西、晋西、陇东、内蒙古的一些地区都以农田基本建设作为治理的中心，集中力量修整梯田、地埂，筑淤地坝。据 42 个重点县（旗）统计，先后有几百万人参加了水土保持活动，整修和新修的梯田就有 70 多万亩，筑淤地坝上万条。整修和初步治理的水土流失面积共 3000 多平方公里，工程量远远超过了前几个冬天。[①]

据统计，在 1963 年冬到 1964 年春的水利建设中，黄河中游地区有 200 多万人进行水土保持工作，一般县份和整个黄河中游地区都超额完成了计划治理面积，新治理的土地达 5800 多平方公里，其中新修水平梯田 100 多万亩，同时植树造林 125 万多亩，种草 88 万亩。山西省完成的工作量相当于前 3 年的总和，陕西省完成的治理面积为年计划的 130% 以上。在水土保持工作中还发现了近千个群众性的水土保持工作典型，其中比较突出的有 200 多个。[②]

陕西安塞县真武洞公社陈家坬，是抗战时期陕甘宁边区大生产运动中著名的模范村，也是西北黄土高原上治山治水取得巨大成绩的一座典型山庄。陈家坬共有 18 个山峁 12 条沟，总面积 2890 亩。从 1955 年到 1963 年的 8 年中，他们治理了 12 个山峁 8 条沟，面积 1300 多亩。也就是说，他们在近一半的土地面积上基本控制了严重的水土流失，做到"水不下山，泥不出沟"。经过 8 年的艰苦劳动，他们打了 12 道淤地坝，筑起 4 个小水库，修了坡式梯田 500 多亩、水平梯田 188 亩，其中有水浇地 40 多亩。这些水土保持工程有效地发挥了保水、保土、保肥作用，为发展农业生产提供了有力的保证。[③] 1964 年初，中共延安地委发出通知，号召延安人民学习陈家坬的革命精神，做好水土保持工作，迅速改变山区的低产面貌。这样，在整个延安专区形成了一个学陈家坬、赶陈家坬的热潮。

从 1963 年开始，中共中央在水土保持工作中注意吸取"大跃进"的教训，纠正"一平二调"、形式主义、高指标、浮夸风等错误做法。在治

---

① 参见《治山治水控制水土流失，西北高原去冬治理面积达三千多平方公里》，《人民日报》1964 年 3 月 11 日。

② 参见《黄河中游地区大规模水土保持群众运动即将展开，治山治水治土，根本改造自然，第三次水土保持工作会议在西安举行》，《人民日报》1964 年 10 月 28 日。

③ 参见刘野、王安《奋发图强，降山服水——记陕北陈家坬生产队治山治水的斗争》，《人民日报》1964 年 1 月 24 日。

理方针上，进一步强调结合群众生产，为群众生产服务；在治理措施上，强调以坡耕地治理为主。1964 年以后，全国逐步掀起"农业学大寨"高潮，在水土保持中强调要学习大寨"自力更生，艰苦奋斗"的精神。

1964 年 8 月，为加强黄土高原的水土保持工作，根据谭震林副总理的提议，在西安成立了黄河中游水土保持委员会。① 黄河中游水土保持委员会立成后不久，即着手编制了《1965—1980 年黄河中游水土保持规划》。该规划考虑到各地要求，把原有 42 个重点县（旗）扩大到 100 个（1973 年和 1977 年两次延安水保会议又增加 38 个县）。8 月 29 日到 9 月 10 日，刚刚成立的黄河中游水土保持委员会在西安召开了黄河中游水土流失重点地区第三次水土保持工作会议，参加会议的有黄河中游地区青海、甘肃、宁夏、陕西、山西、河南、内蒙古 7 个省（自治区）的 100 个重点县（旗）的代表。会议总结和交流了该地区一年来水土保持工作经验，讨论和研究了 1965 年的工作任务和远景规划，提出水土保持方针是：（1）依靠群众，自力更生；（2）从生产出发，为生产服务；（3）从实际出发，因地制宜；（4）全面规划，综合治理；（5）以农为主，农林牧结合；（6）修管并重，防治结合；（7）集中力量，抓好重点。会议指出：这 7 条方针，必须全面贯彻执行，否则就会在方向上发生错误。会议提出 1965 年工作的具体方针是："巩固提高，广泛地总结经验，条件具备的地区放手发展。"② 时任中共中央西北局第一书记的刘澜涛到会讲话并接见全体代表。时任黄河中游水土保持委员会主任的李登瀛、副主任惠中权，在会上先后讲话。李登瀛说：水土保持工作是人对自然的一次大革命，是造福子孙万代的伟大事业，是山区建设的核心，同时也是社会主义和共产主义的一项伟大的基本建设，是根治黄河、改变黄河中游地区面貌的根本措施。为了促进水土保持工作，争取较快地改变黄河中游地区的面貌，会议初步拟定了一个黄河中游地区水土保持工作远景规划，准备发动群众深入地进行讨论，以便对广大群众进行一次建设山区的前途教育。这个远景规划是本着自力更生的方针拟定的，体现了鼓足干劲、力争上游的革命精神。在

---

① 1969 年 9 月 20 日，因机构精简，根据国务院通知要求，黄河中游水土保持委员会一度撤销。20 世纪 80 年代，为了加强黄河中游水土保持工作，于 1980 年 5 月 19 日重建黄河中游水土保持委员会。

② 黄河水利委员会、黄河中游治理局编：《黄河志》第 8 卷《黄河水土保持志》，河南人民出版社 1993 年版，第 100 页。

拟定规划的过程中，会议还特地邀请时任山西昔阳县大寨人民公社大寨大队党支部书记的陈永贵作报告，介绍经验。

会议确定这个地区100个重点县（旗）1965年的10项具体任务，包括整修基本农田、造林、种草、建立苗圃、封沟封梁、培训农民技术员等内容。会议认为，各地执行这10项具体任务，将使黄河中游地区的水土保持工作更加有计划、有步骤、有重点地展开，并加快治理速度。会议还认为，确定这10项任务，仅仅是一个良好的开端。要实现这些任务，还必须进行一系列艰苦细致的工作。为此，会议要求黄河中游各地党政领导机关必须把领导好水土保持工作作为一项重要任务，经常进行检查和讨论；在认真总结群众先进经验的基础上，大兴大寨之风，大长大寨之志，走大寨之路，迅速掀起一个比以往更为广泛的新的水土保持的群众运动。①

1964年10月28日，为了在黄河中游地区掀起新的水土保持群众运动，推进山区社会主义建设，《人民日报》在报道第三次水土保持工作会议召开的消息时，特地发表了题为《开展黄河中游地区群众性的水土保持运动》的社论，明确指出：黄河中游广大地区，以水土保持工作为中心，一个大规模的建设山区的群众运动，将在今冬明春由点到面逐步展开。这是一个改造自然的伟大的革命运动。这不但是治理黄河的根本大计，而且是建设社会主义新山区的根本大计。社论指出，黄河中游地区的水土保持，是关系广大群众切身利益的大事情。黄河中游地区的贫瘠山区，只有做好水土保持，建设稳产高产农田，提高粮食单位面积产量，进一步全面发展农林牧各业生产，才能比较快地把贫穷落后的山区建设成为社会主义的富裕的新山区。目前，在黄河中游地区，已经出现了近千个水土保持搞得较好的先进单位，其中成绩特别突出的有200多个。这些发扬自力更生精神的活生生的榜样，为黄河中游广大山区人民指明了奋斗的方向和道路。

如何开展群众性的水土保持工作？社论强调，在水土保持的群众运动中，必须看准主要目标，集中优势力量打歼灭战。从全局来看，黄河中游由内蒙古河口镇到山西龙门之间，以及泾、渭、洛河流域，这两个地区的100个县（旗），水土流失都很严重。尤其是河口到龙门之间的42个县

① 参见《黄河中游地区大规模水土保持群众运动即将展开，治山治水治土，根本改造自然，第三次水土保持工作会议在西安举行》，《人民日报》1964年10月28日。

（旗），水土流失最为严重。根治黄河的"根"，主要是在这里。这两个地区应作为黄河中游地区的治理重点。各个局部地区也应当根据国家的要求和当地的条件，集中力量，搞好重点，推动全局。各地应当在各级党委领导下，根据黄河中游水土保持委员会的统一部署，继续有重点有计划地开展群众运动。社论最后强调，黄河中游许多地区已经做了很多水土保持工作，取得了一定的成就，但是就大面积治理来说，基本上还是一张白纸。黄河中游地区各级领导应当更加重视水土保持工作，确定为重点治理的地区，有关部门更应当全力以赴，一定要把水土保持会议规定的 10 项任务作为必须如期按质量按标准完成的硬任务，为它拿出足够的硬功夫，在1964 年冬和 1965 年春掀起一场以水土保持为中心的建设社会主义新山区的群众运动。

此后，黄河中游重点治理地区广泛开展了以水土保持为中心的农田基本建设运动。到 1964 年 11 月中旬，据甘肃庆阳、定西、天水等 3 个专区的统计，已经修好水平梯田 2.6 万多亩，培地埂 35.9 万多亩，造林、种草 4.8 万多亩，封山育林、育草 1.8 万多亩。此外，还开展了挖涝池、打水窖、筑沟头防护、修谷坊等活动，治理了许多沟壑。该地区在开展水土保持工作中，普遍注意因地制宜，尽快发挥效益。在董志塬一带，各社队兴修大面积水平梯田，在中部干旱地区主要是铺砂田，不少地区还广泛进行平整土地，修防洪渠，建引洪漫地工程。①

宁夏回族自治区隆德县位于六盘山下，渭河上游。境内山多川少，海拔 1800—3000 米。秋季多暴雨，常暴发山洪。新中国成立前，这个县的农业生产耕作粗放，广种薄收；沟深逐年扩大，水土流失严重。在农业合作化时期，这个县的一些先进农业生产合作社在水土保持方面做出了榜样，著名的有八里铺和甘寺沟。经过多年实践，隆德县领导机关集中群众智慧，对山区建设和水土保持工作总结出一套经验：（1）根据各社队的具体条件全面规划，实行集中治理和连续治理相结合，工程措施和生物措施（种草、种树等）相结合，由山上到山下，由山到沟，治一山巩固一山，治一沟巩固一沟；（2）以现场为学校，以工程做教材，培养治山治沟的技术力量；（3）严格验收，保证工程质量；（4）治理同养护并重；（5）专

① 参见《甘肃黄河流域地区水土保持，注意因地制宜尽快发挥效益》，《人民日报》1964 年 11 月 25 日。

人管理养护同群众治理相结合。到 1964 年 8 月底，隆德县共做地边埂 23.82 万亩、简易梯田 3.85 万亩、水平梯田 1.2 万亩；采取做台阶地、带子田、谷坊、水平沟、鱼鳞坑等工程措施，治理山沟 487 条；修建水库 2 座，蓄水池 107 个；植树造林 13.8 万亩。这些基本建设，共可控制水土流失面积 651 平方公里，占全县面积的 44%。1964 年 1 月初到 9 月底，这个县降雨 700 多毫米，比正常年景的全年降雨量多 200 多毫米，治理较好、养护较好的山和沟，水没有下山，泥没有出沟。[①]

经过 1964 年冬及 1965 年春的群众性运动，黄河中游黄土高原山区水土保持工作取得了显著的成绩。据有关部门统计，这个地区 1964 年冬天出动 400 多万人，开展了大规模的兴修梯田、筑坝封沟、植树造林等活动，初步完成的治理面积超过 1963 年同期的一倍多。内蒙古自治区提前超额完成了 1965 年全年的治理计划。山西、陕西、甘肃、宁夏 4 个省区完成了全年计划的一半左右。100 个水土保持重点县（旗）1964 年冬造林种草 100 多万亩，有 20 多个县（旗）超额完成了冬季治理计划。陕北、晋西和甘肃大部分丘陵地区，以修稳产高产的水平梯田为主，取得了很大的成绩。[②]

1965 年春天以后，黄河中游的甘肃、陕西、山西、宁夏、内蒙古、青海等省区，水土保持活动逐步形成一个新高潮，其声势和规模之大，超过了以往任何一年。据黄河中游 100 个水土保持重点县（旗）统计，共出动 190 万人，兴修梯田 30 多万亩，造林种草 100 多万亩，育苗 9 万多亩，总计初步治理水土流失面积达 2900 多平方公里。这 100 个县（旗）1965 年度（1964 年 10 月到 1965 年 10 月）规划治理面积为 5000 多平方公里，1964 年冬天治理了 3000 平方公里，到 1965 年夏已经提前超额完成了年度治理计划。1965 年夏天以后，黄河中游地区水土保持活动进入一个新阶段。这个阶段的显著特点是，发扬大寨自力更生精神，建立了成千上万个大大小小的水土保持样板田，为做好大面积的水土保持工作树立了榜样。黄河中游地区 1965 年建立的水土保持样板田，有许多已超出生产大队的范围，成为一个县或一个流域内的大样板。山西省沿黄河的 25 个水土流

---

① 参见《水没有下山，泥没有出沟，隆德县长期治山治水，规模逐步扩大，效果日益显著》，《人民日报》1964 年 11 月 16 日。

② 参见《黄河中游地区水土保持获新成绩》，《人民日报》1965 年 2 月 20 日。

失重点县，1965 年春季在水土保持工作方面建立和健全了 4 个样板县、50 个样板公社，加上 100 多个样板大队，初步形成了一个样板网。陕西省米脂县榆林沟流域和绥德县韭园沟流域，内蒙古自治区东干丈，甘肃省庆阳县南小河沟等地，都按照区域建立了水土保持样板田。[①]

在黄河中游地区各地培养的众多样板县中，地处渭北高原上的陕西澄城县的水土保持工作，是比较突出的样板，曾引起黄土高原水土流失地区人民的广泛注意。澄城县用集中力量打歼灭战的办法治理水土流失，收到了很好的效果。澄城县是黄河中游国务院确定的 100 个水土流失重点县（旗）之一，这里地形倾斜，沟壑纵横。全县 1100 平方公里，水土流失面积占 81%；107 万亩耕地，水土流失的有 80 万亩。从 1963 年开始，县委带领全县人民开展了群众性的水土保持工作，只用了 3 年时间，就使黄土高原沟壑区的面貌有了很大的变化，初步治理的面积达到 665 平方公里。3 年间，全县共治理耕地 70 多万亩，使全县约 70% 的耕地初步控制了水土流失。据有关部门推算，每年可多蓄水 1500 万立方米，保土 120 万立方米。全县男女全半劳力只有 9 万多个，3 年中用于水土保持的工日达 1000 多万个，完成土方工程 2000 多万立方米。[②]

澄城县之所以能在短短的 3 年间取得如此突出的成绩，其基本的经验是在水土保持上集中力量打歼灭战：按一个流域、一架山、一面坡、一条沟地组织协同动作，集中连片治理，做到治一片、成一片、巩固一片。该县水土流失最严重的地区，都有统一的指挥机构和统一治理计划。流域内的各社队按照统一规划所规定的步骤，制定本单位的治理计划，并且按整体治理的需要事先调整好作物布局，为集中连片治理做好准备；治理的时候，劳动力安排也首先保证集中治理的需要。在小范围内，凡是关系到几个单位的一座山、一面坡、一条沟，也都采取了这种治理方法，取得了很好的治理效果。[③]

从总体上看，黄河流域水土保持工作在国民经济调整时期的发展基本上是健康的，并取得了较大成绩。但随着"文化大革命"的开始，黄河流

---

① 参见《黄河中游百县修田种树保持水土，提前超额完成治理五千平方公里的年度计划》，《人民日报》1965 年 6 月 13 日。

② 参见王安、姜卯生《澄城县水土保持工作的革命》，《人民日报》1966 年 3 月 30 日。

③ 参见《采用集中力量打歼灭战办法治山治水，澄城县控制水土流失努力增产粮食》，《人民日报》1965 年 8 月 27 日。

域的水土保持工作基本陷于停顿。1969 年冬，黄河中游水土保持委员会和西北林业建设兵团被撤销，大部人员下放到陕北农村；天水、西峰、绥德3 个水土保持试验站交地方管辖，科研工作大部陷于瘫痪；黄河流域各省（区）的水土保持机构几乎全部撤销，人员下放，工作停顿，科研中断；有的科研站、所，改为生产性农场，观测研究设施遭到破坏；各地出现严重的毁林、毁草、陡坡开荒等现象，水土保持工作再次受到很大冲击。[①]

---

① 参见黄河水利委员会、黄河中游治理局编《黄河志》第 8 卷《黄河水土保持志》，河南人民出版社 1993 年版，第 88 页。

第六章　农业学大寨时期的水利建设高潮

在农业学大寨运动中，全国农村广大干部群众以大寨为榜样，掀起了农田水利基本建设高潮。兴修水库、平整土地、治河修渠、坡地改梯田、治理盐碱地、打井抗旱、兴建水电站，取得了一系列令人瞩目的成就。迄今遍布全国的大中小水库，除了建于"大跃进"时期之外，多数是在农业学大寨高潮中修建的。这些农田水利设施有效地增加了农田灌溉面积，增强了防涝抗旱能力，对农业生产的发展提供了可靠的物质保障。红旗渠全线竣工和丹江口水利枢纽初期工程的建成，成为农业学大寨时期水利建设高潮中最令人瞩目的建设成就。作为学大寨运动重要组成部分的农田水利建设高潮，由于受"左"的思潮干扰，加上当时科研、设计单位被撤销，工程技术人员下放农村劳动，致使许多工程前期工作不足，施工质量缺乏保证，因而出现了许多问题，留下了不少深刻的经验教训。

一　农田水利基本建设高潮的掀起

1964 年 12 月，周恩来在全国人大三届一次会议的《政府工作报告》中第一次向全国发出了农业学大寨的号召："大寨大队所坚持的政治挂帅、思想领先的原则，自力更生、艰苦奋斗的精神，爱国家爱集体的共产主义风格，都是值得大大提倡的。"次年 1 月，中共中央将周恩来的报告下发党内县团级以上干部学习。从此，在全国范围内开始了"农业学大寨"运动。1965 年 8 月，全国水利工作会议确定全国水利工作的基本方针是："大寨精神，小型为主，全面配套，狠抓管理，更好地为农业增产服务。"广大农民响应号召，自己集资组织起来，积极投入到兴修农田水利建设的群众运动中去。据《人民日报》报道，1967—1968 水利年度的农田基本建设成绩出色，广大群众"以英雄的大寨人为榜样，发扬自力更生、艰苦奋斗的革命精神，把农田基本建设搞得既轰轰烈烈，又扎扎实实"[①]。辽宁、河北、河南、山西、山东、江苏、安徽等省投入水利建设的群众达3700多万人。

"文化大革命"爆发后，日益好转和发展的农田水利事业遭到严重破坏，各地水利部门被撤销或削弱，水利工作人员被下放，正常工作受到严重影响。1967年7月，中共中央、国务院、中央军委、"中央文革小组"发布对水利电力部实行军事管制的决定。1968年春，在"军管会"领导下设立生产组，抽调少数干部应付日常工作。1969年秋，水利电力部大部分干部下放"五七"干校。1970年3月，水利电力部生产组分解为水利、电力等几个组。水利组定员23人，负责抓各项水利工作。

由于"文化大革命"的冲击，1967—1969年农业生产连续出现下降状态，严重影响了国民经济的稳定。1970年8月25日，中共中央、国务院在山西省昔阳县召开北方地区农业会议，中心内容是学习和推广山西昔阳县大寨大队和昔阳县的经验。9月1日，会议转到北京继续举行第二阶段会议，主要是总结和交流全国各地农业学大寨的经验。9月14日，会议进入第三阶段，着重讨论实现《全国农业发展纲要》的措施和各项农村经济政策。12月11日，中共中央批准《国务院关于北方地区农业会议的报告》，第一次正式提出要大搞农田基本建设，要求各地在第四个五年计划内，"要通过改土和兴修水利，做到每个农业人口有一亩旱涝保收、高产稳产田。丘陵地区，要搞梯田。平原地区，要搞深翻平整，改良土壤。水利建设，要坚持小型为主、配套为主、社队自办为主的方针。治水要与改土、治碱相结合。要积极打井，研究利用地下水源"[②]。

北方地区农业会议之后，全国农村掀起了以改土治水为中心内容的农田水利建设新高潮。农田水利建设作为农业学大寨运动的重要组成部分，在各地广泛开展起来。其主要特点是由过去的偏重防洪向综合开发利用的目标发展，贯彻毛泽东的"水利是农业的命脉"的号召，重点解决农业用水和抗旱问题。这次农田水利基本建设规模之大、进度之快、成效之明

---

① 《亿万贫下中农和社员高举毛泽东思想伟大红旗狠抓革命猛促生产，我国去冬以来农田基本建设成绩出色》，《人民日报》1969年2月15日。

② 《中共中央批准国务院关于北方地区农业会议的报告》，载中华人民共和国国家农业委员会办公厅编《农业集体化重要文件汇编（1958—1981）》下册，中共中央党校出版社1981年版，第893页。

显，超过了以往的各个时期，包括"大跃进"时期的水利建设高潮。

1970—1971水利年度，全国各地农村贯彻北方地区农业会议的精神，大搞农田水利基本建设，有近百万名干部、1亿多农民投入到水利建设运动中。据新华社1971年1月27日报道：从去冬到现在，全国完成的农田基本建设土石方工程量，超过前一年同期。出工人数之多，工程规模之大，速度之快，都超过往年。除了普遍兴修小型水库、水渠、塘堰和打井外，还陆续修建了一批大中型水利灌溉工程。如黄河下游的引黄排灌工程，经过大规模开挖排水系统之后，又逐步恢复引水，先后修建引黄涵闸70多处，加上虹吸管及抽水站的建设，引提水能力达到4000多立方米每秒，灌溉面积达10670平方公里。据《人民日报》报道，我国1970—1971年水利建设年度中以兴修旱涝保收、高产稳产农田为中心的农田水利基本建设取得了很大成绩，各地兴修农田水利共完成土石方工程50多亿立方米，增加旱涝保收的农田面积达3000多万亩，这是近10年来增加最多的一年。①

以水利大省江苏为例，在1970—1971水利年度中，江苏省学习全国计划会议和北方农业会议精神，结合本省水利建设的实际情况，开展了农业学大寨运动，进行了大规模的农田水利建设，加速了治淮进程，取得了突出成绩。这些成绩主要体现在：（1）水利建设规模大。全省冬季最高上工人数578万人，占总劳动力的28%，完成土方11亿立方米，是"大跃进"以来规模最大的一年。发展机电排灌40万马力（其中机电各半），是历史上发展最多的一年。在这个水利年度中，徐淮旱田改水田，新增机电排灌动力25万马力，相当于新中国成立以来发展的总和。（2）坚持自力更生、艰苦奋斗。兴办这么多的水利工程主要是依靠劳动积累，社队自筹，仅发展机电排灌就需经费2亿元，国家补贴只有400万元，地区自筹占98%，地方基建、农田水利自筹也有5000万元。（3）以愚公移山的精神，出现了一批新典型。如沭阳丁集，排灌配套，沟渠路林河网化；铜山县柳泉公社劈山引水，绕过12座山头，开掘45万石方，从25里外引来微山湖水，灌溉了4万亩农田，改变了山丘地区的面貌；东台县10万人奋战40天，自筹资金、自运物资、自备工具、自迁房屋，完成了"三河一

① 参见《在毛主席的革命路线指引下，我国农田水利建设今年取得很大成绩》，《人民日报》1971年12月8日。

路”工程，开河挖土方 1200 多万立方米。做到当年工程，当年收效。据统计，江苏全省在 1971 年水利年度共扩大灌溉面积 600 万亩，新增旱改水 600 万亩。①

又如以水利著称的广东省徐闻县，在全国农业学大寨运动的高潮中抓住农田水利建设这个主要矛盾，于 1970 年冬组织有领导干部、技术人员和贫下中农代表参加的“农业学大寨”规划普查队，在半年多时间里踏遍 1200 多个村庄，对全县进行全面调查，作了比较详细的规划，提出要把“天降的水蓄起来，小溪水引上来，地下水提上来”的蓄、引、提三管齐下的治水原则。从 1970 年冬开始，全县掀起了群众性大办水利的新高潮。该县根据不同的类型，因地制宜，各有重点，全面开花，有的修水库，有的修渠道，有的打井，并动员力量兴建了县重点工程——鲤鱼潭引水工程（县委为了鼓舞群众斗志，后来正式命名该工程为“英雄渠”）。该工程长 18 公里，穿过 4 个山头，凿通了 2700 米隧道，其中有 800 米硬石层和 500 米的黄泥层，在没有大型开掘设备的条件下，施工人员从地面打下 122 个通天井，再从井底向左右开凿隧道，把徐闻北部三条流入大海的小溪拦腰截断，引入鲤鱼潭水库。徐闻县面对没有国家投资的困难，发动工程受益的迈陈、西连两个公社出动民工 8000 多名，自筹资金 118 万元，自带粮食，苦战一个冬春，于 1971 年 7 月完工，使水库增加蓄水量 1200 万立方米，扩大灌溉面积 3 万亩。原来是徐闻县“老大难”的迈陈公社，跃进到农业学大寨的先进行列。该公社旱涝保收面积从原来的 2000 多亩增加到 1971 年的 2 万亩，粮食总产量 1971 年比 1970 年增产了 1.3 倍，亩产 1025 斤，花生、甘蔗、水产品等产量均超过历史最高水平，社员生活水平得到改善。1971 年，该公社人均分配现金从 1970 年的 65.5 元增到 1971 年的 83 元，粮食从 306 斤提高到 553 斤。②

1971—1972 水利年度，全国农村继续广泛掀起农田水利建设高潮，新修了一批水库、塘坝、水井、涵闸、渠道等工程，进一步扩大了旱涝保收、高产稳产农田的面积。据 19 个省、市、自治区的不完全统计，1971 年冬至 1972 年初共兴建各种水利工程达 100 多万处，到 1972 年 1 月中下

---

① 参见江苏省“革命委员会”水电局《1971 年水利建设的基本情况和 1972 年水利建设的初步意见》，江苏省档案馆馆藏水利厅—长期—18 卷。
② 参见广东省“革命委员会”生产组《关于湛江地区农业学大寨群众运动情况向省委的报告》，广东省档案馆藏 229—4—228 卷。

旬已完成的土石方量达 30 亿立方米，相当于上年度完成的土石方工程量的一半以上。其中，大量是由农村社队自办的当年施工当年受益的小型水利工程，还有一些是续建的和配套工程。各级在水利建设方面坚持以小型为主、配套为主、社队自办为主的方针，调动了广大群众治山治水的积极性。无论是原来水利条件较好的地区，还是水利条件较差的地区，都在积极兴办水利工程。辽宁、吉林、青海、甘肃、陕西、山西、河北、北京、山东、江苏、安徽、浙江、湖南、广西、广东、四川、云南、贵州等省区，总结了几年来水利建设的经验，针对各地不同的自然条件，进行了全面规划，做到因地制宜，统筹兼顾，综合治理，力求变水害为水利。地处华北平原的冀、鲁、豫、苏、皖 5 省把治水和治碱结合起来，使许多盐碱地得到改造。山东、河南两省还大力开展引黄淤灌，用黄河的粗沙淤高堤背，加固堤防，用细沙淤地改土，引水灌田，取得了很大成绩。①

12 月 12 日，《人民日报》发表题为《搞好农田基本建设》的短评，指出搞好农田基本建设是"发展社会主义农业的一项重要战斗任务，也是农业学大寨的一项重要内容"。并认为："大寨大队的自力更生、艰苦奋斗的革命精神，突出地表现在农田基本建设上。"号召各地："应在保证搞好当前生产的同时，尽可能多地用于农业基本建设。"

1972 年 12 月，水利电力部召开了全国水利管理工作会议。会议要求各级水利部门第一把手必须一手抓建设，一手抓管理，把水利管理提到重要议事日程上来；建立和健全必要的规章制度，按时完成水利工程的大检查。检查的内容为"五查"、"四定"。五查是指查工程建设和投资使用情况、工程安全、工程效益、综合利用、管理现状；四定是指定任务、措施、计划、组织体制。据新华社 1973 年 3 月 6 日报道：根据国家水利部门的统计，从 1972 年 10 月到 1973 年 1 月底，全国农村动工兴建的各种水利工程共计 100 多万项，其中有 60 多万项已经胜利完工。

如江苏省 1972 年入冬以后，各地积极推广了华西、夹河、何庄、三隆、清修、双沟等地的先进经验，掀起了冬春农田水利建设运动的高潮，以水促土、促肥、促林、促副，大挖土方，大搞平田整地，大搞配套工程，积极发展井灌，又涌现出丁桥、同心圩、卫东、马站、埠子等一批先进单位。徐淮地区普遍以治涝治渍为中心，大搞五沟配套，疏浚排水干

---

①　参见《我国农田水利建设取得新成就》，《人民日报》1972 年 2 月 23 日。

河，有的县重灌轻排的倾向已有所扭转。沂南地区疏浚了柴米河、六塘河、唐响河等排水干河。根据各地汇报材料统计，1972 年冬 1973 年春全省共完成土方 7.2 亿立方米，开挖整修大沟 1600 多条，中沟 1800 多条，小沟 1 万多条，已完成配套建筑物 6 万余座，打井 4000 多眼，发展机电排灌动力 45 万马力。增加旱涝保收农田 300 万亩，并在不同程度上改善了排灌面积约 900 万亩。为了坚决贯彻全国水利管理会议的精神，1973 年 3—6 月，江苏省从省、地到县社组织了 1 万多干部和工程技术人员，并广泛发动群众，采取三结合的方法，全面开展了水利工程大检查。通过检查，向广大干部、群众宣传了毛泽东的革命治水路线和方针、政策，总结了水利建设方面的经验教训，并按照"五查"、"四定"的要求，发现问题，分别研究和落实措施。各地反映：通过这次检查，对治水的方向更加明确了，治水的路子更加清楚了，家底摸得更透了，治水的决心也更大了。①

随后，在 1974 年和 1975 年，水利电力部两次召开农田基本建设会议，进一步推动了全国农田水利建设的高潮。全国各地每年冬春农闲之时，都组织广大农民投入到兴修农田水利运动中。1974 年 2 月 19 日，新华社对当年的农田基本建设进行了报道：现在已经完成水库、塘坝、渠道、涵闸、水井、排灌站等各种水利工程 60 多万处，增加和改善灌溉面积 2000 万亩，深翻改土 1.9 亿多亩，平整农田 4000 多万亩。又据新华社 1975 年 3 月 11 日报道：全国各地共开工修建 140 多万处各类水利工程，已有三分之二完工。到 1975 年 1 月底止，全国新增加改善的灌溉面积 3000 多万亩，新修梯田 1300 多万亩，改造低产田 6800 多万亩。

这样，在农业学大寨运动高潮中，以治水改土为中心的山水田林综合治理的农田基本建设被当做一项伟大的社会主义事业来办，全国每年冬春都有上亿劳力投入农田基本建设，许多县、社、队组织农田基本建设常年施工。农田基本建设也由单项治理发展到山、水、林、田、路等综合治理；打破了社队界限，按地区、按流域统一规划，统一治理。1975 年 9 月，中共中央在山西昔阳县召开第一次全国农业学大寨会议，总结交流各地在 1970 年北方地区农业会议以后开展农业学大寨运动的经验，研究进

① 参见江苏省水电局《关于 1973 年水利建设的情况和 1974 年的初步意见——在全省水利现场会议上的发言》，江苏省档案馆馆藏水利厅—长期—50 卷。

一步开展农业学大寨运动、尽快普及大寨县的问题。1976年12月10日，第二次全国农业学大寨会议在北京召开，标志着农业学大寨运动达到了最高潮，全国性的农田水利基本建设更是提到了迫切议事日程。

1977年7月，水利电力部、国家计委、国家建委、农林部等11个部委联合召开全国农田基本建设会议，会议回顾了全国农田基本建设出现的新形势，明确指出：国民经济全面跃进的形势已经出现，农业非大上不可。农业要大上，就非大搞农田基本建设不可。会议要求1977年冬和1978年春掀起一个农田基本建设的新高潮，到1980年要实现每个农业人口有一亩旱涝保收、高产稳产的农田。在此次会议精神的指导下，全国性的农田水利基本建设高潮继续推进。1977—1979年，中共中央、国务院连续召开了3次农田基本建设会议，使全国农田基本建设得到了迅速发展。据统计，3年时间完成土石方510亿立方米，平整土地2.5亿亩，增加灌溉面积3000万亩，除涝面积1600万亩，增加机电排灌动力1500多万马力，同时对大量的中小型水库进行了维修、加固和配套，并修建了大量田间工程。[①]

由此可见，作为农业学大寨高潮的重要组成部分，农田水利基本建设的高潮与农业学大寨运动高潮是同步并生的。由于农业学大寨运动到1980年正式结束，故全国性的农田水利基本建设高潮也持续到1980年左右。

1972年北方14省抗旱会议后，全国各地小型水库灌区建设出现新的热潮，灌区配套得到加强，全国有效灌溉面积由1965年的48054万亩增加到1980年的73332万亩，年均增长1683万亩。全国机电排灌泵站有了很大发展，1976年机电排灌动力拥有量达到5400多千瓦，比1965年增加了5倍，原来的依靠人力、畜力的简易提水工具基本上被机电泵替代。以安徽为例，到1975年，全省灌溉面积扩大90.6万亩，平均每年新增18.1万亩。从1976年开始，小型水库灌区的配套步伐加快，1976—1989年，共扩大灌溉面积163.4万亩，使全省小型水库的有效灌溉面积达到517万亩。[②]据统计，1966—1980年的15年间，安徽小型机械灌溉站增加到2183处；电力灌溉站灌溉面积增加了282万亩。据1980年统计，全省小

---

① 参见水利部农村水利司编著《新中国农田水利史略（1949—1998）》，中国水利水电出版社1999年版，第17页。

② 参见安徽省地方志编纂委员会编《安徽省志·水利志》，方志出版社1998年版，第385页。

型电灌站达到 7109 处，灌溉面积达 679.6 万亩。[①] 再以江苏为例，1974—1980 年，江苏全省在以农田基本建设为中心内容的农业学大寨运动中，有效灌溉面积由 5168.72 万亩上升到 5910.76 万亩；水土保持治理面积由 4359.48 万亩上升到 6065.78 万亩；机电井由 42348 眼上升到 59675 眼，喷灌面积也从无到有。[②]（详见表 6-1）

表 6-1　　　1974—1980 年江苏省农田水利主要指标发展情况统计表

指标名称	1974 年	1975 年	1976 年	1977 年	1978 年	1979 年	1980 年
有效灌溉面积（万亩）	5168.72	5445.86	5664.63	5686.07	5721.64	5855.8	5910.76
保证灌溉面积（万亩）	4180.55	4441.80	4634.91	4837.03	4982.41	5086.71	5184.33
除涝面积（万亩）	5293.23	3640.06	3773.12	3920.52	3904.69	3946.92	4011.63
水土保持治理面积（平方公里）	4359.48	5269.79	5791.73	6361.19	6160.4	7477.96	6065.78
盐碱地改良面积（万亩）	609.06	664.51	674.25	699.74	661.82	837.78	866.37
建成或基本建成水库（座/亿立方米/有效万亩）	1211/179.08/1666.51	1206/182.05/1680.89	1207/181.72/1699.97	1177/185.43/1722.47	1179/183.61/1711.42	1171/185.81/1709.69	1188/185.95/1723.49
万亩以上灌区有效灌溉面积（处/有效万亩）	无	249/1488.71	259/1598.34	255/1511.93	261/1705.99	263/1650.71	232/1638.48
排灌机械保有量及排灌面积（万马力/万亩）	293.59/4571.71	354.4/4927.56	386.62/5100.64	415.67/5321.79	473.49/5365.22	无	562.22/5702.77
机电井（万眼）	4.2348	3.8259	3.9766	4.8108	5.3730	无	5.9675

---

① 参见安徽省地方志编纂委员会编《安徽省志·水利志》，方志出版社 1998 年版，第 387—388 页。

② 参见《江苏省 1975—1980 年农田水利、工程管理统计报表》，江苏省档案馆藏水利厅—永久—45 卷。

续表

指标名称	1974 年	1975 年	1976 年	1977 年	1978 年	1979 年	1980 年
水轮泵站（台/处/万亩）	46/11/8.85	44/6/7.8	44/7/8.65	44/6/7.15	44/6/7.15	44/6	44/6
水闸（座）	4029	2212	2497	2737	2694	2859	2492
堤防（公里/万亩）	12645.61/4301.95	13060.39/3806	13848.68/4710.23	17116.86/4806.01	16906.26/4847.15	19760.47/61922.21	20813.81/4786.93
农水完成土石方量（本年新增）（亿立方米）	11.9942	12.42	15.69	16.03	13.62	无	10.47
深翻土地面积（本年新增）（万亩）	142.87	249.54	77.96	84.20	53.26	34.28	43.06
平整土地面积（本年新增）（万亩）	644.57	671.5	758.27	679.49	565.57	497.37	535.93
造田造地面积（本年新增）（万亩）	9.58	13.79	19.65	18.87	22.47	13.47	8.97
喷灌面积（万亩）	无	无	无	13.18	75.10	119.67	166.68

资料来源：笔者根据江苏省《1974 年水利统计年报》及 1975—1980 年《农田水利、工程管理统计报表》整理而成〔江苏省档案馆藏水利厅—永久—7 卷（1974 年）、水利厅—永久—1 卷（1975 年）、水利厅—永久—14 卷（1976 年）、水利厅—永久—17 卷（1977 年）、水利厅—永久—24 卷（1978 年）、水利厅—永久—34 卷（1979 年）、水利厅—永久—45 卷（1980 年）〕。

　　水库灌区及其配套设施的兴建，有效地增加了农田灌溉面积，对农业生产的发展提供了可靠的物质保障。据统计，1977 年，全国农田灌溉面积达 7 亿亩，比 1965 年的 4.96 亿亩增长了 41%；1977 年全国机电排灌面积达 4.32 亿亩，各种水电站机电总装机容量达 4289 万千瓦，分别比 1965 年的 1.21 亿亩、667 万千瓦增长了 257% 和 543%。[①]

　　1971 年以后，除了对"大跃进"中已建造的水库、灌区进行续建配套外，在北方还开展了大规模的开发利用地下水的活动。1972 年华北大

---

　　① 参见水利电力部编《中国农田水利》，水利电力出版社 1987 年版，第 25、37 页。

旱，为了解决北方地区的长期干旱问题，国务院决定成立打井抗旱办公室。从 1973 年起，国家每年拨出专款和设备支持北方 17 省区的打井工作。全国配套机井由 1972 年的 100 万眼增加到 1980 年的 229 万眼，增加了 1.29 倍。机井配套建设，对中国北方地区合理使用水资源，提高灌溉保证率和土壤蓄水防涝能力，缓解水资源不足的矛盾，以及改良土壤、防治盐碱化都起到了重要作用。其中，河南、安徽等地的机井建设成绩突出。

北方农业会议之后，河南省专门召开水利会议，制定了旱涝保收田的 6 条建议标准，关于农田水利基本建设的 10 条规定。全省仅 1973 年就安排打井 7—10 万眼、配套 8—12 万眼的指标，并下达打井任务和配套设备的生产，使全省农用机井建设出现了连续数年的高速发展的情形。据统计，全省机井数量从 1970 年的 25.4 万眼增至 1975 年的 52.7 万眼，已配套 42.7 万眼。旱涝保收田从 1970 年的 2172 万亩发展到 1975 年的 3146 万亩，有效灌溉面积从 1970 年的 3768 万亩增至 1975 年的 5374 万亩。[①] 全省机井数量和机井控制面积的迅速增加，极大地促进了农业生产的发展。

1977 年，国务院召开北方 17 省市抗旱会议，决定将包括安徽省在内的北方 17 省市的井灌纳入国家计划。到 1977 年底，淮北已有机井 7.62 万眼、配套 5.4 万眼，井灌面积 300 万亩。1978 年，全省出现严重干旱，安徽省委提出"主攻小麦，发展灌溉"的战略措施。到 1980 年底，淮北地区共有机井 138251 眼，配套 111945 眼，其中机配 91052 眼，电配 20893 眼，机井有效灌溉面积为 453.7 万亩；累计投入淮北地区机井建设资金 37936 万元，其中国家补助 19801 万元，群众自筹 18135 万元。[②] 井灌区内修筑渠道 7277.4 公里，平整土地 28.1 万多公顷，筑小畦 13.6 万公顷，使机电井的有效灌溉面积达到 30.7 万公顷。[③] 这些机井及配套设施的建设，增强了淮北地区防旱减灾能力。在当时的抗旱抢种、抗旱保麦中，机井灌溉起到了较大作用。

此外，在农业学大寨运动高潮中，全国陆续上马了许多大型水电站，

---

① 参见水利部农村水利司编著《新中国农田水利史略（1949—1998）》，中国水利水电出版社 1999 年版，第 414 页。

② 参见安徽省地方志编纂委员会编《安徽省志·水利志》，方志出版社 1998 年版，第 402 页。

③ 参见安徽省水利厅编《安徽水利 50 年》，中国水利水电出版社 1999 年版，第 123 页。

其中比较著名的水电站有:四川龚咀,甘肃碧口,长江葛洲坝、乌江渡,湖南凤滩,广西大化等大型水电站。20 世纪 50 年代开工的水电站,多数在 70 年代前后完成。从 70 年代开始,小水电站建设得到了发展,每年投产小水电站 30.40 万千瓦。据统计,1970 年,中国乡村办水电站 29202 座,发电能力 70.9 万千瓦,其中乡办水电站 7297 座,发电能力 33.5 万千瓦;村和村以下办水电站 21905 座,发电能力 37.4 万千瓦。到 1976 年,中国乡村兴办的水电站达到 74125 座,发电能力 161 万千瓦,其中乡办水电站 9348 座,发电能力 70.6 万千瓦;村和村以下办水电站 64777 座,发电能力 90.4 万千瓦。[①]

　　总之,在农业学大寨运动中,全国各地农田水利基本建设取得了巨大的成绩。不仅兴修了大批大中小型水利灌溉工程,提高了农田的灌溉率和土壤的蓄水防涝能力,为改良土壤环境、防治盐碱化起到了重要作用,而且投入大量的人力、物力进行了各种规模的灌区配套设施及水电站建设,为改善农村环境以及提高农业生产效率创造了有利的条件。

　　农田水利基本建设的大力开展,增强了全国的农田灌溉和防涝抗旱能力,为农业持续丰收提供了保证。以全国受灾面积不同、但成灾面积基本相同的 1976 年与 1965 年相比较,1965 年自然灾害[②]受灾面积合计为 2080 万公顷,成灾面积达到 1122 万公顷;而 1976 年自然灾害受灾面积是 4250 万公顷,但成灾面积仅为 1144 万公顷,即成灾面积占受灾面积的比例由 1965 年的 53.9% 下降到 1976 年的 26.9%。其中水灾由 50.3% 下降到 31.7%,旱灾由 59.5% 下降到 28.6%。[③]此时期农田水利建设与农业生产技术的改善,是促使粮食、棉花、油料等主要农作物指标显著增产的重要因素之一。以 1978 年与 1957 年相比,全国粮食单位面积产量由每亩 98 公斤提高到 169 公斤,增产 72.4%。全国粮食产量保持了比较稳定的增长,1964 年为 3750 亿斤,1965 年为 3890 亿斤,1966 年达到 4280 亿斤,1967 年更达到 4356 亿斤,连年上升;棉花产量 1964 年为 3325 万多担,1967 年达到 4707 万多担,有了大幅度提高。粮食总产量从 1966 年的 21400 万

---

　　①　参见农业部计划司编《中国农村经济统计大全(1949—1986)》,农业出版社 1989 年版,第 321 页。

　　②　自然灾害指水、旱、霜、冻、风、雹等灾害。

　　③　参见《建国三十年国民经济统计提要》(内部发行),国家统计局 1979 年编印,第 74 页。

吨增加到 1976 年的 28631 万吨，增长了 7231 万吨，年平均增长率为 2.95%。[①]

由此可见，各种水利灌溉工程的修建，对农业生产和粮食增产起了重要的积极作用。长期工作在水利第一线的高级工程师徐海亮说：第三到第五个五年计划时期（1966—1980 年）的水利建设高潮，"对于改变农业经济的面貌，发展国民经济，增强总体抗灾能力和国力，起到重要作用"[②]。

二　大中型水库灌区配套设施的兴修

在农业学大寨运动中，全国农村掀起了一个农田水利基本建设高潮，陆续建成一批大中型骨干灌溉排水工程，如江苏江都排灌站、陕西宝鸡引渭上塬工程、四川都江堰扩建工程、湖北引丹灌溉工程、甘肃景泰川高扬程提水一期工程等，加强了防洪抗旱能力，扩大了农田灌溉面积，对改变这些地区的贫困面貌发挥了重要作用。

随着农业学大寨运动的开展，全国各地的水库建设有了较大发展，并呈现出新老并举之势。河南作为水利大省，从新中国成立后就特别注重水利建设事业，继"大跃进"运动中掀起水利建设高潮之后，在学大寨运动中再次掀起了农田水利建设的高潮。据统计，1965—1980 年，河南完成水利投资达 26.75 亿元。"大跃进"水利建设高潮中遗留下来的多处有问题的尾巴工程，在此期间逐步解决；全省有一半的大中型水库工程都是在1966—1974 年间完成的。长江流域的鸭河口灌区、引丹灌区，豫皖边界的梅山灌区在河南境内的分干工程，都是在此期间修建配套的。据统计，1966—1976 年间，全省共建成 14 座大型水闸，形成一系列平原重点排灌区域。[③]

湖南在 1965—1980 年完成水利投资 13.24 亿元，韶山灌区、欧阳海灌区、洞庭湖灌区建成配套。灌区粮食单产和增产幅度都在 1976—1985 年间获得较大发展。湖南省水利水电厅 1999 年总结说：从 60 年代后期至 70

---

① 参见国家统计局编《新中国五十年》，中国统计出版社 1999 年版，第 545 页。

② 参见徐海亮《"三五"至"五五"期间的水利建设经济效益》，《三农中国》2004 年第 9 期。

③ 参见徐海亮《从黄河到珠江——水利与环境的历史回顾文选》，中国水利水电出版社 2007 年版，第 191 页。

年代，在各类水利工程的配套、中型水库建设、增加电排装机和平地改土、改造中低产田等方面均取得了新的成绩。在此期间，新建中型水库92处，小型水库4500多处，同时还建了不少高扬程电灌站，新增灌溉面积450万亩。1978年开展喷灌建设，到1981年喷灌面积达66.65万亩。[①]

四川都江堰扩建工程是在农业学大寨运动中建成的大中型骨干灌溉排水工程，对扩大四川省农田灌溉面积发挥了重要作用。都江堰是战国时秦国所建（公元前250年），有2200多年的历史。都江堰工程由"都江鱼嘴"、"飞沙堰"和"宝瓶口"三个主要工程和成千上万条渠道以及分堰组成。当岷江水从崇山峻岭中奔腾而下，流到川西平原西部边缘的灌县境内的玉垒山下时，"都江鱼嘴"工程便把江水分为两股。在鱼嘴南面的称为外江，是岷江的正流，除了灌溉外，主要是排泄洪水；鱼嘴北面的称为内江，主要灌溉农田；鱼嘴后面是由无数巨大的鹅卵石筑成的内外"金刚堤"，它和都江鱼嘴连成一个整体，是分水工程的主要部分。金刚堤后面紧接着是"飞沙堰"（溢洪道）。内江水流到这里，因为峭壁临江，水流湍急，容易横决，飞沙堰可以泄洪、排沙，使内江水保持适当的水量。在飞沙堰后面就是"离堆"巨崖，崖下就是"宝瓶口"工程。这个工程为内江打出了一条通畅的水路，使岷江水自流灌溉川西农田。[②] 2000多年来，都江堰水利工程对川西平原农业生产的发展起了很大的作用。但在近代的中国，由于长期战乱，都江堰工程年久失修，灌溉面积日益减少，从原有的灌溉面积300万亩下降到新中国成立前夕的190万亩。[③] 新中国成立后，都江堰的作用才真正发挥出来。

在党和政府的重视下，人民公社成立后，四川相继修建了人民渠、东风渠、解放渠等大型干渠800多公里，逐步扩大灌溉面积。到1966年，新修了3条灌溉渠，扩建了两条灌溉渠，安装了电动闸门等许多设施，灌溉面积扩大到660万亩。1967年冬，川西平原出动了10多万个劳动力，对都江堰灌区工程进行整修。广大社员在工地上大办毛泽东思想学习班，发扬大寨人自力更生的精神，克服了各种困难。他们用石灰和石头代替水泥，为国家节约了大量水泥，全灌区的整修工程全部提前完成。绵阳、宜

---

① 参见水利部农村水利司编著《新中国农田水利史略（1949—1998）》，中国水利水电出版社1999年版，第438页。

② 参见《都江古堰喜迎春》，《人民日报》1972年3月12日。

③ 参见陈光安《川西行》，《人民日报》1965年4月1日。

宾、内江、乐山、万县、涪陵等专区，掀起了群众性兴建水利工程活动。各地修建了大量小型塘堰和水渠，使 1968 年春耕用水情况比历年都好。①但是，它的渠道存在着"长、多、宽、弯、浅、乱"的缺点，造成灌溉时"上游饱、中游少、下游干"，排水时"上游畅、中游满、下游淹"的严重局面，有的渠道上下 18 拐，占地多，造成下湿田多，不利于机耕。②

　　在农业学大寨运动的高潮中，都江堰这个著名的古老水利工程焕发了青春。1970 年春，四川省提出改造都江堰渠道的总体设想：填平全部旧渠，开挖几万条新渠，重新规划田块、道路，做到沟直、路平、园田化，使渠系灌溉合理，充分利用水源，扩大灌溉面积，发展水力、水电事业，为早日实现农业现代化打下基础。1970 年 8 月，四川省正式作出决定，把改造都江堰渠系工程列为全省水利重点工程之一，作为全省农业学大寨的一项重要措施来抓，并且在灌区各地、县专门成立了指挥部。9 月秋收后，灌区所属地、县、市纷纷调集民工，开赴工地，开始对都江堰渠首的引水分洪工程——宝瓶口进行加固。3000 多民工奋战在岷江河谷，抽干了过去从来没有人动过、被认为抽不干的宝瓶口深潭的水，浇筑上千吨混凝土，加固了这个关系川西平原数百万亩农田灌溉的引水、分洪工程。同时，灌区所属的 26 个县市组织民工，根据发展农业的需要，对都江堰渠系进行重新规划，全面治理，开展了改渠工程的战斗。整个工程贯穿了依靠群众、自力更生的革命精神。在群众性的改渠活动中，农村的放水员、水利员和铁工、石匠都成了修渠筑路、架桥建闸的技术骨干。数以万计的桥梁、涵洞和水利、水电工程就是由这些人设计、施工的。200 多万水利大军经过 4 个多月的艰苦奋战，基本完成了都江堰渠系改造的主要工程。温江专区的 14 个县开挖了干、支、斗、农、毛渠 3.1 万多条，长达 2.4 万多公里，挖出土石方达 5000 万立方米。按原计划需要 3 个冬春才能完成的江堰系改造工程，只用了 1 个冬天就基本上完成了改渠中的主要工程，剩下来的任务主要是治河和完成改渠的扫尾工作。③ 1971 年冬，灌区民工经过 40 多个昼夜的工作，终于在"宝瓶口"的基石上浇灌了 1000 立方米的

　　① 参见《在战无不胜的毛泽东思想的光辉照耀下，四川农村革命和生产形势大好》，《人民日报》1968 年 5 月 29 日。

　　② 参见《川西平原人民满怀革命豪情重新安排田土河川，改造都江堰渠系主要工程基本完成》，《人民日报》1971 年 1 月 22 日。

　　③ 同上。

混凝土,加固了这座关系川西平原数百万亩农田灌溉的引水分洪工程。①

早在 20 世纪 50 年代,都江堰的水渠就开始跨出川西平原。农业学大寨运动中,都江堰水渠又三路并进,穿过纵贯盆地的龙泉山,伸向十年九旱的川中丘陵地带。在中路,简阳县打通了 100 多个大小隧洞,修筑水库,架设渡槽,开挖各种渠道 2800 多里,让都江堰的水从平原流进了岗峦起伏的山野。在南路,仁寿县在龙泉山的峡谷里,筑起一道高 50 多米、长 270 多米的大石坝,引来都江堰的渠水,汇成能蓄水 3 亿立方米的黑龙滩水库。在北路,绵阳地区兴建了龙泉山过山隧洞工程。龙泉山隧洞工程要在几百米深处作业,这里地质结构复杂,有连续塌方的"豆渣岩",有每小时涌水百吨以上的"水帘洞",有浓度高达 11% 的瓦斯井。建设者开动脑筋,想出种种办法战胜困难。在塌方严重的地段,他们先拱顶,后砌墙,稳扎稳打,终于征服了"豆渣岩"。在大量涌水的地段,抽水机不能完全适应排水的需要,他们就用脸盆舀水,排着队一盆一盆往外传递。在随时都有爆炸危险的瓦斯井内,他们组织专门的战斗小组,用喷水降温、鼓风通气等办法来预防,顺利完成了隧道工程。② 这样,都江堰的水渠逐渐跨出川西平原,穿过高山峡谷,伸展到川中丘陵区的简阳、仁寿、中江等县,扩灌了近百万亩农田。

岷江在流经川西平原西部边缘灌县时,被都江堰渠首的"鱼嘴"将水堤分为外江和内江。2000 多年来,人们一直采用在分水堤附近外江河道上设置"杩槎"(用竹笼和卵石组成的临时挡水坝)截流的办法,来调节外江、内江的水量。但是,用"杩槎"截流有不够完善的地方。如每到四五月间,内江下游农田急需灌溉时,而外江河道上的"杩槎"却常常被洪水冲毁,无法拦截江流,不能保证内江灌区应有的水量;等到重新搭好"杩槎",往往贻误农时。而进入汛期,岷江水位猛涨时,又不得不赶快拆除"杩槎",以减轻洪水对内江渠系的威胁;一旦洪水水位下降,仍须再行设置"杩槎",否则内江流域就不能恢复正常供水。这样一拆一设,既浪费人力物力,又给及时调节水量的工作带来许多困难。为此,水利部门经过调查研究和试验,决定在不改变都江堰渠首原来的分水比例和水流走

---

① 参见《都江古堰喜迎春》,《人民日报》1972 年 3 月 12 日。

② 参见《历史的见证——从都江堰灌区的建设看人民群众的伟大创造力》,《人民日报》1974 年 7 月 16 日。

向的前提下，在"鱼嘴"分水堤附近的外江河道上修筑一座钢筋混凝土结构的电动节制闸，来代替那曾经沿袭 2000 多年的截流"杩槎"。当岷江流量过小时，可将外江节制闸关闭一部分，以增加拦入内江的水量，满足下游工农业生产的需要；当洪水过大时，可将闸门全部打开，让它从外江排走。①

1973 年夏，四川省委分别在平原、丘陵、山区召开现场会，总结交流了农田水利基本建设的经验，安排了 1973 年冬的农田水利基本建设工作。秋收后冬播前，许多地方就掀起了一个农田水利基本建设高潮，参加的劳动力比 1972 年同期增加了 100 多万人。本着农忙小搞、农闲大干的精神，冬播结束后各地立即掀起了规模更大的第二个高潮，把冬闲变成了冬忙。著名的都江堰灌区获得丰收后，又全面展开了整修、扩建工作。农田基本建设比较后进的一些山区县，普遍制定了规划，决心以大干苦干的精神，加速改变山区的生产条件。四川省农村普遍建立了农田基本建设专业队，坚持常年施工。全省计划在 1973 年冬和 1974 年春新修、续建、配套的水利工程陆续完工。坡地改梯地、旱地改水田以及加厚土层和改良土壤的工作也广泛展开。②

1973 年 11 月中旬，四川省都江堰水利枢纽工程的重要组成部分——外江节制闸主体工程正式动工。1974 年春节期间，正是混凝土浇筑工程最紧张的阶段，工人和民工们放弃节日休假，顶风冒雪，坚持战斗。1974 年 4 月 26 日，外江节制闸胜利建成启用。这座钢筋混凝土结构的高 12 米、长 104 米的 8 孔电动节制闸的建成，有利于进一步发挥都江堰在排洪、灌溉、运输木材和提供工业用水等方面的作用，它将使都江堰更好地为社会主义建设服务。这座节制闸及时建成后，立即在春灌中投入使用。③

到 1976 年夏，灌区人民加固了都江堰的咽喉工程宝瓶口，凿通了 7 公里长的龙泉山隧洞，建成了黑龙滩大型水库，整修了旧渠，开挖了 6 万多条新渠，建设了大量的涵闸、渡槽，把岷江水引向了十年九旱的川中丘陵地带，使灌区的范围从当时的 12 个县（市）扩大到 27 个县（市），农田

---

① 参见《都江堰外江节制闸胜利建成》，《人民日报》1974 年 5 月 2 日。

② 参见《广大干部和社员积极为夺取今年丰收创造条件，南方四省掀起农田水利建设热潮》，《人民日报》1974 年 1 月 12 日。

③ 参见《都江堰外江节制闸胜利建成》，《人民日报》1974 年 5 月 2 日。

灌溉面积由 400 多万亩扩大到 800 多万亩,灌区粮食大幅度增产。[1]

　　安徽省的水利建设在农业学大寨高潮中取得了突出成绩。据统计,1966—1970 年间,安徽水利投资 42350.97 万元,形成固定资产 41897.93 万元,占投资的 98.93%;1971—1975 年间,安徽水利投资 67851.58 万元,形成固定资产 47676.7 万元,占投资的 70.27%;1976—1980 年间,安徽水利投资 60337.44 万元,其中省级投资 32858 万元,形成固定资产 69906.86 万元,占投资的 115.86%。[2]

　　1970 年冬到 1971 年春,安徽水利兴修运动出现了新高潮,全省上工劳力最高达 700 万人,完成土石方 5 亿多立方米,旱涝保收农田增加 250 万亩。安徽省淮河流域各县根据小型为主、配套为主、社队自办为主的原则,普遍挖沟打井,修塘开渠,筑坝建库,进一步为过去兴建的骨干工程配套,并且因地制宜地新建和续建了一批机电排灌站,提引淮河水灌溉农田。在淮北平原,拓宽加深了肖濉新河和濉河的三条支流,为新汴河、濉河工程配套。在淮南地跨几个县市的淠史杭灌区,狠抓蓄水工程、渠系配套,使库、渠、塘相连,初步形成灌溉网。在旱灾威胁严重的定(远)凤(阳)嘉(山)和天长丘陵地区,拦冲筑坝,兴建库塘,发展灌溉事业。与此同时,各地开展打井活动,从地下取水灌田,以补地面水之不足。安徽省总结和推广了萧县郭庄大队和利辛县柳西大队建设旱涝保收稳产高产田的经验,有力地推动了当地农田水利建设的进展。[3]

　　1971 年 9 月 23 日至 10 月 8 日召开的安徽全省水利工作会议指出:"去冬今春,在'农业学大寨'运动的推动下,广大贫下中农发出了重新安排山河的豪迈誓言,发扬了自力更生、艰苦奋斗的革命精神,水利兴修运动出现了新的高潮,全省上工劳力最高达 700 万人,完成土石方 5 亿多立方米,旱涝保收农田增加 250 万亩。无论兴修规模、完成的工程量或工程效益,都是近十年来所没有的。水利建设的发展,为农业增产提供了有利条件。今年我省虽然遇到旱涝灾害的袭击,由于水利工程发挥了作用和广大群众积极抗灾斗争,大大减轻了灾害损失,午季和中秋作物都获得了

---

　　① 参见《祖国的山山水水闪耀着毛泽东思想的光辉》,《人民日报》1976 年 10 月 2 日。

　　② 参见安徽省地方志编纂委员会编《安徽省志·水利志》,方志出版社 1998 年版,第 596 页。

　　③ 参见《小型为主,配套为主,社队自办为主,安徽淮河流域人民深入开展农田水利建设》,《人民日报》1971 年 5 月 12 日。

丰收。"① 会议决定，集中力量大搞水利配套和治淮骨干工程，掀起一个声势浩大的兴修水利的新高潮。

安徽省桐城县坚持自力更生、艰苦奋斗的精神，大力兴修农田水利，使全县水利面貌发生了很大变化。到 1972 年，全县共新建了蓄水千万立方米以上至 7000 万立方米的水库 2 座，百万立方米以上的 7 座，10 万立方米以上的 29 座，塘坝 3657 口，堤防 252.37 公里，渠道 1400 多公里，变电所 2 座，涵闸 122 道，堰 4 座，电机机械提水站 168 座，装机 7289 千瓦（马力），整修塘坝 27000 多口，堤防 850 多公里，共做土石方 1.74 亿立方米。工程蓄水量由新中国成立初期的 3000 万立方米增长到 2 亿立方米，增长了 5.67 倍，旱涝保收农田由 71000 多亩增长到 40 万亩，增长了 4.63 倍。桐城县在兴建水库的同时，重点抓配套，使各项骨干工程能够充分发挥效益。特别是在 1966 年以后，环山、沿岗大力开挖渠道，全长 1125 公里，使库渠塘相连，形成了 32 万亩的自流灌区。如牯牛背水库建成以后，使 5 个区 17 个人民公社 17 万亩粮棉增产丰收，粮食产量由 1963 年的 1.2 亿斤增长到 1971 年的 1.8 亿斤，全灌区超过了纲要指标。在滨湖丘陵和低洼圩田先后建成电力、机械提水站 168 座，装机 7189 千瓦（马力），共架设输电线路 213 公里，使全县 8 个区 22 个公社通了电，练潭、徐河、白果、双铺、大枫、杨桥、杨公和罗岭等 8 个公社实现了排灌电气化。又如潜山县槎水公社乐明大队，17 个生产队 486 户 2329 人，只有 1300 亩耕地。由于田少人多，加上水利条件差，历年的口粮都要靠国家供应。1970 年冬后，该大队党支部抓住生产间隙突击兴修水利，掀起了大办农田水利的新高潮。到 1972 年的两年间共投工 11 万多个，兴建和整修小水库 5 座，绕山新开配套渠道 2 条，长达 7 公里，还兴修了塘坝和谷坊 30 多处，共完成土石方 18 万多立方米，改变了过去大雨大灾、小雨小灾、十天半月不雨旱灾的面貌。随着水利建设的发展，农业产量不断提高，集体经济不断巩固，社员收入也逐年增加，实现了低产变高产，缺粮变余粮。②

在安徽全省兴修水利的高潮中，原已停缓建的龙河口、陈村、花凉亭等大型水库复工续建，主体工程分别于 1970 年、1972 年、1976 年先后竣

---

① 《全省水利工作会议纪要》，安徽省档案馆藏 55—4—23 卷。

② 参见《抓路线、促水利、面貌大改变、低产变高产》，安徽省档案馆藏 55—4—45 卷。

工。中型水库原已停缓建的也陆续复工续建,续建未完工的仍继续进行,其中有32座完成续建任务。到1975年,全省已建成的或基本建成的中型水库有70座,尚有24座在续建中。小型水库发展较快,除对原已建而留有尾工或配套不全者予以扫尾和配套,使之达到规定要求外,共新建成2014座。至此,全省小型水库已有3440座。①

1975年8月,淮河上游河南省发生了特大暴雨,皖东地区出现万年一遇的暴雨。安徽省从1976年度水利建设计划开始,重点安排了病险水库和江河堤防险工段的加固工程。1978年,安徽遭遇特大干旱,库水放空,塘坝沟河干涸,暴露了水利设施的抗旱能力薄弱。安徽省委要求高标准解决灌溉问题,提出淮北地区要大力发展井灌,到1980年底,机电井要达到20万眼。同时,抓紧涡河、颍河、新汴河、茨淮新河等河灌区的续建配套,发挥灌区的设计效益。②

淠史杭灌区和以提水为主的驷马山灌区,在安徽省农业学大寨水利建设中取得了突出成就。安徽江淮丘陵区地势高亢,岗冲起伏,地下水贫乏,水旱灾害频繁,而以旱灾尤甚。原有主要河道淠河、史河、杭埠河的河床,一般都低于农田10—20米,河水很难被用来灌溉农田。这里的降雨时间与农作物的需要也不适应,平均每年降落的800毫米左右的雨水大部分集中在春夏之交,庄稼大量需水的秋季雨水稀少,是安徽历史上著名的易旱地区。据史料记载,在新中国成立前近300年中,平均5年即有一次大旱,"河水涸竭,禾苗焦枯","举村外逃,饿殍遍野"的记述屡见不鲜,流传着"一年忙到头,浑身累出油,立秋不下雨,收个瘪稻头"的民谣。新中国成立后,虽然兴修了许多小型农田水利工程,改善了水利条件,但因地势高亢,水源缺乏,每逢干旱年景,仍常常造成减收或失收。治淮初期在大别山区建成的梅山、响洪甸、佛子岭、磨子潭等4座大型水库和龙河口水库的开工兴建,为皖西丘陵区灌溉工程的开发提供了水源条件。淠史杭灌区是淠河、史河、杭埠河灌区的总称,3个灌区毗邻而且连成一体,地跨长江、淮河两大流域。它灌溉着皖中、皖西和豫东南4个地、市所属13个县、市的农田。它的总体规划,是从开发沿淠河、史河

---

① 参见安徽省水利厅编《安徽水利50年》,中国水利水电出版社1999年版,第134页。
② 参见安徽省地方志编纂委员会编《安徽省志·水利志》,方志出版社1998年版,第595—596页。

平畈灌区的设想开始的。该工程的设计是在治淮委员会、安徽省水电（水利）厅、六安专署等的通力合作下，经多年调查研究和反复比较才得以完成的。①

根据规划，这个以灌溉为主的大型综合利用工程，主要利用大别山东北麓各个水系的水利资源，把淠河、史河、杭埠河改道，引水上岗，灌溉江淮丘陵地区9县2市1200多万亩农田。整个工程需要开挖底宽15米以上的河道19条，长1320公里，围绕着新河开挖的灌溉渠道密如蛛网。在新河上还要建造许多建筑物。工程全部完工后，不仅受益的1200万亩农田有80%可以自流灌溉，而且能通行100吨以上的轮船。同时，利用水位落差发电，每年可达1.4亿度，还可发展水产养殖事业，增加社会财富。②

1958年人民公社化以后，安徽省委根据广大群众的期望以及治淮委员会对淠河、史河、杭埠河工程的规划设计，决定兴建淠史杭灌区工程，于当年8月19日在淠河灌区渠首横排头首先破土动工。淠史杭灌区工程包括横排头、红石咀两大枢纽；总干、干、分干、支、分支、斗、农等7级固定渠道共1.3万余条；各级渠道配套建筑物2万余座；300多座抽水站和40多处外水补给站。灌区内还有中、小型水库1000余座，塘、堰、坝21万多处，可为灌区供水起反调节作用。整个灌区工程的水源是以上游的梅山、响洪甸、佛子岭、磨子潭、龙河口五大水库供水为主，利用灌区当地径流和抽引河、湖外水为辅，蓄、引、提相结合，大、中、小工程相结合的长藤结瓜式的灌溉系统。灌区工程除有灌溉效益外，还兼有发电、航运、养殖、绿化、城镇生活和工业供水等综合效益。

淠史杭灌区范围很广，各级渠道纵横，分布在岗冲起伏的丘陵地区，劈岗跨冲，土石方总量6亿余立方米。总干渠和干渠上10米以上的高填方和深切岭分别有48处和98处，不仅工程量庞大，且施工任务艰巨。工程开始之际，施工全靠肩挑人抬，物资器材十分紧缺，大部分工程要开岗切岭，跨壑填沟，引水上岗。皖西人民在安徽省委、六安地委领导和淠史杭工程指挥部的直接指挥下，发扬愚公移山精神，采取大兵团作战、"蚂蚁啃骨头"战术，最高上工劳力80余万人，并在财力、物力方面作出了很大贡献；有3万余人为了工程的需要，拆屋让地重安家园，使工程得到

---

①　参见安徽省水利厅编《安徽水利50年》，中国水利水电出版社1999年版，第106页。

②　参见纪和德《安徽修了淠史杭，江淮丘陵粮满仓》，《人民日报》1965年4月11日。

顺利、迅速进行。物资缺乏，他们就纷纷捐木竹、献钢铁、熬土硝、烧水泥。前方不乏父子同上阵、夫妻相竞赛的动人场面，后方的老、弱、妇、儿也都加入了拣砂石、刮硝土、破石头、制炸药的行列。有些人因日夜奋战在工地而积劳成疾，甚至献出了宝贵生命，涌现出不少可歌可泣的感人事迹。创造"劈土法"的刘美三，爆破时指挥群众撤离而献身的赵学信和规划设计主要负责人黄昌栋等，都是用生命和热血铸造这座水利丰碑的代表。①

六安县樊通桥切岗工地上的青年水利突击队员，创造出一种名叫"陡坡深挖劈土法"的高工效挖土法。为了攻克凿岩石的难关，工程领导部门在工地上推广了"洞室大爆破"的爆破技术，这些高工效的作业法大大加快了工程进度。关系到霍邱县史河灌区 300 万亩农田灌溉的平岗切岭工程，原来估计要用三四年时间才能做完，后来革新了挖土、开石技术，只花一年多便基本完成了。②

1959 年，淠史杭灌区水利工程开始发挥作用，有 97 万亩农田得到灌溉。此后，淠史杭灌区一方面大抓配套工程，一方面改进施工方法。如开挖渠道，该灌区改变了那种"一年挖一段，多年挖不通"的做法，采取"一年挖通，多年完成"的做法，这样，第一年就挖通的渠道，当年即可放水灌溉，使部分农田受益。以后，按照设计标准，逐年挖宽挖深，逐年扩大灌溉面积。到 1965 年春，经过 7 年的建设，淠史杭灌区的 3 个渠首工程基本竣工，开挖的河道总长已达 1200 多公里，建成倒虹吸、地下涵、节制闸、公路桥等大型建筑物 60 多座，小型建筑物 1000 多座，此外，还完成了数以万计的小型渠道工程。灌溉的农田扩大为 340 多万亩，分布在六安、寿县、霍邱等 6 个县的部分地区。灌区社员称赞说："修了淠史杭，淹死老旱狼，老天不下雨，丰收粮满仓。"③

淠史杭工程从开挖土石方到建造建筑物，都紧紧依靠群众，发扬了自力更生的精神，节约了建筑材料，也节省了国家大量的投资。已完成的分干渠和分干渠以上渠道，每方土国家补助只占 15%—40%，分干渠以下的支、斗、农渠，全部由社队投资举办。国家对建筑物工程的投资也比较

---

① 参见安徽省水利厅编《安徽水利 50 年》，中国水利水电出版社 1999 年版，第 108 页。
② 参见纪和德《安徽修了淠史杭，江淮丘陵粮满仓》，《人民日报》1965 年 4 月 11 日。
③ 同上。

少，像龙河口水库及300多座涵闸工程，国家的投资仅占工程造价的40%左右。①

淠史杭工程为大型水利工程如何贯彻自力更生方针创造了丰富的经验。1965年4月11日，《人民日报》专门发表社论《自力更生精神无往不胜——论安徽兴建淠史杭水利工程的宝贵经验》，认为淠史杭大型水利工程对其他大中型水利工程和各种大中型建设工程的建设者们提供了值得学习的范例。

淠史杭灌区工程的建设，得到了中共中央和安徽省委、六安地委的高度重视以及各方的大力支持。全省广大干部、学校师生、部队官兵纷纷到工地参加劳动或慰问建设者。中央领导人李先念、刘伯承、邓小平、彭真、聂荣臻、杨尚昆、陆定一、郭沫若等都曾到工地视察。刘伯承为工程题词："淠史杭是这一地区广大群众作出光芒万丈的基本建设，给予子孙的长远幸福和全国的雄伟示范"，并为横排头、红石咀枢纽、石集倒虹吸、百家堰地下涵等建筑物题字。郭沫若也为淠河总干渠五里墩大桥题词："沟通三河、横贯皖中"；并即兴赋诗："排沙析水分清浊，喜见源头造海洋。河道提高三十米，山岗增产万斤粮。倒虹吸下渠交织，切道崖前电发光。汽艇航行风浩荡，人民力量不寻常。"一位波兰水利官员实地考察后称赞说："淠史杭，人工灌区，了不起！"②

在农业学大寨运动中，安徽省广大群众劈山切岭，填冲筑坝，兴建骨干和配套工程，使淠史杭工程进度大大加快，灌溉效益迅速扩大。1966年10月，舒城、庐江两县组织了7万民工，动工开挖淠史杭灌溉工程的重要组成部分舒庐干渠。舒庐干渠工程从西向东横贯于舒城、庐江两县境内，蜿蜒伸展在大别山东部余脉的群山万壑之中，长达80多公里，规模宏伟。庐江县第一期工程开工时，原计划组织民工4万人，结果各公社自动来了5万人，一个冬春就完成了全部土石方任务的80%，给工程的迅速进展打下了有利基础。到1968年9月，经过两年的艰苦奋战，该干渠竣工放水。它劈开60多个山岭，跨越十几处大冲洼，实行自流灌溉，沿渠兴建的进水闸、节制闸、泄洪闸、渡槽、倒虹吸、调节水库等大型建筑物和其他建

① 参见纪和德《安徽修了淠史杭，江淮丘陵粮满仓》，《人民日报》1965年4月11日。
② 安徽省水利厅编：《安徽水利50年》，中国水利水电出版社1999年版，第108页。

筑物就有 225 处。① 这个干渠的建成，使舒城、庐江两县南部原来水源缺乏的 92 万亩瘠薄土地变成了旱涝保收、稳产高产的农田。

1971 年 5 月，淠河灌区江淮分水岭上的广大群众以较少的投资，高速度地建成了一座大跨度双拱结构渡槽——将军山渡槽。有了这座大型渡槽，再建一个小型渡槽，就可实现南水北调，使长江水系的滔滔河水经由杭淠干渠，飞跨丰乐河，直上江淮"屋脊"，与淮河水系沟通，为发展农田水利灌溉和航运事业提供了很好的条件。据统计，1966 年以后，淠史杭灌区先后新建和扩建了舒庐干渠、杭淠干渠、史河南干渠、淠河总干渠、大潜干渠、瓦东干渠、滁河干渠等 7 条干渠，新建枢纽干渠大渡槽 5 座，并新修了大批中小型渠系工程。到 1970 年底，淠史杭分干渠以上大型渠道工程全部完成。总长 1200 公里的 19 条总干渠、干渠和 299 条总长 3100 公里的分干渠、大型支渠全部通水；兴建的 96 处电灌站和 133 处山区小型发电站，以及 230 多座大、中、小型水库和数以万计的沟塘堰坝也先后发挥效益。淠史杭工程灌溉面积达到 800 万亩，比 1965 年增加了 1.5 倍以上。② 到 1972 年春，淠史杭灌区骨干工程基本建成。

为了充分发挥淠史杭灌溉工程的效益，在骨干工程基本完成以后，灌区广大群众认真总结治水经验，狠抓配套和管理。到 1973 年春，六安地区已建成大量的小型蓄水工程，容水量达 23 亿立方米。③ 到 20 世纪 70 年代中期，国家压缩投资，配套进展缓慢，但尾工尚有很多，分干渠以上和支渠以下的渠系配套建筑物分别还有 40% 和 80% 未做，已做工程老损者也较多。1983 年，经水利电力部批准，淠史杭灌区续建配套工程被列为"八五"重点项目，所需资金由部、省、县分别投入，农民投劳和引用世界银行贷款多渠道组成。该项目从 1986 年起到 1991 年结束，共完成投资 43909 万元，其中，引用外资 19311 万元，投劳折资 13700 万元；完成了淠河、史河 2 条总干渠和汲东、瓦西、瓦东、舒庐 4 条干渠及这 6 条渠道的面上续建配套，10 座中型水库和 476 座小型水库除险加固以及 25 座机

---

① 参见《七万民工用毛泽东思想统帅施工奋战两年，安徽省规模宏伟的舒庐干渠竣工放水》，《人民日报》1968 年 9 月 25 日。

② 参见《安徽省广大民工边建设边配套，淠史杭灌溉工程发挥巨大效益》，《人民日报》1971 年 5 月 13 日。

③ 参见《老区人民的新贡献——皖西地区访问记》，《人民日报》1973 年 3 月 18 日。

电灌站的更新改造。①

到 1988 年，淠史杭灌区工程已建成总干渠 2 条，总长 145 公里；干渠 11 条，总长 840 公里；分干渠 19 条，总长 400 公里；支渠 326 条，总长 3345 公里；分支渠、斗渠和农渠 1 万多条，总长 2 万多公里。兴建各类渠系建筑物近 3 万座；修建中小型反调节水库 1200 多座，连同 21 万多处塘坝，有效库容 12 亿多立方米；建成机电灌溉站 644 处，外水补给站 39 处，总装机 1000 万千瓦。整个渠道和建筑物工程共完成土石方近 5 亿立方米。已形成长藤结瓜式灌溉系统，实灌面积达到 830 万亩（不包含河南 98 万亩）。②

淠史杭灌区工程改变了灌区人民的生产条件和生活面貌，给皖中、皖西带来了翻天覆地的变化，农业灌溉效益十分突出。至 1988 年，淠史杭灌区工程累计灌溉面积 1.83 亿亩。据调查，因水利条件改善而增产的粮食已达 102.5 亿公斤。仅粮食一项，其价值已超过总投资的三四倍。1981 年，安徽省出售粮食超过 3 亿公斤的有 5 个县，其中 4 个县在淠史杭灌区。1978 年为百年不遇的干旱年，灌区从五大水库引水 30 亿立方米，引灌旱田 729 万亩。这一年，灌区粮食总产量达 43 亿公斤，是灌区开发前 1957 年的 2.57 倍。③

灌区人民自豪地说："有了淠史杭，水稻种上岗；天旱也不怕，穷乡变富乡。"新中国成立初期，寿县灌溉面积只有 20 余万亩，到 1984 年，仅保灌面积已达到 135 万亩。同样严重的大旱，1958 年这个县受旱面积 127 万亩，1978 年则不到 60 万亩，而且程度轻得多。灌区建设前，寿县粮食年总产量最高 5 亿多斤，1983 年达到 11.6 亿多斤，平均亩产增长了 2.4 倍（原文数字）。人们说，"修了淠史杭，等于建起了米粮仓"，这话一点也不夸张。以 1982 年为例，粮食耕地只占全省七分之一的灌区 11 个县、市（不包括河南省固始、商城两县），向国家提供商品粮 25 亿 2500 万斤，占安徽全省完成征购总数的四分之一。灌区内的六安、霍邱、寿县、肥西、庐江、长丰等 6 个县，已被国家列入全国 50 个商品粮基地建设试点县之内。1983 年，这 6 个县的粮食总产已突破 60 亿斤，向国家提

---

① 参见安徽省水利厅编《安徽水利 50 年》，中国水利水电出版社 1999 年版，第 108 页。

② 参见安徽省地方志编纂委员会编《安徽省志·水利志》，方志出版社 1998 年版，第 322 页。

③ 同上书，第 342 页。

供商品粮 22 亿 7600 万斤,每县都超过 3 亿斤。[①]

驷马山引江灌区是以提、引长江水灌溉为主,结合滁河分洪、除涝和航运的大型水利工程。灌区分布于滁河上中游和池河上游地区,包括安徽省的 9 个县、市、区和江苏省的 2 个县区。1956 年,水利部淮河水利委员会负责并组织皖、苏两省水利厅,共同编制滁河流域综合治理规划。1965 年,安徽省水利厅在《滁河流域治理初步意见》中提出了结合引江灌溉兴建驷马山分洪道工程。1969 年 12 月 26 日,工程经国务院批准后破土动工。该灌区规划的指导思想,是在利用库、塘等蓄水工程充分拦蓄当地径流的前提下,修建一批大型引江、提水主水源工程,做到蓄、引、提水相结合。驷马山灌区内有大中型水库 34 座,小型水库 622 座,兴利库容[②]共 10.1 亿立方米;塘坝 12.87 万口,总容量 5.1 亿立方米。灌区骨干工程除乌江枢纽和滁河一、二、三、四级抽水站及其干渠外,尚有引江水道、滁河中游上段河道疏浚、襄河口和汉河集 2 座枢纽、江巷水库及输变电工程。安徽省组建了安徽省驷马山灌溉工程指挥部,骨干工程施工任务由定远、滁县、来安、全椒、巢县、含山、和县、肥东等 8 个县按受益面积划段包干。驷马山引江骨干工程分为两期施工,第一期是以乌江枢纽为主供水水源的灌区,包括乌江枢纽、引江水道、滁河中游上段疏浚、襄河口和汉河集枢纽工程以及分散抽水站。这期工程自 1969 年底开工,至 1976 年底基本完成。[③]

驷马山引江工程实现了蓄、引、提,大、中、小工程相结合,而且还可与灌区范围以外的黄栗树、城西、屯仓等大中型水库的灌溉渠道衔接,在丰水与枯水年份相互调剂,提高边缘灌区的保证程度。驷马山工程成为灌区人民有口皆碑的水利"明珠",也得到来自荷兰、伊朗水利专家们的赞誉。[④]

总之,学大寨高潮中的大中型水利工程建设取得了突出成就。迄今遍

[①] 参见田文喜、袁定乾《江淮丘陵水流长——访我国最大灌区淠史杭》,《人民日报》1984 年 11 月 4 日。

[②] 兴利库容就是调节库容,即正常蓄水位(兴利蓄水位)与死水位之间的库容,用以调节径流,提供水库的供水量。

[③] 参见安徽省水利厅编《安徽水利 50 年》,中国水利水电出版社 1999 年版,第 109—111 页。

[④] 参见安徽省地方志编纂委员会编《安徽省志·水利志》,方志出版社 1998 年版,第 356 页。

布全国的大中小水库，除了建于"大跃进"时期之外，多数是在农业学大寨高潮中修建的。据统计，到1979年，全国各地共建成了大、中、小型水库（库容10万立方米以上的）8万多座，新中国治水工程取得了初步成效，水利建设的预定目标基本实现，不仅洪水泛滥的历史基本结束，而且变水害为水利，基本上消灭了大面积的干旱现象。

三　农田水利建设高潮中出现的偏差

20世纪70年代的农田水利建设高潮，是在农业学大寨运动中掀起的。作为学大寨运动重要组成部分的农田水利建设高潮，由于受"左"的思潮干扰，加上各地改变面貌心情迫切，提出了一些不切实际的高指标。又由于当时科研、设计单位被撤销，工程技术人员下放农村劳动，致使许多工程由于前期工作不足，施工质量缺乏保证，因而出现许多问题，留下了深刻的经验教训。1980年9月，水利部召开全国水利厅（局）长会议，着重分析了水利在国民经济中的作用，初步总结了新中国成立后30年水利工作的基本经验，认识到了"左"倾思潮对学大寨运动中农田水利建设的负面影响。

首先，在农田水利建设高潮中，主观臆断、瞎指挥的现象比较严重，盲目上马大中型水利工程，使得有些工程劳民伤财，造成巨大的经济损失。在此，笔者以山西等省为例略作分析。1969年冬，山西全省水利建设在"以大寨昔阳为榜样，想新的，干大的"方针指导下，重点转向兴建大中型工程。1970年新开了58项，以后逐年增加，一直增加到224项工程，其中列入国家基建的多达83项。这些工程多数只靠个别领导点头拍板。如1970年万荣县盲目动工开挖"跃进泉"，前后折腾4年，花了40多万元，误了工、毁了地，也没找到一滴泉水。更为突出的是1975年昔阳县动工兴建了"西水东调"工程[1]，总计投工近500万个，投资5000多万元，到1979年底仅完成了全部计划工程量的38%。[2]

类似昔阳"西水东调"的蠢事，在有些地方也有发生。如河北怀来县

---

[1]　所谓"西水东调"工程，即从昔阳县境西边，把西向流入黄河水系的潇河水，通过一系列工程措施，在昔阳与寿阳交界处，东调向海河水系。

[2]　参见水利部农村水利司编著《新中国农田水利史略（1949—1998）》，中国水利水电出版社1999年版，第277—278页。

从 1970 年开始修建"军民大渠"，全长 140 里，耗费 2289 万元资金，1287 万个工，到 1980 年尚未完成通水。由于地质情况不清，工程质量差，水渠试一次水出一次问题。第 9 次试水时竟然冲毁了京张公路和京包铁路下花园站的一段路基，致使列车翻车，京包全线停车 23 小时。①

再如安徽萧县在 1975—1976 年间搞的"淮海河网"，就是安徽省委个别领导人凭自己的主观想象作出的决策，结果打乱了水系，引发了灾情搬家，人为加重了涝渍灾害，加剧了水利纠纷，最后惨遭失败。② 正如时任水利电力部"军管会"主任的张文碧说的那样："对大的工程，我们有的往往不广泛发动群众，不认真调查研究，只听少数人的意见，就轻率决定问题；有时甚至听不进不同意见，把自己的意见看成不能变的。"③ 结果是往往造成严重的浪费。

其次，不计成本、盲目大干的形式主义严重。各地在学大寨运动中，搞"一刀切"，提出了"大寨怎么干，你们就怎么干"，"昔阳怎么干，你们就怎么干"；要"不掺假"、"不走样"，"不允许借口'情况不同'而对先进经验抽象肯定、具体否定"。山西省交城新建的"甘泉渠"，便是在这种"一刀切"思想指导下上马兴建的水利工程。交城县委既没有调查甘泉渠的实际情况，又不尊重技术人员和当地水利干部的意见，决定在半山腰开渠凿石洞。据初步核算，该工程共需完成土石方 110 多万立方米，投工 110 多万个，投资 520 多万元，计划从 1977 年 12 月动工，至 1979 年 6 月底建成。到 1980 年，完成总工程量不及 20%，已投工 52 万多个，花款 245 万多元，最后不得不停建。④ 这种凭想当然办事，贪大求洋，搞花架子的做法，致使工程浪费惊人。学大寨高潮中农田水利建设中的浪费，主要表现在四个方面：一是由于规划设计不当和瞎指挥而造成的直接损失，如过去检查的引黄枢纽等，这从全国来说是局部的，但损失是严重的；二是由于施工管理不善造成的浪费，这在农田基本建设中是大量的普遍存在的现象；三是由于计划管理不善，基本建设战线过长，许多工程长期不能

---

① 参见史亚平《军民大渠一锤定音劳民伤财》，《人民日报》1980 年 10 月 26 日。

② 参见水利部农村水利司编著《新中国农田水利史略（1949—1998）》，中国水利水电出版社 1999 年版，第 372 页。

③ 张文碧：《以毛泽东思想为武器批判水利电力建设中的"大、洋、全"思想》，安徽省档案馆藏 55—4—23 卷。

④ 参见霍宝中《交城新建甘泉渠也是件蠢事》，《人民日报》1980 年 8 月 9 日。

建成投产，或只能发挥部分效益，造成国家投资和社会财富的大量积压，这在不少地方是严重的；四是由于对已有水利设施的管理不善，使一些工程没有发挥应有效益，形成了损失、浪费和积压。这在全国是普遍的，在有些地方是严重的。①

再次，在进行农田水利基本建设时，采取所谓"大会战"的群众运动方式搞建设，过多动用农村劳力，加重农民负担，出现了"到处人山人海，炮火连天，硝烟弥漫"的情景。这些"大会战"对农田水利建设带来一定的积极效用，但其负面影响更为突出：一是大会战给生产队带来沉重的负担。如山东"泰安大会战"指挥部规定，凡是不出社的会战工程，除民工自带口粮外，队里需要补足每天粮食半斤或一斤，钱两角，自带工具；凡出社的民工，县里补足粮一斤，钱两角。不论出社或不出社，工具损耗一律由队里负担。有的家底薄的县，因会战开支消耗和本来积累就不多，只能给每个参加县里会战的民工补一角，还要欠一角；而生产队由于对民工补贴的负担重，影响到社员的年终分配。二是大会战给参战者的生活也带来较大影响。由于大会战是集中作战，有时因为离家乡很远，还需远离故土，且参战者披星戴月，"白天红旗招展，晚上灯火辉煌"，生活极其艰苦。三是有些生产队在大会战中搞"土政策"，侵犯了社员利益。② 负责"邹西会战"的副书记说："政策问题，向大家宣传一下，在大干中解决。钱、粮、物料等政策问题都搞得停停当当再上工，那就晚了三秋了。许多问题是要先干，干起来再解决。"③

最后，从水利工程配套设施、工程质量及管理方面看，存在着"四重四轻"偏向，即重建设轻管理、重大型轻小型、重骨干轻配套、重工程轻实效。修建灌区时基建只修干、支渠，不管斗、农、毛渠，结果工程长期配不了套；建设时没有一个切合实际的规划设计，有盲目建设的现象，造成水源和灌溉面积不适应，长期达不到设计效益。在此期间，大、中、小型水库垮坝的达2250座，占新中国成立以来垮坝总数的四分之三。除了有些是由于特大暴雨洪水超过水库设计能力的客观原因造成的之外，还有一些垮坝事件是由于忽视前期工作、规划设计不周、工程质量不好或管理

---

① 参见钱正英《把水利工作的着重点转移到管理上来》，载《当代中国的水利事业》编辑部编印《历次全国水利会议报告文件（1979—1987）》（内部发行），1987年，第135页。

② 陈大斌：《饥饿引发的变革》，中共党史出版社1998年版，第170—171页。

③ 同上书，第167页。

养护不善、抢险措施不当等原因造成的。① 如江苏省在 1965—1979 年间，先后垮坝失事的水库有 17 座。其中小（一）型 3 座，占已建小（一）型水库的 1.2%；小（二）型水库② 14 座，占已建小（二）型水库的 1.6%。③

由此可见，在极"左"路线影响下，农业学大寨运动中的农田水利建设高潮中确实出现了比较严重的主观臆断、瞎指挥、浪费严重等问题，这些问题给中国的水利建设事业带来了巨大的损失。然而，究竟如何看待这些严重的问题与所取得的成绩呢？换言之，应该如何评价学大寨运动中的农田水利基本建设的成败得失呢？在此，不妨回顾一下作为农田水利建设当事人的评述。

在 1979 年 7 月召开的全国农田基本建设会议上，李先念对农田水利基本建设的成败得失作了比较客观的评价。他指出："过去我们搞农田基本建设，亿万农民战天斗地，艰苦劳动，的确取得了伟大的成绩，这一点必须充分肯定。但是，由于林彪、'四人帮'的干扰破坏，加之我们在领导工作中也有一些缺点和错误，农田基本建设中存在的问题很多。这些问题，概括起来，主要表现在两个方面：一是违反自然规律，有些地方搞了不少无效工程，甚至有的变水利为水害，有的破坏了生态平衡，劳民伤财，浪费严重；二是违反经济规律，搞一平二调，增加了农民的不合理负担，特别是非受益地区农民付出了巨大劳动，经济上没有得到什么好处。这些都挫伤了群众的积极性。"④ 同时，在谈到如何搞好农田基本建设时，他强调：要"尊重客观规律，坚持科学态度"，"一定要因地制宜，讲究实效"，"农业要实现现代化，农田基本建设要搞好，都要依靠艰苦奋斗、自力更生这个传家宝"⑤。

---

① 参见水利部农村水利司编著《新中国农田水利史略（1949—1998）》，中国水利水电出版社 1999 年版，第 16 页。

② 大、中、小型水库的等级是按照库容大小来划分的。大（一）型水库库容大于 10 亿立方米；大（二）型水库库容大于 1 亿立方米而小于 10 亿立方米。中型水库库容大于或等于 0.1 亿立方米而小于 1 亿立方米。小（一）型水库库容大于或等于 100 万立方米而小于 1000 万立方米；小（二）型水库库容大于或等于 10 万立方米而小于 100 万立方米。

③ 参见江苏省革命委员会水利局《关于水库垮坝事故总结》，江苏省档案馆藏水利厅—长期—379 卷。

④ 李先念：《不能放松农田基本建设》，载《李先念文选》，人民出版社 1989 年版，第 384 页。

⑤ 同上书，第 384、382 页。

1980 年 9 月召开的全国水利厅（局）长会议，在总结新中国 30 年治水的经验教训后指出："30 年来，国家和人民用了很大的人力、物力、财力兴修水利，它的作用是明显的。现有的水利设施，已初步控制了普通的水旱灾害，基本保障了工农业生产的发展和城乡的安全。同时，发展了灌溉、发电、航运、养殖等事业，并为工业和城乡用水提供了水源。水浇地面积已扩大到 7.1 亿亩，其粮食产量占到全国粮食总产量的三分之二。"但是，"水利工作也走了不少弯路，造成一些浪费和损失。会议分析了造成这些错误的主观和客观原因。认为从水利工作本身来说，最根本的经验就是要尊重科学，按照自然和经济两大规律办事，要以最小的代价取得最大的经济效果，并充分估计和防止可能发生的副作用"[①]。

时任国务院副总理的万里出席了全国水利厅（局）长会议并在讲话中肯定了新中国成立以来的水利建设成就，指出："30 年来的水利建设取得了很大成绩，这一点必须肯定。30 年水利基建投资和农田水利事业费一共花了 760 多亿元，还不算社队自筹资金。国家和社队投入大量的人力物力财力，取得了显著效果。如防洪、排涝、灌溉、发电，打机井 230 万眼，灌溉面积达 7 亿亩。水利对农业的发展起了很大作用。"[②] 时任水利部部长的钱正英在会议的总结讲话中指出："三十年来，全国人口增加了约一倍，粮食总产从 2200 多亿斤增到 6600 多亿斤，按农业人口人均产粮从 506 斤增到 816 斤。外国专家评论中国以相当于美国二分之一的可居住面积，养育了相当于美国四倍多的人口，是世界罕见的。水利是起了重要作用的。"[③]

随后，国务院批转了《水利部关于三十年来水利工作的基本经验和今后意见的报告》，再次肯定了新中国水利建设取得的巨大成就，也指出了存在的问题："过去凡是这样兴修的水利工程，社队得益，效果显著，有的地方虽然一时群众负担重了些，但能很快见到实效，群众也是满意的。但有的地方，在只算政治账、不算经济账的错误思想指导下，盲目'想新的，干大的'，追形式，图虚名，不计成本，不讲经济核算，办了些像昔阳'西

---

① 《全国水利厅（局）长会议提出调整时期水利工作重点，搞好续建配套充分发挥现有工程效益》，《人民日报》1980 年 10 月 6 日。

② 《万里同志谈搞好我国水利建设时指出：要总结经验教训，按科学规律办事》，《人民日报》1980 年 10 月 6 日。

③ 钱正英：《全国水利厅（局）长会议总结讲话》，载《当代中国的水利事业》编辑部编印《历次全国水利会议报告文件（1979—1987）》（内部发行），1987 年，第 92 页。

水东调'那样的蠢事。有的工程，只凭需要，不讲可能，结果力不从心，一拖再拖，有头无尾，成了投资多年不见效益的'胡子'工程。一些自然条件比较困难的地方，工程造价要高一些，但也要算经济账，选择投资少、见效快、受益大的最优方案。"①

《中国农业年鉴·1980》提供的统计数据也显示，水利事业取得了很大成绩。"三十年来，全国水利基本建设投资 473 亿元，水利事业费 290 亿元，总计 763 亿元，社队自筹及劳动积累没有包括在内。建成了大量的防洪、灌溉、排涝、发电等工程设施。"1949 年至 70 年代末，水利建设的效益是很明显的，这在以下四个方面得到了集中体现：第一，初步控制了一般的洪水灾害。第二，发展灌溉，除涝治碱，为农业增产创造了条件。全国灌溉面积由新中国成立初的 2.38 亿亩发展到 7.1 亿多亩，灌溉耕地的粮食产量约占全国总产量的三分之二。原有易涝面积 3.4 亿亩，已经初步治理了 2.6 亿亩，占 76%；原有盐碱地面积 1.1 亿亩，已经初步改良了 6200 万亩，占 56%。第三，为工业和城市提供了用水。每年平均向北京、天津、长春、沈阳、抚顺等城市提供水量共约几百亿立方米，同时解决了边远山区水源困难的 4000 多万人、2100 多万头牲畜的饮水问题。第四，综合利用，提供了能源。有 1500 个县建设了小水电站，1979 年，全国小水电发电 119 亿度，占全国农业用电量的三分之一。② 这其中有相当部分的成绩是在农业学大寨运动中取得的。

综上所述，农业学大寨运动中的农田水利基本建设，初期搞得较好，后期搞得较差；多数搞得较好，少数搞得较差。之所以搞得差，是因为把大寨经验形式化、绝对化，没有做到因地制宜，学大寨运动后期的确出现了不顾条件地"大干"农田水利建设，这是劳民伤财、得不偿失的，这实际上是极"左"思潮的反映，但不能因此否定大寨经验及大寨精神，更不能因此抹杀农田水利建设的成绩。农业学大寨运动中卓有成效的农田水利基本建设，不仅促进了当时农业生产的发展，而且有些直至今天仍然发挥着重要作用。因此，对学大寨高潮中农田水利建设的总体评价应该是：规

① 《水利部关于三十年来水利工作的基本经验和今后意见的报告》，载《当代中国的水利事业》编辑部编印《历次全国水利会议报告文件（1979—1987）》（内部发行），1987 年，第 123—124 页。

② 参见水利部《中国三十年的水利建设》，载中国农业年鉴编辑委员会编《中国农业年鉴·1980》，农业出版社 1981 年版，第 25—26 页。

模很大，成绩不小；浪费也大，问题不少。

四　河南省林县红旗渠的修建

河南林县①地处河南、河北、山西三省交界地带，西依太行山，东临华北大平原。县境内山峦起伏，沟壑纵横，土薄石厚，到处是险眉恶崭的大石山和悬崖陡峭的峡谷深沟，有大小山头 7658 座，大型冲沟 7845 条。这里不仅山高沟深，人多地少，交通不便，更主要的是严重缺水。②

林县历史上十年九旱，水源奇缺，年平均降水量 697.7 毫米，年平均气温 12.7 度，县境内漳、洹、淅、淇 4 条季节河常年干枯断流。据记载，从明正统元年（1436）到 1949 年的 514 年间，林县发生大旱绝收 30 次，其中人相食者 5 次，民众受尽缺水的苦，饱尝灾荒的难。姚村乡寨底村的一座古庙里，至今保存着清光绪五年（1879）立的石碑，铭记着光绪初年大旱灾的悲惨情景："有饥而死者，有病而死者，起初用薄木小棺，后用芦席，嗣后即芦席也不能用矣。死于道路者，人且割其肉而食之，甚至已经掩埋犹有刨其尸剥其肉而食之者。十人之中，死有六七，言念及此，能不痛哉。"③ 由于十年九旱，水缺贵如油，各县粮食产量低得可怜，平常年景小麦亩产仅 35 公斤，秋粮不上 100 公斤。贫苦农民终年过着"早上清汤，中午糟糠，晚上稀饭照月亮"的凄惨生活。④"除夕之夜儿媳妇因为一担水悬梁自尽"⑤ 的真实故事，至今听来仍让人心酸。当地流传的民谣"光岭秃山头，水缺贵如油，豪门逼租债，穷人日夜愁"⑥ 就是林县因缺水而贫困的真实写照。新中国成立之初，全县 550 个村庄中仍有 307 个村远道取水。其中距离 5 里以上的 181 个村，10 里远的 94 个村，20 里远的 30 个村，30 里以上的 2 个村。

兴修水利，是林县人民的世代愿望。早在抗日战争时期，中国共产党

---

①　1994 年 1 月，林县改为林州市（县级）。

②　参见林县志编纂委员会编《林县志》，河南人民出版社 1989 年版，第 207 页。

③　同上书，第 208 页。

④　同上。

⑤　民国初年的一个除夕，桑耳庄村的老长工桑林茂去离村 4 公里的黄崖泉担水，因担水排队的人太多，等到天黑才接满一担水。新过门的儿媳妇痛念公爹，摸黑出村迎接，由于天黑路陡，接过担子没走几步就被石头绊倒，一担水倾了精光。儿媳妇又气又愧，回家就悬梁自尽了。

⑥　林县志编纂委员会编：《林县志》，河南人民出版社 1989 年版，第 7 页。

就领导林县人民兴修水利。八路军太行七分区皮定钧司令员就曾率领军民一边打仗，一边开展大生产运动，在合涧乡河交沟淅河岸边修建了一条小型引水渠，解决了几个村的人畜吃水问题。这条渠被群众称为"爱民渠"。新中国成立后，党和政府继续领导群众大力兴修水利。杨贵于1954年8月担任林县县委书记后，深入群众调查研究，"摸大自然的脾气"，抓住林县干旱缺水这个主要矛盾，自1955年起相继兴建了"天桥渠"、"英雄渠"、"抗日渠"等水利工程。

1956年5月，中共林县第二届代表大会总结了前段山区水利建设的经验，讨论林县12年山区建设全面规划草案。此后，一个以治山治水为中心，促进农业生产大发展的群众运动，在林县卓有成效地展开了。[①] 林县水利建设取得的成果，引起了河南省委和中共中央的关心重视。1957年11月，林县县委作为先进典型参加了中共中央农村工作部召开的全国山区生产座谈会。时任林县县委书记的杨贵汇报了林县山区干旱缺水以及开展地方病防治和治山治水的情况。主持会议的时任中共中央农村工作部部长的邓子恢听了汇报后说："河南省林县的例子很生动，'没有水群众就下山，有了水群众就上山'。"[②] 杨贵的汇报受到了中央领导的重视，国务院办公厅专门让杨贵汇报了林县山区建设中存在的问题。

同年12月中旬，中共林县第二届代表大会第二次会议通过了《林县1956年至1967年农业发展规划》。杨贵作了题为《全党动手，全民动员，苦战五年，重新安排林县河山》的报告，进一步明确了林县水利建设的任务和要求。县委要求全县党员、干部和群众要"下定决心，让太行山低头，令淇、淅、垣、露水河听用，逼着太行山给钱，强迫河水给粮，从根本上改变林县面貌"，号召全县人民以"愚公移山"的精神，治山治水。会后，全县掀起了大搞水利建设和绿化荒山的群众运动，从而使已建成的英雄渠、抗日渠、天桥渠、淇南渠、淇北渠为主体的中型工程发挥了巨大作用。这样，不仅解决了部分村庄人畜吃水的困难，还大大增加了农田灌溉面积，使群众进一步认识到了兴修水利的好处。[③]

1958年春，林县县委决定修筑要子街、弓上、南谷洞等三座中型水

---

① 参见杨贵《红旗渠建设的回顾》，《河南文史资料》2009年第1期。

② 邓子恢：《重视山区建设，发展山区生产》，载《邓子恢文集》，人民出版社1996年版，第506页。

③ 参见杨贵《红旗渠建设的回顾》，《河南文史资料》2009年第1期。

库。如果有了这三座水库，全县南、中、北部就可以基本解决农业灌溉问题。全县群众情绪高涨，各社队陆续建设了一批小型水库、塘，水利建设取得了很大成绩。到 1959 年底，全县正在修建的中型水库 3 座，修建小型水库 17 座，修复开挖中小型渠道 18 条，打旱井 27120 眼，挖旱池 2397 个，总蓄水量 1969.6 万立方米，干旱缺水的状况得到了部分缓解。[①]

林县县委设想，凭着这些水利工程把雨水大量蓄积起来解决吃水、浇地等问题。然而，1959 年遇到了前所未有的大旱改变了这种设想。1959 年大旱灾导致井塘干枯，水库见底，水渠成为干渠，新发展起来的 12 万亩水浇地变成了旱地。群众生活和生产用水的问题仍然难以解决，很多村庄的群众只好翻山越岭远道取水吃，整个林县仿佛又回到滴水贵如油的从前。群众描述当时的情形说："挖山泉，打水井，地下不给水；挖旱池，打旱井，天上不给水；修水渠，修水库，依然蓄不住水。"县委总结这次大旱灾的教训后得出了结论：单靠在林县境内解决水源问题是不可能的。于是，县委组织三个调查组，分赴山西境内考察水源。时任县长的李贵等赴山西省陵川县，县委书记处书记李运宝等赴山西省壶关县，杨贵与县委书记处书记周绍先等赴山西省平顺县、潞城县。[②] 调查的结果是：从淇河、淅河上游的陵川、壶关引水希望不大，水量充足的是浊漳河（常年有 20 多个流量，最枯水季节也有十几个流量）。

掌握了浊漳河的第一手资料后，杨贵等人产生了"引漳入林"的构想。1959 年 10 月 10 日，林县县委全体（扩大）会议专门研究了"引漳入林"工程。该工程的设想是：到山西境内去劈山导河，把浊漳河拦腰斩断，逼水上山，把水引到林县的分水岭，再由分水岭修建 3 条干渠，连通南谷洞、弓上、要子街 3 个水库，将 3 个水库变为"引漳入林"的调蓄水库，彻底解决林县水源不足的问题。会后，县委派出 35 名水利技术人员，沿漳河进行测量。他们提出了 3 个引水地点：一是平顺县石城公社侯壁断下（就是现在的引水地点），二是耽车村，三是辛安附近。

1959 年 10 月 29 日，林县县委再次召开全体（扩大）会议讨论引漳入林工程的有利条件和不利因素。会议决定：深入基层，发动群众，做好充分准备，迨上级批准后工程立即上马。11 月 28 日，县委举行常委会议，

① 参见林县志编纂委员会编《林县志》，河南人民出版社 1989 年版，第 208 页。
② 潞城县今为潞城市（县级）。1994 年 4 月 26 日，撤县改市。

听取第三次测量汇报，并对辛安和耽车两处引水地点作了比较后，决定从山西省平顺县辛安引水，按此方案设计工程。12 月以后，林县县委层层上报兴建引漳入林工程问题，得到新乡地委和河南省委的支持。河南省委、省人委除了发出公函同山西省委、省人委进行协商外，时任河南省委书记的史向生和省委秘书长戴苏理还以个人名义给时任山西省委第一书记的陶鲁笳、书记处书记王谦写信，请求他们同意引水。山西省委、省政府领导同志对此非常重视并大力支持，在春节休假期间，即 1960 年 1 月 30 日（农历正月初三）开会研究此事，很快作出答复，同意林县从侯壁断下引水。次日，杨贵和林县县委领导带领县直有关单位负责同志、各公社领导干部和弓上、南谷洞水库的优秀施工队长共百余人，到天桥断上的牛岭山，面对漳河查看引漳入林渠线经过的地方，动员大家做好开工前的一切准备，决心把漳河水引入林县。这样，在党和政府的领导下，旨在改变林县干旱缺水面貌的引漳入林工程，经过长时间的思想政治动员、勘察设计和周密组织，就这样开始了。①

1960 年 2 月 10 日，林县"引漳入林"总指挥部召开全县广播誓师大会，《"引漳入林"动员令》通过有线广播迅速传遍林县。2 月 11 日，3.7万民工顶着严寒、自带干粮，肩扛工具挺进太行山，开始修建"引漳入林"工程。工程开工不久，杨贵建议将"引漳入林"工程改称"红旗渠"工程。当时正值三年自然灾害时期，国家物资特别是粮食非常紧张，每人每天 0.6 斤粗粮，以野菜、树皮、树叶充饥，最困难时 10 公里以内的树皮被扒光。面对这样大规模而又复杂的工程，有人提出："能不能向国家要一些开山机器呢？"更多人的回答是：不能，国家这么大，大家都向国家伸手还行！流自己的汗，修自己的渠。②

工程刚开始的时候，要在山西平顺县境内施工。当时几万名男女青年社员组成的修渠大军背着干粮和行李，扛着铁锤和大镐，奔赴百里以外的施工工地。工地附近村庄小，民房少，住不下，很多民工便靠山沿渠搭草棚、挖窑洞，住了下来，有的就住在石缝里。秋天阴雨连绵，草棚、帐篷漏雨，民工们卷起铺盖，大家背靠背的顶着雨布睡。那时，沿渠线的道路，只有太行山旁的一条羊肠小道，运输相当不便，有时运不来粮食、蔬

① 参见杨贵《红旗渠建设的回顾》，《河南文史资料》2009 年第 1 期。
② 参见于长钦等《建设社会主义农业的光辉道路》，《人民日报》1965 年 11 月 1 日。

菜，民工们也不埋怨，照样施工。①

1960 年 11 月上级通知：全国经济困难，基本建设全部下马。红旗渠是停还是干？一时间，前后左右都是顶头风。杨贵和县委认为，全国经济困难和粮食紧张是客观事实，上级的指示必须执行。但群众修渠积极性高，眼看水到了家门口却用不上既可惜又浪费。从实际出发，林县还有几千万斤储备粮，大部分民工返回生产队作百日休整，只留 300 人凿洞，发动青年党团员自愿报名。留在渠道工地上继续施工的青年们生活相当艰苦。他们早起傍晚上山去采集野菜，掺上公社送来的粮食吃；白天就挺起腰杆，抡起十几磅重的大锤打钎，爆破岩石，开凿山洞。

青年洞，既是红旗渠最艰巨的工程之一，也是红旗渠引水的咽喉工程。岩石十分坚硬，锤一次钢钎只能留下一个白印。在开凿这条总长 616 米的青年洞时，他们把钢钻打在石英岩上，直冒火星，光见白点，就是凿不进去。从洛阳矿山机械厂借来了一部风钻，用这部风钻打炮眼，不是卷了头，就是摧了尖，只钻了 3 厘米，就毁了 45 个钻头。所有的钻头都用完了，仍钻不动坚硬的石头。300 多名男女青年豪迈地提出："石头再硬，也硬不过我们的决心，就是铁山也要钻个窟窿。"他们一直坚持用手打钎，震得双手麻木，胳膊酸痛，而工效一天比一天高，洞一日比一日深。一锤一钎苦战 500 多天，硬是在悬崖峭壁上打通了咽喉工程。时任林县县委书记的杨贵后来回忆说："青年洞开凿时，缺粮少菜，大家忍着饥饿苦干。青年们把豪言壮语书写在太行山的石壁上：'苦不苦，想想长征两万五；累不累，想想革命老前辈。''为了后辈不受苦，我们就得先受苦。'大家创造了'三角炮'等新爆破技术，改进了放炮时间和排烟办法，用蚂蚁啃骨头的精神干了一年零五个月，终于在国民经济十分困难的 1961 年 7 月底把青年洞凿通了。"②

1961 年 7 月，在河南新乡豫北宾馆召开的纠正"左"倾错误的会议上，有人反映说："杨贵和林县县委'左'的阴魂不散，现在还在修建红旗渠！"7 月 15 日，当时在河南新乡蹲点的时任国务院副总理的谭震林主持大会，杨贵在会上力陈利害：林县人民深受缺水之苦，近几年又连续干旱，目前还有 16 万人翻山越岭担水吃，迫切要求修建红旗渠。我们贯彻

---

① 参见《毛泽东思想指引林县人民修成了红旗渠》，《人民日报》1966 年 4 月 21 日。

② 杨贵：《红旗渠建设的回顾》，《河南文史资料》2009 年第 1 期。

中央指示，只留了 300 人打隧洞。"如果有错，我是第一书记，可以撤我的职。希望领导调查研究"。当即，谭震林派调查组到林县查明情况后，支持红旗渠建设。杨贵后来多次讲："谭震林副总理勇于坚持真理，及时纠正错误。我们要永远学习谭震林等老一辈革命家的高尚风范！"

在红旗渠施工过程中，有许多公社、生产大队的干部和社员，一直远离家乡，长年在工地上战斗。在县城东南的东姚公社，距离红旗渠渠首最远，得渠水灌溉效益最迟，但这个公社的社员却是一支积极参加修渠的"远征军"。有段时期，他们被调到二干渠上修渠，而东姚得灌溉效益的是一干渠的水。有人问他们："二干渠的水浇不到东姚的地，你们白费那个劲干什么？"东姚的民工说："只要能把漳河水引到林县，即使先浇其他公社的地，咱林县不也是多为国家打粮食吗？"东姚这种风格也是红旗渠工地上的普遍风格。为修渠，许多民工公而忘家、公而忘私。河顺公社 50 多岁的老石匠魏端阳，几年间一直离家在水利上干。他家孩子多、劳力弱，他老伴问他："自留地没人种，咋办？"魏端阳说："红旗渠水不过来，全县大田不能多打粮，光种咱小片自留地，顶啥用？"横水公社有个生产队副队长王雪保，两年没回家。他爱人十几次捎信来，说："家里人多，房少，粮食没处放。你回来盖房子吧！"王雪保说："全县人民的幸福渠没修好，咋能先盖自己的房？"许多公社、生产队社员，按受益面积所承担的修渠任务早就提前完成了，但也不回家，又主动去支援别的队。他们说："红旗渠如果有一段没有修通，水也流不过来，一定要大家都完成任务，共同带水回家。""就是铁山也要钻个窟窿！"①

在红旗渠全长 171.5 公里的总干渠和三条干渠上，林县人民斩断了 51 座高达 200 多米以上的悬崖峭壁，开凿了总长近 9 公里的 59 个山洞，修建了总长 2.5 公里多的 59 座渡槽。三干渠上长达 4 公里的曙光洞，是从一条石岭下开通的。在这里施工，遇到了排烟、排水、塌方等重重困难。为了排除困难，民工们一共打了 34 个竖井，最深的达 62 米，最浅的也在 20 多米以上。洞里渗水，他们用水桶等工具向外提；洞顶塌方，他们用木料支撑，以料石圈砌；放炮的硝烟排不出去，他们就下到洞里用衣服向外扇。洞里放了炮，排不出烟，他们摘核桃枝插到筐上，在竖井里上下提动，煽风排烟。正是靠着自力更生、艰苦奋斗的精神，经过 16 个月的苦战，漳

---

① 《毛泽东思想指引林县人民修成了红旗渠》，《人民日报》1966 年 4 月 21 日。

河水终于沿着红旗渠流过了 8 里长的曙光洞。

在一干渠建筑高 24 米的桃园渡桥的时候，需要 3000 根木料搭脚手架，而总指挥部只能解决 1000 根。这时，在这里施工的民工们吸取了民间建房上梁的办法，设计一个简易的拱架法，克服了木料不足的困难。二干渠上 413 米长、4 米宽的大渡槽，全是由一块块料石垒砌起来，被后人誉为红旗渠的一个巨大的"工艺品"。①

红旗渠是林县人民依靠人民公社集体经济力量，发扬自力更生的革命精神建成的。修建总干渠和三个干渠所用的资金总共 4236 万多元，其中有 79.8% 是由县、公社和大队、生产队自筹的。这条渠道工程动工的时候，正是中国遭受严重自然灾害的时期，这时候，林县人民没有伸手向国家要投资，要材料，而是发扬自力更生的革命精神，依靠集体力量自己筹划。他们在施工过程中使用仅有的一点资金时，总是精打细算，把小钱当个"碾盘"使。非生产性费用，一钱不花；自己能制造的，坚决不买；非花不可的，也要算了又算，抠了又抠。为了节约资金，工地上把匠人们组织起来，办了炸药加工厂、木工厂、铁匠炉、石灰窑、木工修缮队和编筐小组。他们创造了省钱的"明窑烧灰"办法，烧出近 3 亿斤石灰，比买现成的节约资金一半以上；修渠用的一半以上的炸药也是自己制造的，买一斤炸药的资金就能制造 10 斤炸药。他们还自己编制了 2.1 万多个抬筐，纺了 3.8 万多斤麻绳，利用废木料制造了 2000 多辆小车；手锤、大锤等工具全部由工地制造，总共节约开支 200 多万元。②

为了筹措建设资金，林县县委充分发挥了林县群众有外出搞建筑的传统优势，各社、队组织了很多工程队，到全国各大、中城市承揽工程，县里负责联系工程，指导技术，征收的管理费直接上缴县财政。社队建筑队收入绝大部分也归集体，补充水利建设投入。开山的炸药除了省里给的 500 吨外，其余都自己造，仅此一项就节约了 140 余万元。石灰全部是自己烧的，还办了水泥厂。抬筐也是自己编的。整个总干渠、三条干渠及支渠配套工程，共投工 3740.17 万个，投资 6865.64 万元。其中，国家补助 1025.98 万元，占总投资的 14.94%；自筹资金 5839.66 万元，占 85.06%

---

① 参见《毛泽东思想指引林县人民修成了红旗渠》，《人民日报》1966 年 4 月 21 日。
② 同上。

(其中含投工折款,每工 1 元钱)。①

红旗渠是越省境、跨县界建成的。红旗渠从侯壁断下开始,有 40 里渠线穿过山西省平顺县境内的太行山。山西省委和平顺县委毅然更改了修建两座水电站的规划;平顺县石城和王家庄两个公社的社员,让出了近千亩耕地,迁移了祖坟,砍掉了大批树木,让林县人修渠。石城大队老贫农孔东新说:"咱天下农民是一家,不能看着林县的阶级兄弟受干旱的害,过苦日子,咱平顺县毁几百亩地就能救林县几十万亩地,这是一步丢卒保车的好棋。"王家庄大队王伦说:"毁了树可以再栽,咱少吃点花椒和水果是小事,让林县几十万人喝上水是大事!"当林县修渠大军来到平顺县时,石城和王家庄两个公社的很多社员让出自己的好房子,供民工住;有的把自己的毯子铺在民工的床上;有的用家里准备过节的白面和鸡蛋慰问生病的民工。②

1965 年 4 月 5 日,林县举行红旗渠总干渠通水典礼。长达 70 公里的红旗渠总干渠胜利通水,从山西省平顺县侯家壁下引进的湍急的漳河水,横穿石壁,飞渡群山,直奔河南省林县境内。红旗渠总干渠的竣工通水,把原有英雄渠、抗日渠等许多渠道和 30 多个中小型水库以及成千上万的旱池、旱井全都串联起来,形成了一个能蓄能灌的水利网。全县 11 个公社的 40 多万人民祖祖辈辈"吃远水"的苦日子从此结束了。③

1965 年 10 月 30 日,周恩来、朱德以及陈毅、李先念、谭震林等中央领导人在北京农业展览馆观看了《林县人民重新安排林县河山》的展览,他们对红旗渠的建设给予高度评价。周恩来对修建红旗渠连声称赞,他特意向农展馆的负责人说:"林县没有模型吗?"并随即指示说:"林县要有模型,要加强宣传。"④ 12 月 18 日,《人民日报》刊载长篇通讯《党的领导无所不在——记河南林县人民在党的领导下重新安排河山的斗争》,向全国人民报道了林县红旗渠修建工程,对其取得的成绩给予充分肯定和赞扬:林县人民劈开了太行山的千寻石壁,修建了一条长达 70 公里的红旗渠,远从山西省平顺县境,把浩浩荡荡的漳河水引入林县;另外建成了全长 750 公里左右的渠道 34 条,修成中小水库 37 座、蓄水池 2000 多个和旱

---

① 参见杨贵《红旗渠建设的回顾》,《河南文史资料》2009 年第 1 期。
② 参见《毛泽东思想指引林县人民修成了红旗渠》,《人民日报》1966 年 4 月 21 日。
③ 同上。
④ 转引自杨贵《红旗渠建设的回顾》,《河南文史资料》2009 年第 1 期。

井 3.4 万多眼。全县的水浇地已经由新中国成立前的 1 万多亩增加到 30 多万亩。

党和国家领导人的表扬和《人民日报》的称赞，极大地鼓舞了林县县委和林县人民，原定 101.5 公里的 3 条干渠要 3 年完成，结果用一年时间就竣工了。在艰苦卓绝的奋斗中，有 80 位同志献出了宝贵的生命。

1966 年 4 月 20 日，林县人民举行盛大集会，热烈庆祝红旗渠 3 条干渠竣工通水。12 点 20 分，剪彩放水。一干渠的红英汇流处、二干渠的夺丰渡槽、三干渠的曙光洞同时放水。

时任中共河南省委第二书记河南省省长的文敏生，省委书记处书记赵文甫、杨蔚屏等省委负责人，以及全省各地委、县委的负责人，山西省晋东南地委、晋东南专署和平顺县委负责人参加了庆祝大会。中心会场设在合涧公社红英汇流的地方。会场两旁贴着对联：高举毛泽东思想伟大红旗，战天斗地重新安排林县河山。时任安阳地委副书记兼林县县委书记的杨贵在庆祝大会上热情地赞扬了用毛泽东思想武装起来的林县人民战天斗地的革命精神，文敏生和山西省晋东南地委、平顺县委代表在大会上向林县人民致以热烈的祝贺；修建红旗渠工程的劳动模范代表杨双喜也在会上讲了话。

在庆祝会上，中共河南省委和省人民委员会授予林县人民一面锦旗，发给修建红旗渠的劳动模范每人一套《毛泽东选集》。中共安阳地委和安阳专署向林县人民颁发了奖状。中共林县县委和人民委员会向修建红旗渠的 33 个特等模范单位、42 位特等劳动模范颁发了奖状。

红旗渠渠首在山西省平顺县的侯壁断下，林县人民在这里把漳河水拦腰截断，让它按照人的意志，顺着红旗渠流入林县。底宽 8 米，过水量 25 立方米每秒的红旗渠总干渠，全长 70 公里，它在太行山腰横空飞越，到达林县北部的坟头岭，接着是三条干渠：一干渠向南同原有的英雄渠汇合；二干渠朝东南直指安阳县边境；向东北去的三干渠，由支渠接连、达到河北省涉县。[①]

红旗渠三条干渠竣工通水后，1966 年秋，中共中央、中南局、河南省委、新乡地委发出号召：学习林县坚持社会主义道路，建设社会主义新山

---

① 参见《毛泽东思想指引林县人民修成了红旗渠》，《人民日报》1966 年 4 月 21 日。

区。① 随后，在全国农业学大寨的高潮中，杨贵带领林县人民在建成红旗渠总干渠和三条干渠的基础上，全面铺开了支渠配套工程的建设。1969 年7 月，红旗渠的全面配套建设竣工。林县人民在太行山麓修建了 481 条总长 948 公里的渠道，绕过 1004 个山头，跨越 1850 条沟河，穿过 75 个隧洞，经过 77 个渡槽，像红线串珠，像长藤结瓜，把 5 万多眼旱井、3000多个池塘、37 座水库、4 座电站、154 个电力排灌站连成一个整体，构成一幅气势磅礴的水利网。② 水渠修成后，灌溉面积由 37 万亩扩大到 60 万亩，彻底改变了林县世代苦旱的面貌。在红旗渠整个配套工程的总投资中，社员和集体投资占了 98.5%，国家投资仅占 1.5%。③

1969 年 7 月 6 日上午，林县 20 多万干部群众汇集到红旗渠支渠各主要工程周围，热烈庆祝红旗渠工程胜利竣工。7 月 9 日，《人民日报》第一版头条发表了《林县人民十年艰苦奋斗，红旗渠工程已全部建成》的消息，第四版刊发了新华社记者采写的长篇通讯《独立自主、自力更生方针的一曲凯歌——记河南省林县人民以愚公移山的精神，劈山导河，完成红旗渠配套工程的事迹》。红旗渠支渠配套工程的竣工，使全县从山坡到梯田，从丘陵到盆地，形成了一个水利灌溉网，全县水浇地面积已由新中国成立前的不到 1 万亩扩大到 60 万亩。至此，历史上"水贵如油，十年九旱"的林县，变成了"渠道绕山头，清水到处流，旱涝都不怕，年年保丰收"的富饶山区。④ 新华社发文称赞说："红旗渠是一面自力更生的红旗，红旗渠配套工程是林县人民在自力更生道路上谱写的战斗新篇章。"⑤

在三年自然灾害极其艰苦的条件下，河南林县在时任县委书记杨贵的带领下，依靠自力更生，艰苦创业的精神，克服重重困难，在巍巍太行山的悬崖峭壁、险滩峡谷中开凿出了一条河道。在这条总长 1525.6 公里的红旗渠施工过程中，林县人民削平了 1250 座山头，开凿悬崖绝壁 50 余处，斩断山崖 264 座，凿通隧洞 211 个，跨越沟涧 274 条，架设渡槽 152

---

① 参见杨贵《红旗渠建设的回顾》，《河南文史资料》2009 年第 1 期。

② 参见新华社通讯员、新华社记者《独立自主、自力更生方针的一曲凯歌——记河南省林县人民以愚公移山的精神，劈山导河，完成红旗渠配套工程的事迹》，《人民日报》1969 年 7 月 9日。

③ 《一颗红心两只手，自力更生绘新图》，《人民日报》1970 年 9 月 7 日。

④ 参见《林县人民十年艰苦奋斗，红旗渠工程已全部建成》，《人民日报》1969 年 7 月 9 日。

⑤ 新华社通讯员、新华社记者：《独立自主、自力更生方针的一曲凯歌——记河南省林县人民以愚公移山的精神，劈山导河，完成红旗渠配套工程的事迹》，《人民日报》1969 年 7 月 9 日。

座，修建各种建筑物 12408 座，总投工 3470.2 万个，共动用土石方 2229 万立方米（如把这些土石垒筑成高 2 米，宽 3 米的墙，可纵贯祖国南北，把广州与哈尔滨连接起来），创造了水利建设史上的奇迹。红旗渠与南京长江大桥，被周恩来自豪地誉为"新中国的两大奇迹"①。

全渠由总干渠及 3 条干渠、数百条支渠组成。红旗渠总干渠长 70.6 公里，渠底宽 8 米，渠墙高 4.3 米，纵坡为 1/8000，设计加大流量 23 立方米每秒。总干渠从分水岭分为三条干渠，第一干渠向西南，经姚村镇、城郊乡到合涧镇与英雄渠汇合，长 39.7 公里，渠底宽 6.5 米，渠墙高 3.5 米，纵坡 1/5000，设计加大流量 14 立方米每秒，灌溉面积 35.2 万亩；第二干渠向东南，经姚村镇、河顺镇到横水镇马店村，全长 47.6 公里，渠底宽 3.5 米，渠墙高 2.5 米，纵坡 1/2000，设计加大流量 7.7 立方米每秒，灌溉面积 11.6 万亩；第三干渠向东到东岗乡东芦寨村，全长 10.9 公里，渠底宽 2.5 米，渠墙高 2.2 米，纵坡 1/3000，设计加大流量 3.3 立方米每秒，灌溉面积 4.6 万亩。红旗渠灌区共有干渠、分干渠 10 条，总长 304.1 公里；支渠 51 条，总长 524.1 公里；斗渠 290 条，总长 697.3 公里；农渠 4281 条，总长 2488 公里；沿渠兴建小型一、二类水库 48 座，塘堰 346 座，共有兴利库容 2381 万立方米，各种建筑物 12408 座，其中凿通隧洞 211 个，总长 53.7 公里；架渡槽 151 个，总长 12.5 公里，还建了水电站和提水站，已成为"引、蓄、提、灌、排、电、景"成龙配套的大型体系。

红旗渠修成以后，形成了以红旗渠为主体，南谷洞、引上水库及其他引、蓄水工程作补充和调节，能引、能灌、能排、综合利用的水利灌溉网，使全县有效灌溉面积达到 60 万亩，全县 14 个乡镇 410 个行政村受益，从而结束了林县人民世代十年九旱、水贵如油的历史。

红旗渠的建成，彻底改善了林县人民靠天等雨的恶劣生存环境，解决了 56.7 万人和 37 万头家畜吃水问题，60 万亩耕地得到灌溉，被林县人民称为"生命渠"、"幸福渠"。林县人民靠着自己力量修建的红旗渠，大旱之年夺得了大增产。从 1966 年红旗渠修成到 1973 年，林县农业总产值增

---

① 转引自郝建生等《杨贵与红旗渠》，中央文献出版社 2004 年版，第 281 页。

长了 1.3 倍，粮食平均亩产量增长了 74%，社员在信用社的存款增长了 2 倍。①

红旗渠通水至 1993 年，已创经济效益 5.8 亿元，相当于红旗渠工程建设总投资的数倍。其社会效益更是有目共睹，它不仅基本上解决了林县的干旱问题，而且成为林县人民艰苦创业精神的象征。② 在红旗渠修建过程中孕育形成了"自力更生、艰苦创业、团结协作、无私奉献"的红旗渠精神，《人民日报》称赞说："红旗渠带来的不仅是一渠水，一渠粮食，而且是一渠自力更生、奋发图强的革命精神。"③

红旗渠是 20 世纪 60 年代林县人民在国家处于经济暂时困难的条件下，以"重新安排林县河山"的豪迈气概，经过 10 年艰苦奋斗，战胜种种困难建成的大型水利工程。红旗渠的兴建是林县人民在中国共产党的领导下才能做到的生存能量的一次集中释放，改变了林县历史上严重缺水的状况，使最基本的生存条件得到改善，促进了经济和社会的发展，创造了巨大的物质财富。红旗渠的兴建是林县人民优秀品质的集中体现，是林县在新中国成立后艰苦创业历程中的"第一部曲"。

中央新闻制片厂跟随红旗渠修建的步伐，陆续实地拍摄了纪录片《红旗渠》。《红旗渠》于 1971 年元旦在全国上映，随即在全国引起了巨大的反响。这部影片以饱满的政治热情，动人的艺术手法，充沛的战斗激情，生动地记录了河南省林县人民自力更生，奋发图强，苦战 10 年，在太行山的悬崖峭壁上修起一条近 1500 公里长的"人造天河"的英雄业绩。

纪录片《红旗渠》在国内外公映后，周恩来总理欣喜地向世人宣称："林县红旗渠和南京长江大桥是新中国的两大奇迹。"中国政府把影片《红旗渠》作为新中国的重要成就，与《南京长江大桥》等影片作为招待外国友人的礼物。1971 年 3 月，时任中国驻刚果人民共和国大使的王雨田举行电影招待会，放映了纪录影片《红旗渠》和《南京长江大桥》。观看电影后，许多刚果朋友热情赞扬中国人民自力更生和艰苦奋斗的革命精神。9 月 10 日，时任中国驻坦桑尼亚大使的仲曦东在中国大使馆举行的仪式上，代表中华人民共和国政府把纪录影片《红旗渠》赠送给时任坦桑尼亚第二

---

① 参见《工农业生产持续发展，城乡人民生活逐步改善，我国人民储蓄又有较大幅度增长》，《人民日报》1974 年 1 月 23 日。

② 参见杨贵《红旗渠建设回忆》，《当代中国史研究》1995 年第 3 期。

③ 《一颗红心两只手，自力更生绘新图》，《人民日报》1970 年 9 月 7 日。

副总统的卡瓦瓦。在举行仪式之前，仲曦东大使放映了影片《红旗渠》，招待卡瓦瓦。卡瓦瓦观看电影后称赞说："有了自力更生的精神，人民就能创造奇迹。"①

1974 年 5 月，邓小平率团参加六届特别联大，病中的周恩来特地嘱托他，带 10 部电影纪录片到联合国展示新中国的建设成就，第一部放映的就是《红旗渠》。美联社当日评论说："红旗渠的人工修建，是红色中国的典范，看后令世界震惊！"著名美籍华人赵浩生看了电影激动地说："中国有一条万里长城，红旗渠是一条水的长城。参观红旗渠，我实在忍不住自己的热泪。新中国有这种自力更生、艰苦奋斗的精神来改造林县，一定能改造全中国！"②

红旗渠在修建过程中受到党和国家领导人的高度关注和赞扬。1966 年 1 月召开的 8 省、市、区（北京、河北、内蒙古、山西、陕西、山东、河南、辽宁）抗旱会议上，周恩来指示："搞水利和农田水利建设，要认真推广先进经验。林县红旗渠的经验很好。一个那样严重干旱的县，水的问题解决得好。这个经验现在还没有被大家所认识，也还没有推广开。"他称赞"红旗渠是'人工天河'，是中国农民的骄傲"③。1974 年 2 月 25 日，时任国务院副总理的李先念陪同赞比亚总统卡翁达到林县参观。李先念说：周总理曾讲过，红旗渠和南京长江大桥是新中国的两大奇迹，是靠劳动人民的智慧，自力更生建起来的！他在听取红旗渠情况介绍后说："百闻不如一见。看过《红旗渠》电影，也听人讲过红旗渠，总的印象不错。来红旗渠一看，更感到工程雄伟，真是人工天河！不要说是在三年困难时期，就是在丰收年份，自力更生修通这条渠也是难以想象的。"④

当然，由于当时环境条件的局限，红旗渠在修建过程中也存在一些缺点。如在建渠之初，林县县委缺乏领导大规模工程施工的经验，对困难和问题估计不足，施工安排不够周密，致使总干渠施工全面铺开后出现窝工浪费的情况；如他们尽管提出要"长藤结瓜"，大搞蓄水工程，但因建设

---

① 《我驻坦桑大使向卡瓦瓦副总统赠送影片》，《人民日报》1971 年 9 月 14 日。
② 转引自郝建生口述、侯隽采访整理《叔伯们修出了"人造天河"》，《中国经济周刊》2009 年 9 月 27 日。
③ 转引自杨贵《红旗渠建设的回顾》，《河南文史资料》2009 年第 1 期。
④ 同上。

投入的力度不够，导致"丰水季节水白流，缺水季节水不足"情况依然存在，① 影响了水利资源的有效利用。

五　丹江口水利枢纽初期工程的建成

在农业学大寨时期的水利建设高潮中，最令人瞩目的建设成就，是1974年2月汉江丹江口水利枢纽初期工程的建成。

汉江全长1530公里，是长江最大支流之一，流域面积17.4万平方公里（1968年下游涢沭水进行人工改道后直接注入长江，故扣除这部分集水面积约1.5万平方公里后为15.9万平方公里，汛期集水面积14.2万平方公里），年平均径流总量达600亿立方米。丹江口以上为上游，流域面积9.52万平方公里；丹江口至碾盘山为中游，流域面积4.6万平方公里。汉江的水力资源十分丰富，干流总落差为1964米，水能蕴藏量330万千瓦，流域内80％为山区和丘陵区，20％为盆地和平原。但由于上游雨量大而分布极不均匀（每年7—10月的降雨量占全年雨量的65％），形成汛期洪水来量特大，加之中下游河槽的排泄量又很小，因此，汉江中下游地区历来是洪水泛滥成灾频繁发生的地区。据历史记载，1931—1948年，汉水泛滥成灾11次。

新中国成立后，汉江治理开发进入了新的历史时期。1950年，长江水利委员会筹建汉江遥堤（现称大柴湖区）、小江湖蓄洪垦殖区，对遥堤区临江废堤进行堵口复堤施工，并组织查勘碾盘山、丹江口、小孤山等坝址。1952年荆江分洪工程第一期工程完成后，时任水利部副部长的李葆华提出及早兴建汉江丹江口水库，以控制汉江洪水。1953年，长江水利委员会开始对汉江干流梯级开发方案进行勘测设计研究，并对汉江流域进行了社会经济调查。1954年，长江中下游发生了百年不遇的特大洪水，沿江人民的生命财产受到巨大损害。由此，治理长江的问题再次提上日程，1954年正式开始了汉江流域规划工作。经过近两年的努力，汉江流域规划要点报告基本完成。1956年5月，水利部主要领导、水利专家与有关部门进行专门审查，基本通过该规划报告，并指示规划选定的第一期工程——丹江口水利枢纽初步设计工作要抓紧进行，在此之前，还批准兴建杜家台分洪

---

①　转引自杨贵《红旗渠建设的回顾》，《河南文史资料》2009年第1期。

工程。1958 年 2 月，周恩来听取了汉江流域规划及丹江口水利枢纽设计的汇报，批准了兴建丹江口工程。5 月，长江流域规划办公室根据中共中央指示的精神，完成了丹江口水利枢纽初步设计报告，水利电力部和湖北省组织审查通过了设计方案。①

丹江口枢纽工程是综合治理开发汉江的第一期工程。它是在苏联专家的帮助和指导下，由中国自行设计和装备的大型水利工程。1958 年，周恩来明确指示，丹江口工程近期要满足防洪、发电、灌溉、航运的需要。它的主要组成部分包括拦河大坝、溢洪道、两岸副坝和电站厂房。拦河大坝高度达 110 米，相当于 28 层楼高，由 270 多万立方米混凝土筑成，是中国当时最大高坝之一；大坝和副坝的总长度是 3062 米，坝顶宽 25 米，上面的公路桥宽 8—10 米，可以并排走两部汽车。整个工程完成后，水库总容量为 283 亿立方米，可以控制汉江洪水期集水面积的 68%，从而能够彻底消灭汉江有记录以来的最大洪水（约为百年一遇）灾害，保障中下游数百万人民生命财产安全。在发展灌溉方面，按引水保证率 80% 的标准计算，水库建成后，可从汉江引水灌溉汉江支流唐白河流域属于河南、湖北两省的 1200 万亩农田，每年可以得到 30—60 亿立方米的水量灌溉，加上唐白河本身的径流，可使唐白河区域发展为 1520 万亩的大型灌溉区。丹江口枢纽发电的装机容量初步计划为 70 多万千瓦（后改为 90 万千瓦），年平均发电量为 47 亿度，如果它同洛阳、黄石、宜昌等地发电联系起来，将构成中国中部的一个巨大的电力网。丹江口枢纽建成后，还可以调节径流，使洪水流量大大降低，而枯水流量则可提高 3 倍以上，因此，只要对航道略加整理，就能使中、下游的航运条件大为改善，其中从襄樊到武汉可终年通行 500—1000 吨拖驳所组成的现代化机动船队。由于丹江口水库面积达 900 平方公里，利用其来养殖淡水鱼类，收益也是十分巨大的。②

为了保证丹江口水利枢纽工程的顺利建成，专门成立了丹江口工程委员会和丹江口工程局，工程委员会由时任湖北省省长的张体学担任主任委员，长江流域规划办公室主任林一山和河南省副省长彭笑千担任副主任委员。通过引汉济黄（河）总干渠，不仅可以解决华北、淮北地区的缺水问

---

① 参见魏廷铮《汉江丹江口水利枢纽规划设计中的若干重大问题》，《人民长江》1988 年第 9 期。

② 参见《与三门峡工程比美的汉江关键工程，丹江口水利枢纽今年兴工》，《人民日报》1958 年 7 月 14 日。

题，还可以利用引水总干渠开辟南北大运河，从而使中国著名的四大河流——长江、淮河、黄河、汉水贯通起来。为了保证该工程顺利施工，国家调拨了数量巨大的水泥、钢材、木材等，其中仅水泥就有45万多吨，钢材也在5万吨以上。另外，在施工期间，这里还需修筑铁路、架设桥梁，以及各种附属企业的工程建筑。因此，从它的建设规模和技术复杂程度来看，都可以同当时正在施工中的三门峡水利枢纽工程相媲美。①

1958年9月1日，丹江口水利枢纽工程举行开工仪式，比预定的开工日期提前了一个月。10月初，湖北、河南两省所属的襄阳、荆州、南阳3个地区17个县的2万多民工挑着干粮，带着简陋的工具，汇集到工地，到11月初增加到6万多人，最后达到10万多人。10万建设大军昼夜奋战，铺设了一条从武汉经襄樊到丹江全长431公里的汉丹铁路。经过建设者的努力，第一期围堰工程于次年5月完成。1959年11月初，汉江丹江口水利枢纽工程的第二期围堰工程正式开工。第二期围堰工程（即截流工程）开始的第一天，截流队伍和28只抛石船，共抛块石1000立方米。时任中共汉江丹江口水利工程委员会副书记的任士舜、夏克，副总指挥长史林峰、廉荣禄等和工人一道，在15分钟内，把堆放在铁驳上的70立方米块石全部抛下水，打响了腰斩汉江的头一炮。这次截流工程的特点是：任务重，时间短。要求在两个半月时间内，完成176万立方米土砂石方和200块共重1600吨的混凝土截流体的抛填任务；从抛石下河到堵口合拢只有45天时间。10万建设工人响应工地党委的号召，"高度集中，协同作战，分秒必争，抢枯水，赶桃汛，跑在大汛前面"，"人人为截流服务，争取当截流英雄"的口号响遍了丹江口工地。②

当时，兴建丹江口水利枢纽这样大型水利工程所需要的重型机械设备比较缺乏，但10万建设大军自力更生，土法上马。开挖基坑时缺乏风钻，就用人工打眼放炮；没有电铲，就用手镐；没有自卸汽车，就肩挑人抬。浇筑混凝土，从开采砂石到拌和、震捣，开始时都是采用人工操作，保证了工程的顺利进展。为了清基、筑坝，首先要在汉江的右岸河床修建低水围堰，把江水堵在外面。按照原来的施工方案，修建围堰需要1000多吨

---

① 参见田庄《苦战三年，根治汉水，丹江口水利枢纽工程动工》，《人民日报》1958年9月2日。

② 参见《丹江口水利枢纽第二期围堰工程开工，十万工人打响腰斩汉江头一炮》，《人民日报》1959年11月21日。

钢板桩，而这种钢板桩当时国内还不能生产。为了解决这个难题，整个工地展开了热烈的讨论，提出了各种各样的施工建议，最后提出取消钢板桩，采取土砂石组合围堰的方案。①

到 1959 年 12 月中旬，10 万建设大军经过 16 个月的艰苦劳动，完成了土石方 920 万立方米和 41 万立方米混凝土，把右岸大坝筑到了截流所需要的高程。1959 年 12 月 26 日，汉水丹江口水利枢纽工程截流工程顺利完成，工地举行了庆祝大会。时任国务院副总理的李先念在庆祝大会上讲话指出，丹江口水利枢纽工程第一期工程的完成和胜利截流，是工地 10 万职工在党的领导下，在全国各地人民大力支援以及苏联专家的亲切帮助下，以冲天的干劲，进行了忘我劳动的结果。在第一期工程的施工过程中，工地提供了一些重要的施工经验，例如"以土赶水，土、沙、石组合围堰"的办法，在大型水利工程中还是一个创举。他最后说：汉水的截流对保证全部工程提前完工有着决定意义。但是，目前已经完成的工作量，与全部的工作量比较起来，还只是一部分，大量工程还在后面。今后工程已经进入全面施工阶段，因此更要鼓足干劲，必须用最快的速度，最好的质量，最勤俭的办法来完成今后的工程。时任中共湖北省委书记处书记兼汉水丹江口工地党委书记的张体学、河南省副省长齐文俭、中共湖北省委常委李尔重、长江流域规划办公室主任林一山、长江流域规划办公室苏联专家组组长巴克塞也夫等先后在会上讲话，祝贺丹江口工程高速度施工的胜利。②

汉江截流后，导流坝段、纵向围堰以及二期上游围堰起到滞洪作用，发挥了一定的防洪效益。随后，丹江口枢纽工程进入左岸围堰和大坝全面浇筑的新阶段，争取汉水大汛（6 月）到来以前，把左岸围堰筑到 125 米左右的高程。1960—1961 年，完成了左岸河床基坑及大坝混凝土浇筑，1961 年底总计完成大坝混凝土 102 万立方米。该水库设计工程规模是坝顶高 175 米，正常蓄水位 170 米。工程修建期适逢中国三年经济困难，依据当时国家的经济情况和施工条件的变化，缩小了建设规模，坝顶浇筑到 162 米，但预留了坝基，以利日后继续建设，达到当时的设计规模。通过

---

① 参见《征服汉江——记汉江丹江口水利枢纽工程的建设》，《人民日报》1974 年 2 月 24 日。

② 参见田庄《丹江口水利枢纽工程胜利合龙，腰斩汉水，为民造福》，《人民日报》1959 年 12 月 28 日。

多次混凝土质量检查，发现存在严重质量问题，经研究讨论，国务院决定从 1962 年春起混凝土施工暂停，进行大坝混凝土质量补强，并积极进行大坝混凝土机械化施工的准备工作。此后，国家开始对基础建设进行压缩。后经多方努力，丹江口大坝没有下马，而是将主体工程停下来，开始处理质量事故。1964 年 12 月，国务院批准丹江口工程复工。但此时，丹江口工程变成了分期进行。前期工程将大坝修建到 162 米高程，实现能够防洪、发电。1967 年 11 月，大坝达到挡水发电高程，开始拦洪蓄水。1968 年 10 月，丹江口水电站的第一套发电机组正式发电。1970 年 7 月，混凝土大坝达到了初期工程设计的高度。最后一套机组在 1973 年国庆前夕投产，成为鄂、豫两省重要的电源之一，有力地支援了这些地区的工农业生产。①

1974 年 2 月，汉江丹江口水利枢纽初期工程建成。丹江口水库的枢纽工程由拦江大坝、发电站、升船机和两个灌溉引水渠渠首四部分组成，大坝高为 162 米，混凝土大坝坝高 97 米，大坝总长 2494 米（其中混凝土坝长 1141 米），设计蓄水水位 157 米，泄洪能力为 9200 立方米每秒，电站装机 6 台，单机容量 15 万千瓦，总容量 90 万千瓦，年发电量为 40 亿千瓦。升船机经过改造升级后一次可载重 300 吨级驳船过坝。两个引水渠渠首分别是位于河南淅川的陶岔（即南水北调中线工程的取水口，设计流量为 500 立方米每秒）和位于湖北的清泉沟隧洞，设计流量为 100 立方米每秒。1975 年，经国务院正式批准按 157 米蓄水。

在丹江口水利枢纽工程建设中，工地涌现了许许多多值得称道的模范人物。被称为"不怕死的朱祥绪"就是其中的一个突出代表。共产党员朱祥绪是潜水工，他几次冒着生命危险，潜入几十米深的水下排除故障，为工程的建设作出了重要贡献。有一次，电站一台机组水下系统突然发生了故障。眼看江水就要漫进厂房，毁坏所有的机组，急需下水把故障排除。朱祥绪为了保卫电站安全，不顾个人安危，潜入几十米深的水下，机智地越过重重障碍，经过一个多小时的战斗，排除了水下的故障，避免了一场严重事故。1973 年初，安装第六台机组油压启闭机时，朱祥绪担负了清除水下门槽杂物的任务，由于在水下长时间地紧张劳动，他的双手失去了控制，全身血液淤滞，整个皮肤都变成了紫黑色，面临死亡的边缘。后经有

---

① 参见《汉江丹江口水利枢纽初期工程建成》，《人民日报》1974 年 2 月 24 日。

关部门紧急抢救脱险。有人劝他："你已进过死亡大门了，改改行吧。"他回答说："任务还没有完成，怎么能改行呢?"回工地的第三天，他又潜入水下投入了新的战斗。像朱祥绪这样的模范人物，在丹江口工地几乎每一个单位都有，如被誉为丹江口"老黄牛"的欧阳仁山、老木工王本立、浇灌队长项关福、电焊工何国荣，等等。①

1958 年，中共中央决定兴修丹江口水利枢纽时，对技术可行性和经济可行性作了充分肯定，财务可行性也作了基本估计。当时设计概算是 7.09 亿元，工程规模为设计蓄水位 170 米；防洪库容预留 100 亿立方米；灌溉近期引水坝亿立方米，远景引汉济黄，实现中线南水北调，引水量 100 亿至 230 亿立方米；发电装机 60 万千瓦，安装 6 台 10 万千瓦机组；航运考虑当时情况，预计过坝货运量不大，采用临时过坝措施，预留过坝建筑物位置。周恩来总理批准工程设计时，定为投资 7 亿至 8 亿元。当时估计施工准备期一年，正式施工后第五年发电，平均每年投资 1.2 亿元左右。开工以后不久，遇到国家三年经济困难，基本建设投资规模大大压缩。1961 年，水利电力部研究提出分期开发，先实现防洪、发电，后发展灌溉、航运、引水。施工开始时，考虑到武汉地区用电紧张，能源严重不足，将电站装机规模扩大到 90 万千瓦，即装 6 台 15 万千瓦的水轮发电机组。1961 年以后，作出了停工处理质量事故和做好机械化施工准备的安排，每年国家投资很少，更加要求认真研究分期建设和缩小初期规模，利用有限投资尽快受益的问题。②

丹江口水利枢纽初期工程建成后，汉江中、下游的河道可基本保持稳定，改变了过去航道经常变更，不能正常通航的情况。汉江上游原来河道狭窄，水流湍急，航运极为困难，丹江口水利枢纽初期工程建成后，150 吨的驳船可以从武汉溯江而上，直达陕西白河，大大促进了城乡物资交流。此外，丹江口水库宽阔的水域也为大力发展水产养殖事业创造了极为有利的条件。③

襄阳地区北部历史上是有名的缺水干旱地区。1969 年冬，湖北省襄阳

---

① 参见《征服汉江——记汉江丹江口水利枢纽工程的建设》，《人民日报》1974 年 2 月 24 日。

② 参见魏廷铮《汉江丹江口水利枢纽工程规划设计中的若干重大问题》，《人民长江》1988 年第 9 期。

③ 参见《汉江丹江口水利枢纽初期工程建成》，《人民日报》1974 年 2 月 24 日。

地区的大型水利灌溉工程——丹江渠道正式动工兴建，旨在引丹江水灌溉光化、襄阳北部农田，改变这个地区的干旱面貌。1974年9月，丹江渠道主体工程建成通水。丹江渠道是汉江丹江口水利枢纽工程的重要组成部分，这项工程包括引水渠、隧洞、总干渠、渡槽和沿渠各种建筑物，担负这项工程建设的襄阳、光化两县的广大民工和工人，经过3年多的努力，终于在湖北、河南两省交界处的珠连山下，凿通了宽7米、高7米、长6700多米、引水量100立方米每秒的清泉沟隧洞；开挖了45公里长的总干渠和1852米长的引水渠，修建沿渠各种建筑物184处。接着，他们又用一年多的时间，在襄阳县境内建成了一座大渡槽——长4320米、流量35—38立方米每秒的排子河渡槽，开挖了18公里长的总干渠。随着这项大型灌溉工程的建成，光化、襄阳两县的220万亩耕地从此摆脱了干旱的威胁。[①]

　　农业学大寨运动的高潮，推动了治理汉江步伐的加快。继完成丹江口水利枢纽初期工程之后，汉江流域又相继兴建了黄龙滩、石泉、石门等大型水利水电工程。到1976年初，汉江上游有了库容达200多亿立方米的4座大型水库和装机总量近120万千瓦的水电站，为丹江口水利枢纽配套的两个引水灌溉渠首、清泉沟隧道、排子河渡槽以及陶岔电灌站等大型工程。在汉江下游，继1956年兴建的杜家台分洪工程之后，又在北岸开挖了全长110多公里的汉北河排涝工程。这些水利设施发挥了显著的效益。在防洪方面，丹江口等大型水库有效地拦蓄了上游的洪水，把下游的流量控制在1.7万立方米每秒以下，同时，由于有杜家台分洪闸和其他一些分洪排涝工程配合，使下游基本上解除了洪害。[②]

　　丹江口水利枢纽工程是效益相当好的大型水利工程，被周恩来誉为"五利俱全"（防洪、发电、灌溉、航运、养殖）的大型水利枢纽工程。"五利俱全"，是周恩来提出来的一个新概念。1972年11月，周恩来在主持召开讨论葛洲坝工程的会议上，意外地向与会者提出：我们搞了这么多年的水利建设，哪一个工程能做到防洪、发电、灌溉、航运、养殖五利俱全？人们众说不一，议论纷纷。周恩来说：丹江口水利枢纽工程能做到五

---

① 参见《人民日报》1974年9月14日。

② 参见《人民日报》1976年2月3日。

利俱全。① 同时，他又嘱咐时任长江流域规划办公室主任的林一山说："要集中力量把葛洲坝工程搞好；对这项工程，要抱有战战兢兢、如临深渊、如履薄冰的谨慎态度。"②

　　丹江口水利枢纽工程是综合治理、开发汉江的第一期工程。1958 年 2 月 26 日，周恩来到长江考察，次日在船上主持会议，听取长江流域规划办公室魏廷琤关于汉江流域规划和丹江口水利枢纽工程设计的汇报，讨论并通过了建设丹江口水利枢纽工程的决定。周恩来在总结发言中指出："一定要建好丹江口水利枢纽工程。"③ 周恩来明确指示，丹江口工程要满足防洪、发电、灌溉、航运的需要。在防洪方面，丹江口大坝初期规模阶段大坝坝顶建至 162 米高程，正常蓄水位 157 米，防洪限制水位 149—152.5 米，可控制汉水 75% 的水量，配合其他防洪措施，基本结束了江汉平原"三年两淹"、"十年九不收"的灾难史。在发电方面，丹江口水电站位于华中电网中以火电为主的河南省和以水电为主的湖北省的中间，并邻近西北电网的关中地区，处于非常重要的中心位置。电站装机 90 万千瓦，年平均发电量约 40 亿千瓦时，为华中电网主要调峰电站，有力地保证了华中地区的工农业生产。在灌溉方面，丹江口水库为鄂豫两省引丹灌区 360 万亩耕地提供自流引水水源，昔日荒凉多难的"水泡子"、"旱岗子"成了旱涝保收的商品粮基地。在航运方面，丹江口水库建成后，经水库调节，汉江枯水期流量成倍增加，洪水流量得到控制，汉中至汉口全长 1500 公里水道发生了本质变化，航深增加，浅滩减小，汉水成了一条水上黄金路。在养殖方面，丹江口拥有 100 万亩水产养殖面积，适于静水或缓流中生活的鱼类逐步形成优势种群，可建成年产 500 万公斤商品鱼基地。④

　　丹江口水利枢纽工程是 20 世纪 60 年代中国最壮观的水利工程，又是综合治理开发汉江的关键工程，也是南水北调中线工程的水源地。据《人民日报》1988 年 10 月报道：当年总共投资 8 亿元的丹江口水利枢纽，使汉江平原基本上结束了"三年两涝"、"十年不收"的灾难史，汉江上游近 300 万亩干旱的土地变成了旱涝保收的商品粮基地，装机 90 万千瓦的水电厂在投产的 20 年中还源源不断地把 110 亿度电输入华中电网。由于

① 参见黄彩忠《流动的黄金——记丹江口水利枢纽工程》，《人民日报》1989 年 12 月 10 日。
② 《周恩来年谱（1949—1976）》下卷，中央文献出版社 1997 年版，第 562 页。
③ 《周恩来年谱（1949—1976）》中卷，中央文献出版社 1997 年版，第 130—131 页。
④ 参见黄彩忠《流动的黄金——记丹江口水利枢纽工程》，《人民日报》1989 年 12 月 10 日。

水库的调节作用，汉水的水运量显著增加。丹江口水利枢纽已发展成以防洪、发电、灌溉、航运、养殖为主，兼顾多种经营的巨型联合企业，目前已创造 199 亿元的综合社会效益，居全国大型水利枢纽之首。丹江口水利管理局从单纯的水利工程管理型发展成为一个以工程管理为主，兼营冶炼、修造、陶瓷、化工、建材、建筑、商业、服务业等 20 多个行业的综合性联合企业，他们还和国外一些公司合资扩大冶炼业的生产。①

　　当然，丹江口水利枢纽在建设过程中也有失误之处。钱正英后来总结说："丹江口在 1958 年'大跃进'中开工后，因施工质量不好，加上原定的建设目标过高，于 1960 年停工整顿。经 1962 年复议，认为原定的建设目标由于考虑了南水北调的远景，使工程规模过大，决定第一期工程不考虑南水北调，设计水位从 170 米降为 157 米，移民减少 20 万人，经国务院批准复工。"但"项目由于建设中的失误，都造成了浪费和损失"②，这些深刻的教训是值得汲取的。

---

① 参见刘刚《丹江口建成巨型联合企业，建设三十年效益近二百亿元》，《人民日报》1988年 10 月 11 日。

② 钱正英：《中国水利的决策问题》，载《钱正英水利文选》，中国水利水电出版社 2000 年版，第 49 页。

第七章　兴修水库与海河水系的初步治理

在进行大规模的农田水利建设的同时，党和政府并未放松对大江大河的治理，海河治理就是其中的典型。海河是华北地区最大的河系，由纵横河北、山西、山东、内蒙古的潮白河、永定河、大清河、子牙河、南运河、北运河等许多支流组成。这些发源于太行山、燕山山脉的支流，到华北平原形成了一个向心形的水系，汇聚天津，形成海河，东流至大沽口入海。海河流域面积达 25 万平方公里，约有人口 6200 多万。海河水系的一般特点是上游支流多，坡陡流急，来水量大；下游干流河槽狭窄，坡平流缓，泄水量小，加之气候条件的影响，每年春季，海河流域地区常因雨雪缺少，发生干旱现象，而秋季又因暴雨集中，河道宣泄不及致使洪水暴涨，极易泛滥成灾。每到大雨滂沱的秋季，山洪暴发，百川灌河，都要通过海河这个咽喉入海，宣泄不及，就造成水灾；而到春季雨水缺乏的时候，海河存水几乎泄尽，导致干旱成灾。这时，渤海湾的海水，乘着潮汐逆流而上，和天津市内下水道排泄的污水相混合以后，使海河水变得咸淡不分、清浊混流，影响了两岸农田的灌溉，也影响了天津市工业和民用的水源。[①]

早在 1951 年，党和政府就在海河上游修建了新中国第一座大型水库——官厅水库，拉开了海河治理的序幕。1957 年 5 月 24 日，国务院全体会议第 49 次会议批准了海河水系治理委员会组成人员名单，林铁担任主任，钱正英、张竹生、史向生、刘开基、阮泊生为副主任。海河水系治理委员会成立后，积极制定根治海河流域的规划，继"大跃进"高潮中在海河上游相继修建十三陵水库、怀柔水库、密云水库之后，又着力修建了海河建闸工程、天津市污水系统改建工程，海河改变了历年来咸淡不分、

---

① 参见赵玉昕、虞锡珪《咸淡分家，清浊分流》，《人民日报》1958 年 12 月 29 日。

清浊混流的面貌，进入"咸淡分家、清浊分流"的新时期。1963 年，毛泽东发出"一定要根治海河"的号召后，河北省掀起了根治海河的群众性水利建设运动，相继兴修了黑龙港排涝工程、子牙新河工程、治理大清河中下游工程及"北四河"工程。这些水利工程的完成，使海河中下游初步形成了河渠纵横、排灌结合的水利系统，海河的排洪入海能力得到大幅度提高，海河水患得到有效遏制。

一　十三陵水库的修建

十三陵水库，因建在明朝 13 个皇帝陵墓所在地而得名。水库横拦在昌平区温榆河的沙河支流上，库区长 10 里、宽 7 里，面积为 550 万平方米。这是一片多山的地区，较大的有天寿山、将逢山、双凤山、凤凰山、虎山、龙山、蟒山等。每逢雨季，在此流域内的山洪就汇入温榆河，经常泛滥成灾。

十三陵水库的主体工程——拦洪大坝，是修在蟒山和汉包山之间，高29 米，长 627 米，顶宽 7.5 米，底宽 179 米，总库容为蓄水 6000 多立方米，相当于颐和园内昆明湖的 20 倍。大坝西头有一条底宽 15 米、长341 米的溢洪道，另外还有进水塔、输水管和水电站。该大坝是中国建成的第一个黏土斜墙式大坝，它既可以挡住上游 200 多平方公里面积的山洪，使这里变成蓄水 6000 万立方米的人工湖，使十数万亩的良田免受水灾，又可灌溉近 25 万亩农田，每年可增产 5000 万斤粮食，使这里的洪水由水害变成水利。[①]

按照常规，修建这个水库要几年准备，几年施工。水库所在地的昌平区农民提出了一定要提前修建十三陵水库的要求后，中共北京市委和北京市人民委员会支持并批准了这个要求，决定提前开工。在党和政府领导下，自带伙食的 2 万多昌平区农民和 1 万多兄弟区的农民说干就干，一部分驻京部队和机关干部也像潮水般涌来。

1958 年 1 月 21 日，十三陵水库正式动工修建。中国人民解放军驻京部队是建设这个水库的骨干力量和主要力量。他们成立了支援十三陵水库

---

① 参见王政《十三陵水库的今天和明天》，载《十三陵水库》，北京出版社 1958 年版，第13—14 页。

委员会，在工程开工后派领导干部直接参加了施工的领导，陆续抽调了大批官兵担负工程中最艰巨的任务，并且无代价地运来许多机械器材，支援水库的建设。1月28日，总政治部召集驻北京各军种兵种部队、机关、学校的首长联席会议，决定：驻北京部队在以后的3个多月内，以40万劳动日支援十三陵水库的建设。从2月上旬起，解放军驻北京各部队组成的义务劳动大军相继开赴十三陵水库工地。1958年2月3—11日中，他们出工35654个，打石眼4960米，炸石挖土8.33万多立方米，铲草皮和压坝基2.38万多立方米。2月12日，为了争取在洪水期前完工，参加十三陵水库建设的解放军部队施工委员会决定，全体施工部队春节不休假，不停工，打破常规过春节。正如解放军战士常胜在《向北京报捷》的诗歌中所说："首长发出战斗令，深深激动战士心，人人摩拳又擦掌，决心打个漂亮仗。电灯闪闪耀眼明，狂风呼呼刮不停，联合兵种进阵地，今宵发起总进攻。……四万立方已突破，决心达到五万零，今夜填坝创奇迹，明日报捷上北京。"①

1958年2月18日是传统的春节，劳动大军在"不休假，不停工，鼓足干劲过春节"的口号下仍然在工地上进行紧张的劳动，时任国防部副部长的王树声大将也去工地参加了劳动。除夕之夜，北京各大学学生和许多艺术团体组织了工地慰问团，到水库工地举行联欢。工地上2.7万多人的劳动队伍分成三个娱乐区，欣赏着各种精彩表演，整个工地沉浸在欢乐的海洋中。据当时报道，著名京剧表演艺术家梅兰芳参加了除夕联欢，到北京昌平区为修水利的农民表演《霸王别姬》；60岁的京剧名家荀慧生也在19日晚来到水库工地，在露天舞台上演出了他的拿手好戏《红娘》。

十三陵水库是发动群众用义务劳动的方式建成的。从1958年1月21日开工到6月30日竣工的160个昼夜中，有40万人到工地劳动，共做了870多万个工作日。4月以后，平均每天有10万人参加义务劳动，其中有工人、农民、解放军官兵、机关干部、学校师生、商业工作人员、文艺工作者、宗教徒和街道居民。在周围几十里的工地上，到处都有英雄集体和模范人物，还有十八勇士、七战友、九兰组、五虎将和叶挺团、黄继光

① 十三陵水库修建总指挥部政治部、北京市文学艺术工作者联合会合编：《英雄人民战斗在十三陵水库》（诗歌集），北京出版社1958年版，第14—15页。

连、钢铁青年突击队,等等。①

在水库兴建期间,毛泽东和中共中央其他委员、候补委员,各省市委以及中央机关各部门和北京市的负责人,中国人民解放军的元帅和将军,各民主党派、各人民团体的负责人,都以一个普通劳动者的身份到工地去参加劳动。1958 年 5 月 25 日,正是中共八届五中全会召开的日子。会前,毛泽东、刘少奇、周恩来、朱德、邓小平率中共中央政治局委员、候补委员和中共中央书记处书记、候补书记,以及全体中央委员和候补委员来到十三陵水库工地,毛泽东、周恩来登上水库东墩台观看水库的全景,一条高高隆起的大坝展现在眼前。时任水库工地政委的赵凡介绍说:"这条大坝高 29 米,现在已筑到 23 米。"② 休息的时候,应水库指挥部的邀请,毛泽东、刘少奇、朱德、周恩来等分别为水库题词。毛泽东亲笔写了"十三陵水库"五个字;刘少奇的题词是"劳动万岁";朱德的题词是"移山造海,众志成城";周恩来的题词是"鼓足干劲,力争上游,多快好省地建设社会主义"。题词以后,毛泽东和党中央的领导同志穿过层层欢迎的群众开始了义务劳动。董必武、彭德怀、贺龙、李先念、乌兰夫、张闻天、陆定一、陈伯达、康生、薄一波、林彪、吴玉章、徐特立、谢觉哉等人也汗流浃背地挑土铲土。参加中共"八大"第二次会议的各省、市、自治区和部队党组织的负责人柯庆施、李井泉、王震、王恩茂、陈锡联、林铁、陶鲁笳、黄火青、欧阳钦、吴德、曾希圣、江华、舒同、吴芝圃、王任重、陶铸、邵式平、谢富治、张德生、张仲良、高峰、汪锋、周小舟、刘建勋、叶飞、赛福鼎、桑吉悦希、周林等也同毛泽东及党中央领导同志一起参加了义务劳动。这些领导人都以一个普通劳动者的身份出现在工地上,和水库的建设者们一起铲土抬筐,运料搬石,休息时说笑谈天,给了水库建设者们极大的鼓舞。就在 25 日这一天,水库建设者们为水库坝身填筑了 5.1 万多土方,创造了水库工程开工以来的最高纪录。③ 正如著名诗人臧克家在《毛主席来到十三陵》中所写的那样:"毛主席来到十三陵,铁锹下去大地动,

---

　　① 参见《30 万人的辛勤劳动,140 个昼夜的紧张战斗,十三陵水库主体工程基本完工》,《人民日报》1958 年 6 月 12 日。

　　② 《周恩来传》(下),中央文献出版社 1998 年版,第 1402 页。

　　③ 参见《同群众一起劳动,同群众一起欢笑,毛主席和全体中委参加劳动》,《人民日报》1958 年 5 月 26 日。

山头站在高处望，山洪听了缩脖颈。人人兴奋喜如狂！个个干劲喷泉涌，劳动热情达高潮，毛主席来到十三陵。"①

叶剑英参加义务劳动后题诗《十三陵水库》，称赞当时的劳动景象说："十万愚公势莫当，移山挡水筑堤防。朝阳赤帜平沙幕，一幅诗图一战场。万众欢呼毛主席，普通劳者出堤旁。一锄一篓成规范，创世人人动手忙。"②

1958年6月1日，时任中央办公厅主任的杨尚昆报告周恩来，毛泽东要求组织政府部长们去十三陵工地参加一周的劳动。周恩来立即进行部署。中央国家机关和中共中央直属机关各部部长、副部长和司局长以上的领导干部540多人，分两批到十三陵水库工地参加一星期的集体义务劳动。第一批300多人在6月15—21日超额48%胜利完成生产任务后，第二批200多人也在6月22日到了工地。周恩来两次都亲自带队，先后同大家同吃同住同劳动3天。③

1958年6月15日，周恩来亲自率领中央国家机关和中共中央直属机关领导干部300多人到十三陵水库工地参加劳动。水库指挥部的同志刚刚说"我们欢迎首长们……"，周恩来立即纠正说："这里没有首长，没有总理、部长、司局长的职务，在这里大家都是普通劳动者。"当晚，他在致函毛泽东的汇报中说："我和习仲勋、罗瑞卿两同志今日随同他们前往劳动一天，夜间回来，准备参加明天政治局会议，待政治局会议开过后，拟再去参加几天。"6月22日，周恩来再次到十三陵水库工地参加劳动，直到第二天凌晨赶回北京。④ 据《人民日报》报道："几个月以来，中央国家机关各部，有630多名部长、副部长、司局长一级的干部，以普通劳动者的姿态出现，奔赴被称为'共产主义熔炉'的十三陵水库工地，同千万水库建设者们同吃、同住、同劳动，显示了崇高的共产主义风格。"⑤

① 十三陵水库修建总指挥部政治部、北京市文学艺术工作者联合会合编：《英雄人民战斗在十三陵水库》（诗歌集），北京出版社1958年版，第1—2页。
② 叶剑英：《十三陵水库》，《人民日报》1958年6月5日。
③ 参见《树立热爱劳动的共产主义新风气，中央机关五百多领导干部参加劳动》，《人民日报》1958年6月25日。
④ 参见《周恩来传》（下），中央文献出版社1998年版，第1403页。
⑤ 汪波清：《普通劳动者的姿态——领导干部到十三陵水库工地义务劳动片断》，《人民日报》1958年6月18日。

除国家领导人带头去十三陵水库参加义务劳动外，政协全国委员会负责人、各民主党派负责人和无党派民主人士以及中共北京市委、北京市人民委员会的领导人和所属各单位的负责干部，也纷纷前往十三陵水库参加义务劳动。1958年6月8日，政协全国委员会负责人、各民主党派负责人和无党派民主人士等300多人，在十三陵水库工地参加了劳动。这支劳动队伍中，有时任政协全国委员会副主席的李济深、沈钧儒、黄炎培、陈叔通等人。李济深作《庆祝十三陵水库竣工·水调歌头》，描述当时十三陵水库工地的盛况：遍地红旗插，插上十三陵。兴筑防洪水库，除害裕民生。灌溉良田万顷，扩展首都名胜，个个表同情；义务争劳动，领袖与光荣。市民们，员生队，工农兵，汇成人海，友邦使节预工程。循着辉煌路线，鼓足冲天干劲，五月庆功成。飞跃创奇绩，从教举世惊！[1]

到1958年6月24日止，北京市级机关团体参加十三陵水库工地义务劳动的干部已达6800多人，其中大约有4000多人劳动了10天以上。北京市级机关、团体参加十三陵水库工地义务劳动的人员中，已有77人得到了修建十三陵水库的奖章，800多人受到劳动大军中的大队或中队的表扬。[2]

很多没有轮上到水库参加义务劳动一周或10天的人们，纷纷涌向建设工地去进行1—3天的义务劳动。一些工作很忙的人就利用夜晚或星期日的空隙赶到工地，参加一夜或一天的义务劳动。在北京通往十三陵水库的公路上，运送参加义务劳动人们的车辆日夜川流不息。在十三陵水库工地的义务劳动队伍里，出现了以人民英雄命名的黄继光队、刘胡兰队、董存瑞队和保尔队，他们的口号是：生活工农化、劳动战斗化、行动军事化。

当时，朝鲜、保加利亚、捷克斯洛伐克、阿尔巴尼亚、蒙古、越南、罗马尼亚、德国、匈牙利、波兰、苏联等国的大使、临时代办和他们的夫人以及使馆工作人员，亦先后前往十三陵水库参加义务劳动。首都很多作家、诗人、画家、摄影师、演员、歌唱家等文艺工作者也先后来到建设工地，他们一面参加劳动，一面从事创作。

1958年6月30日，经过首都近40万义务劳动大军5个月的辛勤劳动，

---

[1]　参见李济深《庆祝十三陵水库竣工·水调歌头》，《人民日报》1958年6月26日。

[2]　参见《北京市六千多干部到十三陵劳动》，《人民日报》1958年6月25日。

十三陵水库基本建成。7 月 1 日，水库建设者和附近农民共 15 万人在工地上举行盛大集会，庆祝水库全部工程胜利完工。毛泽东题写的"十三陵水库"五个大字，用汉白玉镶嵌在拦洪大坝的南坡。曾经到工地参加劳动的陈毅、李济深、沈钧儒、郭沫若、黄炎培、陈叔通、彭真、刘仁、万里、张友渔等，中央、北京市级机关的负责人和许多解放军高级将领，均参加了落成典礼。各国驻华使节和使馆人员、在北京的各国专家以及来中国访问的外宾 1200 多人，也应邀参加了典礼。

据《人民日报》报道：7 月 1 日下午 4 时，十三陵水库落成典礼开始，乐队奏起国歌。接着，陈毅副总理剪彩，正式宣告十三陵水库全部建成。彭真在讲话中向参加十三陵水库工程的全体建设者表示热烈的祝贺和亲切的慰问，并向参加水库劳动的许多国家驻中国的使节和外国朋友表示深切的感谢。他说：十三陵水库是我们用光荣的义务劳动，大家用自己的双手，经过 160 个昼夜苦干建设起来的。先后和经常参加这次伟大的共产主义义务劳动的，有 9.3 万中国人民解放军的指挥员、战斗员，有 2.2 万郊区各区的农民，有 17 万机关干部，有 10.1 万学校的师生，有 1.4 万工业、商业部门的职工，总数共约 40 万人。参加十三陵水库建设工程的人们，不断地发明、创造和改进工具，不断地以几倍、几十倍的速度提高劳动效率，创造新的纪录，涌现了 1.9 万多模范人物和 2600 多个先进单位。① 彭真讲话后，把奖状授给了各路劳动大军的代表。4 时 50 分，庆祝联欢活动开始，人们敲打着锣鼓，燃放着鞭炮，载歌载舞，表演了建设水库的新人新事的节目。从北京赶来的 30 多个文艺团体也分别为联欢的人们演出了精彩的节目。②

十三陵水库工程原本是安排在第三个五年计划期间修建的，在全国"大跃进"的形势鼓舞下，为了及早免除水患，扩大郊区农田灌溉面积，北京市决定把工期提前。首都人民用短短的 160 天时间，完成了一座 180 万土方的大坝的建筑任务，修起了一个库容比颐和园内昆明湖还要大 20 倍的十三陵水库，真可谓一项空前快速的创举。③

7 月 1 日，著名诗人郭沫若参加十三陵水库落成典礼后，写诗赞云：

① 参见《在十三陵水库落成典礼大会上彭真市长的讲话》，《人民日报》1958 年 7 月 2 日。
② 参见《贯彻执行总路线的伟大胜利，十三陵水库建成，十五万人昨日欢腾庆祝》，《人民日报》1958 年 7 月 2 日。
③ 参见《首都人民大跃进的标志》，《人民日报》1958 年 7 月 2 日。

"雄师百万挽狂澜，五载工程五月完。从此十三陵畔路，四山环水水环
山。"复云："横流壁立锁蛟龙，百丈高堤气势雄。已见西风今压倒，人间
万代颂东风。"① 陈毅也作诗赞道："远望水坝半天横，近看斜壁数十寻。
四十万人能速决，巨工五月便期成。水库揭幕发辉光，参加劳动姓字香。
为问谁是建设者，答言工农兵学商。"②

国家经委报送中共中央并毛泽东的一份报告称：十三陵水库"是多快
好省的一个典型。在一些大城市附近，充分利用城市劳动力和技术力量举
办一些比较大的建设工程，既可以节省建设投资、加快建设进度，又可以
使城市的机关、商店的职工，学校的学生，部队的官兵，获得参加劳动锻
炼的机会。这个经验值得推广"。该报告认为，十三陵水库在许多方面比
由国家举办的官厅水库和由地方举办的麻城县明山水库要经济得多。③ 详
见表 7 - 1。

表 7 - 1　　河北省官厅水库、湖北省麻城县明山水库和十三陵水库
　　　　　　　某些经济指标比较

	官厅水库 （国家举办）	明山水库 （地方举办）	十三陵水库 （地方举办城市支援）
工程量（土方单位：万方）	130	97（包括沟渠）	180
建设时间（年）	3	1.5	0.5
投资（万元）	4800	930	400
民工费（每人每天，元）	0.8	1—0.8	0.15
移民费（每人，元）	330（第一批）	45	80—100
工地建筑（平方米）	14 万—15 万	6000	0
管理干部占工人比例（%）	5	2.7	1

资料来源　中国社会科学院、中央档案馆编：《1958—1965 中华人民共和国经济档案资料选
编·固定资产投资与建筑业卷》，中国财政经济出版社 2011 年版，第 800 页。

---

① 郭沫若：《雄师百万挽狂澜——"七一"参加十三陵水库落成典礼书怀》，《人民日报》
1958 年 7 月 2 日。
② 陈毅：《参加十三陵水库完工典礼的颂歌》，《人民日报》1958 年 7 月 14 日。
③ 参见《国家经委党组关于十三陵水库建设的报告》，载中国社会科学院、中央档案馆编
《1958—1965 中华人民共和国经济档案资料选编·固定资产投资与建筑业卷》，中国财政经济出版
社 2011 年版，第 800—801 页。

二　怀柔水库的建设

怀柔水库是根治海河流域规划中的众多水库之一。这座水库原计划在第三个五年计划期间才动工，但当地农民在首都修建十三陵水库的鼓舞下，要求提前兴修。1958 年 3 月 9 日，党和政府决定采取民办公助、以民办为主的方式修建怀柔水库。怀柔水库位于怀柔县城北的龙山和石厂山之间，在横跨潮白河支流怀河上建筑全长 1100 米的拦洪大坝。当时，这座水库一面勘测，一面开工。

如果说十三陵水库主要是靠解放军官兵、首都郊区农民和企业的职工以及机关工作人员的义务劳动建成的，那么，怀柔水库则几乎是靠农民的义务劳动建成的。建设怀柔水库的 6 万多名民工，来自当时的河北省怀柔、香河、固安、三河等县和北京市通州、顺义等 12 个县区的 3477 个农业生产合作社。除了 6 个县区直接或间接受到水库的效益以外，半数的县区并不受益，但农民们怀着同心协力建设社会主义、共同跃进的热情，跋山涉水，自带一切生产工具和生活用品，自搭工棚，不拿国家一分工钱，为集体的社会主义事业贡献自己的力量。国家补助的投资仅 350 万元，主要用于购置钢筋、水泥、炸药、照明设备等。

由于时间短促，工程浩大，当时有人曾怀疑汛前能否修成。6 万农民用冲天的干劲回答了这个怀疑，他们提出"苦战几个月，修成大水库"、"汛前完成，当年受益"等口号，施工中展开和洪水赛跑的竞赛运动。他们不分昼夜，不顾日晒雨淋，劳动起来，比对待本乡本村本社以至个人的家业还更加热情充沛，干劲十足。工地上组织起来的大小突击队有 183 个，在 6 次全工地评奖中，更涌现出成千上万的英雄模范。

来自 3477 个合作社的农民，许多人都素不相识，但他们在共同劳动和共同生活中团结互助，相处得犹如兄弟。当时的水库小报上曾登过一位民工写下的诗句，生动地描绘出人们之间动人的新关系："千条线穿着万针孔，大娘的心意比线长。修不成水库不回家乡，答谢大娘一片好心肠。"工地上还有人写下这样两首诗："拧成的绳子折不断，大家团结力如山。互相鼓舞搞竞赛，建成水库不费难。""工棚连工棚，是个大家庭。昨天你我不相识，今天成了好弟兄。"这些诗句形象地表达了 6 万人在共同劳动、共同生活中结下的团结互助关系。

　　6 万民工在怀柔水库战斗 100 多天虽不拿一分工钱，但他们所在的农业合作社却会按照他们在工地上的劳动表现，在当年合作社的收益中给他们分红，并且在修库期间妥善地照顾他们的家庭生活，供应民工们的一切生产和生活需要，保证农业社生产搞得更好。因此，6 万民工实际上是 12 个县、区全体农民派出的义务劳动的代表，怀柔水库的建成实际上是 3400 多个农业社的集体力量的展现。①

　　1958 年 6 月 26 日上午，周恩来在时任国务院秘书长的习仲勋、河北省副省长阮泊生的陪同下来到怀柔水库视察，随后赶往密云县城。他在视察中，关心民工的休息，指出，民工每天劳动 12 小时，休息时间太少，要求水库建设指挥部制定措施，实行三班倒。他还指示广播站表扬先进人物和先进事迹，给大家以鼓励，并题写了"怀柔水库"四个大字。

　　怀柔水库在修建过程中，得到了解放军、北京市有关机关、学校等 70 个单位的热情援助，包括工程设计、地质钻探、供电和碾压机械等，对鼓舞民工们的干劲、加快水库的建设起了巨大作用。在 1958 年 6 月上旬，修建水库的人们曾连续 4 天创造在坝上填土 3.2 万多立方米的惊人成绩。

　　1958 年 7 月 20 日下午，参加修建水库的人们和附近的人民群众 7 万多人，在拦河大坝前集会，隆重举行怀柔水库落成典礼。时任国务院副总理的薄一波、农业部副部长何基沣参加了大会。薄一波剪彩，宣告水库全部建成，并讲话说："这座水库的兴建，在经济上可以促进农业生产的发展，为国家增产粮食、棉花和油料。在政治上说明了合作化以后的农民，在党和毛主席的英明领导下，有着无穷的智慧和力量，可以改造自然，利用自然，限制自然。在经验上，怀柔水库的建设过程，就是一篇生动的、具体的典型经验，特别是打破常规，边勘察、边设计、边施工，更为我国的水利建设开辟了新的纪元。"时任北京市副市长的张友渔讲话说，这座水库的建成，除了国家给予必要的物资和技术援助以外，全部土石方工程都是参加水库建设的人们用自己的双手完成的。这个事实说明，不仅小型水利工程，就是一些大的水利工程也可以采取民办公助的方法进行。②

　　怀柔水库建成后，控制流域面积 540 平方公里，蓄水 1 亿立方米，浇

---

　　① 参见袁木、邓子常《集体农民的共产主义精神——歌颂建设怀柔水库的六万民工》，《人民日报》1958 年 7 月 16 日。

　　② 参见《民办公助的大水库，七万人集会庆祝怀柔水库建成》，《人民日报》1958 年 7 月 22 日。

地 100 万亩，总工程量土石方 209 万立方米，其控制流域面积、蓄水量、灌溉面积都比十三陵水库大。该水库采用民办公助、以民办为主的办法，仅仅用 130 天就建成了，堪称"建设上的多快好省的光辉典型"。怀柔水库的建成并投入使用，具有重要的象征意义。它为水利建设昭示了一种新的发展趋势："不但小型水利工程将遍地开花，中型的和大型的水利工程也将在民办为主的基础上大量地涌现。这里不但有量的发展，而且有质的提高。"①

三　密云水库的兴建

密云水库位于北京市东北密云县境潮河和白河的上游。潮河和白河发源于燕山山脉的承德和张家口地区，流经京津地区入渤海。河的上游势高水急，下游河道狭窄，京津一带约 4000 平方公里的地区，在汛期经常遭受水灾，1949 年就有 600 万亩土地被淹，受灾人口达 100 多万。新中国成立后，潮白河两岸人民在党的领导下，进行了疏通河道、加固堤岸、抢修险工等治理工作，灾害虽然大大减轻了，但水患仍未得到根治。据 1949—1956 年的统计，8 年中，潮白河下游顺义、通州、宝坻等县（区），受洪水危害的土地达 3300 多万亩。密云水库主要工程有横跨潮、白两河的两座主坝和 17 座副坝，一条隧洞、一条导流廊道、三条溢洪道和非常溢洪道以及发电隧洞。水库建成后，可以蓄水 41 亿立方米。水库全部工程共需开挖、填筑土石方 2300 万立方米，比全国闻名的官厅水库大 20 倍，比南湾水库大 6 倍，比大伙房水库大 2 倍，比岗南水库大 2 倍，是当时全国已经拦洪的水库中工程量最大的大型综合水库。②

由于修筑工程复杂巨大，密云水库原来预定在第三个五年计划末期开工。但到 1958 年，在"大跃进"形势的鼓舞下，党和政府决定提前根除潮白河的水患，兴建密云水库。这年 6 月，水利电力部会同河北、北京有关部门向中共中央和国务院提议，9 月动工修建密云水库。这个提议很快得到批准。6 月 26 日上午，周恩来到怀柔水库视察，随后赶往密云县城。他在听取时任密云县委第一书记的阎振峰汇报情况后，立即到潮白河畔为

---

① 程浦：《多快好省的建设典型》，《人民日报》1958 年 7 月 22 日。
② 参见《密云水库工程介绍》，《人民日报》1958 年 9 月 2 日。

密云水库勘选坝址。陪同周恩来一起视察的王宪回忆道:"总理下车毫无倦意地大步向前走,全然不顾脚下滚烫的一步一陷的沙滩和凹凸不平的乱石堆,只专心一意地远望近观,察看地形。走到规划中的潮白河坝址,他随便坐在河滩中的一根木头上,一边认真地看库区地形图纸,一边同大家一起研究方案。当他听取了水利专家们关于潮白河历史灾害情况和修建水库的规划设想的汇报后,又提出问题与大家共同磋商,经过仔细推敲,反复研究论证和优化对比,同意了潮河主坝与九松山副坝的规划坝址。他站起身来向清华大学张光斗教授询问国外建库情况和现有的先进工程技术,然后他挥了挥手坚定地对大家说:'我们一定要有敢于赶超国外先进技术水平的思想。他们有的,我们要有;他们没有的,我们也要有;我们今天没有的,明天就要有。'总理的话对在场的同志是一个巨大鼓舞,使我们进一步解放了思想,增强了信心。"①

1958 年 6 月 27 日,周恩来主持召开国务院会议,专题研究修建密云水库问题。会议决定把海河治理规划中拟定的准备在"三五"计划后期开始动工修建的计划,提前到 1958 年汛后开工。王宪回忆说:"我没想到国务院这么快就决定了修建这座大水库的方针大计,但这毕竟是鼓舞人心的消息。后来我深刻地体会到,周总理几次三番前往正在施工的十三陵水库和怀柔水库现场视察,对工地上的领导干部、工程技术人员的工作能力、智慧水平以及全体建库者们自力更生、艰苦奋斗的拼搏精神和对社会主义建设的热情有着充分的了解,使他心中有了底。这个底就是我们自己完全有能力有办法修建更大规模的水库。"②

经过两个月的准备,1958 年 9 月 1 日,华北地区最大的综合性水利工程——密云水库正式开工兴建。密云水库是在水利电力部的具体指导下,由河北省和北京市协力兴建,其主要工程都是由清华大学的教师和水利系的学生设计的,这是中国教育同劳动生产相结合的成果。当时的清华大学水利系主任张任担任设计代表组组长的工作。在党和政府的号召下,来自河北省和北京市 21 个县区 180 多个人民公社的 19 万多社员,带着家乡父老"坚决把水堵住"、"为公社争光"的嘱咐,背着吃的、住的和劳动用的各式器具,浩浩荡荡地向水库工地出发了。加上随后在汛前参加建设的

---

① 王宪:《碧波荡漾溢深情》,载《我们的周总理》,中央文献出版社 1990 年版,第 265 页。
② 同上书,第 266 页。

中国人民解放军 1 万多官兵，共有 20 万劳动大军投入到水库建设中。为建筑水库，密云县迁出 5.63 万多人，拆迁房屋 5.37 万多间，占耕地 16.1 万多亩。[①]

人民公社运动对密云水库的建设起了特别重要的推进作用。民工中有许多并非直接受益区，但公社化以后，农民们打破只顾本乡本土的传统观念，携带着大量的手推车、木材和工具，和受益区的民工们并肩作战。各公社对于参加水库建设的社员，照常记劳动工分、统一解决民工家庭生活中的一些特殊困难，并且还经常组织慰问团到工地慰问，介绍家乡的生产、生活情况，鼓舞民工的干劲。家乡人民对水库工地从政治上和人力、物力上的大力支援，充分说明了工农商学兵相结合的、政社合一的人民公社的优越性。[②]

这座大型水库，可以说是人民公社参加大型工程建设的一个范例。密云水库的修建工程，是国家举办，公社参加，土洋并举，两条腿走路，因此争得了高速度。水利电力部和河北省、北京市的领导机关，联合组成水库修建总指挥部，国家出物资、机械，出技术力量，出工程费用，河北省、北京市 21 个县区所属 180 多个人民公社，组织大协作，按照水库工程的需要提供民工。民工在水库劳动，公社照常记工分，国家给民工另发生活津贴。民工所需的一切物资，也由各有关人民公社负责筹集，国家随后折价偿还。这样做的结果，国家节省了投资，争得了高速度；人民公社办成了自己独力办不到的大事；社员收入不减少，家庭生活有安排，还参加了国家建设，开阔了眼界，提高了觉悟，增长了知识，学到了技术。[③]

水库开工初期，缺乏机械，民工们就用手推车，用土筐上坝，并且创造了各种"土"机械。仅 1958 年 11、12 两个月就出现了 123 种新工具。铁路工人王连俭创造的"压杠式起道机"，提高工效 8 倍；他创造的"翻板式"料台，使装汽车的工效提高了 10 倍。当大量机械到达工地以后，工地又碰到没有技术工人的困难，建设者坚持自力更生，他们边学边

①　参见北京市委密云水库调查组《人民公社显神威，长城脚下制孽龙，河北、北京地区一百八十个人民公社修建密云水库的调查报告》，《人民日报》1960 年 2 月 15 日。

②　参见《首都东北出现一个大人造海，密云水库胜利拦洪水库大坝比官厅水库大二十倍》，《人民日报》1959 年 9 月 2 日。

③　参见北京市委密云水库调查组《人民公社显神威，长城脚下制孽龙，河北、北京地区一百八十个人民公社修建密云水库的调查报告》，《人民日报》1960 年 2 月 15 日。

做、边做边学，在短期内，民工中就出现了7000多名拖拉机手、汽车司机、皮带运输机和水电技工等。全国各地人民对水库的建设给予了很大的支援，来自390个工矿、企业、机关、学校的工人、干部、技术人员达5000多名，其中有2400多名技术工人来自140个建设岗位。

1959年7月底，潮河库内水位猛涨，建设者喊出"水涨一寸，坡升一尺"的口号，日夜抢砌护坡，跑在了洪水的前面。8月上旬的几次暴雨之后，白河库内水位猛涨，为了保证大坝的安全，民工和解放军官兵在抢修泄洪引渠的施工中，连续坚持了20多小时的紧张劳动，有的解放军官兵连续战斗36个小时不下工地。在工地上，哪里有困难，哪里就有解放军官兵。在轰轰烈烈的劳动竞赛中，先后涌现出4800多个先进集体，先进生产者达14.8万多人次，有2000多人在工地上参加了中国共产党。①

当密云水库工程进入关键时期时，周恩来亲赴现场了解情况，指导施工。他指定钱正英、阮泊生、赵凡三人分别代表国家水利电力部、河北省和北京市组成建库三人小组，并指派时任国务院副秘书长的齐燕铭代表国务院协调各有关部门及省、市、自治区的关系，在人力物力上积极支援密云水库建设。他告诫工程指挥人员说："既要保证进度，更要保证质量，决不能把一个水利工程建成个水害工程，或者是一个无利可取的工程。要把工程质量永远看作是对人民负责的头等大事。"②他在一次水库工地座谈会上说："这座水库坐落在首都东北，居高临下，就如同放在首都人民头上的一盆水，一旦盆子倒了或漏了，撒出大量的水来，人民的衣服都要被打湿的。"③

修建像密云水库这样一座大型水库，在通常情况下需要一两年准备时间和四五年的施工期。但在"大跃进"运动和人民公社化以后，在党和政府的高度重视下，广大建设者冲破常规，在确保工程质量的前提下，为中国的大型工程建设创造了高速度的范例。密云水库于1958年9月动工，1959年7月拦洪，当时预计1960年汛前竣工。就是说，10个月拦洪，当年收到效益，不到两年时间全部建成。这无疑是中国水库修建史上的一大奇迹。

---

① 参见《首都东北出现一个大人造海，密云水库胜利拦洪水库大坝比官厅水库大二十倍》，《人民日报》1959年9月2日。

② 《周恩来传》（下），中央文献出版社1998年版，第1405页。

③ 同上。

1958 年 8 月，20 万建设者只用了一年的时间，就修成了拦洪大坝，拦蓄洪水 8.5 亿立方米，完成土石砂 2528 万立方米，占工程总量的 70% 左右。白河大坝和潮河大坝两座主坝以及其他 17 个副坝，先后达到或超过拦洪高程，潮河隧洞已完工泄水。当时，白河隧洞正在进行混凝土衬砌，溢洪道也已挖到了临时泄洪高程，剩下的工作量尚有 30% 左右。密云水库的拦洪成功，不仅免除了下游洪灾，而且大大减轻了涝灾。

1959 年 9 月 1 日，密云水库工地开会欢庆水库胜利拦洪。庆祝大会在下午 1 时开始。密云水库修建总指挥王宪致开幕词后，时任国务院副总理的谭震林代表中共中央和国务院在会上讲了话。谭震林说，密云水库胜利拦洪，保证了潮白河下游广大人民的安全，这是河北和北京人民的大喜事，也是全国人民的大喜事。水库建设者们日日夜夜艰苦劳动和洪水赛跑，用一年的时间就治服了汹涌的洪水，这是你们给人民立下的伟大功劳。时任水利电力部副部长的李葆华，中共北京市委书记处书记、北京市副市长万里，中共河北省委代表郭芳，解放军驻京部队代表张正光，清华大学党委副书记高毅等也先后在会上讲了话。他们向建设者们祝贺水库拦洪的伟大胜利，指出这是总路线的胜利，是首都和河北人民继续跃进的标志，是人民公社巨大优越性的具体表现。他们并勉励水库建设者继续鼓足干劲，为早日全部完成水库建设工程而奋斗。[1]

1959 年 9 月 7 日，《人民日报》发表题为《大办水利好得很》的社论，对密云水库成功拦洪的奇迹予以称赞。社论指出："密云水库的拦洪，正说明了社会主义建设总路线充分地反映了广大人民的迫切愿望和根本利益。河北省和北京市的人民深受水灾之苦，正是在总路线的指导下，鼓足干劲，使密云水库一年拦洪，免除了今年的没顶之灾。密云水库一年拦洪，也生动地说明了人民公社的巨大优越性。正是由于有了人民公社，包括受益区和非受益区的 20 个县能够出动 20 万青壮民工，能够顺利地迁出和安置了库区 11000 户居民，加上全国各省市和许多单位的大力支援，才能在一年内治服了潮白河的洪水。密云水库这个一年间在华北升起的巨坝，是社会主义建设总路线的完全正确和大跃进、人民公社的伟大胜利的有力证明！"

---

① 参见《首都东北出现一个大人造海，密云水库胜利拦洪水库大坝比官厅水库大二十倍》，《人民日报》1959 年 9 月 2 日。

1959 年 9 月 7 日，陈毅作诗称赞密云水库道："翻天覆地，造海移山，禹鲧结合，蓄放并兼，施工跃进，着着争先，稻粱麦黍，丰硕之端，旱涝永别，潮白改观，嘉宾莅止，泛舟同欢，和平友谊，举世所瞻，长城在望，绿水连天，密云密云，气象万千，润我京华，福利无边！"①

1960 年 9 月，密云水库全部完工并正式投入使用。20 万建设者在极其艰苦的条件下，建成了可蓄水 43 亿立方米、土石方工程量 3000 多万立方米的大型水库，不仅解决了防洪防涝、发展农田灌溉事业的问题，并且基本解决了困扰北京城区多年的缺水之苦。密云水库的建设经验，为人民公社参加国家的大型工程建设创立了成功的范例，也为中国高速度进行社会主义建设提供了一种重要的组织形式。②

当然，密云水库是在"大跃进"运动高潮中兴建的，它给后人留下了一些值得探讨的问题。周恩来后来所作的总结颇值得重视："密云水库搞得太快，负担太重，三年建成急了一些。水库容量大，迁移人口多，淹地多，因此计划施工时间应该长一些，慎重一些。虽然工程是成功的，但是有偶然性。"③

四　改造海河工程的实施

新中国成立后，党和政府逐年加强了对海河的治理。在它的上游，新挖了一条直接入海的独流碱河，重修了新开河，使原来海河入海的一个咽喉变成了三个咽喉。还在海河的上游河道修建了官厅水库、十三陵水库、怀柔水库和星罗棋布的中小型水库。这样，洪水为患的威胁就大为减轻了。但由于工农业生产的发展，淡水的需要量和污水的排泄量都大大增加。在枯水季节，海河的水又咸又臭又少的缺点就越来越突出了。1958 年 4 月 20 日，海河的来水量急剧下降到 4.2 立方米每秒，与下水道排入海河的污水量相等。有的工厂因水质恶劣，产品质量下降，甚至不能开工；有

---

① 陈毅：《游密云水库——记周恩来总理与阿富汗副首相纳伊姆亲王同游》，《人民日报》1959 年 9 月 8 日。

② 参见北京市委密云水库调查组《人民公社显神威，长城脚下制蟄龙，河北、北京地区一百八十个人民公社修建密云水库的调查报告》，《人民日报》1960 年 2 月 15 日。

③ 《周恩来年谱（1949—1976）》中卷，中央文献出版社 1997 年版，第 647 页。

的稻田秧苗被腌死；天津市民饮水也十分紧张。①

　　为了彻底改造海河，党和政府除了继续在海河的上游修建更多的水库以外，开始规划对海河本身进行改造。改造海河工程，包括在海河口建闸和下水道改建两大部分。这两大工程要求污水不入河，咸水不上溯，淡水不流失，实现一年四季河水清、水源足、兴灌溉、利舟楫的目的。

　　1958 年 7 月 3 日，《人民日报》发文阐述这两项工程主要的作用是：（1）海河口建闸打坝以后，海河成为一个清水和淡水的蓄水库，水位可维持在大沽海平零上 2.5 米，河身经常蓄水近 8000 万立方米，天津工业高峰用水可以得到调节。（2）过去海河每年用于"冲污"、"压咸"的约 15.5 亿立方米淡水，可以节约下来灌溉。预计可灌水稻 310 万亩，每年可增产稻谷约 12 亿斤。另外，下水道污水含氮量约 2%，如果全部污水都利用起来，每年可代替化肥 1500 万斤，底肥 18 亿斤。（3）便利航运和发展贸易。当时 3000 吨的海轮只能半载趁潮进入天津。建闸以后，3000—5000 吨的海轮可以满载直驶天津市内。（4）可以美化城市。②

　　改造海河的工程规模巨大，仅海河闸及下水道工程就需要挖填土 500 多万立方米，相当于十三陵水库拦河坝土方量的 3 倍。改造下水道管道的总长为 202 公里，其中有 30 公里管子的口径达 3 米，吉普车可以在里边通行。

　　1958 年 7 月 1 日，海河"咸淡分家、清浊分流"改造工程全面动工。拦河大坝是海河建闸主体工程之一，坝长 300 米，高 13 米，底宽 260 多米，顶宽 10 米，需要抛柴石枕 6000 多个，填土 9 万多立方米；其规模之大、施工之艰巨，是天津市建筑工程史上少有的。修建这样的拦河坝，一般要半年左右的时间，但是海河工地上的数万名劳动大军，仅仅用了 44 个昼夜就完成了任务。11 月 18 日，海河拦河大坝合龙，海河建闸枢纽工程之一的渔船闸在同日开闸放水。18 日上午拦河坝合龙时，坝头上的两面红旗插到一起，旗上写着"英雄会师，锁住蛟龙，改造海河，立下巨功"③。当天下午，海河建闸工地的劳动者在新港举行祝捷大会，庆祝拦河坝合龙、渔船闸工程完工。拦河大坝，切断了海河同渤海之间的天然联

---

　　① 参见赵玉昕、虞锡珪《咸淡分家，清浊分流》，《人民日报》1958 年 12 月 29 日。

　　② 参见《咸淡分家，清浊分流，天津开始改造海河》，《人民日报》1958 年 7 月 3 日。

　　③ 《英雄移山锁蛟龙，"咸淡分家"立巨功，海河拦河大坝合龙》，《人民日报》1958 年 11 月 21 日。

系，使华北五条内河注入海河的淡水不再流入大海，并且使含有盐分的海水不再上溯河内，实现了海河河水"咸淡分家"的目的。海水、河水分离，改善了天津市的淡水资源，对天津工业发展和城市繁荣发挥了重要作用。

海河节制闸建闸工程也于1958年7月1日开工，有10万多工人、农民、战士、机关干部、学生、市民等参加了建闸劳动。劳动大军创造了许多动人事迹，新纪录不断出现，涌现出先进集体157个，先进生产者7422名。天津市各工厂、企业机关和广大居民，大力支援这项工程。据《人民日报》记者报道："从工程开工的那天起，无论是在汗流浃背的酷夏，还是在海风凛冽的寒冬，或者是在雨水连绵的季节，大家一直是精力充沛地劳动着。"① 人们不仅苦干，而且实干、巧干，掀起了"人人献计，个个献策"的技术革新高潮。建闸工地上的建设者一共提出了技术革新建议43万多件，被采纳实现了26.8万件。工程速度的飞跃进展是和全国各地人民的支援分不开的。北自黑龙江，南到海南岛，有11个省直接用人力、物力支援过海河工地。江苏省水利厅接到天津海河改建委员会要求支援的信后，立即抽调一个经验丰富的工程师和14个筑坝老工人来天津支援改造海河的工程。②

12月28日，海河节制闸建闸工程竣工，并举行了竣工典礼。工地上数万名劳动大军欢声雷动，载歌载舞。一伙青年民工挥动着肩垫，高声齐唱："百万雄师气昂扬，推石运土垒坝墙，造福人民喝甜水，海河两岸稻花香。"海河建闸指挥部主任王葆珍报告了建闸经过以后，时任中共河北省委第一书记的林铁讲话。林铁说：海河建闸工程的胜利竣工，是天津人民的大喜事，也是河北省人民的大喜事。因为根治海河是河北省和天津市人民多年来的愿望，是党消灭水旱灾害、促进生产跃进的一项重大措施。海河建闸工程的顺利完成，对根治海河工程来说，起着很大的促进和鼓舞作用。接着，时任天津市市长的李耕涛在会上讲了话。他说，海河改造工程的完工，改变了海河的历史面貌，实现了"咸淡分家、清浊分流"的愿望。③ 从此，海河成为一条驯服的河流，为天津市的工农业生产、交通运

---

① 赵玉昕、虞锡珪：《咸淡分家，清浊分流》，《人民日报》1958年12月29日。

② 同上。

③ 参见《天津人民伏海河，改造海河的重要工程——节制闸胜利竣工》，《人民日报》1958年12月29日。

输和人民生活贡献了更大的力量。

改造海河的主体工程——节制闸、渔船闸和拦河大坝陆续动工时，天津市污水系统改建工程也开始施工。这项"清浊分流"工程，是把天津市向海河排泄污水的下水道全部改变流向，使污水分成五路七个系统，分别排向天津郊区的污水处理场。12 月 30 日，污水系统改建工程竣工，"全市污水从此不再流入海河，使清水浊水各自分流"。至此，天津市改造海河的工程全部结束，海河改变了历年来咸淡不分、清浊混流的面貌，进入"咸淡分家、清浊分流"的新时期。

五　海河南系河道的治理

新中国成立后，在海河上游有计划地修建的大中型水库及下游兴建的减河工程，在抗御海河洪水中发挥了巨大作用。然而，1963 年的特大洪水敲响了海河水患的警钟。这次海河特大洪水受灾市县达 100 多个，受灾人口达 2200 多万，京广铁路因水灾中断运输 27 天。1963 年 12 月 13 日，河北省抗洪抢险斗争展览会在天津开幕。毛泽东、刘少奇、周恩来、朱德、陈云、邓小平等党和国家领导人专门题词。毛泽东的题词为"一定要根治海河"。毛泽东的这个号召发出后，海河流域的人民群众在各级政府的领导下，建水库、疏河道、筑堤坝、修渠道，掀起了声势浩大、波澜壮阔的海河治理开发高潮。河北省政府动员广大民众投入到根治海河的群众性水利建设运动中。

海河怎样才能得到根治？河北省广大干部、群众和水利工程技术人员认识到，海河流域的特点是"有排无灌，不能抗旱；有灌无排，涝碱成灾"，并逐渐摸索出一套切合实际的治水经验：从全流域着眼，上下游、左右岸兼顾；骨干工程和配套工程相结合，防洪和排涝相结合，除涝和灌溉相结合，治山和治水相结合，利用地上水和开发地下水相结合。河北省将黑龙港地区排水工程和子牙河防洪工程紧密地结合在一起，就是一个范例。河北省地势比较复杂，为把根治海河的伟大任务落实到每一个基层，各个地区在统一规划的前提下，还配合骨干工程，因地制宜地采取了许多重要措施，不断把根治海河的战斗推向深入发展。在西部山区，大搞林、梯、坝，保持水土；在平原地区，大搞园田化，合理用水，科学种田；在东部低洼盐碱地区，大搞台（修台田）、排（排水、排碱）、改（改土、改种)、灌(灌溉)、路(修公路)、林(造林)综合治理。这种根据不同特点的山水林田综合治理,加快了根治海河的进程。[①]

海河南系河道的治理工程主要包括:1965 年 10 月 15 日开工的河北省根治海河的第一个大工程——黑龙港排涝工程;1966 年 10 月 5 日开工的河北省根治海河的第二大工程——子牙新河工程;治理大清河中下游工程,是根治海河工程的重要组成部分。

河北省南部,南至漳河,东至卫运河、南运河,西至滏阳河、子牙河的广大平原,包括邯郸、邢台以东,津浦铁路以西的 40 多个县(市),面积 19700 平方公里,是一块地势较低、容易发生内涝的地区。这片地区每年夏秋季降雨所造成的涝水,原来是向北经黑龙港河汇入静海以西的贾口洼,然后流入子牙河,由海河入海。这个地区地形复杂,许多河道河床淤塞,因此经常发生涝灾,土地严重盐碱化。1960 年,在泊头市附近开挖了一条向东跨越津浦铁路直驱渤海的南排水河。因河道排水能力很差,加上其他河道没有治理,故仍然未能根除该地区的涝灾。

为了根治该地区的内涝,河北省委决定,集中力量兴修黑龙港地区排水工程。黑龙港地区排水工程于 1962 年着手勘测设计,1965 年 10 月 15 日,黑龙港地区排水工程全面开工。工程的主要内容是全面扩大和疏浚、调整黑龙港排水系统各河道。1965 年冬春施工的工程包括土方工程 1.31 亿立方米,建造桥梁 260 座、闸涵 60 座。另外,还要同时疏浚 35 条小河,建造公路桥梁 48 座。工程规模之大,是河北省水利建设史上的创举。[②] 工程全部完工以后,南排水河以南地区原来流往黑龙港河的涝水可南排水河畅流入海,从而使南排水河以北地区的 2000 多万亩耕地可基本免除内涝灾害。在这个基础上,各地再修沟渠台田,就可以使盐碱土地得到改良。该工程开工后,来自河北省 7 个专区的 48 万治河大军,不畏天寒地冻,战斗在绵延 900 公里长的黑龙港排水工地上。到 1965 年 12 月 20 日,提前完成了冬季工程计划,全体民工撤离工地,返回家园。[③]

---

① 参见《治水史上谱新篇——记河北省人民治理海河的伟大斗争》,《人民日报》1970 年 11 月 18 日。

② 参见《依靠人民公社集体力量兴修水利,河北黑龙港地区大规模排水工程开工》,《人民日报》1965 年 11 月 2 日。

③ 参见《千军万马战海河——海河工地诗抄》,《人民日报》1966 年 1 月 14 日。

　　1966 年春，40 多万民工继续奋战，经过 120 天的艰苦奋斗，提前完成黑龙港排涝工程的主要 9 条骨干河道、35 条支流河道和 1200 多座桥梁、涵洞等工程，解决了 1600 多万亩耕地正常降雨年份的排涝问题。据不完全统计，有 700 多个民工单位被评为先进集体，有 15 万多人被评为"五好"民工。①

　　从 1966 年到 1969 年，群众经过 3 个冬春的奋战，使大部分农田排水工程和黑龙港骨干工程配了套。据不完全统计，仅挖掘大的支流河道的土方就达 8000 多万立方米，还兴建了许多桥梁、涵洞和小闸，基本上做到了河渠相通，沟渠相连。② 到 1970 年，河北省人民经过 5 个冬春的奋战，完成了黑龙港地区的防洪排涝骨干工程和主要配套工程。这一时期，各地、县、社、队依靠自己的力量，配合黑龙港骨干工程进行了大量的田间土方工程，总计开挖大小河渠 7.3 万多条，修建大小建筑物 4.2 万多座，形成了黑龙港地区的五级排水网，使防洪能力比治理前提高了 4 倍，排涝能力也大大增强。③

　　黑龙港排涝工程修成后充分发挥了排涝作用。1969 年 7 月底，黑龙港流域中上游阜城、武邑、交河、景县等地下了十年一遇的暴雨，降雨量一般都在 200 毫米以上，个别地方达到 380 毫米。正是利用黑龙港排涝工程，只用 3 天时间当地群众就把几万亩农田的积水全部排入黑龙港骨干河道，流入渤海，战胜了沥涝灾害。黑龙港地区的治理，使这个历史上多灾低产地区的面貌发生了根本的变化。随着黑龙港排涝配套工程的日益完善，黑龙港地区的人民已开始治理盐碱化的土地。他们用造台田、开条田等办法，使流域内的盐碱地由重碱变轻碱、轻碱变良田。黑龙港主要工程之一老漳河的两旁，过去是一片白茫茫的盐碱地，工程建成后，河流两旁一里之内的土地，农作物长得很好。④

　　河北省的滏阳河和滹沱河在献县合流后称子牙河。子牙河是海河五大

　　① 参见《毛主席"一定要根治海河"的伟大号召鼓舞河北全省人民，黑龙港流域排水工程四个月基本完成》，《人民日报》1966 年 7 月 8 日。

　　② 参见《河北人民在毛主席"一定要根治海河"伟大号召鼓舞下，建成黑龙港排涝工程，发挥巨大效益》，《人民日报》1969 年 9 月 17 日。

　　③ 参见《在毛主席的"一定要根治海河"伟大号召鼓舞下，河北黑龙港地区防洪排涝主要工程胜利完成》，《人民日报》1970 年 9 月 1 日。

　　④ 参见《河北人民在毛主席"一定要根治海河"伟大号召鼓舞下，建成黑龙港排涝工程，发挥巨大效益》，《人民日报》1969 年 9 月 17 日。

水系之一，献县以上的流域面积达 5 万多平方公里，流域内人口 1300 多万，耕地 3500 多万亩。每到雨季，上游滏阳、滹沱两河来洪很大，而子牙河泄洪能力很小，洪水一旦出槽，天津以南地区就会变成一片汪洋，对天津市和津浦铁路的威胁极大。子牙新河工程是从献县向东，在青县和沧州市之间穿过南运河和津浦铁路，给子牙河再开辟一条由北大港的祁口直接入海、143 公里的新河道。

1966 年 10 月 5 日，河北省又一个根治海河的大工程——子牙新河工程正式开工。这是继 1965 年冬和 1966 年春治理黑龙港流域胜利之后，根治海河的第二个战役。来自邯郸、邢台、石家庄、保定、衡水、沧州、天津和唐山 8 个专区 87 个县（市）的 30 万治河民工，在天津以南广阔的子牙新河工地上打响了根治海河的第二仗。《子牙新河工程简介》介绍说：子牙新河的设计，是从献县到海口筑平行的两条堤，由南北两堤形成一条开阔的行洪道。两堤之间一般宽 2.5 公里，入海一段宽 3.6 公里。这条行洪道准备特大洪水时行洪，堤内滩地上的广大农田，仍可照常耕种。堤内主要公路的路面要加固，以免行洪后影响交通。新河工程除这条行洪道以外，北堤内傍堤要开挖一条可通过 300 立方米每秒流量的较深的河槽，这是子牙新河平时的主要河槽，可以通航。南堤内傍堤也将开挖一条较小的排水河。此外，在献县、新河穿过运河的地方和入海之处，还将修建 3 处规模巨大的枢纽工程和其他一些水闸和桥梁。① 1967 年 9 月，经过 30 多万治河大军的辛勤劳动，子牙新河工程竣工。子牙新河工程完成后，滹沱河北堤和新河北堤，形成西起石家庄东到新河海口长达 300 公里的一道防洪屏障。

大清河位于河北省中部津浦铁路和京广铁路之间。过去，由于河道淤塞窄小，上游洪水不能畅通下泄，每当汛期洪水泛滥，极易造成沿河地区的洪涝灾害。由于独流减河泄洪能力小，大清河洪水不能畅流入海，每遇洪水就造成东淀及减河本身长期的高水位，直接威胁着天津市和津浦铁路以及附近广大农田的安全。为了根治大清河，河北省决定集中力量进行独流减河治理工程。

1969 年春，独流减河河道扩宽、深挖和加固北大港围堤工程开工。参加该工程施工的 30 万民工来自河北省邯郸、邢台、石家庄、保定、沧州、

---

① 参见《子牙新河工程简介》，《人民日报》1966 年 10 月 15 日。

衡水等地区以及天津市的 80 多个县（市）和天津市郊区。他们在绵延 100 多里的工地上，战风雪，趟泥泞，打冻土，顶严寒，发扬"愚公移山"精神，奋战 100 多天，开挖河道 136 里，修建千米混凝土桥梁 3 座，大型枢纽闸 2 座，共开挖土方 6200 多万立方米，填筑土方 800 万立方米，达到了河成、堤成、桥成、路成、田成（把挖河弃土修成台田）的高标准。① 独流减河的大堤加高增厚以后，天津市南部的防洪屏障更加巩固坚强。同时，治理后的独流减河也为逐步改良沿河盐碱洼地、发展灌溉和航运事业，创造了极为有利的条件。

治理大清河中下游工程是根治海河工程的重要组成部分。1969 年冬，来自河北省石家庄、唐山等 8 个地区的 30 万治河民工，排除万难，英勇奋战。到 1970 年 6 月，该工程提前竣工。治河大军共排出积水 8000 多万立方米，修建桥梁 47 座、枢纽工程 2 处，完成挖河工程土方达 7300 万立方米，筑堤工程土方 2600 万立方米。工程完工后，大清河两岸河堤得到加固，河道得到浚深展宽，部分地段裁弯取直。治理后的大清河与独流减河相连接，构成了横贯河北省中部的一条长达 210 公里的大型河道，使汛期洪水能够畅通入海，使天津、保定、沧州等地区的 14 个市县免受洪涝灾害，确保天津市和津浦铁路的安全，为促进沿河地区工农业生产和发展航运事业创造了有利条件。

据《人民日报》1970 年 11 月 18 日报道：1963—1970 年的 7 年间，河北省对海河水系南系和西系的几条主要河流进行了治理，使千年的害河发生了巨大变化。在海河水系南系和西系，19 条大型河道修起来了，总长 1600 多公里；14 道大型堤防筑起来了，总长 1400 多公里。这些工程，西与太行山相连，东同渤海相通，以每秒钟吞吐 13300 多个流量的威力疏导洪水和沥涝，使 5000 多万亩农田免除了洪涝灾害。在河北山区，建成和扩建了 1400 多座大中小型水库，把大量的冬闲水和洪水拦蓄起来；数以千计的扬水站（点），20 多万眼机井，星罗棋布在渠道纵横的大平原上，使河北省实现了一人一亩水浇地。盐碱地面积减少了一半以上，洼地长出了好庄稼。7 年间，河北治河民工先后兴修了能够消除 1600 万亩耕地沥涝灾害的黑龙港地区排水工程，开挖了可以疏导上万个流量的子牙新河和滏

① 参见《在毛主席"一定要根治海河"的伟大号召鼓舞下，河北胜利完成治理独流减河工程》，《人民日报》1969 年 7 月 3 日。

阳新河的行洪河道，加固了滹沱河北大堤，扩挖了独流减河，治理了大清河水系，还开挖和疏浚了 218 条和骨干河道相衔接的支流河道，完成了 7.3 万多条河渠配套工程。全部工程开挖的土方达 15 亿立方米。如果把这些土方堆成 1 米宽、1 米高的长堤，可以绕地球 37 圈。[①]

河北省人民经过 7 年的艰苦奋斗，完成了海河水系南系和西系骨干河道的治理工程。这些工程的陆续建成，对促进河北全省农业生产发挥了巨大作用。历史上低洼多灾的黑龙港流域各县，由于解除了沥涝灾害，土地盐碱化程度大大减轻，盐碱地面积减少了一半以上。这些地区在治河排涝的同时，大搞农田基本建设，开展群众性的打井抗旱活动。1970 年打机井 1.7 万眼，水浇地面积扩大到 1100 多万亩，农业生产逐步发展，有 46 个县实现了粮食自给。[②] 正如时任水利电力部"革命委员会"主任的张文碧所言："海河治理是一个多快好省进行水利建设的典型。……河北省大战七个冬春，由全国最大的缺粮省变为初步自给，有三分之一的县达到和超过了《农业发展纲要》。黑龙港地区 47 个县，几年前有 46 个县靠吃统销粮，现在已全部自给，人们的精神面貌发生了深刻的变化。"[③]

六　根治海河力度的加强

1970 年 11 月，在完成海河南系、西系主要河道中下游的治理工程以后，河北省和北京、天津两市治理海河水系"北四河"的工程开工。"北四河"包括海河水系北部的永定河、北运河、潮白河和蓟运河，流域面积达 85600 多平方公里。新中国成立后，"北四河"沿河上游修建了许多大中小型水库，中下游整修了一些河道，在洼地建起了一批扬水站，使"北四河"流域的面貌开始改观。但已有的工程防洪除涝标准不高，汛期洪沥争道，低洼地区农业生产还不稳定。为了进一步落实毛泽东"一定要根治

---

① 参见《治水史上谱新篇——记河北省人民治理海河的伟大斗争》，《人民日报》1970 年 11 月 18 日。

② 参见《在毛主席"备战、备荒、为人民"方针指引下，深入开展学大寨运动，河北农业丰收实现粮食自给》，《人民日报》1970 年 12 月 19 日。

③ 《以毛泽东思想为武器批判水利电力建设中的"大、洋、全"思想——张文碧同志五月二十三日在全国水利电力经验交流会议上的发言》，安徽省档案馆藏 55—4—23 卷。

海河"的号召，河北省、北京市和天津市决定从 1970 年冬开始治理"北四河"中下游的骨干河道。①

　　河北省会同北京、天津两市经过一个冬春的协同作战，完成海河水系"北四河"的主要工程——永定新河和北京排污河的开挖治理工程。新开挖的永定新河在天津市北郊区屈家店到塘沽区北塘海口之间，长 63 公里，宽 500 米，深 4—8 米。永定新河竣工后，汛期来自永定河、北运河的洪水不再流入海河，而是通过永定新河直接入海。同时，在永定河中、上游加固了 30 公里长的大堤，排洪能力提高了 3—5 倍。与此同时，还开挖了北京排污河。这些工程的完工，不仅能够免除洪水对天津市和京山铁路的威胁，为河北省北部平原和北京、天津两市郊区发展工农业生产创造更有利的条件，而且可以使北京市排出的污水直接入海，对于清洁海河水质、保证天津市饮水卫生和工业用水纯洁，起到很大作用。②

　　永定新河位于天津市郊区大洼地带，土质复杂，地势低洼，有一半以上的工程是在水中挖河，河中挖河，是根治海河以来难度最大的工程。参加开挖永定新河的广大民工，发扬历年来根治海河的"进场先进校，开工先开课"的优良传统，在进入施工现场前，分别举办各种类型的毛泽东思想学习班，极大地调动了治河民工的积极性。他们抗严寒，战冰雪，加快了施工进度。永定新河和北京排污河的胜利竣工，是河北省和北京市、天津市人民互相支援，团结治水的结果。在开挖排污河的工地上，施工地段相接的北京市通县和河北省邯郸地区的广大民工，打破了原定的划线位置，使两个工段结成了一个战斗的整体。河北省广大民工为了减少天津市的负担，自带炊具、工具和工棚物料，想方设法自己动手克服困难。天津市的群众为了使河北省民工早日开工，在民工尚未进场之前，顶风雨，踏泥水，在渤海盐碱滩上打水井，修道路，架电线，为施工创造了条件。天津市财贸部门抽调了 2000 多名职工，在工地建立了数十个物资供应点。同时，他们还背着背篓，推着小车，走工棚，串伙房，热情地为民工服务，努力做好后勤工作，对保证工程的顺利完成起了很大作用。③

　　①　参见《治理海河水系"北四河"工程开工》，《人民日报》1970 年 11 月 18 日。
　　②　参见《在毛主席的"一定要根治海河"的伟大号召指引下，永定新河、北京排污河工程胜利竣工》，《人民日报》1971 年 8 月 8 日。
　　③　同上。

1970 年秋,北京市东南郊治涝工程开始动工。这项工程主要是治理海河北系上游的温榆河、凤河和港沟河,其中包括河道疏挖、改直,河床拓宽、加深,筑堤建闸等。北京市治理温榆河、凤河、港沟河的工程,是继十三陵水库、密云水库工程之后的又一大规模的水利工程。参加这项工程的 10 万治河大军,在施工中迎风沙,冒严寒,艰苦奋战,加快了施工进度。施工一开始,为了把温榆河的河水引走,腾出旧河道进行治理,需要开挖一条导流渠道,任务十分艰巨。广大民工只用 3 天时间就挖成了一条21 公里长的导流渠道,使温榆河水搬了家。从 10 月上旬到 12 月底,广大治河民工发扬艰苦奋斗的革命精神,只用 75 天的时间,就提前完成了北京市东南郊治涝工程第一期任务,开挖了 106 里的河道,动土 1200 多万立方米。①

到 1972 年 8 月,经过两个冬春的战斗,北京市东南郊治涝工程正式完成,共开挖、拓宽河道 78.5 公里,在沿河两岸筑起防汛大堤 125 多公里,还修建了桥、闸、涵洞等各种水利设施 200 多处,使北京郊区四分之一的耕地改变了低洼易涝的局面。② 北京市东南郊治涝工程在施工过程中,得到了中共中央、国务院各部门近万名干部和中国人民解放军各总部,各军种、兵种及驻京部队广大指战员的支援。在施工过程中,阿尔巴尼亚、越南民主共和国、朝鲜民主主义人民共和国、巴勒斯坦解放组织等驻中国使节和外交官员,柬埔寨贵宾和外交官员等,也曾经到工地参加劳动。

开挖潮白新河和治理漳卫新河,是根治海河工程的重要组成部分。1971 年秋收以后,河北省的邯郸、邢台、石家庄、保定、衡水、沧州、唐山地区以及天津市,山东省的聊城、德州、惠民地区,出动 70 多万治河民工,分南北两条战线投入这两项工程建设中。北线,河北及天津市民工在上一个冬春开挖潮白新河的基础上,继续向东南方向延伸,开辟这条新河的入海水道;南线,河北、山东两省及天津市民工并肩作战,共同整治漳卫新河。这两项工程完工以后,漳卫河和潮白河的排洪能力可比过去提高 4 倍以上。其施工任务的特点是:南北两线同时动工,战线长,地形复

---

① 参见《十万治河大军遵照毛主席的教导战天斗地根治海河,京郊治涝工程三条主河道通水工程提前完工》,《人民日报》1971 年 1 月 25 日。

② 参见《在毛主席关于"一定要根治海河"的伟大号召鼓舞下,北京市东南郊治涝工程胜利完成》,《人民日报》1972 年 8 月 18 日。

杂，工地积水深，芦苇多，这就为施工带来了很大困难。1971 年的冬季施工，从 10 月初开始到 11 月底，完成当年冬和第二年春挖河任务的 39%，完成筑堤任务的 32%。①

1972 年 5 月，河北、山东两省治河民工奋战一个冬春，完成了开挖潮白新河的全部工程和整治漳卫新河的大部分工程。南北两线完成的土方工程量达 1.58 亿多立方米。在进行上述工程的同时，河北省还开挖、整治了青龙湾河、捷地减河等支流河道，并且对一些水库工程进行了续建配套；山东省对潮河、赵牛新河等支流河道也进行了开挖整治。这些工程完成后，对进一步解除海河下游平原地区的洪涝灾害，促进农业生产的发展，有着重要意义。②

从 1963 年开始到 1973 年的 10 年间，河北、山东、北京、天津等省市团结协作，奋战 10 年，取得了根治海河的巨大胜利。据 1973 年 11 月 17 日《人民日报》报道："十年来，海河流域内的广大人民在国家的统一规划下，发扬愚公移山的革命精神，对洪、涝、旱、碱等灾害进行全面治理。为了解决洪涝灾害问题，着重在中下游开挖、疏浚骨干河道和一些较大支流，增辟入海口，基本上改变了海河水系上大下小、洪涝争道、尾闾不畅的状况，初步解除了洪涝灾害的威胁。同时，在山区建水库，修梯田，植树造林，控制水土流失；在广阔的平原，打井修渠，治碱改土，改变农业生产条件，提高了抗旱能力。经过十年治理，海河流域多灾低产的面貌已经发生了巨大变化。"

在根治海河的 10 年间，海河流域各省市依靠群众，对子牙河、大清河、永定河、北运河、南运河等五大河系和徒骇河、马颊河等骨干河道普遍进行了治理，修筑防洪大堤 4300 多公里，还开挖、疏浚 270 多条支流河道和 15 万条沟渠，在河渠上新建了 6 万多座桥、闸和涵洞。这些工程的完成，使海河中下游初步形成了河渠纵横、排灌结合的水利系统，排洪入海能力比 1963 年提高了 5 倍多，比新中国成立前提高了 10 倍多。同时，还扩建和新建了一批水库，使海河流域的大中型水库达到 80 多座，小型水库 1500 多座，万亩以上灌区发展到 271 处。农村许多社队在国家的大

---

① 参见《在海河南北两系同时开挖治理漳卫新河和潮白新河》，《人民日报》1971 年 12 月 1 日。

② 参见《在毛主席"一定要根治海河"的伟大号召鼓舞下，河北山东人民为根治海河作出新贡献》，《人民日报》1972 年 7 月 21 日。

力支持下，依靠人民公社集体经济的力量，掀起了大规模的机井建设。到1973 年，海河流域农村的机井已发展到 49 万多眼，井灌面积达到 4000 多万亩，占灌溉总面积的三分之二。井灌与渠灌相结合，使海河流域基本上实现了每人一亩水浇地，农业生产有了较快的发展。①

---

①　《毛主席的伟大号召变成亿万人民的伟大行动，根治海河十年，山河面貌大变》，《人民日报》1973 年 11 月 17 日。

第八章　改革开放初期的水利建设

　　1979 年初，中共中央制定了"调整、改革、整顿、提高"的八字方针，全国各地水利部门经过对农业学大寨时期水利建设的深刻反思，开始转变水利建设方针，逐渐将水利工作的着重点从抓建设新工程转移到抓管理、注重发挥现有水利工程的效益上来。在国家大幅度压缩基本建设投资的情况下，全国各地积极改革水利投入方式，实行分级负担，依靠社会力量多层次、多渠道集资办水利的办法，开展水利综合经营，在重点流失区开展以小流域为单元的综合治理，出现了以户承包治理小流域的新形式，开展了大规模的植树造林、兴修水平梯田等水土保持工作，取得了一定成效。从治水到管水，是中国水利事业从传统水利向现代水利转变的重要标志之一。

一　工作重心转向注重发挥水利工程效益

　　自新中国成立之日起，为了切实解除水旱灾害，党和政府把主要力量用在水利建设上。到 1981 年，水利建设经过 30 多年的高速发展，全国共整修各类堤防 16.8 万多公里；疏浚整治了各级河道，开辟了海河和淮河流域的排洪出路；全国已建成水库 8.6 万多座（其中大中型水库 2600 多座），塘坝 600 多万座，万亩以上灌区 5200 多处，水闸 2.5 万多座，排灌站 43 万多座、7000 多万马力，水轮泵站 3.5 万多座，机井 200 多万眼，小水电站 8.8 万座、近 700 万千瓦；灌溉面积达到 7 亿亩。[①]

　　据统计，到 1981 年，国家用于水利的资金共 763 亿元，其中基本建设 473 亿元，达到五方面的效益：（1）通过修建各种蓄水工程，控制了江河

---

　　① 参见李伯宁《全国水利管理会议总结》，载《当代中国的水利事业》编辑部编印《历次全国水利会议报告文件（1979—1987）》（内部发行），1987 年，第 147—148 页。

的部分水量，为防洪和兴利创造了条件；（2）提高了江河的防洪能力，初步保证了中、下游广大平原的安全；（3）为农业增产创造了条件。全国灌溉面积由新中国成立初期标准很低的 2.4 亿亩，发展到 7 亿亩左右。原有易涝面积 3.4 亿亩，初步治理了 2.6 亿亩。全国灌溉面积占耕地不到一半，其粮食产量占全国总产的三分之二，主要经济作物产量占全国总产量的四分之三（七大流域 1981 年灌溉面积的比重如表 8 - 1 所示）；（4）为城市、工业和饮水困难地区方提供了水源，在水资源贫乏的海滦河、辽河流域，许多综合利用的水库已转为以城市为主、以为工业供水为主，改变了原来农业投资的性质；（5）为边远山区、牧区和沿海岛屿初步解决了 4000 多万人和 2500 万头牲畜的饮水问题；（6）初步发展了水电、水产、航运等综合利用事业（水力与电力合计，各江河水力资源开发的比重详见表 8 - 2）。[①] 总之，中国具备了控制普遍水旱灾害和开发利用水资源的雄厚物质条件，水利在经济社会发展中发挥了重要作用。

表 8 - 1　　　　　　　　　　七大流域 1981 年灌溉面积比重简表

河流	耕地面积（万亩）	灌溉面积（万亩）	灌溉比重（％）
黄河	19.6	6.4	33
淮河	18.8	11.0	58
海滦河	17.0	9.6	56
长江	37.0	22.7	61
珠江	7.8	4.0	50
松花江	17.5	2.0	11
辽河	6.9	1.88	27

资料来源　钱正英：《我国的江河整治问题》，《中国水利》1982 年第 1 期（表中数字均为原文数字）。

表 8 - 2　　　　　　　　　　七大江河水力资源开发比重简表

河流	可能开发的水力资源（万千瓦）	已开发的水力资源（万千瓦）	开发比重（％）
黄河	2800	250	9.0
淮河	66	28	42.0

---

① 参见钱正英《我国的江河整治问题》，《中国水利》1982 年第 1 期。

续表

河流	可能开发的水力资源（万千瓦）	已开发的水力资源（万千瓦）	开发比重（%）
海滦河	213	40	19.0
长江	19724	684	3.4
珠江	2485	201	7.4
松花江	600	75	12.5
辽河	35	9.5	27

资料来源　钱正英：《我国的江河整治问题》，《中国水利》1982 年第 1 期（表中数字均为原文数字）。

但由于受"左"的思想影响和缺乏建设经验，水利建设上急于求成的错误较为严重。它主要表现在：为了追求建设规模和速度，不计成本，不量力而行，规划设计跟不上，施工组织不完善，管理不科学，质量控制不严格，配套工程跟不上；长期存在着重建轻管的思想，工程建成后，管理工作跟不上，管理的体制机构、法规和制度不健全，工程安全无保证，效益未能合理发挥，综合经营开展缓慢，在经营管理的各个环节没有体现责、权、利和按劳分配的严格制度，有关管理经费来源和管理职工的工资、福利、劳保待遇等实际问题都没有得到妥善的解决等等，因而造成很大浪费，遗留问题很多。问题的关键就是只热衷于建设，不重视经营管理，不讲究经济效益。[①] 这就需要党和政府在一段时间内必须把主要精力放在现有工程的整治巩固上。

1979 年 4 月，中共中央提出对国民经济实行"调整、改革、整顿、提高"的方针，重点清理长期以来在经济工作中的"左"倾错误影响。为此，各级水利部门作了大量的调查研究，认真总结了新中国成立后水利建设的经验教训。时任水利部长的钱正英对"左"倾思想在水利工作中的表现作了归纳：急于求成，高招标；违反基建程序，忽视质量；不讲究经济效果，盲目提倡大干；不在管好用好现有工程上下功夫，盲目追求新建项目；不注意水利的法制建设；忽视科学技术的作用；体制轻率多变。这些

---

① 参见李伯宁《全国水利工作会议总结讲话》，载《当代中国的水利事业》编辑部编印《历次全国水利会议报告文件（1979—1987）》（内部发行），1987 年，第 385—386 页。

"左"的错误,对水利工作造成了很大危害,集中表现为经济效果差。30年来,全国水利基建投资473亿元,水利事业费315亿元,而数量更大的是人民群众直接间接付出的劳力、财力、物力和移民等等的代价。大量的水利工程设施固然发挥了很大的效益,但这些工程花费的代价太大,浪费是严重的。① 尤其是中国水利建设中长期存在着重建设、轻管理的问题,使大量已有工程的效益远远没有发挥出来。

针对上述情况,1980年9月召开的全国水利厅(局)长会议,提出了"搞好续建配套,加强经营管理,狠抓工程实效;抓紧基础工件,提高科学水平,为今后发展作好准备"的水利工作方针。② 1981年5月,在全国水利管理会议上,时任水利部部长的钱正英代表水利部党组作了《把水利工作的着重点转移到管理上来》的报告,进一步提出水利事业的新方针,即"把水利工作的着重点转移到管理上来,要把加强管理贯彻到各个方面,首先是加强对现有工程的管理"。并强调说:"这是一项重大的战略决策,不是一时的权宜之计。"报告要求今后各级水利部门必须把工作的着重点转移到管理上来,首先加强对现有工程的管理,要拿出过去建设每项工程时的那种全力以赴的精神来认真地做好每一项工程的管理工作。会议并对国家管理的工程,提出了整顿和加强管理的六条要求,即复核设计、补办验收、明确职责、确定机构、建立制度和审批计划。③ 为了实现重点转移,贯彻这些要求,水利部部署了"三查三定"工作,即查安全、定标准,查效益、定措施,查综合经营、定发展规划。

随后,根据上述方针和决策,全国各级水利部门在党和政府的领导下,加强了对已有工程的管理,开展了综合经营,进行"三查三定",重建轻管的思想开始得到扭转。随着农业生产责任制的发展,各地逐步推行了农田水利工作责任制,创造了许多好经验。在水利基本建设中,坚决缩短战线,集中力量使一批重点工程建成使用。在长江葛洲坝枢纽第一期工

---

① 参见钱正英《把水利工作的着重点转移到管理上来》,载《钱正英水利文选》,中国水利水电出版社2000年版,第4页。

② 参见钱正英《全国水利厅(局)长会议总结讲话》,载《当代中国的水利事业》编辑部编印《历次全国水利会议报告文件(1979—1987)》(内部发行),1987年,第101页。

③ 参见钱正英《把水利工作的着重点转移到管理上来》,载《钱正英水利文选》,中国水利水电出版社2000年版,第5—10页。

程胜利通航发电后，引滦济津工程于 1983 年通水，黄河下游堤防第三次全面加固也基本完成。许多地方初步开展了水利经济的研究，提高了对经济效益的认识，工作方法和工作作风有所改进。① 但发展很不平衡，不重视经营管理，不讲究经济效益的现象，从全国说，还没有得到根本改变。特别是有些地方缺乏明确的方向，工作徘徊不前，有的甚至有倒退的危险。

社会各界对新中国成立后的水利工作进行反省时，对水利工作中出现的问题提出了尖锐批评，甚至有人提出水利是"左"的产物而全面否定。这样，在改革开放初期的国民经济调整中，大批水利工程下马，水利资金大幅削减，中央下划到各省的农田水利资金挪用情况非常严重。在这种情况下，水利工作如何定位与水利事业如何推进，便成为全国水利工作者面临的严峻问题。为此，时任国务院总理的赵紫阳于 1983 年 3 月视察陕西时明确指出："水利建设，过去成绩很大，但浪费也很大。长此以往，无以为继。今后水利建设要实行这样一条方针，加强经营管理，讲究经济效益。"② 这为全国水利工作重点的转移进一步指明了方向。

1983 年 5 月，水利部召开全国水利工作会议。会议确定了加强经济管理，讲究经济效益的水利建设的指导方针，再次强调将水利工作的着重点转移到全面提高经济效益的轨道上来。为了贯彻落实这个新方针，水利部部长钱正英在报告中分析了水利工作的实际情况、存在问题和新形势对水利的要求，提出了该方针六方面的具体内容：大力提高现有工程的经济效益；依靠农民自己的力量，兴修小型水利；对水资源统一规划，综合开发，加强管理，坚决保护；择优进行重点建设；加强前期工作和智力开发，为水利的继续发展创造条件；推行改革，加强法制。③ 其核心仍然是加强经营管理，提高经济效益。这次会议不仅为全国水利工作明确了新的

①　参见钱正英《以提高经济效益为中心，开创水利工作新局面》，载《当代中国的水利事业》编辑部编印《历次全国水利会议报告文件（1979—1987）》（内部发行），1987 年，第 362—363 页。

②　《水利建设、旱作农业和节约用水问题——赵紫阳同志在陕西省和一些同志的座谈纪要》，载《当代中国的水利事业》编辑部编印《历次全国水利会议报告文件（1979—1987）》（内部发行），1987 年，第 347—348 页。

③　参见钱正英《以提高经济效益为中心，开创水利工作新局面》，载《当代中国的水利事业》编辑部编印《历次全国水利会议报告文件（1979—1987）》（内部发行），1987 年，第 364 页。

起点，而且以积极的态度回应了社会各界的批评，把新时期水利工作推向新阶段。

水利工程建成运行以后，必须通过经营管理的手段，才能转化为经济效益。管理单位管理不善，工程效益就不能很好发挥。水利部门将水利建设的重点放在经营管理方面，既是纠正"左"倾错误思想影响的需要，也是根据当时水利工作客观存在的问题而采取的重要举措。从各地调查研究的情况看，当时水利工作存在的主要问题，集中表现在重建设轻管理、重大型轻小型、重骨干轻配套、重工程轻实效等方面。

以河北省水利事业发展为例，到1979年底，全省已建成万亩以上灌区184处，每年实灌面积1400万亩左右。但这些工程并没有充分发挥效益，存在着三方面的问题：

一是工程不配套。已有的184处万亩以上灌区，设计灌溉面积2445万亩，工程配套面积只有822万亩，占设计面积的34%。由于工程不配套，灌溉时从干、支渠上扒临时口浇地，水量不能控制，形成大水漫灌，有的灌区每亩次灌水量高达一二百立方米。

二是渠系渗漏损失大。灌区大部渠道没有衬砌，灌溉水的有效利用率只有40%多。全省万亩以上灌区一般年总引水量60多亿立方米，每年就有30多亿立方米水量渗漏掉了。

三是灌区管理人员不足。全省已有国家管理的灌区157处，共有在编管理人员1570人，按有效灌溉面积，平均1万亩地只有1个管理人员。参照有关规定和目前管理水平，全省灌区至少缺管理人员3600多人。有的灌区为了应付日常管理，从受益社队招了一些属集体所有制的职工。这些职工有的已经工作一二十年，他们人熟、地熟、情况熟，有的已成为灌区管理工作的骨干，甚至担任了灌区的领导工作。可是他们的编制问题一直解决不了，劳保福利和退职、退休问题至今得不到合理解决。据统计，全省有这样的管理人员2400多人，占现有管理人员的60%。造成这些问题的主要原因，是水利建设上的"四重四轻"，即重建设轻管理、重大型轻小型、重骨干轻配套、重工程轻实效。修建灌区时基建只修干、支渠，不管斗、农、毛渠，结果工程长期配不了套；建设时没有一个切合实际的规划设计，有盲目建设的现象，造成水源和灌溉面积不适应，长期达不到设计效益。在管理上仍有瞎指挥的现象，业务部门制定的规章制度没有法律的约束，起不了作用。如人员编制问题，水利部门虽有规定，但只是一纸空文，落实不了。①

可见，必须注重已有水利工程管理，才能发挥工程实效。只要改善经营管理，进行必要的技术改造，就可以发挥更大的经济效益。从1979年开始，全国水利工作的指导思想是：逐步转移到以提高经济效益为中心上来，充分管好用好现有水利设施，搞好已有工程的续建配套和病险水库的加固处理，大力发展小型水利，积极做好基础工作，为以后的更大发展做好准备。

中共中央制定"调整、改革、整顿、提高"的八字方针后，全国各地水利部门逐渐将水利工作的重点转移到管理上来，开始注重发挥已有水利工程的效益。各地加强了对已有灌排工程的维修配套和技术改造，都江堰、淠史杭和宁夏引黄等大型灌区的扩建配套和技术改造，陆浑、陈村等大型水库下游灌溉渠系的修建，黄河下游豫、鲁两省引黄灌区的扩建，都是在该时期完成的。同时，在引进和推广先进灌排技术和设备上也有长足发展。如低压管道输水、喷灌、微灌、膜上灌等先进节水灌溉技术都得到大面积推广，并取得了宝贵经验。

在此，不妨以20世纪80年代河南省水利事业的发展状况为例，略作阐述。

根据1979年中共中央制定的"调整、改革、整顿、提高"八字方针，从1980年开始，河南水利基本建设的投入大幅度削减。1979—1988年10年间，全省水利基建投资情况是：1979年1.68亿元，1980年0.9亿元，1981年0.4亿元，1982年0.38亿元，1983年0.53亿元，1984年0.56亿元，1985年0.72亿元，1986年0.79亿元，1987年0.8亿元，1988年1.05亿元。在水利基建投资大幅度减少的情况下，水利工作只能量力而行，择优安排一些水库除险加固、内河除涝和沿淮堤防处理工程，希望尽可能地减少洪涝灾害对人民生命财产的威胁。同时，通过加强对已建工程的管理、建立乡村水利站，希望稳定水利效益。

1980年，河南省确定停缓建的水利基建项目达29项，列入水利电力部复建的板桥水库也列为停缓建项目。1981年1月，省计划会议决定省水利基本建设投资比上年减少56%。2月，时任河南省副省长的崔光华在全省地市水利局长会议总结时明确指出："搞好水利工作调整的主要任务是

_____

① 参见孟令村《改变水利建设上的"四重四轻"》，《人民日报》1980年10月26日。

把水利工作重点转移到配套管理发挥效益上来，要多搞一些投资少、见效快的小型水利，搞好现有工程配套，要重视研究和扩广小型水利工程管理责任制。"1979—1982 年底，河南农村实行包产到户的生产队已达 93%，由于基层水利管理不适应变化了的情况，因而有些工程老化失修或遭到人为损坏，水利效益暂时衰减的问题十分突出。

在水库加固除险方面，1978—1983 年，河南省水利部门对薄山水库进行了除险加固工程，主要工程包括大坝加高 7.66 米，上筑 1 米高砼防浪墙，使最大坝高达 48.41 米，新建溢洪道泄洪闸 5 孔；加固输水洞等，总投资 4541 万元。1979—1982 年，续建南湾水库除险加固工程，主要工程包括大坝加高 3.3 米，坝顶高程达到 114.1 米，防浪墙顶高程达 115.3 米；土门非常溢洪道堵坝加高，高程达到 113.8 米；新建泄洪洞，全长 533.05 米，内径 5 米，完成土方 1.07 万立方米，石方 14.49 万立方米，投资 411.5 万元。1983 年 4 月到 1985 年底，对昭平台水库进行了除险加固工程，总库容由 6.45 亿立方米增加到 7.27 亿立方米，使水库防洪标准提高到千年一遇，投资 439.5 万元。宿鸭湖水库经几次扩建加固，防洪能力虽有提高，但标准仍然偏低。1986 年春开始，按百年一遇洪水设计、千年一遇洪水校核，校核水位为 58.75 米，总库容 16 亿立方米。为此，将大坝加高 1.2 米，并在其上筑 1.4 米高的防浪墙，坝顶加宽至 8 米，修复加固 5 孔及 7 孔泄洪闸，总投资 9100 万元，1989 年基本完成。从 1985 年 10 月至 1987 年 6 月，完成了尖岗水库抗震加固工程，该工程包括大坝上游坡抗震台、护坡翻修、人坝下游坡脚基础振冲、排水砂带、坝顶防浪墙、排水沟、泄洪闸改装、副坝溢洪道堵坝加固等，投资 310 万元。

在内涝河道治理方面，从 1982 年 9 月起至 1986 年 1 月，对人民胜利渠入卫口至老观咀止、全长 140 公里河道进行清淤，共做清淤土方 928.1 万立方米，块石护坡 9183 延米，建桥 11 座，排泥场土方 154.9 万立方米，投资 6011 万元。虬龙沟是沱河最大支流，上下级河道均已治理，其本身除涝能力只为 5 年一遇除涝标准的 22.1%、防洪能力只及 20 年一遇防洪流量的 31.8%。1982 年 11 月，按 3 年一遇除涝标准开挖河道断面，治理虞城县三里河至入沱口，全长 70.2 公里，建桥 17 座，扩建桥 9 座，共做土方 648.18 万立方米，投工 620 万个，投资 978 万元。洪洼临时处理工程位于新蔡县境，建设项目有分洪道堤防除险加固 32 公里、建筑物和截岗沟排涝闸 9 处、提灌站 8 处、输变电站工程 24.3 公里、10 千伏线路 49 公里等。1983 年 3 月开工，年底基本完成，投资 410 万元。[①]

1980 年，为了适应水利基本建设投资大幅度缩减的形势，中共河南省委、省政府开始提出水利工作的重点是抓好管理。1982 年全国水利管理工作会议后，又将其作为战略决策明确提出，要把水利工作的重点转移到管理上来。根据这个指导思想，全省主要从建立各项规章制度、对已有国有水利工程进行查定和普遍建立农村水利站来加强工程管理。

1980—1982 年，河南省政府先后颁布了《河南省水利基本建设工程概（预）算定额和施工定额》、《河南省水利事业技术档案管理办法》、《河南省水利工程单位财务包干试行办法》、《河南省水利事业单位试行企业管理方案》、《关于划分桥梁阻水界限的暂行规定》、《关于清除河道阻水障碍的联合通知》、《河南省水利工程水费征收试行办法》、《河南省机电排灌站 10 条标准》、《河南省大中型灌区工作意见》、《河南省人民公社水利站工作条例》、《河南省农田水利工程建设责任制试行办法》、《河南省农田水利管理办法》、《河南省河道护堤人员联产计酬岗位责任制暂行办法》等，从水利工程管理的各个方面，提出了明确的规定和要求，使各水利工程管理单位在实际工作中有章可循。[②]

1981 年 7 月到 1984 年底，河南省水利部门组织 2.6 万多人对全省 892个工程管理单位管理的国有各类工程总计 2664 座，进行了"五查五定"。"五查五定"的内容是：查安全、定标准；查效益、定措施；查综合经营、定发展规划；查机构、定编制；查管理、定制度。通过查定，要求国家管理的大中型工程达到六条标准：第一，摸清情况，澄清问题；第二，针对存在的问题，提出工程安全、效益发挥和多种经营发展规划和实施方案；第三，对已有机构和人员进行必要的调整，并根据水利部颁布的定编定员标准，提出机构调整近期和最终编制定员方案，报上级主管部门；第四，根据水利电力部、河南省人民政府和河南省水利厅颁发的各项工程管理通则和办法，修改原有的规章制度，制定各项水利设施管理细则和办法；第五，制定各项经济技术指标和推行经济责任制的办法，把管理责任制落实到科室、班组和个人；第六，进行思想、组织、纪律三整顿，克服领导软

---

① 参见李日旭主编《当代河南的水利事业（1949—1992 年）》，当代中国出版社 1996 年版，第 237 页。

② 同上书，第 238 页。

弱涣散状态和组织纪律松弛现象，建立职工代表大会制度，实行民主管理。查定的结果是：至 1981 年底，实有管理人员 20170 人；查定工程国家投资 30.797 亿元，集体投劳折资 11.363 亿元，实有固定资产原值总额为 9.9 亿元；工程设计灌溉面积查定前为 6730.79 万亩，查定后审定为 4245.17 万亩；有效灌溉面积查定前为 2390 万亩，查定后审定为 2162 万亩；国家管理的堤防查定后总长 11218 公里，已达设计标准的有 4805 公里，可保护耕地面积 4646 万亩，人口 4796 万人；水库总库容 136.87 亿立方米。

"五查五定"之后，根据分级管理的原则，按照工程规模的大小，将现有工程分为六类进行管理：第一，效益或影响涉及两省的工程，拟请水利电力部或流域机构管理；第二，涉及两地区的大型工程由省管；第三，效益范围虽属一地，但位置重要的大型工程，由省、地共管，以省为主；第四，一般大型工程，由省、地共管，以地管为主；第五，效益或影响范围涉及两县以上的中型工程，由地、市管理；第六，中型工程或涉及两社以上，位置重要的小型工程，由县管，一般小型工程，社队管理。按照这些原则，白沙水库、白龟山水库、陆浑水库、惠济河管理处由省收回管理，"文化大革命"期间撤销的洪汝河、唐白河、颍河、黑河、涡河、沱河、淇河、天然文岩渠等管理机构相继恢复，周口地区新建立汾泉河管理处。[①]

水利工程的效益，很大程度上是通过农田的"遇旱有水、遇涝能排"来体现的。因此，农田水利工程大部分都分布在乡间田野。用好管好这些数量庞大而又极为分散的水利工程，不能单纯依靠国有水利工程管理单位，必须走专业管理和群众管理相结合的道路。新郑县梨河公社对辖区范围内的水利工程，创造了"一专"、"三统一"、"五定一奖加经济田"[②] 的管理办法，对小型农田水利工程的管护起了积极作用。1981 年 4 月 28 日，河南省政府批转《关于在农村人民公社建立水利站问题的报告》，同意在

---

① 参见李日旭主编《当代河南的水利事业（1949—1992 年）》，当代中国出版社 1996 年版，第 239 页。

② "一专"是指组织管理专业队或固定管理人员；"三统一"是指根据工程任务和效益范围，由公社、大队或生产队统一规划、统一修建、统一管理使用；"五定一奖加经济田"是指对管理人员实行定任务、定时间、定质量、定报酬、定消耗和维修费用，完成任务受奖，另外在工程管护的适当地点，划出一定数量的土地，作为管护人员的经济田，以确保管理人员的经济收入不低于当地农民的平均收入。

全省农村人民公社建立水利站，担负管理本公社范围水利工程的任务，并对水利站人员编制、任务和领导关系作了明确规定。到 1987 年底，河南全省 2097 个乡（镇）已建乡水利站 2047 个，有工作人员 9398 人，国家职工占 29%。[①]

实行家庭联产承包责任制以后，由于水利工程保护措施没有及时跟上，致使一些地方在调整生产体制分队划组中，出现了毁林开荒、平渠填沟、破堤取土以及拆分变卖机、泵、管、带，偷拆梯田石块的情况，导致不少水利设施遭到破坏，水利工程效益急剧衰减。1979—1984 年，河南全省减少灌溉面积 838 万亩，平均每年减少 140 万亩；1985 年新增灌溉面积 48 万亩，同期衰减了 196 万亩，新增与衰减相抵，净减 148 万亩；1985 年新增旱涝保收田 125 万亩，衰减 104 万亩，新增与衰减相抵，只新增 21 万亩；1985 年大旱，全省有效灌溉面积有 5786 万亩，比 1980 年实有的 5806 万亩还少 20 万亩，也就是说，1980—1985 年 6 年时间每年新增的有效灌溉面积，尚抵偿不了这些年的衰减。全省有 9 座大型水库、30 座中型水库、600 多座小型水库的安全问题没有解决，只好低水位运行。水利工程效益的降低，直接影响着农业生产的发展。1984 年全省春灌小麦 4242 万亩，而 1986 年全省上下齐动员，才浇 2800 万亩，足见水利工程效益衰减对农业生产影响之大。[②]

20 世纪 80 年代初期，由于社会上对水利在国民经济中的作用发生怀疑，党和政府大幅度削减了水利的投入，致使 1985 年以后全国粮食产量连年徘徊在 4 亿吨左右，农业形势日益严峻。全国水利工作面临两大危机：一是工程老化失修，效益衰减；二是北方水资源紧缺。这不仅影响了当时的农业生产，而且使农业发展缺乏后劲，影响国民经济的未来发展和人民生活水平的提高。现实的教训促使各方面重新统一了对水利事业重要性的认识。为此，针对农村水利存在的工程老化失修、效益衰减问题，中共中央和国务院提出要建立劳动积累工，增加投入，建立区乡水利管理站、工程专管机构和群众管水组织三个层次的基层服务体系，稳定农村水利下滑的趋势。1986 年中央 1 号文件对水利工作提出的要求是："继续加

---

① 参见李日旭主编《当代河南的水利事业（1949—1992 年）》，当代中国出版社 1996 年版，第 240 页。

② 同上书，第 241—242 页。

强江河治理，改善农田水利，对已有工程进行维修、更新改造和配套。要有计划地改造中低产田。建立必要的劳动积累制度，完善互助互利、协作兴办农田建设的办法。"并针对前几年农业投资递减的现象，提出"地方财政也要尽可能多拿出一部分钱投入农业，扭转一些地方农业投资递减的现象。水利投资要尽快恢复到1980年财政包干时的水平。"[①] 1988年1月，全国人民代表大会常务委员会通过并颁布《中华人民共和国水法》，指明了水利工作以后的任务。1989年10月，国务院发布《关于大力开展农田水利基本建设的决定》，重申"水利是农业的命脉"，要求各级政府的主要领导负责，将农田水利基本建设列入农村的中心工作，这样，全国各地水利事业开始出现新气象。在此，笔者仍以河南省为例略加阐述。

1985年后，河南省委、省政府采取了增加水利投入、对基建工程实行项目管理、农田水利工程建设实行"以奖代补"、建立健全水利执法体系、开展"红旗渠精神杯"竞赛和达标晋级活动等改革措施，针对水利效益衰减的问题，提出要"二年修复、三年发展、五年打下一个好基础"。1989年，河南省委、省政府发布《河南省水利建设发展规划纲要》，加大了水利改革的力度和步伐。

水利建设的投资，过去较长时期内大都由国家支付，养成"国家出钱、农民种田"和"喝大锅水"的习惯。依靠国家办大型水利，虽属必须，但水利是造福于全社会的事业，只有动员全社会的力量才能不断发展。1987年，河南省委、省政府提出关于增加水利投入的意见，指出：为了加快农田水利建设步伐，提高抗御自然灾害的能力，增强农业后劲，促进农业生产持续稳定增长，必须增加对水利建设的投入，并提出10条意见：(1)实行农民办水利。中小型农田水利建设主要依靠群众自身积累兴办。农民为此集资，是必要的生产投入。(2)对省、市、地、县安排的引黄灌区、大中型灌区、重点除涝和旱涝保收田建设项目，在建设配套期间，按受益耕地面积每年每亩集资4—5元、补源区2—3元，作为建设配套投资。(3)耕地占用税各级留成部分，应主要用于发展水利和中低产田改造，按照水利建设规划，统筹安排使用。(4)各县财政要从征收的乡镇企业税收增长部分中拿出30%用于粮食发展基金，其中大部分要用于农田水利建设。(5)在水土保持区，凡因开矿建厂破坏水土保持工程，造成或

---

① 《中共中央、国务院关于一九八六年农村工作的部署》，《人民日报》1986年2月23日。

加剧水土流失的，要补偿水土流失治理费。凡因开矿建厂或其他基建造成水源变化、水质污染、引起农民吃水困难的，谁破坏谁负责、谁污染谁负责，重建费用由水利部门会同物价部门按实际需要核定收取。（6）地方政府应在每年增加的财政收入中，拿出较大比例用于农业，水利投入要相应增加。（7）用农业贷款兴办的效益显著、见效快、有偿还能力的水利项目，可从农田水利补助费中给予适当贴息。（8）农田水利补助费等专项资金的有偿使用部分，今后可由各级财政委托水利主管部门投放、回收，专户存储，周转使用。（9）经济效益好、有偿还能力的水利工程更新改造项目，可列入各级计经委统管的更新改造计划。（10）水利系统经营的生产项目和企业，任何单位不得平调，有关部门按照政策，在税收等方面给予优惠照顾。十条意见的出台，拓宽了人们的思路，提供了解决水利投资长期紧缺的有效途径，并从政策上明确了对水利建设的优惠。[①]

要充分发挥水利设施的效益，不仅需要一批骨干工程，而且还需要面广、量多的配套工程相辅助。为了解决水利的劳务投入，河南省政府于1987年颁布的《关于农村水利劳动积累工管理使用的试行意见》，指出：农村水利劳动积累工，是指由群众义务承担，主要用于县、乡范围内水利建设所需的工日。水利劳动积累工取之于民、用之于民，体现了谁受益、谁负担和双层经营、统分结合的原则。它要求各地根据当地的需要与可能，本着按劳出工、取之有度、用之得当的原则，每年每个农村劳动力投入的水利积累工数一般为10—20个。水利劳动积累工制度的建立和实行，为冬春大搞农田水利基本建设提供了劳力的保证，促进了群众性农田水利建设的发展。1988年冬修，河南省最高出勤劳力达1046万人，累计完成劳动积累工2.7亿个，完成土石方3.3亿立方米。1989年冬修，累计投入水利劳动积累工4.2亿个，完成土石方4.48亿立方米。1990年冬修，全省日出勤劳力1440万，累计完成劳动积累工4.86亿个，完成土石方5.68亿立方米。1991年冬修，全省出勤劳力最高达1589万人，投入水利劳动积累工5.3亿个，完成土石方5.9亿立方米。1992年冬修期间，全省日最高上工人数1861万人，是历史上最多的1年，在全国名列第二，累计完成劳动积累工6.4亿个，完成土石方7.2亿立方米。每年冬春季节，全省

---

① 参见李日旭主编《当代河南的水利事业（1949—1992年）》，当代中国出版社1996年版，第247—248页。

各地都出现县县有计划、乡乡有工程、人人有任务的水利建设热潮。[①]

1988年，为了使水利资金投入稳定增加，河南省政府增加水利经费6000万元，使全省水利投入达3.45亿元。在此基础上，1989年水利投入再增加4000万元，并且发出《省政府系统1989年目标管理122项主要工作的通知》，进一步提出各级财政在计划安排上，应积极增加对水利建设的投入，市、县、乡财政用于水利的投资应达到本级财政的5%—10%；黄淮海平原农业综合开发资金中要确保60%用于农田水利建设；农行要多渠道筹措资金，保证5000万元农贷支持机井配套建设。1989年7月8日，河南省政府发出《关于建立农业发展基金有关问题的通知》，要求各级政府从1989年起，都要建立农业发展基金，主要用于兴修小型农田水利及现有中小型工程配套工程。

1992年3月14日，河南省政府颁布的《河南省水利建设专项资金筹集办法》指出："八五"计划期间，要加快淮河治理步伐，兴修一批防洪、蓄水、排水等骨干水利工程，提高抗御自然灾害的能力，必须动员全社会力量，多渠道筹集资金，增加对水利建设的投入，并对资金筹集渠道及筹集对象、资金筹集办法、资金的分配和使用管理等问题作了具体的规定。通过水利集资、增加水利投入的相关规定和办法颁布后，国家投入和市（地）县乡的投入逐年增加。1987—1992年，国家每年投入情况依次是2.93亿元、3.45亿元、4.36亿元、4.83亿元、6.75亿元和8.28亿元。1989—1992年，市（地）县乡集资投入每年依次是0.8亿元、1.6亿元、1.7亿元、1.8亿元。[②]

河南省委、省政府颁布的这些增加水利投入的政策，调动和激励着各地增加水利投入的积极性，各地创造了许多自愿集资兴办小型农田水利的办法。新郑县龙王乡实行有偿转让、以田代资等办法，从打井配套到经营管理都由农户自愿承包，每眼机井划给2—6亩养井田，不交提留，承包期15—20年不变，共回收资金600余万元，全部用于新建农田水利工程；长葛县实行"以资引资"的政策，利用3年来获得省奖给的以奖代补的奖金86万元，加上县自筹的28.5万元，也采用以奖代补的办法，共引出乡

---

① 参见李日旭主编《当代河南的水利事业（1949—1992年）》，当代中国出版社1996年版，第248—249页。

② 同上书，第249—250页。

村自筹和群众集资 2171 万元；郑州市管城区圃田乡大王村采用自愿储蓄集资的办法，从增产效益中还本付息，基本做到了谁受益、谁负担；夏邑县采用类似的办法，仅 1988 年冬季就新配套机井 4800 眼。

为了加快水利建设步伐，1986 年开始，河南省从省管农田水利补助费中拿出一部分，奖励当年农村水利建设搞得好的县，而这些奖金，只能用于得奖县农田水利工程的补助。1987 年，河南省政府颁布《河南省农村水利建设实行以奖代补的评奖办法》，规定了以当年水利建设和管理成效、综合效益为基础的五条评选条件：一是县乡两级有科学合理、切实可行的农田水利基本建设规划和实施计划，完成或超额完成当年工程计划，工程效益无衰减，当年粮食增产，实灌面积达到有效灌溉面积的 80%；二是坚持自力更生办水利，积极落实省政府关于增加水利投入的政策，劳动积累工管理、使用得好；三是乡村两级服务体系健全，工程管理达到规定要求；四是财务管理制度健全、地方配合投资兑现，水利资金使用得好，无挪用、挤占、浪费等违纪问题；五是综合经营、增收节支有成效。每年全省评选出农村水利基本建设与管理先进县 38 个，其中一等奖 4 个、每县奖金 20 万元；二等奖 8 个，每县奖金 15 万元；三等奖 26 个，每县奖金 10 万元。评选先进辖区 6 个，每区奖金 5 万元。为表彰奖励在年度水利建设管理中有突出贡献的个人，《办法》还设置个人奖，一等奖县 1 万元、二等奖县 0.8 万元、三等奖县 0.6 万元，先进辖区 0.3 万元。1986 年评选出一等先进县 4 个（商水县、长葛县、新郑县、虞城县）、二等奖 4 个、三等奖 10 个、四等奖 25 个。1987 年评选出一等先进县 4 个、二等奖 8 个、三等奖 27 个，先进辖区 5 个。1988 年评选出一等先进县 5 个（原阳县、孟县、长葛县、郾城县、固始县）、二等奖 8 个、三等奖 25 个，先进辖区 6 个。1989 年，以奖代补活动与各市地责任目标管理相结合，共评选出一等先进县 5 个（原阳县、修武县、中牟县、尉氏县、汝南县）、二等奖 8 个、三等奖 26 个，先进辖区 3 个，并且评选出在农村水利建设中有突出贡献的县（市、区）党政一把手 56 名。

以奖代补活动的开展，极大地激励了县、乡、村建设农田水利的热忱。1988 年获得一等先进县的原阳县，认真总结遭受涝灾教训，不等、不靠、不要，发动群众自力更生清挖文岩渠，共计长 33 公里，做土方 71 万立方米。一等先进县孟县，采用多种形式筹集资金 557 万元，投工 148 万个，完成工程量 207 万立方米。每年的冬春农闲季节，全省各地都出现千军万马治理千沟万壑、打井修渠、挖沟排涝的动人景象。①

1989 年 4 月 3 日,为了搞好水利服务体系建设,实现农田水利工作的经常化、制度化、规范化,河南省政府批转省水利厅《关于我省农田水利达标晋级的意见》,要求全省各地认真研究执行。这项活动是将现代企业实行科学管理的办法用于农田水利管理的一种新的尝试,它基于先进性、效益性、系统性、激励性等原则,选择一系列能反映农田水利建设特点和水平的指标,对一个县(市、区)的农田水利综合能力和整体水平进行定量分析、综合评价、严格验收,对达标、晋级的县给予奖励,把群众性的农田水利建设和管理纳入科学的轨道。达标晋级按平原县和山区县分别进行考核。平原县的考评内容为:有效灌溉面积占总耕地面积的 70% 为达标,80% 为三级,85% 为二级,90% 为一级;旱涝保收田占总耕地面积65% 为达标,75% 为三级,80% 为二级,85% 为一级;工程完好率由省水利厅按工程类别和有关技术要求具体制定。山区县的考评内容为:治理水土流失面积占应治理面积的 70% 为达标,75% 为三级,80% 为二级,85%为一级;坡耕地改梯田面积占坡耕地的 60% 为达标,70% 为二级,75% 为一级;工程完好率由省水利厅按工程类别另有详细规定。对于达标县,省政府发给证书和 20 万元以奖代补资金,三级县发给铜牌和 30 万元,二级县发给银牌和 40 万元,一级县发给金牌和 50 万元。至 1991 年,经过严格的验收,共有新郑县、新乡县、辉县市、孟县、温县、卫辉市、长葛县、获嘉县、郾城县、通许县、新乡市郊区等 11 个县(区)达标。通过达标晋级,强化了各级领导尤其是县、乡领导的水利意识,真正把水利列入政府工作序列,调动了广大干部、群众大力办水利的积极性,促进了农田水利建设和管理,解决了一些长期没有认识到或不好解决的老大难问题。②

随着水利投入渠道的拓宽和国家对水利事业的逐渐重视,水利基本建设投资在 20 世纪 80 年代中期以后开始增加。1987 年,河南省基建投资8038 万元,接近 1980 年的投资水平(8980 万元),安排了陆浑水库加固、淮干堤防等 34 项基建工程,完成基建土方 1125 万立方米、石方 46 万立方米。从 1988 年开始,水利基本建设的投入逐年增加。1988—1992 年,年

---

① 参见李日旭主编《当代河南的水利事业(1949—1992 年)》,当代中国出版社 1996 年版,第 253—254 页。

② 同上书,第 254—255 页。

投入分别为 10300 万元、13531 万元、21083 万元、18557 万元和 29305 万元。安排的项目逐年增加，1988 年 48 项、1989 年 64 项、1990 年 71 项、1991 年 73 项、1992 年 74 项。这一阶段的水利基本建设，不是单纯安排除险加固、防洪除涝，而是逐步增加兴利工程建设项目。灌区及其他兴利项目的安排，1988 年 9 项、1989 年 12 项、1990 年 16 项、1991 年 23 项、1992 年 24 项。水利基建投入的增加、建设项目的增多、灌区及兴利工程建设的比例加重，表明水利事业出现了新转变，表明水利建设又从主要注重防洪除涝转到同时注重兴利，"旱涝两手抓"。①

1988—1992 年，河南省水利基本建设共安排了重点水库的除险加固工程 34 项、重点河道的防洪除涝 53 项、重点灌区及其他兴利工程 84 项。其中，大型水库除险加固工程主要有五项：一是宿鸭湖水库除险加固，二是鲇鱼山水库除险加固，三是鸭河口水库除险加固，四是小南海水库除险加固，五是彰武水库除险加固。

二 水利管理工作的展开及存在的问题

20 世纪 80 年代初，在国家大幅度压缩基本建设投资的情况下，全国各地积极改革水利投入方式，实行分级负担，依靠社会力量多层次、多渠道集资办水利，并全面恢复基建程序和技术论证制度。各地针对当时存在的问题，加强已建工程的配套和更新改造，狠抓经营管理和相应工程的同步实施，着力推进系统水平和综合能力的提高，全面推进水利经营管理工作。在此，不妨以水利大省江苏为例略作阐述。

江苏省水利部门积极落实 1980 年全国水利厅（局）长会议提出的"搞好续建配套，加强经营管理，狠抓工程实效；抓紧基础工作，提高科学水平，为今后发展做好准备"的方针，压缩了水利建设规模、调整了投资方向、狠抓了收尾配套、整顿了施工管理。全省先后进行了新沂河和里运河除险加固，续建太湖大堤，长江南京镇扬段整治，入江水道三河拦河坝加固，以及兴建淮阴、皂河抽水站，改造芝麻、房山抽水站和新建渠北大套翻水站等防洪保安、扩大水资源工程；浚挖了总六塘河、叮哨河、胜

---

① 参见李日旭主编《当代河南的水利事业（1949—1992 年）》，当代中国出版社 1996 年版，第 267 页。

利河、烧香河、北凌河、张渚西河等区域性引水排水河道。从 1982 年到 1985 年，江苏水利部门对 4199 处国家管理的工程分期分批进行"三查三定"。对农村水利设施进行普查、建档、发证，落实管理责任制，并先后颁布了《江苏省水利工程管理条例》、《江苏省水利工程水费核订、计收和使用管理办法》、《关于分级负担合作兴办水利工程的暂行办法》、《江苏省保护水文测报设施的暂行规定》等，使水利管理工作逐步纳入法制轨道。①

农村普遍推行联产承包责任制后，江苏少数地方对新形势下继续搞好农田水利认识不足，放松领导，放任自流，个别地方出现平沟毁渠、拆站分机等新情况和新问题。1981 年 9 月，江苏省水利厅提出《关于加强和完善农业生产责任制后如何搞好农田水利的意见》。1982 年 9 月，江苏省水利厅为贯彻中共十二大提出的要"继续坚定不移地贯彻执行调整、改革、整顿、提高的方针，厉行节约，反对浪费，把全部经济工作转到以提高经济效益为中心的轨道上来"的精神，召开了江苏省水利会议，提出了《加强工程管理，提高经济效益》的报告。该报告提出提高经济效益是加强水利工程管理的紧迫任务，确立了"六五"计划期间加强水利工程管理的目标。为此，需要做好诸如加强思想政治工作、开展水利工程设施的"三查三定"工作、强势解决工程管理的体制和法制问题等工作。② 水利厅部署 1983 年全省农田水利建设任务是："以提高经济效益为中心，按照'洪、涝、旱、渍、碱综合治理，沟、渠、田、林、路统一安排，桥、涵、闸、站、点（井）成龙配套，促进农、副、工、交、机全面发展'的要求，立足现有工程，因地制宜，狠抓一套沟，狠抓圩堤巩固，狠抓配套挖潜，狠抓水土保持，狠抓施工、管理责任制，促进农业生产的发展，促进多种经营的发展，促进国民经济的发展。"③

江苏省水利基本建设战线自 1980 年贯彻国民经济调整方针以来，尤其是具体落实 1980 年全国水利厅（局）长会议提出的"搞好续建配套，

---

① 参见江苏省地方志编纂委员会编《江苏省志·水利志》，江苏古籍出版社 2001 年版，第 16 页。

② 参见江苏省水利厅《加强工程管理，提高经济效益》，江苏省档案馆藏水利厅—永久—71 卷（1982 年）。

③ 江苏省水利厅：《一九八三年全省农田水利建设安排意见》，江苏省档案馆藏水利厅—永久—71 卷（1982 年）。

加强经营管理，狠抓工程实效；抓紧基础工作，提高科学水平，为今后发展做好准备"的方针后，压缩了建设规模、调整了投资方向、狠抓了收尾配套、整顿了施工管理。"六五"期间平均基建投资，从"五五"期间的1.5亿元左右减少到二三千万元；年度建设项目从100多个减少到四五十个；停建缓建了27项工程，压缩总建设规模近11亿元。到1982年，水利基本建设的经济效益有了提高。①

江苏各地水利部门围绕提高农田水利建设的经济效益，狠抓关键措施，实行集中治理，搞好配套，挖掘现有工程潜力等，使农田水利工程效益得到了发挥。如废黄河两岸的睢宁县，新中国成立以后经过多年治理，水利条件有所改善，但由于工程不配套，洪涝仍未解决，灌溉缺水源，粮食总产从1958—1977年只增长了32.7%。中共十一届三中全会以后，睢宁县制定了平原地区梯级河网全面配套的水利规划，经过连续几年实施，累计开挖大沟90多条，完成配套建筑物3700多座，打井8500眼，建水库11座，排灌配套面积达到90多万亩，使全县三分之二的农田提高了抗灾能力，实现了"大灾化小灾，有灾不见灾，灾年大增产"。睢宁县粮食产量从1977年的4.8亿斤，增加到1982年的9.8亿斤，农田水利配套建设的经济效益非常显著。②

但要转变长期形成的"重建轻管"的水利工作思想，并不是容易的事情。时任江苏省水利厅厅长的陈克天在1983年10月召开的省水利会议上指出："从江苏全省来说，不重视经营管理，不讲究经济效益的现象，还没有得到根本改变。过去比较热衷于搞新工程，习惯于轰轰烈烈的建设场面，而不习惯于在内涵上下功夫，在加强经营管理，提高经济效益上下功夫。对于这一点，必须从思想认识到实际工作来个根本的转变，否则就不能适应新形势的要求。"③

为了进一步加强对农田水利的管理，1983年8月18日，江苏省水利厅向省政府报送了《关于切实加强农田水利工程设施管理工作的报告》。

---

① 参见江苏省水利厅《切实加强施工管理，努力开创水利基本建设新局面》，江苏省档案馆藏水利厅—永久—71卷（1982年）。

② 参见江苏省水利厅《关于加强农田水利工作的汇报》，江苏省档案馆藏水利厅—永久—92卷（1983年）。

③ 《陈克天同志在全省水利会议上的讲话》，江苏省档案馆藏水利厅—永久—92卷（1983年）。

鉴于有些地方在实行各种形式的农业生产责任制后，对农田水利工程管理责任制的落实没跟上，致使不少农田水利工程设施基本上处于无人管理的状态，沟、河、堤、渠、坡被任意侵占等情况，报告提出了加强水利管理的7项意见：(1)农田水利工程设施是国家和集体的公有财产，任何单位和个人都不得以任何借口，用任何方式侵占或破坏。已经破坏的，要按"谁破坏，谁赔偿；谁设障，谁清除"的原则，限期修复，限期清障，违者要按级追究责任。造成严重后果的，要依法惩处。(2)建立健全农田水利工程管理组织。各市、县水利部门要设置专门组织或配备专人，负责农田水利工程的管理工作。在机构改革中，公社（或乡）水利站只能充实、加强，不能削弱。(3)建立工程保护区。不论哪一级管理的工程，都要因地制宜按工程性质，明确工程管理范围和工程保护区。各类工程管理区和保护区的土地所有权不变。在管理区和保护区内，任何单位或个人，都不得进行任何有碍工程安全或影响工程效益的活动。(4)健全多种形式的管理承包责任制。农田水利工程管理要按专管与群管相结合的原则，在统一规划标准、统一规格要求、统一调度运用、统一政策的前提下，围绕"责、权、利"，明确"定、包、奖"，订立合同，联系各项工程效益，建立管理承包责任制。(5)水库、自流、机电、井灌、喷灌等灌区的管理，可参照企业管理办法，独立核算，自负盈亏。(6)沟、河、堤、渠、路的坡面、青坎和滩面的综合利用，潜力很大，各地必须在保护工程安全、充分发挥效益的前提下，由水利部门统一规划，选择适宜的优良树种、草种，建设防护林网，增加植被覆盖，既保持水土，保护工程安全，又可为国家和集体创造物质财富，为群众增加收益。(7)各市、县要切实加强对农田水利工程设施管理工作的领导。9月22日，江苏省政府将该报告批转全省各地贯彻执行，要求各级政府要把加强农田水利工程设施的管理，作为完善农业生产责任制的一项重要任务来抓；要像落实农业生产责任制那样，切实抓好农田水利工程管理责任制的落实；坚决刹住破坏农田水利工程设施的歪风，确保工程的完好，充分发挥工程效益，更好地为工农业生产和国民经济服务。①

　　江苏省水利部门逐渐树立了水利为国民经济服务的指导思想，把水利

---

　　① 参见江苏省人民政府《批转江苏省水利厅〈关于切实加强农田水利工程设施管理工作的报告〉的通知》，江苏省档案馆藏水利厅—永久—71卷（1982年）。

建设的目标和国民经济发展的总目标紧密联系起来，积极创造条件为农业服务。时任江苏省水利厅厅长的陈克天在 1984 年水利会议上总结说：在为农业服务方面，开始冲破"以粮食为纲"的束缚，使水利更好地为整个农村经济发展服务，为农、林、牧、副、渔、乡镇工业服务。有些地方明确提出农田水利建设不仅是抗灾，而是要致富，这是一个巨大的认识飞跃。在建设方针上，贯彻落实赵紫阳总理提出的"加强经营管理，讲究经济效益"的总方针，并在 1983 年冬 1984 年春的工程建设和经营管理工作中取得了成效。在工程建设上，不管是基建、农田水利，还是防汛岁修，更加重视经济效益，以续建配套、更新改造为主，少铺摊子。技术经济论证的工作逐步走上正规，管理工作得到加强，破坏水利工程设施的现象有所好转，并严肃处理一些围湖、设障和破坏堤防等事件。水利综合经营也有进展，1979 总产值仅 2800 万元，1980 年为 4100 万元，1983 年达到 1.22 亿元，是 1979 年的 4.3 倍，居全国第一位。①

1985 年 8 月，江苏省水利厅提出《关于进一步加强农田水利工程管理的意见》，强调加强农田水利工程的管理，关键在县，基础在乡，重点是建好乡水利站。乡水利站是农田水利建设和管理的基层单位，要在乡政府领导和县水利局指导下，对全乡范围内的站、机、沟、渠、井、涵闸、圩堤等水利工程设施，以及灌溉、排水、绿化、水土保持、综合经营、征收水费等工作，实行统一领导，加强管理。所有农田水利工程设施，都要按其性质、作用划定工程设施保护区，在此区域内不得进行有碍工程设施安全的活动；区域内的土地和工程设施要搞好多种形式的管理承包责任制。1986 年，国务院作出决定，肯定了乡镇水利站的重要作用，明确了它的权属和职责。这对推进乡镇水利站的建设和管理服务工作起到了积极的作用。同年，根据国家劳动人事部、水利电力部对基层水利管理服务机构实行定编的要求，江苏省水利厅制定了方案，报请省编委批准，确定了定员编制，明确乡水利管理服务站为县水利局的派出机构。各地按照省水利厅、人事局、劳动局的要求，充实调整乡水利站人员，加强领导。在此基础上，村一级的水利管理服务组织也相应有了发展，从而在全省农村建起了上下相连、左右相通，比较专业的、系统的水利管理服务体系。至 1987

---

① 参见《陈克天同志在全省水利工作会议上的讲话》，江苏省档案馆藏水利厅—永久—109 卷（1984 年）。

年，全省已建立乡镇水利管理服务站 2028 个，村级的各种水利管理服务组织 6 万多个，共有专业和群众性管理人员 50 多万人，是全省农田水利工程建设和管理服务的重要力量。①

经过几年的努力，江苏省农田水利工程设施的管理工作得到进一步加强。1985 年的粮食和棉花尽管由于面积调减、气候影响和管理放松等原因，粮食减产上亿斤，棉花减产 300 多万担，但粮食仍可保持人均千斤的水平，是新中国成立以来的第二个丰收年。农村经济之所以有这样的成绩，与农田水利管理工作的加强密切相关。对此，江苏省水利厅一份文件总结说：此时期水利基本建设工程注意了续建配套，讲究实效。"五五"期间留下的 90 多个续建项目都配套投产发挥了效益，对新建工程加强经济分析，农田水利工程进一步讲究实效，注重土方工程和建筑物的配套，并把农田水利与农村经济的发展结合起来。② 时任江苏省省长的顾秀莲也肯定说："我省农业生产的稳固发展，固然主要归功于政策调动了农民的积极性，同时也是与多年的农田水利建设继续发挥作用分不开的。"③

1986 年初，中共中央发布的一号文件对水利工作提出了明确要求："继续加强江河治理，改善农田水利，对已有工程进行维修、更新改造和配套。要有计划地改造中低产田。建立必要的劳动积累制度，完善互助互利、协作兴办农田建设的办法。"该文件针对前几年农业投资递减的现象，提出："地方财政也要尽可能多拿出一部分钱投入农业，扭转一些地方农业投资递减的现象。水利投资要尽快恢复到 1980 年财政包干时的水平。"④ 1986 年 6 月，国务院办公厅发出《关于听取农村水利工作座谈会汇报会议纪要的通知》，要求各地加强领导，采取有效措施，推进农村水利事业发展。随后，全国各地农村水利工作取得了不同程度的进展，部分省区的灌溉面积有所增加。1986 年冬和 1987 年春，全国投入劳动积累 20 亿工日，稳产土石方 30 亿立方米，恢复和增加灌溉面积 5400 万亩，新增加和改善除涝面积 1900 万亩，治理水土流失 7800 多平方公里，解决 578 万人的饮

---

① 参见江苏省地方志编纂委员会编《江苏省志·水利志》，江苏古籍出版社 2001 年版，第 393—394 页。

② 参见《凌启鸿同志在全省水利、水土保持工作会议结束时的讲话》，江苏省档案馆藏水利厅—永久—139 卷（1985 年）。

③《顾秀莲同志在全省水利、水土保持工作会议上的讲话》，江苏省档案馆藏水利厅—永久—139 卷（1985 年）。

④《中共中央、国务院关于一九八六年农村工作的部署》，《人民日报》1986 年 2 月 23 日。

水困难，是"六五"以来水利事业成效最好的一年。① 全国农田水利建设出现了新气象。

需要指出的是，改革开放初期的全国水利事业虽然取得了一定成就，但仍然存在不少问题。其中，最突出的问题是灌溉排水工程效益出现了明显衰减。新中国成立后的前30年间，中国的灌溉面积以每年平均3.5%的较高速度增长，而进入80年代以后，全国有效灌溉面积徘徊在7.2亿亩左右，不仅没有快速增长，不少省份的灌溉面积反而连年下降。据水利部年报统计，1981—1989年全国累计新增灌溉面积1.13亿亩，而同期累计减少1.21亿亩，增减相抵后，1989年较1980年净减800万亩。1989年后，全国尽管形成了一个重视农业、支援农业、发展农业的热潮，水利再次受到重视，全国灌溉面积净减的局面开始扭转，但仍未恢复到1980年的水平。② 1949—1989年全国灌溉面积与粮食产量增减情况，详见表8-3。

表8-3　　　　1949—1989年全国灌溉面积与粮食产量增长情况统计表

年份	有效灌溉面积（万亩）	人均占有（亩/人）	粮食总产（万吨）	人均占有（公斤/人）
1949	23893		11320	209
1952	29003	0.5	16390	288
1957	37507	0.58	19505	306
1962	43045	0.64	16000	240
1965	48054	0.66	19455	272
1975	69181	0.75	28450	311
1980	73332	0.74	32056	324
1984	72600	0.70	40731	396
1988	71871	0.66	39408	363
1989	72124	0.65	40755	370

资料来源　高如山、朱树人：《中国的灌溉排水》，载钱正英主编《中国水利》，水利电力出版社1991年版，第163页。

---

① 参见《关于发展农村水利增强农业后劲的汇报提纲》，载《当代中国的水利事业》编辑部编印《历次全国水利会议报告文件（1979—1987）》（内部发行），1987年，第661页。

② 参见高如山、朱树人《中国的灌溉排水》，载钱正英主编《中国水利》，水利电力出版社1991年版，第162—163页。

在全国已有的 7.2 亿亩灌溉面积中，经济效益也不平衡，仅有 70% 是旱涝保收农田，而稳产高产农田更少。同样条件的灌区，农作物产量很不相同。如同属江西省的自流引水平原灌区——赣抚平原灌区和其他有些灌区，水源和其他自然条件基本相同，但粮食产量相差很大。1989 年，赣抚平原灌区实灌面积 82.23 万亩，粮食总产 69.34 万吨，平均亩产 843 公斤；而其他有些灌区的平均亩产不足 400 公斤。中国灌区的经济效益普遍偏低，每立方米水的经济效益相差甚大。山东省对省内 8 个市 14 座大中型水库灌区进行调查后的数据显示，每立方米水的经济效益，小麦为 0.12 元，玉米为 0.19 元，经济作物为 0.29 元。

造成这种情况的根本原因，是粗放建设和粗放经营，具体表现为：（1）有些工程设计灌溉面积偏大，过去统计不准。（2）有些工程或因施工质量有缺陷，或因配套工程未建成，不能达到设计标准。有的虽曾用一些临时措施或大水漫灌达到设计面积，但不能持久，更不能做到高产稳产。（3）很多工程已经使用、运行了二三十年，但因为在运行中没有提取大修和折旧资金，不能及时进行更新改造，以致工程老化，效益衰减。（4）每年都有一些中、小型水利工程被洪水冲毁，由于水利经费不足，不能及时修复，以致报废。（5）工业和城市建设每年占用灌溉面积，甚至挤占灌溉水源，而且得不到及时的补偿。（6）很多灌区管理粗放，甚至收不抵支，缺少自我维持的能力。（7）农村实行家庭联产承包责任制后，水利管理体制的改革没有相应跟上去，原来的基层管水组织和管理办法已不能适应千家万户分散用水的需要。原来的群众管水组织很多已经解体，有的徒有其名，已不能发挥作用，以致过去建立的统一社会化服务体系受到削弱。[①]

农村实行家庭联产承包责任制以后，由于水利工程保护措施没有及时跟上，致使一些地方出现了平渠填沟、破堤取土及拆分变卖机、泵、管、带的情况，许多农田水利设施遭到破坏，工程效益急剧衰减。以河南为例，1979—1984 年全省减少灌溉面积 838 万亩，平均每年减少 140 万亩；1985 年新增灌溉面积 48 万亩，同期衰减了 196 万亩，相抵净减 148 万亩；1985 年新增旱涝保收田 125 万亩，衰减 104 万亩，相抵只新增 21 万亩；

---

① 参见高如山、朱树人《中国的灌溉排水》，载钱正英主编《中国水利》，水利电力出版社 1991 年版，第 163—164 页。

1985 年大旱，全省有效灌溉面积为 5786 万亩，比 1980 年实有的 5806 万亩还少 20 万亩，也就是说，1980—1985 年每年新增有效灌溉面积尚抵偿不了这些年的衰减。全省 9 座大型水库、30 座中型水库、600 多座小型水库的安全问题没有解决，只好低水位运行。水利工程效益的降低，直接影响着农业生产的发展。1984 年全省春灌小麦 4242 万亩，而 1986 年全省上下齐动员才浇 2800 万亩，足见水利工程效益衰减对农业生产影响之大。[①]

这样看来，改革开放初期的水利建设，由于工作方针的转变，水利工程的综合效益得到了显著提高。但因水利投资相对减少，水利工程面临老化失修、效益衰减和北方水资源短缺等问题，全国水利形势仍然不容乐观。当时的主要问题是：仍有 17 个省、市、区的灌溉面积继续减少；北方水资源的危机继续加剧；农村水利建设规模仍然偏小；水利管理工作仍很薄弱，许多工程设施仍在遭受破坏，不能发挥应有的效益。[②] 这些问题都需要引起党和政府的高度重视。正是为了力图解决这些存在的问题，从 20 世纪 90 年代以后，新一轮的水利建设高潮应运而生。

三　水利事业综合经营的展开

20 世纪 70 年代，湖南省桃源县水利部门发展水利综合经营，从单一工程推广到各类水利工程，从种植养殖事业发展到美化工程环境，促进工程管理。全县水利工程按照"库内养鱼、库外发电、库周种树、库旁办场（厂）"的指导思想，组织发展综合经营。到 1977 年底，全县以灌溉为主的水利工程结合发电，装机容量达 1 万多千瓦，占全县小水电装机总容量的 83%；10 万亩库塘水面全部养鱼，年产鲜鱼 1850 吨以上；植树种果 55 万多株，自办厂（场）350 多处。全县小型以上水利工程日常管理费用（不含折旧、大修费用）已基本自给。水利管理单位兴建的磷肥厂、水泥厂、机电修配厂、农药厂等 10 多个企业，既促进了农业生产建设，又积累了一批资金。1977 年，全县水利工程的综合经营产值 379 万元，除工资

---

① 参见李日旭主编《当代河南的水利事业（1949—1992 年）》，当代中国出版社 1996 年版，第 241 页。

② 参见钱正英《关于发展农村水利，增强农业后劲的汇报提纲》，载《当代中国的水利事业》编辑部编印《历次全国水利会议报告文件（1979—1987）》（内部发行），1987 年，第 662 页。

行政开支和工程维修以外,还拿出 120 多万元,用于工程设备更新、扩大再生产和支援困难社队。全县水利工程综合经营的实践,展示出水利综合经营和水利工程管理相辅相成、相互促进的内在机制。[①]

1978 年 3 月,水利电力部在桃源县召开全国水利管理会议,现场总结推广了桃源县的经验,并表彰了各地开展水利综合经营的先进管理单位和标兵。会议认为:"桃源县委带领全县人民,高举红旗学大寨,敢于创业迈大步,农、林、牧、副、渔全面规划,山、水、田、林、路综合治理,争高速度,打歼灭战,一手抓建设,一手抓管理,工程标准高、管理好、配套快、效益大,全县七年大干,山河巨变,是全国水利管理的样板。"[②] 由此,在全国范围内,对水利综合经营的认识提到了一个新高度,并将其纳入了水利管理的正常渠道。这次会议推动了全国水利综合经营由单一的工程管理单位和单一的经营范围向广度和深度发展。

桃源县的经验为全国水利综合经营指明了方向,加速了水利系统综合经营的步伐。到 1979 年底,全国有广东、广西、湖南、湖北、江西、四川、北京、上海等 8 个省(直辖市、自治区)国营水利工程管理系统,通过征收水费、电费和发展综合经营,在全省(直辖市、自治区)水利管理范围内达到日常一般管理费用(不含折旧、大修费用,下同)收支大体平衡或有所节余。全国近万处县管或县以上国管水利工程管理单位,有 40% 实现日常一般管理费用初步自给或有余,各地涌现出一批新的水利综合经营典型单位。如湖北省新洲县道观河水库除经营水电、水产、园林外,利用自身和当地资源兴建了罐头厂,1979 年职工平均年创产值 5500 元。江苏省邗江县瓜洲闸开展花卉、养殖、旅游、商业等多项经营,形成了以旅游业为主的特色。广东省东莞县(今东莞市)横岗水库开展以渔为主的多种经营,农、林、牧、副一起发展,综合经营收入不仅可解决自身日常一般管理费用,还能自购车船,自建饭厅、宿舍和文化室,并为水利工程配套建设提供了 48 万元资金。

1979 年 11 月,水利部、财政部、国家水产总局在广东省东莞县联合

---

① 本节内容参阅了李伯宁、李运涛《中国的水利综合经营》,载钱正英主编《中国水利》,水利电力出版社 1991 年版,第 271—288 页。在此表示衷心的感谢。

② 钱正英:《学大寨,赶先进,整顿加强水利管理迎接水利新跃进》,载《当代中国的水利事业》编辑部编印《历次全国水利会议报告文件(1958—1978)》(内部发行),1987 年,第 641 页。

召开水库养鱼和综合经营经验交流会，要求全国各水利工程单位大搞综合经营，实现管理经费自给，改善职工生活，向社会提供产品。会议进一步明确了水利综合经营的方向和任务：一是工程安全、效益和综合经营是水利工程管理的三项基本任务，改变了过去把综合经营与安全对立和忽视工程效益的提法；二是水利综合经营范围进一步扩大为"水、农、工、商、游"；三是明确水利工程管理单位是事业性质，实行企业化管理，讲究经济核算，扩大自主权，实行财务包干，并建立奖励制度。国务院批准了上述意见，财政部决定每年拨出一定资金，由水利部掌握，用于开展水利综合经营。1980 年后，全国水利综合经营得到迅速发展。据 1982 年统计，全国水利系统国家管理的水利工程在一个省（直辖市、自治区）的范围内，通过征收水费、电费和发展多种经营，达到日常一般管理费用总收支大体平衡或有盈余的，由 1979 年的 8 个扩增到 1982 年的 17 个。从 1980 年起，全国范围内国家管理的水利工程日常一般管理费用总收支出现收大于支的转折。①

在众多新的水利综合经营先进单位中，北京十三陵水库和江苏省水利系统是较为突出的代表。由于施工期地质勘探和水账不清，北京十三陵水库于 1958 年建成后长期蓄不上水，无法进行灌溉和发电，每年依靠北京市水利局补贴 20 多万元，维持职工工资和工程维修。1979 年后，水库利用邻近十三陵旅游胜地的独特优势，因地制宜地发展以旅游业为中心的综合经营。从卖大碗茶开始，经营花卉、饭店、冷饮、摄影、游船、滑冰等多项业务，短短 3 年就实现扭亏转盈。1989 年，全库综合经营实现产值达到 374.2 万元，实现利润 121 万元。江苏省水利系统综合经营，1979 年时是全国的"后进户"，当时全省国营水利工程管理单位水费、电费和多种经营的收入只有 1600 万元，其中多种经营产值只有 200 多万元。1980 年后，江苏省水利系统综合经营面貌大为改观。据统计，1981 年底，全省县以上水利工程管理单位水费、电费和多种经营毛收入达 5202 万元，其中综合经营产值猛增为 3851 万元，比 1979 年增加了 10 多倍，全省水利系统已形成水库养殖、高档苗圃、玫瑰、茶叶、对虾、水貂、长毛兔、机械制造和加工等 8 大类具有较大规模和较大商品批量的生产基地。其中武进县

---

① 参见李伯宁、李运涛《中国的水利综合经营》，载钱正英主编《中国水利》，水利电力出版社 1991 年版，第 272—273 页。

充分利用当地工业设施和专业技术人才的优势与自身机电设施相结合,在县水利局的统一组织下,进行系统内外大协作,特别是抓紧投资少、见效快的加工制造项目,全县水利系统综合经营总产值1981年达1600万元,名列全省乃至全国之首。①

1982年,水利部在江苏省镇江市召开会议,着重总结了武进县水利系统的经验:一是经营上突破了水利工程开发自有资源的领域,积极面向社会资源和社会需求,并利用社会技术、劳力资源进入市场,把水利综合经营从"我有什么就干什么"延伸到"社会需要什么,我就创造条件干什么"的新的思想境界,思路开拓,项目丰富,活力增强,经济效益与社会效益同步增长。二是从单纯为改善生活、安排职工子女家属就业,发展到为社会服务,吸收和引进社会资金,为社会提供就业岗位和参与市场经济。三是推行经济核算,加强经营管理,促使水利工程管理单位从事业管理型向生产经营管理型转化,朝社会化、企业化迈出了可喜的一步。武进县发展水利综合经营的经验,标志着水利综合经营已成为市场经济的一个组成部分,水利综合经营已进入社会经济领域。②

1983年,国务院提出了"加强经营管理,讲究经济效益"的水利方针,进一步明确了水利工作各条战线深化改革的方向。随着水利综合经营的不断发展,全国各地水利部门逐步组建起一批具有水利特色的商品生产基地,逐步展现出自己的产品优势,促使水利综合经营进行市场开拓,形成自有经营网络。1984—1986年,连续三次在北京举办的全国水利系统综合经营产品展销会,检阅了全国水利系统综合经营的成就,标志着水利系统综合经营进入产品变商品的新阶段。

1984年,水利电力部提出搞活水利管理的关键是"两个支柱,一把钥匙",即:以水费收入和综合经营为水利管理工作的两大支柱,以加强经营管理"经营承包责任制"为一把钥匙,使水利工程的管理逐步转为良性运行的机制。这样,水利部部属水利工程综合经营公司扩建为部属中国水利实业开发总公司。

1985年,国务院批准水利电力部关于改革水利工程管理体制和开展综

---

① 参见李伯宁、李运涛《中国的水利综合经营》,载钱正英主编《中国水利》,水利电力出版社1991年版,第273页。

② 同上书,第273—274页。

合经营问题的报告，要求各省、自治区、直辖市人民政府和国务院有关部门遵照执行。报告说，新中国成立以来，国家花了大量投资，修建了一大批水利工程，形成了固定资产约 1000 亿元。这些工程对战胜水旱灾害和发展国民经济起了重大作用。但是，由于经营管理不善，工程效益未能充分发挥，长期依靠国家补贴，管理工作处于被动局面。为了改变这种状况，水利系统要改革管理体制，充分利用自己的水土资源及设备、劳力、人才的优势，积极开展综合经营。其主要内容有：（1）改革水利管理体制。要求全国大、中、小型水利工程管理单位都要实行经费包干和经营承包责任制。实行责任制后的几年内，国家拨给水利工程的管理费用不减少，由主管部门商财政部门对水利管理单位实行"包干使用，超支不补，节余留用"的办法。各级主管部门要对所属水利工程管理单位逐个落实工程安全、调度运用、综合经营等方面的经济技术考核指标和生产经营承包责任制，并与之签订经费包干、经营承包合同。增收节支获得的收益，同水利工程管理单位利益挂钩，使其有责、有权、有利。收益的大部分应当用于搞好工程管理，发展综合经营，少部分用于职工奖励、集体福利。水利工程管理单位内部要在统一核算的基础上，按经营项目和业务分工，分别实行各种形式的承包制。承包任务要明确，收益要和职工利益挂钩，充分体现按劳分配的原则。（2）开展综合经营。水利工程管理工作，不能只是看水、管水，还要从综合经营方面挖潜力，积极开拓新的生产领域，进一步开发水（水产）、农（农、林、畜牧、养殖）、工（工副业）、商、游（旅游）等多种产业，扩大水利工程的综合效益。各级水利部门应当把开展综合经营当做重要任务，加强经营管理，讲求经济实效，逐步创造条件，向生产经营型发展，由事业单位向企业化过渡，争取在两年内水利管理工作有一个新的突破。（3）对有关政策问题作了说明。第一，水利工程管理单位在同上级主管部门签订经费包干、经营承包合同后，享有人、财、物和产、供、销等方面的自主权。第二，属于事业性质的水利工程管理单位的各项经济收入，凡经财政部门商水利部门核定抵顶预算支出的，可视为预算内收入，任何单位都不能挪作他用。第三，对水利系统经营的生产项目和企业，地方政府或单位都不能平调。第四，对水利工程管理单位，从事生产性的经营和国家鼓励发展的产业，如种植、养殖和工副业加工等给予 2—3 年免征产品税、增值税的照顾。已经开展综合经营的水利单位从 1985 年起在三年内免征所得税。第五，新建的水利工程，从验收交付使用之日起，按上述税收减免原则和年限执行。①

随着中国改革开放的不断进行，到 20 世纪 80 年代中期以后，在国家经济政策的指导和鼓励下，水利系统的施工、机械制造、设计、科研、院校等单位都根据各自专长，开拓了综合经营的新领域，特别是流域开发和水文系统综合经营取得了突破性的进展。珠江流域结合围垦和口门治理，创造了白藤湖垦区和珠江口磨刀门全面综合治理的新经验。磨刀门治理第一期工程中鹤洲北围垦片，面积 1.9 万亩为试验性工作，由珠江水利委员会、佛山市、斗门县三方联合开发，1983 年开工，1985 年合龙后交斗门县经营，珠江水利委员会投放 800 万元，回收 920 万元。珠江水利委员会利用回收经费投放横门、蕉门、虎门开发，再搞围垦和治理，创造了一条水利资金由于整治和开发相结合可以回收的良性循环道路。水文系统是水利部门职工生活和经费最困难的单位，站点分散，地域偏远，在全国水利综合经营大好形势的启示下，水文系统拓展了以水文专业为主，兼及测绘、气象、气候、环境、仪器维修等邻近专业，进行了有偿咨询服务和综合经营。1988 年，水文系统纯收入 1500 万元，一年创收约占全年水文事业费总额的 10%。②

1988 年，水利部在河南郑州召开会议，进一步制定水利系统全行业企事业单位发展水利综合经营的发展规划，并确定了发展综合经营的有关方针政策：(1) 水利系统开展综合经营是水利企事业单位的基本任务之一，是搞活水利事业的重要途径。其指导思想是：深化水利改革，推动生产力发展，从实际出发，因地制宜地开展综合经营。树立商品经济观念，抓经济效益促社会效益和生态效益，使水利企事业单位从生产（事业）管理型向生产经营型转化，逐步提高自我维持的能力，促进水利经济的良性循环。(2) 允许水利综合经营的范围：水利企事业单位根据自身的优势，跨行业、跨地区从事水、农、工、商、游、咨询、服务、新技术开发等多种形式的综合经营。(3) 水利综合经营经济形式：根据国家现行政策，按照各单位实际情况，可以发展多种成分、多种形式的所有制经济，包括中外

---

① 参见《国务院办公厅转发水利电力部报告，改革水利工程管理体制，开展综合经营，各单位都要实行经费包干和经营承包责任制，开发水、农、工、商、游等多种产业》，《人民日报》1985 年 5 月 17 日。

② 参见李伯宁、李运涛《中国的水利综合经营》，载钱正英主编《中国水利》，水利电力出版社 1991 年版，第 275 页。

合资（合作）经营。根据所有权和经营权分离的原则，可推行承包、租赁等多种形式的经营责任制，试行股份制，开展横向联合，发展企业集团。（4）水利企事业单位开展综合经营，应坚持"自力更生为主，国家支援为辅"的原则，发扬艰苦创业的精神。各级水利主管单位应从人力、资金、物资等方面给予积极支持。为了推动水利企事业单位开展综合经营，上级水利主管部门可对下级单位核定综合经营产值、赢利指标，并使其效益与职工收入挂钩。对于确有条件开展综合经营，又不开发利用的，上级水利主管部门可收取资源闲置费。（5）今后新建的水利工程，在规划、设计、施工中，应充分考虑管理和综合经营的需要，从建设开始就将管理单位的职工生活和综合经营进行统筹安排。水利企事业单位开展综合经营所需基础设施建设及设备购置，可列入水利基建计划，在基建投资中予以安排，在工程建设时同步完成，同时验收。（6）实行政企分开、官商分开，加强实业开发和行业管理。中国水利实业开发总公司要以开拓资金渠道、提供技术经济信息、组织经营销售和国内外经济技术合作等方式，为全国水利系统开展综合经营提供服务，并建立一个真正的经济实体。水利部要负责"服务、指导、扶持、规划、协调"行业管理工作。[①]

利用已有水利工程设施和水土资源条件，发展农村中小水电站、乡镇城市供水、经济林木、航运、水产和旅游事业，使水资源和有关自然资源得到进一步的开发，是水利综合经营的重要工作。湖北省水利部门从 1985 年起加速发展乡镇自来水供应、水的生产经营。至 1988 年底，全省已有 54 个县市的水利部门，为乡镇修建供水工程 218 处，年供水量达 3 亿吨，共解决 130 万人的生活用水和 1794 个工矿企业的生产用水。据黄冈地区 6 个水厂统计，1988 年供水 255 万吨，水厂总收入 40.6 万元，实现利润 16.86 万元，既改善了水质，保证了人民身体健康，又促进了乡镇企业发展，企业本身也取得较高的经济效益，受到当地群众的普遍称誉。从全国角度看，随着人民生活水平的提高，乡镇城市的供水是一项亟需发展的事业。[②]

水利综合经营领域的扩大，产品的增多和收入的增长，既活跃了市场，发展了经济，又搞活了水利，减轻了国家负担，同时调动了水利职工

---

① 参见李伯宁、李运涛《中国的水利综合经营》，载钱正英主编《中国水利》，水利电力出版社 1991 年版，第 275—276 页。

② 同上书，第 277 页。

的积极性，有利于稳定水利队伍，促进水利建设和管理。据不完全统计，1988 年，水利系统为社会提供农产品 11.5 万吨（其中粮食 3.3 万吨），营林面积 3.37 万亩，生产水果 3 万吨、禽蛋 8817 吨以及大量的水产品。全年上交财税 1.75 亿元。全国水利系统综合经营职工共 67 万人，其中全民编制 22 万人，集体编制 12 万人，临时职工 33 万人。

征天水库是浙江省诸暨县境内的一座中型水库，设计灌溉面积 18000 亩。1960 年建成后，一直重视发展综合经营。1984 年组建征天综合开发公司（为集体企业），公司下属水泥厂、葡萄糖厂、铸钢厂、罐头食品厂、铝制品厂、渔场、职业技术学校等企事业单位，拥有固定资产 1000 余万元，职工 552 人。1987 年，职工年均收入 1890 元。1988 年，综合经营产值 2520 万元，实现利税 332 万元。他们发展综合经营的突出经验是与灌区发展密切结合。例如：针对灌区化肥奇缺、粮产停滞的问题，水库兴办了小化肥厂；为适应农村建房和农产品加工的需要，兴办了水泥厂、罐头厂、葡萄糖厂等，并利用葡萄糖厂的下脚料开展水库养鱼。公司每年从经营利润中提取资金，用于灌区建设，1988 年支付 18.4 万元。通过以上措施，使水库灌溉面积由原设计的 18000 亩增加到 22850 亩，粮食亩产持续超过 800 公斤，并促进了邻近村镇运输、采矿、建筑、包装等一系列乡镇企业的发展。

瓜洲闸位于江苏省长江北岸的邗江县，是一座由节制闸、船闸和抽水站组成的中型水利枢纽。20 世纪 70 年代建成后，保证了邗江和仪征两县 25 万亩农田的抗旱、排涝和防潮任务。1975 年起，在保证工程管理的前提下，水利职工利用闸区 78 亩空闲土地，积极发展种植、养殖、加工和旅游"四业"，把单一的风景林发展为经济林，经营果品、苗木和花卉；利用"瓜洲古渡"历史古迹的优势，突出发展旅游服务业，兴建宾馆。1989 年完成产值 247 万元，完成国家税收 3.95 万元，全年盈余 16.97 万元。

河南省许昌地区沙颍河管理局所辖沙河堤段全长 380 公里，保护农田面积 580 万亩，是京广铁路和许昌、周口两地区的防洪屏障。1975 年大洪水后，沙颍河管理局结合复堤工程，在临水坡脚和险工段植柳防浪，背水坡脚和河滩植用材林，堤坡栽白腊条防冲。全河段共植树 60 余万株、栽白腊条 6000 亩，基本实现堤防的"五化"标准，即：堤面平整化、堤肩草皮化、堤坡草条化、护堤地园林化、堤身坚固完整化。同时，因地制宜地创办了家具厂、招待所，并组织沿河各县堤段征收水费，开展采砂、木材加工和旅店经营等产业。通过以上综合经营，取得了明显效益：促进了工程管理，保障了堤防安全；为护堤专业户开辟致富门路，"管好堤，护好树，三年变成富裕户"；改善了职工生活，解决了子女家属就业，稳定了管理队伍。

竹园电灌站位于江苏省武进县牛塘乡，是一座承担着1050亩灌溉任务的小型电灌站。1980年全站职工3人，除完成灌溉任务外，以800元资金起家，办起了竹园装饰用品厂，当年完成产值7.8万元，创利2万余元。他们依靠武进县乡镇工业的优势，加强横向协作，并密切关注市场需求，保证产品质量，同时，还积极与大专院校、大中型企业和科研单位挂钩，以科技取胜。全站由生产头箍、发卡等简单商品起步，进而生产有机标牌，为工矿企业服务，再进而生产PVC塑料装饰面板等高技术产品，加入了南京熊猫电子产品集团。到1988年底，累计完成产值1007万元，实现利润232万元，从中提取29.35万元用于牛塘乡农田基本建设、泵站技术改造和集体福利事业。其中1988年产值300多万元，实现利润40万元。全站从事水利综合经营的职增至177人，成为一个较大规模的水利村办企业。

武进县水利系统位于江苏省长江南岸，所辖区域总人口126万人，有8860个乡镇。通过大力兴修水利，全县134万亩耕地中，有96万亩沟渠配套，共有机电排灌站1240余处，6600余千瓦，粮食亩产持续超过500公斤，是全国商品粮基地之一。该县水利系统本着"为了水利办实体，办了实体促水利"的指导思想，通过横向协作广开生产门路，闯出一条以机械加工为主、其他行业为辅的水利综合经营道路。从小、从少、从简起步，以滚雪球办法，逐步形成了以机械加工为主，轻工、电子、纺织、冶金、建材、化工、粮油、饲料加工为辅的九大行业。共有产品500余种，包括液压启闭机、大中型游艺机、客货电梯、工农业水泵、轻纺机械、混凝土搅拌机、不锈钢拉管及轻纺产品等。至1988年底，全县水利系统拥有636个大小企业，职工7124人，固定资产2595万元，流动资金1002万元，上缴国家税金1794万元。其中，1988年实现产值12794万元，利润887万元，为全国水利系统内各县之冠。全县水利系统年需开支200万元，除县财政每年下拨的13万元行政事业费外，其余全部自给，并从利润中累计提取512万元用于武进县的农田基本建设和机泵改造。1979年职工平均年收入 500 元左右，1989 年达到 1300 元以上。站办工厂共安排了 1050 名职工家属子女就业，并推行系统内小集体养老金保险制度，解除了职工的后顾之忧。①

总之，20 世纪 80 年代以后，水利部在全国水利系统开展综合经营，使丰富的水土资源得到有效的开发利用。据 1989 年底统计，全国各类水库已养鱼水面达 3000 万亩，占全国淡水养殖面积的 40%。水产品产量由 1980 年的 11 万吨发展到 1989 年的 34 万多吨。水利综合经营人员在水利工程管护范围内的土地上植树绿化，发展干鲜果品、香料、花卉和药材等经济作物，饲养牛、羊、猪、鸡、鸭、兔、貂、鹿等。仅 1989 年，西北地区就新扩大沙棘林 100 万亩，各地建立沙棘加工厂 150 多处，生产沙棘饮料、沙棘日用化妆品、沙棘医药保健品等 200 多种，年产值 20 多亿元，促进了水土保持建设和当地群众脱贫致富。综合经营的发展还积累了资金，稳定了水利职工队伍。过去国家管理的水利事业单位基本上靠吃"事业费"过日子，到 80 年代末，约有 60% 的单位实现经费自给。80 年代以后，中国水利综合经营全面发展，总产值由 10 年前的 1 亿元上升到 1989 年的 60 多亿元，提升了 60 多倍。②

从总体上看，20 世纪 80 年代的水利综合经营日益展现其巨大的生命力，但从全国范围来说，各地发展极不平衡，经济效益还未得到充分发挥。据 1988 年不完全统计，全国水利综合经营除水费、电费外，综合经营总产值 64.4 亿元。其中江苏一省就超过 11 亿元，省内苏州、武进等县市年产值超过亿元；广东、山东两省 5—6 亿元；大部分省（市、区）1—2 亿元，而有的省（市、区）仅几百万元。在同一个省（市、区）范围内，地县之间、各类不同水利工程之间甚至同一类型的工程之间，相差非常悬殊。就当时的实际情况，水利综合经营的收入，重点只能用于综合经营的自我发展和改善职工生活福利、稳定队伍方面，还不能更多地投入工程的维护管理和解决工程的更新改造问题。因此，水利综合经营还必须经过较长时间的努力，通过不断扩大经营规模，获取更大的经济效益，才能真正为健全水利管理作出更大的贡献。

---

① 参见李伯宁、李运涛《中国的水利综合经营》，载钱正英主编《中国水利》，水利电力出版社 1991 年版，第 279—280 页。

② 参见冬石《我国水利综合经营全面发展，总产值十年上升 60 多倍》，《人民日报》1990 年 1 月 31 日。

四　水土保持工作的全面展开

"文化大革命"时期，在"以粮为纲"政策的引导下，水土保持管理机构撤销，工作人员解散，科学试验中断，到处出现滥伐、滥垦、滥牧现象，造成水土流失加剧，山区生态恶性循环。1978 年十一届三中全会以后，通过水土保持工作方针、政策的调整，实行治理、管理措施的改革，水土保持工作随着改革开放的步伐，迎来了新的生机。

为了指导全国的水土保持工作，1982 年 5 月，国务院成立了由国家计委、国家经委、水利电力部、农牧渔业部、林业部组成的全国水土保持工作协调小组。时任水利电力部部长的钱正英任组长。6 月 18 日，全国水土保持工作协调小组在北京举行了第一次会议。会议研究确定：当前要着重抓好三个方面的工作：一是大力宣传水土流失的危害和水土保持的重要意义；二是坚决保护好现有的森林、草原、荒地等，使之不再遭到破坏；三是对水土流失地区应有重点地进行分期分批治理，各级有关部门要抓好自己的重点。会议还决定，在国务院颁布《水土保持工作条例》之后，将及时召开全国水土保持工作会议。[1]

1982 年 6 月 30 日，国务院发布《水土保持工作条例》，在总则中强调："防治水土流失，保护和合理利用水土资源，是改变山区、丘陵区、风沙区面貌，治理江河，减少水、旱、风沙灾害，建立良好生态环境，发展农业生产的一项根本措施，是国土整治的一项重要内容。"提出水土保持工作的方针是："防治并重，治管结合，因地制宜，全面规划，综合治理，除害兴利。"[2] 对此，《人民日报》于 7 月 28 日专门配发了题为《保持水土，造福万代》的社论，指出："国务院制定、公布的《水土保持工作条例》，对于防治水土流失，保护和合理利用水土资源，从根本上减少我国的水旱灾害，发展农业和其他生产建设事业，具有极为重要的意义。广泛、深入地宣传这个条例，使之深入人心，家喻户晓，把水土保持看作关系国家民族命运的大事，人人自觉执行，是当前的一项紧迫任务，是造福子孙万代的一项根本大计。"

---

[1]　参见《全国水土保持工作小组举行首次会议》，《人民日报》1982 年 6 月 20 日。

[2]　《水土保持工作条例》，《人民日报》1982 年 7 月 8 日。

　　1982 年 8 月 16—22 日，全国水土保持工作协调小组在北京召开了全国第四次水土保持工作会议，钱正英总结了新中国成立以来水土保持工作的经验教训。会议提出"防治并重、治管结合、因地制宜、全面规划、综合治理、除害兴利"的方针，中共中央负责人发表"两个转变"的指示。两个转变是：从单纯抓粮食生产转变到同时抓多种经营；从单纯抓农田水利建设转变到同时大力抓水土保持，改善大地植被。会议着重讨论研究了贯彻执行《水土保持工作条例》，切实防止水土流失的问题。会议认为，水土保持是山区建设的生命线，是治理江河的重要措施，是国土整治的重要内容，它是关系到子孙后代的大事。会议还研究了有关政策，制定了措施，并在全国范围内确定了黄河流域的无定河、皇甫川、三川河，甘肃省的定西县，辽河流域的柳河，海河流域的永定河上游，江西省的兴国县和长江葛洲坝水利枢纽工程的库区 8 个治理重点。[①]

　　随后，全国在重点区大力开展了水土保持工作。水土保持专家刘善建撰文介绍说：从 1983—1988 年，全国共完成治理面积 15600 平方公里，建立了 200 万亩基本农田，发展经济林果 150 余万亩。以贫困著称的甘肃定西县，通过农业改良、水土保持、种树种草，生产生活水平有了很大提高，精神面貌焕然一新。被称为"江南红色沙漠"的江西兴国县自开展重点治理以来，全县林草种植面积平均以每年 5% 的速度增长，生态环境和群众生活都有很大改善。[②]

　　在此，笔者首先以河南省为例略作阐述。1980 年 9 月，河南省委、省政府颁布了《关于山区经济政策若干规定》，确定山区要实行以林为主，牧、农、副业全面发展的方针，改变过去那种片面强调"以粮为纲"的单一经营的做法，要大力发展林业和畜牧业，大搞多种经营，发展社队加工业，积极试行农商联营。这个规定的颁布，标志着河南水土保持方针的调整正式开始。河南省首先恢复了济源、陕县、嵩县、密县、鲁山、南召、商城等 7 个水土保持科学试验站。次年 8 月，河南省委、省政府联合颁布《关于贯彻中共中央国务院〈关于保护森林、发展林业若干问题〉的若干

---

　　① 参见《水土保持是治理江河的重要措施，全国第四次水土保持工作会议闭幕，在全国范围内确定了黄河流域的无定河、皇甫川、三川河等八个治理重点》，《人民日报》1982 年 8 月 24 日。

　　② 参见刘善建《中国的水土保持》，载钱正英主编《中国水利》，水利电力出版社 1991 年版，第 382 页。

规定》，对稳定山权、林权，建立健全生产责任制等问题，作出了规定。

1982 年 7 月 10—16 日，中共河南省委、河南省政府召开全省山区工作会议，会议总结了山区建设经验，研究制定了河南省山区建设的工作方针：即深山区以林为主，农、林、牧、副结合；丘陵区以农为主，农、林、牧、副相结合；无论深山、浅山、丘陵区，都要有主有从，多种经营，全面发展。会议强调，一定要把振兴林业作为控制水土流失、促进生态良性循环、改变山区面貌的大计，把依靠科学、依靠政策作为振兴林业的关键，搞好山区建设。会后印发了国务院颁发的《水土保持工作条例》，并传达了全国第四次水土保持工作会议精神、国务院提出的"防治并重、治管结合、因地制宜、全面规划、综合治理、除害兴利"的方针和中共中央负责人关于"两个转变"的指示。

随着这些方针、政策的贯彻执行和农村家庭联产承包责任制的兴起，河南省出现了个人或农户承包治理荒山的热潮。河南省水利厅组织有关市地的农、林、水、区划等部门的科技人员，对 400 多个小流域进行了调查、规划，并在淮河流域的汝阳、鲁山，黄河流域的嵩县、陕县开始了小流域治理试点。1983 年在全省 13 个市（地）、56 个山区县对 284 个小流域推行户包治理，承包户 55 万个、包治面积 6500 多平方公里，并确定林县、济源、密县、巩县、登封、灵宝、陕县、嵩县、汝阳、禹县、鲁山、南召、泌阳、西峡、淅川、光山、新县、商城等县为水土保持重点县。

1984 年，河南省政府颁布了《河南省户包治理小流域责任制若干规定》，提出户包治理小流域时要坚持"谁承包、谁治理、谁管理、谁受益"的原则；水土保持主管部门要与承包户签订正式合同，由县人民政府发给《小流域治理使用证》；承包期限 50 年不变，允许承包户子孙继承或折价转包；在承包范围内，经过承包治理而新增加的梯田、坝地等，20 年不计产、不提留、不增加粮食征购基数。这项政策激发了群众治山的热情，户包治理小流域由 1983 年的 284 条增加到 1988 年的 903 条。

水土保持方针政策适时、适度的调整，资金及科技投入力度的加大，不仅使河南一些水土保持的老典型取得新成绩（如虎岭小流域、潺河流域、柏尖沟小流域、大漯寺小流域等），而且涌现出楼子河、金牛山小流域治理等新的治理榜样。楼子河位于河南鲁山县瓦屋乡，系淮河上游沙河的二级支流，流域面积 20.73 平方公里。1981 年开始，楼子河采取以改变土壤物理性状、加速土壤形成和熟化过程为主要内容的生物措施和工程措施,至1987年,共建各类水保防护林20350亩,坡地改梯田1380亩,修沟坝地191亩,改河造地112亩,修沟头防护64处、土石谷坊5861座、沟坝6977座,修水池22个、山塘3座、排洪沟1.09万米、河堤2870米、人畜饮水工程33处,形成了自上而下、从坡面到田间的节节拦蓄的多功能防护工程体系,年均侵蚀亩数减少到每平方公里454吨,削减90%;洪峰流量削减67.3%;田间土壤有机质增加72.5%,含氮量增加62%;人均基本农田由0.4亩增加到0.9亩,粮食单产由117.8公斤提高到348公斤;流域内农、林、牧、副等各业总产值由28.3万元增长到1987年的126.5万元。金牛山流域位于信阳市北郊,面积7.4平方公里,有99个山头、9条岗岭。本着全面规划、合理布局、水土统一治理、综合开发、逐年配套的原则,采取山脊修路、山坡修水平梯田与水平阶,路旁设排水沟、沟头挖沉沙池、小冲修塘、大冲建库、库下修渠等工程措施,到1987年底,共修水平梯田8000亩、道路480条、排水沟8万米、沉沙池40万个、山塘60余座、水库1座、渠道3500米,营造用材林4770亩、薪炭林780亩、各种果园1350亩、茶园1100亩,使金牛山林木覆盖率达到90%以上,粮食单产达到893公斤,比治理前提高2倍。流域内人均年收入达1580元,成为全省小流域治理的典范,1990年,金牛山被中共河南省委、河南省人民政府命名为"全省农业战线十面红旗"之一。①

1985年8月,河南省委、省政府再次召开全省水土保持工作会议,传达贯彻全国水土保持协调小组座谈会精神,提出了小流域治理必须以水土保持为中心,以经济效益为中心,以治穷致富为日的的指导思想。到1992年,河南省水土保持在坚持这些方针、政策和指导思想的同时,不断增加科技投入,要求水土流失地区进行大面积、集中连片的治理,建立大范围的群体防护体系和经济林、果木林基地,把小流域治理提高到一个新水平。

其次,以江西省为例进一步略作阐述。江西省是改革开放初期水土保持工作做得比较有成效的省份。早在1977年7月,全国农田基本建设会议提出山、水、田、林、路全面规划,综合治理,治山、治水、治田相结合的方针后,江西即开展大规模的植树造林,修水平梯田等水土保持工

①　参见《当代河南历史丛书》编辑委员会编《当代河南的水利事业》,当代中国出版社1996年版,第293—294页。

作。1979 年 9 月，水利部在江西兴国召开华东地区水土保持座谈会，总结推广兴国县治理水土流失的经验，研究加速治理水土流失。结合农田基本建设，各地组织治山治水专业队，采取专业队长年施工与群众运动冬春突击的办法，兴建了一批山塘水库、拦沙坝等水土保持工程，积极改造坡耕地和植树造林，水土保持工作得到恢复。

地处丘陵的赣南，水土流失遍及全区 19 个县、市，面积达 1600 多万亩，占全区整个山地面积的三分之一。大量泥沙倾注江河，河床日渐升高，落河田（低于河床的易涝农田）增加到 428000 多亩，粮食产量一般比其他农田低 40% 左右。1976 年后，赣州地委把控制水土流失、搞好水土保持列入重要议事日程。地委有关领导先后深入水土流失严重的宁都、兴国、南康等县进行调查研究，分别与社队干部、水土保持科技人员和社员群众进行座谈和实地考察，作出了综合治理的规划；总结和推广长期坚持山、水、田综合治理的典型经验，推动全区水土保持工作的开展。兴国县龙口公社在山腰上平整土地，修梯田，挖水沟；在山顶上挖蓄水池，扩大水土保持面积 200 多亩。①

然而，由于农村实行生产承包责任制，山林由农户承包经营，部分地区放松了管理，出现了第三次大量砍伐森林情况，边治理边破坏的现象日益严重。根据这种情况，国家修订了水土保持工作方针。1982 年 6 月国务院发布的《水土保持工作条例》将水土保持工作方针修改为"防治并重，治管结合，因地制宜，全面规划，综合治理，除害兴利"，把防治水土流失、减少水旱灾害、改善生态环境作为发展农业生产的一项根本措施。

为了加强对水土保持工作的领导，1983 年 4 月，江西省政府发出通知，决定恢复省水土保持委员会领导机构，时任省人民政府顾问的许少林任主任，办公室设在水利厅。通知要求，30 个水土流失重点县已恢复水保机构的，在机构改革中，应予整顿提高；尚未成立或已建立但不健全的，应建立和健全。7 月，又发出《关于健全水土保持机构和搞好分工协作的通知》，明确提出以水利部门为主，农业、林业及有关部门分工协作，搞好水土保持工作。1984 年，省水土保持委员会在宁都县召开会议，进一步落实各项政策，贯彻执行防治并重、治管结合、因地制宜、全面规划、综

---

① 参见《赣州地区在农业基本建设中，抓紧控制水土流失，搞好水土保持》，《人民日报》1980 年 1 月 13 日。

合治理、除害兴利的方针，全面推行水土保持承包责任制，发展重点户、专业户，依靠千家万户治理水土流失，并要求县办好技术推广站，乡、村办水土保持站。1984年2月，省人民政府颁发《江西省贯彻〈水土保持工作条例〉实施细则》，要求各级政府贯彻执行，充分依靠群众和社会力量防治水土流失。

通过多年实践，江西省的水土保持工作从单一措施发展到综合措施，形成以林草措施、工程措施为主体的治理体系，以小流域为单元进行综合治理。封山育林育草是历来惯用的防治水土流失的措施，简便易行，费省效宏。据统计，到1985年，江西省封山面积达3166平方公里，累计营造水土保持林6074平方公里，种草58平方公里，部分乡村已收到良好的生态经济效益。①

1985年7月，江西省水土保持委员会在吉安召开会议，研究小流域综合治理及其他问题，会议确定：今后水土保持工作，应从长远规划着眼，近期利益入手，以提高经济效益为主，以短养长，抓好绿肥上山，灌草先行。1986年，江西省政府发布《关于开矿、修路、建房和进行其他基本建设必须切实搞好水土保持工作的通知》，具体规定各项生产建设活动，必须申报防治水土流失措施，经县人民政府批准方可进行。1989年1月，时任国务院副总理的田纪云在全国水资源与水土保持工作领导小组第一次会议上讲话指出："目前，一方治理、多方破坏，和边治理、边破坏的现象十分严重。因此，在指导思想上必须明确预防、保护是第一位。"进一步指明水土保持工作的方向。据统计，1986—1988年，全省开发治理小流域223条，种经济果木林8.67万亩，种牧草6.6万亩，建立场、点50余个，共治理水土流失面积509.9平方公里，每年平均以169平方公里的速度发展。②

水土保持工作在"六五"时期取得了较大成绩，主要表现在对小流域和8片水土流失区的重点治理上。据时任水利电力部副部长、中国水土保持学会理事长的杨振怀介绍，全国26个省、市、区、县综合治理小流域达6000余条，当年完成治理面积约占全国总治理面积的50%。国家8片重点治理区1983—1986年共完成治理面积1.1万平方公里，年平均进度

---

① 参见江西省水利厅编《江西省水利志》，江西科学技术出版社1995年版，第401页。
② 同上书，第394页。

为 4.9%。"六五"期间,全国完成初步治理面积 5.5 万平方公里,其中中外瞩目的黄河中游完成治理面积 2.7 万平方公里。全国最初统计的 150 万平方公里的水土流失面积,已有 40 多万平方公里经过治理。① 1991 年 6 月 29 日,国务院颁布的《中华人民共和国水土保持法》第四条规定,国家对水土保持工作实行预防为主,全面规划,综合治理,因地制宜,加强管理,注重效益的方针。从此,水土保持走上了依法防治的新阶段。

黄土高原地处黄河中上游,严重的水土流失给黄河下游带来了巨大危害。新中国成立后,黄河流域水土保持工作取得了一定成就,但"文化大革命"爆发后该项工作陷于停顿。1970 年 10 月,北方地区农业会议明确要求加快改变北方各省(区)农业生产面貌,必须像大寨那样加强农田基本建设工作。1970 年 12 月至 1971 年 1 月,水利电力部在北京召开黄河流域 8 省区水利水电部门参加的治黄工作座谈会,重申了水土保持为治黄服务和为生产服务的方针,并提出设想:在上中游大搞水土保持,力争尽快改变面貌;在下游确保安全,不准决口;积极利用黄河水沙,为工农业生产服务。随后,黄河流域各省区传达了这两次会议精神,决定在水土流失地区积极开展兴修梯田、坝地、小片水地等。这样,从 1971 年开始,黄河中上游许多地方以县为单位,在山区、丘陵区兴修梯田、坝地、小片水地,并开始造林、种草,恢复了水土保持工作。

1973 年 4 月和 1977 年 5 月,黄河治理领导小组、水利电力部、农林部先后两次在延安召开黄河中游地区水土保持工作会议,黄河流域的水土保持工作情况有所好转。1973 年的会议提出:水土保持工作要纳入"农业学大寨"的轨道,实行"以土为首,土水林综合治理,为农业生产服务"的方针。1977 年的会议重申了这个方针,并要求在 3—5 年内,水土流失地区达到一人一亩旱涝保收、高产稳产基本农田;除人多地少地区外,一般达到人均一亩林、一亩草。②

1978 年,黄河水利委员会先后组织了 3 次调查,了解各地贯彻延安会议的情况。黄河水利委员会水保处上半年派出 4 个组,分赴青海、甘肃、宁夏、内蒙古、陕西、山西;下半年又派 2 个组,对陕西省米脂县和山西

---

① 参见蒋亚平《水土保持工作忧多于喜,新的水土流失面积大于治理面积,南方水土流失严重》,《人民日报》1987 年 10 月 21 日。

② 参见黄河水利委员会、黄河中游治理局编《黄河志》第 8 卷《黄河水土保持志》,河南人民出版社 1993 年版,第 88—89 页。

省柳林县进行重点调查。调查结束后撰写出《关于1978年黄河中上游水土保持工作情况报告》。同年9—11月，时任黄河水利委员会副主任的李延安率领设计院副总工程师叶永毅、水保处工程师冯国安和孙承恩等，对陕北、陇东、晋西和内蒙古南部水土流失严重的16个地（盟）、19个县（旗）、61个典型社、队和小流域进行调查，写出《黄河中游水土流失严重地区加速治理问题的报告》。这两个报告对黄河中上游的6省区1978年水土保持的情况，作出了"上半年行动较差，下半年行动较好"的总评价。报告指出，水土保持存在的问题是：工作进度慢，治理程度低，工程质量差；社队底子薄，群众收入少，想加快进度，但力不从心；点面脱节，发展不平衡，点上好、面上差的情况比较普遍；单一农业经营，广种薄收，盲目开荒，片面强调"以粮为纲"，忽视全面发展；政策不落实，干部作风差，水保机构和技术人员少；部分地区声势小、进度慢，有徘徊观望现象。[①] 报告针对各地存在的问题，提出了加快治理的若干建议。

在党和政府的组织推动下，黄河中游地区的水土保持工作逐渐开展起来。陕西、山西、内蒙古等省区为了加快水土保持的进程，积极推广水坠法筑坝、机械修梯田和飞机播种造林、种草等新技术。有关科研单位也积极配合，组织协作攻关，开展试验研究，解决了推广实施中有关技术问题，提高了工效，加快了进度，节约了劳力，使水土保持措施在技术上获得突破性进展。这样，黄河流域的水土保持在20世纪70年代后期经历了暂时低潮后，逐步恢复并持续发展。

改革开放以后，党和政府更加重视黄河中上游的水土保持工作。从1979春到1980年冬，国家农业委员会、国家科学技术委员会（简称国家科委）、中国科学院、农业部、林业部和水利部等部委，先后4次在西安、郑州、兰州等地召开了有关黄土高原建设方针和水土保持的大型学术讨论会，对黄土高原综合治理的方向与战略构思问题进行了讨论。尽管会上对水土保持的做法有不同意见的争论，但对加强黄土高原水土保持工作的要求则基本一致，这就为黄河流域水土保持的深入开展做了大量舆论工作。1980年的黄土高原水土保持科学研讨会，研究了综合治理方案，拟定了

---

① 参见黄河水利委员会、黄河中游治理局编《黄河志》第8卷《黄河水土保持志》，河南人民出版社1993年版，第146—148页。

14 个综合治理试点县市，决定恢复黄河中游水土保持委员会。① 随后，黄河水利委员会组建了黄河中游治理局，作为黄河中游水土保持委员会的办事机构；各地的水土保持机构也逐步恢复，为水土保持工作的深入开展作了组织准备。

1980 年 12 月，在兰州举行的西北地区农业现代化学术讨论会上，农、林、牧、水利等方面的专家根据在西北地区长期的科学实践，向大会提交了 300 多篇论文，提出了许多切实可行的建议。如在黄土高原广泛植树种草的建议；开展小流域治理、搞好水土保持的建议；发展本地区土特产品的建议，等等。其中不少建议是科学家们早在 20 世纪五六十年代就反复提出过的。实践证明，凡是从当地实际情况出发，积极采纳实施了的，都取得了明显的效果。时任中共中央书记处书记的王任重参加了会议，并多次同科学家座谈。有关省、区和中央有关部门的负责同志认为，搞农业现代化，再也不能以"无知为荣，蛮干为勇"，干那些违背客观规律的蠢事了。②

如何治理黄河泥沙，是人们一直关注的重大问题。《人民日报》1981 年 1 月 15 日发表了水利部工程师高博文的文章，核心内容是用小流域治理的方法来控制黄河中游水土流失。具体意见是：一是继续加高大堤。这个做法是新中国成立后经常采用的，无疑也是必要的，它使黄河安全地流了 30 多年。但黄河河床现在已经高出地面，如此下去，千里大堤到底加至多高为止？二是高浓度输沙入海。但用这种办法把大部分黄河泥沙送走，实际可能性不大。三是从外流域调水冲沙入海。有人计算过，从长江引水入黄河冲沙，每冲走一立方米的投资为 1.25 元，且不说代价如此昂贵，就南水北调工程而言，也不是近期内可以实现的。四是在干流上修建大型水利工程，用以防洪、灌溉、发电、航运，同时拦沙。这是 20 世纪 50 年代已经确定的梯级开发方案。但从实践来看，如果上游的泥沙不解决，这些目标很难圆满达到。五是在中游的支流、大沟道内打坝，把这些沟壑堵起来。这种办法，比单在下游打主意前进了一步，是就地拦蓄洪水、泥沙，发展生产的一个办法，但投资较多，在近期内国家又难以大量

---

① 参见水利部黄河水利委员会编《人民治理黄河六十年》，黄河水利出版社 2006 年版，第 279 页。

② 参见周其辅、王友恭《参加西北地区农业现代化学术讨论会的科学家提出：要靠科学复兴大西北》，《人民日报》1980 年 12 月 16 日。

投资。而且以其有限的库容对无限的来沙，作用不能长远。六是在干、支流统一规划下，首先从产生径流、泥沙的源头下手，大力开展水土保持，积极搞好小流域综合治理，做到节源清流。①

同时，高博文总结了过去治理黄河方法中存在的问题，提出了新的综合治理黄河的方法，这就是在黄河中游实行小流域治理。他认为：在黄河中游实行小流域综合治理是治理黄河的关键，也是当前行之有效的办法。所谓小流域，是指面积在30平方公里以下的流域，最多不超过50平方公里。凡是按小流域综合治理的，效果都很好，速度比较快，深受群众欢迎。小流域综合治理的优点主要有：第一，它符合治理水土流失的规律。第二，它可以合理利用土地，加速林、草基地建设，改变单一粮食生产结构，发展多种经营。第三，便于组织领导和发挥有关业务部门的作用，投资效果也好。第四，能够统一上下游、左右岸的矛盾，使各社队步调一致，还为山区水利和河道治理打下了基础。他还指出，加速小流域治理需要抓好几个环节：首先要有一个切实可行的规划。规划中要明确生产建设的方向，合理安排农、林、牧用地，处理好眼前利益与长远利益的关系。二是要建立必要的种子苗木基地，准备好造林种草需要的种苗。三是培养技术人员，加强技术指导，提高治理水平。四是搞好科研工作，为治理提供科学依据。五是建立管理养护组织，使各项设施充分发挥作用。六是制定、落实有关政策，把国家、集体、个人各方面治理水土流失的积极性都调动起来。七是治理工作要持之以恒。②

据《人民日报》1981年5月4日报道：为"三北"（东北、华北、西北）防护林体系服务的17处牧草和灌木种子基地，正在陕西、甘肃、宁夏、山西、内蒙古等地着手建设。这批种子基地是由林业部"三北"防护林建设局同有关省区共同筹建的，规划面积38500亩，其中沙打旺草种基地32000亩，花棒、踏郎等灌木种子基地6500亩。这些基地生产的大批优良种子，将提供所在省区建设防风固沙林和水土保持薪炭林。③

内蒙古自治区凉城县境内75%以上是丘陵山地，水土流失相当严重。多年以来，林业局的造林工作队和水电局的水土保持站各搞各的，结果每

① 参见高博文《建议在黄河中游实行小流域综合治理》，《人民日报》1981年1月15日。
② 同上。
③ 参见《陕甘等五省区建设牧草灌木种子基地》，《人民日报》1981年5月4日。

年造林林不多，水利工程也因没有植被保护不能很好地发挥作用。1980年，凉城县打破行政界限，统一规划，统一领导，统一投资，统一使用劳动力，大大加快了治理速度。全县联合营造水土保持林 13 万亩，成活率达 70% 以上。①

山西省右玉县地处雁北地区的北端，北隔长城与内蒙古自治区毗邻。全县总面积 296 万亩，新中国成立时，到处是荒山秃岭，森林覆盖率仅 0.3% 。由于植被稀疏，水土流失严重。从 1952 年开始，县委根据当地实际情况，开始领导群众植树造林，特别在 1956 年延安 5 省（区）青年造林大会后，植树造林加快了步伐。十年动乱中，林业建设基本停顿，甚至一度倒退。粉碎"四人帮"后，至 1981 年，共植树造林 40 万亩，相当于过去 25 年造林的总面积。全县已有森林 80 万亩，平均每人有林 10 亩，森林覆盖率达到 27.2%。零星树木达到 500 万株，全县人均 55 株多。有总长 250 公里、面积 7 万余亩的 13 条防风林带和 81 条中型林带，有效地防护了 20 万亩农田。每年种植草木樨、苜蓿、野豌豆等牧草约 8 万亩。林业建设的发展逐渐改变了自然环境的面貌，生态平衡得到恢复。被称为"不毛之地"的右玉县，正在变成塞上绿洲。②

1981 年 11 月 1—6 日，恢复后的黄河中游水土保持委员会在西安召开了第一次会议。会议总结了新中国成立以后 30 多年治理的经验教训，明确黄土高原水土保持的方向和方针，制定了"六五"期间的治理计划。会议提出今后水土保持工作的总要求是："农林牧并举，因地制宜，各有侧重，决不放松粮食生产，积极发展多种经营；切实搞好林业、牧业两个基地的建设。水土保持必须为这个生产建设方针服务。"在具体工作中要求："治理与预防并重，除害与兴利结合；工程措施与植物措施并重，乔灌草结合，草灌先行；坡沟兼治，因地制宜；以小流域为单元，统一规划，分期实施，综合治理，集中治理，连续治理。"③ 会议将黄河中上游地区水土保持所取得的成绩归纳为三个方面：（1）水土流失面积逐步减少。截至

---

① 参见《打破行政界限，林业、水利部门联合造林，凉城县今年营林十三万亩》，《人民日报》1980 年 10 月 3 日。

② 参见杨士杰《昔日荒山变绿洲——山西省右玉县绿化山区的调查》，《人民日报》1981 年 11 月 15 日。

③ 黄河水利委员会、黄河中游治理局编：《黄河志》第 8 卷《黄河水土保持志》，河南人民出版社 1993 年版，第 101 页。

1980 年底，黄河中上游的 7 省区共修水平梯田、条田、埝地、坝地、小片水地达 4771 万亩，造林、种草达 5305 万亩，完成水土保持面积 75000 多平方公里，占应治理水土流失面积的 17.5%。（2）各项水土保持工程在生产上发挥了作用。梯田粮食平均亩产一般比坡地提高 2—3 倍；坝地和水地平均亩产一般达到 500—600 斤，高的达到千斤以上。（3）在减少土壤流失方面也有明显的效果。根据各地水土保持试验站的科学观测和资料推算，已有的水平梯田每年可减少土壤流失泥沙约 2 亿吨，人工林地和草地每年可减少土壤流失约 1 亿吨，已有坝地拦截泥沙约 60 亿吨。①

　　随着 1982 年全国第四次水土保持会议的推动，黄河流域的水土保持工作全面展开，各地强调按小流域综合治理，农民参加水土保持坚持按劳分配。随着农村经济体制的改革，出现了按户承包治理的新型组织形式。1983 年 3 月，全国水土保持工作协调小组在北京召开了第一次全国水土保持重点治理工作座谈会。9 月 3 日，全国水土保持工作协调小组发布《关于加强水土流失重点地区治理工作的暂行规定》，提出了开展水土保持工作要依靠群众，贯彻自力更生为主、国家支援为辅的原则；规定各地要全面贯彻"防治并重，治管结合，因地制宜，全面规划，综合治理，除害兴利"的方针。②

　　为了更好地总结改革开放以后黄河中上游地区的水土保持工作，1983 年 9 月中旬，黄河水利委员会在山西召开了黄河流域水土保持责任制经验交流会。会议认为，黄土高原水土保持普遍实行以户承包责任制后，各省区种草种树的年进度大比过去加快 3—5 倍以上。据不完全统计，除内蒙古以外，青海、甘肃、宁夏、陕西、山西 5 省区 1982 年到 1983 年上半年在这个地域种草造林面积近 1400 万亩。速度之快、成果之大，是以前所没有过的。③ 1984 年 4 月 30 日，国家计委批复的《黄河治理开发规划修订任务书》重申了水土保持为治黄服务的战略方针："泥沙是黄河治理的一个重要问题，也是下游洪水危害的主要原因。……防治水土流失是治黄

---

　　① 参见《各部门各省区同心协力，工程措施生物措施同时并举，黄河中上游地区水土保持取得成绩，已有 75000 多平方公里的水土流失面积得到治理，占应治理面积的 17.5%》，《人民日报》1981 年 12 月 3 日。

　　② 参见黄河水利委员会、黄河中游治理局编《黄河志》第 8 卷《黄河水土保持志》，河南人民出版社 1993 年版，第 101 页。

　　③ 参见张进兴《黄河流域黄土高原水土保持实行以户承包》，《人民日报》1983 年 10 月 8 日。

的一项战略任务，也是我国国土整治的一个重要组成部分。"[1]

1985 年 1 月 1 日，中共中央、国务院发布的《关于进一步活跃农村经济的十项政策》中指出："山区二十五度以上的坡耕地要有计划有步骤地退耕还林还牧，以发挥地利优势。口粮不足的，由国家销售或赊销。"[2] 为了贯彻这个指示，全国水土保持协调小组拟于 1985 年第二季度召开黄河中上游水土保持工作座谈会，并指示水利电力部农田水利司、黄河水利委员会与黄河中游治理局联合组织调查组，进行以户包治理和陡坡退耕为重点的水土保持调查。3 个单位共抽调领导干部和科技人员 16 名，在水利电力部农水司司长丁泽民、黄河水利委员会副主任吴书深率领下组成 4 个调查组，从 3 月 15 日至 4 月 20 日，分赴陕北、晋西、陇东、陇中和内蒙古南部等地进行调查。5 月中旬，调查组把调查成果摘要整理后，以《水利电力简报》形式（第 19、20、21、22 期）上报中共中央、国务院和国家计委、国家经济委员会等部门，为黄河中上游水土保持工作座谈会作了充分的准备。

1985 年 6 月，中共中央书记处农村政策研究室与全国水土保持工作协调小组在郑州召开了黄河中上游地区水土保持工作座谈会。参加者有青海、甘肃、宁夏、内蒙古、山西、陕西和河南 7 省区、中央和国务院有关部门的代表。座谈会肯定了中共十一届三中全会以后水土保持工作取得的成绩：据不完全统计，1980—1984 年 5 年间种树种草 4369 万亩，平均年进度为 1979 年以前年平均进度的 3.4 倍；年平均治理面积 6198 平方公里，比 1979 年以前年平均进度加快了 1 倍。会议也清醒地指出，对取得的成绩不可估计过高，应看到水土保持工作的长期性和艰巨性，应对户包治理责任制加强科学指导，坚持按能承包，搞好治理规划，进一步落实各项政策，既注意生态效益，又注意经济效益，由过去单纯治理转向既重视治理，又重视开发，以开发促治理。在完善户包治理责任制的同时，还要帮助这些地区调整好农业生产结构，提高农田基本建设水平，积极稳妥地开展退耕还林还牧，并坚持生物措施和工程措施一齐抓，以工程养生物，以

---

[1] 黄河水利委员会、黄河中游治理局编：《黄河志》第 8 卷《黄河水土保持志》，河南人民出版社 1993 年版，第 101 页。

[2]《中共中央、国务院关于进一步活跃农村经济的十项政策》，《人民日报》1985 年 3 月 25 日。

生物保工程，充分发挥治理的效益。① 会上，钱正英对巩固完善户包小流域治理责任制、防止新水土流失、下决心建立水保工作的服务体系、加强对水保工作的领导等问题，作了详细阐述。她指出："黄河水保正面临着中华人民共和国成立以来的最好形势，我们已经开始找到了路子，也开始做出一个能够指导实际的规划。虽然国家财力有限，资金还不一定能完全满足我们的需要，但是应当看到，我们的潜力在黄河中上游的千家万户，希望在千沟万壑。这里的土地资源、光热资源和地下资源是丰富的，只要我们的认识明确，政策对头，技术先进，我们是能够以同样的资金加快治理开发的速度的。"②

1986 年 4 月 10 日，国务院办公厅转发了中央书记处农村政策研究室和全国水土保持工作协调小组《关于加强黄河中游地区水土保持工作的报告》，要求陕西、甘肃、山西、青海、河南和宁夏、内蒙古自治区人民政府以及国务院有关部门认真研究执行。国务院办公厅为此所发的通知指出：黄河中游地区地处黄土高原，长期以来农业生产发展缓慢，重要原因之一是水土流失严重，生态环境恶化。要根本改变这一地区的面貌，必须从治理水土流失入手。这是关系到子孙后代的一件大事，它不仅是治理黄河的根本措施，而且对黄河中游地区国民经济的发展及黄、淮、海平原的防洪安全也有至关重要的影响。通知要求各地按照国务院发布的《水土保持工作条例》，加强领导，统筹规划，采取有效措施，控制和防止新的水土流失。中央书记处农村政策研究室和全国水土保持工作协调小组的报告在说明当时水土保持工作存在的问题后，建议将黄河中游水土保持工作列入国家和地方计划，并对进一步明确和落实有关政策提出了具体意见：(1) 户包小流域治理属于周期长或开发性的项目，建议将承包期延长至三五十年或更长时间，允许继承或折价转让。(2) 各地可因地制宜地规定每个劳动力一年应负担的劳动积累工，用于水土保持，但劳动积累工数量要适当，不能过多。(3) 25 度以上坡耕地的退耕，应根据需要与可能有计划地逐步进行。退耕土地应由原耕者还林、还牧，可以长期经营，允许继

---

① 参见陈开印、袁定乾《推广户包治理责任制加快水土保持工作速度，黄河中上游千家万户治理千沟万壑，七省、区的百分之三十七的农户共承包治理小流域八千万亩》，《人民日报》1985 年 7 月 5 日。

② 钱正英：《对黄河中上游地区水土保持工作的意见》，载《钱正英水利文选》，中国水利水电出版社 2000 年版，第 339—353 页。

承。对退耕地治理确有困难的地方，有关省、自治区可根据财力情况按退耕面积给予一定的种苗补助费；对于少数水土流失严重必须迅速退耕而口粮不足的地方，由所在省、自治区统一安排解决。①

黄河中上游水土保持工作随着改革步伐的加快，呈现出了较好的发展势头。从 20 世纪 80 年代开始，黄河中上游地区水土保持工作取得突破性进展，"六五"期间入黄泥沙平均每年减少 2 亿多吨，占黄河多年平均输沙量的 16%。据黄河中上游 7 省区提供的资料和典型抽样分析，"六五"期间共完成各项水保措施有效面积 27000 平方公里，平均年治理进度 1.3%，比 1979 年以前高出 1 倍。连前累计，到 1986 年底，黄河中上游地区治理面积已达 102600 平方公里，占水土流失面积的 23.7%。②

随着各项水土保持措施逐步发挥效益，黄河流域水土流失地区不同程度地收到了提高生产、减少侵蚀、改善生态环境的效益。一些水土保持搞得比较好的县、乡、村和农户都显著地改变了面貌，为当地群众脱贫致富创造了有利条件。据统计，黄土高原水土流失严重又非常贫困的 138 个县，1984 年粮食总产 102 亿公斤，比 1979 年的 83.5 亿公斤增加了 22%。其中陕西、甘肃、山西、内蒙古 4 省区所属的 122 个县，1984 年人均收入 222 元，为 1979 年人均收入 60 元的 3.7 倍。据水文观测资料分析：黄河上中游从龙羊峡至三门峡（库区末端），1960—1969 年年均输沙量 17.045 亿吨，加上同期水库拦沙、灌溉引沙和河道淤积，还原为年均流域产沙量 19.802 亿吨；1980—1989 年年均输沙量 7.996 亿吨。80 年代实测输沙量与 60 年代流域产沙量相比，平均每年减少泥沙土 1.806 亿吨。除降雨偏少影响（4—5 亿吨）和水利工程减沙（2.51 亿吨）外，水土保持减沙约 4—5 亿吨。③

1987 年 2 月 9 日，全国水土保持协调小组工作会议召开，对 1986 年的水土保持工作进行了总结。会议指出：水土保持出现了新局面，主要体现在将黄河中游水土保持工作列入国家和地方计划，成为全国水土连片治

① 参见《国务院办公厅转发〈报告〉要求有关省区和部门，改变黄河中游地区面貌，统筹规划治理水土流失》，《人民日报》1986 年 4 月 26 日。

② 参见王向坤《黄河中上游水土保持工作传来喜讯，入黄泥沙年均减少二亿多吨，约占多年平均输沙量的百分之十六，边治理边破坏仍是当前突出问题》，《人民日报》1986 年 12 月 16 日。

③ 参见黄河水利委员会、黄河中游治理局编《黄河志》第 8 卷《黄河水土保持志》，河南人民出版社 1993 年版，第 7—8 页。

理的重点,这一区域已出现一批治理效果显著的县。国家财政支持的全国8片水土保持重点区治理进度迅速,1986年全国共完成治理面积2万平方公里,以物资手段支持劳动积累,1986年当年完成治理面积800平方公里;农户、联合体和专业队等承包治理形式开展很快。全国26个省市区开展了小流域综合治理,正在治理的小流域约5000条,1986年完成的治理面积约占全国年完成治理总面积的50%。黄河中上游7省区总农户的38%承包了小流域治理任务,承包户达400多万户,承包面积约占未治理面积的三分之一。沙棘作为一种生态和经济效益俱佳的新开发植物,在西北、华北和辽西等地得到迅速推广。①

早在1983年,国家计委就向中国科学院提出对黄土高原进行综合科学考察的任务。1984年,由中国科学院自然资源综合考察委员会牵头成立了中科院黄土高原综考队,下设综合组和自然环境、土壤侵蚀、沙漠、气候资源、土地资源、生物资源、水资源、农林牧、能源、工业与城市、交通、乡镇、环境保护、人口、旅游、重点县等16个专业组。考察范围以黄河流域黄土高原地区为主,同时包括海河上游的黄土高原地区,面积共74万平方公里。考察目的是在弄清黄土高原的自然资源、土壤侵蚀和大农业、工矿交通等生产情况的基础上,提出开发治理的总体方案与各项专题报告。1985—1987年,中科院黄土高原综考队分别对山西、陕西、内蒙古、宁夏、甘肃、青海等省区的黄土高原部分进行了考察;1988年,对晋陕蒙接壤地区能源重化工基地约5万平方公里的开发治理问题又进行了专题重点考察。1989年开始,中科院黄土高原综考队对考察资料进行分析汇总,提出各专业的考察专题报告和黄土高原开发治理总体方案意见。在各专业组陆续提出200多份研究报告的基础上,经分析、汇总整理为关于黄土高原综合开发治理的自然环境演变及其综合治理前景、水土流失及其治理途径、土地沙漠化及其防治等23项专题报告。黄土高原开发治理总体方案编制上报国家计委,成为党和政府后来作出"西部大开发"战略的重要依据。

经过广大干部、群众和科技人员的努力,全国的水土保持工作取得了重要成就。据水利部门统计,从20世纪80年代初到1991年底的10年间,

---

① 参见陈健《突出重点,讲究效益,我水土保持出现新局面,去年全国治理二万平方公里今后任务仍艰巨》,《人民日报》1987年2月10日。

全国先后开展治理的小流域有 9000 多条，总面积 6 亿多亩，已经治理了 3 亿多亩。10 年间，每年治理的面积比前 30 年每年治理面积翻了一番。其中黄河流域治理了 1.1 亿亩，相当于前 30 年的总和。从新中国成立到 1991 年，全国累计完成的综合治理面积达到 7.9 亿多亩，坝地拦泥累计 355 亿吨，累计增加产值 630 多亿元。同时，"三北"和长江中上游、沿海平原防护林体系建设也取得了突破性的进展，累计完成造林面积 2.7 亿多亩，在改善生态环境方面发挥了重要作用。①

从总体上看，20 世纪 80 年代是黄河流域水土保持稳定发展和效果最好的时期。具体表现在六个方面：

（1）在治理程度方面取得了突出的成绩。据黄河水利委员会农村水利水土保持局统计，从 1950 年至 1991 年，黄河流域 8 省（区）累计完成梯田、条田 5081.95 万亩，坝地 449.12 万亩，其他基本农田 206.52 万亩，造林 11937.57 万亩，种草 3161.09 万亩，五项主要措施共治理面积 2.08 亿多亩，折合 13.89 万平方公里，占黄河流域水土流失面积 44 万平方公里的 31.6%。此外，还建成水窖、涝池、沟头防护、谷坊、陂塘等辅助性小型工程 400 多万处（座）。②

（2）在减沙效益方面取得了从单项措施到小流域综合治理、从黄河支流到干流等一系列研究成果。据黄河水利委员会水文局整编的观测资料显示，黄河龙羊峡至三门峡区间实测平均年输沙量为：1950—1959 年 17.804 亿吨，1960—1969 年 17.045 亿吨，1970—1979 年 13.601 亿吨，1980—1989 年 7.996 亿吨。随着水土保持的开展，黄河泥沙有逐年减少的趋势。20 世纪 80 年代与 60 年代相比，平均每年减少泥沙 9.049 亿吨。80 年代的实测输沙量与 60 年代的流域产沙量相比，平均每年减少 11.806 亿吨。

（3）在经济效益上，提高了粮食产量，解决了群众温饱问题；促进了林牧副业发展，增加了群众的经济收入。据各地群众实践和水土保持试验站的试验观测：一般梯田粮食亩产 100—150 公斤，比坡地增产 50—75 公斤；坝地粮食亩产 200—250 公斤，坝地是荒沟淤成的，生产的粮食基本

---

① 参见赵鹏等《国务院副总理田纪云强调必须坚持搞好水土保持》，《人民日报》1992 年 5 月 23 日。

② 参见黄河水利委员会、黄河中游治理局编《黄河志》第 8 卷《黄河水土保持志》，河南人民出版社 1993 年版，第 5 页。

上是净增产；小片水地亩产粮食 300—350 公斤，比旱平地增产 100—150 公斤。如陕西省无定河流域经过 20 多年的治理，流域内榆林、横山、靖边、绥德、米脂、子洲、清涧等 7 县，1984 年粮食总产 4.7 亿公斤，人均 320 公斤，比 1972 年总产 2.27 亿公斤，人均 155 公斤，提高了 1 倍左右。山西省西部山区 29 个县，新中国成立后 20 多年一直吃国家供应粮。通过水土保持和其他增产措施，1973 年开始做到粮食自给，1973—1977 年还向国家交售 2.5 亿多公斤粮食。甘肃省自 1982 年以来，粮食产量始终稳定在 50 亿公斤以上，并逐年稳步增长，1989 年达到 67 亿公斤。在黄河流域水土流失地区，主要靠梯田、坝地增产。据陕西省水利厅水土保持局调查分析，1980—1989 年，水土保持措施增产粮食平均每年达 4.5 亿公斤。黄河流域各地群众，在水土保持中大量造林、种草、建果园，促进了林、牧、副业生产，从而增加了经济收入。如陕西省礼泉县从 20 世纪 70 年代中期开始，结合水土保持在北部山区发展苹果，到 1991 年，全县苹果面积发展到 15 万亩，挂果面积 7 万亩，总产量 7000 万公斤，收入超亿元，其中北部山区 10 个乡占 90% 以上。这 10 个乡农民人均纯收入达 980 元，比全省平均水平高出近 1 倍。

（4）在社会效益方面，不仅调整了农村生产结构，而且解决了群众的"三料"（即燃料、饲料、肥料）问题。许多地方以乡、村或小流域为单元进行治理，由于修好种好基本农田，提高了粮食单产，在保证粮食总产增加的前提下，逐步退耕陡坡，造林、种草，促进了林牧副业全面发展，在调整土地利用结构的同时，相应地调整了农村生产结构。如甘肃省定西县土地利用结构与农村生产结构调整幅度较大。1982 年，该县 3604 平方公里总面积中，农地与荒地分别占 36% 和 41.5%，林地和草地分别为 6% 和 2.1%。1990 年，农地、荒地分别下降到 31.9% 和 14.5%，林地和草地分别上升到 17.8% 和 15.1%。1982 年，全县农村总产值共 3605 万元，1990 年上升到 10134 万元，提高了 1.8 倍。1982 年农业产值 1941 万元，1990 年上升为 4579 万元，但比重却由 53.8% 下降到 45.2%。1982 年林、牧、副业产值 1664 万元，1990 年上升到 5555 万元，所占比重由 46.2% 上升为 54.8%。在开展水土保持中，通过造林种草，大部分群众解决了烧柴问题，相应地使饲料、肥料问题得到缓解。如甘肃省渭河支流芦刘沟小流域，面积 47.9 平方公里，历年造林 1.5 万亩，种草 5700 亩，有效地解决了群众的"三料"问题，并促进了畜牧业的发展。

（5）在生态效益方面，改善了地表径流状况、小气候和耕地土壤性质，减轻了洪、旱、霜、冻、风沙灾害，为农业生产创造了良好的生态环境。据测定，农田林网使小气候发生了三方面变化：一是降低了风速，减轻了流失。林带全年平均有效防风范围在 20 倍树高左右，在此范围内减风效能为 36％，在 7 倍树高处可达 41.8％。与旷野相比，夏季林带内可减少风蚀 40％，冬春季减少 22％—28％。二是提高了地温。在有效防护范围内，全年日均地表温度提高 0.4℃，防风最佳处提高 0.5℃，在树木末叶期可提高 1.5℃。三是减少了蒸发，土壤含水量增加。林带防护范围内全年水面蒸发较对照区减少 8.8％，作物生长的 6—9 月间减少 5.7％，春旱严重的 5 月减少 9.6％。坡耕地修成水平梯田以后，水土流失减轻 90％以上，耕地土壤性质得到改善，有利于粮食高产。[①]

（6）在引黄灌溉方面，黄河流域的灌溉面积由新中国成立初的 1200 万亩发展到 90 年代初的 1.07 万亩，带来了农业生产的发展。据 1990 年统计，占全流域（包括下游引黄灌区）总面积 43％的灌区生产了全流域 70％的粮食和大部分的棉、油等经济作物，使这个地区的粮、棉、油分别占全国总产量的 11.2％、31％和 13％，不仅粮食实现了由南粮北调到自给自足，而且成为中国重要的粮、棉、油生产基地。[②]

值得注意的是，随着改革开放的深入发展，全国水土流失的状况依然严峻，新出现的水土流失面积大于已治理的面积。据调查，江西省 20 世纪 50 年代的水土流失面积只占总面积的 5％，60 年代变为 12％，80 年代更发展到 23％。福建原来只有 22 个县有水土流失发生，到 1987 年扩展到 35 个县，全省水土流失总面积增加了 1 倍多。即便是在治理面积最大并初有成效的黄河流域，情况也并未根本好转。黄河中上游黄土高原地区为求食糊口"越穷越垦、越垦越穷"和下游为防洪筑堤"越加越险、越险越加"的双重恶性循环，仍在发展之中。许多地方出现了一面治理一面破坏的情况，新的水土流失相当严重。长江上游水土流失的实际情况也相当严重。到 1987 年，仅长江上游 100 万平方公里范围内，就有 35 万多平方公里的流失面积。珠江流域、淮河流域也出现了严重的水土流失，黑龙江流

---

① 参见黄河水利委员会、黄河中游治理局编《黄河志》第 8 卷《黄河水土保持志》，河南人民出版社 1993 年版，第 109—122 页。

② 参见钱正英《建议对引黄灌区进行以节水为中心的续建配套和更新改造》，载《钱正英水利文选》，中国水利水电出版社 2000 年版，第 104—105 页。

域因地表土层日益变薄，人们甚至发出了"救救我们的黑土"的呼吁。①

　　针对水土流失边治理、边破坏的状况，中共中央和各省区于1990年前后新设监督机构，制定监督制度，采取包括法律在内的各种保护林草植被、防止造成新的水土流失的措施。1990年11月，国家计委报请国务院批准实施的《黄河流域黄土高原地区水土保持专项治理规划》，把黄土高原水土保持列为国家经济开发和国土整治的重点项目，形成了集中规模治理的格局。它明确规定，黄土高原水土保持的指导思想是：（1）从国家经济建设的宏观战略出发，充分认识黄土高原水土保持为国家除大害、兴大利的重要作用，把黄土高原的水土保持列为国家经济开发与国土整治的重点项目，集中人力、物力、财力，加快开发治理。这不仅影响本区的经济开发，而且关系到国家建设的全局。（2）对黄土高原的水土保持建设，必须有强烈的紧迫感，抓住有利时机，积极开展。无论为当地群众解决温饱，还是为黄河下游减少泥沙，都必须要求建设速度超过人口增长和人为破坏的速度，才能摆脱恶性循环，有效地解决水土流失问题。②

　　1991年6月29日，第七届全国人民代表大会常务委员会第20次会议通过了《中华人民共和国水土保持法》，使全国水土保持工作得到进一步加强。1992年5月，经全国水资源与水土保持工作领导小组审查批准，全国第五次水土保持会议正式宣布实施由水利部主持编制的《全国水土保持规划纲要》。该纲要的指导思想是："以党的十三届八中全会《关于进一步加强农业和农村工作的决定》为指针，认真贯彻执行《水土保持法》，根据《中华人民共和国国民经济和社会发展十年规划和第八个五年计划纲要》的要求，使水土保持与国民经济发展相协调，加快防治步伐，为保护水土资源，提高土地生产力，促进山区群众脱贫致富服务；为治理大江、大河、大湖，减轻洪水、泥沙危害服务；为保护交通、工矿和促进国民经济持续、稳定、协调发展，实现国民经济发展第二步战略目标服务。"③ 时任全国水资源与水土保持工作领导小组组长的田纪云副总理在这次会议上

---

　　① 参见蒋亚平《水土保持工作忧多于喜，新的水土流失面积大于治理面积，南方水土流失严重》，《人民日报》1987年10月21日。

　　② 参见黄河水利委员会、黄河中游治理局编《黄河志》第8卷《黄河水土保持志》，河南人民出版社1993年版，第102页。

　　③ 黄河水利委员会、黄河中游治理局编：《黄河志》第8卷《黄河水土保持志》，河南人民出版社1993年版，第102—103页。

指出："今后 10 年水土保持的总目标是，全面管护，重点治理。要使水土流失恶化的趋势基本得到控制，要加快全国 14 片重点治理区和黄河、长江上游及三峡地区的综合治理步伐。"为了实现这个目标，田纪云提出如下要求：各地应依据《水土保持法》，把水土保持列入各级政府的重要议事日程，建立任期内水土保持目标考核制；水土流失治理应多渠道增加投入，并采取以工代赈方式，大力开展水土保持；要建立社会办水保的机制和水土保持发展基金；各地水土保持工作应与经济开发紧密结合，使农民通过治理得到实惠；各地在治理中应抓好治理重点，以点带面，逐步推进。他强调："当前国家的重点是抓好黄河中上游和长江中上游以及水土流失严重地区的重点治理。"①

1992 年 10 月，水利部将《黄河流域水土保持规划纲要》和《黄河流域多沙粗沙地区水土保持规划》纳入《全国水土保持规划纲要》体系，由国家拨专款支持实施，为随后全国各地水土保持的加快发展创造了有利条件。

五　小流域的综合治理

小流域一般指以一条小河为主干，由四周高地联成的一片封闭地域。在丘陵山区，每个小流域内均是产生径流和泥沙的基本自然单元，也是一个水土流失的基本单元。把小流域当成一个水土流失的治理单元，符合水土流失的自然规律，有利于规划，可以从根本上控制水土流失，改善生态环境。

20 世纪 50 年代，山西、陕西等省水利部门为探索有效的治理方法和途径，有计划地进行小流域治理的试点工作，取得了显著成效。山西省在中阳县金罗乡楼外沟（支毛沟流域）进行生物措施与工程措施相结合的集中综合治理，受到国务院表彰。1956 年的全省秋季林业与水土保持工作会议，肯定了"实行以支毛沟为单位的综合治理"为方向性经验。据统计，山西省中阳、离石、隰县、石楼、平顺、阳高、应县等 83 个县进行综合集中连续治理的支毛沟流域有 14192 处，出现了一批费工少、治理快、收

---

① 赵鹏等：《国务院副总理田纪云强调必须坚持搞好水土保持》，《人民日报》1992 年 5 月 23 日。

效大、群众支持的典型，促进了全省水土保持工作的大规模开展。陕西省水保部门在水土流失严重的黄土高原丘陵沟壑区，选定了绥德韭园沟、延安碾庄沟进行规划、观测、试验示范、综合治理和研究工作，后又选择绥德辛店沟、延安大砭沟、彬县鸣玉池、洛川上、下黑木沟、安康陈家沟等地扩大试点。60 年代，陕西省水利部门选择榆林大梁、米脂榆林沟、富平赵老峪、耀县孙塬、千阳文家坡、长武、芋园、白水凤凰沟、澄城茨沟等建立流域综合治理科研样板，为大规模治理提供经验和科学依据。1970—1974 年，陕西省水土保持局抓清涧红旗沟、绥德郝家桥和永寿马坊郭门等小流域治理工作，并总结经验，为大规模的流域治理积累第一手资料。1979 年 11 月，陕西省水电局在子长县召开陕西省重点小流域治理经验交流会，讨论修订《小流域治理管理条例》，明确小流域治理任务和分区治理标准。

从总体上看，20 世纪 60 年代后，山西、陕西两省水土保持转向了以建设基本农田为主要内容的治理，把水地、坝地、滩地和梯田建设作为主攻目标，改变了农业生产条件，提高了单位面积产量，粮食状况逐步好转，但是忽略了以流域为单元的综合治理，有的地方东治一坡，西治一沟，单纯进行工程建设，不搞生物措施治理，缺乏流域性整体建设，使建设起来的坝、滩地不断受到严重损毁。[1]

20 世纪 70 年代中期以后，全国各地总结过去水土保持工作的经验，摸索出一条按小流域综合治理的路子。这是水土保持工作的一个新发展，它是经过长期摸索并付出相当代价才取得的。过去，有的地方只重视治沟，轻视治坡，坡面的大量洪水泥沙不能拦蓄，沟谷修建的工程、坝地也很不保险，一些水库淤积严重；有的只强调工程措施，忽视造林种草，因而修建的工程不好巩固，自然面貌改变很少；有的强调种树种草，但不是有计划地逐步退耕坡地，使农业受到影响，种的树和草也保不住；还有的这里修梯田，那里种草，东沟打坝，西沟造林，单项措施，分散治理，效果很不理想。而采取小流域综合治理，各方面的矛盾就可以比较妥善地得到解决。中国山区幅员辽阔，自然资源丰富，发展林、牧业和农业生产潜力很大。过去许多地方不注意搞多种经营，大面积荒山荒沟没有利用，水

---

① 参见山西省史志研究院编《山西通志》第 10 卷《水利志》，中华书局 1999 年版，第 383 页。

土流失严重，山区优势不能发挥，以致群众生活长期处于贫困状态。搞好了小流域综合治理，对于控制山区水土流失，推动山区多种经营的发展，将会起到很好的作用。①

1978 年以后，中国的水土保持工作随着改革开放的步伐迎来了新生机，黄河中上游的水土保持工作受到党和国家的高度重视。1979 年 5 月，在山西省汾西县召开了西山地区重点流域治理会议，会议强调，按流域进行综合集中连续治理是开展水土保持工作的最好途径。会上通过了《西山地区重点流域治理实施方案》，对重点流域的规划、治理标准、经费使用、检查验收都作了具体规定。1980 年又部署了全省列项小流域的规划工作，一批由省、地、县分级列项、分级治理管理的重点流域治理在全省范围内全面铺开。从此，重点小流域治理由西山地区发展到东山地区，从省到县形成三级齐抓共管治理小流域的局面。水土保持也由此彻底扭转了单项措施分散治理的倾向，走上了全方位大面积综合集中治理的道路。通过总结各地经验，山西省下达了《山西省水土保持重点流域治理试行办法（草案）》，对重点流域治理的目的和要求、选择流域的条件和当前适宜开展的范围，对规划指导思想、原则和方法以及治理经费的使用管理、有关政策和规章制度等都作出了具体详尽的规定。②

地处吕梁山南端的山西省吉县，沟壑峁梁交错，植被稀少，严重的水土流失破坏了生态平衡，使农业生产十分落后。中共十一届三中全会以后，吉县组织普查队伍摸清了本县的自然特点和资源。他们在调查中发现，位于马家河流域沟头的中垛公社山后大队，近十几年中坚持在宜林宜牧的坡地造林种草，坡上有了林、有了草，沟底打坝也保险了，人们精耕细作种植沟坝地，全大队的粮食单位面积产量由每亩 56 斤提高到 194 斤，总产增加 2 倍多。城关公社东方红大队的小府河流域，两面山坡上栽满洋槐和牧草，下面是一块块成方的沟坝地。一个小流域内，有坡、有塬、有沟、有川，按照不同地形、条件，有的种树，有的种草，有的种庄稼。这种情况说明，一个小流域不进行治理，水土可能大量流失，如果改造好

---

① 参见《综合治理的办法好》，《人民日报》1980 年 7 月 19 日。
② 参见山西省史志研究院编《山西通志》第 10 卷《水利志》，中华书局 1999 年版，第 384 页。

了，就会成为发展农林牧生产的一个经济区域。[1]

1979 年上半年，吉县在根据山区自然特点提出全县调整农业经济结构规划的同时，下决心集中资金、人力、物力，按小流域综合治山治水。全县确定以柳沟流域为重点，进行全流域的综合治理、集中治理、连续治理。柳沟流域全长 22.5 公里，全流域梁峁起伏，沟壑纵横，地形复杂。治理前进行了实地勘察，本着因地制宜、趋利避害、因害设防的原则，制定了全流域治理规划：在流域两边的山梁上，大造油松、刺槐混交林，使一座座山头戴上帽子；在两岸的塬地上，建设方田林网，搞好基本农田；在塬边沟圈种植槐条和桑条，搞好沟头防护；在大梁缓坡上，大种核桃和苹果等经济林木；在陡坡上整修水平阶和鱼鳞坑，栽种刺槐和其他灌木，建设牧坡林；在支毛沟底栽种杨树、柳树、泡桐等速生丰产林；在主沟和几条干沟底打坝建库淤地，建设高产的沟坝地。从 1979 年 7 月动工，吉县在柳沟流域一次就栽种核桃约 12 万株，荒坡整修水平阶，栽刺槐 1 万多亩，种草 7200 亩，种植 5 米宽的柠条带 20 公里，打土坝 8 条，淤地200 多亩，固塬整地打椽帮堰 600 亩。由于上下游统一集中治理，水保工程和植树种草等生物防护措施紧密结合，水、林、农、牧各项工程配了套，工程发挥效益快，水保作用明显增强。据水文观测记载，日降雨 30毫米的情况下，塬面方田、缓坡核桃地基本上可以全拦全蓄，陡坡刺槐地径流减少 30% 左右，牧草地径流也减少 25%。这一事实生动地证明，每条沟壑虽是一个自然的水土流失单位，但只要针对一个小流域水土流失发生、发展和危害的具体情况，在一个流域内采取从上到下，由坡到沟，因害设防，合理安排生物措施和工程措施，层层拦蓄山洪、泥沙，就能在较短的时间内，基本上做到泥不出沟，水尽其用，收到减少水土流失的效益。[2]

1979 年，吉县运用小流域综合治理的方法，初步治理了清水河、听水河两个水系的 8 个小流域。生物措施有造林、种草；工程措施有：垣面建方田，坡面修水平阶，挖鱼鳞坑，沟底打坝、造沟坝地。全县初步治理面积达到 33 万多亩，占水土流失面积的 26%。由于大地保持水土能力增强，

---

① 参见陈凤鸣等《控制水土流失有了新路子——山西省吉县小流域综合治理调查》，《人民日报》1980 年 7 月 19 日。

② 同上。

给发展农、林、牧、副提供了有利条件。1979 年，这个县的粮食总产比最高的 1978 年增长了 18%，这表明进行小流域治理是起了一定作用的。吉县在进行小流域综合治理中，注意把社队的当前生产和长远利益很好地结合起来，对近期受益的措施提前作出安排，发展大面积的核桃、苹果、桑条等经济林木，实行林粮、林草间作，大搞人工牧草，兴办牛场，以短养长，长短结合，为长期建设积累财富，减轻社员负担，因而深受群众欢迎。他们贯彻了"谁治理，谁管护，谁受益"的政策，注意使流域内每个生产队都能不同程度地受益。并且重视管理工作，每治完一片，就由流域内的社队组织起管理委员会，订立管理制度，由各队按受益大小抽调管理人员，认真维护。这样，水土保持工程就能办成一处管好一处。[①]

山西省开展重点流域治理受到了水利部和国家农业委员会的高度重视。1980 年 2 月，在水利部召开的华北地区水土保持座谈会上，肯定了山西省采取仿照基本建设管理程序，实行投资补助性质，按省、地、县分级管理的办法开展小流域治理的经验。1980 年 4 月，水利部在山西省吉县召开了 13 省（区）水土保持小流域座谈会，会议认为，以小流域为单元对水土流失进行综合治理、集中治理、连续治理，符合自然规律和经济规律，是一种较为科学的治理方法。会议制定了《水土保持小流域治理办法（草案）》。不久，黄河水利委员会根据水利部的安排，在黄河中游水土流失严重的无定河、三川河、皇甫川等 3 条支流和山西吉县，内蒙古伊金霍洛，陕西清涧、延安、淳化等地共选了 38 条小流域作为试点，采取签订合同、定额补助等经济管理办法，以加快水土流失的治理。

13 省（区）水土保持小流域座谈会之后，山西、陕西、河北、河南、安徽、江西等省先后召开了全省农田基本建设会议和林业会议，要求在全省范围内推广以小流域为单元的综合治理工作，自此，水土保持进入了以小流域为单元进行综合治理的新阶段，即将水土流失区划分为若干个小流域，然后对小流域全面规划，将生物措施、工程措施、农业耕作措施结合起来综合治理，并取得了明显的效益。

1982 年 8 月，全国第四次水土保持工作会议确定了全国水土保持第一批治理的 8 个重点地区，包括黄河流域的无定河、皇甫川、三川河，甘肃

---

①　参见陈凤鸣等《控制水土流失有了新路子——山西省吉县小流域综合治理调查》，《人民日报》1980 年 7 月 19 日。

省的定西县，辽河流域的柳河，海河流域的永定河上游，长江流域的湖北省葛洲坝库区，江西省兴国县，涉及9个省区的43个县（旗）。这些地方绝大多数是贫困山区和革命老根据地，在9.2万平方公里的总面积中，水土流失面积占三分之二以上。由于生态环境恶化，生产条件太差，群众生活长期处于贫困状态。从1983年起，国家进行重点扶持，3年中已拨出专项投资1亿元，并放宽政策，在规划、技术上加以指导，从而避免了分散治理耗资不少、成效较低的弊病，加快了治理的步伐。到1985年9月止，已有8000多平方公里得到初步治理，年平均治理速度高于在此之前的任何一年，治理面积相当于这些地区此前治理总和的一半。据统计，8个重点治理区内，第一批集中治理的小流域地区达900多处，承包治理小流域的农户占到总农户的40%左右。1983—1985年已造林、种草1130多万亩，建设基本农田76万亩，修建起一批谷坊、塘坝、涝池等保水保土工程。这些措施对改变生产条件，发展农、林、牧业生产，根治江河，改善生态环境，起到了积极的作用。通过小流域治理，许多地方正逐步建设起一批农、林、牧、果、药和其他土特产品基地，仅发展经济林木即达62万多亩，从而把治理水土流失与合理开发利用结合起来。①

与13省（区）水土保持小流域座谈会同时召开的山西省水土保持流域治理会议，重新部署了小流域治理任务。这次会议拟在不同类型地区，建一批既改变自然面貌，保证增产增收，又有拦泥减沙效果的小流域治理样板。根据以续建为主，狠抓配套受益，量力而行，循序渐进的原则，对少数面积过大的流域，通过切块划段分期分批治理，力争三五年内治完见到实效。随着小流域治理的发展，各级政府和水保部门把开展小流域治理摆上重要议事日程，从省、地到县各自都抓有重点小流域治理。省级重点流域同时又是各地（市）县的重点流域，各地（市）县在省下达的切块水土保持经费中又确定了一批各自的重点流域进行重点治理。据不完全统计，进入20世纪80年代后，省、地、县三级每年开展的重点治理的流域有550余条，每年完成初步治理面积5.3万公顷，其中已有250条小流域治理度达到50%—70%。

山西省西山地区包括左云、右玉、河曲、保德、临县、离石、隰县、汾西、娄烦等28个县，总面积4.6万平方公里，占全省土地面积的

---

① 参见阎泽《全国八个水土保持重点地区治理效果好》，《人民日报》1985年10月27日。

29.6%，是黄河中游土壤侵蚀最严重的地区；西山 28 县流入黄河的 13 条一级支流及其区间的泥沙达 2.9 亿吨，占全省总输沙量的 63%。1979—1994 年，前后共有 150 多条小流域经过治理，完成治理面积 150 万余亩，其中建设基本农田 33 万亩，营造水土保持林 106 万亩，完成基本建设投资 3300 余万元。偏关县英儿沟流域是第一批列入西山建设流域项目的，经过治理，土地利用率由 51.2% 提高到 90.7%，农业内部结构得到调整：林草覆盖率达到 72%，1986 年农、林、牧业收入比 1980 年提高近 2 倍。该流域治理成果于 1987 年获省科技进步成果二等奖。五寨县北沟流域是 1984 年第二批安排的西山建设流域，在治理中，由地区水保所牵头，组织地、县、乡、村和承包户成立了科研经济联合体，实现科研、开发、治理、经营、示范一体化。该流域经过 4 年连续综合治理，土地利用率由 58% 提高到 80.3%，初步改变了单一农业经营的局面。林草覆盖率由 1.1% 提高到 50.4%，输沙量减少 85.6%，流域内农业总产值由 1984 年的 22.66 万元提高到 1988 年的 102.2 万元，增加了 3.5 倍。吉县在小流域治理中，用商品经济的观点搞治理和开发，建设水保基地，把小流域的治理成果推向市场，形成独立的经济实体。1990 年以后，乡宁县阳家山流域、蒲县磁窑河流域、偏关县桑林坡流域、保德县罗汉沟流域以及岢岚、神池等县的流域相继经过省级验收，成为西山地区一批治理成效明显的好典型。

1980 年，山西全省有 11 条小流域列入黄河中游地区试点流域治理，集中分布于三川河流域和吉县柳沟流域。1983 年，黄河中游治理局在山西安排第二批试点小流域 11 条，除吉县柳沟流域连续治理外，其余均为新开展流域，分布于吕梁、临汾、忻州和太原市 4 个地区（市）的 12 个县，总流域面积 711 平方公里。经过 5 年治理，已基本完成预期治理任务，先后进行了验收。1988 年，黄河中游治理局在山西安排第三批试点小流域 10 条，其中新开展 7 条，连续治理的 3 条。1986 年，海河水利委员会在雁北、忻州两地区安排了 3 条试点流域。从 1980 年开始，全省先后开展试点小流域治理 34 条，其中 13 条流域已全部治理，进行了验收。[①]

1986—1995 年的 10 年间，山西省水利厅副厅长孙建轩、省农村经济

---

① 参见山西省史志研究院编《山西通志》第 10 卷《水利志》，中华书局 1999 年版，第 386 页。

研究所所长侯文正及各地有关领导、专家，多次深入小流域治理现场调查研究，确立了治水、治旱、治穷之本在于治山的战略思想，把治山治水同治穷致富紧密地结合起来，寓治山治水的宏伟目标于千家万户治穷致富的微观经济活动之中。10 年中，山西省政府每两年召开一次小流域工作会议，前后共开了 5 次，时任全国政协副主席的钱正英 3 次亲临会议指导。山西省人民政府还根据小流域出现的新情况、新问题、新经验，先后颁发了 5 个小流域治理开发的政策性文件。针对水土流失严重威胁黄河、海河防洪安全的状况，为改变山老区的贫困面貌，1982 年，水利部将三川河流域、永定河上游 4 县（区）列入全国水土保持重点治理区，海河水利委员会和黄河中游治理局相继在东西两山安排了一批试点小流域。为减少汾河水库淤积，保证太原市防洪、供水和下游农田灌溉，从 1988 年起将汾河水库上游 4 县列入全省治理示范区。三大流域治理第一期任务的安排，仍以小流域为单元进行治理，三川河选定 71 条、永定河上游 56 条、汾河水库上游 72 条。这样，全省构成国家、省、地、县四级管理的大、中、小流域相结合的治理网络，向流域治理的系列化迈进了一步。从 1987—1992 年，经省标准局批准，先后颁布了《山西省水土保持重点流域治理管护规范》、《淤地坝技术规范》、《水土保持林技术规范》、《工矿和工程建设区水土保持技术规范》等 6 个规范性文件，使流域治理更加科学化、规范化和标准化。[①]

1993 年，山西省提出高效小流域的建设，其标准是：综合治理程度、土地利用率、商品率分别达到 70%、80% 和 60% 以上，基本农田亩产 400 公斤，人均纯收入超过 1000 元。山西省政府在全省树立了 10 条高效小流域样板，并立石碑表彰。据统计，"八五"期间，山西全省共建成高效小流域 300 余条。平顺县留村高效小流域、清徐县白石沟小流域、平定县理家庄小流域、灵石县椒沟矿高效小流域、岢岚县石塔沟小流域，成为山西省高效小流域建设的先进典型。[②]

1979 年 11 月，陕西省水电局在子长县召开陕西省重点小流域治理经验交流会，讨论修订《小流域治理管理条例》，明确小流域治理任务和分

①　参见山西省史志研究院编《山西通志》第 10 卷《水利志》，中华书局 1999 年版，第 385 页。

②　同上书，第 387 页。

区治理标准，确定重点小流域 53 条，其中黄河流域 48 个重点县各 1 条，西安、铜川和长江流域的 3 个地区各 1 条，最后落实为 50 条（缺汉中、黄龙、清涧），涉及 9 个地（市）、48 个县（市区）、125 个乡（镇）、826 个村，559729 人，流域总面积 3480.3 平方公里，水土流失面积 3145.9 平方公里。其中，陕北榆林、延安地区 24 条，流域面积 1702.8 平方公里，占全省小流域总面积的 48.9%；陕南安康、商洛地区 2 条，流域面积 55 平方公里；关中的西安市、宝鸡市、铜川市和咸阳、渭南地区 24 条，流域面积 1722.5 平方公里。①

1980 年，陕西省财政下达专项资金 100 万元，扶持小流域治理工作。1981 年，榆林、延安地区，除富县、黄龙县外，每县都有 1—2 条重点小流域。8 月 18 日，省水电局决定给陕南 3 个地区各增加 2 条流域，开始进行综合、集中、连续治理。②

1982 年 8 月的全国第四次水土保持工作会议确定黄河流域陕西的无定河、皇甫川为全国 8 个重点治理区之一。无定河、皇甫川首批列入的重点小流域共 177 条，其中无定河 169 条，皇甫川 8 条。无定河治理区第一期工程 169 条重点小流域，总面积 8609.55 平方公里，其中流域面积大于 300 平方公里的 2 条，300—200 平方公里的 4 条，200—100 平方公里的 15 条，100—50 平方公里的 35 条，小于 50 平方公里的 113 条（其中小于 5 平方公里的 8 条），共涉及延安地区子长、安塞、吴旗和榆林地区定边、靖边、横山、榆林、子洲、米脂、清涧、绥德 11 个县（市）的 141 个乡（镇）、1129 个村、5573 个组、127403 户，农业人口 558440 人。1983—1987 年已治理水土流失面积 3974.5 平方公里。1992 年累计治理 5424.02 平方公里，占总面积的 63%。1995 年累计治理面积达 8337.86 平方公里。皇甫川流域总面积 3264 平方公里，其中陕西境内 473 平方公里。列入第一期国家重点区的小流域共计 8 条，面积 173 平方公里，涉及府谷县的 3 个公社、22 个村、69 个组、1984 户、8312 人。8 条流域中面积最大的 38 平方公里，20—38 平方公里的 4 条，10—16 平方公里的 3 条。至 1987 年，5 年治理水土流失面积 67.1 平方公里，1992 年累计治理面积 209.13 平方

---

① 参见陕西省地方志编纂委员会编《陕西省志》第 13 卷《水利志》，陕西人民出版社 1999 年版，第 331 页。

② 同上。

公里，占陕西境内水土流失总面积的44.2%。

　　1983年，陕西省列重点流域南移，重点小流域发展到88条，其中，陕南3地区增加到27条，为上年的2倍。1985年，省列重点流域达到110条。1986年开始，省重点流域治理投资逐年下降，至1990年，全省重点治理小流域已降至75条，治理面积仅为2231.27平方公里。1982年5月10日陕西省水土保持局制定的《陕西省水土保持小流域治理暂行条例（试行）》规定，重点小流域面积以30平方公里为宜，一般不超过50平方公里，3—5年达到综合治理。1986年，《陕西省水土保持小流域综合治理标准》颁布，提出治理面积以20平方公里为宜，一般不超过30平方公里。1986年4月21日，陕西省标准局发布《小流域水土保持综合治理标准（试行）》，又详细规定了治理标准。1988年春，陕西省水保局规定："今后新上流域以3—5年治理水土流失面积70%以上为准，流域内的水土流失面积不宜过大，一般在15平方公里左右，最少不小于5平方公里。"1990年，陕西省水保局对小流域治理的标准又一次进行完善，要求：完成规划指标及治理任务、治理措施配制合理、治理程度达到70%以上；水、土、植物等资源得到合理开发利用和保护，林草保存面积达到宜林宜草面积的80%以上，基本农田人均2.5—3亩，人均生产粮食400公斤以上，经济收入比治理前提高80%以上；减沙效益达70%以上，生态环境有明显好转。[①]

　　1988年5月，第25届罗马会议正式批准将延安地区杏子河流域综合治理列入世界粮食计划署援助项目（项目代号WFP3225），共45条重点小流域，面积为268.5平方公里，援助小麦58025吨，折价9923052美元（折合人民币3641.76万元），治理期限为5年。1989年1月1日正式开工。工程以就地拦蓄、防治水土流失为中心，土地合理利用为前提，建设基本农田，恢复植被，发展经济林、养殖业，建立水土保持型农业体系，实现农、林、牧综合协调发展和生态经济良性循环。经过4年努力，提前一年于1992年底完成了原计划任务。共兴修水平梯田4201.4公顷，新增坝地100.1公顷，造林21475公顷（其中经济林3492.4公顷），种草4179.5公顷。退耕11843公顷，农、林、牧用地的比例已调整到2.9∶2.8∶4.3，渐趋合理。工程治理速度、模式、标准及

---

　　① 参见陕西省地方志编纂委员会编《陕西省志》第13卷《水利志》，陕西人民出版社1999年版，第332页。

效益，受到世界粮食计划署官员的高度评价。①

　　1989 年 1 月 28 日，水利部将嘉陵江流域的陕西镇巴、宁强、略阳列为第一批重点防治区，并增补陕西为长江上游水土保持委员会成员单位。宁强、镇巴、略阳三县共列 7 条小流域，总面积 1870.7 平方公里，占三县嘉陵江流域面积的 30.6%，其中水土流失面积 1005.4 平方公里，占流域面积的 53.75%。共涉及 9 个区、31 个乡、189 个村、农业人口 124596 人。流域面积最大的略阳县八渡河流域，面积为 433.8332 平方公里；其次是镇巴县伊家河流域，面积为 424.62 平方公里；最小的宁强县木槽沟流域，面积为 56.57 平方公里。1990 年，长江水土保持局在甘肃武都召开第二次长江上游重点防治区工作会议，决定进一步扩大防治区投资和范围。二期增加宝鸡市的凤县为重点防治区。四县共列小流域 39 条，涉及 2 个地（市）、4 个县的 21 个乡（其中与第一期重复的 5 个乡）、116 个村、16761 户，农业人口 76393 人，流域面积 1272.92 平方公里，占四县嘉陵江流域总面积的 14.7%，其中水土流失面积 740.3 平方公里。②

　　1993 年 11 月，延河、佳芦河流域水土保持世界银行贷款项目通过正式评估，贷款额为 3700 万美元，实施期 8 年，涉及延安、榆林 2 个地区的 5 个县（市）、45 个乡（镇）。至 1995 年底，完成治理面积 488 平方公里，占计划的 107%，其中兴修水平梯田 10.73 万亩，造林 36.89 万亩，建果园 7.8 万亩，种草 16.98 万亩。世界银行行长沃尔芬森称赞该项目为世行援助的最优秀项目之一。③

　　1983 年，安徽省水土保持办公室拟定了《关于小流域水土保持规划提纲》，省水土保持委员会发出《关于做好水土流失严重地区水土保持规划的通知》，并决定在六安地区大别山五大水库上游、安庆地区大沙河上游、歙县南乡新安江水库上游等三大水土流失重点片内，各选定 1—2 个小流域，按规划提纲要求编制小流域综合治理规划，进行治理试点。另外，对长江流域（安徽部分）和淮河流域（安徽部分）先后完成了小流域综合治理规划。全省需要综合治理的小流域有 400 余条，金寨县梅山水库上游黄榜小流域是安徽省水土保持小流域综合治理的第一个试点。1983 年春，由

　　①　参见陕西省地方志编纂委员会编《陕西省志》第 13 卷《水利志》，陕西人民出版社 1999 年版，第 333 页。

　　②　同上。

　　③　同上。

淮河水利委员会确定黄榜小流域为水土保持试点,至1986年完成,并提交验收。3年时间完成了各项治理措施,水土流失面积减少了42%,泥沙流失量减少了34%,取得了明显的水土保持效果,通过了治淮委员会组织的河南、山东、江苏、安徽四省专家的验收。随之,安庆地区大沙河上游的黄柏河、巍岭,徽州地区新安江流域伏岭、华源河等一批小流域开展综合治理。完成一批,再上一批,至1998年,累计开展治理的小流域已达170多条,小流域综合治理已成为全省水土流失治理的主要形式。①

20世纪80年代以后,安徽省在重点流失区开展以小流域为单元的综合治理,坚持"预防为主,全面规划,综合治理,因地制宜,加强管理,注重效益"的防治方针,以改革为动力,紧紧围绕增加农业后劲,保护水土资源和可持续发展,改善生态环境,促进脱贫致富这个总目标,展开了大规模综合防治水土流失和预防监督的水土保持工作,取得了生态效益、经济效益、社会效益,其主要成就表现在:一是水土流失得到有效控制,改善了生态环境,增强了抗御自然灾害的能力。二是调整了产业结构,促进了各业协调发展。三是开发治理,推动了区域经济的发展。②

从20世纪80年代初开始,江苏省山区水土保持进入以小流域为治理单元的新阶段,实行山、水、田、林、路全面规划,洪、涝、旱、渍、水土流失综合治理,建设工程、生产、经营、防护和服务五个体系(以水资源开发利用为主的工程体系,以坡改梯、旱改水为主的高标准农业生产体系,以经济林为主深度开发的多种经营体系,以乔、灌、草相结合为主的生态防护体系,以水保试验、预防监督为主的服务体系),治理与开发相结合,为山丘区脱贫致富创造条件。1984年,江苏省水土保持办公室选择铜山县汉王乡二十五里沟,东海县温泉乡朱沟、李埝乡高山河,赣榆县金山乡怀仁山4个小流域进行综合治理试点,当时共有水土流失面积47.7平方公里,占总面积的89%。经过3年集中、连续治理,至1986年,共修建梯田18630亩,修扩建小水库、塘坝81座,营造水保林和用材林6675亩、经济林4705亩,疏林补密9265亩,种草541亩,封山育林1700亩,共治理水土流失面积35.6平方公里,占原有水土流失面积的75%。

---

① 参见安徽省水利厅编《安徽水利50年》,中国水利水电出版社1999年版,第167—168页。

② 同上书,第169—170页。

1986 年与 1983 年相比，植被率由 19% 增加到 34%；粮食总产量由 939.5 万公斤增加到 1341 万公斤，增长 43%；人均收入增加 290—404 元，增长 40%—195%。其中，东海县李埝乡高山河小流域治理试点，也是治淮委员会的试点项目，原有 19.5 平方公里的水土流失面积，已治理 16.6 平方公里，占 85%，人均收入增长 114%。1987 年 3 月，江苏省水土保持办公室组织有关市县对这 4 个小流域综合治理试点进行检查验收，认为 4 个试点基本完成了规划任务，效果较好，治理成功，为小流域综合治理提供了经验。[①]

江西省以小流域为单元进行水土保持综合治理，始于赣州地区。1978 年初，赣州地区确定以兴国县龙口公社（今龙口乡）塘背河小流域为综合治理的试点。兴国是全国有名的水土流失严重县，也是省内水土保持工作开展最早的地区。1951 年，省水利局选定兴国渣江河小流域为试验区，开展水土保持工作，一直连续不断治理，取得了较好成绩。1980 年，水利部将塘背河小流域列为部管综合治理试验区，区内流域面积为 16.38 平方公里，水土流失总面积为 11.53 平方公里，占山地总面积的 99.9%。其中剧烈流失 7.7 平方公里，强度流失 1.8 平方公里，中度流失 0.83 平方公里，轻度流失 1.2 平方公里。流域内大部分表土已流失，生态环境恶化，1979 年人均口粮 386 斤，人均纯收入 41 元。1980 年，由长江流域规划办公室牵头，省、地、县合作共同治理，经过 8 年连续综合治理，建山塘 4 座，开隧洞 3 处，挖渠道 1500 米，建水陂 7 座，造林 8.3 平方公里，共治理水土流失面积 8.7 平方公里，并修筑公路，适当调整了作物布局等，取得了明显的生态效益、社会效益和经济效益。治理后，全流域植被覆盖率由 10% 提高到 53.5%，活立木蓄积量由原来的 2000 立方米增加到 8422.5 立方米；全流域修建了 208 个沼气池，555 户改建成省柴灶，烧柴问题基本解决；土壤肥力提高，河道水库淤沙减少，过去干涸的山泉复活；粮食总产量比治理前增长 52%，人均口粮增加到 548.6 斤，人均纯收入增加到 320.88 元。1989 年，在中国水土保持学会的科学讨论会上，该工程作为南方小流域规划、治理的模式得到肯定。

兴国县推广塘背河小流域综合治理的经验，在芦溪、龙口、永丰等 24

---

① 参见江苏省地方志编纂委员会编《江苏省志·水利志》，江苏古籍出版社 2001 年版，第 376 页。

条小流域进行综合治理，以点带面，推动全县的水土保持工作。这 24 条小流域都是水土流失的严重区，属 16 个乡、115 个村，有人口 14.99 万人，总面积 1072 平方公里，水土流失面积 613.5 平方公里，占山地面积的 79.9%，占全县水土流失总面积（1899 平方公里）的 32.3%。1983 年，兴国县被列为全国 8 大片水土保持重点治理区（南方仅两片），国家连续 10 年每年投资 120 万元，用于兴国的水土保持。兴国县根据全面预防、重点治理的原则，采取一系列工程措施、林草措施和防护措施，以工程促生物，以生物保工程。秋冬在坡面上修水平沟、梯田，在崩岗和侵蚀沟筑拦沙坝、谷坊，春季植树造林种草，力求当年治理当年见效。在防护方面，制定了《暂行规定》、《实施细则》等水土保持法规和乡规民约，全面建立封禁管护体系和县乡两级监督组织，加强防护工作，制止破坏森林植被。兴国县还广泛宣传贯彻水土保持的有关法规及其重要意义，先后举办水保政策法规和技术讲座 540 期，建立宣传栏 31 个，出专刊 395 期，放映影像 804 场，印发法规手册 4000 本，封禁管护公约 30 多万份，张贴布告 7170 张，受教育的干部群众达 95% 以上。从 1983—1990 年，全县共治理水土流失面积 900 平方公里，占 1982 年全县实有水土流失总面积的 56.5%，全县平均年径流系数由 1982 年的 0.626 下降至 0.429，泥沙流失率减少 57.7%，土壤肥力流失减少 49.9%；山地植被覆盖率由治理前的 28.75% 上升到 58%，活立木蓄积量由 53 万立方米增加到 200 万立方米，年平均为每个农民提供薪柴 1200 斤以上，基本解决了烧柴问题；工农业生产获得发展，群众生活得到改善和提高。[①]

　　1985 年 8 月，长江流域规划办公室、南京土壤研究所、北京林学院以及川、黔、陕、甘、豫、鄂、湘、闽、赣等地的专家、学者到江西考察兴国县塘背河小流域水土保持综合治理，并给予高度评价。该流域面积内有 1.73 万亩山地，流失面积占 99.99%，其中强度流失占 82.4%。1980 年，水利部下达科研课题，由省地县有关部门组织实施，采取生物与工程措施相结合，山、水、田、林、路、能源综合治理的模式，将荒山分给群众治理。到 1985 年，完成工程防治 1.3 万亩，造林 1.5 万亩，植被覆盖率由不足 10% 增加到 25%，1990 年上升到 55.3%，生态环境明显改善。1990 年，长江水利委员会等单位专家又到兴国县考察，认为该流域各项指标均

---

①　参见江西省水利厅编《江西省水利志》，江西科学技术出版社 1995 年版，第 402 页。

达到或超过部颁标准，达到国内先进水平。①

水利部在山西省吉县召开了"十三省（区）水土保持小流域座谈会"之后，河北省召开了全省农田基本建设会议和林业会议，要求在全省范围内推广以小流域为单元的综合治理工作，自此，水土保持进入了以小流域为单元进行综合治理的新阶段，即将水土流失区划分为若干个小流域，然后对小流域全面规划，将生物措施、工程措施、农业耕作措施结合起来综合治理，并取得了明显的效益。仅 1981—1982 年两年，河北省就从地方财政中拿出 406 万元用于小流域治理。为摸索小流域治理的最佳模式，海河水利委员会在河北省建立了 5 个水土保持小流域综合治理试点，它们是邢台县的折户沟、灵寿县北庄以上小流域、武安县常社川、行唐县的庙岭沟、曲阳县的北台沟。从 1981 年到 1985 年，中共中央拨给河北省水土保持资金共计 1678.5 万元，支持河北省的水土保持工作。

随着小流域综合治理工作的开展，以单户或联户承包治理小流域的形式越来越多，到 1985 年底，河北全省承包治理小流域的单户已有 14 万户，联户 3422 组（29903 户），共承包面积 3200 平方公里，折 480 多万亩，约占 1983 年以前总治理面积的 60%。小流域治理的经济效益显著，全省已建成一批万元以上的经济沟，同时出现了一批先进典型，邢台县胡家楼大队寺沟是其中之一。寺沟沟长 1.75 公里，流域面积 1470 亩，治理前是一条穷沟。1955 年冬，胡家楼公社为了改变贫穷面貌，在县水利技术人员的指导下，按照"全面规划、综合开发、集中治理"的水土保持工作方针，进行连续治理，在坡面上刨鱼鳞坑 16.4 万个，挖水平沟 719 条，修梯田埂 648 条、谷坊 601 道、小塘坝 7 座。在坡面上种刺槐、橡树 40 万棵，果树 1.8 万棵，基本控制了水土流失。1958 年以后，由 12 人组成的专业队长期负责封山、看护、抚育，随时补植树木，修理工程。经过治理后，水保措施发挥了明显的防洪缓沙作用，并产生了明显的经济效益。1982 年，寺沟的粮食亩产由 50 年代的 50 多公斤增加到 700 多公斤，加上油料、果晶、蜂蜜、饲草等项收入，年达 40000 多元，而治理寺沟投入的资金只有 2400 元，效益比为 16.6。从此，"穷寺沟"改叫"经济沟"。②

---

① 参见江西省水利厅编《江西省水利志》，江西科学技术出版社 1995 年版，第 117 页。

② 参见河北省地方志编纂委员会编《河北省志》第 20 卷《水利志》，河北人民出版社 1995 年版，第 292 页。

　　地处燕山南部的河北省昌黎县两山乡正明山村，也是一个综合治理小流域的典型。正明山村地处昌黎城北碣石山东麓，属花岗岩山区，海拔高程50—100米，总面积3.21平方公里，耕地1800亩。境内有12条沟，分东、西两个自然村，有366户1452口人，600名劳力。过去由于受"左"的思想影响，乱砍滥伐，加上松毛虫危害，使全部松林被毁，覆盖率仅10%左右，生态失去平衡，水土流失严重，耕地肥力下降，亩产仅100公斤，全村每年吃国家返销粮10万公斤。人畜饮水也很困难，直接影响着群众的生产生活。为改变全村贫困面貌，使群众走上富裕道路，村党支部认真分析了造成贫困的原因，总结了经验教训，认准脱贫致富的途径是坚持以科学的方法治山治水，搞好水土保持。

　　从1983年起，正明山村开始了以水土保持为中心的山村建设。村党支部在县水利局水保技术人员的指导下，做好治理规划，每年治理两条沟。在治理过程中，以治山、治水为中心，山、水、林、田、路综合治理。海拔100米以上的荒山地带，封山育林育草，增加坡面植被。在绿化荒山工作中，村党支部建立了承包责任制，将任务承包到户，承包治理30年不变，群众自己栽种，自己管理，村设两名护林员，统一看护，并订立了护林公约，建立奖惩制度，规定任何人不得以任何理由上山砍伐林木和放牧。在小流域治理过程中，他们把治理措施和注重发挥近期效益结合起来，在抓好栽植水保林、封山育林育草的同时，将25度以上的坡耕地退耕还林，部分土地平整后，栽种果树，建成收益较快的经济林。同时，在沟底打坝，拦洪蓄水，截潜流，修建蓄水工程。1983年当年就修成了人们盼望多年的人畜饮水工程，并派两名电工管理，定时供水，定期维修。多年的人畜饮水问题解决了，群众得到实惠，尝到了甜头，积极筹资投劳，1983、1984年两年，村集体筹资3万元，群众个人自筹2.5万元，全部用于水利水保工程，加快了退耕还林和水保工程建设的速度。

　　经过4年的努力，到1986年底，全村封山育林1895亩，油松造林600亩，种松子4800斤；坡地退耕还林栽植杏树8000株，苹果树10800株，补植蜜梨5000棵，沟旁栽栗树5000棵、山楂树7000棵，宅前院后栽桃树16000棵，结合植树挖鱼鳞坑86000个、果树坪12000个；修建梯田540亩，打谷坊坝60道，建塘坝2座、小型水库2座、截潜流1座，建蓄水池2个、水塔2座，铺设引水管道5000米，总计可蓄水122万立方米；新修2条山间小路，建小桥2座，整修1条2.5公里长的大路。这些措施在治理的小流域内形成一个完整的水土保持工程体系，起到了拦沙、缓洪、涵养水源的综合作用，使山区有限的水源得到充分利用，建成的截流坝和水池工程，除解决了全村人畜饮水问题外，还增加果树灌溉面积 180 亩。水果产量由 1980 年的 20 万公斤增加到 1986 年的 165 万公斤，增长 725％；总收入由 1980 年的 54 万元增加到 1988 年的 120 万元，增长 122％；年人均收入由 1980 年的 385 元增加到 826 元。全村单位面积经济效益达每平方公里 37.4 万元。[1]

全国第四次水土保持会议以后，水土保持工作中以户或联户形式承包治理小流域的工作迅速开展。1984—1985 年两年，河北全省共下放"自留山"、"责任山" 3295 万亩，占宜林荒山的 80％左右。随着荒山荒坡下放和户包小流域治理的发展，集体林地承包给户或联户的有 2063 万亩。为了给承包者更大的经营自主权，各地狠抓了责任制的落实。在政策上明确谁承包，谁治理，谁管护，谁受益，允许继承和转让。多数户在订立合同的基础上，还做了公证。有的县政府发给了使用证，有效地解决了群众怕变的思想。户包治理责任制的形式，把水土保持和生态效益与承包户的经济利益结合起来，较好地解决了承包者责、权、利之间的关系，使社会效益、生态效益与承包户的经济利益相结合，大大激发了千家万户承包治理小流域和发展山区生产的积极性，很多承包户舍得在承包的小流域内投劳投资，有的还贷（借）款进行治理。1985 年，河北省开始对户包治理进行了巩固、调整、提高。对分而未治的荒山，有的地区进行了"三统"、"三分"，即统一规划、统一组织、统一服务，分层投资、分户管理、收益分成，加快了治理进度。对大片的荒山、荒坡，在分户治理有困难的地方，组织专业队或集体进行治理，治理后分户管护，有的由专人管护，效果也很好。[2]

河北省水土保持责任制的形式主要有：专业队承包，受益分成；集体治理，专人管护，集体受益；集体治理，分户管护，分户受益或效益分成；统一规划，分户治理管护，收益归户；单户或联户承包，单户受益，联户分成。各种形式的责任制，使责、权、利明确，有效地促进了水土保

---

①　参见河北省地方志编纂委员会编《河北省志》第 20 卷《水利志》，河北人民出版社 1995 年版，第 293 页。

②　同上书，第 294 页。

持工作的进展。

1984年，河北省水利厅制定了《河北省〈水土保持工作条例〉实施细则》，并翻印小册子2.5万份，张贴布告12万份。各地根据不同情况采取广播、电视、印发宣传材料及宣传画等多种形式宣传水土保持工作，提高了人们对水土保持工作的认识，加强了水土保持方面的法制观念，在一定程度上限制了陡坡开荒、乱砍滥伐等不良现象的发生。从总体来看，全省山区水土保持经济效益是明显的。从1951年始，至1985年底，全省用于山区水土保持的资金为44800万元，投工折款118617.2万元，产生的经济效益为533992.7万元。同时，山区水土流失治理后，解决了群众烧柴难的问题，也解决了部分村庄的人畜饮水问题，促进了山区经济发展，加快了脱贫步伐。经过治理的地方粮食单产都提高了两成以上，林果收入成倍增长，牧业、副业及其他生产收入也明显提高。地处燕山深处长城脚下的宽城县尖宝山大队，是一个九山半水半分田的穷山村，从1967年开始，对山、水、林、田、路进行综合治理，1979年林地面积已达8834亩，森林覆盖率为90%以上，用材林蓄积量达3500多立方米，每人拥有5立方米；350亩坡耕地也成了高标准梯田，栗树、苹果、核桃、红果等果品收入、蚕桑收入、畜牧收入等一年共计17—18万元，粮食亩产也超过了500公斤。

水土保持使山区植被率普遍增加，生态环境日益改善。据典型调查，林草覆盖率比治理前提高20%以上，缓洪拦沙效益达50%以上。邢台县的折户、灵寿县的北庄等地小流域，林草覆盖率平均上升到79%，基本形成了山顶防护林草戴帽、山坡果树缠腰、沟道水利水保工程护脚的综合防护体系。一些多年不见的鸟兽在一些治理较好的地方重新繁殖。同时，河流泥沙减少，水库寿命延长。官厅水库是1953年在永定河上修建的，是新中国成立后修建的第一座大型水库。据1950—1959年官厅站资料分析，其最大输沙量为1.2亿吨，10年平均年入库泥沙8276万吨，到1959年，运行7年就淤积了3.43亿立方米。若照此速度推算，30年，官厅水库应淤积15亿立方米，但到1983年实际淤积量只有6亿立方米。分析其原因，除这一阶段雨量偏枯外，主要是上游水利和水土保持工程发挥了较显著的拦截泥沙的作用，据分析，各支流水库拦截入库泥沙2.3亿立方米，引洪淤灌拦沙3.5亿立方米，水土保持工程减少入库泥沙6000万立方米，总计为官厅减少淤积6亿立方米以上，大大延长了官厅水库的使用寿命。同时，水土的保持也减少了洪涝灾害及风沙危害。① 到 1988 年底，河北省累计治理 3.8 万平方公里，占原有水土流失面积的 60%；累计修建水平梯田和沟坝地 495 万亩，营造水土保持林 3211 万亩，还修建了大量塘坝、水池、水窖等蓄水工程，为加速山区开发治理打下了坚实基础。②

六　户包治理与"四荒"拍卖

改革开放以后，随着农村联产承包责任制的建立与完善，山西省出现了以户承包治理小流域的新形式，就是农民个体户或联户与集体签订合同，承包治理一条荒沟，把一个小流域的自然单元和家庭这个人类社会的基本单元通过"包"字紧密结合起来，逐步形成水土保持责任制的一种新的做法。

户包治理小流域的产生，最早是从山西省忻州地区河曲县旧县公社小五村农民苗混瞒承包治理新尧沟开始的。1981 年，小五村实行了包干到户，原大队治理的新老沟流域因组织不起劳力而陷于停顿，大队主任苗混瞒不忍心半途而废，主动向公社党委提出户包治理新尧沟的意向，公社党委批准了苗混瞒的请求，并与其签订了承包治理合同。苗混瞒一家 6 口，4 个劳力，经过辛勤劳动，承包第一年就完成初步治理面积 174 亩，占到承包面积的 70%。坡上整地造林 139.5 亩，沟底打坝 4 座，修梯田 34.5 亩。通过林粮间种，当年增加收入 500 元，人均 83 元。苗混瞒户包治理小流域的成功做法，引起了地、县党政领导和业务部门的重视。1982 年 7月，忻州地委召开全区县委书记会议，组织与会代表到新尧沟参观学习，并作出在全区推广以户承包治理小流域的决定。③

不久，山西省委及时肯定了这一经验，并在《关于全省上半年工作情况和下半年工作部署的报告》中指出："河曲县旧县公社把小流域承包给社员户实行土水林综合治理，是把生态效益和经济效益，长远利益和眼前利益，集体利益和个人利益统一起来的好办法。"并要求全省各地予以推

① 参见河北省地方志编纂委员会编《河北省志》第 20 卷《水利志》，河北人民出版社 1995年版，第 295 页。

② 同上书，第 286 页。

③ 参见山西省史志研究院编《山西通志》第 10 卷《水利志》，中华书局 1999 年版，第 395页。

广。1982 年 10 月 26 日，山西省水土保持委员会向各地、市、县批转了忻县地委、行署《关于大力推广河曲县旧县公社以户承包治理小流域经验的决定》。在 11 月召开的全省水土保持工作会议上，进一步明确推广这种治理形式的重要意义，讨论研究了承包形式、政策规定、合同管理、扶持方式及宣传推广等项工作。这一部署首先在西山地区引起了强烈反响，西山地区很快出现了户包治理小流域的热潮。随之又出现了五寨县的苗胖，柳林县的景彦福、乔长清，兴县的牛根来，隰县的王锁计、王翠新等一批户包治理典型。据 1982 年 11 月统计，忻州地区已有 45178 户承包沟坡 8184 条（处），承包面积 48 万亩；吕梁地区有 33089 户承包 6580 条（处），承包面积 46.5 万亩。

1983 年 1 月，山西省水土保持委员会总结了各地户包实践经验，写出《关于我省推广以户承包治理小流域情况的报告》，在承包形式、政策规定、户包好处、需要解决的问题等方面提出了具体意见。3 月初，在山西省山区工作会议上，中共山西省委进一步肯定了户包治理小流域的做法，指出它是十一届三中全会后群众创造的一个成功经验，是靠得住的办法。8 月 31 日，山西省人民政府制定了《关于户包治理小流域的几项政策规定》，放宽政策，明确权属，鼓励山区农民积极承包治理。其基本精神是荒山、荒坡、荒沟、荒滩的承包治理，在统一规划下，坚持谁承包、谁治理、谁受益，由县人民政府发给《小流域治理开发使用证》。之后，山西省水利厅提出了《户包小流域治理标准》在全省试行。

随后，户包治理小流域在山西大地蓬勃兴起，迅猛发展。苗混瞒式的典型户如雨后春笋般地成长起来。据 1983 年 10 月统计，全省承包治理小流域的户数达到 65.8 万户，占山区总农户的 21.7%；承包小流域面积 1535 万亩，占应治理面积的 15.4%；承包管护面积 558 万亩。山西的户包治理小流域，在全国引起了强烈反响，从 1982 年下半年开始，先后有东北、华北、西北、西南等省（市）、自治区的代表约 3000 多人次到忻州、吕梁等地参观。①

1983 年是山西全省户包治理小流域的高潮阶段，不仅有了苗混瞒式的承包户、重点户，还涌现了河曲、偏关、柳林、隰县、乡宁、闻喜、寿阳

---

① 参见山西省史志研究院编《山西通志》第 10 卷《水利志》，中华书局 1999 年版，第 396 页。

等一批小流域治理先进县，这些县的承包户占到山区总农户的30%左右。群众说：实行户包治理小流域"眼前利益有甜头，长远利益有盼头，勤劳致富有奔头"。据忻州地区1983年对316个小流域治理重点户调查，全年共生产粮食90.85万公斤，户均2875公斤；农林牧总收入58万元，户均1825元，人均400元，产粮和收入都超过一般农户。五寨县魏家洼村农民苗胖，1982年承包了500亩一条小流域，到1983年底，初步治理面积达到60%，两年投资1600元，产出价值8200元，纯收入6600元。吕梁地区63个重点户，人均年治理面积达到20亩。临汾地区隰县定国村女社员王翠新，1982年7月承包200亩一条小沟，带领全家动土方1.42万立方米，植树1260多株，到1983年底控制水土流失面积150亩，采用林粮、林油间作，栽桑养蚕，以沟养沟，这年小流域内总收入1440元。在王翠新的带领下，全村61户中有47户承包了小流域治理，需要治理的3000亩荒山沟有2000亩得到初步治理。不少承包户还在小流域内修窑盖房，安营扎寨，坚持常年治理。

　　户包治理小流域在山西全省的发展，引起了党和政府的高度关注。1983年4月19日，《人民日报》发表题为《依靠群众治理黄河的新经验》的社论，对山西吕梁地区和忻县地区仿效联产承包责任制实行按户承包治理小流域的做法，给予肯定并加以推广。社论认为，实行按户承包治理小流域，为搞好黄河中游水土保持工作，加快发展山区经济，提供了一条新经验。它明确指出："以户承包治理小流域的经验，对黄河流域特别是中上游广大地区有推广价值。各级领导机关要继续解放思想，敢于冲破'左'的束缚，满腔热情地支持群众的实践，在实践中不断总结经验，使其更加完善。"还指出："可以预期，随着按户承包治理小流域办法的推广和普及，千百万农户一齐动员起来治理千沟万壑，经过长期艰巨的努力，控制黄河中游水土流失，改变黄土高原地区的贫困面貌，繁荣山区经济，就大有希望。"同时，黄河水利委员会在山西省忻州地区召开现场会议，推广户包治理。各地积极响应，很快出现了一批好典型，加快了治理进度。如内蒙古自治区（黄河流域部分），由于推广了户包治理，1981—1984年共完成治理措施面积5731平方公里，相当于1980年以前历年完成措施（保存）面积的总和。该自治区达拉特旗从1980年开始承包治理"五荒地"，到1984年，有73%的农户承包了307万亩，占水土流失面积的38.9%，完成措施面积162万亩，占承包面积的52.8%。1984年人均粮食250公斤，收入125元，分别比历年最高值提高35.5%和72.0%，有75%的农户解决了温饱。[①]

面对户包治理小流域这一新生事物，中共中央书记处农村政策研究室多次派人到山西了解情况。时任中共中央总书记的胡耀邦于1983年在视察忻州地区工作时，对户包治理小流域给予极大的支持和鼓励。随后，1984年1月1日，中共中央1号文件《关于1984年农村工作的通知》把"以户承包治理小流域"写入其中，指出："根据国家或集体的安排，在荒山、荒沙、荒滩种草种树，谁种谁有，长期不变，可以继承，可以折价转让。……专业户承包小流域治理，更应保证他们的应得利益。"[②] 这促进了以户承包治理小流域在全国广泛开展。在此，笔者以山西省为例加以论述。

根据中共中央1号文件精神，山西省水土保持委员会和省农村发展研究中心于1984年3月下旬在太原召开全省户包治理小流域典型户座谈会。会议确定河曲县苗混瞒、临县李茂英、隰县王翠新、五寨县苗胖、浮山县刘文章、沁县刘常在、偏关县王海宽、灵石县高明华、武乡县刘建功、闻喜县杨延寿、左云县王相、柳林县乔长清、岚县赵明有、乡宁县贺金荣、灵邱县张纪国等15位典型户为全省水土保持部门的重点联系户。4月1日的《山西日报》头版头条以《草木英雄》为题报道了这15位典型户的先进事迹。

山西省户包治理小流域在1984年出现了连续、连片、大户、联户治理的新特点，山区农户开发治理的积极性持续增长。各地围绕提高经济效益、建立健全服务体系及经费扶持等方面卓有成效地开展工作。河曲县把千家万户的分散治理纳入全县农业总体规划之中。对于小流域中的插花地、零星树采取自愿互利的原则，允许承包户协商调整。1984年，该县调整土地26万亩，解决了8000多条小流域耕地和荒坡两张皮的问题，并有计划地退耕还林还牧，调整农村产业结构。忻州地区进一步落实承包责任制，吕梁地区发布了《关于进一步放宽水土保持政策的10条规定》，临汾地区开展了保护承包户合法利益的活动。省水利厅水保局、省水土保持科

[①] 参见黄河水利委员会、黄河中游治理局编《黄河志》第8卷《黄河水土保持志》，河南人民出版社1993年版，第150页。

[②] 《中共中央关于一九八四年农村工作的通知》，载《十二大以来重要文献选编》（上），人民出版社1986年版，第436页。

学研究所编写出《治理小流域技术读物》，印发各地。在水保经费的使用上进行了改革，采用"以物代助、以借代助、以奖代助、以息代助、定额补助"等办法，较好地发挥了国家投资的经济杠杆作用。[①]

　　这次会议之后，山西各地户包小流域治理一度出现管理、技术、服务体系跟不上，治理质量差、效益低和包而不治等问题。为了解决上述问题，1986 年 7 月，山西省水利厅首先组织各地、市、县对户包治理进行了一次认真的全面普查。普查结果表明，承包户由 1985 年统计的 68.7 万户落实为 40.9 万户，减少了 40.5%；承包应治理面积由 1988 万亩落实为 1728 万亩，减少了 13.1%。普查还发现全省有 30% 左右的承包户没有签订承包治理合同，36% 的户没有拿到流域治理开发使用证。这次普查，还对 37096 户进行了重点抽样调查，其中治理工作搞得比较好的占 22%，治理一般的占 45%，治理差的（含包而不治户）占 33%。全省在户包发展的热潮中，坚持了求实的精神，找到了差距，采取了针对性的措施，提出了把近期效益搞上去的四条办法：一是结合治理搞粮、油、菜等间作，抓当年受益；二是种草种灌发展家庭养殖业，建设草籽苗木基地，抓短期受益；三是发展本地的土特名产，如药材、黄花菜、红枣、梨果等；四是发展家庭小作坊及加工业。到 1987 年，全省有相当一部分小流域承包户通过治理致了富。[②]

　　1988 年 9 月，山西省政府在乡宁、隰县召开了全省第二次户包小流域工作会议。时任全国政协副主席的钱正英，中共中央书记处农村政策研究室、水利部、黄河水利委员会的领导专家，陕西、甘肃、内蒙古等省（区）水利部门的领导同志和代表，各地市和山区 61 个县的政府和业务部门的代表以及乡、村、户的治理典型代表共 300 余人会聚一堂，畅谈户包小流域发展的新形势。会议认真总结了全省户包小流域的基本经验和发展历程，安排部署了今后的任务。钱正英在会上讲话，充分肯定了户包小流域的作用。她认为，要使农民在小流域治理中始终保持旺盛的活力，就必须始终坚持治山治水和治穷致富相结合，从直接的经济利益上调动山区广大农民的内在活力。她指出："户包小流域是黄土高原脱贫致富比较现实

---

　　① 参见山西省史志研究院编《山西通志》第 10 卷《水利志》，中华书局 1999 年版，第 397 页。

　　② 同上书，第 398 页。

可行的路子。许多典型说明,一个户这么办了,一个户就富起来;一个村这么办了,一个村就富起来;一个乡这么办了,一个乡就富起来;一个县这么办了,可以预期这个县也会很快地富起来。"她还指出:"各个典型都说明了,要做到大有作为,就必须坚持不懈。坚持五年效益已很明显;坚持十年就将有很大的效益;坚持几十年完全有可能根本地改变这个地区的面貌。"①

会后,山西各地坚持治山治水与治穷致富相结合,坚持户包小流域治理与基本农田建设相结合,坚持以户承包治理与集中连片治理相结合,坚持近期效益、中期效益和长期效益相结合,坚持国家资助启动与自我滚动发展相结合,把小流域治理作为各级政府工作的重点。1989年2月16日,山西省人民政府又制定了《户包治理小流域的几项补充政策规定》,对小流域承包户转让承包、联户合股治理、实行有偿服务以及奖励办法等作了明确规定,鼓励科技人员到实地进行技术承包,保护承包户的合法权益。

全国其他省(区)与山西省一样,经过整顿后也呈现了稳定发展的势头。据统计,到1989年底,晋、陕、蒙、甘、宁、青6省(区)小流域治理承包户为248.95万户,同1986年的大发展阶段相比,仅增加1.04%。承包面积7437万亩,户均30亩左右,承包户基本趋于稳定。1989年底共治理3522万亩,占承包面积的47.4%,其中大部分承包户的小流域沟道和坡面都得到了初步治理,基本农田产量增产1倍以上,经济林木已进入结果期,开始收到效益,由前期治理为主转入加强管护和发展商品生产为主的新阶段。②

进入20世纪90年代以后,针对小流域治理中出现的新情况、新问题,山西省政府连续召开两次全省小流域治理工作会议,主要是从指导思想上、经营方式上、投入机制上、组织领导上提出了整套基本路子和做法,进一步推进了山西的小流域治理。在1990年9月召开的山西省第三次小流域治理工作会议上,时任山西省副省长的郭裕怀作了题为《以科技为先导,以效益为中心,坚持不懈地推进小流域治理和开发》的工作报告,总结了近10年来,特别是1988年以来小流域治理的成绩和经验,明确提出

---

① 钱正英:《户包小流域大有可为,户包小流域贵在坚持》,载《钱正英水利文选》,中国水利水电出版社2000年版,第375—376页。

② 参见水利部黄河水利委员会编《人民治理黄河六十年》,黄河水利出版社2006年版,第281页。

了"以科技为先导，以效益为中心"的指导方针和相应的措施。时任全国政协副主席的钱正英在会上作了题为《小流域治理是一项长期伟大的事业》的重要讲话，再次肯定道："小流域治理是黄土高原综合开发的基点。小流域可以联成大系统，经过长期奋斗，小流域治理可以发展成为改造黄土高原的系统工程。"[①] 这样，山西省经过广大山区人民和各级党政干部、科技人员的艰苦奋斗、辛勤劳动，户包治理小流域卓有成效地健康发展，并取得了显著的经济、生态和社会效益。到 1990 年底，全省小流域承包户发展到 37.9 万户，占山区农户的 11.6%。承包应治理面积 1886 万亩，户包累计完成治理面积 1275 万亩，占承包应治理面积的 68%。另外，还承包管护面积 590 万亩，发放小流域治理使用证 22 万户，占承包户总数的 58%。全省水土保持形成了"户、专、群"结合，多形式治理的新局面。[②]

1992 年 9 月，为贯彻全国第五次水土保持会议精神，总结交流小流域治理工作经验，山西省政府在潞城县召开全省第四次小流域治理工作会议。会上，时任山西省副省长的郭裕怀作了题为《深化改革，提高效益，继续搞好小流域治理为基础的水土保持工作》的报告，要求各地进一步解放思想，深化改革，建立一大批高效益小流域，带动以小流域治理开发为依托的商品生产。会议还表彰了 10 户小流域治理"状元"户，50 户小流域治理先进户，27 个小流域治理先进乡。时任全国政协副主席的钱正英在会上作了题为《把小流域治理引向商品经济的大道》的重要讲话，对山西省自 1982 年以来，在全国的农村改革中创造的户包小流域治理新形式，给予了高度的评价。她指出："这是水土保持工作的一项重大突破，是山西人民的一项伟大创举。十年来，山西省委和省人民政府，紧紧抓住了户包小流域治理这个新生事物，领导广大干部和农民，在实践中不断地开拓探索，使小流域治理在全省从点到面，大规模又健康地全面展开。"[③] 她强调要把小流域治理引向商品经济的发展道路。

---

① 钱正英：《小流域治理是一项长期伟大的事业》，载《钱正英水利文选》，中国水利水电出版社 2000 年版，第 384 页。

② 参见山西省史志研究院编《山西通志》第 10 卷《水利志》，中华书局 1999 年版，第 399 页。

③ 钱正英：《把小流域治理引向商品经济的大道》，载《钱正英水利文选》，中国水利水电出版社 2000 年版，第 391—398 页。

户包小流域治理是改善生态环境、提高粮食生产的战略，它有利于综合治理、集中治理、连续治理，发挥各方面的整体功能，保肥保土，提高抗旱能力，建设基本农田，为粮食的稳产高产奠定坚实基础。户包小流域治理为调整产业结构、创新经营模式提供了有利条件，解决了各业争地的矛盾，促进了林、果、瓜、菜、药和各类经济作物的发展，也给牛、羊、猪、鸡、蚕、鱼的养殖创造了条件，引导农民从自然经济走向商品经济。有学者总结了户包小流域治理的基本经验：第一，坚持治山治水与治穷致富相结合，认真贯彻水土保持工作的目的要求，讲求经济效益，使农民在有关治理与开发活动中得到实惠，调动其积极性，变"要我治理"为"我要治理"。第二，坚持近期与远景相结合，治理与开发相结合，既要早得利，又要有后劲；既要解决温饱，又要退耕还林；既要考虑生产，也要考虑生态，必须以短补长，避免掠夺经营。第三，坚持户包治理与集中连片治理相结合。第四，坚持国家资助启动与自我滚动发展相结合。小流域治理以户包为主要形式，使最基本的生产资料与生产力结合起来，并在治理中将生态效益、社会效益、经济效益与农民的切身利益结合起来，因而具有很好的前景。[①]

拍卖"四荒"地（荒山、荒坡、荒沟、荒滩），治理开发小流域，这是改革的一项新举措，最早是从山西省吕梁山区兴起的。1988年，临县曲峪乡公开提出"拍卖支毛沟"，全乡80%的农户参与、购买治理"四荒"；1984年，岚县由中幼林、零星果园有偿折价转让发展到拍卖"四荒"，1991年全县就拍卖"四荒"地3.6万亩。1992年7月，岚县人民政府作出拍卖"四荒"的10条规定，大面积进行"四荒"地拍卖治理。吕梁地委、行署及时调查了岚县、临县的做法，地委、行署主要领导就拍卖"四荒"地使用权问题，进行了3天的大讨论，统一了思想，形成了共识。1992年8月，吕梁地委向全区发出了《关于拍卖荒山、荒坡、荒沟、荒滩使用权，加强小流域治理的意见》，山西省委、省政府及时肯定了拍卖"四荒"这一改革举措。1993年3月，山西省政府在《关于继续抓好以户包为基础开发小流域的决定》中明确提出："尚未治理的小流域，可拍卖使用权和经营权，50年至100年不变。"时任山西省委书记的胡富国考察

---

① 参见刘善建《中国的水土保持》，载钱正英主编《中国水利》，水利电力出版社1991年版，第395页。

吕梁时指出，拍卖"四荒"地使用权的改革，方向是对的，应进一步加以完善并在全省贫困山区逐步推广。

1994年，山西省在乡宁县召开全省第五次小流域会议，对拍卖"四荒"治理小流域作了全面安排部署。会后，"四荒"面积较大的吕梁、忻州、临汾、晋中、长治、大同等地（市），把"四荒"拍卖治理作为贫困山区脱贫致富和改善生态环境的突破口，进一步解放思想，完善法规政策，动员千家万户，治理千园万场，推动全省小流域治理开发再上一个新台阶。全省累计拍卖面积达855万亩，有19.9万农户，520多个机关团体、企事业单位和3458名公职人员购买"四荒"，涌现出永和、岚县、石楼、浑源、屯留、和顺等拍卖"四荒"加快治理的典型县。永和县拍卖面积和购买农户占到了"四荒"总面积和总农户的60%，岚县的拍卖面积已占到可拍卖面积的80%。1995年10月对18个县50个村的61户农民购治"四荒"地情况的实地调查表明，治理标准高、经济效益明显的达35户，占总户的57.4%；开始治理、有效益的有23户，占总户的37.7%；未治理用做放牧的有3户，占总户的4.9%。领到县、乡治理使用权的43户，发证率70.1%。全省各地涌现出一大批"四荒"治理典型户，如乡宁县的王吉祥，1992年以15.5万元购买了1996亩荒地，种了1万株优种苹果、1万株花椒、1万株杏树、1000株核桃、67公顷用材林，水、电、路三通到流域，住房建在流域内，据当时的估计，他将成为治荒的百万元户。岚县的李贵喜，治荒4公顷，1994年收入2万元，1995年大灾之年仍可收入1万元。购买"四荒"的企事业单位，有方山县下昔供销社，1992年以7.2万元购买了庙底村4500亩荒地，3年投资10万元，治理了1000亩，种植经济林、木材林，发展养殖业，1994年收入达2万元。[①]

陕西省集体所有的荒山、荒坡、荒沟、荒滩、荒水（简称"五荒"）面积达2500万亩。1992年，子长县李家岔乡率先将本乡农户承包经营10年的1条荒沟的使用权公开拍卖给群众。1993年初，子长、延安、延长、澄城、山阳、宁强、西乡、勉县、洋县、略阳等县（市）积极推行"五荒"地使用权拍卖的试点工作。在以"明晰所有权、稳定使用权、放开经营权、保护受益权"的"五荒"使用权拍卖中，全省各地群众积极性很

---

① 参见山西省史志研究院编《山西通志》第10卷《水利志》，中华书局1999年版，第400页。

高。澄城县 1993 年 3 月试点后，很快在 9 个乡拍卖"五荒"地使用权 6830 亩，收回拍卖资金 24.15 万元。1993 年，延安地区拍卖"五荒"地使用权 66.86 万亩，收回拍卖资金 255.5 万元。安塞县李家沟村运输个体户陈三义，1993 年出资 1.26 万元买了 1 条 750 亩的小山沟，投资 13 万元，进行沟底打坝造田、山腰建园栽果、村庄院落养殖的布局，第二年就收入 2 万元。安康市南溪乡永丰村农民陈景高购买荒山 50 亩，当年投资 5000 元，栽桑养蚕实现收入 1.5 万元。凤县双石铺镇私营企业主王月成投资 113 万元购买荒山荒滩 2000 亩，创办了汇丰农场，已治理高标准梯田 50 亩，栽植苹果、核桃、梨等果树 440 亩，花椒护埂 2 公里。"五荒"地拍卖政策不仅吸引了广大农民，也吸引了机关团体、事业单位职工。凤县 715 名县、乡机关干部共购买"五荒"地 1085 亩，人均 1.52 亩。西安市碑林区房管所职工孙长源曾在麟游县崔木乡插队，他动员兄姐入股 9 万元，自己投资 11 万元，在麟游建起了股份制庄园，栽果树 117 亩，养山羊 110 多只。宝鸡市宝申公司在渭滨区购买荒山 180 亩，投资 3000 多万元，修建了度假村，内含游泳池、加油站、别墅群等。桃曲坡水库枢纽管理站租用集体荒山 600 亩，连同库周国有荒山，建起了桃曲坡水库千亩果林基地，已栽植果树 450 亩。据 1995 年底统计，陕西全省 10 个地（市）、70 个县（市）、500 多个乡（镇）、2600 多个村共拍卖"五荒"地使用权 223 万亩，参与购买农户 59 万户，机关团体、事业单位及个体工商户近 5000 家，收回拍卖资金 5443 万元，购买者重新投入治理资金近亿元。①

---

① 参见陕西省地方志编纂委员会编《陕西省志》第 13 卷《水利志》，陕西人民出版社 1999 年版，第 334 页。

第九章　新时期的江河综合治理与南水北调

　　大型综合性水利枢纽工程是科学防控洪水和调度配置水资源的重要手段，体现了一个国家的水利工作水平和能力。改革开放初期，国家对水利建设的投资相对减少，兴办的大中型水利枢纽工程急剧减少，水利建设出现了较长时期的徘徊状态。但伴随着水利设施的老化和破坏，全国性的水旱灾害并未消除，仍然要求国家对长江、黄河、淮河、海河、珠江、辽河等重要流域进行综合治理，以减轻和消除水旱灾害。1991年淮河大水向人们敲响了警钟，1998年长江大水再次唤起了人们的水利意识。这样，国家尽管相对减少了对农田水利基础设施的投资额度，但对大江大河的治理力度却逐渐加强。治理淮河重点工程的全面实施，临淮岗洪水控制工程的兴建，黄河小浪底水利枢纽工程的修筑，举世瞩目的长江三峡水利枢纽工程的上马，南水北调工程从构想到付诸实施，以及百色水利枢纽工程、尼尔基水利枢纽工程、沙坡头水利枢纽工程的相继兴建，都表明新时期国家对江河治理的高度重视。这些重大水利枢纽工程的建成，从整体上提高了防御特大洪水的能力，最大限度地减轻了水旱灾害对中国经济社会以及生态环境造成的损失和影响，基本保障了国民经济和社会持续稳定发展。

一　淮河的统一规划治理

　　新中国大规模治水事业是从治理淮河起步的。淮河的安危凝结着党和国家领导人的心血。毛泽东曾先后四次对淮河治理作出批示，并在1951年发出"一定要把淮河修好"的号召；周恩来亲自部署召开第一次治淮会议，研究制定了"蓄泄兼筹"的治淮方略；刘少奇、朱德、邓小平等多次视察淮河，尤其是在1954年10月14日，政务院颁布了《关于治理淮河的决定》，使淮河成为新中国第一条全面、系统治理的大河。到1981年，国家投资治淮的基本建设资金总计76亿元,完成土石方76亿立方米,混凝土800余万立方米。在山区和丘陵区,建成大中小型水库5200座(其中大型水库35座),总库容237亿立方米。在平原地区,利用湖泊、洼地修建能滞洪蓄水的控制工程,总容量280亿立方米。在下游,扩大了入江、入海出路,使淮沂沭泗下游泄洪能力从原有的8000立方米每秒,增加到2.3万立方米每秒。同时,普遍加高、加固了干支流堤防,初步治理了平原河道,并修建了大量泄洪、节制、挡潮闸和涵洞桥梁。在灌溉方面,修建了淠史杭等大型自流灌区,江都引江枢纽等大型排灌抽水站。总计共有排灌站4万多处,装机300万马力,机井75万眼。这样,经过30多年的持续治理,淮河流域基本上改变了"大雨大灾,小雨小灾,无雨旱灾"的面貌。全流域的灌溉面积,从新中国成立初期的1200万亩增长到1.1亿亩,占耕地面积的55%。治淮工作取得了巨大成绩,初步控制了淮河流域大部分地区的常遇性水旱灾害,农业生产面貌有了显著改变。全流域的粮食产量,已从1949年的280亿斤,增加到1980年的810亿斤。1978年,流域南部遭受几十年不遇的大旱,粮食产量仍然达到770多亿斤。[①]中共十一届三中全会以后,由于农村普遍实行了生产责任制,淮河流域的水利设施进一步发挥着作用,农业生产得到迅速发展。

　　然而,治淮工作因受到"左"的思想影响,特别是在1958年和十年内乱中,造成的浪费和损失很大,存在着比较严重的问题。在防洪方面,淮河流域各主要河道虽然能够防御不同标准的普通洪水,但是标准仍然偏低,洪水出路仍然偏小,许多水库不够安全。如果遇到流域性的大雨或局部性的暴雨,仍有可能出现严重的洪水灾害。危害淮河干流防洪的隐患,主要是行洪区、蓄洪区不能发挥应有的作用。淮河上中游两岸有许多洼地,共约有380多万亩耕地,150万人口,过去小水不淹,大水行洪,治淮初期划为行洪区、蓄洪区。行洪区的排洪流量占全河的20%—40%,蓄洪区对淮河干流削减洪峰的作用超过山区水库。由于对这些地区的群众生产、生活长期缺乏妥善的安置,没有明确统一的政策,行洪蓄洪后,群众生产、生活相当困难。在这种情况下,行洪区内群众不断加高圩堤,阻碍行洪,加上河道内其他阻水设施,大大减少了淮河的排洪能力。许多蓄洪

---

　　① 参见《水利部关于建议召开治淮会议的报告》,载《当代中国的水利事业》编辑部编印《历次全国水利会议报告文件(1979—1987)》(内部发行),1987年,第182页。

的湖泊洼地也被擅自围垦，调蓄能力不断削弱。在防涝防渍方面，全流域
1.3 亿亩易涝平原，有些地方已形成较完整的排水系统，但仍有一半的面
积抗涝抗渍能力很低。其中有的地方基本没有治理，有的虽经治理，但因
工程不配套、管理混乱不能充分发挥作用。在灌溉方面，灌溉面积已由新
中国成立前标准很低的 1200 万亩，发展到 1.1 亿亩，占耕地的 55%，但
是许多地区配套不好，用水浪费，增产效能差。全流域 30 多处大型水库
灌区的设计灌溉面积 2200 多万亩，约有 1000 万亩不配套。同时，新中国
成立初期治淮实行集中统一管理的方法，效果很好，但 1958 年撤销治淮
委员会后，管理分散，水利矛盾日益突出。虽然 20 世纪 70 年代重建了治
淮组织，但未能解决这个问题，有的地方管理混乱，已到了不能容忍的地
步。许多重要堤防的险工险段，严重失修；有的地方，甚至挖了大堤，有
的任意砍伐护堤林木；许多山区滥伐林木、陡坡开荒，水土流失日益
加剧。①

　　从总体上看，到 20 世纪 80 年代初，治淮已有了相当厚的基础，也发
挥了一定的工程效益，但抗御水旱灾害的标准仍然较低、洪涝威胁还很
大，特别是管理工作薄弱，隐患极大。全流域仍有约 500 万人受到洪涝灾
害威胁，行洪、蓄洪区约 100 万人民的生产、生活十分困难。如遇较大洪
水，仍难避免发生重大灾害，甚至可能造成十分严重的后果。随着改革开
放后社会经济的飞速发展，城市工业用水、航运及其他方面也对治淮工作
提出了新要求。

　　1980 年春全国人大五届三次会议期间，淮河流域的河南、安徽、江
苏、山东 4 省代表都提出了有关治淮的提案，反映了许多矛盾，并要求国
务院加强对治淮工作的统一领导。同年 12 月，水利部召开了治淮规划工
作会议。1981 年春，水利部会同河南、安徽、江苏、山东 4 省组织了 5 个
查勘队 100 多人，对淮河流域进行了全面调查研究。通过调查研究，总的
认为：新中国成立以来花了很大力量治淮，已打下了一个较好的水利基
础，但由于各方面矛盾很多，治淮工程的效益还没有充分发挥，有的甚至
遭到了破坏。

　　1981 年 9 月 18 日，水利部报送国务院《水利部关于建议召开治淮会

---

　　① 参见《国务院治淮会议纪要》，载《当代中国的水利事业》编辑部编印《历次全国水利会
议报告文件（1979—1987）》（内部发行），1987 年，第 194—195 页。

议的报告》。报告指出：治淮的问题有些长期没有得到解决，并且越来越严重。主要体现在行洪、蓄洪区矛盾很大，各类阻水障碍降低了淮河干流的排洪能力；淮、沂、沭、泗水的洪水出路没有完全解决，限制了上中游洪水的畅泄和广大平原排水；一些经济效果很好的重点水利工程长期不能很好建成配套；省际水利矛盾尖锐复杂；许多工程失修、破坏严重；移民安置等遗留问题很大。鉴于这种状况，水利部总结30多年治淮正反两方面的经验和对现状的调查，指出，淮河必须按水系统一治理，才能达到治好淮河的目的。要实现按水系统一治理，必须做到按水系统一规划、统一计划、统一管理、统一政策。实现这"四个统一"，把治淮工作的重点转移到管理上来，才能用较少的投资，尽快恢复、巩固和发挥治淮工程效益，才能使治淮工作在现有的基础上更好地前进。[①]

为此，水利部向国务院提出四项治淮建议：（1）关于统一规划。准备分两步走：第一步，在一二年内先作出一个以恢复、巩固、发挥现有工程效益为主要内容的规划，以适应"六五"期间或稍长一些时间治淮建设的需要；第二步，搞一个到2000年或稍后些的长远规划，提出切实可行的措施和分期实施方案，规划的内容包括除害兴利、改善环境等各个方面。（2）关于统一计划。建议把中央投资、中央安排的大型治淮骨干工程、跨省重要支流治理和矛盾大的边界工程，都列为水利部部属工程，取消部商项目。这些工程的年度计划由治淮委员会统一编制，经水利部报国家计委审批。由治淮委员会统一管理的河道、水库和枢纽工程的防汛和岁修经费归治淮委员会统一掌握和安排。（3）关于统一管理。统一管理内容包括洪涝水的统一调度，水资源的综合利用，行洪蓄洪区的管理和利用，河道堤防、水库和枢纽工程的管理和综合经营，边界水利矛盾的处理，以及本水系的基本建设。按水系的统一管理必须和发挥地方的积极性相结合。治淮委员会要直接管理一些主干水系，同时又要指导协助各省对于本省境内面上的管理。四省水利厅既要负责面上的管理工作，同时又要支持和配合治淮委员会管好主干水系，建议设立淮河上中游和淮河下游两个管理局。（4）关于统一政策。为了保证起到行洪作用，行洪区圩堤必须铲低到规定的高程，一切阻水障碍必须清除。对于作出牺牲的部分地区在经济上采取

[①] 参见《水利部关于建议召开治淮会议的报告》，载《当代中国的水利事业》编辑部编印《历次全国水利会议报告文件（1979—1987）》（内部发行），1987年，第183—187页。

不同政策：一是经常要行洪的地方，如河南的建湾、童园、黄郢子和安徽的涧赵段等，建议全部迁出，平毁圩堤成为河滩地；二是有计划地建设行洪、蓄洪区的安全庄台和撤退道路，保证群众的安全；三是合理地利用土地，提高行洪、蓄洪区内的夏收比重，并研究种植适当的秋季作物或发展多种经营；四是政策要稳定，在执行中不断完善。①

水利部在报告中最后提出，由时任国务院副总理的万里主持，于1981年内召开一次治淮会议，由河南、安徽、江苏、山东四省领导和国家计委、国家农委、水利部、财政部、治淮委员会负责同志参加，把主要问题讨论确定下来，以便使治淮工作推向一个新阶段。②

国务院认真研究并批准了《水利部关于建议召开治淮会议的报告》。1981年12月，在全国人大五届四次会议期间，万里主持召开了国务院治淮会议，河南、安徽、江苏、山东四省领导及有关部委参加。

国务院治淮会议分析了治淮的成绩及存在的主要问题，决定继续贯彻"蓄泄兼筹"的方针对淮河进行治理，并形成了八项基本的治理纲要：（1）治理山区。山区面积约占全流域的六分之一，分布在流域南部、西部和东北部边缘，应广泛植树育草，进行水土保持，充分利用山区多种生物资源。应首先巩固并充分发挥已有的5200座大、中、小水库的作用，拦蓄洪水，发展水利。在此基础上，再择优逐步新建水库。（2）治理丘陵区。丘陵区面积约占全流域的六分之一，主要威胁是干旱，需要蓄、引、提相结合，解决灌溉问题。首先应续建配套已有灌区，并充分利用水利工程的优势，发展农、林、牧、副、渔等多种经营。以后结合新建水库，建设新灌区。（3）整治淮河干流。淮河干流是山丘区和淮北平原洪涝水的总出路。由于山区控制洪水的能力有限，必须依靠河道及其两侧行洪区排泄，还必须利用河道两侧湖泊洼地滞蓄洪水。为此，要分别情况采取不同措施和制定相应的政策：行洪频繁的应平毁圩堤，迁移居民；进洪次数较多的应修建庄台或避水台，免征免购夏粮和部分秋粮；进洪次数较少的试办防洪保险事业。要积极扶助行洪蓄洪区人民发展生产，充分利用现有湖泊蓄水拦洪，并积极发展水产；稳定水位，制止污染，保持良好水质。

---

① 参见《水利部关于建议召开治淮会议的报告》，载《当代中国的水利事业》编辑部编印《历次全国水利会议报告文件（1979—1987）》（内部发行），1987年，第187—190页。

② 同上书，第190页。

（4）扩大淮沂沭泗水下游出路。（5）建设淮北平原的排水系统。为了根本解决豫东、皖北的排水出路，已经规划在安徽境内开挖茨淮新河和怀洪新河，今后应逐步完成全部工程。淮北平原的灌溉，可因地制宜地发展井灌，从河湖提水以及引黄灌溉。在排水困难的洼地，可根据水源条件适当改种水稻。（6）举办南水北调。在江苏境内，应使南水北调与发展南北运河的航运相结合；在安徽境内，应使引江济淮与江淮运河结合；在河南境内，应研究从丹江口水库引水的可行性。（7）国家、地方和群众密切协作。全流域的战略性骨干工程由中央投资，省内工程一般由地方投资。不论中央或地方举办的工程，都要鼓励群众进行适当的劳力投资。（8）统一治理。包括统一规划、统一计划、统一管理、统一政策，要在统一规划下充分发挥地方的积极性。[1]

国务院治淮会议还提出了10年规划设想：（1）择要加固水库，重点是河南省昭平台、白龟山和宿鸭湖水库，安徽省佛子岭、磨子潭水库，山东省许家崖、陡山等水库。（2）提高淮河水系的防洪标准。中游淮北大堤要能防1954年洪水（约40年一遇）；下游防百年一遇洪水，保洪泽湖大堤；沙颍河、涡河等重要支流要能防20年一遇洪水。（3）提高沂沭泗水系的防洪标准，10年内先做到能防20年一遇到50年一遇的洪水。（4）择优进行重点排灌工程。10年规划的大型骨干工程，共需国家投资15亿元。建议国家将治淮列为一个专项，投资由水利部统一掌握。每年的年度计划，经水利部报国家计委批准后，由治淮委员会组织有计划地执行。[2]

淮河流域四省主要负责人在一起讨论治淮问题，这是多年来的第一次。这次会议就淮河治理方向、10年规划设想和加强治淮的统一领导等问题，取得了一致意见。大家表示，今后一定要加强联系，互相谅解，互相支持，共同把治淮事业搞得更好。

1982年2月15日，国务院发出《国务院批转治淮会议纪要的通知》。《通知》指出：为了便于按流域进行统一治理，国务院决定将治淮工程列为国家的专项工程，投资归水利部掌握，中央投资和地方投资统一安排。地方自筹资金的工程，纳入统一的治淮计划。与治淮工程紧密结合的航运

① 参见《国务院治淮会议纪要》，载《当代中国的水利事业》编辑部编印《历次全国水利会议报告文件（1979—1987）》（内部发行），1987年，第196—198页。
② 同上书，第199—201页。

工程也要统一规划，统一实施，投资由治淮部门统一使用。淮河水系的统一管理由水利部与河南、安徽、江苏三省研究提出具体办法报国务院核定。为了加强治淮工作的统一领导，国务院同意成立治淮领导小组，由水利部钱正英、河南省李庆伟、安徽省王光宇、江苏省陈克天、山东省朱奇民、治淮委员会李苏波等同志组成，钱正英同志任组长。已有的水利部治淮委员会兼做治淮领导小组的办事机构，负责日常统筹工作。①《通知》还强调，淮河流域水系复杂，上下游关系密切，历来矛盾很多，各有关地区要本着小局服从大局、大局照顾小局、以大局为重的原则，互谅互让，互相支持，团结治水，共同把治淮事业搞得更好。②

国务院第一次治淮会议以后，治淮委员会与豫、皖、苏、鲁四省水利部门，在中央有关部委的大力支持下，编制了以恢复、巩固、发挥已有工程效益为主要内容的第一步治淮规划，并对重大骨干工程的可行性作了专门论证。同时，治淮工程的实施也有一定进展，有关省份进行了淮河干流中游的淮北大堤加固、新沂河大堤加固，行蓄洪区庄台、南四湖渔民庄台及洪泽湖周边处理，茨淮新河和部分上游水库加固等工程，进一步发挥了已有工程的作用。到 1984 年，国家累计投资达 77 亿元，加上地方投资和群众投工，共修建水库 5200 多座，疏浚河道，加固堤防，建设排灌站，使全流域初步形成了一个可防洪、除涝、灌溉和航运的工程体系。但是，由于长期对生物措施重视不够，水土流失面积反而不断增多。9 万平方公里的丘陵山地，水土流失面积达 5.2 万平方公里。据测算，全流域每年淤积到河、库、塘、湖的泥沙达 1 亿多立方米，减少的蓄量相当于一座大型水库的库容。许多地、县委的领导发出紧急呼吁，再不注意生物措施治理，治淮投资将逐渐被埋入土中。专家认为，采取生物治理措施，植树种草，是控制水土流失的上策，也是使现有水利工程延长寿命的良方。沱河的河南永城段，10 年间植树造林 1.3 万亩，水土流失面积控制了 98%，河道使用寿命大大延长。③

然而，由于建设资金的限制以及对一些重大治理方案的认识尚不统一，致使 1981 年治淮会议提出的一些重要任务未能如期完成，影响了治

---

① 参见《国务院批转治淮会议纪要的通知》，载《当代中国的水利事业》编辑部编印《历次全国水利会议报告文件（1979—1987）》（内部发行），1987 年，第 191 页。

② 同上书，第 191—192 页。

③ 参见沈祖润等《重视淮河流域水土流失问题》，《人民日报》1985 年 10 月 5 日。

淮工作的进展。

1985 年 3 月 11—12 日，国务院在安徽合肥召开了十一届三中全会以后的第二次治淮会议。会议主要是审议治淮委员会提出的今后治淮的长远规划和"七五"期间的计划。参加会议的有河南、安徽、江苏、山东四省的负责同志和中央书记处农村政策研究室、水利电力部、国家计委、交通部的负责同志，以及一些水利专家共 90 余人。时任国务院副总理的万里、李鹏参加了会议。万里在会议开始和结束前，作了两次重要讲话。他说，新中国成立以来，治淮成绩很大，但也确实存在一些问题，还没有达到根治。我们一定要有理想，顾大局，讲科学，继续把淮河治好，为子孙后代造福。要抓紧定下治淮的长远、近期规划，下决心在"七五"期间解决治淮中的一些重大问题。李鹏代表国务院对治淮长远、近期规划作了重要指示。他说，淮河流域有 1 亿多人口，2 亿多亩耕地，自然条件也很好，是我国的煤电能源基地和粮棉重要产区。把淮河治好，这里的经济发展可以不亚于珠江三角洲和长江三角洲。他强调，治理淮河要继续坚持周总理生前提出的"蓄泄兼筹"的方针，希望淮河流域四省团结治水。①

与会同志本着顾全大局、团结治水的精神，就"规划"和"计划"进行了认真的讨论。时任水电部部长的钱正英、副部长杨振怀还分别就有关问题作了说明。第二次治淮会议讨论和商定了 8 个方面的重大问题：（1）上游水库工程。鉴于淮河流域内还有不少病险水库，根据国家财力情况，"七五"期间重点安排加固标准很低而又可能造成重大灾害的河南宿鸭湖、山东许家崖和陡山等大型水库，同时复建河南板桥水库。对中小型重要病险水库，会议要求各地水利部门作出必要安排，保证不出重大垮坝事故。（2）淮河干流上、中游的防洪。根据淮河干流上、中游地形和水文特点，治淮委员会提出的主要措施是：打通行洪通道，使中小洪水畅通，减少行洪、蓄洪区使用机会；修建临淮岗控制工程，提高淮北大堤防洪标准；对行洪、蓄洪区实行特殊政策，稳定群众生产生活。这三项措施是一个整体，必须全面规划，统一安排，才能收到预期效果。通过讨论，与会者对打通行洪通道认识比较一致，认为除部分具体措施尚须进一步研究落实外，应积极实施。（3）淮北平原支流的治理和排涝。重点进行沙河南堤加固、续建茨淮新河、怀洪新河。茨淮新河剩余工程于"七五"前期完成。

---

① 参见《国务院在合肥召开治淮会议》，《人民日报》1985 年 3 月 14 日。

淮北平原其他支流，如黑茨河、汾泉河、涡河、奎濉河、包浍河等，应根据国家财力有步骤地安排治理。（4）洪泽湖和入海水道。会议同意"七五"期间按 3000 立方米每秒的规模修建入海水道，以提高洪泽湖的防洪标准。洪泽湖近期蓄水位为 13 米，防洪限制水位仍为 12.5 米，远景蓄水位将抬高到 13.5 米高程。（5）沂沭河东调南下工程。沂沭河东调南下工程的规划布局是正确的，"七五"期间要加快建设步伐，特别是加快南下工程。会议希望有关地区从大局出发，按治淮委员会意见积极实施。会议认为，山东省提出修建南四湖东堤的要求原则上可以同意。（6）南水北调东线第一期工程，由水电部报请国家计委审批。（7）航运。近期首先结合南水北调工程，建设南北大运河。水电、交通两部应当共同努力，制定联合开发航运规划，尽早实现全线通航。（8）治淮"七五"计划。治淮委员会要根据这次会议商定的轮廓，与各省进一步商定"七五"的具体安排，分年实施。设计方案审定以后，要排除困难，积极实施，一定不要因枝节问题贻误时机。①

在治淮会议上，钱正英作了综合发言，杨振怀作了关于治淮工作情况和近期规划意见的汇报，河南、安徽、江苏、山东四省主要负责人均在会上发言。钱正英在发言中要求治淮委员会在"七五"计划的基础上，进一步作出整体规划。要通过这些规划的实施，争取到 2000 年基本达到根治淮河的目的。会议商议了"七五"计划期间协作治淮的一批重要工程项目。其中主要有：上游水库的加固除险与修建，提高淮河干流防洪标准的有关工程，增辟下游的入海水道，继续完成沂沭泗水系的治理规划，以及与治淮有关的南水北调东线第一期工程等。②

国务院第二次治淮会议后，水利电力部根据会议精神与有关部门反复协商，初步确定了有关治淮的具体措施。1986 年 4 月 2 日，水利电力部向国务院正式提交了《水利电力部关于"七五"期间治淮问题的报告》。报告分析了第一次治淮会议后的成就及存在的问题，提出应继续贯彻"蓄泄兼筹"的治淮方针和"小局要服从大局，大局要照顾小局，最终要服从大局"的原则。在治淮的统一规划下，要充分发挥地方的积极性，中央应在可能的条件下，给予最大的支持。1986 年 7 月 17 日，《国务院批转水利电

---

① 参见《国务院在合肥召开治淮会议》，《人民日报》1985 年 3 月 14 日。

② 同上。

力部关于"七五"期间治淮问题的报告的通知》指出：淮河治理以及淮河
流域的经济发展对全国具有重要影响。目前，治淮工作取得了很大成绩，
水旱灾害已得到初步控制，淮河流域的生产面貌有了明显改变。但是，较
大洪涝灾害的威胁仍很严重，水利资源的开发和利用也不适应工农业发展
的需要。因此，治淮要继续贯彻"蓄泄兼筹"的治理方针，从全局利益出
发，在搞好全面规划的基础上，重点抓好关键工程的前期工作。治淮问题
较为复杂，历来矛盾较多，望各有关地区和部门顾全大局，互相配合，进
一步推进淮河的治理工作。[①]

　　1981年和1985年由国务院主持召开的两次治淮会议，对统一治理淮
河工程总体布局作了全面规划。然而，由于水利建设资金不到位、省际利
益矛盾突出及对治淮重视不够等原因，国务院规划的许多工程项目并没有
能够全部付诸实施，有些重要工程根本没有动工兴建。

二　治淮重点工程的全面实施

　　1991年夏的淮河水灾，暴露出治淮工作中的一些严重问题。这次淮河
大水成灾的原因，除雨期提前、雨量集中、雨型特殊等客观原因外，主要
原因是淮河干流特别是中游一带的治理效果不太明显，有的河段情况甚至
趋于恶化。集中表现为1990年出现的"中小洪水，高水位，大防汛，重
灾情"。这次淮河洪水虽属中等洪水，但水位却特别高。因水位居高不下，
干流水位向支流、沿淮洼地倒灌，形成了空前的"关门淹"，导致洪涝灾
害严重。

　　在这种状况下，国务院于9月中旬召开治理淮河、太湖会议，作出
《关于进一步治理淮河和太湖的决定》。《决定》指出：在今年的抗洪斗争
中，新中国成立40多年来建设的大量水利工程发挥了巨大作用，但也暴
露出淮河、太湖两流域治理中的问题，主要是防洪除涝标准低；河湖围
垦、人为设障严重，排水出路不足；流域统一管理比较薄弱；有些城镇、
企业及交通等设施建在低洼地，防洪能力低。为了进一步治理淮河和太

---

　　① 参见《国务院批转水利电力部关于"七五"期间治淮问题的报告的通知》，载《当代中国
的水利事业》编辑部编印《历次全国水利会议报告文件（1979—1987）》（内部发行），1987年，
第480页。

湖，国务院决定从 1991 年冬起，用 10 年和 5 年时间，分别完成治理淮河和太湖的任务。决定明确指出，1981 年和 1985 年国务院两次治淮会议确定的流域治理总体布局及建设方案，仍然是进一步治理淮河的基础。要坚持"蓄泄兼筹"的治理方针，近期以泄为主，用 10 年的时间，基本完成以下工程建设任务：加强山丘区水利建设，进行小流域综合治理，搞好水土保持；完成病险水库除险加固，修建板桥、石漫滩等重点水库；扩大和整治淮河上中游干流的泄洪通道，使淮北大堤达到百年一遇的防洪标准；巩固和扩大淮河下游排洪出路；续建沂沭泗河洪水东调南下工程；治理包浍河、奎濉河、汾泉河、洪汝河、涡河、沙颍河等跨省骨干支流河道，并进行湖洼易涝地区配套工程建设，提高防洪除涝标准。

《决定》指出：治理淮河的重点建设工程投资由中央和地方分担，面上和配套工程投资，由地方负担。国务院已决定增加治理淮河和太湖两流域的投入，各级地方政府也要增加投入。同时，可组织城乡受益地区的单位和群众集资、投劳。治理淮河的各项主要工程，早已有了规划。久久未能动工或是未完工的主要原因，除投入不足外，各地利益难以协调是另一重要原因。因此，这次会议特别强调"统一治理、团结治水"。《决定》要求：治理淮河必须从全局出发，提高认识，统一行动，加强领导，采取切实有效的措施。各地区、各部门要在流域统一规划指导下，按确定的治理方案及实施计划进度，分工负责，抓紧实施。要上、中、下游统一治理，团结治水。为此，国务院要求加强流域机构统一管理的职能。流域内重要水利工程，由流域机构直接管理，统一调度。淮河流域安徽省梅山、佛子岭、响洪甸、磨子潭四座大型水库和河南省宿鸭湖、鲇鱼山、板桥、南湾四座大型水库，淮河干流主要分洪工程和洪泽湖枢纽，由水利部淮河水利委员会统一调度。[①]

1991 年 9 月 19 日，《人民日报》发表了赵鹏、蒋亚平撰写的文章，文章指出："八五"期间，国家和地方将投资 61 亿元，在淮河流域兴建 18 项大型水利工程，全面提高淮河流域防洪排涝能力。治淮工程的重点是，巩固和扩大淮河干流和沂沭泗河中下游的安全泄量，提高骨干河道的防洪排涝能力，加强行洪蓄洪区和沿淮湖洼的治理，增强跨流域调水的能力。同时，完成现有水库的除险加固，提高防洪安全标准。即将开工建设的主

---

① 参见《国务院决定进一步治理淮河太湖》，《人民日报》1991 年 12 月 2 日。

要骨干工程有：淮河河道整治工程——全面清除河道阻水障碍，完成淮北大堤、沿海城市圈堤、洪泽湖大堤和入江入海通道的除险加固等任务；怀洪新河工程——建成后可分泄淮河中游河水入洪泽湖；沂沭泗洪水东调南下工程——统筹解决沂沭泗洪水出路；大型水库除险加固工程——对淮河流域的19座病险大型水库进行除险加固，提高防洪标准；入海水道工程——解决淮河洪水出路，提高洪泽湖以下广大地区的防洪标准；石漫滩水库复建工程——复建后控制流域面积230平方公里，将建成一座防洪、灌溉、工业、供水等综合利用水库。①

为了加强对治理淮河工作的领导，1991年12月，国务院决定成立治淮领导小组，由时任国务院副总理的田纪云任组长，成员有河南、山东、安徽、江苏四省和国家计委、财政部、水利部等有关部门的负责人。

据《人民日报》1992年10月24日报道：1991年冬，豫、皖、苏、鲁四省行动起来，掀起新中国成立以来第二次治淮新高潮，200多万治淮大军奔赴工地。打开淮河干流行洪通道，是进一步治理淮河的重要组成部分。为此，必须下决心铲除淮河上一些低标准的行洪区，消除淮河干流上的"中梗阻"。河南省固始县童元、黄郢、建湾均属2—3年一遇的低标准行洪区，也是国务院治淮会议确定的铲除淮河低标准行洪区的带头工程。固始县从大局出发，先后组织临淮的7个乡镇、7万民工、4个机械化施工队和12个建筑公司，投入安置区工程施工和房屋建设，果断、迅速、妥善地进行童元行洪区的移民安置工作。11月，这项安置工作全部完成，为消除淮河干流上的"中梗阻"树立了榜样。河南省的迁安开发性移民、安徽省以工代赈、江苏省新民滩清障、山东省妥善处理工程实施中征地移民的复杂历史问题等项工作都取得了显著成效。在实施的项目中，淮河干流中上游河道整治及堤防加固工程进展顺利，童元行洪区处理工程已完工，行洪通道扩大了1100米，江苏的入江水道整治等淮河下游的三项工程，已完成一批应急项目，其中新民滩清障已全部完工；山东省南四湖的主要出口喇叭口扩挖工程已经竣工；河南、安徽两省的行洪蓄洪区庄台建设项目进展顺利，已安置人口18.2万，占需要安置人口的73%；板桥水库复建工程已基本竣工，新增库容6.5亿立方米，岸堤鲇鱼山、白浪河等

---

① 参见赵鹏、蒋亚平《"八五"期间国家和地方投资61亿元，淮河流域兴建18项大型水利工程》，《人民日报》1991年9月19日。

6座大型水库除险加固工程和水毁工程的修复也进展顺利。在不到一年的时间里，"八五"期间计划上马的18项治淮骨干工程有10项已经开工建设，开工的单项工程62个，有17个已经完成。在一年时间里，淮河流域4省在骨干工程建设中投工200多万个，完成投资5.1亿元。[①]

到1992年初，淮河治理立项兴建的28项工程，已经开工或准备开工的有22项。地处高邮湖滨的江苏省新民滩清障保安，是淮河入江水道加固工程的"咽喉"项目。1991年夏季，为保证来自河南、安徽淮河上中游的洪水顺利排入长江，江苏省曾在这里炸坝清障。兴建高邮湖滨圩是新民滩清障保安的主体工程。工程包括筑一条7米高、9公里长的环圩大堤和一座漫水闸、两座排涝站及两座涵洞。湖滨圩建成后，这一地段的泄洪能力将比原来增加1200个流量。1992年1月，江苏治淮首战告捷，淮河入江水道高邮市新民滩湖滨圩经过3.7万民工50多天的艰苦奋战，270万土方工程全部完工，并通过省级质量检查验收，淮河入江水道高邮湖段的行洪能力可确保达到国家规定的12000立方米每秒。[②]

1992年入秋后，望虞河立交、望虞河常熟段开挖，白屈港、德胜港、通榆河试挖工程等陆续开工，环太湖控制线、三河闸加固等治淮治太续建工程进入新的施工高潮。泰县中干河、仪征市胥浦河、灌云县五灌河等地方水利基建工程也破土动工。农田水利继续围绕"三田"建设，向高标准、深层次发展。据报道，到11月10日，江苏全省水利在工人数已达300多万人，完成土方1.4亿立方米，整个水利建设呈现良好势头。[③]

据《人民日报》1992年2月19日报道：江苏这次治理淮河，区域不同，各有特点：淮北围绕办大农业、大水利的目标，一手确保重点工程，如淮河入江水道加固，分淮入沂块石护坡，徐洪河二期工程；一手搞农田水利大连片治理，仅淮阴市治理的3000亩以上的大片就达150多处。苏中受灾最重的兴化市，清障退垦，已将圩堤上514座小窑大部分平毁，建成2300多公里的高标准安全圩。苏南集中力量兴建骨干工程，同时农田水利建设标准一步到位，搞了5万多亩工厂化、预制化、标准化的砖石板

---

① 参见石京魁《第二次治淮进展顺利开工单项工程六十二个，完成十七个》，《人民日报》1992年10月24日。

② 参见姚永明、周振丰《江苏治淮首战告捷，入江水道新民滩土方工程完工》，《人民日报》1992年1月26日。

③ 参见刘辅义等《江苏：治淮治太工程全面上马》，《人民日报》1992年11月26日。

衬砌的排灌渠沟。到1992年初,江苏省新增、恢复、改善灌溉面积280万亩,增加、改善除涝面积112万亩。[①]

安徽省怀洪新河工程是国务院为加快治淮步伐而批准的重点建设项目。工程全长127公里,总土石方1.5亿多立方米,总投资12亿多元。其中安徽省境内河道长97公里,土方1.1亿立方米。这项工程建成后,不仅可大大提高淮河中游防洪标准,而且可拓宽㟃潼河水系的排水通道,为淮北内河治理创造条件,年平均综合效益可达3亿元左右。1991年11月16日,怀洪新河工程破土动工,到1992年7月底,怀洪新河工程第一期土方工程已经完成,累计达1400多万立方米,施工质量较好,初步奠定了创全优工程的基础。1992年8月5日,时任安徽省委书记的卢荣景、省长傅锡寿在蚌埠召开现场办公会,部署1992年冬和1993年春的第二期工程任务,计划安排投资1.1亿元,土方工程为2600万立方米。[②] 投资约1.24亿元的大型治淮工程——怀洪新河二期工程,全部采用大型机械施工,并招标竞争上阵,工地上900多台铲运机、推土机往来运行,一派现代化施工繁忙景象。这仅是安徽省1992年冬季水利大战的一个缩影。到1992年12月5日,全省上工1071万人,完成土石方2.19亿立方米,占计划任务的50%。[③]

1992年12月21日,国务院治淮领导小组暨太湖治理领导小组召开第一次会议,来自淮河、太湖流域6省市和水利部等有关部委的负责人参加会议。时任国务院副总理的田纪云指出:治理淮河、太湖工作现已初见成效,1993年治理淮河、太湖进入关键时期。各地和有关部门要进一步发扬顾全大局、团结治水精神,齐心协力,加快治理淮河、太湖进程。他强调指出:国务院进一步治理淮河、太湖的设想是:淮河治理"八五"期间要初见成效,"九五"期间基本完成;治理太湖任务,"八五"期间要基本完成。当前,淮河治理的主要任务,上中游主要抓好开卡退堤,扩大泄洪能力,要使正阳关以上河道增加2000立方米每秒的泄洪能力;"八五"期间,要完成复建石漫滩水库和兴建杨庄滞洪区工程。在下游,通过整修、加固入江水道和分淮入沂工程,增加5000立方米每秒的泄洪能力;要着

---

①　参见刘沙《突出重点连片治理,江苏各地治水有特色》,《人民日报》1992年2月19日。

②　参见宣奉华、徐金平《怀洪新河一期土方工程完成,安徽召开现场办公会部署二期工程任务》,《人民日报》1992年8月6日。

③　参见刘杰《安徽千万民工兴修水利》,《人民日报》1992年12月13日。

重抓好怀洪新河工程的兴建；沂沭泗水系东调南下主体工程要全面展开。太湖的治理，当前要继续抓好望虞河、太浦河、杭嘉湖南排和环湖大堤等四项主要工程的建设，望虞河、太浦河按设计于 1994 年以前开通。时任水利部部长的杨振怀在会上介绍说，一年多来，经过沿淮和太湖 6 省市的共同努力，治淮、治太骨干工程已有重要进展，国家和地方共投资 16.7亿元，完成土石方 1.7 亿立方米。治理后的太浦河、望虞河、杭嘉湖南排、淮河的入江水道等工程已发挥了部分效益。在治理淮河、太湖中，各地发扬了团结治水精神，在各级政府的有力动员组织下，形成了全社会支持治淮、治太的良好环境，广大群众踊跃投资投劳，各地多层次、多渠道筹资，保证了大规模治淮、治太的顺利进行。①

　　1993 年春，豫、皖、苏、鲁四省千里治淮工地上，300 多万民工挥汗劳作，3 万多台套各类机械繁忙运行。国家确定的 18 项治淮大型项目有12 项正在建设。河南板桥水库、江苏新民滩分洪通道清障工程、山东南四湖出口扩挖工程等 17 个关键的"子工程"已经竣工，有的开始产生效益；淮河干流 3 个行洪区圩堤废除工程、安徽淮干的邱家湖退建、峡山口拓宽、淮北大堤加固及怀洪新河等工段施工进展顺利；河南省石漫滩水库复建、洪汝河杨庄滞洪区工程、苏鲁两省的沂沭河堤防加固和部分支流治理等重点项目建设步伐加快；江苏的入江水道、洪泽湖大堤加固和分淮入沂等工程的一批应急项目也已完成。以大局为重、团结治水已成为四省沿淮各地群众的共识。河南、安徽两省低标准行洪蓄洪区庄台建设项目，已转移安置人口 21.5 万，占需安置人数的 83%。豫皖边界重要支流黑茨河治理，往年在省界 10 公里施工中争执不断，而 1993 年的治理中，两省干群互谅互让，相互援助，使黑茨河治理成为团结治淮的"同心工程"。②

　　河南板桥水库，位于淮河支流汝河上游的驻马店地区泌阳板桥乡，是新中国成立初期修建的大型水库。1952 年建成投入使用以后，在防洪和灌溉等方面发挥过显著效益。但由于建库时受国家经济条件的限制，大坝采用土结构，工程标准偏低。1975 年 8 月，汝河上游降下特大暴雨，日降水量破全国大陆降雨纪录，水库大坝被冲溃，给汝河下游造成了极严重的灾

---

①　参见赵鹏、凌志军《田纪云在一次会议上强调说，进一步加快治理淮河太湖进程》，《人民日报》1992 年 12 月 22 日。

②　参见陈先发、程中才《豫皖苏鲁携手治淮，千里工地热气腾腾》，《人民日报》1993 年 2月 7 日。

害。板桥水库失事以后，汝河失去水库调节，水旱灾害频繁，汝河流域的工农业生产受到严重影响。1976 年 4 月，水电部批准该库复建初步设计。1978 年，该工程开工复建，完成投资 3600 万元后于 1981 年停缓建。1986 年 11 月，国家计委和水电部批准该水库复建工程，工程总投资达 2.1 亿元人民币。1987 年初，被列为国家"七五"计划重点项目的河南省板桥水库复建工程，在水电部治淮委员会主持下开始动工兴建。板桥水库复建工程是由施工质量好、信誉高的葛洲坝工程局承包施工的。复建的板桥水库工程，按百年一遇洪水设计，水库总库容 6.75 亿立方米，较原来扩大 1.83 亿立方米。① 据报道：新水库建成后，每年汛期可以确保 740 万亩耕地、370 万人民的生命财产以及京广铁路的安全；可灌溉耕地 60 万亩；年发电量可达 578 万度；同时，每年还能向驻马店市供水 1580 万立方米。② 1991 年 12 月，板桥水库复建工程按照设计要求基本完成，1993 年 6 月，该水库正式通过了水利部主持的竣工验收。

河南石漫滩水库，位于舞钢市境内淮河上游、洪河支流滚河上，坝址东距漯河市 70 公里、距平顶山市 75 公里，控制流域面积 230 平方公里。该库原建于 1951 年，是新中国成立后国家在淮河流域建成的第一座大型水库，坝型为均质土坝。工程质量较好，建成后发挥了很大的效益。经 1955 年、1959 年两次扩建加固，总库容为 9180 万立方米。③ 但由于当时洪水计算标准偏低，溢洪道设计未留余地，事先没有定出遇超标准洪水时的非常措施，故在遭遇 1975 年 8 月特大暴雨袭击时，该水库漫坝溃决，淹没了下游平原和遂平县城，冲毁了京广铁路，带来了惨重的人员财产损失。

1985 年 12 月，水电部 11 工程局提出《石漫滩水库复建工程初步设计》。1986 年 7 月，河南省水利厅委托水电部 11 工程局编制《石漫滩水库二期工程任务书》，提出每年增加工业用水 100 万立方米、保证率 95%；灌溉农田 5.5 万亩、保证率 75%；防洪除涝 5 年及 5 年以下一遇洪水，水库控泄 100 立方米每秒，5 年以上至 20 年一遇洪水，水库控泄 500 立方米

① 参见杨汝北《板桥水库复建工程竣工》，《人民日报》1993 年 6 月 6 日。

② 参见黄建国《国家"七五"计划重点项目，板桥水库复建工程动工》，《人民日报》1987 年 2 月 20 日。

③ 参见钱正英《中国水利的决策问题》，载《钱正英水利文选》，中国水利水电出版社 2000 年版，第 55 页。

每秒；超过 20 年一遇洪水，水库敞泄。1992 年 11 月，《国家计委关于石漫滩水库工程可行性研究报告的批复》正式下达，随即，工程正式动工。石漫滩水库复建工程根据中央与地方"共建共管、共有共利"的原则，集资兴建，在以股份制的形式进行治淮建设等方面进行了大胆尝试。1998 年 1 月，石漫滩水库复建工程在河南省平顶山市通过竣工验收。这个曾在中外水利史上留下惨痛教训的水库，从此以新的姿容把梦魇永远尘封。复建的石漫滩水库防洪标准可达到千年一遇，同时每年还能为久受缺水之苦的工业城市舞钢市提供 3300 万立方米的工业用水和生活用水，灌溉农田 5 万多亩。①

到 1995 年 10 月，治淮工程建设全面推进，流域性防洪骨干工程有了突破性进展。治淮会议确定的 18 项防洪骨干工程已实施 13 项、200 多个子项，共完成投资 47.63 亿元（这是"八五"期间由中央和地方为治淮共同投资的，是"七五"时期的 4 倍多），完成土石方 4.14 亿立方米。特别是淮干整治、沂沭泗河洪水东调南下、怀洪新河以及石漫滩水库复建、包浍河治理等关系治淮全局的战略性工程相继动工并进入全面实施阶段，打破了多年来治淮的徘徊局面。淮干正阳关以上排洪能力提高了 2000 多立方米每秒，正阳关以下淮北大堤基本达到防御 1954 年洪水的标准，沿淮行洪蓄洪区内人民群众的生产生活条件均有改善，淮河入江入海的排洪能力已恢复提高到 24000 立方米每秒，流域抗灾能力有所提高。②

1991—1996 年的 5 年中，安徽省按照"蓄泄兼筹"的治淮方针，实施了淮干整治、开挖怀洪新河、入江水道高邮湖大堤加固等 6 大项 30 多个子项目工程，完成治淮投入近 20 亿元。淮河、长江防洪标准过低的局面得到明显改善。③

1997 年 5 月 23 日，国务院治淮治太第四次工作会议在江苏徐州召开。会议的主要任务是，总结检查国务院《关于进一步治理淮河和太湖的决定》和几次治淮治太会议精神的落实情况，研究解决工程建设和管理中的问题，部署 1997 年及此后一个时期的工作任务。时任国务院副总理的姜春云在会议上强调：要继续认真贯彻《国务院关于进一步治理淮河和太湖

---

① 参见任怀民、邓建胜《石漫滩水库复建工程竣工》，《人民日报》1998 年 1 月 20 日。
② 参见江边《治淮："八五"初见成效，各项骨干工程建设全面推进》，《人民日报》1995 年 10 月 18 日。
③ 参见王启明等《灾后五年看安徽》，《人民日报》1996 年 12 月 7 日。

的决定》，把思想认识、计划安排、工程实施、资金投入、协调矛盾等，都统一到决定精神上来，6 省市要从改革、发展、稳定的大局出发，把治淮治太真正作为一件大事要事来办，切实抓紧抓好。要加大工作力度，保质保量，加快建设进度。淮河要在 2000 年基本完成在建重点工程，2005 年基本完成国务院确定的 18 项工程。他指出：淮河、太湖流域水系复杂，跨省市河流边界水事矛盾多。在治理过程中，要充分发挥流域机构统一组织协调的职能，按流域进行统一规划、统一治理、统一调度。6 省市要继续发扬顾全大局、团结治水的精神，加强沟通和协调。特别在处理边界水事纠纷问题上，必须局部服从全局，相互协作，互谅互让，发扬风格。凡是国家已批复的工程项目，各有关部门和省市政府要坚决照办，决不允许再相互扯皮。如果有谁借故制造矛盾，阻碍工程顺利实施，延误了时机，就要追究谁的责任，这要作为一条纪律。[①]

国务院作出《关于进一步治理淮河和太湖的决定》后，江苏省成立了治理淮河、太湖领导小组，进一步修订"八五"水利建设规划，确定以防洪排涝为主，洪涝旱渍兼治，以治淮治太为重点，加强大江、大河、大湖流域性防洪排涝建设，全面提高抗灾能力，确保城乡人民群众生命财产安全，同时继续大搞农田水利建设，做到大、中、小并举，为国民经济和社会发展提供重要的水利保障。至 1995 年底，治淮工程除入海水道尚未实施外，入江水道加固、洪泽湖大堤防洪抗震加固、分淮入沂续建等 3 项工程已全面进入扫尾阶段；沂沭泗洪水东调南下工程已开工建设；洪泽湖周边除涝、里下河"四港"整治和黄墩湖滞洪保安工程均进行了初步治理。[②]江苏境内的洪泽湖大堤防洪加固、分淮入沂续建和淮河入江水道加固 3 项工程，是国务院确定的治淮 18 项骨干工程的重要组成部分。1997 年 7 月，上述 3 项工程竣工，并通过由国家计委、水利部和江苏省组织的验收。

1998 年夏，长江流域发生了特大洪水，江苏全省 1550 公里江、港、洲堤无一决口，无一破圩，水利工程无一失事。洪水过后，省委、省政府作出了进一步加快防洪保安基础设施建设的决定，全省迅速掀起了水利建设的高潮。《人民日报》1999 年 1 月 20 日发文报道：至 1998 年 12 月 20

---

① 参见汤涧、包永辉《姜春云在国务院治淮治太第四次工作会议上强调齐心协力加快治淮治太步伐》，《人民日报》1997 年 5 月 25 日。

② 参见江苏省地方志编纂委员会编《江苏省志·水利志》，江苏古籍出版社 2001 年版，第 16 页。

日，全省日最高上工人数为 425 万人，出动施工机械 3.8 万台，投入劳动积累工 2.16 亿个。江苏确立了"建重于防，防重于抢"的战略思想，积极搞好江海堤防达标建设等水利工程。到 1999 年初，江苏冬春防洪保安基础设施的 5 项工程全面开工。江堤达标工程根据省委"三年任务两年完成"的要求，将于 1999 年汛期前基本完成；治淮工程中的淮河入海水道已于 1998 年 10 月 28 日开工；治太工程中的直湖港、武进港、澡港枢纽、九曲河整治工程正热火朝天地进行着；历时 3 年的泰州引江河于 1998 年 12 月 28 日实现初通，该工程全长 24 公里，一期工程引水流量 300 立方米每秒，累计完成投资近 9 亿元，被认为是江苏水利的形象工程。往年，江苏冬春水利总是由北往南逐步推进，而现在由于全社会水患意识大大增强，出现了苏北、苏南齐动手的喜人局面。苏州、无锡、常州把大力疏浚河道作为提高水利综合效益、改善城乡环境面貌的一件大事来抓，目前已疏浚河道 4000 多条，清除淤泥 5000 多万立方米。镇江市把治江治水作为第一市情，在江水逐渐回落的时候就召开了水利建设动员大会，这是多年少见的。①

2000 年是新中国治淮 50 周年纪念，10 月，水利部和淮河水利委员会在蚌埠举行隆重的纪念大会。50 年间，在党中央、国务院的领导下，经过沿淮人民的不懈努力，淮河治理取得了举世瞩目的成就。从 1951—2000 年，总投入 923 亿元，获得直接经济效益 5660 亿元，相当于 20 世纪 80 年代中期全国的财力。尤其到 20 世纪 80 年代中后期，淮河流域的主要河道都经过了整治，河网沟渠、自流灌溉给淮河流域带来了林茂粮丰的喜人景象。据淮河水利委员会的统计，全流域兴建水库 5700 多座，开挖大型人工河道 2164 公里，加固大堤 5 万多公里，有效地改善了两岸生产条件，淮河流域成为中国重要的商品粮基地。"水善利万物"——过去的"巨大贫困带"，而今成为"米粮仓"，粮食产量由 1949 年的 120 亿公斤上升到 1999 年的 876 亿公斤，占全国粮食产量的近五分之一。人均占有粮食 531 公斤，提前并超额实现了到 20 世纪末人均占有粮食 400 公斤的指标。② 广为流传的谚语"走千走万，不如淮河两岸"，真正变成了现实。

---

① 参见龚永泉《防重于抢建重于防，江苏：加快防洪保安基础设施建设》，《人民日报》1999 年 1 月 20 日。

② 参见王慧敏、高云才《新中国治淮五十年成就瞩目》，《人民日报》2000 年 10 月 15 日。

三　黄河小浪底水利枢纽工程的兴建

　　小浪底位于古都洛阳以北 40 公里的黄河干流上,是万里黄河最后一段峡谷。小浪底水利枢纽工程上距三门峡水库工程 130 公里,下距郑州花园口 128 公里。大坝顶长 1317 米,最大坝高 154 米,属黏土斜心墙堆石坝,在全国首屈一指,位列世界前 8 名。《人民日报》1996 年 2 月 2 日发文报道:主体工程总开挖量 3426 万立方米,填筑量 5357 万立方米,混凝土 288 万立方米,钢结构 3.1 万吨,工程量仅次于三门峡工程,相当于 7 个密云水库。安装 6 台 30 万千瓦水轮发电机组,年发电 51 亿千瓦时。工程竣工后,将在防洪、治沙、防凌、供水、灌溉、发电等方面发挥巨大的综合效益,形成总库容 126.5 亿立方米,有效库容 51 亿立方米,控制流域面积 69.4 万平方公里,占黄河流域面积 92.3%。可使黄河下游防洪标准由当时的 60 年一遇提高到 1000 年一遇,可减少下游 78 亿吨泥沙,在 20 年内不会抬高河床,不用加高堤岸。工程泄洪系统有 10 座进水塔,由 16 条隧道的 19 个洞口组成,是世界上最大、最复杂的进水塔。3 条泄洪洞出口的消力池,总长 350 米,宽 70 米,为世界第一。[1]

　　小浪底工程是规模仅次于长江三峡水利工程的一项宏伟的水利工程,1995 年 5 月概算动态总投资达 300 多亿元人民币。它的作用以防洪、防凌、减淤为主,兼顾供水、灌溉、发电。枢纽工程由拦河大坝、泄洪排沙建筑物、引水发电建筑物三大部分组成,坝顶高程 281 米,正常蓄水位高 275 米,泄洪排沙和引水发电隧洞 15 条,水电站总装机容量为 180 万千瓦,主体工程土石方开挖、填筑量达 8511 万立方米。[2]

　　小浪底工程的社会效益和经济效益是黄河水利工程史上空前的,而它的技术复杂程度,也是世界水利工程史上空前的。在小浪底兴建水利工程这一方案,早在 20 世纪 50 年代即已提出,但由于当时的条件不具备,在较长时期内没有实施。1982 年 9 月,河南省代表王化云在中共十二大会议上就黄河问题作了专题发言,强调黄河防洪和建设小浪底水库的重要性和

---

　　① 参见王锦鹄、岳富荣《治理黄河的壮举——小浪底水利枢纽工程建设侧记》,《人民日报》1996 年 2 月 2 日。

　　② 同上。

迫切性。王化云会后向时任国务院总理的赵紫阳汇报了黄河问题，主要有：一是防洪问题，包括防洪、防洪修堤和防御大洪水等问题；二是泥沙问题；三是关于水资源的开发利用、南水北调和修建小浪底工程等问题。随后，王化云召集相关单位写出了《开发黄河水资源，为实现四化作贡献》一文，集中论述了修建小浪底水库的必要性：兴建小浪底水利枢纽是防洪所必需，是给北京、天津和沿河城市供水的一项切实可行的重大措施，能提供再生的廉价能源，能提高沿河广大地区农业用水的保证率，对利用黄河泥沙也有好处。[①] 10 月 7 日，该文报送国务院。11 月 1 日，赵紫阳将该文批转给时任国家计委主任的宋平和中国农村发展研究中心主任杜润生，"让有关同志讨论一次，看是否可行"[②]。

1983 年 5 月 28 日至 6 月 2 日，国家计委和中国农村发展研究中心组织小浪底水库论证会，国务院有关部委、科研单位、高等院校、陕晋豫鲁四省水利厅有关领导、知名专家和水利工作者近百人参加，时任国家计委主任的宋平主持会议并强调了重大建设项目前期论证工作的重要性。他指出，小浪底工程是国家拟定的 279 个重大勘测设计项目之一，开这次会议的目的是吸取以往的教训，把小浪底水库建设放在整个黄河的治理开发中考虑，作全面切实的分析，把不利因素和有利因素分析透，为领导决策提供实际的科学依据。时任黄河水利委员会副主任的龚时旸对《开发黄河水资源，为实现四化作贡献》一文作了补充和说明，借以解除人们的思想顾虑。多数参会者认为，小浪底工程对于解决黄河下游防洪问题完全必要，赞成兴建。但在何时兴建该工程问题上产生了较大分歧，如有人认为小浪底工程前期准备工作不充分，黄河水利委员会对小浪底工程的效益、工期和投资估算过于乐观等。为了解答人们提出的问题，王化云在综合发言中从黄河下游防洪体系的组成、"减淤"问题、历史洪水灾害的特性与危害等，阐述了修建小浪底工程的迫切性。他说："兴建小浪底水库，防洪减淤，在治黄整体规划上是非常必要的。特别是利用小浪底水库调水调沙，减缓下游河道淤积的作用，是任何其它工程难以替代的。"[③] 但因水利电力部内部对兴建小浪底工程意见存在着分歧，故会议并未形成兴建小浪底工

---

① 参见黄河水利委员会编《王化云治河文集》，黄河水利出版社 1997 年版，第 437—440 页。

② 转引自王化云《我的治河实践》，河南科学技术出版社 1989 年版，第 270 页。

③ 同上书，第 275 页。

程的决议。

宋平、杜润生在随后报送国务院的《关于小浪底水库论证会的报告》中指出,"解决下游水患确有紧迫之感","小浪底水库处在控制黄河下游水沙的关键部位,是黄河干流在三门峡以下唯一能够取得较大库容的重大控制性工程,在治黄中具有重要的战略地位,兴建小浪底水库,在整体规划上是非常必要的。黄委要求尽快修建是有道理的。与会同志提出以下一些值得重视的问题(如要重新修订黄河全面治理开发规划、何时兴建小浪底工程的论证、水库的开发目标、水库运用、水库效益、工期和投资的估算等)目前尚未得到满意的解决,难以满足立即作出决策的要求"①。针对兴建小浪底水库存在的问题,时任水利电力部部长的钱正英专门主持召开会议,要求黄河水利委员会进一步做好论证工作,尽量吸收大家的合理意见,提出可行性研究报告,以加速小浪底水库的决策进程。

黄河水利委员会按照水利电力部的部署,协同有关单位进行了一系列的规划、设计、试验工作,陆续开展了黄河下游治理规划、黄河水资源的预测和上中游干流开发治理规划,研究了小浪底水库以防洪减淤为主的运行方式等。1984年2月,黄河水利委员会正式形成了《黄河小浪底水利枢纽可行性研究报告》,并于5月以黄设字〔84〕第7号文件的形式上报水利电力部。报告着重对小浪底工程在治黄规划中的作用及小浪底工程的规模、效益、工程设计与施工概算等问题作了进一步论证。②

1984年4月,时任中共中央总书记的胡耀邦和国务院总理的赵紫阳先后到河南视察,王化云分别向他们汇报了黄河的形势和小浪底工程上马的必要性和紧迫性,并汇报了与美国柏克德公司合作的有关事宜。赵紫阳表示,"我同意与美国柏克德公司合作搞设计。我们缺乏经验,学点新东西没坏处","鉴于当前黄河下游防洪迫切要求,我赞成尽快兴建小浪底水库,并列入国家'七五'建设项目"③。6月底,国务院副总理万里、李鹏,中央书记处书记胡启立和国家计委副主任黄毅诚,水利电力部部长钱正英等人到黄河考察,听取了流域各省、区党政负责人及黄河水利委员会的汇报。万里听取汇报后强调:"今后黄河规划的方针,就是要使从大禹

---

① 转引自王化云《我的治河实践》,河南科学技术出版社1989年版,第276页。
② 同上书,第276—277页。
③ 同上书,第279页。

治水以来没有解决的洪水问题，能够到本世纪末比较彻底地或基本上解决。也就是说在没有特殊原因的情况下，不再为患，不再不安宁。要达到这个水平是可能的。首先是小浪底水库必须在'七五'或'八五'计划期间，或者'九五'计划期间建成。修建小浪底水库的主要目的不在于蓄水多少，发电多少，而是要使近一亿人口免于水患，这对国家是一个很重要的安定因素。这里是精华所在，所以小浪底必须上。只有小浪底上了以后，才能保证冀鲁豫和京津的安全，没有小浪底是不保险的。"① 这个讲话，对小浪底工程的决策无疑起了重要的推动作用。

1984 年 8 月，水电部对黄河水利委员会提出的小浪底工程可行性研究报告及分期施工的补充报告进行了审查，原则同意《黄河小浪底工程可行性研究报告》，分项目提出了具体的审查意见。钱正英在总结发言时说："黄河的问题是很复杂的，我们过去有很多经验教训。因此小浪底工程的决策要采取既积极又慎重的态度。但是老是议而不决，到 2000 年都无所作为，这也是国家、人民所不许可的。"②

1984 年 11 月，28 名工程技术人员组成的项目组在黄河水利委员会主任龚时旸（1984 年 10 月起任主任）率领下，飞赴美国旧金山，与美国柏克德公司合作进行小浪底工程的轮廓设计。经过中美双方 13 个月的努力，1985 年 10 月完成了轮廓设计。12 月，黄河水利委员会在小浪底枢纽可行性研究报告和这次轮廓设计的基础上，正式向国家计委提出交了设计任务书。国家此时在基本建设程序上正在进行一项重要改革，即规定"七五"期间重大建设项目和技术改造项目，一律要通过中国国际工程咨询公司审议评估，确认可行之后方可报国家计委审定。为此，国家计委委托中国国际工程咨询公司对小浪底工程进行审议评估。1986 年 5 月，评估专家组正式成立，中国科学院、清华大学等 14 个单位的 50 多位专家，组成规划、水文、泥沙、地址、施工和经济 7 个专业组。经过 3 个多月调查研究、核实资料、专题讨论，多数专家认为，从整个治黄规划看，兴建小浪底水库是其他方案难以代替的关键性工程，它的社会经济效益是显著的。因此，尽早修建小浪底工程是有利的。10 月 8 日，赵紫阳对王化云和龚时旸联名要求中央及早作出决定的信件作出批示："我认为对小浪底工程不要再犹

①　万里：《兴利除弊，搞好黄河治理》，载《万里文选》，人民出版社 1995 年版，第 351 页。
②　转引自王化云《我的治河实践》，河南科学技术出版社 1989 年版，第 280—281 页。

豫了，该下决心了。"①

　　1986 年 12 月 30 日，中国国际工程咨询公司向国家计委正式提出《黄河小浪底水利枢纽工程设计任务书》评估报告。国家计委对设计任务书和咨询公司的评估意见进行了审查，同意进行小浪底工程建设，并于 1987 年初向国务院呈送了《关于审批黄河小浪底水利枢纽工程设计任务书的请示》，国务院很快批准了该报告。

　　小浪底工程上马之所以推迟到 1990 年代初才最后确定，最主要的原因，是有关专家反复探索和论证它在技术上的可行性和可靠性，直至相关问题得以解决为止。小浪底工程的重大技术难题主要有：大坝坝基之下厚度达 30—70 多米的砂卵石的防渗处理；在北岸单薄而岩石疏松、破碎的山体上如何挖通密集的十几条大直径的隧洞，并保证隧洞通水后的山体稳定；如何防止泄水隧洞进水口被黄河水大量而快速沉积的泥沙淤堵；如何减缓泄洪洞高速水流的流速，降低洞内水压力；如何抵抗流量大、流速急、含沙多的水流对泄水建筑物的磨蚀。为了解决这些难题，黄河水利委员会组织专家和技术人员进行了长达 30 多年的勘测、实验和设计，其间还多次请来外国专家进行咨询。自 1987 年开始，利用先进的科技手段，做了 300 多项试验。时任黄河水利委员会勘测规划设计研究院副院长的林秀山说："所有水电水利工程中遇到的地质难题，在小浪底都遇到了。我们的工程设计图纸可以堆几米高。"②

　　1991 年 4 月 9 日，七届全国人大四次会议批准小浪底工程为国家"八五"期间开工兴建的重点建设项目。9 月 1 口，小浪底大型水利枢纽前期工程正式开工建设。前期工程主要包括南北岸对外公路、南北岸 7 条场内干线道路、黄河大桥以及施工供电、供水、通讯、导流洞施工支洞、施工营地房建和施工征地移民等项内容。据《人民日报》1992 年 8 月 13 日报道：至 1992 年 7 月底，各项工程已陆续全面展开，累计完成投资 1.6 亿元，完成土石方 300 多万立方米。南北岸对外公路和 5 条场内干线道路的部分路基已形成，为工程配套服务的黄河大桥正在加紧施工。③

---

　　① 　转引自王化云《我的治河实践》，河南科学技术出版社 1989 年版，第 283 页。
　　② 　王锦鹄、岳富荣：《治理黄河的壮举——小浪底水利枢纽工程建设侧记》，《人民日报》1996 年 2 月 2 日。
　　③ 　参见李杰《根治黄河下游水患，开发黄河水利资源，小浪底水利工程进展顺利》，《人民日报》1992 年 8 月 13 日。

自黄河小浪底水利枢纽前期工程动工开始，22 平方公里的施工区内已聚集了来自全国的 10 多支施工队伍，9000 余人，900 台套大中型设备。经水利部和河南省通力协作，各项工程进展顺利，截至 1992 年 11 月底，已完成施工征地 1 万亩，土石方 800 万立方米，供水、供电、道路、桥梁、通讯、铁路转运站、营地等设施已现雏形。①

小浪底水利枢纽工程总投资 52 亿元，是治理开发黄河的关键性工程。为了引进国外资金和先进的工程施工技术及管理经验，促进工程的实施，中国政府于 1990 年正式批准利用世界银行贷款兴建小浪底工程。自 1989 年开始，世行官员及邀请的专家先后对小浪底枢纽工程进行了 11 次考察。1992 年，以古纳先生为团长的 17 位专家组成的代表团分别就工程的国民经济效益、枢纽技术问题及标书、工程建设等 7 个方面的问题进行了仔细的评议，并赴现场实地考察了准备工程的进展及移民试点新村。②

小浪底水利枢纽前期工程开工后，工程建设管理局利用小浪底前期工程施工现场地开阔的有利条件，及时组织众多施工队伍同时进场，形成全面会战的局面。工程建设引入了竞争机制，推行招标投标和项目法施工，收到了良好效果。到 1993 年 6 月初，进驻施工现场的工程队已达 23 个，参加施工的人员 15000 多人，大型机械 1900 多台。已完成投资 5 亿多元，完成土石方总量 1200 多万立方米，混凝土浇筑近 5 万立方米。黄河南北两岸主要施工区已实现双电源、双回路供电。工区 3 个供水系统，均已形成并供水。工程对外公路，除局部地段外，路基均已筑成。泥结碎石路面进入试验性施工，南北两岸对外公路混凝土路面浇筑已完成总量的一半。10 月 15 日，小浪底黄河公路大桥胜利合龙。③

截至 1994 年 1 月中旬，总长为 60 公里的施工场内外主要路段已经开通；设计荷载居国内公路桥梁之首的黄河大桥已经架通；承担近百万吨物资设备储运的铁路转运站基本完工，4 条货位专线已建成；施工供水系统投入运行；5 座变电站均已建成，南北岸施工区实现华中大电网供电；施工通讯光缆系统已经开通；建筑面积 3 万多平方米的施工营地基本建成。

①　参见冯玉禄《九百台套设备会战黄河两岸小浪底前期准备工程全面铺开》，《人民日报》1992 年 12 月 20 日。

②　参见袁建年《小浪底工程通过世行预评估》，《人民日报》1992 年 12 月 4 日。

③　参见李杰《黄河小浪底水利枢纽加快建设前期工程已完成投资 5 亿多元，部分主体工程提前施工》，《人民日报》1993 年 6 月 9 日。

两年间，前期工程累计完成投资 11.7 亿元，完成土石方工程量近 2000 万立方米，混凝土浇筑 13 万立方米。①

小浪底水利枢纽是一项治理黄河的战略性宏伟工程，工程浩大，举世瞩目。由于工程区内水沙条件特殊、地质条件复杂等多种因素影响，这项工程被中外一些专家视为世界上最复杂的水利工程之一，是一项挑战性工程。1994 年 4 月，小浪底工程项目贷款获世界银行董事会批准。整个工程计划利用外资 10 多亿美元。世行贷款第一期为 5.7 亿美元，其中工程贷款 4.6 亿美元，移民贷款 1.1 亿美元，并于 1994 年 6 月 2 日在华盛顿签字。小浪底主体工程分大坝、泄洪工程、引水发电工程 3 个标进行国际竞争性招标，国际招标工作于 1992 年 7 月开始，1993 年 8 月 31 日在北京开标，共有 9 个国家的 34 家公司组成 10 个联营体参加了投标。②

1994 年 7 月 16 日，黄河小浪底水利枢纽工程国际招标合同签字仪式在北京举行，合同中标价 73 亿多元人民币。这标志着此项治理开发黄河的关键性工程开始进入主体工程全面开工阶段。③

1994 年 9 月 10—12 日，时任国务院总理的李鹏在洛阳考察了黄河小浪底水利枢纽工程，他在听取了小浪底工程建设及治黄工作汇报后，作了题为《建设小浪底工程，为治理黄河水患而奋斗》的报告。李鹏指出：小浪底水利枢纽工程规模巨大，技术复杂，投资多，周期长，建设任务十分艰巨，要充分估计到这个工程建设的艰苦性和复杂性。水利部与河南省要加强对工程的领导。河南、山西两省要发扬团结治水、加强协作的精神，切实搞好水库淹没区开发性移民工作。国务院有关部门也要大力支持工程的建设。负责工程设计、施工、监理的单位，要坚持"百年大计，质量第一"的方针，群策群力，搞好国际合作，把小浪底水利枢纽工程建成一流设计、一流施工、一流质量、一流管理的优质工程。工程自 1991 年 9 月 1 日开始前期准备工程施工，通过建设、监理、设计、施工、移民等单位两年多的艰苦努力，到 1994 年 4 月 8 日验收，已完成"四通一平"等各项施工准备工程，施工区移民 1.05 万人已得到妥善安置，水库开发性移民

---

①　参见学俭等《万名建设者鏖战两个春秋小浪底前期工程基本完工》，《人民日报》1994 年 1 月 31 日。

②　参见江夏《小浪底主体工程全面开工邹家华出席国际招标合同签字仪式》，《人民日报》1994 年 7 月 17 日。

③　同上。

工作已开始进行。①

1994 年 9 月 12 日，李鹏亲临现场宣布：小浪底水利枢纽主体工程正式开工。

小浪底水利枢纽工程规模宏大，技术和地质条件复杂，拥有多项国内外之"最"，被中外专家称为世界上最具挑战性的水利工程之一。由于实行了国际招标，引进了德、法、意等国"世界强队"，加上十几支"国内劲旅"，主体工程施工几乎全部实现了机械化、自动化。到 1995 年春，国内最大的壤土斜心墙堆石坝的混凝土防渗墙已经形成。②

由于小浪底水利工程实行的是现代化的机械作业，在工地上看不到人头攒动的"大会战"场面。小浪底的管理运作体制与国际惯例接轨，建设和管理采取业主负责制和工程监理制，主体工程采取国际招标选择施工单位。小浪底大坝、泄洪、发电三大主体工程的中标者，分别是由意大利英波吉罗为责任公司的黄河承包商联营体、由德国旭普林为责任公司的中德意联营体和由法国杜美思为责任公司的小浪底联营体。这些国际承包商又通过招标，把大部分工程分包给了中国的水利水电工程公司施工。这样，在小浪底工程的建设队伍中，就出现了以小浪底建设管理局为代表的业主、由业主聘用的工程监理人员、外国承包商、中国分包商这样四个方面的不同角色。如何按照国际惯例，相互协作和制约，履行好各自的职责，确保工程的质量、进度和投资控制，维护各方的合理利益，等等，都须在实践中探索。③

1996 年 7 月，小浪底技术委员会成立，荟萃了 36 名中国水利水电专家，聘请张光斗、李鹗鼎、陈赓义、潘家铮和罗西北等 5 位著名专家为顾问。他们重点审查截流施工方案，同意小浪底工程导、截流期间三门峡水库蓄水配合，并提出了更为完善的建议，专家们考虑到三门峡水库蓄水的限度，指出，在确保小浪底大坝安全度汛的前提下，尽可能提高坝前拦洪水位和泄洪能力，以减轻三门峡水库超蓄的压力。1997 年 5 月 3—5 日，小浪底技术委员会专家深入施工现场，就工程截流、度汛及合同管理等重

---

① 参见张玉林等《李鹏在河南考察小浪底治黄工程时要求加快大江大河大湖治理开发》，《人民日报》1994 年 9 月 13 日。

② 参见戴鹏《小浪底主体施工全面展开》，《人民日报》1995 年 3 月 25 日。

③ 参见王锦鹄、岳富荣《治理黄河的壮举——小浪底水利枢纽工程建设侧记》，《人民日报》1996 年 2 月 2 日。

大问题提供决策咨询意见。

1997 年 7 月,为了保证大坝截流,河南省开始进行库底清理,主要是拆除房屋、清理林地,对输电线路、通讯线、广播线进行规划,等等。为此,河南共投工 7 万余人次。水利部组织专家在对有关工作进行检查后认为,库底清理的范围、内容及标准达到国家规定及设计要求,能够满足工程截流需要。10 月 8 日,小浪底水利枢纽工程有关截流项目通过预验收,标志着小浪底工程已经具备截流条件。10 月 16—18 日,由国家计委会同水利部及河南、山西两省组成的验收领导小组,在水利部预验收的基础上,通过听取汇报、现场检查、查阅资料及认真讨论,一致认为:小浪底水利枢纽工程有关导、截流工程均已达到合同规定的形象和施工进度计划要求,各项工程施工质量均满足设计和合同文件的技术规范要求;截流方案和措施已经落实;截流所需的料物和施工设备满足需要;后续工程,特别是有关 1998 年安全度汛措施基本落实;截流涉及的库区移民搬迁及库盘清理工作已经完成。据验收检查,截流时黄河的"咽喉"位于黄河北岸山体内的 3 条导流洞,已具备过水条件。导流洞出口处的一、二号消力塘已完工。导流引水、泄水渠围正在拆除。大坝上游围堰截流戗堤预进占已提前结束,共向河中抛投土石料 21 万立方米,原来 250 米宽的河道已被缩窄成 106 米宽的龙口。负责大坝施工的黄河承包商准备了 60 台大型施工机械和 23 万立方米的抛投材料,迎接截流。[1]

1997 年 10 月 28 日上午,小浪底工程实现截流。截流后,滔滔黄河水从此改道,穿过左岸山体的 3 条巨大导流洞,注入下游河道。时任国务院总理的李鹏亲自参加了截流典礼,时任河南省委书记的李长春、全国政协副主席马万祺、中央各部委及河南、山西两省负责人及世界银行官员和承包商所在国德国、法国、意大利的驻华大使也参加了截流仪式。李鹏目睹了截流的壮观景象后说:"这标志着小浪底工程取得了重要的阶段性成果,也表明了我国在治理黄河的道路上又迈出了可喜的一步。"他代表党中央、国务院对截流成功表示热烈祝贺。他说:"兴建小浪底水利枢纽工程正是党和政府为此而采取的重要举措。小浪底工程是一项具有防洪、防凌、减淤、灌溉、供水、发电等综合效益的水利枢纽工程。小浪底工程的建成将

---

[1] 参见王爱明《小浪底工程截流项目通过验收大河截流可按预定计划进行》,《人民日报》1997 年 10 月 19 日。

使黄河中下游防洪由现在防御六十年一遇洪水的标准，提高到防御千年一遇洪水的标准，并且为下游河道整治争取宝贵的时间，为开展黄土高原水土保持提供良好的机遇，也为黄河中下游经济发展打下坚实的基础。"[1]

黄河小浪底水利枢纽工程成功实现大河截流，标志着小浪底工程取得了阶段性的重大进展，表明中国对黄河的治理开发又翻开了崭新的一页。小浪底工程是中国水利水电建设进程中与国外进行全面合作的一项大型工程。工程的建设和管理，全面实行项目法人责任制、招标投标制、建设监理制。小浪底工程得到了世界银行的支持和重视。来自 51 个国家的 700 多名国外建设者，远离家乡、不辞辛劳，支援中国的经济建设，带来了国际上先进的施工技术和管理方法。[2]

小浪底工程成功截流后，转入了以确保 1998 年度汛和 1999 年第一台机组发电为重点的施工。为顺利度过截流后的第一个汛期，小浪底的建设者"在虎背扬鞭"，与洪水赛跑，以万无一失的高标准迎接截流后的第一个汛期。1999 年 6 月 14 日，随着最后一车混凝土浇筑完毕，小浪底工程 6 号机组土建达到发电机层高程，标志着首台发电机组二期混凝土施工结束，从而为机电安装创造了条件。10 月 25 日，小浪底水利枢纽正式下闸蓄水，重达 300 多吨的 3 号导流洞巨型闸门缓缓落下，这是该工程继 1997 年 10 月实现大河截流后的又一项重大阶段性成果，标志着水库开始发挥调蓄效益。

2000 年 1 月 9 日，小浪底枢纽首台 30 万千瓦机组正式并网发电，标志着这项水利建设史上最具挑战性的工程已开始发挥巨大的综合效益。小浪底电站共安装 6 台混流式水轮发电机组，总装机容量 180 万千瓦，年平均发电量 51 亿千瓦时。机组全部采用中外最先进的设备。继第一台机组并网发电后，其余 5 台机组到 2001 年底全部投入运行。2001 年 12 月 27 日，小浪底水利枢纽水电厂的第 6 台水力发电机组投产发电，至此，小浪底水利枢纽主体工程全部完工。自 1998 年 9 月首台机组蜗壳安装开始，施工者克服场地限制、交叉作业干扰等不利因素，按期完成了全部 6 台机组的安装任务。投入商业运行的发电机组已累计发电 26.5 亿千瓦时。

---

[1]　李鹏：《在黄河小浪底水利枢纽工程截流仪式上的讲话》，《人民日报》1997 年 10 月 29 日。

[2]　参见《人民日报》评论员《翻开治黄新一页——热烈祝贺小浪底工程截流》，《人民日报》1997 年 10 月 29 日。

2002年12月5日，历经11年的艰苦努力，黄河小浪底水利枢纽工程圆满完成各项建设任务，顺利通过由水利部主持的工程竣工初步验收。小浪底工程总投资347.24亿元人民币。[1]

黄河流经黄土高原，每年进入黄河下游的泥沙多达16亿吨，其中有4亿吨沉积在河床，致使下游河段平均每年以10厘米的速率淤积抬升，形成地上悬河。减少泥沙淤积，一直是历代治黄专家孜孜以求的目标。多年的研究表明，黄河下游洪水在大于2500立方米每秒时，加上其他相关因素，能够对下游河床起到冲刷作用，从而减少黄河淤积甚至达到冲淤平衡，由此可从根本上遏止河床抬升。

以防洪、减淤为主，兼顾供水、灌溉、发电的小浪底水利枢纽建成后，人工调控其流量以使黄河下游水沙冲淤平衡成为可能。2002年7月4日上午9时，黄河小浪底水库多个闸门依次徐徐升起，不同层面导流洞喷涌出的巨大水流，奔向黄河下游河床。黄河首次进行的规模宏大的调水调沙试验正式开始。这是迄今为止世界水利史上最大规模的一次人工原型试验。这次试验，是通过小浪底水库调控水沙，变水沙不平衡为水沙平衡，形成有利于河床冲刷的水势，为小浪底水库的长期运用和下游河道减淤提供科学的数据，从而实现"河床不抬高"的治黄目标。

为做好黄河调水调沙试验，黄河水利委员会进行了全面部署和安排，通过科学调度，在不影响两岸用水的情况下，使小浪底水库蓄水达到43亿立方米，为试验提供了可靠的保证。此次试验范围包括自小浪底水库至山东入海口的900多公里河段，在900多公里的河道上设立固定淤积测验断面161个。山东、河南两省为此关闭了所有引黄闸门，避免水量损失；组织了数千名堤防职工，做好料物、抢险等准备工作，以应付突发险情；山东还拆除了河道上的40多座浮桥，以保证水流畅通和测量数据的准确。[2]

据《人民日报》报道，经过3个多月的测验测算，黄河首次调水调沙试验有了结论：黄河下游河道共冲刷泥沙0.362亿吨，河道状况有了明显改善。此次调水调沙试验利用小浪底水库历时11天的大流量下泄，平均

---

① 参见李杰、王爱明《小浪底工程通过竣工验收》，《人民日报》2002年12月7日。

② 参见王慧敏等《科学调控小浪底水库冲刷河床减少淤积，黄河首次调水调沙》，《人民日报》2002年7月5日。

下泄流量为2740立方米每秒，下泄水量共26.1亿立方米，其中小浪底水库上游来水量为10.2亿立方米，小浪底水库补水15.9亿立方米（利用水库汛限水位以上水量14.6亿立方米）。小浪底水库恢复小流量后，黄河水利委员会组织了对下游河床冲刷情况的测验，结果表明，自小浪底坝下至河口800多公里河道内，共冲刷泥沙0.362亿吨，其中山东艾山以上河段冲刷0.137亿吨，艾山以下冲刷0.225亿吨，加上小浪底出库泥沙，调水调沙期间入海泥沙共计0.664亿吨。同时，试验期间开展了水位、流量、泥沙测验等多项监测项目，共获取了520多万组测验数据，为研究黄河自身的水沙规律及河道输沙理论提供了支持。[①]

调水调沙是解决黄河泥沙问题、实现黄河长治久安的重要举措之一，即通过骨干水库的调节，改变黄河"水少沙多，水沙时空分布不均衡，易于造成河道淤积"的自然状态，使出库泥沙与含沙量适应河道的输沙能力，最大限度地把泥沙输送入海，减少在河道中的淤积，达到最佳输沙效果。2003年9月6日9时到9月18日18时30分，黄河水利委员会进行了更大空间尺度的调水调沙试验，并获得成功。12天试验期内，通过4座干支流水库的科学调度，利用洪水输送泥沙1.207亿吨入海，其中，小浪底水库下泄泥沙0.74亿吨，冲刷下游河道泥沙0.456亿吨。这次调水调沙的指导思想是在确保防洪安全的基础上，充分利用洪水实现黄河减淤的综合目标。为了确保下游防洪安全、水库运用安全和实现减淤的目标，经国家防汛抗旱总指挥部批复，黄河防汛总指挥部[②]结合小浪底水库防洪预泄实施了小浪底、陆浑、故县、三门峡4库水沙联合调度的调水调沙试验。[③]通过连续两年的调水调沙试验，黄河这条世界上含沙量最大的河流已累计"卸掉"泥沙近2亿吨，从而有效地减少了小浪底水库和下游河道的泥沙淤积。

在连续两年成功实施调水调沙试验后，从2004年6月19日起，黄河

① 参见李杰、戴鹏《黄河首次调水调沙试验获得成功》，《人民日报》2002年10月17日。

② 2007年6月4日，基于新时期黄河防汛抗旱新情况的需要，经国务院同意，国家防汛抗旱总指挥部批复黄河防汛总指挥部增加抗旱职能、在郑州成立黄河防汛抗旱总指挥部的报告。这使黄河防汛总指挥部的工作范围从黄河中下游4省区扩展到全流域，职能从以防洪为主扩展为防汛抗旱操作一体化，确保黄河安澜、保障水资源安全、实施洪水泥沙统一治理等方面实行流域统一管理、统一指挥。

③ 参见戴鹏《黄河汛期大规模调水调沙试验成功，12天输送1.2亿吨泥沙入海》，《人民日报》2003年10月23日。

水利委员会借助黄河干流水库防洪预泄"洪水",通过对万家寨、三门峡、小浪底3座水库联合调度,在2100多公里的河段上进行了第三次调水调沙试验。这次试验使小浪底水库不合理的淤积状态得到调整,黄河下游河道卡口段主槽过洪能力明显提高,由2004年汛前的2300立方米每秒,恢复到2900立方米每秒。历时25天的黄河第三次调水调沙试验,下泄水量43.75亿立方米,黄河下游主河槽得到全线冲刷,共计6071万吨泥沙被冲刷入海。[①] 这是一种不同于前两次试验的调水调沙模式。由于高科技的应用,桀骜不驯的黄河水只冲河底泥沙,不淹滩上庄稼,科学治黄又迈出新的一步。

经过3次试验,2.46亿吨泥沙被送入大海,河槽过流能力从试验前的不足2000立方米每秒提高到3000立方米每秒。更重要的是,3次调水调沙试验积累了丰富的经验,为调水调沙由试验走向生产运用创造了条件。

2005年6月16日上午9时,黄河下游最重要的控制性工程——小浪底水库出口洞群4道大闸依次徐徐提升,伴随着震耳欲聋的轰鸣声,多股黄白的浪头奔腾而出,一路卷起中下游河床沉积的大量泥沙,直奔沧海。历时15天、跨度2100公里的第4次黄河调水调沙拉开大幕。这是小浪底水库首次正式实施调水调沙,标志着黄河调水调沙作为黄河治理开发与管理的常规措施,正式转入生产应用。[②]

2007年,黄河防汛总指挥部按照洪水资源化和水沙联合调控的思路,在满足2006年冬和2007年春黄河下游工农业用水和河口三角洲生态系统用水的前提下,对万家寨、三门峡、小浪底等水库精心调度,为再次实施调水调沙创造了蓄水条件。据《人民日报》2007年7月16日报道:经国家防汛总指挥部同意,此次黄河调水调沙于6月19日9时开始,这是2002年以来调水调沙下泄流量最大的一次。当日,小浪底水库开始预泄。此次调水调沙历时19天,小浪底水库排沙洞出库水流含沙量高达每立方米230千克,共排沙出库2611万吨,这是调水调沙塑造异重流以来实现的出库最大含沙量。此次调水调沙期间,花园口站通过最大流量4290立方米每秒,利津站通过最大流量3910立方米每秒,这是近10年来整个黄

---

　　① 参见王明浩《第三次调水调沙试验圆满结束,黄河6071万吨"泥沙俱下"入大海》,《人民日报》2004年7月16日。

　　② 参见赵永平、王明浩《黄河调水调沙,疏通母亲河血脉》,《人民日报》2005年6月17日。

河下游河道通过的最大洪峰流量。自 2002 年开始的连续 6 次调水调沙，共有 4.2 亿吨泥沙冲入大海，大大减轻了黄河下游河道的淤积。下游主河槽也得到全线冲刷，过流能力由调水调沙前的 1800 立方米每秒提高到 3630 立方米每秒，提高了一倍多。在大流量作用下，不仅使下游主河槽得到全线冲刷，而且还漫灌了黄河口湿地，为湿地保护及时补充了淡水资源，进一步丰富了湿地生态系统的生物多样性。①

由于调水调沙，黄河口湿地呈现勃勃生机：湿地以年均 5 万亩的速度增长，成为世界上土地面积自然增长最快的保护区。随着湿地面积增加和淡水水位上涨，已濒临灭绝的黄河刀鱼、海猪等珍稀水生动物再次大量出现，东方白鹳、丹顶鹤等多种国家级珍稀鸟类出现在黄河口，使三角洲鸟类增加到 280 多种。②

调水调沙，表明黄河治理已由单方面对抗治理转变为依照自然法则实现"水沙和谐"和"人水和谐"治理，这是黄河治理由传统走向现代的重要转折点。治理黄河、除害兴利，一直是中华民族的千古夙愿。伴随着黄河上关键性工程——小浪底工程建成并发挥效益，黄河安澜的梦想逐渐变成现实。小浪底工程"防洪、防凌、减淤，兼顾供水、灌溉和发电"的综合效益，确保了黄河安全度汛，实现了黄河连续多年不断流，惠及了黄河中下游的广袤大地。

四　举世瞩目的长江三峡工程

长江是中国第一条大河。开发治理长江，兴建三峡工程，强国富民，是中华民族的百年梦想。早在 1919 年，孙中山就在《实业计划》中提出在三峡筑坝建库的设想："自宜昌而上，入峡行，约一百英里而达四川之低地"，"改良此上游一段，当以闸堰其水，使舟得溯流以行，而又可资其水力"③。这是中国人首次提出三峡水力开发问题。

新中国成立后，毛泽东、周恩来极为关注大江大河的治理。毛泽东于 1953 年 2 月视察长江时，向时任长江水利委员会主任的林一山询问有关长

---

① 参见曲昌荣《科学调度治黄河，疏通经络清泥沙》，《人民日报》2007 年 7 月 16 日。
② 参见赵永平《小浪底守护黄河》，《人民日报》2008 年 11 月 22 日。
③ 《孙中山选集》，人民出版社 1981 年版，第 265 页。

江治理的情况。林一山展开长江规划图说，长江水利委员会计划在长江上游干流及主要支流上陆续修建一批水库，拦洪发电，改善航道，综合利用，从根本上解决长江中下游的洪水威胁。毛泽东说："那太好了，那太好了。修这么多水库，都加起来，你看能不能抵上一个三峡水库？"林一山回答："这些水库加起来，也抵不上一个三峡水库。"毛泽东指着图纸上的三峡口说："那为什么不把这个总口子卡起来，毕其功于一役？就先修这个三峡水库如何？"林一山说："我们自然很希望能修三峡大坝，可现在还不敢这么想。"毛泽东叮嘱道："三峡工程暂时还不考虑开工，我只是摸个底。"[1]

1954 年，长江中下游发生百年不遇的大洪水，尽管通过荆江分洪工程保住了荆江大堤、武汉市堤，但湖南、湖北、江西、安徽、江苏等 5 省 123 个县市受灾，受灾农田面积 4755 万亩，受灾人口 1888 余万人，京广铁路 100 天不能正常运行，灾后疾病流行，仅洞庭湖区死亡达 3 万余人。[2]严重的灾情使治理长江的问题提上了日程。12 月，毛泽东、周恩来在武汉至广州的专列上听取了林一山关于长江三峡水利枢纽工程的汇报。随后，长江水利委员会集中技术力量进行长江流域规划编制，应中国政府邀请的以德米特里也夫斯基为首的第一批苏联 12 位专家到达武汉，指导长江流域的规划工作。

1955 年 10 月，以时任水利部副部长的李葆华为首的中苏专家 143 人组成的长江查勘团，分综合、灌溉、航运、地址测量 4 个组，对汉口以上长江干流及主要支流进行了历时 70 天的实地查勘。12 月 30 日，周恩来听取了长江查勘团的汇报，指出，三峡工程有"对上可以调蓄，对下可以补偿"的独特作用，应是长江流域规划的主体。[3] 这个意见得到了德米特里也夫斯基的赞同。

在三峡工程规划工作全面展开时，1956 年 6 月，毛泽东在武昌畅游长江后填写了《水调歌头·游泳》这首广为传诵的词作，其中写道："更立西江石壁，截断巫山云雨，高峡出平湖。神女应无恙，当惊世界殊。"[4] 毛

---

① 上述引文转引自林一山主编《高峡出平湖：长江三峡工程》，中国青年出版社 1995 年版，第 35 页。

② 参见骆承政等主编《中国大洪水——灾害性洪水述要》，中国书店 1996 年版，第 270 页。

③ 参见曹应旺《周恩来与治水》，中央文献出版社 1991 年版，第 37 页。

④ 《毛泽东诗词选》，人民文学出版社 1986 年版，第 83 页。

泽东以磅礴的诗篇，描绘出治理长江的宏伟蓝图。

1958 年 1 月，南宁会议讨论三峡问题时，出现了两种不同观点：一种观点以时任长江水利委员会主任的林一山为代表，主张"先修三峡，后开发支流"，理由是三峡水利枢纽具有防洪、发电、航运等综合效益；而另一种观点以时任电力工业部部长助理兼水电总局局长的李锐为代表，主张"先支流、后干流"，也就是先在长江支流上兴建水力发电工程，后建设三峡工程，理由是三峡工程规模过于巨大，不是当时国力所能承受的。当林一山汇报到长江每年流失相当于 4000 万吨优秀煤的能量时，毛泽东说："我们祖先已经烧了 2000 多年的煤，现在我们会用水来发电，应尽量少用煤，让煤再埋它个 2000 年，留给我们的子孙吧，但可先修大坝防洪。"并对周恩来说："这个问题，你来管吧！"[1] 毛泽东在听取两人的意见后，指示他们每人写一篇文章阐述自己的意见，两天交卷，并交与会人员传阅。[2] 同时，毛泽东提出对三峡工程要采取"积极准备，充分可靠"[3] 的方针。"积极准备"，表明毛泽东仍支持建设三峡工程；"充分可靠"，说明他也看到了三峡工程的艰巨性和复杂性。

1958 年 2 月，周恩来和李富春率领 100 多位中外专家及国务院有关部委和湖北省的领导就三峡工程问题进行实地考察，并召开了现场会议。与会者各抒己见，畅所欲言。会议的结论是："三峡必须搞，也能够搞。"同时决定先上汉江中游的丹江口水电工程，因为汉江洪水也直接威胁武汉市的安全。

因为即将召开的成都会议要讨论三峡问题，周恩来决定在会前先沿江进行实地勘察。2 月 26 日，周恩来到长江流域对三峡地区进行实地考察，并召开会议。会议听取了长江流域规划办公室魏廷铮关于汉江流域规划和丹江口水利枢纽工程设计的汇报，讨论并通过了建设丹江口水利枢纽工程的决定。随后，周恩来实地考察了荆江大堤的几个险要地段。当时的险情是十分令人焦虑的。陪同他一起勘察的时任湖北省委第一书记的王任重在日记中写道："大堤上，长办（指长江流域办公室——编者注）主任林一山同志向他汇报了长江洪水水位高出地面十多米。假如荆江大堤有一处决

---

①　转引自顾龙生编著《毛泽东经济年谱》，中共中央党校出版社 1993 年版，第 411 页。

②　参见李锐《"大跃进"亲历记》上卷，南方出版社 1999 年版，第 28 页。

③　转引自林一山主编《高峡出平湖：长江三峡工程》，中国青年出版社 1995 年版，第 47 页。

口，不但江汉平原几百万人生命财产将遭毁灭性的灾害（可能有几十万、上百万人被淹死），武汉市的汉口也有被洪水吞没的很大可能。在大水年，湖南洞庭湖区许多垸子也将决口受灾，长江有可能改道。为了防洪，为了确保荆江大堤，加高培厚堤防只能是治标的办法。当然，修堤防汛抢险是当前主要的防洪手段。有了三峡大坝，也还要修堤防汛，但那时的安全程度就大不一样了，再遇到1954年那样的洪水，分洪区可以不用了。建立分洪区也只是两害相权取其轻，在一定程度上缩小洪水的灾害。只有修建三峡大坝，迎头拦蓄调节汛期上游来的洪水（占中游洪水量的70%），才能从根本上防止洪水可能产生的大灾难。周总理等人边看边听，频频点头。"[1]

1958年3月1日，周恩来率领随行人员视察南津关坝区和三斗坪坪坝址。经过两天的实地考察后，3月2—3日，在周恩来主持下，围绕中央关于"如何积极准备兴建三峡枢纽"的问题进行讨论，这也是对三峡工程进行的第一次规模较大的论证。当时，船舱内挂着规划和设计示意图，气氛十分热烈。苏联专家组组长德米特里也夫斯基首先发言，他着重谈了大坝工程的地质条件、技术、造价、期限等问题，对南津关、三斗坪坝址的优劣条件进行了综合比较。他充分肯定了三峡大坝的综合效益，也提出了不能忽视长江的几条重要支流，应当将这些支流的规划方案同三峡方案作一个比较。在会上，李锐和长江流域规划办公室主任林一山都发表了各自的意见。3月5日，周恩来在重庆主持讨论由林一山起草的《总结纪要》。

1958年3月6日，经与李先念、李富春、王任重、李葆华等交换意见后，周恩来为三峡现场会议作总结发言。他着重讲了四个问题：一是说明这次会议的目的是积极准备兴建三峡，同时涉及整个长江流域规划问题。二是肯定长江流域规划办公室的工作是有成绩的。他指出，三峡是千年大计，如果对问题只强调一面，很容易走到片面。为了把三峡工程搞得更好，是可以争论的，这样才有利于工作，而不是妨碍工作。三是修建三峡本身的问题。周恩来说，兴建三峡的准备工作要认真搞，按照毛泽东提出的"积极准备，充分可靠"的原则去做；三峡综合利用，不能孤立地谈，要与干支流、上中下游结合搞。他还谈到要正确处理防洪、发电、灌溉和航运的关系。四是提出以三峡为主体的长江流域规划的方针是"统一规

---

① 《周恩来传》（下），中央文献出版社1997年版，第1377—1378页。

划，全面发展，适当分工，分期进行"。周恩来最后建议：成立长江流域规划委员会，由水电部提出组织方案报中央批准，"长办"属"规委会"和水电部领导，以上问题报毛泽东和中央批准后才能执行。①

经过对三峡工程的实地考察，周恩来对制定长江流域规划有了比较全面的认识。1958年3月23日，周恩来在成都会议上作了题为《关于三峡水利枢纽和长江流域规划》的报告。25日，会议同意该报告，并专门通过了《中共中央关于三峡水利枢纽和长江流域规划的意见》，指出："从国家长远的经济发展和技术条件两个方面考虑，三峡水利枢纽是需要修建而且可能修建的；但是最后下决心确定修建及何时开始修建，要待各个重要方面的准备工作基本完成之后，才能作出决定。估计三峡工程的整个勘测、设计和施工的时间约需15到20年。现在应当采取积极准备和充分可靠的方针，进行各项有关的工作。"② 4月15日，中央政治局会议批准了这个文件。这是1953年提出动议以来，中共中央对三峡工程所作出的第一个正式决议。

《意见》提出，三峡大坝的正常高水位应当控制在200米，同时还应当研究190米和195米两个方案。周恩来特别指出，建三峡工程必须保护重庆，并尽可能减少四川地区的淹没损失。1958年4月，成立了三峡科研领导小组。6月，在武汉召开了三峡工程第一次科研会议，82个相关单位的268人参加，会后向中央报送了《关于三峡水利枢纽科学技术研究会议的报告》。从此，三峡工程进入勘测设计和方案论证阶段。③

1958年8月，周恩来在北戴河主持召开了长江三峡会议，研究加快三峡设计及准备工作的有关问题，要求1958年底完成三峡初设要点报告。1959年5月，长江流域规划办公室上报三峡工程初设重点报告，建议蓄水位200米，除解决中下游防洪外，可装机2500万千瓦。但由于工程规模太大，当时国力难以承受，加上随后出现苏联专家撤走、黄河三门峡水库发生严重淤积及大水库的防空问题等，致使三峡工程的修建难以付诸决策。④

---

① 参见《周恩来传》（下），中央文献出版社1997年版，第1380—1381页。

② 《建国以来重要文献选编》第11册，中央文献出版社1995年版，第228页。

③ 参见李鹏《〈众志绘宏图——李鹏三峡日记〉前言》，《人民日报》2003年8月16日。

④ 参见钱正英《三峡工程的论证》，载《钱正英水利文选》，中国水利水电出版社2000年版，第282页。

20 世纪 70 年代初，中共中央决定先兴建三峡工程的航运梯级——葛洲坝工程，在解决华中地区缺电问题的同时，为建设三峡工程做准备。1970 年 12 月 24 日，周恩来向毛泽东送审中共中央关于兴建葛洲坝水利枢纽工程给武汉军区、湖北省"革委会"的批复稿。批复稿说，中央同意修建宜昌长江葛洲坝水利枢纽工程的报告。毛泽东批示说："赞成修建此坝。"但他对修建葛洲坝工程不无担心，写道："现在文件设想是回事。兴建过程中将要遇到一些现在想不到的困难问题，那又是一回事。那时，要准备修改设计。"[①] 这样，葛洲坝工程在没有报批设计的情况下于 12 月 30 日开工。由于许多问题没有研究清楚，如船闸布置和航道防淤方面存在严重缺陷，这样就使得工程开工后遇到很多困难，只能于 1972 年 11 月被迫停工整顿，重新进行设计。为了使葛洲坝工程重新启动，周恩来指定林一山组建葛洲坝工程技术委员会，修改设计和施工方案，同时组建了葛洲坝工程局担任施工任务。

1974 年 10 月，经周恩来批准，停工 22 个月的葛洲坝工程正式复工，此后工程进展基本顺利。1981 年 1 月大江截流成功，7 月第一期工程开始通航发电。第二期工程从 1986 年起已有 5 台机组开始发电。1988 年 12 月，葛洲坝工程全部建成，装机容量 271.5 万千瓦，强大电力送往华中和华东地区，有力地支持了这些地区用电的需要。葛洲坝水利枢纽中还设有三线单级船闸，使长江航道通行无阻。长江干流上第一座大坝和电站的诞生，为后来的三峡工程建设培养了大批施工和管理人才，提供了极其宝贵的经验。[②]

随着改革开放的推进，中共中央、国务院对三峡水利枢纽的准备工作格外重视。1979 年 5 月，时任国务院副总理的王任重到宜昌葛洲坝工地，赞成尽快兴建三峡工程。他说："兴建三峡工程是毛主席、周总理的遗愿，这个工程一定要搞，一定要尽可能快搞。"然而，刚恢复水电部副部长职务不久的李锐对三峡工程提出不同意见。水利部将李锐的反对意见反映到在武汉洪山宾馆召开的三峡坝址选择会议上。关于三峡工程"主上"与"反上"的争论，仍然较为激烈。

1980 年 7 月 11 日，邓小平为了探求修建三峡工程的可能性，由时任

---

① 《建国以来毛泽东文稿》第 13 册，中央文献出版社 1998 年版，第 197 页。
② 参见李鹏《〈众志绘宏图——李鹏三峡日记〉前言》，《人民日报》2003 年 8 月 16 日。

四川省省长的鲁大东、湖北省委第一书记陈丕显、交通部第一副部长彭德清、中共长江航运局委员会副书记张绍震陪同，从重庆前往武汉实地考察。邓小平向长江流域规划办公室副主任魏廷铮、宜昌地委书记马杰、葛洲坝工程局局长廉荣禄等人询问了三峡大坝建成后对下游生态的影响和三峡大坝的选址问题，并视察了正在施工的葛洲坝一期工程的二号船闸、二江电站厂房。① 根据邓小平的指示，国务院及有关部门负责人专程从北京赶到武汉，开会研究三峡工程问题。邓小平在会上再次听取有关三峡工程的汇报，并在实地考察并听取多方面意见后指出，航运上问题不大，生态变化问题也不大，而防洪作用很大，发电效益很大。他说："应该很好地研究三峡工程问题，轻率否定搞三峡不好。"② 邓小平的三峡之行，加快了论证三峡工程的步伐。8月，国务院常务会议决定由国家科委、国家建委负责组织水利、电力等方面的专家对三峡工程进行论证。

1983年3月，长江流域规划办公室编制了《三峡水利枢纽150米方案可行性研究报告》。5月，国家计委组织350余位专家对该报告进行审查后建议国务院原则批准。12月22日，邓小平在听取姚依林、宋平汇报时问："三峡工程怎么样？能不能上？投资安排不可能那么准确，要安排得十分科学不可能，重要的是要争取时间，要把争取时间放在首位。这方面要勇敢点，太稳了不行。没有闯劲，翻两番翻不起来。"③ 这些谈话，再次表明邓小平对修建三峡工程的支持态度。

1984年2月17日，国务院财经领导小组召开会议，讨论水电部呈报的《建议立即着手兴建三峡工程的报告》，同意正常蓄水位150米、坝顶高程175米的设计方案，争取1986年正式开工；并决定成立三峡工程领导小组、三峡行政特区（未能成立，改设为国务院三峡地区经济开发办公室）、三峡开发总公司。4月5日，国务院原则批准《长江三峡工程可行性研究报告》，决定成立以李鹏副总理为组长的国务院三峡工程筹备领导小组。4月24日，李鹏主持召开三峡工程筹备领导小组第一次会议，宣读了中共中央办公厅、国务院办公厅转发《关于开展三峡筹备工作的报告》的通知，听取了钱正英关于三峡工程准备情况的汇报，并对近期需要决定

---

① 参见《邓小平年谱（1975—1997）》（上），中央文献出版社2004年版，第654页。

② 转引自刘思华《邓小平视察宜昌葛洲坝前后——访著名水利专家魏廷铮》，《三峡晚报》2007年10月5日。

③ 《邓小平年谱（1975—1997）》（下），中央文献出版社2004年版，第950页。

的重大问题作了初步安排。

1985 年 1 月，邓小平谈到三峡工程建设时指出："三峡是个大项目，我们要从长远利益考虑，给子孙后代留下点好的东西。要认真考虑中坝。中坝可以多发电，万吨船可以开到重庆，这是多么了不起。"① 为了推动三峡工作的迅速开展，1985 年 3 月，国务院成立了三峡省筹备组②，在开发性移民规划和试点方面做了大量工作。

此后，有关部门、地方和社会各界人士，本着对国家和人民负责的精神，对三峡工程提出了各种不同意见：或反对、或赞成、或推迟。反对者主张长江开发应先支流后干流，待上游水库建好后再建三峡工程，他们担心三峡工程复杂，没有把握；赞成者看到三峡工程巨大的综合效益，认为长江上游建坝解决不了江汉平原和洞庭湖区防洪的燃眉之急。这两种对立的意见，从 20 世纪 50 年代以来公开争论了 30 多年。一些专家主张推迟三峡工程上马时间，等从理论上解决了泥沙淤积、生态环境、移民安置等方面的难题后再进行决策。

为了弄清这些争议问题，1985 年 7—12 月，新华社特派喻权域、王海征两名记者从重庆沿江而下，考察了长江三峡和计划中的三峡大坝坝址，采访了有关部门负责人和学者专家，采写了 5 篇调查报告③，以解答人们对兴建三峡工程的疑惑。新华社记者采访调查后的结论是："党内外许多同志误解了三峡工程的意义，以为它的作用仅仅是（或主要是）发电。其实，修建三峡水利枢纽工程的首要目的是防洪，其次才是发电与航运。如果说三峡工程的发电作用可以用别的办法代替的话，它的防洪、航运作用则是无法代替的。三峡工程应该建，而且要抓住最好时机上马，错过了机会将来后悔莫及。"④ 然而，以孙越崎为组长的全国政协调查组在考察后，

---

① 《邓小平年谱（1975—1997）》（下），中央文献出版社 2004 年版，第 1026 页。

② 1986 年 5 月，中共中央、国务院决定撤销三峡省筹备组，改设国务院三峡地区经济开发办公室（后又改为国务院三峡建设委员会移民开发局、国务院三峡建设委员会办公室），在开发性移民规划和试点方面做了大量的工作。

③ 包括《三峡工程是费省效宏的工程——对三峡工程问题的采访调查之一》、《泥沙问题并不像传说的那样严重——对三峡工程问题的采访调查之二》、《修建三峡工程并无特殊技术难题——对三峡工程问题的采访调查之三》、《中华鲟给我们上了一课——对三峡工程问题的采访调查之四》、《移民安置和古迹保护的难与易——对三峡工程问题的采访调查之五》等 5 篇，分别发表于《人民长江报》1985 年 7 月 30 日、8 月 27 日、10 月 8 日、11 月 5 日、12 月 10 日。

④ 喻权域、王海征：《三峡工程是费省效宏的工程——对三峡工程问题的采访调查之一》，《人民长江报》1985 年 7 月 30 日。

得出了"三峡工程近期不能上，至少'七五'期间不该上"的结论。①

为了使三峡工程决策更加科学、民主和稳妥，中共中央和国务院决定重新论证。1986 年 6 月 2 日，中共中央、国务院以中发〔1986〕15 号文下达《关于长江三峡工程论证工作有关问题的通知》，将决策的过程分为三个层次：一是由水利电力部广泛组织各方面的专家，围绕各方面提出的问题和建议，进一步深入论证，得出有科学依据的结论意见，重新提出可行性研究报告。二是由国务院三峡工程审查委员会负责审查可行性报告，提请中央和国务院批准。三是提请全国人民代表大会审议。具体内容是：根据各种不同意见，组织各方面的专家对三峡工程的可行性报告作进一步的论证补充，以便为正确的决策提供科学依据。负责组织进一步论证工作的原水电部，为确保重新提出的三峡工程可行性报告建立在严格的科学基础上，经得起历史的考验，在组织论证队伍时充分考虑到人员的广泛性和权威性。论证领导小组的成员包括有关部的正副部长和总工程师、副总工程师等，并且请全国人大、全国政协、国务院经济技术社会发展研究中心、中国科学院、中国社会科学院、国家计委、国家科委、中国科协、财政部、交通部、机械电子工业部、国务院三峡地区经济开发办公室、湖北省、四川省为论证领导小组推荐了特邀顾问，以协助和监督论证工作。与此同时，聘选了水电部系统内外对三峡工程持不同观点的专家参加各专题的论证工作。这些专家分属 40 个专业，具有广泛的代表性和专业的权威性，其中教授和副教授、研究员和副研究员、高级工程师就有 355 人，还有 15 位是中国科学院的学部委员，不少人是国内外知名专家。②

6 月 19 日，水电部正式成立由 12 人组成的三峡工程论证领导小组，负责组织、领导论证工作。论证领导小组首次会议将论证工作分为 10 个专题，由领导小组成员分工主持，组成地质与地震、枢纽建设物、水文、防洪、泥沙、航运、电力系统、机电设备、移民、生态与环境、综合规划与水位、施工、投资估算、综合经济评价等 14 个专家组，聘请国务院所属 17 个部门、单位，中国科学院所属的 12 个院所，全国 28 所高等院校和 8 个省市专业部门共 40 个专业的 412 位专家，全面开展三峡工程的论证工

① 参见《三峡筑坝弊多利少，全国政协建议缓建》，香港《文汇报》1985 年 12 月 23 日。
② 参见于有海《按决策民主化科学化要求，三峡工程正在进一步论证》，《人民日报》1988 年 5 月 31 日。

作。6 月 23—24 日,水电部三峡工程论证领导小组召开第一次会议,确定了论证工作的目标、要求、方法、主要内容、阶段划分及组织机构等。论证的内容,主要集中在兴建三峡工程的必要性、技术上的可行性、水库移民安置、生态环境问题、经济上的合理性、三峡工程的建设方案和兴建时机等方面。

三峡工程论证是一项巨大的复杂系统工程,论证的程序采用先专题后综合,专题与综合交叉结合的方法。各专家组首先审查各专题的基本资料,制定专题论证纲要,进行初步论证工作。在初步论证的基础上,综合择优选出有代表性的设计水位方案,再由各专家组深入论证。论证过程中,各专家组在本专业范围内独立负责地工作。经过反复调查研究、充分讨论,分别提出专题论证报告,并签字负责。14 个专家组提出各自论证报告。在重新论证的基础上,编写了三峡工程的可行性研究报告。[①] 至 1989 年 3 月初,水利部三峡工程论证领导小组召开第 10 次(扩大)会议,完成了新编报告的审议,并原则通过了根据论证报告重新编写的《长江三峡水利枢纽可行性研究报告(审议稿)》。9 月,连同 14 个专题论证报告一并报送国务院三峡工程审查委员会。至此,三峡工程重新论证工作结束。

重新提出的三峡工程可行性报告总的结论是:三峡工程对"四化"建设是必要的,技术上是可行的,经济上是合理的,建比不建好,早建比晚建有利。(1)关于三峡工程建设方案,可行性报告推荐采用"一级开发,一次建成,分期蓄水,连续移民"方案。(2)关于兴建三峡工程的必要性,推荐方案认为三峡工程效益巨大:一是可以控制长江上游洪水,减免长江中下游广大地区洪水灾害,保障经济建设和社会发展。二是为华中、华东及川东地区提供大量的电力,可有效地缓和这些地区能源供应长期紧张的矛盾。三是使宜昌至重庆间航运条件显著改善,为万吨级船队直达重庆创造条件。(3)关于工程的技术可行性,推荐方案认为,三峡工程基本资料充分可靠,前期工作相当充分,工程建设中需要解决的技术难题已有明确结论,技术上没有不可逾越的障碍,在技术上是可行的。(4)关于移民和生态环境,是兴建三峡工程中最关键和最困难的问题。移民安置任务艰巨,但有解决途径,工程越早建对移民工作越有利。[②]

---

① 参见赵鹏、蒲立业《三峡工程论证始末》,《人民日报》1991 年 12 月 18 日。

② 同上。

　　1990 年 7 月，国务院召开三峡工程论证汇报会，出席会议的有中共中央政治局、中顾委、全国人大、全国政协、国务院各部委、各民主党派等有关方面负责人 175 人。在听取了重新论证的情况汇报和各方面的意见后，国务院决定成立三峡工程审查委员会，由时任国务委员兼国家计委主任的邹家华任主任，王丙乾、宋健、陈俊生三位国务委员任副主任，委员中包括三峡工程涉及的各部部长及中国科学院、中国社会科学院的负责人共 21 人，负责对可行性研究报告进行审查。国务院三峡工程审查委员会的审查工作，采取先分 10 个专题进行预审，然后再由审查委员会集中审查的办法，明确要认真地研究各方面提出的一些疑点、难点和不同意的观点，并作为此次审查工作中的一个重要方面，力求使审查得出客观、科学、公正的结论。10 个预审组共聘请了 163 位专家，其中此前未参加过三峡工程论证工作的占 62%，时任各有关部门行政领导、拥有技术职务的占 73%。12 月 11 日，国务院三峡工程审查委员会第一次会议在北京举行。时任国务院副总理、审查委员会主任的邹家华主持会议。会议研究部署了三峡工程审查工作，听取了审查委员会办公室常务主任张春园关于审查工作准备情况及工作安排的汇报。

　　1991 年 7 月 9—12 日，国务院三峡工程审查委员会召开第二次会议，听取了 10 个预审组的预审意见。委员们本着实事求是、尊重科学的精神，进行了认真的讨论和审议，一致认为三峡工程的前期工作规模之大，时间之长，研究和论证程度之深，在国内外是少见的。它是成千上万的专家和工程技术人员长期不辞辛苦、埋头实干的结晶，也是发扬民主，听取不同意见，反复论证的结果。审查委员会认为，无论赞成的、疑问的或者不同意的观点，都是为了更好地解决长江中下游的防洪和治理，都是从对国家和人民负责出发的。这些意见对增加论证深度、改进论证工作以及完善论证结果都起到了十分积极的作用。对待所有意见都应采取博收其长、吸取合理部分的态度，而不应采取排斥对立的态度。因此，在论证、审查中，对有关部门、地方和社会各界提出的意见和建议进行了认真研究，采纳了许多有益的意见。审查委员会一致认为，在重新论证基础上编制的可行性研究报告，其研究深度已经满足可行性研究阶段的要求，可以作为国家决策的依据。1991 年 8 月 3 日，审查委员会召开最后一次全体会议，一致通过了对长江三峡工程可行性研究报告的审查意见，认为三峡工程建设是必要的，技术是可行的，经济是合理的。建议国务院及早决策兴建三峡工程，提请全国人大审议。①

1991 年 11 月 13—24 日，全国人大常委会组成的以时任全国人大常委会副委员长的陈慕华为组长的全国人大常委会三峡工程考察组一行 25 人，在四川、湖北、湖南就三峡工程的有关问题，先后考察了重庆、涪陵、丰都、万县、云阳、奉节、巫山、巴东、秭归、宜昌、沙市、公安、安乡、岳阳等地市县和三峡工程坝址三斗坪、葛洲坝水利枢纽、荆江大堤、荆江分洪区、洞庭湖湖区等地，听取了各地党政部门、三峡工程的有关部门和单位的汇报，深入实地察看了三峡库区的开发性移民试点工程以及荆江和洞庭湖地区分蓄洪区，同各地党政负责人和人民群众进行了座谈讨论。这是新中国成立以来全国人大常委会组织的规模最大的考察组对一项工程进行实地考察。

在汇报、座谈、讨论中，各地各部门认为：三峡工程是治理开发长江的关键性工程，它的兴建可以有效地减免长江中下游地区的洪水灾害，保护千百万人民的生命财产安全，为华中华东地区的经济发展提供大量的廉价电力，同时，将显著改善川江航运条件，大大提高长江的通航能力，其社会效益和经济效益是十分巨大的。三峡工程在技术上是可行的，经济上是合理的，国力是可以承担的，移民问题通过 5 年多的试点取得了成功经验，经过努力也是可以安置好的。生态环境有利有弊，对可能产生的一些不利影响，只要高度重视，可以减少到最低程度。总之，无论是从国家的长远发展需要上看，还是从当前防洪、能源、交通的紧迫情况来看，兴建三峡工程都是十分必要的。②

1991 年 12 月 23 日，陈慕华在七届全国人大常委会第 23 次会议上，汇报了全国人大常委会三峡工程考察组关于三峡工程考察情况。她指出，三峡工程是综合治理和开发长江的关键工程，效益显著，其他方案无法替代。根据长江三峡工程论证领导小组的推荐，三峡工程具有巨大的经济效益和社会效益：防洪效益、发电和改善川江航运。此外，将来如果兴建南水北调工程，三峡水库还可以为其提供一定的水源保证条件。她还指出，"兴建三峡工程的条件已经具备"，因此，"考察组一致赞成可行性研究报

---

① 参见《邹家华副总理在七届人大五次会议上作〈关于提请审议兴建长江三峡工程议案〉的说明》，《人民日报》1992 年 4 月 6 日。

② 参见张宿堂《听取各方意见为人大审议作准备，人大常委会组团考察三峡工程》，《人民日报》1991 年 11 月 25 日。

告的结论，即：'三峡工程对四化建设是必要的，技术上是可行的，经济上是合理的，建比不建好，早建比晚建有利。'建议国务院尽早将三峡工程建设方案提交全国人大审议"①。

陈慕华还提出了几点建议：（1）对三峡工程的必要性、重要性、可行性以及产生的巨大综合经济效益等要加强正面宣传，使全国人民对三峡工程有正确的认识，以统一思想。（2）工程投资概算要力求准确，资金来源要落实。（3）移民安置工作要坚持贯彻开发性移民的方针，加强领导，因地制宜地统筹规划，合理安排。（4）要建立高度集中、统一的指挥机构。（5）三峡工程对生态环境会产生一些不利的影响，要高度重视，认真对待。坚持依法办事，加强监督。②

1992 年 1 月 17 日，国务院常务会议认真审议了审查委员会对三峡工程可行性研究报告的审查意见，原则同意兴建三峡工程，提请全国人民代表大会审议。2 月 20—21 日，中央政治局常务委员会第 169 次会议原则同意国务院对兴建三峡工程的意见，由全国人民代表大会审议。

1992 年 3 月 16 日，时任国务院总理的李鹏向全国人大五次会议提交了《国务院关于提请审议兴建长江三峡工程的议案》。该议案指出：兴建三峡工程是综合治理长江中下游防洪问题的一项关键性措施，同时，三峡工程还有发电、航运、灌溉、供水和发展库区经济等巨大的综合经济效益和社会效益，对加快我国现代化建设进程，提高综合国力，具有重要意义。国务院的议案提出：经过多年的研究、论证和审查，三峡工程坝址选在湖北省宜昌县三斗坪镇。工程的拦河大坝全长 1983 米，坝顶高程 185 米，最大坝高 175 米。水库正常蓄水位 175 米，总库容 393 亿立方米。水电站总装机容量 1768 万千瓦。工程静态总投资 570 亿元（按 1990 年价格）。主体工程建设工期预计 15 年。国务院常务会议经过认真讨论，建议将兴建三峡工程列入国民经济和社会发展 10 年规划，由国务院根据国民经济的实际情况和国家财力物力的可能，选择适当时机组织实施。

3 月 21 日，时任国务院副总理的邹家华受国务院委托，在大会上就该议案进行说明。他首先阐述了兴建长江三峡工程的重要性和必要性，接

---

① 陈慕华：《人大常委会考察组关于三峡工程考察情况的汇报》，《中国水利报》1991 年 12 月 23 日。

② 同上。

着，重点阐述了三峡工程建设方案的可行性，并对三峡工程建设资金的筹集、水库移民、生态环境等问题作了详细说明。他最后谈了关于三峡工程决策的建议。他说：国务院三峡工程审查委员会认为，三峡工程是一项规模宏大的水利枢纽工程，在防洪、发电、航运和供水等多方面将产生巨大的综合效益，特别是对保障荆江两岸1500多万人民的生命财产安全具有十分重要的作用。从对增强我国综合国力和为下世纪初国民经济发展打下坚实的基础来说，兴建三峡工程也是十分必要的。三峡工程的前期工作已经可以满足可行性研究阶段的要求。三峡工程建设是必要的，技术上是可行的，经济上是合理的，随着经济的发展，国力是可以负担的，当前决策兴建三峡工程的条件已经基本具备。[①]

1992年4月3日，第七届全国人民代表大会第五次会议举行全体会议，议题之一是审议通过三峡工程决议。2633名代表对国务院关于提请审议兴建长江三峡工程议案进行表决。表决结果是：1767票赞同，177票反对，644票弃权，25人未按表决器。赞成票占多数，议案通过。[②] 会议根据全国人民代表大会财政经济委员会的审查报告，决定批准将兴建长江三峡工程列入国民经济和社会发展10年规划，由国务院根据国民经济发展的实际情况和国家财力、物力的可能，选择适当时机组织实施。对已发现的问题要继续研究，妥善解决。至此，长达近40年的三峡工程规划论证工作终于结出丰硕成果，中国历史上最大的水利工程进入具体实施阶段。

三峡工程的反复论证，从一个侧面反映了中国决策民主化、科学化的进程。重新论证需要时间，更需要气魄和胆略。为使工程决策民主化、科学化，中共中央、国务院于1986年6月联合发出通知，要求水利电力部广泛组织各方面的专家重新提出可行性报告。通知明确要求："要注意吸收有不同观点的专家参加，发扬技术民主，充分展开讨论。"在三峡工程的各个决策阶段，持不同意见的专家充分发表了自己的见解，有关部门将这些反对意见汇集成书。全国政协委员李京文既参加了论证，又参加了审查，对三峡工程决策的民主化感慨尤深。他说，专家组、特邀顾问中都有不同意见的专家。每次开讨论会，还特邀民主党派人士和有关部门参加。

---

① 参见《邹家华副总理在七届人大五次会议上作〈关于提请审议兴建长江三峡工程议案〉的说明》，《人民日报》1992年4月6日。

② 参见赖仁琼《科学的论证，民主的决策——写在人大会议通过兴建三峡工程决议的时刻》，《人民日报》1992年4月4日。

对不同意见较多的单位，会议通知上特别注明"名额不限"。全国政协委员、论证领导小组成员魏廷琤说："美国的胡佛大坝开始争论也很激烈，最后由罗斯福总统拍板。而三峡工程反复论证，现在又提交全国人大审议，这正是社会主义民主决策的充分体现。"①

兴建长江三峡工程议案尘埃落定后，这项工程进入了具体的实施阶段。三峡工程总工期17年，分3期建设。第一期从1993年开始，共5年，包括施工准备，在右岸（水利建设者以面向下游方向来区分江河的左岸、右岸）修建一期土石围堰、纵向混凝土围堰及开挖修建导流用的明渠等，以大江截流为完成标志。第二期工程从1998年开始，在大江截流后建的二期土石围堰保护下建泄洪坝段和左岸电站厂房坝段等，以水库初期蓄水、永久船闸通航、首批机组投产发电为完成标志，时间为6年。第三期工程从2004年开始，是在三期围堰保护下，修建碾石混凝土围堰，一面挡水发电，一面建右岸电站厂房大坝，时间也是6年，至2009年全部竣工。

七届全国人大五次会议通过兴建三峡工程之后，中共中央、国务院对三峡工程的准备工作十分重视。国务院成立了三峡建设委员会筹备小组，召开了三峡库区移民对口支援工作会议，具体布置了全国支援三峡库区移民工作。为了在三峡工程和库区开发建设中发挥地区性中心城市的作用，重庆市政府成立了三峡工程建设和库区开发委员会，由市政府10多个综合职能部门主要负责人和属于三峡库区的长寿、江北、巴县、江津4县县长组成。为了确保三峡工程建设的顺利进行，1993年1月，国务院决定成立三峡工程建设委员会，李鹏任主任委员，邹家华、陈俊生、郭树言、贾志杰、肖秧、李伯宁任副主任委员，钱正英担任顾问，成员包括国务院有关部委的负责人。这个委员会是三峡工程高层次的决策机构，下设办公室，具体负责三峡工程建设的日常工作；设三峡工程移民开发局，负责三峡工程移民工作规划、计划的制定和监督实施。同时成立中国长江三峡工程开发总公司，这是一个自负盈亏、自主经营的经济实体，是三峡工程项目的业主，全面负责三峡工程建设和经营。②

---

① 赖仁琼：《科学的论证，民主的决策——写在人大会议通过兴建三峡工程决议的时刻》，《人民日报》1992年4月4日。

② 参见刘振敏、姬斌《国务院成立三峡工程建设委员会 李鹏任主任委员 委员会召开第一次会议》，《人民日报》1993年4月3日。

1993 年 7 月，国务院三峡工程建设委员会第二次会议审查批准了《长江三峡水利枢纽初步设计报告（枢纽工程）》，至此，长江三峡工程建设进入正式施工准备阶段。这次会议审查的问题主要有：（1）施工期通航和施工导流方案问题；（2）关于单机容量与装机总规模；（3）关于总工期和第一批机组发电工期；（4）枢纽工程概算问题；（5）单项工程技术设计审查问题；（6）三峡工程科研和重大装备研制的经费问题；（7）环保、气象、文物、卫生等部门所需经费问题；（8）大型水轮发电机组的国际合作与国内制造问题。①

1994 年 9 月 7—9 日，邹家华考察了处于施工准备阶段的长江三峡工程，并在宜昌主持召开三峡工程建设现场办公会，进一步动员各方面力量抓紧抓好施工准备工作。他同三峡工程的业主、设计、施工单位负责人一起，围绕三峡工程的设计、施工组织管理、资金筹措等方面的问题进行了讨论和研究，他要求参加三峡工程建设的有关单位，本着对子孙万代高度负责的态度，精心做好三峡工程的设计，精心组织好工程施工，千方百计确保工程质量和进度。② 10 月中旬，江泽民到宜昌考察三峡水库淹没区、移民安置开发点和大坝施工现场三斗坪后指出："三峡工程具有防洪、发电和航运等巨大效益，它不仅在中国而且在世界上也是罕见的特大工程，是利在当代、造福子孙的伟大事业。对此，我们既要有下定决心、不怕困难的勇气和热情，又要有实事求是的科学态度。工程建设的有些科学论证工作还需要不断深化。各项工程要确保质量，务求万无一失。"③

按照全国人大批准的"一级开发，一次建成，分期蓄水，连续移民"的建设方案，三峡工程建设分 3 期进行。1993—1997 年是第一期工程，从施工准备、正式开工到实现大江截流，完成移民 15 万人。1998—2003 年是第二期工程，三峡大坝要实行第二次截流，水库蓄水到 135 米高程，为此需要完成移民 55 万人，保证第一批 4 台水轮发电机组并网发电，永久船闸通航，输电线路连接华中和华东电网，保证把三峡电力输送出去。④

---

① 参见焦然《三峡工程进入正式施工准备阶段》，《人民日报》1993 年 7 月 27 日。

② 参见施勇峰《邹家华主持三峡工程建设现场办公会，要求抓紧抓好三峡工程施工准备》，《人民日报》1994 年 9 月 11 日。

③ 何平：《江泽民在四川湖北考察时强调：继续促进改革发展和稳定，群策群力狠抓落实再落实》，《人民日报》1994 年 10 月 20 日。

④ 参见李鹏《〈众志绘宏图——李鹏三峡日记〉前言》，《人民日报》2003 年 8 月 16 日。

　　经过两年多的努力，三峡工程的前期准备工作基本就绪。1994 年 12 月 14 日，长江三峡工程开工典礼大会在三峡大坝坝址——湖北省宜昌市三斗坪举行。李鹏在长江三峡工程开工典礼大会上宣布，当今世界上最大的水利枢纽工程——长江三峡工程正式开工。邹家华主持开工典礼。黄菊、陈慕华、杨汝岱、谢世杰、肖秧、贾志杰、王茂林以及中共中央和国务院有关部门负责人出席开工典礼。李鹏发表了《功在当代利千秋》的重要讲话，并代表党中央、国务院向多年来参加工程勘测设计、科研和论证的专家学者，向参加三峡工程的广大建设者，向一切为三峡工程作过贡献和表示关心的国内外人士表示崇高的敬意和亲切的慰问。他指出，三峡工程是目前世界上最大的水利水电工程，我们一定要把它建成世界第一流的工程。第一流的工程要有第一流的现代科学管理、第一流的文明施工、第一流的工程质量。要按照社会主义市场经济原则和现代企业制度进行工程管理，实行项目法人责任制、招标投标制、工程监理制和合同管理制。三峡施工要采用先进的施工机械和施工方法，做到用人少，工期短，质量好，效益高。施工现场要实行封闭式管理，建立良好的工作秩序，为文明施工创造有利的条件。[①]

　　三峡工程的决策者、建设者一直思索着运用新的机制建设三峡，树起三峡工程的崭新形象。1984 年 11 月，三峡工程还处于论证阶段，时任国务院副总理的李鹏在给中央的报告中建议：用过去的老办法，全部由国家投资上三峡是不行的。要上三峡工程，必须改革，成立三峡工程开发总公司，使之成为自负盈亏的、既管建设又管生产的、责权利结合的经济实体。1993 年 1 月，国务院作出决定，成立中国长江三峡工程开发总公司，全面负责三峡工程的建设和管理。这是一个自负盈亏、自主经营的经济实体，是三峡工程项目的业主。它集责、权、利于一身，从工程的立项、资金筹措、设计、施工直到建成后的生产经营管理，实行全过程负责。9 月，国务院正式批准成立中国长江三峡工程开发总公司。在此基础上，三峡工程在建设中全面实行了招标制、工程监理制、合同管理制等一系列管理办法，初步形成了运用市场机制建设和管理三峡工程的格局。1993 年 9 月 8 日，三峡工程推出第一标——西陵长江大桥，铁道部大桥工程局以 3.5 亿元中标。从 1993 年 9 月开始招标到 1995 年初，三峡工程共对 52 个项目进

---

① 参见孙本尧、杨振武《长江三峡工程正式开工》，《人民日报》1994 年 12 月 15 日。

行招标，合同总金额达 44.56 亿元。参加投标单位有 115 家，35 家中标。到 1995 年 8 月底止，通过招标共发包和签订 405 项合同，总金额 59.5 亿元人民币。①

长江三峡工程建设遵循了市场经济的要求，运用市场经济机制，实行项目法人负责制，实行招标承包制、项目合同管理制、工程监理制，引入了竞争机制，保证了工程质量，工程进度有所提前，工程投资控制在概算之内。1993—1995 年 3 年累计，三峡工程共完成土石方挖填 1.4 亿立方米，混凝土浇筑 135 万立方米。通过各种形式招标，三峡工程发包合同 1500 多项，合同总金额 87 亿多元。公开竞争为控制投资打下了基础，3 年间，三峡工程完成总投资 115 亿元，整个工程无论是静态投资还是动态投资，都控制在设计概算范围内。②

1995 年 11 月初，李鹏在考察三峡工程时指出：三峡工程建设正式开工以来，进展顺利，成绩显著。他要求参加三峡工程建设的全体建设者及有关各方齐心协力，共同努力，为实现 1997 年长江截流的目标而奋斗。

三峡工程以长江截流成功作为一期工程结束的标志。能否高质量完成长江截流，直接关系到工程能否进入第二期施工。三峡截流无论是技术还是施工规模，都是难度极高的工程。特别是它的截流设计流量，施工水深和施工强度，都属世界水电工程之最。三峡工程要进行的大江截流，就是通过修筑上下游两道围堰截断长江主河床，将两道围堰包围起来的 63 万平方米江面抽去江水，清除淤泥，然后在干枯的河床上修筑三峡工程左岸电站厂房和大坝。大江截流，实际上是指对上游围堰的龙口进行合龙。三峡截流是当时世界水利工程中截流综合难度最大的截流工程。③

三峡截流的施工分 3 个阶段进行。第一阶段是围堰"预进占"阶段，也就是预先在长江主河道上分 4 个堤头，将上下游两道围堰向江心推进，使上下围堰分别只留下 460 米和 480 米宽的江中门口。与此同时，在门口的江底大量抛投石料，将河床深槽部位垫高，使水深由 60 米减少到 20 多米。第一阶段施工是从 1996 年 11 月开始的，到 1997 年 4 月全部完成施工目标；第二阶段施工是从 1997 年 9 月初开始到 11 月 3 日，将截流所在的

---

① 参见施勇峰《以市场机制建三峡》，《人民日报》1995 年 2 月 16 日。

② 参见施勇峰《三峡工程建设开局良好，主体工程工期比计划有所提前，发包合同达 1500 多项》，《人民日报》1996 年 3 月 4 日。

③ 参见施勇峰《三峡工程如何进行大江截流》，《人民日报》1997 年 10 月 13 日。

上游围堰江中门口由 460 米束窄到 130 米宽，形成截流龙口；第三阶段就是截流合龙，拟在 11 月 6—8 日，根据气象水文条件，在狭窄的围堰堤头上连续 3 天每日抛投 7 万立方米土石料，这样高的施工强度，在世界水利建设史上也是罕见的。①

三峡截流和二期围堰施工是采取招标方式选择施工队伍的。曾经在长江上修建过万里长江第一坝的葛洲坝集团公司承担了三峡截流和围堰施工这个艰巨任务。1997 年 10 月 13 日，李鹏主持召开了国务院第 63 次常务会议，时任国务院三峡工程建设委员会副主任的郭树言汇报了三峡工程大江截流前的验收情况，会议批准于 11 月 8 日实现长江大江截流。10 月 23 日，长江三峡水利枢纽工程上游围堰戗堤正式形成宽 130 米的龙口，比预期提前了两天。龙口的形成，标志着大江截流圆满完成了非龙口段的进占，进入龙口合龙阶段。10 月 26 日，龙口进占阶段施工开始，到 27 日凌晨，三峡工程大江截流龙口缩至 40 米，龙口进占施工提前达到了预定的阶段性目标。

1997 年 11 月 8 日，举世瞩目的长江三峡顺利实现大江截流。这是长江三峡工程第一个具有里程碑意义的重大胜利，标志着为期 5 年的三峡水利枢纽一期工程建设顺利完成，从此转入更艰巨的二期工程建设。上午 9 时，李鹏在龙口附近的工地上正式下达了合龙令，随即，现场副总指挥发射的 3 颗信号弹腾空而起。刹那间，上下游围堰 4 个堤头上整装待发的车辆如同一群威武的雄狮，直逼江水奔腾的龙口。葛洲坝集团一公司车一队司机朱显清驾驶着自卸车一马当先，向龙口抛投下第一车石料。400 多辆巨型装载车紧张有序地轮番在上下游围堰 4 个堤头向龙口抛投石料，石料激起阵阵浪花，发出巨大的轰响。下午 3 时，大江截流仪式开始，时任国务院副总理的邹家华主持了截流仪式，三峡工程开发总公司总经理陆佑楣向出席仪式的各界代表汇报了三峡工程进展情况。下午 3 时 30 分，上游围堰截流成功，左右两道戗堤完全连接在一起。李鹏宣布截流成功后，江泽民代表党中央、国务院向三峡工程的建设者、科技工作者和库区干部群众表示热烈祝贺和亲切慰问，向所有支援三峡工程的海内外人士表示衷心感谢。他指出："我们在长江三峡兴建这一世界上规模最大、综合效益最广泛的水利水电工程，将对我国国民经济发展起到重大促进作用。它是一

① 参见施勇峰《三峡工程如何进行大江截流》，《人民日报》1997 年 10 月 13 日。

项造福今人、泽被子孙的千秋功业。它体现了中华民族艰苦创业、自强不息的伟大精神，展示了中国人民在改革开放中改天换地、创造未来的宏伟气魄。"① 他要求参加建设的各个单位，切实加强管理，保证工程质量，继续搞好科研攻关和试验，确保 2003 年实现首批机组发电。在三峡工程建设中，要坚持按社会主义市场经济规律办事，同时大力发扬社会主义团结协作精神；坚持独立自主、自力更生的方针，同时积极开展国际合作和交流。

大江截流前的验收显示：三峡工程一期工程质量总体良好；移民工作任务顺利完成，截至 1997 年底，累计搬迁安置移民 9.5 万人；部分输变电工程开始建设。三峡工程按照预定计划实现大江截流之后，进入了以主体施工为主的第二阶段。1998 年 1 月，李鹏主持召开国务院三峡建设委员会第七次全体会议，回顾总结三峡工程一期建设情况，对工程二期建设的任务作出总体部署。三峡工程二期施工的主要目标是：确保 2003 年水库蓄水至 135 米，首批机组发电，永久船闸通航。其主要工程量为：土石方开挖 3625 万立方米，土石方填筑 1594 万立方米，混凝土浇筑 1978 万立方米，金属结构制造安装 20 万吨，进行左岸电站水轮发电机组制造安装，争取 4 台投入运行；二期移民安置 55 万人。会议认为，二期工程是三峡工程建设的关键时期。混凝土浇筑的高峰年强度达 500 万立方米，高峰月强度达 50 万立方米，金属结构安装高峰年强度达 7 万吨，均超过了世界水电建设的最高纪录，移民安置平均年强度达到 9.2 万人。②

1998 年 5 月 1 日，长江三峡工程建成的第一个综合性项目——三峡工程临时船闸正式通航。三峡临时船闸是三峡工程的辅助通航设施，它与 1997 年 10 月 6 日投入使用的导流明渠一道，在此后 6 年时间里迎送过往三峡工地水域的船只。在一般水流条件下，船舶从导流明渠通过。当长江进入汛期，流量大于 1 万立方米每秒时，马力较小的船舶就要由临时船闸通过；当流量大于 2 万立方米每秒时，所有船舶由临时船闸通行。三峡临时船闸布置在三峡工程长江左岸，可以通过 3000 吨级船队。它不仅是保证三峡二期施工的通航手段，而且，作为三峡工程建成的第一个综合性项

---

① 江泽民：《把三峡工程建设成世界一流工程》，载《江泽民文选》第 2 卷，人民出版社 2006 年版，第 68 页。

② 参见张宿堂《国务院三峡建委第七次会议召开，总结一期建设情况部署二期建设任务》，《人民日报》1998 年 1 月 13 日。

目，在土建与机电设备、工程设计、制造、施工与运行调度等方面，为永久船闸、升船机等工程积累了经验。到 2003 年三峡工程永久船闸投入使用后，它即结束通航使命，改建为两孔冲沙闸，用于冲刷航道中的泥沙。

三峡工程二期建设是整个工程施工最关键、也是最为困难的阶段。它的主要目标是：2003 年水库蓄水至 135 米高程，实现首批机组发电和永久船闸通航。截至 1998 年底，三峡工程建设共完成总投资 356.7 亿元，共完成土石方开挖 16225 万立方米，其中主体工程完成了 10770 万立方米。已浇筑混凝土 597 万立方米，其中主体工程 468 万立方米。三峡工程实现了质量、进度、投资三控制。[1]

永久船闸是三峡水利枢纽三大主体工程之一，既是长江航运通过三峡大坝的主要通航建筑物，也是长江干流航线上的人工运河。它全长 6442 米，宽 300 米，双线五级，年单项通过能力为 5000 万吨，是 2003 年三峡水利枢纽首批机组发电的控制性项目，也是当今世界规模最大、水头最高、技术最复杂的巨型船闸。担负这一重点工程施工任务的数千名武警水电部队官兵，于 1994 年 4 月 17 日打响了工程建设第一炮，他们克服了立体交叉作业、高空作业等困难，攻克了一批技术难题，施工质量和施工安全受到长江三峡建设总公司和监理、设计单位有关专家的好评。永久船闸全线开挖完工，标志着三峡工程建设又取得重要阶段性成果。1999 年 11 月 9 日，武警水电部队在三峡水利枢纽建设工地集会，庆祝三峡永久船闸主体工程开挖全线完工。[2]

1999 年，三峡工程迎来第一个混凝土施工高峰年，建设者们创下了混凝土月浇筑和年浇筑强度的世界纪录。8 月，三峡工程月浇筑量超过 40 万立方米，打破了由前苏联古比雪夫水电站保持的月浇筑 36.5 万立方米的世界纪录；当年混凝土浇筑量达到 458.5 万立方米，把巴西伊泰普电站创造的年浇筑混凝土 320 万立方米的纪录远远抛在后头。在这一年，三峡工程还攻下了世界上最大的双线五级船闸高边坡开挖稳定的世界难题。2000 年是三峡工程大坝、发电厂房及船闸工程混凝土施工的高峰年；大坝接缝灌浆全面开始；金属结构和机电埋件进入全面安装阶段；全年计划浇筑混

---

① 参见钱江《三峡工程我们继续关注你》，《人民日报》1999 年 2 月 24 日。
② 参见黄秋生、方金勇《三峡工程建设取得重要阶段性成果，三峡永久船闸主体工程开挖完工》，《人民日报》1999 年 11 月 10 日。

凝土 520 万立方米,金属结构和机电埋件安装 3.8 万吨。经过全体建设者
的不懈努力,截至 2000 年 4 月,三峡工程累计完成土石方开挖 16880 万立
方米,完成混凝土浇筑 1251 万立方米,其中 1999 年一年浇筑混凝土 458
万立方米,创造了同行业世界纪录。截至 2000 年 6 月底,三峡工程累计
完成固定资产投资 516.14 亿元,完成土石方开挖 16985.05 万立方米,完
成混凝土浇筑 1346.82 万立方米。截至 2001 年 4 月底,三峡工程已完成主
体土石方挖填 14676 万立方米,混凝土浇筑 1612 万立方米,分别占二期
工程结束时应完成总量的 81% 和 71%。①

  2003 年是三峡工程实现发电、通航、蓄水等二期既定目标的年份,摆
在三峡建设者面前的是一场难度空前的新挑战。从施工难度而言,三峡工
程最艰巨的任务,还是高强度、高要求的大坝混凝土浇筑。虽然三峡工程
在 1999 年和 2000 年实现了高强度混凝土施工,并一再刷新混凝土浇筑世
界纪录,但从 2001 年起,三峡大坝浇筑不仅要保持年浇筑 400 万立方米
以上的高强度,而且开始全面进入导流底孔、深孔、闸门等复杂部位,不
仅浇筑难度剧增,而且与金属结构埋件、机组安装交叉进行,相互干扰,
施工异常艰巨。这种艰难的施工局面一直持续到 2002 年底。到 2002 年 10
月,二期大坝要全线浇筑到 185 米最终坝顶高程,并具备蓄水发电条件。
如何在强度大、工期紧、施工复杂的条件下,高质量完成三峡大坝浇筑任
务,是 2003 年前三峡工程面临的最大挑战。2003 年之前,三峡工程要面
临的另一个挑战,就是要在 2002 年 12 月进行第二次长江截流。由于长江
过流和通航的需要,全长 2300 米的三峡大坝要分二期工程和三期工程两
个阶段浇筑。三峡工程在 1997 年 11 月 8 日实现的大江截流,是为了修筑
全长大约 1600 米的二期大坝。要修筑 900 多米长的三期大坝,就必须进
行第二次截流。由于二次截流要在宽度只有 350 米的导流明渠上进行,其
截流难度大大高于三峡第一次截流和葛洲坝截流。

  三峡工程二期大坝由 23 个泄洪坝段和布置有 14 台大型水轮发电机组
的厂房坝段以及挡水的非溢流坝段组成。到 2002 年 5 月初,二期大坝已
浇筑混凝土 1200 多万立方米,大坝平均浇筑到 167 米海拔高程,已经具
备蓄水到海拔 135 米高程所需的挡水条件。在三峡大坝破堰进水之前,三

---

  ① 参见孙杰《朱镕基在国务院三峡工程建设委员会全会上强调千秋大业质量第一》,《人民
日报》2001 年 6 月 4 日。

峡工程二期工程验收委员会组织了对二期大坝的验收。安全鉴定专家组认为，二期大坝建坝的工程地质和水文地质条件优良，大坝基础开挖和地质缺陷处理体系总体上满足了设计要求，坝体稳定性、应力、构造设计安全性满足了规范规定和设计审查意见要求；大坝金属结构总体布置合理、选型适宜，设备质量良好。专家们认为，三峡二期大坝已经具备安全运行条件，没有安全隐患，大坝可以进水运行。①

2002 年 10 月 10—15 日，验收组组织了 47 名国内知名专家深入三峡工地进行技术性验收。在技术验收的基础上，国务院长江三峡二期工程验收委员会枢纽工程验收组进行了明渠截流前的正式验收。验收结果表明，三峡二期大坝施工质量满足了设计要求，大坝工作性态正常；导流明渠截流设计、施工技术措施可行，施工安排合理，截流准备基本就绪；二期围堰拆除工程可以满足明渠截流分流要求；明渠禁航后航运措施和截流后的度汛方案已经落实，三峡工程实施导流明渠截流的条件已经完全具备。10 月 17 日，国务院长江三峡二期工程验收委员会枢纽工程验收组宣布，三峡工程已经具备导流明渠截流条件，同意导流明渠在同年 11 月实施截流。

10 月 25 日，国务院长江三峡工程验收委员会召开了全体会议，决定在 11 月进行明渠截流。为了加强对导流明渠截流现场工作的指挥和协调，成立了三峡工程导流明渠截流现场指挥部，现场总指挥是时任三峡总公司工程建设部主任的彭启友，葛洲坝集团承担上游围堰的施工，武警水电部队承担下游围堰的施工。

导流明渠截流，是如期实现三峡二期工程目标的关键，是水库初期蓄水、永久船闸通航和首批机组发电的先决条件。全长 3.7 公里、渠宽 350 米的导流明渠，是为解决三峡二期工程期间通航和过流而开挖出来的一段"人造长江"。三峡工程要在 2003 年实现水库初期蓄水、船闸通航和首批机组发电三大目标，必须在 2002 年 11 月完成截流导流明渠，随后浇筑起用于挡水的三期混凝土围堰。2002 年 11 月 6 日上午 9 时 50 分，长江三峡工程导流明渠截流合龙。这次截流是世界水利水电工程中综合施工难度最大的一次截流，创造了中外水利史上江河截流的奇迹。明渠截流规模大、工期紧；合龙工程量大、强度高；截流水力学指标高、难度大；双戗立堵截流，上下戗堤配合要求高；截流各项准备工作和预进占均在通航条件下

---

① 　参见施勇峰《三峡工程二期大坝已具备安全运行条件》，《人民日报》2002 年 5 月 2 日。

进行，安全保障的工作难度特别大。三峡建设者精心组织，沉着应对，尊重科学，从实际出发，攻克了各种难关，充分准备了风险处理预案，赢得了明渠截流的圆满成功。

三峡工程三期碾压混凝土围堰工程自 2002 年 12 月 16 日开始施工，至 2003 年 3 月，创造了 5 项世界纪录：浇筑仓面面积世界最大，最大仓面达到 19012 平方米；月浇筑强度 47.6 万立方米；碾压混凝土日浇筑、班浇筑、小时浇筑量分别达到 21066 立方米、7438.5 立方米、1278 立方米，分别刷新了世界纪录。[1] 截至 2003 年 4 月底，三峡工程土石方开挖 14223 万立方米，土石方回填 4791 万立方米，混凝土浇筑 2180 万立方米，机电及金属结构设备安装 18.1 万吨。左岸大坝已全线达到坝顶设计高程 185 米，右岸三期碾压混凝土挡水围堰已达到设计高程 140 米；双线五级船闸已完成有水调试。[2]

2003 年 5 月 27 日，国务院长江三峡二期工程验收委员会第二次全体会议审议通过了三峡二期工程验收成果。会议决定将验收成果提请国务院三峡工程建设委员会审议，并由三峡建委下达蓄水、试通航令。验收成果表明，三峡工程建设 10 年来取得了显著成就，135 米蓄水、永久船闸通航、首批机组发电三大目标的实现指日可待。截至 2003 年 3 月底，三峡移民工程已累计搬迁安置移民 72 万多人，累计建设各类移民房屋 3237 万平方米；搬迁、破产、关闭工矿企业 1065 户；完成了大量公路、码头、输变电、通讯等专项设施的复建，三峡输变电工程已开工建设交流线路 4374 公里，投产 2599 公里，开通三峡至常州、三峡至广东直流线路 2 条、1822 公里。三峡库区淹没设计的 13 个全淹和半淹城市（县城）已基本复建完成，库区面貌发生了翻天覆地的变化。截至 2003 年 4 月底，三峡枢纽工程共完成土石方开挖 14223 万立方米，土石方回填 4791 万立方米，混凝土浇筑 2180 万立方米，机电及金属结构安装 18.10 万吨。至此，永久船闸顺利完成了无水和有水调试，具备了船闸试通航的条件。[3]

---

① 参见杜华举《三峡工程三期碾压混凝土围堰浇筑创五项世界纪录》，《人民日报》2003 年 3 月 4 日。

② 参见张毅、刘成友《十年建设，十年艰辛，三峡大坝的雄姿已清晰地展现在世人眼前》，《人民日报》2003 年 6 月 1 日。

③ 参见张毅《三峡工程具备按期蓄水和试通航条件，135 米蓄水、永久船闸通航、首批机组发电即将实现》，《人民日报》2003 年 5 月 28 日。

　　2003 年 5 月 29 日，国务院三峡工程建设委员会第十二次全体会议在北京召开，温家宝充分肯定了三峡工程建设取得的成绩，对今后三峡工程建设提出了明确的要求：第一，高度重视三峡工程质量。第二，抓紧整改验收中发现的问题。第三，继续做好移民和库区经济发展工作。第四，十分重视库区地质灾害和水污染治理。第五，认真做好二、三期工程建设的衔接。第六，加强工程建设各方面的团结协作。会议批准国务院长江三峡二期工程验收委员会的验收意见，同意枢纽工程 6 月 1 日下闸蓄水，6 月 16 日五级船闸试通航，8 月首批机组并网发电。[①]

　　2003 年 6 月 1 日，举世瞩目的三峡工程开始下闸蓄水，成功下闸蓄水宣告历时 10 年建设的世界最大水利枢纽工程开始在拦洪、发电、改善内河航运方面发挥作用，标志着三峡工程从建设期转向建设与管理并举时期，将逐步实现"防洪、发电、通航"三大目标。6 月 16 日，水位达到 135 米高程以后，中断了 60 余天的三峡航运即可恢复，船只将通过双线五级船闸穿越大坝。8 月，首批大型发电机组将并网发电。[②]

　　10 月 24—26 日，温家宝先后来到三峡库区的万州、云阳、奉节、秭归等地，考察了移民新区、对口支援企业、迁建学校、乡村农舍。每到一处，他都同库区移民群众亲切交谈，详细询问他们的生活和生产情况。温家宝十分关注三峡库区生态环境保护和地质灾害防治工作，在考察中，他实地查看了一些地方的库底清理现场、滑坡治理现场和污水处理厂等。他与三峡工程建设者亲切见面，勉励他们艰苦奋斗，连续作战，顽强拼搏，为三峡工程建设作出新的贡献。

　　2003 年 12 月 22—23 日，国务院三峡工程建设工作会议在北京召开。会议总结了一、二期工程经验，对三期工程的建设任务进行了全面部署。会议宣布，国务院三峡工程建设委员会决定，授予湖北省移民局等 65 个单位"三峡工程建设先进集体"荣誉称号，授予刘福银等 54 名同志"三峡工程建设先进工作者"荣誉称号；人事部、国务院三峡工程建设委员会办公室决定，授予王爱祖等 10 名同志"三峡工程建设先进工作者"荣誉称号；中华全国总工会决定授予中国长江三峡工程总公司工程建设部等 6

---

　　①　参见《温家宝在国务院三峡工程建设委员会全体会议上强调，再接再厉、高度负责、高质量完成三峡工程建设各项任务》，《人民日报》2003 年 5 月 30 日。

　　②　参见龚达发、杜若原《从建设期转向建设与管理并举时期，三峡工程成功下闸蓄水》，《人民日报》2003 年 6 月 2 日。

个先进集体"全国五一劳动奖状",邢德勇等14名先进个人"全国五一劳动奖章"。会议强调,三期工程建设中,要始终高度重视移民工作和库区经济发展,把移民工作的重点从"搬得出"逐步放在"稳得住"、"能致富"上,放在解决移民长远生计问题上。要始终高度重视库区的生态环境保护和地质灾害防治,始终高度重视工程建设质量,全面做好三峡建设各项工作。会议要求,搞好三峡三期工程重点需做好4个方面的工作:第一,全面提高工程建设质量、安全保障和运行管理水平。第二,继续做好移民安置和库区经济发展工作。第三,进一步加强库区地质灾害防治、生态环境保护建设和水库管理工作。第四,加强领导,团结协作,强化监督,狠抓落实,确保全面、按期、顺利地完成各项建设任务。①

2006年5月20日,随着最后一方混凝土浇筑完毕,举世瞩目的三峡右岸大坝顺利封顶。至此,这座世界上规模最大的钢筋混凝土大坝全线达到海拔185米设计高程。这是三峡工程建设史上又一重要的里程碑。三峡大坝比预计工期提前10个月全线封顶,为2006年汛后蓄水至156米高程打下坚实基础,三峡工程的防洪能力提前两年发挥作用。三峡大坝建成后,三峡工程完成了总量的80%,三峡三期工程建设还要实现围堰爆破、右岸厂房施工、导流底孔封堵、地下厂房建设、船闸完建、升船机建设等一系列重要建设目标。2008年9月,三峡工程开始首次试验性蓄水。

2009年8月,长江三峡三期枢纽工程最后一次验收——正常蓄水175米水位验收获得通过。这标志着三峡枢纽工程建设任务已按批准的初步设计基本完成,三峡工程可以全面发挥其巨大的综合效益。

随着蓄水、试通航、发电三大目标相继实现,三峡工程建设开始以巨大的效益回报社会。三峡建设者在筑起一座巍峨大坝的同时,也创造出一种全新的工程建设管理机制——"三峡模式"。国务院批准成立的中国长江三峡总公司,是三峡工程的业主,是自负盈亏、自主经营的经济实体。这昭示着宏伟的三峡工程将在一个全新的管理模式下组织运作。"业主负责制、招标投标制、合同管理制、建设监理制"的国际通用机制,与社会主义制度的优越性结合后,立即显示出巨大的社会经济效益。业主运用招投标和合同管理的办法对资源进行科学配置,对工程的设计、成本、施工

---

① 参见张毅《三峡工程三期建设进入全面实施阶段,曾培炎出席三峡工程建设工作会议并讲话》,《人民日报》2003年12月24日。

质量、进度进行有效调控。公正科学的招标投标制，在峡江两岸摆开一个宏大的"擂台"。坝区汇集了国内最精锐的水电施工队伍，汇集了全世界最先进的施工设备和最优秀的水电工程技术人员。三峡工程建设整体提升了中国大型工程建设管理和水电工程技术水平，提升了国内企业参与国际建筑市场竞争的综合实力。三峡工程开工后全面推行的项目招标承包机制，为高质量、高速度地建设好三峡工程，打下了良好的基础。[①]

五 "南水北调"构想的慎重决策

中国是人均水资源短缺的国家。水资源在时间和地区分布上很不均衡：北方水少，南方水多；汛期降雨集中，非汛期干旱少雨。长江是中国最大的河流，水资源丰富，长江水量的94%以上东流入海。而长江以北水系流域面积占全国国土面积的63.4%，水资源量仅占全国的19%，广大北方地区长期干旱缺水，尤其是黄淮海地区人均水资源量仅为全国平均水平的22%，是中国水资源供求矛盾最突出的地区。改革开放以后，随着经济社会和城市化的发展，北方地区水资源供需矛盾日益尖锐。许多河流断流、湖泊干枯，地下水过量开采，水体污染严重。[②]

为了解决北方水源不足的问题，早在1949年11月召开的各解放区水利联席会议上，朱德副主席就提出长江与黄河沟通的问题。1952年8月，黄河水利委员会组织黄河河源查勘队，任务之一就是勘察黄河源与长江上游通天河的河势、水量、调水线等，以供南水北调规划所用。在随后形成的《黄河源区及通天河引水入黄查勘报告》中，首次提出了从长江上游通天河调水100亿立方米到黄河上游的初步设想。[③]

1952年10月30日，毛泽东在第一次视察黄河时，与时任黄河水利委员会主任的王化云谈起了黄河的治理情况。王化云在汇报关于黄河治理开发的规划设想时说："将来黄河水不够用，需要从长江上游的通天河，把水引到黄河里，解决西北、华北水量不足的问题。"毛泽东听后风趣地说："通天河就是猪八戒去过的那个地方吧？"并明确表示："南方水多，北方

---

① 参见龚达发、刘成友《与国际接轨的"三峡模式"》，《人民日报》2003年9月11日。

② 参见本报评论员《抓紧实施南水北调工程》，《人民日报》2000年10月16日。

③ 参见水利部黄河水利委员会编《人民治理黄河六十年》，黄河水利出版社2006年版，第122页。

水少，借一点来是可以的。"① 或许，南水北调这个雄伟的战略设想就是在这时萌生的。到 1953 年 2 月，王化云再次向毛泽东汇报治黄工作时，初步提出"从长江上游通天河引 100 亿立方米水进入黄河"的设想。从此，拉开了中国研究南水北调的序幕。

按照毛泽东的意见，1952—1957 年，黄河水利委员会提出了由通天河引水到黄河的线路方案；长江水利委员会提出了从汉江、丹江口水库引水到淮、黄、海流域的方案，还提出了从长江下游沿京杭运河东线调水的方案。

1958 年 3 月，中共中央在成都召开政治局会议，批准兴建丹江口水利工程。毛泽东在讲话中提出："打开通天河、白龙江与洮河，借长江济黄。丹江口引汉济黄，引黄济卫，同北京连起来。"② 8 月 29 日，毛泽东签发的《中共中央关于水利工作的指示》指出："全国范围的较长远的水利规划，首先是以南水（主要是长江水系）北调为主要目的的即将江、淮、河、汉、海河各流域联系为统一的水利系统的规划，和将松、辽各流域联系为统一的水利系统的规划，应即加速制订。"③ 从此，"南水北调"一词正式出现在中共中央的文件中。

此后的几十年间，围绕南水北调这一战略构想，不同范围、不同层次的勘测、规划、研究和论证工作，尽管有起有伏，时急时缓，但从未中断，充分体现了决策过程的科学化、民主化。

1972 年华北遭遇大旱以后，水利电力部经过大量的勘察规划，提出从长江下游抽水，大体沿着古老的京杭大运河送水到华北平原的规划，即东线方案。这个方案引起有关专家和科研单位的重视，多次展开了广泛深入的讨论。1978 年 10 月，水电部发出《关于加强南水北调规划工作的通知》，着重规划东线方案。东线方案是：从长江下游扬州附近抽引长江水，大体沿着京杭大运河的路线，流经洪泽湖、骆马湖、南四湖，在山东东平湖附近穿过黄河进入河北、天津，以补充苏、皖、鲁、冀、津四省一市的工农业用水。输水干线长达 1150 公里，其中黄河以北 490 公里，黄河以南 660 公里。从扬州江都开始到黄河南岸，沿线需建设 15 个梯级，30 个

---

① 转引自水利部黄河水利委员会编《人民治理黄河六十年》，黄河水利出版社 2006 年版，第 91—92 页。
② 转引自李锐《大跃进亲历记》上卷，南方出版社 1999 年版，第 203 页。
③ 《中共中央关于水利工作的指示》，《人民日报》1958 年 9 月 11 日。

大型抽水机站，总装机 100 万千瓦左右。穿过黄河后，由于地形逐渐下降，水即可自流到天津。

1982 年冬，为了解决黄河以南淮河以北地区水源不足的问题和发展航运，治淮委员会提出了南水北调东线第一期工程方案：先打通长江到黄河南岸的输水线路，使长江水经江苏向北流到黄河南岸的东平湖，同时从扬州通航到济宁。东线第一期工程主要是利用京杭大运河和江苏已有工程设施进行扩建。江苏自 20 世纪 60 年代起，为解决苏北灌溉和排涝问题，先后兴建了江都、淮安两个大型抽水站和一些简易抽水站，已将长江水沿着大运河送到了徐州地区。东线第一期工程，将充分发挥这些工程设施的效益，整个工程量较少，投资较省。由于分期实施，量力而行，讲求实效，稳扎稳打，工程可能比较快，也比较经济实惠，为把水送到华北打下良好基础。[①] 1983 年 1 月，经有关部门和科研单位审查，认为这个方案符合分期实施、先通后畅的原则，所提出的工程规模、引水线路、实施步骤以及对环境影响所作的结论是恰当的，工程的经济效益是好的，同意上报国务院批准实施。

把长江水引到黄河以北的南水北调工程，是五届人大确定兴建的。1983 年春，经过多方面的科学论证和调查研究，国务院批准水电部提出的《南水北调东线第一期工程可行性研究报告》，决定南水北调东线工程分期实施，第一期工程的主要任务是：打通长江到黄河南岸的输水线路，让长江水沿着京杭大运河向北送到山东的济宁。[②] 东线调水的优越性很多，一是有现成的水利工程可以利用；二是有洪泽湖、骆马湖、南四湖上级湖和下级湖 4 个湖泊可以调蓄；三是有规划、设计科研等基础；四是与治淮、京杭大运河结合，可以综合利用，达到投资小、见效快、收益大的效果。[③]

南水北调东线第一期工程的供水区域主要为淮河及沂、泗、汶河下游平原，包括京杭大运河及苏北灌溉总渠、梁济运河两侧和洪泽湖、南四湖周边地区，涉及江苏、山东、安徽 3 省的扬州、淮阴、徐州、枣庄、济宁、菏泽等市、地区和工矿区。东线第一期工程，输水干线主要利用原京杭大运河扩建而成，并充分利用江苏已建成的江都、淮安抽水站等工程设

---

① 参见邢凤炳、任润余《把长江水调到中原大地》，《人民日报》1983 年 4 月 10 日。

② 参见邢凤炳《国家已安排"七五"期间上"南水北调"和"黄水东调"工程》，《人民日报》1983 年 3 月 15 日。

③ 参见《南水北调工程的研究》，《人民日报》1983 年 10 月 4 日。

施，工程量比较小。输水线路，从江都站抽长江水，沿京杭大运河的里运河，经中运河、不牢河、韩庄运河入南四湖，再经梁济运河到东平湖，全长 646 公里。第一期工程分两步走，1985 年前利用现有工程和临时设施，增修少量工程，做到在冬春灌溉闲季能送水 100 立方米每秒入南四湖下级湖，50 立方米每秒入上级湖；1990 年前完成其余工程。工程完成后，每年可引长江水向沿线城市和工矿、航运供水 21 亿立方米；可使 2100 万亩灌溉面积的供水保证率由 50% 提高到 75%（旱作）和 90%—95%（水稻），水稻面积将由 1000 万亩增加到 1400 万亩。工程完成后，京杭大运河扬州到济宁段可以长年通航，山西的煤炭可经新乡、菏泽送到济宁，然后从京杭大运河运往上海等地，徐州、枣庄、邹县等地的煤炭也可由水路南运。[①]

南水北调东线第一期工程在江苏省境内，主要是利用过去已建好的水利枢纽、抽水站和现成河道，将长江水调往北方。为了完成工程任务，需要改建淮阴和运西两个抽水站，以增加沿运河北调的水量；需要新建郑集抽水站，以便把水送入微山湖。1983 年 4 月，江苏省有步骤地开始了第一期工程的实施工作，工程技术人员进入泰州引江河工程工地进行实地勘探，3 个抽水站的设计、筹建工作也在加紧进行。承担这项科学试验单位的专家和工程技术人员经过周密勘测、设计，在广泛听取有关人士意见的基础上，选定了在黄河河底建大型隧洞输水的方案和洞址。该隧洞在山东省东平县解山村和东阿县位山村间黄河河底 70 米深处，洞长 488 米，高 2.6 米，宽 2.9 米。承担设计和试验工作的为原水电部天津勘测设计院。1985 年 6 月开工，1988 年 2 月完工。科学试验输水隧洞开通成功，探明了该线路及其附近的地质情况，取得了多项"穿黄"必需的科学试验数据和施工技术资料，证明在此开挖大型输水隧洞"穿黄"的方案是可行的。[②]

南水北调工程是中国继三峡工程后又一项实施水资源优化配置的战略工程。经多年研究，南水北调工程逐渐形成了东、中、西三条线路的基本格局。1995 年冬，水利部组织专家对该工程再次进行全面论证。这次论证的主要内容包括：合理供水范围论证，受水区资源短缺程度分析，调出区

① 参见邢凤炳《国家已安排"七五"期间上"南水北调"和"黄水东调"工程》，《人民日报》1983 年 3 月 15 日。

② 参见肖俊熙《南水北调东线江水穿黄，输水试验隧洞开通成功》，《人民日报》1988 年 4 月 16 日。

可调水量分析，各调水线路技术可行性论证，工程量及投资、运行费评估，环境影响评价，经济评价、社会评价及国家经济承受能力分析，近期实施方案选择等。在这些内容中，对东、中、西三条调水线路的全面综合比较，推荐近期实施的调水方案，是专家们论证的重点。这次大规模的南水北调工程论证工作，坚持三项原则：南水北调的近期主要目标，是缓解京、津及华北地区日益严重的缺水状况，以解决沿线城市用水为主，兼顾其他用水；认真研究用水需求和投资效益，考虑国家经济承受能力，工程实施应区别轻重缓急，循序渐进；对工程投资、借贷数额和偿还年限等问题，要在充分考虑各种因素的前提下认真研究清楚，筹资渠道要可靠，地方筹资部分要明确必要的保证措施，确保建设资金的落实。①

　　2000年6月，水利部为了加强领导，把南水北调规划办公室更名为南水北调规划设计管理局，负责南水北调工程的规划设计管理工作。水利部邀请有关领导、专家实地考察了南水北调中线、东线有关枢纽和规划输水线路。专家认为：南水北调工程势在必行，兴建南水北调中线、东线工程是当代技术经济能力可以承受的，如近期实施，可以缓解华北地区严重的缺水状况。2000年10月，中共十五届五中全会审议通过了《中共中央关于制定国民经济和社会发展第十个五年计划的建议》。《建议》要求，加紧南水北调工程的前期工作，并尽早开工建设。这表明，酝酿多年的南水北调工程已基本具备实施条件，各项准备工作加快步伐。

　　2000年10月，时任国务院总理的朱镕基在中南海主持召开南水北调工程座谈会，听取国务院有关部门领导和各方面专家对南水北调工程的意见。他在会议上强调，必须正确认识和处理实施南水北调工程同节水、治理水污染和保护生态环境的关系，务必做到先节水后调水、先治污后通水、先环保后用水，南水北调工程的规划和实施要建立在节水、治污和生态环境保护的基础上。他说：解决北方地区水资源短缺问题必须突出考虑节约用水，坚持开源节流并重、节水优先的原则。目前，我国一方面水资源短缺，一方面又存在着用水严重浪费的问题。许多地方农田浇地仍是大水漫灌，工业生产耗水量过高，城市生活用水浪费惊人。因此，在加紧组织实施南水北调工程的同时，一定要采取强有力的措施，大力开展节约用水。要认真制定节水的规划和目标，绝不能出现大调水、大浪费的现象。

① 参见唐虹、蒋亚平《南水北调工程开始全面论证》，《人民日报》1995年11月25日。

关键是要建立合理的水价形成机制，充分发挥价格杠杆的作用。逐步较大幅度地提高水价，是节约用水的最有效措施。现行的水价过低，既不利于节约用水，也不利于供水事业的发展，必须坚决改革，理顺供水价格，促进节约用水。①

在这次座谈会上，时任水利部部长的汪恕诚、中国国际工程咨询公司董事长屠由瑞、国家计委副主任刘江就南水北调中的有关问题进行了汇报。他们全面汇报了有关部门和专家对南水北调工程的调研论证和工程实施意见。据汇报，南水北调工程包括西线、中线、东线三个调水方案，汇报对这三个调水方案进行了分析比较。两院院士、著名水利专家、清华大学原副校长张光斗，水利部原副部长何璟，两院院士时任中国工程院副院长的潘家铮，时任长江水利委员会主任的黎安田、黄河水利委员会主任鄂竟平、淮河水利委员会主任宁远等专家在会上发了言。

张光斗认为：南水北调势在必行，只要准备工作做好，越早建设越好，要分期进行，逐步建成。东线南水北调工程从长江扬州引水，经扩大的南北大运河和平行河道，扬水 64 米到东平湖，然后过黄河，经扩大的南北大运河到天津，还从东平湖西水东调到烟台等城市。东线水源丰富可靠，可利用南北大运河，沿线有湖泊调蓄，工程较简易，便于分期进行，较为灵活。山东、河北东部沿津浦铁路缺少水源，浅层地下水已枯竭，深层含氟地下水有损人民健康，所以必须加快调水，并建议一二期工程同时进行。东线工程的主要问题是黄河南北沿线水污染，为此要加大投入，进行污水处理。中线南水北调工程从丹江口水库引水，修渠道经分水岭方城垭口，到郑州，过黄河，修渠道引水到北京、天津。中线南水北调主要供京津、沿京广铁路城市用水和华北环境用水，兼顾农业用水。西线南水北调从大渡河、雅砻江、通天河调水 150 亿立方米到黄河上游，供宁夏、内蒙古、陕西、山西用水，但目前只是设想，技术上不可行。他指出，《南水北调工程实施意见》提出的管理体制设想，东线分段组建公司，中线组建有限责任公司及各省市配水公司，按合同和市场经济办事。政府起宏观调控作用，照顾全局整体利益，是必要的。②

---

① 参见刘磊、孙杰《听取有关部门汇报和专家意见，国务院召开南水北调工程座谈会》，《人民日报》2000 年 10 月 16 日。

② 参见张光斗《南水北调工程势在必行》，《人民日报》2000 年 10 月 16 日。

徐乾清在会上指出：南水北调工程的总体布局基本合理，规划的引水方案基本可行。根据规划中的东、中、西三条调水路线的具体供水范围和各方面条件，近期应首先建设东线工程，尽快完成穿黄隧洞，将水送到天津，先通后畅、先小后大。东线工程应当重点解决：（1）补充胶东地区水资源不足；（2）为停止津浦沿线超采深层地下水创造条件（这已经是十分紧迫的任务）；（3）为开发黄河以北运河以东地区创造条件，这一地区地广人稀，濒临渤海，是今后城市港口重点开发的地区，必须解决淡水资源问题；（4）为天津干旱年份供水提供保证。东线工程沿途有适宜的调蓄场所，可以逐步加大供水能力，适应用水量逐步增加的特点。东线工程的关键是要治污先行，加大治理污染的力度。他还指出，南水北调工程必须立足于节水和治污的基础上，在城市增加供水的同时，必须加强污水处理，把处理后的污水用于农田灌溉和城市绿化。①

何璟在会上指出：东线调水的前期工作比较充分。由于有江苏省江水北调之经验，无论在工程的设置、概算的核定上都比较落实，应该尽快开工。从缺水情况看，天津比北京更缺水，沧州、衡水地区比京广沿线城市更缺水，解决水的问题更紧迫。从工程造价上看，东线干线中90%的河道和调蓄湖泊都是现成的，投资是中线的三分之一左右。从配套要求看，江苏、山东、天津的配套能力和对水价的承受能力比较强。关键的问题是水污染治理。东线水源是很好的Ⅱ级水，由于河道高程低，受沿线城市污水排放的影响，骆马湖以北水质恶化。对此，没有南水北调，水污染问题也要解决，也要依法保护水环境，做到谁污染谁治理。现在更应该借南水北调的东风，促进治理，促进环境保护。我们不应该容忍继续违反"环保法"的现象，不应该容忍继续污染水资源而不搞东线。南水北调是水利的大手笔，21世纪环保是重要课题，也会有大手笔。只要国务院重视，各方面加强力量，相互配合，水污染问题应该能够解决。②

为了加快南水北调前期工作的进度，2001年1月，水利部、国家计委联合召开了南水北调前期工作座谈会，对有关工作进行了部署。南水北调前期工作的核心是按照"先节水后调水、先治污后通水、先环保后用水"

① 参见徐乾清《实施南水北调工程要注意节水和治理水污染》，《人民日报》2000年10月16日。
② 参见何璟《东线调水的条件比较成熟》，《人民日报》2000年10月18日。

的要求,在调水之前,首先做好节水、治污和环保规划,并落实好相应的措施和投资。汪恕诚在座谈会上指出:水价问题是实施南水北调工程的核心问题,要南水北调,必须合理确定不同用途用水的水价,处理好不同水源的水价格关系。城市和工业用水要逐步较大幅度提高水价,专户存储,建立南水北调基金,用于南水北调工程建设。还要对工程方案作进一步研究论证,对调水量、工程布局、资金筹措、管理体制、水价政策等进行多方案的论证和选比,以求得最大的综合效益。按照"政府宏观调控,股份制运作,企业化管理,用水户参与"的原则,处理好中央与地方以及各省之间的关系。[①]

2001年9月4—6日,温家宝考察了南水北调东线工程泰州引江河高港枢纽,江都抽水站,里运河、洪泽湖、骆马湖、不牢河、韩庄运河、梁济运河、南四湖、东平湖沿线的泵站、闸、坝,听取了江苏、山东和水利部、环保总局关于南水北调工程的汇报。温家宝说,南水北调工程是涉及全局的复杂的系统工程,要从长计议,全面考虑,科学选比,周密计划。要按照"先节水后调水、先治污后通水、先环保后用水"的要求,充分考虑调水的经济效益、社会效益和生态效益,对东、中、西线进行全面规划,科学论证,慎重决策。他强调,实施南水北调,节水是前提。要强化全民节水观念,采取各种有力措施,推动工业节水、农业节水、生活节水,在节水的基础上科学调水,避免和减少投资浪费和水资源浪费。不仅北方干旱地区要节水,南方丰水地区也要节水。高耗水、高污染已经严重影响经济和社会发展,必须从根本上改变这种状况,走节水防污的路子。在考察过程中,他特别关心调水工程沿线的污染防治问题,每到一处都询问水质情况,了解防治污染的措施。他说,南水北调东线工程要经过现有的河湖引水到北方,这些河湖水污染状况比较严重。能否解决好水污染防治问题,关系到南水北调工程的成败。有关部门已经制定了水污染防治的方案,要继续组织多方论证,进一步补充完善。调水工程沿线地区要把南水北调工程作为一个契机,高度重视并切实担负起水污染防治工作的责任,加大工作力度,加快结构调整,减少污染排放,发展高新技术产业,

---

① 参见王立彬《水利部部长汪恕诚宣布南水北调工程前期工作正加紧进行》,《人民日报》2001年1月15日。

发展无公害农业和绿色农业，改善环境质量，保证调水工程的水质。①

　　2001 年 11 月中旬，时任国务院南水北调办公室主任的张基尧在国务院新闻办记者招待会上介绍说：经过近 50 年的勘测、规划、研究和论证，对南水北调总体规划的重大原则问题已经基本形成共识，前期工作取得实质性进展。第一，以"三先三后"原则为指导，认真做好节水、治污、生态环境保护规划。《南水北调工程节水规划要点》、《南水北调工程东线工程治污规划》和《南水北调工程生态环境保护规划》均已完成，并通过专家的审查。第二，以南水北调受水区城市水资源规划和水资源合理配置成果为依据，确定调水工程规模。水利部组织完成了南水北调东、中线沿线 44 个地级以上城市的水资源规划。《南水北调城市水资源规划》和《海河流域水资源规划》已通过专家的审查，《黄淮海流域水资源合理配置》不久将提请专家审查。第三，以水资源合理配置为目标，确定工程总体布局。南水北调东、中、西三条调水线路，与长江、淮河、黄河、海河相互联结，构成中国水资源"四横三纵、南北调配、东西互济"的总体格局。东、中、西三线都采取分期建设的方案，所选定的东线、中线的近期工程建设方案和西线工程的前期工作内容，其深度能够满足规划要求。目前，《南水北调西线工程规划纲要和第一期工程规划》、《南水北调中线工程规划（2001 年修订）》已顺利通过专家审查，东线工程规划专家审查会也将于近日召开。第四，适应社会主义市场经济的要求，建立水价形成机制和工程建设管理体制。通过调整水价，促进节约用水。根据各受益地区获得的水量，按比例分担工程投资。南水北调工程除使用部分银行贷款外，中央投资的资本金由中央财政负担，各地的资本金来源，可以通过在现阶段适当提高水价筹措部分资金，不足部分由各级政府通过财政等渠道予以补足。目前，《南水北调工程水价分析研究》和《南水北调工程建设管理体制研究》已基本完成，不久提交专家审查。②

　　2000 年 11 月，国务院批准的南水北调工程总体规划再次对工程总体布局进行了深入研究论证，提出东线、中线和西线三条调水线路，规划分三期实施。第一，东线工程利用江苏省已有的江水北调工程，逐步扩大调

---

　　①　参见秦杰、汤涧《温家宝考察南水北调工程强调，节水治污生态全面规划统筹兼顾》，《人民日报》2001 年 9 月 8 日。

　　②　参见江夏《张基尧在国务院新闻办记者招待会上介绍南水北调工程前期工作取得实质性进展》，《人民日报》2001 年 11 月 15 日。

水规模并延长输水线路。东线工程从长江下游扬州江都抽引长江水，利用京杭大运河及与其平行的河道逐级提水北送，并连接起调蓄作用的洪泽湖、骆马湖、南四湖、东平湖。出东平湖后分两路输水：一路向北，在位山附近经隧洞穿过黄河；另一路向东，通过胶东地区输水干线经济南输水到烟台、威海。规划分三期实施。第二，中线工程将从加坝扩容后的丹江口水库陶岔渠首闸引水，沿规划线路开挖渠道输水，沿唐白河流域西侧过长江流域与淮河流域的分水岭方城垭口后，经黄淮海平原西部边缘在郑州以西的孤柏嘴处穿过黄河，继续沿京广铁路西侧北上，可基本自流到北京、天津。规划分两期实施。第三，西线工程将在长江上游通天河、支流雅砻江和大渡河上游筑坝建库，开凿穿过长江与黄河的分水岭巴颜喀拉山的输水隧洞，调长江水入黄河上游。西线工程的供水目标主要是解决涉及青海、甘肃、宁夏、内蒙古、陕西、陕西等6省（自治区）黄河上中游地区和渭河关中平原的缺水问题。结合兴建黄河干流上的骨干水利枢纽工程，还可以向邻近黄河流域的甘肃河西走廊地区供水，必要时也可相机向黄河下游补水。通过三条调水线路与长江、黄河、淮河和海河四大江河的相互联通，可逐步构成以"四横三纵"为主体的总体布局，有利于实现中国水资源南北调配、东西互济的合理配置格局，具有重大的战略意义。要从根本上缓解黄淮海流域、胶东地区和西北内陆河部分地区的缺水问题，三条调水线路都需要建设。①

　　南水北调东线工程要利用已有河湖引水到北方，能否处理好水污染防治问题，关系到南水北调东线工程的成败，也关系到这些地区的可持续发展。南水北调东线工程治污规划以实现输水水质达三类水标准为目标，规划了清水廊道工程、用水保障工程及水质改善工程三大工程。"清水廊道工程"主要规划投资建设城市污水处理厂，辅以必要的截污导流工程及流域综合整治工程，以确保输水主干渠沿线污水零排入，主干渠输水水质达三类标准。除规划投资建设城市污水处理厂之外，"用水保障工程"还将通过截污导流等工程，达到本规划区内用水水质三类的目标。而"水质改善工程"主要规划投资建设城市污水处理工厂，关闭年纸浆生产能力在2万吨以下的草浆造纸生产线，以保证淮河干流水质达三类，入洪泽湖支流水质达四类，避免对山东滨海地区的污染，改善卫运河、漳卫新河、淮河

---

① 参见江夏《南水北调工程总体规划确定三条调水路线》，《人民日报》2002年11月26日。

干流及洪泽湖水质。南水北调东线工程规划实施确保清水廊道三大工程，投资 240 亿元人民币建设 369 项工程，其中第一期工程为 140 亿元。工程完工后，东线输水干线和用水规划区的水质可达到国家地表水环境质量三类标准。①

2002 年 12 月 27 日，南水北调工程开工典礼在北京人民大会堂和江苏省、山东省施工现场同时举行。时任国务院总理的朱镕基在北京人民大会堂主会场宣布工程正式开工，时任中共中央政治局常委、国务院副总理的温家宝发表讲话。他指出，南水北调是一个科学的工程。几十年的规划设计、科学论证和反复选比，凝聚了各方面专家和广大工程技术人员的心血和智慧，决策过程充分发扬了民主。南水北调是一个具有综合效益的工程。按照经济规律建立工程建设管理体制、调水管理体制和运营机制，合理配置生活用水、生产用水和生态用水，兼顾了经济效益、社会效益和生态效益。南水北调是一个可持续发展的工程。总体规划把节水、治污和生态环境保护摆到突出位置，提出保持水源地一池清水、建设清水廊道的目标，统筹规划了东、中、西三条线路以及长江、黄河、淮河、海河四大流域的水资源配置。温家宝强调，南水北调工程是迄今为止世界上最大的水利工程，是事关中华民族子孙后代的千秋伟业，必须把工程质量放在第一位。要实行严格的工程设计、施工、监理责任制，确保工程建设万无一失。要推进工程建设管理体制和运营机制的创新，提高资金使用效益和工程效益。② 10 时 15 分，江苏省、山东省主要负责人分别在南水北调三阳河、潼河、宝应站工程和济平干渠工程开工典礼分会场报告开工准备完毕。随即，朱镕基宣布："南水北调工程开工！"时任江苏省委书记的回良玉在江苏分会场、北京市委书记刘淇在人民大会堂主会场出席开工典礼。在北京主会场出席开工典礼的有北京、天津、河北、河南、湖北 5 省市政府负责人和党中央、国务院有关部门负责人。

为了保证工程建设顺利进行，国务院成立南水北调工程建设委员会，加强对工程建设的领导。2003 年 8 月 14 日，国务院南水北调工程建设委员会在北京召开第一次全体会议。会议听取了工程建设委员会办公室的汇报，讨论并原则同意办公室提出的计划新开工项目，包括中线石家庄至北

---

① 参见《东线将实施清水廊道等三大工程》，《人民日报》2002 年 12 月 28 日。

② 参见夏珺等《南水北调工程开工典礼举行》，《人民日报》2002 年 12 月 28 日。

京团城湖段、丹江口水库大坝加高工程和"穿黄"工程、东线城市污水处理厂建设等八个项目，要求加快前期工作，尽早开工建设。温家宝主持会议并讲话，强调南水北调工程建设必须遵循客观规律，严格按照基本建设程序和原则办事。一要坚持"先节水后调水，先治污后通水，先环保后用水"，始终把节水、治污放在首位。二要严格执行规划，坚持质量第一，高标准、高效率地搞好工程建设。三要充分发挥市场机制的作用，建立良好的筹资、管理、运营机制，把调水工程建设与改革管理体制、水价形成机制结合起来，把水污染防治工程建设同改革排污收费机制结合起来。四要坚持科学民主决策，工程的设计、建设和运行管理都要建立科学民主的决策程序，完善论证决策的各项制度。他对做好工作提出三点要求：第一，加强对工程建设的组织领导，实行严格的责任制。第二，加强前期工作。加快研究制定工程建设的筹资、移民、节水、治污、水资源保护的规划和政策措施。要把解决京津冀地区应急供水问题摆到突出位置。第三，健全运行机制。要建立和完善工程建设的各项政策、法规和规章制度。工程建设要按照政企分开的原则，严格实行项目法人责任制、招标投标制、建设监理制、合同管理制。①

六　南水北调东中线工程的实施

南水北调工程是中国一项跨世纪的重大工程，东、中线一期工程静态总投资达 1240 亿元。由于这项工程资金需求量巨大，除财政拨款和南水北调工程基金外，还需要银行提供长期、稳定、足额的资金支持。同时，工程建设的复杂性、长期性、系统性，也对金融服务提出了更高、更全面的要求。鉴于南水北调工程特殊的金融需求，在国家发改委、水利部和南水北调建委办的大力支持下，由国家开发银行牵头，中国建设银行等 4 家国有独资商业银行和民生银行等 4 家股份制商业银行共同组建了南水北调主体工程银团。银团囊括了中国基础设施信贷领域的主力银行，具有资金实力强、金融手段全、服务网点多等特点，具备为南水北调这类特大型工程提供充足资金和全面服务的能力。2004 年 6 月 15 日，《南水北调主体工

---

① 参见《温家宝在国务院南水北调工程建设委员会第一次全体会议上强调，精心组织，精心设计，精心施工，把南水北调工程建成世界一流工程》，《人民日报》2003 年 8 月 15 日。

程银团贷款银行间框架合作协议》签字仪式在北京举行。根据协议，以国家开发银行为牵头行的国内 9 家金融机构将为南水北调主体工程提供总额达 488 亿元（不含东线治污贷款 70 亿元）的银团贷款，其中开行将提供 200 亿元信贷支持。①

2004 年下半年，南水北调东、中线工程计划开工 10 个项目，总投资 600 亿元，这意味着南水北调东、中线建设即将全面展开。计划开工的 10 个项目中东线工程有 6 个项目：江苏骆马湖至南四湖段工程、山东韩庄运河段工程、南四湖周边水资源控制与监测工程、江苏骆马湖以南段工程、"穿黄"工程和南四湖至东平湖段工程；中线工程有 4 个项目：丹江口水库大坝加高工程、"穿黄"工程、黄河北至漳河南段工程和漳河北至石家庄段工程。②

2004 年 10 月 25 日，国务院南水北调工程建设委员会在北京召开第二次全体会议。温家宝主持会议并讲话。温家宝指出：中央高度重视南水北调工程建设。经过各方面的共同努力，目前南水北调各项工作取得了较大进展，前期工作加快推进，在建工程进展顺利，东线治污正在展开，项目法人组建基本完成。这些都为工程建设奠定了良好的基础。他强调，要正确处理局部与整体的关系，正确处理工程建设与治污和生态环境保护的关系，正确处理调水与节水的关系，正确处理主体工程与配套工程的关系，正确处理质量与进度的关系，建立良性的调水和用水机制，建设节水型社会。把水污染防治作为重中之重，使南水北调工程成为"清水走廊"、"绿色走廊"。切实加强工程质量管理，建立质量责任制和责任追究制，实行全过程质量监督，努力把南水北调工程建设成为一流的水利工程。要采取得力措施全面推进工程建设。一是加快前期工作，保证工程建设按计划进行。二是健全和完善管理体制，使工程建设尽快走上规范化、制度化管理轨道。三是加强建设资金管理，严格控制工程投资。四是切实做好征地补偿和移民安置工作，促进工程建设顺利实施。五是加大污染治理力度，做好环境保护工作。③

---

①　参见富子梅《"南水北调"获四百八十八亿元银团贷款，开行作为牵头行提供二百亿元信贷》，《人民日报》2004 年 6 月 16 日。

②　参见赵永平《南水北调东、中线建设将全面展开》，《人民日报》2004 年 9 月 2 日。

③　参见《温家宝在国务院南水北调工程建设委员会全会上强调，加强领导，密切配合，扎实推进南水北调工程建设》，《人民日报》2004 年 10 月 27 日。

与南水北调的中线、西线工程不同，东线工程最大的"路虎"不是技术问题，而是污染治理。污染治理既是东线工程能否通水的先决条件，也是确保工程成功的关键因素。东线工程将穿越淮河、海河两大流域，而这两大流域是当时中国七大流域中污染较重的地区。2000年的数据显示，东线全年的废水排放量为29.51亿吨，入河为21.1亿吨；COD①的排放量为94.1亿吨，入河量为65.3亿吨；氨氮排放总量为13.5万吨，入河量达9.36万吨。其中，既有工业污染，又有农业污染，还有城镇的生活污染。② 因此，水污染治理、水环境保护是南水北调工程成败的关键，党中央、国务院提出了"先节水后调水，先治污后通水，先环保后用水"的原则，并把治污作为总体规划的重要组成部分。由南水北调办、发展改革委、监察部、建设部、水利部和环保总局6部门制定出台的《南水北调东线工程治污规划实施意见》指出，治污工程要在布局、规模、投资、时序安排等方面与调水工程建设同步，并适当超前，做到"清一段，通一段"，形成"治理、截污、导流、回用、整治"一体化的治污工程体系，在输水干线实施清水廊道工程，在用水区实施用水保障工程，在规划影响区实施水质改善工程。

国务院批复《南水北调东线工程治污规划》以后，在沿线各级政府和国务院有关部门的努力下，通过采取调整产业结构、治理工业污染、推行清洁生产、建设城市污水处理厂、减少化肥和农药使用、加强畜禽养殖污染防治、实施生态清淤和建设防护林等综合措施，南水北调东线水质恶化趋势基本得到遏制，但总的来说，污染依然十分严重。东线工程治污重点在山东，难点在南四湖。东线工程的污染治理分两个阶段：2008年之前治理黄河以南地区，2008年以后治理黄河以北地区。

为使南水北调山东段水质早日达标，山东省做了大量前期准备工作。一方面，山东加大了南水北调山东段的治污力度，取缔、关闭南四湖、东平湖流域15类"五小"企业368家。与此同时，山东省投巨资治理沿线污染，总投资达到80亿元左右，用于建设城市污水处理厂43座，截污导

① COD是化学需氧量的英文缩写，是指水体中能被氧化的物质进行化学氧化时消耗氧的量，一般以每升水消耗氧的毫克数来表示，是水质监测的基本综合指标。COD值越大，表示水体受污染越严重。

② 参见赵永新《如何打造"清水廊道"——访〈南水北调东线工程治污规划〉总报告负责人夏青》，《人民日报》2003年1月8日。

流工程 17 处，工业治理工程 111 项，流域综合治理工程 4 项，工业结构调整项目 33 项。^① 继在全国率先关停 1 万吨以下草浆纸厂后，山东省政府再次推出新举措：从 2001 年 10 月至 2002 年 8 月底前，关闭 41 家造纸厂的两万吨及以下草浆造纸生产线。此次关闭行动带来固定资产损失 10.7 亿元，涉及 1.4 万名职工的再就业问题。2003 年 8 月，山东省政府批准建立南四湖省级自然保护区。同时，地处南四湖区、投资 6700 万元的微山县污水处理厂也已试运行。这是山东省把南四湖区打造成南水北调"清水走廊"的重要步骤。

2003 年 10 月 15 日，南水北调办公室分别与江苏和山东两省人民政府签订了《南水北调东线工程治污工作目标责任书》。作为东线工程治污规划江苏段和山东段的第一责任人，两省人民政府承诺：制定产业结构调整计划，坚决关停污染严重、达标无望的企业；大力推进清洁生产，实现节能、降耗、减污、增效；城市污水处理厂将加强配套污水再生利用设施建设，提高污水再生利用率和农业灌溉用水效率，提高污水资源化水平；加强输水沿线城镇生活垃圾的收集和处置，逐步实现生活垃圾的"减量化、资源化、无害化"。②

在南水北调东线工程沿线，治污攻坚战全面展开。山东省重拳出击，关闭了沿线 40 个 2 万吨以下造纸企业草浆生产线、8 个 5 万吨以下不能稳定达标排放的草浆生产线和所有 5000 吨以下酒精生产线；陕西、湖北和河南三省共关闭了黄姜加工企业近 70 家。③ 江苏省对调水沿线所有新上项目实行环保"一票否决"，所有高耗水、高污染的项目一律不能上马。2004 年，全省共关停了 14 家化学制浆造纸生产线，关闭"十五小"和"新五小"企业 156 家，使沿线的工业污染比重从 60% 降到了 45%。2005 年水质监测显示，江苏沿线已有 7 个断面的水质达到三类水，完全可满足饮用、灌溉等需要。④

2005 年 10 月 29—31 日，时任国务院副总理的曾培炎先后考察了江苏扬

① 参见王科《山东治理南水北调沿线污染》，《人民日报》2001 年 11 月 21 日。
② 江夏：《南水北调东线工程治污目标明确，一期工程 4 年后水质将达三类标准》，《人民日报》2003 年 10 月 16 日。
③ 参见赵永平《南水北调将迎来建设高潮》，《人民日报》2005 年 9 月 19 日。
④ 参见赵永平《南水北调东线的水质恶化已基本得到遏制，但治污工作仍然十分艰巨——南水北调不会成"污水北调"》，《人民日报》2005 年 8 月 29 日。

州江都水利枢纽工程、宝应站工程、宿迁市中运河城区段综合整治工程、徐
州市解台站工程，山东枣庄市韩庄运河万年闸泵站、新薛河入湖口人工湿地
工程。在微山县南四湖，曾培炎实地察看了湖区水质状况。11月1日，国务
院南水北调东线治污工作现场会在山东济宁召开，曾培炎出席会议并听取有
关部门的汇报。他指出，实施南水北调工程是党中央、国务院作出的战略决
策，也是落实科学发展观的一次重要实践。要严格遵循"先节水后调水，先
治污后通水，先环保后用水"的"三先三后"原则，加强水源及沿线水污
染防治力度，努力把南水北调工程沿线打造成"清水走廊"、"绿色走廊"，
争取早日发挥工程的经济、社会和生态综合效益。为此，他提出五点要求：
加快实施规划中的治污项目，深化污水处理收费改革，推进产业结构调整，
积极开展面源污染防治，搞好沿线生态环境保护。①

　　为加强南水北调工程沿线区域的水污染防治，保证调水水质，山东省
出台法规，实行沿线区域分级保护制度，在核心保护区，禁止设置工业排
污口，禁止使用农药、化肥等。根据南水北调工程调水水质的要求，将沿
线区域划分为三级保护区：核心保护区、重点保护区和一般保护区。核心
保护区是指输水干线大堤或者设计洪水位淹没线以内的区域。在核心保护
区内，禁止使用农药、化肥等农业投入品；在重点保护区内限制使用农
药、化肥。在核心保护区内，禁止从事规模化畜禽养殖；对畜禽粪便、农
作物秸秆、农用地膜等农业生产残留物，要进行无害化处理和资源化利
用。核心保护区内不得新建、改建、扩建直接向输水干线排污的饭店、旅
馆或者其他旅游、娱乐设施；已建成的，应当限期治理；经治理后仍不符
合要求的，依法予以拆迁或者关闭。②

　　为规范污水处理厂的正常运行，山东省人大于2006年审议通过了
《山东省南水北调工程沿线区域水污染防治条例》，并于2007年1月1日
起实施。这是国内首次以地方立法的形式对南水北调工程沿线区域的水污
染防治进行规范性约束。《条例》要求污水处理厂不得超标排放污水，因
设施改造或者技术检修等原因确需停止运行的，必须启动应急预案，并向
当地建设和环境保护行政主管部门报告。对超标排放的污水处理厂，《条

---

① 参见《曾培炎在国务院南水北调东线治污工作现场会上强调，切实贯彻五中全会精神，坚
持"三先三后"原则，把调水沿线打造成"清水走廊"、"绿色走廊"》，《人民日报》2005年11月3
日。

② 参见苏长虹《山东南水北调核心区禁用农药化肥》，《人民日报》2007年1月10日。

例》规定罚款 5 万元以上 10 万元以下。《条例》还突破性地引入了生态补偿机制。为保证调水水质，南水北调工程沿线区域实行了较其他地区更高的水污染物综合排放标准，沿线区域政府承担了更重的治污任务，治理成本加大；同时，沿线区域的相关企业、湖区渔民和农民承担了更为严格的水污染防治责任，其经济利益受到了不同程度的影响。鉴于以上情况，《条例》在考虑沿线区域对南水北调工程水污染防治的实际付出和有益贡献基础上，从兼顾公平的原则出发，规定了山东省人民政府应当建立沿线区域水污染防治生态补偿机制。[①]

　　至 2007 年，山东省共完成水污染物减排项目 435 个、大气污染物减排项目 323 个。全省所有县（市、区）都已建成或已开工建设污水处理厂。其中，2007 年新建成污水处理厂 30 座，每天增加污水处理能力 109.4 万吨，年新增 COD 削减能力 9 万吨。2007 年新建成 5 万千瓦及以上国家和省重点现役脱硫机组 26 台。企业和污水处理厂的达标率明显提高，由 50% 左右分别上升到 85% 和 70% 左右。全省主要河流 COD 平均浓度下降了 7.76%，氨氮平均浓度下降了 7.83%，17 座城市的空气质量平均改善了 10% 左右。山东省从源头上控制污染排放，淘汰落后产能。2007 年，全省共关停小火电机组 113 台，装机容量达 171.7 万千瓦，超额完成年初确定的关停 130 万千瓦的任务；淘汰落后产能 370.6 万吨钢和 248 万吨铁，涉及钢铁企业 17 家，拆除水泥立窑生产线 110 座，淘汰落后水泥生产能力 850 万吨，完成了 2007 年度国家下达的钢铁、水泥落后产能关停任务。山东实行严格的污染排放标准，初步建立了地方性污染物排放标准体系，先后出台南水北调沿线、小清河流域、海河流域、半岛流域等覆盖全省的水污染物排放标准，其中 COD 最高严于国家行业标准 6 倍多，氨氮最高严于国家行业标准 7 倍。大力推行差别电价政策，对电解铝、钢铁、水泥等 8 个重污染行业的 138 家企业实行了差别电价。[②]

　　2004 年 10 月 24 日，南水北调东线一期工程骆马湖至南四湖段的解台泵站开工建设。解台泵站是继江苏三阳河潼河宝应站工程、山东济平干渠工程开工以后，东线一期工程的又一开工项目。根据规划，南水北调东线

[①]　参见赵永平《南水北调出台首部治污地方法规，山东：污水厂超标排放，重罚》，《人民日报》2006 年 12 月 12 日。

[②]　参见苏长虹《控制污染排放，淘汰落后产能，山东去年超额完成减排任务》，《人民日报》2008 年 2 月 15 日。

工程从长江下游抽引江水，沿京杭运河逐级提水北送，经 13 级提水，总扬程 65 米，向黄淮海平原东部供水，最终抵达天津。工程分 3 期，其中一期工程主要是向江苏和山东两省供水，主体工程工期 5 年，计划 2007 年建成通水。解台泵站是南水北调东线的第 8 级抽水泵站，工程设计流量 125 立方米每秒，初步设计总投资 1.86 亿元。该泵站作用是实现从骆马湖向南四湖调水 75 立方米每秒，向山东省提供城市生活用水、工业用水，改善徐州市的用水和不牢河的航运状况，为加快南水北调东线工程的省际通水创造条件。

据《人民日报》2004 年 12 月 1 日报道：东线一期、中线一期工程建设进展顺利，工程质量总体良好。截至 2004 年 11 月 23 日，南水北调东线山东段工程建设已完成投资 8 亿多元，占工程总投资的 70% 以上，工程总体进展顺利。南水北调东线山东段主干线自山东、江苏省界进入山东省韩庄运河，经台儿庄、万年闸、韩庄三级泵站提水入南四湖下级湖。南水北调东线一期工程在山东境内南北干线长 487 公里，东西干线长 704 公里，全长 1191 公里，工程建成后将形成"T"字形输水大动脉。①

截至 2005 年 8 月底，在建项目累计完成投资 28.43 亿元，占在建项目总投资的 43%。东线首批开工建设的江苏三阳河潼河宝应站工程、山东济平干渠工程基本完工。工程项目累计完成土石方 5438 万立方米，占在建项目总土石方量的 80%；累计完成混凝土浇筑 77 万立方米，占在建项目混凝土总量的 41%。《人民日报》2005 年 9 月 19 日报道：随着中线京石段应急供水工程全面加速，南水北调标志性工程——丹江口大坝加高和中线"穿黄"工程近期开工建设，南水北调即将迎来建设高潮。截至 2005 年底，南水北调工程已有 9 个单项工程相继开工，涉及工程投资规模近 300 亿元。累计完成土石方 6116 万立方米，占在建工程设计总量的 57%。南水北调首批开工项目——东线三阳河潼河宝应站工程和济平干渠工程已经建成并开始发挥效益。②

据国务院南水北调办公室统计显示，截至 2008 年 10 月底，南水北调东、中线一期工程累计完成投资 221 亿元，占在建设计单元工程总投资的

---

① 参见何勇《南水北调山东段完成投资逾 8 亿，占工程总投资 70% 以上》，《人民日报》2004 年 12 月 1 日。

② 参见赵永平《国务院南水北调工程办公室宣布，南水北调首批开工项目建成》，《人民日报》2006 年 1 月 22 日。

68%。南水北调，这个迄今为止规模最大的调水工程，正由梦想变成现实。[1]

　　穿越黄河工程是南水北调东线的关键控制性项目。该工程位于山东泰安市东平县和聊城市东阿县境内、黄河下游中段，工程由东平湖湖内疏浚、出湖闸、南干渠、埋管进口检修闸、滩地埋管、穿越黄河隧洞、穿越引黄渠埋涵、出口闸及连接明渠等建筑物组成，主体工程全长7.87公里，湖内疏浚9公里，工程总投资6亿多元。2007年12月28日，南水北调东线唯一一个穿黄河工程在山东省聊城市东阿县刘集镇位山村正式开工。整个东线穿黄河工程从东平湖出发，先建出湖闸，再开挖南干渠至黄河南大堤前（子路堤），在此处建进口检修闸，并以埋管的方式穿过子路堤、黄河滩地至解山村。然后，经隧洞穿过黄河主槽及北大堤，在位山村以埋涵的形式穿过位山引黄渠渠底，经出口闸与黄河北输水干渠相接，全长7.87公里。整个工程遇到很多难题，最大的困难是在解山开挖深达70米的隧道。这不仅要做好内渗的处理，还要充分保证衬砌的质量。南水北调东线山东段首个截污导流工程——宁阳县洸河截污导流工程也同时开工。宁阳县洸河截污导流工程位于南四湖主要入湖河流洸府河上游，涉及洸河、宁阳沟两条河。在南水北调东线干线工程输水期，工程拦截工业及城市污水处理厂达标排放的中水，并通过泵站和输水管道向洸河右岸、宁阳沟左岸灌区输送，可改善农田灌溉面积7.33万亩。与洸河截污导流工程类似的项目山东共有21个，总投资11.9亿元。在保证调水水质的同时，为区域内近185.3万亩农田提供灌溉水源。[2]

　　继2001年9月考察南水北调东线后，温家宝又考察了南水北调中线，察看了丹江口水利枢纽、陶岔渠首闸、穿越黄河工程、百泉灌区、石津干渠古运河枢纽、瀑河水库、永定河倒虹吸工程等中线调水的一些关键性工程项目，看望了丹江口库区移民，到沿线农村进行了调查，听取了湖北、河南、河北、天津、北京等沿线省市和有关部门的汇报，了解各方面的意见和建议。温家宝指出，实施南水北调，必须制定科学的规划。南水北调是千年大计，一定要以严谨、科学和实事求是的态度进行充分可靠的论证，经得起历史的检验，对子孙后代负责。要贯彻从长计议、统筹考虑、

---

① 参见赵永平《南水北调梦成真》，《人民日报》2008年11月21日。
② 参见刘成友《南水北调东线一期穿黄河工程年底开工》，《人民日报》2007年12月5日。

科学选比、周密计划的指导思想，以及先节水后调水、先治污后通水、先环保后用水的原则。调水要综合考虑各方面的因素，不仅要有一个好的工程规划，还要有好的节水规划、经济结构调整规划、污染治理规划、生态保护规划、水价形成机制规划。温家宝强调，要切实解决好调水工程的突出问题。一是生态问题。南水北调必须把生态建设与环境保护摆在突出位置。调水既要使北方干旱地区受益，也要保证水源地区生态不受大的影响，实现调水区和受水区经济、社会、生态的协调发展。水源地区要大力实施退耕还林、封山育林，严格控制污染物排放，确保水源永远是一库清水。调水沿线要搞好污染防治、绿化建设，努力使调水渠道成为清水走廊、绿色长廊。二是移民问题。要高度重视库区移民工作，重点解决好移民的生计问题，切实把移民安置好、稳定住，并帮助他们脱贫致富。三是节水问题。解决北方地区水资源短缺，必须把立足点放在节水上。要调整经济结构，发展节水型工业、节水型农业，建设节水型城市、节水型社会。[①]

2003 年 12 月 30 日，南水北调中线京石段应急供水工程——北京永定河倒虹吸工程动工，这标志着南水北调中线工程正式启动，南水北调工程东、中线从此进入同步建设阶段。南水北调中线工程从湖北省的丹江口水库引水，重点解决北京、天津、石家庄、郑州等沿线大中城市的缺水问题，兼顾供水区生态环境和农业用水。根据规划，2008 年调黄河之水到北京；2010 年，中线工程全线通水，引长江之水到北京。南水北调到北京后，直接供水范围 3247 平方公里。为尽快缓解北京市水资源紧缺状况，国家决定在中线工程全线通水之前，先期实施中线总干渠京石段通水，将河北省岗南、黄壁庄、王快、西大洋 4 座水库与总干渠连接，相继向北京应急供水。这一工程工期 3 年，总投资 173 亿元，2007 年即可应急向北京供水 4 亿至 5 亿立方米。京石段应急供水工程北京段起点在房山拒马河，经房山区，穿永定河，过丰台，沿西四环路北上，至颐和园团城湖终点。12 月 30 日，南水北调中线工程河北省第一个建设项目——滹沱河倒虹吸工程正式开工建设。这一工程位于河北省石家庄市正定县新村村北的滹沱河上，设计流量 170 立方米每秒，防洪标准为 100 年一遇。滹沱河倒虹吸

---

① 参见韩振军《温家宝在考察南水北调中线时强调，统筹规划科学论证，加紧做好前期工作》，《人民日报》2002 年 5 月 13 日。

工程是南水北调中线北京至石家庄段应急供水工程的重要组成部分。

2004 年 9 月 1 日，随着数十台挖掘机的轰隆声，南水北调中线唐河倒虹吸工程和釜山隧洞工程正式开工建设，这标志着南水北调中线京石段应急供水工程已进入全面建设阶段。这两个项目是该局作为项目法人组建到位后的第一批开工建设的工程。这两个项目除近期担负着向北京市应急供水任务外，还担负着南水北调中线一期工程全线贯通后的输水任务。唐河倒虹吸工程位于河北省曲阳县，是中线工程穿越唐河的大型交叉建筑物，工程工期 24 个月，总投资 2.19 亿元。釜山隧洞工程位于河北省徐水县与易县的交界处，工程工期 35 个月，总投资 1.99 亿元。[①]

2004 年 9 月 22 日，南水北调中线干线工程建设管理局正式挂牌，这预示着南水北调中线干线工程即将步入全线大规模建设的快速轨道。南水北调中线干线工程建设管理局承担南水北调中线干线主体工程建设期间的项目法人职责，待条件具备时，改组成南水北调中线干线有限责任公司。南水北调工程建设期间，组建了南水北调东线江苏有限责任公司、南水北调东线干线有限责任公司、南水北调中线水源有限责任公司和南水北调中线干线有限责任公司（南水北调中线干线工程建设管理局）4 个项目法人，具体履行南水北调东线、中线主体工程建设期间的项目法人职责。中线建管局的成立，标志着南水北调工程项目法人组建工作迈出了关键一步，对于促进中线工程的顺利建设起到了重要作用。

2005 年 9 月 26 日，丹江口水利枢纽大坝加高工程开工建设，标志着南水北调工程进入建设高峰。丹江口大坝加高工程是南水北调控制工期、施工技术最为复杂的工程之一，工程总投资为 24.25 亿元。大坝加高后，正常蓄水位从 157 米提高至 170 米，可相应增加库容 116 亿立方米；通过优化调度，可提高中下游防洪能力、扩大防洪效益，2010 年调水量 95 亿立方米，到 2030 年调水量达到 120 亿至 130 亿立方米，可基本缓解华北用水的紧张局面。南水北调中线工程于 2003 年 12 月 30 日开工建设，至 2005 年 9 月，中线（北）京石（家庄）段应急供水工程已经开工建设 5 个单项工程。[②]

---

① 参见赵永平《南水北调东、中线建设将全面展开》，《人民日报》2004 年 9 月 2 日。

② 参见赵永平《南水北调工程进入建设高峰，丹江口大坝加高工程开工建设》，《人民日报》2005 年 9 月 27 日。

　　2005 年 11 月下旬，南水北调中线标志性工程——丹江口大坝加高主体工程左岸 25 坝段、右岸 12 坝段分别开仓浇筑第一仓混凝土。这标志着丹江口大坝加高主体工程混凝土浇筑全面进入实施阶段，丹江口水利枢纽大坝真正开始"长高"，为南水北调中线按期通水提供了保障。丹江口大坝加高工程主体混凝土浇筑前的 3 个系统（砂石系统、混凝土拌和系统、混凝土浇筑系统）已基本完成，仓位准备、技术准备工作也已经完成。主体工程比计划提前一个月实现混凝土开仓浇筑。①

　　丹江口水库流出的甘甜长江水一路北上，将在郑州市附近通过黄河。经过论证，确定在黄河河床底部 60 米处，打两个平行隧洞穿过黄河。"穿黄"工程位于郑州市以西约 30 公里处，从孤柏山嘴湾处穿过黄河，两条平行"穿黄"隧洞内径 7 米、长 3.45 公里，设计洪水标准为 300 年一遇，主要建筑物抗震烈度为 7 度。这是当时国内最大的穿越大江大河的交叉建筑工程，也是南水北调施工难度最大的工程，因此被称为南水北调的"咽喉工程"。2005 年 9 月 27 日，河南省荥阳县黄河岸边人头攒动，彩旗飘扬。上午 11 时，数十台推土机、工程车隆隆启动，奏响了南水北调中线穿越黄河工程开工的"号角"。这是继 26 日丹江口水利枢纽大坝加高工程开工后的又一个关键性工程。两大工程接连开工，标志着南水北调中线已进入全线建设阶段。②

　　2006 年 9 月，南水北调中线工程河南段开工建设。在南水北调中线工程规划中，河南既是水源地，又是受水区，是渠道最长、移民最多、计划用水量最大的省份。南水北调中线一期主体工程静态总投资 1367 亿元，其中河南境内投资约为 670 亿元。截至 8 月底，南水北调京石段应急供水工程累计完成投资 52.10 亿元，占该段在建项目总投资的 29%，累计完成土石方 1561 万立方米，完成混凝土浇筑 78.2 万立方米。③ 国务院南水北调办负责人表示，至 2006 年 8 月底京石段工程整体进展顺利，已进入全面攻关建设阶段，目标是确保 2008 年奥运会前具备通水条件。截至 2007

　　① 参见赵永平《南水北调中线源头，丹江口大坝昨起"长高"，水库水质达到 I 类标准》，《人民日报》2005 年 11 月 26 日。

　　② 参见赵永平《9 月 26 日和 27 日，丹江口大坝加高工程、"穿黄"工程相继开工建设》，《人民日报》2005 年 9 月 28 日。

　　③ 参见赵永平《南水北调京石段进展顺利，确保 2008 年奥运会前具备通水条件》，《人民日报》2006 年 9 月 22 日。

年 1 月底，南水北调中线一期工程累计完成投资 91.29 亿元，占在建设计单元项目总投资的 36%；累计完成土石方 9383 万立方米，占在建设计单元项目总土石方量的 42%。①

丹江口大坝加高工程是在原来老坝体基础上先培厚再加高，即先将原来的大坝坝体加宽加固，然后再加高。2007 年 3 月 22 日，南水北调中线水源工程湖北丹江口大坝加高全面展开。这是国内当时最大的大坝加高工程，技术复杂、施工难度大、工艺要求高。"五一"前夕，南水北调中线的控制性工程——丹江口大坝加高工程培厚混凝土浇筑全线完工，这标志着丹江口大坝加高工程即将进入全面升高阶段。整个丹江口大坝加高工程预计于 2010 年完工。

中线"穿黄"工程被称为南水北调的"咽喉工程"，"穿黄"隧洞是"穿黄"工程的最大难点，也是中国穿越大江大河规模最大的输水隧洞。工程建设不仅直接关系到黄河的防洪安危，也关系到中线一期工程的成败。工程总投资为 31 亿多元，主体工程施工期 51 个月。"穿黄"工程由南北岸明渠、南岸退水建筑物、进口建筑物、邙山隧洞段、"穿黄"隧洞段、出口建筑物、北岸新老蟒河渠道倒虹吸、南北岸跨渠建筑物和南岸孤柏嘴控导工程等组成。根据设计，在黄河河底开挖两条平行的隧洞，单洞直径 7 米宽，全长 4.25 公里。经过科学比选，"穿黄"工程的隧洞挖掘采用世界上较为先进的盾构技术，其技术含量高，施工工期长，当时在国内用盾构方式穿越大江大河尚属首例。

2007 年 7 月 8 日，在河南郑州附近的黄河北岸河床底部近 40 米深处，南水北调中线"穿黄"隧洞盾构机开始正式掘进，这标志着中线关键性控制性工程——"穿黄"工程施工进入关键阶段，为实现南水北调 2010 年的通水目标创造了条件。这次首发掘进的是右引水洞，盾构机日掘进速度为 10 米左右，预计 2008 年 9 月穿过黄河，10 月开始邙山斜洞掘进，2009 年 3 月完成右隧洞盾构施工任务。

10 月 11 日，为确保南水北调中线工程水质安全，促进区域经济社会发展，南水北调中线工程水源地丹江口库区及上游水土保持工程启动，此项工程在同等项目中投入最高，单位面积投入达每平方公里 20 万元。根

---

① 参见赵永平《南水北调中线工程，丹江口大坝开始"长高"》，《人民日报》2007 年 3 月 10 日。

据南水北调中线工程建设的总体安排,到 2010 年,在丹江口库区及上游的陕西、湖北、河南三省水土流失严重的 25 个县实施水土保持工程,年均减少土壤侵蚀量 0.4 亿至 0.5 亿吨,林草植被覆盖度增加 15%—20%,年均增加水源涵养能力 4 亿立方米以上。

11 月 10 日,随着最后一跨槽身混凝土浇筑完成,国内最大的输水渡槽——南水北调中线漕河渡槽主体工程完工。该工程作为南水北调中线京石段应急供水的控制性工程,为实现向北京应急供水奠定了基础。漕河渡槽是南水北调中线京石段应急供水工程的一个重要组成部分,又是应急供水工程如期实现向北京供水的卡关项目之一,是 300 公里长的京石段应急工程的重中之重。该工程位于河北省保定市满城县境内,主体工程是总长 2300 米、底宽 20 米的跨越漕河的巨型渡槽。

南水北调工程中线从长江支流汉江中上游的丹江口水库引水,调水总干渠起自丹江口水库陶岔枢纽,全线自流到天津、北京,经过河南、河北、北京、天津四省市,总长 1432 公里。2008 年 9 月 26 日,南水北调中线总干渠膨胀土试验段工程(南阳段)开工建设,这是南水北调中线干线工程黄河以南的首个开工项目,是实现中线河南段“黄河北连线、黄河南布点”建设目标的关键一环。该工程的开工建设,标志着南水北调中线工程黄河以南段建设进入新的阶段。

2008 年 10 月 3 日,北京居民喝上南水北调调来的清水了。随着京冀交界处北拒马河暗渠进水闸闸门缓缓提起,从河北调来的汩汩清水沿着主干渠流入北京。南水北调中线京石段应急供水工程正式建成通水,意味着南水北调工程建设取得阶段性成果。12 月 30 日,南水北调中线京石段应急供水工程——北京永定河倒虹吸工程动工,这标志着南水北调中线工程正式启动,南水北调工程东、中线从此进入同步建设阶段。

2008 年 10 月 31 日,为加快南水北调工程建设步伐,国务院南水北调工程建设委员会在北京召开第三次全体会议。参加会议的有国务院南水北调工程建设委员会全体成员及有关部门和单位、南水北调东线和中线沿线有关省市的负责人。会议听取了南水北调工程建设进展、基本做法、建设经验、存在的问题以及工程水价有关情况的汇报。

时任中共中央政治局常委、国务院副总理、国务院南水北调工程建设委员会主任的李克强主持会议并讲话。他指出:南水北调工程开工以来,已经取得显著进展和积极成效。以国务院最近审议通过的南水北调东、中线一期工程可行性研究总报告为标志，南水北调工程建设进入全面展开的新阶段。要进一步加强组织领导，完善体制机制，优化设计方案，科学安排施工，继续抓好在建项目，及时开工一批单项重点工程，扎实做好各项工作，促进工程优质、高效、按时建成，如期发挥经济、社会和生态效益。他强调，要全面贯彻党的十七大和十七届三中全会精神，深入贯彻落实科学发展观，以对国家对人民高度负责的精神，认真总结经验，加强监督管理，在确保建设质量和提高资金效益的前提下，加快南水北调工程建设步伐，统筹做好征地移民、治污环保、文物保护等工作，优质高效又好又快地推进南水北调工程建设，促进经济平稳较快增长和全面协调可持续发展。①

---

　　①　参见高云才《国务院南水北调建委第三次全体会议召开，李克强强调，优质高效又好又快，推进南水北调工程建设》，《人民日报》2008 年 11 月 2 日。

第十章 市场经济条件下的水利事业

20世纪90年代以后，中共中央全面推进社会主义市场经济，水利事业改革速度加快。在市场经济条件下，中国水利事业出现了一些新情况、新问题，面临着一些新挑战。国家在注重水利建设自身发展的同时，更加重视水利和经济社会发展的紧密联系；在注重水资源开发利用的同时，更加重视水资源的节约和保护。随着水利部门对水利问题认识的深化，中国水利开始从传统水利向现代水利转变，由传统的"以需定供"转为"以供定需"，并注重水资源利用与经济社会协调发展，确立了建设节水防污型社会的新目标。

一 水利事业面临的新问题及取得的新成就

改革开放以后，尽管中国的农田水利建设和江河治理取得了重大成就，但20世纪90年代初的江河防洪形势依然严峻。存在的主要问题是：大江大河大湖的防洪标准普遍偏低；泥沙淤积严重；河道和湖泊的淤积明显；盲目围垦，人为设障，建设挤占河道日益增多；水利工程老化失修，效益衰减。[①] 鉴于这种情况，20世纪90年代以后，党和政府逐渐加大了水利建设的力度。

1991年春，根据"水利是国民经济基础产业"的指导方针，水利部修订了全国10年水利发展目标：一是有计划地建设一批大型水利工程，兴建黄河小浪底、万家寨、大柳树等水利枢纽工程，开始建设岷江紫坪铺、澧水江垭等综合利用水利枢纽，还有珠江飞来峡、大藤峡、百色、韩江永定、滦河桃林口、嫩江尼尔基、海南大广坝等一批骨干水利枢纽工

---

① 参见钮茂生《中国的水》，《人民日报》1996年3月22日。

程。二是继续加强大江大河治理，重点放在长江、黄河等流域的治理开发，兴建引黄入淀、引黄入晋等一批跨流域引水工程，解决重点缺水城市、工矿区缺水问题和农村人畜饮水困难。三是加强三江平原、松嫩平原、豫皖平原、四川盆地、长江中下游平原粮棉基地的水利建设，加强新疆、内蒙古、宁夏、青海的灌区建设，加强牧区水利建设；抓紧水库库区经济开发，帮助水库移民脱贫；加强贫困地区水利、水电、水土保持等基础设施建设。①

1991 年，全国发生了严重的洪涝灾害，受灾面积达 3.7 亿亩，成灾 2.2 亿亩，房屋倒塌 497.9 万间，直接经济损失 779 亿多元。② 严重的洪涝灾害，唤起了各地的水患意识和抗灾意识。人们认识到：水利不仅是农业的命脉，而且是国民经济的命脉，是中华民族生存和发展的命脉，只有平时多投入，汛时才能少损失。因此，国家统一安排了淮河、太湖流域整治工程，各省区也根据本地实际确定了一批重点工程。据《人民日报》1991 年 10 月 23 日报道：江苏省提出，下决心过几年紧日子，省出钱来搞水利；安徽准备动员 1000 万劳力进行水利建设，该省安排的治淮工程投资额、骨干项目数量和工程规模都是近年来最大的；浙江杭嘉湖水利建设 1991 年冬的总投资达 1 亿多元；湖北决定，要像抓防汛抗灾那样抓水利建设，形成冬春修、夏秋防、常年管的一条龙局面；北京以开挖凉水河带动 10 条河的治理；天津确定治理涉及全市安全的永定新河、海河干流等主要河道及滞洪区；山东动员 1200 万劳力，大力整治盐碱地，改造低中产田；贵州建设灌溉 10.5 万亩的天柱鱼塘水库；云南要把 2300 多公里的主要土渠，改造成"三面光"的防渗护砌渠道；内蒙古河套水利枢纽工程进入施工高峰；西藏的水利建设则集中在拉萨河及年楚河流域。③

为了利用冬春有利时机掀起扎扎实实的水利建设高潮，1991 年 9 月，国务院专门召开电话会议进行部署。会后，很多省区召开水利工作会议进行了动员部署。黑龙江像抓抗洪抢险那样实行首长负责制，分工包片、包战区、包重点工程。陕西确定从秋收基本结束到 1992 年 1 月中旬，大干

---

① 参见赵鹏、高保生《我国将建一批大型水利工程，增加农田灌溉面积一亿亩》，《人民日报》1991 年 4 月 25 日。

② 参见钮茂生《中国的水》，《人民日报》1996 年 3 月 22 日。

③ 参见《统筹安排，重点突出，因地制宜，讲求实效，全国冬修水利建设拉开序幕》，《人民日报》1991 年 10 月 23 日。

百天，干出实效。会议要求各省区市冬春水利建设要把本地区江河湖泊的治理作为重点，特别要把修复水毁工程、加固病险水库、河道清障、加高加固河海堤防和疏浚河道等放在首要位置。[①]

1992 年，中共十四大报告提出水利与农业、能源、交通、原材料并列成为基础产业，强调要重视农田水利建设和大江大河治理，要加快三峡工程和南水北调工程建设。水利既然是产业，就要经济核算。对于兴利水利事业，必须在财务上有利，也就是水费、电费、航运费和其他服务费的收入，能够偿还投资本息，支付维修养护费、大修费、管理费、税利费等。对于农田水利建设的国家财政补贴应该是公开的，而且逐步减少。对于防洪等水利除害事业的费用，一般由国家和地方政府负担，但也要经济合理，尽可能收些费用，以减少国家和地方的负担。

党和政府高度重视新时期水利的地位和作用，高度重视农田水利基本建设，以每年冬春修为标志的农田水利基本建设产生了巨大的社会效益和经济效益。由于领导重视、投入增加和政策对头，20 世纪 90 年代，中国农田水利建设成绩显著。全国灌溉面积结束了 10 年徘徊的局面，城乡供水和节水灌溉更有长足发展，治理水土流失速度加快，灌区工程续建配套、技术改造，机电井和机电排灌也有了较大进展，建成或基本建成了引黄入卫、引大入秦、引碧入连、四川武都引水、陕甘宁盐环定扬程以及洞庭湖整治等一大批骨干供水排水工程。各地采取多元化、多渠道、多层次的办法，增加农田水利建设投入，在投资总额中，群众自筹和社会集资的比重逐年提高，并将市场机制引入农田水利基本建设，为在市场经济条件下开展卓有成效的农田水利基本建设进行了有益探索。

20 世纪 90 年代以后，中国治水的难度越来越大。由于长期以来不重视人与环境的和谐相处，人与水争地的问题日益突出。全国被开垦的湖泊至少有 2000 多万亩，减少蓄洪容量 350 多亿立方米。仅以洞庭湖为例，它大小号称 800 里，是长江洪水的重要调蓄地，但围垦使之缩小了三分之一面积，严重影响了调蓄长江洪水的能力。山区过度开垦造成水土流失，大量泥沙进入河道湖泊，使河床抬高湖泊变浅，更加重了治水难度。仅黄

---

① 参见《统筹安排，重点突出，因地制宜，讲求实效，全国冬修水利建设拉开序幕》，《人民日报》1991 年 10 月 23 日。

河每年就有 4 亿吨泥沙淤积在河道内，而长江的泥沙含量也在增加。①

从总体上看，20 世纪 90 年代水利建设与利用中存在的主要问题表现在：一是防洪标准低，洪涝灾害频繁，对经济发展和社会稳定的威胁大。90 年代初以后，中国几大江河发生了 5 次比较大的洪水，损失近 9000 亿元。特别是 1998 年发生的长江、嫩江和松花江流域的特大洪水，暴露了中国江河堤防薄弱、湖泊调蓄能力降低等问题。二是干旱缺水日趋严重。农业、工业以及城市都普遍存在缺水问题。70 年代，全国农田年均受旱面积 1.7 亿亩，到 90 年代增加到 4 亿亩，农村还有 3000 多万人和数千万头牲畜长年饮水困难。全国 600 多个城市中，有 400 多个供水不足。三是水域生态环境恶化。在全国作了水资源质量评价的约 10 万公里河长中，受污染的河长占 46.5%；全国 90% 以上的城市水域受到不同程度的污染。当时，全国水土流失面积 367 万平方公里，占国土面积的 38%。北方河流干枯断流情况愈来愈严重，黄河进入 90 年代后年年断流，平均达 107 天。此外，河湖萎缩，森林、草原退化、土地沙化，部分地区地下水超量开采等问题，严重影响了水环境。因此，水利建设的重点是搞好以主要江河堤防为主的防洪建设，把中央提出的灾后重建、整治江湖、兴修水利的任务落实好，特别要抓好工程质量，逐步建成以堤防为基础，干支流水库、蓄滞洪区、河道整治、水土保持、植树造林及非工程措施相结合的综合防洪体系。②

随着中国人口的不断增加、经济的快速发展，水利的现状越来越不能适应国民经济和社会发展的需要。频繁的水旱灾害暴露出的水利基础脆弱、设施严重不足、难以抵御较大水旱灾害等问题，使党和政府更加深刻地认识到，水利是国民经济的基础产业，事关国民经济发展和社会稳定的全局。为此，1993 年 5 月，水利部召开了专题办公会议，确定了水利部 14 项重点工程项目，以加大水利建设的投入。它们是：小浪底水利枢纽工程，当时该工程的前期准备工程已全面展开；治理淮河骨干工程；治理太湖骨干工程，该工程利用世界银行贷款 2 亿美元，是水利部直属的第一个利用世界银行贷款的大型工程；万家寨水利枢纽工程，静态总投资 21.2 亿元；观音阁水库工程；引大入秦工程，利用世界银行贷款 1.32 亿美元；

---

① 参见李尚志等《灾后反思话水利》，《人民日报》1996 年 10 月 9 日。
② 参见汪恕诚《节约和保护水资源是一项重大国策》，《人民日报》1999 年 3 月 30 日。

故县水库工程,该工程建设当时已进入尾工阶段;克孜尔水库工程;黄河下游治理工程;荆江大堤工程;桃林口水库;引黄入卫工程;飞来峡水利枢纽工程;松滋江堤加高加固工程。①

为了更好地总结经验教训,部署新阶段的水利工作,1994年9月,国务院在全国水旱大灾之后及时召开了全国水利工作会议,这是新中国成立以后首次以国务院名义召开的全国水利工作会议,当时在北京的国务院主要领导人全部到会,充分说明党和国家对水利事业和水利工作的高度重视。时任国务院总理的李鹏在会上指出:"水利是国民经济的基础设施和基础产业,不仅是农业的命脉,也是社会发展的基础。我们要从战略的高度来认识水利的地位和作用,重视水利的建设发展。"他强调:"加快水利基础设施的建设,关键是增加对水利建设的投入。中央要增加投入,地方各级政府也要增加投入,同时要实行国家、地方、集体、社会多渠道筹集资金的机制。"②

1994年9月22日,《人民日报》配发了评论员的文章——《重新认识水利的基础地位》,该文对这次会议确定的加快水利建设方针政策予以阐述。文章指出:"加快水利建设是当前和今后长时期的艰巨任务,它绝不是一个行业、一个部门的事情,而是造福社会、造福人民的事业,更是各级政府的重要职责。我们要从人口、经济和环境协调发展的战略高度来认识水利问题,在全体人民中牢固树立水患意识。各级政府要加强对水利工作的领导,在制定'九五'经济社会发展计划时,真正把水利作为国民经济的基础产业和基础设施,优先加以考虑。中央和地方都要加大水利投入的力度,宁肯少上几个其他项目,也要把水利建设搞上去。集中财力、物力,加快大江大河的治理,全面提高防洪抗灾能力,加快关系国计民生的防洪及调水骨干工程建设,防治水土流失,保护水环境;动员和依靠全社会的力量办好水利事业,鼓励集体、企业和个人以多种形式投资投劳,兴建水利设施。通过深化改革,探索社会主义市场经济条件下,发展水利的新路子,力争使水利基础设施和基础产业建设尽快登上一个新台阶,为国民经济持续、快速、协调发展创造条件。"这次水利工作会议成为中国水

---

① 参见刘鲜日、李明生《我国确定十四项水利治理重点工程》,《人民日报》1993年5月9日。

② 刘振英等:《李鹏在全国水利工作会议闭幕会上强调要从战略高度重视水利建设,朱镕基主持会议,广东甘肃四川省领导在会上发言》,《人民日报》1994年9月22日。

利建设步入崭新阶段的标志。

　　这次全国水利工作会议后，在中共中央和国务院加大水利投入力度的同时，各省纷纷落实领导责任，落实资金投入。广东省当年就拿出 40 亿元投入水利。在 1994 年冬的水利基本建设中投入劳动积累工 37.5 亿个，投入资金 100 亿元，都达到了历史最高水平。此后，国家对大江大河大湖的治理进度明显加快。长江三峡工程、黄河小浪底工程正式开工兴建，治淮、治太工程进入了攻坚阶段，万家寨、飞来峡、引大入秦、观音阁、引黄入卫等一大批重点工程取得了很大进展。1995 年以后，国家投入从财政、信贷几个渠道向农业倾斜，其中农业基建投资的大头是用在水利上的。在国家财政不宽裕的情况下，1995 年水利基本建设预算内投资仍比上年增加 30%。[①]

　　1995 年，中国再次遭受大水灾，党中央在讨论"九五"计划和 2010 年国民经济和社会发展远景目标规划时，吸取 1991 年、1994 年和 1995 年大水灾给中国带来的教训，决定进一步提高水利建设的地位，将水利置于国民经济基础设施建设的首要地位。为加快新时期水利建设，更好地为国民经济服务，水利部总结了水利工作的经验教训，采取了一系列措施：制定《九十年代中国水利改革与发展纲要》，规划出一个时期水利的奋斗目标；提出了建立适应社会主义市场经济的水利新体制的改革目标和建立五大体系的改革措施；水利行业开始实施目标管理责任制，明确责任。这些措施有力地促进了水利事业的发展。水利部要求："九五"期间，要抓好五项工程。一是加快大江大河大湖治理，提高防洪抗灾能力。二是大力发展供水和节水灌溉，新增供水能力 600 亿—800 亿立方米，新增有效灌溉面积 5000 万亩。三是加强七大流域水土保持工程建设，改善水环境。完成治理水土流失面积 25 万平方公里，全面加强以流域为系统的水资源保护工作。四是积极发展水力发电。五是加强水利前期和基础工作，实施"科教兴水"战略。除害兴利是治水的双重任务，当代水之利，莫如利用水能发电和兴灌溉之利。中国农田水利建设规模之大、成效之高，在世界上是罕见的。到 1995 年，全国已建成各类大中小型水库 8 万多座，蓄水总库容达到 4750 亿立方米，农田灌溉面积发展到 7.5 亿亩，占中国耕地

---

　　① 参见江夏《水利，与我们息息相关——世界水日访水利部部长钮茂生》，《人民日报》1995 年 3 月 23 日。

的一半左右。①

1997 年 12 月 4 日,《人民日报》发表评论员文章,指出：由于我国人均水资源占有量偏低,时空分布不均衡,加上粗放型经济增长方式和传统计划经济体制的影响,党的十四大以来的 5 年水利发展中,还存在着一系列亟待解决的问题。突出的问题是：水利的战略地位还不够突出,其发展相对滞后于整个国民经济的发展要求；在水利产业发展上,中央与地方的分工仍不很清晰；水利产业化的进程比较慢,社会公益型和经济效益型建设项目的界限模糊；水价及水利管理体制仍没理顺；水资源保护和水污染治理严重滞后。这些问题,不仅制约着水利自身的发展,也严重制约着整个国民经济的发展。根据建立社会主义市场经济体制和加快水利产业发展的客观要求,国务院及时组织制定并颁布了水利产业政策。这项政策针对水利产业发展中的突出问题,进一步确立了水利作为国民经济基础设施和基础产业的重要地位,明确了水利建设的方针、重点和优先发展水利产业的政策,合理划分水利建设项目的类型以及中央与地方的分工,规范了各类项目的资金来源、管理模式,提出了多渠道扩大资金来源的措施；并从水利的生态、社会、经济、环境目标有机结合的原则出发,对水资源保护、水土保持、水污染防治、节约用水等方面作出了政策规定,从而为使水利产业走上良性循环和可持续发展提供了有力的保障。②

全国各地根据“谁建、谁管、谁有”的原则,对小型农田水利工程采取股份合作、拍卖、承包以及建立水利建设基金等多种形式,广泛吸收民间资金投入农田水利建设。一些大型灌区落实和扩大民主管理体制,成立用水户协会,把斗渠以下工程承包给用水户,吸引群众参加灌区建设和管理。在一些地方,还出现了民办水利的热潮。以乡镇水利站为主的服务体系建设取得显著成绩,全国 90% 的乡镇都建立了水利水保站,乡镇供水建设有了长足的进展。以建设高标准的节水增产重点县和示范区为标志,农业节水灌溉取得了重要进展和突破,一些新技术、新工艺、新材料广泛地用于农业节水灌溉和农田水利基本建设。农村水利科技的推广,农村水利人员的培训,农田水利的国际交流与合作也得到进一步加强,农田水利工程的数量、效益面积和抗御水旱灾害的能力都有很大提高。截至 1998 年

---

① 参见钮茂生《中国的水》,《人民日报》1996 年 3 月 22 日。
② 《面向二十一世纪水利发展的重大政策》,《人民日报》1997 年 12 月 4 日。

底，全国共建成水库 8.48 万座，总库容 4583 亿立方米；万亩以上灌区
5579 处，有效灌溉面积 3.37 亿亩；全国农业年供水量由 1000 亿立方米增
加到 3920 亿立方米；有效灌溉面积达到 7.84 亿亩，占耕地面积的 55%，
灌溉保证率也有了明显提高，节水灌溉面积达到 2.28 亿亩。[①] 中国的水工
技术和泥沙科研的水平都居世界前列。"九五"期间是新中国成立以后水
利投资规模最大的时期，全国共完成水利基建投资 2716 亿元，是"八五"
期间的 4 倍。[②]

二　新世纪水利建设力度的逐渐加大

新中国成立以后，经过近半个世纪的建设，到 1998 年，中国水利建
设规模之大，效益之显著，在全世界是非常突出的。但仍然存在着某些不
足之处，主要表现为：（1）在水利规划中，主要从水资源本身的兴利除害
来研究和处理问题，未能更自觉地将水利纳入人口、资源和环境的巨大系
统中，以可持续发展为总目标来处理问题。（2）在水利建设中，过去长期
处在计划经济的环境中，粗放建设，粗放管理，注意经济效益不够，许多
工程未能建立起良性运行的机制。（3）在水资源的开发利用中，开源和节
流相比，过去更多地着重在开源，对如何真正建立起一个节水型的社会重
视不够。（4）水量与水质相比，对水质问题重视不够。（5）在江河治理
中，过去着重控制上游洪水和泥沙的来源，对于在来水来沙改变后下游河
道可能发生的变化，注意和研究不够。未能更自觉地将河流上下游作为整
体，研究水沙资源的合理配置以及河流生态环境的合理规划。（6）在整个
水利工作中，建筑物措施和非建筑物措施相比，过去更多地注意建筑物措
施，对非建筑物措施虽然逐年有所加强，但仍显得不足。不善于运用立
法、行政和经济等手段来加强对水资源和水利工程的管理，更充分地发挥
其效益。[③]

---

①　参见鹿永建等《黄河四大水利枢纽建设进入关键时期，数万名中外建设者加紧施工》，
《人民日报》1999 年 2 月 22 日。

②　参见王慧敏、张毅《全国水利规划计划工作会议提出水利发展要适应经济社会发展的需
求》，《人民日报》2001 年 2 月 22 日。

③　参见钱正英《中国水利的发展方向》，载《钱正英水利文选》，中国水利水电出版社 2000
年版，第 148—149 页。

中国水利事业发展中存在的上述严重问题，在1998年长江、松花江、嫩江爆发的特大洪灾中充分暴露出来。长江发生全流域大洪水的主要原因是大气环流异常，暴雨强度大、历时长、雨区分布范围广，造成洪水量级大、来势猛，上游干流洪水和中游洞庭湖、鄱阳湖水系洪水相遇叠加形成大洪水。同时，也暴露出上游生态破坏严重，森林过量采伐，植被破坏，水土流失加剧；中下游河道人为设障，泄洪能力减弱；中下游湖泊由于泥沙淤积和围垦，面积缩小，调蓄洪水的能力降低；沿江不少江段堤防标准偏低，质量较差等问题。这些问题说明，中国整治江河的系统工程尚不完善，整治江河的任务依然繁重。[①]

在这种严峻形势下，中共十五届三中全会于1998年10月通过了《中共中央关于农业和农村工作若干重大问题的决定》，系统地提出了水利建设的方针和任务。该决定指出："洪涝灾害历来是中华民族的心腹大患，水资源短缺越来越成为我国农业和经济社会发展的制约因素，必须引起全党高度重视。要增强全民族的水患意识，动员全社会力量把兴修水利这件安民兴邦的大事抓紧抓好。"该决定提出了"水利建设要坚持全面规划，统筹兼顾，标本兼治，综合治理的原则，实行兴利除害结合，开源节流并重，防洪抗旱并举"的治水方针，并强调："当务之急要加大投入，加快长江黄河等大江大河大湖的治理，提高防洪能力。要大干几年，把大江大河大湖的干堤建设成高标准的防洪堤；抓紧现有病险水库的除险加固，使其充分发挥效益；下决心清淤除障，恢复河湖行蓄洪能力；抓紧三峡、小浪底等主要江河控制性工程的建设，提高对洪水的调蓄能力。要加强城市防洪工程建设和海堤建设，重视中小河流整治。"[②]

随后，中共中央、国务院发布《关于灾后重建、整治江湖、兴修水利的若干意见》，对水利建设作出了总体部署，制定了"封山植树，退耕还林；平垸行洪，退田还湖；以工代赈，移民建镇；加固干堤，疏浚河湖"的具体政策措施。中共中央关于水利建设的指导思想，主要集中在10个方面：（1）坚持把兴修水利摆在国民经济发展的重要位置。（2）坚持兴利除害结合，开源节流并重，防洪抗旱并举。（3）坚持全面规划，统筹兼顾，标本兼治，综合治理。（4）坚持重大水利工程从长计议，全面考虑，

---

① 参见郑守仁《整治江河是系统工程》，《人民日报》1998年10月19日。

② 《中共中央关于农业和农村工作若干重大问题的决定》，《人民日报》1998年10月19日。

科学选比，周密计划，确保工程质量。（5）坚持蓄泄兼筹，以泄为主，提高综合防洪能力。（6）坚持把推广节水灌溉作为一项革命性措施来抓，大力发展节水农业，提高农业综合生产能力。（7）坚持切实保护水资源，实现可持续发展。（8）坚持调动全社会兴修水利的积极性，建立多层次、多渠道的水利投资体系。（9）坚持科学治水，按照自然规律和经济规律办事。（10）坚持依法治水。认真宣传、坚决执行《水法》、《防洪法》、《水土保持法》，把水利工作纳入法制化轨道。[①]

2000 年 10 月 11 日，中共十五届五中全会通过了《中共中央关于制定国民经济和社会发展第十个五年计划的建议》，其中第五条明确指出："进一步加强水利、交通、能源等基础设施建设。"它指出：水利建设要全面规划，统筹兼顾，标本兼治，综合治理。坚持兴利除害结合，开源节流并重，防洪抗旱并举，下大力气解决洪涝灾害、水资源不足和水污染问题。科学制定并积极实施全国水利建设总体规划和各大江河流域规划。加快大江大河大湖治理，抓紧主要江河控制性工程建设和病险水库加固，提高防洪调蓄能力。搞好中小水利工程的维护和建设。加强城市防洪工程建设。搞好水利设施配套建设和经营管理，加快现有灌区改造。水资源可持续利用是我国经济社会发展的战略问题，核心是提高用水效率，把节水放在突出位置。要加强水资源的规划与管理，搞好江河全流域水资源的合理配置，协调生活、生产和生态用水。城市建设和工农业生产布局要充分考虑水资源的承受能力。大力推行节约用水措施，发展节水型农业、工业和服务业，建立节水型社会。抓紧治理水污染源。改革水的管理体制，建立合理的水价形成机制，调动全社会节水和防治水污染的积极性。采取多种方式缓解北方地区缺水矛盾，加紧南水北调工程的前期工作，尽早开工建设。[②]

2001 年 2 月，在昆明召开的全国水利规划计划工作会议上，时任水利部部长的汪恕诚强调：今后水利规划的思路要作相应的调整，要根据经济社会发展对水利的需求确定水利发展的任务和重点，在注重水利自身发展的同时，更要重视水利和经济社会发展的紧密联系，做到水资源、环境和

---

① 参见麀永建、江夏《温家宝要求全面贯彻中央关于水利建设的指导思想和方针，加快以修复水毁工程和堤防建设为重点的水利建设》，《人民日报》1999 年 1 月 14 日。

② 参见《中共中央关于制定国民经济和社会发展第十个五年计划的建议》，《人民日报》2000 年 10 月 19 日。

社会的协调发展；在注重工程项目建设的同时，更要加强管理等非工程措施的运用，达到统筹兼顾、标本兼治的目的；在注重水资源开发利用的同时，更要重视水资源的节约和保护，实现水资源的可持续利用；在注重工程技术、安全问题的同时，更要重视环境、经济、体制等问题，全面提高水利工程建设水平。这次会议确定的"十五"期间水利建设的主要目标和任务：一是加强以大江大河治理为重点的防洪工程建设；二是加快南水北调等水资源配置工程建设；三是加大农业节水、工业节水和城市节水力度；四是搞好水土保持与水资源的保护；五是加强农村水利建设，提高农业生产能力；六是大力发展中小水电，建设农村水电电气化县；七是实施西部大开发战略，加快西部水利建设。①

2001 年 3 月初，朱镕基总理提交九届全国人大四次会议审议的《中华人民共和国国民经济和社会发展第十个五年计划纲要（草案）》提出："十五"期间将兴建黄河沙坡头、嫩江尼尔基、淮河临淮岗、岷江紫坪铺、澧水皂市、右江百色等一批水利工程。同时，加紧南水北调工程的前期工作，力争"十五"期间尽早开工建设。《纲要（草案）》强调，水利建设要全面规划，统筹兼顾，标本兼治，综合治理。要坚持兴利除害结合，防洪抗旱并举，在加强防洪减灾的同时，把解决水资源不足和水污染问题放到更突出的位置。要科学制定并积极实施全国水利建设总体规划和大江大河流域规划。《纲要（草案）》要求，"十五"期间要重点加强大江大河大湖防洪工程体系建设和综合治理，对淤积严重的河湖进行整治和疏浚。加强以长江、黄河为重点的堤防建设。继续建设长江三峡、黄河小浪底等水利枢纽。加强蓄滞洪区安全建设，强化城市防洪，抓紧病险水库的除险加固。搞好水利设施配套建设和经营管理，适时建设其他跨流域调水工程，采取多种方式缓解北方地区缺水矛盾。②

2003 年初，国家确立了到 2010 年水利发展的 10 个主要目标：一是全国大江大河干流堤防建设全面按规划达标，重点病险水库全部得到除险加固，基本建成大江大河防洪减灾体系，确保重点城市和重点地区的防洪安全。二是南水北调东线和中线的一期工程建成并发挥效益，基本缓解北

---

① 参见王慧敏、张毅《全国水利规划计划工作会议提出，水利发展要适应经济社会发展的需求》，《人民日报》2001 年 2 月 22 日。

② 参见《兴建一批水利工程》，《人民日报》2001 年 3 月 6 日。

京、天津等华北地区和胶东半岛城市缺水问题。三是解决全国农村饮水困难问题,村镇自来水普及率由当时的 40% 提高到 60%。四是基本完成主要大型灌区的节水改造,灌溉水利用系数由 2000 年的 0.43 提高到 0.5 以上,基本实现全国灌溉用水总量零增长。五是发展灌溉草饲料基地 1600万亩,恢复天然草场 7 亿亩,为建设经济发展、牧民富裕、生态良好的牧区小康社会提供水资源保障。六是治理水土流失面积 50 万平方公里,实施封育保护面积 100 万平方公里,在黄土高原建设淤地坝 6 万座,大部分水土流失地区的生态明显好转。七是水资源质量状况基本满足水功能区的要求,生态脆弱河流、主要湿地和地下水超采区的生态状况得到改善。八是新增农村水电装机 2000 万千瓦,建成 800 个农村电气化县,通过实施小水电代燃料生态保护工程,解决 3700 万农村居民的生活燃料和农村能源。九是初步建立全国重要河流初始水权的分配机制,初步建立水资源的宏观控制和定额管理指标体系,基本形成合理的水价形成机制,节水防污型社会建设取得经验。十是水利系统电子政务建设全面加强,全面建成覆盖全国的水利信息网络和防汛抗旱、水资源管理、水土保持等重点应用系统。①

2003 年,全国落实中央水利投资超过 300 亿元,其中国债投资 238 亿元,投资规模与 2002 年基本持平。围绕投资规模结构调整,2003 年水利建设重点工程项目为:(1)确保南水北调工程和其他水利"十五"重点控制性工程的顺利实施;(2)加快治淮重点工程、黄河下游治理等大江大河堤防建设和病险水库除险加固的建设进度;(3)进一步保障农村人畜饮水工程和灌区节水改造,积极推动牧区水利建设、淤地坝建设和小水电代燃料试点工程;(4)加快塔里木河、黑河生态综合治理和首都水资源保护工程。②

《人民日报》2003 年 12 月 11 日刊文报道:从 1999 年到 2003 年 12 月的 5 年间,中国水利建设实现了较快发展。5 年间,中央水利基建投资总额达 1786 亿元,是 1949—1997 年水利基建投资的 2.36 倍。1998 年长江大水之后,全国掀起了新一轮水利建设高潮。长江综合防洪体系建设全面

---

① 参见朱隽《我国确立水利发展十大目标》,《人民日报》2003 年 1 月 6 日。
② 参见朱隽《今年水利建设重点项目确定,四类基础性水利规划发展蓝图绘就》,《人民日报》2003 年 2 月 26 日。

加强，长江中下游 3578 公里干流堤防基本达标。松花江、辽河、海河、淮河、珠江等各大江河的干流堤防建设明显加快。全国已有 236 座城市达到国家防洪标准。继黄河小浪底、万家寨、湖南江垭、广东飞来峡、新疆乌鲁瓦提、西藏满拉等重点水利枢纽工程投入运行以来，淮河临淮岗、嫩江尼尔基、广西百色、宁夏沙坡头、四川紫坪铺等"十五"标志性工程相继开工建设。治淮 19 项骨干工程中，已有入江水道、分淮入沂、洪泽湖大堤加固和包浍河初步治理等 4 项工程竣工验收，怀洪新河、入海水道、汾泉河初步治理以及沂沭泗河洪水东调南下一期工程已基本完成。治太骨干工程基本完成。大型灌区续建配套与节水改造、农村人畜饮水解困工程取得重大进展。举世瞩目的南水北调工程 2002 年正式开工建设，进入全面实施阶段。塔河、黑河治理和首都水资源保护等生态改善工程，取得了良好的效益。黄土高原淤地坝建设、小水电代燃料生态保护工程和牧区水利建设已启动实施。[①]

　　到 2004 年底，全国累计建成江河堤防长达 27.7 万公里，建成水库 8.5 万座，形成了约 6000 亿立方米的年供水能力，灌溉面积 5625 万公顷，除涝面积 2120 万公顷，农业灌溉水利用率提高了 10% 左右，水土流失治理面积 92 万平方公里。[②]

　　在"十五"时期，党和政府对水利工作作出一系列重大战略部署，水利发展思路发生深刻转变。中共中央、国务院把解决水资源问题摆上重要位置，强调水是基础性的自然资源和战略性的经济资源，把建设节水型社会作为解决中国干旱缺水问题最根本的战略举措，把保障饮水安全作为水利工作的首要任务，高度重视水资源的节约、配置和保护。2002 年《中华人民共和国水法》的修订通过，把国家在新时期水利工作方针和政策法律化，依法治水进入新阶段。国家继续保持较高的水利投资，对大江大河治理、南水北调工程建设、病险水库除险加固、农村饮水解困等作出重大部署，出台了节水型社会建设、饮水安全保障、农田水利建设新机制、水价改革、水利工程管理体制改革等方面的政策，为水利事业发展提供了政策支持和制度保障。

---

　　① 参见江夏《水利部负责人宣布中央水利基建五年投资逾一千七百亿元，是一九四九年至一九九七年水利基建投资的两倍多》，《人民日报》2003 年 12 月 11 日。

　　② 参见赵永平《水利发展"十一五"目标确定，灌溉用水总量争取零增长，五个水问题威胁粮食安全》，《人民日报》2005 年 9 月 16 日。

正因党和政府对水利事业高度重视，水利建设在"十五"期间取得了显著成效，为经济社会发展提供了有力保障。具体表现为：

（1）最大限度地减轻了洪涝灾害损失。尽管洪涝灾害频繁发生，但由于党和政府领导群众充分利用多年建立起来的防洪减灾体系，依法防洪，科学防洪，强化社会管理，做到了紧张有序，科学调度，最大限度地减轻了洪涝灾害损失。"十五"时期，中国平均每年洪涝受灾面积1.92亿亩，受灾人口1.61亿人，死亡1510人，直接经济损失1006亿元，均比20世纪90年代的平均水平有所降低，其中死亡人数降低了58.9%。

（2）满足了经济社会发展的用水需求。依靠多年建成的供水体系，每年为工业、农业、生活供水5500多亿立方米，最大限度地满足了经济社会发展的用水需求。"十五"时期，北方部分地区连续发生严重春旱，南方地区也连年发生历史罕见的夏伏旱。2001年发生了全国性干旱，一些城市出现了新中国成立以后最为严峻的缺水局面。由于采取了多种措施应对旱灾，加强抗旱水源工程建设，搞好水源科学调度，强化用水管理和节约用水，平均每年挽回粮食损失500亿公斤，减少经济作物损失436亿元。国家多次进行引黄济津和从山西、河北向北京集中输水，实施珠江压咸补淡应急调度，保证了天津、北京和珠江三角洲地区的供水安全。

（3）保护和修复水生态系统。强化黄河水资源统一调度，黄河连续6年不断流，进行了4次调水调沙，将约3亿吨泥沙送入大海，提高了河槽过流能力；对黑河、塔里木河等生态脆弱河流实施综合治理并加强水资源的统一管理和调度，促进了下游地区的生态恢复；向南四湖、扎龙、向海、白洋淀等湖泊或湿地实施应急补水，保护和修复生态系统；开展引江济太和淮河闸坝防污调度，改善水体水质，减轻水污染损失；启动了桂林、武汉等城市水生态系统保护与修复试点。

（4）改善了人民群众生产生活条件。解决了6700万人的饮水困难问题，提高了农民的生活质量和健康水平。农村水电年均发电量1120亿千瓦时，比"九五"平均增加47%。解决了1200万无电人口的用电问题。水利系统农网改造每千瓦时电价平均降低0.3元，每年直接减少农民电费支出40多亿元。水利多种经营年均收入1100亿元，已成为基层水管单位的经济支柱。建成了 192 个国家级水利风景区，改善了生态环境和人居环境。

（5）水利基础设施建设上了一个大台阶。5 年累计完成水利固定资产投资 3625 亿元，相当于 1949—2000 年的总量，其中中央水利建设投资 1695 亿元，建成了一批事关国计民生和发展全局的水利基础设施。这主要体现在以下五个方面：

第一，以大江大河堤防为重点的防洪工程建设取得突破性进展。长江中下游干流堤防建设全部达到规划标准，退田还湖、移民建镇恢复水面 2900 平方公里，增加蓄洪容积 130 亿立方米，实现了从围湖造田到退田还湖的历史性转变；黄河下游标准化堤防一期工程已经完成；治淮骨干工程建设全面推进；太湖防洪工程体系基本形成；嫩江、松花江、海河、珠江治理得到加强；海堤建设和城市防洪建设力度加大。

第二，水资源配置工程建设实现重大跨越。"十五"时期，新增供水能力 270 亿立方米；实施了万家寨引黄、大伙房水库输水等区域调水工程；四川武都、云南麻栗坝、重庆鲤鱼塘、山西张峰等一批水源调蓄工程相继开工建设；在西南地区开展"泽渝"、"润滇"等重点水源工程建设，一些水库已经建成并开始发挥效益。

第三，农村水利基础设施建设继续加强。把节水灌溉作为农业增产和农民增收的革命性措施来抓，通过实施灌区节水改造和管理体制改革，提高水资源利用效率，增强了农业综合生产能力。国家对 306 个大型灌区、99 个中型灌区进行续建配套与节水改造，建设了 1100 多个县级节水增效示范区。全国净增有效灌溉面积 2300 多万亩，新发展节水灌溉工程面积 7400 多万亩，农业灌溉水有效利用系数达到 0.45。通过发展牧区水利，使 2640 万亩天然草原实现轮牧休牧，促进了草原生态保护和牧区经济发展。

第四，水土流失防治速度加快。"十五"时期，通过封育保护、预防监督和综合治理，全国综合防治水土流失 54 万平方公里，其中综合治理 24 万多平方公里，封育保护面积 60 万平方公里中有 30 万平方公里达到初步修复。在 25 个省（区）市的 950 个县实施了封山禁牧，其中北京、河北、陕西、宁夏、青海全境实行封山禁牧，在"三江源"区开展预防保护工程。加强执法监督，审批并实施水土保持方案 20 多万个，开发建设单位投入水土流失防治经费 600 多亿元，有效防治了开发建设中的水土流失。抓好长江、黄河等水土流失重点防治工程，开展了东北黑土区、珠江上游南北盘江石灰岩区水土流失综合防治试点，黄土高原地区新建淤地坝 4000 多座。

第五，农村水电快速发展。"十五"时期，新增农村水电装机 1600 万千瓦，比"九五"多 670 万千瓦，水利系统水电总装机达到 4860 万千瓦，占全国水电总装机的 38.4%。超额完成"十五"期间 400 个电气化县建设任务，电气化县人均年用电量 650 千瓦时，比 2000 年增长 76.6%。小水电代燃料试点取得成效，20 多万农民实现小水电代燃料，巩固退耕还林面积 30 万亩，保护森林面积 160 万亩。农村水电促进了农村经济社会发展，为缓解电力供应紧张、改善能源结构、保护生态与环境发挥了重要作用。[①]

随着中国经济社会发展和人口持续增加以及自然条件的变化，"十一五"时期的中国水利工作仍面临着严峻挑战，水资源供需矛盾更加突出，防洪减灾的要求更高，开发与保护的关系更加复杂，破除水利发展的体制性、机制性障碍更为迫切。为此，党和政府对水利建设更加重视。

2005 年 12 月，水利部在全国水利厅局长会议上确立了"十一五"时期水利工作的指导思想："以邓小平理论和'三个代表'重要思想为指导，全面贯彻落实科学发展观，按照构建社会主义和谐社会的要求，围绕全面建设小康社会的目标，坚持以人为本，坚持人与自然和谐相处，坚持全面规划、统筹兼顾、标本兼治、综合治理，坚持走资源节约、环境友好的路子，坚定不移地推进可持续发展水利，努力解决洪涝灾害、干旱缺水、水污染和水土流失等问题，确保防洪安全、供水安全和生态安全，以水资源的可持续利用保障经济社会的可持续发展。"据此，水利部制定了"十一五"期间水利发展的十大目标：确保大江大河、大型和重点中型水库、大中城市及重要设施的防洪安全，多年平均洪涝灾害损失率降低至 1% 以下；解决 1 亿农村人口的饮水安全问题，使农村存在饮水安全问题的人口减少三分之一；灌溉水有效利用系数由 0.45 提高到 0.5，万元工业增加值用水

---

① 参见汪恕诚《坚持以科学发展观为统领，全面做好"十一五"水利工作——在全国水利厅局长会议上的讲话》，《中国水利》2006 年第 1 期。

量由 173 立方米降低到 120 立方米以下；新增年供水能力 400 亿立方米，水资源保障能力得到提高；水功能区水质达标率由 56% 提高到 60%，城市主要供水水源地水质达标率提高到 95% 以上，水生态系统恶化的趋势得到基本遏制；水土流失面积占国土面积的比例由 36% 降低至 34%；基本建立起适合中国国情的比较完备的水法规体系；完成主要江河水量分配方案，初步建立国家水权制度；初步实现水利信息化；建设一支高素质的水利人才队伍。与此相配套，水利部确定了"十一五"时期水利工作的十项重点任务：（1）加强防洪体系建设，搞好洪水管理，保障防洪安全。（2）做好饮水安全保障工作，让群众喝上放心水。（3）全面推进节水型社会建设，提高水资源的利用效率和效益。（4）搞好水资源配置，提高水资源保障能力。（5）做好水利工作中的生态与环境保护工作。（6）加强农村水利建设，为建设社会主义新农村服好务。（7）加快职能转变，强化对涉水事务的社会管理和公共服务。（8）深化改革，完善水利发展的体制机制。（9）全面推进水利科技创新体系建设，增强创新能力。（10）加强队伍建设和精神文明建设，为水利改革与发展提供坚强的政治保证和组织保证。①

为了进一步贯彻落实科学发展观、全面了解水利发展状况、提高水利服务经济社会发展能力、实现水资源可持续开发利用和保护，2010 年 1 月 14 日，中国政府网发布了《国务院关于开展第一次全国水利普查的通知》，国务院决定于 2010—2012 年开展第一次全国水利普查。水利普查的对象是中国境内的所有江河湖泊、水利工程、水利机构以及重点社会经济取用水户。《通知》指出，水利普查是一项重大的国情国力调查，是国家资源环境调查的重要组成部分。开展全国水利普查是为了查清中国江河湖泊基本情况，掌握水资源开发、利用和保护现状，摸清经济社会发展对水资源的需求，了解水利行业能力建设状况，建立国家基础水信息平台，为国家经济社会发展提供可靠的基础水信息支撑和保障。2011 年 12 月 31 日，水利部在全国正式启动了新中国成立以来第一次摸"家底"的全国水利普查。

2010 年 3 月 22 日，在第 18 届世界水日、第 23 届中国水周的第一天，位于杭州市萧山区的中国水利博物馆开馆，这是中国第一座以水利为主

---

① 参见汪恕诚《坚持以科学发展观为统领，全面做好"十一五"水利工作——在全国水利厅局长会议上的讲话》，《中国水利》2006 年第 1 期。

题,集收藏、展示、研究、交流和服务等多种功能于一体的专业性国家级博物馆。9 月 15 日,国务院常务会议部署加强中小河流治理和山洪地质灾害防治工作,审议并原则通过《中国生物多样性保护战略与行动计划(2011—2030 年)》。

"十一五"时期,政府加大了水利建设的力度,共落实水利建设投资约 7000 亿元,是"十五"时期的 1.93 倍,共解决了 2.1 亿农村人口的饮水安全问题,全国净增农田有效灌溉面积 5000 万亩,新增工程节水灌溉面积 8500 万亩,农业灌溉用水有效利用系数从 0.45 提高到 0.50。[①] 据水利部统计:仅 2009 年全国水利建设累计完成投资 1430 亿元,比上年增加 340 多亿元,创新中国成立以来历年投资之最。与此同时,民生水利建设取得重大突破,当年共解决 6069 万农村人口的饮水安全问题。[②]

2008—2009 年度冬春,全国新增蓄水能力 11.7 亿立方米,新增灌溉面积 1368 万亩,改善灌溉面积 5770 万亩,新增节水灌溉面积 2499 万亩。启动 400 个小型农田水利重点县、103 个山洪灾害防治试点县和 273 条中小河流治理项目建设。水土保持生态建设扎实推进,完成水土流失综合防治面积 7.5 万平方公里。治理小流域 3200 条,新建淤地坝 208 座。农村水电全年新增装机容量超过 300 万千瓦,全国农村水电装机容量达 5400 万千瓦,年发电量 1500 多亿千瓦时。[③]

农村饮水安全、病险水库除险加固、灌区续建配套与节水改造等工程建设进一步推进,至 2009 年底,全国已累计解决农村饮水安全人口 1.65 亿,开展了 646 座大中型和 3000 多座重点小型病险水库除险加固、242 处大型灌区续建配套和节水改造。水利规划工作也取得丰硕成果。国务院批复了全国大型水库建设规划、全国蓄滞洪区建设与管理规划、淮河流域防洪规划等。其中,淮河流域防洪规划的审批,标志着七大流域防洪规划全部通过国务院批复,流域防洪规划体系逐步完善。[④]

---

① 参见顾仲阳《"十二五"时期,我国水利投资将达 2 万亿元》,《人民日报》2011 年 1 月 24 日。

② 参见余继军《2009 年全国水利投资创新高 解决 6000 多万农村人口饮水安全》,《人民日报》2010 年 1 月 30 日。

③ 参见赵永平、于猛《"十一五"期间水利发展方向确定》,《人民日报》2005 年 12 月 20 日。

④ 参见余继军《2009 年全国水利投资创新高 解决 6000 多万农村人口饮水安全》,《人民日报》2010 年 1 月 30 日。

"十二五"时期是中国传统水利向现代水利、可持续发展水利转变的重要时期。2010年12月,中央农村工作会议重点研究了加快水利改革发展,对水利工作作出了重大部署,即把重点突破与整体推进更好地结合起来,把保障发展与改善民生更好地结合起来,把构建现代水利基础设施体系与实行严格的水资源管理制度更好地结合起来,推进水利改革。12月24日,为了更好地贯彻中央农村工作会议精神,全国水利工作会议在南京召开。会议认为:"十二五"时期是加强水利重点薄弱环节建设、加快民生水利发展的关键时期,要突出加强防洪薄弱环节建设,加大中小河流治理力度,巩固大中型病险水库除险加固成果,加快山洪灾害防治步伐;全面加强农田水利建设,加快实施大中型灌区续建配套和节水改造,完成190处大型、650处重点中型和1500处一般中型灌区的节水改造任务。结合新增千亿斤粮食生产能力建设,在水土资源条件具备的地区新建一批灌区,大力发展有效灌溉面积。核心是在"十二五"期间大幅提高城乡供水保障能力,继续推进农村饮水安全工程建设,2011年再解决6000万农村人口饮水安全问题,2012年底前解决规划内农村饮水安全问题,2015年底前全面解决农村饮水安全问题。[①] 随后,国家决定加大水利建设投资力度,"未来5年,全国水利建设总投资规模约2万亿元,其中中央投资1万亿元左右"[②]。由此,中国的水利建设进入了新的发展时期。

三　黄河中上游水土保持的深入开展

黄土高原是中国水土流失最严重、生态环境最脆弱的地区之一。新中国成立后,党和政府领导群众对黄河中上游水土流失问题进行了长期治理,黄河中上游的水土保持工作取得了突出成绩。但进入20世纪90年代以后,随着中国经济改革开放的深入发展,黄河中上游水土流失状况依然严峻,边治理、边破坏的现象在一些地方还相当严重,水土流失还在扩展。在一些重点开发建设区,新的水土流失还有加重的势头。如从水利部公布的遥感资料看,子午岭林区,新中国成立以后共损失天然林4800平

---

① 参见陈仁泽《我国将加快民生水利建设,五年内全面解决农村饮水安全问题》,《人民日报》2010年12月25日。

② 顾仲阳:《"十二五"时期,我国水利投资将达2万亿元》,《人民日报》2011年1月24日。

方公里，截至 1995 年，该区域的南北两端都变成了光山秃岭。据统计，1985—1995 年，全国每年平均治理水土流失面积 6000 平方公里，年进度 1.4%。如果按此进度，即使不考虑人为破坏，要达到初步治理的目的还需 70 年。从黄河的治理与开发来看，由于水土流失仍然非常严重，一些河段和主要支流几乎每年都有洪灾发生。1994 年，内蒙古毛不拉河突发洪水，大量泥沙冲入黄河，形成一道沙坝，逼使黄河主河道北移，影响包兰铁道和包头市的安全。1992 年 8 月，郑州花园口最大洪峰流量仅 6260 立方米每秒，但洪水位却比 1958 年特大洪水高出 0.32 米，引起 106 处工程 369 坝次出险。[①] 严重的水土流失，不仅阻碍了黄土高原地区人民群众脱贫致富的步伐，而且也加剧了黄河下游河道淤积和洪水威胁。同时，黄河水污染的问题也日益突出，严重影响沿黄各地人民群众的生产生活。

从全国范围看，尽管水土保持工作取得了前所未有的成就，但仍然面临着严峻的挑战。2001 年，水利部第二次遥感调查结果显示，全国仍有水土流失面积 356 万平方公里（占国土面积的 37.1%），与 1990 年第一次全国遥感调查结果比较，总的水土流失面积虽然有所下降（由 367 万平方公里下降到 356 万平方公里），但西部 12 省区市的水蚀面积却有所增加（由 104 万平方公里增加到 107 万平方公里）。全国风蚀和局部地区水蚀面积扩大的趋势尚未得到有效遏制，全国仍有近 200 万平方公里的水土流失面积亟待治理。即使从 2001 年起人为造成水土流失的因素得到有效遏制，全国新的水土流失面积不再增加，以当时的投入力度和治理速度来计算，初步治理也需要近半个世纪的漫长时间。这意味着，中国水土保持生态建设不仅将伴随着此后 20 年全面建设小康社会的全过程，而且还将延续到全面实现小康社会之后。[②] 因此，水土保持工作是一项艰巨性、复杂性和长期性的战略工程。

在这种情况下，党和政府对黄河中上游水土保持工作再次重视起来。1996 年初，黄河中游水土保持委员会召开第三次会议，与会专家强烈呼吁，黄河中游水土保持力度亟待加大。1997 年 8 月，江泽民总书记对《关于陕北地区治理水土流失，建设生态农业的调查报告》作出了"陕北地区

---

① 参见王慧敏《黄河中游水保力度亟待加大》，《人民日报》1996 年 2 月 16 日。

② 参见张学俭《我国风蚀和局部地区水蚀面积扩大的趋势尚未得到有效遏制，有近二百万平方公里的水土流失面积亟待治理，激活水保促小康》，《人民日报》2003 年 2 月 24 日。

治理水土流失，改善生态环境的措施和经验是好的"①，"经过一代一代人长期地、持续地奋斗，再造一个山川秀美的西北地区"②的重要批示。1999 年 6 月，江泽民再次考察黄河，从壶口开始，经三门峡，过洛阳，到郑州，下开封，赴济南，最后抵达东营的黄河入海口。他在考察中指出："黄河流域有丰富的矿产资源特别是石油、煤炭、铁矿和有色金属。黄河流域又是我国重要的粮棉生产基地。治理好黄河水害，利用好黄河水资源，建设好黄河生态环境，对黄河流域乃至全国经济社会持续发展，对实现我国现代化建设跨世纪发展的宏伟蓝图，具有十分重大的战略意义。"③故向全党和全国人民发出了号召：加强治理开发，让黄河为中华民族造福。

　　为了更好地解决黄河的洪水威胁、水土流失和泥沙淤积等严重问题，江泽民要求水利部门深入调查，加强研究，积极探索新形势新情况下治理开发黄河的新路子。他指出："总的原则是：黄河治理开发要兼顾防洪、水资源合理利用、生态环境建设三个方面，把治理开发与环境保护和资源持续利用紧密结合起来，坚持兴利除害结合，开源节流并重，防洪抗旱并举；坚持涵养水源、节约用水、防止水污染相结合；坚持以改善生态环境为根本，以节水为关键，进行综合治理；坚持从长计议、全面考虑、科学选比、周密计划，合理安排水利工程建设。要制定黄河治理开发的近期目标和中长期目标，全面部署，重点规划，统筹安排，分步推进，以实现经济建设与人口、资源、环境协调发展。"④

　　"十五"期间，黄河流域水土保持生态建设得到了党和政府的财政支持。据统计，从 1999 到 2005 年，中央安排黄河上中游水土保持专项资金14.4 亿元，利用外资 11.82 亿元。在这种有利时机下，黄河水利委员会充分履行流域机构职能，水土保持生态建设思路实现重大调整，水土流失治理快速推进，水土保持改革与管理明显加强，水土保持工作步入了新的阶段。黄河流域各级水土保持部门认真贯彻水利部治水新思路，践行"维持

---

　　① 江泽民：《再造一个山川秀美的西北地区》，载《江泽民文选》第 1 卷，人民出版社 2006年版，第 659 页。

　　② 同上书，第 659—660 页。

　　③ 江泽民：《让黄河为中华民族造福》，载《江泽民文选》第 2 卷，人民出版社 2006 年版，第 352—353 页。

　　④ 同上书，第 354 页。

黄河健康生命"新理念，抓住国家实施西部大开发[①]、重视生态环境建设的良好机遇，围绕防治水土流失、减少入黄泥沙、改善生态环境和农业基础条件、促进社会经济可持续发展的目标，推动流域内水土保持生态建设。据统计，"十五"期间，全流域共开展水土流失初步治理面积66995.57平方公里，其中基本农田1041263平方公里，水保林2622571平方公里，经果林985453平方公里，人工种草1335349平方公里，封禁治理714921平方公里；竣工验收6854座，其中骨干坝718座；建成小型水保工程368149座（处）。黄河中游多沙粗沙区开展综合治理面积16819.88平方公里，占全流域的25.1%。这期间，国家投入黄河流域的水土保持生态建设资金达28亿多元。截至2005年底，黄河流域综合治理面积累计达到215060.93平方公里，其中：基本农田5272918平方公里，水保林9461252平方公里，经果林1963557平方公里，人工种草3493798平方公里，封禁治理1314567平方公里；建成小型水保工程1760464座（处）；建成淤地坝119834座，其中骨干坝2225座，中小型坝118117座。[②]

2001年3月，黄河水利委员会在原有水土保持项目基础上，正式启动了黄河水土保持生态工程。该工程是利用黄河上中游水土保持重点防治工程投资，按照集中、重点、示范的原则实施的流域性水土保持生态建设标志工程。工程主要包括重点支流治理、示范区、小流域坝系工程、治沟骨干工程专项、生态修复、重点小流域等项目。"十五"期间，该工程共完成综合治理面积6599.66平方公里，共安排淤地坝2832座，其中骨干坝735座、中小型坝2097座；竣工验收淤地坝1755座，其中骨干坝241座、中小型坝1514座。黄河水土保持生态工程的实施，起到了很好的品牌示范作用，较大地改善了黄河流域水土流失区农村生产和生活条件，有效保护和改善了区域生态环境，入黄泥沙明显减少，有力地促进了区域经济社

---

① 西部地区，在地理概念上指中国西北地区的陕西、甘肃、宁夏、青海、新疆5省区和西南地区的重庆、四川、贵州、云南、西藏5省区市。中央作出西部大开发的决策后，国务院于2000年10月26日发出《关于实施西部大开发若干政策措施的通知》，明确了西部开发的政策适用范围包括西北、西南地区的10个省区市，还包括内蒙古和广西。国务院还先后批准，对湖南湘西土家族苗族自治州、湖北恩施土家族苗族自治州、吉林延边朝鲜族自治州等地区，在实际工作中比照有关政策措施予以照顾。

② 上述数据参见黄河水利委员会水土保持局《黄河流域水土保持十五期间取得新成绩》，黄河网2007年1月9日。

会的可持续发展，取得了显著的经济、社会、生态效益。据初步统计，"十五"期间，全流域各项水保措施每年可增产粮食 1000.5 万吨，增产果品 77 万吨，年可增加经济收入 26.56 亿元；流域林草覆盖率提高了 4.6%，每年可减少土壤流失量 1.71 亿吨，增加降水有效利用量 30.59 亿立方米。①

由于黄河上中游水土流失严重的局面尚未得到根本性改变，国家制定的《全国生态环境建设规划》和《黄河近期重点治理开发规划》强调，"十一五"期间，黄土高原地区水土保持生态建设的目标是："初步遏制人为水土流失和生态破坏现象，流域内生态良好区面积得到巩固和扩大，黄河源区生态环境得到有效改善；完成初步治理水土流失面积 6.25 万平方公里，综合治理小流域 1000 条，实现 1200 万亩坡耕地退耕及封育保护 2000 万亩，建成一大批小流域淤地坝坝系，有效减少入黄泥沙；实施黄河中游粗泥沙集中来源区专项治理工程等项目。"② 到 2007 年，黄土高原地区涌现出一批"沟里坝连坝，山上林草旺，家家有牛羊，户户有余粮"的富裕村庄，昔日的水土流失之地变成了山清水秀之乡。这得益于黄河上中游地区水土流失综合防治取得的新进展，特别是与黄土高原地区水土保持淤地坝试点工程建设的顺利推进密不可分。

淤地坝作为流域综合治理体系中的一道重要防线，与其他水保措施相结合，通过"拦"、"蓄"、"淤"的功能，将洪水泥沙就地拦蓄，防止水土流失，同时形成坝地，使荒沟变成旱涝保收、稳产高产的基本农田。从 2003 年开始，国家先后安排专项资金开展了 125 条小流域坝系试点工程建设。截至 2007 年 9 月，黄土高原建成 10 多万座淤地坝，累计拦泥 210 多亿立方米；建成各类淤地坝 2995 座，形成了宁夏聂家河、青海景阳沟、甘肃称钩河、内蒙古西黑岱、陕西碾庄沟、山西康和沟、河南砚瓦河等一批防护体系完善、综合效益好的坝系。这些淤地坝，使 3000 多平方公里的水土流失面积得到了控制，可蓄滞洪水 4 亿立方米、拦截泥沙 5 亿吨、

---

① 上述数据参见黄河水利委员会水土保持局《黄河流域水土保持十五期间取得新成绩》，黄河网 2007 年 1 月 9 日。

② 赵永平：《遏制水资源承载能力减弱趋势，黄河上中游：水土保持提速》，《人民日报》2005 年 9 月 14 日。

淤地 8 万多亩，发展水浇地、保护下游农田 10 多万亩。[①]

"山坡坡栽树崖畔畔青，黄土高坡有了好风景；狂沙那个不起尘少见，林果绕村绿满眼。"这首陕北新信天游唱出了延安"绿进黄退"的变化，也折射出西部大开发战略实施 10 年后西部地区林业生态发生的巨变。党和政府把黄河中上游地区作为林业生态建设的重中之重，从 2000 年西部大开发启动到 2010 年 7 月，中共中央累计安排投资 2172.2 亿元，[②] 先后实施了天然林资源保护、退耕还林、京津风沙源治理、三北防护林体系建设、野生动植物保护及自然保护区建设、湿地保护与恢复等一系列重大生态建设工程，加快了黄河中上游地区生态治理、保护和建设的进程。据有关统计显示："西部地区森林覆盖率从 10.32% 上升到 17.05%，有效控制了水土流失和土地沙化，通过植树造林和防沙治沙，内蒙古、陕西、甘肃、宁夏等省区在全国率先实现了由'沙逼人退'向'人进沙退'的历史性转变，毛乌素沙地沙化状况实现了根本性转变，已进入了治理利用的新阶段；黄土高原水土流失面积和侵蚀强度呈'双减'态势，每年流入黄河的泥沙量减少 3 亿多吨。"[③]

总之，在党和政府的高度重视和巨额资金扶助下，"十一五"时期黄河流域水土保持工作取得了新成效。从 2005—2010 年的 5 年间，黄河流域共开展水土流失综合治理面积 5.59 万多平方公里，全流域累计初步治理水土流失面积达 22 万多平方公里。综合治理规模显著扩大，各种措施防护能力大幅提升，治理区群众的生产、生活条件和生态环境明显改善；年均减少入黄泥沙 3.5 亿至 4.5 亿吨，减缓了下游河床的淤积抬高速度，为促进流域经济社会的发展发挥了重要作用。[④] 2011 年初，随着《中华人民共和国水土保持法》的修订和公布施行，黄河流域的水土保持工作进入新的发展阶段。

---

① 参见朱隽《昔日水土流失之地，今日山清水秀之乡，黄土高原 10 万淤地坝拦泥 210 亿立方米》，《人民日报》2007 年 9 月 8 日。

② 参见顾仲阳《林业工程带动西部生态大改善，西部地区森林覆盖率比 10 年前提高 6.73 个百分点》，《人民日报》2010 年 7 月 10 日。

③ 孙秀艳、顾仲阳：《"生态路"带出"致富路"——西部大开发十年成就综述之四》，《人民日报》2010 年 1 月 8 日。

④ 参见黄河水利委员会水土保持局《十一五黄河水土保持工作取得新成效》，《中国水土保持》2011 年第 4 期。

四　建立节水防污型社会

水是人类生存的生命线，是经济发展和社会进步的生命线，是实现可持续发展的重要物质基础。水资源的短缺问题已成为世界各国普遍关注的问题。中国是一个干旱缺水严重的国家，到1995年，全国水资源总量为2.8万亿立方米，居世界第6位，但人均占有水量仅2400立方米，相当于世界人均的四分之一，居世界第109位。中国已被联合国列为全世界人均水资源13个贫水国家之一。而且，由于中国降水在时空上分布不均，水资源分布极不平衡，大部分集中在长江流域和长江以南地区。全国有18个省（自治区、直辖市）人均占有的水量低于全国平均水平，其中北方有9个省（自治区、直辖市）低于500立方米。水资源短缺已成为北方国民经济和社会发展的最大制约因素。全国600多座城市中，有300多座城市缺水，其中严重缺水的有108个。[①]

1949—1995年的灾情统计表明，在中国自然灾害中，旱灾对农业产量影响最大。进入20世纪90年代，每年受旱面积4亿亩左右，比20世纪50年代增加1倍以上，成灾面积增加3倍。90年代，中国粮食生产有4年出现徘徊，4年因天旱减产粮食350多亿公斤。全国可发展灌溉面积约9.6亿亩，由于农田灌溉设施建设相对滞后，到1995年灌溉面积只有7.5亿亩，而每年的实灌面积只有6亿多亩。全国农村有7000万人、6000万头牲畜饮水困难。[②]

全国地下水超采区面积从20世纪80年代初的8.7万平方公里扩展到21世纪初的18万平方公里，引起严重的生态问题。一些生态严重恶化的地区，河流断流、湖泊干涸、湿地萎缩、绿洲消失。[③] 如黄河下游自1972年4月在山东境内出现第一次断流后，从1991年至1997年的7年间，年年发生断流，而且断流趋势日益严重，1997年断流竟达13次之多，共计226天（详见表10-1）。

①　参见钮茂生《中国的水》，《人民日报》1996年3月22日。

②　同上。

③　参见汪恕诚《建设节水型社会，保障经济社会可持续发展》，《人民日报》2006年5月23日。

表 10 – 1　　　　　　　黄河利津站 20 世纪 90 年代断流情况

年份	断流时间（月．日）		断流次数（次）	断流天数（天）	断流长度（千米）
	最初	最终			
1991	5. 15	6. 10	2	16	131
1992	3. 16	8. 10	5	83	303
1993	2. 13	10. 12	5	50	278
1994	4. 30	10. 16	4	74	308
1995	3. 04	7. 23	3	122	683
1996	2. 14	12. 18	6	136	579
1997	2. 07	12. 31	13	226	704

　　资料来源　钱正英：《中国水利的发展方向》，载《钱正英水利文选》，中国水利水电出版社 2000 年版，第 131 页。

　　造成黄河下游断流的决定性因素，不是径流减少，而是黄河流域用水量急剧增加。黄河供水地区的耗水量由 20 世纪 50 年代的年均 122 亿立方米，增加到 90 年代的 300 亿立方米，其中农业灌溉占全部耗水量的 92%（详见表 10 – 2）。

表 10 – 2　　　黄河流域不同年代多年平均耗水量及灌溉面积情况表

单位：亿立方米；万亩

年代	项目	上游	中游	下游	全河
20 世纪 50 年代	耗水量	73	30	19	122
	灌溉面积	1020	634	450	2104
60 年代	耗水量	95	49	33	177
	灌溉面积	1327	1203	500	3030
70 年代	耗水量	103	63	84	250
	灌溉面积	1691	1716	1500	4907
80 年代	耗水量	121	62	113	296
	灌溉面积	1955	1952	2202	6108
1990—1995 年	耗水量	132	60	108	300
	灌溉面积	1973	2000	3334	7307

　　资料来源　钱正英：《中国水利的发展方向》，载《钱正英水利文选》，中国水利水电出版社 2000 年版，第 133 页。

黄河下游断流现象，是全国水资源短缺的一个缩影。中国在生产、消费的各个环节还存在严重的浪费现象，节约用水的潜力很大。2001年初，中国农业灌溉水的有效利用系数只有0.4，而发达国家（如以色列）已达到0.8。中国工业万元产值取水量为91立方米，是发达国家的5—10倍；工业用水重复利用率不足55%，而发达国家已达到80%以上。在社会生活用水上，中国城市人均综合日用水量远远高于其他发达国家的水平，城市输配水管网和用水器具的漏水损失高达20%，仅城市便器水箱漏水一项每年就损失上亿立方米。[①] 到2006年，中国缺水问题更加突出。如按正常需要和不超采地下水，正常年份全国缺水量将近400亿立方米，农村有3.2亿人饮水不安全，有400余座城市供水不足，比较严重缺水的有110座。北方多数河流水资源开发利用超出水资源承载能力，一些地区靠大量挤占生态和环境用水来维持经济社会发展的用水需求。

水利工程中的渗漏损失也非常严重。如引黄灌区普遍存在着工程老化失修和设施不配套问题，水浪费的情况比较突出。黄河灌区工程多数建于20世纪50—60年代，到21世纪初，工程设施已运行了30多年，自然老化现象十分严重。据黄河水利委员会调查，流域内大型灌区各类建筑物老化失修的占28%—42%，渠道老化占38—70%。如青铜峡灌区，干渠的建筑物老化失修的占51.6%，排水沟坍塌淤积的占55.1%，支、斗渠损坏失修的占40%，尤其是几条总干渠，每条长达100多公里，由于绝大部分没有衬砌，两岸冲刷坍塌，险象环生，每次放水都要防护抢险，稍有差错，便会导致决口。河南省开封市的引黄灌区，干渠只完成规划工作量的79.7%，支渠完成67.8%，建筑物完成42.7%，田间配套完成12%，实灌面积只达到建设面积的40%。山东省聊城地区位山灌区，骨干工程的配套完成80%，分干渠以下的配套完成20%—30%。[②] 这种配套不全的情况，使灌区很难实行科学管理和科学用水，"引黄水量中有50%以上并未到达田间，而是渗透到各级渠道的两侧，非但没有起到灌溉农作物的作用，而且造成渠道两侧严重盐碱化。在到达田间的40%多的水量中，许多

①　参见王立彬、王雷鸣《李鹏在纪念"世界水日"暨"中国水周"座谈会上强调，坚持开源节流并举，努力建设节水型社会》，《人民日报》2001年3月23日。

②　参见钱正英《建议对引黄灌区进行以节水为中心的续建配套和更新改造》，载《钱正英水利文选》，中国水利水电出版社2000年版，第110页。

地方仍是大水漫灌，大约有四分之一至三分之一属于无效蒸发"①。粗放建设和粗放管理，造成黄河灌区工程水资源浪费严重。

这就是说，中国一方面严重缺水，另一方面水资源利用方式粗放，用水效率不高，浪费严重，节水潜力很大。节约用水不仅可以减轻供水压力，而且可以减少污水排放。因此，要在全国范围内强化节约用水，不论是水资源短缺的地区还是相对丰富的地区，不论是枯水年还是丰水年，不论是农业和农村还是工业与城市，都要节约用水，提高用水效率。要从根本上解决这些问题，必须建设节水型社会，这是保障中国经济社会可持续发展的必然选择。

针对中国水资源浪费严重的情况，时任水利部长的钱正英于1991年就提出"必须进一步明确建立节水型社会的必要性"②；到1998年，她又发出"发动一场提高用水效率的革命"的呼声，介绍了国外各种先进的节水方法，如半沙漠的以色列滴灌节水的灌溉方式、推行先进的废水处理和再利用，日本、美国和联邦德国等国家的工业用水和废水进行循环使用，墨西哥城市为节水和提高水的效率采取的措施等。她强调：如果运用上述先进技术和方法，"农业可以减少10%—50%的需水，工业可以减少40%—90%的需水，城市减少三分之一，这些都可以毫不影响经济和生活质量的水平"③，并可缓解水资源的供需矛盾。她还强调，在供应水量的同时，还要保证水质，这是保护人民健康的大问题。据1985年的调查，全国人民饮水基本符合卫生标准的仅2亿人，还有7亿人饮水不符合卫生要求，其中7700万人饮水含氟量超标，4700万人还处于严重缺水状况。1985年，全国城市的污水排放总量约300亿多吨，其中97%未经处理直接排入江河湖海或用作农田灌溉。如上海市大部分粪便排入黄浦江并污染沿海，这是1988年上海等地甲型肝炎大流行的根本原因。④

随着中国经济的快速发展，大量的工业废水和城乡污水未经处理就排

---

① 钱正英：《中国水利的发展方向》，载《钱正英水利文选》，中国水利水电出版社2000年版，第134页。

② 钱正英：《中国水利的决策问题》，载《钱正英水利文选》，中国水利水电出版社2000年版，第74页。

③ 钱正英：《发动一场提高用水效率的革命》，载《钱正英水利文选》，中国水利水电出版社2000年版，第114页。

④ 参见钱正英《中国水利的决策问题》，载《钱正英水利文选》，中国水利水电出版社2000年版，第74页。

入江河，并进入灌区的灌排系统，水质恶化日趋严重，对农产品的质量和城乡居民的饮水安全造成极大威胁。20 世纪 70 年代初，全国日排放污水量为 3000—4000 万吨，1980 年日排放污水量达 7500 多万吨，1995 年日排放废污水已经超过 1 亿吨，其中 80% 以上未经任何处理直接排入水域，使河流、湖泊、水库遭受了不同程度的污染。有关部门对 532 条河流的监测数据显示，有 436 条河流受到不同程度的污染。中国 7 大江河流经的 15 个主要大城市河段中，有 13 个河段的水质污染严重。[①] 如在黄河流域，由于污染物一般沿岸边流动，许多地方在引黄时，如小流量引水，往往引进全部污染物，其污染程度使用水户不能忍受，因而不得不加大引水流量，以稀释污染。因此，黄河水质的污染，不但严重危害环境，也加剧了水量的浪费。如河南省新乡市的人民胜利渠，是新中国成立后由国家投资建设的第一个灌区，配套设施齐全，灌溉面积 70 万亩，是当地人民的生命线。到 1997 年，由于焦作市和沁河流域的工业污废水直接排入黄河，当人民胜利渠小流量引水时，污水沿黄河北岸全部进入灌区，使渠首到新乡市的总干渠整个污染。全国其他不少灌区也有比较严重的污染。在河南、山东两省的一些市镇附近，不少河沟都堆积了大量垃圾废渣，不但影响排水，也严重污染了环境。黄河灌区的水质污染问题，如不及时采取有效措施治理，其造成的后果可能比水资源紧张还要严重。[②]

　　水利部水文司 1995 年 12 月发布的中国水资源质量评价表明，黄河流域 12327.8 公里的评价河长中，Ⅳ 类以上的污染河产占评价河长的 71.3%，仅次于太湖（72.8%）和淮河（72.6%），成为中国水资源质量最差的三大流域之一（详见表 10-3）。

表 10-3 　　　　　　　　　　　　　黄河流域污染河长统计

类别	河长（千米）	占评价河长的比例（%）
Ⅰ	136.8	1.1
Ⅱ	717.3	5.8
Ⅲ	2684.6	21.8

---

① 参见钮茂生《中国的水》，《人民日报》1996 年 3 月 22 日。

② 参见钱正英《建议对引黄灌区进行以节水为中心的续建配套和更新改造》，载《钱正英水利文选》，中国水利水电出版社 2000 年版，第 109 页。

续表

类别	河长（千米）	占评价河长的比例（%）
IV	4921.6	39.9
V	1899.8	15.4
超 V	1968.1	16.0
IV 类以上共计	8789.5	71.3

资料来源　钱正英：《中国水利的发展方向》，载《钱正英水利文选》，中国水利水电出版社 2000 年版，第 135 页（表中数字均为原文数字）。

　　20 世纪 90 年代初，中国环境恶化趋势加剧，资源浪费严重，污染事故频发，以城市为中心的环境污染仍在发展，并向农村蔓延，生态破坏的范围在扩大，成为影响经济和社会发展全局的制约因素。淮河、松花江、辽河、海河、太湖、巢湖、滇池等江河湖泊均受到较为严重的工业和生活污水的污染，甚至一些水库的水质也在下降。国家环境保护局于 1993 年 6 月 3 日发布的《1993 年中国环境状况公报》表明：城市地面水污染普遍严重，统计的 131 条流经城市的河流中，严重污染的有 26 条，重度污染的 11 条，中度污染的 28 条；全国发生工业污染事故 2761 起，污染事故造成的直接经济损失达 2.2 亿元；环境的严重污染影响到了人体健康，全国人口总死亡率为 661/10 万人，恶性肿瘤是城市居民的首位死亡原因，死亡率为 126.52/10 万人，占总死亡数的 21.7%。大城市居民恶性肿瘤死亡率为 134.66/10 万人，中小城市为 97.01/10 万人。与 1988 年相比，城市地区恶性肿瘤死亡率上升 6.2%，肺癌死亡率上升 18.5%。在农村地区，恶性肿瘤死亡率呈逐年上升趋势，由 1988 年的 95.02/10 万人上升到 1993 年的 102.18/10 万人，占死亡总数的比例上升到 16.4%，成为农村地区居第二位的死亡原因。农村地区居民的首位死亡原因是呼吸系统疾病，1993 年的死亡率为 165.59/10 万人，占死亡总数的 26.5%。此外，全国遭受不同程度污染的农田面积已达 1000 万公顷，其中污水灌溉污染的农田面积 330 万公顷；大气污染（以酸雨和氟污染为主）的农田面积约 530 万公顷；固体废物堆存侵占农田和垃圾、污泥农用不当污染的农田面积 90 万公顷。[①] 据 2003 年国家环保总局统计，全国污水废水排放量为 460 亿吨，

　　[①]　参见《环境保护》1994 年第 7 期。

其中工业废水占 46.2%（水利部提供的数据是：污水废水排放总量 680 亿立方米，工业废水占三分之二），超过环境容量的 80% 以上。[1] 到 2005 年 3 月，水利部公开承认中国 70% 以上的水体已遭到污染。[2]

新中国成立后第一条全面治理的淮河流域，水污染最为严重，几乎变成"臭"河。为了加快脱贫步伐，改革开放后，不少地方致力于发展乡镇企业，一些小型造纸、化工、制革等污染严重的企业纷纷上马。到 1995 年，淮河沿岸地区各类工厂达上千家。由于这些乡镇企业工艺较为落后，管理水平不高，原材料与能量消耗大，因此排污量较大。急剧增长的乡镇企业排污，加上 30 多个城市排出的生活污水，每天排入淮河支流和干流的污水达到 700 万吨，其中工业污水占三分之二，生活污水占三分之一，致使淮河水系受到普遍污染，整个淮河流域的水质呈明显恶化趋势。在有系列资料的 191 个河段中，超过 3 级水标准的河段 1981 年为 72 个，1986 年达到 92 个，到 1990 年则增加到 110 个。尽管淮河污染的治理并没有停步，然而由于治理资金短缺、地方保护主义等问题的存在，治污滞后于排污。于是形成了怪圈：发展经济使中小型工业企业增多，中小型企业的增多导致污染越严重，而严重的水污染又给当地生产和生活造成巨大困难和损失，影响和制约了淮河流域的经济发展。[3]

"50 年代淘米洗菜，60 年代洗衣灌溉，70 年代水质变坏，80 年代鱼虾绝代，90 年代拉稀生癌"，这首民谣是淮河流域许多地区水污染的生动写照。据对淮河最大支流沙颍河[4]岸边的河南省沈丘县的黄孟营、孟寨、陈口、孙营、东孙楼、解庄、孙营码头等村庄的调查，从 1990—2004 年，每个村因患癌症而死亡的人数多则超过百人，少的也有几十人。他们多是以消化道为主的食道癌、贲门癌、胃癌、肠癌、肝癌等，发病呈明显集中趋势，有些村庄一条街家家户户都有人患癌症，被称为"癌症一条街"。2000 年，为改变污染地区村民的饮水状况，河南省政府拨专款分别在沈丘

[1] 参见赵文耕《呼唤安全的饮用水》，载杨东平主编《环境绿皮书·2006：中国环境的转型与博弈》，社会科学文献出版社 2007 年版，第 179 页。

[2] 参见李利锋、邹蓝《中国水危机》，载梁从诚主编《环境绿皮书·2005：中国的环境危局与突围》，社会科学文献出版社 2006 年版，第 151 页。

[3] 参见李丽辉《淮河水清应有时》，《人民日报》1995 年 5 月 24 日。

[4] 有关单位对黄孟营等村饮用水的水质进行化验，结果表明：沙颍河沈丘段水质的化学需氧量以及氮、氨等 5 项指标已经超过五类水的标准，属于劣五类水。根据科学的检测和专家的分析，黄孟营等村多年来发生的癌症以及其他所谓的怪病都与水污染有着密切的关系。

县大王楼、海楼两个癌症高发村打了两眼450米深的水井，结果对遏制癌症发病取得了"当年下降，次年大降，三年接近正常"的良好效果。①

历史经验证明，经济发展与环境保护二者不可偏废。一味追求经济效益，忽视环境保护是造成今天淮河严重污染的主要原因。这种牺牲环境资源的短期行为不但会把经济发展引入歧途，而且其经济效益与损失相比，是得不偿失的。因此说，治理江河水污染刻不容缓。

党和政府历来十分重视环保工作。早在1972年春，作为北京市主要水源地之一的官厅水库发现了无机物污染，危害到了群众的健康。国务院高度重视，批准北京市成立以万里任组长的官厅水库水源保护领导小组，下设官厅水库水污染治理办公室，统一管理水源保护工作，这成为中国水污染治理起步的标志。官厅水库水源保护领导小组在作了详细的大量实地调查后，写出了《关于桑干河水系污染情况的调查报告》。9月5日，国务院批转了这个报告，并作出批示："要求各有关部门和地区必须严肃对待此事，积极行动起来，根治桑干河的污染，一抓到底，不要半途而废。"② 官厅水库水源保护领导小组把官厅水库列为国家重点环保项目，组织了30多个单位联合攻关，采取了综合利用、化害为利、改革工艺、减少污染、污水净化处理等积极的治理措施，经过3年的努力，到1975年测定，官厅水库水质已经好转。1976年以后，水库水质基本接近饮用水标准。③ 1989年召开的第三次全国环境保护会议提出了积极推行深化环境管理的八项制度，使中国环境管理走上了科学化、制度化的轨道。但作为世界上最大的发展中国家，经济发展与生态环境之间的矛盾日益显现。

鉴于淮河流域水污染严重影响社会经济的发展，党和政府对环境保护给予了前所未有的高度重视，决定下大力治理淮河污染。1994年5月，国务院环境保护委员会主持召开了淮河流域环保执法检查现场会，加强和充实了淮河流域水资源保护领导小组，确定了淮河水污染治理的方案和目标，研究制定了淮河水污染防治的具体方案：1994年底前，在河南、安徽、江苏、山东沿淮地区，关、停、并、转190多个污染严重、治理难度

---

① 霍岱珊：《淮河治污，艰难前行》，载杨东平主编《环境绿皮书·2006年：中国环境的转型与博弈》，社会科学文献出版社2007年版，第191—192页。

② 《周恩来年谱（1949—1976）》下卷，中央文献出版社1997年版，第549页。

③ 参见《海河志》编纂委员会编《海河志》第2卷，中国水利水电出版社1998年版，第462页。

大的企业;对所有能通过治理做到达标排放的污染企业,进行限期治理;确定在 3 年内完成 200 个治理项目。沿淮 4 省以后禁止再上污染严重的项目,特别是小造纸、小化工、小制革、小酿造等重污染项目;4 省环保部门要制定污染物总量削减计划,全流域实行排污总量控制;到 2000 年前,流域内所有市、县必须因地制宜修建市(镇)污水集中处理设施,逐步做到所有污水经处理后达标排放;健全全流域的水污染防治法律、法规,加大执法力度。①

1994 年 7 月中旬,淮河中、下游发生大面积水污染事故。由于淮河上游河南境内突降暴雨,致使 2 亿吨污水注入干流,形成 70 公里长的污染带,造成江苏、安徽两省 150 万人饮水困难,30 余万人患肠胃病、皮肤病。② 据环保部门检测,污水中含有大量悬浮物,其色度超过 100 度,高锰酸盐含量达每升 18.5 毫克,氨氮含量最高时达每升 8.61 毫克,亚硝酸盐含量每升 1.68 毫克,超过规定标准 17 倍。8 月 9 日,污水带已扩至 150 公里,在盱眙境内 70 公里,污水前锋已进入洪泽湖。因久旱无雨,洪泽湖蓄水不足 11 亿立方米,2 亿立方米污水入湖,造成沿湖地区工、农、渔业的巨大损失。③

淮河流域水污染事故发生后,中共中央、国务院立即派调查组赴灾区慰问受灾群众,并与当地政府和有关部门共同研究抗污救灾措施。8 月 31 日,国务院召开会议讨论《关于淮河流域水污染防治工作的决定》,以及"九五"期间淮河流域水污染防治计划及关停并转企业名单。时任国务委员、国务院环境保护委员会主任的宋健指出:"为了给亿万人民创造一个良好的生活环境,为了使淮河流域的经济持续、快速、健康发展,要加快淮河流域水污染防治工作的进度,从现在起,要用三年多的时间,力争使淮河水质初步变清,重现碧水清风,造福当代人民和子孙后代。"④ 他强

---

① 参见孔晓宁《国务院制定淮河水污染防治方案》,《人民日报》1994 年 6 月 11 日。
② 参见卢新宁、赵永新《就像一枚硬币的两面,肆虐的非典让人们承受着人类健康的巨大灾难,但也在痛苦中催生了人们关于生命与生活的认真思考——与自然如何相处?》,《人民日报》2003 年 6 月 5 日。
③ 参见卢非、于惠通《污水甚于天灾》,《人民日报》1994 年 8 月 13 日。
④ 转引自张建军《国务院部署淮河流域水污染防治工作,力争使淮河水三年后初步变清,宋健要求对污染严重治理无望的企业坚决依法关停并转》,《人民日报》1994 年 9 月 1 日。

调："对污染严重治理无望的企业，包括大企业，都要依法坚决关停并转。"① 他要求各地："完善淮河流域的法制建设，加强环保执法力度。对违反有关环保法规造成严重环境污染的责任者要严加惩处，对特别恶劣的犯罪行为要依法严厉打击。"② 这样，党和政府启动了为期 10 年的治理淮河水污染的系统工程。

1994 年底，党和政府果断关停并转了淮河沿岸 191 家污染严重、治理难度大的企业；1995 年 3 月，又对 19 家排污大户停产治理；沿淮 4 省分别确定了一批停产治理的地方企业。化工、轻工等部门积极支持治理工作，轻工总会配合地方关停了淮河流域 4 省的 71 家小造纸厂，并提出了限期治理的 54 个重点造纸污染源。1995 年 3 月，国家环保局、水利部、国家计委等机构联合召开了淮河流域水污染防治计划工作会议。8 月 8 日，国务院颁布中国第一部流域性法规《淮河流域水污染防治暂行条例》，规定自 1998 年 1 月 1 日起，禁止一切工业企业向淮河流域水体超标排放水污染物。因发生水污染事故，造成重大经济损失或者人员伤亡，负有直接责任的主管人员和其他直接责任人员构成犯罪的，依法追究刑事责任。③ 淮河水污染防治工作，开始进入法制化阶段。

党和政府在进行水污染治理的同时，逐渐认识到水资源对国民经济发展的重要性。1995 年 9 月，江泽民总书记在中共十四届五中全会上论述经济建设与人口、环境、资源之间的关系时指出："必须切实保护资源和环境，不仅要安排好当前的发展，还要为子孙后代着想，决不能吃祖宗饭、断子孙路，走浪费资源和先污染、后治理的路子。"④ 1996 年 3 月，八届全国人大四次会议批准的《中华人民共和国国民经济和社会发展"九五"计划和 2010 年远景目标纲要》，明确把淮河、海河、辽河（简称"三河"）、太湖、巢湖、滇池（简称"三湖"）的水污染防治列为"九五"期间中国环保工作的重点。⑤ 7 月 10 日，国务院讨论并原则

---

① 转引自张建军《国务院部署淮河流域水污染防治工作，力争使淮河水三年后初步变清，宋健要求对污染严重治理无望的企业坚决依法关停并转》，《人民日报》1994 年 9 月 1 日。

② 同上。

③ 参见《淮河流域水污染防治暂行条例》，《人民日报》1995 年 8 月 23 日。

④ 江泽民：《正确处理社会主义现代化建设中的若干重大关系》，载《江泽民文选》第 1 卷，人民出版社 2006 年版，第 465 页。

⑤ 《中华人民共和国国民经济和社会发展"九五"计划和 2010 年远景目标纲要》，载《十四大以来重要文献选编》中册，人民出版社 1997 年版，第 1884—1885 页。

通过了《国务院关于环境保护若干问题的决定》,原则批准了《环境保护"九五"计划和2010年远景目标》,要求在环保工作中实施《全国主要污染物排放总量控制计划》和《中国跨世纪绿色工程规划》,要求以后"增产不增污",控制污染负荷,杜绝盲目发展,从根本上促进经济增长方式的转变;要求有目标、有项目、有重点,集中财力、物力,打几个大战役,使突出的区域性污染得到有效控制,并以此带动全局。《国务院关于环境保护若干问题的决定》对2000年以前水污染防治工作提出了具体要求:"全国所有工业污染源排放污染物要达到国家或地方规定的标准;各省、自治区、直辖市要使本辖区主要污染物排放总量控制在国家规定的排放总量指标内,环境污染和生态破坏加剧的趋势得到基本控制;直辖市及省会城市、经济特区城市、沿海开放城市和重点旅游城市的环境空气、地面水环境质量,按功能分区分别达到国家规定的有关标准;淮河、太湖要实现水体变清;海河、辽河、滇池、巢湖的地面水水质应有明显改善。"①

1996年7月15日,国务院召开了第四次全国环境保护会议,中心议题是部署跨世纪的环境保护工作。江泽民在讲话中强调指出:"环境保护很重要,是关系我国长远发展的全局性战略问题。在社会主义现代化建设中,必须把贯彻实施可持续发展战略始终作为一件大事来抓。"②"世界发展中一个严重的教训,就是许多经济发达国家走了一条严重浪费资源、先污染后治理的路子,结果造成了对世界资源和生态环境的严重损害。我们决不能走这样的路子。"③

世界各国水污染的划分是:以泰晤士河黑臭缺氧为代表的第一代水污染,以重金属、有毒化学品为代表的第二代水污染,以营养元素超量为代表的第三代水污染。中国在高速工业化过程中,三代污染同时出现,因此,水污染治理更为困难。

1999年1月1日,江泽民在全国政协新年茶话会上的讲话中指出:"一方面洪涝灾害历来是中华民族的心腹大患,另一方面水资源短缺越来

---

① 《国务院关于环境保护若干问题的决定》,载《十四大以来重要文献选编》中册,人民出版社1997年版,第1986—1987页。

② 江泽民:《保护环境,实施可持续发展战略》,载《江泽民文选》第1卷,人民出版社2006年版,第532页。

③ 同上书,第533页。

越成为我国农业和经济社会发展的制约因素。我们要在全民族中大力增强保护和合理利用水资源的意识，把兴修水利作为保证实现我国跨世纪发展目标的一项重大战略措施来抓。"① 10 天之后，他再次对解决水资源短缺问题作出了系统阐述。他指出："防范水患，是一项长期工作，要坚持不懈地抓下去。对于全国一些地区干旱缺水的问题，也必须引起我们高度重视。我国历史上，旱灾就十分频繁。现在，我国西北和北方一些地区缺水的问题已经非常严重，制约了这些地区的经济社会发展。如果不能尽快得到缓解，还会出现更严重的后果。缺水的危害性绝不亚于水患。没有水，人都不能生存，还谈什么开发和发展?! 解决我国一些地区水资源严重短缺的问题，要尽快提上议事日程。总的要求是开源节流并举，以节水为主。一要广泛采取节水措施，特别要大力发展节水农业；二要从长计议、全面考虑、科学选比、周密计划，适时进行重大水利工程建设。"② 他强调："水的问题，又同整个生态环境的状况紧密联系着。防止环境恶化，也是摆在我们面前一个十分紧迫的问题。我们要坚持不懈地增强全党全民族的环境意识，实施可持续发展战略，加强对环境污染的治理，植树种草，搞好水土保持，防止荒漠化，改善生态环境，努力为中华民族的发展创造一个美好的环境。"③ 随后，他还强调："当前，要把节约用水作为一项紧迫的首要任务抓紧抓好。关键是要大力发展节水农业，改变大面积漫灌这种粗放式的耕作方法，实现农业的集约式发展。工业等其他事业的举办，也要坚持贯彻节水的方针。"④ 解决中国水资源短缺的途径，是开源、节流和保护。

在党和国家领导人的积极倡导和大力推动下，各地相继建立了党政一把手"亲自抓、负总责"的环保领导责任制，环保工作的成绩成为考核干部的重要内容。1994 年 3 月，中国在世界上率先制定了国家级的 21 世纪议程——《中国 21 世纪议程——中国 21 世纪人口、环境与发展白皮书》，陆续出台了《国务院关于环境保护若干问题的决定》（1996 年 8 月 3 日颁

---

① 转引自江泽民《论加强和改进学习》，载《江泽民文选》第 2 卷，人民出版社 2006 年版，第 311 页。

② 江泽民：《论加强和改进学习》，载《江泽民文选》第 2 卷，人民出版社 2006 年版，第 295 页。

③ 同上书，第 295—296 页。

④ 江泽民：《让黄河为中华民族造福》，载《江泽民文选》第 2 卷，人民出版社 2006 年版，第 355 页。

布)、《全国生态环境建设规划》(1999年1月国务院常务会议讨论通过)和《全国生态环境保护纲要》(2000年12月颁布)等纲领性文件,将环境保护纳入国民经济和社会发展的总体布局和长远规划中。国家对环境治理的投入逐年增加,"九五"期间累计投资超过3600亿元,占同期GDP的0.93%,比"八五"增加了2300亿元。①

经过综合整治,"三河三湖"流域水污染防治取得阶段性成果:流域内的5000多家日排废水超过100吨的重点污染企业基本实现达标排放;淮河每年入河的化学需氧量已由治理前的150万吨下降到40万吨,流域水污染加剧的趋势基本得到遏制;太湖流域工业污染源排放达标率稳定在90%以上,80%以上的断面水质达到三类;滇池流域城市污水处理率明显提高,海河、辽河流域正抓紧实施治理规划。② 在1998年"三河"、"三湖"治理的"零点行动"中,4848家企业实现了达标排放,其余企业关停并转。2000年底,全国23万家企业大部分做到了达标排放,大幅度削减了工业污染物排放总量,重点流域COD排放总量从"九五"初期的590.1万吨/年降到了381.9万吨/年。③

进入21世纪后,全球水资源面临资源短缺、污染严重和生态失衡的严峻挑战。随着工业化、城市化加快,水污染和水生态恶化日益严重,成为制约全球可持续发展的重要因素。中国是一个严重缺水的国家,水污染恶化更使水资源短缺雪上加霜。中国政府高度重视水环境保护,把水污染防治作为环保工作重点。特别是"九五"期间,结合经济结构调整,依法关闭、淘汰了一批技术落后、浪费资源、污染严重的小企业,积极推行清洁生产,加快城市污水处理厂建设;重点流域的水污染防治取得了阶段性成果,淮河、太湖、巢湖水体中有机污染逐步降低,上海、杭州、宁波、成都等城市河段水质和景观有所改善。但中国水环境形势依然严峻,环境污染仍然严重。主要污染物排放量远远超过水环境容量。水环境污染和水生态失衡严重制约了经济社会的可持续发展,带来了严重的经济损失,危及人民群众饮用水安全。④ "九五"期间,中国在农业用水不增加的情况

---

① 参见赵永新等《走人与自然和谐之路——我国环境保护回眸》,《人民日报》2002年1月7日。

② 同上。

③ 参见王竞文《三十一年治水路,长途漫漫挽清流》,《人民日报》2003年6月6日。

④ 参见解振华《让人民喝上干净的水》,《人民日报》2003年6月6日。

下，发展灌溉面积 6400 万亩，约相当于节水 250 亿立方米。[①]

一般认为，中国水利面临的问题是：水多、水少、水脏。但 2000 年中国工程院在关于中国水资源问题的战略研究中发现，中国水利面临的主要问题不是水多或水少，而是由于水质污染和水资源过度开发造成的水环境退化的趋势。水多，指的是洪水问题。在历史上，洪水是中国的大患。但是，2000 年中国工程院提出的中国水资源战略研究指出，江河洪水是一种自然现象，而江河洪灾则是由于人类在开发江河冲积平原的过程中，进入洪泛的高风险区而产生的问题。因此，应当实行战略转变，从"以建设防洪工程体系为主"的战略，转到在防洪工程体系的基础上，建成全面的防洪减灾工作体系，在遭遇特大洪水时，有计划地开放蓄洪和行洪区，达到人与洪水协调共处。

2000 年，中国工程院在关于中国水资源问题的战略研究中，提出了以需水管理为基础的水资源供需平衡战略。其要义是，对水资源的供需平衡，要从过去的"以需定供"转变为"在加强需水管理、提高用水效率的基础上，保证供水"。该报告明确指出，中国水利面临的真正危机是：不少地方水质恶化、地下水位下降、河湖干涸、湿地消失。如果不及时扭转，必将威胁到我国水资源的可持续利用。为此，水利工作必须转变发展方式，从以开发水资源为重点转变为以管理水资源为重点，进入一个加强水资源管理，全面建设节水防污型社会的新时期。从传统的以供水管理为主转向以需水管理为基础，是水利工作中一个历史性的战略转变。[②]

根据实际情况，中国工程院对 21 世纪的水利工作提出建议：各级、各地水利部门必须对以开发水资源为重点转到以管理水资源为重点的战略转变取得明确的共识。加强需水管理、提高用水效率和效益、保护和防治水环境退化，应作为考察水利部门工作成绩的重要内容。它还建议：第一，对水利系统的干部，要统筹规划，组织有关需水管理知识的学习和培训，大学和专科的教学也应充实相关内容。第二，为了实行水利发展方式的转变，必须以科研、规划为先导。第三，整个水利工作都应贯彻先节

---

① 参见汪恕诚《以水资源可持续利用保障经济社会的发展》，《人民日报》2001 年 3 月 22 日。

② 参见钱正英《中国水利的战略选择：转变发展方式》，《文汇报》2009 年 3 月 21 日。

水、后调水，先治污、后通水，先环保、后用水的"三先三后"精神，将水资源投资的重点转向节水、防污和环保。对各地的水利投资，要改变"中央投资用于开源，地方投资用于节水"的做法。第四，积极、有步骤地推行水价改革。第五，认真学习研究国外有关水权问题的理论和实践经验，以及在典型流域和区域推行生态补偿的办法，继续开展试点工作。第六，主动配合环保等有关部门，切实加强水污染防治、生态系统保护等工作。中国工程院在 2000 年中国水资源战略研究的结论中提出，提高用水效率是一场涉及生产力和生产关系的革命，水资源战略的核心是提高用水效率，建成节水防污型社会。[①]

中国工程院关于中国水资源问题战略研究的报告，剖析了中国水利建设取得的伟大成绩、建设思路正在发生的变化以及仍然存在的认识误区和工作差距。报告深刻阐述了以提高用水效率和效益、保护水环境为目标，实行从传统的供水管理为主转向以需水管理为基础的必要性和紧迫性，对水利部门转变水利观念起了重要作用。[②]

2000 年 7 月，时任国务院副总理的温家宝主持会议，听取了中国工程院组织的"21 世纪中国可持续发展水资源战略研究"成果汇报。"21 世纪中国可持续发展水资源战略研究"是中国工程院确定的重大综合性咨询项目，由钱正英和张光斗主持，两院 43 位院士和近 300 位院外专家参加。项目分 7 个课题组，提出了 9 个专题报告，在此基础上经过项目总合组反复讨论和修改完成综合报告，取得了一批重大的研究成果。在成果汇报会议上，时任全国政协副主席、中国工程院院士的钱正英代表总项目组作了题为《〈中国可持续发展水资源战略研究〉综合报告》的汇报，两院资深院士张光斗，中国工程院副院长、两院院士潘家铮和清华大学教授谷兆祺作了补充发言。研究报告分析了中国水资源面临的严峻形势，提出了以水资源的可持续利用支持中国经济社会可持续发展的总体战略和相应的 8 个方面战略性转变的要求，以及为实现战略转变所必须进行的改革；强调水资源战略的核心是提用水效率，建成节水防污型的社会；强调必须从现在起进一步明确方向，下定决心进行扎扎实实的工作，结合工农业和城乡建设的现代化，提高中国的用水效率。

---

① 参见钱正英《中国水利的战略选择：转变发展方式》，《文汇报》2009 年 3 月 21 日。
② 同上。

　　温家宝总理充分肯定了专家的研究成果，指出要深化对水资源问题的认识：（1）要把水利作为经济社会发展的战略重点，要站在全局的高度，统筹规划，科学治理，从根本上解决水资源问题；要加快制定和完善全国水利建设总体规划、各大江河流域规划，总体部署，分步实施。（2）要把节水放在首位。中国能不能较好地解决水资源问题，关键取决于节水，取决于提高水资源的利用率。（3）要痛下决心治理水污染。水污染问题越来越严重，给生态环境和人们健康带来极大危害，也加剧了水资源的短缺，治理水污染必须当机立断，一切工业企业必须做到达标排放，不能做到达标排放的要坚决关停，进行技术改造；所有城市都要建立污水处理设施，并使经过处理的污水能循环使用；要以建设生态农业和生产绿色食品为突破口，减少农业的面源污染。（4）生态环境建设必须与水资源利用综合考虑，统筹规划。在水资源的分配上不仅要考虑生活用水和生产用水，还要考虑生态用水。他指出，尽管 2000 年 6 月下旬以来北方大部分地区出现几次降雨过程，但旱区水库蓄水量不足的状况依然没有大的改变。做好抗旱工作，一要做长期抗旱的思想准备和工作准备。二要有新思路，突出节水，这不仅是现实的需要，而且是长远的需要。工业、农业、城市、乡村、生产、生活都要提倡并采取切实有效的措施节约用水。通过坚持不懈的努力，使人们的节水观念进一步增强，节水技术的应用和节水机制的形成有新的突破和进展，把节水工作提高到一个新的水平。三要确保城市不发生"水荒"，严重缺水的大城市要未雨绸缪，开辟应急备用水源。四要在缺水地区利用汛期降雨的有利条件，在保证防汛安全的前提下，尽可能多拦蓄，充分利用宝贵的水资源。在有条件的地方，要采取人工增雨措施，更充分地利用天上水。[①]

　　为了加快节水型社会建设，中共中央、国务院作出了一系列重大部署。2000 年 10 月 11 日，《中共中央关于制定国民经济和社会发展第十个五年计划的建议》首次提出建立节水型社会。《建议》指出："水利建设要全面规划，统筹兼顾，标本兼治，综合治理。坚持兴利除害结合，开源节流并重，防洪抗旱并举，下大力气解决洪涝灾害、水资源不足和水污染问题。科学制定并积极实施全国水利建设总体规划和各大江河流

---

　　① 转引自贺劲松《温家宝主持会议听取专家意见时强调，实现水资源的可持续利用，努力建设节水防污型社会》，《人民日报》2000 年 7 月 13 日。

域规划。"《建议》首次提出："水资源可持续利用是我国经济社会发展的战略问题，核心是提高用水效率，把节水放在突出位置。要加强水资源的规划与管理，搞好江河全流域水资源的合理配置，协调生活、生产和生态用水。城市建设和工农业生产布局要充分考虑水资源的承受能力。大力推行节约用水措施，发展节水型农业、工业和服务业，建立节水型社会。"①

2000 年 10 月 28 日，受国务院委托，时任水利部部长的汪恕诚在九届全国人大常委会第十八次会议全体会议上，在介绍 1998 年以来江河治理工作取得重大进展情况后，着重说明了江河治理面临的形势。他指出："我国防洪标准仍普遍偏低。从总体上看，目前我国江河的防洪工程系统还没有达到已经审批的规划标准。水资源短缺问题十分突出。干旱缺水已成为我国经济社会发展的重要制约因素之一。水环境恶化的趋势尚未得到有效遏制。全国水土流失面积 367 万平方公里，占国土面积的 38%。更为严重的是，全国已有近 90% 城镇的饮用水源受到污染。"② 水利工作下一步的总思路是："坚持全面规划、统筹兼顾、标本兼治、综合治理的原则，实行兴利除害结合，开源节流并重，防洪抗旱并举，对水资源进行合理开发、高效利用、优化配置、有效保护和综合治理，以水资源的可持续利用支持我国经济社会的可持续发展。"③ 为此，需要重点做好的工作是："建立全面的防洪减灾体系，努力建设节水型社会，加强水环境保护，加强水土保持生态环境建设，搞好水资源的优化配置，进一步加大中央财政对水利的投入，建议加快水法修改，完善水利法制体系。"④

2001 年 1 月 11 日，《中共中央、国务院关于做好 2001 年农业和农村工作的意见》中，再次强调水利建设要坚持"兴利除害结合、开源节流并重、防洪抗旱并举"的方针，继续搞好大江大河大湖治理，抓紧病险水库除险加固，加快重大水资源控制性工程建设。根据中国水资源紧缺的实际，要把节水放在突出位置，着力抓好水资源优化配置和节水工作，努力

---

① 《中共中央关于制定国民经济和社会发展第十个五年计划的建议》，《人民日报》2000
年 10 月 19 日。

② 《江河治理和水资源形势依然十分严峻》，《人民日报》2000 年 10 月 30 日。

③ 同上。

④ 同上。

提高用水效率。① 3 月 11 日，江泽民在第一次中央人口资源环境工作座谈会上指出："人口、资源、环境工作是强国富民安天下的大事，加强水利建设和水资源管理，"要坚持全面规划、统筹兼顾、标本兼治、综合治理，坚持兴利除害结合、开源节流并重、防洪抗旱并举，科学制定并实施各大江河流域规划，对水资源进行合理开发、高效利用、优化配置、全面节约、有效保护和综合治理，下大力气解决洪涝灾害、水资源不足和水污染问题。当前，要加快大江大河大湖治理，抓紧主要江河的堤防建设和控制性工程建设，加快病险水库除险加固。要把节约用水放在突出位置，大力推行节约用水措施，发展节水型农业、工业和服务业，建立节水型社会。"②

同年 3 月 22 日，时任全国人大常委会委员长的李鹏在纪念第九届"世界水日"暨第十四届"中国水周"座谈会上强调："解决水资源短缺问题，总的方针是开源节流并举，并把坚持节约用水放在首位，努力建设节水型社会；要加强法制建设，促进依法治水。""要确立建设节水型社会的目标，坚持节约用水的方针；要加强水污染防治，统筹考虑水量和水质的保护；改革水资源管理体制，加强水资源的统一管理和优化配置"。③ 时任水利部部长的汪恕诚在发言中再次倡导"建立节水型社会"，要求以水资源可持续利用保障经济社会的发展，加强水污染防治和水资源保护。

2001 年 9 月，全国人大常委会执法检查组分别赴重庆、湖北、江苏，对当地贯彻执行《中华人民共和国水污染防治法》（简称《水污染防治法》）的情况进行了检查，重点检查了工业污染治理达标、城市生活水污染处理、农业面源污染防治、三峡水库环境治理、长江流域生态环境保护和建设、南水北调工程中线和东线取水处水质等情况。9 月 9—17 日，时任副委员长的邹家华率全国人大常委会水污染防治法执法检查组在湖北开展《水污染防治法》执行情况的检查。执法检查组在武汉听取了湖北省和

---

① 参见《中共中央、国务院关于做好 2001 年农业和农村工作的意见》，《人民日报》2001 年 2 月 13 日。

② 转引自温红彦《全党全国要大力增强紧迫感责任感，提高新世纪人口资源环境工作水平》，《人民日报》2001 年 3 月 12 日。

③ 王立彬、王雷鸣：《李鹏在纪念"世界水日"暨"中国水周"座谈会上强调，坚持开源节流并举，努力建设节水型社会》，《人民日报》2001 年 3 月 23 日。

武汉市有关《水污染防治法》落实情况的汇报。检查组重点检查了武汉城市水环境及污水处理情况、丹江口南水北调中线工程取水口水质情况、宜昌三峡施工区水污染环境治理情况等。

邹家华在重点考察了武汉市东湖水质及环湖工业污染治理达标、城市生活污水处理等情况后指出：水资源是人类社会赖以生存的前提，直接关系到社会的可持续发展。当前，我国重点江河流域水污染问题比较突出，对经济和社会的可持续发展带来很大影响。地方人大和政府在保护环境资源上作出了积极努力，采取了整治江湖、制止乱砍滥伐森林等一些措施，取得显著成效。但随着经济的快速发展和人口的增加，水污染的总量也在增加。面对这一严峻的水资源环境形势，我们必须保持清醒的头脑。保护水资源，防止水污染，是遵从人民的意志，保护人民的切身利益，实现为人民服务宗旨的重要体现。①

此外，贵州、云南、四川、湖南、江西、安徽和上海等省市也按全国人大常委会的要求进行了自查。这次检查的重点是长江流域水资源保护和水污染防治方面的情况。检查组在了解当时中国水资源总体形势和问题后提出建议：（1）加强领导，提高认识，增强水资源保护的责任感和紧迫感。各级领导干部应当以对历史、对人民群众、对子孙后代高度负责的精神，把水资源保护和水污染防治工作提上重要的议事日程。（2）分类指导，标本兼治，加快水污染防治的步伐。第一，生活污水的治理，现在可行的办法是建污水处理厂或污水处理装置。第二，工业污水治理问题。在工业污水的防治方面，过去讲"谁污染、谁治理"，现在这个原则应该拓宽一点，也可以讲"谁污染、谁负责、谁付费"和"谁治理、谁达标、谁收费"。第三，特殊单位污水治理问题。第四，农业面源污染治理，必须大力发展生态农业，推广高效、低毒、低残留农药，研制开发生物防虫害技术，实行测土配方施肥，提高施肥效率，积极推广使用有机肥，逐步降低农药、化肥的使用量，减轻对农田、渔业水域和农产品的污染。（3）拓宽渠道，增加投资，加快城镇环境基础设施建设。（4）调整布局，优化结构，推行清洁生产，建立节水型社会。（5）完善法律，强化执法，依法保护水资源，清洁水环境。（6）加快治理步伐，确保三峡工程和南水北调工

---

① 参见江山《邹家华在湖北检查水污染防治法执行情况时强调，以"三个代表"要求贯彻实施水污染防治法》，《人民日报》2001年9月18日。

程顺利实施。①

2001 年 10 月 31 日，九届全国人大常委会《水污染防治法》执法检查组举行第二次全体会议，各执法检查小组负责同志分别汇报了执法检查情况，检查组部分成员也作了发言。听取汇报后，邹家华发表了讲话。他指出，从执法检查的情况看，全国执行《水污染防治法》的力度比过去有所加强，群众的水污染防治意识得到明显提高，各地制定了具体的实际措施并加以实行，全国总的排污量有所减少，可以说取得了很大成绩，但同时也存在一些问题，水污染防治形势依然严峻。邹家华针对当时有关环保的一些错误认识指出，环境保护和经济建设不是对立的，应走经济发展和环境保护双赢的道路；环境保护不只是政府行为，也是全社会的事情；环境保护不能只有环境效益、社会效益，应实现社会效益、环境效益、经济效益"三效"统一。他还指出，污水防治应近期、远期统筹考虑，要克服实际工作中的畏难情绪。要新账不再欠，老账逐年还，严格执行"三同时"制度，坚持走市场化、社会化、专业化、产业化的道路，使我国水资源保护真正落到实处。②

"十五"水利规划建设的目标和主要任务之一，就是"把节约用水作为革命性措施来抓"。为此，规划要求积极调整产业结构，大力推广节水技术，提高水的利用效率和生产效率，实现水资源利用从粗放型向集约型方式的转变，发展节水型农业、工业和服务业，形成节水型社会。"十五"期间，全国新增节水灌溉面积 1 亿亩，灌溉水有效利用系数由 0.40 提高到 0.45 左右。全国工业用水重复利用率由 50% 左右提高到 60%。③

2002 年 3 月 10 日，江泽民在中央人口资源环境工作座谈会上，再次重申了 2001 年座谈会上的精神。他指出："水是基础性自然资源和战略性经济资源。水资源的可持续利用，是经济社会可持续发展极为重要的保证。"他强调："加强水资源的统一管理，提高水的利用效率，建设节水型社会。水利建设和流域、区域水资源配置，要充分考虑生态环境保护的要

---

① 参见《水污染防治法》，《人民日报》2002 年 2 月 27 日。
② 参见傅旭《邹家华在人大常委会水污染防治法执法检查组全会上强调环保和经济建设要做到双赢》，《人民日报》2001 年 11 月 1 日。
③ 参见江夏《兴利除害开源节流》，《人民日报》2001 年 8 月 20 日。

求，协调好生活、生产、生态用水。"①

　　为贯彻党和政府的这一精神，时任水利部副部长的陈雷于同年7月1日撰文指出，要强化管理，优化配置，高效用水。他说，水资源短缺、洪涝灾害、水环境恶化和水土流失四大问题，已经成为中国经济社会可持续发展的主要制约因素。在水资源开发利用方面还存在四个滞后：一是水资源管理体制和运行机制的改革滞后，水资源分割管理和无序开发的问题较为突出。二是水资源工程和水利基础设施建设滞后，水资源配置能力和抗御水旱灾害能力低。三是水价形成机制的建立滞后，难以发挥水价的经济杠杆作用。四是水资源法律法规制定和政策研究滞后，水行政执法队伍建设亟待加强。为此，他提出了实现水资源可持续利用的主要对策：第一，调整经济结构和产业布局，根据水资源的承载能力，优化配置水资源，缓解水资源紧缺矛盾。第二，改革水管理体制，建立统一、权威、高效的水资源管理体系，加强水资源的统一管理。第三，制定和完善水法规和政策，加大依法行政、依法治水和依法管水的力度，推进水行政管理工作的法制化。第四，大力推进节约用水，建立节水型工业、农业、城市和社会，提高水资源利用效率。要制定国家节水政策，大力推广节水技术与设备，建立节水型社会。第五，加强水资源的保护和治污力度，不断改善水环境，提高水资源的承载能力。第六，加强水利基础设施建设，实施跨流域调水工程，合理开发和优化配置水资源。第七，建立新的水价形成机制，发挥水价对水资源优化配置和可持续利用的经济杠杆作用。第八，依靠科技创新和技术进步，提高水资源开发利用水平和科技在水资源管理中的贡献率。第九，全面推进水利管理体制改革，建立与社会主义市场经济相适应的水利运行机制。第十，建立多元化的水利投资机制，多渠道增加水利建设资金投入。第十一，充分利用雨洪资源，开发非传统水资源，搞好污水处理和中水回用。第十二，加强水资源开发、利用和管理人才的培养，建设高素质的水政监察执法队伍。②

　　1998年大水以后，以大江大河堤防为重点的防洪体系建设取得了突破性进展，水资源管理工作得到了加强，但从总体上看，水利工作仍面临长

---

　　① 江泽民：《实现经济社会和人口资源环境协调发展》，载《江泽民文选》第3卷，人民出版社2006年版，第467页。

　　② 参见陈雷《强化管理，优化配置，高效用水》，《人民日报》2002年7月1日。

期、严峻的挑战。一是洪涝灾害依然是中华民族的心腹之患，主要江河防洪保护区的防洪标准还普遍偏低。二是水资源供需矛盾越来越突出。三是水土流失严重。四是水污染尚未得到有效控制。中国2001年的水质评价结果显示，在调查评价的12.1万公里河长中，四类水河长占14.2%，五类或劣五类水河长仍占24.4%。解决洪涝灾害、干旱缺水、水土流失和水污染四大水问题的任务依然十分艰巨。[①]

之后，水利部总结了历史上长期治水的经验教训，根据中共中央新时期治水方针，按照可持续发展的思路和要求，对水资源可持续利用问题进行了积极探索，对中国水问题的认识不断深化，开始从传统水利向现代水利、可持续发展水利转变。这种转变体现在：一是在治水中坚持按自然规律办事，在防止水对人的侵害的同时，特别注意防止人对水的侵害；重视生态与水的密切关系，对生态问题严重的河流流域，采取节水、防污、调水等措施予以修复；有计划地进行湿地补水，保护湿地；在地下水超采区，采取封井、限采等措施，保护地下水；重视并充分发挥自然的自我修复能力，保护生态系统，促进人与自然和谐相处。二是坚持推进资源利用与经济社会协调发展，从传统的"以需定供"转为"以供定需"；重视和加强对水资源的配置、节约和保护，努力提高用水效率和效益，提高水资源和水环境的承载能力，建设节水防污型社会。三是在治水过程中，坚持全面规划、统筹兼顾，标本兼治、综合治理，兴利除害结合、开源节流并重、防洪抗旱并举，工程措施与非工程措施相结合，充分发挥水的综合功能。[②]

水利部转变水利观念之后，确定了新的水利工作主要对策：（1）努力提高防汛抗旱工作水平。防洪工作要从控制洪水向洪水管理转变，综合运用各种措施，把洪水灾害造成的损失减少到最低限度，同时充分利用雨洪资源。抗旱工作要牢固树立长期抗旱、抗大旱的思想，从以农业抗旱为主向城乡生活、生产和生态的全面抗旱转变。（2）继续加强水利建设。继续加强大江大河大湖治理，进一步完善防洪工程体系。搞好南水北调等重点工程建设。加强农村水利基础设施建设，加快解决农村群众的饮水困难，加强大中型灌区的节水改造，以灌溉饲草地建设为重

---

① 参见汪恕诚《实现水资源的可持续利用》，《人民日报》2003年3月22日。

② 同上。

点,大力发展牧区水利,积极实施小水电代燃料生态建设。在黄土高原区全面推进淤地坝建设,努力改善农村生产、生活条件和生态环境,促进农业产业结构调整和农民脱贫致富。(3)大力推进水资源的可持续利用。实行城乡统筹,合理调配,搞好江河全流域水资源的优化配置,协调好生活、生产和生态用水。把节水工作贯穿于国民经济发展和群众生产生活的全过程,积极发展节水型产业,建设节水型城市和节水型社会,提高水资源的利用效率和使用效益。大力加强水资源保护和水土保持工作,积极推进流域和区域水资源的统一管理,努力建立权威、高效、协调的流域水资源统一管理体制。(4)进一步深化水利改革,努力建立新时期水利发展的新体制和新机制。加快投融资体制改革,多渠道筹集水利建设和管理资金。大力推进水利工程管理体制改革。深化农村小型水利工程建设和管理体制改革。改革水价形成机制,充分发挥价格在资源配置中的杠杆作用。(5)依法治水、科学治水。以新颁布《中华人民共和国水法》的实施为重点,全面推进依法治水。加大水政执法力度。依靠科技进步,不断提高水利建设水平和水资源管理水平。加快水利信息化步伐,以水利信息化促进和带动水利现代化。①

越来越多的人认识到:单纯依靠修建水利工程无法满足经济社会发展对水资源提出的增量供给需求,而且还可能走进“死胡同”,必须树立“大”的水资源观,从工程水利向资源水利转变,谋求水资源的可持续利用。在这种理念指导下,2000年起,水利部门9次对长期断流的塔里木河、黑河实施全流域统一调水,使塔里木河和黑河下游濒临毁灭的绿洲生态重现勃勃生机。从2001年开始,甘肃省张掖市从水权制度建设入手,拉开了中国第一个节水型社会建设试点的序幕。随后,各地全面开展了以提高用水效率和效益为核心的节水型社会建设,推行需水管理,实行严格的水资源管理制度。从2001年起,连续从嫩江向自然生态保护区扎龙湿地补水,使生态恶化的湿地逐渐恢复原有功能。从2002年起,开始实施引(长)江济太(湖)工程,探索通过水资源统一调度和优化配置进行水环境治理,激活了太湖。2004年、2006年和2008年3次从黄河引水补给白洋淀,挽救了几近干涸的“华北明珠”。

中共十六大以后,党和政府更加重视环境保护工作,把环境保护作为

---

① 参见汪恕诚《实现水资源的可持续利用》,《人民日报》2003年3月22日。

全面建设小康社会、加快推进社会主义现代化的历史任务摆在重要的战略位置。2002 年 8 月 29 日，《中华人民共和国水法》由第九届全国人民代表大会常务委员会第 29 次会议修订通过（2002 年 10 月 1 日起施行）。《中华人民共和国水法》第 8 条明确规定："国家厉行节约用水，大力推行节约用水措施，推广节约用水新技术、新工艺，发展节水型工业、农业和服务业，建立节水型社会。"① 2003 年 3 月 9 日，胡锦涛在中央人口资源环境工作座谈会上明确要求："环境保护工作要着眼于人民喝上干净的水、呼吸清洁的空气、吃上放心的食物，在良好的环境中生产生活。"② 他指出："水利工作，要继续坚持全面规划、统筹兼顾、标本兼治、综合治理，坚持兴利除害结合、开源节流并重、防洪抗旱并举，对水资源进行合理开发、高效利用、优化配置、全面节约、有效保护和综合治理，下大气力解决洪涝灾害、水资源不足和水污染问题。"③

　　2003 年 3 月 22 日，第三届世界水论坛部长会议在日本京都开幕。时任水利部部长的汪恕诚在会上阐述了中国在水资源领域开展国际合作的主张。关于水资源领域的国际合作问题，汪恕诚明确提出了 3 项主张：一是将解决水资源问题与经济社会发展、消除贫困、改善环境紧密结合起来，在经济发展中求得问题的解决；二是发达国家要发挥经济技术优势，以实际行动切实帮助发展中国家解决水资源问题，并注意加强发展中国家水资源领域的能力培养；三是水资源领域的国际规则制定应由各国平等协商，体现各国的意愿和利益。汪恕诚认为，中国水资源领域面临着严重的挑战，这些挑战主要包括 4 个方面：一是洪涝灾害频繁，20 世纪 90 年代，主要江河流域有 6 年发生大洪水；二是水资源严重短缺，按正常需要和不超采地下水，年缺水总量为 300 亿至 400 亿立方米；三是水土流失严重，水土流失面积达 356 万平方公里，流失土壤总量达 50 亿吨；四是水污染尚未得到有效控制。④

　　2003 年 6 月 6 日，《人民日报》刊文指出：确保人民喝上干净的水，

---

①　《中华人民共和国水法》，《人民日报》2002 年 8 月 31 日。

②　转引自丁伟《胡锦涛在中央人口资源环境工作座谈会上强调，做好新世纪新阶段的人口资源环境工作　确保实现全面建设小康社会的宏伟目标》，《人民日报》2003 年 3 月 10 日。

③　同上。

④　转引自管克江《我水利部长在世界水论坛上阐述中国主张》，《人民日报》2003 年 3 月 23 日。

是环境保护工作的首要任务。水利部门要重点采取以下五大措施：一是建立基于水环境功能区达标的污染物排放总量控制体系，将污染物排放总量削减任务落到实处。二是集中力量抓紧治理重点流域的污染，及早解决危害群众健康的环境问题。三是积极推进城市污水处理与资源化。四是科学合理调配水资源，确保生态用水。五是依法管理水环境，积极开展水污染防治工作。要坚决扭转一些地方有法不依、执法不严、违法不究的现象，严格执行《水污染防治法》，对违法排污、干扰执法、行政不作为的行为要严肃查处，违法的要绳之以法。①

2004 年 3 月 10 日，胡锦涛总书记在中央人口资源环境工作座谈会上发表讲话，指出：水利工作要切实抓好以下几项工作，一是要加强供水工程建设，提高对水资源在时间和空间上的调控能力。南水北调是缓解我国北方水资源短缺和生态环境恶化状况、促进全国水资源整体优化配置的重要战略举措。现在东线、中线已经开工，要按照规划，精心设计、精心施工、严格管理，高水平、高质量地完成各项建设任务。在合理开发地表水和地下水的同时，要重视开发利用处理后的污水以及雨水、海水和微咸水等水资源。加强流域和区域的水资源统一调度，协调好生活、生产和生态用水，切实解决好群众的生活用水问题。二是要积极建设节水型社会。要把节水作为一项必须长期坚持的战略方针，把节水工作贯穿于国民经济发展和群众生产生活的全过程。制定水资源规划，明确各地区、各行业、各部门乃至各单位的用水指标，确定产品生产或服务的科学用水定额。健全水权转让的政策法规，促进水资源的高效利用和优化配置。要推广先进实用的节水灌溉技术，大力开发和推广节水器具和节水的工业生产技术。三是要切实做好防汛抗旱工作。要立足于防大汛、抗大旱，继续加快堤防建设和控制性工程建设，搞好重要河段的河道整治及蓄滞洪区建设，抓好病险水库除险加固，确保大江大河、大型水库、大中城市和重要设施的防洪安全。把淮河作为近期全国大江大河治理的重点，抓紧灾后重建，加快治理步伐。要进一步加强节水灌溉、人畜饮水、农村水电、水土保持、牧区水利和预防传染病项目等农村水利基础设施建设，保护和提高农业特别是粮食生产能力，促进农民增收。②

---

① 参见解振华《让人民喝上干净的水》，《人民日报》2003 年 6 月 6 日。
② 参见胡锦涛《在中央人口资源环境工作座谈会上的讲话》，《人民日报》2004 年 4 月 5 日。

鉴于中国用水效率低、浪费水严重、节水潜力大等，专家们达成了共识：厉行节约，建设节水型社会，是解决中国水资源问题的根本出路。为此，国务院确定的南水北调工程三大原则之一，就是"先节水，后调水"。2004 年，全国各级水利部门积极探索和实践可持续发展水利，努力推进水资源节约、保护和合理利用，各项工作取得新的进展。其表现在 3 个方面：一是节水型社会建设取得成效。在甘肃张掖等近百个地区开展了节水型社会建设试点，宁夏、内蒙古进行了行业间水权转换，天津积极推进市场配置节水，17 个省、自治区、直辖市制定了用水定额。强化了对建设项目取水、用水的论证和许可管理，从源头上抑制不合理的用水需求。对 213 个大型灌区和 23 个重点中型灌区进行续建配套节水改造，开展了 150 个节水示范项目和 50 个牧区节水灌溉试点建设。全国节水灌溉面积已达 3.2 亿亩。二是水资源和生态保护得到加强。推进水功能区管理，17 个省、自治区、直辖市实施了水功能区管理制度。核定了三峡库区等水域纳污能力和限制排污总量。完成了全国入河排污口普查，加强了对入河排污口的监督管理。强化了对地下水的保护和对超采区的治理。通过水资源的综合管理和科学调度，实现了黄河不断流，太湖水质改善，塔里木河下游、黑河下游生态得到一定修复，河北白洋淀、吉林向海等湿地恢复了生机。水土流失治理步伐明显加快，在长江上游、黄河中游等水土流失严重地区实施重点治理 4.5 万平方公里，七大流域封育保护 11 万平方公里。三是防汛抗旱和水利建设有了新的进展。加强了对洪水的调度和管理，拓宽了抗旱工作领域，战胜了局部地区的严重洪涝灾害、强台风和部分地区的严重旱情，有效地减少了人员伤亡，大大减少了经济损失，维护了群众利益和社会稳定，为 2004 年的粮食增产和农民增收作出了积极贡献。实施了向北京集中输水、引黄济津、珠江流域压咸补淡应急调水，确保了北京、天津和珠江三角洲地区及澳门特别行政区的供水安全。南水北调、治淮等重点水利工程建设进展顺利。2000—2004 年累计解决了 5700 多万人的饮水困难，提前完成了"十五"计划任务。①

2005 年 3 月 12 日，胡锦涛总书记在中央人口资源环境工作座谈会上再次指出，要把建设节水型社会作为解决我国干旱缺水问题最根本的战略

---

① 参见汪恕诚《保障饮水安全，维护生命健康》，《人民日报》2005 年 3 月 22 日。

举措，水利工作要把切实保护好饮用水源、让群众喝上放心水作为首要任务。温家宝总理也明确提出要加强对城乡污染源的监控，保护饮用水源地，保障群众饮水安全。这充分说明了"保障饮水安全，维护生命健康"的紧迫性，也表明了中共中央、国务院对广大群众饮水问题的高度重视。与此同时，十届人大四次会议通过的《国民经济和社会发展第十一个五年规划纲要》也提出，要建设资源节约型和环境友好型社会。同年7月，国务院颁布《国务院关于做好建设节约型社会近期重点工作的通知》。《通知》指出，建设节约型社会的指导思想是以邓小平理论和"三个代表"重要思想为指导，认真贯彻党的十六大和十六届三中、四中全会精神，树立和落实以人为本、全面协调可持续的科学发展观，坚持资源开发与节约并重，把节约放在首位的方针，紧紧围绕实现经济增长方式的根本性转变，以提高资源利用效率为核心，以节能、节水、节材、节地、资源综合利用和发展循环经济为重点，加快结构调整，推进技术进步，加强法制建设，完善政策措施，强化节约意识，尽快建立健全促进节约型社会建设的体制和机制，逐步形成节约型的增长方式和消费模式，以资源的高效和循环利用，促进经济社会可持续发展。

《通知》作出了五项规定：一是推动节水型社会建设。认真研究提出关于开展节水型社会建设的指导性文件，适时召开全国节水型社会建设工作会议。继续开展全国节水型社会建设试点工作，重点抓好南水北调东中线受水区和宁夏节水型社会示范区建设。二是推进城市节水工作。积极开展节水产品研发，加大节水设备和器具的推广力度，指导各地加快供水管网改造，降低管网漏失率。推动公共建筑、生活小区、住宅节水和中水回用设施建设。推进污水处理及再生利用，加快城市供水和污水处理市场的改革。三是推进农业节水。继续推进农业节水灌溉，推广农业节水灌溉设备应用，大力推进大中型灌区节水改造，积极开展农业末级渠系节水改造试点。四是推进节水技术改造和海水利用。五是加强地下水资源管理。严格控制超采、滥采地下水，防治水污染，缓解水质性缺水。[①]

2005年10月，中共十六届五中全会确定了建设资源节约型、环境友

---

　　① 参见《国务院关于做好建设节约型社会近期重点工作的通知》，《人民日报》2005年7月6日。

好型社会的方针和任务，中国环保事业进入了加快发展的新阶段。2006 年
2 月 14 日，国务院公布了《关于落实科学发展观加强环境保护的决定》，
明确提出：必须把环境保护摆在更加重要的战略位置，"必须用科学发展
观统领环境保护工作，痛下决心解决环境问题"。在《决定》强调需要切
实解决的七大突出环境问题中，加强水污染防治排在首位，体现了饮水安
全和重点流域治理在众多环境问题之中的迫切性。《决定》指出：我国环
境保护虽然取得了积极进展，但环境形势严峻的状况仍然没有改变。要科
学划定和调整饮用水水源保护区，切实加强饮用水水源保护，建设好城市
备用水源，解决好农村饮水安全问题。坚决取缔水源保护区内的直接排污
口，严防养殖业污染水源，禁止有毒有害物质进入饮用水水源保护区，强
化水污染事故的预防和应急处理，确保群众饮水安全。把淮河、海河、辽
河、松花江、三峡水库库区及上游，黄河小浪底水库库区及上游，南水北
调水源地及沿线，太湖、滇池、巢湖作为流域水污染治理的重点。把渤海
等重点海域和河口地区作为海洋环保工作重点。严禁直接向江河湖海排放
超标的工业污水。经济社会发展要与水资源条件相适应，统筹生活、生产
和生态用水，建设节水型社会。①

　　为何要全面推进节水型社会建设？2006 年 3 月，时任水利部部长的汪
恕诚指出：人多水少，水资源时空分布不均，是我国的基本水情，全国有
约 400 个城市缺水。我国用水效率不高，2004 年万元 GDP 用水量为 347
立方米，远高于世界平均水平，节水潜力很大。解决我国水资源短缺的根
本矛盾要靠建设节水型社会。通过建设节水型社会，促进经济增长方式转
变，改善生态环境，增强经济社会可持续发展能力。因此，建设节水型社
会的意义绝不亚于三峡工程和南水北调工程。②

　　汪恕诚指出：通过什么方式节水呢？节水有几种手段，有技术手段、
工程手段、行政手段、经济手段等。从长远看，应该不断加大经济手段的
运用力度，明晰水权，通过价格杠杆调控用水行为，逐步建立水权交易市
场，使节水成为全社会的自觉行动。现在缺水的城市有相当一部分已经更
注重以经济手段调节用水行为。节水型社会的本质特征是建立以水权、水

---

① 参见《国务院关于落实科学发展观加强环境保护的决定》，《人民日报》2006 年 2 月 15
日。

② 参见赵永平《全面建设节水型社会——访水利部部长汪恕诚》，《人民日报》2006 年 3 月
5 日。

市场理论为基础的水资源管理体制。建设节水型社会首先要明晰水权，确定水资源的宏观控制指标和微观定额指标。形成水权交易市场，超额用水加价，节水转让有偿，这是建设节水型社会的第二步。水权交易市场建立起来了，发挥价格的杠杆作用，买卖双方都会考虑节水，社会节水的积极性被调动，水资源的使用就会自动流向高效率、高效益的地方。目前，我国已开始建立以总量控制、定额管理为核心的节水型社会的管理体系。黄河、黑河等流域实行了取水总量控制，有 17 个省、自治区、直辖市发布了用水定额。城市供水初步实现由福利型向商品型转变。这些为建设节水型社会奠定了基础。[①]

中国一方面缺水问题突出，另一方面水资源利用效率低，用水浪费较为严重。如不转变用水观念，创新发展模式，水资源供需矛盾将会更加突出。因此，建设节水型社会，是解决中国水资源短缺问题最根本、最有效的战略举措，是保障中国经济社会可持续发展的必然选择。2006 年 5 月，时任水利部部长的汪恕诚在中宣部等六部委联合举行的形势报告会上，对如何推进节水型社会建设进行了阐述。汪恕诚指出：节水型社会建设的核心是制度建设，节水型社会的本质特征是建立以水权、水市场理论为基础的水资源管理体制，形成以经济手段为主的节水机制，建立起自律式发展的节水模式，不断提高水资源的利用效率和效益，促进经济、资源、环境协调发展。节水型社会制度建设要解决的是全社会的节水动力和节水机制问题，使得各行各业、社会成员受到普遍的约束，需要去节水；使得全社会能够获得制度的收益，愿意去节水，使节水成为用水户自觉、自发的长效行为。节水型社会的实现途径：（1）明晰初始水权。（2）确定水资源宏观总量与微观定额两套指标体系。（3）综合采用法律措施、工程措施、经济措施、行政措施、科技措施，保证用水控制指标的实现。（4）用水户参与管理。这套制度能否有效运转，公众的参与是非常必要的。如成立用水户协会，参与水权、水量的分配、管理、监督和水价的制定。（5）制定用水权交易市场规则，建立用水权交易市场，实行用水权有偿转让，实现水资源的高效配置。[②]

---

① 参见赵永平《全面建设节水型社会——访水利部部长汪恕诚》，《人民日报》2006 年 3 月 5 日。

② 参见汪恕诚《建设节水型社会，保障经济社会可持续发展》，《人民日报》2006 年 5 月 23 日。

汪恕诚指出，中国节水型社会建设的主要目标是：到 2010 年，水资源利用效率和效益明显提高，万元 GDP 用水量年均降低 6% 以上；全国农业灌溉水有效利用系数从 0.45 提高到 0.5，全国农业灌溉用水基本实现零增长；工业万元增加值用水量从 173 立方米降到 115 立方米以下；服务业用水效率接近同期国际先进水平。到 2020 年，初步建成与小康社会相适应的节水型社会，力争实现经济社会发展用水零增长，在维系良好生态系统的基础上实现水资源的供需平衡。节水型社会建设的主要任务是建立三大体系：一是建立以用水权管理为核心的水资源管理制度体系。建立政府调控、市场引导、公众参与的节水型社会管理体制，建立和完善包括用水总量控制和定额管理、水权分配和转让、水价等在内的一系列用水管理制度。二是建立与区域水资源承载能力相协调的经济结构体系。实现从"以需水能力定供水能力"到"以供水能力定经济结构"的转变。三是建立与水资源优化配置相适应的节水工程和技术体系。①

在建设节水型社会过程中，要明晰初始水权，要确定水资源宏观总量控制与微观定额管理两套指标体系，并采取法律、经济、工程、行政、科技等综合调控措施保证两套指标体系的实现。汪恕诚特别强调，节水型社会建设涉及不同地区、不同行业、不同产业、不同用户，涉及人口资源环境的协调发展，涉及千家万户的根本利益，需要政府强有力的领导，需要各部门的密切协作，需要全社会的共同行动。社会各界要积极参与节水型社会建设的目标规划、政策制定和措施落实，创建节水型城市、节水型社区、节水型企业。每个人都应当拥有良好的用水习惯，严格监督浪费水、污染水的不良行为。②

2006 年 7 月 21 日，国务院召开全国水污染防治工作电视电话会议，国家环保总局与"十一五"水污染物削减任务较重的河北等 9 省（区）政府签订了削减目标责任书。时任中共中央政治局委员、国务院副总理的曾培炎出席会议并发表讲话。曾培炎指出，水污染问题已经成为制约经济发展、危害群众健康、影响社会稳定的重要因素，必须痛下决心加以解决。各地区和各有关部门要切实提高忧患意识和责任意识，增强使

---

① 参见汪恕诚《建设节水型社会，保障经济社会可持续发展》，《人民日报》2006 年 5 月 23 日。

② 参见《中宣部等六部委联合举行形势报告会，水利部部长汪恕诚强调共同推进节水型社会建设》，《人民日报》2006 年 5 月 17 日。

命感和紧迫感,扎扎实实抓好六项工作:严格控制污染物排放总量,抓好重点流域水污染防治,加快城镇污水垃圾处理设施建设,防范水环境安全事故,要优化经济布局、改善水环境质量,大力搞好饮用水安全保障。曾培炎强调,水污染防治的主要责任在地方。各级地方政府要逐级签订水污染物总量削减目标责任书,一级抓一级,层层抓落实。责任书规定的削减指标,是必须完成的约束性指标,国家有关部门要定期检查、考核并向社会公布。①

根据新时期水利发展面临的新情况、新问题,水利部门以科学发展观为统领,进一步完善发展思路,转变发展模式,推动水利发展真正转入现代水利、可持续发展水利的轨道。转变水利发展思路,就要求在各项水利规划中,要按照科学发展观的要求和人与自然和谐相处的理念,更加注重给洪水出路,改变长期以来人水争地,无节制围垦河道、湖泊、湿地的做法;更加注重水资源的节约和保护,强化需水管理,建设节水型社会,推进经济增长方式的转变;更加注重发挥大自然的自我修复能力,有效治理水土流失。②

建设节水型社会是解决中国水资源短缺问题最根本、最有效的战略举措。为此,就要求按照供需协调、综合平衡、保护生态、厉行节约、合理开源的原则,合理确定各流域和流域内不同地区、不同领域、不同行业的用水指标,建立总量控制与定额管理相结合的新型水资源管理制度。要按照中央关于完善重要资源产品价格形成机制的要求,深化水价改革,建立以经济手段为主的节水机制,形成自律式发展的节水模式。要加强宣传,引导公众广泛参与节水型社会建设,提高全民节水意识。通过综合应用各种节水措施,有效提高用水效率和效益,促进经济、资源、环境协调发展。③

中共中央和国务院围绕建设节水型社会作出一系列重大部署之后,全国各地也进行了一系列探索,加强节水防污型社会建设。2001年3月,水利部确定甘肃省张掖市为全国首家节水型社会建设试点。张掖市初步形成了"总量控制、定额管理、以水定地(产)、配水到户、公众参与、水量

---

① 参见武卫政《国务院召开全国水污染防治工作电视电话会议,9省(区)政府签订水污染物总量削减目标责任书》,《人民日报》2006年7月24日。

② 参见汪恕诚《为构建和谐社会提供水利保障》,《人民日报》2007年3月22日。

③ 同上。

交易、水票流转、城乡一体"的节水型社会建设运行机制和体制，试点取得明显成效，积累了宝贵经验，为全国范围内初始水权的分配奠定了基础。到 2006 年，全国已确立国家和省级节水型社会建设试点 100 多个；有 22 个省（自治区、直辖市）发布了用水定额，依法推行用水总量控制和定额管理制度，严格执行取水许可制度。[1] 许多缺水城市对超计划用水实行累进加价收费，以经济手段促进节水取得了突破性进展。

---

[1]　参见汪恕诚《建设节水型社会，保障经济社会可持续发展》，《人民日报》2006 年 5 月 23 日。

结语　水利事业面临的新问题与新对策

　　除水害、兴水利，事关人类生存、经济发展、社会进步，历来是治国安邦的大事。新中国成立以来，中国共产党和人民政府高度重视水利工作，始终把兴修水利作为治国安邦的大事来抓，动员亿万人民群众大规模兴修水利，集中力量系统整治大江大河，突出重点优先解决民生水利问题，主要江河防洪能力显著提升，城乡供水保障水平大幅度提高，农田水利设施不断完善，水资源节约和保护得到加强，取得了举世瞩目的巨大成就。据水利部相关资料显示，到 2009 年，全国建成各类水库 8.6 万多座，堤防长度 28.69 万公里，大江大河主要河段基本具备了防御特大洪水的能力。全国农田灌溉面积从 1949 年的 2.4 亿亩发展到 2008 年的 8.77 亿亩，占全国耕地面积的 48%，每年在这些灌溉面积上生产的粮食占全国粮食总量的四分之三，生产的商品粮和经济作物都占 90% 以上。农田水利建设取得的巨大成就，使中国以占世界 9% 的耕地，解决了占世界 21% 人口的温饱问题。

　　然而，中国人多水少、水资源时空分布不均的基本国情、水情并未根本改变，洪涝灾害频繁仍然是中华民族的心腹大患。而且，随着工业化、城镇化和农业现代化的加速推进，全球气候变化影响加大，中国水利面临的形势将更趋严峻。从总体上看，中国水利建设仍面临"基础脆弱、欠账太多、全面吃紧"的严峻局面：第一，中国防洪综合体系还不健全，2010 年，全国有 437 条河流发生超警洪水，受灾人口达 2.1 亿，洪涝灾害频繁仍然是中华民族的心腹大患。第二，水资源调控能力还不足，正常年份全国年缺水量 500 多亿立方米，近三分之二的城市不同程度存在缺水问题，供需矛盾突出仍然是可持续发展的主要瓶颈。第三，农业主要"靠天吃饭"的局面仍未改变，全国 54% 的耕地缺少基本灌排条件，20 世纪 90 年代以来，平均每年因洪涝受灾面积超过 2.1 亿亩。"两工"取消后农民投工投劳锐减，农田水利建设滞后仍然是影响农业稳定发展和国家粮食安全的最大硬伤。第四，水利投入强度还不够，全国4万多个乡镇中有三分之一缺乏符合标准的供水设施，水利设施薄弱仍然是国家基础设施的明显短板。[①]

近年来，中国极端天气事件明显增多，自然灾害呈现多发频发重发趋势，2006年重庆、四川东部地区的特大干旱，2007年淮河流域性的大洪水，2008年南方的低温雨雪冰冻灾害，2009年大范围的特大春旱，2010年西南地区的特大干旱、多数省区市遭受的洪涝灾害、部分地方突发的严重山洪泥石流，等等，造成重大人员伤亡和经济损失，给人民生命财产构成严重威胁，暴露出中国水利基础脆弱、欠账较多的严峻局面，再次警示我们加快水利建设刻不容缓，深化水利改革时不我待，强化水利管理势在必行。

不同的历史时期，党和国家对水利的地位作用有不同的论断。早在1934年，毛泽东即提出"水利是农业的命脉"；改革开放至20世纪末，国家明确水利是"国民经济和社会持续稳定发展的重要基础和保障"；进入21世纪以后，中共中央提出"水资源是基础性的自然资源和战略性的经济资源"。随着经济社会的快速发展，中国水资源形势发生了深刻变化，水安全状况日趋严峻，水利的内涵不断丰富，水利对全局的影响更为重大，地位更加凸显。近年来，已有20多个省、自治区、直辖市先后出台了加快水利改革发展的政策文件，取得了明显成效。2010年频发多发的严重洪涝干旱等灾害引起社会各界的广泛关注，增强水患意识、加大政策支持、加强水利建设、提高防汛抗旱能力已成为全社会的共同呼声。针对水利面临的新形势新要求、存在的新问题新挑战，迫切需要中央就水利改革发展制定出台综合性政策文件，从党和国家事业全局和战略的高度对水利工作进行科学定位、统筹谋划、全面部署，凝聚全社会力量，形成治水兴水合力，推动水利实现跨越式发展。

为切实夯实农业稳定发展的农田水利基础，抓紧突破影响经济社会又好又快发展的水利薄弱环节，中共中央从党和国家事业全局出发，认真分析形势，广泛听取意见，经过慎重考虑，以2011年中央一号文件方式，正式出台了《中共中央国务院关于加快水利改革发展的决定》（以下简称

---

① 参见《政策解读：2011年中央一号文件为何锁定水利》，《人民日报》2011年2月9日。

《决定》）。这是中华人民共和国成立以来，第一次以中共中央名义出台的水利政策文件。

《决定》提出：水是生命之源、生产之要、生态之基；水利是现代农业建设不可或缺的首要条件，是经济社会发展不可替代的基础支撑，是生态环境改善不可分割的保障系统，具有很强的公益性、基础性、战略性。加快水利改革发展，不仅事关农业农村发展，而且事关经济社会发展全局；不仅关系到防洪安全、供水安全、粮食安全，而且关系到经济安全、生态安全、国家安全。这是第一次在中国共产党的重要文件中全面深刻阐述水利在现代农业建设、经济社会发展和生态环境改善中的重要地位，第一次将水利提升到关系经济安全、生态安全、国家安全的战略高度，第一次鲜明提出水利具有很强的公益性、基础性、战略性。这样的定位，是对中国基本国情和基本水情的准确把握，是对长期治水经验的提炼总结，是对水利发展阶段特征的科学判定，是中共中央对水利认识的又一次重大飞跃。

水利部部长陈雷指出："从农业农村发展来看，实现全国新增 1000 亿斤粮食生产能力规划目标，确保国家粮食安全，最大的制约因素是水，最薄弱的环节是农田水利，特别是近年来频繁发生的严重干旱，充分说明农田水利建设滞后仍然是影响农业稳定发展和国家粮食安全的最大硬伤。"[①]针对水旱灾害暴露出的突出问题，《决定》突出强调了加强农田水利等薄弱环节建设的任务："把水利作为国家基础设施建设的优先领域，把农田水利作为农村基础设施建设的重点任务，把严格水资源管理作为加快转变经济发展方式的战略举措，注重科学治水、依法治水，突出加强薄弱环节建设，大力发展民生水利，不断深化水利改革，加快建设节水型社会，促进水利可持续发展，努力走出一条中国特色水利现代化道路。"[②] 这种基本思路，是中共中央在准确分析水利发展现状，着眼经济社会发展全局而提出来的重大战略部署，也意味着国家今后将有更多资金投入水利建设。

为了大兴农田水利建设，中共中央明确提出：到 2020 年，基本完成大型灌区、重点中型灌区续建配套和节水改造任务。结合全国新增千亿斤

---

① 《奏响全面加快水利改革发展新号角——水利部部长陈雷解析 2011 年中央一号文》，《中国水利报》2011 年 2 月 1 日。

② 《中共中央国务院关于加快水利改革发展的决定》，《人民日报》2011 年 1 月 30 日。

粮食生产能力规划实施，在水土资源条件具备的地区，新建一批灌区，增加农田有效灌溉面积。实施大中型灌溉排水泵站更新改造，加强重点涝区治理，完善灌排体系。健全农田水利建设新机制，中央和省级财政要大幅度增加专项补助资金，市、县两级政府也要切实增加农田水利建设投入，引导农民自愿投工投劳。加快推进小型农田水利重点县建设，优先安排产粮大县，加强灌区末级渠系建设和田间工程配套，促进旱涝保收高标准农田建设。因地制宜兴建中小型水利设施，支持山丘区小水窖、小水池、小塘坝、小泵站、小水渠等"五小水利"工程建设，重点向革命老区、民族地区、边疆地区、贫困地区倾斜。同时，加快中小河流治理和小型水库除险加固，抓紧解决工程性缺水问题，提高防汛抗旱应急能力。[①]

《决定》着眼于夯实水利基础，全面增强水利支撑保障能力，提出重点加强五大建设。一是继续实施大江大河治理。推进主要江河河道整治和堤防建设，加快蓄滞洪区建设，抓紧建设一批流域防洪控制性枢纽工程，加强城市防洪排涝工程建设。二是加强水资源配置工程建设。尽快建设一批骨干水源工程和河湖水系联通工程，提高水资源调控水平和供水保障能力。三是搞好水土保持和水生态保护。实施国家水土保持重点工程建设，加强重点区域及山洪地质灾害易发区的水土流失防治，继续推进生态脆弱河流和地区水生态修复。四是合理开发水能资源。五是强化水文气象和水利科技支撑，推进水利科技创新和成果转化，加快水利信息化建设。

《决定》在强化水利投入、管理和改革等方面有很多新亮点和新突破：一是在水利投入机制上有新突破。《决定》提出，要建立水利投入稳定增长机制，进一步提高水利建设资金在国家固定资产投资中的比重，大幅度增加中央和地方财政专项水利资金，从土地出让收益中提取 10% 用于农田水利建设，进一步完善水利建设基金，加强对水利建设的金融支持，多渠道筹集资金，力争今后 10 年全社会水利年平均投入比 2010 年高出一倍。二是在水资源管理制度上有新突破。《决定》提出，实行最严格的水资源管理制度，确立水资源开发利用控制、用水效率控制、水功能区限制纳污三条红线。三是在水利体制机制上有新突破。针对水利又好又快发展的深层次制约，《决定》重点强调了四个方面的体制机制创新：在完善水资源管理体制方面，提出要强化城乡水资源统一管理，完善流域管理与区域管

理相结合的水资源管理制度，进一步完善水资源保护和水污染防治协调机制；在水利工程建设和管理体制改革方面，提出要落实好公益性、准公益性水管单位基本支出和维修养护经费，落实小型水利工程管护主体和责任，健全良性运行机制；在健全基层水利服务体系方面，提出要健全基层水利服务机构，按规定核定人员编制，经费纳入县级财政预算；在水价改革方面，提出要逐步实行工业和服务业用水超额累进加价制度，稳步推行城市居民生活用水阶梯式水价制度，探索实行农民定额内用水享受优惠水价、超定额用水累进加价的办法。[①]

《决定》的出台，为水利发展提供了重要的战略机遇期，水利发展的又一个春天已经到来。通过5—10年大规模的水利建设，中国将从根本上扭转水利建设明显滞后的局面。根据中共中央的部署，到2020年，中国将基本建成四大体系：一是防洪抗旱减灾体系，重点城市和防洪保护区防洪能力明显提高，抗旱能力显著增强；二是水资源合理配置和高效利用体系，全国年用水总量力争控制在6700亿立方米以内，城乡供水保证率显著提高，城乡居民饮水安全得到全面保障，万元国内生产总值和万元工业增加值用水量明显降低，农田灌溉水有效利用系数提高到0.55以上；三是水资源保护和河湖健康保障体系，主要江河湖泊水功能区水质明显改善，城镇供水水源地水质全面达标，重点区域水土流失得到有效治理，地下水超采基本遏制；四是有利于水利科学发展的制度体系，最严格的水资源管理制度基本建立，水利投入稳定增长机制进一步完善，有利于水资源节约和合理配置的水价形成机制基本建立，水利工程良性运行机制基本形成。[②]

届时，中国现代水利工程设施体系将初步建立，国家和区域层面水资源优化配置格局基本形成，旱涝保收高标准农田大规模建成，节水型社会建设全面推进，涉及民生的水利问题基本解决，水生态环境得到根本改善，水利保障防洪安全、供水安全、粮食安全的能力大幅度提升，水利保障经济安全、生态安全、国家安全的作用更加凸显，充满生机与活力的水利现代化美好蓝图将变为现实。

---

① 参见《中共中央国务院关于加快水利改革发展的决定》，《人民日报》2011年1月30日。

② 参见《奏响全面加快水利改革发展新号角——水利部部长陈雷解析2011年中央一号文》，《中国水利报》2011年2月1日。

主要参考文献

一　文献资料

《毛泽东文集》第 1—8 卷，人民出版社 1993 年版。

《建国以来毛泽东文稿》第 1—13 册，中央文献出版社 1987—1998 年版。

《毛泽东传（1949—1976）》（上、下），中央文献出版社 2003 年版。

《刘少奇选集》下卷，人民出版社 1985 年版。

《刘少奇论林业》，中央文献出版社 1999 年版。

《周恩来选集》下卷，人民出版社 1984 年版。

《周恩来经济文选》，中央文献出版社 1993 年版。

《周恩来年谱（1949—1976）》（上、中、下），中央文献出版社、人民出版社 1997 年版。

《周恩来传》（上、下），中央文献出版社 1998 年版。

《周恩来论林业》，中央文献出版社 1999 年版。

《邓小平年谱（1904—1974）》（上、中、下），中央文献出版社 2009 年版。

《邓小平年谱（1975—1997）》（上、下），中央文献出版社 2004 年版。

《陈云年谱》（中、下卷），中央文献出版社 2000 年版。

《陈云文集》第 2—3 卷，中央文献出版社 2005 年版。

《陈云传》（上、下册），中央文献出版社 2005 年版。

《江泽民文选》第 1—3 卷，人民出版社 2006 年版。

《邓子恢文集》，人民出版社 1996 年版。

《万里文选》，人民出版社 1995 年版。

《建国以来重要文献选编》第 1—20 册，中央文献出版社 1992—1998

年版。

薄一波：《若干重大决策与事件的回顾》（修订本）（上、下），人民出版社 1997 年版。

二　档案资料

江苏省档案馆水利资料

安徽省档案馆水利资料

河南省档案馆水利资料

湖南省档案馆水利资料

湖北省档案馆水利资料

浙江省档案馆水利资料

上海市档案馆水利资料

广东省档案馆水利资料

吉林省档案馆水利资料

辽宁省档案馆水利资料

黑龙江省档案馆水利资料

中华人民共和国国家农业委员会办公厅编：《农业集体化重要文件汇编》（上、下册），中共中央党校出版社 1982 年版。

中国水利年鉴编辑委员会编：《中国水利年鉴》历年卷（1990—2011），中国水利水电出版社相应年份出版。

中国社会科学院、中央档案馆编：《1949—1952 中华人民共和国经济档案资料选编·基本建设投资和建筑业卷》，中国城市经济社会出版社 1989 年版。

中国社会科学院、中央档案馆编：《1949—1952 中华人民共和国经济档案资料选编·综合卷》，中国城市经济社会出版社 1990 年版。

中国社会科学院、中央档案馆编：《1949—1952 中华人民共和国经济档案资料选编·农业卷》，社会科学文献出版社 1991 年版。

中国社会科学院、中央档案馆编：《1949—1952 中华人民共和国经济档案资料选编·农村经济体制卷》，社会科学文献出版社 1992 年版。

中国社会科学院、中央档案馆编：《1953—1957 中华人民共和国经济档案资料选编·农业卷》，中国物价出版社 1998 年版。

中国社会科学院、中央档案馆编：《1953—1957 中华人民共和国经济档案资料选编·固定资产和建设业卷》，中国物价出版社 1998 年版。

中国社会科学院、中央档案馆编：《1953—1957 中华人民共和国经济档案资料选编·综合卷》，中国物价出版社 2000 年版。

中国社会科学院、中央档案馆编：《1953—1957 中华人民共和国经济档案资料选编·财政卷》，中国物价出版社 2000 年版。

中国社会科学院、中央档案馆编：《1958—1965 中华人民共和国经济档案资料选编·农业卷》，中国财政经济出版社 2011 年版。

中国社会科学院、中央档案馆编：《1958—1965 中华人民共和国经济档案资料选编·综合卷》，中国财政经济出版社 2011 年版。

中国社会科学院、中央档案馆编：《1958—1965 中华人民共和国经济档案资料选编·固定资产投资与建筑业卷》，中国财政经济出版社 2011 年版。

中国社会科学院、中央档案馆编：《1958—1965 中华人民共和国经济档案资料选编·财政卷》，中国财政经济出版社 2011 年版。

《当代中国的水利事业》编辑部编印：《历次全国水利会议报告文件（1949—1957）》（内部发行），1987 年。

《当代中国的水利事业》编辑部编印：《历次全国水利会议报告文件（1958—1978）》（内部发行），1987 年。

《当代中国的水利事业》编辑部编印：《历次全国水利会议报告文件（1979—1987）》（内部发行），1987 年。

三　一般资料及相关论著

《水利是农业的命脉》，农业出版社 1973 年版。

水利电力部编：《三门峡水利枢纽讨论会资料汇编》，水利电力部 1958 年刊印。

水利电力部办公厅宣传处编：《现代中国水利建设》，水利电力出版社 1984 年版。

《治淮回忆录》，水电部治淮委员会 1985 年编印。

水利电力部编：《中国农田水利》，水利电力出版社 1987 年版。

水利部办公厅新闻宣传处编：《造福人民的事业——中国水利建设 40

年》，水利电力出版社 1989 年版。

水利部农村水利司编著：《新中国农田水利史略（1949—1999）》，中国水利水电出版社 1999 年版。

《水利辉煌 50 年》编纂委员会：《水利辉煌 50 年》，中国水利水电出版社 1999 年版。

水利部规划计划司编：《全国水利建设基本情况》，中国水利水电出版社 1999 年版。

水利部水资源司主编：《中国水资源要览（1998—2002）》，中国水利水电出版社 2003 年版。

水利部水资源司、全国节约用水办公室编：《全国节水型社会建设试点经验资料汇编》，中国水利水电出版社 2004 年版。

水利部黄河水利委员会编：《人民治理黄河六十年》，黄河水利出版社 2006 年版。

水利部办公厅、水利部发展研究中心编：《水利改革发展 30 年回顾与发展》，中国水利水电出版社 2010 年版。

水利部淮河水利委员会编：《治淮 60 年纪念文集》，中国水利水电出版社 2010 年版。

水利部淮河水利委员会《淮河志》编纂委员会编：《淮河志》第 1 卷《淮河大事记》，科学出版社 1997 年版。

水利部淮河水利委员会《淮河志》编纂委员会编：《淮河志》第 2 卷《淮河综述志》，科学出版社 2000 年版。

水利部淮河水利委员会《淮河志》编纂委员会编：《淮河志》第 5 卷《淮河治理与开发志》，科学出版社 2004 年版。

长江水利委员会长江勘测规划设计研究院、江务局编：《长江志》第 11 卷《防洪》，中国大百科全书出版社 2003 年版。

长江流域规划办公室《长江水利史略》编写组编：《长江水利史略》，水利电力出版社 1979 年版。

《中国水利建设 35 年》，水电部办公厅宣传处 1984 年编印。

中国农业年鉴编辑委员会编：《中国农业年鉴·1980》，农业出版社 1981 年版。

中国水利百科全书编辑委员会编等编：《中国现代水利人物志》，水利电力出版社 1994 年版。

《中国国情报告》编纂委员会、中国国情研究会编：《中国国情报告》，中央文献出版社 2000 年版。

《中国电力规划》编写组编：《中国电力规划·水电卷》，中国水利水电出版社 2007 年版。

《当代山西水利事业》，山西水利志编纂委员会 1985 年编印。

《当代中国水利基本建设》，水利电力部基本建设司 1986 年编印。

《当代中国的基本建设》（上、下），中国社会科学出版社 1989 年版。

刘欣主编：《晋绥边区财政经济史资料选编·农业编》，山西人民出版社 1986 年版。

农业部农田水利局编：《水利运动十年（1949—1959）》，农业出版社 1960 年版。

农业部计划司编：《中国农村经济统计大全（1949—1986）》，农业出版社 1989 年版。

农业部编：《新中国农业 60 年统计资料》，中国农业出版社 2009 年版。

华北解放区财政经济史资料选编编辑组、山西省等编：《华北解放区财政经济史资料选编》第 1 辑，中国财政经济出版社 1996 年版。

《江苏水利大事记（1949—1985）》，江苏省水利史志编纂办公室 1988 年编印。

张天曾：《中国水利与环境》，科学出版社 1990 年版。

冷梦：《黄河大移民》，陕西旅游出版社 1998 年版。

李日旭主编：《当代河南的水利事业（1949—1992 年）》，当代中国出版社 1996 年版。

杨世华主编：《林一山治水文选》，新华出版社 1992 年版。

杨世华主编：《林一山治水文集之二：葛洲坝工程的决策》，湖北科学技术出版社 1995 年版。

林观海等主编：《黄河志索引》，河南人民出版社 2001 年版。

河南省水利厅编：《河南水利辉煌 50 年》，黄河水利出版社 2000 年版。

《建国三十年国民经济统计提要》（内部发行），国家统计局 1979 年编印。

国家统计局编:《新中国五十年》,中国统计出版社1999年版。

国家环境保护总局等编:《新时期环境保护重要文选选编》,中央文献出版社、中国环境科学出版社2001年版。

国家统计局农村社会经济调查总队编:《新中国五十年农业统计资料(1949—1999)》,中国统计出版社2000年版。

国务院三峡建设委员会编:《百年三峡——三峡工程1919—1992年新闻选集》,长江出版社、中国三峡出版社2005年版。

松辽水利委员会编:《中国江河防洪丛书·辽河卷》,中国水利水电出版社1997年版。

洪庆余主编:《中国江河防洪丛书·长江卷》,中国水利水电出版社1998年版。

海河水利委员会编:《中国江河防洪丛书·海河卷》,水利电力出版社1993年版。

《海河志》编纂委员会编:《海河志·大事记》,中国水利水电出版社1995年版。

《海河志》编纂委员会编:《海河志》第1—4卷,中国水利水电出版社1997—2001年版。

钱正英:《我和我的师友们》,水利电力出版社1993年版。

钱正英:《钱正英水利文选》,中国水利水电出版社2000年版。

钱正英主编:《中国水利》,水利电力出版社1991年版。

黄河水利委员会黄河志总编辑室编:《历代治黄文选》(上、下),河南人民出版社1988—1989年版。

黄河水利委员会黄河志总编辑室编:《黄河志》第1卷《黄河大事记》,河南人民出版社1991年版。

黄河水利委员会黄河志总编辑室:《黄河志》第2卷《黄河流域综述》,河南人民出版社1998年版。

黄河水利委员会水文局编:《黄河志》第3卷《黄河水文志》,河南人民出版社1996年版。

黄河水利委员会勘测规划设计院编:《黄河志》第4卷《黄河勘测志》,河南人民出版社1993年版。

黄河水利委员会水利科学研究院编：《黄河志》第 5 卷《黄河科学研究志》，河南人民出版社 1998 年版。

黄河水利委员会勘测规划设计院编：《黄河志》第 6 卷《黄河规划志》，河南人民出版社 1991 年版。

黄河防洪志编纂委员会、黄河水利委员会黄河志总编辑室编：《黄河志》第 7 卷《黄河防洪志》，河南人民出版社 1991 年版。

黄河水利委员会黄河中游治理局编：《黄河志》第 8 卷《黄河水土保持志》，河南人民出版社 1993 年版。

黄河水利委员会黄河志总编辑室编：《黄河志》第 9 卷《黄河水利水电工程志》，河南人民出版社 1996 年版。

黄河水利委员会黄河志总编辑室编：《黄河志》第 10 卷《黄河河政志》，河南人民出版社 1996 年版。

黄河水利委员会黄河志总编辑室编：《黄河志》第 11 卷《黄河人文志》，河南人民出版社 1994 年版。

黄河水利委员会编纂：《王化云治河文集》，黄河水利出版社 1997 年版。

黄河水利委员会黄河上中游管理局编：《黄河水土保持大事记》，陕西人民出版社 1996 年版。

黄河三门峡水利枢纽志编纂委员会编：《黄河三门峡水利枢纽志》，中国大百科全书出版社 1993 年版。

淮河水利委员会编：《中国江河防洪丛书·淮河卷》，中国水利水电出版社 1996 年版。

崔宗培主编：《中国水利百科全书》第 1—4 卷，水利电力出版社 1991 年版。

魏宏运主编：《抗日战争时期晋冀鲁豫边区财政经济史资料选编》第 2 辑，中国财政经济出版社 1990 年版。

广东省地方史志编纂委员会编：《广东省志·水利志》，广东人民出版社 1995 年版。

山西省史志研究院编：《山西通志》第 10 卷《水利志》，中华书局出版社 1999 年版。

山东省地方史志编纂委员会编：《山东省志·水利志》，山东人民出版社 1993 年版。

天津市地方志编修委员会编著：《天津通志·水利志》，天津社会科学院出版社 2005 年版。

四川省地方志编纂委员会编：《四川省志·水利志》，四川科学技术出版社 1996 年版。

江西省水利厅编：《江西省水利志》，江西科学技术出版社 1995 年版。

江苏省地方志编纂委员会编：《江苏省志》第 13 卷《水利志》，江苏古籍出版社 2001 年版。

安徽省地方志编纂委员会编：《安徽省志·水利志》，方志出版社 1998 年版。

安徽省水利厅编：《安徽水利 50 年》，中国水利水电出版社 1999 年版。

河南省地方史志编纂委员会：《河南省志》第 27 卷《水利志》，河南人民出版社 1994 年版。

河南林县志编纂委员会：《林县志》，河南人民出版社 1989 年版。

河北省地方志编纂委员会编：《河北省志》第 20 卷《水利志》，河北人民出版社 1995 年版。

陕西省地方志编纂委员会编：《陕西省志》第 13 卷《水利志》，陕西人民出版社 1999 年版。

湖北省地方志编纂委员会编：《湖北省志·水利》，湖北人民出版社 1995 年版。

湖北省水利志编纂委员会编：《湖北水利志》，中国水利水电出版社 2000 年版。

湖南省地方志编纂委员会编：《湖南省志》第 8 卷《农林水利志·水利》，中国文史出版社 1990 年版。

水利部黄河水利委员会《黄河水利史述要》编写组：《黄河水利史述要》，水利电力出版社 1984 年版。

水利电力部黄河水利委员会治黄研究组编著：《黄河的治理与开发》，上海教育出版社 1984 年版。

水利部淮河水利委员会《淮河水利简史》编写组编著：《淮河水利简史》，水利电力出版社 1990 年版。

中国水利水电第十一工程局编：《万里黄河第一坝》，河南人民出版社1992年版。

中国科学院成都图书馆、中国科学院三峡工程科研领导小组办公室编：《长江三峡工程争鸣集·总论》，成都科技大学出版社1987年版。

中国科学院成都图书馆、中国科学院三峡工程科研领导小组办公室编：《长江三峡工程争鸣集·专论》，成都科技大学出版社1987年版。

中国水利水电科学研究院水利史研究室编：《历史的探索与研究——水利史研究文集》，黄河水利出版社2006年版。

王祖烈编著：《淮河流域治理综述》，水利电力部治淮委员会淮河志编纂办公室1987年编印。

王化云：《我的治河实践》，河南科学技术出版社1989年版。

王耕今等主编：《乡村三十年》，农村读物出版社1989年版。

王浩、秦大庸等：《水利与国民经济协调发展研究》，中国水利水电出版社2008年版。

王渭泾：《历览长河——黄河治理及其方略演变》，黄河水利出版社2009年版。

艾力农编著：《我国农业建设与经济效果问题》，山东人民出版社1982年版。

牛立峰等主编：《人民胜利渠引黄灌溉30年》，水利电力出版社1987年版。

汪家伦、张芳编著：《中国农田水利史》，农业出版社1990年版。

李锐：《论三峡工程》，湖南科学技术出版社1985年版。

李锐：《"大跃进"亲历记》（上、下），南方出版社1999年版。

李健生主编：《中国江河防洪丛书·总论卷》，中国水利水电出版社1999年版。

张含英：《历代治河方略探讨》，水利出版社1982年版。

张含英：《治河论丛续编》，水利电力出版社1992年版。

张含英：《我有三个生日》，水利电力出版社1993年版。

张宗祜：《九曲黄河万里沙：黄河与黄土高原》，暨南大学出版社、清华大学出版社2000年版。

张岳、任光照、谢新民编著：《水利与国民经济发展》，中国水利水电出版社 2006 年版。

张世法等编著：《中国历史干旱 1949—2000》，河海大学出版社 2008 年版。

陈惺：《治水无止境》，中国水利水电出版社 2009 年版。

陈小江主编：《水利辉煌 60 年》，中国水利水电出版社 2010 年版。

林一山等：《功盖大禹》，中共中央党校出版社 1993 年版。

林一山主编：《高峡出平湖：长江三峡工程》，中国青年出版社 1995 年版。

林文勋等：《市场经济下的中国乡镇水利》，云南大学出版社 1996 年版。

孟昭华等著：《中国灾荒史（1949—1989）》，水利电力出版社 1989 年版。

孟庆枚主编：《黄河水利科学技术丛书·黄土高原水土保持》，黄河水利出版社 1996 年版。

武汉水利电力学院、水利水电科学研究院《中国水利史稿》编写组：《中国水利史稿》上册，水利电力出版社 1979 年版。

武汉水利电力学院《中国水利史稿》编写组：《中国水利史稿》中册，水利电力出版社 1987 年版。

水利水电科学研究院《中国水利史稿》编写组：《中国水利史稿》下册，水利电力出版社 1989 年版。

武力主编：《中华人民共和国经济史》上、下册，中国经济出版社 1990 年版。

陆孝平等：《建国 40 年水利建设经济效益》，河海大学出版社 1993 年版。

赵诚：《长河孤旅——黄万里九十年人生沧桑》，长江文艺出版社 2004 年版。

袁隆：《治水四十年》，河南科学技术出版社 1992 年版。

姚汉源：《中国水利史纲要》，水利电力出版社 1987 年版。

彦昌远主编：《水惠京华——北京水利 50 年》，中国水利水电出版社 1999 年版。

钱钢等主编：《二十世纪中国重灾百录》，上海人民出版社 1999 年版。

郑杭生主编：《中国水问题》，中国人民大学出版社 2005 年版。

雷锡禄编著：《我国的水利建设》，农业出版社 1984 年版。

雷亨顺主编：《中国三峡移民》，重庆大学出版社 2002 年版。

骆承政等主编：《中国大洪水——灾害性洪水述要》，中国书店 1989 年版。

鲁枢元等主编：《黄河史》，河南人民出版社 2001 年版。

周魁一：《中国科学技术史·水利卷》，科学出版社 2002 年版。

高峻：《新中国治水事业的起步（1949—1957）》，福建教育出版社 2003 年版。

郝建生等：《杨贵与红旗渠》，中央文献出版社 2004 年版。

罗兴佐：《治水：国家介入与农民合作》，湖北长江出版集团、湖北人民出版社 2006 年版。

徐海亮：《从黄河到珠江——水利与环境的历史回顾文选》，中国水利水电出版社 2007 年版。

魏宏运主编：《晋察冀抗日根据地财政经济史稿》，档案出版社 1990 年版。

曹应旺：《周恩来与治水》，中央文献出版社 1991 年版。

戴玉凯编著：《论江苏农村水利建设与发展》，中国水利水电出版社 1996 年版。

潘家铮：《千秋功罪话水坝》，清华大学出版社、暨南大学出版社 2000 年版。

四　主要报刊资料

《人民日报》（1949—2011 年）

《人民水利》（1950—1955 年）

《人民黄河》（1949—2011 年）

《人民长江》（1955—2011 年）

《水利与电力》（1958—1966 年）

《水利经济》（1983—2011 年）

《长江志通讯》（1984—1987 年）

《水利史志专刊》（1989—1993 年）

《长江志季刊》（1988—2011 年）

《中国水利》（1956—1957 年）

《中国水利》（1981—2011 年）

《中国水土保持》（1980—2011 年）

《中国水利报》（1989—2011 年）

《中国水利·水利史志专刊》（1982—1987 年）

《黄河史志资料》（1983—2011 年）

后　记

　　我的家乡位于河南省北部太行山区一个干旱少雨、靠天吃饭的地方。我的童年是在一个村名中带有"泉"字的山村度过的。从村名上可以看出，那是一个有泉水的地方，故以"泉"命名。从我记事起，就知道在村庄中部有大小两口泉水井，大者深10多米，小者数米深。这两口泉水井常年清澈见底，清醇甘甜，供全村人、畜吃水、洗衣使用。无论是在旱年还是涝年，两口井的泉水常年处在一个水平线上。我常与小伙伴们手提小水桶在那口小井边戏水玩耍，尽管已经过去40多年，这个场景仍然萦绕在我脑海中。

　　我少年时离开家乡后，时常听父亲讲述与水有关的历史故事，如"水能载舟，亦能覆舟"，"大禹治水，三过家门而不入"，"白娘子与水漫金山寺"等；也经常听母亲讲述那个激情燃烧的岁月——"大跃进"时期，她作为"铁姑娘队"的一员修建水库的艰苦日子；也不时听家乡长辈们慷慨激昂地讲述林县人民修建红旗渠的故事。或许因严重缺水的缘故，父母和乡亲们对水有着天生的渴望，总是希望年年风调雨顺，以期有个好收成。正因如此，有关水的传说及与水有关的故事，成为我在那个单调时代的"美味佳肴"。由于那时年纪太小，我难以理解长辈们对水所抱的虔诚祈求，更不明白"水能载舟，亦能覆舟"的深层含义。尽管如此，父辈对水的渴望，使我从小对"水"充满了向往，希望长大后到江南看看水乡的模样。"水"在我的心底是一种神圣的东西，不敢轻易浪费。

　　但遗憾的是，当我在改革开放后上大学时，家乡人告诉我，那两口泉水井不知何故忽然干涸了，全村人、畜用水走上了靠买水车拉之路。从此以后，带有"泉"字的家乡可谓"徒有虚名"，孩子们在水泉边戏水玩耍的故事成为历史。儿时有关水的记忆，成为我日后从事水利史研究的最初情愫。

　　由于父亲酷爱历史的缘故，我中学时代阅读了《红楼梦》《西游记》《水浒》等古典名著，故我考大学时选择了喜欢的历史学专业。我在大学毕业留在母校从事历史教学与研究的实践中，日益体会到了父辈及家乡人对水渴望的急迫心情，也日益懂得了水利与农业社会紧密的关联，更加深刻地理解了历代王朝重视兴修水利的缘由。我对水利与社会关系的兴趣日渐浓厚，梦想着有机会探寻水利与社会的复杂关系。

　　我在20世纪末调入当代中国研究所从事中华人民共和国史研究后，中国水利史问题正式进入我的研究视野。我开始关注水利方面的研究成果并注意收集相关资料。面对当代中国水利发展史论著不多的现状，我认识到研究该问题的重要性，也意识到研究该问题的难度。为此，我赴全国各地档案馆收集相关资料，先后在水利大省河南、湖南、湖北、江苏、浙江、安徽等省的档案馆查阅资料，正式开始了对当代中国水利史的深入研究。

　　2006年9月，我突然接到南京大学历史系李良玉教授的来电，说他正在组织人员准备编写一套"当代中国农村60年丛书"，他的博士生叶扬兵说我正在研究当代中国水利史。为此，李老师想让我撰写其中《当代农村的水利建设》一书。因父亲此时正在病重期间，我本想推托，但李老师提携后进和关爱晚辈的诚心打动了我，我答应承担该书的撰写任务。在李老师的精心指导下，我很快确定了撰写提纲。但此时父亲因病重去世，我无法抹去内心的悲痛，难以开展研究，课题不得不暂时搁置下来。随即而来的是我儿子进入高考冲刺，我对该课题的研究时常中断。由于无法如期完成自己的承诺，我内心一直充满着对李老师的愧疚。2011年8月，我撰成《当代农村的水利建设》一书（江苏大学出版社2012年版），终于完成了李老师交给的任务。这项任务是在李良玉教授的精心指导和严厉促督下完成的，我对其提携后进学者的苦心由衷地感激。

　　我觉得当代中国水利发展史还有很多问题值得探讨，故继续从事这项研究。我多次赴河南、湖南、湖北、江苏、浙江、安徽、广东、上海、山西、黑龙江、吉林、辽宁、江西、开封、新乡等省市档案馆，查阅并搜集水利方面的资料，广泛阅览报刊、方志及回忆史料。正是在掌握了丰富的第一手资料的基础上，我撰写了这部《当代中国水利史（1949—2011）》书稿。

　　中国社会科学出版社郭沂纹主任看了初稿后给予极大的肯定。她认真审阅了书稿，认为可以申请中国社会科学院创新工程学术出版资助。2012年6月，我将书稿交给我所在的当代中国研究所，提出向院科研局申请出版资助。所领导本着对书稿负责的态度，决定先请两名所外专家匿名评审。10月，两位专家经过认真审稿，给出了"优秀"的鉴定等级。接着，当代中国研究所学术委员会又对书稿再次审议，经无记名投票，最终决定正式向中国社会科学院科研局推荐申请出版资助。2012年12月，经院领导和科研局研究决定，该书稿获得了中国社会科学院创新工程学术出版资助。

　　这部书稿，是我多年来研究水利史的阶段性成果。我尽管花费了许多心血，但因能力和水平有限，加之研究难度过大，尤其是我缺乏从事水利工作的实践，书中难免有不尽如人意之处，恳请读者批评指正。以江河治理、农田水利、水土保持为研究重点，而对水利管理及经营、水力发电等内容较少涉及，是该书稿最大的不足，我将在今后的研究中加以弥补。

　　我在撰写这部书稿过程中，得到了许多老师、朋友、同仁的无私帮助。他们有的提出了建设性意见，有的提供了宝贵资料，有的给予热情鼓励，有的默默地付出了艰辛劳动。在此，我对他们表示衷心的感谢。我将继续抱定"老老实实做人，踏踏实实做事，勤勤恳恳做学问"的宗旨，在平凡的研究岗位上做出自己应有的成绩。

王瑞芳

2013 年 10 月 26 日